液压维修1000问

第二版

陆望龙　陆桦　编著

化学工业出版社
·北京·

图书在版编目（CIP）数据

液压维修1000问/陆望龙，陆桦编著. —2版. —北京：化学工业出版社，2018.4

ISBN 978-7-122-31560-1

Ⅰ.①液… Ⅱ.①陆… ②陆… Ⅲ.①液压系统-维修-问题解答 Ⅳ.①TH137-44

中国版本图书馆CIP数据核字（2018）第036578号

责任编辑：黄 滢

责任校对：吴 静　　　　装帧设计：王晓宇

出版发行：化学工业出版社（北京市东城区青年湖南街13号　邮政编码100011）

印　　装：北京盛通数码印刷有限公司

787mm×1092mm　1/16　印张31　字数863千字　　2018年5月北京第2版第1次印刷

购书咨询：010-64518888　　　　售后服务：010-64518899

网　　址：http://www.cip.com.cn

凡购买本书，如有缺损质量问题，本社销售中心负责调换。

定　　价：169.00元

前言

FOREWORD

由于液压技术自身具有许多优点，因此在国民经济的各个领域中得到了广泛的应用。从事液压维修工作的技术人员也是人数众多，他们在工作中或多或少地都会遇到这样那样难以解决的技术问题。鉴于此，化学工业出版社于2012年组织编写了《液压维修1000问》一书（以下简称第一版）。

第一版内容结合笔者多年从事液压设计与维修工作的实践经验，搜集整理并精心提炼，最后挑出了具有代表性的1000个液压维修技术问题，并用通俗易懂的语言，对每个问题逐一进行了系统详尽的解答。

第一版自上市以来，得到了业内读者的广泛欢迎和一致好评，同时也提出了许多宝贵的意见和建议。第一版出版至今已有6年有余，考虑到技术不断进步和系统的更新，以及读者的意见和建议，现对第一版进行修订，修改和增删部分内容，推出全新第二版。

第二版在保持第一版的篇章结构和编写风格的基础上，主要进行了以下几个方面的修订。

1. 增加了新型液压元件的外观、结构、原理、立体分解图、图形符号。
2. 增加了新型液压回路的分析、诊断、使用维修和故障排除内容。
3. 增加了液压系统常见故障的原因，故障排除的方法、步骤和要点。
4. 删除了部分陈旧过时的元件和不常用的回路、系统。

本书由陆望龙、陆桦编著，感谢湖北金力液压件厂张和平、曲娜、周幼海等对本书编写过程中的指导和帮助。感谢江祖专、朱皖英、马文科、陆泓宇、陈黎明、朱声正、张汉珍、谭平华、李泽深、李刚、朱江、陈旭明、但莉、宋伟丰、罗霞、罗文果等多位专家与同行对本书编著出版的大力支持。

期望本书对从事液压系统使用与维修工作的广大一线工程技术人员和技术工人有所帮助和借鉴。由于笔者水平有限，书中疏漏和不足之处在所难免，恳请广大业内同行批评指正。

陆望龙

液压维修1000问

目录

CONTENTS

第1章 基础知识

第2章 液 压 泵

第3章 执行元件

第4章 液压控制元件

第5章 辅助元件

第6章 工作介质

第7章 液压回路

第8章 液压系统故障诊断与排除

第1章 基础知识

1.1 概述

1. 机器设备有哪些传动方式?

机器设备的各种传动方式如图 1-1 所示。因能源不在做功的地点，力与能量必须传递到负载，向外做功，这种传递一般都通过机械、电气、气动或液压等传动方式来实现。

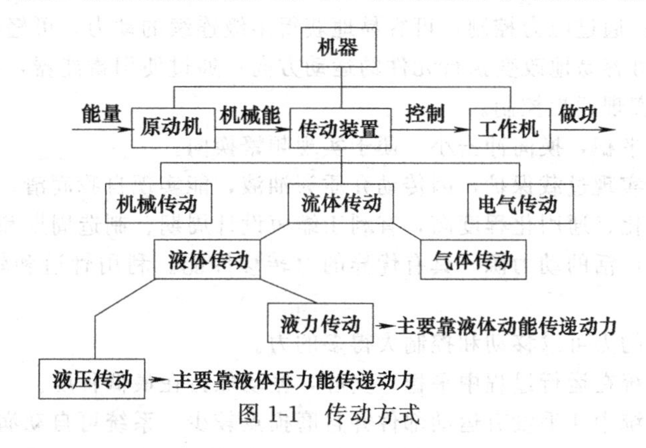

图 1-1 传动方式

2. 各种传动方式都有什么特点?

表 1-1 为各种传动方式的特点比较。

表 1-1 各种传动方式的特点

性　　能	液压传动	气压传动	机械传动	电气传动
输出力	大	稍大	较大	不太大
速度	较高	高	低	高
质量功率比(传递单位功率所需质量)	小	中等	较小	中等
响应性	高	低	中等	高
负载引起特性变化	稍有	很大	几乎无	几乎无
定位性	稍好	不良	良好	良好
无级调速	良好	较好	较困难	良好
远程操作	良好	良好	困难	特别好
信号变换	困难	比较困难	困难	容易
调整	容易	较困难	较困难	容易
结构	稍复杂	简单	一般	稍复杂
管线配置	复杂	稍复杂	较简单	不特别
环境适应性	较好,但易燃	好	一般	不太好
危险性	注意防火	几乎无	无特别问题	注意漏电
动力源失效时	可通过蓄能器完成若干动作	有余量	不能工作	不能工作
工作寿命	一般	长	一般	较短
维护要求	高	一般	简单	较高
价格	稍高	低	一般	稍高

3. 什么叫液压传动？什么叫液压技术？

利用液体的压力能来传递动力的传动方式称为液压传动。

液压技术是以液体作为工作介质，通过各种液压元件实现能量转换、传递和控制。

液压技术作为现代传动和控制的关键基础技术之一，已被广泛应用于各类机械装备中。世界工业发达国家都将液压工业列为竞相发展的产业，其发展速度也远远高于机械工业的发展速度。现代液压元件、系统及其控制已发展成为综合的液压技术，其应用和发展被普遍认为是衡量一个国家工业水平和现代工业发展水平的重要标志。液压元件和系统技术性很强，对主机性能影响极大。

4. 为何液压传动方式使用得非常普遍？主要优缺点是什么？

液压传动方式有许多优于其他传动方式的独特优点，所以液压传动方式使用得非常普遍。其优点是：

① 功率质量比大。在传递同等功率条件下，液压装置的体积最小、重量轻、结构紧凑。

② 通过流量控制，可方便实现大范围的无级调速，调速范围可达 2000∶1，速度的调节还可以在工作过程中进行；通过压力控制，可容易地获得多级连续的动力，可轻松地用于安全过载保护；通过方向控制，可容易地改变执行元件的运动方向；通过使用蓄能器，可积累压力能；配合电气控制，可容易地实现远程控制。

③ 液压传动工作平稳，换向冲击小，便于实现频繁换向。

④ 液压传动易于实现过载保护，因传动介质为油液，能实现自我润滑，使用寿命长。

⑤ 标准化、系列化、通用化程度高，有利于缩短设计周期、制造周期和降低成本。

⑥ 密闭液体是最灵活的动力源，具有优异的力转移性能。利用管道和软管取代机械部件可以排除布局问题。

⑦ 力放大。极小的力可以移动和控制大得多的力。

⑧ 平稳。液压系统在运行过程中平稳、安静，振动保持在最低程度。

⑨ 简易。这种系统中几乎没有运动部件并且磨损点较少，系统可自动润滑。

⑩ 简洁。与复杂的机械装置相比，部件设计更加简单。例如，液压马达尺寸比产生相同功率的电动机小得多。

⑪ 经济。简易、紧凑，使系统经济节能，系统在使用过 程中，几乎不损耗功率。

⑫ 安全。溢流阀保护系统，不致由于过载而受损。

液压传动方式的缺点：

① 由于液压传动中的泄漏和液体的可压缩性，使这种传动无法保证严格的传动比。

② 液压传动中有较多的能量损失（泄漏损失、摩擦损失等），因此，传动效率相对较低。

③ 液压传动对油温的变化比较敏感，不宜在较高或较低的温度下工作，不宜用于远距离传动。

④ 液压传动在出现故障时不易找出原因，维护保养要求较高。

⑤ 必须保持清洁和使用适当的液压油，要消耗石油资源，漏油会污染环境。

5. 液体传动有哪两种形式？它们的主要区别是什么？

以液体为工作介质传递能量和进行控制的传动方式称为液体传动。按照其工作原理的不同，液体传动又可分为液压传动和液力传动。

液压传动利用在密封容器内液体压力能传递动力和运动。

液力传动则是利用液体动能来传递动力。

6. 液压系统用来做什么？

液压系统用来输出运动、力与转矩。图 1-2 为液压装置。

① 凡是需要做往复直线运动并输出力的地方可用到液压系统（液压缸）。

② 凡是需要做回转运动并输出转矩的地方可用到液压系统（液压马达）。

③ 凡是需要做摆动并输出扭力的地方可用到液压系统（摆动液压马达）。

④ 用以上三种简单运动复合，可使液压系统完成液压设备各种复杂运动（多自由度），并对其进行运动方向、速度快慢和输出力的控制。

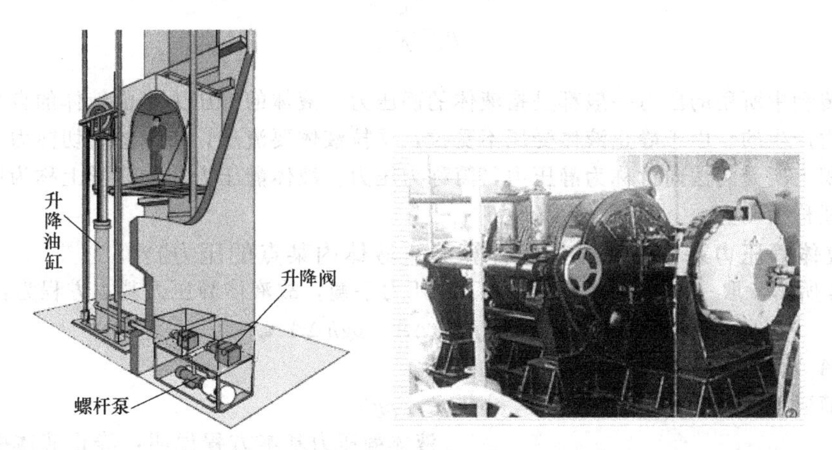

图 1-2　液压装置

7. 液压传动靠什么传递能量和进行能量转化？

液压通过工作介质—液体产生的压力来传递能量。

液压系统将动力从一种形式转变成另一种形式，这一过程通过利用密闭液体作为媒介而完成 。

液压系统中的能量转化方式如图 1-3 所示。

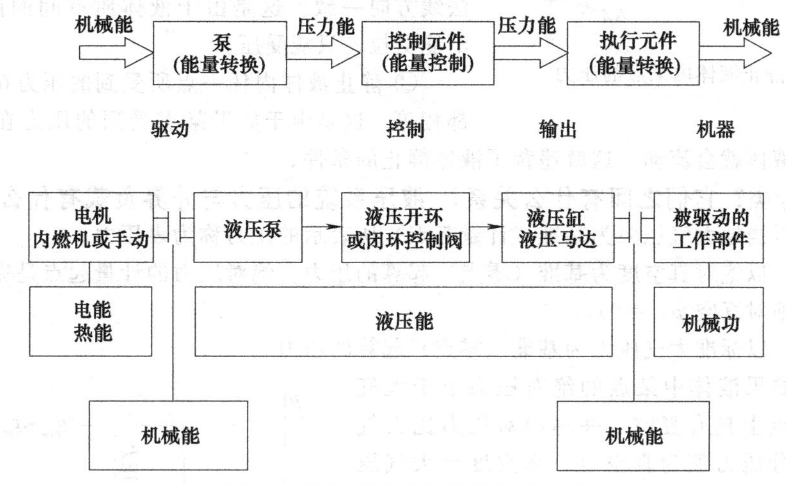

图 1-3　液压系统中的能量转化方式

1.2　液压传动基本理论

1. 什么是压力与压强？压力的单位是什么？

液体在静止状态下受力产生的压力称为液体静压力。作用在静止液体上的力有两种：质量力和表面力。前者作用在液体的所有质点上，如重力；后者作用在液体的表面上，如切向力和法向力。表面力可能是容器作用在液体上的外力，也可能是来自另一部分液体的内力。

如果在液体内部某点微小面积 ΔA 上作用有法向力 ΔF，则 $\Delta F/\Delta A$ 的极限定义为该点的静压力，用 p 表示，即：

$$p=\lim_{\Delta A\to 0}\frac{\Delta F}{\Delta A} \tag{1-1}$$

若在液体的面积 A 上受均匀分布的作用力 F，则静压力可表示为：

$$p=\frac{F}{A} \tag{1-2}$$

在液压传动中所用的压力一般都是指液体的静压力。液体的静压力是由液体的自重和液体表面受到的外力产生的。由于静止液体受压不受拉，受拉液体要流动，所以忽略切向力。则静止液体在单位面积上所受的法向力称为静压力，简称为压力。液体静压力在物理学上称为压强，在工程应用中习惯称为压力。

2. 什么是液体静压力基本方程（如何计算静止液体内某点的压力）？

如图 1-4 所示，取一小油柱，因油柱上下作用力平衡，故液体静压力基本方程为：

$$p\Delta A=p_0\quad \Delta A+\rho gh\Delta A$$

式中，$\rho gh\Delta A$ 为小液柱的重力；ρ 为液体的密度。

上式化简后得：

$$p=p_0+\rho gh \tag{1-3}$$

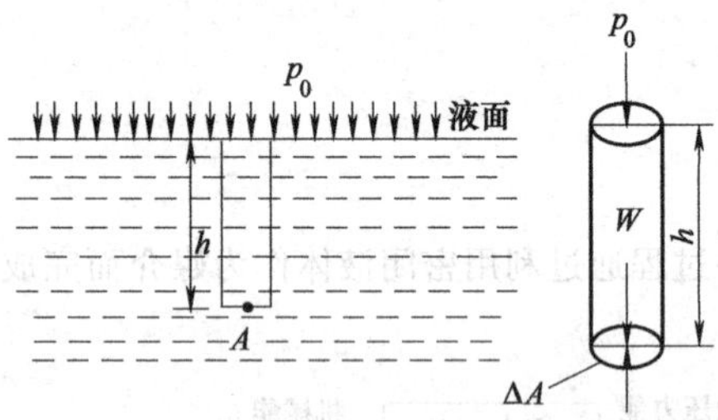

图 1-4　静止液体内某点的压力

液体静压力基本方程说明：静止液体中任何一点的静压力为作用在液面的压力 p_0 和液体重力所产生的压力 ρgh 之和。

3. 静止液体的压力特性如何？

液体静压力有两个重要特性：

① 液体静压力垂直于承压面，其方向和该面的内法线方向一致。这是由于液体质点间的内聚力很小，不能受拉、只能受压。

② 静止液体内任一点所受到的压力在各个方向上都相等。这是由于如果某点受到的压力在某个方向上不相等，那么液体就会流动，这就违背了液体静止的条件。

4. 压力如何分类？它们之间有什么关系？液压系统的压力与外界负载有什么关系？

表压力：以当地大气压力为基准（计量起点）所表示的压力称为表压力。

绝对压力：以绝对真空度为基准（零点）起算的压力。绝对压力的计量起点是完全没有压力的零压力点（绝对真空 $p_{abs}=0$）。

相对压力：以标准大气压力为基准（零点）起算的压力。

真空度：如果液体中某点的绝对压力小于大气压力，则称这点上具有真空，并称绝对压力比大气压力小的那部分压力值为真空度：真空度＝大气压力－绝对压力。

表压力、绝对压力和真空度的关系见图 1-5。

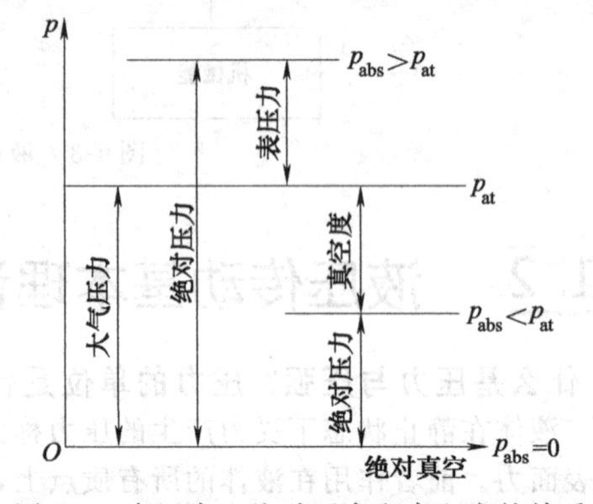

图 1-5　表压力、绝对压力和真空度的关系

由公式 $p=\dfrac{F}{A}$ 可知，液压系统中的压力是由外界负载 F 决定的。

5. 为什么压力会有多种测量方法与表示单位？

由于绝大多数测量仪表中，大气压力并不能使仪表动作。它们测得的是高于大气压的那部分压力，而不是压力的绝对值。所以压力的测量有两种不同的基准（相对压力和绝对压力）。过去工程中常用的压力单位是千克力/厘米^2（kgf/cm^2）和工程大气压（单位较大）。而在表示很低的压力或要精密测定压力值时常采用液柱高度作为压力单位

（单位较小）。

6. 压力的单位是什么？

ISO 中，压力的法定计量单位为 Pa（帕，N/m^2）或 MPa（兆帕），$1MPa=10^6Pa$。

由于 Pa 的单位太小，工程上常用兆帕（MPa）来表示压力。

在工程上采用工程大气压，也采用水柱或汞柱高度等。

在液压技术中，压力单位还有巴（bar），$1bar=10^5Pa$。

1at（工程大气压）$=1kgf/cm^2=9.8\times10^4N/m^2$

$1mH_2O$（米水柱）$=9.8\times10^3N/m^2$

1mmHg（毫米汞柱）$=1.33\times10^2N/m^2$

7. 在液压传动中，计算液体的压力时，为什么一般忽略由液体质量引起的压力？

为了说明这个问题，举个例子：

如图 1-6 所示，容器内盛油液。已知油的密度 $\rho=900kg/m^3$，活塞上的作用力 $F=1000N\approx100kgf$，活塞的面积 $A=1\times10^{-3}m^2$，假设活塞的重量忽略不计。问活塞下方深度为 $h=1m$ 处的压力等于多少？

解： 根据上述静压力的基本方程式 $p=p_0+\rho gh$，深度为 1m 处的液体由两部分构成：

活塞与液体接触面上的压力为：

$$p_0=F/A=1000/10^{-3}=10^6N/m^2$$

液体自重所形成的压力为：

$$\rho gh=900\times9.8\times1\approx10^3N/m^2$$

油箱的油液深度超过 1m 的极少，从本例可以看出，液体在受外界压力作用的情况下，液体自重所形成的那部分压力 ρgh 相对甚小，只是 p_0 的 1/1000，在液压系统中常可忽略不计，因而可近似认为整个液体内部的压力是相等的。这就是下述的帕斯卡原理。

8. 什么是帕斯卡原理？

静液压理论建立在帕斯卡原理基础上。

帕斯卡原理的含义是：外力 F 施加于被密闭液体上产生的压力 p，迅速地、不衰减地沿各方向传递并以相等的压力作用在各个表面上。即液体内压力处处相等地作用在各个表面上。施加在静止均质流体边界上的压力（图 1-7），只要不破坏流体的平衡均是适用的，即匀速流动的流体。

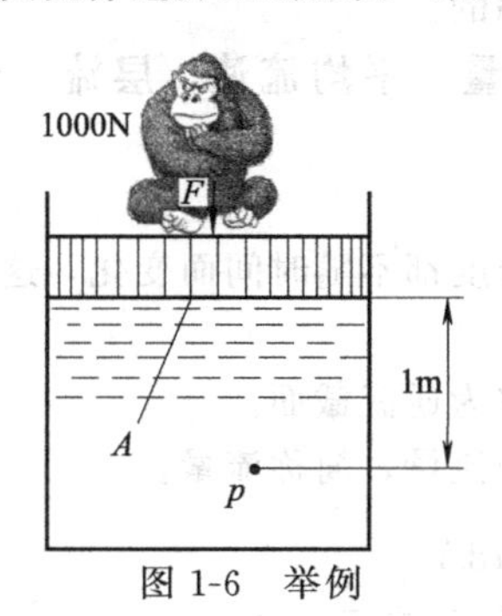

图 1-6 举例

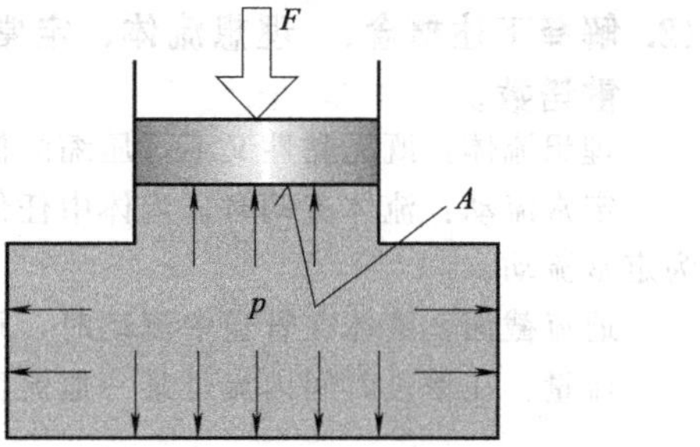

图 1-7 帕斯卡原理

9. 用帕斯卡原理解释为什么用很小的力能举起很重的物体（力的传递与放大、位移的传递）？

如图 1-8（a）所示，设小活塞的面积为 A_1，在其上的作用力为 F_1，则小液压缸中油液的压强 p_1 为：

$$p_1=F_1/A_1$$

作用在大活塞上的压强 p_2 为：

$$p_2=F_2/A_2$$

根据帕斯卡定律有 $p_1=p_2$，得：$F_1/A_1=F_2/A_2$

$$F_2=F_1A_2/A_1 \tag{1-4}$$

于是力进行了传递并放大了 A_2/A_1 倍。

如图 1-7（b）所示，当小活塞下移距离 s_1，则大活塞上移距离 s_2，进行了位移的传递。

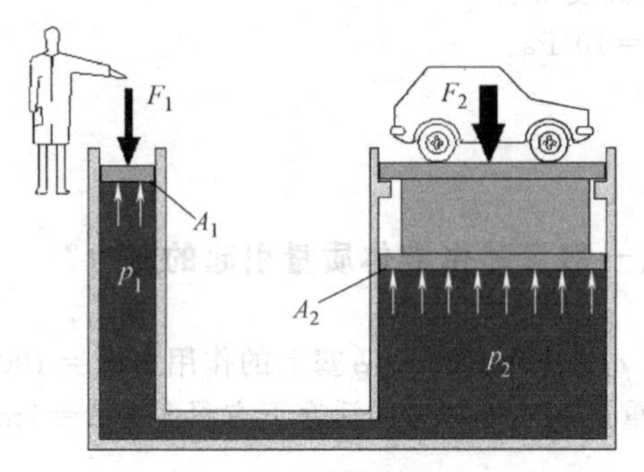

(a) 力的传递与放大

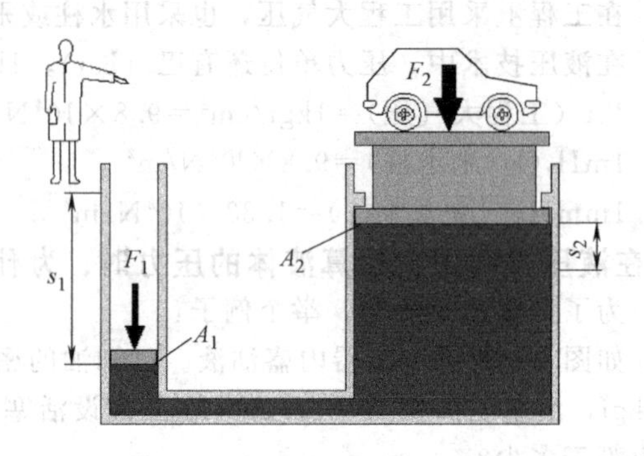

(b) 位移的传递

图 1-8　力与位移的传递

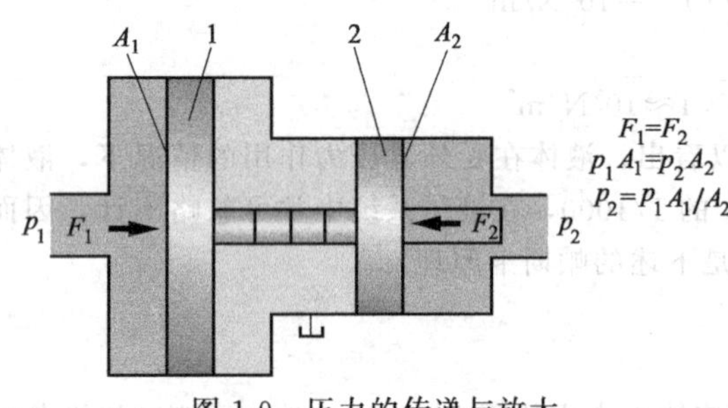

图 1-9　压力的传递与放大

10. 压力可以进行传递与放大吗?

能！如图 1-9 所示，根据活塞 1 与 2 上的力平衡方程可得：

这样，将压力 p_1 放大到 p_2，放大倍数为 A_1/A_2。

11. 什么是流动液体动力学的三大方程？其含义是什么？

流体动力学三大方程是连续性方程、伯努利方程、动量方程。连续性方程是质量守恒定律在流体力学中的表达形式；伯努利方程是能量守恒定律在流体力学中的表达形式；动量方程直接由刚体力学的动量方程转化而来，因为油液基本上是不可压缩的。

12. 解释下述概念：理想流体、定常流动、通流截面、流量、平均流速、层流、紊流和雷诺数。

理想流体：既无黏性又不可压缩的假想液体。

定常流动：流体流动时，流体中任何点处的压力、速度和密度都不随时间而变化，这种流动为定常流动。

通流截面：液体在管道中流动时，垂直于流动方向的截面称为通流截面。

流量：在单位时间内流过某一通流截面的液体体积称为体积流量，简称流量。

平均流速：流量与通流截面积的比值即为平均流速。$v=\dfrac{\int_A u\mathrm{d}A}{A}=\dfrac{q}{A}$。

层流：液体质点互不干扰，液体的流动呈线状或层状、且平行于管道轴线。

紊流：液体质点的运动杂乱无章，除了平行于管道轴线的运动外，还存在剧烈的横向运动。

雷诺数：由平均流速 v、管径 d 和液体的运动黏度 ν 三个参数组成无量纲数，用来表明液体的流动状态。

13. 连续性方程的本质是什么？它的物理意义是什么？

液体沿不等径管流动时，如果不考虑液体的压力和管子的变形，则单位时间内流过管子任何液体的质量（流量 Q）应相等（例如图 1-10 的截面 1—1 和 2—2），这是质量守恒定律在流体力学中的一种表达形式，表明流动的连续性。它的数学表达式便是连续性方程：

$$Q=A_1v_1=A_2v_2 \text{或} A_2/A_1=v_1/v_2$$

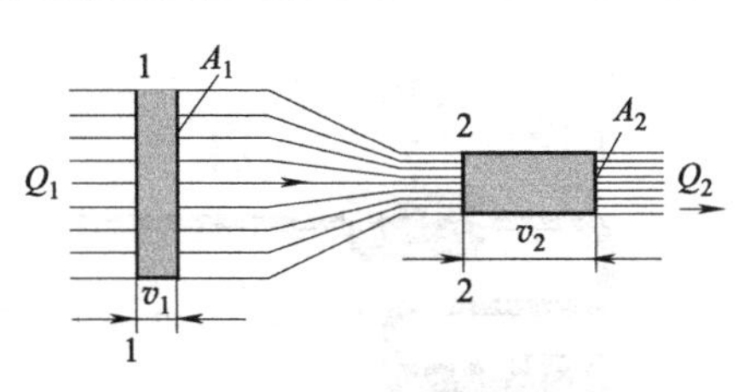

图 1-10 流动的连续性

连续性方程的含义可归纳为：

① 液体在管内连续流动时，其任一截面上的流量是相等的，且流量等于该截面上的平均流速和该截面面积的乘积。

② 截面面积与其上的流速成反比，即截面面积大处流速小，截面面积小处流速大。

14. 怎样用连续性方程说明液压传动中的速度传递和调节?

连续性方程在液压技术中是经常用到的，图 1-11 为应用连续性方程说明速度传递和调节的例子。按连续性方程有：

$$v_1A_1=Q=v_2A_2 \Rightarrow v_2=v_1A_1/A_2$$

或者 $$v_1A_1=Q_1=Q_3+Q_2=Q_3+v_2A_2 \Rightarrow v_2=(v_1A_1-Q_3)/A_2$$

从上述公式可知，连续性方程可分别引申出速度的传递、速度的放大和缩小以及调速。

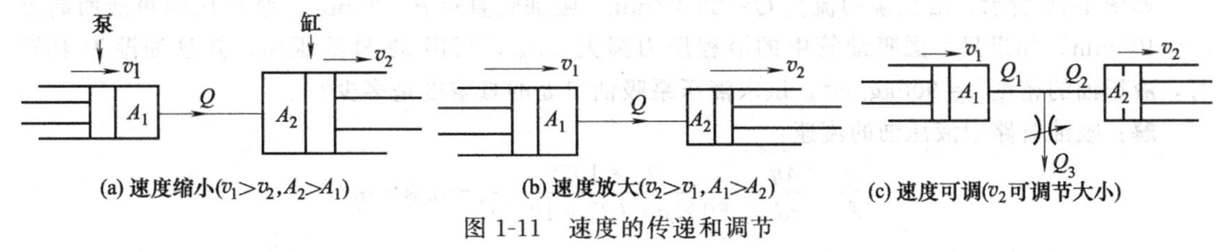

图 1-11 速度的传递和调节

15. 说明伯努利方程的物理意义，并指出理想液体伯努利方程和实际液体伯努利方程有什么区别?

伯努利方程的物理意义为：在密封管道内做稳定流动的理想液体具有三种形式的能量，即压力能 $p/(\rho g)$、动能 $v^2/(2g)$、位能 z（图 1-12）。它们之间可以互相转换，并且在管道内任意处这三种能量总和是一定的，伯努利方程表明了流动液体的能量守恒定律。

在伯努利方程中，$p/(\rho g)$、$v^2/(2g)$、z 都是长度的量纲，分别称为压力头、速度头、位置头，即截面小的管道，流速较高，压力较低；截面大的管道，则流速较低，压力较高。

若管道水平放置（$z_1=z_2$），$p_1/(\rho g)+v_1^2/(2g)=p_2/(\rho g)+v_2^2/(2g)$，表明液体的流速越高，它的压力就越低。

理想液体伯努利方程：$p_1/(\rho g)+z_1+v_1^2/(2g)=p_2/(\rho g)+z_2+v_2^2/(2g)=\text{const}$

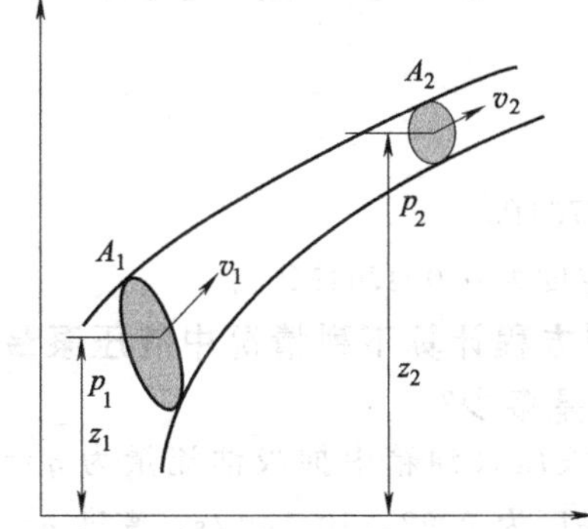

图 1-12 伯努利方程原理

z—位置头，即单位质量液体的位置势能；

$\frac{p}{\rho g}$—压力头，即单位质量液体的压力势能；

$\frac{v^2}{2g}$—速度头，即单位质量液体的动能

理想流体的伯努利方程含义为：在管内作稳定流动的理想流体具有压力能、势能和动能三种形式的能量，它们可以互相转换，但其总和不变，即能量守恒。

实际流体的伯努利方程比理想液体伯努利方程多了一项损耗的能量 h_w 和比动能项中的动能修正系数 α，见式 (1-5)：

$$p_1/(\rho g)+z_1+\alpha_1v_1^2/(2g)=p_2/(\rho g)+z_2+\alpha_2v_2^2/(2g)+h_w \tag{1-5}$$

16. 伯努利方程有哪些应用?

伯努利方程有许多应用，仅举三例。如图 1-13 所示，此处因管道水平放置，$z_1=z_2$，伯努利方程中只剩下压力与流速的关系。因而应用伯努利方程可以判断管道中压力的高低，流速快的管中压力低，流速慢的管中压力高 [图 1-13 (a)]；从管外液柱高度压力差值可测出管内流速 [图 1-13 (b)]；从管外液柱高度压力差值和薄壁孔孔径可测算出管内

通过的流量［图 1-13（c）］。

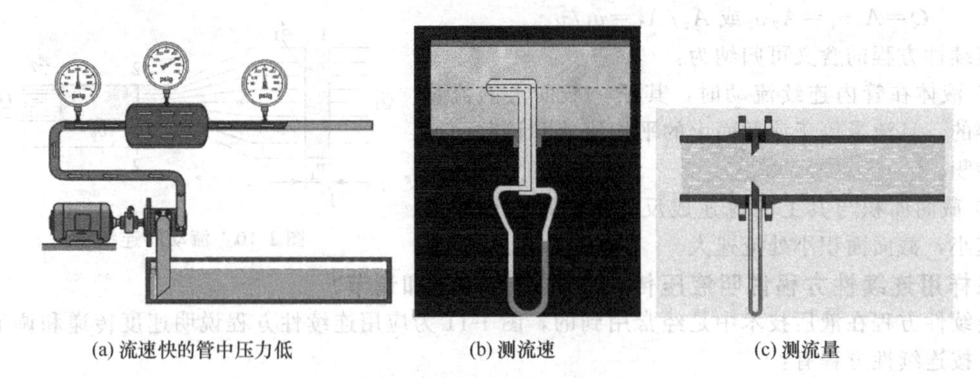

(a) 流速快的管中压力低　(b) 测流速　(c) 测流量

图 1-13　伯努利方程的应用

17. 怎样应用伯努利方程计算下列情况中液压泵吸油口处的真空度是多少?

如图 1-14 所示，液压泵的流量 $Q=25\ \mathrm{L/min}$，吸油管直径 $d=25\mathrm{mm}$，泵口比油箱液面高出 $z_2=400\mathrm{mm}$。如果只考虑吸油管中的沿程压力损失 $\Delta p_{沿}$，当用 32 号液压油，并且油温为 40℃ 时，液压油的密度 $\rho=900\mathrm{kg/m^3}$。试求液压泵吸油口处的真空度是多少？

解：吸油管路中液压油的流速：

$$v=\frac{q}{A}=\frac{4q}{\pi d^2}=\frac{25\times10^{-3}}{60\times\pi\times(25\times10^{-3})^2}=0.849\mathrm{m/s}$$

雷诺数：$Re=\dfrac{vd}{\nu}=\dfrac{0.849\times25\times10^{-3}}{32\times10^{-6}}=663<2320$

吸油管路中液压油的流动为层流。在吸油管路 1—1 截面（液面）和 2—2 截面（泵吸油口处）列写伯努利方程：

$$z_1+\frac{p_1}{\rho g}+\frac{\alpha_1 v_1^2}{2g}=z_2+\frac{p_2}{\rho g}+\frac{\alpha_2 v_2^2}{2g}+h_w$$

式中：$z_1=0$，$p_1=0$，$v_1=0$

则：$p_2=-\left(\rho g z_2+\dfrac{\rho}{2}\alpha_2 v_2^2+\Delta p\right)$

其中：$\rho=900\mathrm{kg/m^3}$，$z_2=0.4\mathrm{m}$，$\alpha_2=2$，$v_2=0.849\mathrm{m/s}$，$\Delta p=\lambda\ \dfrac{l}{d}\times\dfrac{\rho v^2}{2}=\dfrac{75}{Re}\times\dfrac{0.4}{25\times10^{-3}}\times\dfrac{900\times0.849^2}{2}=587\ \mathrm{Pa}$

将已知数据代入后得：

$$p_2=-(3528+648.27+587)=-4764\mathrm{Pa}$$

液压泵吸油口真空度为 0.004764MPa。

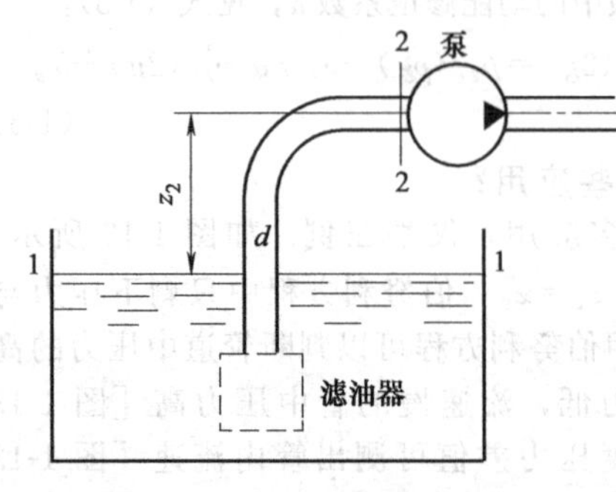

图 1-14　泵吸油口处的真空度

18. 怎样应用伯努利方程计算下列情况中液压泵最大允许安装高度是多少?

如图 1-14 所示，液压泵油箱中抽吸油流量为 $q=1.2\mathrm{L/s}$，油液的运动黏度为 $2.92\times10^{-4}\mathrm{m^2/s}$，密度 $\rho=900\mathrm{kg/m^3}$，假设液压油的空气分离压为 $2.8\mathrm{mH_2O}$，吸油管长度 $l=10\mathrm{m}$，直径 $d=40\mathrm{mm}$，如果只考虑管中的摩擦损失，求液压泵在油箱液面以上的最大允许安装高度是多少？

解：液压油的流速 $v_2=q/A=\dfrac{1.2\times10^{-3}}{\dfrac{\pi}{4}\times40^2\times10^{-6}}=0.955\text{m/s}$

由于 $Re=\dfrac{vd}{\nu}=\dfrac{0.9554\times0.04}{2.92\times10^{-4}}=130.8<2320$

则液压油在管路中为层流，$\alpha_2=2$。

只考虑沿程压力损失：

$$p_1+\rho gh_1+\frac{1}{2}\alpha_1 v_1{}^2\rho=p_2+\rho gh_2+\frac{1}{2}\alpha_2 v_2{}^2\rho+\Delta p_{沿}$$

$$\Delta p=\lambda\ \frac{l}{d}\times\frac{\rho v^2}{2}=\frac{75}{130.8}\times\frac{10}{0.04}\times\frac{900\times0.955^2}{2}=0.588\text{Pa}$$

式中：$v_1=0$，$p_2=2.8\text{mH}_2\text{O}=0.2744\times10^5\text{Pa}$，$p_1=p_0=1.013\times10^5\text{Pa}$，$h_1=0$，

$$h_2=\frac{p_1-p_2-\dfrac{1}{2}\rho\alpha_2 v_2{}^2-\Delta p_{沿}}{\rho g}=\frac{(1.013-0.2744)\times10^5-0.5\times900\times2\times0.955^2-0.588\times10^5}{900\times9.8}=1.615\text{m}$$

最大允许安装高度为1.615m。

19. 动量方程的本质是什么？它的物理意义是什么？

动量方程是研究流体运动时动量的变化与作用在液体上的外力之间的关系式。动量方程可直接由刚体力学中的动量方程转化而来。动量方程的含义为：作用在液体控制体积上的外力总和等于单位时间内流出控制表面与流入控制表面的液体的动量之差。流动液体作用在固体壁面上的力与作用在液体上的力大小相等、方向相反。

其表达式为：

$$\sum F=\rho Q(v_2-v_1) \tag{1-6}$$

式中　$\sum F$——作用于流体上的合外力；

ρ——流体密度；

v_1——外力作用前的平均流速；

v_2——外力作用后的平均流速；

Q——流量。

应用动量方程应注意：F、v 是矢量，使用时可将其分解成其研究方向上的投影值。

20. 举例说明应用动量方程求作用在曲面上的力？

静止液体和固体壁面相接触时，固体壁面上各点在某一方向上所受静压作用力的总和，便是液体在该方向上作用于固体壁面上的力。在液压传动计算中，质量力可以忽略，静压力处处相等，所以可认为作用于固体壁面上的压力是均匀分布的。图1-15为固体壁面上受到的力。

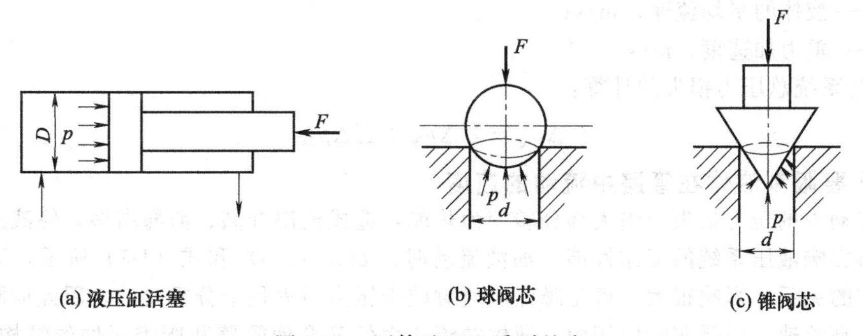

图1-15　固体壁面上受到的力

当固体壁面是曲面时，作用在曲面各点的液体静压力是不平行的，曲面上液压作用力在某一方向上的分力等于液体静压力和曲面在该方向的垂直面内投形面积的乘积。

21. 流体在流动过程中为何会产生能量损失？能量损失有哪两种？

液体在流动时，它是有黏性的，由于液体分子间的内摩擦、液体与管壁之间的摩擦，不可避免会有能量损失。因而在流动过程中要损失一部分能量，主要体现为液体的压力损失（图 1-16）。

流体在流动过程中的压力损失有两类：一类是液体在等直径的直管中流过一段较长距离时，因流体分子间的内摩擦、流体与管壁之间的摩擦而产生的压力损失，称为沿程损失；另一类是由于流体在流经一些局部位置或短区段时，当流经的管子截面形状突然变化（变大或变小）、液流方向改变（转弯、弯头）或其他形式（分叉与汇流）的流动阻力而引起的局部压力损失。油液在管路中流动时的压力损失与油液的流动状态有关。

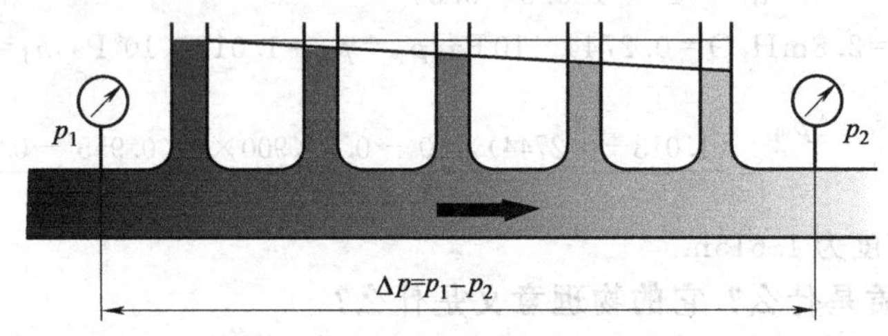

图 1-16　流动过程中的能量损失

22. 沿程压力损失、局部压力损失、管路系统总压力损失怎样计算？

① 沿程压力损失的计算：

$$\Delta p = \lambda \gamma \frac{l}{d} \times \frac{v^2}{2g} \tag{1-7}$$

式中　Δp——沿程压力损失，Pa；

λ——摩擦阻力系数，无量纲；

γ——液体重度，N/m^3；

l——管子长度，m；

d——管子的内径，m；

v——液体的平均流速，m/s；

g——重力加速度，m/s^2。

② 局部压力损失的计算：

$$\Delta p = K \gamma \frac{v^2}{2g} \tag{1-8}$$

式中　K——局部阻力系数，无量纲；

γ——液体重度，N/m^3；

v——液体的平均流速，m/s；

g——重力加速度，m/s^2。

③ 管路系统总压力损失的计算：

$$\Delta p_{总} = \sum \Delta p_{沿} + \sum \Delta p_{局} \tag{1-9}$$

23. 为什么要限制液体在管路中流动的速度？

液压传动中的压力损失，绝大部分转变为热能，造成油温升高、泄漏增多，使液压传动效率降低，因而影响液压系统的工作性能。油液流动时，如式（1-6）和式（1-7）所示，流速对压力损失成平方的关系，影响很大。可见降低流速对减少压力损失是十分重要的，因此应限制液体在管道中的最高流速。但是实际应用中，液体的流速太低又会使管路和阀类元件的结构尺寸变大，所以应使油液在管路中有个适宜的速度，推荐按下述数值选取。

吸油管路0.5～1.5m/s；回油管路1.5～3m/s；压油管路3～9m/s；控制油路2～3m/s。

各种阀类元件的压力损失只要不超过对应通径下的额定流量，压力损失多在0.1～0.4MPa的范围内。

24. 压力损失有何危害？有什么益处吗？

泵输出的压力能输送到液压缸或液压马达，如果中途的压力损失越大，效率便越低，最后到了液压缸或液压马达，导致驱动液压缸往复运动或驱动液压马达的有效工作压力便大大降低，这样会导致液压缸的推力大大下降，或者驱动液压马达回转的输出扭矩减少；另一方面，压力损失绝大部分转变为热能，造成油温升高，使液压元件受热膨胀，泄漏增加，影响系统的工作性能。这是压力损失对液压系统有害的方面。

但是，压力损失对液压系统也有有益的一面。有些控制阀，如减压阀和节流阀等，就是利用改变液阻的办法来控制压力或流量，即通过压力损失的变化来改变控制阀的压力或流量；又如有些液压缸也是依靠液阻的阻尼作用而实现缓冲的。

25. 怎样降低液压系统中的压力损失？

① 尽量缩短管道长度，减少管道弯曲和截面的突然变化，管道内壁力求光滑。

② 正确选择液压阀的通径，不要超过该通径下所允许的额定流量。

③ 选用的液压油黏度要适当。

④ 管道应有足够大的通流面积，并将液流的速度限制在适当范围内。

26. 什么是泄漏？产生泄漏的原因与危害是什么？

在液压元件中有很多相对运动副，表面与表面之间需要一定的相对运动间隙，油液流经这些间隙时就会产生泄漏现象，特别是间隙过大时。泄漏的形式有两种：一是油液由高压区流向低压区的泄漏，称为内泄漏；二是液压系统内的油液泄漏到系统外面的泄漏，称为外泄漏。内泄漏是由配合件表面间的间隙造成的；外泄漏是由压力差而密封不良造成的。

泄漏会使液压系统效率降低，还会造成环境污染；内泄漏的压力损失还会转换为热能，使系统油温升高，影响液压元件的性能和液压系统的正常工作。

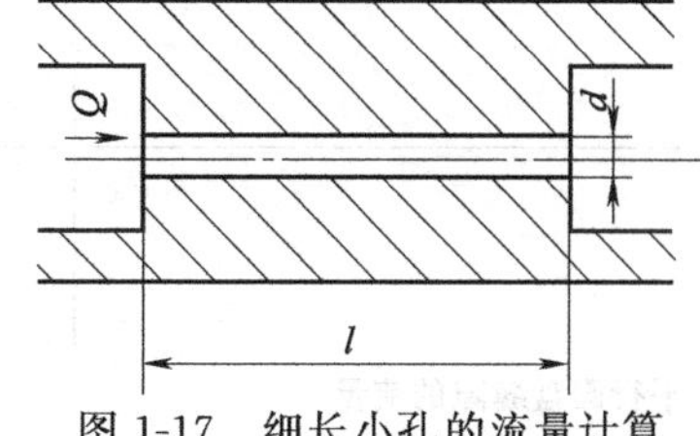

图1-17 细长小孔的流量计算

27. 液流流经细长孔与节流孔的流量怎样计算？

细长小孔在液压中常叫阻尼孔（图1-17），液流流经细长孔的流量计算方法如下：

$$Q=\frac{6\pi d^4\Delta p}{128\mu l}\times 10^4 \tag{1-10}$$

式中 d——小孔的直径，cm；

Δp——小孔两端的压力差；

μ——液体的动力黏度，Pa或dyn·s/m^2；

l——小孔的长度，cm。

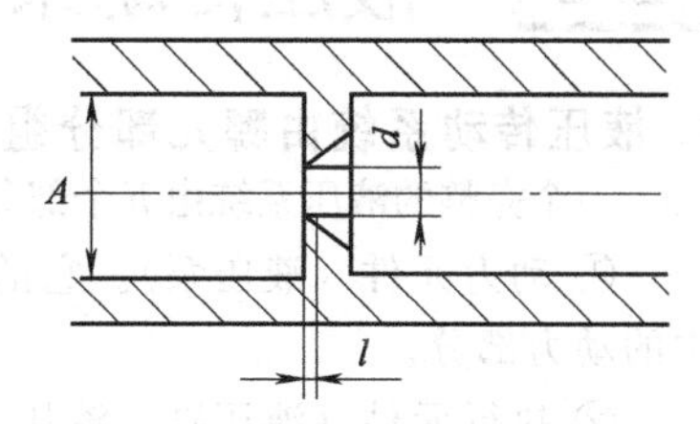

图1-18 薄壁小孔的流量计算

28. 液流流经薄壁小孔的流量怎样计算？

薄壁小孔指小孔的长径比$l/d\leqslant 0.5$（图1-18），其流量公式为：

$$Q=60cA\sqrt{\frac{2}{\rho}\Delta p} \tag{1-11}$$

式中 c——流量系数，对矿物油，$D/d\geqslant 7$时$c=0.62$，$D/d<7$时$c=0.7\sim0.8$；

A——小孔通道面积，cm^2；

ρ——油液密度，g/cm^3；

Δp——小孔前后的压力差，bar。

29. 液压元件中常见有哪几种间隙的流量计算公式?

表 1-2 为几种间隙的流量计算公式。

表 1-2　几种间隙的流量计算公式

项　　目	计算公式	缝隙的示意图
平行平板缝隙的流量	$Q=6\times10^4\dfrac{b\delta^3\Delta p}{12\mu\rho l}$	
同心环形缝隙的流量	$Q=6\times10^4\dfrac{\pi d\delta^3\Delta p}{12\mu\rho l}$	
偏心环形缝隙的流量	$Q=6\times10^4\dfrac{\pi d\delta^3\Delta p}{12\mu\rho l}(1+1.5c^2)$	
平行圆盘缝隙的流量	$Q=6\times10^4\dfrac{\pi\delta^3\Delta p}{6\mu\rho l n\dfrac{D}{d}}$	

1.3 液压传动系统简介

1. 液压传动系统由哪几部分组成?

一个完整的液压系统由五个部分组成，即动力元件、执行元件、控制元件、辅助元件和工作介质。

① 动力元件（液压泵）。它的作用是把液体利用原动机的机械能转换成液压能，是液压传动中的动力部分。

② 执行元件（液压缸、液压马达）。它将液体的液压能转换成机械能。其中，液压缸做直线运动，马达做旋转运动。

③ 控制元件。包括压力阀、流量阀和方向阀等。它们的作用是根据需要、无级调节液动机的速度，并对液压系统中工作液体的压力、流量和流向进行调节控制。

④ 辅助元件。除以上装置外的其他元器件都被称为辅助装置，如油箱、过滤器、蓄能器、冷却器、管件、管接头以及各种信号转换器等。它们是一些对完成主运动起辅助作用的元件，在系统中是必不可少的，对保证系统正常工作有着重要的作用。

⑤ 工作介质。工作介质是指各类液压传动中的液压油或乳化液，它经过液压泵和液动机实现能量转换。

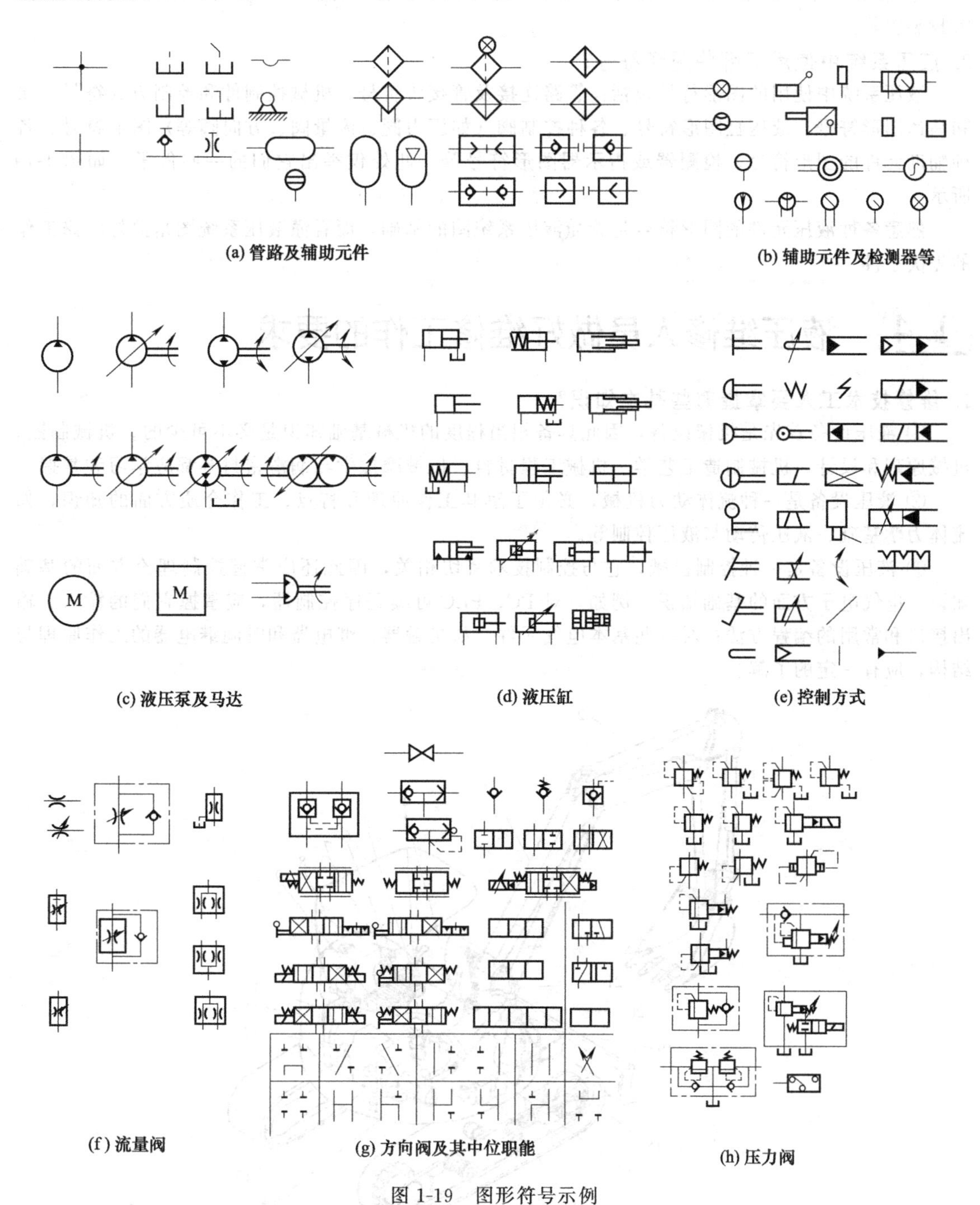

(a) 管路及辅助元件　(b) 辅助元件及检测器等　(c) 液压泵及马达　(d) 液压缸　(e) 控制方式　(f) 流量阀　(g) 方向阀及其中位职能　(h) 压力阀

图1-19　图形符号示例

2. 液压系统中使用了哪些液压元件？

① 动力元件：齿轮泵、叶片泵、柱塞泵、螺杆泵。

② 执行元件：液压缸（活塞液压缸、柱塞液压缸、摆动液压缸、组合液压缸）；液压马达（齿轮式液压马达、叶片液压马达、柱塞液压马达）。

③ 控制元件：方向控制阀（单向阀、换向阀）、压力控制阀（溢流阀、减压阀、顺序阀、压

力继电器等)、流量控制阀（节流阀、调速阀、分流阀)。

④ 辅助元件：蓄能器、过滤器、冷却器、加热器、油管、管接头、油箱、压力计、流量计、密封装置等。

3. 液压系统中使用了哪些图形符号?

液压系统中使用的图形符号包括：管路连接及管接头符号、机械控制件和控制方式符号、泵和马达图形符号、液压缸图形符号、各种控制阀（如压力阀、流量阀、方向阀等）图形符号、各种辅助元件的图形符号、检测器或指示器图形符号等。此处仅举出它们的一些例子，如图 1-19 所示。

熟悉各种液压元件的图形符号是看懂液压系统图的基础，而看懂液压系统图是搞好维修工作的先决条件。

1.4 液压维修人员做好维修工作的要求

1. 维修技术工人要掌握哪些基本知识?

① 液压设备首先是机械设备，因此具备相当程度的机械基础知识是必不可少的。机械制图、机械原理和设计、机械制造工艺学、机械工程材料、机械摩擦学与润滑密封等都应学习和掌握。

② 液压设备是一种流体动力机械，必须了解其工作原理和特点、工作介质方面的知识，如流体力学基础、液压传动与液压控制等。

③ 液压设备是一种控制机械，它与控制技术密切相关，因此还应掌握控制理论方面的基础知识、电气电子方面的基础知识。例如，对 PC、PLC 可编程序控制器，应掌握它们的输入、输出接口和常用的编程方法；对一些基本电气元件，如接触器、继电器和时间继电器的工作原理与结构，应有一定的了解。

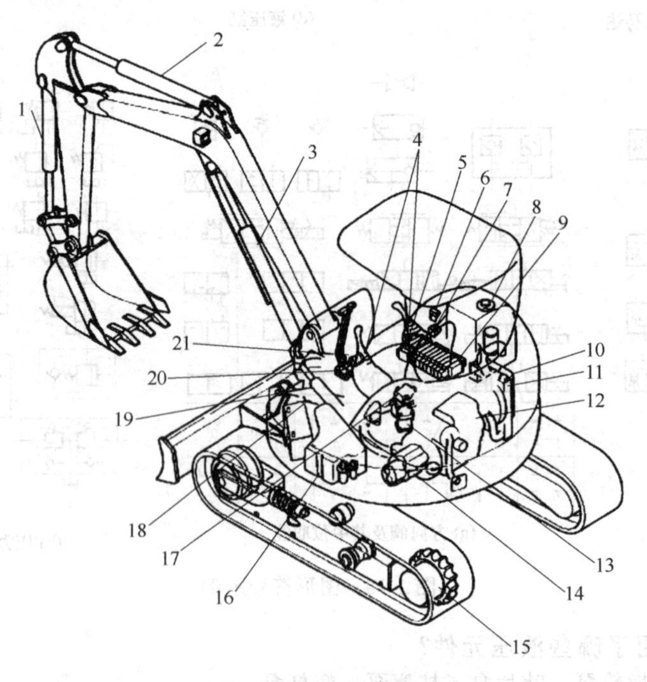

图 1-20　液压挖掘机

1—铲斗液压缸；2—斗杆液压缸；3—动臂液压缸；4—前端附件/回转先导阀；5—推土铲先导阀；6—螺塞；7—电磁阀；8—液压油箱；9—控制阀；10—油冷却器；11—散热器；12—发动机；13—中央回转接头；14—泵装置；15—行走装置；16—燃油箱；17—回转装置；18—推土铲液压缸；19—动臂回转液压缸；20—行走先导阀；21—动臂回转先导阀

④ 液压系统还是一个信息系统，在液压系统内部各组成部分之间、液压系统与外部环境之间，都有着广泛的信息交流，因此对信息技术方面的知识也必须有一定程度的了解。

⑤ 随着电子技术与计算机技术的进步，液压技术与之相互渗透和交流，“机-电-液（气）一体化”已经不再是一个新名词，越来越多的液压设备采用可编程控制器、单片机等工业控制机进行控制，因而还需掌握一定的计算机技术基础知识。

⑥ 其他知识：如液压测试技术、故障诊断学、与设备执行任务相关的技术（如塑料加工、冶金、汽车、建筑工程、金属切削与无切削加工等）。

2. 面对一台液压设备，维修人员应该怎么办?

① 对安装在液压设备上的各种液压元件的外表形状要熟知，与液压系统图对得上号，解决“是什么”的问题。

② 对各个液压元件在液压系统中的作用必须了解，解决“干什么”的问题。

③ 对各种液压元件的内部结构和工作原理要清楚，尽量做到了如指掌，解决“为什么”的问题。

④ 对液压回路和整个液压系统有全面认识，掌握各液压元件在回路和系统中的作用和彼此的关联，解决“怎么样”的问题。

如图 1-20 所示为液压挖掘机，对照图注，可解决它们“是什么”、“干什么”、“为什么”和“怎么样”的问题。

1.5 液压维修人员怎样看液压系统图

1. 液压系统图基本知识有哪些?

（1）弄清液压系统图形符号的构成元素

构成液压图形符号的要素有点、线、圆、半圆、三角形、正方形、长方形、囊形等。

点表示管路的连接点，表示两条管路或阀板内部流道是彼此相通的。

实线表示主油路管路；虚线表示控制油路管路；点画线所框的内部表示若干个阀装于一个集成块体上，或者表示组合阀，或者表示一些阀都装在泵上控制该泵。

大圆加一个实心小三角形表示液压泵或液压马达（两者三角形方向相反），中圆表示测量仪表，小圆用来构成单向阀与旋转接头、机械铰链或滚轮的要素。

（2）了解液压图形的功能要素符号

表示功能要素的图形符号有三角形、直与斜的箭头、弧线箭头等。

实心三角形表示传压方向，并且表示所使用的工作介质为液体。泵、马达、液动阀及电液阀都有这种功能要素的实心三角形。

箭头表示液流流过的通路和方向，液压泵、液压马达、弹簧、比例电磁铁等上面加的箭头表示它们是可进行调节的。

弧线单、双向箭头表示电机、液压泵、液压马达的旋转方向，双向箭头表示它们可以正反转；“www”表示弹簧，“ϟ”表示电气，“⊥”表示封闭油口，“≍”表示节流阻尼小孔等。

液压源

进油管路、工作管路和回油管路

控制管路

泄油管路

管路连接

管路交叉

图 1-21 管线的符号

（3）搞清楚各种控制方式的图形符号

例如：表示手动，表示液控，表示电液控等。

（4）要熟知各种液压元件的图形符号

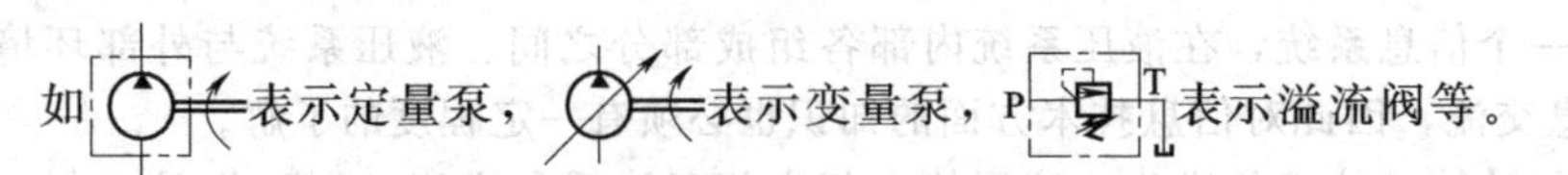

(5) 明白液压辅助元件的图形符号及含义

① 管线的符号见图 1-21。

② 油冷却器的图形符号见图 1-22。

③ 油面计、温度计与压力表的图形符号见图1-23。

④ 过滤器与空气滤清器的图形符号见图 1-24。

⑤ 蓄能器的图形符号见图 1-25。

⑥ 油箱及油箱上元件的图形符号见图 1-26。

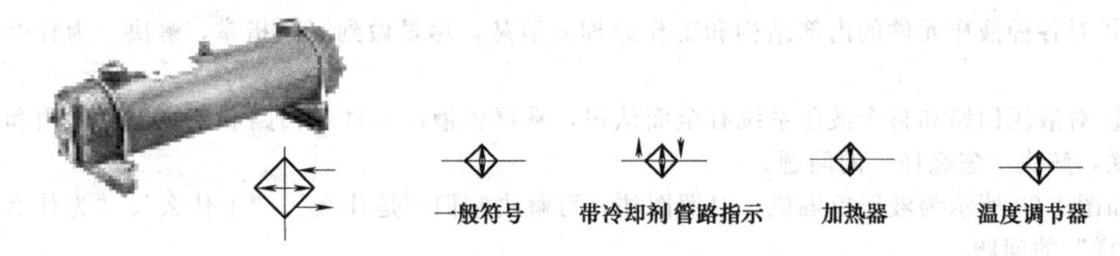

图 1- 22　油冷却器的图形符号

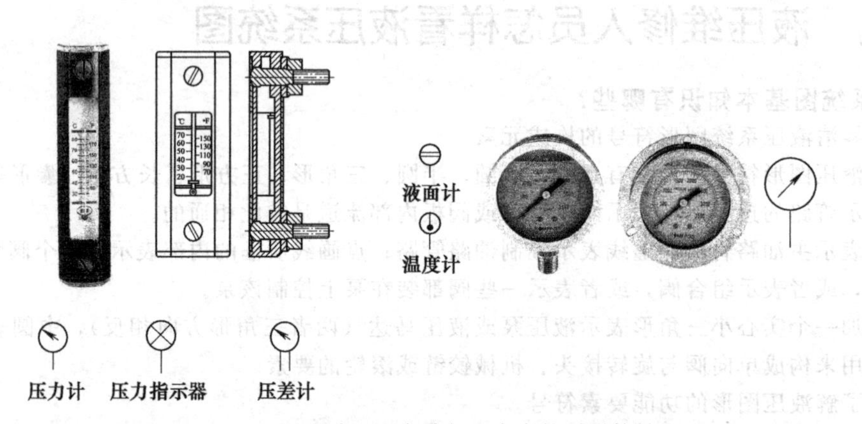

图 1-23　油面计、温度计与压力表的图形符号

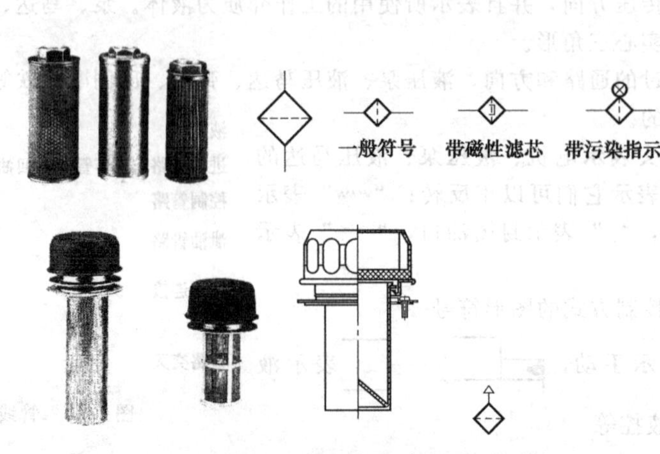

图 1-24　过滤器与空气滤清器的图形符号

2. 如何才能看懂液压系统图?

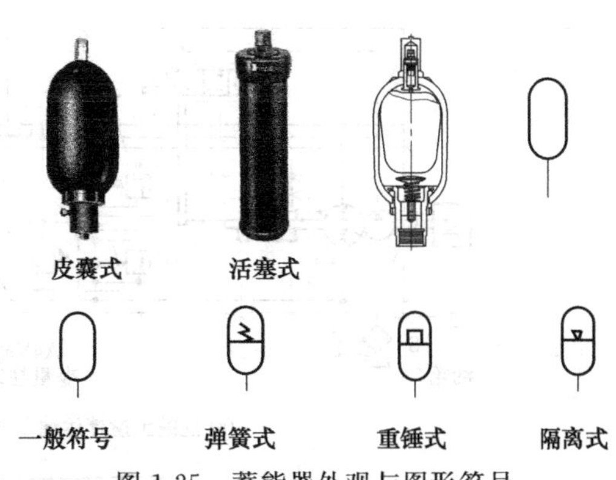

图 1-25 蓄能器外观与图形符号

在调试、使用与维修设备时，看懂液压系统图是关键。为了看懂液压系统图需要：

① 掌握一些液压传动的基础知识。

② 熟悉液压系统的组成。

③ 熟悉液压元件的外观、工作原理、结构和图形符号。

④ 了解液压系统中常用的一些基本回路的工作原理。

⑤ 弄清系统图中所有液压元件之间各油路的连接关系与油路走向。

⑥ 了解液压系统的工作程序、动作循环，以及动作循环中各种控制方式与动作转换方式。

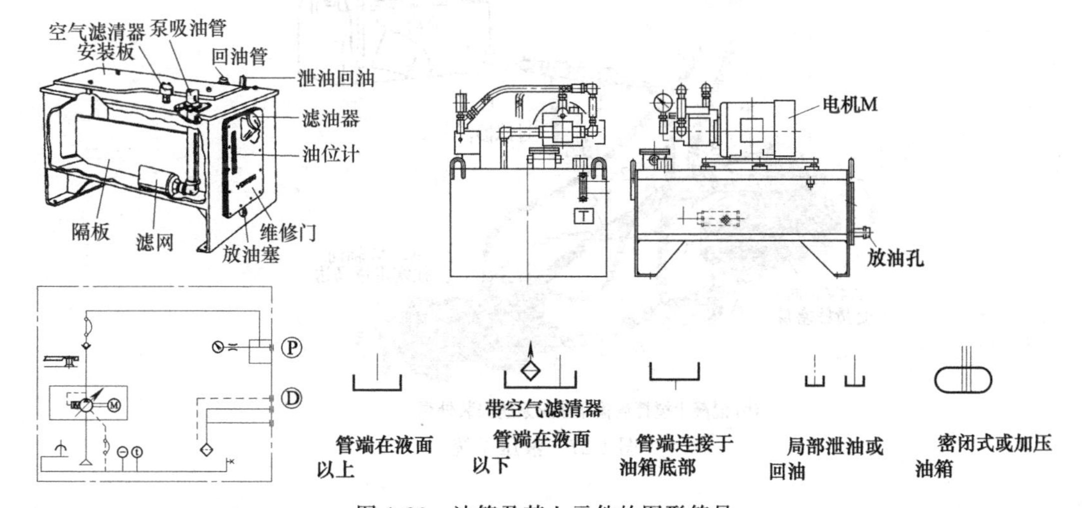

图 1-26 油箱及其上元件的图形符号

(1) 方法 1：抓两头连中间

① 先从系统图中找出一头的泵源，另一头为所有的执行元件——液压缸和液压马达。

② 了解每个执行元件在系统中各执行什么动作（有可能的话，还应了解各执行元件的动作循环）。

③ 了解各执行元件动作的相互关系。

④ 在前三步的基础上，根据系统图中各液压元件的工作原理，判断其在系统中可能起的作用。

⑤ 从油源（泵源回路）开始，遵循“油液由高压处流向低压处”和“油液尽可能沿液阻小的油路流动”这两条原则，沿油液走向分解出各执行元件完成自身动作的基本回路。

⑥ 将这些基本回路通盘考虑，就可看懂整个液压系统的工作原理。

(2) 方法 2：与实物相对照，看懂液压系统图

图 1-27 (a) 为混凝土搅拌运输车液压系统，图 1-27 (b) 为安装外观。两图相对照，可很容易看懂混凝土搅拌运输车液压系统图。

(3) 方法 3：化整为零，各个击破

图 1-28 (a) 为加工轴承用的某半自动车床液压系统。如将其分解成图 1-28 (b)～(d)，便可化整为零，各个击破。

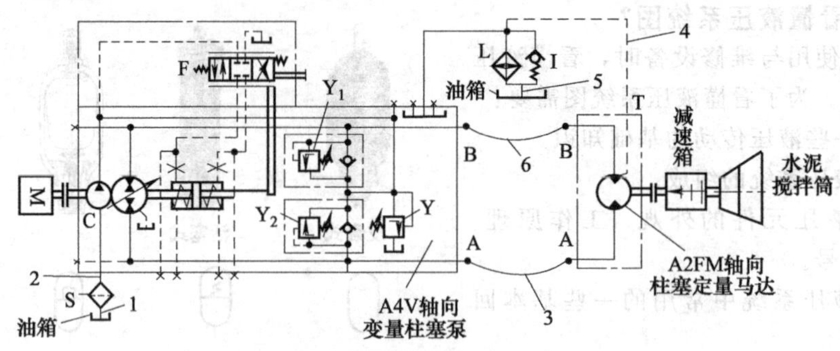

(a) 混凝土搅拌运输车液压系统

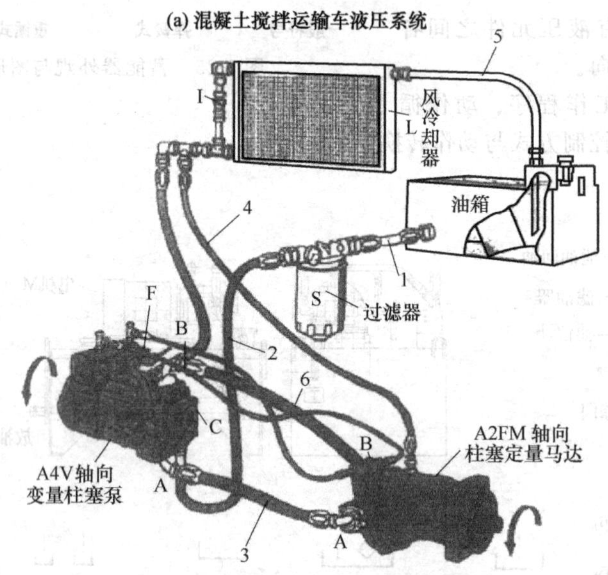

(b) 混凝土搅拌运输车液压系统安装外观

图 1-27　液压系统

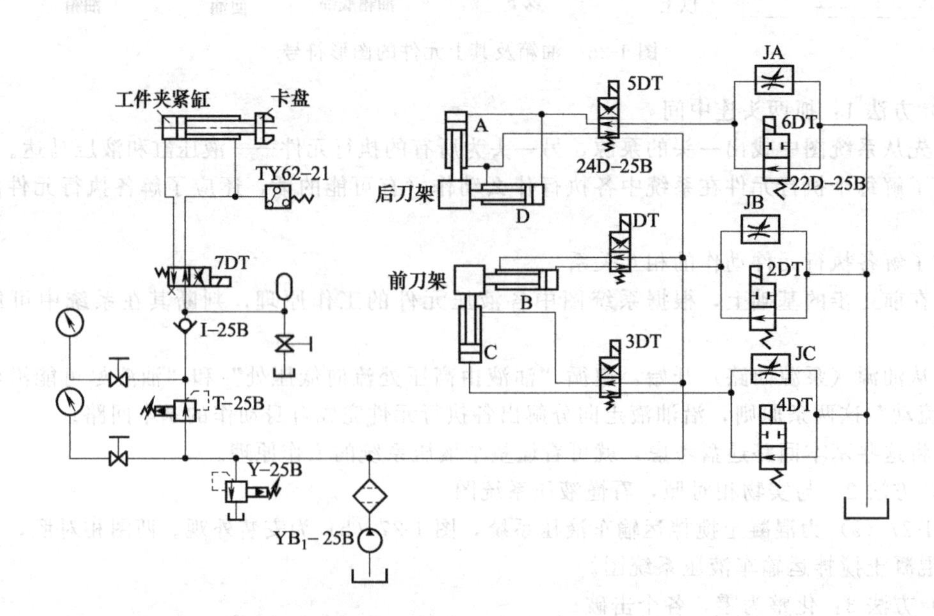

(a) 半自动车床液压系统

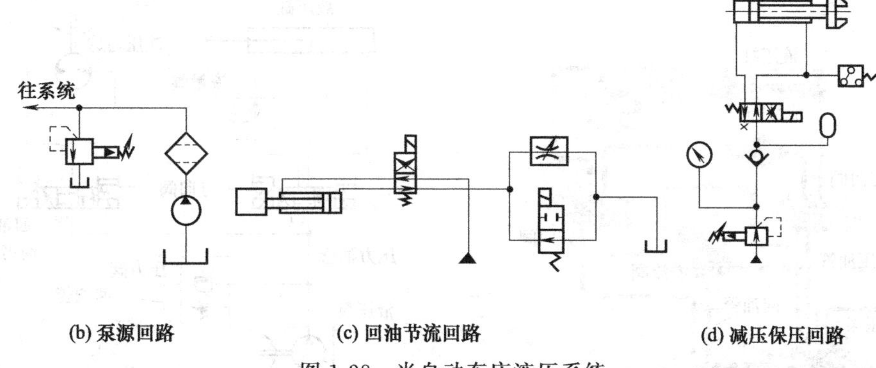

(b) 泵源回路　(c) 回油节流回路　(d) 减压保压回路

图 1-28 半自动车床液压系统

(4) 方法 4：化繁为简，从复杂到简单

如图 1-29 所示，左图为泵的详细符号，右图为简化符号，可使液压系统图得到简化。

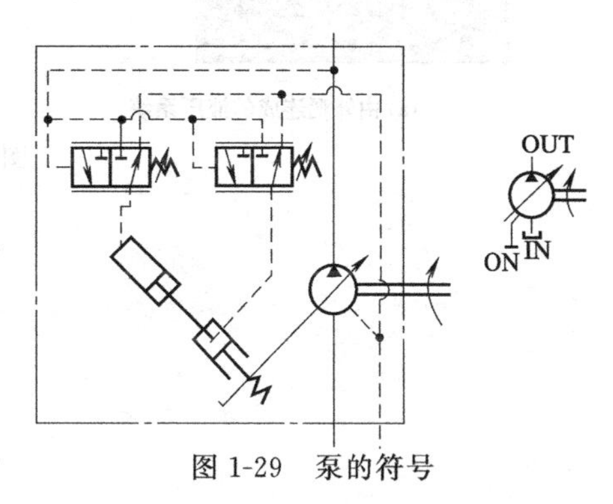

图 1-29 泵的符号

如图 1-30 所示，图 1-30（a）中有五个相同的部分，比较复杂，看图时只取其一［图 1-30（b）］，略去其四，便可做到“化繁为简，从复杂到简单”。

(5) 方法 5：根据系统中液压元件外观所对应的图形符号看液压系统图

如图 1-31（b）所示，根据设备上所装的各种液压元件外观，在搞清楚每一元件对应的图形符号后，如液压缸是什么图形符号，液压泵是什么图形符号……便可看懂液压系统图。

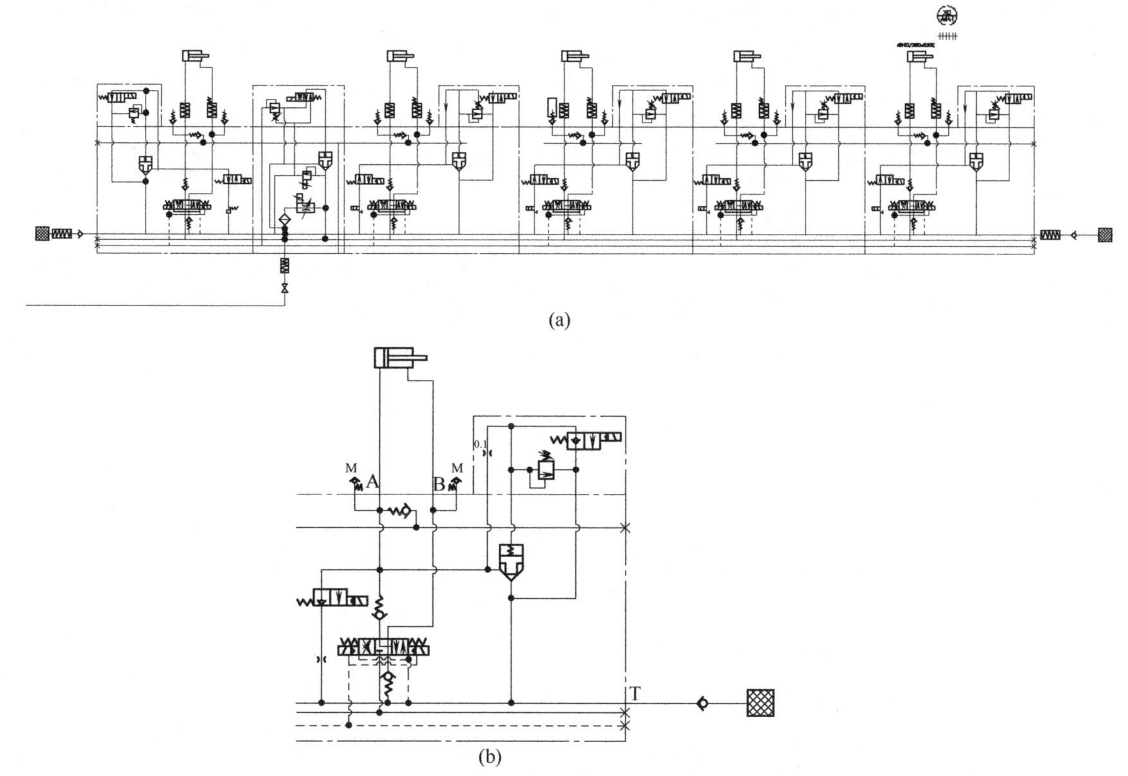

图 1-30 盾构机液压系统

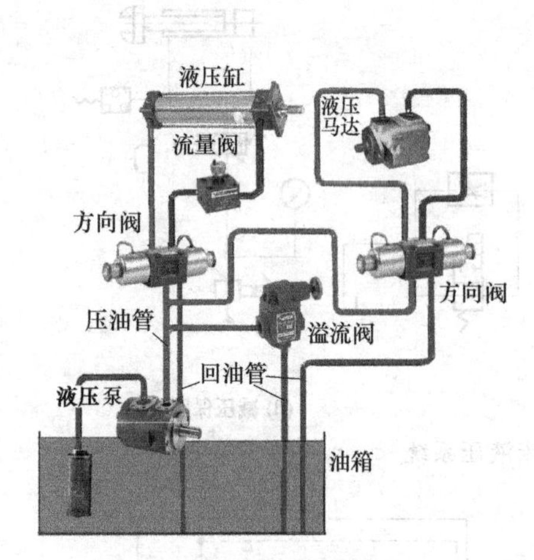

(a) 由外观连成的液压系统

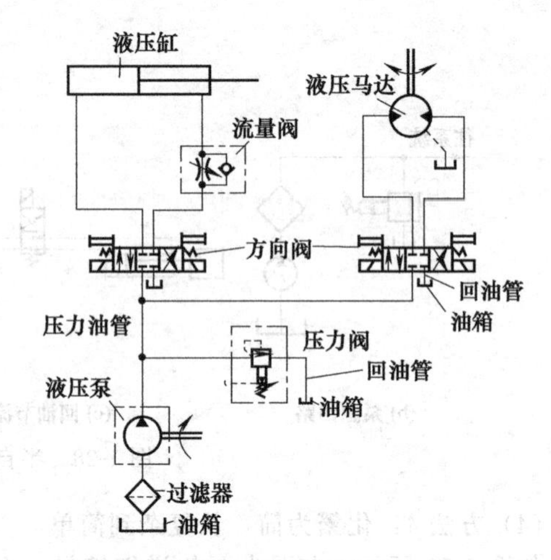

(b) 由机能图形符号连成的液压系统

图 1-31 液压系统

第2章 液压泵

2.1 泵概述

2.1.1 简介

1. 液压泵在液压系统中起什么作用?

液压泵是液压系统的心脏，简称液压泵。在液压系统中，一定至少有一个泵。液压泵是一种能量转换装置，它的作用是使流体发生运动，把机械能转换成流体能（也叫做液压能）。

泵是液压传动系统中的动力元件，由原动机（电动机或发动机）驱动，从原动机的输出功率中取出机械能，并把它转换成流体的压力能，为系统提供压力油液。然后，在需要做功的场所，由执行元件（液压缸或液压马达）把流体压力能转换成机械能输出。

2. 什么叫容积式液压泵? 什么叫密封容积? 水泵与液压泵有何区别?

一般地说，吸、排流体的泵，不是容积式的，便是非容积式的。用于液压系统中的液压泵则是利用泵内封闭容积的变化实现吸油和排油的，属于容积式泵，除了极少数的例外。

所谓封闭容积，在叶片泵上指的是，由两个相邻的叶片、定子、转子及两侧板构成的油腔(也叫工作空间)；在柱塞泵上指的是，由柱塞和柱塞缸体所构成的油腔；在齿轮泵上指的是，由两个齿轮相互啮合的齿和端盖所构成的油腔。

容积式泵，是在回转过程中，把油液从吸油口吸进来，充满于油腔，然后输送到排油口排出去。由此可见，容积式泵的排量取决于油腔可变容积的大小，与压力无关。

常见的水泵为非容积式泵（离心式泵）。在液压系统中使用的泵几乎都是容积式泵，虽然在叶片泵与部分径向柱塞泵中，离心力也参与其中进行工作。

水泵的工作原理是：使水泵的吸水口埋入水中，水泵壳体内灌满水，当电机或柴油机带动水泵的叶轮高速旋转时，由于叶轮的旋转搅动作用，产生离心力，将水从排出口抛出。

3. 液压泵怎样分类?

液压泵是把原动机（电动机、内燃机等）传递的机械能转换为液压能的机械装置。各类液压泵构成泵送作用的元件不同，但泵送原理是相同的，所有的泵在吸油侧容积增大，在压油侧容积减小。液压系统中使用的泵均为容积式泵，有许多类型，其中最典型的有：

按流量是否可调节分为变量泵和定量泵。输出流量可以根据需要来调节的称为变量泵，流量不能调节的称为定量泵。

按液压系统中常用的泵结构分为齿轮泵（含摆线泵）、叶片泵、柱塞泵和螺杆泵等(图 2-1)。

4. 液压泵中主要称谓的含义是什么?

表 2-1 为液压泵中主要称谓的含义。

5. 在选择液压泵时应注意什么问题?

液压泵是液压系统的动力元件，它决定着整个系统压力、流量的大小。因此，应根据系统所要求的压力、流量、价格、工作稳定性、准确性等来选用液压泵。还应考虑各种泵的优缺点，最后选定。

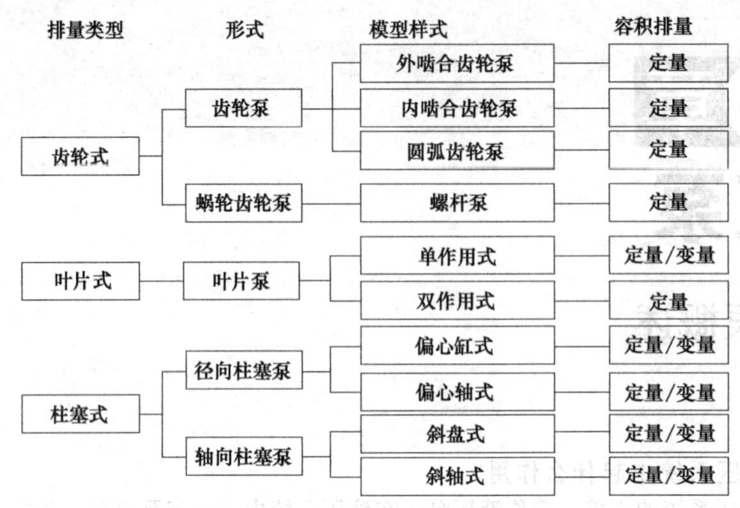

图 2-1 液压泵的分类

表 2-1 液压泵中主要称谓的含义

液压泵	将机械能转换为液压能的装置
容积式泵	流体能量的增加来自压力能的泵。其输出流量与轴的转速有关
变量泵	排量可改变的泵
定量泵	排量不可改变的泵
泵的控制	为调节输出流量或流向而对变量泵进行的控制
齿轮泵	由两个或多个齿轮啮合作为流体能转换件的泵
叶片泵	转子旋转时,由与凸轮环接触的一组径向滑动的叶片输出流体的泵
螺杆泵	具有一个或多个螺杆在腔体内转动而工作的泵
柱塞泵	由一个或多个柱塞往复运动而输出流体的泵
轴向柱塞泵	柱塞轴线与缸体轴线平行或略有倾斜的柱塞泵。柱塞可由斜盘或凸轮驱动
径向柱塞泵	柱塞径向排列的泵
斜轴式柱塞泵	驱动轴线与缸体轴线成一角度的轴向柱塞泵
手动泵	用手操作的泵
多级泵	几个串联工作的泵
多联泵	用一个公用轴驱动两个或两个以上的泵

6. 选择液压泵的原则是什么?

① 是否要求变量：径向柱塞泵、轴向柱塞泵、单作用叶片泵是变量泵。

② 工作压力：柱塞泵压力 31.5MPa；叶片泵压力 6.3MPa，高压化以后可达 21MPa；齿轮泵压力 2.5MPa，高压化以后可达 25MPa。

③ 工作环境：齿轮泵的抗污染能力最好。

④ 噪声指标：低噪声泵有内啮合齿轮泵、双作用叶片泵和螺杆泵，双作用叶片泵和螺杆泵的瞬时流量均匀。

⑤ 效率：轴向柱塞泵的总效率最高；同一结构的泵，排量大的泵总效率高。

7. 各种泵有哪些优缺点?

① 叶片泵：结构紧凑，外形尺寸小，运转平稳，流量均匀，脉动及噪声较小，寿命较长，效率一般高于齿轮泵，价格低于柱塞泵。中小流量的叶片泵常用在节流调节系统中，大流量的叶片泵，为避免功率损失过大，一般只用在非调节液压系统。叶片泵多用在机床、油压机、车辆、工程机械和塑料注射机的液压系统中。

② 齿轮泵：结构简单，价格较低，工作可靠，维护方便，对冲击负载适应性好，旋转部分惯性小。轴承负载较大，磨损较快，同叶片泵、柱塞泵比较，效率最低。多用在机床、工程机械、矿山机械、农业机械上。

③ 柱塞泵：结构紧凑，寿命长，噪声低，压力高，流量大，单位质量功率比大，易于实现流量的调节和流向的改变，但结构复杂，价格较高。柱塞泵特别是轴向柱塞泵，被广泛地应用在要求压力高、流量大并需要调节的大功率液压系统中。

④ 螺杆泵：实质上是一种齿轮泵，其特点是结构简单，重量轻；流量及压力的脉动小，输送均匀，无紊流，无搅动，很少产生气泡；工作可靠，噪声小，运转平稳性比齿轮泵和叶片泵高，容积效率高，吸入扬程高。但加工较难，不能改变流量。适用于机床或精密机械的液压传动系统。一般应用两螺杆或三螺杆泵，有立式及卧式两种安装方式。

8. 各种液压泵的性能怎样?

表 2-2 为液压系统的分类及性能比较。表 2-3 为液压系统的分类及性能特征。

表 2-2 液压系统的分类及性能比较

分类＼性能		压力范围/MPa	排量范围/(mL/r)	流量脉动	转速	容积效率/%	总效率/%	自吸性能	噪声	价格	抗污染能力
齿轮泵	外啮合	2.5～28	0.3～650	大	很高	0.7～0.9	0.6～0.8	优	较大	最低	优
	内啮合	≤30	0.8～300	小	高	0.8～0.95	0.8～0.9	较好	较小	低	中
摆线转子泵		0～16	2.5～150	很小	中	0.8～0.9	0.7～0.8	较好	较小	较低	中
叶片泵	双作用	6.3～21	0.5～480	很小	较低	0.8～0.95		一般	很小	中低	中
	单作用	≤16	1～320	小	较低	0.75～0.9		一般	小	中	中
凸轮转子泵		～8			低	0.8～0.9		较好	小	中低	中
轴向柱塞泵	斜盘式	≤4.0～70	0.2～560	大	中	0.85～0.9		差	最大	贵	差
	斜轴式	≤40	0.2～3600	大	中	0.85～0.9		差	最大	贵	较差
径向柱塞泵		10～20	20～720	大	低	0.8～0.9		差	很大	贵	中
螺杆泵		2.5～10	25～1500	最小	最高	0.8～0.9		最好	最小	贵	差

表 2-3 液压系统的分类及性能特征

类型		性能特征				价格	变量	其他
		吸入性能	流量脉动	噪声	最高转速			
齿轮泵	外啮合	较好	最大	较大	很高	最低	不能	齿轮通常用渐开线齿形
	内啮合	较好	小	较小	高	低	不能	齿轮通常用渐开线或摆线齿形
叶片泵	双作用	一般	很小	很小	低	中	不能	常用于要求噪声比较低的场合
	单作用	一般	小	小	低	中	能	
螺杆泵		最好	最小	最小	最高	高	不能	用于低噪声场合，抗污染性能好
轴向柱塞泵	斜盘式	差	大	最大	中	高	能	有通轴式和不通轴式两种
	斜轴式	差	大	最大	中	高	能	流量及功率最大，多用于大功率场合
阀式配油柱塞泵		最差	大	很大	低	高	困难	在结构上有轴向式和径向式两种
径向柱塞泵		差	大	很大	低	高	能	使用较少

9. 液压泵是怎样吸、压油的?

液压泵工作原理与医疗注射器或儿童玩的水枪相似。

如图 2-2 所示，注射器在吸入注射液之前，先把注射器套管内的芯子按到管底［图 2-2 (a)］，然后将针头插入装有注射液的瓶中，当把芯子往上拉时，套管下端的封闭空腔的容积逐渐增大，于是该封闭腔内便形成一定的真空度，这时作用在注射液药瓶液面上的大气压力便把注射液压入到注射器内［图 2-2 (b)］，这是注射器内封闭容腔的容积由小变大形成一定的真空度所产生的“吸”液作用，对液压泵这一过程叫“吸油”。

注射时刚好相反，当推动芯子下行，注射器内封闭容腔的容积逐渐由大变小，注射液便被挤出注入人体内［图 2-2 (c)］，对液压泵这一过程叫“压油”或“排油”。

以图 2-3 所示的手动泵为例，泵的吸、压油过程与上述打针的过程相同。

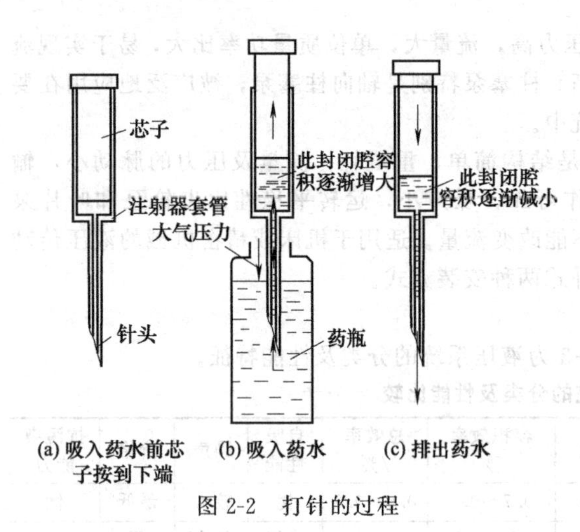

图 2-2　打针的过程

10. 液压泵正常工作须满足哪三个基本条件?

各类液压泵构成泵送作用的元件不同，但泵送原理是相同的，所有的泵在吸油侧容积增大，在压油侧容积减小。通过上述分析可以得出液压泵的工作原理和注射器工作时的情况完全一样，液压泵能正常吸油和压油必须满足三个条件。

① 无论是吸油还是压油，一定要有两个或两个以上由运动件和非运动件所构成的封闭（密封得很好，与大气压力隔开）容腔，其中一个（或几个）作吸油腔，一个（或几个）作压油腔。

② 密闭容积的大小随运动件的运动作周期性的变化，容积由小变大—吸油，由大变小—压油。

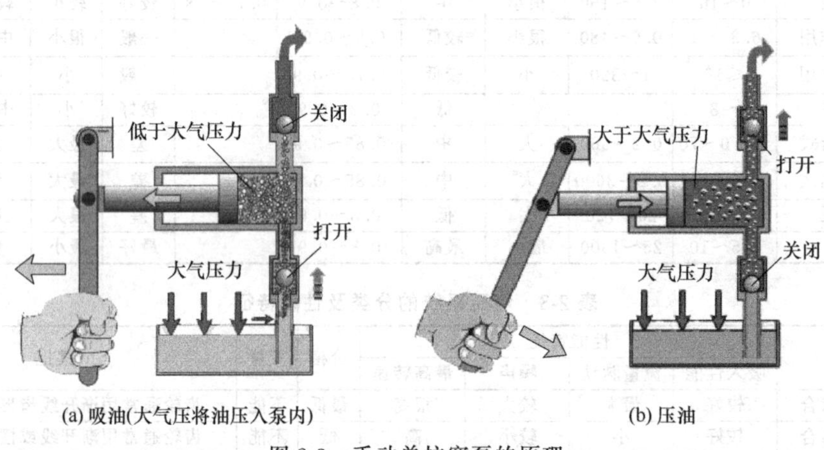

图 2-3　手动单柱塞泵的原理

封闭容腔的容积能逐渐由小变大（工作容积增大）时，实现“吸”油（实际是大气压将油压入），此容腔叫吸油腔（吸油过程）；封闭容腔的容积由大变小（工作容积减小）时，实现压排油，该容腔叫压油腔（压油过程）。液压泵的输出流量与此封闭容腔的容积大小有关，并与容积变化量和单位时间内的变化次数成正比，与其他因素无关。

③ 具有相应的配油机构，将吸油区与压油区分开。

密闭容积增大到极限时，先要与吸油腔隔开，然后转为排油；密闭容积减小到极限时，先要与排油腔隔开，然后转为吸油，即两腔之间要由一段密封段或用配油装置（如盘配油、轴配油或阀配油）将两者隔开。未被隔开或隔开得不好而出现压、吸油腔相通时，则会因吸油腔和压油腔相通而无法实现容腔由小变大或由大变小的容积变化（相互抵消变化量），这样在吸油腔便形不成一定的真空度，从而吸不上油，在压油腔也就无油液输出了。

各种类型的液压泵吸、压油时均需满足上述三个条件，这将在后述的内容加以说明。不同的泵有不同的工作腔、不同的配油装置，但其必要条件可归纳为：作为液压泵必须有可周期性变化的密封容积，必须有配油装置控制吸、压油过程。

2.1.2　液压泵的主要性能参数与计算

液压泵的主要性能参数是指液压泵的压力、排量和流量、功率和效率等。

1. 什么叫液压泵的工作压力、额定压力和最高允许压力？三者有何关系？

① 工作压力：指液压泵在实际工作时输出油液的压力值，即油液克服阻力而建立起来的压力，

也称系统压力。液压泵的工作压力与外负载有关，若外负载增加，液压泵的工作压力也随之升高。

② 额定压力：指在保证液压泵的容积效率、使用寿命和额定转速的前提下，泵连续长期运转时允许使用的压力最大限定值。液压泵的额定压力是指液压泵在连续工作中允许达到的最高工作压力，即在液压泵铭牌或产品样本上标出的压力。

③ 最高允许压力：指泵在短时间内允许超载使用的最高工作压力。

考虑液压泵在工作时应有一定的压力储备，并有一定的使用寿命和容积效率，液压泵在正常工作时，其工作压力应小于或等于泵的额定压力，否则就会过载。在液压系统中，定量泵的工作压力由溢流阀调定，并加以稳定；变量泵的工作压力可通过泵本身的调节装置来调整。最高允许压力比额定压力稍高些，液压泵铭牌或产品样本上有些有标注，有些无标注。

2. 什么叫液压泵的额定转速、最高转速与最低转速（常用单位为 r/min）?

① 额定转速 n_0：在额定压力下，根据试验结果推荐能长时间连续运行并保持较高运行效率的转速。

② 最高转速 n_{max}：在额定压力下，为保证使用寿命和性能所允许的短暂运行的最高转速。其值主要与液压泵的结构形式及自吸能力有关。

③ 最低转速 n_{min}：为保证液压泵可靠工作或运行效率不致过低所允许的最低转速。

3. 什么叫液压泵的排量、流量、理论流量、实际流量和额定流量？它们之间有什么关系?

① 排量 V：在不考虑泄漏的情况下，液压泵主轴每转一周，所排出的液体的体积称为排量，又称为理论排量、几何排量。

② 排量的单位：ISO 标准单位为 m^3/r，常用单位为 mL/r。液压泵的排量取决于液压泵密封腔的几何尺寸，不同的泵，因参数不同，排量也不一样。

③ 流量 Q：是指液压泵在单位时间内输出油液的体积。

④ 流量的单位：ISO 标准单位为 m^3/s，常用单位为 L/min。流量又分理论流量、实际流量和额定流量等。

⑤ 理论流量 Q_{th}：是指不考虑液压泵泄漏损失的情况下，液压泵在单位时间内输出油液的体积。其值等于泵的排量 V 和泵轴转速 n（r/min）的乘积，即 $Q_{th}=Vn/1000$（L/min）。

⑥ 实际流量 Q_0：指单位时间内液压泵实际输出油液体积。由于工作过程中泵的出口压力不等于零，因而存在内部泄漏量 ΔQ（泵的工作压力越高，泄漏量越大），使得泵的实际流量小于泵的理论流量。$Q_0=Q_{th}-\Delta Q$。

⑦ 额定流量：泵在额定转速和额定压力下输出的实际流量。由于液压泵在工作中存在泄漏损失，所以液压泵的实际输出流量小于理论流量。泵的产品样本或铭牌上标出的流量为泵的额定流量。

4. 什么叫液压泵的功率?

液压泵的输入功率为机械功率，以泵轴上的转矩 T 和角速度 ω 的乘积来表示；液压泵的输出功率为液压功率，以压力 p 和流量 q 的乘积来表示。

（1）输入功率 P_i

$$P_i=\omega T=2\pi nT \tag{2-1}$$

液压泵的输入功率是电机的输出功率，即实际驱动泵轴所需的机械功率。

（2）输出功率 P_o

液压泵的输出功率（kW）用其实际流量 Q_0（m^3/s）和出口压力 p（Pa）的乘积表示

$$P_o=pQ_0 \tag{2-2}$$

5. 什么叫液压泵的机械效率、容积效率和总效率?

实际上，液压泵能量在转换过程中是有损失的，因此输出功率小于输入功率，两者之差即为功率损失。液压泵的功率损失有机械损失和容积损失，因摩擦而产生的损失是机械损失，因泄漏而产生的损失是容积损失，功率损失用效率来描述。

（1）机械效率 η_m

液体在泵内流动时，液体黏性会引起转矩损失，泵内零件相对运动时，机械摩擦也会引起转矩损失。机械效率 η_m 是泵所需要的理论转矩 T_{th} 与实际转矩 T_0 之比，即

$$\eta_m = T_{th}/T_0 \tag{2-3}$$

(2) 容积效率 η_V

在转速一定的条件下，液压泵的实际流量与理论流量之比定义为泵的容积效率，即

$$\eta_V = Q_0/Q_{th} = 1 - \Delta Q/Q_{th} = 1 - \Delta Q/(nV) \tag{2-4}$$

式中 ΔQ——液压泵的泄漏量。

在液压泵结构形式、几何尺寸确定后，泄漏量 ΔQ 的大小主要取决于泵的出口压力，与液压泵的转速（对定量泵）或排量（对变量泵）无多大关系。因此液压泵在低转速或小排量条件下工作时，其容积效率将会很低，以致无法正常工作。

(3) 总效率 η

液压泵的输出功率与输入功率之比，即

$$\eta = P_o/P_i = pQ_0/(2\pi nT) = \eta_V \eta_m \tag{2-5}$$

液压泵的总效率 η 在数值上等于容积效率和机械效率的乘积。液压泵的总效率、容积效率和机械效率可以通过实验测得。

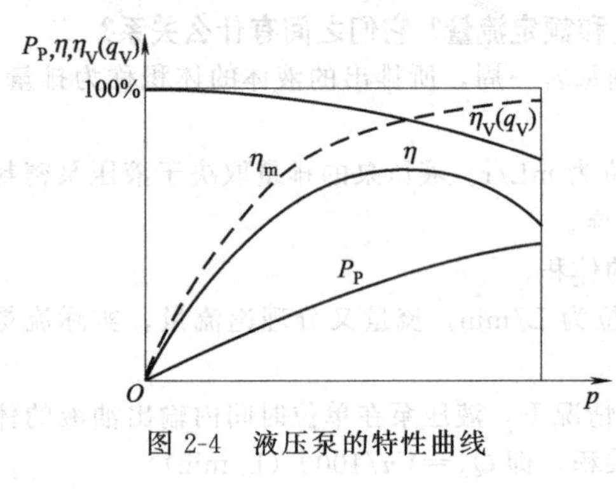

图 2-4 液压泵的特性曲线

(4) 泵的效率特性

泵的效率特性是指在一定油液进口温度、一定转速下泵的容积效率和机械效率随工作压力变化的曲线。有时为了全面评价泵的效率，需要知道它在整个转速、压力范围内的特性曲线。图 2-4 为液压泵的特性曲线。

(5) 液压系统的噪声

液压泵的噪声通常用分贝衡量，液压泵噪声产生的原因主要包括：流量脉动、液流冲击、零部件的振动、摩擦以及液压冲击等。

6. 怎样计算液压泵的一些参数?

液压泵主要参数的计算方法如下。参见图 2-5。

流量 $Q = \dfrac{Vn\eta_V}{1000}$

转矩 $T = \dfrac{V\Delta p}{20\pi\eta_m}$

功率 $P = \dfrac{2\pi Tn}{60000} = \dfrac{Q\Delta p}{600\eta}$

V——排量，cm^3/r；

Δp——压差，bar；

n——转速，r/min；

η_V——容积效率；

η_m——机械效率；

η——总效率。

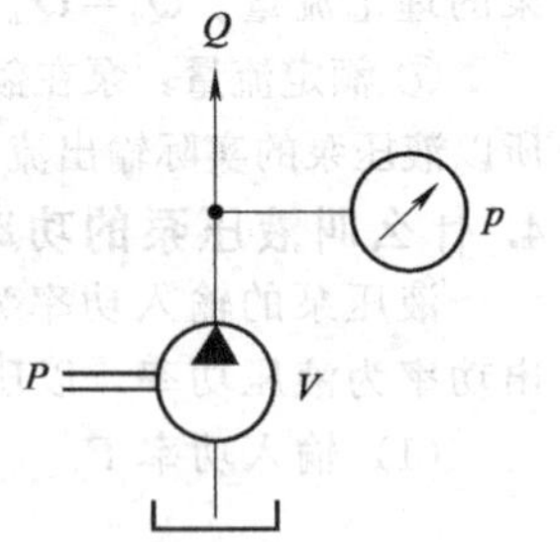

图 2-5 液压泵主要参数的计算

7. 举例说明怎样计算驱动该泵所需电机的功率?

已知 CBG2040 型中高压齿轮泵的排量为 40.6mL/r，该泵在转速 1450r/min、压力 10MPa 工况下工作，泵的容积效率 $\eta_V = 0.95$，总效率 $\eta = 0.9$，求驱动该泵所需电机的功率 P_i 和泵的输出功率 P_o？

解：(1) 求泵的输出功率 P_o

液压泵的实际输出流量 Q_0：

$$Q_0 = Q\eta_V = Vn\eta_V = 40.6 \times 10^{-3} \times 1450 \times 0.95 = 55.927\text{L/min}$$

则液压泵的输出功率为：

$$P_o = pQ_0 = 10\times10^6\times55.927\times10^{-3}/(60\times10^3) = 9.321\text{kW}$$

(2) 求电机的功率 P_i

电机功率即泵的输入功率

$$P_i = P_o/\eta = 9.321/0.9 = 10.357\text{kW}$$

查电机手册，应选配功率为11kW的电机。

2.1.3 液压泵的安装和使用

1. 安装泵基座应注意哪些事项?

对大功率泵，泵电机组件不要安装在油箱上，而且安装台选用刚性材料（图2-6），泵和电机选用共同的基础、以共同的基准支承，地脚应固定牢靠。安装液压泵支架座要牢固、刚性好，并能充分吸收振动。电机底座与电机之间应装一层防振用的硬橡胶。

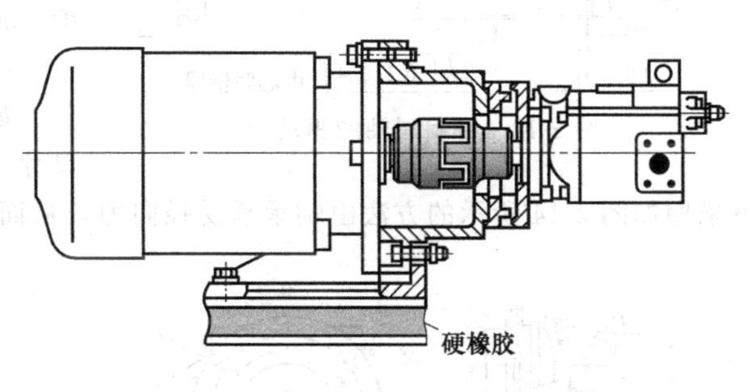

图2-6 泵的安装基座

2. 泵与电机之间的联轴器安装注意事项有哪些?

泵与电机之间的联轴器原则上应尽量使用挠性联轴器。挠性联轴器原则上不可将任何径向力或轴向力传至泵（图2-7）。轴与联轴器应配合良好。拆卸联轴器要用拉马之类的专用工具，装入联轴器务必小心，避免直接敲打泵轴。

无论是用法兰圆形支架还是直角支座安装泵，电机与液压泵之间的轴偏心均应在0.5mm以内，其角度误差应在1°以内（图2-8），并按图2-9所示方法检查其安装精度。

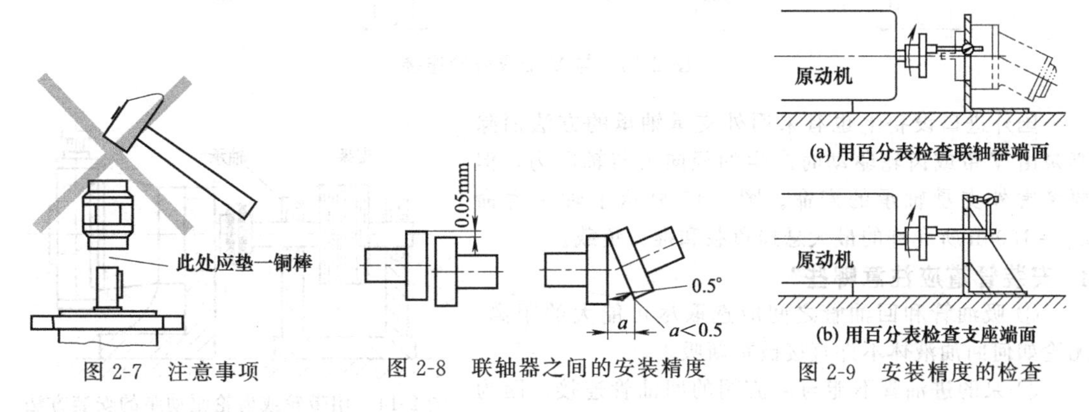

图2-7 注意事项　　图2-8 联轴器之间的安装精度　　图2-9 安装精度的检查

3. 泵与电机等的连接方式有哪几种?

(1) 采用挠性联轴器连接（图2-10）

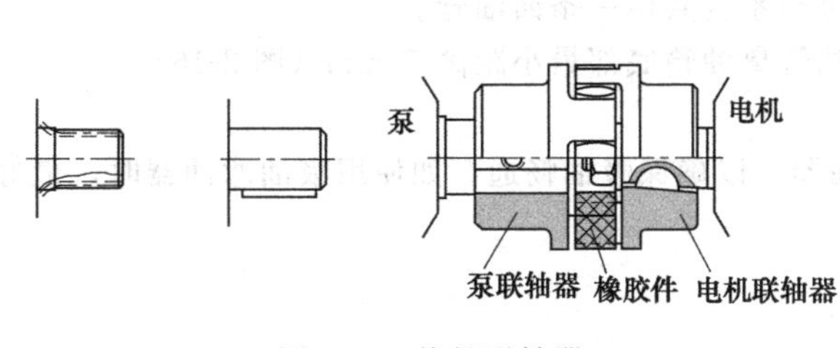

图2-10 挠性联轴器

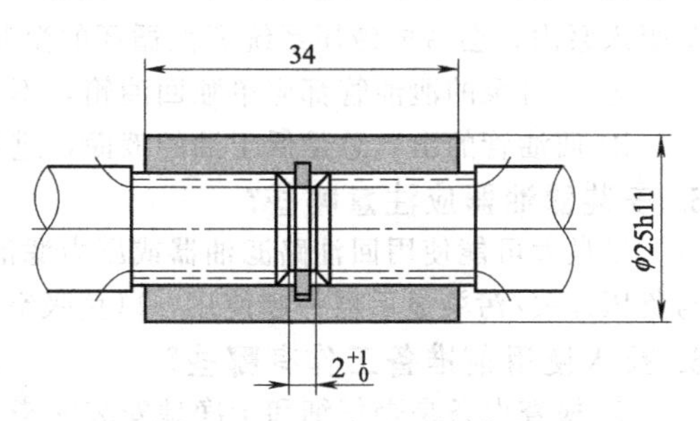

图2-11 套筒联轴器

这是一种最普遍的连接方式。

(2) 采用套筒联轴器连接（图 2-11）

常用于 DIN 或 SAE 的花键连接。注意：在泵或套筒联轴器上，不得施加任何径向力或轴向力。套筒必须能够自由地进行轴向运动。泵轴和驱动轴之间的距离必须为 2^{+1}_{0}mm。必须进行浸油或油雾润滑。

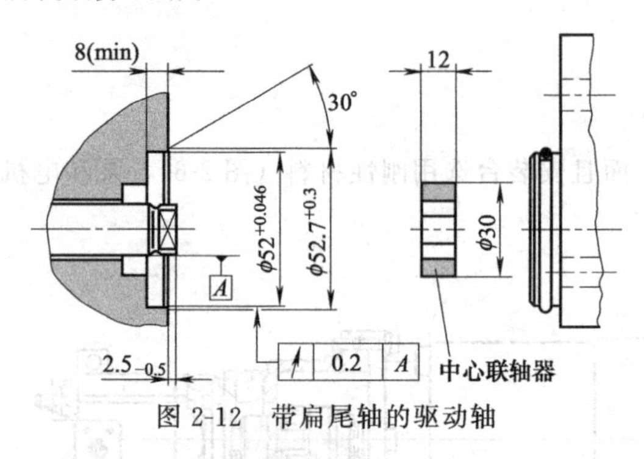

图 2-12　带扁尾轴的驱动轴

(3) 采用带扁尾轴的驱动轴进行连接（图 2-12）

有些泵为了使泵与电机、发动机或减速机紧密连接，泵轴有一个特殊的扁尾轴，与中心联轴器（不包含在泵内）组合在一起。此处无轴封。

驱动轴用表面淬火钢，表面硬化深 0.6mm，硬度 (60±3)HRC，表面磨削，表面粗糙度≤4μm。

(4) 与 V 带（三角皮带）和齿轮的连接

如泵轴上需连接 V 带或齿轮，对图 2-13 中尺寸 a、d_m、d_W 和角度 α 应有所控制。必要时可采用如图 2-14 所示的方法由轴承承受径向力，从而减轻泵承受的径向力。

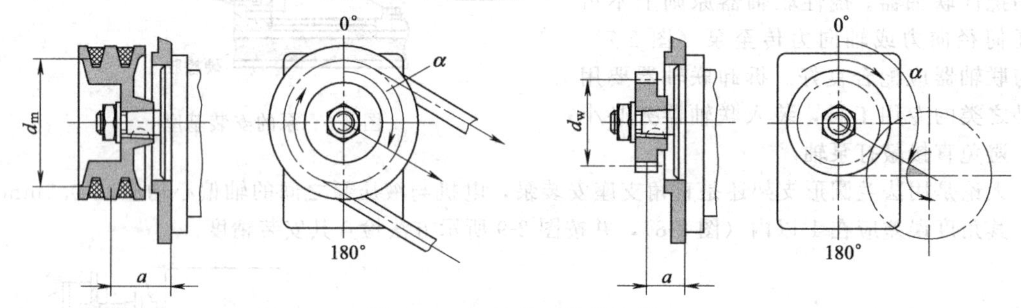

图 2-13　与 V 带或齿轮连接

国外进口设备上也有采用外支承轴承的方法消除当泵由 V 带或齿轮驱动时产生的径向力与轴向力，但要考虑外支承轴承的寿命。图 2-15 显示了轴承寿命 L_H＝1000h 所允许的最大悬挂负载和推力负载。

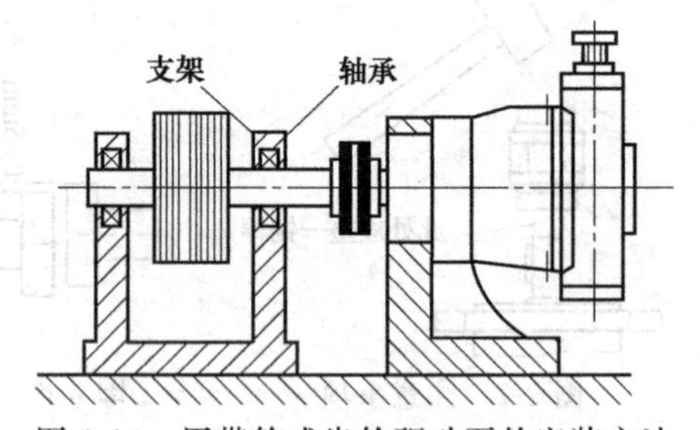

图 2-14　用带轮或齿轮驱动泵的安装方法

4. 安装管道应注意哪些?

① 吸油管和回油管之间应选取尽可能大的距离，无论如何回油液体不许直接被重新吸走。

② 泵的进油管不能与溢流阀的回油管连接。因为溢流阀的回油管排出的是热油，如果热油不经油箱冷却吸入泵内，会造成液压系统恶性循环的温升，温度越升越高，导致故障越多。

③ 每台泵的泄油管都应单独回油箱，不可与系统共用一条回油管。

④ 回油管的出口总是低于油的液面，进油管离油箱底部最小距离 50mm（图 2-16）。

5. 安装滤油器应注意哪些?

尽最大可能使用回油路滤油器或压力滤油器，以确保吸油畅通。如使用吸油滤油器时，最好与负压开关/污染显示器一起使用，以免吸空。

6. 投入使用前准备工作有哪些?

① 检查设备是否仔细和干净地安装完毕。

② 用所要求过滤精度的滤油器注油。

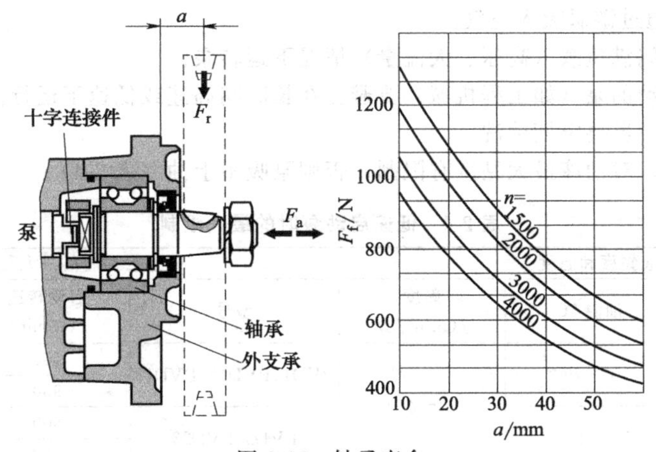

图 2-15 轴承寿命

③ 通过吸油管或压力油管给泵注满油。

④ 根据泵型号检查电机的转向是否与泵的转向一致。

7. 投入使用时有哪些注意事项?

① 避免在泵内无油的情况下启动泵，泵启动前要通过油口灌满油，否则可能损坏。

② 对泵出口装设有排气阀的泵，例如图 2-17 为美国维克斯公司的 ABT 型泵排气阀的安装情况，排气阀允许空气在低压下（启动时）通过以便排出空气，并在高于 0.8bar 的压力下切断任何油液流动。如无排气阀，则在无压时稍微拧松泵出油管管接头排气，在放气过程中必须保证被封闭的空气被无压力排出。

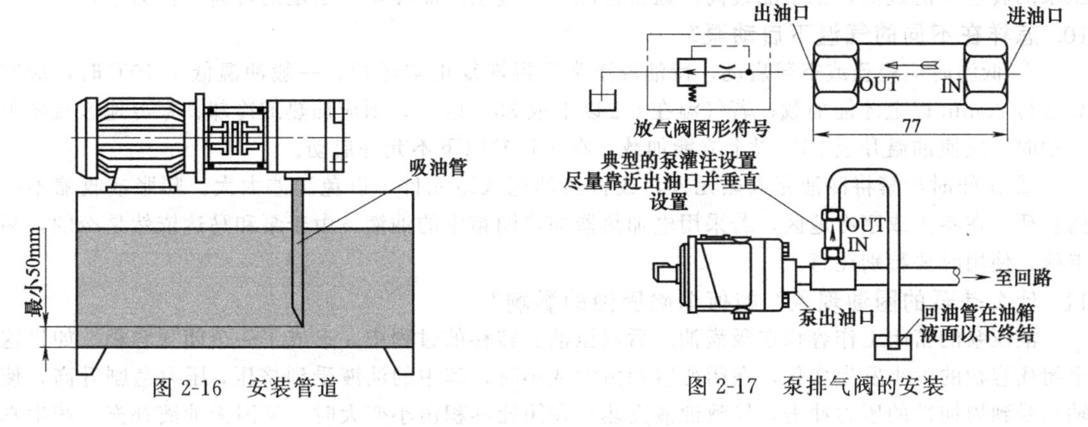

图 2-16 安装管道

图 2-17 泵排气阀的安装

③ 为了给泵放气，也可将电机短时间启动，并立即关闭（点动运行），这个过程重复进行，直至确定泵已被完全放气，重新封闭手动打开的放气口。

④ 避免带载启动泵。先旋松系统溢流阀调压手柄，使溢流阀调至最低工作压力，空载启动泵，观察泵的转向，如反向应立即停泵纠正；如转向正确，至少空载运转 5min。

⑤ 避免在油温过低和偏高的情况下启动泵。

8. 投入使用后怎样操作泵?

① 根据设备使用说明书将设备投入使用和给泵加载。

② 在经过了一段运行时间之后，要对油箱内的液体进行检查：是否在液体表面形成气泡或泡沫？油箱油面是否降低到低于油标规定值？

③ 在运行过程中注意噪声的变化。由于工作介质被加热，轻度的噪声增强是正常的。明显的噪声增强或者短暂的冲击噪声变化可能是吸入了空气。在吸油管太短或工作介质灌注高度太低

的情况下，也可能通过漩涡吸入空气。

④ 避免在长时间满负载（高压、大流量）情况下运转泵。

⑤ 由发动机带动的泵（如工程机械）要避免在长时间高速或低速下运行。

⑥ 泵吸油管滤油器要定期清洗。

⑦ 低速启动时，对油液最大黏度有限制，否则泵吸不上油（表 2-4）。

表 2-4 低速启动泵时的最大限制

油液黏度和温度			低速启动时的最大黏度限制		
油液类型	油温/℃	黏度/(mm^2/s)	型号	启动转速/(r/min)	最大黏度/(mm^2/s)
石油系油	0～70	20～400	PVD1、PVD12、PVD13	750	100
磷酸酯液				950	200
水-乙二醇液	0～50		PVD2、PVD23	600	100
油包水乳化液				950	200

⑧ 泵只能在允许的数据（如最大工作压力）下运行，也只允许在完好的状态下工作。

⑨ 必须遵守通用有效的安全规定。

⑩ 在泵上做任何工作时，都必须将设备接通到无压力状态。

9. 液压泵转速为什么不能过低或过高？泵的转速怎样选择？

泵的流量是泵每转排量V与转速n的乘积。若泵的转速n选得过低，则输出的流量Q会过小，不能保证系统的供油量，甚至因离心力不够或不能形成一定的真空度而吸不上油（如叶片泵）；若转速过高，则输出的流量Q也就越多，但当转速选得过高时，会使泵吸油过程中出现吸空现象，造成吸油不足，反而降低了流量，同时还会产生噪声、振动和加剧磨损等故障，可见液压泵的转速不能过低，也不能过高。通常情况下，应按产品样本上给定的转速工作为宜。

10. 怎样在不同的气温下启动泵？

① 低温时应轻载或空载启动，待油温正常后再恢复正常运行。一般油温低于 10℃时，应空载运行 20min 以上才能加载；若气温在 0℃以下或 35℃以上，则应加热或冷却；寒冷地区或冬天启动时，应使油温升至 15℃以上方能加载；在－15℃以下不允许启动。

② 工作时严禁将冷油充入热元件，或将热油充入冷元件，以免温差太大，膨胀或收缩不一而咬死。在冬天或寒冷地区，若采用电加热器加热油箱中的油液，由于泵和马达依然是冷的，易卡死，使用时要特别注意。

11. 什么是泵的困油现象？如何消除困油的影响？

液压泵的密闭工作容积在吸满油之后向压油腔转移的过程中，形成了一个闭死容积。如果这个闭死容积的大小发生变化，在闭死容积由大变小时，其中的油液受到挤压，压力急剧升高，使轴承受到周期性的压力冲击，导致油液发热；在闭死容积由小变大时，又因无油液补充、产生真空，引起汽蚀和噪声。这种因闭死容积大小发生变化导致压力冲击和汽蚀的现象称为困油现象。困油现象将严重影响泵的使用寿命。原则上液压泵都会产生困油现象。

外啮合齿轮泵在啮合过程中，为了使齿轮运转平稳且连续不断吸、压油，齿轮的重合系数ε必须大于 1，即在前一对轮齿脱开啮合之前，后一对轮齿已进入啮合。在两对轮齿同时啮合时，它们之间就形成了闭死容积。此闭死容积随着齿轮的旋转，先由大变小，后由小变大。因此齿轮泵存在困油现象。为消除困油现象，常在泵的前后盖板或浮动轴套（浮动侧板）上开卸荷槽，使闭死容积限制为最小，容积由大变小时与压油腔相通，容积由小变大时与吸油腔相通。

在双作用叶片泵中，因为定子圆弧部分的夹角＞配油窗口的间隔夹角＞两叶片的夹角，所以在吸、压油配油窗口之间虽存在闭死容积，但容积大小不变化，所以不会出现困油现象。但由于定子上的圆弧曲线及其中心角都不能做得很准确，因此仍可能出现轻微的困油现象。为克服困油现象的危害，常将配油盘的压油窗口前端开一个三角形截面的三角槽，同时用以减少油腔中的压力突变，降低输出压力的脉动和噪声。此槽称为减振槽。

在轴向柱塞泵中，因吸、压油配油窗口的间距≥缸体柱塞孔底部窗口长度，在离开吸（压）油窗口、到达压（吸）油窗口之前，柱塞底部的密闭工作容积大小会发生变化，所以轴向柱塞泵存在困油现象。人们往往利用这一点，使柱塞底部容积实现预压缩（预膨胀），待压力升高（降低）接近或达到压力油腔（吸油腔）压力时再与压油腔（吸油腔）连通，这样一来减缓了压力突变，减小了振动、降低了噪声。

12. 怎样保证维护泵正常的工作条件?

虽然液压液压泵均为容积式泵，有一定的自吸能力，但泵内摩擦密封面多，自吸能力有限，尤其是泵内部流道复杂，一般吸油高度（油箱油面至泵中心）较低，在12～50cm，而有些泵就明文规定不容许自吸，如ZB227型，因此应该考虑其吸入条件，尽量减小吸入阻力。具体如下：

① 有些泵（如柱塞泵）吸入管不得装设过滤器，否则采用泵吸入口在油箱油面之上或辅助泵供油。

② 最好使油箱在泵吸入口之上，或采用辅泵供油。如：ZB型液压泵（除ZB227型外）在额定转速（1500r/min）以下运转时，容许自吸，但如此会导致容积效率下降5%左右，且势必影响其使用寿命，厂家一般不推荐这种方法；厂家大多推荐采用辅助泵供油，压力为0.7MPa左右。CY型液压泵在额定转速下运转时，容许自吸，吸油高度≤500mm，在最高转速下运转，且吸油管道较小时，吸油高度为300～500mm，当管道阻力较大时，泵必须采用辅助泵供油，供油压力≤0.4MPa。

③ 吸油管应短而直，且管径应比泵入口略大。

④ 吸入截止阀应全开。否则会发生气穴现象，导致容积效率下降；轴向柱塞泵在吸入行程时，靠球铰将柱塞强行从液压缸内拉出，易损坏球铰。

⑤ 保证液压泵泄油管路畅通，一般不接背压。如果需要背压，其值也不得超过0.16～0.20MPa，否则油压将冲破低压密封，如轴封等。

⑥ 外接泄油管应保证液压泵壳体内充满油液，防止停车时壳内油液倒流回油箱，如使泄油口高于壳体。

⑦ 油液黏度应符合要求。

⑧ 保持油液清洁，维持一定的滤油精度。

2.2 齿轮泵

2.2.1 简介

1. 什么叫齿轮泵?

齿轮泵是由两个相互啮合的齿轮、容纳齿轮的壳体和前、后泵盖等主要部件构成的。由前、后泵盖、壳体、齿轮牙齿构成若干密封油腔。随着这些油腔容积的变化，实现吸油和排油。

2. 齿轮泵有哪些种类?

按结构特点可分为外啮合和内啮合两大类。

按齿轮齿形可以分为直齿、斜齿、螺旋齿、人字齿齿轮泵。

按结构特征，外啮合齿轮泵还可分为：固定间隙式、轴向间隙补偿式和轴、径向间隙补偿式三种。固定间隙式指的是，齿轮两端的侧板固定，以保持齿轮侧面的间隙不变。这种结构的缺点是，在高温、高压时，内泄漏增大，容积效率因而降低。

按旋转方向可分为正转齿轮泵、反转齿轮泵和双向齿轮泵。

3. 如何区分正转齿轮泵、反转齿轮泵和双向齿轮泵?

如果泵的吸油口和排油口的口径大小不一样，大口为吸油口，小口为排油口（压油口），且无单独的泄油口，则为正转或反转齿轮泵。区分正转还是反转齿轮泵的方法是，从泵盖观察大、小油口的左右位置。订货时如不声明，买回的是正转泵。安装时不能搞错进出油口，否则将出现打不上油和油封被冲的故障。

如果泵的吸油口和排油口的口径大小相同，并且有单独的泄油口，则为双向齿轮泵。双向齿轮泵的吸油口和排油口允许互换，齿轮可反转。

2.2.2 齿轮泵的工作原理

1. 外啮合齿轮泵（渐开线齿形）是怎样吸、压油的?

当主动齿轮按图示方向旋转时，下部吸油腔内的轮齿脱离啮合，密封腔容积不断增大，腔内形成一定的真空度，大气压将油压入到吸油腔内，叫“吸油”；随着齿轮的旋转，充满在齿槽内的油液按箭头方向被旋转的轮齿齿谷带到上部的排油腔，轮齿不断进入啮合，使排油腔（密封容腔）的容积减小，油液受挤压，从压油口排往系统，这就是齿轮泵的吸油和压油的工作原理。在容积不变的区段只传输油。齿轮泵不需要配油装置，但不能变量（图 2-18）。

排量：0.2～200cm³；最大压力：300bar（取决于尺寸）；调速范围：500～6000r/min。

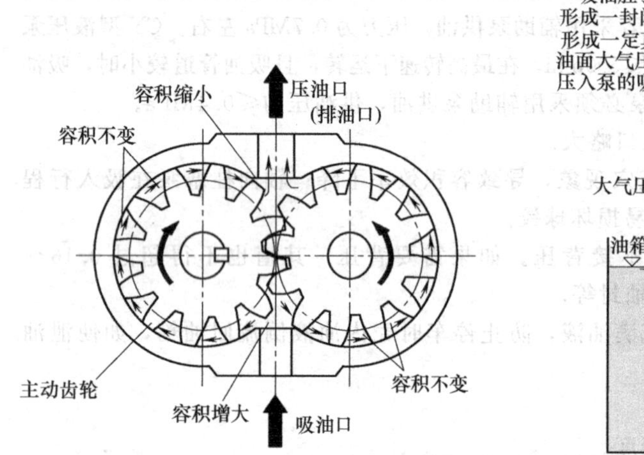

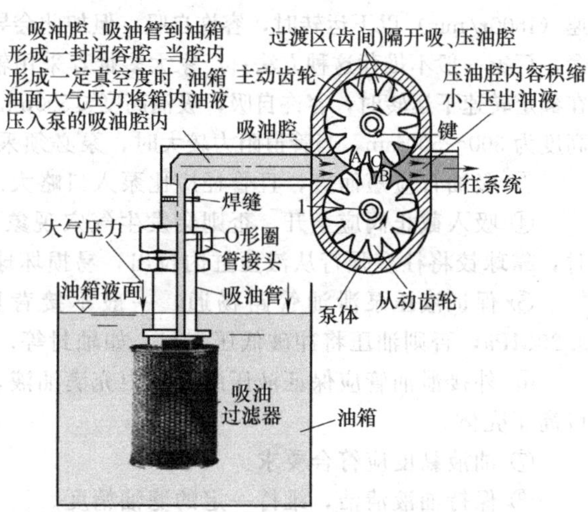

图 2-18 外啮合齿轮泵工作原理

2. 外啮合齿轮泵的排量怎样计算?

$$q=2\pi K_1 Zm^2 bn\times 10^{-3} \tag{2-6}$$

式中 q——排量，mL/r；

K_1——与齿轮啮合的重叠系数 ε 有关的系数，通常 $K_1=1.06\sim1.115$，齿数少时取大值，齿数多时取小值；

Z——齿数；

m——模数，mm；

b——齿宽，mm；

n——转速，r/min。

3. 内啮合齿轮泵（渐开线齿形）是怎样吸、压油的?

渐开线齿形内啮合齿轮泵带月牙形隔板（填隙片），将压、吸油腔隔开。

渐开线内啮合齿轮泵的工作原理如图 2-19 所示。在一对相互啮合的具有渐开线齿形的小齿轮 1 和内齿轮 2 之间有月牙板 3，月牙板 3 将吸油腔 4 与压油腔 5 隔开。当小齿轮按图示方向旋转时，内齿轮也以相同方向旋转。图中上半部轮齿脱开啮合处齿间容积逐渐扩大，形成真空，液体在大气压力作用下，进入吸油腔，填满各齿间；在图中下半部轮齿进入啮合处，齿间容积逐渐缩小，油液被挤压出去。

排量：3～250mL；工作压力≤320bar（取决于名义尺寸）；调速范围500～3000r/min（取决于名义尺寸）。

4. 内啮合齿轮泵（渐开线齿形）排量怎样计算?

由于渐开线内啮合齿轮泵与渐开线外啮合齿轮泵的工作原理相同，所以它的排量分析和计算方法也相同（图 2-19）。

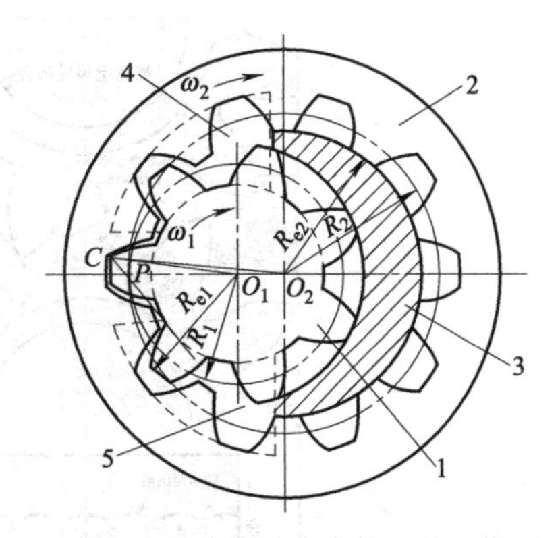

图 2-19 渐开线内啮合齿轮泵的工作原理

1—小齿轮（主动齿轮）；2—内齿轮（从动齿轮）；3—月牙板；4—吸油腔；5—压油腔

排量 V 的计算公式为：

$$V=\pi B\left[2R_1(h_1+h_2)+h_1^2-h_2^2\frac{R_1}{R_2}-\left(1-\frac{R_1}{R_2}\right)\frac{t_j^2}{12}\right] \quad (2\text{-}7)$$

式中 B——齿宽；

R_1——小齿轮节圆半径；

R_2——内齿轮节圆半径；

t_j——齿轮基节；

h_1——小齿轮齿高；

h_2——内齿轮齿高。

高压内啮合齿轮泵的最高工作压力已达 32MPa，与高压外啮合齿轮泵一样，可采用端面间隙和径向间隙补偿来提高容积效率。

5. 摆线内啮合齿轮泵是怎样吸、压油的?

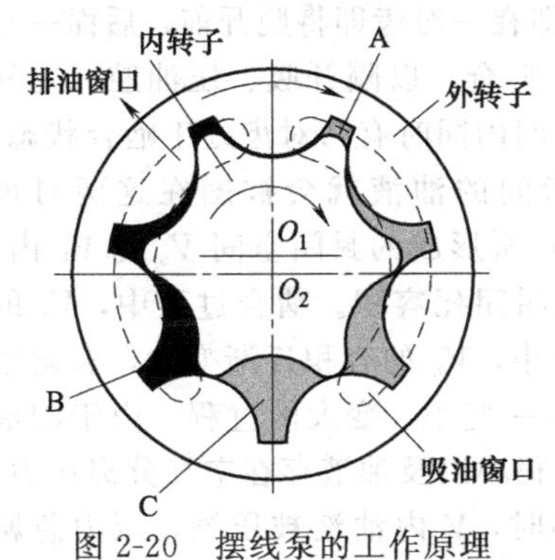

图 2-20 摆线泵的工作原理

如图 2-20 所示，外转子（内齿大齿轮）比内转子（外齿小齿轮）多一个齿，不必设置隔板，轴线 O_2 与 O_1 偏心设置，两轮同向异速转动。内、外转子均采用摆线齿形。工作时所有内转子的齿都进入啮合，相邻两齿的啮合线和前、后盖形成若干个密封腔。转动时密封腔的容积发生变化：例如密封腔 A 在右边腰形孔区域转动过程中，密封腔的容积逐渐增大，形成一定真空度，经腰形吸油窗口将油液压入、吸入泵内；转到 C 腔位置时，既不与右边的腰形吸油窗口相通，也不与左边的腰形排油窗口相通；继续旋转到左边腰形孔区域（图中 B 位开始），密封腔的容积逐渐减小，将油液从左边的腰形排油窗口并通过端盖上的排油口排出。每一个封闭油腔都经此过程，泵连续不断吸、排油，实现泵的功能。

6. 摆线转子泵排量怎样计算?

摆线转子泵排量 V（mL/r）的精确计算比较复杂，在实用中按式（2-8）近似计算，计算误差在 2%～4%以内。

$$V=\pi B({R_{e1}}^2-{R_{i1}}^2)\times10^3 \quad (2\text{-}8)$$

式中 B——齿宽，mm；

R_{e1}——小外齿齿轮节圆半径，mm；

R_{i1}——大内齿齿轮节圆半径，mm。

7. 低噪声静音型泵的原理是什么?

图 2-21 为力士乐-博世公司的低噪声静音型齿轮泵的原理，图 2-21（a）采用双面啮合原理，图 2-21（b）为一般标准齿轮泵，静音型啮合方式，有助于将流量脉动减少（多达 75%）。

2.2.3 齿轮泵的结构分析

齿轮泵存在三大先天性的问题：困油、径向不平衡力、内泄漏大。突破它们，才能改善性能、提高工作压力，齿轮泵就是在解决这三大问题的过程中不断完善和发展的。

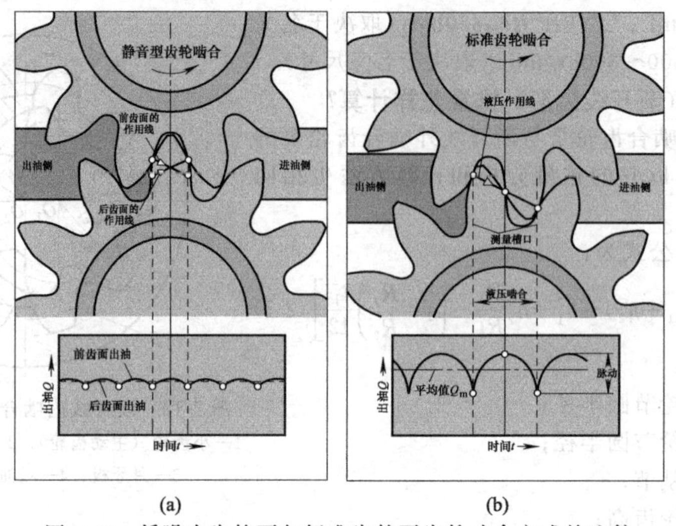

图 2-21 低噪声齿轮泵与标准齿轮泵齿轮啮合方式的比较

固定间隙式指的是，齿轮两端的侧板（或两泵盖）固定，以保持齿轮侧面的间隙不变。这种结构的缺点是，在高温、高压时，内泄漏增大，容积效率因而降低。

1. 什么叫齿轮泵的困油现象？

为了使齿轮泵能连续供油，要求两齿轮的重叠系数>1。亦即在一对齿即将脱开前，后面一对齿就要进入啮合，以隔开吸、压油腔。这样在一小段时间内同时有两对齿处于啮合状态，此时留在齿间的油液就会被困在这两对齿（两啮合点）所形成的封闭空间 V_a 与 V_b 内，V_a 与 V_b 也叫闭死容积。啮合过程中，V_a 的容积逐渐变小，V_b 的容积逐渐变大，合起来的容积 V 有一变小、变大的过程。由于油液的可压缩性很小以及油液存在空气分离压力，在容积变小时，V 内油液被压缩，压力急剧增高，会使被困油液受挤而产生高压，并从缝隙中流出，导致油液发热；在容积增大时，V 内产生局部真空，使溶于油中的空气分离出来，产生气穴，引起噪声、振动和汽蚀。这就是齿轮泵的困油现象。图 2-22 为外啮合齿轮泵困油现象与困油容积变化示意图。

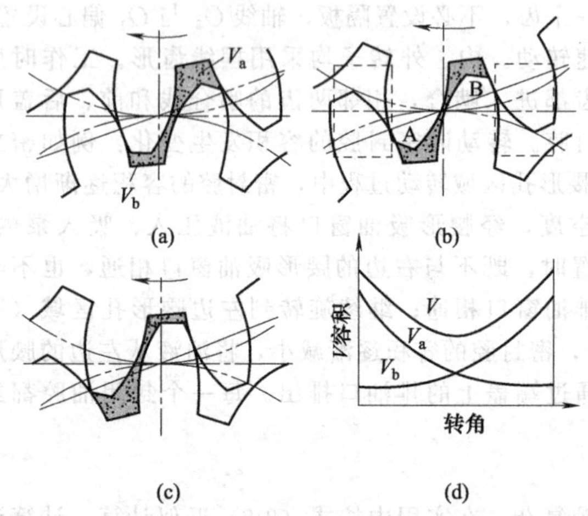

图 2-22 外啮合齿轮泵困油现象与困油容积变化示意图

2. 怎样解决外啮合齿轮泵的困油问题？

消除困油现象，通常是在齿轮的两端盖、轴套或侧板上开卸荷槽，使封闭容积减小时卸荷槽与压油腔相通；封闭容积增大时通过卸荷槽与吸油腔相通。这样不但消除了困油现象，还可帮助吸、压油。

内啮合齿轮泵，在内齿轮（大齿轮）的齿圈上，规则地开有与齿顶相通的排油孔，因而能有效地避免牙齿啮合时的困油现象。

图 2-23 是国内外齿轮泵开在端盖、轴套或侧板上的几种卸荷槽形状。在很多齿轮泵中，两槽并不对称于齿轮中心线分布，而是整个向吸油腔侧平移一段距离，实践证明，这样能取得更好的卸荷效果。

3. 什么是径向负载和压力平衡问题？它是怎样产生的？

如图 2-24（a）所示，在外啮合齿轮泵中，齿轮啮合点的两侧，一侧是排油腔，油压力很高，

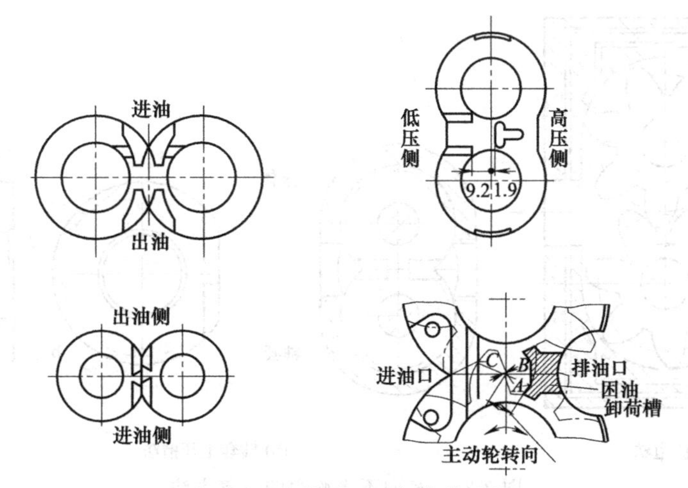

图 2-23 齿轮泵几种卸荷槽形状

另一侧是吸油腔，油压力很低。出口压力油从齿顶圆与泵体孔之间的间隙泄漏逐齿降压，形成一条逐级向吸油口递减的压力分布曲线，这样在主动齿轮、从动齿轮上便分别受到径向的合力（液压力）F_1 与 F_2，这就造成了很大的径向不平衡力，总是把齿轮推向吸油腔一侧。这就是径向负载和压力平衡问题。

如图 2-24（b）所示，齿轮泵进出口存在压差，油压沿齿顶圆从吸入口的齿谷到排出口的齿谷压力逐级增大，产生油压的合力 F_0，F_0 作用在主动轮上。来自主动轮的啮合传动力为 F_m，F_0 与 F_m 的合力为 F_2，作用在主动轮上的合力为 F_1，主、从动齿轮所受径向力的合力 F_1 及 F_2 大小方向不同，并作周期性变化。它易使轴弯曲，轴承负荷增大，导致轴承磨损，齿顶圆造成泵体刮壳，影响齿轮泵寿命。

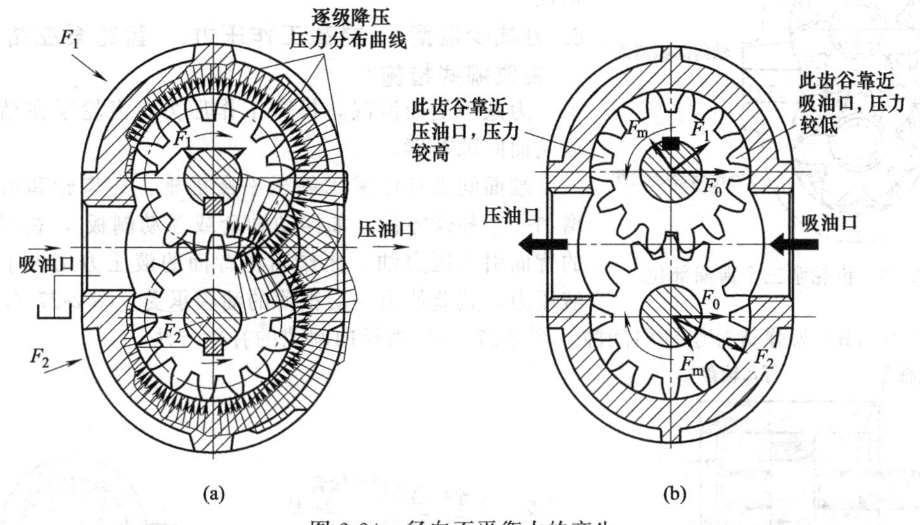

图 2-24 径向不平衡力的产生

4. 怎样降低齿轮泵径向不平衡力？

① 缩小压油口口径，以减小压力油作用面积。

② 开压力平衡槽：如图 2-25（a）所示，将高压液体通过内流道 B_1 与 B_2 引入低压齿间，低压液体通过内流道 A_1 与 A_2 引入高压齿间，这样径向力便平衡了，但这种内流道法由于工艺麻烦，不可取。现在普遍采用在轴套上开槽 b、铣扁方 a 的方法，达到与内流道法同样的效果。

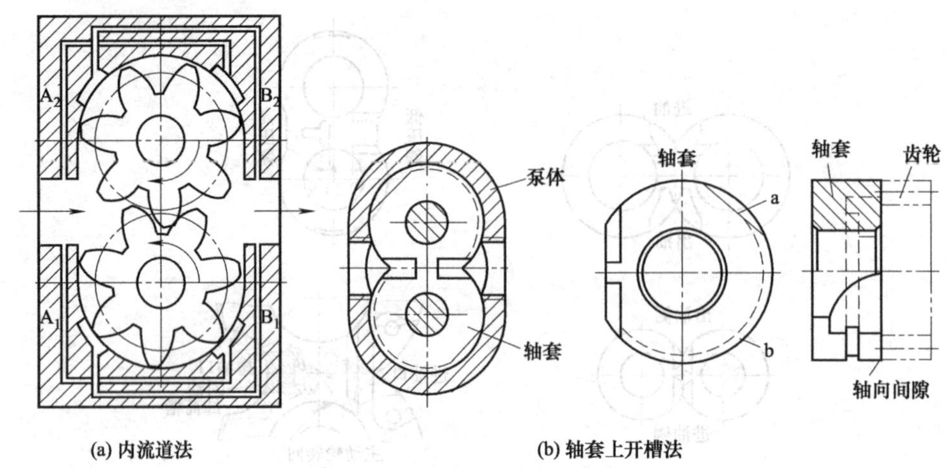

图 2-25　径向不平衡力的改善方法

5. 齿轮泵存在哪三个内泄漏部位?

齿轮泵存在着三个可能产生内泄漏的部位：齿轮齿面啮合处间隙的齿侧泄漏；泵体内孔和齿顶圆之间间隙的径向泄漏；齿轮两端面和端盖间间隙的端面（轴向）泄漏。在三类间隙中，以端面间隙的泄漏量最大（图 2-26）。

齿侧泄漏—约占齿轮泵总泄漏量的 5%。

径向泄漏—占齿轮泵总泄漏量的 20%～25%。

端面泄漏—占齿轮泵总泄漏量的 75%～80%。

泵的压力愈高，间隙愈大，泄漏就愈大，因此如果在结构上未采取措施，只适用于低压系统，且其容积效率很低。

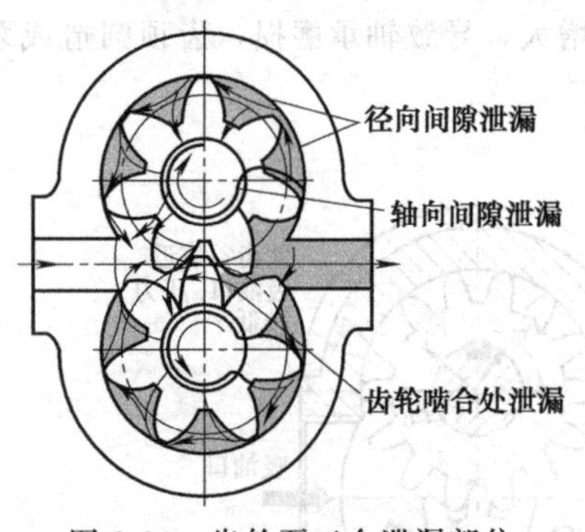

图 2-26　齿轮泵三个泄漏部位

6. 为减少泄漏，提高工作压力，齿轮泵在结构上应采取哪些措施?

为减少端面泄漏，提高工作压力，齿轮泵在结构上采取端面间隙补偿。

端面间隙补偿采用静压平衡措施：在齿轮和盖板之间增加一个补偿零件，如浮动轴套或浮动侧板，在浮动零件的背面引入压力油，让作用在背面的液压力稍大于正面的液压力，其差值由一层很薄的油膜承受［图 2-27（a)］。

图 2-27（b）为弹簧补偿轴向间隙，图 2-27（c）为径向间隙的补偿方法。

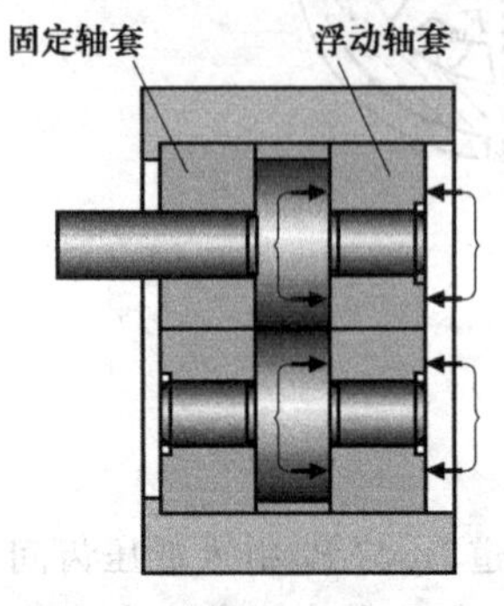

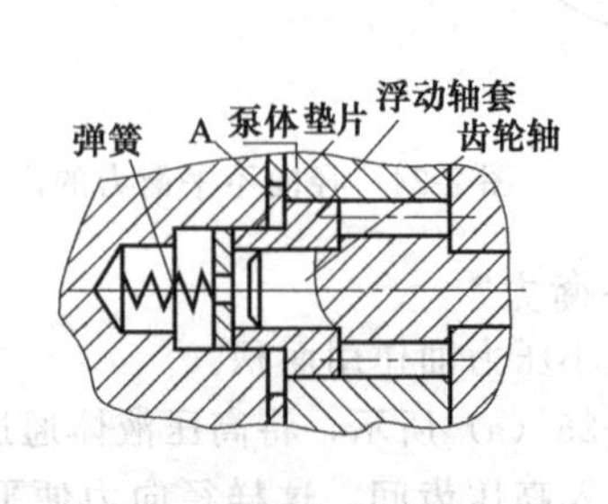

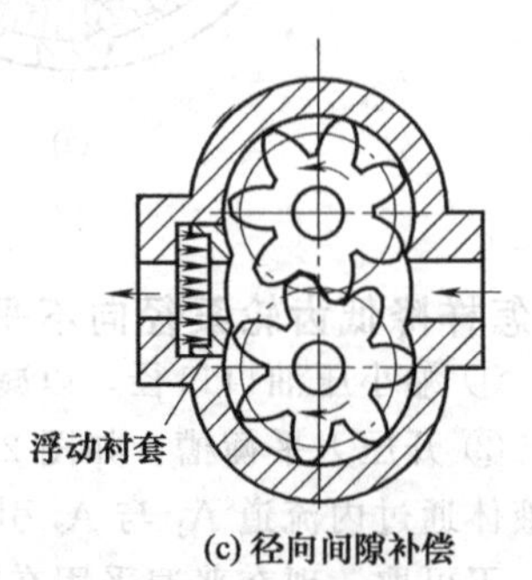

图 2-27　间隙补偿方法

7. 外啮合齿轮泵的结构怎样?

外啮合齿轮泵主要由一对轴承支撑的齿轮以及外壳（带前盖和后盖）构成（图 2-28）。驱动轴伸出前盖，由轴封密封。轴承力被具有足够弹性的特殊轴承衬垫（薄壁轴承）吸收，从而产生

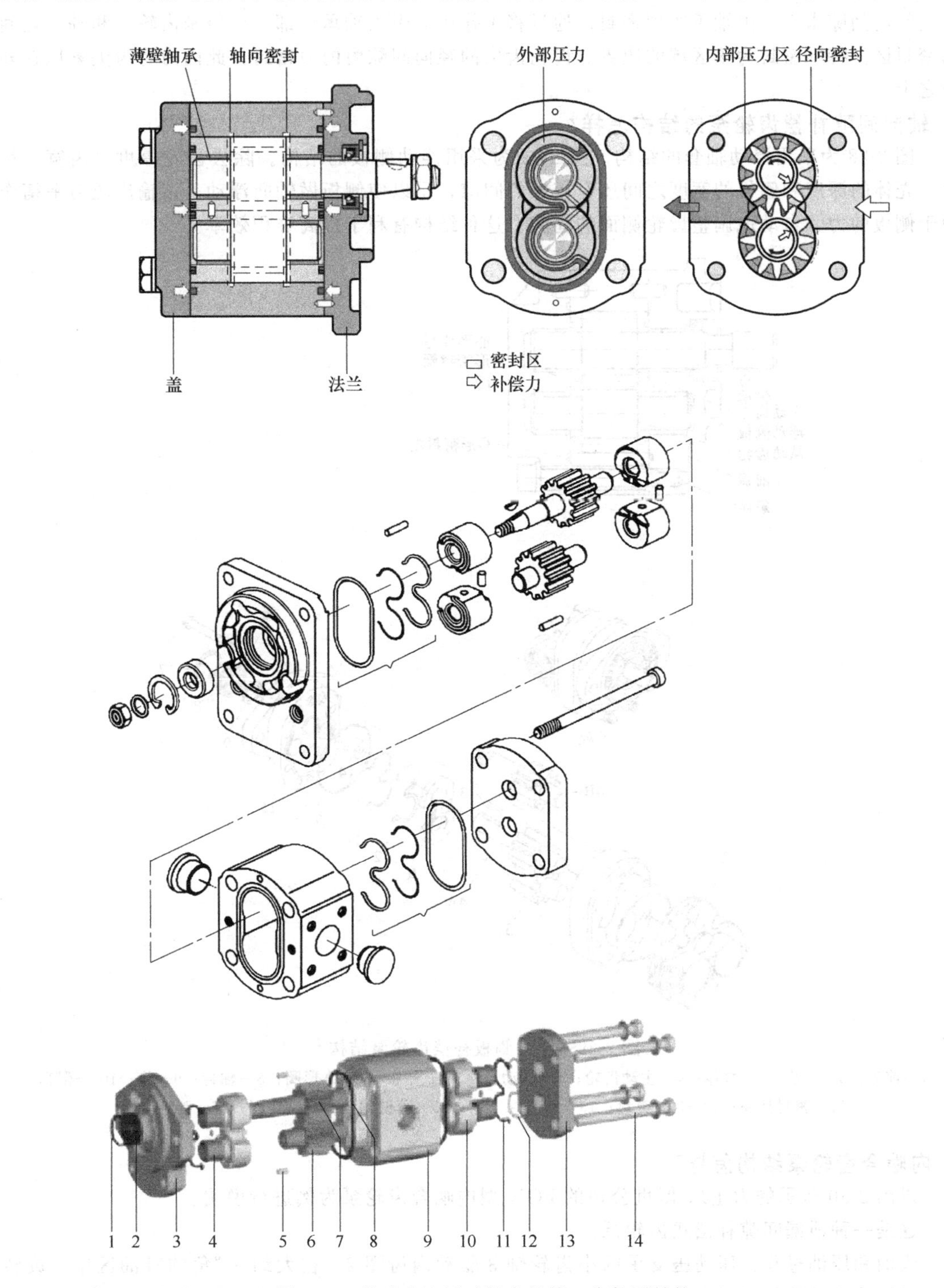

图 2-28 外啮合（浮动轴套补偿）齿轮泵结构

1—挡圈；2—轴封；3—前盖；4—滑动轴承；5—定心销；6—齿轮；7—齿轮（主动）；8—外壳密封；9—泵外壳；10—轴承；11—轴向密封区；12—支架；13—端盖；14—固定螺钉

表面接触而非线接触。它们还可确保良好的抗磨损性能，尤其是在低速时。12 齿的齿轮泵，可将流量脉动和噪声减至最低。

利用与出油压力成比例的压紧力，可实现内部密封，从而确保最佳效率。在输压力油的齿轮齿之间的间隙末端，由轴承实现密封。通过将工作压力引入轴承后部，可控制齿轮齿和轴承之间的密封区。特殊密封为该区域的边界。齿轮齿尖的径向间隙由内力密封，此内力将齿尖紧压在外壳之上。

8. 轴向间隙补偿齿轮泵的结构怎样?

图 2-28 为采用浮动轴套的结构。图 2-29 为采用浮动侧板的结构。除去齿轮厚度（齿宽）尺寸，壳体的深度和侧板的宽度之间还有较大的间隙，足以使侧板做轴向浮动。以输出压力平衡作用于侧板的力，自动地调整齿轮侧面的间隙。这种结构有利于提高容积效率。

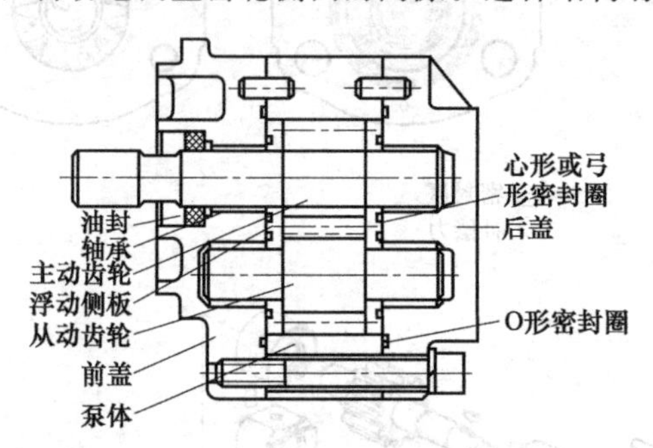

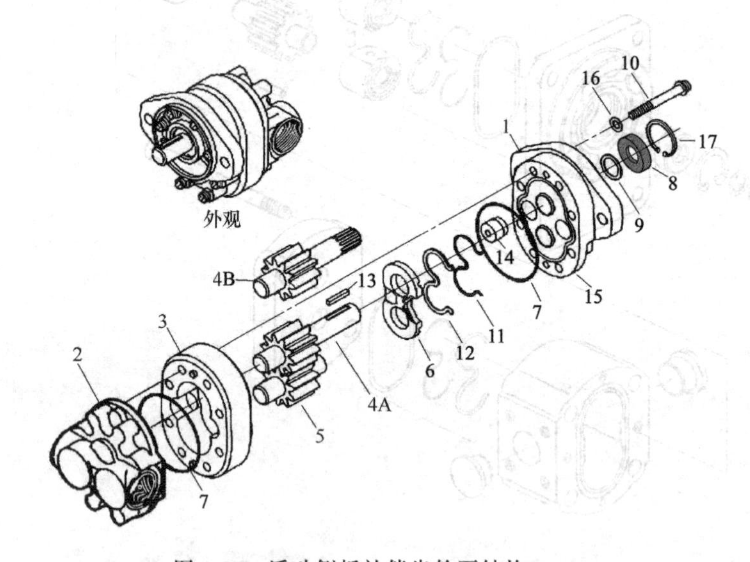

图 2-29　浮动侧板补偿齿轮泵结构

1—前盖；2—后盖；3—泵体；4—主动齿轮；5—从动齿轮；6—侧板；7—O 形圈；8—轴封；9—垫；10—螺钉；11—密封挡圈；12—3 形密封；13—键；14—塞；15—薄壁轴承；16—垫圈；17—弹性卡簧

9. 内啮合齿轮泵结构怎样?

以图 2-30 所示的力士乐-博世公司的 PGH 型内啮合齿轮泵为例进行说明。

这是一种泄漏间隙补偿式齿轮泵。

吸油和压油过程：压动压支承的小齿轮轴 3 驱动内齿圈 2。在大约 90°角的吸油区中，旋转运动过程使吸油腔体积增大。这样就形成一个负压而使油液流进吸油腔。月牙形的配油盘组件 9 将吸油腔和压油腔隔开。在压油腔中，小齿轮轴 3 的齿重新进入齿圈 2 的齿间。液体通过压力油通道 P 被挤出。

轴向补偿：轴向补偿力 F_A 在压油区起作用并且通过压力区 10 作用于轴向板 5。旋转件与固定件之间在轴向上的端面间隙因此而变得相当小，从而保证了压油腔的最佳轴向密封。

径向补偿：径向补偿力 F_R 作用在配油盘 9.1 和配油盘架 9.2 上。

由于工作压力的作用，配油盘 9.1 和配油盘架 9.2 压向小齿轮轴 3 和内齿圈 2 的齿顶。配油盘和配油盘架之间的面积比和密封辊 9.3 的位置是如此设计的，使内齿圈 2、配油盘组件 9 和小齿轮轴 3 之间达到尽可能无泄漏的间隙密封。

密封辊 9.3 下面的弹簧元件即使在极低的压力下也能提供足够的挤压力。

液压动压和液压静压轴承：作用在小齿轮轴 3 上的力由液压动压润滑的径向滑动轴承 4 承接，作用在内齿圈 2 上的力由液压静压轴承 11 承接。

啮合：为渐开线齿啮合。由于其大啮合长度而拥有很小的流量脉动和压力脉动；这种极小脉动的特性为低噪声运行作出了卓越的贡献。

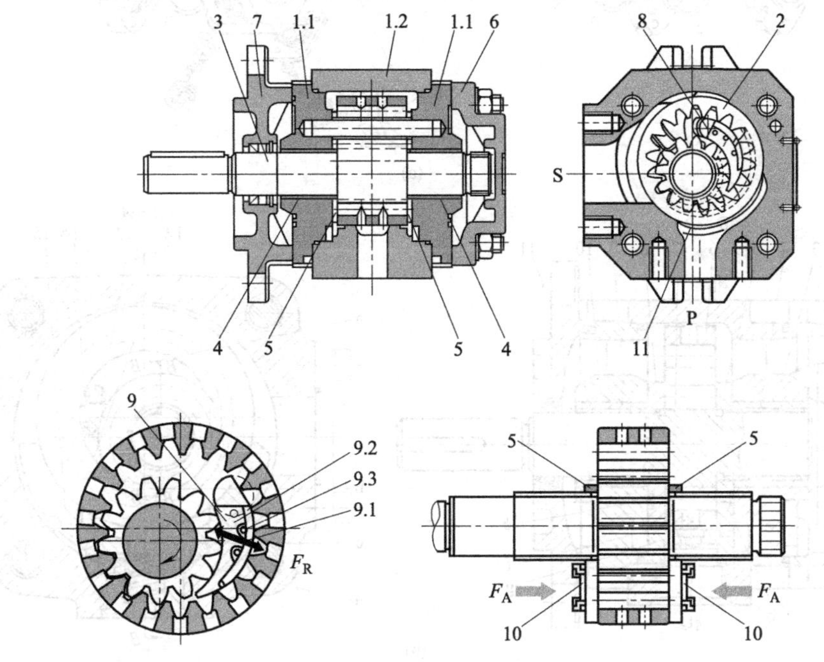

图 2-30 PGH 型内啮合齿轮液压泵结构

1.1—泵体；1.2—轴承盖；2—内齿圈；3—小齿轮轴；4—滑动轴承；5—轴向板；6—端盖；7—安装法兰；8—止挡销；9—配油盘组件；9.1—配油盘；9.2—配油盘架；9.3—密封辊；10—压力区；11—液压静压轴承

10. IP 型内啮合齿轮泵结构怎样？

IP 型内啮合渐开线齿轮泵使用广泛，某进口的三点折弯机上就使用这种泵，其最高工作压力可达 30MPa，容积效率 96%以上。

图 2-31 中，轴承支座 3、9，前泵盖 11 和后泵盖 2 用螺栓 1 固定在一起；双金属滑动轴承 4、10 装在轴承支座 3 的轴承孔内；小齿轮 7 由轴承 4、10 支承，内齿环 6 用径向半圆支承块 15 支承；两齿轮的两侧面装有侧板 5 和 8；小齿轮和内齿环之间装有棘爪形填隙片 12，其作用是将吸油腔和压油腔分开；填隙片 12 的顶部用止动销 13 支承，销 13 的两端轴颈插入支座 3 和 9 的相应孔内，止动销 13 的轴颈能在孔内转动。

当外齿小齿轮 7 按图示方向转动时，内齿环 6 也同向转动，两齿轮之间的封闭油也随着轮齿旋转。当轮齿退出啮合处，工作容积增加，形成局部真空而吸入油液；当轮齿进入啮合处，工作容积减小，齿间油液被挤出，通过内齿环齿间底部的孔，将油液压出。于是，在填隙片 12 的尖端至齿牙啮合分离点之间形成高压容腔。

当高压容腔内的压力上升时，两侧板 5 和 8 及径向半圆支承块 15 上的背压容积内的压力也随之上升，因而两侧板由于背压力的作用，紧贴在两齿轮的端面上。径向半圆支承块由于背压的作用，也贴合在内齿环的外圆柱面上。这样就形成了液压泵的轴向间隙与径向间隙的自动补偿，提高了液压泵容积效率。而一般外啮合齿轮泵，最多也只是轴向间隙补偿而已，就噪声而言，内啮合齿轮泵也比外啮合齿轮泵的低。

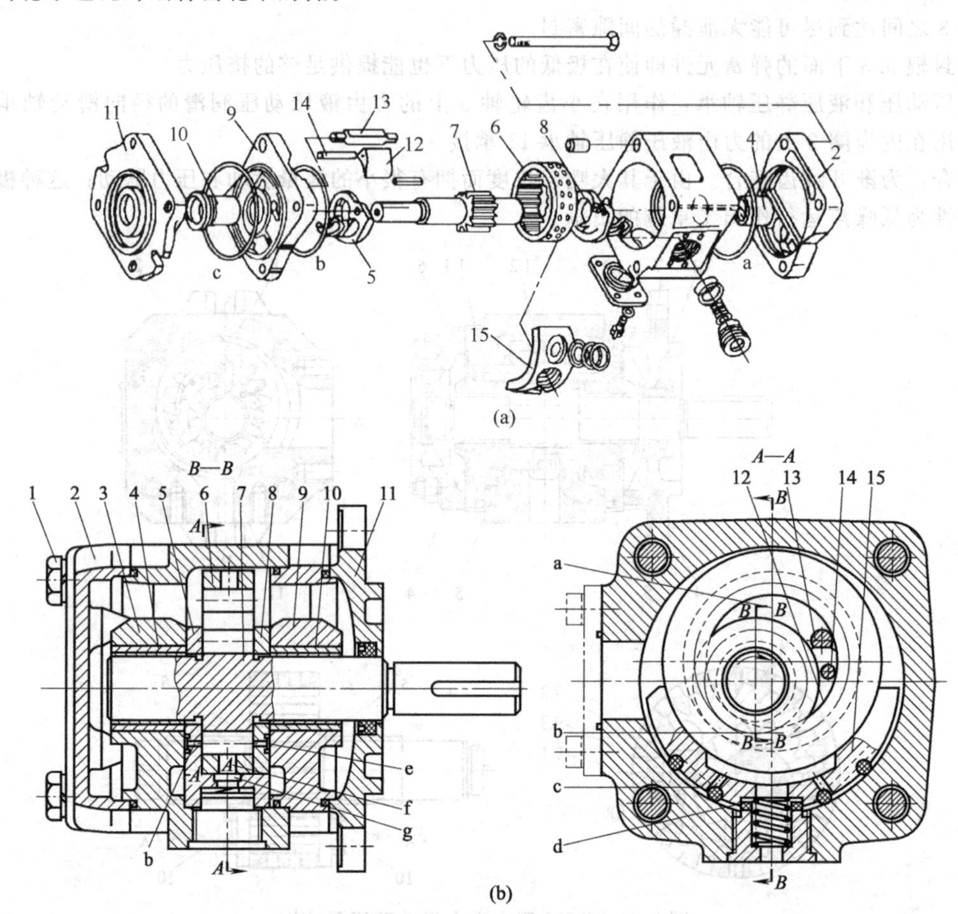

图 2-31 IP 型内啮合齿轮泵结构

1—压紧螺栓；2—后泵盖；3、9—轴承支座，4、10—双金属滑动轴承；5、8—浮动侧板；6—内齿环；7—小齿轮；11—前泵盖；12—填隙片；13—止动销；14—导销；15—半圆支承块（浮动支座）

11. 摆线内啮合齿轮泵的结构怎样？

以 BB-B 摆线齿轮泵为例，其主要工作元件是一对内啮合的摆线齿轮（即内、外转子），其内转子为主动轮，外转子为从动齿轮。内、外转子把容腔分隔为几个封闭的容腔，在啮合过程中，封闭容腔的容积不断发生变化，当封闭的容腔由小逐渐变大时，形成局部真空，在大气压的作用下，油液经吸油管道进入液压泵吸油腔，填满封闭的容腔，当封闭容腔达到最大容积位置后，由大逐渐变小时，油液被挤出形成油压送出，完成泵油过程。图 2-32 为 BB-B 转子泵结构。

12. 有没有轴向间隙和径向间隙都可以自动补偿的齿轮泵？

有！如图 2-33 所示的齿轮泵可作为这种结构的一个典型例子。齿轮轴 6 和 7，一端在壳体 1 内，另一端在盖板 4 内。壳体中装有一块可轴向浮动的侧板 3，其作用与端面间隙补偿中浮动轴套相似，壳体内部结构和形状可以使轴向间隙和径向间隙同时得到补偿。侧板的轴孔和齿轮轴之间以及壳体的深度和侧板宽度之间都有较大间隙，足以使侧板轴向浮动和径向浮动。在侧板的外端面上，有一个特殊形状的橡胶密封圈 2 嵌入相配的凹槽里（见剖面 A—A）。该密封圈确定了

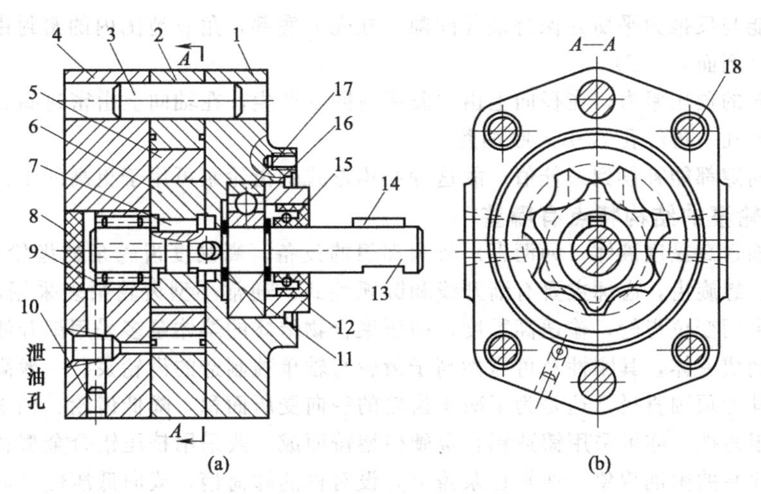

图 2-32 BB-B 转子泵结构

1—前盖；2—泵体；3—圆销；4—后盖；5—外转子；6—内转子；7、14—平键；8—压盖；9—滚针轴承；10—堵头；11—卡圈；12—法兰；13—泵轴；15—油封；16—弹簧挡圈；17—轴承；18—螺钉

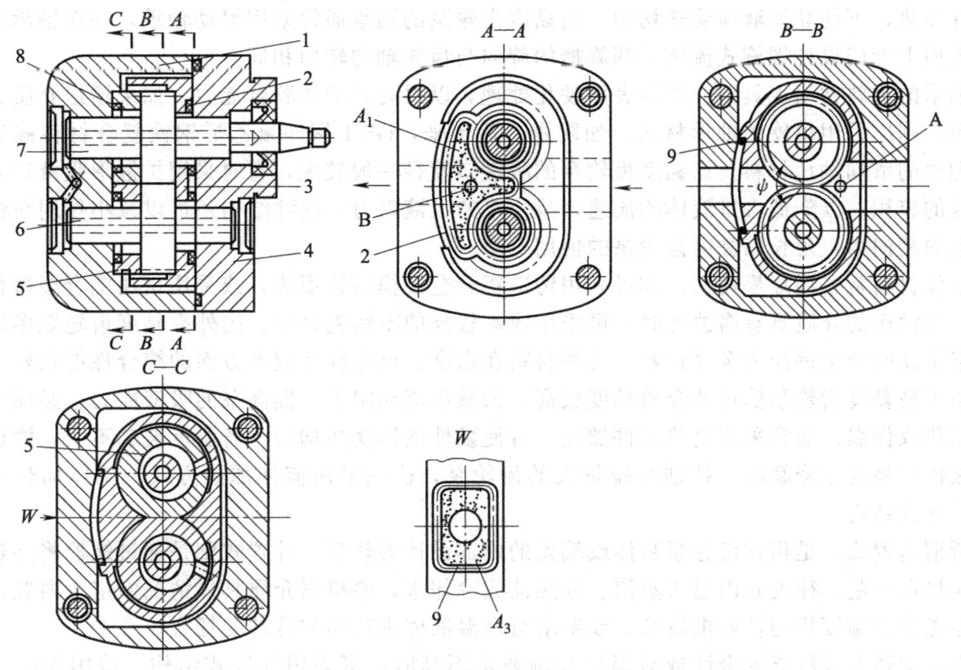

图 2-33 轴向间隙和径向间隙都可以自动补偿的齿轮泵

1—壳体；2、8、9—密封圈，3—侧板；4—盖板；5—弹性圈；6、7—齿轮轴；A—泄漏油孔；B—高压引油孔；A_1、A_3—补偿面积

补偿面积 A_1，压油腔的高压油经孔 B 引入并作用在 A_1 面上。A_1 的形状和大小可设计成使压紧力和反推力平衡，同时保证轴向间隙为最佳值。

径向间隙补偿在角 ψ 范围内起作用（见剖视图 $B—B$）。吸油压力作用在齿轮圆周的其余部分；压油腔的压力作用在由齿轮的扇形角 ψ 和齿轮宽度决定的侧板内表面，这个力把齿轮向吸油腔方向压到轴承间隙的极限，同时将侧板向压油腔方向推动。

从外面作用到侧板上的力（工作压力×面积 A_3）将侧板向吸油腔方向推动，所以径向磨损后能够在 ψ 角范围内自动补偿。受密封圈 9 限制的面积 A_3 必须这样设计：在一定工作压力下，它所产生的力能与反推力平衡并保持最佳间隙。在壳体底部，角 ψ 范围内的密封由两个特制的弹性圈 5 来保证（剖面 C—C）。

侧板对齿轮的预压紧力，在径向上由橡胶密封圈 9 产生，在轴向上由密封圈 2 和 8 产生。内部泄漏油通过轴孔，再经孔 A 引入吸油腔。

由于两种间隙都能补偿到最佳值，故这种结构形式的齿轮泵可用于更高的工作压力。

13. 高黏度齿轮泵的结构特点有哪些?

齿轮泵是输送高黏度液体（如沥青）较为理想的设备，高黏度齿轮泵的齿轮常见的有直齿、斜齿、人字齿、螺旋齿，齿廓主要有渐开线和圆弧型式。通常小型齿轮泵多采用渐开线直齿轮，高温齿轮泵常采用变位齿轮，输送高黏度、高压聚合物熔体的熔体泵多采用渐开线斜齿轮。

齿轮与轴制成一体，其刚性及可靠性高于齿轮与轴单独制造的齿轮泵。一般高黏度齿轮泵的轮齿宽度小于其齿顶圆直径，这是为了减小齿轮的径向受压面积，降低齿轮、轴承的载荷。泵体材料常采用球墨铸铁，亦可采用铸造铝合金硬模熔铸而成，或采用挤压铝合金型材加工制造。为解决高黏度齿轮泵的困油现象，通常在泵盖上开设对称的卸荷槽，或向低压侧方向开设不对称卸荷槽，吸液侧采用锥形卸荷槽，排液侧为矩形卸荷槽，卸荷槽的深度也比液压工业中所用的齿轮泵要深。

为减小输送的介质流动阻力，提高泵的吸液能力，必须对介质进行加热或保温。通常采用电热元件加热，可使黏性液体受热均匀。高黏度齿轮泵的轴承通常采用滑动轴承，并在轴承内壁的非承载面上专门设计螺旋式流道，螺旋槽的旋向与齿轮轴的转向相同。

轴承的材料常用工具钢，并经表面硬化处理，以提高它的抗胶合能力。如果输送介质含磨损性颗粒，则应采用很硬的轴承材料，如陶瓷。近年来，GS-1 聚四氟乙烯钢铁复合材料被认为是较为理想的滑动轴承材料。高黏度齿轮泵的吸液口管径一般较大，有时采用扩散形吸液口来扩大低压区的容积，以降低入口液体的流速，减小泵的吸液阻力。这种结构还可以减小作用在轴颈及轴承上的径向力，延长高黏度齿轮泵的使用寿命。

泵体材料常采用球墨铸铁，亦可采用铸造铝合金硬模熔铸而成，或采用挤压铝合金型材加工制造。当输送的介质具有腐蚀性时，可采用成本较高的不锈钢材料。国外高黏度齿轮泵多采用含镍、铬量高的合金钢作为泵壳材料，这种材料在强度、可靠性及成本方面的综合性能较好。

由于高黏度齿轮泵输送的介质黏度较高，为减小流动阻力，提高泵的吸液能力，必须对介质进行加热或保温。通常采用电热元件加热，可使黏性液体受热均匀。若温度波动不大，输送的高黏度液体容易发生降解时，特别是排量大的齿轮泵，往往采用流体加热方式。流体加热又分内置、外置式结构。

所谓内置式，是指在齿轮泵泵体或端盖的内部设计夹热套，外置式则是通过螺栓将夹热套与泵体连接在一起。往夹套内通入蒸汽、导热油或冷却水，要根据介质具体情况而定。内置式适用于对输送液体温度均匀性要求较高，或要求对高温液体进行均匀冷却的场合。

当电加热方式缺乏安全性或对温度控制要求不高时，可采用外置式结构。美国 VIKING 公司生产的内啮合齿轮泵，其泵头部分的夹套可以对输送流体的温度进行控制，无论是在高温或低温环境下，均可带外置式夹套。

14. 齿轮泵型号的含义是什么?

国内外各个厂家生产的齿轮泵型号的含义非常复杂，无一定论，须参阅各厂家的产品目录。此处仅以国产 CB N - E 3 ◆◆ - R F △ □型为例来说明齿轮泵型号表示方法。

CB 表示齿轮泵的名称。

N 表示齿轮泵的设计代号。设计代号包括 K、S、N 等。

E 表示压力等级。齿轮泵的压力等级分为：D—10MPa；E—16MPa；F—20MPa；G—25MPa。

3 表示齿轮泵模数，模数分为 1、2、3、4、5。

◆◆表示公称排量，一般是0.6～63mL/r。

R表示法兰安装形式。O为菱形，R为矩形，S为方形。

F表示油口形式。F表示法兰，T表示特殊，L表示螺纹。

△表示轴伸形式。B表示扁口，H表示花键，Y表示圆锥，P表示单键。

□ 表示旋转方向。L表示左旋，R表示右旋，T表示双向旋转。

2.2.4 齿轮泵的故障分析与排除

1. 修理CB-B型齿轮泵时需检修哪些主要故障零部件及其部位？

维修CB-B型齿轮泵时（图2-34），要查的故障零部件有：泵体、前后盖、长短齿轮轴组件、轴承与油封等。要查的故障部位有：G1、G2、G3、G4面等的磨损拉伤。

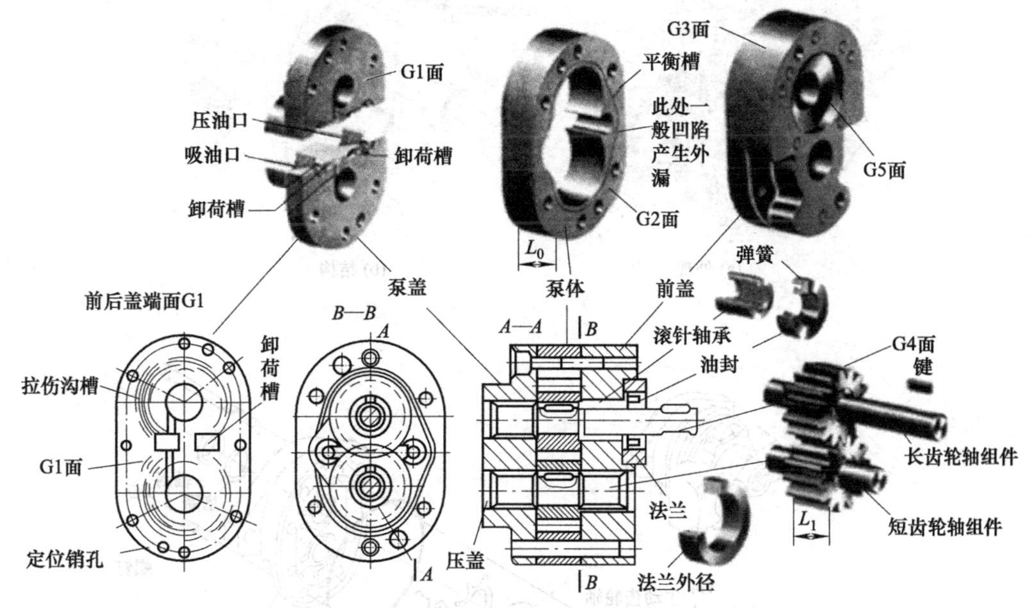

图2-34 CB-B型齿轮泵结构及其易出故障的主要零件

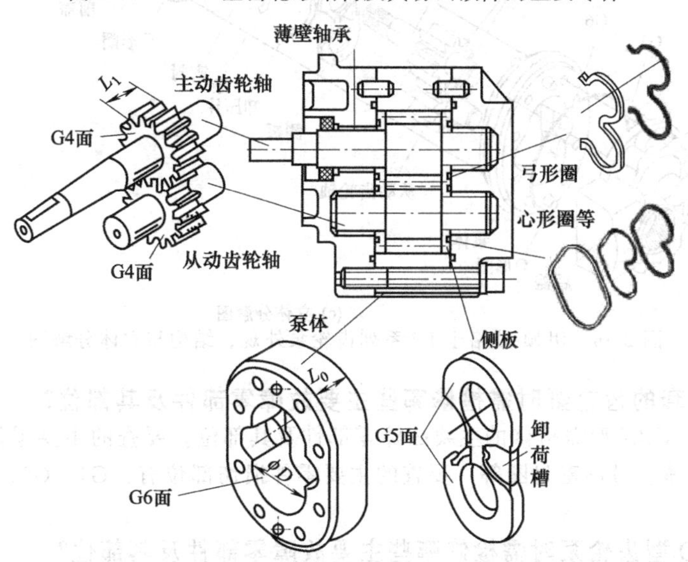

图2-35 带侧板齿轮泵的结构及其易出故障的主要零件（国产CB-C型）

2. 维修带侧板齿轮泵时需检修哪些主要故障零部件及其部位?

图 2-35 为国产 CB-C 型带侧板齿轮泵的结构及其易出故障的主要零件，要查的主要零件有：主从动齿轮轴、侧板、泵体、弓形圈、心形密封圈等；要查的主要零件损伤部位有：G4、G5、G6 面，泵轴轴颈圆柱面。

3. 维修进口带侧板齿轮泵时需检修哪些主要故障零部件及其部位?

图 2-36 为伊顿-威格士 L2 系列带侧板齿轮泵外观、结构与立体分解图，要查的主要零件有：主从动齿轮轴、侧板、泵体、卸压片等；要查的主要零件损伤部位有：G1、G4、G5、G6 面，泵轴的轴颈圆柱面等 。

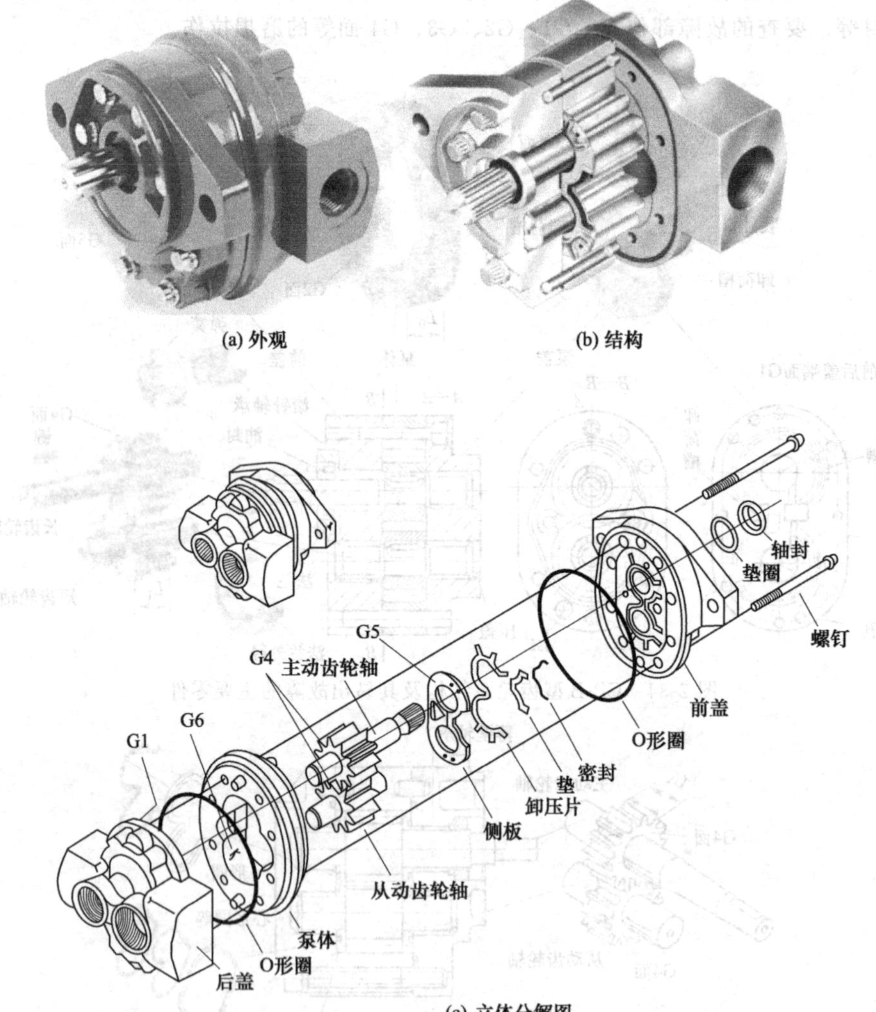

图 2-36 伊顿-威格士 L2 系列齿轮泵外观、结构与立体分解图

4. 维修带浮动轴套的齿轮泵时需检修哪些主要故障零部件及其部位?

图 2-37 为国产 CBN 型需检修的主要故障零部件及其部位。要查的主要零件有：主从动齿轮轴、浮动轴套、泵体、弓形密封圈等。要查的主要零件损伤部位有：G4、G5、G6 面，泵轴轴颈圆柱面。

5. 维修国产CB-D 型齿轮泵时需检修哪些主要故障零部件及其部位?

如图 2-38 所示，要查的主要零件有：主从动齿轮轴、浮动轴套、泵体、弓形密封圈等。要查的主要零件损伤部位有：G4、G5、G6 面，泵轴轴颈圆柱面等。

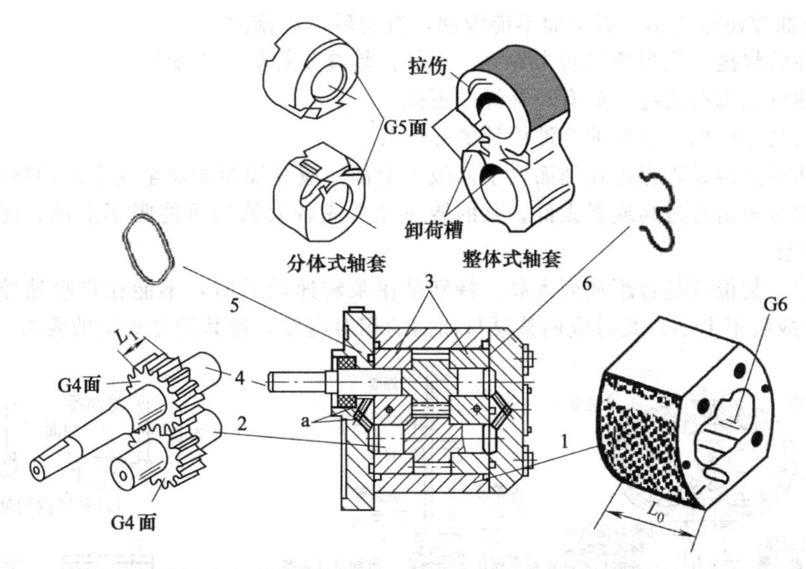

图 2-37 带浮动轴套的齿轮泵（国产 CBN 型）结构及其易出故障的主要零件

1—泵体；2—从动齿轮轴；3—轴套；4—主动齿轮轴；5—密封圈；6—弓形密封圈

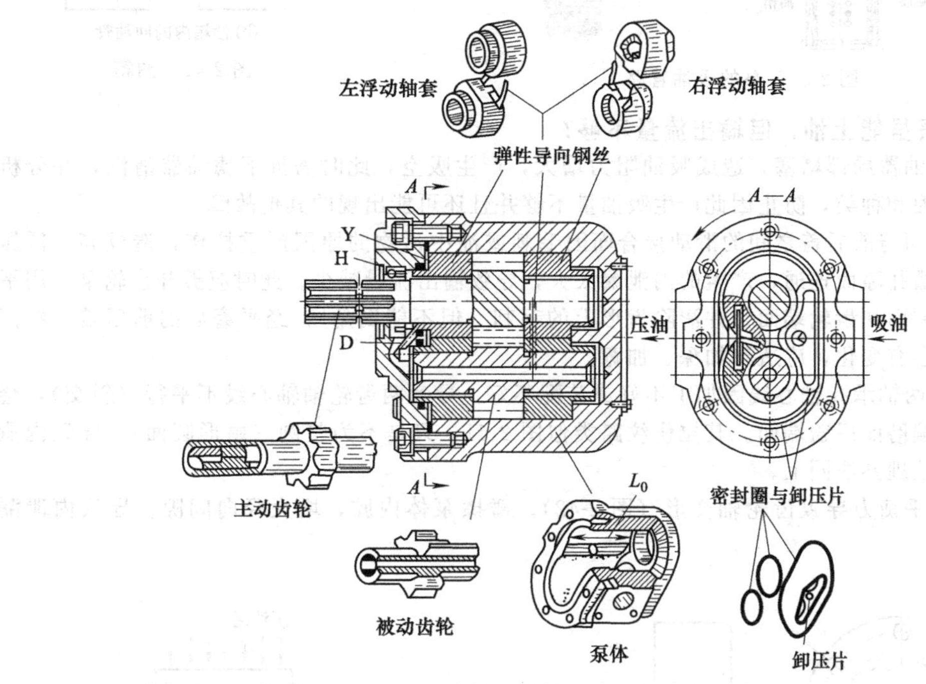

图 2-38 CB-D 型齿轮泵结构及其易出故障的主要零件

6. 怎样排除齿轮泵吸不上油、无油液输出的故障?

参阅图 2-39、图 2-40 进行说明。

① 查电机转向对不对。正转齿轮泵，从泵轴观察，电机应为顺时针方向旋转。反转齿轮泵，从泵轴观察，电机应为逆时针方向旋转。正转泵反转时难以吸上油，反转泵正转时难以吸上油。如果电机转向不对，泵无油液输出，可予以更正，即交换一下电机电源进线即可。

② 查电机轴或泵轴上是否漏装了传动键。漏装了键，泵不能转动，吸不上油。可检查排除。

③ 查进油管路。当液压泵进油管路管接头处或管接头 O 形密封圈损坏或漏装，造成进气，

于是齿轮泵进油腔便形成不了真空而不能吸油，查明后予以排除。

④ 查进油管焊接位置焊缝是否未焊好、进气。焊缝要焊好，不漏气。

⑤ 查吸油管是否有裂缝。如有，补焊或更换。

⑥ 查油面是否过低。应加油至油面计的标准线。

⑦ 查进油过滤器是否裸露在油面之上而吸不上油。应往油箱加油至规定的油标高度。

⑧ 查泵的转速是否过高或者太低。泵的转速过高或者太低均可能吸不上油，应按泵允许的转速范围运转泵。

⑨ 查泵的安装位置是否距油面太高。特别是在泵转速较低时，不能在泵吸油腔形成必要的真空度，而造成吸不上油。此时应调整泵与油面的相对高度，使其满足规定的要求。

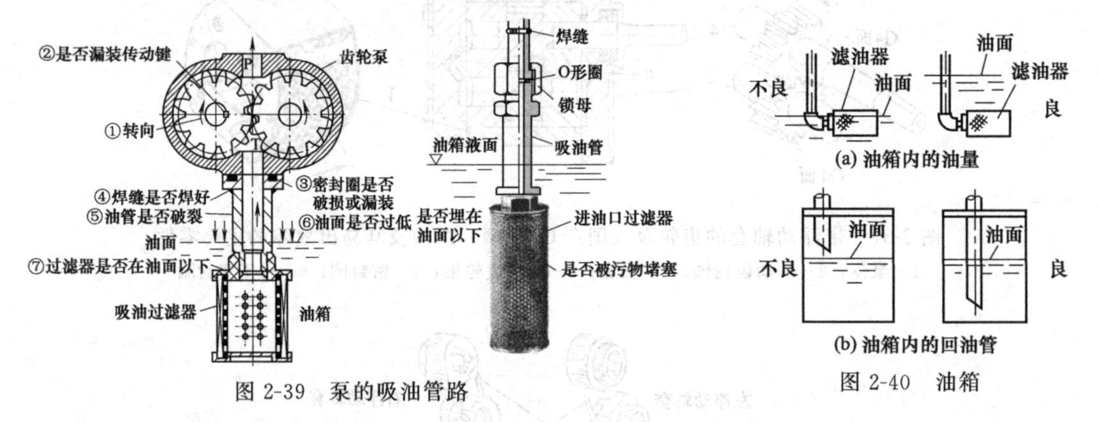

图 2-39　泵的吸油管路　　　　图 2-40　油箱

7. 为何齿轮泵虽能上油，但输出流量不够？

① 进油滤油器局部堵塞，造成吸油阻力增大，产生吸空，此时需拆下滤油器清洗，并分析污物产生的原因和种类，防止因此产生吸油量不够并且还可能出现的其他故障。

② 齿轮端面与前后盖之间的滑动接合面因毛刺或油中污物的原因严重拉伤，造成高、低压腔经拉伤的沟槽孔隙而连通，产生的内泄漏太大，导致输出流量减少。此时应拆开齿轮泵，用平磨磨平前后盖端面和齿轮端面，并清除齿形上的毛刺（但不能倒角），经平磨后的前后盖，端面上卸荷槽尺寸会有变化，应适当加深、加宽。

③ 前后盖两轴承孔轴心线因加工不好或装配不好，导致两齿轮轴轴心线不平行（斜交），会出现齿轮端面偏磨前后盖端面。其拉伤纹路类似图 2-41，只是不为整圆（扇形圆面），导致内泄漏增大，此时处理办法同上。

④ 径向不平衡力导致齿轮轴变形（图 2-42），碰擦泵体内腔，增大径向间隙。导致内泄漏增加。

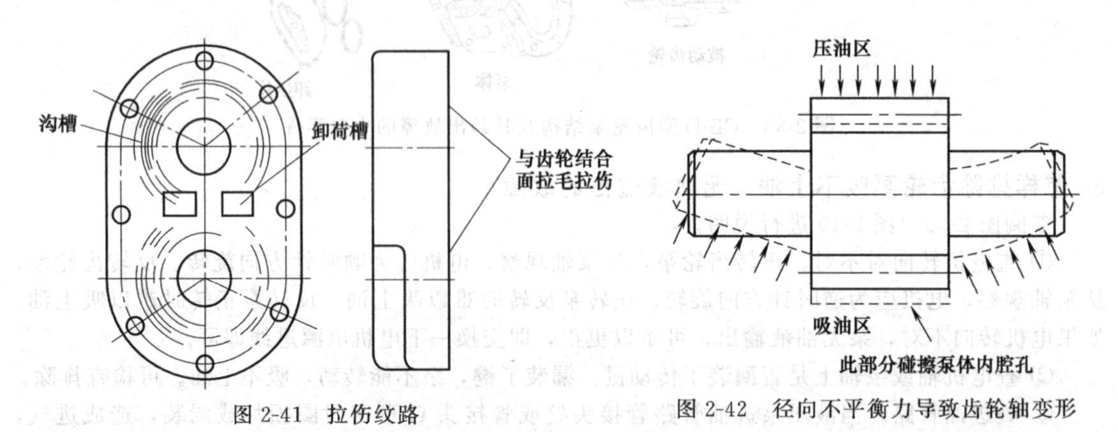

图 2-41　拉伤纹路　　　　图 2-42　径向不平衡力导致齿轮轴变形

8. 怎样排除齿轮泵输出流量不够，系统压力上不去的故障？

① 查进油滤油器是否堵塞。滤油器堵塞时应予以清洗。

② 查前后盖端面或侧板端面是否严重拉伤而产生内泄漏太大。前后盖或侧板端面可研磨或平磨修复。

③ 对采用浮动轴套或浮动侧板的齿轮泵，查浮动侧板或浮动轴套端面 G5、齿轮端面 G4 是否拉伤或磨损（图 2-37）。对连轴齿轮，在小外圆磨床上靠磨 G4 面；对泵轴与齿轮分开的，则在平面磨床上平磨齿轮 G4 面，注意两齿轮齿宽 L_1 应一致；注意同时要修磨泵体厚度 L_0，保证合理的轴向装配间隙。

④ 查起预压作用的弓形密封圈或心形密封圈等是否压缩永久变形或漏装（图 2-35）。更换已压缩永久变形的弓形或心形密封圈；卸压片和密封环必须装在进油腔内，两轴套才能保持平衡。卸压片密封环应具有 0.5mm 的预压缩量。

⑤ 查电机转速是否不够。电机转速应符合规定。

⑥ 查油温是否太高。温升使油液黏度降低，内泄漏增大，应查明油温高的原因，采取对策。

⑦ 查选用的油液黏度过高或过低。选用黏度合适的油液。

⑧ 查是否有污物进入泵内。例如污物进入 CB-B 型齿轮泵内并楔入齿轮端面与前后端盖之间的间隙内，拉伤配合面，导致高、低压腔因出现径向拉伤的沟槽而连通，使输出流量减小。此时用平面磨床磨平前后盖端面和齿轮端面，并清除轮齿上的毛刺（不能倒角）；注意经平面磨削后的前后端盖，其端面上卸荷槽的宽度尺寸会有变化，应适当加宽。

9. 为何中高压齿轮泵起压时间长？

① 查弹性导向钢丝是否漏装或折断。在泵压未升上来之前，弹性导向钢丝弹力能同时将上、下轴套朝从动齿轮的旋转方向扭转一微小角度，使主、从动齿轮两个轴套的加工平面紧密贴合，从而使泵起压时间很短。但如果像图 2-38 中的弹性导向钢丝漏装或折断，则将失去这种预压作用而使齿轮泵起压时间变长。

② 查起预压作用的密封圈是否压缩永久变形。如起预压作用的密封圈压缩永久变形，将使齿轮泵起压时间变长。

10. 齿轮泵为何噪声大并出现振动？

① 查齿轮泵是否从油箱中吸进有气泡的油液（图 2-39 与图 2-40）。

② 查电机与泵联轴器的橡胶件是否破损或漏装。破损或漏装者应更换或补装联轴器的橡胶件。

③ 查泵与电机的安装同心度。应按规定要求调整泵与电机的安装同心度。

④ 查联轴器的键或花键。磨损会造成回转件的径向跳动。

⑤ 查泵体与两侧端盖（例如 CB-B 型齿轮泵的前后盖）直接接触的端面密封处。若接触面的平面度达不到规定要求，则泵在工作时容易吸入空气。可以在平板上用研磨膏按 8 字形路线来回研磨，也可以在平面磨床上磨削，使其平面度不超过 5μm，并保证其平面与孔的垂直度要求。

⑥ 查泵的端盖孔与压盖外径之间的过盈配合接触处（例如 CB-B 型齿轮泵）。若配合不好，空气容易由此接触处侵入。若压盖为塑料制品，由于其损坏或因温度变化而变形，也会使密封不严而进入空气。可采用涂覆环氧树脂等胶黏剂进行密封。

⑦ 查泵内零件损坏或磨损情况。泵内零件损坏或磨损严重将产生振动与噪声。如齿形误差或齿距误差大，两齿轮接触不良，齿面粗糙度高，公法线长度超差，齿侧隙过小，两啮合齿轮的接触区不在分度圆位置等。此时，可更换齿轮或将齿轮对研。轴承的滚针钢球或保持架破损、长短轴轴颈磨损等，均可导致轴承旋转不畅而产生机械噪声，此时需拆修齿轮泵，更换轴承，修复或更换泵轴。

11. 齿轮泵工作时为何有时油箱内油液向外漫出？

油池中的油液夹杂有气泡后体积增大，油箱装不下自然会向外漫出油箱。

① 查齿轮泵是否在有部位进气的情况下工作。如果是，则含有大量气泡的系统回油返回油箱，增大了油液体积。

中高压齿轮泵的进气位置和进气原因：以图 2-29 所示的齿轮泵为例，容易进气的位置有 c、h 等处，多是螺钉未拧紧、两接合面加工不良、平直度及表面粗糙度不符合要求、接合面间的密封 i 漏装或破损等原因造成的，可查明原因予以排除。

② 查油箱中油液消泡性能。含有气泡的油液体积不断增大，自然会从油箱向外漫出。此时应排除液压泵进气故障，必要时更换消泡性能已变差的油液。

12. 齿轮泵的内、外泄漏量大怎么办?

① 查泵盖与齿轮端面、侧板与齿轮端面、浮动轴套与齿轮端面之间的接触面面积，面积大是造成内漏的主要原因。这部分磨损拉伤漏损量或间隙大造成的内漏占全部内漏的 50%～70%。减少内漏的方法是修复磨损拉伤部位，保证这些部位有合理的配合间隙。

② 卸压片老化变质，失去弹性，对高压油腔和低压油腔失去了密封隔离作用，会产生高压油腔的油往低压油腔流动、径向不平衡力使齿轮尖部靠近液压泵壳体、磨损泵体的低压腔部分、油液不净导致相对运动面之间磨损等。应采取相应对策。

13. 齿轮泵的泵轴油封为何老是翻转?

① 查齿轮泵转向。“左旋”错装为“右旋”，冲坏骨架油封。

② 查泵内的内部泄油道是否被污物堵塞。例如图 2-38 中的泄油道 D 被污物堵塞后，造成油封前腔困油压力升高，超出了油封的承压能力而使油封翻转，可拆开清洗疏通。

③ 查油封卡紧密封唇部的箍紧弹簧是否脱落（图 2-43）。油封的箍紧弹簧脱落后，密封的承压能力更低，翻转是必然的。此时要重新装好油封的箍紧弹簧。

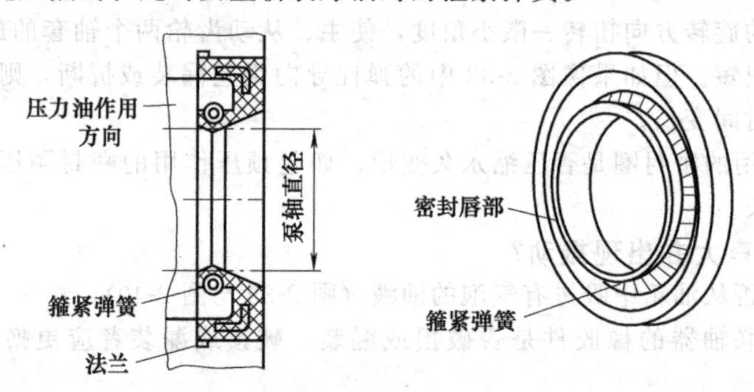

图 2-43 泵轴油封

14. 为何有时齿轮泵的泵壳炸裂?

铝合金材料齿轮泵的耐压能力为 38～45MPa，在其无制造缺陷的前提下，齿轮泵炸裂肯定是：

① 出油管道有异物堵住，造成压力无限上升，受到了瞬间高压。

② 溢流阀压力调整过高，或者卡死在关闭位置，使齿轮泵得不到保护。

③ 泵体铝合金材料牌号未达标，强度不够，一般齿轮泵泵壳耐压能力仅为 38～45MPa，超出此压力，泵壳会炸裂。

15. 为何有时泵轴折断?

① 因异物卡住齿轮，使传动转矩过大。泵长时间超载运转，折断泵轴，需更换泵轴。

② 泵轴因材质不好或热处理不好，可能磨损或断裂，一般泵轴应选 40Cr 材质，热处理 50HRC。

③ 因轴承烧死或浮动轴套不同心，造成泵轴磨损或折断。

④ 电机与泵轴不是采用挠性联轴器连接，而是采用带或齿轮连接，泵轴单边受力，泵轴磨损加剧甚至可能折断。尽量不要采用带或齿轮驱动泵轴，应使用挠性联轴器，注意电机轴与泵轴

的同轴度。

16. 为何修泵后转动不灵活或咬死?

① 轴向间隙与径向间隙过小，或轴承孔对端面的垂直度超差等。

② 杂质、污物未清洗干净，卡住齿轮，均会产生泵旋转不灵活和咬死。

③ 浮动轴套或轴承外径与泵体（或泵盖）孔配合间隙过大，造成轴套径向窜动。

可针对上述原因采取对策。

17. 怎样解决内啮合齿轮泵吸不上油、输出流量不够、压力上不去的故障?

(1) 查外齿轮（图 2-44，下同）

① 因齿轮材质（如粉末冶金齿轮）或热处理不好，使齿面磨损严重。如为粉末冶金齿轮，建议改为钢制齿轮，并进行热处理。

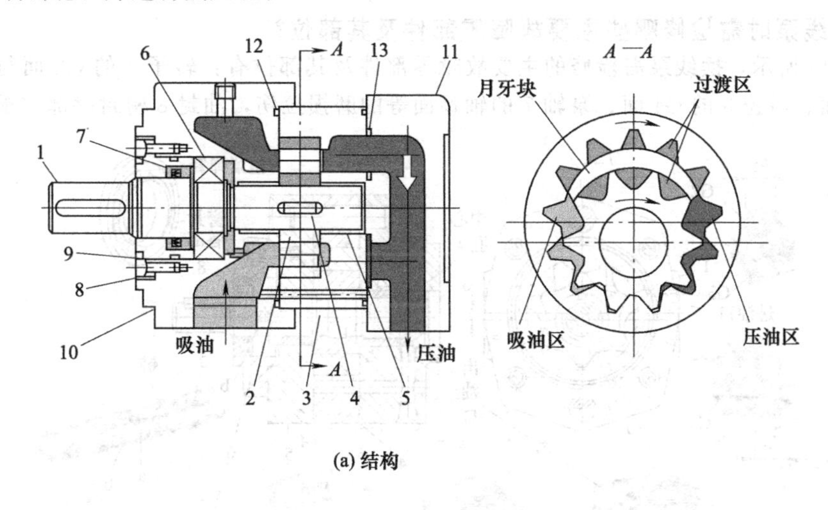

(a) 结构

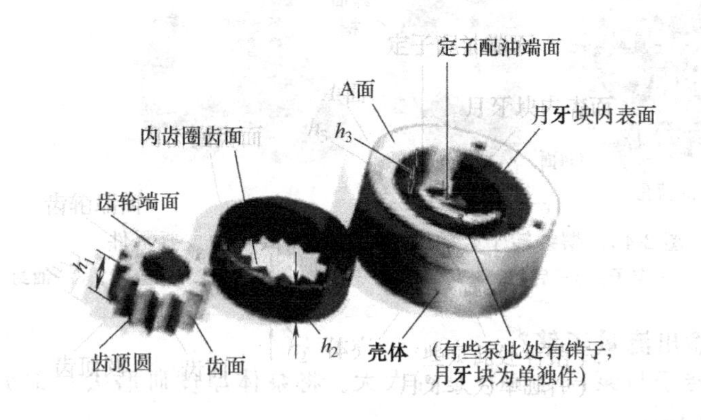

(b) 主要故障零部件

图 2-44 渐开线内啮合齿轮泵结构与需修理的主要零件

1—泵轴；2—外齿轮；3—泵芯组件；4—键；5—薄壁轴承；6—轴承；7—油封；8—螺钉；9—垫圈；10—前盖；11—后盖；12、13—O 形圈

② 齿轮端面磨损拉伤。齿轮端面磨损拉伤不严重，可研磨抛光再用；如磨损拉伤严重，可平磨齿轮端面至尺寸 h_1，外齿圈 h_2、定子内孔深度 h_3 也应磨去相同尺寸。

③ 齿顶圆磨损。可刷镀齿轮外圆，补偿磨损量。

(2) 查内齿圈

① 内齿圈外圆与壳体内孔之间配合间隙太大时，可刷镀内齿圈外圆。

② 内齿圈齿面与齿轮齿面之间齿侧隙太大时，有条件的地区（如珠三角、长三角地区），可

用线切割机床慢走丝重新加工钢制内齿圈与外齿轮，并经热处理后换上。

(3) 查月牙块

① 月牙块内表面与外齿轮齿顶圆配合间隙太大时，刷镀齿顶圆。

② 月牙块内表面磨损拉伤严重，造成压、吸油腔之间内泄漏大时，用线切割机床慢走丝重新加工月牙块换上。

(4) 查壳体（定子）与侧板

① 对于兼作配油盘的定子，当配油端面磨损拉有沟槽时，如磨损拉伤轻微，可用金相砂布修整再用；如磨损拉伤严重，修复有一定难度。

② 有侧板者，当侧板与齿轮结合面磨损拉伤时，可研磨或平磨侧板端面，并经氮化或磷化处理。

18. 修理摆线泵时需检修哪些主要故障零部件及其部位?

如图 2-45 所示，摆线泵需检修的主要故障零部件及其部位有：转子 1 的 G2 面与 G3 面、定子 2 的 G1 面、后盖 3 的 G4 面、泵轴 7 的轴颈面等的磨损拉伤，油封 8 密封唇部破损等。

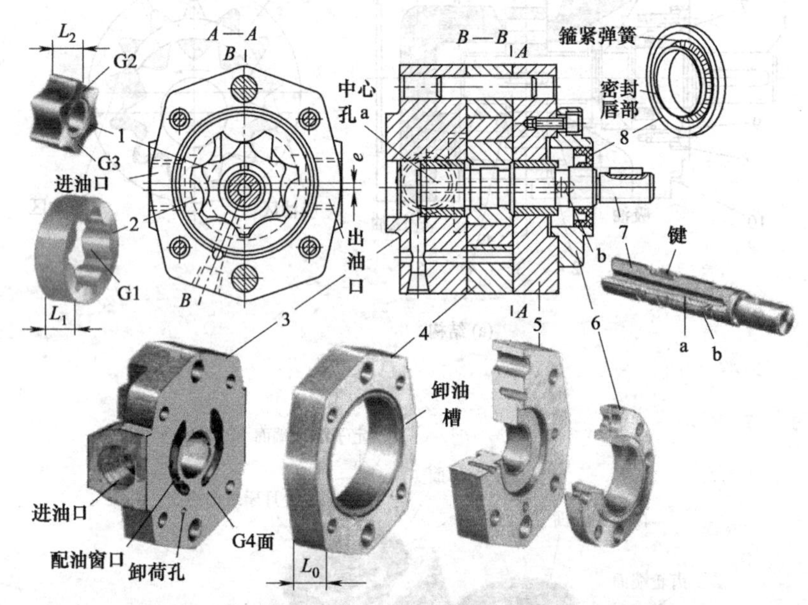

图 2-45 摆线转子泵的结构及其易出故障的主要零件

1—转子；2—定子；3—后盖；4—泵体；5—前盖；6—法兰；7—泵轴；8—油封

19. 摆线转子泵为何输出流量不够?

① 查轴向间隙（转子与泵盖之间）是否太大。将泵体厚度研磨去一部分，使轴向间隙 (L_1-L_2) 在 0.03～0.04mm。

② 查内外转子的齿侧间隙是否太大。一般更换内外转子，用户难以办到。但在珠三角、长三角发达地区，可测绘出内外转子尺寸，用线切割慢走丝予以加工。

③ 吸油管路中裸露在油箱油面以上的部分到泵的进油口之间结合处密封不严、漏气，使泵吸进空气，有效吸入的流量减小。更换进油管路的密封，拧紧接头。管子破裂者予以焊补或更换。

④ 查滤油器是否堵塞。堵塞时清洗滤油器。

⑤ 查油液黏度是否过小。更换合适黏度的油液，减少内泄漏。

⑥ 查系统的溢流阀是否卡死在小开度位置上。如果这样，泵来的一部分油通过溢流阀流回油箱，导致输出流量不够，可排除溢流阀故障。

20. 摆线转子泵为何压力波动大？

① 泵体与前后盖因加工不好，偏心距误差大，或者外转子与泵体孔配合间隙太大。检查偏心距 e，并保证偏心距误差在 ±0.02mm 的范围内。外转子与泵体孔配合间隙应为 0.04～0.06mm。

② 内外转子（摆线齿轮）的齿形精度差。现内、外转子大多采用粉末冶金，模具精度影响齿形精度，特别是当油液黏度低时很容易磨损。用户可对研修复，有条件的地区可另行加工一钢制件更换。

③ 查内外转子的径向及端面跳动是否大。修正内、外转子，使各项精度达到技术要求。

④ 查内外转子的齿侧隙是否偏大。更换内、外转子，保证齿侧隙在 0.07mm 以内。

⑤ 查泵内是否混进空气。查明进气原因，排除空气。

⑥ 液压泵与电机不同心，同轴度超差。校正液压泵与电机的同轴度，在 0.1mm 以内。

⑦ 查内、外转子间齿侧隙是否太大。太大时，应予以更换。

21. 摆线转子泵为何发热及噪声大？

① 外转子因其外径与泵体孔配合间隙太小，产生摩擦、发热，甚至外转子与泵体咬死。对研一下，使泵体孔增大。

② 查内、外转子之间的齿侧间隙是否太小或太大。太小，摩擦发热；太大，运转中晃动也会引起摩擦发热。对研内、外转子（装在泵盖上对研）。

③ 查油液黏度是否太大。黏度太大，吸油阻力大。应更换合适黏度的油液。

④ 查齿形精度是否不好。生产厂可更换内外转子，用户只能对研，有条件的地区可另行加工一钢制件更换。

⑤ 查内外转子端面是否拉伤、泵盖端面是否拉伤。如果是，则研磨内外转子端面；磨损拉毛严重者，先平磨，再研磨，泵体厚度也要磨去相应尺寸。

⑥ 查泵盖上的滚针轴承是否破裂或精度太差，造成运转振动、噪声。应更换合格的轴承。

22. 摆线转子泵轴漏油时怎样处理？

① 查油封的箍紧弹簧是否漏装。漏装时予以补装。

② 查油封的密封唇部是否拉伤。拉伤时予以更换，并检查泵轴与油封接触部位的磨损情况。

2.2.5 齿轮泵的使用、修理和装配

1. 使用齿轮泵应注意哪些？

① 齿轮泵的吸油高度一般不得大于 500mm。

② 齿轮泵应通过挠性联轴器直接与电机连接，一般不要刚性连接或通过齿轮副和皮带机构与动力源连接，以免单边受力，造成泵轴弯曲、单边磨损和泵轴油封失效。

③ 应限制齿轮泵的极限转速，不能过高或过低。过高，油液来不及填满整个齿间空隙，会造成空穴现象，产生振动和噪声；过低，不能使泵吸油腔形成必要的真空度，会造成吸油不畅。目前国产齿轮泵的驱动转速在 300～4450r/min，详见齿轮泵使用说明书。

④ 选用时，齿轮泵多为单方向泵，分为左泵和右泵。购买时需注意，否则反向使用时不能上油或油量不够，并且往往使泵轴油封翻转冲破。如需双向回转泵和反转泵，要特殊订货。

⑤ 一般齿轮泵选用 YA-N46（GB 2512—1981）普通液压油，工作油温控制在 0～80℃，过滤精度 25μm 左右。

齿轮泵使用较长时间后，齿轮各相对滑动面会产生磨损和刮伤。端面的磨损会导致轴向间隙增大而内泄漏增大；齿顶圆磨损会导致径向间隙增大；齿形磨损会造成噪声增大和压力振摆增大。磨损拉伤不严重时可稍加研磨（对研）抛光再用，若磨损拉伤严重，则需根据情况予以修理或更换。

2. 怎样修复齿轮与齿轮轴?

齿轮泵泵轴（齿轮轴）的磨损部位主要是与滚针轴承或轴套相接触的轴颈处。如果磨损轻微，可抛光修复。如果磨损严重，则需用镀铬工艺或重新加工一新轴，重新加工时，两轴颈的同轴度为0.02～0.03mm。齿轮装在轴上或连在轴上的同轴度为0.01mm。

① 齿形修理。用细砂布或油石去除拉伤凸起或已磨成多棱形部位的毛刺，再将齿轮连同轴装在泵盖轴承孔上对研，并用涂红丹方法校验研磨效果。适当调换啮合面方位，清洗后可继续再用。但对肉眼能观察到的严重磨损件，应重作齿轮，予以更换。

② 端面修理。轻微磨损者，可将两齿轮同时放在0#砂布上砂磨，然后放在金相砂纸上擦磨抛光。磨损拉伤严重时，可将两齿轮同时放在平磨上磨去少许，再研磨或用金相砂纸抛光。此时泵体也应磨去同样尺寸，以保证原来的装配间隙（0.02～0.03mm）。两齿轮厚度差应在0.005mm以内，齿轮端面与孔的垂直度或齿轮轴线的跳动应控制在0.005mm以内。

③ 齿顶圆。外啮合齿轮泵由于存在径向不平衡力，一般都会在使用一段时间后出现磨损。齿顶圆磨损后，径向间隙增大。对低压齿轮泵而言，内泄漏不会增加多少。但对中高压齿轮泵，会对容积效率有影响，则应考虑电镀外圆（刷镀齿顶圆）或更换齿轮。

④ 中低压齿轮泵的齿轮精度为7～8级，中高压齿轮泵的齿轮精度略高0.5～1级，齿轮内孔与齿顶圆（对齿轮轴则为齿顶圆与轴颈外圆）的同轴度允差<0.02mm，两端面不平行度<0.007mm，表面粗糙度为$\overset{0.4}{\bigtriangledown}$。

⑤ 齿轮轴。对于齿轮与轴连在一起的齿轮轴，若表面剥落或烧伤变色，应更换新齿轮轴；若表面呈灰白色、只是配合间隙增大，可适当调整啮合齿位置，更换新轴承；若齿轮外圆表面因扫膛拉毛，齿顶黏结有铁屑，可用油石砂条磨掉黏结物，并砂磨泵体内孔结合面，径向间隙未超差则可继续使用，若径向间隙太大，可将泵体内孔根据情况镀铜合金，缩小径向间隙。

3. 怎样修复泵体、前后盖、轴套与侧板?

泵体的磨损主要是内腔面（与齿顶圆接触的面—G6面），且多发生在吸油侧。如果泵体属于对称型，可将泵体翻转180°安装再用。如果属非对称型，则需采用电镀青铜合金工艺或刷镀的方法修整泵体内腔孔磨损部位。

前后盖和轴套修理的部位主要是与齿轮接触的端面。磨损不严重时，可在平板上研磨端面修复。磨损拉伤严重时，可先放在平面磨床上磨去沟痕后，再稍加研磨，但需注意，要适当加深、加宽卸荷槽的相关尺寸。

侧板磨损后可将两侧板放于研磨平板或玻璃板上，用1200#金刚砂研磨平整，表面粗糙度应低于$\overset{0.8}{\bigtriangledown}$，厚度差在整圈范围内不超过0.005mm。

4. 怎样装配齿轮泵?

修理后的齿轮泵，装配时须注意下述事项：

① 清除各零件上的毛刺。齿轮锐边用天然油石倒钝，但不能倒成圆角，经平磨后的零件要退磁。所有零件经煤油仔细清洗后方可投入装配。

② 装配时要测量和保证轴向间隙：齿轮泵的轴向间隙δ=泵体厚度L_0－齿轮宽度L_1（参阅图2-37），一般要保证δ在0.02～0.03mm，同时要测量其他零件的有关尺寸和精度。

③ 齿轮泵装配时，有的齿轮泵有定位销孔。对于无定位孔的齿轮泵，在装配时，要一边按对角顺序拧紧各螺钉，一边转动泵轴。若无轻重不一现象，再彻底拧紧几个安装螺钉。对于有定位孔的齿轮泵（如CB-B型），销孔主要用在零件的加工过程中，所以装配时并无定位基准可言，最后再配钻铰两销孔，打入定位销。

④ 对于容易装反的零件要注意，不要装错方向。特别是要确认是正转泵还是反转泵。

⑤ 笔者反对在泵体和泵盖之间用加纸垫的方法解决外漏问题，一层纸至少有0.06～0.1mm厚，这将严重影响轴向间隙，增加内泄漏，严重者齿轮泵打不上油。

⑥ 有条件者，可先按 JB/T 7041—1993 等标准对齿轮泵进行台架试验，再装入主机。

2.2.6 几种具体修复齿轮泵的方法与技巧

1. 怎样用镀铜合金的工艺修复泵体内腔？

此处仅简介镀铜合金的工艺流程。

① 镀前处理：同一般铸铁件电镀青铜合金工艺。

② 电解液配方为：

氯化亚铜（Cu_2Cl_2）20～30g/L；

锡酸钠（$Na_2SnO_2 \cdot 3H_2O$）60～70g/L；

游离氰化钠（NaCN）3～4g/L；

氢氧化钠（NaOH）25～30g/L；

三乙醇胺［N（$CH_2CH_2OH)_3$］50～70g/L；

温度 55～60℃；

阴极电流密度 1～1.5A/dm^2；

阳极为合金阳极（含锡 10%～12%）。

③ 镀后处理：在 120℃中恒温 2h。

④ 注意事项：需有专门挂具，不需镀的地方要封闭保护，铸铁件镀前处理要严格工艺要求，防止析出碳影响结合力。

2. 怎样用电弧喷涂的方法修理齿轮泵？

轴套内孔、轴套外圆、齿轮轴和泵壳的均匀磨损及划痕在 0.02～0.20mm 时，可采用硬度高、与零件体结合力强、耐磨性好的电弧喷涂修理工艺进行修复。

电弧喷涂的工艺过程：工件表面预处理→预热→喷涂黏结底层→喷涂工作层→冷却→涂层加工。

喷涂工艺流程中，要求工件无油污、无锈蚀，表面粗糙均匀，预热温度适当，底层结合均匀牢固，工作层光滑平整，材料颗粒熔融黏结可靠，耐磨性能及耐蚀性能良好。喷涂层质量好坏与工件表面处理方式及喷涂工艺有很大关系，因此，选择合适的表面处理方式和喷涂工艺是十分重要的。此外，在喷涂过程中要用薄铁皮或铜皮将与被涂表面相邻的非喷涂部分捆扎好。

（1）工件表面预处理

涂层与基体的结合强度和基体清洁度、粗糙度有关。在喷涂前，对基体表面进行清洗、脱脂和表面粗糙化等预处理，这是喷涂工艺中一个重要工序。首先应对喷涂部分用汽油、丙酮进行除油处理，用锉刀、细砂纸、油石将疲劳层和氧化层除掉，使其露出金属本色。然后进行粗化处理，粗化处理能提供表面压应力，增大涂层与基体的结合面积和净化表面，减少涂层冷却时的应力，缓和涂层内部应力，所以有利于黏结力的增加。喷砂是最常用的粗化工艺，砂粒以锋利、坚硬为好，可选用石英砂、金刚砂等。粗糙处理后的新鲜表面极易被氧化或受环境污染，因此要及时喷涂，若放置超过 4h 则要重新粗化处理。

（2）表面预热处理

涂层与基体表面的温度差会使涂层产生收缩应力，引起涂层开裂和剥落。基体表面的预热可降低和防止上述不利影响。但预热温度不宜过高，以免引起基体表面氧化而影响涂层与基体表面的结合强度。预热温度一般为 80～90℃，常用中性火焰。

（3）喷黏结底层

在喷涂工作涂层之前应先喷涂一薄层金属，为后续涂层提供一个清洁、粗糙的表面，从而提高涂层与基体间的结合强度和抗剪强度。黏结底层材料一般选用铬铁镍合金。选择喷涂工艺参数的主要原则是提高涂层与基材的结合强度。喷涂过程中喷枪与工件的相对移动速度大于火焰移动速度，速度大小由涂层厚度、喷涂丝体送给速度、电弧功率等参数共同决定。喷枪与工件表面的距离一般为 150mm 左右。电弧喷涂的其他规范由喷涂设备和喷涂材料的特性决定。

（4）喷涂工作层

应先用钢丝刷刷去黏结底层表面的沉积物，然后立即喷涂工作涂层。材料为碳钢及低合金丝材，使涂层有较高的耐磨性，且价格较低。喷涂层厚度应按工件的磨损量、加工余量及其他有关因素（直径收缩率、装夹偏差量、喷涂层直径不均匀量等）确定。

（5）冷却

喷涂后工件温升不高，一般可直接空冷。

（6）喷涂层加工

机械加工至图纸要求的尺寸及规定的表面粗糙度。

3. 怎样用表面粘涂修补的技术修理齿轮泵?

① 表面粘涂技术的原理及特点。近年来，表面粘涂修补技术在我国设备维修中得到了广泛的应用，适用于各种材质的零件和设备的修补。其工作原理是将加入二硫化钼、金属粉末、陶瓷粉末和纤维等特殊填料的胶黏剂，直接涂覆于材料或零件表面，使之具有耐磨、耐蚀等功能，主要用于表面强化和修复。它的工艺简单、方便灵活、安全可靠，不需要专门设备，只需将配好的胶黏剂涂覆于清理好的零件表面，待固化后进行修整即可，常在室温下操作，不会使零件产生热功当量影响和变形等。

② 粘涂层的涂覆工艺。轴套外圆、轴套端面贴合面、齿轮端面或泵壳内孔小面积的均匀性磨损量在0.15～0.50mm、划痕深度在0.2mm以上时，宜采用涂覆修复工艺。粘涂层的涂覆工艺过程：初清洗→预加工→最后清洗及活化处理→配制修补剂→涂覆→固化→修整、清理或后加工。

粘涂工艺虽然比较简单，但实际施工要求却是相当严格的，仅凭选择好的胶黏剂，不一定能获得高的粘涂强度。既要选择合适的胶黏剂，还要严格地按照工艺方法正确地进行粘涂才能获得满意的粘涂效果。

③ 初清洗。零件表面绝对不能有油脂、水、锈迹、尘土等。应先用汽油、柴油或煤油粗洗，最后用丙酮清洗。

④ 预加工。用细砂纸磨成一定沟槽网状，露出基体本色。

⑤ 最后清洗及活化处理。用丙酮或专门清洗剂进行。然后用喷砂、火焰或化学方法处理，提高表面活性。

⑥ 配制修补剂。修补剂在使用时要严格按规定的比例将本剂和固化剂充分混合，以颜色一致为好，并在规定的时间内用完，随用随配。

⑦ 涂覆。用修补剂先在粘修表面上薄涂一层，反复刮擦使之与零件充分浸润，然后均匀涂至规定尺寸，并留出精加工余量。涂覆中尽可能朝一个方向移动，往复涂覆会将空气包裹于胶内，形成气泡或气孔。

⑧ 固化。用涂有脱模剂的钢板压在工件上，一般室温固化需24h，加温固化（约80℃）需2～3h。

⑨ 修整、清理或后加工。最后进行精镗或用什锦锉、细砂纸、油石将粘修面精加工至所需尺寸。

4. 修理时怎样用压铅法测量齿轮泵的轴向间隙、齿侧隙与齿顶间隙的大小?

① 准备合适规格的扳手和一把0～25mm的外径千分尺。

② 选用合适的软铅丝（直径0.5～1mm）数段，每段长度约为10mm，以压上三个齿为好。

③ 压铅丝操作：

装配好主、从动齿轮；

用油脂将三段软铅丝分别粘贴于主、从动齿轮的端面及节圆上；

装上泵盖（包括垫片及轴套），分2～3遍对称均匀地拧紧螺母；

对称均匀地拧下泵盖螺母，取下泵盖，取下软铅丝片并清洁；

在每根铅丝片上选取 4 个测量点，用外径千分尺测量软铅丝片厚度并作测量记录。

④ 测量数据分析：

计算出 8 个测量值的平均值，即为轴向间隙或齿侧隙；

根据所测间隙数值与正常值相比较，作出可继续使用或者需要维修的结论。

5. 修理时能否用塞尺塞入法进行齿侧间隙的测量?

对齿轮的啮合间隙采用塞尺测量，其方法比较方便，但所测出的数据不及压铅法精确。

6. 修理时怎样用千分表法测量齿轮泵的齿侧隙?

这是最精确的测量方法。方法是：先将一个齿轮固定，将另一个齿轮按前后旋转方向摆动。接触于齿廓表面的千分表可以直接测出侧间隙的值。由于齿轮的磨损，侧间隙会增大，允许的最大极限侧间隙一般规定为装配时侧间隙的 3～4 倍，超过此极限值齿轮就该更换。

2.3 叶片泵

2.3.1 简介

1. 叶片泵有哪些优缺点?

叶片泵的优点是结构紧凑、体积小（单位体积的排量较大）、运转平稳、输出流量均匀、噪声小、寿命长；既可做成定量泵，也可制成变量泵，定量泵（双作用或多作用）轴向受力平衡，使用寿命较长，变量泵变量方式可以有多种，且结构简单（如压力补偿变量泵）。

叶片泵的缺点是吸油能力稍差，对油液污染较敏感，叶片受离心力外伸，所以转速不能太低。叶片在转子槽内滑动时受接触应力和摩擦力的影响和限制，其压力和转速难以提高，要提高叶片泵的使用压力，须采取各种措施，必然增加其结构的复杂程度。另外定量泵的定子曲线面、叶片和转子的加工略有难度，一般要求专用设备，且加工精度稍高。

2. 叶片泵的种类有哪些?

叶片泵按作用方式（每转中吸、排油次数）分为单作用（变量）和双作用（定量）叶片泵。

按级数分为单级、双级叶片泵和多级叶片泵。

按连接形式分为单联泵和双联泵。

按变量反馈形式分为内反馈、外反馈。

按工作压力分为中低压（＜6.3MPa）、中高压（6.3～16MPa）和高压（＞16MPa）叶片泵等。

2.3.2 叶片泵的工作原理

1. 双作用叶片泵的工作原理是什么?

如图 2-46 所示，双作用叶片泵主要由定子 1、叶片 2、转子 3、端面配油盘 4 和泵体 5 等组成。定子和转子同心配置，定子内表面不是圆形，而是由两段长半径为 R_3 的圆弧和两段短半径为 R_2 的圆弧，再加上连接长短半径圆弧的四段光滑过渡曲线（例如等加速曲线）所组成，构成一个像椭圆形的一种封闭曲线所组成的内表面。转子 3 上开有均布的叶片槽，矩形叶片滑动地安放在叶片槽内，叶片在转子旋转离心力和叶片根部始终通压力油的作用下，叶片顶部始终紧贴定子内表面，起隔开并密封各叶片之间各个油腔的作用；端面配油盘 4 上开有四个腰形孔，其中两个（S 和 L）用于使吸油腔和泵吸油孔沟通，叫吸油窗口，另外两个（T 和 H）使压油腔和泵出油口相通，叫压油窗口。

当转子旋转时，紧贴在定子表面上的叶片，由短半径 R_2 向长半径 R_3 移动时，叶片在离心力和叶片根部压力油的作用下，紧贴过渡曲线逐渐向外伸出。在此区域，每两叶片间的密闭工作容腔容积逐渐增大，形成局部真空，大气压将油箱内油液通过吸油管压入泵内，叫

“吸油”；反之，当叶片从长半径 R_3 向短半径 R_2 移动时，叶片同样紧贴定子内表面（过渡曲线），逐步缩进转子槽内，每两叶片间的密闭容腔容积逐渐减小，而将油从T和H窗口挤出，叫做“压油”。

压油和吸油时刚好分别与配油盘上的四个窗口对正。转子每转一周，压、吸油各两次，所以叫“双作用”；又因为压、吸油窗口对称分布，两相对窗口产生的径向力互相平衡抵消，所以又叫“压力平衡型”叶片泵。

由于这种叶片泵，当转子和定子设计加工好后，每两叶片之间所形成的密封容腔的容积大小变化差值为定值，因而吸入或压出的油量，在转子的转速一定时不变，所以这种叶片泵为定量叶片泵。

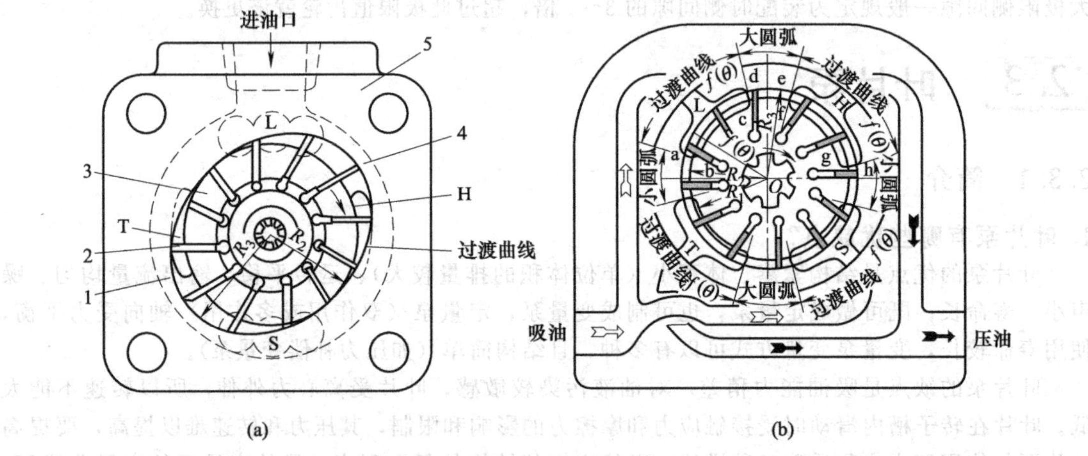

图 2-46　双作用叶片泵工作原理

1—定子；2—叶片；3—转子；4—端面配油盘；5—泵体

2. 双作用叶片泵的排量和流量怎样计算?

转子旋转时，两叶片之间封闭容积从 V_1 变到 V_2，两者之差为排出油量（图 2-47）。

当两叶片从a-b位置转到c-d位置时，排出容积为 M 的油液；从c-d转到e-f位置时，吸进了容积为 M 的油液。从e-f转到g-h位置时又排出了容积为 M 的油液，再从g-h转回到a-h时又吸进了容积为 M 的油液。

转子转一周，两叶片间吸油两次，排油两次，每次容积为 M；当叶片数为 z 时，转动一周所有叶片的排量为 $2zM$，若不计叶片几何尺寸，此值正好为环形体积的2倍。故泵的排量为：

$$V=2\pi(R^2-r^2)B \tag{2-9}$$

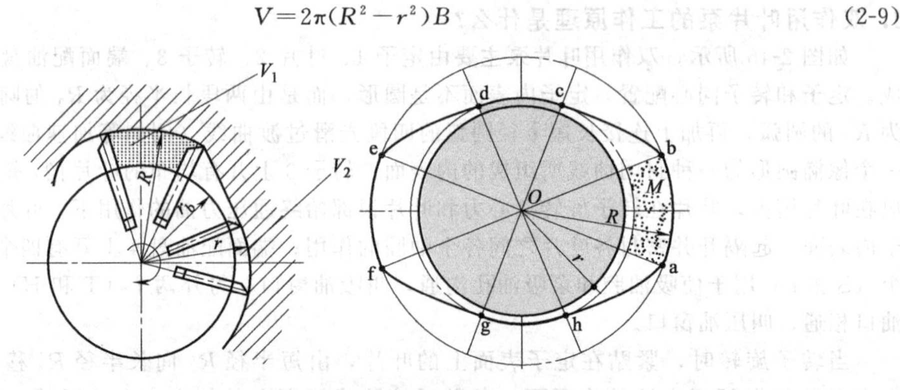

图 2-47　双作用叶片泵的排量和流量计算

平均流量为：

$$q=2\pi(R^2-r^2)Bn\eta_V \tag{2-10}$$

考虑叶片厚度影响后，双作用叶片泵精确排量与流量计算公式为：

$$V=2B[\pi(R^2-r^2)-(R-r)z\delta/\cos\theta] \tag{2-11}$$

式中 B——叶片的宽度；

R、r——定子的长半径和短半径；

δ——叶片厚度；

θ——叶片倾角。

双作用叶片泵的流量为：

$$Q=2B[\pi(R^2-r^2)-(R-r)z\delta/\cos\theta]n\eta_V \tag{2-12}$$

式中 n——叶片泵的转速；

η_V——叶片泵的容积效率。

叶片泵的流量脉动很小。理论研究表明，当叶片数为4的倍数时，流量脉动率最小，所以双作用叶片泵的叶片数一般取12或16。

3. 单作用（变量）叶片泵的工作原理是什么？

如图2-48所示，定子的内表面是圆柱面，转子和定子中心之间存在着偏心，叶片在转子的槽内可灵活滑动，在转子转动时的离心力以及叶片根部油压力作用下，叶片顶部贴紧在定子内表面上，于是两相邻叶片、配油盘、定子和转子便形成了一个密封的工作腔。

当转子按图2-48（a）所示的顺时针方向转动时，左边部位的叶片逐渐伸出，每两叶片间的密封工作容腔（如L）逐渐增大，形成局部真空，这时正对着配油盘4的腰形吸油窗与油箱相通，油箱内油液表面为一个大气压的正压力，而泵内吸油腔内为一定真空度的负压力，于是大气压便将油箱内的油液经吸油管、配油窗口L压入到容积逐渐变大的每两叶片之间的吸油腔内，完成“吸油”动作。

当转子旋转到叶片进入图中右边部位时，定子内壁（曲面）使叶片逐渐回缩至转子的叶片槽内（此时在H区段内，叶片根部不通压力油腔，而是与吸油腔相通），每两叶片间的封闭容腔容积逐渐缩小，使油压升高，将油液从压油窗口压出至系统，称为“压油”或“排油”。

在吸油腔和压油腔之间有一段封油区，将吸油腔和压油腔隔开，当转子旋转一周时，每两叶片间的工作容腔只完成一次“由小到大”（吸油）和一次“由大到小”（压油）的过程。所以叫“单作用式”。由于只有一个压油区和一个吸油区，作用在转子上的液压力不能像双作用叶片泵那样互相抵消，所以存在径向不平衡的液压作用力，单作用式叶片泵又叫不平衡式叶片泵。

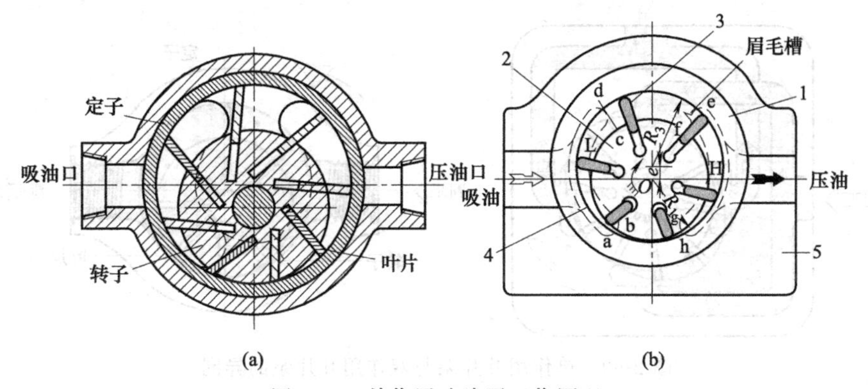

图2-48 单作用叶片泵工作原理

1—转子；2—定子环；3—叶片；4—配油盘；5—泵体

由于偏心距e的存在，如果在工作过程中设法改变此偏心距e的大小，便可改变工作容腔变大和变小的范围和程度，因而可做成变量泵的形式。所以称这种泵为“单作用”、“径向不平衡型”与“可变量”的叶片泵。

4. 怎样计算单作用叶片泵的排量和流量？

如图 2-49 所示，单作用叶片泵的排量与流量为：

$$V=4\pi ReB \tag{2-13}$$

$$Q=4\pi ReBn\eta_V\times10^{-3} \tag{2-14}$$

式中 Q——输出流量，L/min；

R——定子半径，cm；

e——偏心距，cm；

B——转子宽度，cm；

n——转子的转速，r/min；

η_V——叶片泵的容积效率。

5. 单作用叶片泵与双作用叶片泵有哪些不同之处？

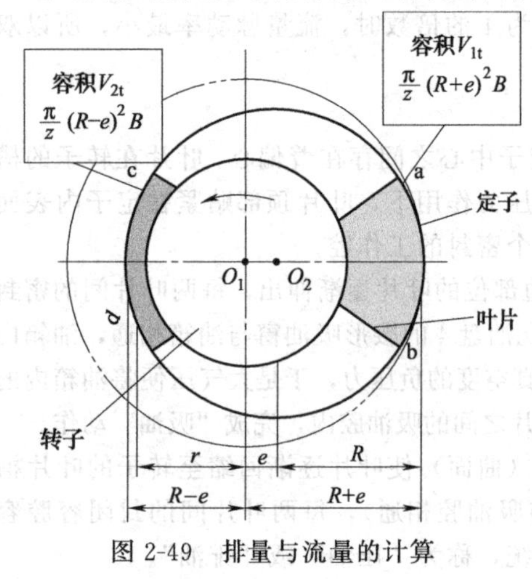

图 2-49 排量与流量的计算

单作用叶片泵与上述双作用叶片泵有几个明显不同之处（图 2-50）：

① 单作用叶片泵定子的内表面曲线为圆形，而双作用叶片泵为椭圆形。

② 单作用叶片泵配油盘上只有两个窗口，而双作用叶片泵有四个。转子每转一圈，单作用叶片泵只完成一次吸油和一次压油，而双作用叶片泵转子每转一圈，完成两次吸油和两次压油。

③ 单作用叶片泵定子和转子的圆心有一偏心距。由于偏心距的存在，为制成变量叶片泵打下基础，亦即单作用叶片泵可做成变量叶片泵；而双作用叶片泵只能做定量叶片泵。

④ 由于单作用式叶片泵的吸油腔和排油腔各占一侧，转子受到压油腔油液的作用力，致使转子所受的径向力不平衡；而双作用叶片泵有两个吸油腔和两个压油腔，并且对称于转轴分布，压力油作用于轴承上的径向力是平衡的。

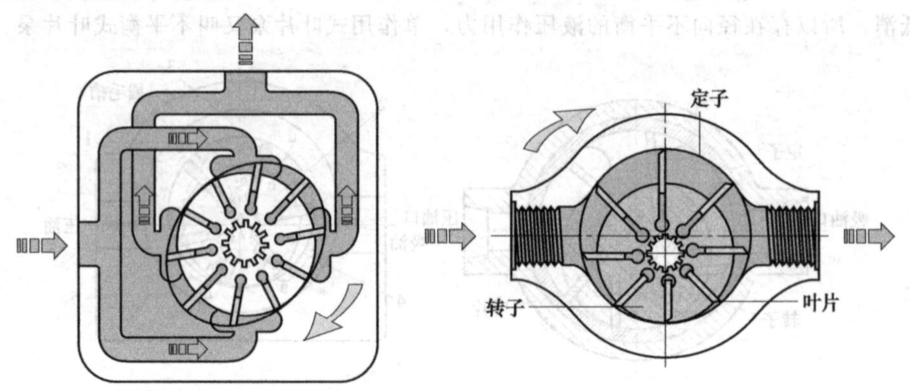

图 2-50 单作用叶片泵与双作用叶片泵的异同

2.3.3 变量方式

1. 变量叶片泵有哪些变量方式？

改变单作用叶片泵偏心距的大小可做成排量可以调节的叶片泵。排量可通过手动调节螺钉

（手动变量），也可采用自动调节。常见的变量叶片泵多采用自动调节的方式。即以泵本身的输出参数（压力、流量和功率）作为变量的控制信号，反馈到叶片泵的调节机构中去，经检测并与指令信号进行比较后，以其偏差值作为变量的输入信号，改变定子和转子之间的偏心距进行变量，对泵进行自动调节，构成了对叶片泵的输出压力、流量和功率自动控制的变量系统，以满足液压系统的各种不同需要。

叶片泵的变量方式主要有：限压式（外反馈）、恒压式、恒流量式、负载敏感式。

例如，对执行元件有快进（流量大、压力稍低）和工进（慢速、流量小、压力要求高）要求的液压系统，可选择限压式变量泵；对有些要求执行元件须保持压力或流量或功率恒定不变，这就需要泵为恒压泵或恒流量泵或恒功率泵与之相匹配，于是出现了各种变量形式的叶片泵。

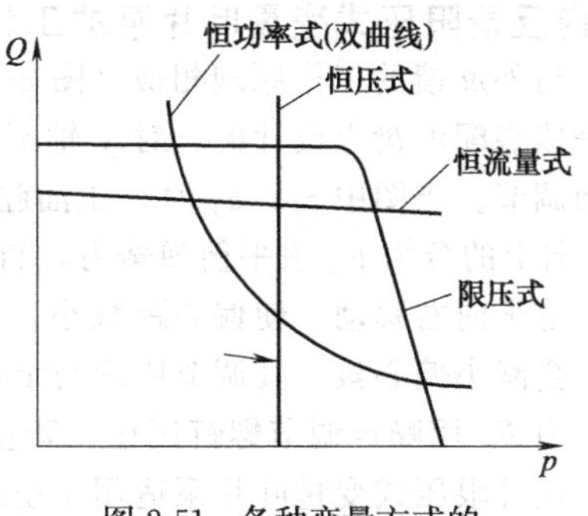

图 2-51　各种变量方式的压力-流量特性曲线

图 2-51 为各种变量方式的压力-流量特性曲线。

2. 外反馈限压式变量叶片泵的工作原理是怎样的?

这种泵从泵出口引入一股压力油，利用其压力的反馈作用来自动调节偏心量的大小，以达到调节泵的输出流量的目的（图 2-52）。

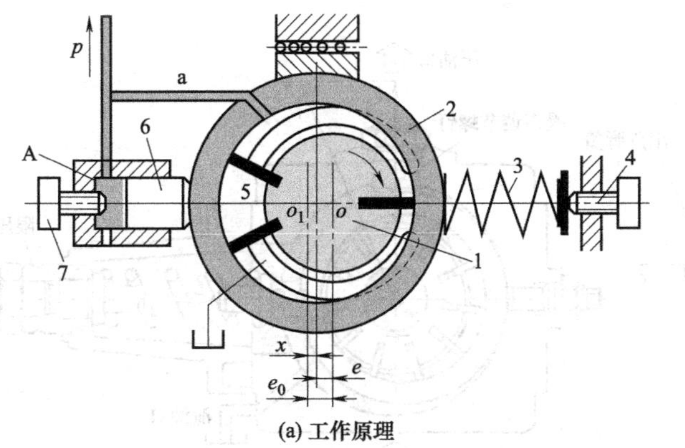

(a) 工作原理

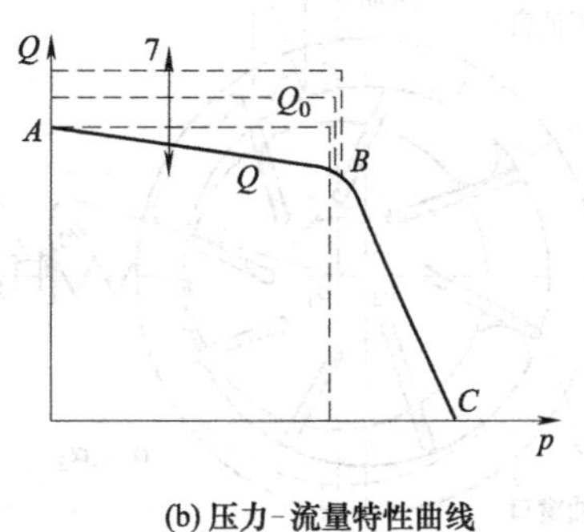

(b) 压力-流量特性曲线

图 2-52　外反馈限压式变量叶片泵的工作原理

1—转子；2—定子；3—弹簧；4—压力调节螺钉；5—配油盘；6—柱塞；7—流量调节螺钉

这种泵的吸油窗和排油窗是对称的。由泵轴带动转子 1 旋转，转子 1 的中心 o 是固定的，可左右移动的定子 2 的中心 o_1 与 o 保持偏心距 e。在限压弹簧 3 的作用下，定子被推向左边，设此时的偏心量为 e_0，e_0 的大小由调节螺钉 7 调节。在泵体内有一内流道 a，通过此流道可将泵的出口压力油 p 引入到柱塞 6 的左边油腔内，并作用在其左端面上，产生一液压力 pA，A 为柱塞 6 的端面面积。此力与泵右端弹簧 3 产生的弹簧力相平衡。

当负载变化时，p 也随之发生变化，破坏了上述平衡，定子相对于转子移动，使偏心量发生变化；当泵的工作压力 p 小于限定压力 p_B 时，有 pA＜弹簧力。此时，限压弹簧 3 的压缩量不变，定子不产生移动，偏心量 e_0 保持不变，泵的输出流量最大；当泵的工作压力 p 随负载升高而大于限定压力 p_B 时，pA＞弹簧力，这时弹簧被压缩，定子右移，偏心量减小，泵的输出流量也减小，泵的工作压力愈高（负载愈大），偏心量愈小，泵的流量也愈小，工作压力达到某一极限值时，限压弹簧被压缩到最短，定子移动到最右端，偏心量接近零，使泵的输出流量也趋近于零，只输出小流量来补偿泄漏（图 2-52）。p_B 表示泵在最大流量保持不变时可达到的工作压力（称为限压压力），其大小可通过限压弹簧 3 进行调节，图 2-52（b）中的 BC 段表示工作压力超过限压压力后，输出流量开始变化，即随压力的升高，流量自动减小，到 C 点为止，流量为零，此时压力为 p_c，p_c 称为极限压力或截止压力。泵的最大流量（AB 段）由流量调节螺钉 7 调节，可改变 A 点位置，使 AB 段上下平移。调节螺钉 4 可调节限压压力的大小，使 B 点左右移动，改变弹簧刚度 K，则可改变 BC 的斜率。

由于这种方式是由泵出油口外部通道（实际还在泵内）引入反馈压力油来自动调节偏心距，所以叫“外反馈”。

3. 内反馈限压式变量叶片泵的工作原理是怎样的？

与外反馈的工作原理相似（图 2-53），只不过自动控制偏心量 e 的控制力不是引自“外部”，而是依靠配油盘上设计的、对 y 轴不对称分布的压油腔孔（腰形孔）内产生的力 p 的分力 F_x 来自动调节。当图中 $\alpha_2>\alpha_1$ 时，压油腔内的压力油会对定子的内表面产生一作用力 F，利用 F 在 x 方向上的分力 F_x 去平衡弹簧力，自动调节偏心距的大小。当 p_x 大于限压弹簧调定的限压压力时，定子向右移动，使偏心距减小，从而改变泵的输出流量。工作压力增大，F 增大，F_x 也增大，会减小偏心量。其调节原理与上述的外反馈方式，除了反馈的来源不同外，其他没有区别。

力 F_y 用噪声调节螺钉压住，防止定子上下窜动使泵产生噪声、振动。

这种限压式变量叶片泵适用于空载快速运动和低速进给运动的场合。快速时，需要低压、大流量，这时泵工作在特性曲线 AB（图 2-52）段上；当转为工作进给时，系统工作压力升高，液压泵自动转到特性曲线 BC 段工作，以适应工作进给时需要的高压、小流量。

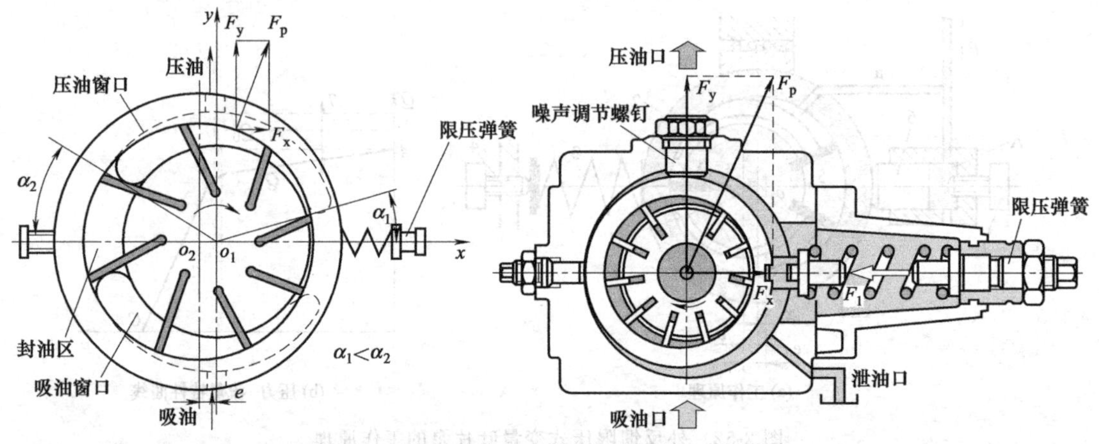

图 2-53　内反馈限压式变量叶片泵的工作原理

所以，采用限压式变量泵与采用一台高压、大流量的定量泵相比，可节省功率损耗，减少系统发热；与采用高低压双泵供油系统相比，可省去一些液压元件，简化液压系统。

但是，由于定子有惯性和相对运动件的摩擦影响，当系统工作压力 p_B 突然升高时，叶片泵偏心量 e 不能很快作出反应而减小，需滞后一段时间，这时在特性曲线 B 点将出现压力超调，可能引起系统的压力冲击；而且较之定量叶片泵，变量叶片泵的结构复杂些，相对运动件较多，泄漏也较大。

4. 恒压式变量叶片泵的工作原理是怎样的？

如图 2-54 所示，压力调节器（恒压阀、PC 阀）包括一个控制阀芯 1、壳体 2、弹簧 3 和调节螺钉 4。

油液通过液压泵内的油路，到达控制阀芯。控制阀芯具有一个径向槽和两个通道孔。在图示位置，压力油通过径向槽和通道孔到达大端活塞，通往油箱的通路被控制阀芯的轴肩关闭。

液压系统实际压力（出口压力）作用于控制阀芯 1 的左端表面。只要压力产生的作用力 F_p 小于弹簧反力 F_f，液压泵就保持在图示位置。阀芯两端上作用的油压力相同，右边大调节活塞承受的压力作用力大于左边小调节活塞承受的压力作用力，推动定子环向左运动，移向偏心位置，泵排出相应的流量油液。

当力 F_p 随系统压力的增加而增加时，控制阀芯挤压弹簧，使通向油箱的油路打开，油液由此流出，造成大活塞端的压力下降。由于小活塞端（固定）仍作用着系统压力，因而将阀芯推向大活塞端（作用着较低压力），直到接近中心为止。

此时，各种力达到了平衡：小活塞端面积×高压＝大活塞端面积×低压，流量接近零，系统压力保持恒定。由于这种特性，在达到最高压力时，系统的功率损失较低。油液不会过热，系统功耗也最低。

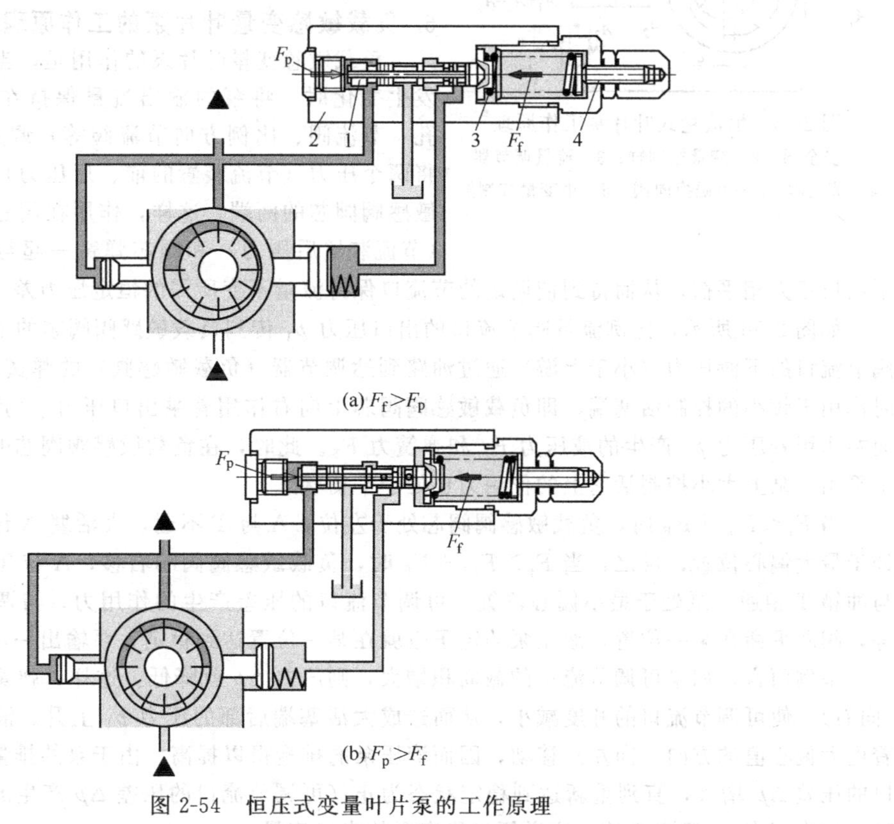

图 2-54　恒压式变量叶片泵的工作原理

1—控制阀芯；2—控制阀壳体；3—调压弹簧；4—调节螺钉

如果液压系统的压力下降，压力调节器弹簧推动控制阀芯移动，通向油箱的油路被关闭，大活塞端之后再度建立起系统的压力。此时，控制活塞受力不平衡，大活塞推动调节阀芯到达某一偏心位置。这时液压泵再次向系统输出流量。

5. 恒流量式叶片泵的工作原理是怎样的?

普通叶片泵，当系统负载增大时，泵的工作压力也增大，因而泵的内泄漏量增大，实际输出流量会减小。恒流量式叶片泵可通过其变量调节机构控制定子的偏心量，使之能自动补偿泵的泄漏，达到负载变化时，使实际输出流量不变的目的。

如图 2-55 所示，当电磁换向阀断电时，泵输出流量通过阀 5 和节流阀 4 进入系统，$p_1 = p_2$，控制缸 2 左右两端液压力相等，均为 p_1，定子在弹簧力作用下处于最大偏心位置 e_{max}，泵输出最大排量，使系统进入快进工况；当电磁换向阀 5 通电时，泵的输出流量只能通过节流阀 4 进入系统，节流阀 4 前后的压力 p_1 和 p_2 分别作用在变量控制缸 2 的活塞的左右两端面上，并与弹簧力 $K_s(x_0+e-x)$ 相平衡，即 $p_2A_2 = p_1A_1 + K_s(x_0+e_{max}-x)$。由此式可知，当节流阀开口面积 a 减小时，p_1 增加。在负载不变（即 p_2 不变）的情况下，为了保持平衡关系，则泵的偏心量的改变量（变量控制活塞位移量）x 也必须减小；相反，当 a 增大时，p_1 减小，x 增大，即泵的输出流量增大。

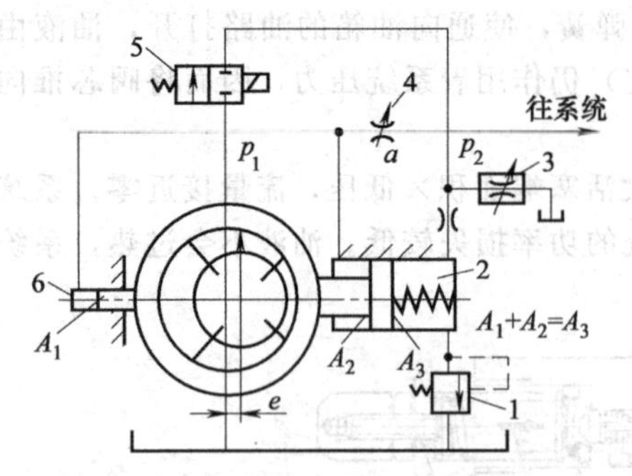

图 2-55　恒流量式叶片泵工作原理

1—安全阀；2—变量控制缸；3—流量调节器；4—节流阀；5—电磁换向阀；6—小变量控制缸

在节流面积 a 不变的情况下，当负载增加，p_2 也增加，泄漏量将增加，此时因 p_2 增加的幅度比 p_1 增加的幅度大，则 x 必须增加，即活塞左移，泵的偏心增大，使泵的输出流量增加，补偿泄漏量也增加；反之亦然。这样便保持负载流量不随负载变化而变化，只决定于节流阀 4 调定的开度而成某个定值，实现所谓的“恒流量”。

6. 负载敏感变量叶片泵的工作原理是怎样的？

负载敏感变量叶片泵的作用是，当负载和输入转速发生变化时，将泵的输出流量保持在节流装置（节流孔、节流阀、比例方向节流阀等）调定的位置上不变。将两个压力（节流装置的前、后压力）分别引入到负载敏感阀阀芯的两端，这样，作用在阀芯一端的低压压力（节流装置后压力）和阀芯弹簧一起与作用在另一端的泵出口压力相平衡，从而得到使调定的节流口保持流量不变所需的恒定压力差。

如图 2-56 所示，比例流量阀节流口的出口压力 p_1 传到负载敏感阀阀芯的上端，即比例流量阀节流口的下游压力（小于上游）通过油路到达调节器（负载敏感阀）的弹簧腔。压力 p_p 也同时作用于较小的控制活塞端，即负载敏感阀阀芯上向右作用着泵出口压力 p_p 产生的液压力 F_p，向左作用着压力 p_1 产生的液压力 F_{p1} 和弹簧力 F_F。此时，在负载敏感阀阀芯的各种作用力达到了平衡，泵上大小控制活塞上的作用力也处于平衡状态。

当 $F_p < F_{p1} + F_F$ 时，负载敏感阀阀芯处于左位，A 与 T 不通，大活塞 A 作用有压力油，泵处于最大偏心位置；反之，当 $F_p > F_{p1} + F_F$ 时，负载敏感阀阀芯右移，A 与 T 相通，大活塞 A 与油箱 T 相通，泵处于最小偏心位置。可调节流口的压差产生的作用力，与调节器的弹簧力相等，阀芯平衡在某一位置，液压泵的定子也就在某一位置达到稳定，泵输出一定流量。

举例而言，如果可调节流口的截面积增大，则压差 Δp 就降低。这样，弹簧就推动滑阀运动（向右），使可调节流口的开度减小，从而造成大活塞端后部的压力 p_1 上升。液压泵的定子就向着更大偏心值的方向（向左）移动，因而液压泵的排量得以提高。由于泵的排量升高，可调节流口的压差 Δp 增大，直到重新达到稳定状态为止（可调节流口的压差 Δp 产生的液压力＝调节器弹簧的作用力），反之亦然。这样便可稳定泵的出口流量。

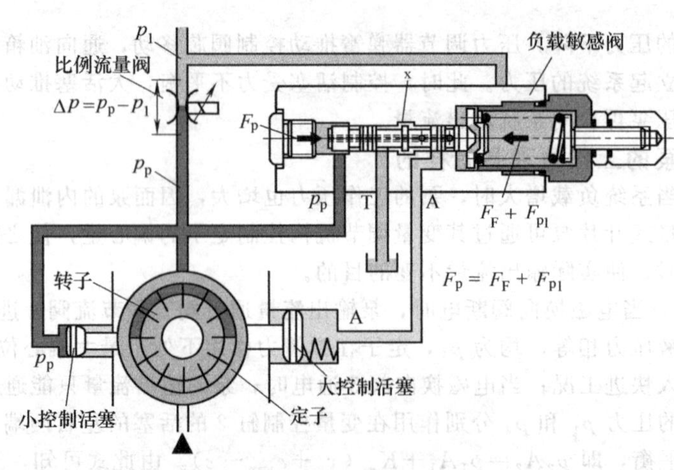

图 2-56　流量调节器

对于压力调节器和流量调节器，都可通过各种不同方法进行操纵（机械式、液压式和电动式），使设计更为经济、高效液压驱动系统的理想变成了现实（如负载敏感型）。

2.3.4 变量控制器

1. 标准压力补偿控制器（PC控制）的任务和功能是什么？

常称为PC控制器，派克公司叫S型控制器，博世力士乐公司叫C型控制器。

通过调节先导控制插件弹簧的预压紧力，可对泵的出口压力以手调方式进行调节。

如图2-57所示，当系统压力达到补偿控制器（PC阀）的调定压力时，泵的输出流量伺服地自动调节至与负载实际所需的流量相匹配。这样，可避免产生多余的流量，而只提供所需的流量。只要系统压力低于补偿控制器所调定的压力，定子环就始终偏置在最大偏心的位置上，泵便以全流量输出。一旦系统压力超过补偿控制器的调定压力，调节阀就开启，使控制活塞卸荷，定子环被辅助活塞推向中心位置，流量减小，直到满足调定压力下系统所需的流量为止。

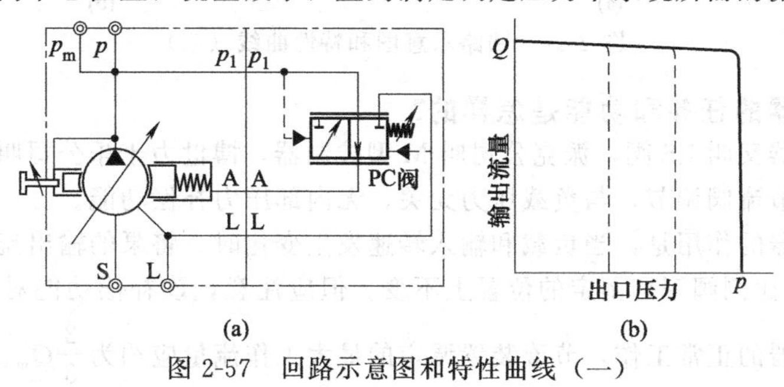

图2-57 回路示意图和特性曲线（一）

2. 遥控型压力补偿控制器的任务和功能是怎样的？

常称为带遥控的PC控制器，派克公司叫Y型控制器，博世力士乐公司叫D型控制器。

如图2-58所示，泵出口压力可通过连接在Y口的遥控先导调压阀进行液控调节。

遥控型压力补偿控制器的应用范围与比例补偿控制器的应用范围相似，泵可以安装在难以接近的位置上（例如：在油箱内），操作人员可以通过安装在远处的操控台上的先导压力阀来调节所需的系统压力。但应指出，增加控制管路的长度会延长调节的响应时间。在原理上，遥控型压力补偿控制器的功能与先导式压力控制阀相同，与标准型压力补偿控制器不同的是，在控制阀芯上与系统压力相平衡的不单单是调节弹簧力，同时还有附加的控制压力，该控制压力由连接在弹簧腔的外部先导调压阀控制。泵内部的实际变量控制过程与标准压力补偿器的变量控制过程相同。注意：出于安全的原因，遥控型压力补偿控制器的Y口绝不可堵上，否则泵将无法进行变量。

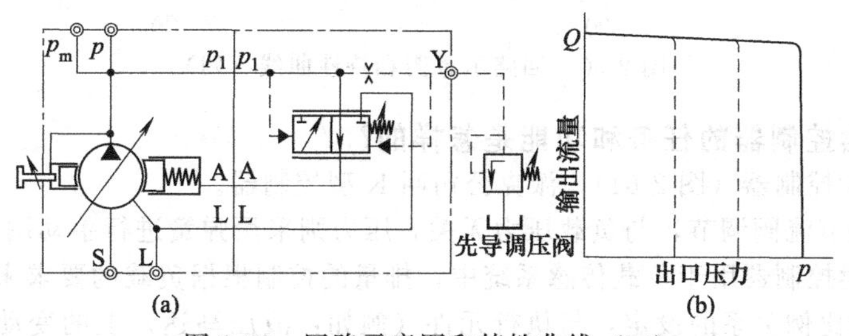

图2-58 回路示意图和特性曲线（二）

3. 双级压力补偿控制器的任务和功能是怎样的？

如图2-59所示，双级压力补偿控制器通过电气控制方式来选择两种不同的压力。对一个只在极短时间内需要较高压力的液压系统，采用该型控制器可以获得节能的效果。双级压力补偿控制器也可称为双级压力伺服控制器，分为低压和高压两级，两个控制阀芯通过一个集成的换向阀连接在一起。初始状态下，换向阀不动作，两个控制阀芯同时感受系统压力，系统压力将由弹簧预紧力较小的控制阀芯实施控制。如果换向阀电磁铁得电，其阀芯从LP位置切换至HP位置，连接至低压控制器阀芯的油路被切断，只有高压控制器的阀芯同控制油路相连，系统压力将由该高压控制器HP控制。泵内部的实际变量控制过程与标准压力补偿控制器的变量控制过程相同。

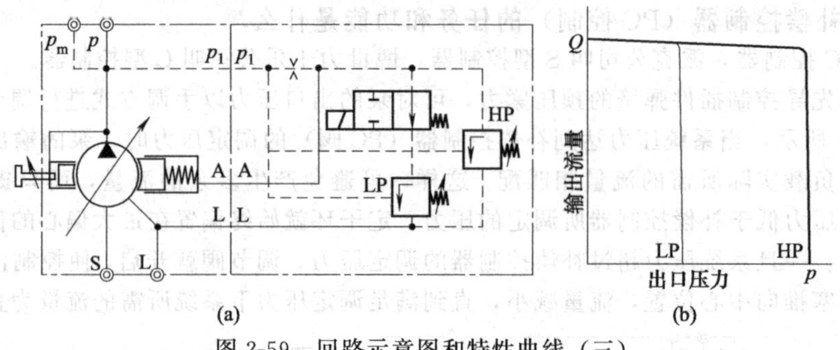

图 2-59　回路示意图和特性曲线（三）

4. 流量补偿控制器的任务和功能是怎样的?

流量补偿控制器又叫LS阀，派克公司叫M型控制器，博世力士乐公司叫N型控制器。

流量由主油路节流阀调节，与负载压力无关，无内部压力补偿功能。

流量补偿控制器的作用是，当负载和输入转速发生变化时，将泵的输出流量保持在节流装置（节流孔、节流阀、比例阀等）调定的位置上不变。但应注意，该补偿功能对Q_{max}不起作用，为了保证该补偿控制器的正常工作，节流装置调定的最大工作流量应约为$\frac{2}{3}Q_{max}$。本型控制器将两个压力（节流装置的前、后压力）分别引入到LS阀阀芯的两端（图2-60），这样，作用在阀芯一端的低压压力（节流装置后压力）和阀芯弹簧一起与作用在另一端的泵出口压力相平衡，从而得到使调定的节流口保持流量不变所需的恒定压力差。注意：采用本型流量补偿控制器时，外接一个限压压力阀进行最高压力保护是绝对必要的，否则泵将不能补偿变量。

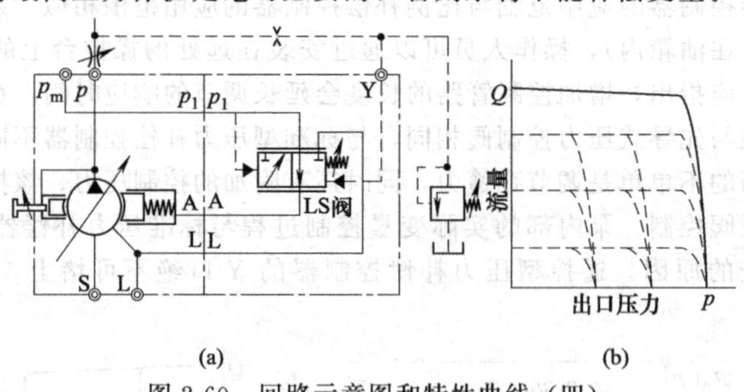

图 2-60　回路示意图和特性曲线（四）

5. 流量-压力补偿控制器的任务和功能是怎样的?

流量-压力补偿控制器（图2-61），派克公司叫K型控制器。

流量由主油路节流阀调节，与负载压力无关，压力则采用弹簧进行手动调节。

流量-压力补偿控制器用于负载传感系统中，排量的控制根据负载的要求来进行，也就是说，压力与流量的最佳比例关系的设定，与执行元件（例如：液压马达）上的变动的负载压力无关。负载传感变量控制器的一个特点是负载压力Y的反馈。在负载压力变化的系统中，该类补偿变量控制器与传统的补偿变量控制器相比，有着高效和功能上的优势。对于该类补偿控制器，需进行两个基本的与系统相关的设定，一是形成系统流量Q所需的压差Δp，二是最高压力D。流量Q由调定的节流口（节流孔、节流阀、比例阀等）位置以及节流口两端的设定压差Δp决定，如果执行机构上的负载压力或反馈油口Y处的压力发生了变化，泵就会降低或升高其压力，直到

重新达到 Q 所设定的压差为止（相当于二通压力补偿器功能）。

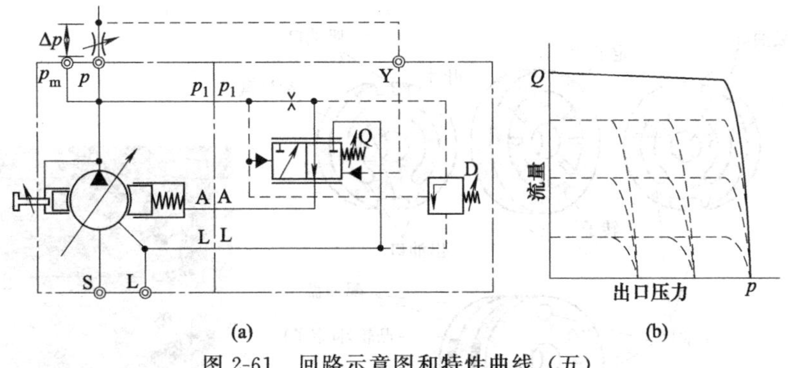

图 2-61 回路示意图和特性曲线（五）

6. 比例压力补偿控制器的任务和功能是怎样的?

比例压力补偿控制器采用比例电磁铁和电子控制器，可对压力进行电控调节。派克公司叫 L 型控制器。

比例压力补偿控制器的使用范围与遥控型压力补偿控制器的使用范围相似。泵可安装在难以接近的地方，操作人员可在远处的控制台上对比例电磁铁输入不同电流值进行操控，通过手动或程序控制来调节所需的系统压力。此类控制器还可在不同的压力设定信号之间按要求的控制过程进行转换、控制压力可重复、响应时间短。压力的调节可通过输入比例电磁铁不同的电流值 U_p（图 2-62），对比例先导压力阀的压力无级地进行调节。

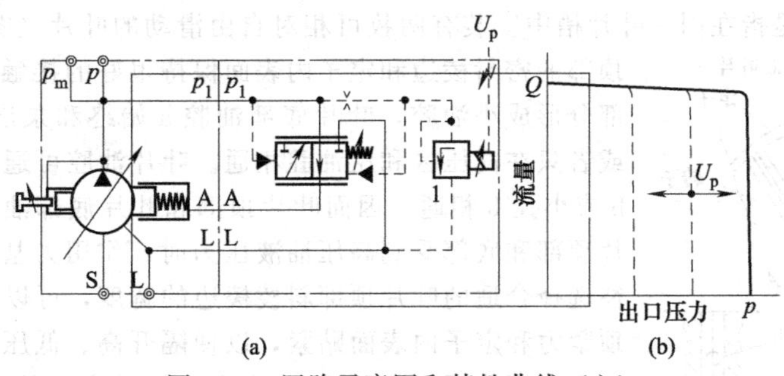

图 2-62 回路示意图和特性曲线（六）

2.3.5 双作用叶片泵的高压化结构措施

1. 结构上为何采用泵芯组件?

采用泵芯组件（图 2-63）是国内外目前叶片泵的一大结构特点，便于装配，便于维修。泵芯组件可以单独购买，给维修带来了方便。

泵芯组件包含了泵送机构的所有零件，由转子、叶片、定子和带有腰形进、出油口的配油盘组成。叶片安装在转子内，当转子由原动机驱动而转动时，叶片在离心力的作用下被甩出，沿着定子内曲线表面运动，保持与定子内表面接触，在叶片顶端和定子之间形成可靠的密封。

转子和定子偏心安装，当转子转动时，在定子和叶片之间形成容积增大和容积减小的变化。定子中设有油口，利用配油盘把进油腔和出油腔分开。配油盘装在定子、转子和叶片组件侧面，其吸油口位于容积增大的部位，出油口则位于容积减小的部位，所有油液通过配油盘进、出泵送机构（当然，配油盘的吸油口和出油口分别连通泵壳体中的吸油口和出油口）。

2. 为提高叶片泵的最高工作压力，结构上采取了哪些措施?

为提高叶片泵的最高工作压力，结构上采取的措施主要是：使叶片既能可靠地与定子内表面接触，又能使两者之间的接触应力不至于过大而产生严重的磨损现象。

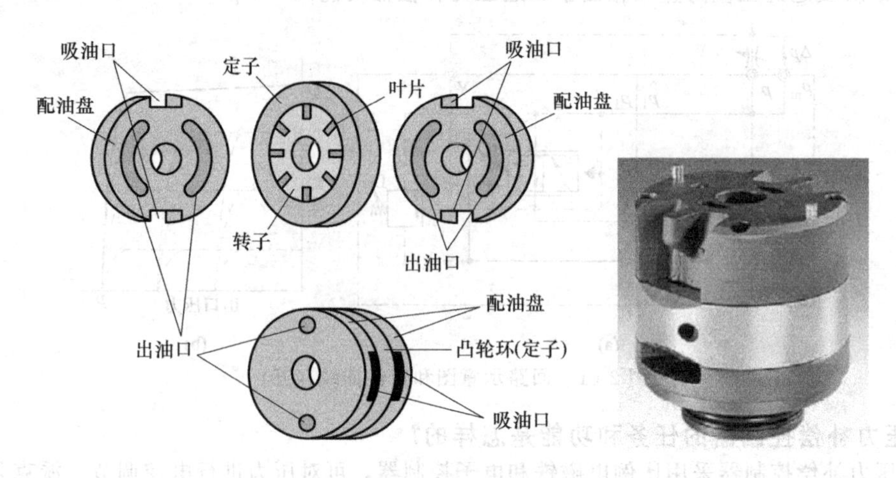

图 2-63 泵芯组件

初期的叶片泵最高工作压力不大于6.3MPa，现在世界上叶片泵的最高工作压力有的已达20～30MPa。实现叶片泵高压化必须解决下述两个方面的问题。

① 转子端面及叶片顶部的泄漏问题。

② 叶片和定子内表面的磨损问题。

3. 叶片泵上采用双叶片结构为何能提高最高工作压力？

所谓双叶片，是指在同一叶片槽中安装有两枚可相对自由滑动的叶片（图 2-64），每枚叶片顶部的密封棱边和定子内表面保持很好的接触，两叶片顶部倒角部分形成小油腔，叶片底部油腔 a 始终和泵出口的压油腔相通，或者只在高压区和压油腔相通。叶片油腔可通过两叶片间的间隙 b 或小孔 b 相通，因而叶片顶部和叶片底部油压基本相等，使叶片顶部和底部受到高压油液压力时，作用力基本平衡。设计时往往选择合适的叶片顶部斜棱棱边的宽度，可以保证叶片有一定的顶紧力和定子内表面贴紧，以便隔开高、低压腔，又不至于因叶片泵高压化后、高压产生叶片顶部过大的接触应力而使磨损加剧，并使叶片在叶片槽内滑动灵活。但这种双叶片的结构，叶片的加工精度要求高。

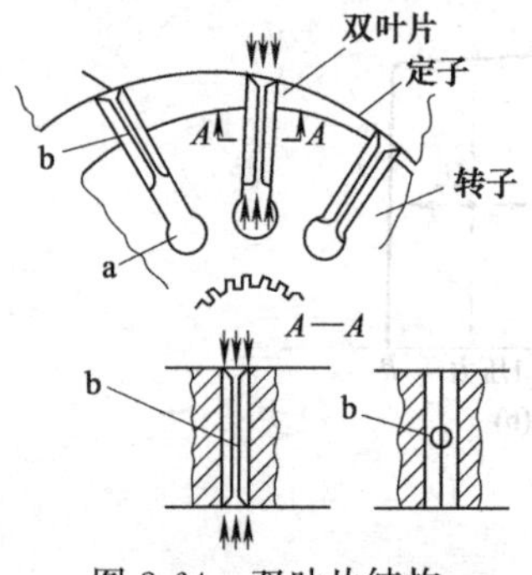

图 2-64 双叶片结构

4. 叶片泵结构上采用弹簧式叶片为何能提高最高工作压力？

如图 2-65 所示，为了装弹簧，这种形式的叶片较厚，叶片顶部与两侧加工有倒棱或加工成带圆弧形的凹槽（图中为带棱边），在叶片顶部形成 a 腔，a 腔通过孔 b 和侧棱槽（或圆弧形侧槽）与叶片根部相通，保证了叶片顶部和根部以及叶片两侧面之间的液压平衡。当叶片顶部与定子内表面曲线上的圆弧部分（两大两小）过渡曲线相接触时，叶片顶端的两条棱边的尖顶都产生接触，保证了压、吸油区之间的可靠密封。当叶片处于压油区或吸油区时，叶片顶部只有一条棱边与定子内表面接触，因此油腔 a 与压油腔或吸油腔相通，使得叶片的顶部、根部及两侧要么和压油腔相通，要么和吸油腔相通，但均保持力平衡。叶片靠弹簧（3 个）力和自身的离心力紧贴在定子内表面上。这种结构既可增加叶片强度，又使定子和叶片间的接触应力很小，因而适用于叶片泵的高压化。

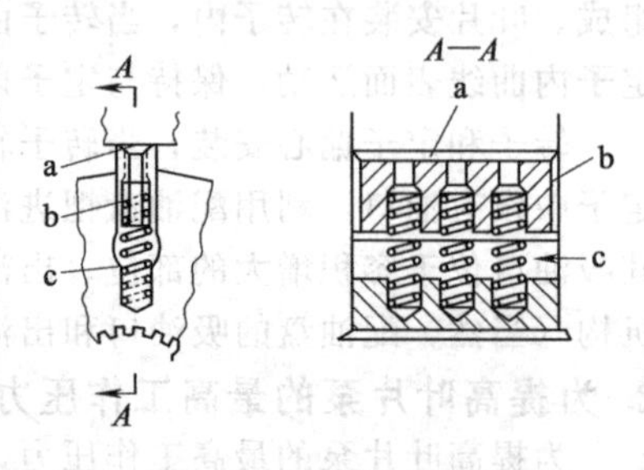

图 2-65 弹簧式叶片

5. 叶片泵结构上采用柱销式叶片为何能提高最高工作压力？

如图 2-66 所示，叶片较厚，叶片顶部与两侧有圆弧槽或倒棱，与压油腔或吸油腔相连通。柱销底腔始终通压力油。这样顶紧叶片的力仅仅是柱销面积上承受的压力油所产生的，因而不至于使叶片和定子内表面产生过大的接触应力，而导致叶片顶部与定子内表面的磨损过大，对叶片泵的高压化有利。

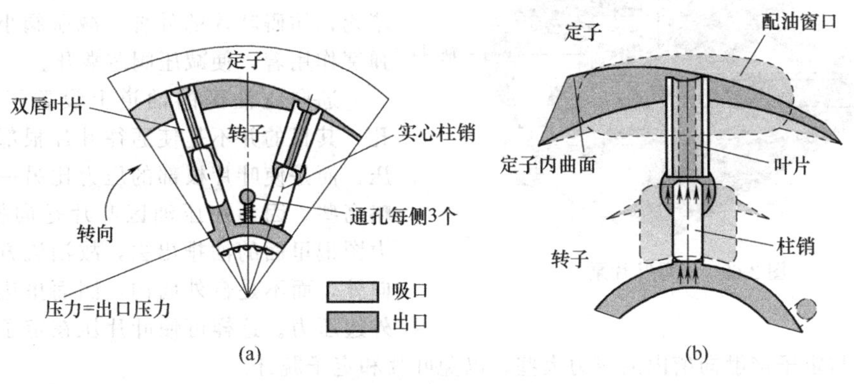

图 2-66 柱销式叶片

6. 叶片泵结构上采用双唇叶片为何能提高最高工作压力？

双唇叶片的优点是压力唇口起密封作用，使泄漏通过压力唇口与吸油唇口之间的凹槽排掉，不会从吸油唇口排出，吸油唇口成了无泄油通道，利于工作压力的提高（图 2-67）。

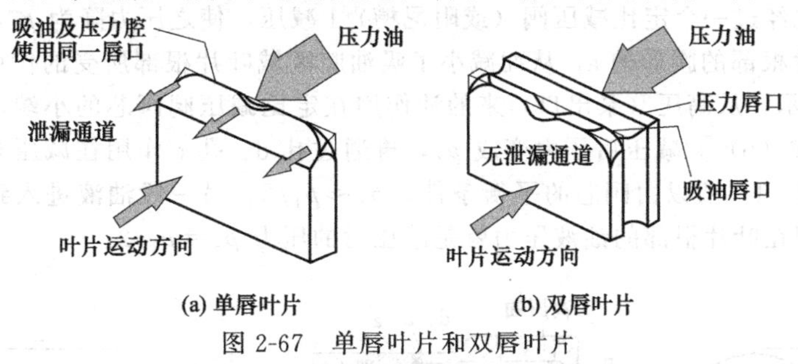

图 2-67 单唇叶片和双唇叶片

7. 叶片泵结构上采用子母叶片为何能提高最高工作压力？

如图 2-68（a）所示，这种结构的叶片与阶梯叶片属于同一类型，目的也是减小叶片根部承受压力油的作用面积。叶片根部的油腔 a 总是通过转子上的压力平衡孔 e 与背着转子转向一侧的工作腔相通。叶片由母叶片（大叶片）和子叶片（小叶片）组成。配油盘的端面上有一与压油腔相通的环槽 b，经通道 c 又与子母叶片间的腰形油腔 d 相通，即 b、c、d 腔总与压油腔相通。

这样，母叶片顶部与根部的油液压力相等［（图 2-68（b）］。只剩下腰形油腔 d 的面积上作

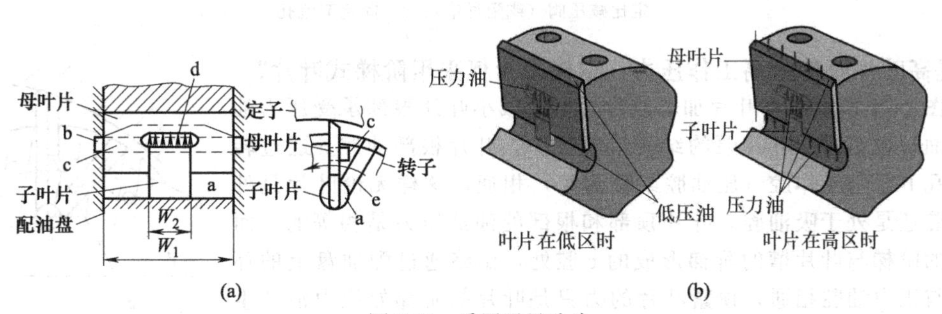

图 2-68 采用子母叶片

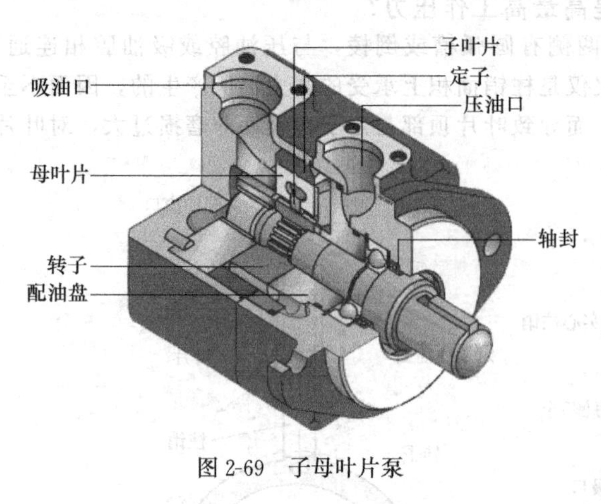

图 2-69　子母叶片泵

用有压力油，产生的力将母叶片压紧。在定子上，选择合理的尺寸 W_2 与 W_1，能恰当地选择出适度的压紧力，避免叶片在高压时和定子互相磨损。图 2-69 为子母叶片泵的结构。

为了避免无压时，减压阀芯将减压油道堵死，妨碍叶片的外伸，减压阀小端有一小弹簧作用着，使减压阀芯常开。

通向压油区的油道上设置了固定节流孔，其目的并不是使通往叶片根部的油液减压，而是使叶片根部的压力比另一端的油压略高些。因为在压油区叶片是向槽内移动，力图把里面的油排出去，故油流方向是由内向外，而不是自外向内，因而里边压力高于外边压力。这样可使叶片压在定子环上的压紧力比叶片与定子接触向槽内的压力大些，以免叶片和定子脱开。

8. 为提高叶片泵的最高工作压力，结构上为何采用减压法?

为使叶片根部在转子旋转过程中，交变地接通高压和减压后的压力，侧板（配油板）往往做成图 2-70 的形状。图中的密封角规定了转子上叶片槽根部所钻孔的尺寸，不能超过此范围，否则会造成图中 a 槽与 b 槽在交界处相通。为了减小叶片根部油压的作用力，可以将通入吸油腔叶片根部 a 的油液先经过一个定比减压阀（或阻尼槽）1 减压，使之压力降为 p_3，再通入配油盘上正对着吸油区叶片根部的腰形槽 a，从而减小了吸油腔区域叶片根部所受的作用力。其工作原理如图 2-70（a）所示，从高压（泵出口）来的油作用在定比减压阀阀芯的小端，通过减压阀［工作原理参阅图 2-70（b）］减压后压力变成 p_3，再通过孔 d、孔 c 作用在减压阀芯大端，大小端面积之比一般为 2∶1，所以由阀芯的平衡条件，$p_3 \approx p_1/2$。另一股油液进入到吸油区叶片根部的 a 腔，这样作用在叶片根部的油液压力就是减压后的压力 $p_3 = p_1/2$。

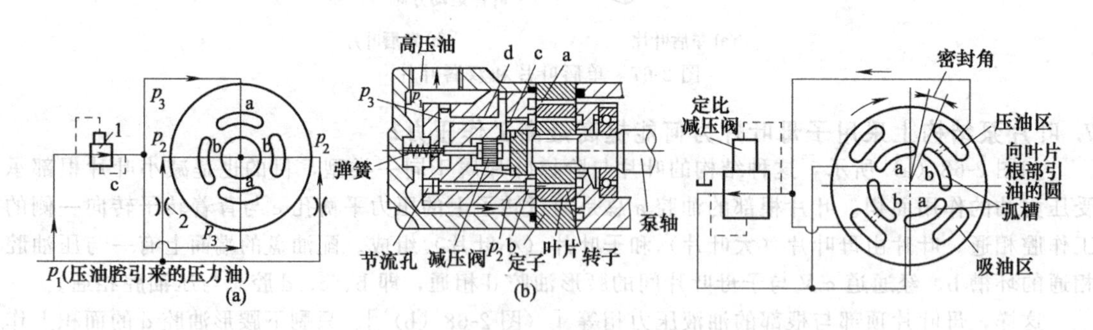

图 2-70　减压法

1—定比减压阀（或阻尼槽）；2—固定节流孔

9. 为提高叶片泵的最高工作压力，结构上为何采用阶梯式叶片?

如图 2-71 所示，将叶片加工成阶梯形，减小叶片根部承受压力油的作用面积也是高压叶片泵的结构形式之一。叶片根部油腔 a 通过转子上的孔 b 总与工作腔（压油腔或吸油腔）相通，这样无论叶片是处于压油腔还是处于吸油腔，叶片顶部和根部的油液压力是相等的。而在叶片的阶梯与叶片槽的阶梯形成的 c 腔处，始终通过配油盘上的环形槽 d 与压力油腔相通，顶紧叶片的力只是叶片的阶梯处压力油产生的一定的压紧力，但这种结构工艺性差。

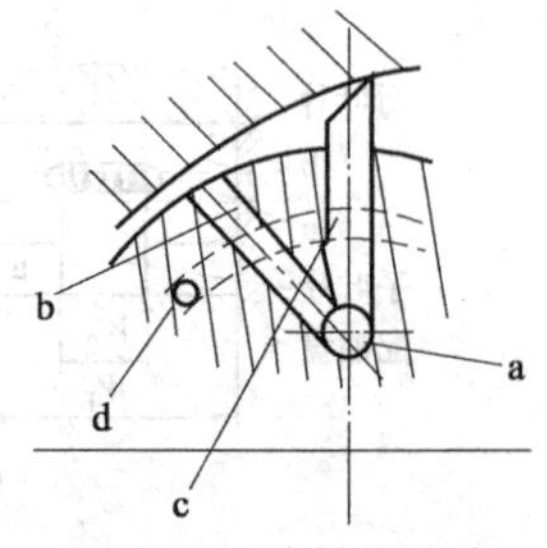

图 2-71　阶梯式叶片

10. 为提高叶片泵的最高工作压力，结构上为何采用挠性浮动侧板?

如图2-72所示，调整侧板与转子之间的动不平衡，引入泵出口压力油，用以平衡侧板与转子间的间隙，使之能保持合理间隙。浮动侧板为钢板上覆铜而成。两边的浮动侧板或配油盘之间装有O形圈，并通入压力油，产生的力均匀地将浮动侧板顶压在转子端面上；另一方面转子与浮动侧板运转时产生液压力，此两力维持平衡，自动调节径向间隙大小，以实现叶片泵的高压化。

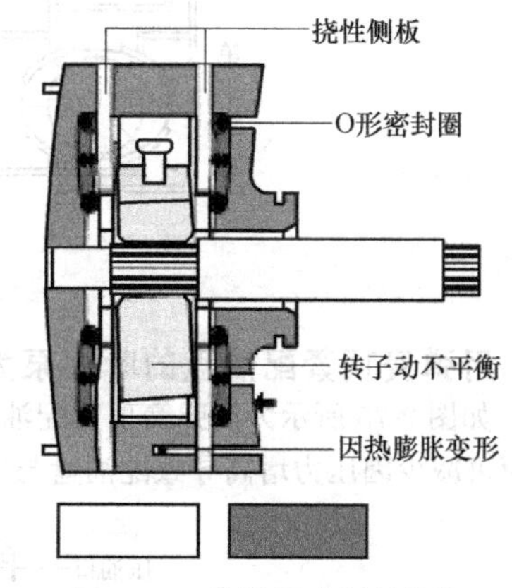

图2-72 挠性浮动侧板结构

O形密封圈被压缩产生的弹力则在泵刚启动时、出口压力未起来之前，给浮动侧板一定的顶紧力，维持侧板与转子之间有一定的间隙而能吸上油。

侧板变形补偿瞬时转子歪斜或热膨胀，侧板是借外侧的压力油静力平衡的，从而在变压力条件下保持最佳的转子间隙。采用这种结构，威格士公司的VQ型叶片泵工作压力翻了一番，寿命增加2倍。

11. 为提高叶片泵的最高工作压力，结构上为何采用浮动配油盘?

如图2-73所示，它可以按泵出油口压力的高低，用出油口的液压力将配油板压紧，自动改变和补偿配油盘与转子之间的间隙。泵出油口的压力越高，图中箭头方向的压紧力越大，使径向间隙变小，从而可降低因压力增高而增大的配油盘与转子相对运动端面之间的内泄漏量，提高容积效率。

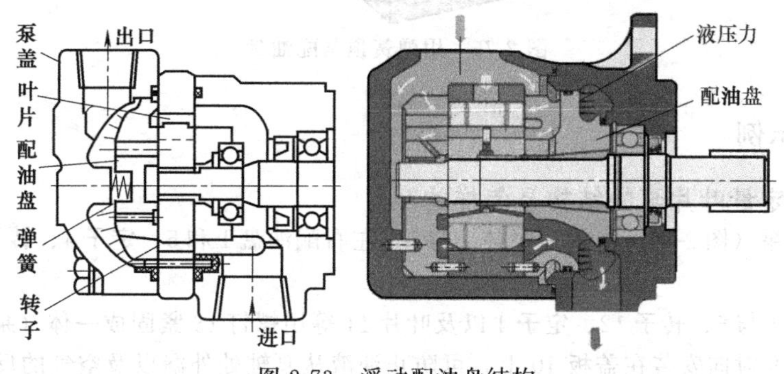

图2-73 浮动配油盘结构

12. 双级泵法为何能增大叶片泵的出口压力?

将两只单级叶片泵的转子装在同一根传动轴上，组成双级泵。第一级泵从油箱吸油，出油口连接到第二级泵的进口，第二级泵的输出油液送往工作系统。由于两只泵的结构尺寸不可能做得完全一样，因此两只单级泵每转的排量就不可能完全相等，例如第二级泵的每转排量大于第一级泵，第二级泵的吸油压力（第一级泵的出口压力）就要降低，第二级泵的进出口压差就要增大；反之，则第一级泵的载荷增大。为此，在两泵之间装设面积比为1∶2的定比压力阀（载荷平衡阀），可使两只单泵进出口压差相等，即泵的压力负载相等，定比压力阀起自动分配压力或平衡负载的作用。第一级泵和第二级泵输出油路分别经管路1和2，通到平衡阀的左右端面上，滑阀芯的面积比为$F_1 : F_2 = 2 : 1$。如果第一级泵的流量大于第二级泵时，p_1就增大，使$p_1 : p_2 > 1 : 2$，因此$p_1F_1 > p_2F_2$，阀芯被右推，第一级泵的多余油液从管1经阀开口流回第一级泵的进油管路，使两只泵的载荷获得平衡；如果第二级泵的流量大于第一级泵时，油压p_1就降低，使$p_1F_1 < p_2F_2$，平衡阀阀芯被左推，第二级泵出口的部分油液从管2经阀开口流回到第二级泵的进油口而获得平衡；如果两只泵的流量相等，平衡阀两边的阀口封闭。图2-74为双级泵法。

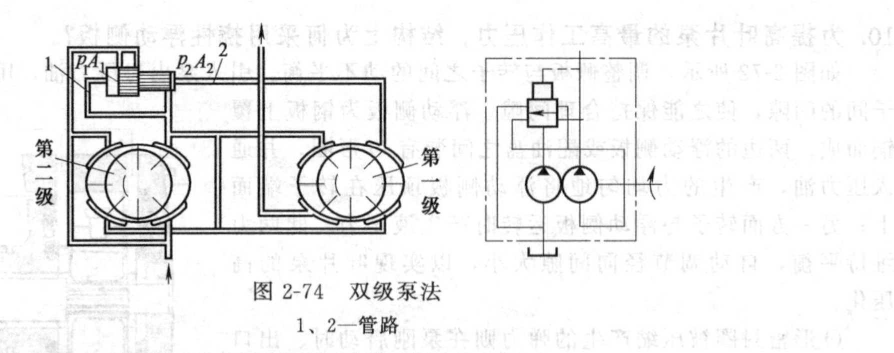

图 2-74　双级泵法

1、2—管路

13. 用弹簧顶紧配油盘的叶片泵为何能提高叶片泵工作压力?

如图 2-75 所示为用弹簧顶紧配油盘的叶片泵，配油盘背面还通入压力油。压力越高，顶得越紧，从而可减少因压力增高导致配油盘与转子端面之间的内泄漏增大的现象，利于叶片泵的高压化。

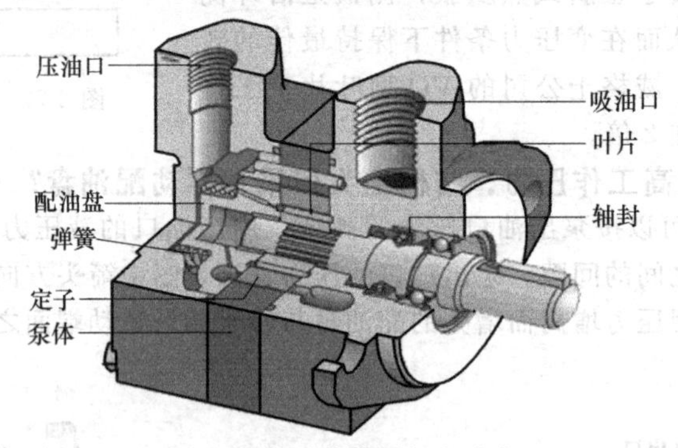

图 2-75　用弹簧顶紧配油盘

2.3.6　结构示例

1. 国产YB1 型定量叶片泵的结构是怎样的?

YB1 型叶片泵（图 2-76）由前后泵体 7 与 6、左右配油盘 1 和 5、定子 4、转子 12 以及泵轴 3 等组成。

两个配油盘 1 与 5、转子 12、定子 4 以及叶片 11 等用螺钉 13 紧固成一体（泵芯），便于装配维修。骨架油封 9 对向安装在盖板 10 上，可防止油液从泵轴处外漏以及空气的反向渗入。

在轴 3 的花键齿上安装有转子 12，它在定子环内回转。叶片 11 安装在转子槽内，转子转动

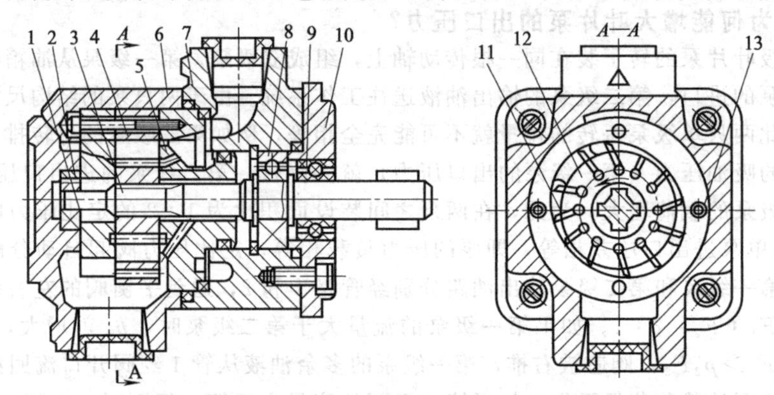

图 2-76　国产 YB1 型定量叶片泵的结构

1—左配油盘；2、8—轴承；3—泵轴；4—定子；5—右配油盘；6—后泵体；7—前泵体；9—骨架油封；10—盖板；11—叶片；12—转子；13—螺钉

时靠离心力使叶片压在定子环的内表面上。排油腔的端面由右配油盘5密封。由于定子环是腰形结构，因此形成对称布置的两个吸油区和两个压油压，因此传动轴的径向液压力相互平衡而卸载，轴3仅传递驱动转矩。在吸油区，叶片部分地卸荷，这能减少磨损和获得高效率。

为使叶片顶部能可靠紧贴在定子内表面上，在右配油盘5与叶征根部相对应的位置上，开有一环形槽c（图2-77），并在槽内钻两个小孔d，使之与配油盘的另一面的两压油压连通，这样不管叶片在旋转过程中转到何位置，压力油均能通过b腔进行环形槽，再到叶片根部，将叶片顶在定子内曲线表面上。腰形槽的末端开有眉毛槽（三角槽），可使叶片间的密封容腔逐步和高压腔相通，逐步实现吸、压油腔的转换，防止液压冲击。

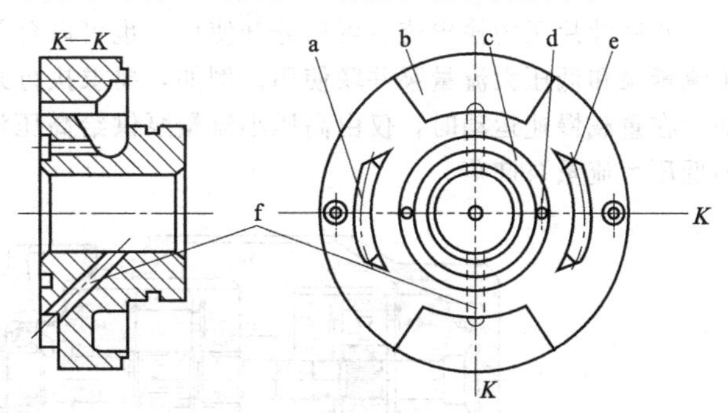

图2-77　YB1型定量叶片泵的配油盘

2. 采用减压法的高压叶片泵结构是怎样的?

图2-78为日本油研公司利用上述减压方式生产的PVNR型高压叶片泵的结构。它的定比减压阀（图中*B*—*B*剖面）单独装在一盖板上，油腔来的高压油，经定差减压阀后，压力降为p_2（$p_2=p_1/2$），然后把它引入到吸油腔叶片的根部，以减小叶片顶部压在定子内表面的接触应力。此外，叶片从吸油区过渡至排油区时，为了防止油液压力的突然变化，把作用在定比减压阀上大面积的中间压力油p_2也引入过渡区，这样可使噪声降低，并减少叶片伸出端的弯曲应力。

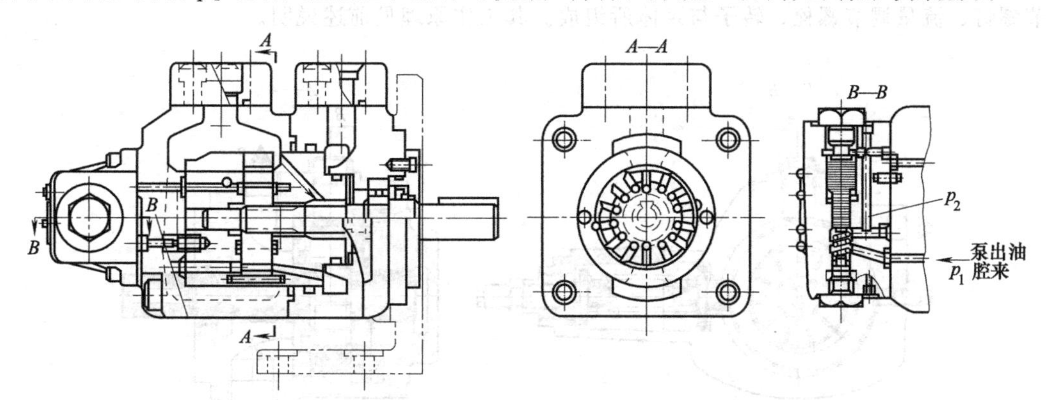

图2-78　PVNR型采用减压法的高压叶片泵结构

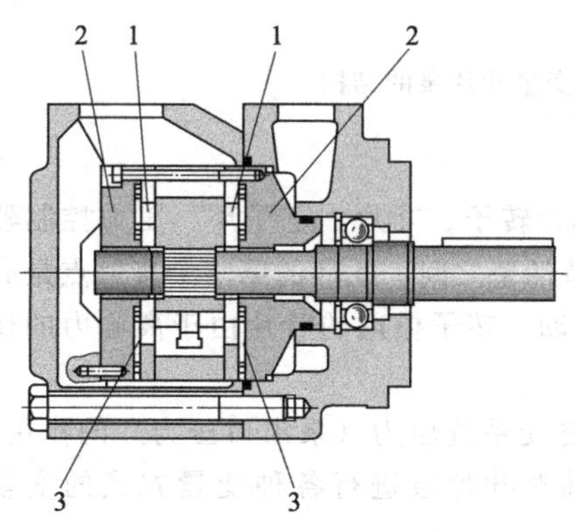

图2-79　采用柔性盘的高压叶片泵结构

1—柔性盘；2—端盖；3—反向压力腔

3. 采用柔性盘的高压叶片泵结构是怎样的?

图2-79为力士乐公司产的PVQ型叶片泵的结构，其特别适用于行走机械。

由于配油盘的特殊结构，能够补偿转子的热膨胀并拥有最好的容积效率。对突然的压力变化起到抵抗作用。通过将配油盘分成柔性盘1和端盖2而形成反向压力腔3，以平衡在挤压器中的压力。这就保证了转子和柔性盘之间的最佳间隙，因而保证泵能有较高的工作压力。

4. 双联叶片泵的结构是怎样的? 应用在什么场合?

力士乐PVQ型双联叶片泵结构如图2-80所示。双联叶片泵相当于两个双作用式叶片泵或两个单作用式叶片泵的组合。将两个叶片泵并联在一起。泵的两套转子、定子和配油盘等安装在一个泵体内，泵体有一个公共的吸油口（或各一个吸油口）和两个各自独立的排油口，两个转子由同一个传动轴传动。前泵芯的压油口在泵体法兰上，而后泵芯的压油口在端盖上。两个泵中的大泵，总是在泵的法兰端。

双联叶片泵的输出流量可以分开使用，也可以合并使用。泵的压力也可以不同，经常将高压小流量泵和低压大流量泵并联使用。例如，要求执行元件轻载快速运动时，则两泵同时向系统供油。在重载慢速运动时，仅由高压小流量泵供给高压油，低压大流量泵输出油液直接流回油箱，即低压大流量泵卸荷。

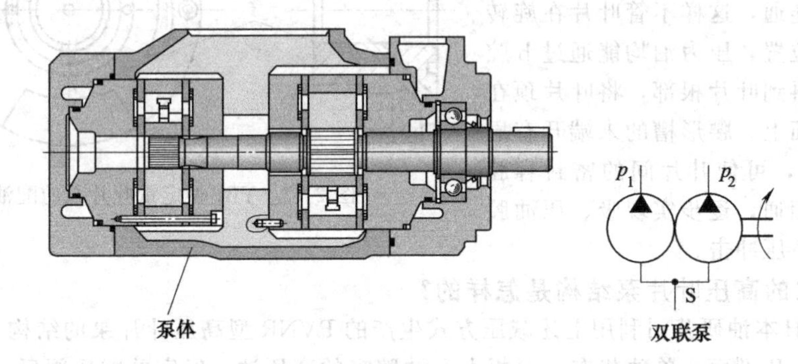

图 2-80　力士乐 PVV4/PVQ4 型双联定量叶片泵的结构

5. 内反馈限压式变量叶片泵的结构是怎样的?

以如图 2-81 所示的力士乐 PV7-2X 型变量叶片泵为例，其主要由转子、叶片、定子环、限压调节螺钉、流量调节螺栓、转子与泵体所组成。其工作原理见前述说明。

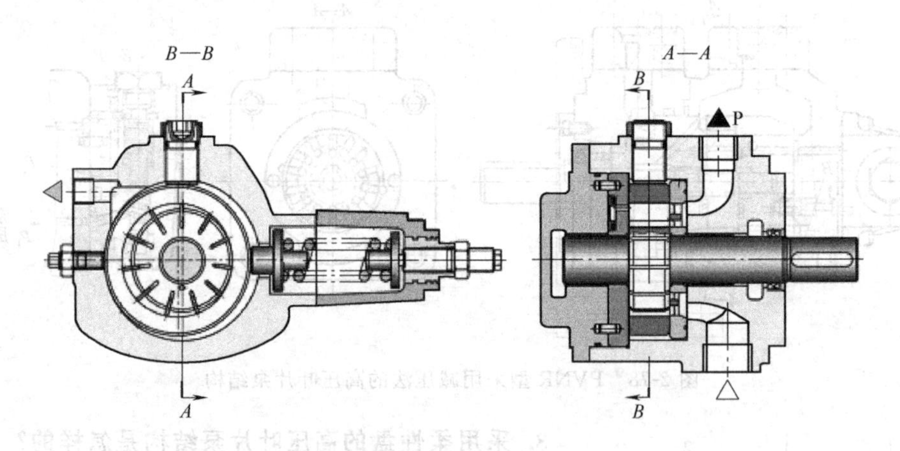

图 2-81　力士乐 PV7-2X 型内反馈限压式变量叶片泵的结构

6. 各类变量叶片泵的结构是怎样的?

PV7 型变量叶片泵的结构如图 2-82 所示，主要由泵体、转子、叶片、定子环、压力控制器和调节螺栓组成。圆形的定子环夹持在小调节活塞和大调节活塞之间。此环的第三个接触点是高度调节螺栓（噪声调节螺钉），被驱动的转子在定子环内转动。转子槽内的叶片由于离心力的作用压在定子环上。

在系统内建压的同时，小调节活塞的背面通过油道始终受系统压力（泵出口压力）的作用，大调节活塞的背面由上述各种控制阀（图中未画出）来油对叶片泵进行各种变量方式的变量控制。

控制阀装在叶片泵上的装配示例如图 2-83 所示。

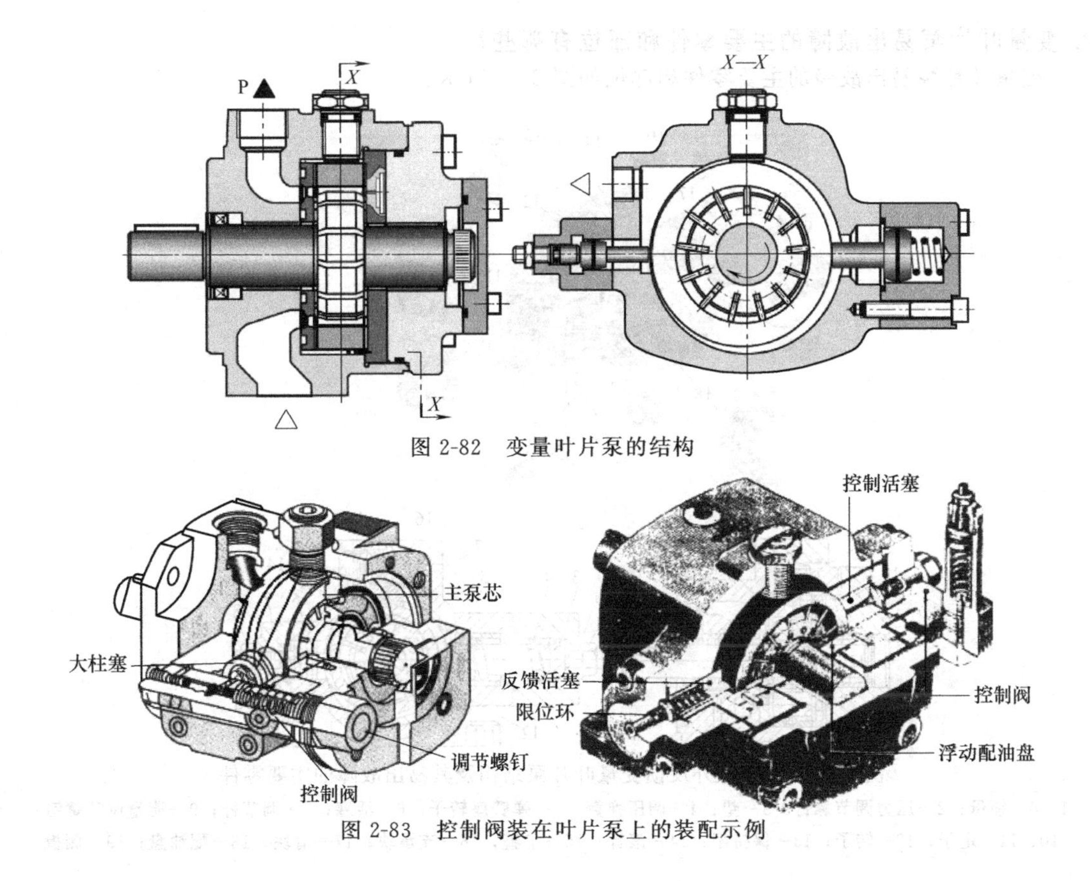

图 2-82 变量叶片泵的结构

图 2-83 控制阀装在叶片泵上的装配示例

2.3.7 故障排除

1. 定量叶片泵易出故障的主要零件及其部位有哪些？

定量叶片泵易出故障的主要零件及其部位如图 2-84 所示。

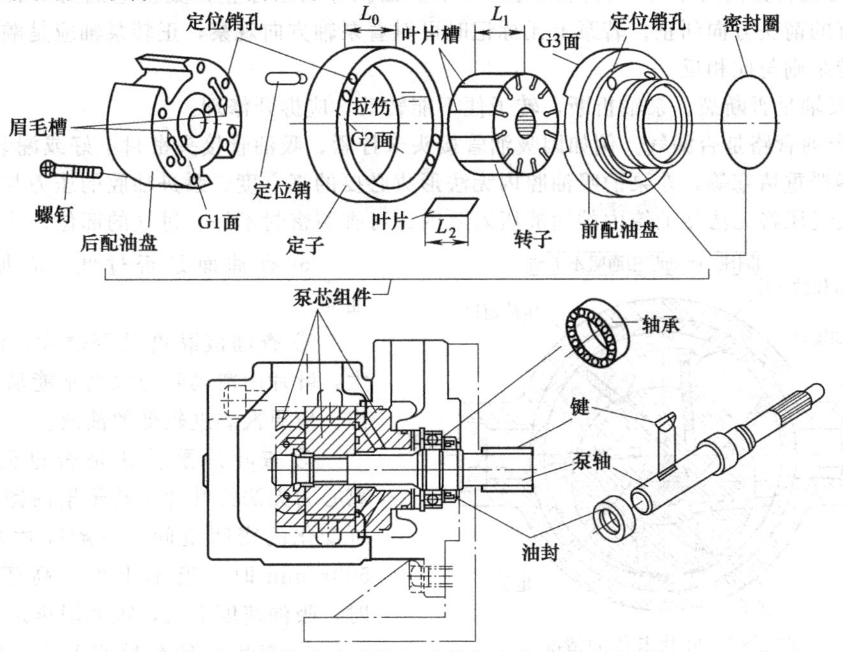

图 2-84 定量叶片泵结构及其易出故障的主要零件

2. 变量叶片泵易出故障的主要零件和部位有哪些?

变量叶片泵易出故障的主要零件和部位如图 2-85 所示。

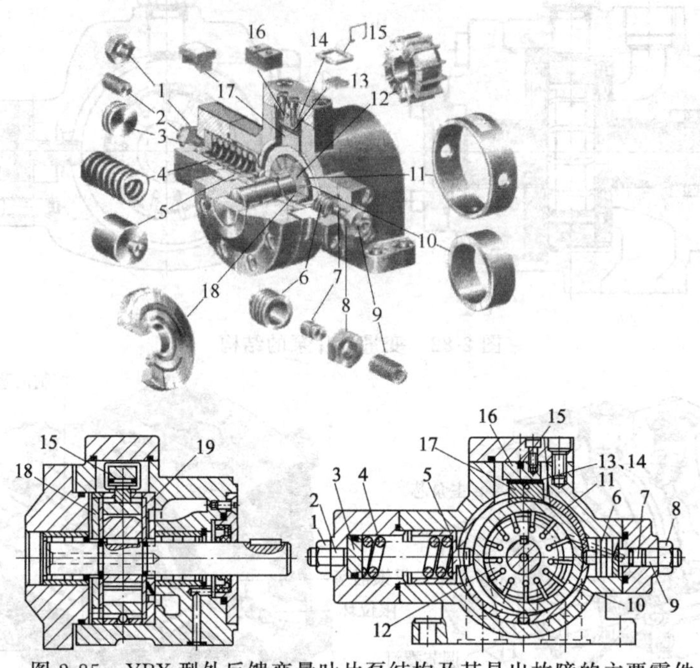

图 2-85 YBX 型外反馈变量叶片泵结构及其易出故障的主要零件

1、8—锁母；2—压力调节螺钉；3—垫；4—调压弹簧；5—弹簧座转子；6—活塞；7—调节杆；9—流量调节螺钉；10、11—定子；12—转子；13—保持架；14—滚针；15—卡箍；16—支承块；17—滑块；18—配油盘；19—侧板

3. 怎样排除叶片泵不出油的故障?

① 查泵轴是否跟随电机转动。如果电机转动、泵轴不转，则有可能是漏装泵轴上的键或电机上的键，或者电机与液压泵的联轴器不传力，应酌情处置。

② 泵的旋转方向对不对。转向不对，泵不上油。应马上停止，更正电机的回转方向，按叶片泵上标有的箭头方向纠正。若泵上无标记时可对着泵轴方向观察，正转泵轴应是顺时针方向旋转的，反转泵则与此相反。

③ 查泵轴是否断裂。泵轴折断，转子便不能转动，应拆开修理。

④ 查吸油管路是否漏气。例如因吸油管接头未拧紧、吸油管接头密封不好或漏装了密封圈、吸油滤油器严重堵塞等，在泵的吸油腔内无法形成必要的真空度，泵进油腔的压力与大气压相等（相通），大气压将无法使油箱内的油液压入泵内。可查明密封不好、进气的部位，采取对策。

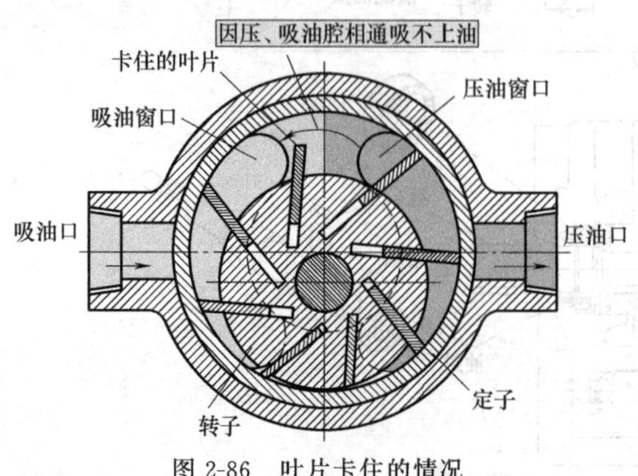

图 2-86 叶片卡住的情况

⑤ 查油面是否过低。应加油至规定油面。

⑥ 查油液黏度是否过大。油液黏度过大，叶片因滑动阻力大则不能从转子槽中滑出，应更换黏度较低的油液。

⑦ 查叶片泵转速是否过低。转速低，离心力无法使叶片从转子槽内抛出，形不成可变化的密闭空间。一般叶片泵转速低于 500r/min 时，吸不上油。高于 1800r/min 时，吸油速度太快，吸油困难。

⑧ 查叶片泵本身的毛病。例如：转子

的转子槽和叶片之间有毛刺、污物；叶片和转子槽配合间隙过小；泵停机时间过长，液压油黏度过高；液压油内有水分使叶片锈蚀等，使个别或多个叶片粘连卡死在转子槽内，不能甩出，无法建立压、吸油密封空间以及无法使压、吸油腔隔开，而吸不上油（参阅图2-86），特别是刚使用的新泵容易出现这种现象。可拆开叶片泵检查，根据具体情况予以解决。

⑨ 小排量的叶片泵吸油能力较差，特别是在寒冷季节，泵的安装位置距油箱油面又较高时，往往吸不上油。解决办法是在启动前往泵内注油。

⑩ 对YBX型变量叶片泵（参阅图2-85），若出现弹簧折断、垫3卡死在使转子和定子偏心量为零的位置、反馈活塞6使转子5和定子11卡死在使其偏心量为零的位置等情况，变量叶片泵便打不上油。

4. 怎样排除叶片泵输出流量不足、出口压力上不去或根本无压力的故障?

① 上述“泵不出油”几乎所有的故障原因均可能是压力上不去或者根本无压力的原因。

② 配油盘与壳体端面（固定面）接触不良，之间有较大污物楔入，使压油腔部分压力油通过两者之间的间隙流入低压区，输出流量减小。应拆开清洗，使之密合。

③ 配油盘与转子贴合端面（滑动面）拉毛、磨损严重，内泄漏量大，输出流量不够。可先用较粗（不能太粗）的砂纸打磨拉毛高点，然后用细砂布磨掉凹痕，抛光后使用。

④ 定子内孔（内曲线表面）拉毛、磨损，叶片顶圆与定子孔内曲面之间的拉毛划伤沟痕漏往吸油区，造成输出流量不够。可用金相砂纸砂磨定子内曲面。

⑤ 叶片和转子组合件（泵芯）装反了。

⑥ 泵体有气孔、砂眼、缩松等铸造缺陷，被击穿，使高、低压腔局部连通，吸不上油。此时可能要换泵。

⑦ 轴向间隙太大，即泵转子厚度与定子厚度或泵体孔深尺寸相差太大，或者修理时加了纸垫子，使轴向间隙过大，内泄漏增大，而使输出流量减小。

⑧ 变量机构调得不对，或者有毛病，可在查明原因后酌情处置。

⑨ 配油盘端面磨损或拉有沟槽，内泄漏量大，输出流量不够，一般要研磨配油盘端面。

⑩ 滤油器堵塞，或过滤精度太高，不上油或上油很少（视堵塞程度而定），可拆下清洗。

⑪ 液压油的黏度过低。特别是对小容量叶片泵，当油液黏度过低或因油温温升过高，叶片泵打出的油往往不能加载上升到所需压力。这是油液黏度过低和温升造成内泄漏增大的缘故。

⑫ 对限压式变量叶片泵，当压力调节螺钉未调好，超过限压压力后，流量显著减小，进入系统后，压力难以更高。

⑬ 叶片泵内零件磨损后，在低温时虽可升压，但设备运转一段时间后，油温升高，因磨损产生的内泄漏大，压力损失也就大，压力此时便上不去（不能到最高）。如果此时想硬性调上去（旋紧溢流阀），会产生表针剧烈抖动的现象。此时可以肯定是泵内严重磨损。如果换一台新泵，压力马上就会上去。

⑭ 定子内表面刮伤，致使叶片顶部与定子内曲面接触不良，内泄漏大，流量减小，压力难以调上去。此时应抛光定子内曲线表面或者更换定子。

⑮ 对装有减压阀的中高压叶片泵，如果减压阀的输出压力调得太高，会导致叶片顶部与定子内表面因接触应力过大而早期磨损，使泵内泄漏大，输出流量减小，压力也上不去。

5. 什么原因导致叶片泵噪声变大、振动大?

吸进空气是使叶片泵噪声增大的主要原因。

① 查泵吸油管及接头口径是否太小、弯曲死角是否太多。如果是，则吸油沿程阻力增加，导致产生吸油管的流速声。进油管推荐流速为0.6～1.2m/min，尽量减少弯曲和内孔突然增大、又突然缩小的现象，吸入真空度至少为200mmHg。

② 油箱过滤器堵塞或规格选用太小、使过流量不足。清洗吸入滤油网，更换更大的吸入滤油网，一般当叶片泵流量为Q时，至少应选用过滤能力为$2Q$的滤油器，过滤精度应选100目的

(进油滤油器)。

③ 查使用双联泵时吸入管是否有接管错误。更正配管。

④ 查吸入管路是否吸入空气。锁紧泵吸入口法兰，并检查其他吸入管路是否锁紧。

⑤ 查油箱油中回油搅拌起的气泡是否未经消除便又被吸入泵内。设计油箱时要用网眼钢板将吸油区和回油区隔开一段距离。

⑥ 查油箱的油量是否不够。加油至油面计刻度线，滤油器不能裸露在油面之上。

⑦ 排除泵轴与安装的油封不同心、泵轴拉毛而拉伤油封、从泵轴油封处吸入空气的可能性。

6. 泵本身的原因导致叶片泵，噪声变大、振动大怎样排除?

① 对于新泵，查定子内曲线表面是否加工不好，过渡圆弧位置交接处（指定量泵）是否不圆滑。可用油石或刮刀修整。

② 对于使用一段时间的旧泵，查是否为定子内曲线表面磨损或被叶片刮伤，产生运转噪声。划伤轻微者可抛光再用，严重者可将定子翻转180°，并在泵销孔对称位置另钻一定位销孔再用。

③ 查修理配油盘后的吸、压油窗口开设的三角眉毛槽变短后是否没有加长。

④ 查叶片顶部是否倒角太小。叶片顶部倒角不得小于1×45°，最好将顶部倒角处修成圆弧，这样可减小对定子内曲线表面作用力突变产生的冲击噪声。

⑤ 查泵体端盖内的骨架油封对传动轴是否压得太紧。压得太紧，两者之间已没有润滑油膜，发生干摩擦而发出低沉噪声，应使油封的压紧程度适当，并适当修磨泵轴上与油封相接触的部位。

⑥ 查泵内零件（定子、转子、配油盘、叶片）是否严重磨损。异常的磨损会使油太脏，应更换泵及液压油。

⑦ 查泵轴承是否磨损或破裂。酌情更换轴承。

⑧ 查泵盖螺钉是否上紧。以扭力扳手重新装配泵。

⑨ 拆修后的叶片泵如果有方向性的零件（例如转子、配油盘、泵体等）装反了，也会出现噪声，要纠正装配方向。

7. 怎样从安装使用方面查找噪声、振动大的原因?

① 查叶片泵与电机的联轴器是否因安装不好而不同心。联轴器安装不同心，运转时会产生撞击和振动噪声。应使用挠性联轴器，圆柱销上均应装未破损的橡胶圈或皮带圈以及尼龙销等。选用适当规格的滤清器。

② 查泵转速是否过高。按泵规定最高回转速度选择电机转速（根据样本）。

③ 查使用压力是否超出叶片泵的额定压力。泵在超负载条件下工作会产生噪声。用压力表检查工作压力，应低于泵的额定压力。例如YB1型叶片泵最高使用压力为6.3MPa，高出此压力，会产生噪声增大的现象。

④ 电机转速过高（例如YB1型叶片泵电机转速>1500r/min），按使用说明书控制叶片泵的转速范围（一般应在1000～1500r/min）。

⑤ 查油的黏度是否过高。更换规定黏度的油（根据样本）。

⑥ 变量叶片泵顶部的噪声调节螺钉调节不对，未压紧定位住定子，定子在上下方向有窜动现象，引起输出流量脉动，带来噪声。应可靠压紧调节螺钉。

⑦ 有减压阀的中高压叶片泵，如果减压阀的输出压力调得太高，会导致叶片压在定子内曲面上过紧，接触应力大，从而产生摩擦噪声。

⑧ 来自液压油的污染。油中污物太多，阻塞滤油器，噪声明显增大，须卸下滤油器清洗。

8. 用涂黄油法能查明漏气部位吗?

能！在吸油管路的管接头、焊缝处，在泵体与泵盖接合面的吸油腔近处等位置用黄油涂满，如果能排除泵吸不上油的故障、液压系统的噪声消除、油中无气泡，则说明该位置漏气，可在相应位置处采取对策排除故障。

9. 叶片泵异常发热、油温高的故障怎样解决?

① 装配尺寸不正确，滑动配合面间的间隙过小，接触表面拉毛或转动不灵活，导致摩擦阻力过大、转矩大而发热。可拆开重新去毛刺、抛光并保证配合间隙，损坏严重的零件应予以更换，装配时应测量各部分间隙大小。

② 各滑动配合面间隙过大，或使用、磨损后间隙过大，内泄漏增加，损失的压力和流量转变成热能而发热。

③ 电机与泵轴安装不同心而发热，应予以校正。

④ 泵长期在接近甚至超过额定压力的工况下工作，或压力控制阀有故障，不能卸荷而发热。

⑤ 油箱回油管和吸油管靠得太近，回油来不及冷却便又马上被吸进泵内。

⑥ 油箱设计太小或箱内油量不够，或冷却器冷却水量不够。

⑦ 环境温度过高。

⑧ 油液黏度过高或过低。

对上述故障原因，应做出确认后予以排除。

10. 如何处理叶片泵短期内便严重磨损和烧坏?

① 定子内表面和叶片头部选材不当是叶片泵寿命短的主要原因。叶片泵定子选材应为38CrMoAlA，并经氮化至900HV，定子和叶片的磨损情况会有很大改善。

② 转子断裂与选材、热处理有关，将转子材料由40Cr淬火52HRC改为20Cr渗碳淬火，可大大提高转子的抗冲击韧性。泵的早期破损主要责任在生产厂家。

③ 叶片泵运转条件差。叶片泵在超载（超过最高允许工作压力）、高温有腐蚀性气体、漏油漏水、液压油氧化变质等条件下工作时，易发生异常磨损和汽蚀性腐蚀，导致叶片泵早期磨损，只有改善叶片泵的工作环境方能奏效。

④ 拆修后的泵装配不良。如修理后，转子与泵体轴向厚度尺寸相差过小，强行装配压紧螺钉，在泵轴不能用手灵活转动的情况下硬往主机上装，短时间内叶片泵便会烧坏。

11. 如何处理泵轴易断裂、破损的故障?

① 污物进入泵内，卡入转子和定子、转子和配油盘等相对运动滑动面之间，使泵轴传递转矩过大而断裂，须严防污物进入泵内。

② 泵轴材质选错，热处理又不好，造成泵轴断裂。

③ 叶片泵严重超载。例如因溢流阀等失灵，系统产生异常高压，如果没有其他安全保护措施，泵会因严重超载而断轴。

④ 电机轴与叶片泵轴严重不同心，而被摔断。泵轴断裂后只有更换，但一定要找出断轴原因，否则会重蹈覆辙。

2.3.8 修理

1. 怎样修理配油盘与侧板?

此类零件多是端面磨损与拉伤。原则上只要端面拉伤总深度不太深（例如小于1mm），都可以用平磨磨去沟痕，经抛光后装配再用。但需注意两个问题：一是对整体淬火或铜制件端面磨去一定尺寸后，泵体孔的深度也要磨去相应尺寸；二是对表面氮化处理的配油盘、侧板端面修磨后，要重新进行表面氮化处理。

端面经修磨后，配油盘上的卸荷三角槽尺寸会变短，应用三角锉或铣加工的方式适当恢复修长此三角槽（眉毛槽）的尺寸。如果配油盘端面只是轻度拉伤，可先用细油石砂磨，然后用氧化铬抛光（图2-87）。

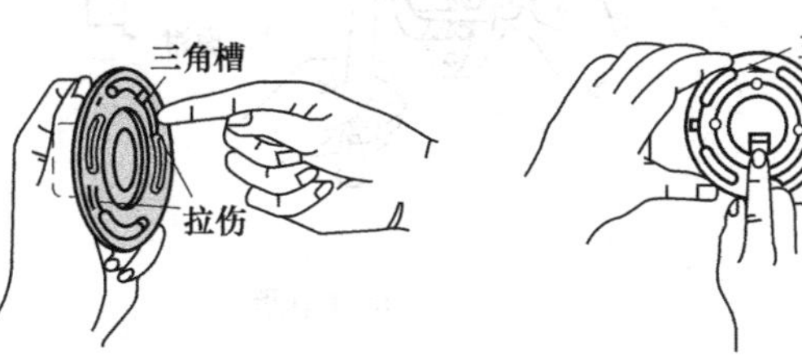

图2-87 配油盘的修复

2. 怎样修理定子?

无论是定量还是变量叶片泵，定子均是吸油腔这一段内曲线表面容易磨损。变量泵的定子内表面曲线为一圆弧曲线。定量泵的定子内表面曲线由四段过渡曲线和四段圆弧组成。当内曲线磨损拉伤不严重时，可用细砂布（0#）或油石砂磨后继续再用。若磨损严重，应在专用定子磨床上修磨。而一般叶片泵使用厂无此类专用仿形磨床，可将定子翻转180°调换定了吸油腔与压油腔的位置，并在泵销孔的对称位置上另加工一定位销孔，可继续再用，也可采用刷镀的方法修复磨损部位。

对变量泵，其定子内表面为圆柱面，可用卡盘软爪夹在车床或磨床上进行抛光修复，但应注意其内表面有很高的圆度和圆柱度要求，修复时应注意。

定子修复完毕后应满足的技术要求是：定子两端面平行度为0.005mm，内圆柱面与端面垂直度允差为0.005～0.008mm，内表面粗糙度为$\sqrt[0.2]{}$，定子材料为33CrMoAlA，热处理为氮化900HV，氮化层深度为0.35mm左右。

3. 怎样修理转子?

转子两端面是与配油盘端面相接触的运动滑动面，因而易磨损和拉毛。键槽处有少量情况出现断裂或裂纹，以及叶片槽有磨损变宽等现象。若只是两端面轻度磨损，抛光后可继续再用；磨损拉伤严重者，须用花键芯轴和顶尖定位和夹持，在万能外圆磨床上靠磨两端面后再抛光。但需注意，此时叶片、定子也应磨去相应部分，保证叶片长度小于转子厚度0.005～0.01mm，定子厚度应大于转子厚度0.03～0.04mm。当转子叶片槽磨损拉伤严重时，可用薄片砂轮和分度夹具在手摇磨床或花键磨床上进行修磨。叶片槽修磨后，叶片厚度也应增大相应尺寸。修磨后的叶片槽两工作面的直线度、平行度允差、叶片槽对转子端面的垂直度允差均为0.01mm，装配前先用油石倒除毛刺，但不可倒角。转子修复后应满足：两端面的平行度为0.005mm，端面与花键孔的垂直度为0.01mm，端面粗糙度为$\sqrt[0.3]{}$，叶片槽两侧面的平行度为0.01mm，粗糙度为$\sqrt[0.3]{}$。

4. 怎样修理轴承?

叶片泵使用一段时间，已超出轴承的推荐使用寿命，或者拆修泵时发现轴承已经磨损，必须予以更换，装卸轴承的方法如图2-88所示。

滚动轴承磨损后不能再用，只有换新。近年来，国内有些厂家生产的叶片泵采用聚四氟塑料外镶钢套的复合轴承，已有专门厂家生产。其内孔表面粗糙度为$\sqrt[0.4]{}$以上，内外圆同轴度为$R0.01$mm，与轴颈的配合间隙为0.05～0.07mm，也可选用合适的双排滚针轴承或锡青铜滑动轴承。

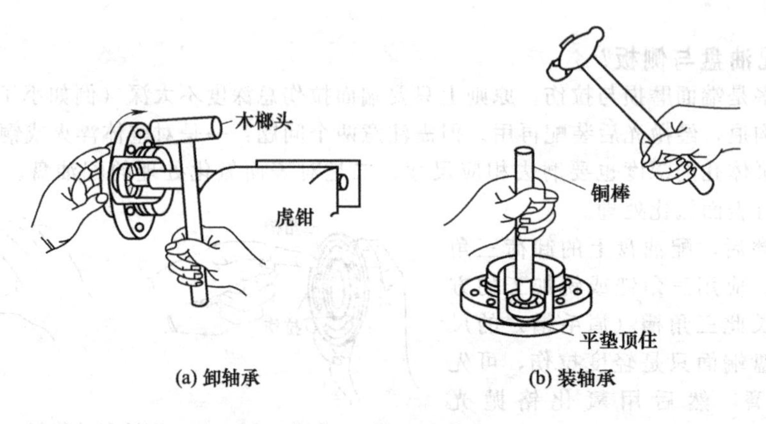

图2-88 轴承的装卸

5. 怎样修理支承块与滑块?

滑块、支承块和滚针靠保持架和矩形卡盘组装起来，是承受定子压油腔内液压力的主要组件。滑块、支承块与滚针接触的平面易磨损，甚至被压出道道凹痕，或滚针变形。此时可按图2-89所示的要求进行研磨（或平磨），并配上同规格尺寸的滚针（直径误差＜0.005mm）。装配时应调整矩形卡簧的高度，以使滑块能自如左右移动足够的距离。

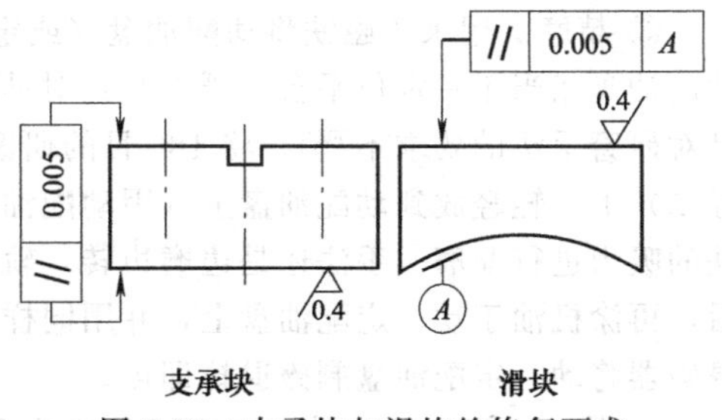

图 2-89 支承块与滑块的修复要求

在支承块支承方向，定子中心相对于转子中心有一个下移的偏心量，通常为 0.04～0.08mm。为此，应在支承块与盖之间加垫适当厚度的光亮钢带或平整紫铜片（图 2-90）。为保证下移偏心量为 0.04～0.08mm，光亮钢带厚度应为：

$$\delta=\frac{1}{2}(D-d)-(h_1-h_2)+(0.04\sim0.08) \tag{2-15}$$

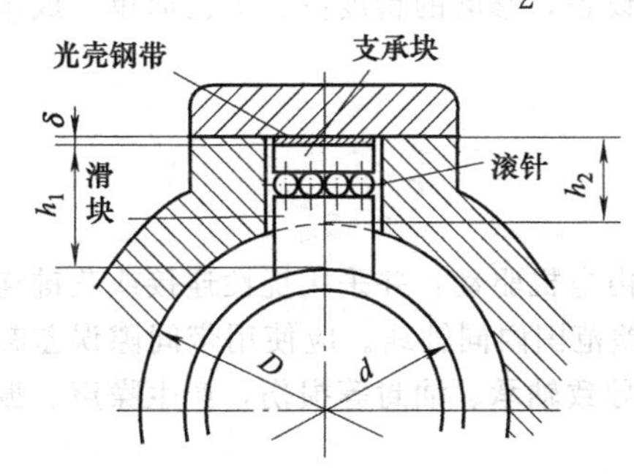

图中 δ——光亮钢带垫的厚度；
D——泵体内孔实际直径尺寸；
d——定子外圆实际直径尺寸；
h_1——滑块、支承块和滚针组装后的最小高度，mm；
h_2——泵体内孔孔壁到上安装面的最大距离。

图 2-90 光亮钢带厚度的确定

6. 怎样判断叶片在转子槽内的配合松紧度?

装配在转子槽内的叶片应移动灵活，不能过紧、也不能过松。过紧，叶片易卡死在转子槽内，不能在离心力的作用下甩出顶紧在定子内曲面上，造成吸不上油的故障；过松，内泄漏大，易造成叶片泵输出流量不够、压力上不去、发热温升等故障。一般定量泵，两者配合间隙为 0.02～0.025mm，变量泵则为 0.025～0.04mm，但很难测量。判定两者最佳间隙的技巧是：手松开后由于油的张力，叶片不应下掉，否则配合过松。

7. 叶片泵配油盘的现场应急修复方法是什么?

叶片泵（包括叶片马达、柱塞泵与柱塞马达）平面形配油盘严重磨损后，将造成高、低压腔串腔。轻者造成叶片泵输出流量不够、压力升不到额定压力、发热温升、消耗功率、使密封件老化和缩短泵使用寿命等故障；重者将导致液压系统不能正常工作。此处介绍一个很简单的现场应急修复方法，虽没有使用高精度的专用平面磨床，但修复的效果却很理想。具体方法如下：

(1) 所需材料

80 目、180 目的氧化铝气门研磨砂各 1 盒，120#、200# 的粗、细水砂布各 10 张，机油 2kg 左右，圆形平面永久磁铁（可用 100W 音箱喇叭的磁铁）1 块，钢板（200mm×200mm×10mm）或推土机履带板 1 块，平板玻璃（400mm×400mm×5mm）1 块，清洗用汽油 10kg 左右，以及毛刷、油盆等。

(2) 操作方法

① 粗磨。先将 120# 粗水砂布放在平板玻璃上并加少许机油和 80 目研磨砂，再将定配油盘（或动配油盘）平放在水砂布上进行平磨。平磨的手法是：边磨边转，轨迹呈“8”字形。平磨的程度是基本上消除其大与深的沟槽。

② 细磨。用与上面同样的方法，使用 120# 细水砂布对动、定配油盘进行平磨，直至完全消除其所有的沟槽为止。

③ 精磨。用永久磁铁将动配油盘（或定配油盘）吸住，再将永久磁铁平吸到钢板上（此时，动配油盘相当于一定位平台，既能起到对动配油盘定位的作用，又能使动、定配油盘研磨均匀，且对研磨手法的要求不严），将 180 目的研磨砂与机油调匀后涂到定配油盘（定配油盘厚，用手好拿）上，轻轻放到动配油盘上（因动配油盘有吸力，要小心轻放），手不能下压，完全利用磁铁的吸力进行配磨。手法还是边磨边转，轨迹呈“8”字形。当磨到动、定配油盘的表面无印痕后，再涂机油于动、定配油盘上，并用同样的方法研磨 20min 左右，精磨工作就完成了。最后用退磁器将动、定配油盘剩磁退掉即可。

④ 检验。用汽油将动、定配油盘清洗干净，在平板玻璃上涂上一层黄油，将动配油盘放在涂有黄油的平面上（黄油是防止动配油盘与玻璃板之间漏油），然后将定配油盘放在动配油盘上并对齐，再将干净的汽油加入定配油盘的高、低压配油孔中，看动、定配油盘之间和其高压腔与低压腔之间是否漏油，如果没有明显漏油，即符合精度要求。

用以上方法修复液压泵平面动密封不需要任何机加工设备，修磨的精度高、工艺简单、成本低、用时少。

2.3.9 叶片泵的安装与使用

1. 怎样安装叶片泵?

避免用皮带、链条、齿轮直接驱动叶片泵。推荐直接由电机驱动，并采用挠性连接或花键连接；与电机连接时，泵轴和电机轴必须在 0.05mmTIR 公差范围内同轴线。应使用带间隙误差补偿和角度误差补偿的回转挠性联轴器，以免因两者不同心导致轴承、油封等损伤，产生噪声、振动甚至发生事故等（图 2-91）。

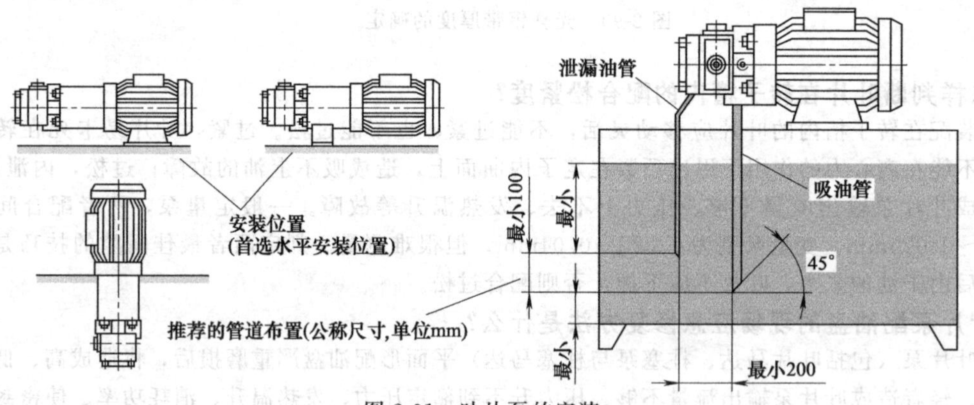

图 2-91 叶片泵的安装

2. 怎样使用叶片泵?

① 转向。标准叶片泵从其轴端观察，应为顺时针方向旋转，否则视为反转泵。正转泵逆时针方向旋转时不上油。

② 启动。泵初次启动时，要从系统中清除滞留空气。一般可松开泵的出油口管接头排气，或利用放气阀进行排气。对于自吸性差的小流量叶片泵等，启动泵之前要通过泄油管或进油管灌满油液再启动。短时间内急速地开、停液压泵也能使泵快速充油排气，启动时溢流阀要全开，即系统在无压状态下启动，检查电机旋向。

③ 过滤要求。为保证液压设备工作可靠性，油液要过滤，使油液清洁度符合 ISO 4406 标准的 19/15 级或更清洁的 16/13 级，吸油管路推荐用 150 目的吸油滤油器，回油管路用 25～10μm 的过滤器。

④ 液压油。一般叶片泵采用黏度为 25～68cSt（1cSt＝10^{-6} m^2/s）的抗磨液压油，泵体与油液温度之差控制在20℃以内，油温不得高于60℃，不同液压油有不同的工作油温。

⑤ 泵的转速。可参阅泵使用说明书的规定，一般叶片泵的转速范围为 600～1800r/min。

⑥ 使用压力。随液压油品种的不同，最高使用压力也不同。一般按“抗磨液压油—矿物油—磷酸酯—水-乙二醇—油包水”的顺序逐次降低。

对于抗磨液压油和水-乙二醇，泵进口压力不得超过 0.2bar（2×10^4Pa），对合成液压油和油包水乳化液，泵进口压力不得超过 0.1bar（10^4Pa）。

最高使用压力使用的时间必须控制在整个运转时间的 10%以内，即每分钟 6s 以内。

2.4 柱塞泵

2.4.1 简介

1. 柱塞泵为何得到广泛应用?

柱塞泵与齿轮泵、叶片泵相比，它具有以下特点，所以得到广泛应用。

① 使用压力高，额定压力高。柱塞泵的工作压力一般为 20～40MPa，最高可达 1000MPa。

② 容易进行变量。通过改变柱塞的行程和改变泵的旋转方向，容易实现单向或双向变量。

③ 有较宽的转速范围。设计上可以选用不同的柱塞直径或数量，因此可得到不同的流量。

④ 传输的功率大。

当然柱塞泵也存在对介质清洁度要求较高、结构较复杂、制造成本高、维修困难等缺点，但与齿轮泵、叶片泵相比，柱塞泵具有额定压力高、结构紧凑、效率高及流量调节方便等优点。被广泛用于高压、大流量和流量需要调节的场合，诸如液压机、工程机械和船舶中。

2. 柱塞泵分哪几种类型?

柱塞泵可分为三大类：轴向柱塞泵、径向柱塞泵和直列（往复）式柱塞泵。图 2-92 为柱塞泵的分类。

轴向柱塞泵中的柱塞是轴向排列的。当缸体轴线和传动轴轴线重合时，称为斜盘式轴向柱塞泵；当缸体轴线和传动轴轴线不在一条直线上，而成一个夹角时，称为斜轴式轴向柱塞泵。轴向柱塞泵具有结构紧凑、工作压力高、容易实现变量等优点。

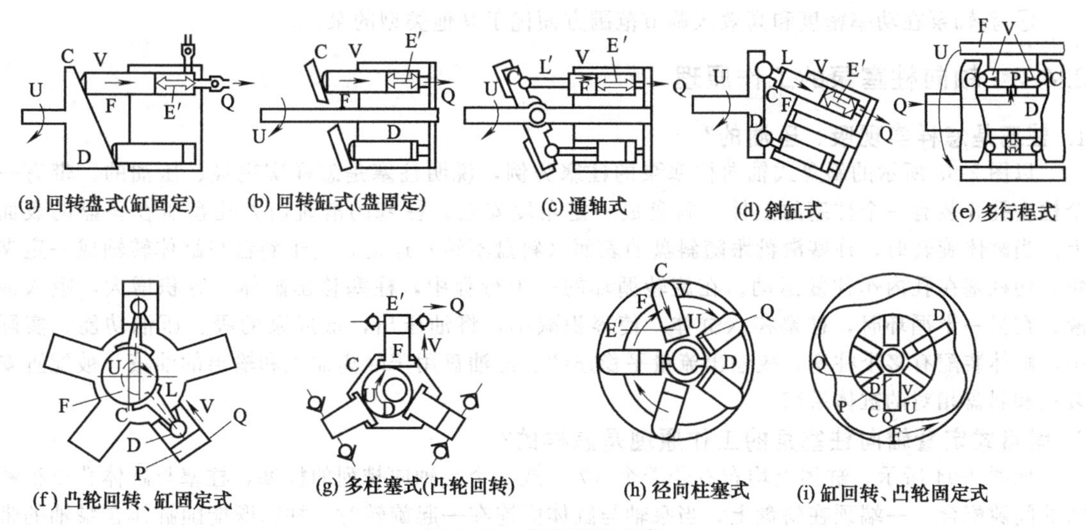

图 2-92 柱塞泵的分类

轴向柱塞泵的特点：因为柱塞的排列形式能充分利用空间位置进行立体排列，径向尺寸减小，因此体积较小；在滑靴和斜盘、缸体和配油盘之间采用静压轴承原理，因此轴向柱塞泵在较高的转速和较高的压力下能持续工作，极易实现变量、且变量形式多样，甚至能够将多种输入方式（变量控制阀的控制）、多功能复合，因为斜盘式结构能够实现通轴驱动，且斜盘的最大倾斜角度一般为20°左右，泵从正向最大排量到反向最大排量所需的空间较小，因此广泛地在变量泵和需要通过驱动的柱塞泵中使用，而斜轴式结构不能实现通轴驱动；并且柱塞和传动轴之间的夹角为20°～45°，泵从正向最大排量到反向最大排量所需的空间较大。因此一般用于定量泵，这种结构更多地用于柱塞马达的结构。

3. 轴向柱塞泵有何特点?

① 轴向柱塞泵的柱塞是轴向安装，因而结构紧凑、径向尺寸小、转动惯量也小。

② 容积效率高，能在高速和高压下工作，因此广泛地应用于高压系统中。

③ 通过变量机构改变柱塞泵斜盘倾角的大小和方向，控制柱塞往复行程的大小，从而改变泵的输出流量和吸排油方向。

④ 斜轴式自吸性能比斜盘式好。

⑤ 泵的轴向尺寸大，轴向作用力也大，结构复杂。

4. 斜轴式轴向柱塞泵与斜盘式轴向柱塞泵相比有什么优缺点?

斜轴式轴向柱塞泵发展较早，构造成熟。与斜盘式轴向柱塞泵相比，有如下特点：

① 斜轴式轴向柱塞泵中的柱塞是由连杆带动的，所受径向力很小，因此允许传动轴与缸体轴线之间的夹角达到25°，现已达到40°，因而泵的排量较大。而斜盘式轴向柱塞泵的斜盘倾角受径向力的限制，一般不超过20°。

② 缸体受到的倾覆力矩很小，缸体端面与配油盘贴合均匀，泄漏损失小，容积效率高；摩擦损失小，机械效率高。

③ 结构坚固，抗冲击性能好。

④ 由于斜轴泵的传动轴要承受相当大的轴向力和径向力，需采用承载能力大的推力轴承。轴承寿命低是斜轴泵的薄弱环节。

⑤ 斜轴泵的总效率略高于斜盘泵。但斜轴泵的体积大，流量的调节靠摆动缸体使缸体轴线与传动轴线的夹角发生变化来实现，运动部件的惯性大，动态响应慢。

⑥ 由于球铰处可以较好地锚固，有利于柱塞的回程，斜轴式轴向柱塞泵允许在自吸工况或较低的进口压力下运转，其自吸性能较斜盘式轴向柱塞泵好。

⑦ 斜轴泵在功率密度和高效区调节范围方面优于其他类型的泵。

2.4.2 轴向柱塞泵的工作原理

1. 柱塞是怎样实现吸、压油的?

以图2-93所示的斜盘式轴向柱塞泵的柱塞为例，说明柱塞是怎样实现吸、压油的。带有一个柱塞孔并装有一个柱塞的缸体，斜盘成一定角度安装，柱塞的滑靴由九孔盘压在斜盘的表面上。当缸体旋转时，柱塞滑靴跟随斜盘的表面（斜盘不转）运动，由于斜盘与缸体转轴成一定夹角，使柱塞在孔内作往复运动。在旋转循环的一半行程中，柱塞移出缸体，容积增大，吸入油液；在另一半循环时，柱塞移入缸体，使容积减小，将油压出，形成泵的吸、压油功能。实际中，缸体装配有多个柱塞，故输出流量平稳连续。配油盘用于隔离输入和输出的油液，被配置安装在和斜盘相对的缸体端部。

2. 斜盘式定量轴向柱塞泵的工作原理是怎样的?

如图2-94所示，缸体上均布有若干个（7个或9个）轴向排列的柱塞，柱塞与缸体孔以很精密的间隙配合，一端顶在斜盘上，当泵轴与缸体固连在一起旋转时，柱塞既能随缸体在泵轴的带动下一起转动，又能在缸体的孔内灵活往复移动，柱塞在缸体内自下而上旋转的左上半周内逐渐

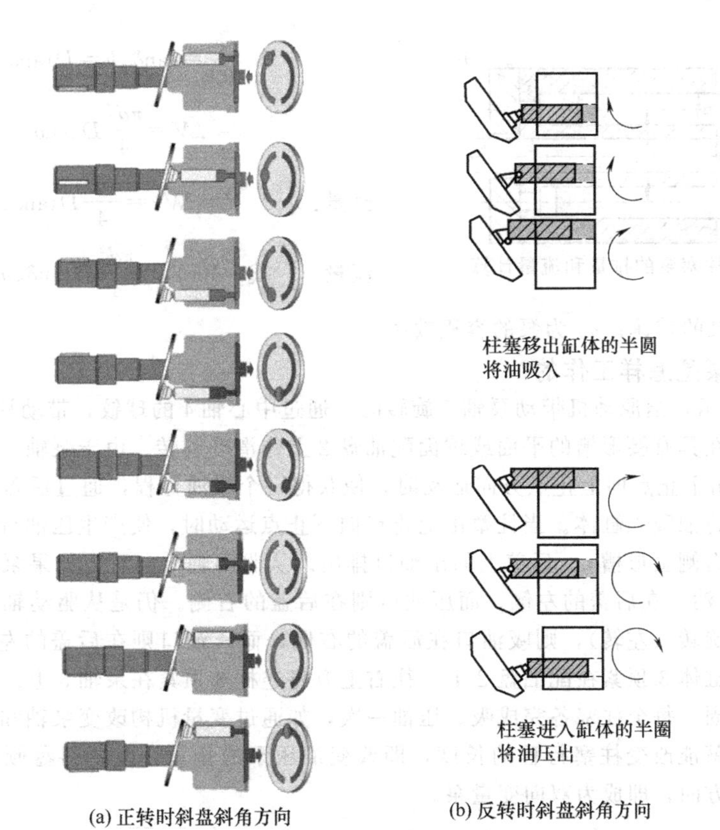

图 2-93 柱塞的吸、压油

向左伸出，使缸体孔右端的工作腔体积不断增加，产生局部真空，油液经配油盘上吸油腔被吸进来；反之，当柱塞在其自上而下回转的右下半周内逐渐向右缩回缸内，使密封工作腔体积不断减小，将油从配油盘上的排油腔向外压出。缸体每转一转，每个柱塞往复运动一次，完成一次压油和一次吸油。缸体连续旋转，则每个柱塞不断吸油和压油，给液压系统提供连续的压力油。另外，在滑靴与斜盘相接触的部分有一个油室，压力油通过柱塞中间的小孔进入油室，在滑靴与斜盘之间形成一个油膜，起着相互支承作用，从而减少了磨损。

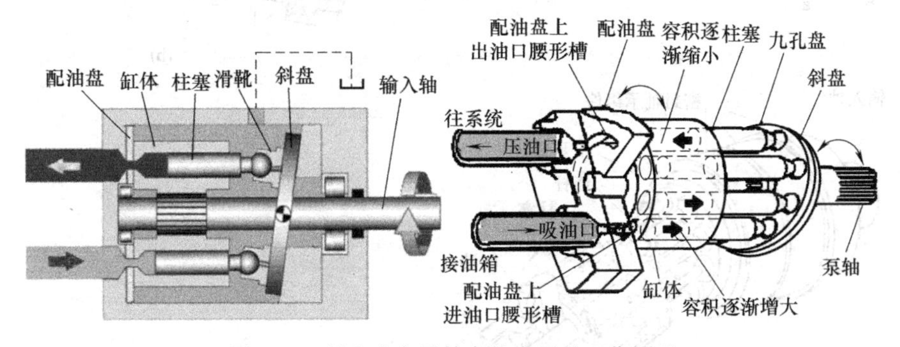

图 2-94 斜盘式定量轴向柱塞泵的工作原理

3. 斜盘式轴向柱塞泵的排量和流量怎样计算?

如图 2-95 所示，设柱塞直径为 d，柱塞数为 z，柱塞中心分布圆直径为 D，斜盘倾角为 δ，则斜盘式轴向柱塞泵的排量和流量计算如下。

一个密封空间：
$$\Delta V = Ah = \frac{\pi d^2}{4} h \quad (2\text{-}16)$$

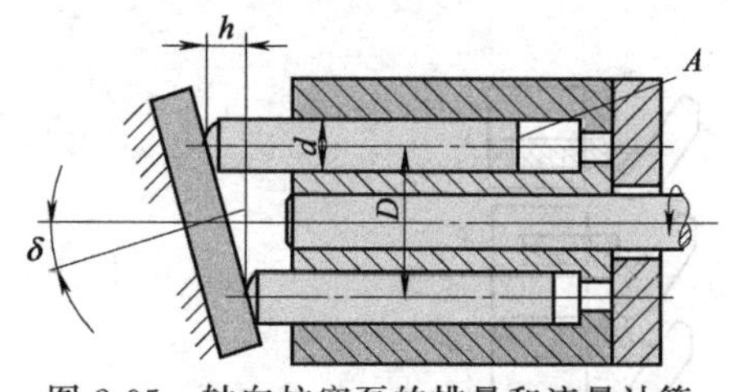

图 2-95　轴向柱塞泵的排量和流量计算

$$\frac{h}{D}=\tan\delta,h=D\tan\delta$$

$$\Delta V=\frac{\pi d^2}{4}D\tan\delta$$

排量：
$$V=\Delta Vz=\frac{\pi d^2}{4}D\tan\delta z \tag{2-17}$$

流量：
$$Q=Vn\eta_V=\frac{\pi d^2}{4}D\tan\delta zn\eta_V \tag{2-18}$$

式中，n 为泵的转速；η_V 为泵的容积效率。

4. 斜轴式柱塞泵是怎样工作的?

如图 2-96 所示，当原动机带动泵轴 5 旋转时，通过中心轴 4 的球铰，带动柱塞 6 及缸体 3 一起旋转，缸体 3 在具有腰形槽的平面或球面配油盘 2 上作滑动旋转。由于泵轴 5 和缸体 3 轴线有一夹角 γ，柱塞由下止点向上止点方向运动时，便获得一个吸油行程，通过后盖上的吸油口及配油盘的腰形孔 b 将油吸入缸体。当柱塞由上止点向下止点运动时，便产生压油行程，将充满缸孔里的油经配油盘右侧腰形槽 a、后盖上的出油口排出。从驱动轴方向看，如果泵是顺时针方向旋转（右转），则吸油口在后盖的左侧、而压油口则在后盖的右侧。仍是从驱动轴方向看，如果驱动轴逆时针方向旋转（左转），则吸油口在后盖的右侧，而压油口则在后盖的左侧。中心弹簧 7 始终往左下方将缸体 3 顶紧在配油盘 2 上，往右上方将连杆 8 顶紧在泵轴 5 上。

缸体每转一周，每个柱塞各完成吸、压油一次，如通过变量机构改变泵轴和缸体轴线的夹角（斜盘倾角）γ，就能改变柱塞行程的长度，即改变液压泵的排量，改变斜盘倾角方向，就能改变吸油和压油的方向，即成为双向变量泵。

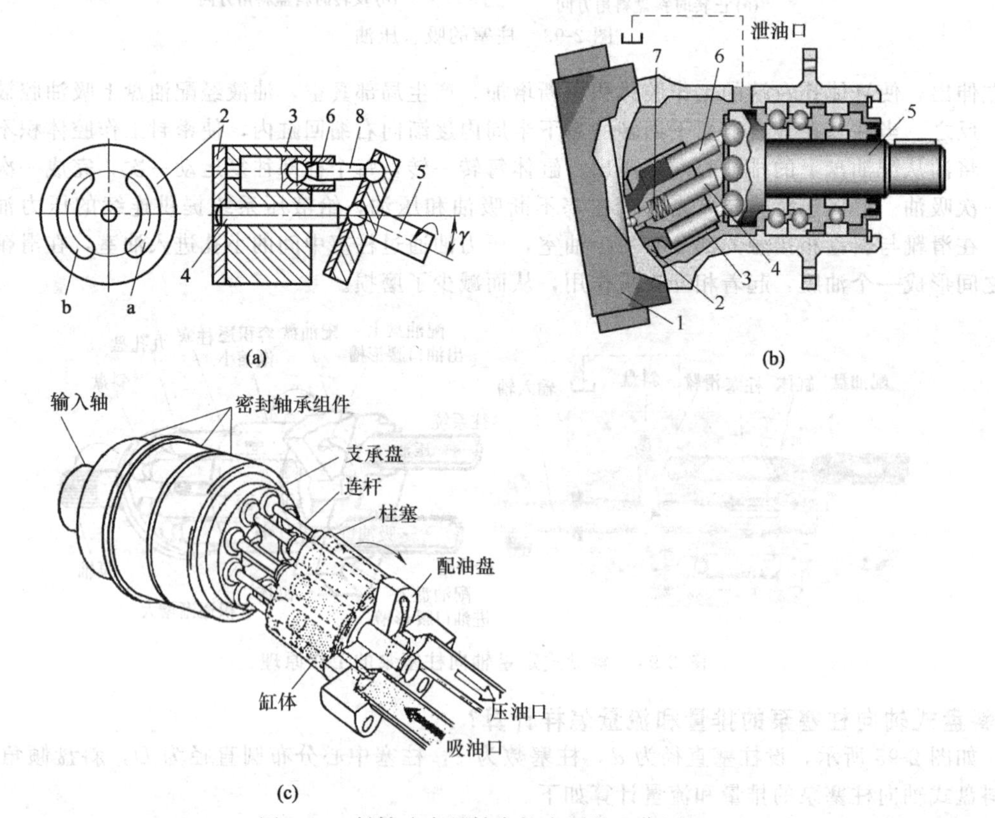

图 2-96　斜轴式定量轴向柱塞泵的工作原理

1—泵盖；2—配油盘；3—缸体；4—中心轴；5—泵轴；6—柱塞；7—中心弹簧；8—连杆

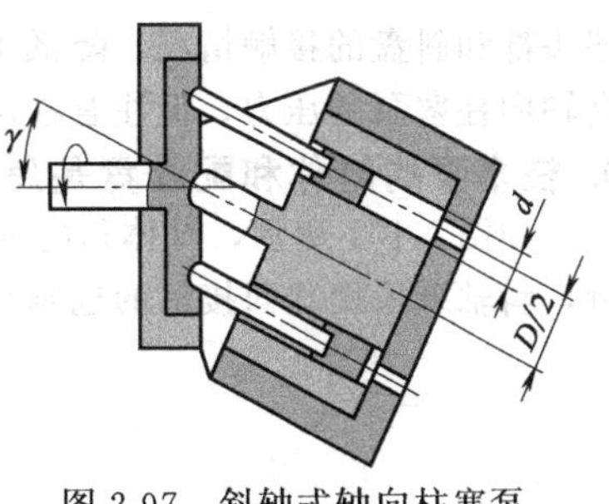

图 2-97 斜轴式轴向柱塞泵的流量计算

5. 斜轴式轴向柱塞泵的排量和流量怎样计算?

斜轴式轴向柱塞泵的排量和流量的计算方法如下（图 2-97）。

排量：$$V=\frac{d^2\pi}{4}(D\sin\gamma)z \tag{2-19}$$

流量：$$Q=Vn\eta_V \tag{2-20}$$

式中，z 为柱塞数；n 为转速；η_V 为容积效率。

6. 轴向柱塞泵的柱塞个数为何采用奇数?

轴向柱塞泵的输出流量是脉动的。从图 2-98 与表 2-5 的理论分析和实验研究表明，当柱塞个数多且为奇数时流量脉动较小。所以从结构和工艺考虑，柱塞个数多采用 7 或 9。

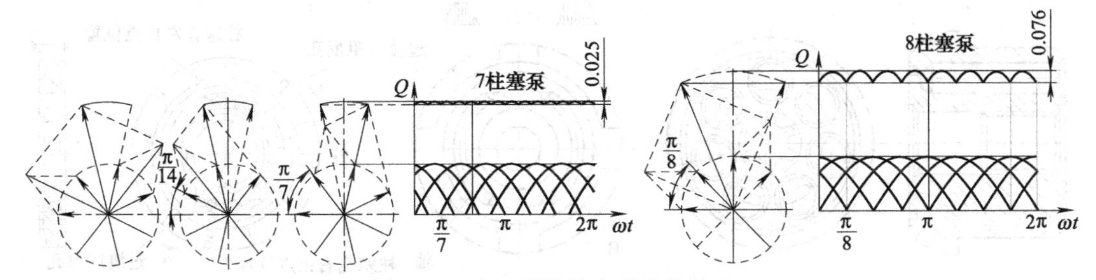

图 2-98 奇、偶数柱塞的流量脉动

表 2-5 流量脉动率 δ_q 与柱塞数 z 的关系

z	5	6	7	8	9	10	11	12
δ_q/%	4.98	14	2.53	7.8	1.53	4.98	1.02	3.45

7. 轴向柱塞泵的柱塞靠什么紧压在斜盘上?

由图 2-99 可以看出，柱塞 1 的头部和滑靴 2 以球铰连接。中心弹簧 3 的作用力通过三顶针 4 与半球套作用到回程盘 5 上，回程盘上的每个孔套在滑靴的止口上，于是回程盘所受到的作用力又作用到每个滑靴上，使滑靴紧压在斜盘上，所以柱塞在旋转过程中，在中心弹簧的作用下始终顶压在斜盘上，另一头将缸体 6 的端面顶压在配油盘的端面上，不会出现脱空现象。

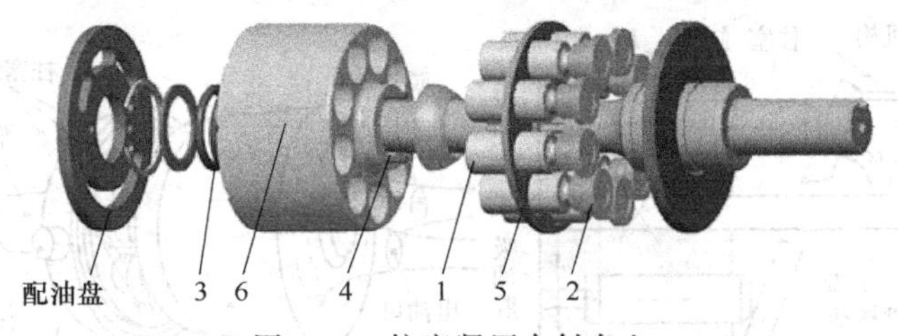

图 2-99 柱塞紧压在斜盘上

8. 滑靴和斜盘是怎样接触的?

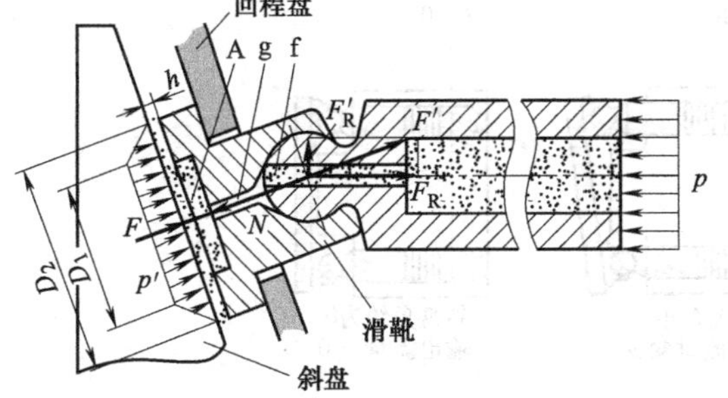

图 2-100 滑靴的静压支承机构工作情况

由于斜盘是固定不动的，滑靴随柱塞高速转动，滑靴相对于斜盘做高速相对运动，因此会产生很大的磨损。为了减少这种磨损，采用了滑靴式柱塞，滑靴是按静压轴承原理设计的，如图 2-100 所示。滑靴与斜盘是平面接触的，滑靴与柱塞的球头是球面接触，这就大大降低了接触应力。柱塞开有小孔 f，滑靴中心开有小孔 g，缸体中的压力油经过孔 f 与 g 流入滑靴油室 A，对球面和平面进行液体润滑，改善了柱塞头部和斜盘的接触情况，降低了滑靴端面与斜盘接触面相对运动时产生的摩擦磨损，有利于提高轴向柱塞泵的压力。但注意柱塞和滑靴上的小孔 g 不要被油中污物堵塞。

9. 柱塞泵的缸体和配油盘是怎样接触的?

如图 2-101 所示，缸体和配油盘之间也是采用静压轴承原理相接触的，斜盘泵多采用平面接触，斜轴泵采用球面接触的也越来越多。

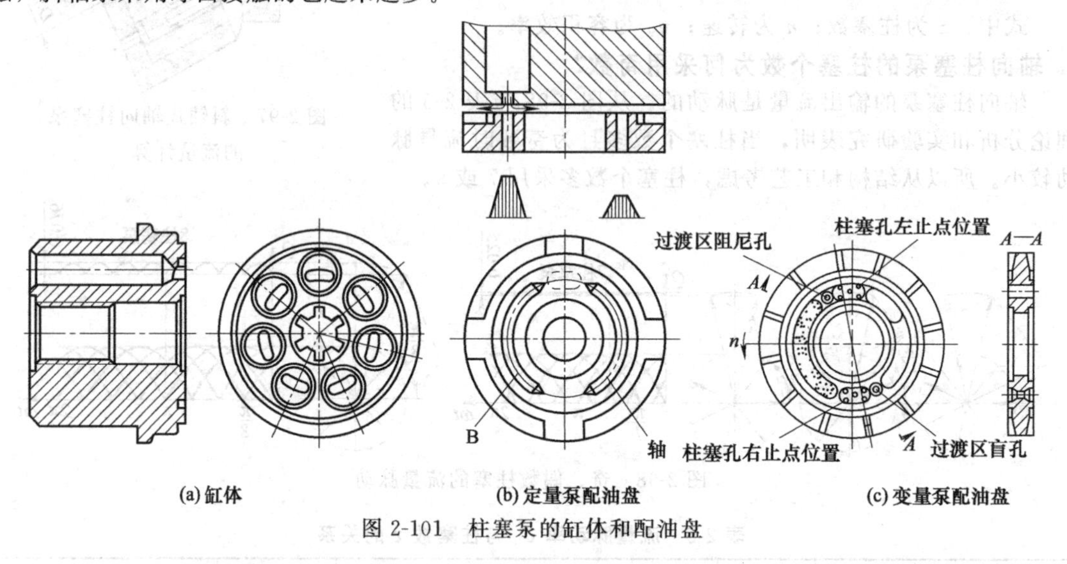

(a) 缸体　(b) 定量泵配油盘　(c) 变量泵配油盘

图 2-101　柱塞泵的缸体和配油盘

2.4.3　轴向柱塞泵的变量

1. 轴向柱塞泵为何能变量?

如图 2-102 所示，斜盘式轴向柱塞泵利用变量机构能随意调节改变斜盘斜角 α，从而能改变柱塞的行程长度 h，也就改变了泵的排量。所以在泵上设置变量机构，就能使斜盘式柱塞泵进行变量。

斜轴式轴向柱塞泵利用变量机构能随意调节改变缸体与泵轴的倾角（摆角）γ（参阅图

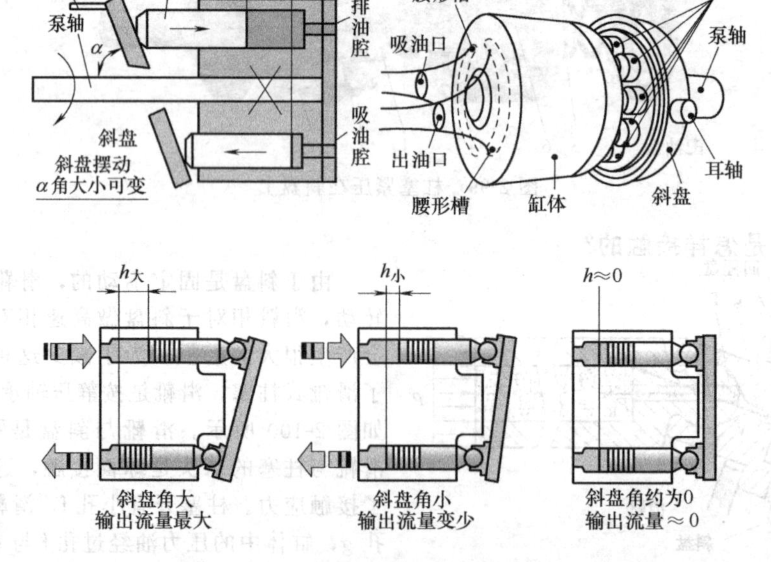

图 2-102　斜盘式轴向柱塞泵的变量控制器

2-96)，从而能改变柱塞的行程长度 h，也就改变了泵的排量。斜轴的摆角调节，既可采用机械式的定位螺钉，也可采用液压式的定位活塞。

所以在泵上设置变量机构，就能使斜轴式柱塞泵进行变量。

如果设置的变量机构不但能改变倾角 α 或斜角 γ 的大小，还能改变倾角 α 或斜角 γ 的方向，这就变成了双向变量柱塞泵。双向变量泵的吸、压油方向可以对换。

2. 轴向柱塞泵的变量方式有哪些?

液压泵的变量有两类：一类为补偿型变量，如：压力补偿（恒压）变量；负载传感变量；转矩限定（恒功率）变量等。另一类为伺服型变量（主动），如：比例控制变量；伺服控制变量等。

3. 压力补偿变量控制器的回路作用与原理是怎样的?

如图 2-103 所示，压力补偿控制器用于控制泵的排量，使之能满足系统的实际需要，从而保证系统的压力保持恒定，压力补偿控制器就是图中的 PC 阀。

只要泵的出口压力 p 低于给定的压力值（调整补偿控制器弹簧预压紧力予以设定），补偿阀的工作油口 A 就与油箱相通，使控制活塞的大面积端失压，斜盘在复位弹簧的作用下处于最大摆角位置，泵保持在全排量状态。当系统压力达到补偿控制器弹簧所调定的数值时，补偿控制阀动作，使 p_1 口与 A 口相通，将压力引入变量控制活塞的大面积端。由于活塞两端的面积差，便产生一个控制力，并克服复位弹簧力使斜盘摆角减小，从而控制泵的排量，使之满足系统的要求。

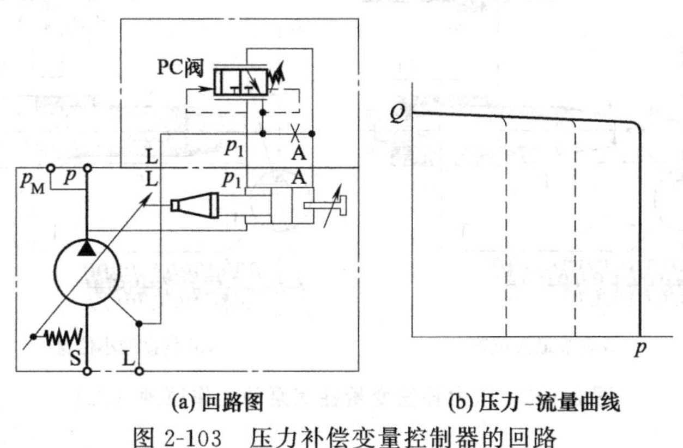

(a) 回路图　　(b) 压力-流量曲线

图 2-103　压力补偿变量控制器的回路

4. 压力补偿变量柱塞泵的工作原理是怎样的?

采用压力补偿控制器来控制泵的排量，便是压力补偿变量柱塞泵。工作原理如下。

当泵出口压力 p 未超过调压螺钉所调定的调压弹簧的弹力时，压力补偿阀芯在调压弹簧的弹力的作用下，阀芯处于下位，在回程弹簧作用下，通过斜盘摆动的力使变量柱塞处在最左侧，此时斜盘斜角 α 最大（流量调节螺钉所调），泵输出的流量最大［图 2-104（a）］。

当泵出口压力上升超过调压螺钉所调定的压力时，压力补偿阀（限压阀）阀芯下腔压力产生的液压力克服弹簧力，使压力补偿阀阀芯上移，泵出油口 P 引来的压力油进入到控制柱塞左腔，控制柱塞推压偏置弹簧右移，使斜盘斜角 α 变小，输出流量变小，从而限制了泵出口压力的再增加，叫压力补偿变量［图 2-104（b）］。

流量调节螺钉全松开，当泵出口压力未超过压力调节螺钉所调定的压力时，压力补偿阀芯在弹簧力的作用下和在回程弹簧作用下，通过斜盘摆动的力使变量柱塞处在最左侧，此时斜盘斜角 α 最大（流量调节螺钉所调）。

当泵出口压力上升超过压力调节螺钉所调定的压力时，液压力克服左侧的弹簧力使压力补偿阀芯左移，泵出油口引来的压力油进入到控制柱塞左腔，控制柱塞右移，使斜盘斜角 α 变小到 $\alpha \approx 0$。

图 2-105 为对应图 2-104 的油路状况。

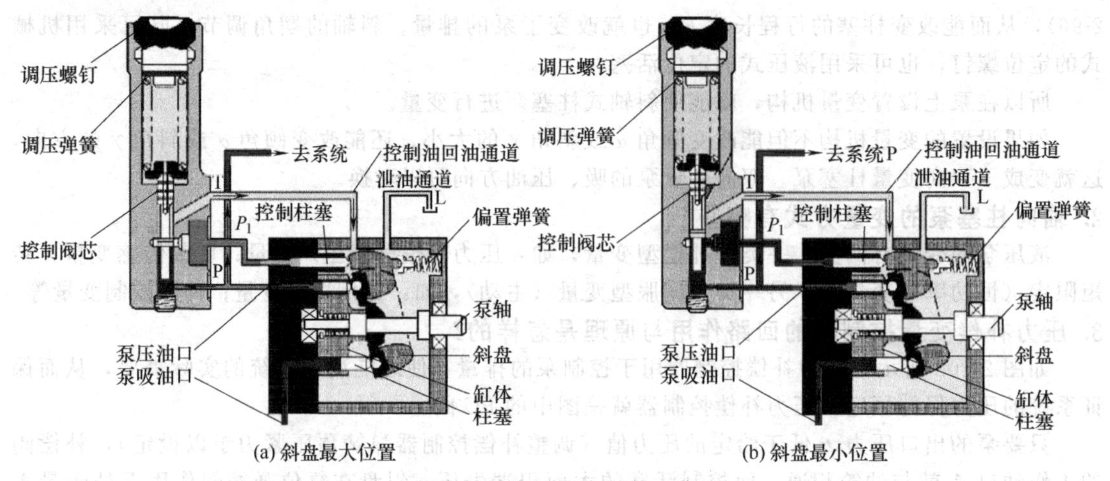

图 2-104　压力补偿变量柱塞泵的工作原理（一）

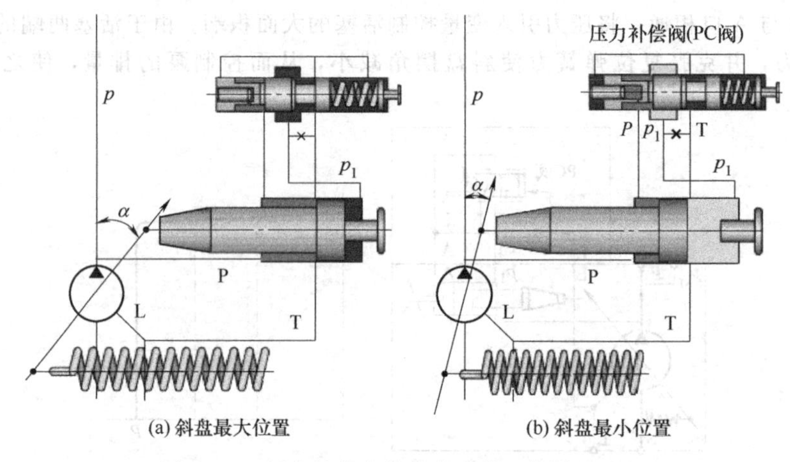

图 2-105　压力补偿变量柱塞泵的工作原理（二）

5. 什么叫遥控型压力补偿变量控制?

上述压力补偿变量控制器，其补偿压力的调节直接在控制器上进行。而此处的遥控型压力补偿变量控制器，是通过连接在遥控口 p_{p} 上的先导压力阀进行先导控制。图 2-106 为遥控型压力补偿变量控制器的回路。控制压力油还是来自控制器的内部，但外接的先导压力阀可以安装在离控制器有一段距离的容易操作的地方。比如，安装在机器的控制面板上，在机器的方便操作位置上实现对液压泵补偿变量压力的遥控调节。遥控型压力补偿变量控制器比标准型压力补偿变量控制

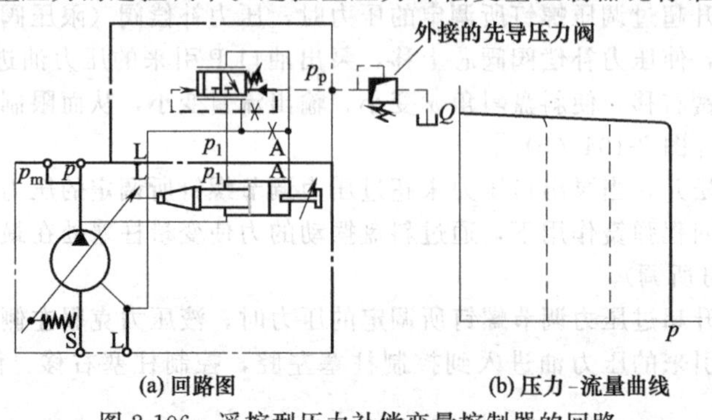

图 2-106　遥控型压力补偿变量控制器的回路

器响应快，且精度高，同时，还可以解决在临界工况下，标准型压力补偿变量控制器所出现的不稳定问题。该先导压力阀也可以采用电磁比例压力阀，或者配合使用换向阀，实现低压待机操作。

6. 恒压式变量柱塞泵的工作原理是怎样的?

上述的单柱塞（控制柱塞）的压力补偿变量柱塞泵有人也称为恒压式变量柱塞泵，两个控制柱塞的变量柱塞泵，应该才是真正的恒压式柱塞泵。因为两者的工作原理没有本质的区别，常统一叫恒压式柱塞泵。

如图 2-107 所示，它有两个控制变量的柱塞。无控制压力时，偏置柱塞 B 总是将变量斜盘推向最大角度位置，泵向排量增加的方向变化。当控制油引至伺服柱塞 A 时，伺服柱塞 A 克服偏置柱塞 B 及弹簧力，将变量斜盘朝中位方向推，泵向排量减小的方向运动。斜盘角度决定泵输出流量。泵上的控制模块基于系统回路实际工况，将系统压力受控引至伺服柱塞 A 侧，实现斜盘角度的设定调节。

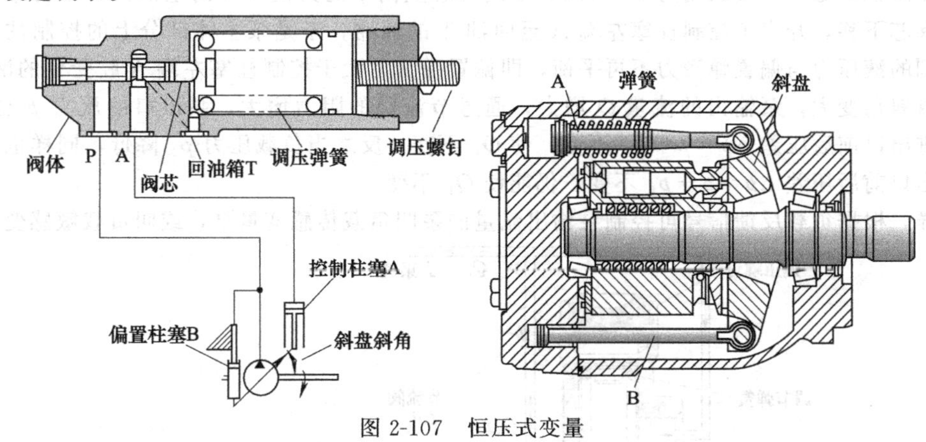

图 2-107 恒压式变量

7. 负载传感补偿变量控制器是怎样的?

如图 2-108 (a) 所示，负载传感补偿变量控制器（简称负载传感控制器）由节流阀与 LS 阀组成。

控制压力油来自外部（负载），此类控制器的压差，出厂时有设定（例如 10bar），控制补偿器阀芯动作的输入信号实际上就是加在回路主节流口上的压差，由于负载传感控制器在补偿控制工况下可保持回路主节流器上的压差恒定，因此，负载传感变量控制主要是表示对输出流量进行控制。输入转速的变化或负载（压力）的波动均不会对泵的输出流量及执行元件的速度产生影

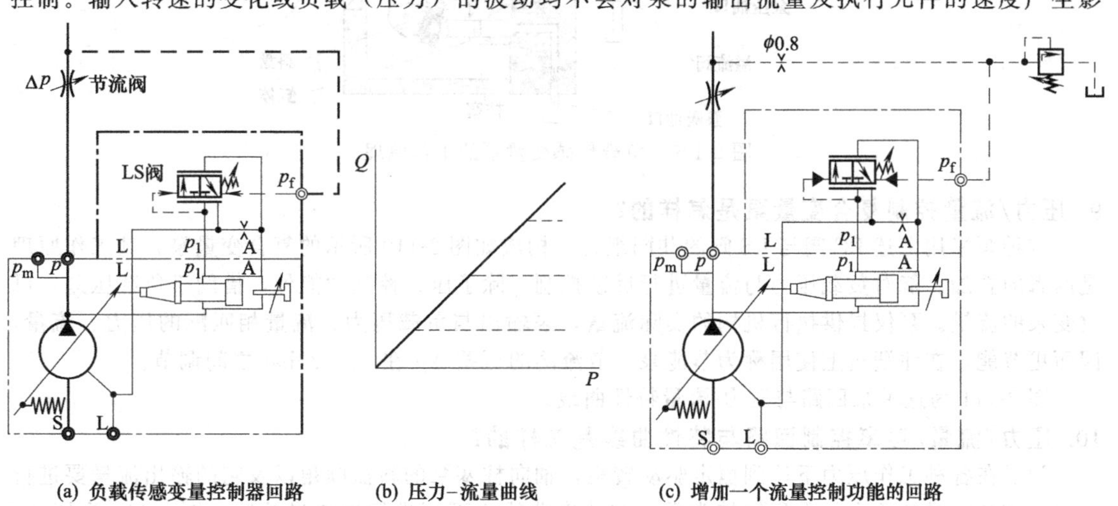

(a) 负载传感变量控制器回路 (b) 压力-流量曲线 (c) 增加一个流量控制功能的回路

图 2-108 负载传感变量控制器

响。变量原理与前述负载敏感变量叶片泵相同。

在先导回路中增加一个节流孔（ϕ0.8mm）和一个先导压力阀，则可增加一个流量控制功能，如图 2-108（c）所示。

8. 负载传感变量泵的变量工作原理是怎样的?

如图 2-109 所示，通过节流阀开口的大小调定，以及节流阀进出口前后压差 $\Delta p=p-p_L$，可决定泵流到系统中的流量 Q_L。此时 LS 阀阀芯处于图示位置，其向下的调压弹簧力与控制阀芯下端油压 p 产生的向上液压力相平衡。一旦泵主体部分上的控制柱塞左端 A 腔受到的液压力与偏置弹簧力平衡，斜盘平衡在某一斜角位置，泵输出一定的流量 Q_L。

当负载压力 p_L 增高，节流阀进出口前后压差 Δp 便应该减小，但由于 LS 阀的反馈作用，仍然能维持节流阀进出口前后压差 Δp 不变。

其作用原理是：当负载压力 p_L 增高，控制阀芯上向下的力便大于向上的力，不再平衡，于是控制阀芯下移，开启了控制柱塞左端 A 至回油 T 的通路，于是泵主体部分上的控制柱塞左端 A 腔受到的液压力与偏置弹簧力不再平衡，即偏置弹簧力大于控制柱塞左端 A 腔受到的液压力，于是斜盘斜角变大，泵输出的流量 Q 增大，通过节流阀的阻力增大，泵出口的压力 p 也增大，节流阀进出口前后压差 $\Delta p=p-p_L$ 不变，使 Q_L 不变。反之当负载压力 p_L 降低，同样也能使节流阀进出口前后压差 $\Delta p=p-p_L$ 不变，仍能使 Q_L 不变。

这样，根据负载反馈信号可控制泵输出流量的泵叫负载传感变量泵，或叫负载敏感变量泵。

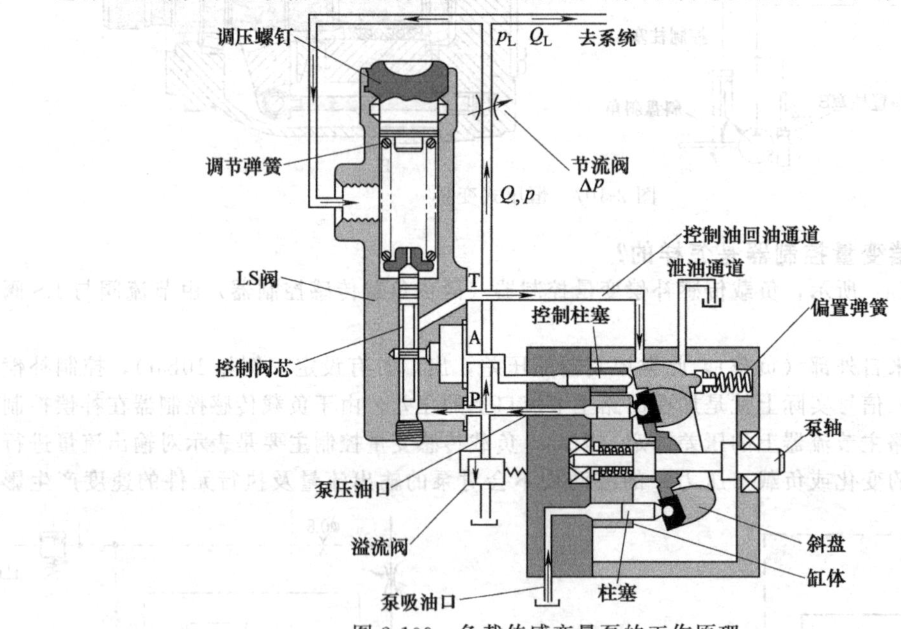

图 2-109　负载传感变量泵的工作原理

9. 压力/流量控制复合变量泵是怎样的?

这种泵采用上述 PC 阀与 LS 阀的共同组合，构成如图 2-110 所示的复合变量泵，其工作原理是两者的叠加。能对负载压力与流量进行反馈控制，除了压力控制功能外，借助于负载压差，可改变泵的流量。泵仅提供执行机构的实际流量，泵输出与负载压力、流量相匹配的压力、流量，因而更节能，在注塑机上使用称为节能泵。节流阀的压差 Δp 在 10～20bar 之间调节。

图 2-111 为这种泵回路与压力-流量特性曲线。

10. 压力/流量/功率控制回路与特性曲线是怎样的?

为了在各种工作压力下达到恒定驱动转矩，轴向柱塞泵的斜盘倾角以及它的输出流量要进行变化，使其流量和压力的乘积维持常数。在功率曲线之下可进行恒流量控制。图 2-112 为压力/

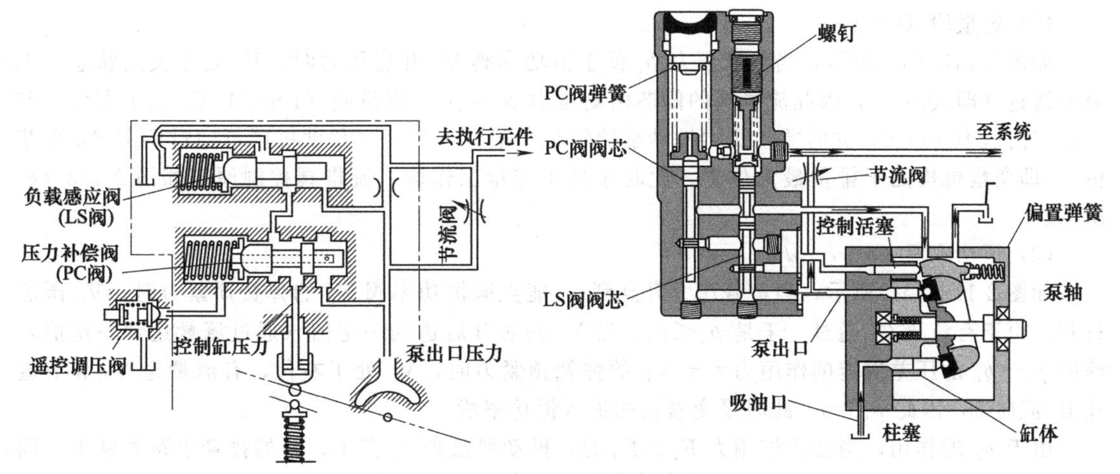

图 2-110 压力/流量控制复合变量泵

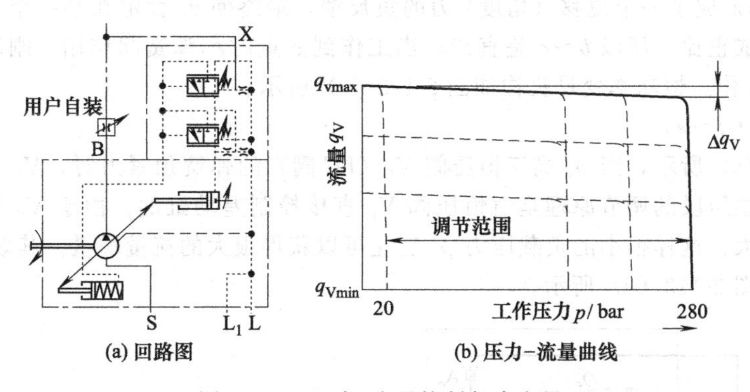

(a) 回路图　　(b) 压力-流量曲线

图 2-111 压力/流量控制复合变量

S—进油口；B—压力油口；L、L_1—壳体泄油口（L_1 堵死）；X—先导油口

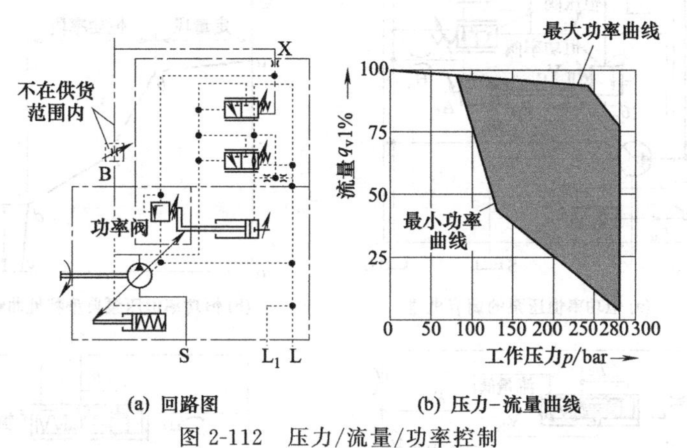

(a) 回路图　　(b) 压力-流量曲线

图 2-112 压力/流量/功率控制

流量/功率控制。

11. 恒功率恒压斜盘式变量柱塞泵的工作原理是怎样的?

图 2-113 (a) 为（以力士乐公司产的 A10VO452DFLR 型泵为例）伺服变量机构原理，它内部的变量机构主要由定量控制阀、恒功率控制阀、恒压控制阀、差动缸等部分组成。

图 2-113 (b) 为其特性曲线。可以看出，根据输出压力的不同，A10VO452DFLR 的工作区间可分为定量段、恒功率段、恒压段，这 3 段分别由内部各阀来控制。

(1) 定量段 ($a \sim b$)

如图 2-113 (a) 所示，当负载压力 p_c 低于恒功率阀 V_C 开启压力时，V_C 处于关闭状态，无流量通过（即 $Q_f=0$），因此流量阀的阀芯两侧压力 $p_o=p_c$，流量阀（LS 阀）V_L 处于右位，差动缸中的压力 $p_d=0$，此时差动机构推动泵的斜盘处于最大角度（角度极限可通过调节 A_D 来获得），即变量机构处于排量最大位置。此时泵处于定量工作段。流量阀控制原理如图 2-113 (c) 所示。

(2) 恒功率段 ($b \sim c \sim d$)

如图 2-113 (a) 所示，当负载压力升高到 p_c 能克服恒功率阀 V_C 的弹簧预紧力时，V_C 阀芯打开，由于有流量 Q_f 通过，于是 $p_o<p_c$；当 V_C 阀芯开启达到一定值（通过流量达到一定值），使由 p_c-p_o 的压差决定的作用力大于 V_L 的弹簧预紧力时，V_L 处于左位，有流量经 V_P 和节流孔 B_o 流向 L，因此 $p_d>0$，此时泵变量机构进入恒功率段。

由于 p_d 的作用，当活塞作用力 $F_D>F_d$ 时，推动斜盘角 θ_c 变小，泵的排量也跟着减少；同时，通过变量缸的机械反馈，使 V_C 的弹簧（一大一小）预压力等效地增大，从而在泵的斜盘与 V_C 的先导阀之间形成了一个位移（角度）-力的负反馈，最终使 θ_c 稳定在某一个平衡角度上。由于弹簧力与位移成正比，所以 $b \sim c$ 是直线；当工作到 c 点时小弹簧起作用，刚度增加，故变量泵在 $c \sim d$ 线段工作。恒功率变量机构如图 2-113 (c) 所示。

(3) 恒压段 ($d \sim e$)

如图 2-113 (a) 所示，当 p_c 高于恒压阀 V_P（PC 阀）的弹簧预紧力时，V_P 工作于左位，此时进入恒压段。恒压段的调节原理是由恒压阀 V_P 直接控制差动缸的。由于 V_P 先导级的弹簧刚度小及阀芯直径大，这样很小的负载压力 p_c 变化可以获得很大的流量增量，其效果近似于恒压。恒压调节机构如图 2-113 (d) 所示。

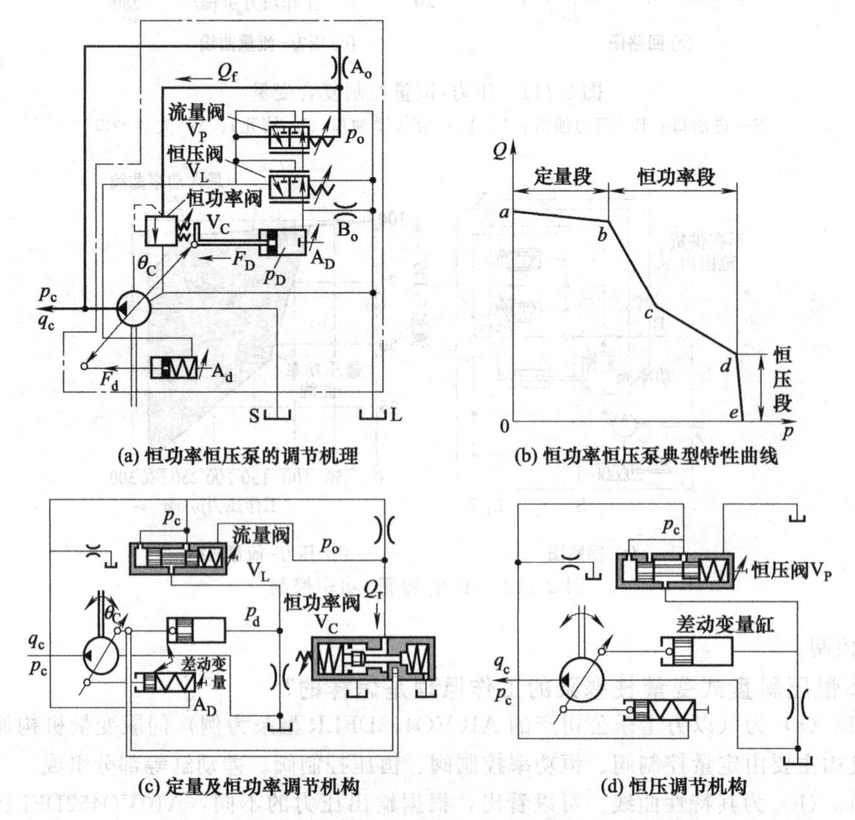

图 2-113 恒功率恒压斜盘式变量柱塞泵的工作原理

12. 恒功率恒压斜轴式变量柱塞泵的工作原理是怎样的?

以力士乐公司A7V型恒功率的变量方式为例。其工作原理和控制回路如图2-114所示。它由主体部分和变量部分所构成，其配油盘不但与缸体相配的表面为球面，另一面与变量壳体相配的表面也为球面，这样可以很好地与变量壳体上的凹球面紧密贴合而进行变量。其变量的方法为：通过伺服阀芯对液压力的反馈作用，带动拔销8上下运动，拔销8再带动配油盘沿变量壳体上的球面滑动导轨移动（转动）。配油盘的另一面——球面，则带动缸体9上下摆动，从而改变缸体9的轴心线与泵轴10轴心线之间的夹角，从而改变了缸体9孔内柱塞1的行程，即改变了泵的排量。

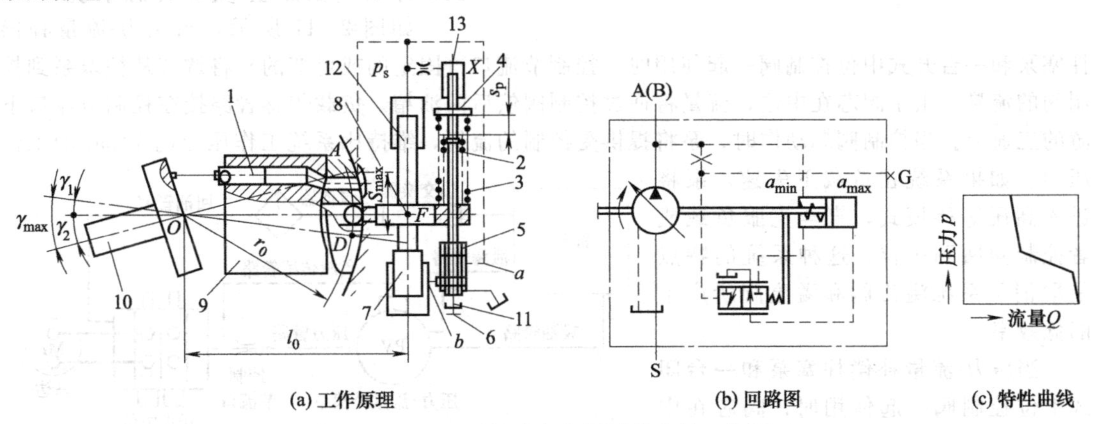

(a) 工作原理　(b) 回路图　(c) 特性曲线

图2-114　A7V型恒功率变量泵的变量工作原理

1—柱塞；2、3—弹簧；4—弹簧座；5—伺服阀；6—调节螺钉；7—变量活塞；8—拔销；9—缸体；10—泵轴；11—调节弹簧；12—变量柱塞缸；13—控制活塞

13. 什么是电液比例排量控制?

如图2-115所示，比例排量控制是控制泵的输出流量与输入电信号相对应，泵的实际排量由LVDT进行检测，并反馈至电子控制放大器中，与排量指令信号作比较，所得的误差控制变量机构动作，直至误差为零。指令以电信号（0～10V或4～20mA）的形式由操控装置给出，也可由电位器给定。电子放大器不断地对输入指令和实际排量进行比较，并向比例电磁铁供电，将被控制的排量的偏差转换成比例电磁铁的模拟输入电流，控制比例阀改变控制压力（A口处），直到变量至正确的排量为止。

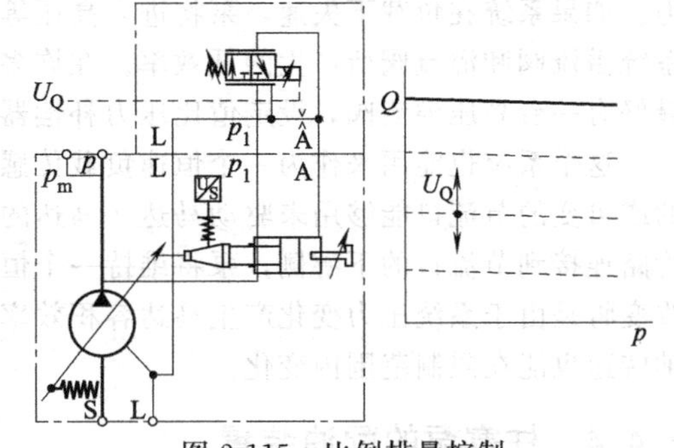

图2-115　比例排量控制

14. 什么叫压力-流量补偿负载传感系统?

如图2-116所示，当与闭式中位负载传感控制阀一起使用时，在系统不动作的情况下，压力-流量补偿柱塞泵将保持在仅为14bar的低压等待模式。

当有一个液压功能动作时，压力-流量补偿柱塞泵检测到流量要求，并且调节泵的排量，增加流量到仅维持控制该回路所要求的压力，加上14bar去控制补偿器，泵将努力维持要求的流量，在系统的全部工作条件下仅比要求的压力高14bar。负载传感管路从负载传感阀连接到泵上，馈入所有的回路要求给泵的补偿器。泵将响应所有回路的最高压力并且提供控制多个回路所要求的流量总和。负载传感管路的放气节流口最好在负载传感控制阀上，防止控制阀回中位时柱塞泵的高压补偿。

如果系统的负载产生一个液压压力和补偿器的高压力设定值相等，泵将进入高压等待模式并减小行程直至克服负载或者控制阀回到中位，这就防止了泵的大部分流量通过溢流阀，就像常规

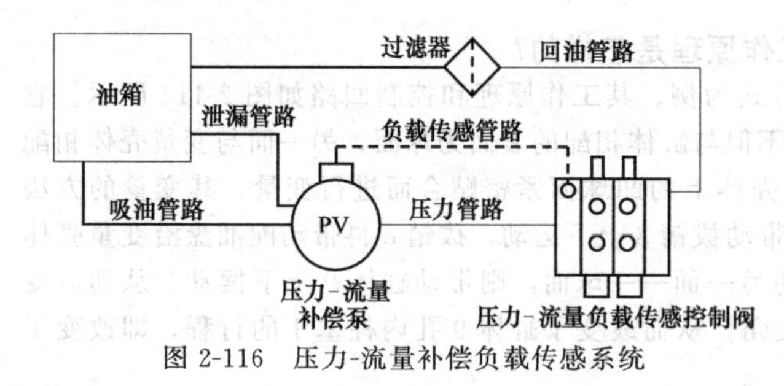

图 2-116 压力-流量补偿负载传感系统

的开式中位液压系统那样。

要真正实现各个回路同时工作，在每个回路中应当引入一个流量补偿器，否则系统将传送大部分流量给阻力最小的回路。

在许多情况下，热交换器可以取消，因为系统是高效的。

15. 什么叫恒流量-负载传感系统？

如图 2-117 所示，当压力-流量补偿柱塞泵和一台开式中位控制阀一起使用时，控制节流口（固定的或可变的）将调节从柱塞泵到控制阀的流量。由于阀芯在中位，流量将通过控制阀然后回油箱。负载传感管路接在控制节流口下游的三通上。当控制阀芯动作时，泵将提供受控制的流量，维持比系统工作压力高 14bar 的工作压力。如果系统在负载下失速，泵将进入高压等待模式，直至克服负载或者控制阀回到中位。这种系统的特点是取消了系统溢流阀和溢流阀所产生的低效率。

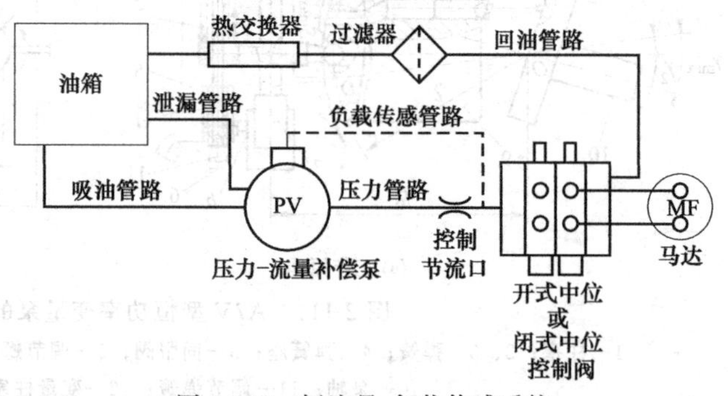

图 2-117 恒流量-负载传感系统

当压力-流量补偿柱塞泵和一台闭式中位控制阀一起使用时，阀芯在中位情况下，泵将处在高压等待状态。当阀芯动作时，泵将在最高泵压力下提供流量给控制阀，阀回路的通流能力将限制泵的流量，如果控制节流口限制流量大于控制阀回路，则泵将提供控制的流量，维持比实际系统工作压力高 14bar 的工作压力。如果系统在负载下失速，泵将进入高压等待模式，直至克服负载。这种系统的特点是取消了系统溢流阀和溢流阀所产生的低效率。在许多情况下，热交换器可以取消，因为系统是高效的。最好有一台高压溢流阀，设定值比压力补偿器设定值要高14～35bar。

这个系统也能用来作为一个恒速负载传感系统去驱动马达，通过取消控制阀和安装一个固定的或可变的节流口能够用来驱动马达，马达的转速恒定，不受马达负载的影响。通过把负载传感管路连接到节流口的下游侧，泵将维持一个恒定的流量来保持马达的恒定转速。马达转速的唯一改变将是由于系统压力变化产生马达容积效率改变而造成的。当马达转速保持恒定时，泵的输入轴转速也能在限制范围内变化。

2.4.4 柱塞泵的配油装置

从上述的工作原理可知：轴向柱塞泵柱塞在缸体孔内作往复运动，柱塞缸孔内工作容积扩大或缩小。当工作容积扩大时，缸筒（缸孔）与吸油腔接通，缩小时应与排油腔相通。完成由吸油腔吸油向排油腔送出油液并建立一定压力的过程。这就需要所谓“配油装置”指挥这一动作，按配油装置的形式，柱塞泵的配油装置可分为端面配油、轴配油和滑阀配油三类。

1. 什么叫端面配油？

端面配油，类似一个平板阀，属间隙密封型的配油方式，在大多柱塞泵上采用这种结构。配油方式如图 2-118 所示，使处在吸油或压油行程中的柱塞腔能轮换地与泵体上的吸油口或压油口相通，并将两者隔开。

在与缸体相贴合的端面（平面或球面）上，加工有两个腰形（弧形）窗口，缸体贴合面上也开设有配油孔。缸体与配油盘之间的间隙密封面保持相对旋转，配油盘上的窗口与缸体端面开孔的相对位置按一定规律安排，使处在吸油区压油行程中的柱塞缸能交替与泵体上的吸、排油口相通，并保持各油腔之间的隔离和密封，图 2-118（b）中的平衡槽可平衡径向力。

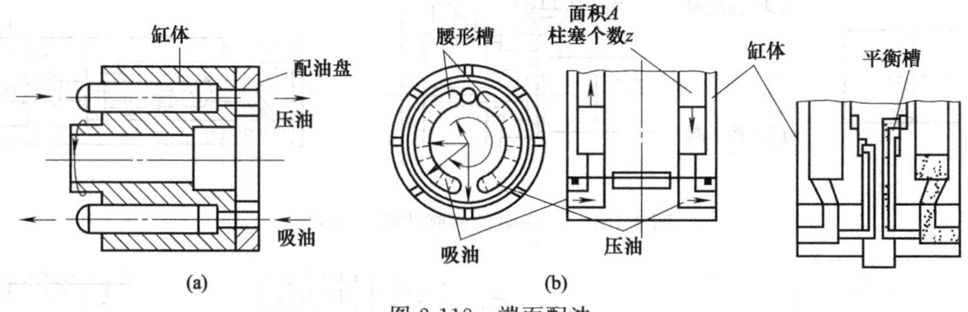

图 2-118　端面配油

另外，在端面配油的结构中，为了使配油盘端面（与缸体接触面）磨损或缸体端面出现微少倾斜时配油盘仍能与其端面很好地贴合，有些泵的配油盘采用小曲率的球面代替平面配油面，虽加工修理困难些，但它具有较好的间隙补偿能力和自位补偿能力。

还有采用浮动配油装置等方法。例如图 2-119，在柱塞孔右端装有浮动套筒 2，在弹簧 3 的作用下，可以在缸孔内左右浮动，通过开有配油腰形孔的衬板 4 将力作用在配油盘 5 上。通过这种"浮动"，补偿配油盘的间隙。

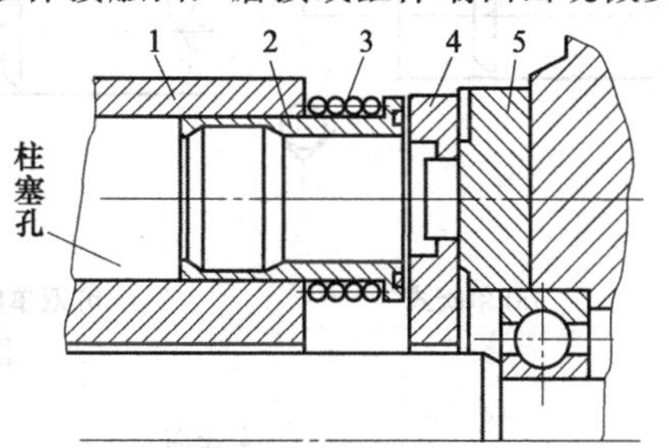

图 2-119　缸体端部带浮动套筒的配油装置

1—缸体；2—浮动套筒；3—弹簧；4—衬板；5—配油盘

2. 什么叫轴配油?

如图 2-120 所示，配油轴上铣有两对称圆弧形凹槽，两凹槽之间分别有一段圆弧面（轴的外圆面）未铣掉，用于封油隔开压、吸油区。配油轴在旋转过程中，两凹槽交替与泵体上的吸、压油口相通。配油原理与上述端面配油相似。不同之处在于，一个用端面（平面或球面）密封，一个是用圆柱扇形圆面密封。为了平衡泵轴上的径向力，图 2-120（b）中，配油轴上还开设有平衡槽，也属间隙密封型的配油方式。

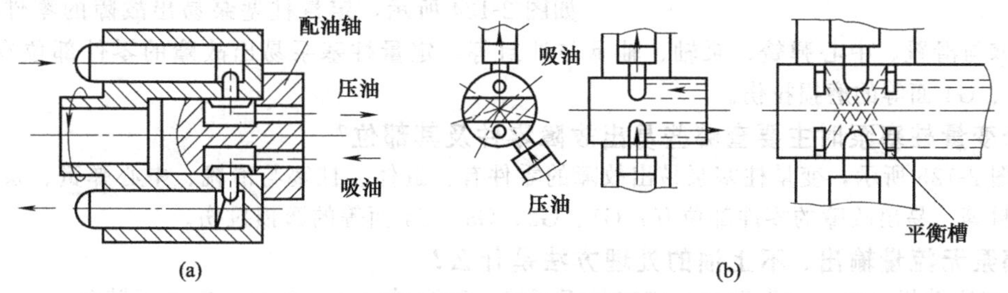

图 2-120　配油轴配油

3. 什么叫阀式配油?

阀式配油装置的工作原理如图 2-121 所示，由分别设在吸、排油腔与柱塞之间的两个单向阀（吸入阀与压出阀）组成，依靠油液的压差，在吸油时，吸入阀打开，压出阀关闭，在压油时则反之。这种配油方式与泵驱动轴没有机械关联，为力约束型。

吸入阀及压出阀在一般超高压泵里，采用球阀式阀或座阀式单向阀。为提高阀动作可靠性，往往采用图 2-122（b）所示的双阀，即分别采用两个串联的单向阀作吸入阀和压出阀。对大流量泵，宜采用图 2-122（c）所示的多单向阀组合阀作吸入阀和压出阀。单向阀也可采用图 2-122（d）的形式。

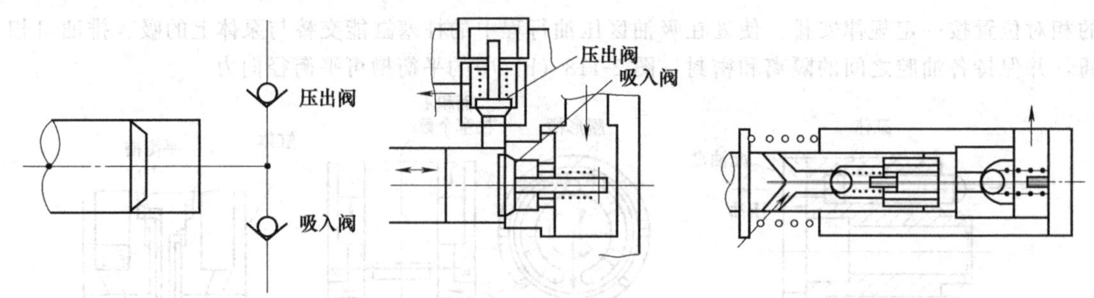

图 2-121　柱塞泵的座阀式配油方式

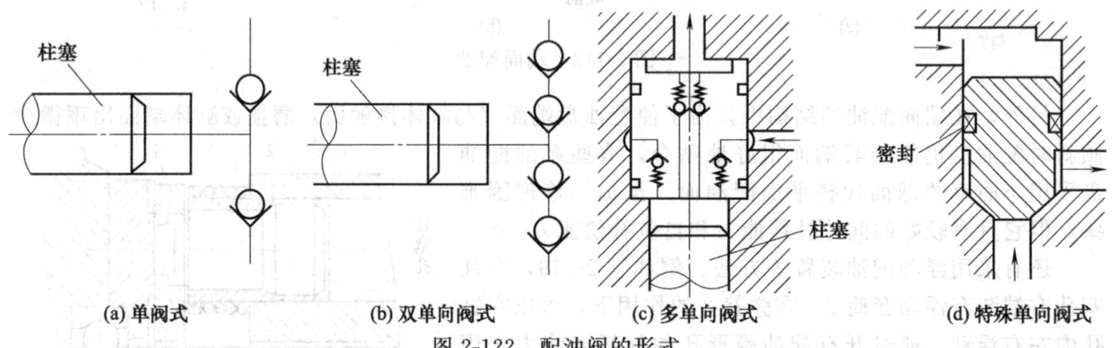

图 2-122　配油阀的形式

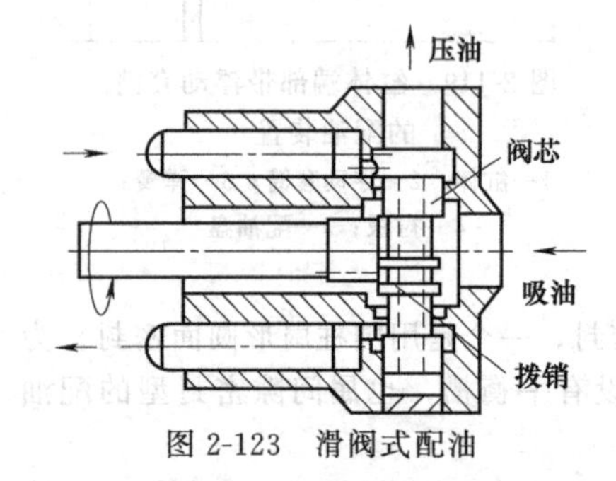

图 2-123　滑阀式配油

图 2-123 为滑阀式配油，其工作原理是传动轴在旋转过程中，利用右端的拔销，使滑阀芯被拨动而上下往复运动。利用阀芯上的台肩和阀体孔内的环槽相互位置关系来实现通油、配油和封油，隔开压、吸油区。它与二位三通机动换向阀的工作原理相同。

2.4.5　柱塞泵的故障分析与排除

1. 维修定量柱塞泵时主要查哪些易出故障零件及其部位?

如图 2-124 所示，定量柱塞泵易出故障的零件有：缸体、柱塞与滑靴、中心弹簧、泵轴、轴承与油封等。定量柱塞泵易出故障的零件部位有：G1、G2、G3、G4 面等的磨损拉伤。

2. 维修变量柱塞泵时主要查哪些易出故障零件及其部位?

如图 2-125 所示，变量柱塞泵易出故障的零件有：缸体、柱塞与滑靴、中心弹簧、泵轴、轴承与油封等。易出故障的零件部位有：G1、G2、G3、G4 面等的磨损拉伤。

3. 柱塞泵无流量输出、不上油的处理方法是什么?

① 查原动机（电机或发动机）转向是否正确。和泵转向不一致时，应纠正转向。

② 查油箱油位。油位过低时，补油至油标线。

③ 查启动时转速。如启动时转速过低，吸不上油，应使转速达到液压泵的最低转速以上。

④ 查泵壳内启动前是否灌满了油。启动前泵壳内未充满油，存在空气，柱塞泵不上油，应卸下泵泄油口的油塞，往泵内注满油，排尽空气，再开机（图 2-126）。

⑤ 查进油管路是否漏气。吸油管路裸露在大气中的管接头未拧紧或密封不严，进气，或进油管破裂与大气相通，或者焊接处未焊牢。这样难以在泵吸油腔内形成必要的真空度（因与大气相通），泵内吸油腔与外界大气压接近相等，大气压无法将压力油压入泵内。解决办法是更换进油接头处的密封，对于破损处，补焊焊牢。

⑥ 查柱塞泵的中心弹簧是否折断或漏装。中心弹簧折断或漏装时使柱塞回程不够或不能回

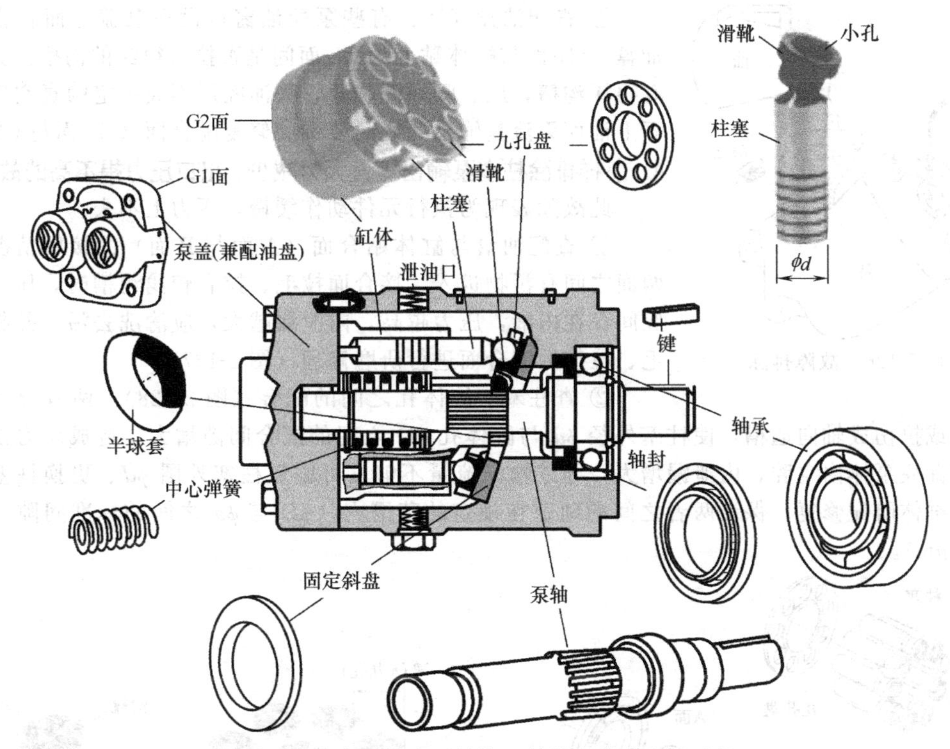

图 2-124 定量柱塞泵结构及其易出故障主要零件

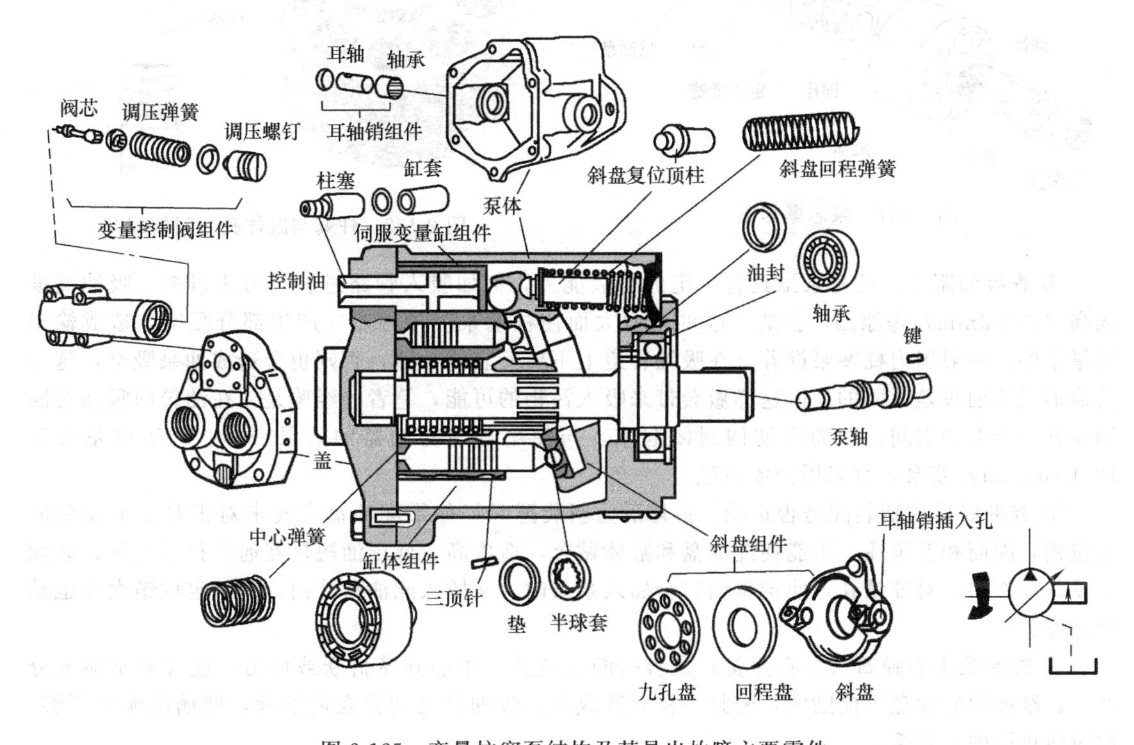

图 2-125 变量柱塞泵结构及其易出故障主要零件

程，导致缸体和配油盘之间失去顶紧力而彼此不能贴紧，存在间隙，缸体和配油盘间密封不严，这样高、低压油腔相通而吸不上油。须更换或补装中心弹簧。

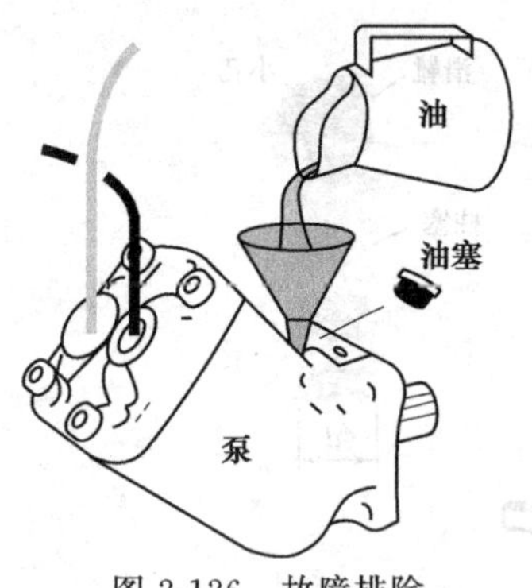

图 2-126　故障排除

⑦ 查配油盘（注：有些泵配油窗口设在泵盖上而省去了配油盘）G1 面与缸体贴合的 G2 面间是否拉有很深的沟槽。如果拉有很深沟槽，压、吸油腔相通，吸油腔形不成一定的真空度，吸不上油而无流量输出。此时要平磨修复配合面（G1 面与 G2 面）。

4. 怎样排除柱塞泵输出流量大为减少、出口压力提不高的故障?

此故障表现为执行元件动作缓慢，压力上不去。

① 查配油盘与缸体贴合面（A 面与 B 面）的接触情况。当两面之间有污物进入、接合面拉毛、拉有较浅沟槽时，压、吸油腔间存在内漏，压力越高，内泄漏越大，应清洗去污，并将已拉毛、拉伤的配合面进行研磨修理（图 2-127）。

② 查柱塞与缸体孔之间的配合（图 2-128）。两者滑动配合面磨损或拉伤成轴向通槽，使柱塞外径 ϕd 与缸体孔 ϕD 之间的配合间隙增大，造成压力油通过此间隙漏往泵体内空腔，内泄漏增大，导致输出流量不够。可刷镀柱塞外圆 ϕd、更换柱塞或将柱塞与缸体研配修复，保证两者之间的间隙在规定的范围内（ϕD 与 ϕd 之间的标准间隙一般为 25～26μm）。

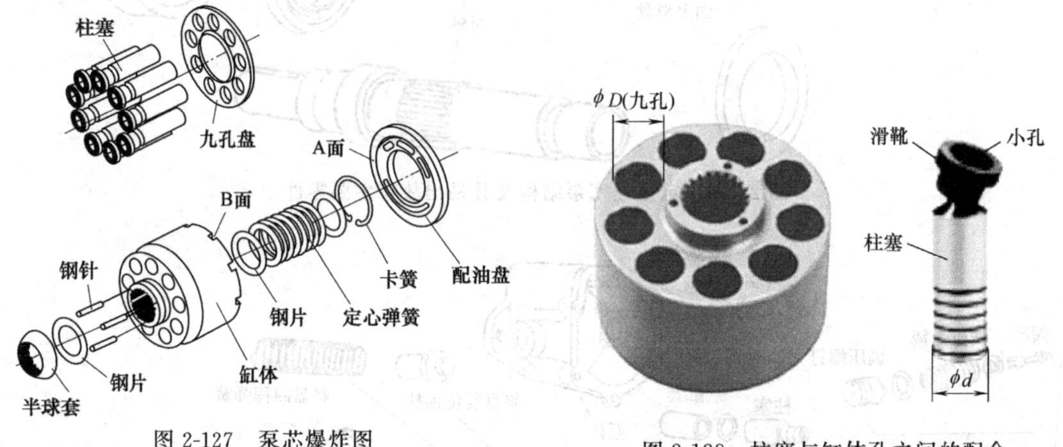

图 2-127　泵芯爆炸图

图 2-128　柱塞与缸体孔之间的配合

③ 查吸油阻力。柱塞泵虽具有一定的自吸能力，但如吸入管路过长及弯头过多、吸油高度太高（>500mm）等原因，会造成吸油阻力大而使柱塞泵吸油困难，产生部分吸空，造成输出流量不够。一般国内柱塞泵推荐，在吸油管道上不要安装滤油器，否则也会造成油泵吸空，这与其他形式的油泵是不同的。但这样做会带来吸入污物的可能，笔者的经验是，在油箱内吸油管四周隔开一个大的空间，四周用滤网封闭起来，与使用普通滤油器的效果一样。对于流量大于 160L/min 的柱塞泵，宜采用倒灌自吸。

④ 查拆修后重新装配是否正确。拆修后重新装配时，如果配油盘之孔未对正泵盖上安装的定位销，因而相互顶住，不能使配油盘和缸体贴合，造成高、低压油短接互通，打不上油。装配时要认准方向，对准销孔，使定位销完全插入泵盖内、又插入配油盘孔内，另外定位销太长也贴合不好。

⑤ 查油泵中心弹簧（定心弹簧）是否折断或疲劳。中心弹簧折断或疲劳，使柱塞不能充分回程，缸体和配油盘不能贴紧，密封不良而造成压、吸油腔之间存在内泄漏，使输出流量不够。此时应更换中心弹簧。

⑥ 对于变量轴向柱塞泵，包括轻型柱塞泵，则有多种可能造成输出流量不够。如压力不太高时，输出流量不够，则多半是内部因摩擦等原因，使变量机构不能达到极限位置，造成斜盘偏角过小；在压力较高时，则可能是调整误差所致。此时可调整或重新装配变量活塞及变量头，使

之活动自如，并纠正调整误差。

⑦ 紧固螺钉未压紧，缸体径向力引起缸体扭斜，在缸体与配油盘之间产生楔形间隙，内泄漏增大，而产生输出流量不够，因而紧固螺钉应按对角方式逐步拧紧。

⑧ 油温太高，泵的内泄漏增大而使输出流量不够，应设法降低油温。

⑨ 各种形式的变量泵均用一些相应控制阀与控制缸来控制变量斜盘的倾角。当这些控制阀与控制缸有毛病时，自然影响到泵的流量、压力和功率的匹配。由于柱塞泵种类繁多，读者可对照不同变量形式的泵和各种不同的压力反馈机构，在弄清其工作原理的基础上，查明压力上不去的原因，予以排除。轻型柱塞泵 PC 阀的调节螺钉调节太松，未拧紧，泵的压力也上不去。

⑩ 因系统内其他液压元件造成的漏损大，误认为是泵的输出流量不够，可在分析原因的基础上分别酌情处理，而不要只局限于泵。

⑪ 液压系统其他元件的故障：例如安全阀未调整好、阀芯卡死在开口溢流的位置、压力表及压力表开关有毛病、测压不准等。应逐个查找，予以排除。要注意液压系统外漏大的位置。

5. 柱塞泵为何噪声大、振动？

① 查泵进油管是否吸进空气，造成泵噪声大、振动和压力波动大。要防止泵因密封不良、吸油管阻力大（如弯曲过多、管子太长）引起吸油不充分、吸进空气等各种情况的发生。

② 查泵和发动机（或电机）同轴度是否超差。泵和发动机安装不同心，使泵和传动轴受径向力。重新调整同轴度。

③ 伺服活塞与变量活塞运动不灵活，出现偶尔或经常性的压力波动。如果是偶然性的脉动，多是因油脏、污物卡住活塞所致，污物冲走又恢复正常，此时可清洗和换油。如果是经常性的脉动，则可能是配合件拉伤或别劲，此时应拆下零件研配或予以更换。

④ 对于变量泵，可能是由于变量斜盘的偏角太小，使流量过小，内泄漏相对增大，因此不能连续对外供油，流量脉动会引起压力脉动。此种情况可适当增大斜盘的偏角，消除内泄漏。

⑤ “松靴”，即柱塞球头与滑靴配合松动，产生噪声、振动和压力波动大，可适当铆紧。

⑥ 半球套磨损或破损时予以更换，见图 2-129（a）。

⑦ 经平磨修复后的配油盘，三角眉毛槽变短，产生困油，引起比较大的噪声和压力波动，可用什锦三角锉将三角槽适当修长，见图 2-129（b）。

⑧ 因油中污物将缸体球面配油副拉伤，见图 2-129（c），将缸体端球面与配油盘球面对研。

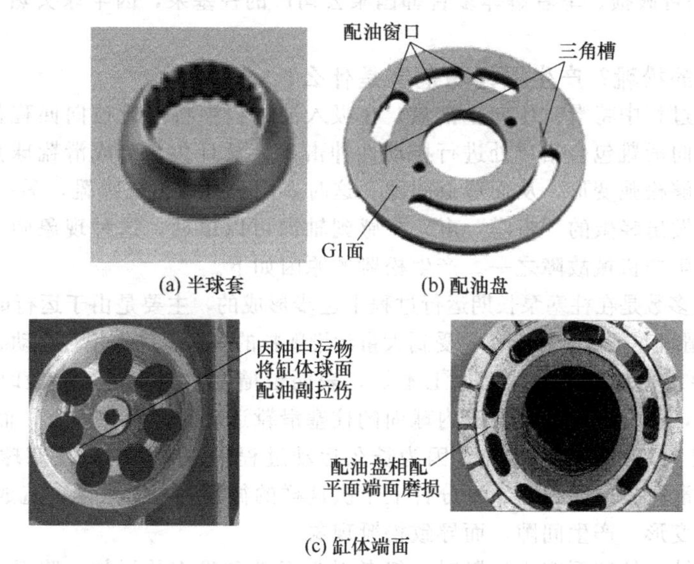

(a) 半球套　(b) 配油盘

(c) 缸体端面

图 2-129　故障排除

6. 压力表指针为何不稳定?

① 查配油盘与缸体或柱塞与缸体之间是否严重磨损。严重磨损时，其内泄漏增大。此时应检查、修复配油盘与缸体的配合面；单缸研配，更换柱塞；紧固各连接处螺钉，排除漏损。

② 是否堵塞。堵塞时，吸油阻力变大及漏气等都有可能造成压力表指针不稳定。此时可疏通油路管道，清洗进口滤清器，检查并紧固进油管段的连接螺钉，排除漏气。

7. 发热、油液温升过高，甚至发生卡缸烧电机的现象怎样处理?

① 查泵柱塞与缸体孔、配油盘与缸体结合面之间是否因磨损和拉伤，导致内泄漏增大。泄漏损失的能量转化为热能会造成温升。可修复柱塞和缸体孔之间的间隙，使之滑配，并使缸体与配油盘端面密合。

② 查泵内其他运动副是否拉毛，或因毛刺未清除干净，机械摩擦力大，松动别劲，产生发热。可修复或更换磨损零件。

③ 查泵是否经常在接近零偏心或系统工作压力低于 8MPa 下运转，使泵的漏损过小，从而由泄油带走的热量过小，而引起泵体发热。高压大流量泵当成低压小流量泵使用时反而会引起泵体发热。可在液压系统阀门的回油管处分流一根支管，通入油泵回油的下部放油口内，使泵体产生循环冷却。

④ 查油液黏度。油液黏度过大，内摩擦力大；油液黏度过低，内泄漏大。两种情况都会产生发热温升。必须按规定选用油液黏度。

⑤ 查泵轴承。泵轴承磨损，传动别劲，使传动转矩增大而发热，要更换合格轴承，并保证电机与泵轴同心。

8. 柱塞泵被卡死、不能转动怎样处理?

此故障发生时应立即停泵检查，以免造成大事故。一般要拆卸解体泵。

① 首先查明是否漏装了泵轴上的传动键。如漏装，则补装。

② 查滑履是否脱落。原因多半为柱塞卡死或负载超载所致，此时需重新包合滑履，必要时更换滑履。

③ 查柱塞是否卡死在缸体内。多为油温太高或油脏引起。查明温升原因，采取对策，油脏要及时换新油。

④ 查柱塞球头是否折断。必要时，换新的柱塞。

⑤ 查半球头是否破损。笔者解体多台韩国某公司产的柱塞泵，因半球头热处理不好而破损，导致泵不能转动。

9. 什么叫柱塞泵的松靴? 产生原因与危害是什么?

柱塞在压排油过程中将滑靴压向止推盘，在吸入油过程中将滑靴拉向回程盘而脱离止推盘，实际上就是不断地向滑靴包合裙口处进行松动性冲击。天长日久，造成滑靴球窝底部凹下变形、包口材料因刚性不够松弛变形，从而造成间隙。这时，用一只手抓住滑靴，另一只手抓住柱塞前后上下运动时，会发出轻微的“嗒嗒”声，并感到轴向可以窜动，这种现象叫“松靴”。松靴是轴向柱塞泵容易发生的机械故障之一。产生松靴的原因如下。

① 松靴故障大多数是在柱塞泵长期运行过程中逐步形成的，主要是由于运行时油液污染得不到应有的控制所致，滑靴与柱塞头接合部位受到大量污染颗粒的楔入，产生相对运动副之间的磨损。

② 先天性不足。例如滑靴内球面加工不好，表面粗糙度太高，运行一段时间后，内球面上的细微凸峰被磨掉，使柱塞球头与滑靴内球面的柱塞滑靴运动副的间隙增大，而产生松靴现象。

③ 使用时间已久，松靴难以避免。因为长久运动过程中，吸油时，柱塞球头将滑靴压向止推盘；压油时，将滑靴拉向回程盘，每分钟上千次这样的循环，久而久之，造成滑靴球窝底部磨损、包口部位松弛变形，产生间隙，而导致松靴现象。

运行过程中，轴向柱塞泵产生松靴时，轻者引起振动和噪声的增加，降低系统的使用寿命，重者使柱塞颈部扭断或柱塞头从滑履中脱出，使高速运转的泵内零件被打坏，导致整台昂贵的柱塞泵报废，造成严重的事故。

10. 松靴如何处理?

可采用重新包合的方法来解决。柱塞泵生产厂家现基本上采用三滚轮式收口机包合球头。使用厂家无此条件，可采取在车床上重新滚压一下的方法［图 2-130 (b)］，或者用包合胎具在压力机上再次进行压合［图 2-130 (c)］。均需自制滚轮及夹具（夹持滑靴），滚压时要注意进刀尺寸，且仔细缓慢进行，否则容易产生包死现象，这样便由“松靴”变成“紧靴”了。但如果滑靴磨损、拉毛严重，则需更换。

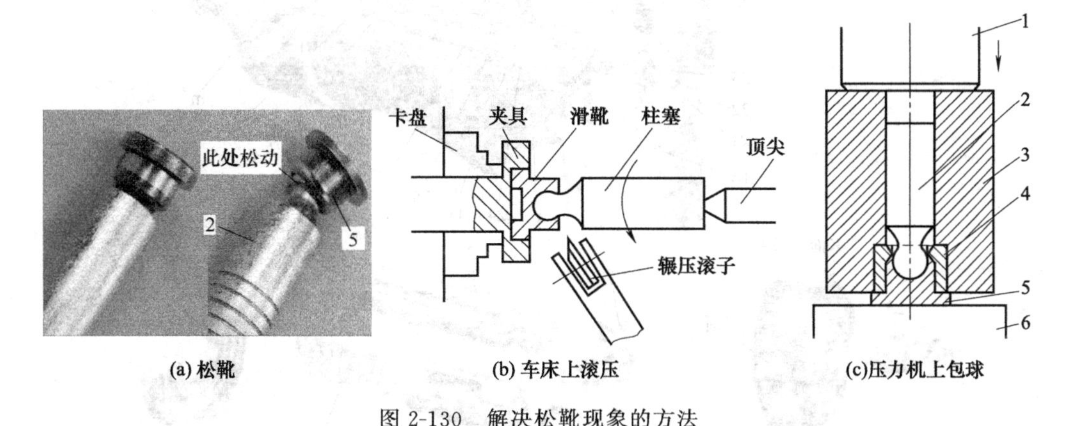

(a) 松靴　(b) 车床上滚压　(c)压力机上包球

图 2-130　解决松靴现象的方法

1—压力机压头；2—柱塞；3—套筒；4—对开式包合模具；5—滑靴；6—压力机平台

11. 如何处理柱塞泵变量机构及压力补偿机构失灵?

① 查控制油路。是否被污物阻塞；控制油管路上的单向阀弹簧是否漏装或折断；单向阀阀芯是否密合。可分别采取净化油、用压缩空气吹通或冲洗控制油道、补装或更换单向阀弹簧、修复单向阀等措施。

② 查变量头与变量体磨损。例如国产 CY 型柱塞泵（图 2-131），变量头 24 与变量头壳体 16 上的轴瓦圆弧面 K 之间磨损严重，或有污物、毛刺卡住，转动不灵活，造成失灵，导致变量机构及压力补偿机构失灵。磨损轻时可用刮刀刮削好，使圆弧面配合良好后装配再用，如两圆弧面磨损、拉伤严重，则需更换。

③ 查变量柱塞（或伺服活塞）18 是否卡死，不能带动伺服活塞运动，弹簧芯轴 10 是否别劲、卡死。应设法使之灵活，并注意装配间隙是否合适。变量柱塞以及弹簧芯轴如为机械卡死，可研磨修复，如油液污染，则清洗零件并更换油液。

12. 柱塞球头为何易磨损?

主要是球头中心的小孔堵塞（图 2-132）。原因是油太脏堵塞该孔造成润滑不良所致。可清洗加换油。

13. 为何柱塞咬死在缸体孔中?

造成柱塞咬死的原因主要是缸孔变形。通常是由于组装时其上的中心钢球掉下来了，当泵一启动时，缸体端面就被卡轧，使缸孔因变形而将柱塞咬死。此外，中心回程弹簧折断、缸体支承滚柱轴承保持架损坏，也会造成柱塞被咬死或泵被损坏。

当出现柱塞被咬死时，必须将缸体等主要零件全部拆下来检查，而且被损零件修复的可能性往往不大，故通常采用更换的方法来排除。

泵在长时间运行后，因柱塞副磨损过度，造成配合间隙过大，使泵在高压时压力上不去或出油量不足。造成上述现象的原因：除用油因素外，还有柱塞热处理硬度低、材质不合要求、圆柱表面粗糙度高等。但出现此现象时的特征应是磨损较均匀。

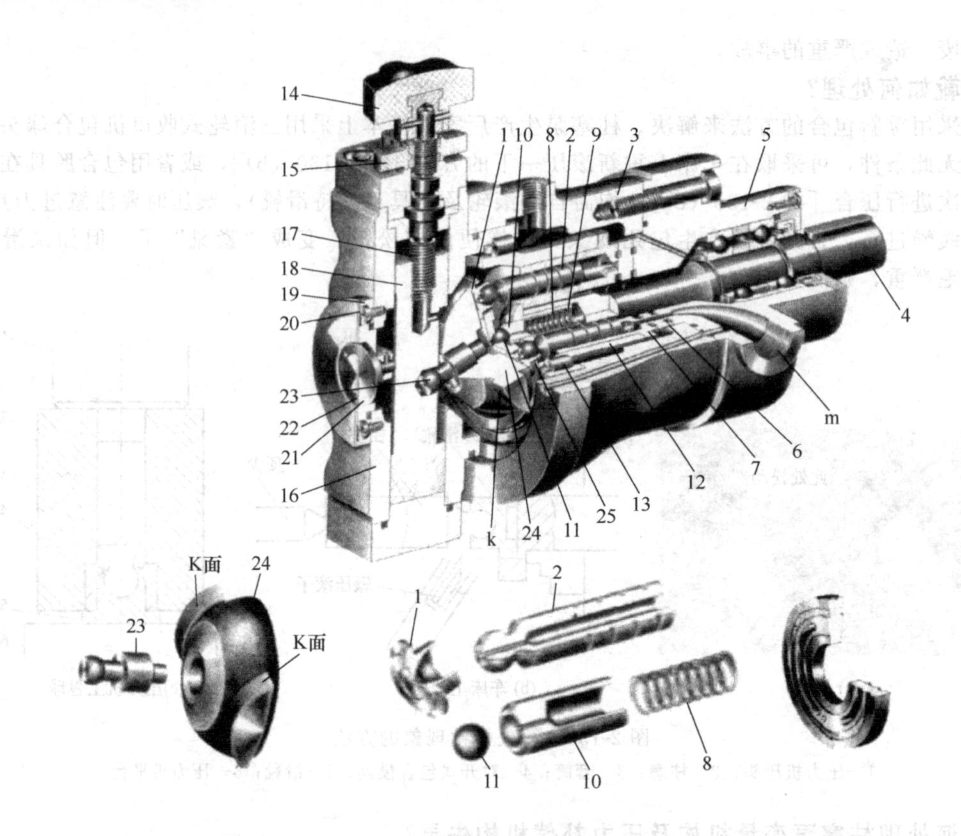

图 2-131　国产 CY 型柱塞泵

1—滑履；2—柱塞；3—泵体；4—传动轴；5—前盖；6—配油盘；7—缸体；8—定心弹簧；9—外套；10—弹簧芯轴（内套）；11—钢球；12—钢套；13—滚柱轴承；14—手柄；15—锁紧螺母；16—变量头壳体；17—螺杆；18—变量柱塞；19—盖；20—铁皮；21—刻度盘；22—标牌；23—销轴；24—斜盘（变量头）；25—压盘

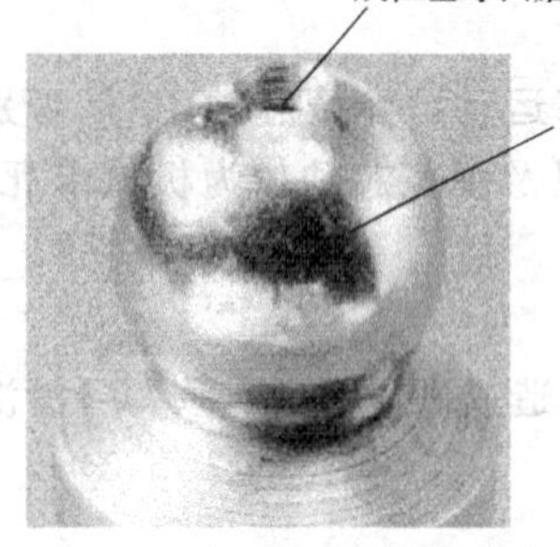

图 2-132　柱塞球头

对磨损超差的柱塞和缸体，一般都是采取更换的办法。这种修理方法虽迅速有效，但经济性不好。其实，只要缸孔变形不是很严重，一般可采用精铰或研磨的方法，使其形状和位置精度达到允差的要求。然后换上圆柱外径已加大的柱塞，使用时与零件换新的效果基本一样。

圆柱表面已磨损了的柱塞-滑靴副也不一定就是废品，通过表面镀铬、镀镍或低温镀铁，也完全可以修复到所需的硬度、配合尺寸、精度和表面粗糙度的要求。

14. 滑靴与止推板（斜盘）贴合面为何磨损或烧坏？

造成此处损坏的原因和排除方法如下。

① 油液不清洁，油液中的杂质、污物进入了该运动副表面。对此，应清洗油箱。将原油液过滤、沉淀，或更换新的油液。

② 滑靴与止推板的材料不合要求。过去，国内厂家都采用铝青铜 QAl9-4 来铸造滑靴，现在换用拉光轧制的 QAl9-4 铜棒，其内部组织较紧密，因而可确保质量。

③ 同一台泵上的滑靴台肩的厚度超差且厚薄不一致（图 2-133）。此时，必须全部装在专用胎具上、在平面磨床上磨削此台肩厚度，应保证允差一致。由于变量头不变量，在高压情况下斜盘仍保持较大倾角，泵又处于严重超载的情况下，结果使滑靴端面啃毛，此时应排除变量机构中

存在的故障。由于止推板是套在斜盘中心轴上的，因此可方便地拆下换新。

④ 止推板工作端面的平面度及表面粗糙度不符合技术规定。若超差较小，可在平板上研磨抛光后继续使用，若超差严重，则应先在平面磨床上精磨并研抛，或者换新。

⑤ 国产 CY 型柱塞泵因变量头两圆弧处沉角槽过深，造成高压下产生变形。对此，应拆检或更换变量头，使变量头或止推板满足工作时应有的刚性。

⑥ 国产 CY 型柱塞泵变量头两圆弧面轴瓦接触不良，泵建立起压力后引起止推板有跳动现象。对此，应进行刮研、修配轴瓦，保证轴瓦接触面积在 70%以上。变量头轴颈磨损严重者，应重新更换。

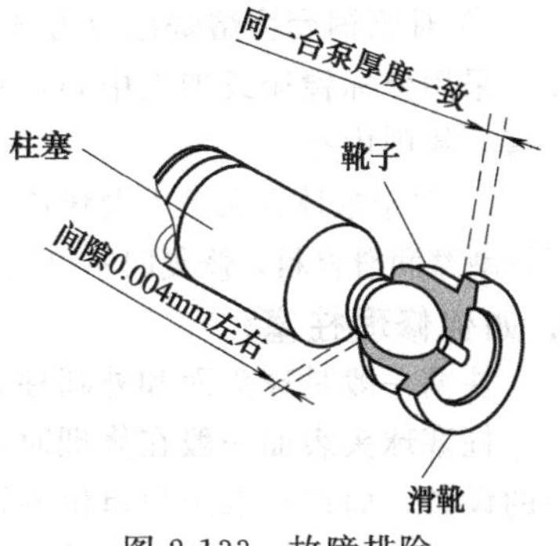

图 2-133 故障排除

⑦ 回程盘上的七或九孔分度不均匀或孔径大小不一致。对此，必须在专用模具上重新修磨七孔，孔径超差者应予以更换。

上述各种原因引起的滑靴和止推板的磨损、烧坏，在修理方法上原则上是一致的，即轻微者研磨、抛光；较重者先上平面磨床磨削，然后研抛；严重者应予以更换。在修理的同时，千万别忘记排除相应的故障。

2.4.6 柱塞泵的修理与检查

轴向柱塞泵较复杂，修理麻烦，且大多数零件（易损件）均有较高的技术要求和加工难度，往往需要专门设备和专用工装夹具才能修理。该类泵价格昂贵，特别是进口的该类泵价格非常贵，如能修复，经济效益可观。有经验的技术人员和工人师傅相配合完全可以修理该泵，如果能在修理中买到一些难以加工的易损零件的外购件最为可取。柱塞泵生产厂家现皆提供易损件，虽价钱稍贵，但对比换整台泵还是很合算的。

在修理中经常遇到的是柱塞泵各相对运动副接合面的磨损与拉伤。例如配油盘与缸体贴合面，缸体柱塞孔与柱塞外圆柱面，止推板表面，滑靴端面与内球面，柱塞外圆柱面和球头面等。有些修理方法已在上述内容中做了一些说明，此处对影响柱塞泵性能最大的三对摩擦副的修理予以介绍。

1. 如何修理缸体孔与柱塞相配合面?

目前轴向柱塞泵的缸体有三种形式：整体铜缸体；全钢缸体；镶铜套钢制缸体。缸体上柱塞孔数有七孔、九孔等；缸体孔与柱塞外圆配合间隙如表 2-6 所示。

表 2-6 柱塞与缸孔的配合间隙与极限间隙 mm

柱塞与缸体孔相配直径	$\phi16$	$\phi20$	$\phi25$	$\phi30$	$\phi35$	$\phi40$
相配标准间隙	0.015	0.025	0.025	0.030	0.035	0.040
相配极限间隙	0.040	0.050	0.060	0.070	0.080	0.090

① 对缸体孔镶铜套者，如果铜套内孔磨损基本一致，且孔内光洁，无拉伤划痕，则可研磨内孔，使各孔尺寸尽量一致，再重配柱塞；如果铜套内孔磨损拉伤严重，且内孔尺寸不一致，则要采用更换铜套的方法修复。

铜套在压入缸体孔之前，先按尺寸一致的一组柱塞（7 件或 9 件）的外径尺寸，在保证配合尺寸的前提下加工好铜套内孔，然后压入铜套，注意压入后，铜套内径会略有缩小。

在缸体孔内安装铜套的方法有：缸体加温（用热油）热装或铜套低温冷冻挤压，外径过盈配合；采用乐泰胶黏着装配，这种方法的铜套外径表面要加工若干条环形沟槽；缸孔攻螺纹，铜套外径加工螺纹，涂乐泰胶后，旋入装配。

② 对原铜套为熔烧结合方式或缸体整体为铜件者，修复方法为：采用研磨棒，研磨修复缸孔；采用坐标镗床或加工中心，重新镗缸体孔；采用金刚石铰刀（在一定尺寸范围内可调，市场有售）铰削内孔。

③ 对于缸体孔无镶入铜套者，缸体材料多为球墨铸铁，在缸体孔内壁上有一层非晶态薄膜或涂层等减摩润滑材料，修复时不可研去。修理这些柱塞泵，就要求助专业修理厂和泵的生产厂家。

2. 如何修理柱塞?

柱塞一般是球头面和外圆柱表面的磨损与拉伤，且磨损后，外圆柱表面多呈腰鼓形。

柱塞球头表面一般在修理时，只能采取与滑靴内球面进行对研的方法，因为磨削球面需要专门的设备，而这是泵用户单位不可能具备的。

柱塞外圆柱面的修复可采用的方法有：无心磨半精磨外圆后镀硬铬，镀后再精磨外圆并与缸体孔相配；电刷镀，在柱塞外圆面刷镀一层耐磨材料，一边刷镀，一边测量外径尺寸；热喷涂、电弧喷涂或电喷涂，喷涂高碳马氏体耐磨材料；激光熔敷，在柱塞外圆表面熔敷高硬度耐磨合金粉末，柱塞材料有20CrMnTi等。

3. 如何修理缸体与配油盘?

缸体与配油盘之间的配合面，其结合精度（密合程度）对泵的性能影响非常大，密合不好，影响泵输出流量和输出压力，甚至导致泵不出油的故障，必须进行重点检查，重点修复。

配油盘有平面配油和球面配油两种结构形式。对于球面配油副，在缸体与配油盘凹凸接合面之间，如果出现的划痕不深，可采用对研的方法进行修复；如果划痕很深，因为球面加工难度较大，只有另购予以更换。当然也可采用银焊补缺的办法和其他办法进行修补，但最后还是要对研球面配合副；对于平面配油盘，则可用高精度平面磨床磨去划痕，再经表面软氮化热处理，氮化层深度0.4mm左右，硬度为900～1100HV；缸体端面同样可经高精度平面磨床平磨后，再在平板上研磨修复，磨去的厚度要补偿到调整垫上。配油盘材料为38CrMoAlA等。

另一个检查修复效果的方法是，在两者中的一个相配表面上涂上红丹，用另一个去对研几下，如果两者去掉红丹粉的面积超过80%，则也说明修复是成功的。

平面配油形式的摩擦副可以在精度比较高的平板上进行研磨。

缸体和配油盘在研磨前，应先测量总厚度尺寸和应当研磨掉的尺寸，再补偿到调整垫上。配油盘研磨量较大时，研磨后应重新热处理，以确保淬硬层硬度。柱塞泵零件硬度标准为：柱塞推荐硬度84HS，柱塞球头推荐硬度>90HS，斜盘表面推荐硬度>90HS，配油盘推荐硬度>90HS。

4. 柱塞球头与滑靴内球窝配合副怎样修复?

柱塞球头与滑靴球窝在泵出厂时一般两者之间只保留0.015～0.025mm，但使用较长时间后，两者之间的间隙会大大增加，只要不大于0.3mm，仍可使用，但间隙太大会导致泵出口压力、流量的脉动增大故障，严重者会产生松靴、脱靴故障，可能会导致因脱靴而使泵被打坏的严重事故。出现压力、流量脉动苗头时，要尽早检查是否松靴以及可能带来的脱靴现象，尽早重新包靴，绝不可忽视。

5. 如何修理斜盘（止推板）?

斜盘使用较长时间后，平面上会出现内凹现象，可平磨后再经氮化处理。如果磨去的尺寸（例如0.2mm）中并未完全磨去原有的氮化层时，也可不氮化，但斜盘表面一定要经硬度检查。

6. 如何更换轴承?

柱塞泵如果出现游隙，则不能保证上述摩擦副之间的正常间隙，破坏泵内各摩擦副静压支承的油膜厚度，从而降低柱塞泵的使用寿命，一般轴承的寿命平均可达10000h，折合起来大约为两年多的时间，超过此时间，应酌情更换。

轴承更换时，应换成与拆下来的旧轴承上标注型号相同的轴承或明确可以代用的轴承。此外要注意某些特殊要求的泵所使用的特殊轴承，例如德国力士乐公司针对HF工作液，在E系列柱塞泵中采用了镀有“RR”镀层的特殊轴承。对径向柱塞泵可参阅上述内容进行。

斜盘平面被柱塞球头刮削出沟槽时，可采用激光熔敷合金粉末的方法进行修复。激光熔敷技术既可保证材料的结合强度，又能保证补熔材料的硬度，且不降低周边组织的硬度。

也可采用铬钼焊条进行手工堆焊，补焊过的斜盘平面需重新热处理，最好采用氮化炉热处理。不管采用哪种方法修复斜盘，都必须恢复原有的尺寸精度、硬度和表面粗糙度。

7. 泵轴（传动花键轴）损坏怎么修理？

泵轴的主要损坏形式是：弯曲、与轴承配合部分的磨损以及花键槽的磨损。

① 传动花键轴在使用或堆焊过程中如发生弯曲，可通过冷矫直进行修复。此花键轴与轴承配合部分的磨损一般比较轻微．可用快速电镀、电火花镀盖等方法来恢复其与轴承内圈的紧度；对磨损过大的，可用低碳钢焊条进行堆焊修复。

② 花键部分磨损的修理。

由于花键孔的修复比较困难，所以通常采用修花键轴的方法。花键轴的磨损，可以采用气焊或电焊进行堆焊修复。

当用自动振动焊机纵向堆焊花键轴的花键磨损部位时，为了施焊时能保证导向良好并取得良好的焊层质量，应先仔细地清洗轴的凸缘和花键部分，然后装到机床上加工。要注意，与一般振动堆焊不同，在焊接过程中机床主轴不应转动，振动焊机的机头应旋转 90°，并将焊嘴调整至与机床主轴中心线成 45°角的键齿侧面。

修理时的注意事项：开始焊键齿时，焊接处可能会出现疙瘩，对此可在焊接工艺参数不变的情况下再重焊一次，或在焊前进行预热；焊过几条键齿后，焊嘴应离开工件冷却一会儿以免热损，工件表面切忌有水；堆焊终止前，应在焊丝走离工件后再断电；在花键齿的两个侧面堆焊时，要注意保留键齿的未磨损部位，以便于切削时对刀。

也有人采用：将原轴的花键部分铣去成六角形；加工一内六角套，长度按原花键长度尺寸，外径按原花键外径尺寸，压入铣成六角形的泵轴上，并进行焊接，加工套时应确保套的壁厚不得小于 10mm；在已焊好的部位加工花键。

8. 柱塞圆柱表面拉毛、拉伤甚至咬死怎样修理？

若柱塞圆柱面磨损不太严重、拉毛痕迹不深时，通常采取研磨的方法来解决。研磨时，将研磨外套夹固在转动的机床上，手握滑靴部位，在柱塞圆柱上涂覆合适的研磨剂液，然后细心谨慎地插入旋转着的研磨外套的孔中，并作适当的前后往复运动，使圆柱面在全长范围内均能获得均匀一致的研磨尺寸。若柱塞圆柱面磨损严重，经过研磨后的柱塞与缸孔的配合间隙已超过允许值，则应及时更换。

柱塞在制造或修理过程中，其上的毛刺往往未能清理干净，使用前又经历了反复清洗和检测等环节，故很容易磕伤柱塞的圆柱表面，特别是其径向密封油槽的边缘处，更易受损伤，造成柱塞拉毛。对拉毛现象，通常可用极细的小油石研去柱塞圆柱面上的小硬亮点；有时因密封油槽的边缘凹凸不平，柱塞到达某一道油槽时就会插不进去，此时，可用极细的金相砂纸（粒度在 M20 以下）捏住柱塞拧几下，一般即可解决。

9. 有不拆泵而判断泵内泄漏大的方法吗？

有！柱塞泵结构较复杂，拆修柱塞泵不是一件很容易的事。这里介绍一种不拆开泵而可判断泵内泄漏大的方法：可以先用手摸泄油管，如果发热厉害再拆开泵泄油管，肉眼观察从泄油管漏出的油量大小和泄油压力是否较大。正常情况下，从泄油管正常流出的油是无压的、流量较小（只有一根细线状），反之则要拆泵检查修理。

10. 如何用简易方法判断柱塞与缸体孔的配合松紧度？

用右手食指盖住柱塞顶部孔，左手将柱塞慢慢向外拉出，此时右手食指应感到有吸力，当拉到约有柱塞全长 2/5 时，很快松开柱塞，此时柱塞在真空吸力的作用下迅速回到原位置，说明此柱塞可继续使用。否则，应换新件或待修复。

11. 如何对缸体与配油盘之间配合面泄漏进行检查?

缸体与配油盘修复后，可采用下述方法检查配合面的泄漏情况，即在配油盘面上涂上凡士林油，把泄油道堵死，涂好油的配油盘平放在平台或平板玻璃上，再把缸体放在配油盘上，在缸孔中注入柴油，要间隔注油，即一个孔注油，一个孔不注油，观察4h以上，柱塞孔中柴油无泄漏和串通，说明缸体与配油盘研磨合格。

另一个检查修复效果的方法是，在两者中的一个相配表面上涂上红丹，用另一个去对研几下，如果两者去掉红丹粉的面积超过80%，则也说明修复是成功的。

在维修中更换零件应尽量使用原厂生产的零件，这些零件有时比其他仿造的零件价格贵，但质量及稳定性好，如果购买售价便宜的仿造零件，短期内似乎节省了费用，但由此带来了隐患，也可能对柱塞泵的使用造成更大的危害。

2.4.7 柱塞泵的使用

1. 怎样选择工作介质与工作油温?

① 选用与ISO VG32～68黏度相当的普通液压油或者耐磨损液压油；黏度应在15～400cSt。

② 对黏度指数大于90的液压油，油内水分、灰分、酸值必须符合有关规定。

③ 当使用磷酸酯、脂肪酸酯、水-二元醇、油包水、水包油等HWBF抗燃液压油时，一般应选用相应的泵，或者泵降级使用。此时可参阅国外相关泵生产厂家的资料或直接面谈。

④ 油温在10～65℃。对于超出此温度范围的特殊用途的高温或低温用泵，推荐采用10#～12#航空液压油替代，并与液压设备制造厂就具体事项进行协商。

2. 怎样安装柱塞泵?

① 无论采用泵座安装还是法兰安装，基础支座均应具有足够的刚性。

② 驱动轴（如电机轴）与泵轴之间的同轴度≤0.05mm，可用千分表找正。

③ 尽量避免使用带、链条、齿轮等带动泵，因为此时泵受径向载荷。

④ 安装在油箱上的液压泵的中心高至油面的距离不大于500mm，吸入压力应在（-16.7～0.5）$\times 10^5$Pa，否则泵难以自吸而产生气穴现象。高真空度将会造成吸空、零件磨损，并产生噪声、振动等故障。

⑤ 原则上吸油管不推荐安装过滤器，而只在泵的出口侧装过滤精度为25μm的管路滤油器，液压泵最好安装在油箱旁边，采用倒灌吸油。

⑥ 当向油泵轴上安装联轴器时，不能用力敲击泵轴，往往在泵轴上有专门用来安装联轴器的工艺螺纹，可以用它来将联轴器压入泵轴。

3. 初次启动过程中应注意哪些事项?

① 向油箱加注油液时，必须使用过滤装置（如滤油小车、过滤单元等），推荐使用5～10μm的过滤器。即便新油，也要如此。

② 液压系统启动前，应仔细检查各紧固件和管接头有无松脱，以及管道有无变形或损伤等。避免发生危险。

③ 液压泵在初次运转前，必须向泵内注满清洁的液压油，其主要目的就是润滑轴承和各摩擦副，以防空运转损坏液压泵。并且在启动前，应手动盘车，检查安装是否有死点及受力是否均匀。方法是将电机后风扇罩卸下，用手转动叶轮，感觉受力情况。如果出现受力不均匀现象，必须检查各连接尺寸，更换有问题的零件。

④ 点动电机，检查旋向。确认无误后，空转运行3～5min，缓慢反复动作各执行元件，使执行元件充满油液。期间如果有可以排气的机构，注意排气。

⑤ 试车过程中随时检查液位，不足则用滤油机加油。观察油液是否含有气泡，如果有，需静置待气泡消除后再进行下一步试车工作。否则，气体进入泵中，会造成汽蚀现象。

⑥ 试车过程中系统漏损的油液应作为废油处理，不能再加入油箱中。

2.4.8 力士乐公司A11VO型泵、A11VLO型泵的故障分析与排除

1. A11VO型泵、A11VLO型泵的外观、结构是怎样的？

图2-134为A11VO型泵、A11VLO型泵的外观、结构。

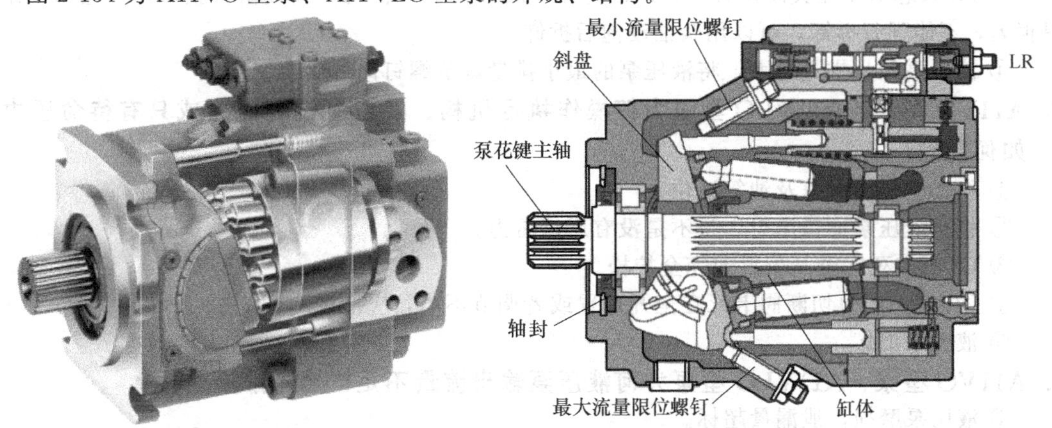

图2-134 A11VO型泵、A11VLO型泵的外观、结构

2. A11VO型泵、A11VLO型泵的铭牌含义是什么？

图2-135为A11VO型泵、A11VLO型泵的铭牌含义。

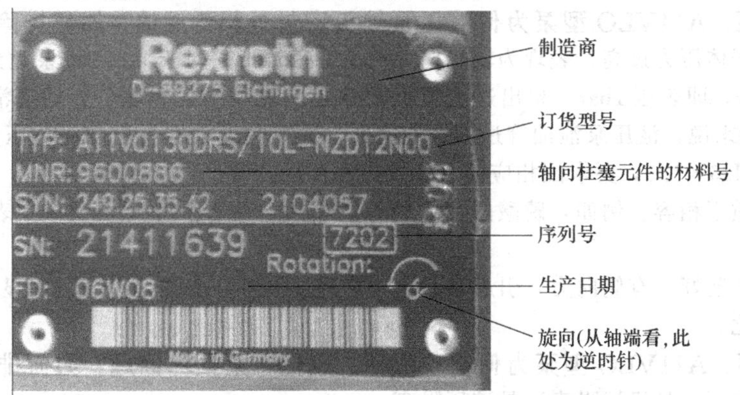

图2-135 A11VO型泵、A11VLO型泵的铭牌含义

3. A11VLO型泵的控制阀结构与回路图怎样？

图2-136为A11VLO型泵的控制阀结构与回路图。

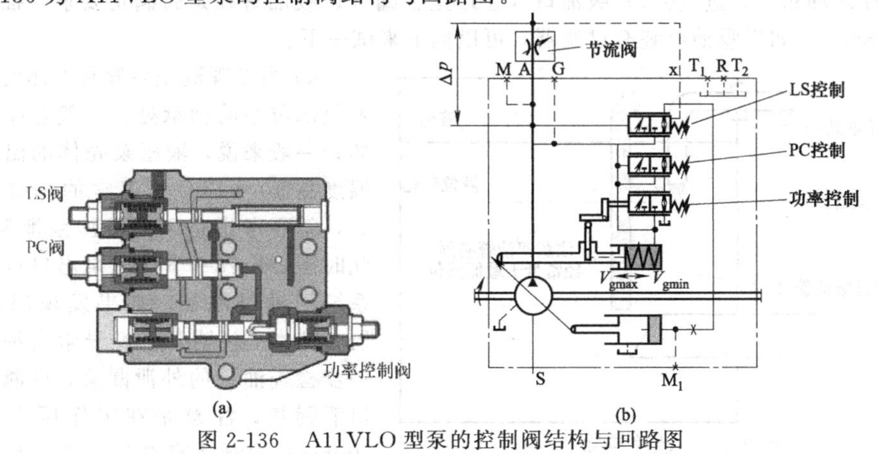

图2-136 A11VLO型泵的控制阀结构与回路图

4. A11VO型泵、A11VLO型泵为何刚一开启就上高压（达到切断压力值）？如何排除？

① 检查x口，是否有异常压力。查明来源，消除压力。

② LS阀被拧死，旋松即可。

③ LS阀芯卡死在关闭位置，拆卸清洗。一般不会卡得很死，轻轻击打就可以，注意如果卡得很紧，不能强行拆卸，可以用柴油浸泡后拆卸。

④ 液压泵最小排量过大，将液压泵的最小排量调节螺钉向外旋出。

5. A11VO型泵、A11VLO型泵为何操作执行机构、液压泵没有压力或只有待命压力？如何排除？

① 检查电机旋向以及油箱液位。

② 检查液压泵x口压力，是不是没有反馈压力。

③ LS阀卡死在全开位置或完全拧松。

④ DR阀—压力切断阀卡死在全开位置或者调节不当，应清洗和调节。

⑤ 液压泵损坏。

6. A11VO型泵、A11VLO型泵为何液压泵输出流量不足？如何排除？

① 液压泵磨损，泄漏量超标。

② LR恒功率阀调节不当，功率设定值太小。重新调节。

③ 驱动电机转速丢失。

④ 液压泵最大流量调节不对。向外松，排量加大；向里紧，排量减小。

7. A11VO型泵、A11VLO型泵为何液压泵轴头密封处渗、漏油？如何排除？

① 液压泵壳体压力过高，表现为轴封向外突出，呈锥形。对于A11VO泵，允许的壳体压力为绝对压力2bar，即表压1bar。超出这个数据，就会出现一系列问题，如柱塞滑靴脱落、回程盘脱落等。一般来说，液压泵泄油管过细、油温低、油液黏度大容易引起壳体压力高。130泵的泄油口螺纹是M26×1.5，要求配相应的轻载接头和低压胶管。

② 液压介质不相容。例如，磷酸酯用丁腈橡胶密封，两者发生化学反应。表现是泄漏处有絮状物。

③ 联轴器没装好，有侧向力，引起轴封单边磨损而漏油。表现是有一侧明显磨损。

④ 自然老化。

8. A11VO型泵、A11VLO型泵为何出现噪声、发热、泵损坏问题？如何排除？

① 判断噪声源，是机械噪声还是液压噪声。

② 当听到“刚、刚”类似榔头敲击声时，就应该怀疑油液中混有空气，应马上停泵，按图2-137检查油箱油位是否符合标准；油液中是否混有空气（例如回油管没有插入液面以下，回油流速太快冲入油箱，带进气体）；吸油口（管）是否漏气；吸油管径是否满足要求，推荐吸油流速小于0.8m/s。如果吸油口装有过滤器，可以摘下来试一下。

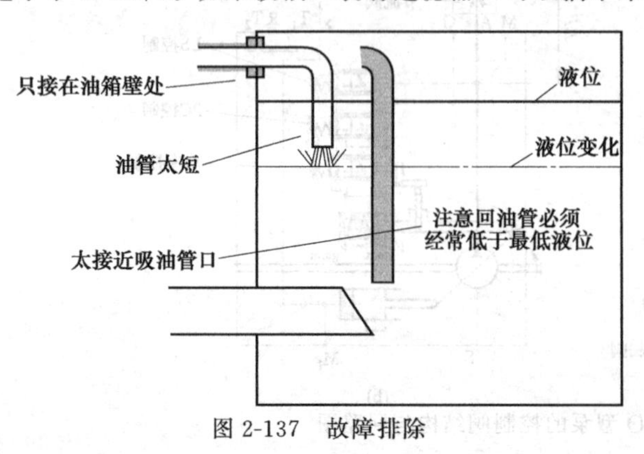

图2-137 故障排除

③ 当发现液压泵异常发热时，液压泵发热部位在前轴承处，一般意味着轴承损坏；一般来说，液压泵壳体的温度比油箱温度高10～15℃是正常的，如果温度过高，就要考虑是不是液压泵泄漏量太大；此时需要检查一下液压泵出口过滤器以及系统回油过滤器，如果发现滤芯中有铜屑，基本上说明泵已经异常磨损了；再进一步检查油泵的外泄漏量，即测量油泵T口泄漏量，注意是在工作压力下（例如200bar）检测才有意义。液压泵的泄漏可

以划分为内泄漏和外泄漏，内泄漏是指配油盘和缸体之间从压油区向吸油区的泄漏量，我们无法测量；外泄漏是指液压泵中各摩擦副向液压泵壳体中泄漏的油，这是要关注的。一般来说，我们认为泄漏量在泵额定流量10%以内，是可以接受的，超出10%，泵应该进行维修。

2.4.9 柱塞泵的结构示例

1. A2F型定量泵的结构是怎样的?

如图2-138所示，此泵中心连杆6起着缸体定心和支承作用，球面配油盘7对缸体起着辅助定心和支承作用，从而斜轴式泵的缸体外周上可以不设置大的轴承。连杆10大端球头部与驱动盘3球面铰接。这种泵具有转速高、工作压力高、体积小和重量轻等优点。A2F系列泵排量为12～180mL/r，额定工作压力为35MPa，峰值压力可达40MPa。可用于开式回路和闭式回路，国内有厂家引进生产。这种泵的缺点是当缸体和配油盘之间的球面副磨损后，须在专用磨床上修复，用户采用手工配研，效果不会很理想。

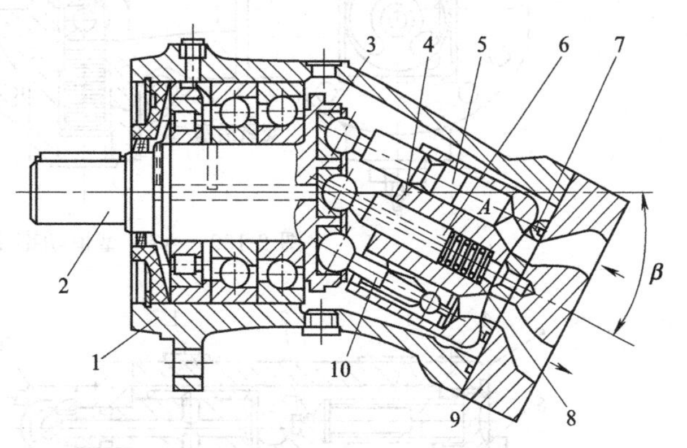

图2-138 A2F型定量泵结构示例

1—外壳；2—传动轴（泵轴）；3—带球窝的驱动盘；4—缸体；5—柱塞；6—球头中心连杆；7—配油盘；8、10—连杆；9—后盖

2. A7V型恒功率变量泵的结构是怎样的?

图2-139为A7V型恒功率变量泵的结构。它由主体部分和变量部分所构成。其配油盘，不但与缸体相配的表面为球面，另一面与变量壳体相配的面也为球面，这样可以很好地与变量壳体上的凹球面紧密贴合而进行变量。

3. 美国威格士公司、中国邵阳维克公司产的PVBQ型轴向变量柱塞泵的结构是怎样的?

其结构如图2-140所示，额定压力35MPa，排量10.55～61.6mL/r，转速1000～1800r/min；结构特点为变量柱塞缸与斜盘复位弹簧同直线布置，采用通轴式结构。

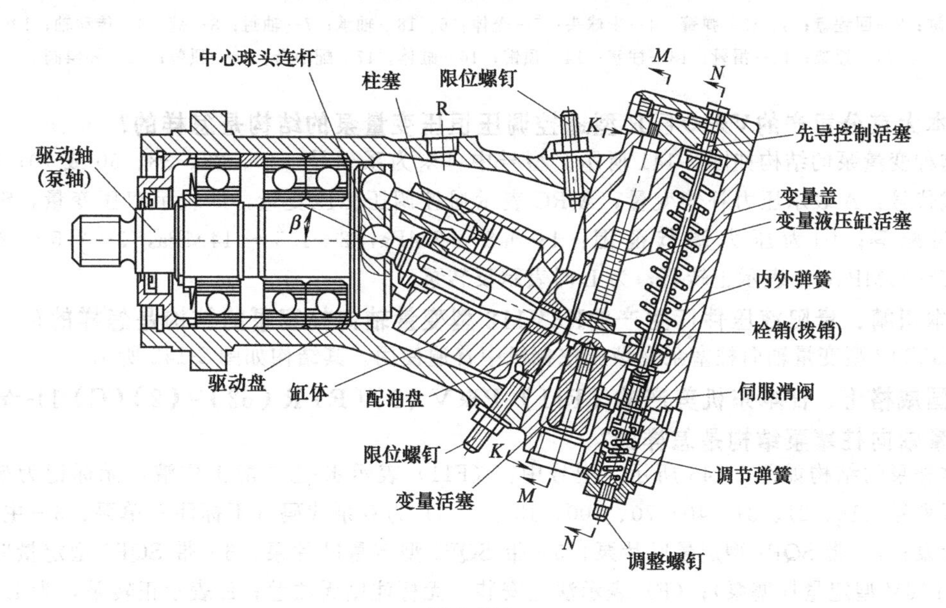

图2-139

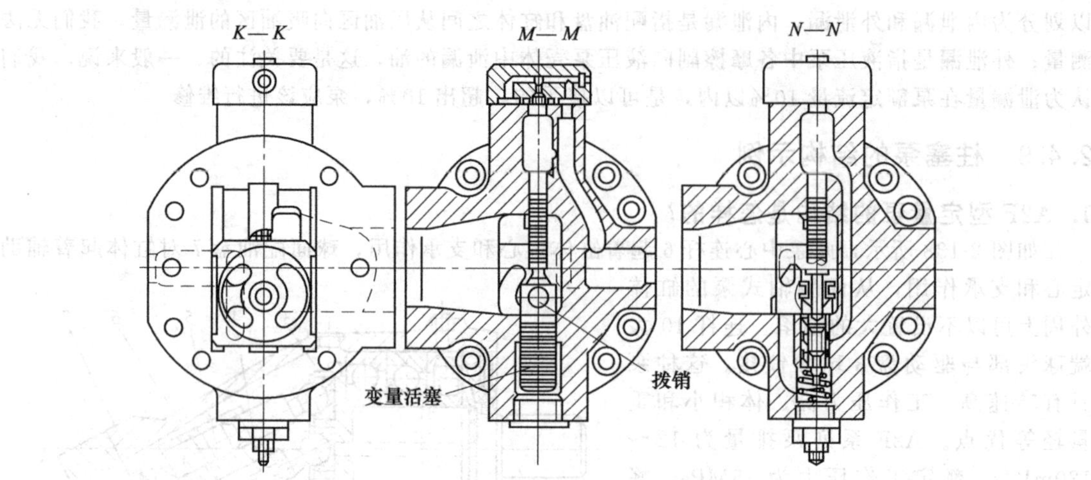

图 2-139　A7V 型恒功率变量泵的结构

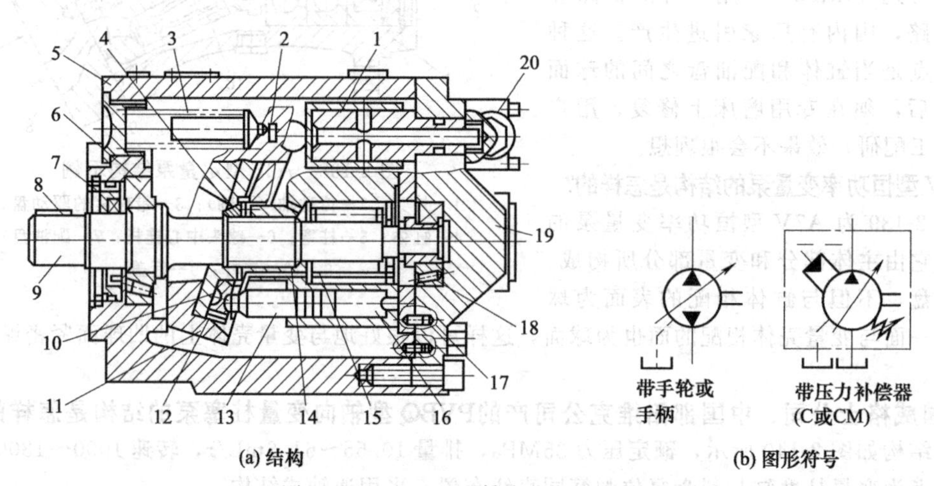

(a) 结构　　(b) 图形符号

图 2-140　PVBQ 型轴向变量柱塞泵

1—变量缸；2—回程盘；3、15—弹簧；4—半球头；5—壳体；6、18—轴承；7—轴封；8—键；9—传动轴；10—止推板；11—摇架；12—滑靴；13—柱塞；14—顶销；16—缸体；17—配油盘；19—顶盖；20—补偿阀

4. 日本大京公司产的V※◇□R型遥控调压恒压变量泵的结构是怎样的?

这种变量泵的结构如图 2-141 所示。型号中：※为系列号：15、23、38、50 或 70；◇为变量方式代号：A 表示压力补偿变量，A-RC 表示遥控调压恒压变量，D 表示双压变量，SA 表示功率匹配等；□为压力调节范围：1—0.8～7MPa，2—1.5～14MPa，3—3.5～21MPa，4—3.5～25MPa；R 表示正转泵，为 L 时表示反转泵。

5. 日本川崎、贵阳液压件厂生产的K3V112型变量轴向柱塞泵的结构是怎样的?

K3V112 型变量轴向柱塞泵在液压挖掘机中普遍使用。其结构如图 2-142 所示。

6. 美国威格士、日本东机美产的(F11)-P※V(3)(F)R(62)-(2)(C)11-☆-10型变量轴向柱塞泵结构是怎样的?

这种泵的结构如图 2-143 所示，型号中：(F11) 表示水-乙二醇工作液，无标记为矿物油；※为系列号（16、21、31、40、70、100、130）；(3) 为双泵代码（不标注—单泵；3—主泵带定量叶片泵；4—带 SQP1 型定量叶片泵；5—带 SQP2 型定量叶片泵；6—带 SQP3 型定量叶片泵；7—带 P16V 型定量柱塞泵）；(F) 表示法兰安装，无标注则无法兰；R 表示正转泵，为 L 时表示反转泵；(62) 表示所调最大排量限制；(2) 为叶片泵的排量代号；(C) 表示叶片泵的安装位

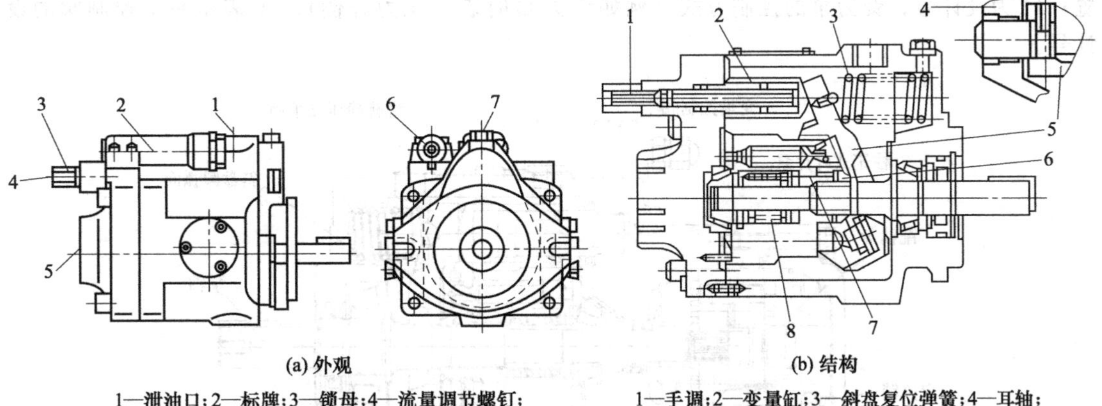

(a) 外观

1—泄油口；2—标牌；3—锁母；4—流量调节螺钉；
5— 进出油口；6—压力调节螺钉；7— 泵壳注油口

(b) 结构

1—手调；2—变量缸；3—斜盘复位弹簧；4—耳轴；
5—斜盘；6—半球头；7—三顶针；8—弹簧

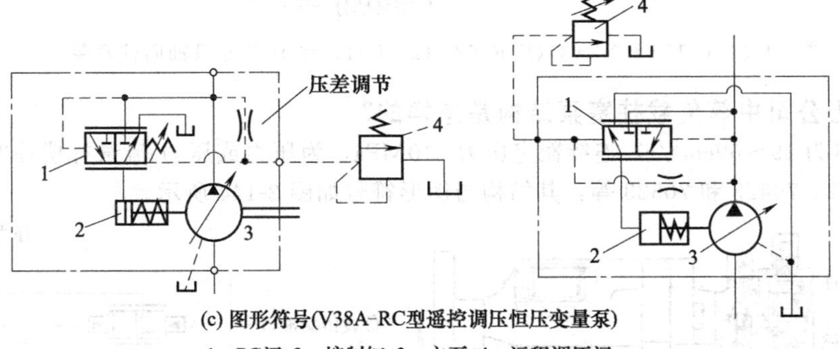

(c) 图形符号(V38A-RC型遥控调压恒压变量泵)

1—PC阀；2—控制缸；3—主泵；4—远程调压阀

图 2-141 V※◇□R 型遥控调压恒压变量泵

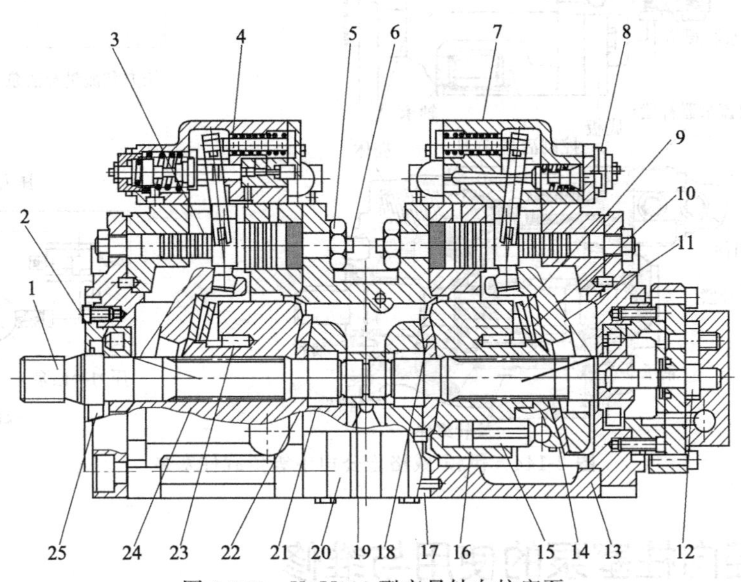

图 2-142 K3V112 型变量轴向柱塞泵

1—驱动轴；2—密封盖；3—伺服活塞；4—前泵调节阀；5—调节螺母；6—调节螺钉；7—后泵调节阀；8—螺母；
9—九孔板；10—回程盘；11—斜盘；12—辅助齿轮泵；13—后泵壳体；14—滑靴；15—柱塞；16—缸体；
17—配油盘定位销；18—后配油盘；19—花键套；20—中壳体；21—滚针轴承；22—前配油盘；
23—中心弹簧；24—半球套；25—油封

置；11 为设计号；☆为泵的控制方式（例如☆为 C 时表示压力补偿）；10 表示泵上控制阀的设计号。

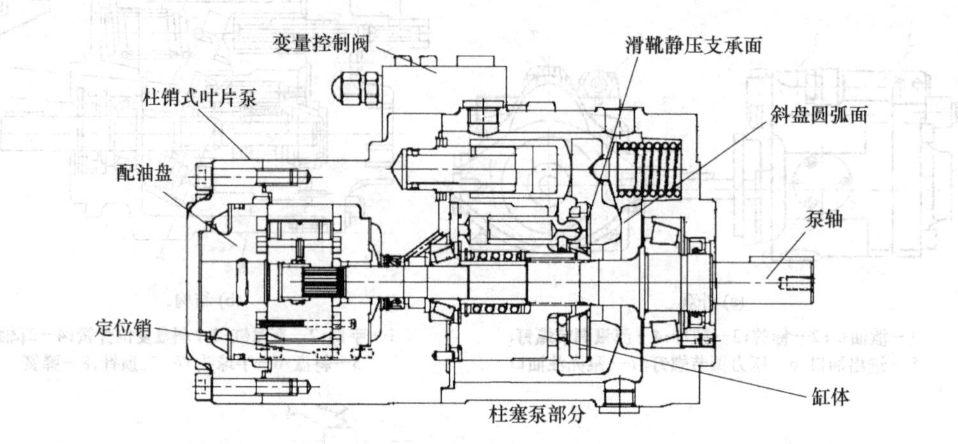

图 2-143　(F11)-P※V(3)(F)R(62)-(2)(C)11-☆-10型变量轴向柱塞泵

7. 伊顿-威格士公司中等负载柱塞泵结构是怎样的?

这种泵排量为 19～69cm³/r，连续额定压力 210MPa，为压力或压力-流量补偿柱塞泵。型号为 70122、70422、70423 和 70523 等，其结构与图形符号如图 2-144 所示。

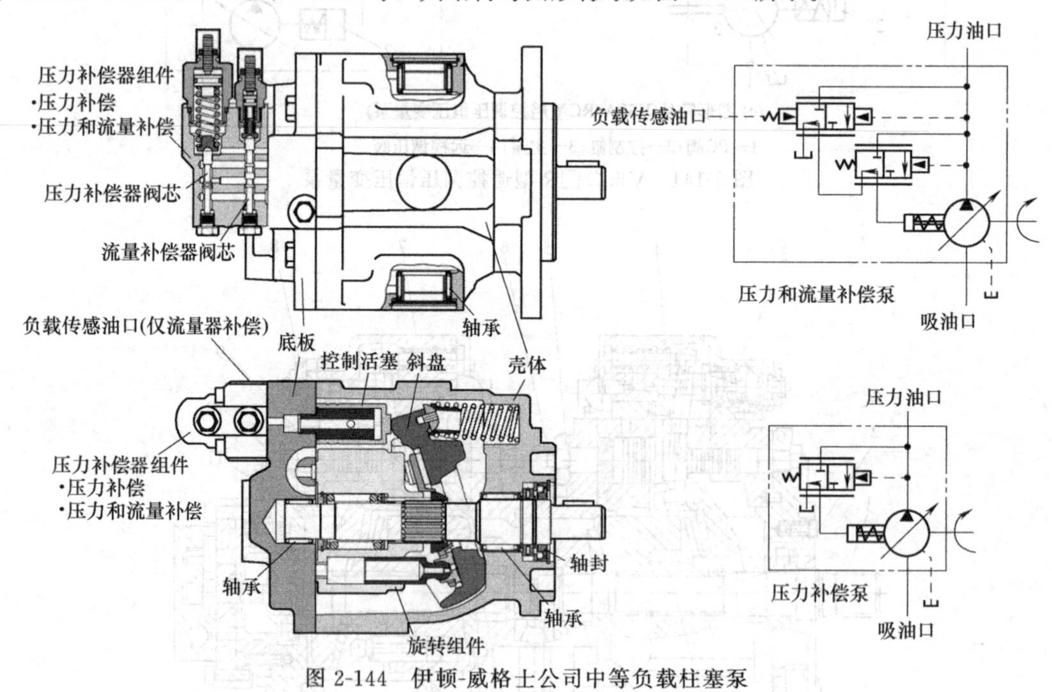

图 2-144　伊顿-威格士公司中等负载柱塞泵

2.5　径向柱塞泵的使用与维修

2.5.1　简介

1. 什么是径向柱塞泵？怎样分类？

与轴向柱塞泵不同，径向柱塞泵的柱塞在缸体中为径向排列，柱塞的运动方向与泵轴垂直而不是平行。径向柱塞泵主要采用座阀式配油和轴配油两种方式，基本上不采用端面配油的方式。

径向柱塞泵按缸体是否旋转，可分为缸体旋转和缸体固定两种方式；按配油方式分为轴配油和阀配油（阀式配油）两类。一般缸体旋转的泵用轴配油，而缸体固定的泵采用阀式配油。具体分类如下：

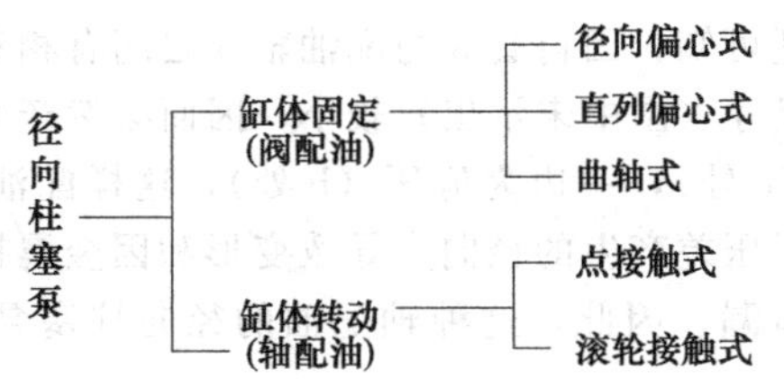

2. 径向柱塞泵有何特点?

① 柱塞在转子内是径向排列的，径向尺寸大，旋转惯性大，结构复杂。

② 柱塞与定子为点接触，接触应力高。

③ 配油轴受到径向不平衡液压力的作用，易磨损，磨损后间隙不能补偿，泄漏大，故这种泵的工作压力、容积效率和泵的转速都比轴向柱塞泵低。

④ 定子与转子偏心安装，改变偏心距 e 值可改变泵的排量，因此径向柱塞泵可做变量泵使用。有的径向柱塞泵的偏心距 e 可从正值变到负值，改变偏心的方向，泵的吸油方向和排油方向也发生变化，成为双向径向柱塞变量泵。

由其特点所决定，径向柱塞泵广泛地用于低速、高压、大功率的拉床、插床和刨床的液压传动的主运动中。

2.5.2 径向柱塞泵的工作原理

1. 缸体旋转的径向柱塞泵的工作原理是怎样的?

缸体旋转的径向柱塞泵的工作原理如图 2-145 所示。这种泵由柱塞 1、缸体 2、衬套 3、定子 4 及配油轴 5 等主要零件所组成。柱塞 1 径向排列在缸体 2 中，缸体 2 由电机（或发动机）带动连同柱塞一起旋转。依靠离心力的作用，柱塞在跟随缸体 2 一起旋转的同时，在缸体孔内往复滑动，抵紧在定子 4 的内壁上。当转子如图所示作顺时针方向回转时，由于定子和转子之间有偏心距 e，在上半周柱塞向外伸出，缸体 2 的柱塞孔腔（柱塞根部至衬套之间的容腔）体积逐渐增大，形成局部真空，因此油液经衬套 3（与转子孔紧配并与转子一起回转）上的油孔从配油轴 5 的吸油口 b（与油箱相连）被吸入；当转子转到下半周，柱塞在定子内壁作用下逐渐向里推，柱塞腔容积逐渐减小，向配油轴 5 的压油口 c 压油（排油）。当转子回转一周，每个柱塞往复一次，压、吸油各一次。转子不断回转，便连续吸、压油。配油轴固定不动，油液从配油轴上半部两个油孔 a 流入，从下半部的两个油孔 d 压出。配油轴和衬套 3 接触的一段加工有上下两个缺口，形

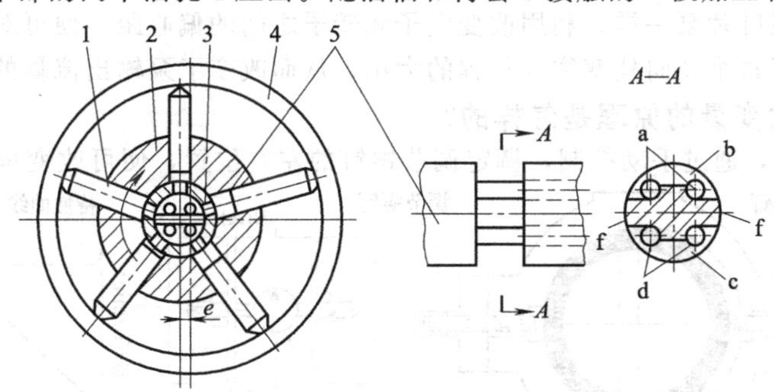

图 2-145 轴配油式径向柱塞泵工作原理

1—柱塞；2—缸体；3—衬套；4—定子；5—配油轴

成吸油腔 b 与压油腔 c，留下的部分圆弧 f 形成封油区。圆弧 f 的长度可封住衬套 3 上的孔，使吸油腔和压油腔被隔开。泵的流量因偏心距 e 的大小而不同：如偏心距做成可变的，泵就成了变量泵；如偏心距可以从正位变到负位，使泵的进出方向（输油方向）亦发生变化，这就成了双向变量泵。

从上述这种泵的工作原理可知，因衬套 3 与配油轴 5 之间有相对运动，则两者之间必然有间隙，并且配油轴上封油长度尺寸（图中未示出）较小，因而必然产生间隙泄漏。在配油轴和衬套间隙配合 f 处，一边为高压（c 处），一边为低压（b 处），这样配油轴上受到很大的单边径向载荷。为了不使配油轴处因液压压差产生的径向力导致变形和因金属接触而咬死，两者之间的间隙还不能太小，这就更增加了泄漏。因此，这种轴配油的径向柱塞泵的最高工作压力常常不应超过 20MPa。

为了克服上述缺点，出现了阀配油的径向柱塞泵。

2. 缸体固定的阀式配油径向柱塞泵的工作原理是怎样的?

这种阀式配油的径向柱塞泵工作原理如图 2-146 所示，偏心轮直接作用在柱塞上，柱塞在弹簧的作用下总是紧贴偏心轮，偏心轮转一圈，柱塞就完成一个双行程，其位移为 $2e$。

当柱塞朝下运动时，在 a 腔里产生真空，液体在外界大气压作用下克服吸入阀的弹簧力及管道阻力进入其中；与此同时，压出阀在弹簧力及液体压力的作用下紧密封闭；当柱塞朝上运动时，a 腔的容积减小，液体压力增高，被挤压打开压出阀而油从压力管道压出。与此同时，吸入阀在弹簧力及液体压力作用下紧密封闭，因此容积效率较上述轴配油式高。

由于偏心轮和柱塞端部是线接触，产生很大的挤压应力。同时，偏心轮和柱塞端部之间有滑移产生。为了减弱这些影响，柱塞和偏心轮直径都不宜过大，因而实际使用中，这种泵均是多柱塞的结构。关于多柱塞的排列方式有两种，一种为径向排列式，一种为直列式（图 2-147），后者称为曲柄连杆式柱塞泵。由于曲柄连杆机构重量大、惯性大，因而转速不能太高。

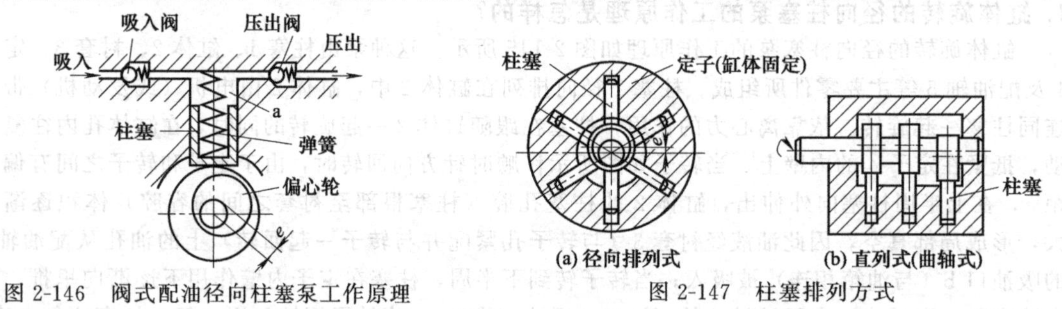

图 2-146　阀式配油径向柱塞泵工作原理　　图 2-147　柱塞排列方式

2.5.3　径向柱塞泵变量工作原理与变量方式

变量原理和变量叶片泵一样，利用改变定子和转子之间的偏心距，便可对径向柱塞泵进行变量。因为此时改变了每个径向柱塞往复行程的大小，从而改变了泵输出流量的大小。

1. 径向柱塞泵手动变量的原理是怎样的?

如图 2-148 所示，通过手动控制，调定调节螺钉的左右位置，便可改变偏心距 e 的大小，从

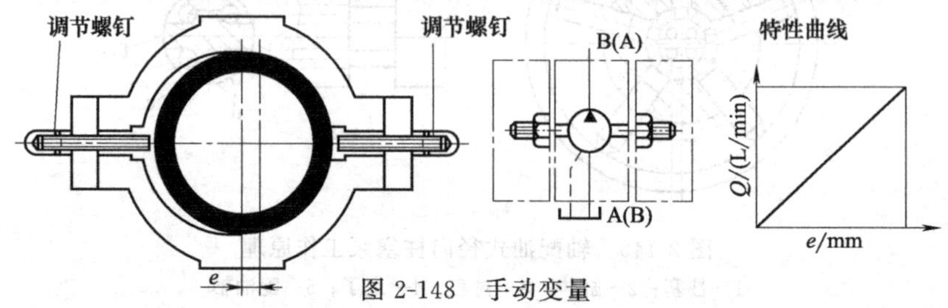

图 2-148　手动变量

而对泵进行变量。

2. 径向柱塞泵机动变量的原理是怎样的?

如果在图 2-148 中的两调节螺钉的位置上，设置两个控制柱塞 1 和 2，且从泵的出口引入控制油，通入两大小控制柱塞的两个控制腔，其中控制柱塞 1 的控制油，先经杠杆操纵的机动伺服三通阀，用机动的方式操纵杠杆，使阀芯移动，控制了控制柱塞 1 的移动位置，从而改变了径向柱塞泵定子和转子之间的偏心距，可对泵进行变量（图 2-149）。

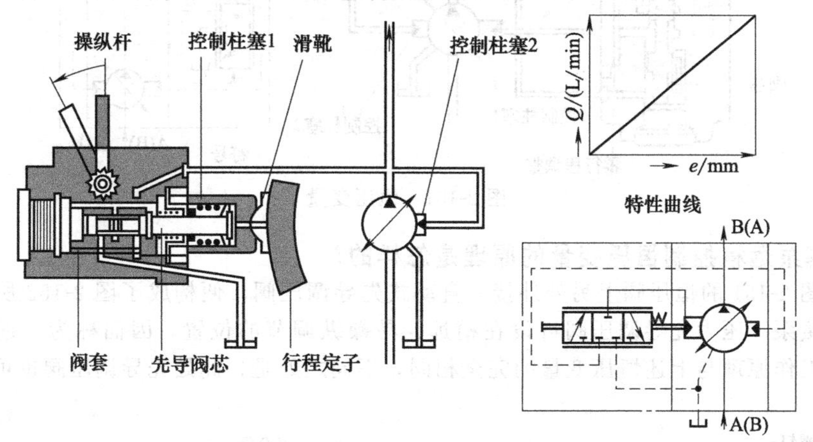

图 2-149　机动变量

3. 径向柱塞泵怎样变量?

如图 2-150 所示，在泵上装设一个补偿器（控制阀），这样控制压力油在进入控制柱塞之前先经过补偿器（控制阀），便可对径向柱塞泵进行多种形式的变量控制，构成不同控制方式的变量泵。

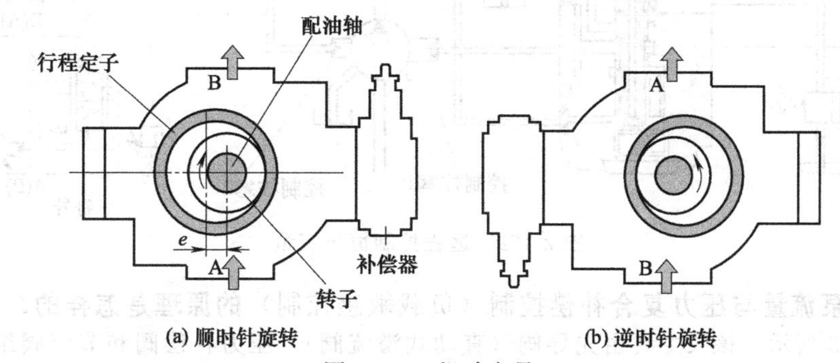

图 2-150　机动变量

4. 径向柱塞泵恒压变量的原理是怎样的?

如果补偿器为恒压阀（压力补偿阀），便构成了图 2-151 所示的压力补偿变量泵。其工作原理完全类似于前述的各种变量叶片泵。和前述的各种轴向变量柱塞泵不同之处也仅在于，轴向变量柱塞泵只有一个方向有控制柱塞控制斜盘的斜角大小，此处的径向变量柱塞泵有两个大小控制柱塞，利用两柱塞受到的液压力差进行偏心距大小的自动调节和变量。

此处的恒压阀也实际为一只三通减压阀（PC 阀）。其工作原理为：当负载压力，即泵的出口压力上升超过了恒压阀调节螺钉所调定的压力时，阀芯上抬，打开了控制柱塞 1 缸左腔与油箱的通道。控制柱塞 1 缸左腔压力下降，使柱塞 1 缸向右的液压力减小，而柱塞 2 缸的控制油因泵出口压力的增大使向左的液压力反而增大。这样由于压力差，使泵的定子和转子之间的偏心距减小，泵输出的流量减少，从而使泵出口压力降下来；反之，当泵出口压力下降，则泵定子和转子的偏心距增大，使泵的出口压力上升，为“恒压式”变量。

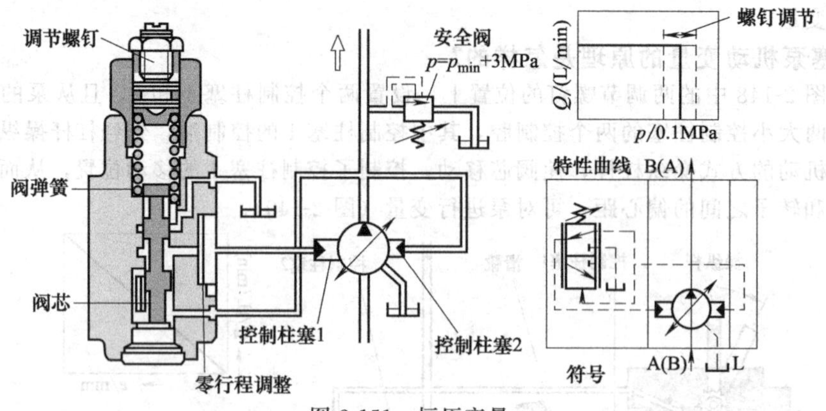

图 2-151　恒压变量

5. 径向柱塞泵远程控制恒压变量的原理是怎样的?

如果在图 2-151 的恒压阀上另外外接一直动式先导调压阀，便构成了图 2-152 所示的远程控制的恒压变量泵。压力先导调压阀可设在稍远、易操纵调节的位置，因而称为“远程控制”或“遥控”。其工作原理与上述恒压变量的完全相同，不同之处是，此处先导调压阀也可参与压力的调节。

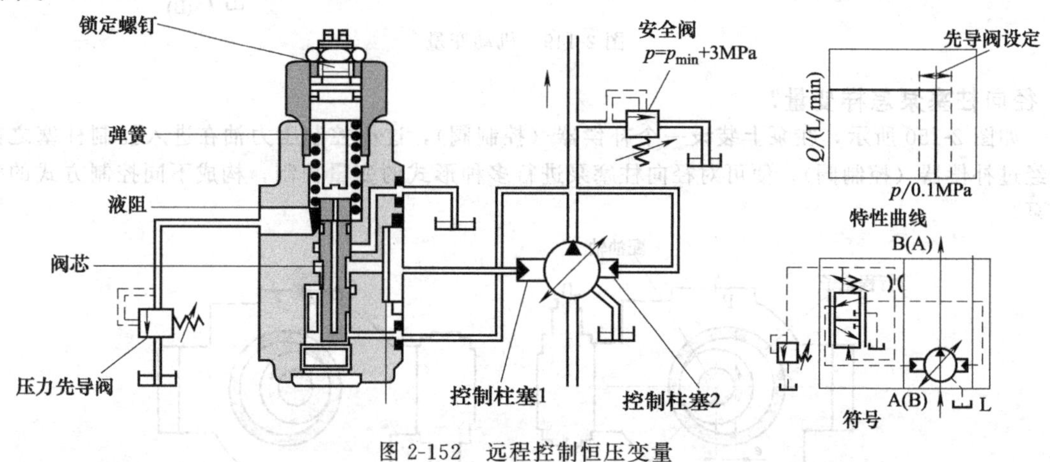

图 2-152　远程控制恒压变量

6. 径向柱塞泵流量与压力复合补偿控制（负载敏感控制）的原理是怎样的?

如图 2-153 所示，该泵主要由先导阀（直动式溢流阀）、压力补偿阀和节流阀组成。压力先导阀进行压力控制，调节其手柄，可设定恒压压力 p 的大小；压力补偿阀控制节流阀进出口的前后压差 Δp 不变，和节流阀一起构成对泵的恒流量控制，因而这种控制方式称为压力-流量复合控制。它能对负载压力和负载流量进行双反馈控制，所以又叫负载敏感控制。

7. 径向柱塞泵恒功率控制的原理是怎样的?

所谓恒功率控制，是指泵在一定转速下，压力×流量=常数。如图 2-154（a）所示，泵出口压力油分三路：一路作用在小柱塞 3 上，一路进入恒功率阀，另一路进入敏感柱塞。并利用不同刚度的两根弹簧 1 和 2，组成图 2-154（b）所示的恒功率特性曲线，进行两级恒功率控制。

如果负载压力升高，即泵的出口压力升高，通过上述三条油路的控制，可使定子和转子之间的偏心距减小，使泵的流量降下来；反之，如果负载压力下降，通过上述控制可使定子和转子之间的偏心距增大，使输出流量增大。两种情况均维持压力和流量之积等于常数，为恒功率。敏感柱塞的作用是随时可以对柱塞的位移量进行反馈控制。例如当泵出口压力增大，敏感柱塞上抬，摆杆顺时针摆动，恒压阀芯右移，使定子和转子之间的偏心距减小，从而减少了泵的流量输出。

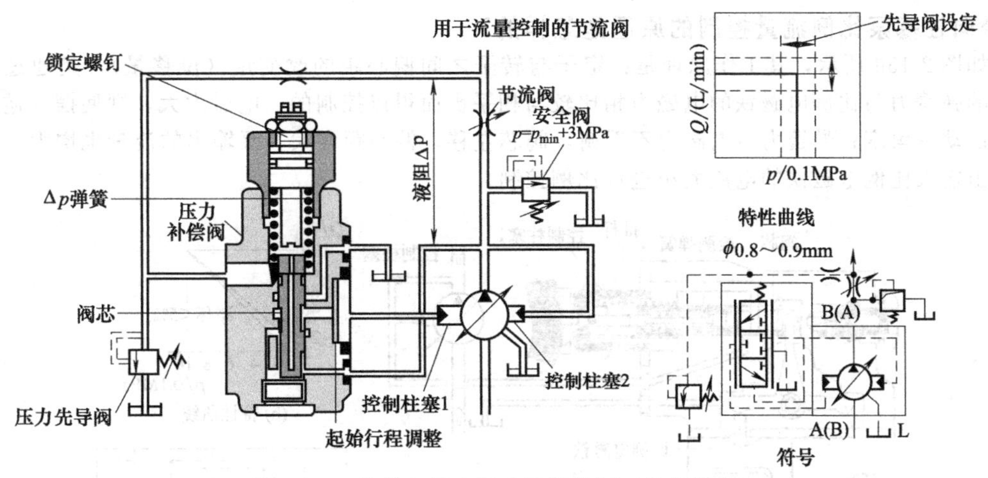

图 2-153　流量与压力复合补偿控制（负载传感）

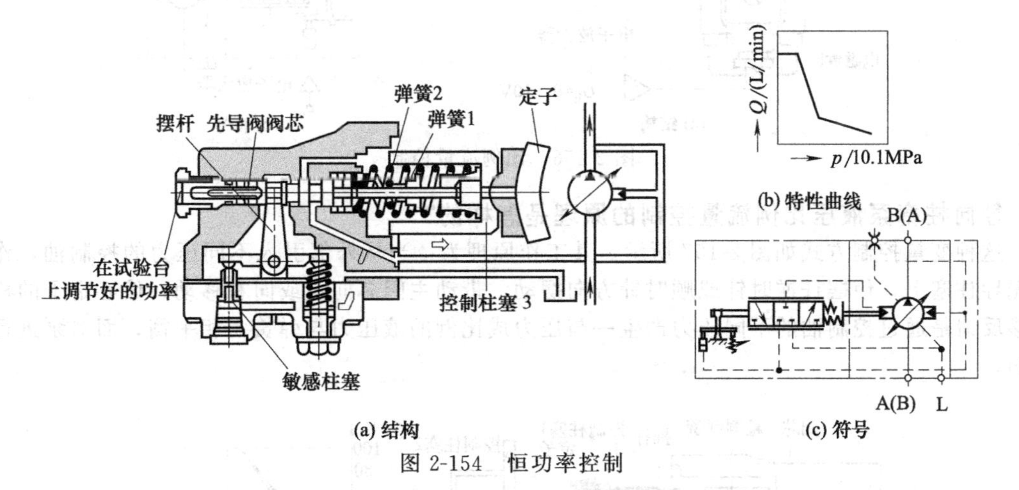

图 2-154　恒功率控制

8. 径向柱塞泵限定压力和流量的恒功率变量的原理是怎样的?

如果将压力和流量复合补偿变量方式与恒功率变量方式相结合，便成为可限定压力和流量的恒功率变量控制，如图 2-155 所示。

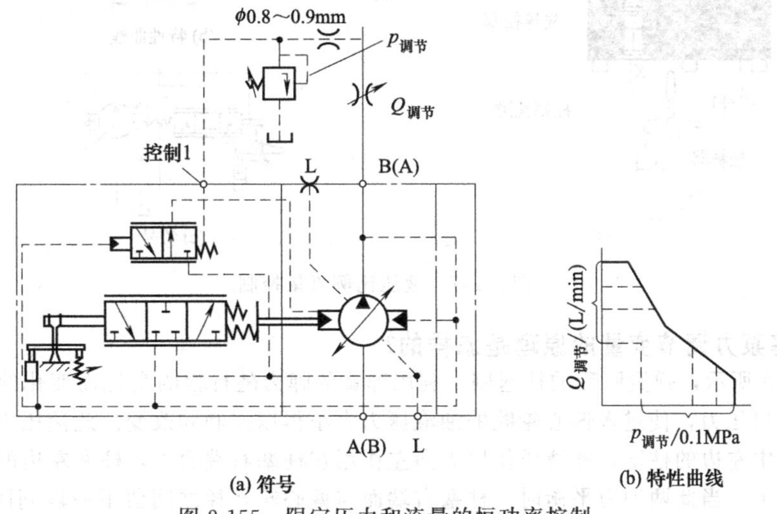

图 2-155　限定压力和流量的恒功率控制

9. 径向柱塞泵比例流量控制的原理是怎样的?

如图 2-156 所示，其工作原理是：定子与转子之间偏心距的改变量（位移量)，是通过检测弹簧的弹簧力与比例电磁铁的电磁力相比较与相平衡而得以控制的。电磁力大，则使摆杆逆时针方向摆动一角度；弹簧力与电磁力不平衡，阀芯左移，偏心距增大，泵输出的流量也增大。泵的流量由输入比例电磁铁的电流大小进行比例控制。

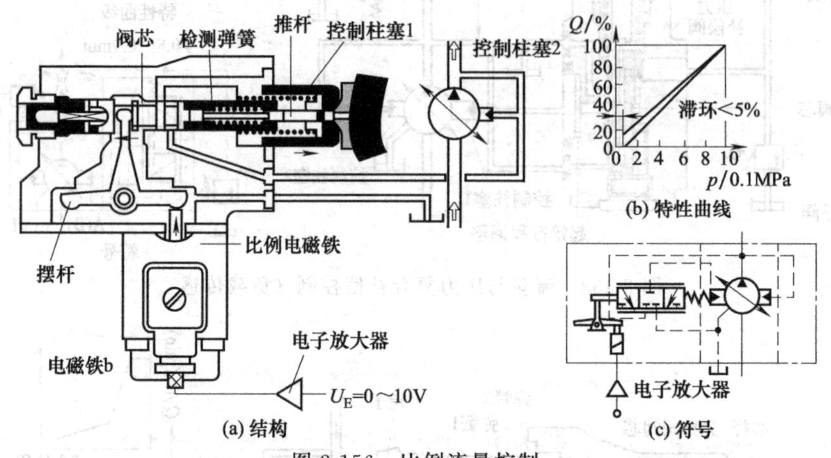

图 2-156　比例流量控制

10. 径向柱塞泵液压比例流量控制的原理是怎样的?

这种变量控制方式如图 2-157 所示。其工作原理为：当从外部引入不同压力的控制油，作用在先导柱塞上，使摆杆逆时针或顺时针方向摆动。带动主阀芯向左或向右移动，偏心定子的机械位移反馈是通过控制油的不同压力产生一与压力成比例的液压力与弹簧力相平衡，而对泵进行变量的。

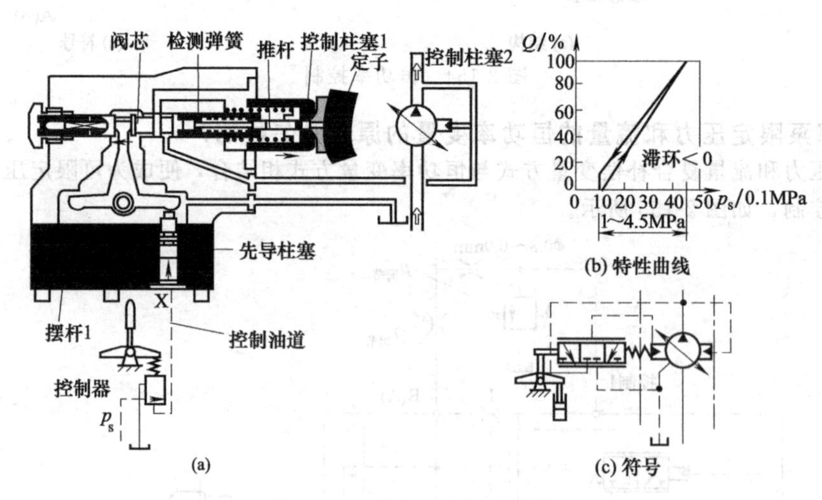

图 2-157　液压比例流量控制

11. 径向柱塞泵力调节变量的原理是怎样的?

如图 2-158 所示，弹簧回程的柱塞副，利用弹簧的弹力随行程的变化而变化的特点，通过调节减压阀的出口压力，使进入偏心轮腔的油液压力大小得以控制和改变。此液压力作用在柱塞端面上，例如图中左边的柱塞，此液压作用力向左作用在柱塞右端面上，柱塞左边的弹簧回程力向右作用在柱塞上，当此两种力平衡时，柱塞右端面与偏心轮外径之间留下一段间隔距离 δ，调节减压阀出口压力值，可改变作用在柱塞右端面上液压力的大小，从而可改变 δ 大小，也就改变了柱塞的实际行程，从而对泵进行变量。

2.5.4 径向柱塞泵的结构示例

1. RK系列径向柱塞泵的结构是怎样的?

如图2-159所示，这是德州液压机具厂从德国引进技术生产的一种径向柱塞泵。驱动轴7旋转带动偏心轮9和轴承8旋转，迫使柱塞2做上下往复运动。当柱塞向下运动时，压油单向阀3关闭，泵从打开的吸油单向阀5吸入油液；当柱塞向上运动时，吸油单向阀5关闭，压力油从打开的压油单向阀3向液压系统输出油液。这种泵有7个柱塞和7个柱塞孔（径向排列）。

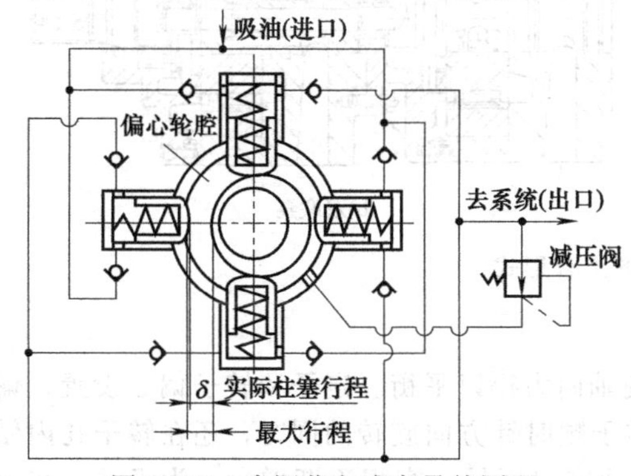

图2-158 力调节方式变量的原理

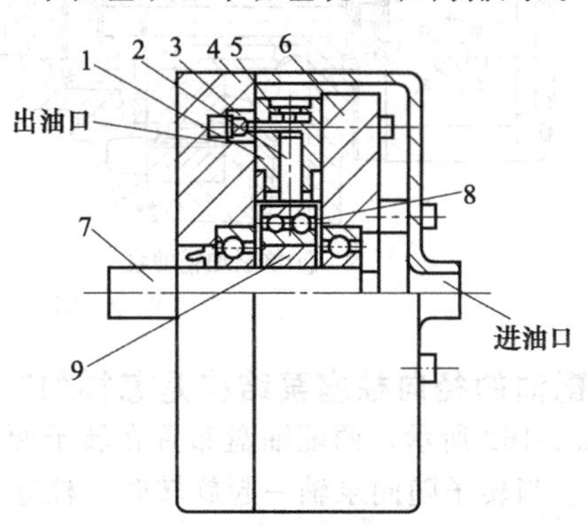

图2-159 RK系列径向柱塞泵结构

1—柱塞套；2—柱塞；3—压油单向阀；4—法兰板；5—吸油单向阀；6—压力板；7—驱动轴；8—轴承；9—偏心轮

2. 轴配油的径向柱塞泵的结构是怎样的?

这是一种常见的径向柱塞泵的结构，如图2-160所示，电机带动泵轴1回转，通过十字联轴器2带动转子3回转，转子装在配油轴4上；分布在转子中的径向布置的柱塞5，通过静压平衡的滑靴6紧贴在偏心安放的定子7上；柱塞和滑靴以球铰相连，并通过卡环锁定。两个挡环8将滑靴卡在行程定子上。当泵轴转动时，在离心力和液压力的作用下，滑块紧靠在定子上；由于定子偏心布置，柱塞做往复运动，每一个工作腔a的容积在跟随转子回转的过程中，容积由增大到缩小，进行压、吸油，柱塞往复行程为定子偏心距的两倍；定子的偏心距可由设置在泵体11的左右两边的大小控制柱塞9和10进行控制和调节，调节方式如上所述。控制阀口安放位置如图中所示，油液的吸入和压出通过泵体和配油轴上的流道，并由配油轴上的吸、排油口控制；泵体

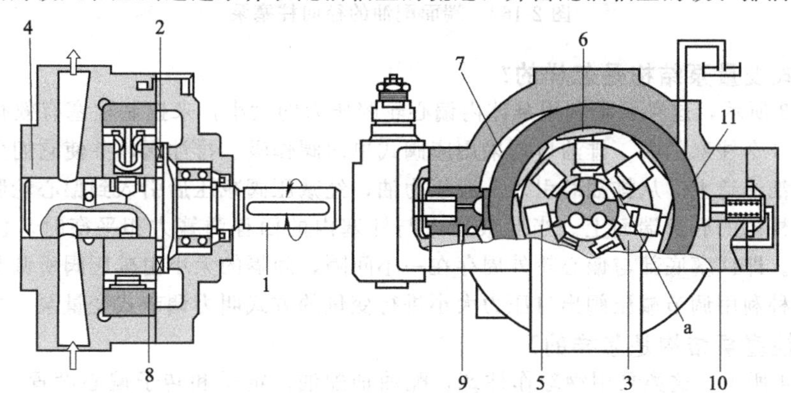

图2-160 轴配油径向柱塞泵

1—泵轴；2—十字联轴器；3—转子；4—配油轴；5—柱塞；6—滑靴；7—定子；8—挡环；9—大控制柱塞；10—小控制柱塞；11—泵体

内产生的液压力被几乎完全静压平衡的表面所吸收，所以支承传动轴的滚动轴承只受外力作用便可。

图 2-161（a）为径向柱塞泵和辅助泵（如齿轮泵）组成一体的例子；图 2-161（b）为两只单泵组成双联泵的结构示例。

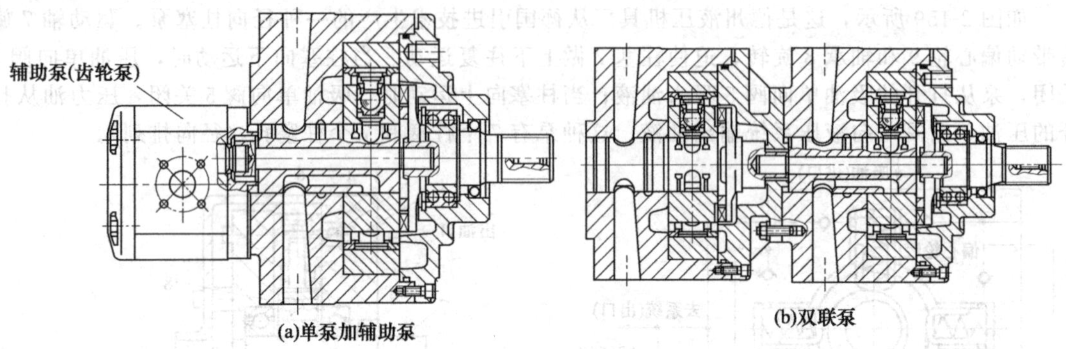

图 2-161　柱塞泵的组合形式

3. 端面配油的径向柱塞泵结构是怎样的?

如图 2-162 所示，两配油盘布置在转子两侧，使轴向力得以平衡。定子和转子偏心设置，偏心距为 e。当转子随同泵轴一起旋转时，柱塞在随转子顺时针方向旋转的同时，还在转子孔内做往复运动，使每一工作容腔 V 的容积在下半圆的吸油窗口区域，容积逐渐增大，为吸油；在上半圆的压油窗口，腔 V 的容积逐渐减小，为压排油。

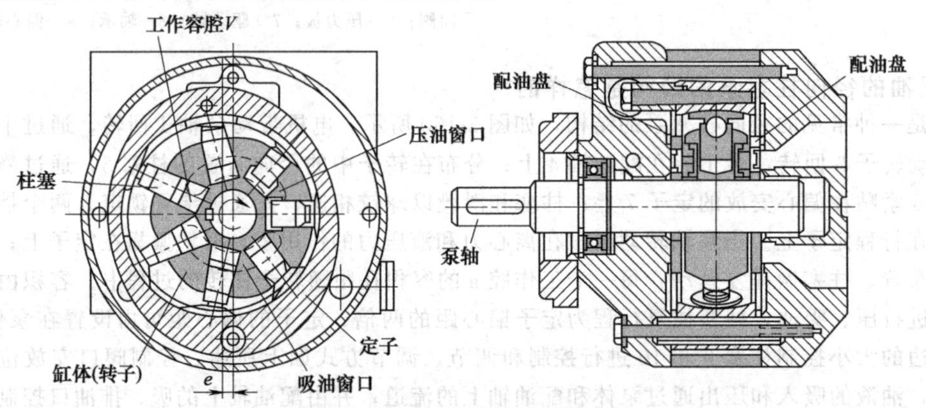

图 2-162　端面配油的径向柱塞泵

4. 力调节方式变量泵结构是怎样的?

如图 2-163 所示，这种泵是利用泵体内偏心轮腔压力的大小，来控制柱塞有效行程的大小进行变量。泵内 8 个柱塞的吸、排油口均采用座阀式单向阀作吸、排油阀，并使它们分别都汇集到环形的吸、排油通道上。从排油腔引入一股压力油，经减压阀减压后引入到偏心轮腔，产生的液压力作用在各柱塞的底部端面上。当此液压力与柱塞内的回程弹簧力相平衡时，柱塞脱离偏心轮、不再内缩。即柱塞底部与偏心轮外周存在一小间隔，间隔的大小由减压阀所调节的出口压力大小决定。这种利用调节减压阀出口压力大小进行变量的方式叫力调节式变量泵。

5. 钢球径向柱塞泵结构是怎样的?

如图 2-164 所示，这类泵用钢球作柱塞，配油轴配油。定子和转子偏心设置，转子旋转时，工作容腔的容积 V 逐渐增大或逐渐减小，进行压、吸油。控制定子绕轴销的摆动角度大小，可改变偏心距 e 的大小，从而进行变量。这种泵结构简单，价格低廉，但目前均为低压，用在要求压力不高的如市政工程和园艺液压设备中。

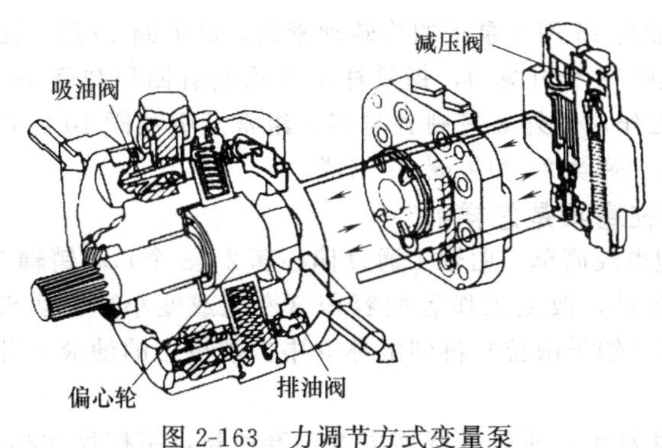

图 2-163 力调节方式变量泵

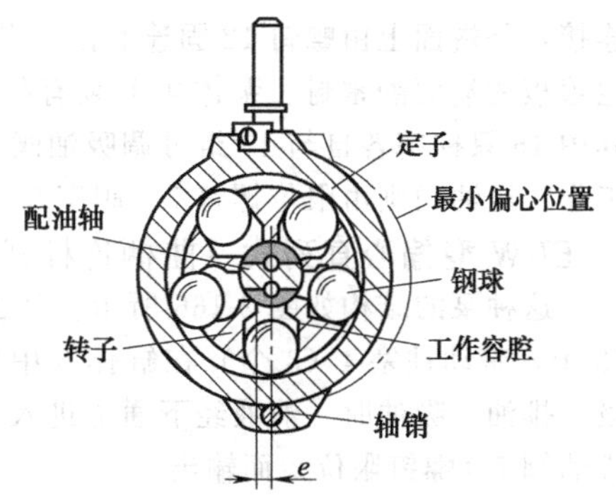

图 2-164 钢球柱塞径向变量泵

6. 国产JHZ型径向变量柱塞泵是怎样的?

这种泵的柱塞排数有单排和双排两种，JBZ-01 型为单排，JHZ-02 型为双排。

该泵的结构如图 2-165 所示，传动轴（偏心轴）1 由动力源带动旋转，其偏心轴颈上装有双列向心球面滚子轴承 13，并用轴用挡圈 17 将其定位。泵轴大端支承轴颈上装有轴承 14，其外圈安装在泵体 4 的中心孔内；泵轴小端支承轴颈上装有双列向心球面滚子轴承 15，用轴用弹性挡圈 18 轴向定位。轴承 15 的外径安装在泵盖 3 的中心孔中，泵盖内端面用螺钉 11 与泵体 4 紧固

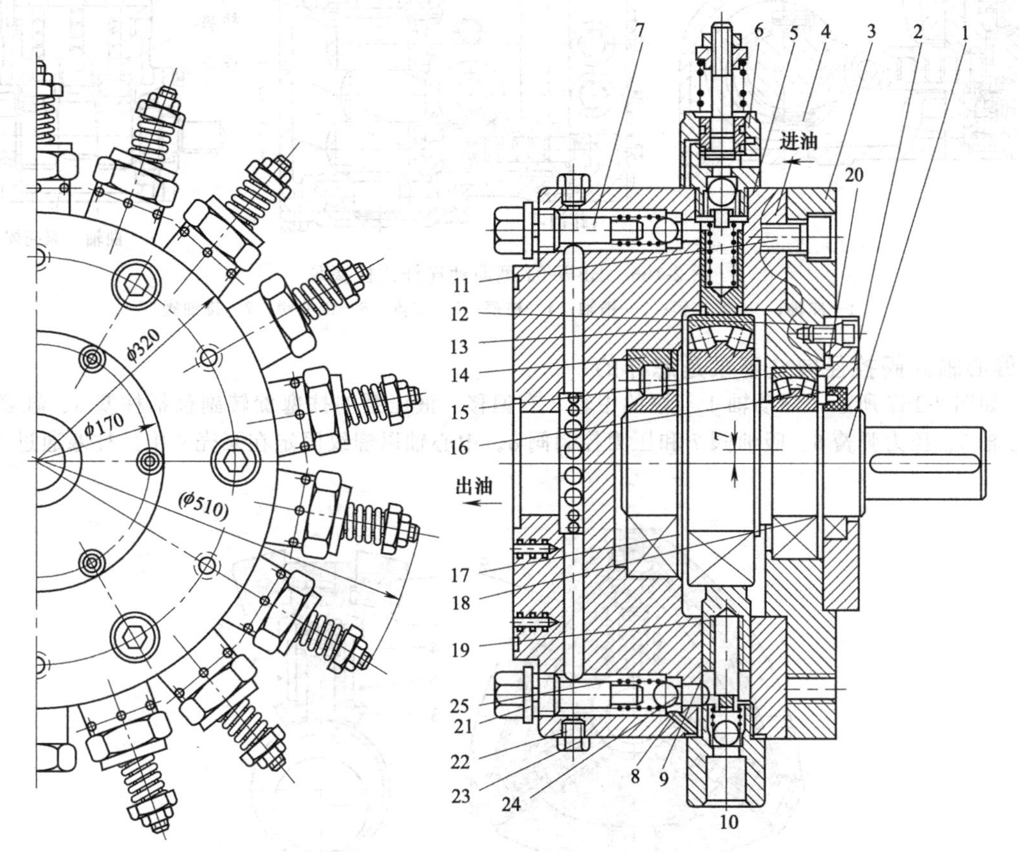

图 2-165 JHZ-01B 型泵

1—传动轴；2—法兰盖板；3—泵盖；4—泵体；5—垫片（有孔）；6—可调吸油阀总成；7—限位螺钉；8—阀座；9—柱塞；10—常开吸油阀体；11—压盖板紧固螺钉；12—油封盖压紧螺钉；13—双列向心球面滚子轴承；14—单列短滚柱轴承；15—双列向心球面滚子轴承；16—旋转密封用油封；17、18—轴用弹性挡圈；19—柱塞回程弹簧；20—O 形密封圈；21—限位螺钉垫圈；22—油塞堵垫片；23—油塞堵；24—钢球；25—压油阀用弹簧

连接，外端面上由螺钉12固连有法兰盖板2。油封16用于泵轴的旋转动密封，O形圈20用于法兰盖板的端面静密封。泵体4上装有径向分布的18个柱塞9，每只柱塞内均装有回程弹簧19，其中15只柱塞各自与15组可调吸油阀6配合工作，另外3只则各自与3组常开吸油阀10配合工作。压油阀则由限位螺钉7、阀座8、钢球24、弹簧25和垫圈21组成。

7. BFW型偏心直列式（曲柄连杆式）径向柱塞泵是怎样的?

这种泵的结构如图2-166所示。其工作原理也较简单，曲轴1通过偏心套2（3个）和销轴3（3个）带动柱塞4（3个）在缸体5中做往复运动，改变工作容腔容积（变大或变小）而实现吸、排油。吸油时，油液经下通道进入进油阀6（销子限位）再到缸体5中。被挤压的油液顶开排油阀7（螺钉限位）而输出。

这种泵由于驱动柱塞运动的偏心轴采用滑动轴承，所以承载能力大，寿命长，结构尺寸小；柱塞用销轴带动强制回程，较之弹簧回程，其工作可靠性强；同时这种泵密封容易解决，因而压力可达40MPa。但由于柱塞数少，不可能太多，因而流量脉动大。并且柱塞直径不能做得太大，因而流量范围只能是2.5～100L/min；而且泵的自吸能力极差，须装在距油面300mm之下。

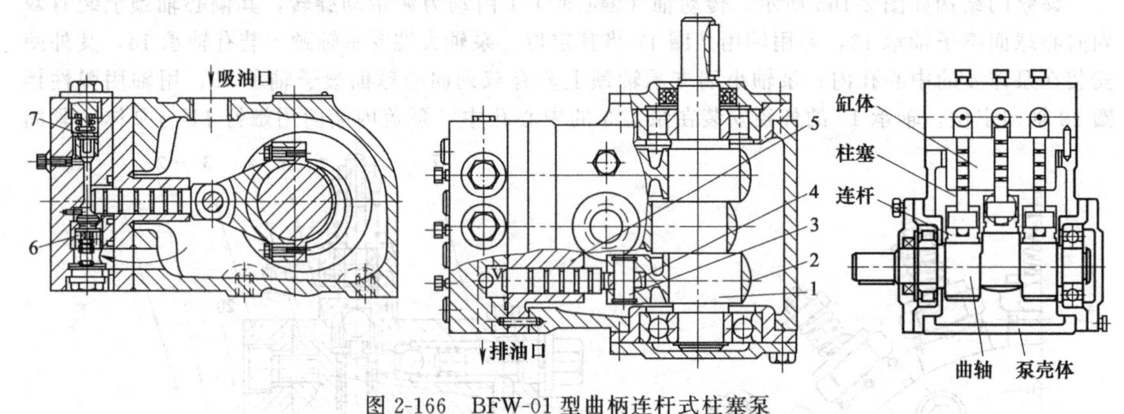

图2-166 BFW-01型曲柄连杆式柱塞泵

1—曲轴；2—偏心套；3—销轴；4—柱塞；5—缸体；6—进油阀；7—排油阀

8. 偏心轴式阀控径向柱塞泵是怎样的?

如图2-167所示，驱动轴1与泵的中轴2有偏移。液压泵的柱塞旋转副包括柱塞3、缸套4、中心轴5、压力弹簧6、吸油阀7和压力控制阀8。中心轴以螺纹固定在泵壳9中。柱塞通过“滑

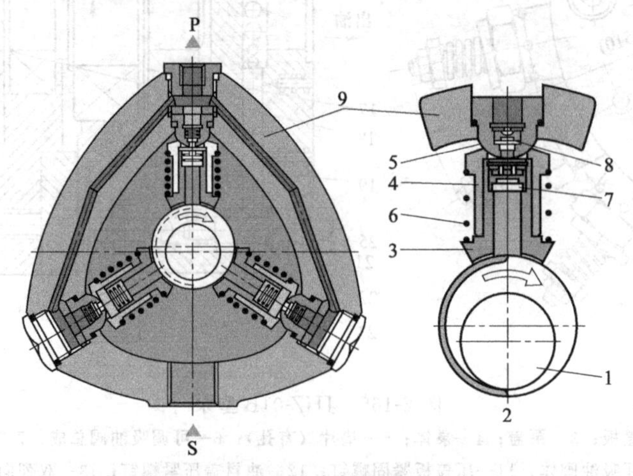

图2-167 偏心轴式阀控径向柱塞泵

1—驱动轴；2—中轴；3—柱塞；4—缸套；5—中心轴；6—压力弹簧；7—吸油阀；8—压力控制阀；9—泵壳

履”置于偏心轴上。当偏心轴旋转时，压缩弹簧使“滑履”总是压在偏心轴上，而缸套由中心轴支承。

这种泵排量较小，为0.5～100mL，但最大压力达700bar。在压机系统、注塑机系统、机床夹紧液压系统和其他许多应用中，需要工作压力达到700bar。只有这种径向柱塞泵才能胜任如此高的工作压力，即便连续运行亦可。其工作过程如图2-168所示。

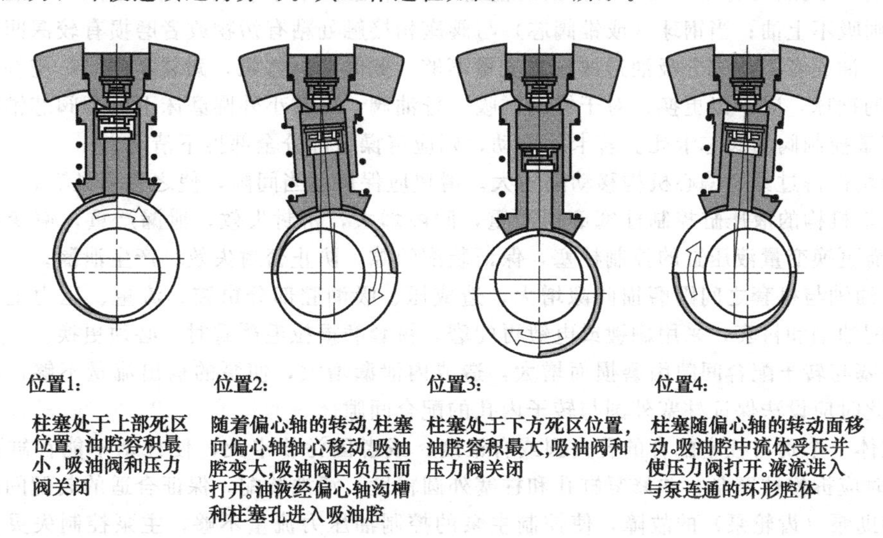

图2-168 工作过程

9. PR4型径向柱塞泵是怎样的?

此泵为阀控、自吸式定排量径向柱塞泵。如图2-169所示，它主要由泵体1、偏心轴2和带吸油阀3、压油阀5、柱塞6的泵组件组成。吸油和排油过程，柱塞6围绕偏心轴2径向布置。柱塞6配合在柱塞孔7内，由弹簧8压在偏心轴2上。当柱塞6向下运动时，柱塞孔7中的工作腔9的体积增大。这就产生了负压，此负压将进油阀板4从其密封刃处抬起。因而吸油腔10和工作腔9接通，工作腔吸入油液。当柱塞6向上运动时，吸油阀关闭，压油阀5打开。油液通过压油口P流向系统。

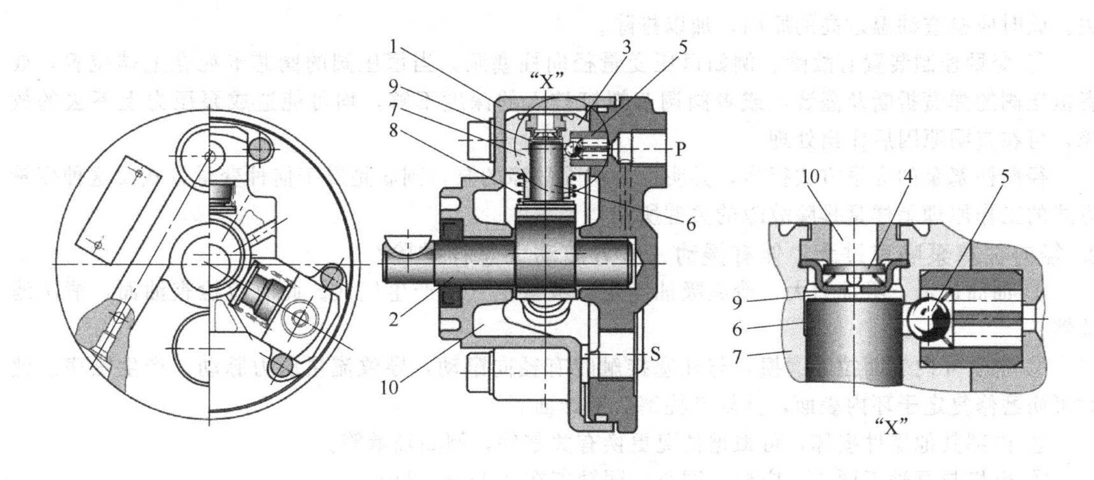

图2-169 PR4型径向柱塞泵

1—泵体；2—偏心轴；3—吸油阀；4—进油阀板；5—压油阀；6—柱塞；7—柱塞孔；8—弹簧；9—工作腔；10—吸油腔

2.5.5 径向柱塞泵的故障分析与排除

1. 径向柱塞泵不上油或输出流量不够怎样排除?

① 油箱油量未过油标线，应补加足。

② 对于阀式配油的径向柱塞泵，则可能是吸、排油单向阀有故障。只要有一个钢球或锥阀芯漏装，则吸不上油；当钢球（或锥阀芯）与阀座相接触处粘有污物或者磨损有较深凹坑时，则可能吸不上油或者不能充分吸油造成输出流量不够。此时应拆修泵，漏装零件时，应补装上；对磨损严重的钢球，应予以更换；对于锥阀式吸、排油阀，可在小外圆磨床上修磨阀芯锥面。

③ 变量控制阀的阀芯卡死。若卡死不动，则应将操纵部分全部拆下清洗。

④ 滑块楔得过紧，偏心机构移动阻力大。滑块应保持适当间隙，使之移动灵活。

⑤ 变量机构的液压缸控制柱塞磨损严重，间隙增大，密封失效，泄漏严重，使变量机构失灵。此时需更换变量液压缸的控制柱塞，保证装配间隙，防止密封失效、产生泄漏。

⑥ 配油轴与衬套之间因磨损间隙增大，造成压、吸油腔部分窜腔，流量、压力上不去。此时应修复配油轴和衬套，采用刷镀或电镀再配磨，衬套磨损拉毛严重时，必须更换。

⑦ 柱塞与转子配合间隙因磨损而增大，造成内泄漏增大，使泵的输出流量不够，压力也就上不去。此时应设法保证柱塞外圆与转子内孔的配合间隙。

⑧ 缸体上个别与柱塞配合的孔失圆或有锥度，或者因污物卡死，使柱塞不能在缸孔内灵活移动。此时应拆修柱塞泵，并修复缸孔和柱塞外圆精度，清洗装配，保证合适的装配间隙。

⑨ 辅助泵（齿轮泵）的故障，使控制主泵的控制油压力流量不够，主泵控制失灵。此时可参阅齿轮泵的故障与排除方法进行检查修理。

⑩ 对于各种变量方式的径向柱塞泵，出现无流量输出或输出流量不够的故障，主要应查明是什么原因导致定子和转子之间的偏心距，为何总处在最小偏心距状况下的原因。

2. 径向柱塞泵出口压力调不上去怎样排除?

这一故障是指液压系统其他调压部分均无故障，而压力上不去出自径向柱塞泵。产生这一故障的原因和排除方法有以下几点。

① 上述故障中泵流量上不去的故障，均会产生压力也上不去的故障。

② 液压系统油温太高，泵的内泄漏量太大，使泵的容积效率下降，供给负载的流量便不够。此时很难在满足负载压力的情况下提供足够的负载流量，只有使泵压力降下来，因而泵压力上不去。此时应检查油温过高的原因，加以排除。

③ 变量控制装置有故障。例如恒压变量径向柱塞泵，当恒压阀的阀芯卡死在上端位置，或者恒压阀的弹簧折断及漏装，或者阀调节螺钉拧入的深度不够，均可能造成泵压力上不去的故障，可在查明原因后作出处理。

径向柱塞泵的变量方式很多，弄明白要排除故障的泵，到底是属于何种变量方式及这种变量方式的工作原理怎样是排除故障的关键所在。

3. 径向柱塞泵噪声过大、伴有振动、压力波动大怎样排除?

① 油面过低，吸油力大，造成吸油不足，吸进空气或产生气穴。此时应检查油面，清洗滤油器。

② 定子环内表面拉毛磨损，与柱塞接触时有径向窜动，导致流量压力脉动，产生噪声。此时可研磨修复定子环内表面，并修磨柱塞头部球面。

③ 内部其他零件损坏，可根据情况更换有关零件，例如轴承等。

④ 电机与泵轴不同心，应校正同心，同轴度在0.1mm以内。

4. 径向柱塞泵操纵机构失灵、不能改变流量及油流方向怎样排除?

① 用电磁阀控制的泵可能是电磁阀产生故障，使操纵机构动作失灵。此时应检查电磁阀。

② 变量控制阀阀芯卡死不动，拆下修理。

③ 滑块楔紧，移动阻力大。滑块应保持适当间隙，使之灵活移动。

④ 齿轮泵（辅助泵）不上油，压力上不来，可按前述方法修理。

2.6 螺杆泵

2.6.1 简介

1. 什么是螺杆泵?

螺杆泵壳体内，具有1个、2个或3个螺杆。双、三螺杆泵中，与驱动轴相连接的主动螺杆为顺时针方向旋转，可把旋转运动传递给逆时针方向旋转的从动螺杆。在相互啮合的螺杆齿廓间形成了封闭的容腔，这些容腔从吸油口向排油口移动，进行吸、排油。

瑞典依莫（IMO）公司的三螺杆泵常用工作压力可达21MPa，个别品种可达35～40MPa，转速为1500～5000r/min，噪声不大于70dB，主要用于精密机床、载客用电梯液压系统、船舶甲板机械、石油工业、食品工业以及剧场、歌剧院的液压系统。

2. 螺杆泵的优缺点有哪些?

(1) 优点

① 与内啮合齿轮泵相似，螺杆泵的运行噪声更低。

② 流量均匀，脉动很小。

③ 因为不压缩液体，故转速可很高，高达5000r/min，相应的泵体外形尺寸可减小，转速仅受汽蚀的限制。

④ 在旋转时压油腔不变化，故在油液内不会形成气体或析出气体。

⑤ 螺杆泵对工作液黏度的适应性强，可输送从黏度极低的溶剂、油料水溶液到黏度很高的油脂、胶体、软膏等各种中性或腐蚀性的物料，甚至半软带悬浮固体颗粒的液体。

⑥ 工作可靠，自吸能力强。

(2) 缺点

① 工艺难度高，制造困难，因而价格贵。

② 功率密度低，结构欠紧凑。

3. 螺杆泵怎样分类?

按螺杆数分，有单螺杆、双螺杆、三螺杆泵。

按用途分，有液压用泵和输送用泵（例如在石油工业和食品工业中使用）。

4. 螺杆泵的工作原理（以三螺杆泵为例）**怎样?**

如图2-170所示，它是由一根主动螺杆（双头右旋）4和两根从动螺杆（双头左旋）5等组成，三根共轭螺杆互相啮合，安装在泵体6内。

螺杆泵的工作原理与丝杠螺母啮合传动相同。当丝杠转动时，如果螺母用滑键连接，则螺母将产生轴向移动。图2-170（b）所示为螺杆泵工作原理示意图，充满螺杆凹槽中的液体相当于一个液体螺母，并假想它受到滑键的作用。因此当螺杆转动时，液体螺母将产生轴向移动。实际上限制液体螺母转动的，是相当于滑键的主动螺杆和与其共轭的从动螺杆的啮合线（密封线）。而啮合线将螺旋槽分割成相当于液体螺母的若干封闭容积，由于液体螺母的转动受到啮合线的限制，当主动螺杆转动时，从动螺杆也随之转动，密封容积则作轴向移动，当主动螺杆每转动一周时，各密封容积就移动一个导程。在泵的左端，密封容积逐渐增大时，进行吸油；在泵的右端，密封容积逐渐减小，完成压油过程。

总之，螺杆泵的工作原理是：一根主动螺杆与两根从动螺杆相互啮合，三根螺杆的啮合线将螺旋槽分割成若干个密封容积。当螺杆在电机带动下旋转时，利用螺杆槽内密封容积沿轴方向的移动而实现吸油和排油，产生泵的作用。

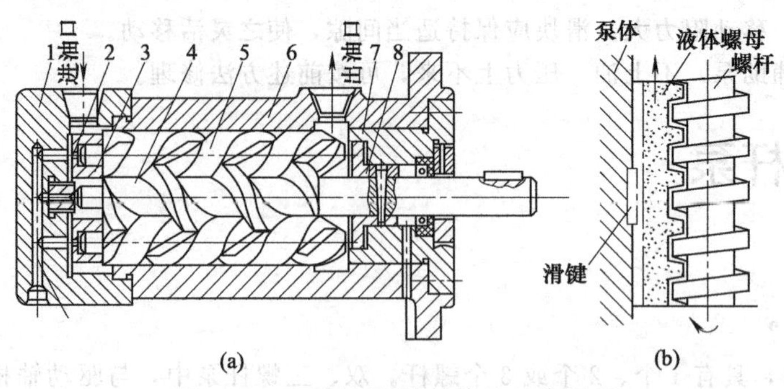

图 2-170　三螺杆泵的结构及工作原理

1—泵盖；2—铜垫；3、8—止推铜套；4—主动螺杆；5—从动螺杆；6—泵体；7—压盖

2.6.2　螺杆泵的结构图例

1. 单螺杆泵的结构是怎样的?

图 2-171 为单螺杆泵结构，单螺杆泵的螺杆具有圆形的法向截面，套在由特种合成橡胶制成的外套中旋转，外套与螺杆偏心设置。由于为橡胶螺套，即便液体中含有固体异物，也不会损伤螺纹面，所以单螺杆泵主要用作输送泵。目前国外这种泵最高工作压力为 1MPa 左右，能输送各种液体。

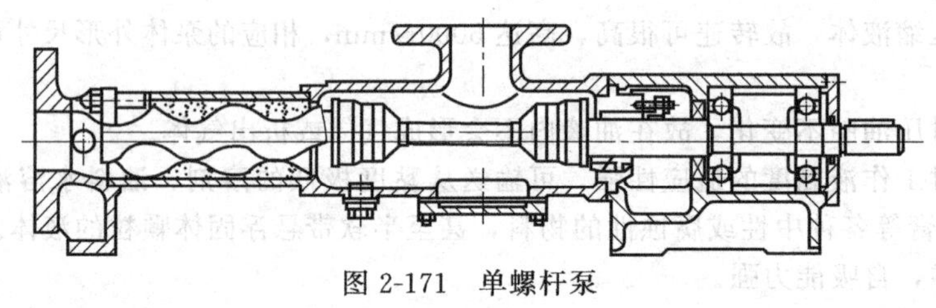
图 2-171　单螺杆泵

2. 双螺杆泵的结构是怎样的?

图 2-172 为双螺杆泵结构。两螺杆，一为主动螺杆，一为从动螺杆，两者除了螺旋方向相反外，其他形状完全相同，双螺杆泵的流量可以做得很大，国外已有 10000L/min 的双螺杆泵产品，但由于出油侧和吸入侧之间还不能很好地防止泄漏，使用压力多限于低压（3MPa 以下）。其用途主要做输送泵，也有少量的作低压液压泵。

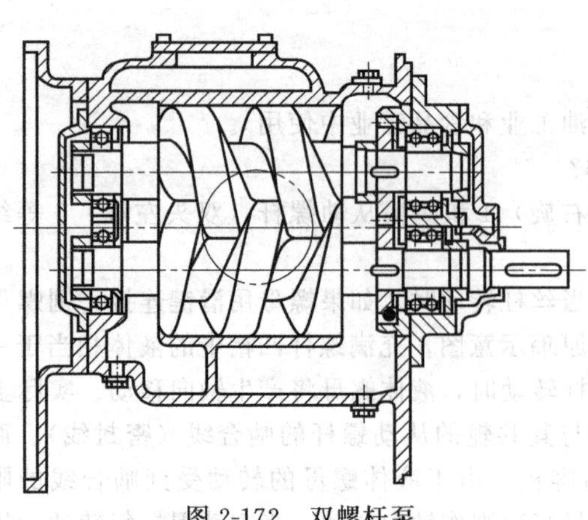
图 2-172　双螺杆泵

3. 三螺杆泵的结构是怎样的?

图 2-173 为三螺杆泵结构。主动螺杆与从动螺杆相啮合，在每一个导程中形成一个包容在外套内腔和啮合面间的密封工作容腔。主、从动螺杆旋转时，由于啮合线沿螺旋面滑动，工作容腔将沿轴向由螺杆的一端连续地向另一端移动，这样工作容腔中充满的油液（工作介质）也就从吸油腔带到排油腔而输往液压系统，后续的螺旋面不断形成新的密闭工作容腔，因而连续地输出油液。螺杆泵轴向尺寸比较长，这是因为外套长度至少应盖住一个螺杆的导程（往往是多个），外套内壁与三螺杆的齿顶圆构成径向间隙密封，互相啮合的螺旋面上的接触线构成轴向密封。但由于制造误差，径向密封和轴向密封均较难实现，所以螺杆泵的容积效率不高。三螺杆泵在工作

时，主动螺杆受到的径向液压力和从动螺杆的啮合反力可以互相平衡，但从动螺杆仅单侧承受主动螺杆的驱动力，两侧受到的液压力也不相等，其径向力是不平衡的，这一般从设计上适当选择好主、从动螺杆的直径比例及从动螺杆的凹螺线截面尺寸，可以利用液压力产生的转矩使从动螺杆自行旋转而卸去大部分机械驱动力，通过适当限制每一个导程级所建立的压差，也可将从动螺杆的径向力控制在合理范围内。螺杆泵中工作介质的压力沿轴线逐渐升高，这一压差对螺杆副产生一个由排油腔指向吸油腔的轴向推力，它将使螺杆间的摩擦力增大，加剧磨损，为补偿轴向力，所以在图 2-173 所示的三螺杆泵中采取了以下措施：

① 将排油腔设置在主动螺杆轴伸端一侧（右侧），这样可减少工作油液压力对螺杆的作用面积。

② 在排油腔侧——泵的轴伸端处设置一直径较大的轴向力平衡圆盘，此盘与外壳内壁构成间隙密封，这样轴向力平衡圆盘左边受排油腔压力油作用，平衡圆盘右边被隔成了卸荷腔，这样作用到平衡圆盘左右两侧的压差产生的液压力可抵消主动螺杆上所受到的大部分轴向力。

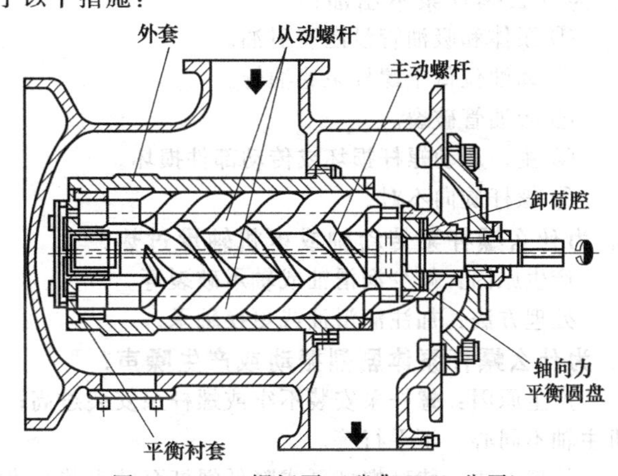

图 2-173 三螺杆泵（瑞典 IMO 公司）

③ 将排油腔的压力油通过主动螺杆中心通道引到三螺杆左端轴承后腔内，平衡衬套隔开轴承后腔与泵吸油腔，这样在轴承后腔形成压力油腔，产生一部分向右推力，即在从动螺杆上仍保留一小部分向右的推力（轴向力），以保证啮合线上的压紧密封。主动螺杆上最后剩余的轴向力由设在吸油腔一侧的推力轴承平衡。

2.6.3 故障分析及排除

1. 为什么螺杆泵出现输出流量不够、压力也上不去?

（1）产生原因

① 主动螺杆外圆与泵体孔的配合间隙因磨损而增大。

② 从动螺杆外圆与泵体孔的配合间隙因加工不好或使用磨损而增大（图 2-174）。

③ 主动螺杆凸头与从动螺杆凹槽共轭齿廓啮合线的啮合间隙因加工或使用磨损而增大，严重影响输出流量的大小。

④ 主动螺杆顶圆与从动螺杆根圆、从动螺杆外圆与主动螺杆根圆啮合线的啮合间隙增大。

⑤ 其他原因：电机转速不够（因功率选得不够），吸油不畅（如滤油器堵塞、油箱中油液不足、进油管漏气等）。

⑥ 三根螺杆啮合中心与泵体三孔中心存在偏差，从而使三根螺杆在泵体三孔内的啮合处于不对称状态，即一边啮合紧，一边啮合松，紧的一边啮合型面咬死，而松的一边则泄漏明显增大。

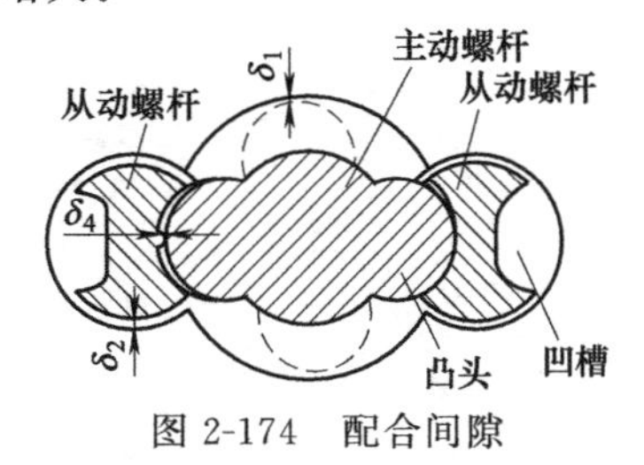

图 2-174 配合间隙

（2）排除方法

① 采用刷镀的方法，保证主螺杆外圆与泵体孔的配合间隙在 0.03～0.05mm。

② 用刷镀的方法，保证从动螺杆外圆与泵体孔的配合间隙在 0.03～0.04mm，或者换新。

③ 用三根螺杆对研跑合的方法提高螺杆齿形精度，并保证三根螺杆啮合开档尺寸在规定的公差范围内。

④ 用刷镀的方法，保证三根螺杆啮合开档尺寸在规定的公差范围内。

⑤ 清洗滤油器，防止吸空。若电机功率不足，应加大功率。

⑥ 泵体内三孔中心不对称度应在0.02mm以内，并且将泵体的主动螺杆作成上偏差（H7），主动螺杆外圆作成下偏差（g6），这样主动螺杆与泵体孔的配合间隙保证在0.03～0.05mm，这样可使主螺杆在泵体孔内自由校正，与两从动螺杆的啮合间隙达到对称，即不会产生一边啮合紧，一边啮合松而泄漏很大，造成流量不够的现象。

2. 为什么螺杆泵不出油?

① 泵体和吸油管没灌满引油。

② 动油位低于螺杆泵滤油管。

③ 吸油管破裂。

④ 主、从动螺杆损坏或传动部件损坏。

⑤ 螺杆旋向不对。

3. 为什么螺杆泵传动轴或电机轴承过热?

产生原因：缺少润滑油或轴承破裂等。

处理方法：加注润滑油或更换轴承。

4. 为什么螺杆泵体剧烈振动或产生噪声?

产生原因：螺杆泵安装不牢或螺杆泵安装过高；电机滚珠轴承损坏；螺杆泵主轴弯曲或与电机主轴不同心、不平行等。

处理方法：装稳螺杆泵或降低螺杆泵的安装高度；更换电机滚珠轴承；矫正弯曲的螺杆泵主轴或调整好泵与电机的相对位置。

2.6.4 螺杆泵的修理

1. 怎样修理泵体?

泵体一般是主、从动螺杆孔磨损。若磨损轻微，可稍研磨再用。若磨损严重，可采用刷镀的方法修复内孔，或者重新加工泵体。修复后，主、从动螺杆孔中心线平行度允差为0.02mm，与螺杆的配合公差为H7/g6，孔的圆度和圆柱度允差为0.005mm，光面粗糙度为$Ra0.2\mu m$。泵体两端面与螺杆孔中心线垂直度不大于0.01mm。

2. 怎样修理主、从动螺杆?

主要是磨损，磨损轻微，可刷镀至尺寸；磨损严重或在外啮合面上出现沟痕时，可先将沟痕磨去，再用镀铬的方法修复，对共轭齿面出现严重损坏者，则必须外购新螺杆或者自行加工（难度较大，须制造轴截面齿形刀具，径向截面曲线为摆线，加工困难）。

第3章 执行元件

3.1 液压缸

3.1.1 概述

1. 什么叫液压执行元件？执行元件分哪两类？其职能是什么？

将液体的液压能转换为机械能的装置叫做液压执行元件。

执行元件包括做直线往复运动的液压缸、做旋转运动的液压马达以及做摆动运动的摆动液压缸（摆动液压马达）三大类。

液压缸和液压马达都是液压执行元件，其职能是将液压能转换为机械能。液压缸（直线往复式、摆动式）的输入量是液体的流量和压力，输出直线往复运动或往复摆动，输出量是速度和直线力或角速度（转速）和转矩。液压马达输入量也是液体的流量和压力，实现连续的回转运动，输出转矩和转速。

2. 液压执行元件的名词术语有哪些？

液压执行元件的名词术语见表3-1。

表3-1 液压执行元件的名词术语

术　语	解　释
[液压]执行元件	利用流体能量做机械功的液压元件
液压马达	用于液压回路的，能作连续旋转运动的执行元件
容积式马达	由于流体从进口侧向排油侧流动，使与壳体内接的可动部件间的密闭空间发生移动或变化，从而实现连续旋转运动的执行元件
叶片马达	转子槽内的叶片与壳体（定子环）相接触，在流入的液体作用下使转子旋转的液压马达
液压缸	输出力和活塞有效面积及其两边的压差成正比的直线运动式执行元件
双作用[液压]缸	能由活塞的两侧输入压力油的液压缸
单作用[液压]缸	只能由活塞的一侧输入压力油的液压缸
单杆[液压]缸	活塞的一侧有活塞杆的液压缸
双杆[液压]缸	活塞的两侧都有活塞杆的液压缸
差动[液压]缸	利用液压缸两侧的有效面积差的液压缸
带缓冲装置的[液压]缸	具有缓冲机能的液压缸
定量马达	每转的理论输入排量不变的液压马达
变量马达	每转的理论输入排量可变的液压马达
齿轮马达	输入压力流体，使泵壳内相互啮合的两个（或两个以上）齿轮转动的液压马达
柱塞马达	流入液体的压力作用于活塞或柱塞的端面，通过斜盘、凸轮、曲柄等使马达轴转动的液压马达
摆动式执行元件	回转角度限制在360°以内的进行往复转动的执行元件
伸缩式[液压]缸	可以得到较长工作行程的具有多级套筒形活塞杆的液压缸
液压缸推力	作用于活塞面积上的理论流体力
液压缸行程	指活塞杆的动作长度，带有缓冲装置的液压缸，包括缓冲长度
伺服执行元件	使用于自动控制系统的伺服阀和执行元件的组合体
增压器	能将输入压力变换，以较高压力输出的液压元件

3.1.2　液压缸的分类、结构原理、图形符号

1. 液压缸的分类有哪些?

按供油方向分：单作用缸和双作用缸。

按结构形式分：活塞缸、柱塞缸、伸缩套筒缸、摆动液压缸。

按活塞杆形式分：单活塞杆缸、双活塞杆缸。

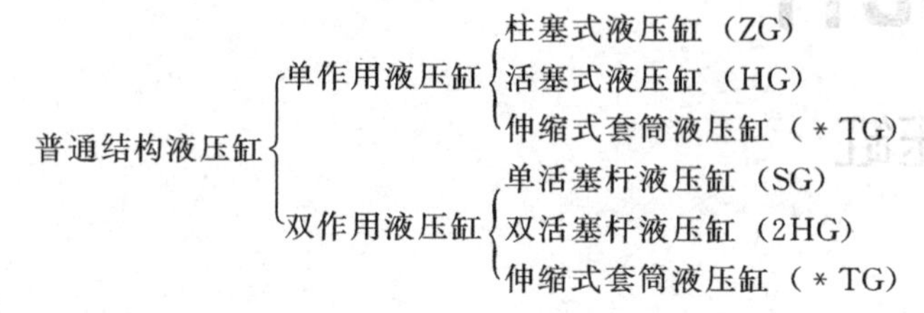

2. 什么叫单作用活塞式液压缸? 结构原理与图形符号是什么?

只有一个油口的活塞缸叫单作用活塞式液压缸。其结构原理与图形符号如图 3-1 所示。当压力油从 A 口流入，缸向右输出单方向的力和速度（直线运动），反方向退回运动要依靠弹簧力（或重力及外负载力）实现，返回力须大于无杆腔背压力和液压缸各部位的摩擦力。注意：此种缸上要有放气孔，否则缸将无法运动。

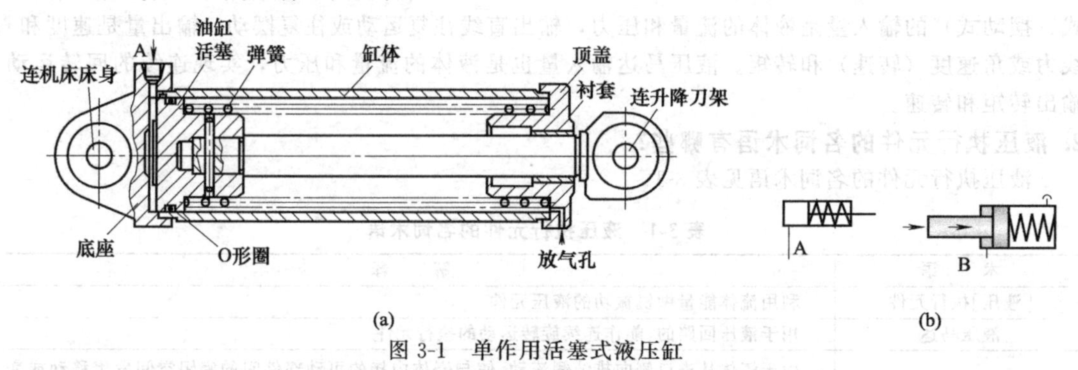

图 3-1　单作用活塞式液压缸

3. 什么叫双作用单杆活塞式液压缸? 结构原理与图形符号是什么?

有两个进出油口的活塞缸叫双作用活塞式液压缸。只在活塞的一侧装有活塞杆的双作用活塞式液压缸叫双作用单杆活塞式液压缸，两腔有效作用面积不同，往返的运动速度和作用力也不相等。其结构原理与图形符号如图 3-2 所示。A 口进压力油、B 口回油时，活塞杆被推出（向上），

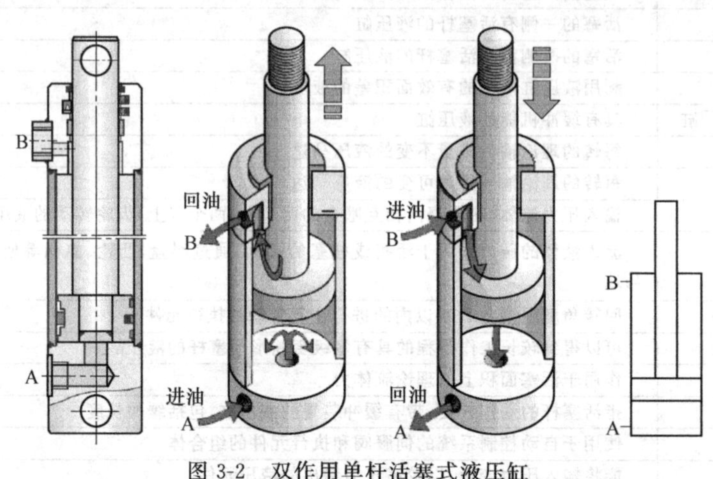

图 3-2　双作用单杆活塞式液压缸

作用力较大，速度较慢；B口进压力油、A口回油时，活塞杆被拉入（向下），作用力较小，速度较快。因而它适用于推出时承受工作载荷、拉入时为空载或工作载荷较小的液压装置。单活塞杆液压缸应用得最普遍。

4. 什么叫双作用双杆活塞式液压缸？结构原理与图形符号是什么？

有两个进出油口、两个活塞杆的活塞式液压缸叫双作用双杆活塞式液压缸。其结构原理与图形符号如图3-3所示，活塞两侧均装有空心活塞杆，液压缸活塞杆由支承座固定。当A口进压力油、B口回油时，活塞杆被推出向右运动；反之则向左运动。当采用等径活塞杆时，两端的有效工作面积则相等，活塞往复运动的作用力和速度也就相等。机床（如磨床）中行程较短的工作台上，常采用此种液压缸。双活塞杆液压缸由于其往复运动时都有一个活塞杆承受着拉力，并有三处导向，所以压杆稳定性较好。但它所占用的空间较大。如果采用缸筒运动的形式，则可减少所占用的工作空间。

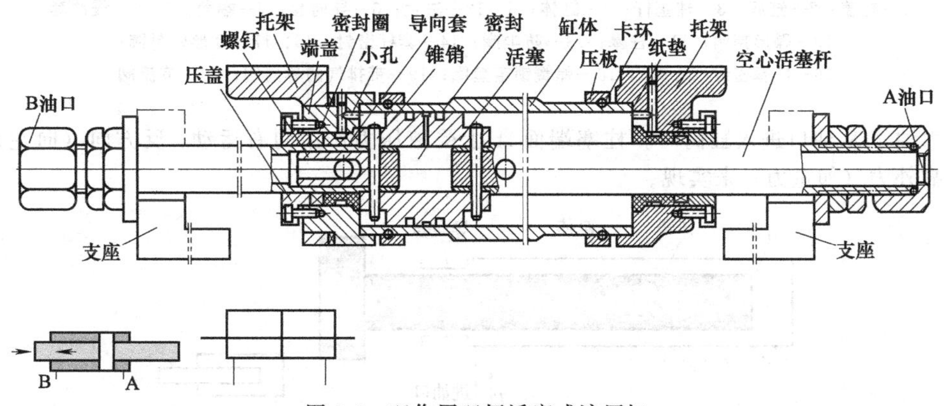

图3-3 双作用双杆活塞式液压缸

5. 什么叫固定缓冲式液压缸？结构原理与图形符号是什么？

缸缓冲不可调节，叫固定缓冲式液压缸。其结构原理与图形符号如图3-4所示，当从A口进压力油、B口回油时，活塞向右运动。接近右端时，缓冲柱塞进入后缸盖孔内，回油只能经三角节流槽回油，开口逐渐变小，回油速度逐渐降低而产生缓冲作用。反向运动时，则利用带锥面的缓冲套使活塞逐渐减速，达到缓冲效果。

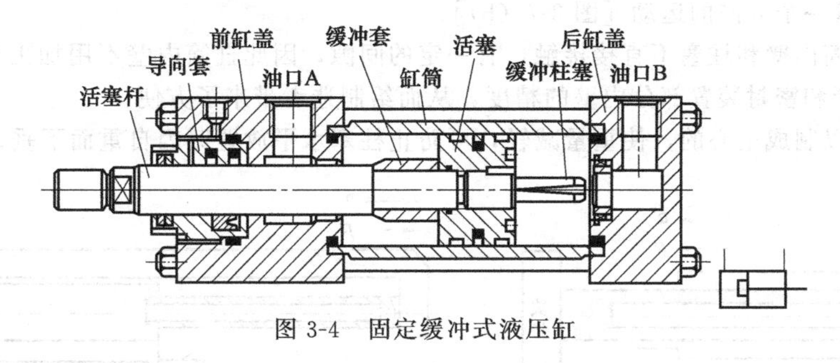

图3-4 固定缓冲式液压缸

6. 什么叫可调缓冲式液压缸？结构原理与图形符号是什么？

可调节缓冲速度的缓冲式液压缸叫可调缓冲式液压缸。其结构原理与图形符号如图3-5所示，与上述固定缓冲式液压缸不同的是：在缓冲环进入缸盖后，回油只能由缸两端的节流阀通油，实现缓冲。而且两端的节流阀可调节开口大小，叫可调缓冲，两端均有放气单向阀放气。

7. 什么叫柱塞式液压缸？结构原理与图形符号是什么？

只有柱塞而无活塞、活塞杆的液压缸叫柱塞式液压缸。其结构原理与图形符号如图3-6所

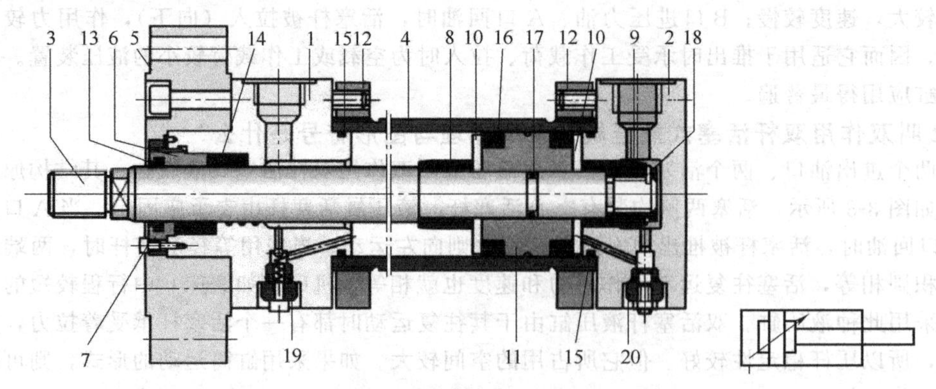

图 3-5 可调缓冲式液压缸

1—缸盖；2—缸底；3—柱塞杆；4—缸体；5、12—法兰；6—导向套；7—端盖；8、9—缓冲套；10—碟形挡圈；11—柱塞；13—防尘圈；14—套杆密封；15、17—O 形密封圈；16—柱塞密封（A 型）；18—弹簧锁定垫圈；19—带排气的单向阀；20—节流阀

示，压力油 p 从油口进入缸筒时，柱塞端面 A 上受液压力作用向右运动，反方向（向左）的运动要依靠外力（如重力）来实现。

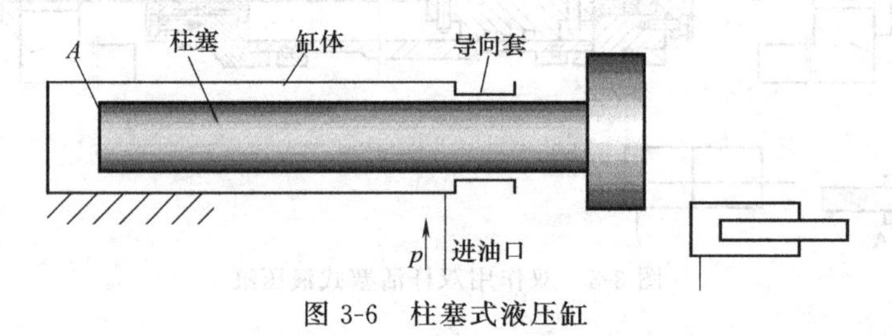

图 3-6 柱塞式液压缸

8. 柱塞缸有何特点?

柱塞缸的特点是：

① 柱塞端面是承受油压的工作面，动力是通过柱塞本身传递的。

② 柱塞缸只能在压力油作用下向一个方向运动［图 3-7（a)］。如需双向运动，则两个柱塞缸应对装，各管一个方向的运动［图 3-7（b)］。

③ 由于缸筒内壁和柱塞不直接接触，有一定的间隙，因此缸筒内壁不用加工或只做粗加工，只需保证导向套和密封装置部分内壁的精度，从而给制造者带来了方便。

④ 柱塞可以制成空心的，使重量减轻，可防止柱塞水平放置时因自重而下垂。

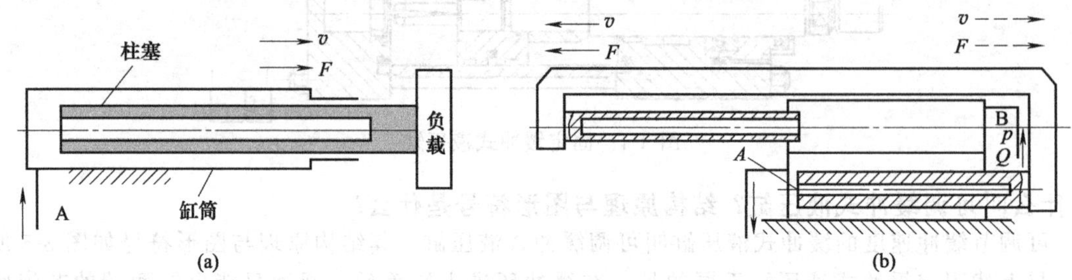

图 3-7 单、双柱塞缸

9. 为何采用柱塞式液压缸?

当活塞式液压缸行程较长时，缸体孔的加工难度大，使得制造成本增加。而某些场合所用的液压缸并不要求双向控制，柱塞式液压缸正是满足了这种使用要求的一种价格低廉的液压缸，它

不要求将整个缸筒（缸体）孔都加工出来。只需保证很短的导套内孔与柱塞外径的配合精度即可，这样大大降低了加工难度，如图 3-8 所示，柱塞缸由缸筒、柱塞、导套、密封圈和压盖等零件组成，柱塞和缸筒内壁不接触，因此缸筒内孔不需精加工，工艺性好，成本低。但柱塞式液压缸只能单方向运动，回程要借助其他力（如重力）。

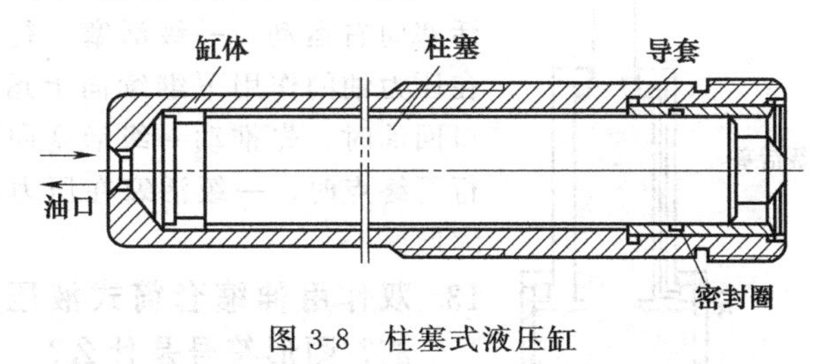

图 3-8 柱塞式液压缸

10. 什么叫伸缩套筒式液压缸？伸缩套筒式液压缸分为哪两种？

由两个或多个活塞式液压缸套装而成，前一级活塞缸的活塞是后一级活塞缸的缸筒，可获得很长的工作行程的液压缸叫伸缩式液压缸。伸缩套筒式液压缸分为单作用式和双作用式两种。

伸缩式液压缸的特点是：活塞杆伸出的行程长，收缩后的结构尺寸小，适用于翻斗汽车、起重机的伸缩臂等。图 3-9 为伸缩套筒式液压缸。

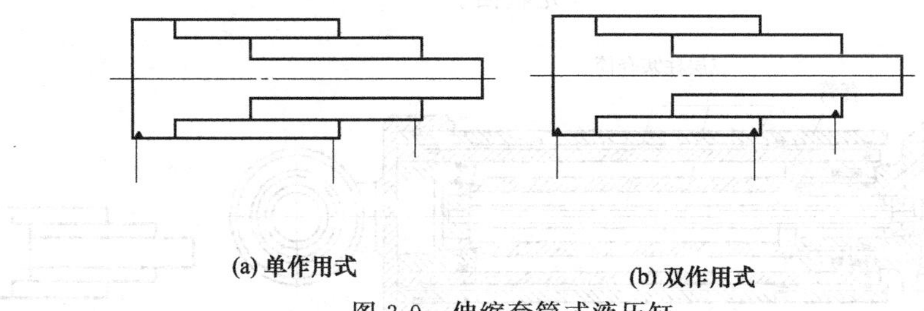

图 3-9 伸缩套筒式液压缸

11. 什么叫单作用式伸缩套筒液压缸？结构原理与图形符号是什么？

只有一个油口的伸缩套筒式液压缸叫单作用式伸缩套筒液压缸。其结构原理与图形符号如图 3-10 与图 3-11 所示。

图 3-11 中：当压力油从 A 口进入柱塞缸，先推动柱塞 1 右行，再推动柱塞 2 右行。柱塞右端的大台肩外圆柱面仅起导向作用，柱塞 1 右行时，A_1 腔的油液经 a 孔返回 A_2 腔。柱塞 2 左行时，B_1 腔的油液经 b 孔返回 B_2（A_2）腔。回程时靠外力或者垂直安装时缸本身的重力返回（左行）A。作用面积大的活塞最早伸出。单作用式伸缩套筒液压缸靠外力缩回。

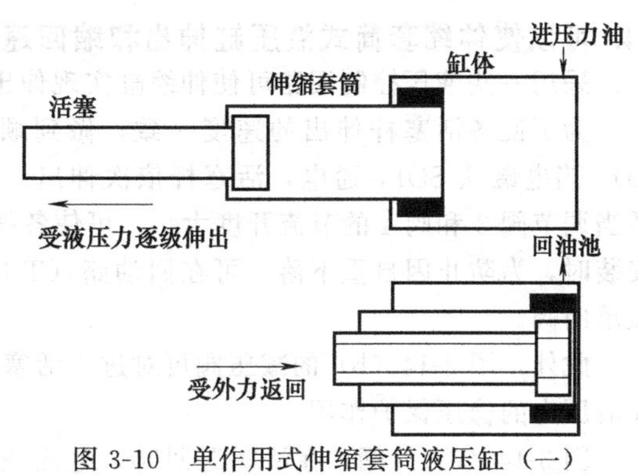

图 3-10 单作用式伸缩套筒液压缸（一）

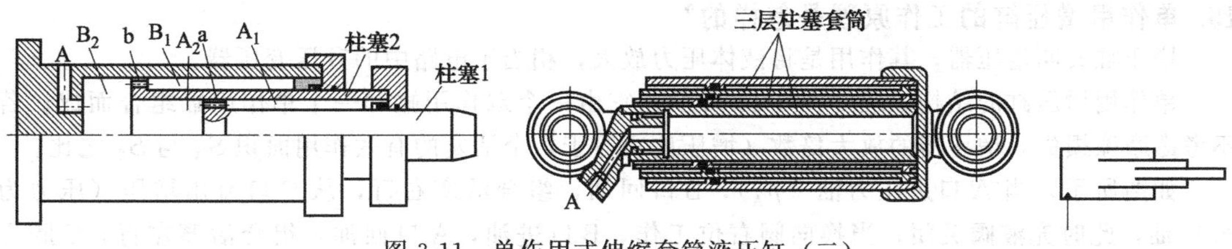

图 3-11 单作用式伸缩套筒液压缸（二）

12. 什么叫双作用式伸缩套筒液压缸？工作原理是什么？

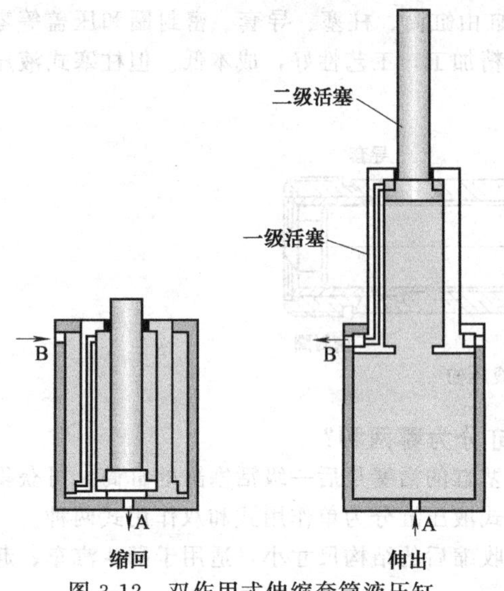

图 3-12 双作用式伸缩套筒液压缸

缸体两端有进、出油口A和B的伸缩套筒液压缸叫双作用式伸缩套筒液压缸。其工作原理如图3-12所示。当A口进油、B口回油时，先推动一级活塞向右运动。一级活塞上行至终点时，二级活塞在压力油的作用下继续向上运动；当B口进油、A口回油时，先推动一级活塞向下缩回。二级活塞下行至终点时，一级活塞在压力油的作用下继续向下缩回。

13. 双作用伸缩套筒式液压缸具体结构是怎样的？图形符号是什么？

双作用伸缩套筒式液压缸具体结构如图3-13所示，与单作用伸缩式套筒液压缸的结构大体相似。所不同的是，套筒中设有油路通道，使其在回程时也由液压力推动，因而往返运动都容易控制。作用面积大的活塞最早伸出，缩回时环形作用面积大的先收回。

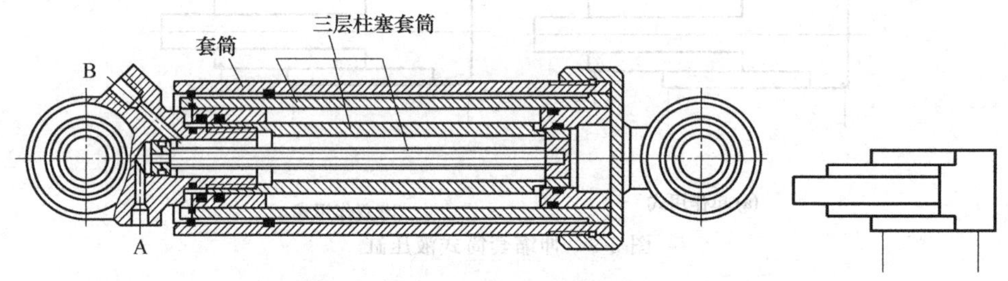

图 3-13 双作用伸缩套筒式液压缸结构与图形符号

14. 可以使伸缩套筒式液压缸伸出和缩回速度一样吗？

采用一些液压控制回路可使伸缩缸实现伸出和缩回速度一样，说明如下。

为了使各活塞杆伸出的速度一致，做到顺次等速动作，图3-14列举了三种回路。图3-14(a)，当电磁铁SOLa通电，活塞杆依次伸出；当电磁铁SOLb通电，活塞杆依次缩回（向右）。适当调节阀3和阀4的节流开度大小，可使各杆在伸出或者缩回时，速度一致。当伸缩杆为垂直安装时，为防止因自重下落，可在回油路（T口）加装背压阀，或者在A与B的管路中加装液控单向阀。

此外，图3-14（b）的减压阀可对进入活塞侧（伸出时）的压力进行调节，并起到对活塞侧油液压力的稳压保护作用。

图3-14（c）的阀6在活塞退回时，电磁铁SOLc通电，这样活塞侧无杆腔（右腔）的回油多了一条旁通渠道，可加快伸缩缸的退回速度。

15. 单作用增压缸的工作原理是怎样的？

增压缸又叫增压器，其作用是将液体压力放大，相当于电路中的升压变压器。

单作用增压缸的结构原理如图3-15所示，它由一个双作用缸和一个单作用缸组合而成。若不考虑摩擦损失，增压器的放大倍数（增压比）等于两个活塞的有效作用面积S_A与S_C之比。

如图所示，当A口进压力油（p_A），B口回油，组合活塞右行，从C口流出增压（压力为p_C）油，此时充液阀关闭；当换向阀右位工作，B口进油，A口回油，组合活塞左行，C腔压力下降，使充液阀打开，从C口补油进单作用缸，此时无高压油输出。增压比i可按下式

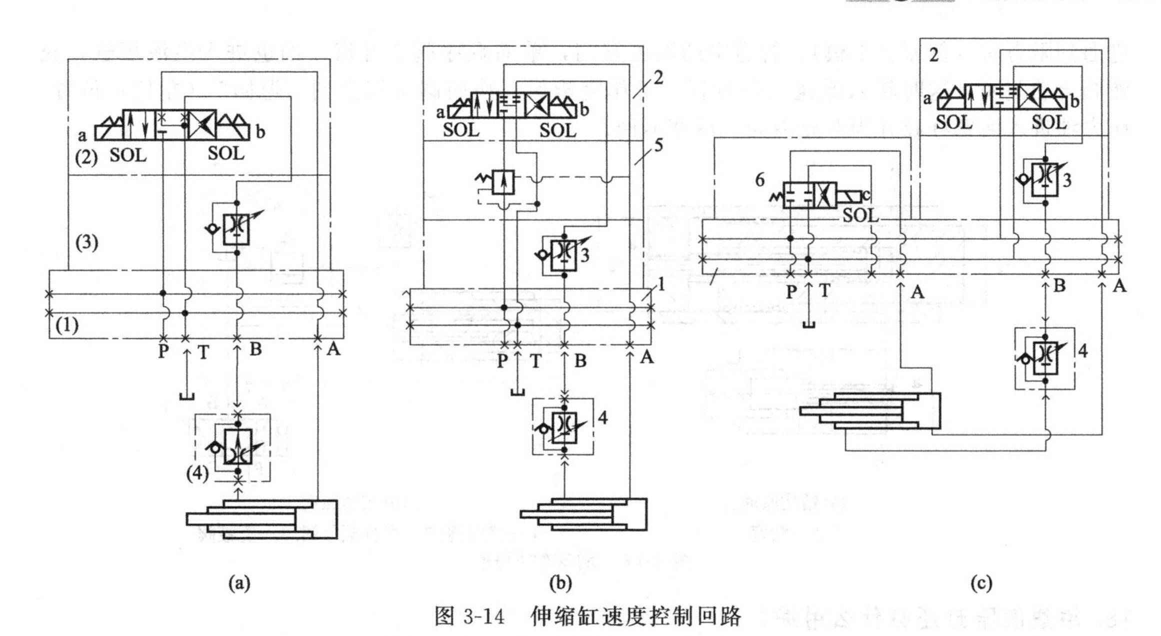

图 3-14 伸缩缸速度控制回路

1—连接板；2—电磁换向阀；3—单向节流阀（带温度补偿）；4—单向节流阀；5—减压阀；6—二位四通电磁阀

推导：

$$由 S_A p_A = S_C p_C \Rightarrow p_C = p_A S_A / S_C = p_A i$$

因面积 $S_A > S_C$，所以 $i>1$，能将压力 p_A 放大为 p_C。

16. 双作用增压缸的工作原理是怎样的?

上述单作用增压器输出的增压后的压力油是断续的，为了获得连续的高压油的输出，可采用双作用增压缸。

双作用增压缸的工作原理如图 3-16 所示，双作用增压缸由一个双作用缸和左右两个单作用缸组成。当图中换向阀不停地反复换向时，中间的双作用缸也连续左右往复运动，左右两个单作用缸也随之运动。其中一个吸入液体，一个排出增压后的液体，通过四个单向阀的配油，可连续从 A 输出经增压后的高压液体。图 3-16（a）是低压缸与高压缸使用相同液体的情况，图 3-16（b）为低压缸与高压缸使用不同液体的情况。

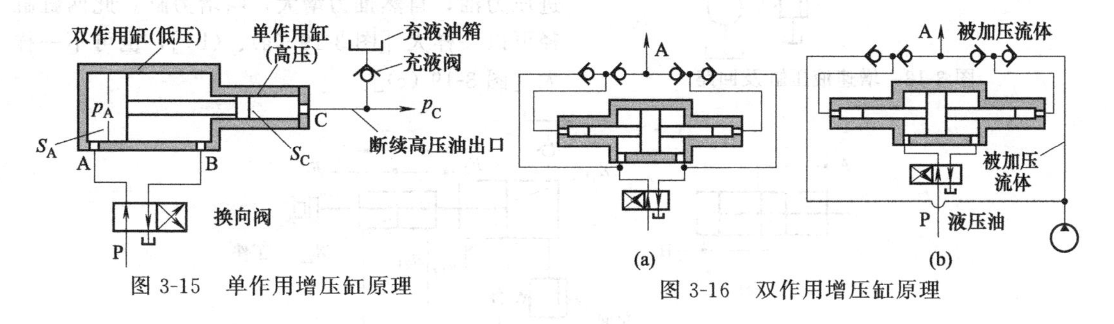

图 3-15 单作用增压缸原理

图 3-16 双作用增压缸原理

17. 增速缸的工作原理是怎样的?

增速缸由一个双作用活塞式液压缸和一个单作用柱（活）塞式液压缸组成［图 3-17（a）］，大活塞 1 的中部即作为增速液压缸。带密封的活塞 2（或柱塞）在其中滑动，活塞 2 固定于大缸的缸底上，因而结构紧凑。活塞空程向前时，压力油仅从 a 输往增速缸。由于增速缸的直径 d_3 小，所以活塞 1 前进（向左）时推力小而速度快。b 腔通过充液阀补油，而 c 腔回油。增速缸连在回路里的应用实例如图 3-17（b）所示。当换向阀 1 切换到“前进”（右位）位置时，压力油 P 经 B 进入增速缸，将活塞快速推出。这时主油腔产生真空，充液阀 3 打开，进行充液。当活塞前进遇到阻力时（例如合上模），管道中的油压升高，单向顺序阀 2 开启，油也进入主液压缸，充液阀自动关闭，这时转入低速工作行程，工作完毕后，换向阀 1 切换到“退回”（左位）位置，压力油进入活塞杆腔并顶开充液阀，活塞退回。

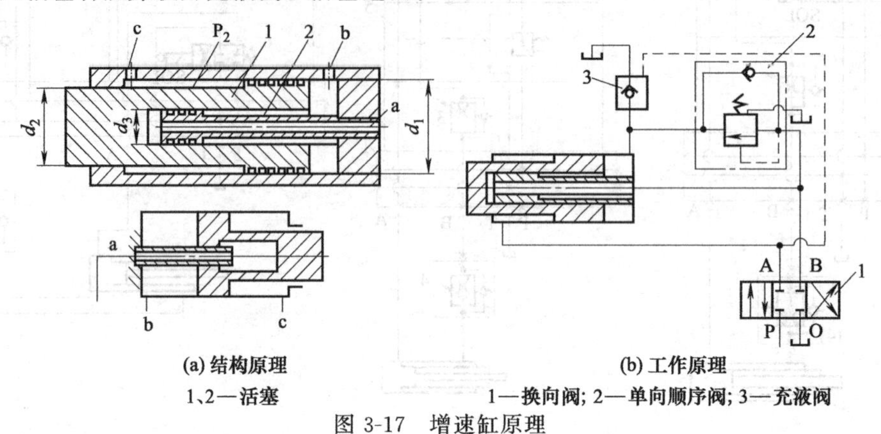

图 3-17　增速缸原理

18. 增速液压缸还有什么用途?

增速液压缸还有一种用途是，它可以组成多速回路（图 3-18），利用差动原理，改变三个液压缸 A、B、C 的油液流动情况，可组合 7 种不同的进退速度，其速比为

$$\frac{1}{D_1^2}:\frac{1}{D_2^2}:\frac{1}{D_3^2}:\frac{1}{D_1^2-D_2^2}:\frac{1}{D_1^2-D_3^2}:\frac{1}{D_2^2-D_3^2}:\frac{1}{D_1^2-D_2^2-D_3^2} \tag{3-1}$$

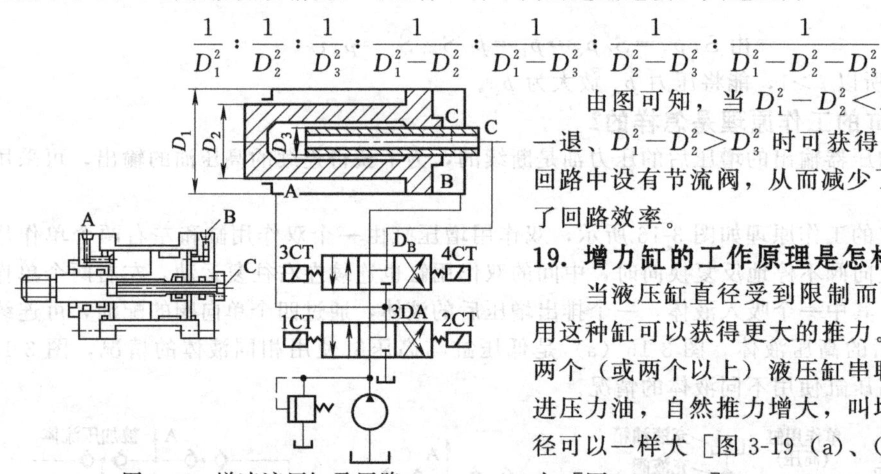

图 3-18　增速液压缸及回路

由图可知，当 $D_1^2-D_2^2<D_3^2$ 时可获得六进一退、$D_1^2-D_2^2>D_3^2$ 时可获得五进二退的速度。回路中设有节流阀，从而减少了压力损失，提高了回路效率。

19. 增力缸的工作原理是怎样的?

当液压缸直径受到限制而长度不受限制时，用这种缸可以获得更大的推力。这种缸实际上是两个（或两个以上）液压缸串联而成，两缸同时进压力油，自然推力增大，叫增力缸。此两缸缸径可以一样大［图 3-19（a）、（b）］，也可不一样大［图 3-19（c）］。

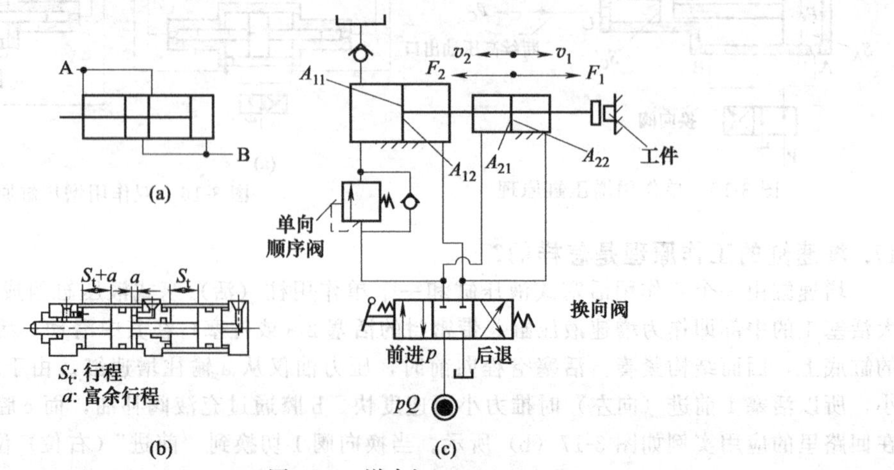

图 3-19　增力缸

图 3-19（c）中，当活塞开始前进时，换向阀处于“前进”位置，顺序阀关闭，由小缸带动向右快进，当活塞杆碰上工件后，缸的压力上升，顺序阀打开，大缸右腔进油，进行增力；反之，当换向阀处于“后退”位置时，松开工件。

前进、后退的速度和推力的计算公式分别为：

$$v_1=\frac{Q}{A_{11}+A_{21}} \tag{3-2}$$

$$F_1=(A_{11}+A_{12})p \tag{3-3}$$

$$v_2=\frac{Q}{A_{12}+A_{22}} \tag{3-4}$$

$$F_2=(A_{21}+A_{22})p \tag{3-5}$$

式中，A_{11}、A_{12}、A_{21}、A_{22}分别为液压缸各腔的有效面积。

20. 什么是数字式点位液压缸？它有什么优点？它有哪些种类？

用数字信息控制的液压缸称为数字缸。用数字缸驱动定位，和模拟液压缸（如伺服液压缸、比例液压缸）等相比较，它的精度高，稳定性好，抗污染能力强，温度漂移少，可靠性高，与计算机接口无需数模转换，机械结构简单，成本较低；和电液脉冲马达相比，结构上无需像液压马达那样做回转运动，要通过丝杆螺母、齿轮及联轴器转换成直线运动，因而比电液脉冲马达结构简单。

从 20 世纪 60 年代至今，世界各国研制出多种形式的数字缸，结构上多采用数字阀控缸的形式（内控、外控）。按数字缸完成的功能看，有连续数控系统的数字缸和点位数控系统的数字缸；按反馈机构来分，有刚性反馈型和柔性反馈型。

21. 数字式点位液压缸的工作原理是怎样的？

以图 3-20 所示 Vickcrs 公司数字式点位液压缸为例，来说明它的工作原理。缸内有多个相互套装的带杆浮动活塞，它的后一个活塞杆套在前一个活塞的空心凸缘内。各级活塞的行程由各空心凸缘长度（行程限制器）限定，输出位移等于外伸着的若干级活塞行程的总和。各级活塞的行程按二进制规律设计，即各活塞有效行程之比为 1∶2∶4∶8∶16∶…，即按 2^n 级数排列。计算机输出平行二进制数码仪信号，控制一级二位三通电磁换向阀的阀位。每个换向阀控制着数控液压缸的一个工作腔，利用电磁铁的通断，使它与压力油路接通或者与回油路接通。当某工作腔与压力油路接通（相应二位三通电磁阀断电）时，对应的某级活塞则外伸；反之，当某工作腔与回油路接通（电磁铁通电）时，对应的某级活塞在其他外伸缸端面油腔压力油的液压力作用下内缩。输出位移等于外伸着的若干活塞的行程的总和。各级活塞的行程按二进制规律设计，所以输出位移与输入信号的关系如下：

$$Y_{出}=Y_0\sum_{k=0}^{n-1}a_k 2^k \tag{3-6}$$

式中 $Y_{出}$——输出位移；

Y_0——第 0 级活塞的行程；

a_k——第 k 级活塞收到的二进制信号（步距）；

k——活塞级数；

n——活塞总级数。

例如 Y_0 为 1mm（即步距为 1mm），当只有 0 级活塞运动时，带动主活塞杆向右运动 1mm，如只有第一级活塞运动时，主活塞杆向右运动 2mm，…；当第 0 级活塞与第 1 级活塞运动时，主活塞杆向右运动 3mm；根据不同组合，可以得到主活塞杆向右运动 1mm，2mm，3mm，…的运动范围；当全部活塞都向右伸出，则最大运动范围为 1＋2＋4＋…＋64＝127mm。如步距为 1mm，则缸的工作位置为 127 个，运动范围为 1～127mm。

22. 先导级控制的外控刚性反馈数字缸的工作原理是怎样的？

如图 3-21 所示，该数字缸由独立于液压缸之外的先导阀、伺服阀组成。先导阀是由一个低转矩步进电机驱动的小螺杆，螺杆在圆柱形的阀套内转动。如果步进电机使螺杆的螺纹向右移动时，门 2 的面积减小而门 1 的面积增大，则 $p_1<p_2$，伺服阀阀芯右移，因活塞杆固定，所以缸也右移。由于先导阀阀套是与液压缸固定在一起，于是门 1 逐步关小，门 2 逐步开大，直至 p_1、p_2 恢复平衡为止。这种数字缸的另一个特点是：因液压缸与螺杆之间不存在有形的联锁，加之压力 p_1（或 p_2）的脉动特性用来检测、计数，以决定所走过的行程，因此这种数字缸可以通过另外连接高速控制阀，直接驱动液压缸的快速前进和后退，这就克服了步进电机不能高速驱动的缺点。

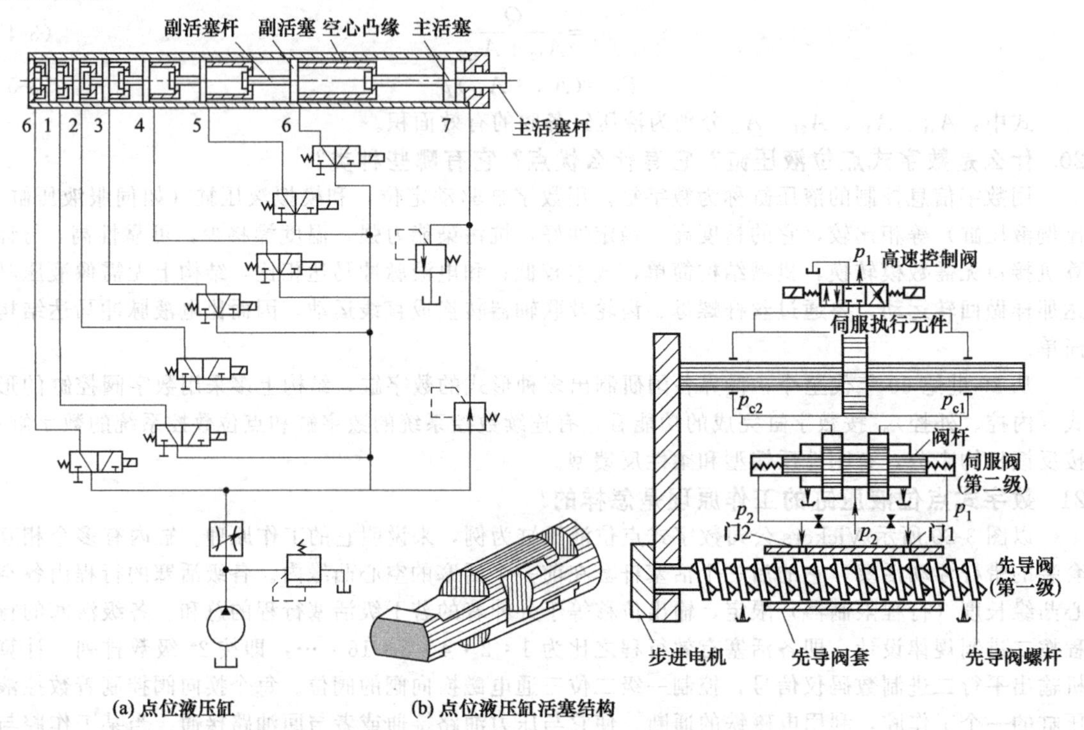

图 3-20　数字式点位液压缸的工作原理　　　图 3-21　先导级外控刚性反馈数字缸

23. 电液步进缸的工作原理是怎样的?

电液步进液压缸是数字缸的一种。它通过步进电机接收数字控制电路发出的脉冲序列信号，进行信号的转移和功率放大，输出与脉冲数成比例的直线位移或速度。

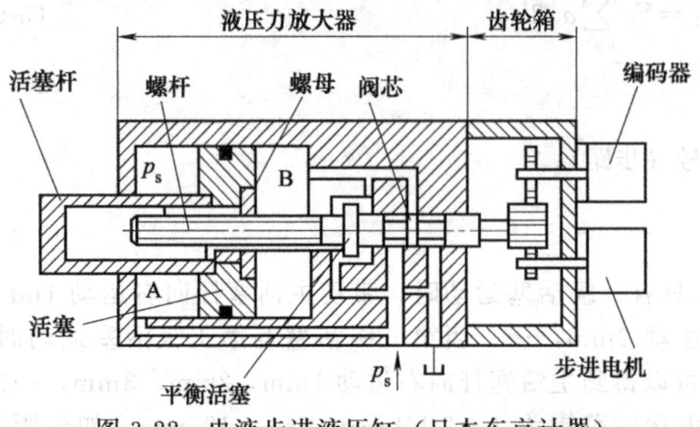

图 3-22　电液步进液压缸（日本东京计器）

图 3-22 所示为日本东京计器公司的电液步进液压缸工作原理，它由步进电机和液压力放大器两大部分组成。为选择速比和增大传动转矩，两者之间加设了减速齿轮箱。其基本特点是采用机械刚性反馈，螺母螺杆既作为阀芯推动元件，又作为反馈元件。

活塞的杆侧（左端）有效面积为头侧（右侧）的 1/2，始终向杆侧供入压力为 p_s 的压力油。头侧的压力由旋转三通阀控制于 $0\sim p_s$。活塞杆静止时，头侧压力为 $p_0/2$（因左右力平衡，而面积为 2 倍关系）。如果步进电机根据控制器的指令沿从头侧观察为顺时针方向旋转，则固定于活塞上的螺母与连接着阀芯成一体的螺杆之间的相互作用，使阀芯右移，B 口经三通阀与压力源 p_s 相通，头侧压力高于 $p_s/2$，于是活塞向左运动，直到阀芯恢复到原始平衡位置为止。步进电机逆时针旋转时，动作相反，B 口通油箱，活塞向右运动，平衡活塞用来防止活塞杆内腔的压力将螺杆向右推，平衡活塞右侧引入 B 口压力，平衡活塞左侧油腔通过内部管道通回油箱。

这种电液步进液压缸已用于日本产的数控机床、木工机械、制铁机械以及各种自动化机械设备上。

24. 带位移测量装置的液压缸的测量原理是怎样的?

这是一种新型的带位移测量装置的液压缸，这种液压缸可与 CPU 直接连接，不需另外的附加装置。基本上只是在普通液压缸内加设一位移传感头而已，可直接测量由液压缸驱动的工作台的直线位移。

这种液压缸的结构和位移测量原理如图 3-23 所示。位置检测机构由活塞杆、装在缸盖内的线圈以及安装在外部的数模变换器构成。活塞杆的表层交替等节距地装有同心状的磁性体与非磁性体，读出头中的初级励磁线圈及次级感应线圈配置在磁屏蔽铁芯规定的位置上。因为磁性体与非磁性体交替装在活塞杆上，所以磁阻随着活塞杆的移动而顺次变化。

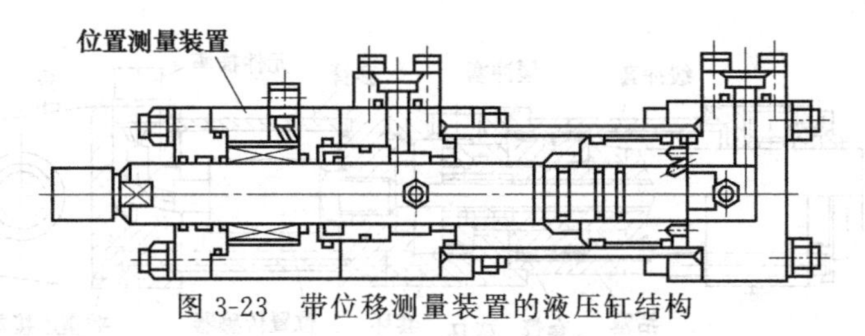

图 3-23　带位移测量装置的液压缸结构

当初级线圈以 $I\sin\omega t$ 及 $I\cos\omega t$ 交替励磁时，这种磁阻变化导致次级线圈感应电压的变化，其变化规律为 $E=K\sin(\omega t-2\pi x/p)$。观察图 3-24 所示的相位可知，次级线圈的感应电压与初级线圈的励磁 $I\sin\omega t$ 相比，仅相移活塞杆移动量 x，如果取出两者之间的相位差，在一节距 ($P=12.8$mm) 范围内，可将活塞杆的直线位移作为绝对位置信号进行测量。

这种测量方式液压缸活塞杆与位置测量线圈部位是不接触的，无摩擦损伤，因而寿命长，不受电压大小、油温及工作液种类的影响。在抗振性、高温、电噪声等方面显示出高的可靠性。

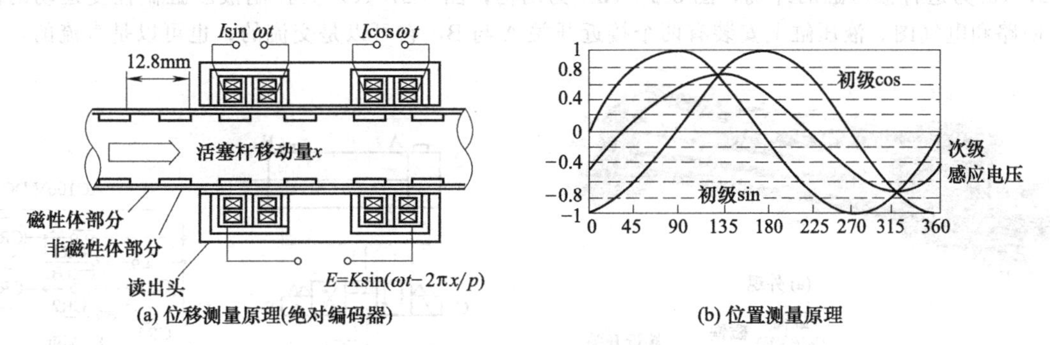

图 3-24　位移与位置测量原理

25. 带磁电感应式传感器的液压缸结构原理是怎样的?

在呈铁磁性（碳钢、低合金钢制）的活塞杆表面加工有等距等宽的凹槽（如宽 1mm，深数十微米），然后用呈顺磁性的硬铬或呈逆磁性的陶瓷涂镀在活塞杆表面（填满槽并凸出数十微米厚），再在活塞杆旁设一永久磁铁，则磁路中的磁阻将随活塞杆的运动周期性地变化。在活塞杆和永磁铁间设置一薄膜磁阻传感器，并用电子器件记录磁阻变化次数，即可得到活塞杆的位移。其结构如图 3-25 所示。

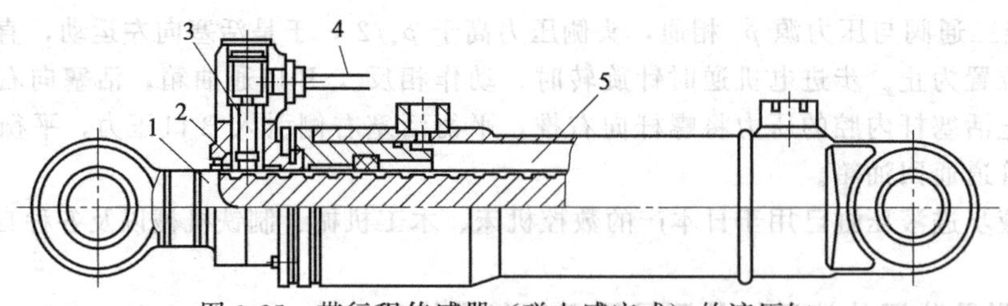

图 3-25　带行程传感器（磁电感应式）的液压缸

1—活塞杆；2—磁电传感器；3—连接放大器；4—输出接口；5—电磁标尺

26. 带超声波位置传感器的液压缸结构原理是怎样的？

图 3-26 所示为缸内装有超声波位置传感器的液压缸，能随时测量出活塞位置，适应液压缸活塞位置（或速度）的闭环控制的需要。位置传感器包含一个抗压不锈钢管和传感头，装在活塞杆上的永磁铁产生超声测量回波。通过测量一个超声脉冲沿着磁致伸缩波导系统的时间，可得到活塞位移的绝对值。此处的超声波位置传感器属非接触式，根据测量电路的不同，分辨率可达 0.1mm 或 0.01mm。

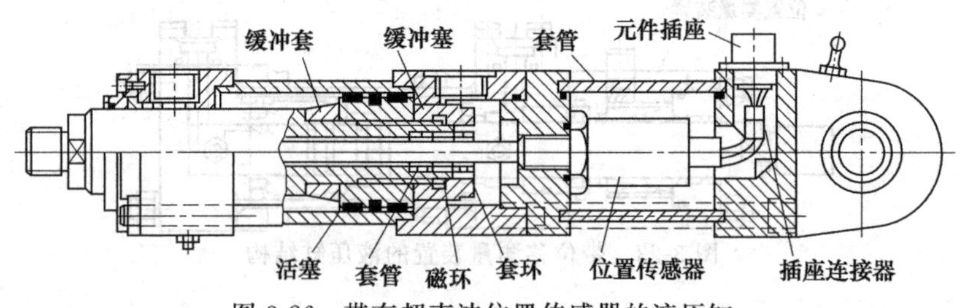

图 3-26　带有超声波位置传感器的液压缸

27. 带接近开关的液压缸结构原理是怎样的？

如图 3-27 所示，液压缸的缸筒与活塞均采用非磁性体不锈钢制造，活塞上固连有永磁铁。当活塞移动到接近开关时，磁铁产生的磁场使接近开关动作，发出电信号，使液压回路中的电磁阀动作。调节接近开关在液压缸外表面上的安装位置，可对液压缸的行程和位置进行控制。图 3-27 (a)为这种液压缸的外观，图 3-27（b）为结构，图 3-27（c）为控制液压缸做往复运动的液压回路和电气图。液压缸上安装有两个接近开关 A 与 B，它可以是交流的，也可以是直流的，交

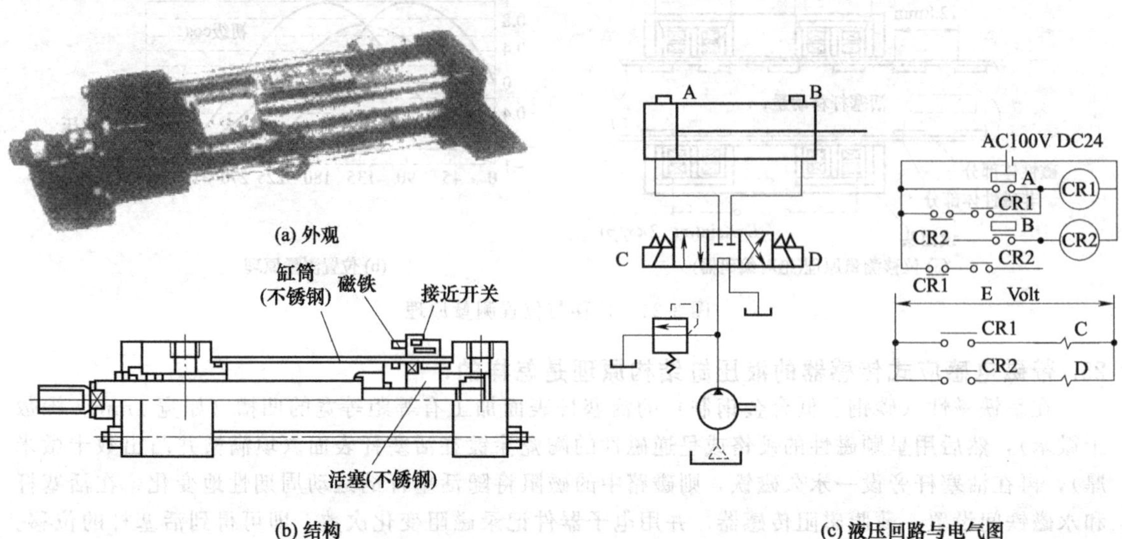

图 3-27　带接近开关的液压缸（日本油研）

流时工作电流为7～20mA，直流的为5～50mA，功率为2W。液压缸的位置控制精度为0.5mm，液压缸行程位置可调。

3.1.3 液压缸的结构说明

1. 液压缸为什么要密封?

液压缸工作时，一边为高压腔（泵来压力油），一边为低压腔（通油箱）。高压腔中的油液会向低压腔泄漏，称为内泄漏；液压缸中的油液也可能向外部泄漏，叫做外泄漏。由于液压缸存在内泄漏和外泄漏，使得液压缸的容积效率降低，从而影响液压缸的工作性能，严重时使系统压力上不去，甚至无法工作。并且外泄漏还会污染环境，因此为了防止泄漏的产生，液压缸中需要密封的地方必须采取相应的密封措施。

2. 液压缸的密封有何功用?

① 防止液压缸两腔之间相互串漏（内漏），例如活塞密封。

② 防止液压油漏往缸外（外泄漏），例如活塞杆密封、缸盖密封。

③ 防止外界灰尘等进入缸内，例如活塞杆上的防尘密封。

3. 液压缸常见的密封形式有哪些?

（1）间隙密封

密封原理：利用相对运动零件配合面之间的微小间隙来防止泄漏。活塞采用间隙密封时，常在活塞上切若干条平衡槽（均压槽），其作用是：自动对中心，减小摩擦力；增大了泄漏阻力，减小了偏心量，提高了密封性能；储存油液，自动润滑。

间隙密封的特点、应用：结构简单，摩擦阻力小，耐高温，但泄漏较大，并且随着时间增加而增加，加工要求高。主要用于尺寸小、压力低、速度高的液压缸或各种阀。

（2）活塞环密封

密封原理：利用装在活塞环形槽内的弹性金属环紧贴在缸体内实现密封。

特点、应用：密封效果好，适应压力和温度范围宽，自动补偿磨损和温度变化的影响，在高速条件下工作，摩擦力小，工作可靠，寿命长，但因活塞环与其相对应滑动面间为金属接触，不能完全密封，且活塞环加工复杂，缸体内表面加工精度高，一般用于高压、高速、高温场合。

（3）密封圈密封

液压缸密封圈类型有O型、Y型、Yx型、V型和组合式密封圈等。目前国内外液压缸多采用格来圈、斯特封以及西姆柯密封等组合密封圈对液压缸各部位进行密封。

表3-2为密封。

表3-2 密封

名称	截面形状	特点	主要应用
格来圈		对高低压密封均有效，摩擦力小，不易产生爬行，双向密封	活塞动密封 静密封
斯特封		有特佳的耐磨性、低摩擦及保形性能，密封性好，双向密封	活塞杆密封
AQ密封		有极好的密封性能，高低压密封效果均好，低摩擦不爬行，双向密封	动密封(活塞及活塞杆) 静密封
斯来圈		避免金属对金属之间相对运动摩擦而可降低配合精度，可刮去污物，防止爬行	作衬套用
DA埃落特封		减少滑动摩擦力防爬，耐高温，有辅助密封功能	可用于防尘圈与辅助密封圈

4. 什么是西姆柯(Simko)型密封?

如图 3-28 所示为西姆柯型密封，它依靠两唇部的压缩量进行双向密封。存油凹槽内存有油液润滑，摩擦阻力小，无间隙挤出现象，密封效果好，用一个西姆柯密封圈与使用两个单向唇形密封(如两个 Yx 密封)相比较，其轴向尺寸大为缩短，最大密封压力可达 40MPa 以上。

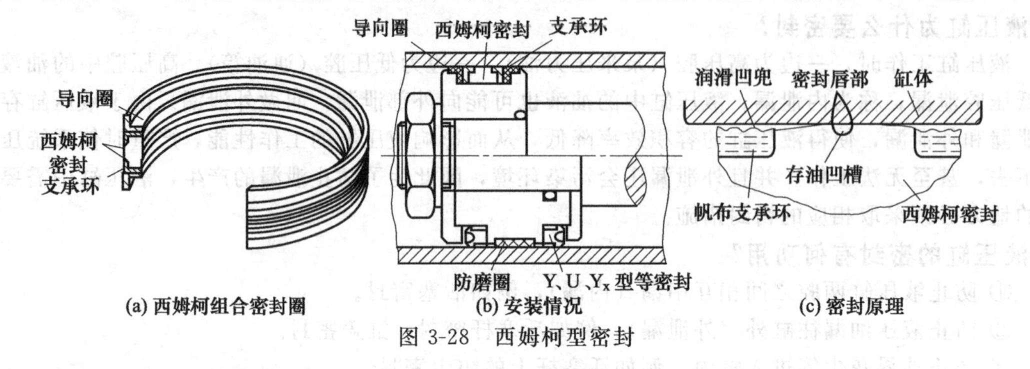

图 3-28　西姆柯型密封

5. 液压缸哪些位置需要密封?

液压缸中需要密封的部位主要是活塞、活塞杆和端盖等处。

① 活塞上需要密封(动密封)，以防止液压缸两腔(高低压腔)之间的内泄漏和窜腔。如图 3-29 所示，活塞上的密封采用了格来圈与斯来圈。

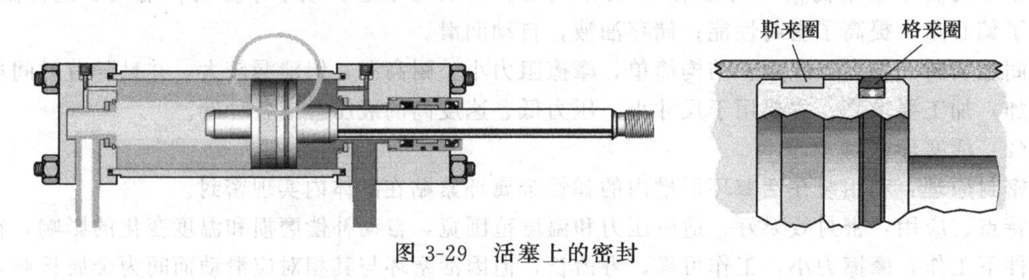

图 3-29　活塞上的密封

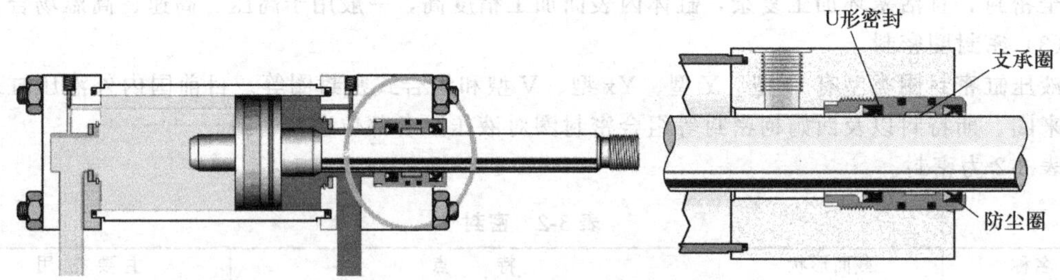

图 3-30　活塞杆与导向套之间的密封

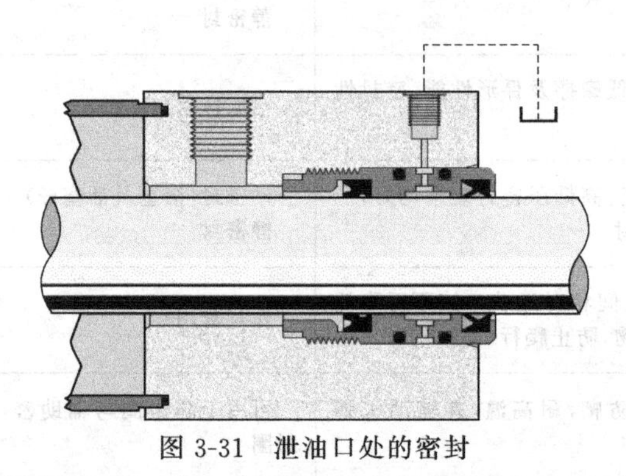

图 3-31　泄油口处的密封

② 活塞杆与导向套、缸盖之间需要密封(动密封与静密封)，以防止液压缸油液外漏和外界污物及空气进入缸内(图 3-30)。

③ 缸盖与缸体之间需要密封(静密封)，以防止液压缸油液外漏。

④ 少数液压缸活塞杆设置了单独泄油口，此处也需要密封(图 3-31)。

6. 液压缸为什么要设缓冲装置?什么情况下液压缸要设缓冲装置?

当运动件的质量较大、运动速度较高时，惯

性力较大，动量大，特别是在大型、高压或高精度的液压设备中，在活塞运动到缸筒的终端时，会因惯性产生活塞与端盖的机械碰撞，形成很大的冲击和噪声，影响加工精度，严重者引起破坏性事故，所以高压大流量缸结构上常常要设置缓冲装置，使活塞在接近终端时，增加回油阻力，从而减缓运动部件的运动速度，避免撞击液压缸端盖。故一般应在液压缸内设置缓冲装置，或在液压系统中设置缓冲回路。

液压缸活塞运动速度在0.1m/s以下时，不必采用缓冲装置；在0.2m/s以上时，必须设置缓冲装置。

7. 有何缓冲装置能使液压缸减速缓冲？

缓冲装置的工作原理是使缸筒低压腔（回油腔）内的全部或部分油液，通过节流把动能转换为热能，热能则由回油油液带到液压缸外。如图3-32所示，质量为m的活塞和活塞杆以速度v运动，当缓冲柱塞1进入缓冲腔2时，畅通的回油通道A被遮断，只能通过节流阀3的节流通道b回油，于是在腔2内产生背压p_c，阻止活塞不能再快速运动而减速，同时运动部分的动能也被腔2内的液体吸收，从而达到缓冲的目的。

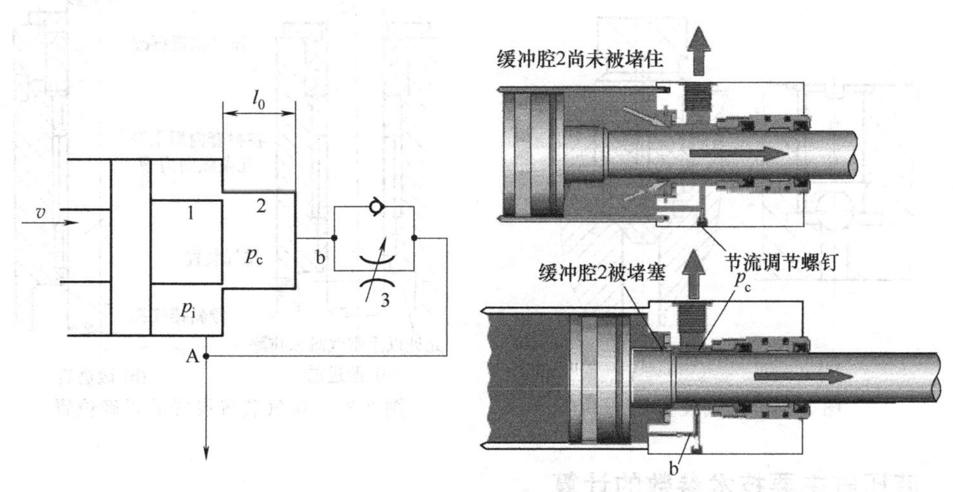

图3-32 液压缸减速缓冲原理

1—缓冲柱塞；2—缓冲腔；3—节流阀

8. 缓冲装置具体结构是怎样的？

如图3-33所示为液压缸端部缓冲装置具体结构，活塞1通过缓冲套安装在活塞杆上。当锥形缓冲套2进入缸底3的孔时，随着其开口逐步减小，离开活塞腔4的液流最后为零。活塞腔4的流体只能由孔5和可调节流阀6流出。缓冲的效果要通过节流阀来设置。流动截面积越小，末端缓冲的效果就越好。

设定缓冲位置时，采用节流阀可防止螺钉7松脱，通过锁紧螺母8可对缓冲设定进行保护。使用单向阀9有助于液压缸启动时外伸动作的完成，因此，液压缸外伸时，液流绕过节流口。而液压缸中的气体可通过放气阀螺钉10排出。无末端缓冲的液压缸，可以只安装放气阀螺钉。节流阀和单向阀基本上用同样的元件制造而成，因此可以互换。

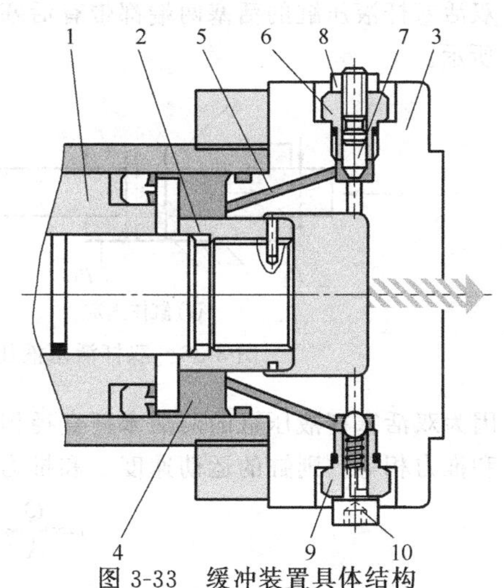

图3-33 缓冲装置具体结构

1—活塞；2—锥形缓冲套；3—缸底；4—活塞腔；5—孔；6—可调节流阀；7—螺钉；8—锁紧螺母；9—单向阀；10—放气阀螺钉

9. 液压缸为什么要设排气装置？排气装置设在何处？

液压缸两侧的最高位置处往往是空气聚积的地方，必须设置专门的排气装置（图 3-34）。

如果排气阀设置不当或者没有设置，压力油进入液压缸后，缸内仍会存有空气。由于空气具有压缩性和滞后扩张性，会造成液压缸和整个液压系统在工作中颤振和爬行，影响液压缸的正常工作。例如，液压导轨磨床在加工过程中，如果工作台进给液压缸内存有空气，就会引起工作台进给时的颤振和爬行，这不仅会影响被加工表面的粗糙度和形位公差等级，而且会损坏砂轮和磨头等机构；如果这种现象发生在炼钢转炉的倾倒装置液压缸中，那将会引起钢水的动荡泼出，这是十分危险的。为了避免这种现象的发生，除了防止空气进入液压系统外，必须在液压缸上安设排气阀。因为液压缸是液压系统的最后执行元件，会直接反映出残留空气的危害。

排气阀的位置要合理，水平安装的液压缸，其位置应设在缸体两腔端部的上方，垂直安装的液压缸，应设在端盖的上方，均应与压力腔相通，以便安装后、调试前排除液压缸内之空气。由于空气比油轻，总是向上浮动，不会让空气有积存的残留死角（图 3-35）。

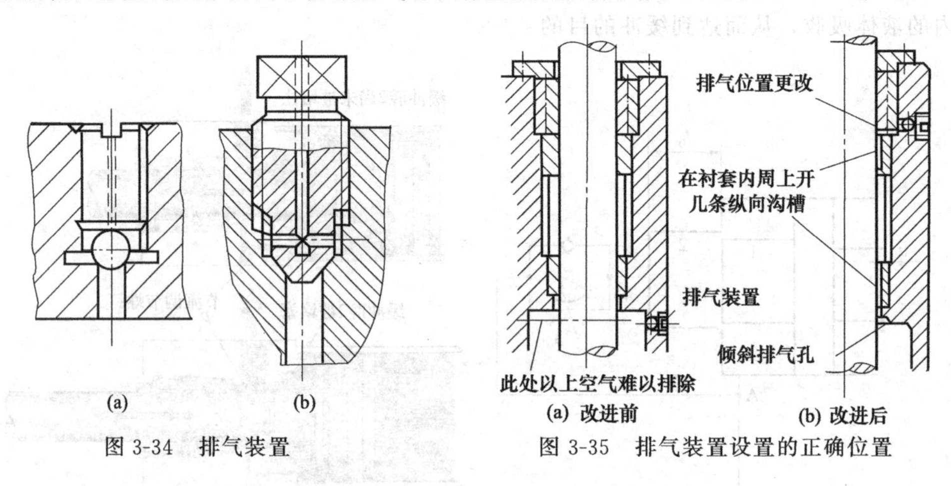

图 3-34 排气装置　　图 3-35 排气装置设置的正确位置

3.1.4 液压缸主要技术参数的计算

1. 怎样计算双杆活塞液压缸的活塞运动速度与牵引力？

双活塞杆液压缸的活塞两端都带有活塞杆，分为缸体固定和活塞杆固定两种安装形式，如图 3-36 所示。

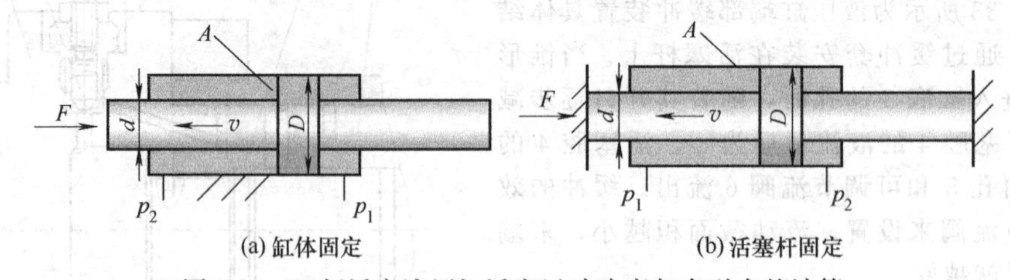

图 3-36 双杆活塞液压缸活塞运动速度与牵引力的计算

因为双活塞杆液压缸的两活塞杆直径相等，所以当输入流量和油液压力不变时，其往返运动速度和推力相等。则缸的运动速度 v 和推力 F 分别为：

$$v=\frac{Q}{A}\eta_{V}=\frac{4Q}{\pi(D^2-d^2)}\eta_{V} \tag{3-7}$$

$$F=\frac{\pi}{4}(D^2-d^2)(p_1-p_2)\eta_{m} \tag{3-8}$$

式中　p_1、p_2——缸的进、回油压力；

η_V、η_m——缸的容积效率和机械效率；

D、d——活塞直径和活塞杆直径；

Q——输入流量；

A——活塞有效工作面积。

这种液压缸常用于要求往返运动速度相同的场合。

2. 怎样计算单杆活塞液压缸的活塞运动速度与牵引力？

（1）当无杆腔进油时［图 3-37（a）］

活塞的运动速度 v_1 和推力 F_1 分别为：

$$v_1=\frac{Q}{A_1}\eta_V=\frac{4Q}{\pi D^2}\eta_V \tag{3-9}$$

$$F_1=(p_1A_1-p_2A_2)\eta_m=\frac{\pi}{4}[D^2p_1-(D^2-d^2)p_2]\eta_m \tag{3-10}$$

（2）当有杆腔进油时［图 3-37（b）］

活塞的运动速度 v_2 和推力 F_2 分别为：

$$v_2=\frac{Q}{A_2}\eta_V=\frac{4Q}{\pi(D^2-d^2)}\eta_V \tag{3-11}$$

$$F_2=(p_2A_2-p_1A_1)\eta_m=\frac{\pi}{4}[(D^2-d^2)p_1-D^2p_2]\eta_m \tag{3-12}$$

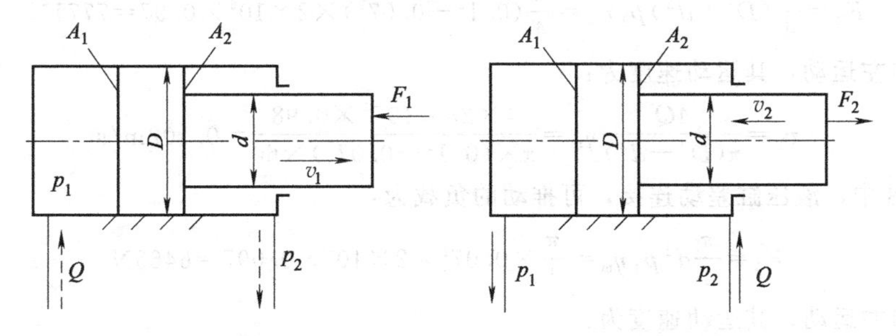

图 3-37 单杆活塞液压缸活塞运动速度与牵引力的计算

比较上述各式，可以看出：$v_2>v_1$，$F_1>F_2$。液压缸往复运动时的速度比为：

$$\psi=\frac{v_2}{v_1}=\frac{D^2}{D^2-d^2} \tag{3-13}$$

式（3-13）表明：当活塞杆直径愈小时，速度比接近 1，在两个方向上的速度差值就愈小。

3. 什么叫液压缸的差动连接？应用在什么场合？怎样计算差动液压缸的运动速度和牵引力？

当单杆活塞缸两腔同时通入压力油时，由于无杆腔有效作用面积大于有杆腔的有效作用面积，使得活塞向右的作用力大于向左的作用力，因此，活塞向右运动，活塞杆向外伸出；与此同时，又将有杆腔的油液挤出，使其流进无杆腔，从而加快了活塞杆的伸出速度，单杆液压缸的这种连接方式被称为差动连接。

差动连接时，液压缸的有效作用面积是活塞杆的横截面积，工作台运动速度比无杆腔进油时的大，而输出力则较小。

差动连接是在不增加液压泵容量和功率的条件下，实现快速运动的有效办法。

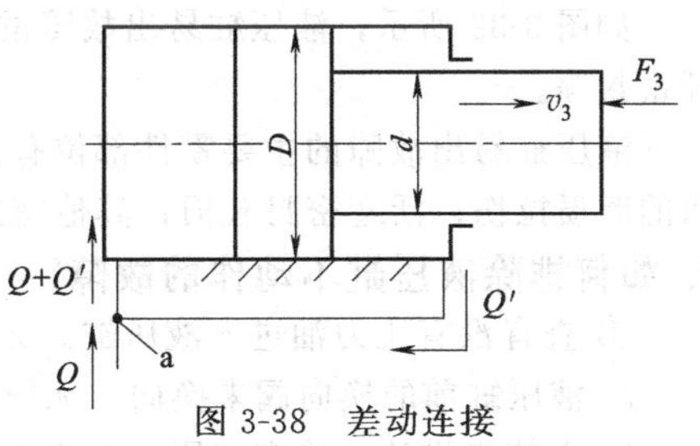

图 3-38 差动连接

4. 怎样计算差动液压缸的运动速度和牵引力？

活塞的运动速度为（图 3-38）：

$$v_3=\frac{Q}{A_1-A_2}\eta_V=\frac{4Q}{\pi d^2}\eta_V \quad (3\text{-}14)$$

在忽略两腔连通油路压力损失的情况下，差动连接液压缸的推力为：

$$F_3=p_1(A_1-A_2)\eta_m=\frac{\pi}{4}d^2p_1\eta_V \quad (3\text{-}15)$$

5. 举例说明计算单杆液压缸可推动的最大负载和运动速度的方法?

已知单活塞杆液压缸的缸筒内径 $D=100$mm，活塞杆直径 $d=70$mm，进入液压缸的流量 $Q=25$L/min，压力 $p_1=2$MPa，$p_2=0$。液压缸的容积效率和机械效率分别为 0.98、0.97，试求在图 3-37（a）、(b)，图 3-38 所示的三种工况下，液压缸可推动的最大负载和运动速度各是多少?

解：在图 3-37（a）中，液压缸无杆腔进压力油，回油腔压力为零，因此，可推动的最大负载为：

$$F_1=\frac{\pi}{4}D^2p_1\eta_m=\frac{\pi}{4}\times 0.1^2\times 2\times 10^6\times 0.97=15237\text{N}$$

液压缸向左运动，其运动速度为：

$$v_1=\frac{4Q}{\pi D^2}\eta_V=\frac{4\times 25\times 10^{-3}\times 0.98}{\pi\times 0.1^2\times 60}=0.052\text{m/s}$$

在图 3-37（b）中，液压缸为有杆腔进压力油，无杆腔回油压力为零，可推动的负载为：

$$F_2=\frac{\pi}{4}(D^2-d^2)p_1\eta_m=\frac{\pi}{4}(0.1^2-0.07^2)\times 2\times 10^6\times 0.97=7771\text{N}$$

液压缸向左运动，其运动速度为：

$$v_2=\frac{4Q}{\pi(D^2-d^2)}\eta_m=\frac{4\times 25\times 10^{-3}\times 0.98}{\pi\times(0.1^2-0.07^2)\times 60}=0.102\text{m/s}$$

在图 3-38 中，液压缸差动连接，可推动的负载为：

$$F_3=\frac{\pi}{4}d^2p_1\eta_m=\frac{\pi}{4}\times 0.07^2\times 2\times 10^6\times 0.097=6466\text{N}$$

液压缸向左运动，其运动速度为：

$$v_3=\frac{4Q}{\pi d^2}\eta_V=\frac{4\times 25\times 10^{-3}\times 0.98}{\pi\times 0.07^2\times 60}=0.106\text{m/s}$$

6. 举例说明计算柱塞液压缸的推力和运动速度?

一柱塞缸柱塞固定，缸筒运动，压力油从空心柱塞中通入，压力为 p，流量为 q，缸筒直径为 D，柱塞外径为 d，内孔直径为 d_0，试求柱塞缸所产生的推力 F 和运动速度 v。

解：$F=pA=\frac{\pi}{4}d^2p$，$v=\frac{q}{A}=\frac{q}{\frac{\pi}{4}d^2}=\frac{4q}{\pi d^2}$

3.1.5 液压缸的故障分析与排除

1. 维修液压缸时主要查哪些易出故障的零件及其部位?

如图 3-39 所示，液压缸易出故障的主要零件有活塞、活塞杆、缸体、导向套、活塞与活塞杆密封等。

液压缸易出故障的主要零件部位有：活塞与活塞杆配合面的磨损拉伤；活塞杆和导向套配合面的磨损拉伤；活塞密封破损；其他密封破损等。

2. 如何排除液压缸不动作的故障?

① 查有没有压力油进入液压缸。无压力油进入液压缸的原因和排除方法：

a. 液压缸前的换向阀未换向，无压力油进入液压缸时，检查换向阀未换向的原因并排除。

b. 系统未供油。检查液压泵和主要液压阀的故障原因并排除。

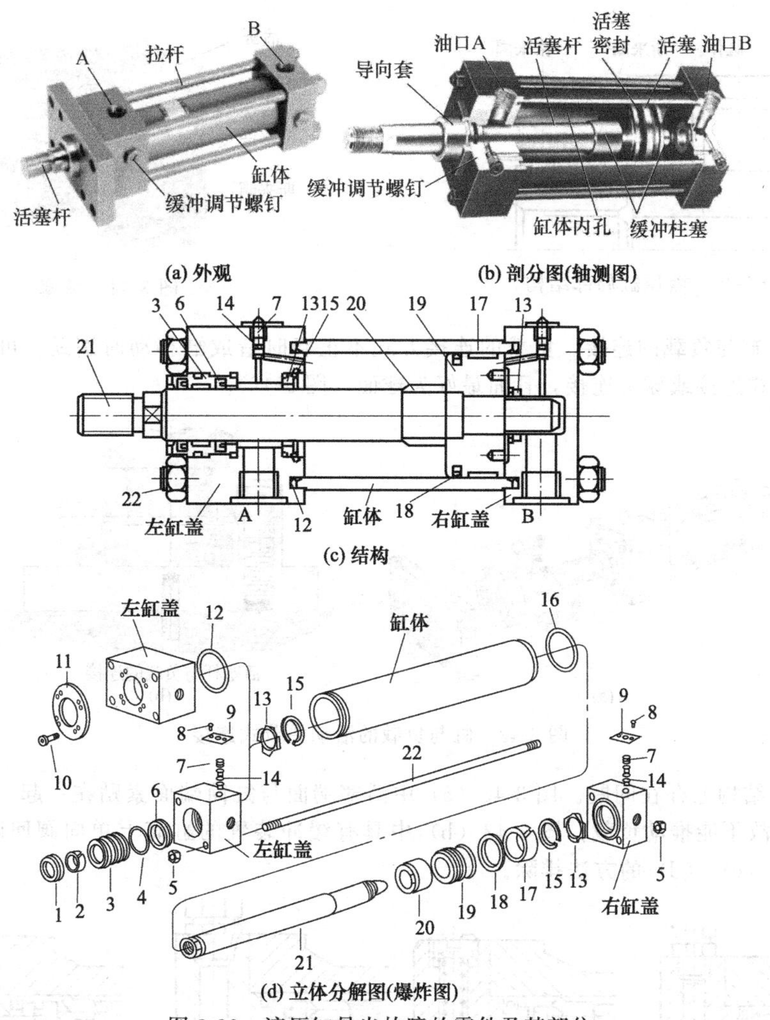

图 3-39　液压缸易出故障的零件及其部位

1—防尘密封；2—磨损补偿环；3—导向套；4、12、14、16—O形圈；5—螺母；6—密封圈；7—缓冲节流阀；8、10—螺钉；9—支承板；11—法兰盖；13—减震垫；15—卡簧；17—活塞磨损补偿环（斯来圈）；18—活塞密封（格来圈+O形圈）；19—活塞；20—缓冲套；21—活塞杆；22—双头螺杆

② 如果有油液进入，则查进入液压缸的油液有没有足够压力。

a. 系统有故障，主要是泵或溢流阀有故障。检查泵或溢流阀的故障原因并排除。

b. 内部泄漏严重，活塞与活塞杆松脱，密封件损坏严重。紧固活塞与活塞杆并更换密封件。

c. 因压力调节阀有故障，系统调定压力过低时，要排除压力阀故障，并重新调整压力，直至达到要求值；必要时重新核算工作压力，更换可调大一些的调压元件。

d. 活塞上的密封圈（例如图 3-40、图 3-41 所示的O形圈、格来圈、斯来圈）漏装或严重损坏、缸体孔拉有很深的沟槽及活塞杆上锁定活塞的螺母松脱时，造成液压缸进、回油腔严重导通——串腔，缸便不能运动。可采取更换活塞上的密封圈和其他修理措施。

③ 有油进入，压力也达到要求，但负载过大，液压缸推不动，缸仍然不动作。这要从下述几个方面排查。

a. 查负载是否过大（比预定值大）。特别要检查是不是因液压缸安装不好造成附加负载过大，须校正，将液压缸装正确。

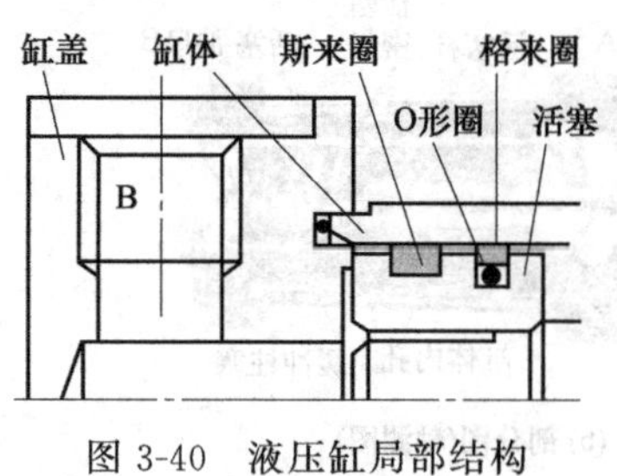

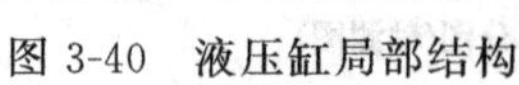
图 3-40 液压缸局部结构

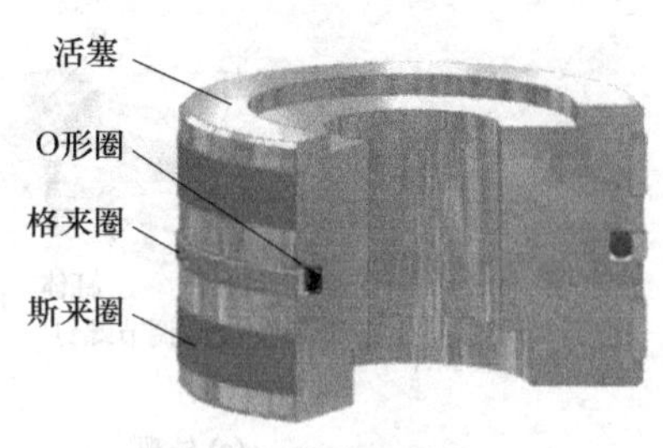

图 3-41 活塞

b. 查液压缸与负载的连接。负载的连接方式不正确时造成缸移动时别劲，可改刚性固定连接为活动关节式连接或球头连接，且面最好为球面（图 3-42）。

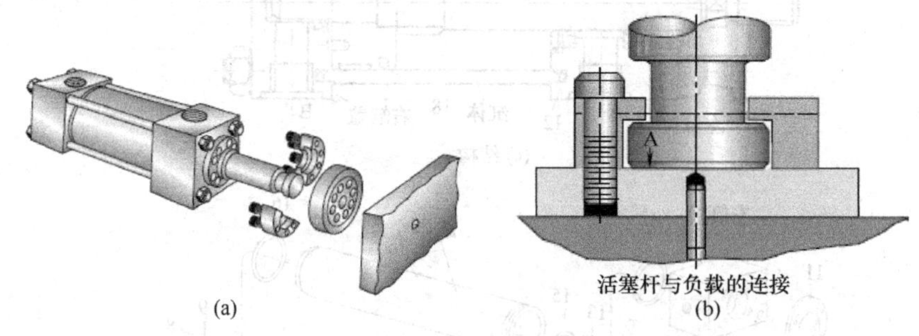

图 3-42 缸与负载的活动关节式连接

c. 液压缸结构上存在问题。图 3-43（a）中活塞端面与缸筒端面紧贴在一起，启动时活塞承力面积不够，故不能推动负载；图 3-43（b）中具有缓冲装置的缸筒上单向阀回路被活塞堵住。可采用图 3-43（c）、（d）的方法排除。

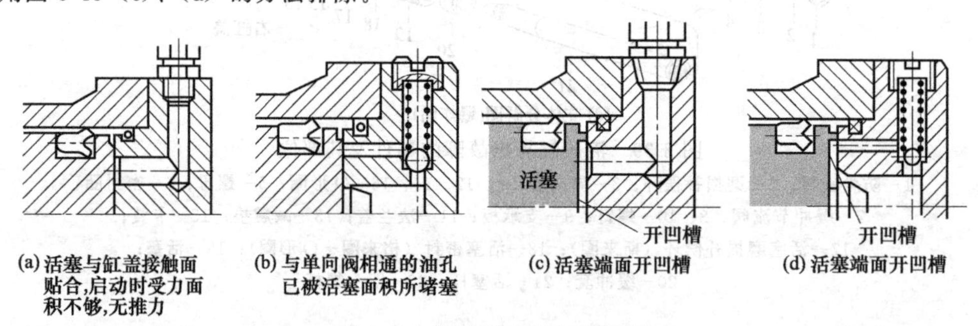

图 3-43 液压缸结构存在问题

d. 液压缸装配不良（如活塞杆、活塞和缸盖之间同轴度差、液压缸与工作台平行度差、导向套与活塞杆配合间隙过小等）导致活塞杆移动“别劲”，憋住不能动。

e. 液压回路引起的原因，主要是液压缸背压腔油液未与油箱相通，连通回油的换向阀未动作，截止阀未打开，节流阀关死等，造成回油受阻，可酌情处理。

f. 脏物进入滑动部位，卡住缸使之不能动时，须清洗。

g. 活塞杆上镀的硬铬脱落，卡住活塞杆，此时须立即停机处理，以免积瘤堆集，更加难办。

3. 怎样处理液压缸运动速度达不到规定的调节值——欠速?

这种故障是指即使全开流量调节阀，液压缸速度也快不起来，欠速。这种故障的原因和排除方法如下。

① 查液压泵是否供油量不足、压力不够。例如因液压泵内部零件磨损而使泵的容积效率下降，造成泵输送给液压缸的流量减少而导致欠速，可参阅本书液压泵的相关内容予以排除。

② 查系统是否存在大量漏油。漏油包括外漏和内漏。外漏主要因管接头松动、管接头密封破损等，特别是油箱内看不见的地方的管路要特别注意；内漏主要是液压元件（泵、阀、缸）运动副因磨损间隙过大以及系统内部可能有部位被击穿等。可参阅本书中相关的内容予以排除，保证有足够的流量提供给液压缸。

③ 查溢流阀是否有故障。如溢流阀阀芯卡死在打开位置，则大量油液从溢流阀溢流回油箱，会使得进入液压缸的流量减少而欠速，可排除溢流阀故障。

④ 液压缸内部两腔（工作腔与回油腔）是否串腔。产生液压缸欠速故障的“串腔”较之液压缸不能动作故障的“串腔”，在程度上要轻微些，参阅上述处理方法。

⑤ 液压缸别劲产生欠速。

这种故障多指液压缸的速度随着行程的位置不同而下降，但速度下降的程度随行程不同而异。多数原因在于装配安装质量不好，别劲，使液压缸负载增大，工作压力提高，内泄漏随之增大，泄漏增加多少，速度便会降低多少。可参阅前述因别劲产生液压缸不动作的类似方法予以排除。

4. 为何液压缸中途变慢或停下来?

一般对长液压缸而言，当缸体孔壁在某一段区域内拉伤厉害、发生胀大或磨损严重时，会出现液压缸在该段局部区域慢下来（其余位置正常），此时须修磨液压缸内孔，重配活塞。

5. 为何液压缸在行程两端或一端、缸速急剧下降?

为吸收运动活塞的惯性力，使其在液压缸两端进行速度交换时，不致因过大的惯性力产生冲缸振动，常在液压缸两端设置缓冲机构（加节流装置、增大背压）。但如果缓冲过度，会使缸在缓冲行程内速度变得很慢。如果通过加大缓冲节流阀的开启程度还不能使速度增快，则应适当加大节流孔直径或加大缓冲衬套与缓冲柱塞之间的间隙，不然会导致液压缸两端欠速。

6. 液压缸产生爬行怎么办?

所谓爬行，是指液压缸在低速运动中，出现一快一慢、一停一跳、时停时走、停止和滑动相互交替的现象。爬行现象的原因，既有液压缸之外的原因，也有液压缸自身的原因。

① 查缸内是否进入空气。

如果是油液中混入空气、从液压泵吸进空气，可先排除液压泵进气故障。

对新液压缸、修理后的液压缸或设备停机时间过长的液压缸，缸内与管道中均会进有空气。可通过液压缸的放气塞排气，对于未设置有专门排气装置的液压缸，可先稍微松动液压缸两端的进、出口管接头，并往复运行数次，让液压缸进行排气。如从接头位置漏出的油由白浊变为清亮后，说明空气已排除干净，此时可重新拧紧管接头。对用此法也难以排净空气的液压缸，可采用加载排气和往缸内灌油排气的方法排掉空气。

对缸内会形成负压而易从活塞杆吸入空气的情况，要注意活塞杆密封设计的合理性。例如图3-44中采用活塞杆密封（如Y型），从唇缘里侧加压，则唇部张开有密封效果。但若缸内变成负压，唇部不能张开，反方向大气压（为正）反而压缩张开唇部，使空气进入缸内。必要时可增设一反向安装密封。

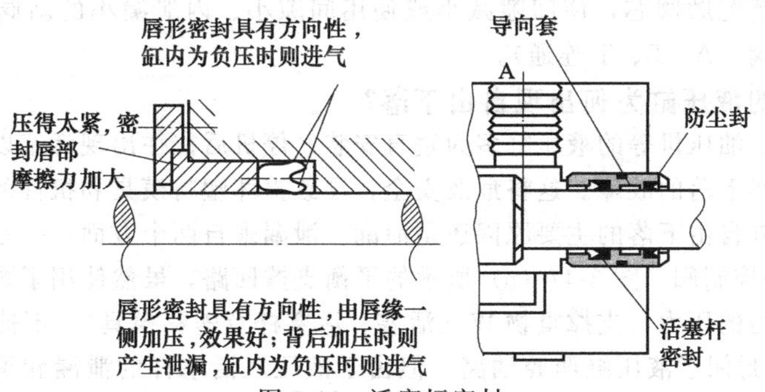

图 3-44 活塞杆密封

开机后先让液压缸以最大行程和最大速度运动10min，迫使气体排出。

② 查液压缸是否因装配精度差。应提高液压缸的装配质量。如活塞杆与活塞不同心时，校正两者同心度；活塞杆弯曲时校直活塞杆，活塞杆与导向套的配合采用H8/f8的配合，应严格按尺寸标准和质量标准使用正规厂家生产的合格的密封圈，采用V形密封圈时，应将密封摩擦力调整到适中程度。

③ 查液压缸是否安装精度差。如负载与活塞杆连接点尽量靠近导轨滑动面；活塞杆轴心线与载荷中心线力求一致；与导轨的接触长度应尽量取长些；载荷与液压缸的连接位置应以液压缸的推力不使载荷发生倾斜为准；导向要好，加工精度与装配精度要好，并注意润滑（图3-45）。

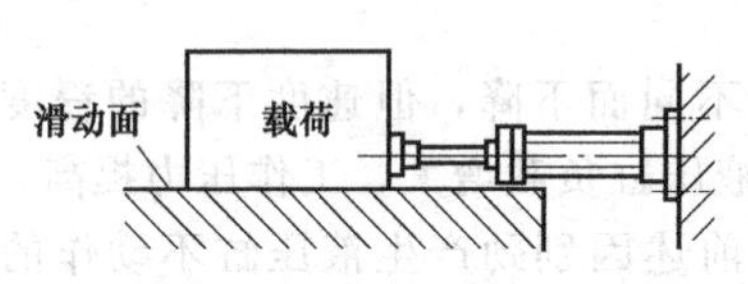

(a) 载荷与活塞杆连接点尽量靠近滑动面

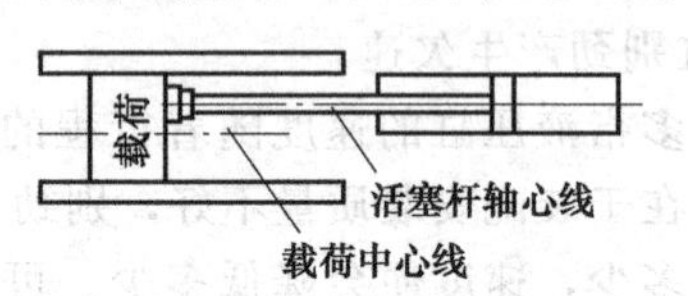

(b) 活塞杆轴心线与载荷中心线不重合，会产生一阻力矩，两者应重合

图3-45 安装精度

④ 查液压缸端盖密封是否压得太紧或太松。调整密封圈，使之不紧、不松，导向套装同心，保证活塞杆能用手（或仅用榔头轻敲）便可来回移动，而活塞杆上稍挂一层油膜。

⑤ 查是否为导轨的制造与装配质量差、润滑不良等。如果是，则使摩擦力增加，受力情况不好，出现干摩擦，阻力增大，导致爬行。可采取清洗疏通导轨润滑装置、重新调整润滑压力和润滑流量、在导轨相对运动表面之间涂一层防爬油（如二硫化钼润滑油）等措施，必要时重新铲刮导轨运动副。

7. 水平安装的液压缸为何出现自然行走？

这一故障是指当发出停止信号或切断运行油路后，液压缸本应停止运动，但它还在缓慢行走；或者在停机后，微速下落（每小时落1mm至数毫米），这种故障隐藏着安全隐患。

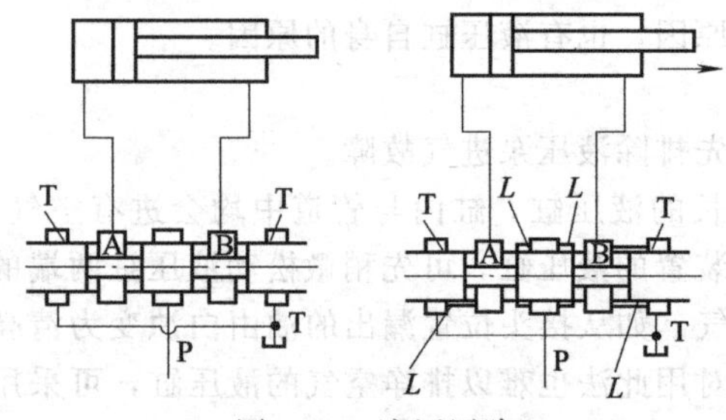

图3-46 液压回路

在采用O型中位机能的换向阀控制的单杆液压缸的液压回路（图3-46）中，液压缸本应该是可靠地在任意位置停止运动，但有时停止后，往往出现活塞杆自然移动的故障——自然行走。

其原因是由于换向阀阀芯与阀孔之间因磨损而间隙增大。当配合间隙增大后，P腔的压力油通过此间隙泄漏到A腔与B腔，由于阀芯处于中位，封油长度L大致相等，所以A、B腔产生大致相等的压力，又由于是差动缸，无杆腔（左边）活塞承压面积大于有杆腔活塞承压面积，产生的液压力不相等，所以活塞杆右移。这样又使得有杆腔的压力上升，使油液通过阀芯间隙泄漏到T腔，更促使活塞向右移动，产生自然行走的故障。

解决办法是重新配磨阀芯，使间隙减小或使用间隙小、内泄漏小的新阀；另外也可改用Y型中位机能的换向阀（A、B、T连通）。

8. 垂直立式安装的液压缸为何出现自由下落？

如立式注塑机、油压机等的液压缸多为垂直安装，停机后往往出现活塞以每小时或数小时下降数毫米的微速自然下落的故障。这将危及安全，导致损坏塑料模具和机件的事故性故障。

引起立式液压缸自由下落的主要原因还是泄漏。泄漏来自两个方面：一是液压缸本身（活塞与缸孔间隙）；二是控制阀。图3-47（a）所示的平衡支撑回路，虽然使用了顺序阀进行调节，以保持液压缸下腔适当的压力，支撑重物W（活塞、活塞杆及塑料模具），不使其下落；而且换向阀也采用了M型，封闭了液压缸两腔油路。但由于液压缸活塞杆的泄漏和重物W的联合作用，以及单向顺序阀的泄漏，会导致液压缸下腔压力缓慢降低，而出现支撑力不够，导致液压缸活塞杆（W）自由下落。

解决办法是，使上述产生泄漏的元件（液压缸、控制阀等）尽量减少泄漏，但实际上这些泄漏或多或少不可避免。最好的办法是采用图 3-47（b）所示的液控单向阀，液控单向阀为座阀式，较之圆柱滑阀式的顺序阀，内泄漏可以小很多。当然如果液控单向阀的阀芯与阀座之间有污物或因其他原因导致不密合时，同样会引起泄漏，产生自由下落。

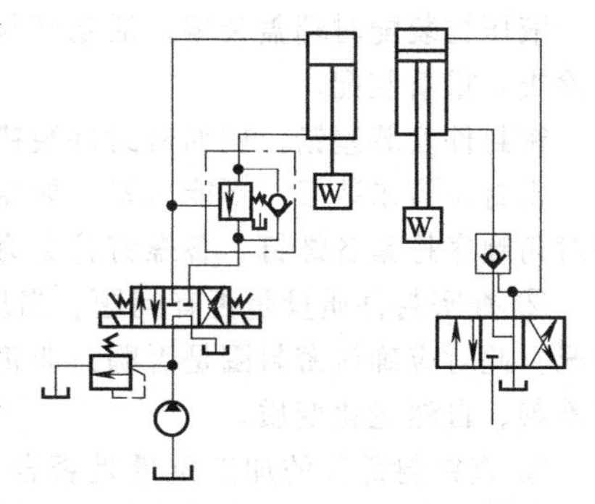

(a) 平衡支撑回路　　(b) 液控单向阀

图 3-47　平衡支撑回路与液控单向阀

9. 液压缸运行时剧烈振动、噪声大是何原因?

① 查液压缸是否进了空气。液压缸进了空气，会带来噪声、振动和爬行等多种故障。

② 滑动金属面的摩擦声。当滑动面配合过紧，或者因拉毛拉伤，会出现接触面压力过高，油膜被破坏，造成干摩擦声，拉伤则造成机械摩擦声。当出现这种不正常声响时，应立即停车，查明原因，否则可能导致滑动面烧损，酿成更大事故。

③ 因密封圈被过度压紧而产生摩擦声和振动。

④ 内部泄漏也会产生异常声响。

10. 为何出现缓冲过度的现象?

所谓缓冲过度，是指缓冲柱塞从开始进入缸盖孔内进行缓冲到活塞停止运动为止的时间间隔太长，另外进入缓冲行程的瞬间，活塞将受到很大的冲击力。此时应适当调大缓冲调节阀的开度。

另外，采用固定式缓冲装置（无缓冲调节阀）时，当缓冲柱塞与衬套的间隙太小，也会出现过度缓冲现象，此时可将缸盖拆开，磨小缓冲柱塞或加大衬套孔，使配合间隙适当加大，消除过度缓冲。

11. 为何出现无缓冲作用的现象?

这是指在活塞行程末端，活塞不缓冲减速，给缸盖很大的冲击力，产生所谓“撞击”现象。严重时，活塞猛然撞击缸盖，使缸盖损坏、液压缸底座断裂，其原因如下。

① 如图 3-48 所示，因活塞倾斜，使缓冲柱塞不能插入缓冲孔内所致。

② 缓冲调节阀（缓冲调节螺钉）未拧入而处于全开状态。

③ 镶装在缸盖上的衬套脱落（图 3-49）。

④ 缓冲节流阀不能关死。

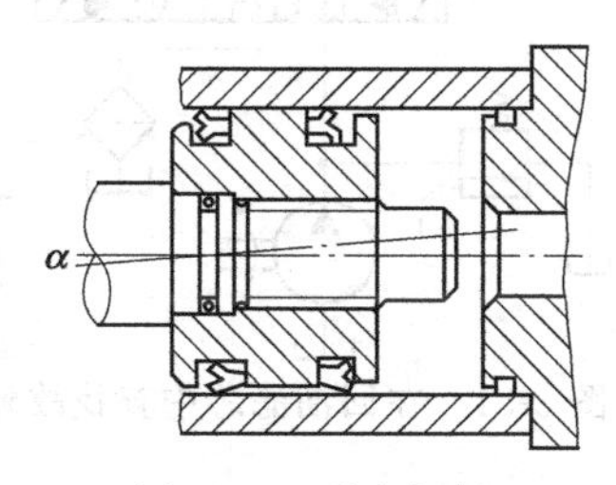

图 3-48　活塞倾斜

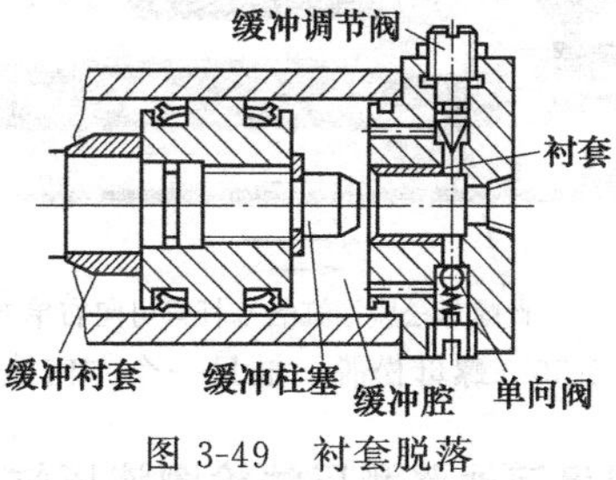

缓冲调节阀　衬套　缓冲衬套　缓冲柱塞　缓冲腔　单向阀

图 3-49　衬套脱落

12. 缸出现外泄漏怎么处理?

① 查密封件是否装配不良导致破损。

密封件装配时，往往要经过螺纹、花键、键槽与锐边等位置，稍不注意，便容易造成密封唇部被尖角切破，因而要采取好的装配方法和一些专用装配工具，避免切破密封唇部现象的发生。

液压缸装配时端盖装偏，活塞杆与缸筒不同心，使活塞杆伸出困难，加速密封件磨损。可拆开检查，重新装配。

密封件安装差错。例如密封件装错或漏装。

密封压盖未装好，不能压紧。如压盖安装有偏差、紧固螺钉受力不均、紧固螺钉过长等。应按对角顺序拧紧各螺钉，各螺钉拧紧力要一致、受力均匀，按螺孔深度合理选配螺钉长度。

② 查密封件质量是否有问题。当反复更换新密封圈均解决不了漏油问题时，可能属于这种情况。此时应确认密封圈是否购自非正规厂家的产品，密封材质尺寸是否有问题，密封件是否保管不善、自然老化变质。

③ 查密封部位的加工质量是否合乎要求。如沟槽尺寸及精度不符合要求、密封表面粗糙、未倒角等，应按有关标准设计加工沟槽尺寸，不符合要求的要修正到要求的尺寸，并去毛刺。

④ 查密封件的使用条件。如油不清洁、黏度过低、油温过高、周围环境温度太高等，分别采取更换适宜的干净油液、查明温升原因、隔热、设置油冷却装置等措施。

13. 不拆缸怎样确认液压缸活塞密封破损或缸体孔拉有沟槽?

① 对立式缸，最简单的方法是把立式液压缸（如挖掘机的动臂缸）升起，看其是否有明显的自由下降。若下落明显，则说明液压缸活塞密封破损，需拆卸液压缸修理，密封圈如已磨损，应予更换。

② 对水平缸，将缸活塞杆运动到一端（如右端）极限位置，然后小心慢慢拆松或拆掉缸右端的管接头，观察右侧油口，如果总有油流出，说明液压缸活塞密封破损，需拆卸液压缸修理。

14. 不拆缸怎样断定液压缸只一个方向能运动的故障原因?

如果出现液压缸只一个方向能运动的故障，不拆缸也能断定此故障的原因：活塞与活塞杆的紧固连接松脱，例如图 3-50 中的锁紧螺母从活塞杆上松脱。当然，修理时要拆缸。

15. 如何在回油滤芯中查找故障信息源?

如图 3-51 所示，如在回油滤芯中发现有较大的黑色橡胶块、大小不同的铜粒、灰色或淡黄色半透明的尼龙物质，则说明液压缸活塞密封件已损坏；黑色的橡胶块来源于活塞密封圈，铜粒来源于铜质支撑环，而灰色或淡黄色尼龙物质则来源于耐磨环。分析主要原因是，由于疲劳等因素造成铜质支撑环断裂，在液压缸活塞杆的频繁伸缩中，断裂茬口不断刮磨液压缸内壁，将缸壁拉毛、拉伤而导致内泄漏，使液压缸速度下降；随着工作时间的推移，缸壁拉伤和密封环、耐磨环的损伤都不断加重，内泄漏量加大，最后造成液压缸速度严重下降。

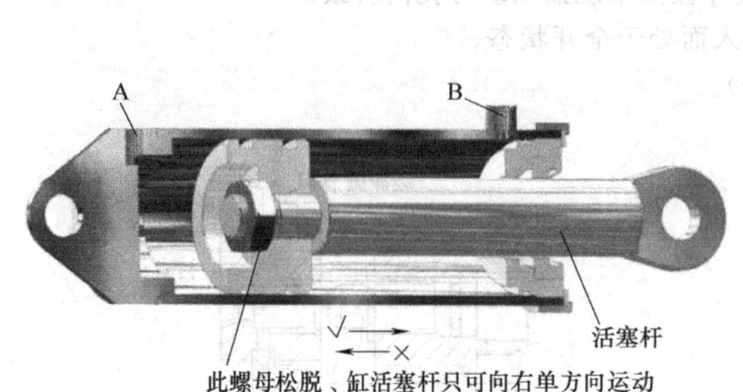

图 3-50 螺母松脱、缸只一个方向能运动

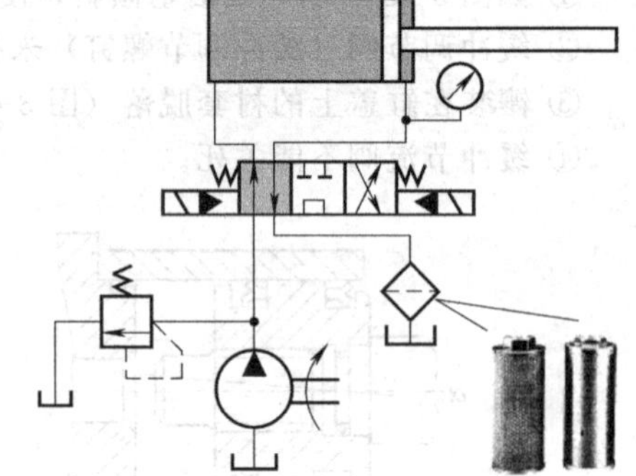

图 3-51 在回油滤芯中查找故障信息源

16. 如何利用回油路测压法检测液压缸的故障?

如图 3-52 所示，将液压缸有杆腔设定为回油路，操作控制阀，使泵向液压缸无杆腔供油，此时测试有杆腔的回油压力。如果测得的回油压力值大于 0.05MPa，属于轻度磨损；大于 0.10MPa 时，属于中度磨损，应监控；大于 0.15MPa 时，属于重度磨损，应监控；大于 0.30MPa 时，说明油封已完全损坏。液压系统回油压力不对是由液阻、管路及回油滤芯等造成的，其压力值通常为0.02～0.04MPa。测试时应注意回油滤芯是否堵塞，以防误导。

17. 如何利用检测液压缸的泄漏量查找故障?

如图3-53所示，使活塞运行到液压缸有杆腔（或无杆腔）的末端，此时启动泵，使液压缸活塞一直处于右端位置，慢慢拆开液压缸的回油管，如果油液连续不断地从拆开端的回油管流出，且流出量大、带压，说明液压缸内泄漏严重。

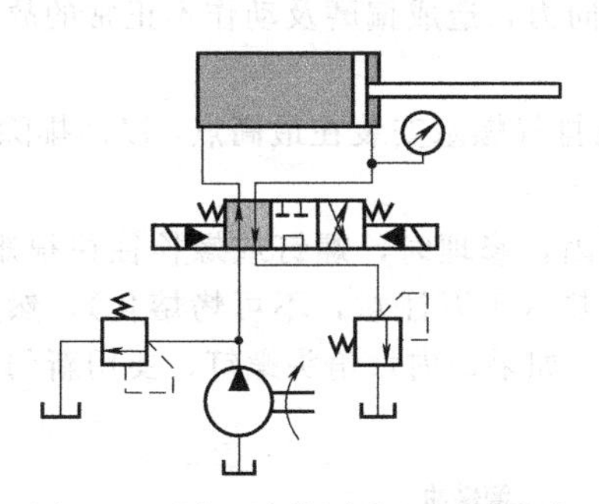

图3-52 测压法检测液压缸的故障

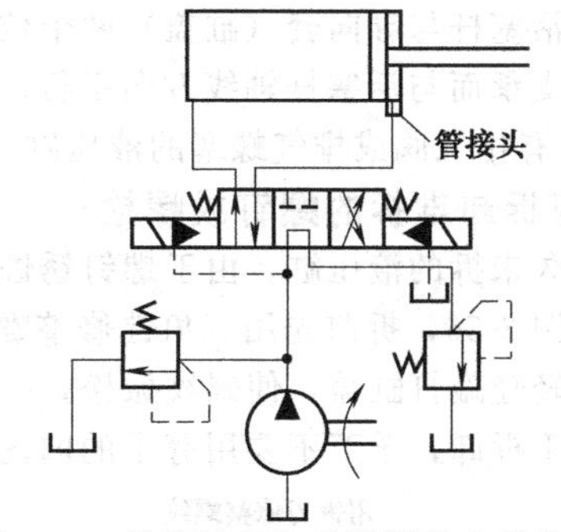

图3-53 检测液压缸的泄漏量查找故障

3.1.6 液压缸的使用与维修

1. 液压缸拆装时应注意哪些事项?

① 拆卸液压缸之前，应先使液压回路卸压。

② 拆卸时，应防止损伤活塞杆顶端螺纹、油口螺纹和活塞杆表面、缸套内壁等。为了防止活塞杆等细长件弯曲或变形，应用铁丝捆住悬吊放置，缸体应用垫木支承均衡放置。

③ 拆卸时要按顺序进行。先放掉液压缸两腔的油液，然后拆卸缸盖，最后拆卸活塞与活塞杆。在拆卸液压缸的缸盖时，对于内卡键式连接的卡键或卡环，要使用专用工具，不允许锤击或硬撬。在活塞和活塞杆难以抽出时，不可强行打出，应先查明原因再进行拆卸。

④ 拆卸前后要设法创造条件防止液压缸的零件被周围的灰尘和杂质污染。例如，拆卸时应尽量在干净的环境下进行；拆卸后所有零件要用塑料布盖好，不要用棉布或其他工作用布覆盖。

⑤ 液压缸拆卸后要认真检查，以确定哪些零件可以继续使用，哪些零件可以修理后再用，哪些零件必须更换。

2. 液压缸如何安装?

① 液压缸装配时，要正确安装各处的密封装置。如注意密封圈安装方向、是轴用还是孔用，要使用导向装置装密封圈等。

② 液压缸安装的基座刚性要足够。

③ 液压缸安装时，要特别注意安装精度。液压缸轴心线应与安装面及导轨面平行（图3-54），特别是要注意活塞杆全部伸出时的情况（图3-55），若两者不平行，会产生较大的侧向力，

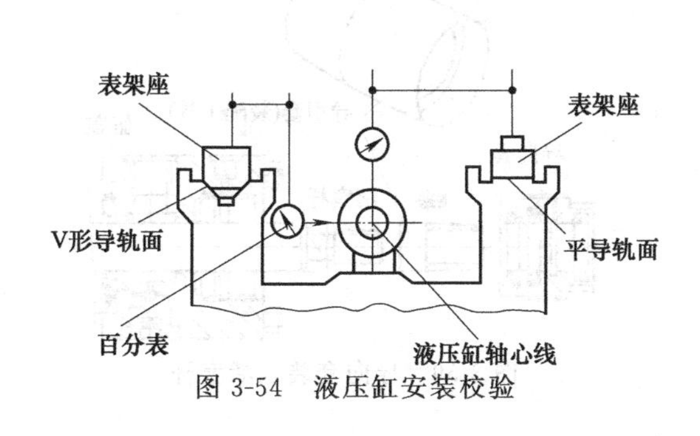

图3-54 液压缸安装校验

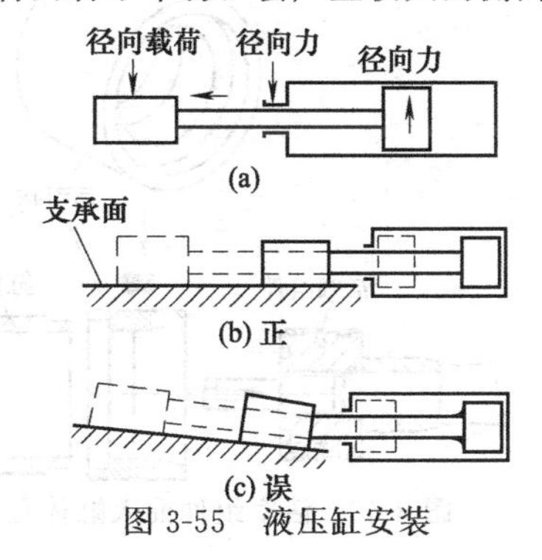

图3-55 液压缸安装

造成液压缸别劲、换向不良、爬行和液压缸密封损坏失效等故障。一般可以导轨面为基准，用百分表调整液压缸，使活塞杆（伸出）的侧母线与V形导轨（或圆柱导轨）平行，上母线与平导轨平行，允差为0.04～0.08mm/m。活塞杆轴心线对两端支座的安装面，其平行度误差不得大于0.05mm。

④ 对于既有轴向、又有径向载荷的负载，负载也应设置支承面，不能悬空，否则在液压缸活塞及活塞杆与导向套（缸盖）两个位置产生较大的径向力，造成偏磨及动作不正常的故障，且要注意支承而与活塞杆轴线方向平行。

⑤ 有排气阀或排气螺塞的液压缸，必须将排气阀或排气螺塞安装在最高点，以便排除空气。

3. 如何拆卸难拆的螺钉或螺栓?

长久未拆的液压缸，由于螺钉锈蚀、螺纹碰伤等原因，修理时，螺钉或螺栓往往很难拆卸。可参阅图3-56，拆前先用三角锉修整螺纹，再用喷灯烤热（千万注意，不可烤熔化），然后灌点煤油，轻轻敲打缸盖，使螺纹振松，一般可拆卸下螺钉。如果是内六角头螺钉，要用新的合格内六角扳手拆卸，千万不要用劈了的旧内六角扳手。

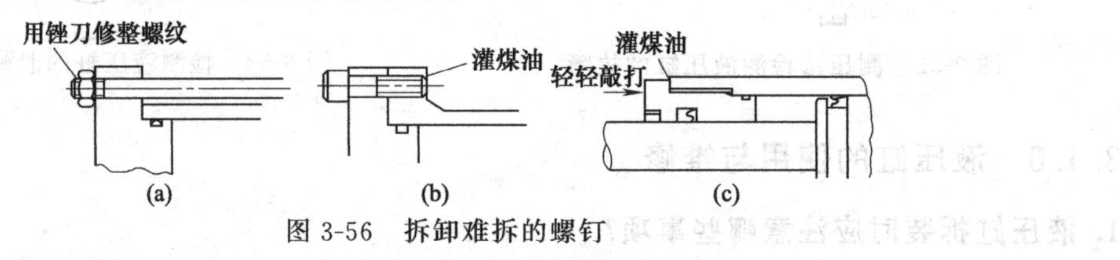

图3-56 拆卸难拆的螺钉

4. 如何将硬质密封装入活塞的密封槽中?

有些密封圈（如格来圈）很硬，难以变形涨开，因而装入活塞的密封槽中很难。可用如图3-57所示的导向工具推入。

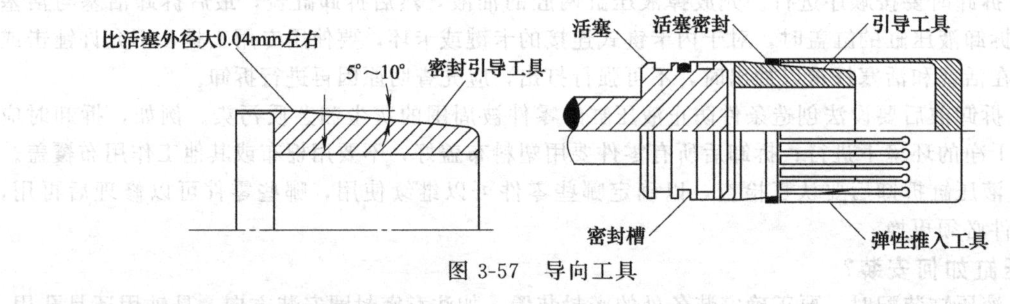

图3-57 导向工具

5. 如何将装好密封的活塞装入缸体孔中?

密封圈装好在活塞上，呈张开状态，密封圈外径大于孔径，可用图3-58所示的导向工具的内锥面逐渐使密封圈外径收缩，推入缸孔内。

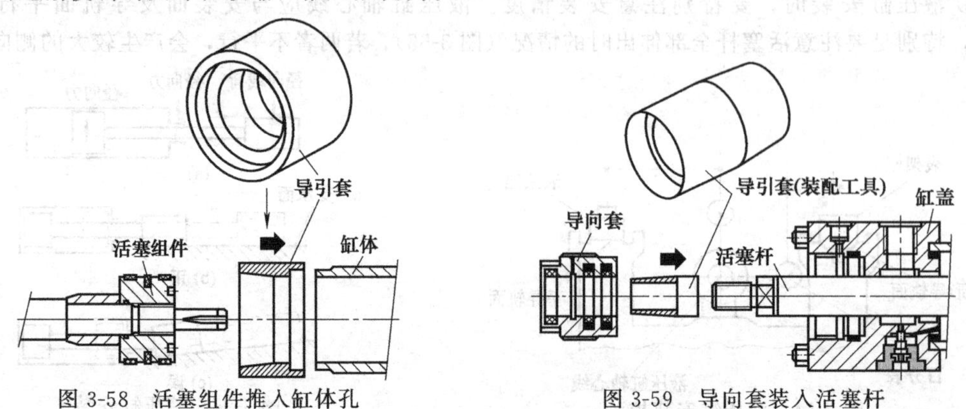

图3-58 活塞组件推入缸体孔

图3-59 导向套装入活塞杆

6. 如何将装好密封圈的导向套装入活塞杆?

活塞杆上有螺纹等尖角部分，为防止装好密封圈的导向套被这些尖角切破，可用如图 3-59 所示的导引套引导装入。

7. 如何将 O 形密封圈装入缸体较深孔内的凹槽中?

要将 O 形密封圈装入缸体较深孔内的凹槽中，手够不着，可采用图 3-60 所示的工具和方法推入。

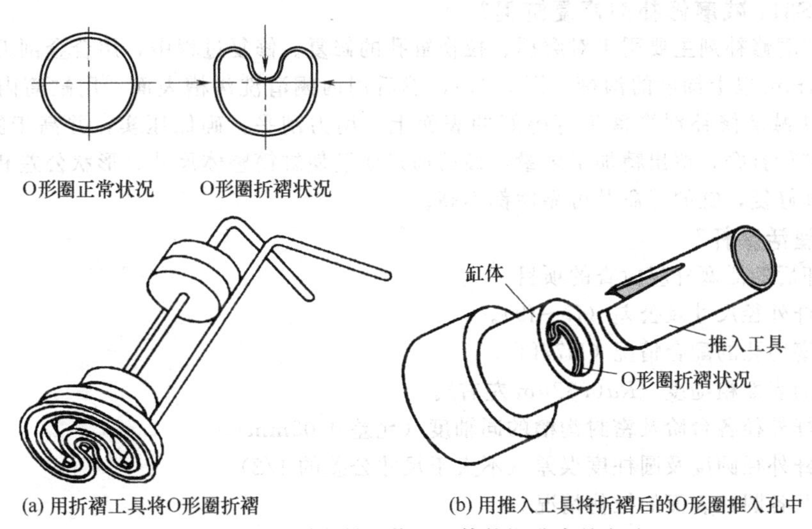

(a) 用折褶工具将O形圈折褶　(b) 用推入工具将折褶后的O形圈推入孔中

图 3-60　O 形密封圈装入缸体较深孔内的方法

8. 如何修理缸体（缸筒）?

拆卸后的缸筒应进行的检查如下。

① 缸孔的尺寸及公差（一般为 H8 或 H9，活塞环密封时为 H7，间隙密封时为 H6）。

② 内孔表面粗糙度（$\overset{0.8}{\bigtriangledown}$～$\overset{0.2}{\bigtriangledown}$）。

③ 缸孔的几何精度（参考值为，圆度与圆柱度误差应小于直径尺寸公差的 1/3～1/2）。

④ 缸孔轴线直线度误差（应为 500mm 长度上不大于 0.03mm）。

⑤ 缸筒端面对轴线的垂直度误差（在 100mm 直径上不得大于 0.04mm）。

⑥ 检查耳环式液压缸耳环孔的轴线对缸筒轴线的位置误差（参考值为 0.03mm）和垂直度误差（在 100mm 长度上不大于 0.1mm）。

⑦ 检查轴耳式液压缸的轴耳轴线与缸筒轴线的位置误差（不大于 0.1mm）和垂直度误差（在 100mm 长度上不大于 0.1mm）。

⑧ 缸孔表面伤痕检查。

用户在经过上述检查后可对液压缸缸筒进行如下的修理：对于内孔拉毛、局部磨损及因冷却液进入缸筒孔内而产生的锈斑，或者出现较浅沟纹，即便是较深线状沟纹，但此沟纹是圆周方向而非轴向长直槽形，均可用极细的金相砂纸或精油石砂磨，或者进行抛光。但如果是轴向较深的长沟槽，深度大于 0.1mm 且长度超过 100mm，则应镗磨或珩磨内孔，并研磨内孔。精度与表面粗糙度按上述说明中括号内尺寸的要求予以确保。不具备此修理条件时，也可先去油去污，用银焊补缺。也可购置“精密冷拔无缝钢管”，国内已有厂家生产，可以直接用来作缸筒，无需加工内孔。

珩磨分粗珩、精珩两种。两者方法相同，只是所用油石的粒度不同而已。粗珩时，油石的粒度为 80，精珩油石的粒度则为 160～200。精珩后，再用 0 号砂布包在珩磨头表面对孔进行抛光。有条件时，珩磨可在专用的珩磨机上进行，无条件时也可在车床上珩磨。缸体内表面损坏较轻的，也可采用手动珩磨法或者在立式钻床上进行珩磨。珩磨时，缸体转速为200r/min左右，珩磨头往复移动速度为10～12m/min。磨出的花纹成45°角交叉状为最好，珩磨余量为0.1～0.15mm。珩磨铸铁缸体时，采用煤油或柴油润滑。珩磨钢制缸体时，冷却润滑采用混合液（煤油占80%，猪油占18%，硫黄占2%），若钢件硬度较高，可再加入10%左右的油酸。修复后的缸体，两端面对轴线的垂直度误差为0.04mm，缸体内孔的圆度和圆柱度误差不得超过内孔直径公差的一半，缸体内孔的表面粗糙度应为 Ra0.4～0.2 μm。

9. 怎样用TS311减磨修补剂修复缸筒?

TS311减磨修补剂主要用于对磨损、拉伤缸孔的修复。修复过程中，用合金刮刀或油石在滑伤表面剃出1mm以上深度的沟槽（图3-61），然后用丙酮清洗沟槽表面，用缸筒内径仿形板将调好的TS311减磨修补剂涂覆于打磨好的表面上，用力刮平，确保压实，并高于缸筒内表面，待固化后，进行打磨，留出精加工余量，最后通过研磨使缸筒整体尺寸、形状公差和粗糙度达到要求。但这种修复，缸的寿命及可靠性都不高。

10. 如何修理活塞杆?

（1）拆卸后的活塞杆应检查的项目

① 活塞杆外径尺寸及公差（f7～f9）。

② 与活塞内孔的配合情况（H7/f8）。

③ 外圆的表面粗糙度（Ra0.32μm左右）。

④ 活塞杆外径各台阶及密封沟槽的同轴度（允差0.02mm）。

⑤ 活塞杆外径圆度及圆柱度误差（不大于尺寸公差的1/2）。

⑥ 螺纹及各圆柱表面的拉伤情况。

⑦ 镀硬铬层的剥落情况。

⑧ 弯曲情况（直线度≤0.02mm/100mm）。

（2）活塞杆的修理（视情况而定）

① 径向的局部拉痕和轻度伤痕，对漏油无多大影响，可先用榔头轻轻敲打，消除凸起部分，再用细砂布或油石砂磨，如图3-62所示，再用氧化铬抛光膏抛光；当轴向拉痕较深或者超过镀铬层时，须先磨去（磨床）镀铬层后再电镀修复或重新加工，中心孔破坏时，磨前先修正中心孔。镀铬层单边镀厚0.05～0.08mm，然后精磨去0.02～0.03mm，保留0.03～0.05mm厚的硬铬层，最好采用“尺寸镀铬法”，即直接镀成尺寸，不再磨削，抛光便可，这样更确保所镀硬铬层不易脱落。

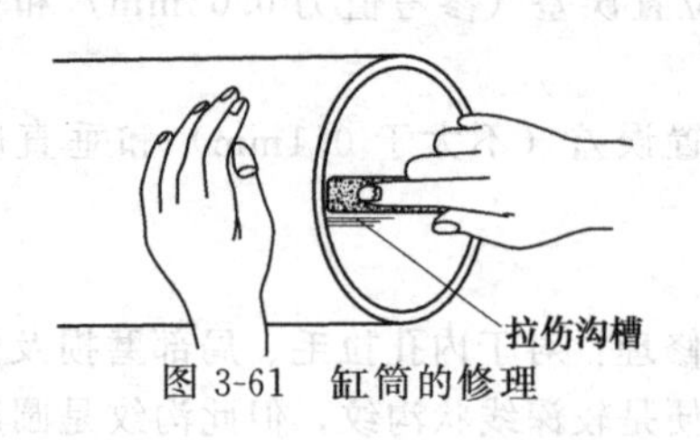

图3-61 缸筒的修理

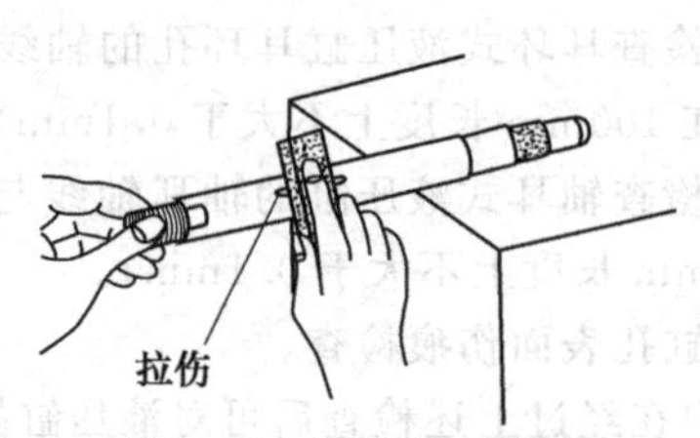

图3-62 活塞杆的修理

② 设备上使用的液压缸活塞杆，材料各异，更换、修理、重新加工时一般可采用45、40Cr、35CrMo等材料，并且在粗加工后进行调质。加工精度可参阅上述检查项目括号内数值。一般活塞杆外径对轴线的径向跳动不得大于0.02mm，活塞杆外径的圆度和圆柱度误差不得大于直径公差的一半。活塞杆长500mm以上时，外圆的直线度误差不得大于0.03mm（活塞杆过长时，可适当放宽）。活塞杆装活塞处的台肩端面对轴线的垂直度误差，不得大于0.04mm。活塞杆弯曲时应校直（控制在0.08mm/m以内）。

③ 活塞杆弯曲时的修理方法为：首先在V形架上用千分表检查，然后在校直机上进行校直，也可用手压机人工校直。修复后的活塞杆的直线度误差在500mm长度上不得超过0.03mm，活

塞杆的圆度和圆柱度误差不得大于其自身直径公差的一半。

④ 活塞杆与活塞的同轴度超差的修理：首先将活塞杆放在V形架上，用千分表检查，如发现同轴度超差，可将活塞杆与活塞拆开，进一步查明原因，如果是活塞杆本身的精度问题，则应更换。一般为保证活塞杆与活塞的同轴度，两者要先装配成一体后再进行精加工。

11. 如何修理导向套?

活塞杆的导向套拆检的内容有：

① 内孔尺寸与公差（公称尺寸与活塞杆一致，公差为H8左右）。

② 导向套外径尺寸。

③ 内孔磨损情况。

导向套修理时，一般宜更换。但轻度磨损（在0.1mm以内）可不更换，只需用金相砂纸砂磨掉拉毛部位。对水平安装的液压缸，导向套一般是下端单边磨损，磨损不太严重时，可将导向套旋转一个位置（如180°）重新装配后再用。

12. 如何修理活塞?

活塞拆检的项目有：

① 活塞外径尺寸及公差（f7～f9）。

② 活塞外圆表面的粗糙度（不低于$Ra0.32\mu m$）及磨损拉毛情况。

③ 活塞外径和内孔的圆度、圆柱度误差（不大于尺寸公差的1/2）。

④ 活塞端面对轴线的垂直度误差（不大于0.04mm）。

⑤ 与活塞杆配合的内孔尺寸（以H7为宜）。

⑥ 密封沟槽与活塞内孔外圆的同心度情况（不大于0.02mm）。

间隙密封形式的活塞，磨损后须更换。但装有密封圈的活塞可放宽磨损尺寸限度。活塞装在活塞杆上时，两者同心度不得大于活塞直径公差的1/2，活塞与缸孔配合一般选用H8/f7为好。一般修理时，更换活塞，外径的精加工应在与活塞杆配装后一起磨削。

13. 修理时如何处理密封?

液压缸修理时，原则上密封应全部换新，换新前应先查明原来的密封破损原因，以免再次以同样原因损坏密封。

3.1.7 几种液压缸具体修理方法

1. 电刷镀结合钎焊修复拉伤液压缸是怎样的?

电刷镀结合钎焊的工艺步骤如下。

(1) 清洗油污

将工件（如活塞杆）固定在工作台上，用金属清洗剂洗掉工件上的油污，采用三角刮刀或其他方法彻底刮掉工件上被拉伤沟槽内的油污和杂质；用丙酮将液压缸内表面擦洗干净，再用电净液进行电化学清洗，电压为12～15V，工件接负极，清污时间为60～90s；电化学清洗后，用清水冲洗干净。

(2) 活化

用2号活化液作电化学除污，目的是清除工件上的氧化物。工件接正极，电压为10～12V，时间控制为40～60s；待工件呈黑色或灰黑色时再用清水冲洗干净，然后用活化液进行电化学清洗，目的是彻底清除工件组织中的杂质，机件接正极，电压为16～20V，时间为50～90s；待工件表面呈银白色后，再用清水冲洗干净。

(3) 刷镀快速镍

在处理好的工件表面闪镀快速镍，电压为18V，工件接负极，镀笔快速摆动；闪镀3～5s后，待机件表面呈现淡黄色的镀层时，将电压降至12V，刷镀速度为9～11m/min，继续刷镀；当快速镍镀层厚度达到1～3μm时，用清水冲洗干净。

(4) 刷镀碱铜层

快速镍层镀好后，再刷镀碱铜层。镀碱铜溶液时，电压为6～8V，工件接负极，刷镀速度为9～14m/min；待碱铜层厚度增至20～50μm后，用清水冲洗干净。

(5) 钎焊合金

将刷镀好的工件表面用干净绸布擦干，在需焊补的部位涂氧化锌焊剂，再用300～500W电烙铁将钎焊合金依次焊补到拉伤的部位，直至要求的尺寸；然后，用刮刀刮削钎焊合金层至所需形状，再用油石将其打磨光滑。

(6) 清洗

用电净液清洁刮削后的钎焊层表面，并清除油污与杂质；用2号活化液清除其表面的氧化物；电化学清洗的时间要严格控制，以防合金表面变黑；先用3号活化液清除杂质，再进行钎焊表面碱铜的快速热刷镀。

(7) 刷镀碱铜

目的是增强钎焊表面的强度。刷镀电压为6～8V，机件接负极，刷镀速度为9～14m/min，碱铜厚度为30～50μm。用清水清洗后再刷镀快速镍，刷镀电压为12V，机件接负极，刷镀速度为9m/min，刷镀快速镍的厚度为60μm；用清水冲洗机件，并用净绸布擦干后即可装配使用。

2. 怎样修复柱塞缸?

(1) 柱塞外圆的修复

采用如下工艺修复柱塞外圆：拆卸—校直—磨外圆—除油、除锈—镀铁—镀硬铬—磨外圆至尺寸（表面粗糙度 $Ra1.6\mu m$）—质检—装配。

(2) 柱塞液压缸缸体的修复

由于柱塞液压缸缸体孔与柱塞外径相配长度不长，因而可用镶嵌内套的方法修复。所镶内套选用耐磨损材料，例如锡青铜、耐磨铸铁、不锈钢等。不锈钢耐酸碱、耐腐蚀，用它做衬套可免去所镶套的内孔表面处理问题。工艺：拆卸—两端分别平头倒内、外角—粗镗液压缸内孔（尺寸与所镶内套的外径尺寸，保证为轻压配）—镶套—镗床镗内孔、滚压至尺寸（尺寸与柱塞外径滑配，表面粗糙度 $Ra0.8\mu m$）—质检—装配。

3. 怎样用FJY电刷镀修复技术修理液压缸?

电刷镀修复技术已逐渐成为修复液压元件的主要方法。特别是在西北工业大学研制成功FJY系列环保、快速、超厚、多功能刷镀技术以后，用超厚刷镀法修复局部缺陷非常方便。此法已大量成功修复液压缸活塞杆，FJY系列电刷镀技术已表现出替代常规修复技术的潜力。西北工业大学的FJY电刷镀修复技术简介如下。

(1) 镀铬液压杆电刷镀工艺流程

机械整形（用电动磨头将缺陷处拓展至适合镀笔良好接触）→电净→水洗→去氧化膜（各种活化处理）→铬面活化→铬面底镍→水洗→高速厚铜填坑（镀厚能力3mm以上）→机械修磨（修磨至平滑过渡）→电净→水洗→铬面活化→铬面底镍→水洗→耐磨面层→水洗→机械修磨→表面抛光。

(2) 修复工艺说明

均匀磨损的液压杆很容易修理，比较有效的方法是先磨去表面的电镀层（主要是磨去镀铬层，如果直接在镀铬表面电镀，结合力难以保证，虽然有人采用阳极刻蚀的办法活化镀铬层，但常常因难以确保活化效果，修复可靠性不高），然后按常规电镀修复工艺进行电镀修复。

对于在工作现场出现的点坑破坏、电击伤破坏、碰伤破坏等深度大（毫米级）、面积小的局部损坏的修复（图3-63），不适合采用电镀修复法。FJY系列快速超厚电刷镀修复技术是解决这类问题的最佳选择，其工艺说明如下。

① 机械整形：用电动磨头打磨待修部位至弧形平滑过渡，保证镀笔能够接触到凹坑的底部（图3-64）。

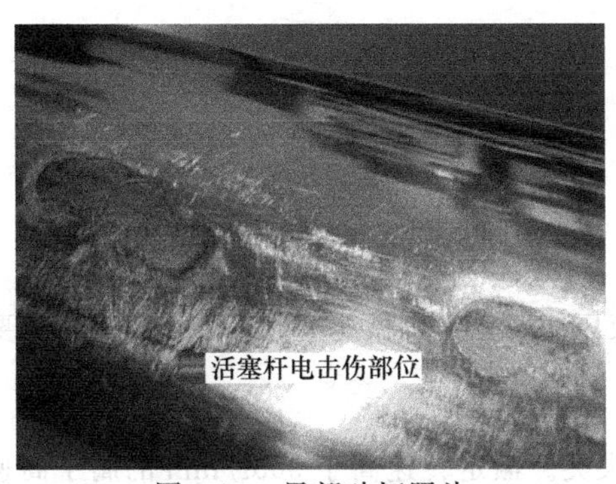

图 3-63 局部破坏照片

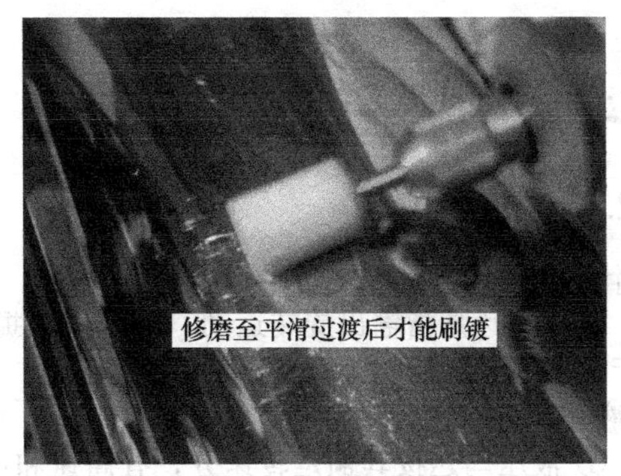

图 3-64 机械整形

② 电净：电净的作用是除去工件表面的油污。为了防止油污污染镀液，镀液可能流过的地方都应该进行电净处理。电净的面积可以大一些、次数可以两次以上，确保经过此步骤后，工件上的油污能够彻底除尽。

③ 活化：液压杆的材质多为经调质处理的碳素结构钢。一般用 2 号活化液和 3 号活化液去除钢铁表面的氧化膜、渗碳体和游离碳（过饱和碳）。用 FJY 全能铬面活化液去除镀铬层表面的氧化膜。如果不用铬面活化液处理镀铬面，铬面上的镀层与镀铬层结合不牢，镀后修磨时难以实现平滑过渡。使用时毛糙的边界会刮伤油封。

④ 铬面底镍：镀铬面底镍的作用是在修复部位刷镀出结合牢固的底层（其作用与盖楼房时打地基的作用相似，只有把地基打牢了，楼房才能稳固），镀铬面底镍的时间不宜太长，以施镀面呈均匀的亮白色为宜。如果底层呈灰色（或暗灰色），应磨去底层，重新进行镀前处理和镀底镍工序。

⑤ 高速厚铜填坑：液压杆的局部破坏深度一般在 0.5～3mm，用 FJY 系列快速超厚高堆积厚铜填坑，刷镀时间为 0.5～1h（一般情况下，1mm 的深度可以在 15～20min 内填平）。图 3-65 为刷镀快速厚铜照片。

⑥ 机械修磨：用仿形磨具修磨刷镀面，按照由粗到细的顺序修磨至平滑过渡并符合公差要求。

⑦ 镀耐磨面层：耐磨面层是为了提高表面硬度和耐腐蚀性，一般选用镍及其合金作面层。因面层是覆盖在铜层和铬层之上的，所以在镀面层之前，仍需要进行铬面活化、铬面底镍工序。

⑧ 表面抛光：表面抛光的作用是精修刷镀面，用细砂纸蘸抛光膏抛磨刷镀面，使表面达到镜面光泽。表面抛光有双重作用，其一是提高密封性能，其二是防止磨伤油封。按照本文推荐的刷镀方法修复镀铬液压杆、液压缸，使用效果与新件相当。图 3-66 为修复后的液压杆照片。

采用 FJY 系列电刷镀修复工艺现场修复镀铬液压缸活塞杆局部损伤，可以克服其他修复方法存在的种种问题，修复后工件的使用寿命与新件相当，是一种修复成本低、操作简便、生产效率高的新型维修方法，该技术特别适合修复镀铬零部件的局部缺陷。

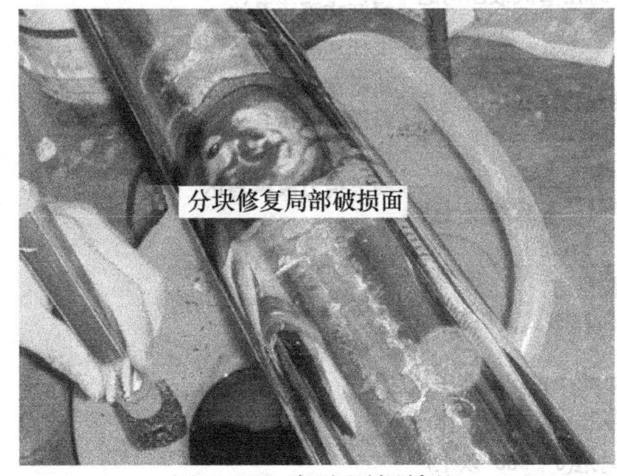

图 3-65 高速厚铜填坑

图 3-66 修复后的工件

3.2 液压马达

3.2.1 概述

1. 什么叫液压马达?

液压马达是指输出旋转运动，将液压泵提供的液压能转变为机械能的装置。液压马达主要应用于注塑机械、船舶等设备上。

2. 液压马达有哪些种类?

① 液压马达按其额定转速分，有高速和低速两大类。额定转速高于 500r/min 的属于高速液压马达，额定转速低于 500r/min 的属于低速液压马达。

高速液压马达的基本形式有齿轮式、螺杆式、叶片式和轴向柱塞式等。它们的主要特点是转速较高、转动惯量小，便于启动和制动，调速和换向的灵敏度高。

通常高速液压马达的输出转矩不大（仅几十牛·米到几百牛·米），所以高速液压马达又称为高速小转矩液压马达。

低速液压马达的基本形式是径向柱塞式，例如单作用曲轴连杆式、液压平衡式和多作用内曲线式等。此外在轴向柱塞式、叶片式和齿轮式中也有低速的结构形式。

低速液压马达的主要特点是排量大、体积大、转速低（有时可达每分钟几转甚至零点几转），因此可直接与工作机构连接，不需要减速装置，使传动机构大为简化，通常低速液压马达输出转矩较大（可达几千牛·米到几万牛·米），所以又称为低速大转矩液压马达。

低速大转矩液压马达的主要特点是转矩大，低速稳定性好（一般可在 10r/min 以下平稳运转，有的可低到 0.5r/min 以下），因此可以直接与工作机构连接（如直接驱动车轮或绞车轴），不需要减速装置，使传动结构大为简化。低速大转矩液压马达广泛用于工程、运输、建筑和船舶（如行走机械、卷扬机、搅拌机）等机械上。

② 液压马达按结构类型分，有齿轮式、叶片式、柱塞式和其他形式。

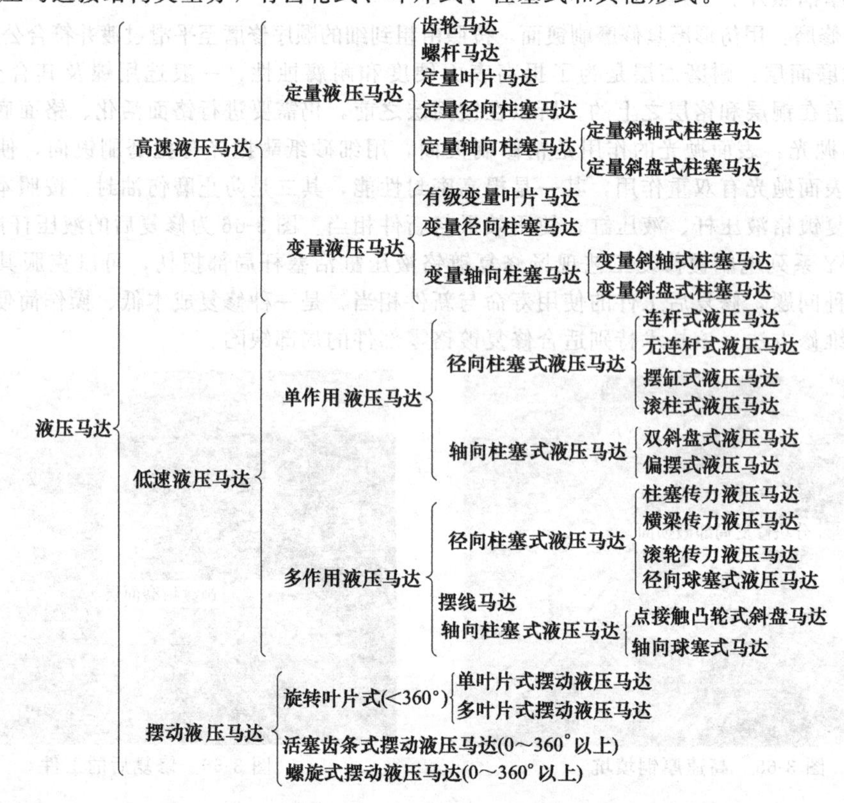

3. 液压马达的工作特点有哪些?

① 在一般工作条件下，液压马达的排油口压力稍大于大气压力，进、出油口直径相同。液压马达的进、出口压力都高于大气压，因此不存在液压泵的吸入性能问题。但是，如果马达可能在泵的工况下工作（例如，负载重物下落时），它的进油口应该具有与其转速相适应的压力，以免产生汽蚀、噪声和振动。由于马达的回油压力比大气压高，所以它的泄漏油管不能与回油口相连而要单独引回油箱。

② 液压马达往往需要正、反转，所以在内部结构上应具有对称性。

③ 液压马达的实际工作压差取决于负载力矩的大小。当被驱动件的转动惯量大或转速高，并要求急速制动或反转时，会产生较高的液压冲击。为此应在系统中设置必要的安全阀、缓冲阀。

④ 由于内部泄漏不可避免，因此将马达的油口关闭而进行制动时仍会有缓慢的滑转。所以，在需要长时间制动并保持原位不动时，应另行设置防止滑转的制动装置。

⑤ 某些形式的液压马达必须在回油具有足够的背压时才能保证正常工作，并且转速越高，所需背压越大。背压的增高意味着油源的压力利用降低，系统的损失大。

⑥ 在确定液压马达的轴承形式时，应保证在很宽的速度范围内都能正常工作。

⑦ 液压马达需要外泄油口。

⑧ 为改善液压马达的启动和工作性能，要求转矩脉动小，内部摩擦小。

4. 液压马达与液压泵有何不同?

从能量转换的观点来看，液压泵与液压马达是可逆工作的液压元件：即液压泵是将原动机的机械能转变为压力能的装置，而相反，液压马达是把液体的压力能转换为机械能的装置。

从结构原理上讲，液压泵可以作液压马达用，液压马达也可作液压泵用。但事实上，同类型的液压泵和液压马达虽然在结构上相似，但是，由于液压马达和液压泵的工作条件不同，对它们的性能要求也不一样，所以同类型的液压马达和液压泵之间，仍存在许多差别。

① 液压马达一般需要正、反转，所以在内部结构上应具有对称性，而液压泵一般是单方向旋转的，不一定有这一要求。

② 为了减小吸油阻力，减小径向力，一般液压泵的吸油口比出油口的尺寸大。而液压马达低压腔的压力稍高于大气压力，所以没有上述要求。

③ 液压马达要求能在很宽的转速范围内正常工作，因此，应采用液动轴承或静压轴承。因为当马达速度很低时，若采用动压轴承，就不易形成润滑油膜。

④ 有些液压泵，如齿轮泵的泄油可采用将其引到吸油腔的内泄式方法，而液压马达的泄油则必须单独接管引回油箱。

⑤ 液压泵在结构上必须保证具有自吸能力，而液压马达就没有这一要求。液压马达在启动时必须保证较好的密封性。

⑥ 液压马达必须具有较大的启动转矩。所谓启动转矩，就是马达由静止状态启动时，马达轴上所能输出的转矩，该转矩通常大于在同一工作压差时处于运行状态下的转矩。所以，为了使启动转矩尽可能接近工作状态下的转矩，要求马达转矩的脉动小，内部摩擦小。

由于存在着这些差别，使得液压马达和液压泵在结构上虽比较相似，但不能可逆工作。

5. 什么叫液压马达的工作压力、额定压力、压差与背压?

① 工作压力：输入马达油液的实际压力，其大小决定于马达的负载。

② 额定压力：按试验标准规定，使马达连续正常工作的最高压力。

③ 压差：马达进口压力与出口压力的差值。

④ 背压：液压马达的出口压力称为背压，为保证液压马达运转的平稳性，一般液压马达的背压取0.5～1MPa。

6. 什么叫液压马达的排量、流量?

液压马达的排量V_M、理论流量、实际流量、额定流量及泄漏量的定义与液压泵类似，所不同的是进入液压马达的液体体积，不计泄漏时的流量称理论流量 q_{Mt}，考虑泄漏时流量为实际流量 q_M。

7. 什么叫液压马达的转速和容积效率？

转速：液压马达在其排量一定时，其理论转速 n_t 取决于进入马达的流量 q_M，即：

$$n_t = q_M / V_M \tag{3-16}$$

容积效率 η_{MV}：

由于马达实际工作时存在泄漏，并不是所有进入液压马达的液体都推动液压马达做功。一小部分液体因泄漏损失掉了，所以计算实际转速时必须考虑马达的容积效率 η_{MV}。当液压马达的泄漏流量为 q_1 时，则输入马达的实际流量为 $q_M = q_t + q_1$，液压马达的容积效率定义为理论流量与实际输入流量之比，即：

$$\eta_{MV} = q_{Mt}/q_M = (q_M - q_1)/q_M = 1 - q_1/q_M \tag{3-17}$$

则马达实际输出转速 n_M 为：

$$n_M = (q_M - q_1)/V_M = q_M \eta_{MV} / V_M \tag{3-18}$$

8. 什么叫液压马达的转矩和机械效率？

由于马达实际存在机械损失而产生损失转矩 ΔT，使得实际转矩 T 比理论转矩 T_t 小，即马达的机械效率 η_{Mm} 等于马达的实际输出转矩与理论输出转矩的比。

设马达的进、出口压力差为 Δp，排量为 V_M，不考虑功率损失，则液压马达输入液压功率等于输出机械功率，即：

$$\Delta p q_t = T_t \omega_t \tag{3-19}$$

因为 $q_t = V_M n_t$，$\omega_t = 2n_t$，所以马达的理论转矩 T_t 为：

$$T_t = \Delta p V_M / (2\pi) \tag{3-20}$$

上式称为液压转矩公式。显然，根据液压马达排量 V_M 的大小可以计算在给定压力下马达的理论转矩的大小，也可以计算在给定负载转矩下马达的工作压力的大小。

由于马达实际工作时存在机械摩擦损失，计算实际输出转矩 T 时，必须考虑马达的机械效率 η_{Mm}。当液压马达的转矩损失为 ΔT 时，则马达的实际输出转矩为 $T = T_t - \Delta T$。液压马达的机械效率定义为实际输出转矩 T 与理论转矩 T_t 之比。即：

$$\eta_{Mm} = T/T_t = (T_t - \Delta T)/T_t = 1 - \Delta T/T_t \tag{3-21}$$

9. 什么叫液压马达的功率与总效率？

(1) 输入功率 P_{Mi}

液压马达的输入功率 P_{Mi} 为液压功率，即进入液压马达的流量 q_M 与液压马达进口压力 p_M 的乘积。即：

$$P_{Mi} = p_M q_M \tag{3-22}$$

(2) 输出功率 P_{Mo}

液压马达的输出功率 P_{Mo} 等于液压马达的实际输出转矩 T_M 与输出角速度 ω_M 的乘积。

$$P_{Mo} = T_M \omega_M \tag{3-23}$$

(3) 液压马达的总效率

$$\eta_M = P_{Mo}/P_{Mi} = 2\pi n_M T_M / (p_M q_M) = \eta_{Mm} \eta_{MV} \tag{3-24}$$

由上式可知：液压马达的总效率等于机械效率与容积效率的乘积，这一点与液压泵相同。但必须注意，液压马达的机械效率、容积效率的定义与液压泵的机械效率、容积效率的定义是有区别的。

10. 什么叫液压马达的启动性能？

液压马达的启动性能主要由启动转矩和启动机械效率来描述。启动转矩是指液压马达由静止状态启动时液压马达轴上所能输出的转矩。启动转矩通常小于同一工作压差时、处于运行状态下所输出的转矩。

启动机械效率是指液压马达由静止状态启动时，液压马达实际输出的转矩与它在同一工作压差时的理论转矩之比。

启动转矩和启动机械效率的大小，除与摩擦转矩有关外，还受转矩脉动性的影响，当输出轴处于不同相位时，其启动转矩的大小稍有差别。

11. 什么叫液压马达的最低稳定转速?

最低稳定转速是指液压马达在额定负载下，不出现爬行现象的最低转速。液压马达的最低稳定转速除与结构形式、排量大小、加工装配质量有关外，还与泄漏量的稳定性及工作压差有关。一般希望最低稳定转速越小越好。这样可以扩大液压马达的变速范围。

12. 什么叫液压马达的制动性能?

当液压马达用来起吊重物或驱动车轮时，为了防止在停车时重物下落或车轮在斜坡上自行下滑，对其制动性要有一定的要求。

制动性能一般用额定转矩下，切断液压马达的进出油口后，因负载转矩变为主动转矩，使液压马达变成泵工况，出口油液转为高压油液，由此向外泄漏，导致马达缓慢转动的滑转值给予评定。

13. 什么是液压马达的工作平稳性及噪声?

液压马达的工作平稳性用理论转矩的不均匀系数 $\delta_M=(T_{tmax}-T_{tmin})/T_t$ 评价。不均匀系数除与液压马达的结构形式有关外，还取决于马达的工作条件和负载的性质。与液压泵相同，液压马达的噪声亦分为机械噪声和液压噪声。为降低噪声，除设计时要注意外，使用时也要重视。

14. 常用液压马达的技术性能参数怎样?

常用液压马达的技术性能参数见表3-3。

表3-3 常用液压马达的技术性能参数

类型 \ 性能参数	排量范围/(cm^3/r)		压力/MPa		转速范围/(r/min)	容积效率/%	总效率/%	启动机械效率/%	噪声	价格
	最小	最大	额定	最高						
外啮合齿轮马达	5.2	160	16～20	20～25	150～2500	85～94	85～94	85～94	较大	最低
内啮合摆线转子马达	80	1250	14	20	10～800	94	76	76	较小	低
双作用叶片马达	50	220	16	25	100～2000	90	75	80	较小	低
单斜盘轴向柱塞马达	2.5	560	31.5	40	100～3000	95	90	20～25	大	较高
斜轴式轴向柱塞马达	2.5	3600	31.5	40	100～4000	95	90	90	较大	高
钢球柱塞马达	250	600	16	25	10～300	95	90	85	较小	中
双斜盘轴向柱塞马达			20.5	24	5～290	95	91	90	较小	高
单作用曲柄连杆径向柱塞马达	188	6800	25	29.3	3～500	>95	90	>90	较小	较高
单作用无连杆型径向柱塞马达	360	5500	17.5	28.5	3～750	95	90	90	较小	较高
多作用内曲线滚柱柱塞传力径向柱塞马达	215	12500	30	40	1～310	95	90	95	较小	高
多作用内曲线钢球柱塞传力径向柱塞马达	64	10000	16～20	20～25	3～1000	93	>85	95	较小	较高
多作用内曲线横梁传力径向柱塞马达	1000	40000	25	31.5	1～125	95	90	95	较小	高
多作用内曲线滚轮传力径向柱塞马达	8890	150774	30	35	1～70	95	90	95	较小	高

15. 液压马达输出转矩和转速的计算方法是什么?

举例说明：某液压马达的排量 V_M= 250mL/r，入口压力为9.8MPa，出口压力为0.49MPa，其总效率 η_M=0.9，容积效率 η_{MV}=0.92，当输入流量为22L/min时，求液压马达输出转矩和转速各为多少？

解： ① 液压马达的理论流量 q_{tM} 为

$$q_{tM}=q_M\eta_{MV}=22\times0.92=20.24\text{L/min}$$

② 液压马达的实际转速

$$n_M=\frac{q_{tM}}{V_M}=\frac{20.24\times10^3}{250}=80.96\text{r/min}$$

③ 液压马达的输出转矩

$$T_M=\frac{\Delta p_M V_M}{2\pi}\times\frac{\eta_M}{\eta_{VM}}=\frac{(9.8-0.49)\times10^6\times250\times10^{-6}\times0.9}{2\pi\times0.92}=362.56\text{N}\cdot\text{m}$$

或者

$$T_M=\frac{\Delta p_M q_M}{2\pi n_M}\eta_M=\frac{9.31\times10^6\times22\times10^{-3}}{2\pi\times80.96}\times0.9=362.56\text{N}\cdot\text{m}$$

16. 液压马达使用注意事项有哪些？

① 保证输出轴与机械的同心度，或采用挠性连接。

② 启动液压马达之前，壳体要注满油。壳体始终要充满油，提供内部润滑。否则将拉坏液压马达，铸成大错！

③ 泄漏连接：壳体泄漏管必须全口径，不受节流，并且从泄油口直接连到油箱，使壳体保持充满油液。泄漏管的配管必须避免虹吸现象，泄油管要使它在油箱液面以下终结，其他管路不得连接该泄油管。马达的泄油管应单独连油箱，不容许与回油口相连。

④ 外接泄油管应保证液压马达壳体内充满油液，防止停车时壳内油液倒回油箱，如泄油管接口向上，使泄油口高于壳体。

⑤ 一般泄油口不接背压，如果需接背压，其值也不得超过 0.16～0.20MPa，否则油压将冲破低压密封，如轴封等。

⑥ 应保证低速大转矩马达有足够的回油背压。内曲线式液压马达尤其要注意，通常其回油背压应为 0.3～1.0MPa，转速愈高，回油背压应愈大，否则将导致滚轮脱离定子导轨曲面而产生撞击、振动、噪声，严重时导致损坏。

⑦ 工作油应清洁，黏度适当。

17. 怎样用压缩空气检查液压马达的工作性能？

液压马达结构比较复杂，装配要点多，在修理过程中稍不注意，就可能造成马达不工作或工作无力。如果不经试验台进行性能测试就装机，很容易出现返工现象，但用户一般没有试验台。简单的方法：可将组装好的液压马达固定在工作台上，向马达内注入其允许使用的工作油液，然后将 0.6～0.8MPa 的压缩空气从一油口输入后，如果液压马达输出轴能匀速旋转，无卡滞、无窜动现象，而换另一油口输入压缩空气则应以相反的方向旋转，此情况下即可认为马达工作性能正常。

3.2.2 齿轮式液压马达（齿轮马达）

1. 齿轮马达有何特点？用途怎样？

齿轮马达的结构简单，制造容易，但输出的转矩和转速脉动性较大，当转速高于 1000r/min 时，其转矩脉动受到抑制，因此，齿轮马达适用于高转速、低转矩情况下。

齿轮马达由于密封性差，容积效率较低，输入油压力不能过高，不能产生较大转矩，并且瞬间转速和转矩随着啮合点的位置变化而变化，因此齿轮液压马达仅适合于高速小转矩的场合。一般用于钻床、风机、工程机械、农业机械以及对转矩均匀性要求不高的机械设备上。

2. 齿轮马达的结构特征是什么？

齿轮马达与齿轮泵的结构基本相同，齿轮马达的结构特征是：

① 齿轮马达在结构上为了适应正、反转要求，进出油口相等、具有对称性。为了减少转矩脉动，齿轮液压马达的齿数比泵的齿数要多。齿轮马达的进、回油通道对称布置，孔径相同，以使马达正、反转时性能相同。

② 齿轮马达采用外泄油孔。有单独外泄油口，将轴承部分的泄漏油引出壳体外。

③ 为适应齿轮马达正、反转的工作要求，浮动侧板、卸荷槽等必须对称布置。

④ 为了减少启动摩擦力矩，减小摩擦损失，多采用滚动轴承，以改善其启动性能。

⑤ 为了减少转矩脉动，齿轮马达的齿数比齿轮泵的齿数多。

3. 齿轮马达是怎样工作的？

如图3-67所示，两个相互啮合的齿轮的中心为o和o'，啮合点半径为R_c和R_c'，齿轮o为带有负载的输出轴。

当高压油p_1进入齿轮马达的进油腔，作用在进油腔两齿轮的齿面上，产生逆时针方向转矩；回油腔的低压油p_2，也作用在回油腔两齿轮的齿面上，产生顺时针方向转矩。而p_1远大于p_2，逆时针方向转矩远大于顺时针方向转矩，所以在两齿轮啮合转矩T_1与T_2的作用下，齿轮马达按图示方向连续地旋转，并输出转矩。

与齿轮泵相比，齿轮马达有正反转的要求，因而采用对称结构；因马达回油有背压，为防止马达正反转时轴封被冲坏，齿轮马达壳体上设有单独的外泄漏油口。

4. 齿轮马达主要查哪些易出故障的零件及其部位？

齿轮马达易出故障的零件有（图3-68、图3-69）：长短齿轮轴、侧板、壳体、前后盖、轴承与油封等。

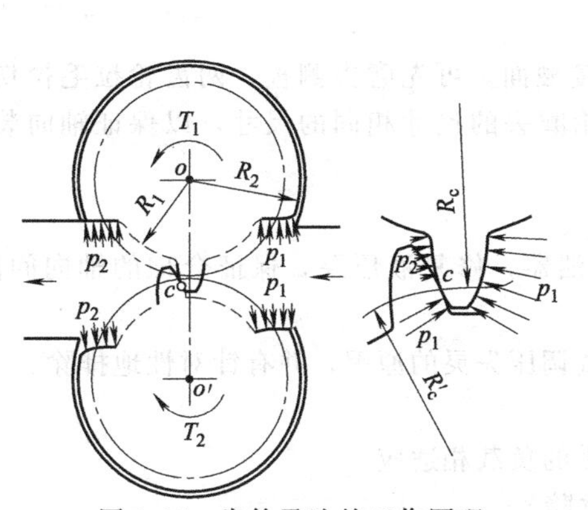

图3-67 齿轮马达的工作原理

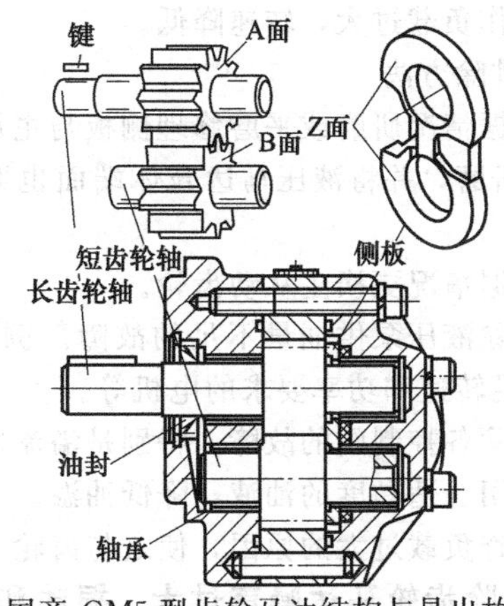

图3-68 国产GM5型齿轮马达结构与易出故障的零件

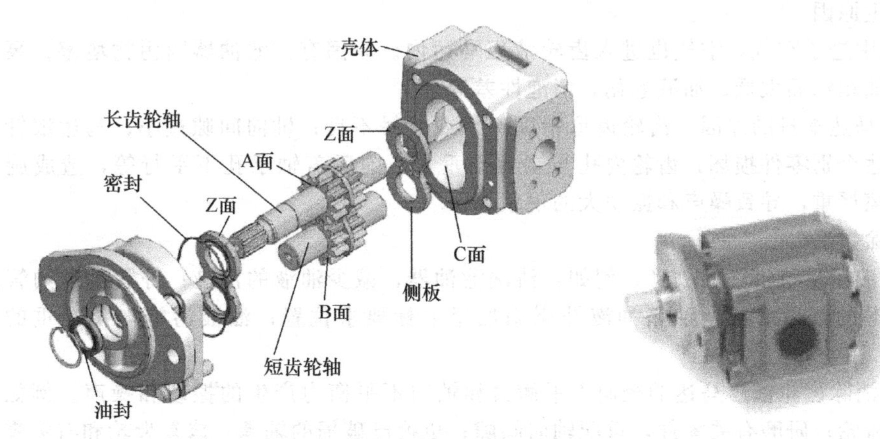

图3-69 美国派克公司PGM齿轮马达立体分解图

齿轮马达易出故障的零件部位有：长短齿轮轴的齿轮端面（如A、B面）和轴颈面的磨损拉伤；侧板或前后盖与齿轮贴合面（Z面）的磨损拉伤；壳体C面磨损拉伤，轴承磨损或破损；油封破损等。

5. 怎样排除齿轮马达输出轴油封处漏油的故障?

① 查与泄油口连接的泄油管内是否背压太大。如泄油管通路因污物堵塞或设计过小，弯曲太多时，要予以处理，使泄油管畅通，且泄油管要单独引回油池，而不要与液压马达回油管或其他回油管共用，油封应选用能承受一定背压的。

② 查马达轴回转油封是否破损或安装不好。油封破损或安装时箍紧弹簧脱落会从输出轴漏油。因液压马达轴拉伤油封时，要研磨抛光液压马达轴，更换新油封。

6. 转速降低、输出转矩降低怎么办?

(1) 产生原因

① GM型齿轮液压马达的侧板Z面或主从动齿轮的两侧面（A面与B面）磨损拉伤，造成高低压腔之间的内泄漏量大，甚至串腔。

② 齿轮液压马达径向间隙超差，齿顶圆与壳体孔间隙太大，或者磨损严重。

③ 液压泵的供油量不足。液压泵因磨损和径向间隙增大、轴向间隙增大，或者液压泵电机与功率不匹配等原因，造成输出油量不足，进入齿轮液压马达的流量减少。

④ 液压系统调压阀（例如溢流阀）调压失灵，压力上不去，各控制阀内泄漏量大等原因，造成进入液压马达的流量和压力不够。

⑤ 油液温升，油液黏度过小，致使液压系统各部内泄漏量大。

⑥ 工作负载过大，转速降低。

(2) 排除方法

① 根据情况研磨或平磨修理侧板与主从动齿轮接触面，可先磨去侧板、两齿轮拉毛拉伤部位，然后研磨，并将液压马达壳体端面也磨去与齿轮磨去的尺寸相同的尺寸，以保证轴向装配间隙。

② 根据情况更换主从动齿轮。

③ 排除液压泵供油量不足的故障。例如清洗滤油器，修复液压泵，保证合理的轴向间隙，更换能满足转速和功率要求的电机等。

④ 排除各控制阀的故障。特别是溢流阀，应检查调压失灵的原因，并有针对性地排除。

⑤ 选用合适黏度的油液，降低油温。

⑥ 检查负载过大的原因，使之与齿轮马达能承受的负载相适应。

7. 怎样排除齿轮马达噪声过大、振动和发热的故障?

(1) 产生原因

① 系统中进了空气，空气也进入齿轮液压马达内。原因有：滤油器因污物堵塞；泵进油管接头漏气；油箱油面太低；油液老化，消泡性差等。

② 齿轮马达本身的原因：齿轮齿形精度不好或接触不良；轴向间隙过小；马达滚针轴承破裂；液压马达个别零件损坏；齿轮内孔与端面不垂直，前后盖轴承孔不平行等，造成旋转不均衡，机械摩擦严重，导致噪声和振动大的现象。

(2) 排除方法

① 排除液压系统进气的故障，例如：清洗滤油器，减少油液的污染；拧紧泵进油管路管接头，密封破损的予以更换；油箱油液补充添加至油标要求位置；油液污染老化严重的，予以更换。

② 尽量消除齿轮液压马达的径向不平衡力和轴向不平衡力产生的振动和噪声。例如：对研齿轮或更换齿轮；研磨有关零件，重配轴向间隙；更换已破损的轴承；修复齿轮和有关零件的精度；更换损坏的零件；避免输出轴过大的不平衡径向负载。

8. 怎样排除齿轮马达最低速度不稳定、有爬行现象的故障?

(1) 产生原因

① 系统混有空气，油液的体积弹性模量即系统刚性会大大降低。

② 液压马达回油背压太小，未安装背压阀，空气从回油管反灌进入齿轮液压马达内。

③ 齿轮马达与负载连接不好，存在着较大同轴度误差，使齿轮液压马达受到径向力的作用，从而造成马达内部配油部分高低压腔的密封间隙增大，内部泄漏加剧，流量脉动加大。同时，同轴度误差也会造成各相对运动面间摩擦力不均而产生爬行现象。

④ 齿轮的精度差，包括角度误差和形位公差，它一方面影响马达流量不均匀而造成输出转矩的变动，另一方面在液压马达内部易造成流动紊乱，泄漏不均，更造成流量脉动，低速时液压马达表现更为突出。

⑤ 油温和油液黏度的影响。油温增高，一方面内泄漏加大，影响速度的稳定性，另一方面油温使黏度变小，润滑性能变差，影响到运动面的动静摩擦系数之差。

(2) 排除方法

① 防止空气进入液压马达。

② 在液压马达回油口装一个背压阀，并适当调节好背压压力的大小，这样可阻止齿轮马达启动时的加速前冲，并在运动阻力变化时起补偿作用，使总负载均匀，马达便运行平稳，相当于提高了系统的刚性。

③ 注意液压马达与负载的同轴度，尽量减少液压马达主轴因径向力造成偏磨及相对运动面间摩擦力不均而产生的爬行现象。

④ 如果是液压马达的齿轮精度不好造成的，可对研齿轮，齿轮转动一圈时一定要灵活均衡，不可有局部卡阻现象。另外尽可能选排量大一点的齿轮马达，使泄漏量的比例小，相对提高了系统刚度，这样有助于消除爬行、降低马达的最低稳定转速。

⑤ 控制油温，选择合适黏度的油液，以及采用高黏度指数的液压油。

9. CM-※◇CF△型齿轮式液压马达（国产）的结构是怎样的?

这种马达的结构如图 3-70 所示。型号中：※为系列代号：C、D、E、F；◇为公称排量代号：10mL/min、18mL/min、25mL/min、32mL/min、45mL/min、57mL/min、70mL/min；C 表示压力等级：8～16MPa；F 表示法兰安装；△表示连接形式：F 表示法兰连接，L 表示螺纹连接；转速 1900～2400r/min，输出转矩 20～70N·m。

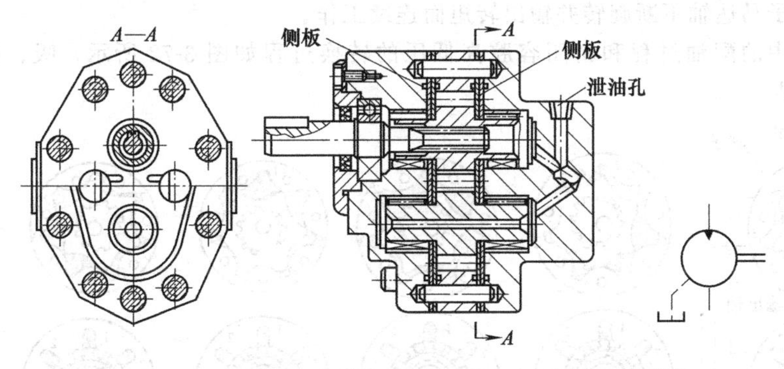

图 3-70 CM-※◇CF△型齿轮式液压马达（国产）的结构

10. GPM 系列齿轮马达（力士乐-博世公司）的结构是怎样的?

这种马达的结构如图 3-71 所示。额定压力 17.2MPa，排量 31.2～202.7mL/r，最大转矩 85.4～442.1N·m。

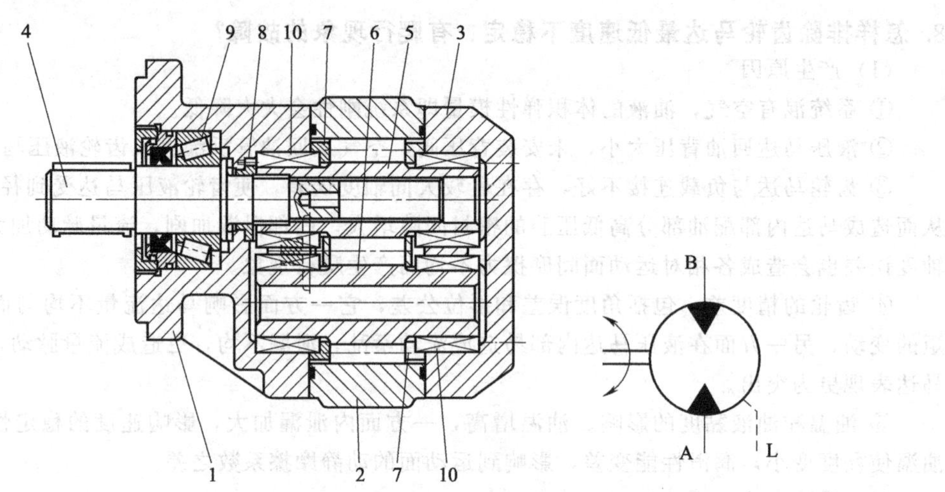

图 3-71 GPM 系列齿轮马达（力士乐-博世公司）的结构

1—前盖；2—壳体；3—后盖；4—输出轴；5—主动齿轮轴；6—从动齿轮轴；7—侧板；8—轴封；9—滚柱向心推力轴承；10—滚针轴承

3.2.3 摆线液压马达

1. 什么是摆线液压马达?

摆线液压马达是一种低速中转矩多作用液压马达，简称摆线马达。由一对一齿之差的内啮合摆线针柱行星传动机构所组成，采用一齿差行星减速器原理，所以这种马达是由高速液压马达与减速机构组合而成的低速大转矩液压元件。它在工程机械、石化机械、船舶运动、轻工机械、产业机械等设备上有着广泛的应用。

2. 摆线马达的工作原理是怎样的?

摆线液压马达是利用与行星减速器类似的原理（少齿差原理）制成的内啮合摆线齿轮液压马达。转子与定子是一对摆线针齿啮合齿轮，转子具有 Z_1($Z_1=6$ 或 8) 个齿的短幅外摆线等距线齿形，定子具有 $Z_2=Z_1+1$ 个圆弧针齿齿形，转子和定子形成 Z_2 个封闭齿间封闭容腔，其中一半处于高压区，一半处于低压区。压力油经配油盘（或配油轴）上的配油窗口进入封闭容腔变大的高压区容腔，作用在转子齿上，使转子旋转；从封闭容腔变小的低压区容腔排出低压油，如此循环，摆线转子马达轴不断旋转并输出转矩而连续工作。

马达转动中的配油过程和密闭容腔高低压的转换过程如图 3-72 所示，吸、排油腔始终以 O_1O_2 连线为界。

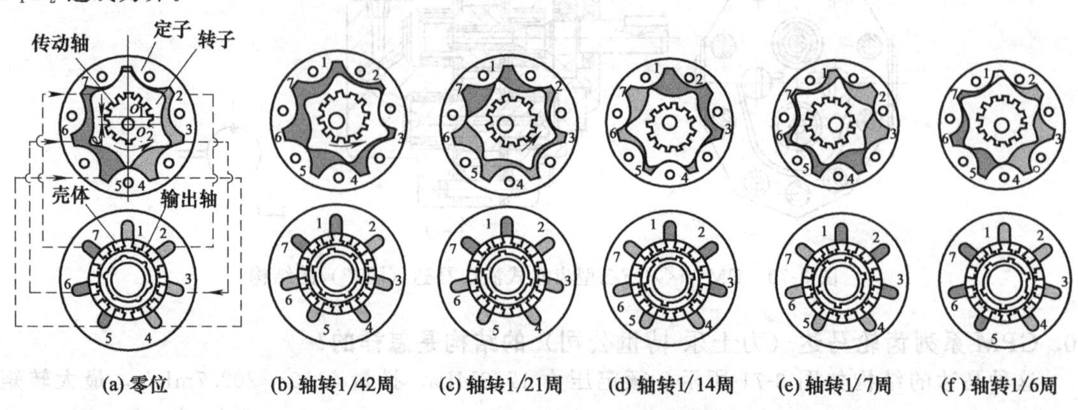

图 3-72 摆线马达的工作原理

3. 维修摆线马达时主要查哪些易出故障的零件及其部位?

摆线马达易出故障的零件有：配油轴或配油盘、转子、定子、轴承与油封等（图3-73）。

摆线马达易出故障的零件部位有：配油轴的外圆面或配油盘端面磨损拉伤；转子外齿表面的磨损拉伤；定子内齿（针齿）表面的磨损拉伤；轴承磨损或破损；油封破损等。

4. 摆线马达运行无力怎么办?

① 查定子与转子是否配对太松。由于马达在运行中，马达内各零部件都处于相互摩擦的状态下，如果系统中的液压油油质过差，则会加速马达内部零件的磨损。当定子体内针齿磨损超过一定限度后，将会使定子体配对内部间隙变大，无法达到正常的封油效果，就会造成马达内泄漏过大。表现出的症状就是马达在无负载情况下运行正常，但是声音会比正常的稍大，在负载下则会无力或者运行缓慢。解决办法就是更换外径稍大一点的针齿（圆柱体）。

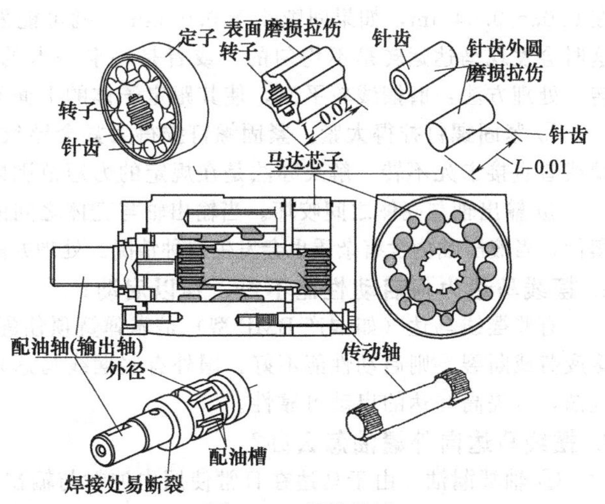

图 3-73 摆线马达

② 查输出轴跟壳体孔之间是否因磨损而使内泄漏大。造成该故障的主要原因是液压油不纯，含杂质，导致壳体内部磨出凹槽，从而内泄漏增大，以致马达无力。解决的办法是更换壳体或者整个配对。

5. 摆线马达低转速下速度不稳定、有爬行现象怎么办?

① 查转子的齿面是否拉毛拉伤。拉毛的位置摩擦力大，未拉毛的位置摩擦力小，这样就会出现转速和转矩的脉动，特别是在低速下便会出现速度不稳定。

转子齿面的拉毛，除了油中污物等原因外，主要是转子齿面的接触应力大。对于6个齿转子和7个齿定子之间的齿面，接触应力最大高达30MPa，转速和转矩的脉动率也超过2%，因此齿面易拉毛，低速性能差。改成8齿转子和9齿定子，并且选择较小的短幅系数和较大的针径系数，可使齿面的最大接触应力减少至20MPa左右，马达的转速脉动率可降至1.5%左右，低速性能得到改善，最低转速能稳定在5r/min左右。

为了保证低速稳定性，摆线马达的最低转速最好不小于10r/min。

② 对于定子的圆柱针轮在工作中不能转动的情况，应采取针齿厚度必须略小于定子厚度的对策。

③ 参阅齿轮马达的故障排除方法。

6. 摆线马达转速降低、输出转矩降低怎么办?

除了参阅上述与外啮合齿轮马达所述相同的故障原因和排除方法外，还有：

① 由于摆线马达没有间隙补偿（平面配油的除外）机构，转子和定子以线接触进行密封，且整台马达中的密封线较长，如果转子和定子接触线因齿形精度不好、装配质量差或者接触线处拉伤时，内泄漏便较大，造成容积效率下降、转速下降以及输出转矩降低。解决办法：如果是针轮定子，可更换针轮，并与转子研配。

② 转子和定子的啮合位置，以及配油轴和机体的配油位置，这两者相对位置对应的一致性对输出转矩有较大影响，如两者的对应关系失配，即配油精度不高，将引起很大的转速和输出转矩的降低。

注意保证配油精度，提高配油轴油槽和内齿相对位置精度、转子摆线齿和内齿相对位置精度、机体油槽和定子针齿相对位置精度是非常重要的。

③ 配油轴磨损：内泄漏大，影响了配油精度；或者因配油套与液压马达壳体孔之间配合间隙过大，

或因磨损产生间隙过大，影响了配油精度，使容积效率降低，而影响了液压马达的转速和输出转矩。

可采用电镀或刷镀的方法修复，保证合适的间隙。

7. 摆线马达不转或者爬行怎么办?

① 定子体配对平面配合间隙过小。如前所述，BMR系列马达的定子体平面间隙应大致控制在0.03~0.04mm，如果间隙小于0.03mm，就可能发生摆线轮与前侧板或后侧板咬死的情况，这时会发现马达运转是不均匀的，或者是一卡一卡的，情况严重的会使马达直接咬死，导致不转。处理方法：磨摆线轮平面，使其跟定子体的平面间隙控制在标准范围内。

② 紧固螺钉拧得太紧。紧固螺钉拧得太紧会导致零件平面贴合过紧，从而引起马达运转不顺或者直接卡死不转。解决办法是在规定的力矩范围内拧紧螺钉。

③ 输出轴与壳体之间咬坏。当输出轴与壳体之间的配合间隙过小时，将会导致马达咬死或者爬行，当液压油内含有杂质也会发生这种情况。处理办法是更换输出轴，与壳体（或配油套）配对。

8. 摆线马达为何启动性能不好、难以启动?

有些摆线马达（如国产BMP型）是靠弹簧顶住配油盘而保证初始启动性能的，如果此类弹簧疲劳或断裂，则启动性能不好；国外有些摆线马达采用波形弹簧压紧支承盘，并加强支承盘定位销，可提高马达的启动可靠性。

9. 摆线马达向外漏油怎么办?

① 轴端漏油。由于马达在日常使用中油封与输出轴处于不停地摩擦状态下，必然导致油封与轴接触面的磨损，超过一定限度将使油封失去密封效果，导致漏油。处理办法：需更换油封，如果输出轴磨损严重，需同时更换输出轴。

② 封盖处漏油。封盖下面的O形圈压坏或者老化而失去密封效果，该情况发生的概率很低，如果发生，只需更换该O形圈即可。

③ 马达夹缝漏油。位于马达壳体与前侧板，或前侧板与定子体，或定子体与后侧板之间的O形圈发生老化或者压坏的情况，如果发生该情况，只需更换该O形圈即可。

10. 摆线马达内、外泄漏大怎么办?

① 定子体配对平面配合间隙过大，造成内泄漏大。如BMR系列马达的定子体平面间隙应大致控制在0.03～0.04mm（根据排量不同，略有差别），如果间隙超过0.04mm，将会发现马达的外泄漏明显增大，这也会影响马达的输出转矩。

② 错误地将马达的外泄油口堵住，当外泄压力大于1MPa时，将会对油封造成巨大的压力，从而导致油封向外漏油。

③ 输出轴与壳体配合间隙过大。输出轴与壳体配合间隙大于标准时，将会发现马达的外泄漏显著增加。解决办法：更换新的输出轴，与壳体配对。

④ 使用了直径过大的O形圈。过粗的O形圈将会使零件平面无法正常贴合，存在较大间隙，导致马达泄漏增大。这种情况一般少见，解决办法是更换符合规格的O形圈。

⑤ 紧固螺钉未拧紧。紧固螺钉未拧紧会导致零件平面无法正常贴合，存在一定间隙，会使马达泄漏大。解决办法是在规定的力矩范围内拧紧螺钉。

11. 摆线马达一些零件损坏怎么办?

① 输出轴断掉。由于BMR系列马达的输出轴是由露在外部的轴与内部的配油部分焊接起来的，因此该焊接部分的好坏以及外力的作用将直接影响轴的寿命，该故障也是经常发生的，如发生，只有更换输出轴。

② 传动轴断掉。传动轴是连接摆线轮与输出轴的一根轴，作用是将摆线轮的转动输送到输出轴上，当马达长时间处在超负荷的情况下，或者输出轴受到外界一个反方向的力时，将有可能导致传动轴断掉。传动轴断掉一般都伴随着输出轴的齿和摆线轮的齿都咬掉的情况。解决办法是更换传动轴，如其他零件损坏，需一同更换。

③ 轴挡断掉。轴挡位于输出轴上，用于固定轴承（BMR系列都是6206轴承）。轴挡比较

脆，当输出轴受到一个纵向力的冲击时，很容易会导致轴挡碎裂，而碎屑会引起更大的故障，比如：碎片刺破油封，进入轴承使轴承咬坏，使输出轴咬坏。解决办法是，如果故障很轻，就更换轴挡，不然就根据损坏的程度更换零件。

④ 法兰断裂。该故障也比较常见，这主要是马达受到过冲击或者铸件本身的质量问题引起的。解决办法是更换壳体。

12. 怎样修复定子、转子？

如图 3-74 所示，转子的修复为：轻度拉毛或磨损，经去毛刺、研磨后再用；磨损严重者，可刷镀外圆修复，或测量后用线切割慢走丝加工齿形，再经热处理后更换新件。

定子的修复为：如为镶针齿者，轻度拉毛或磨损，经去毛刺、研磨后再用；磨损严重者，可放大外径，加工新针齿换用；如不为镶针齿者，可与转子一样加工更换。

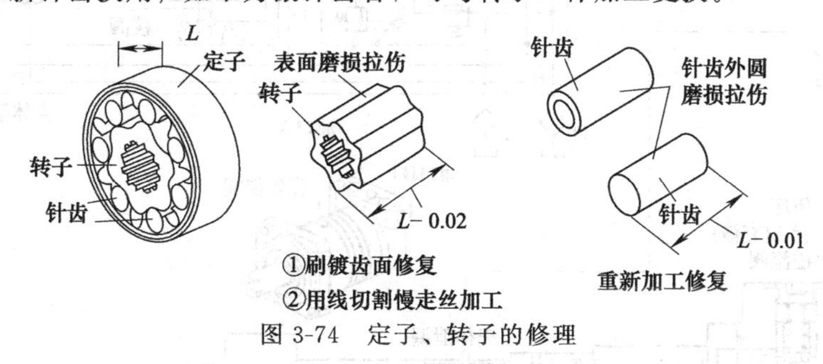

图 3-74 定子、转子的修理

13. 怎样修复配油轴或配油盘？

如图 3-75 所示，配油轴的修复为：轻度拉毛或磨损，经去毛刺、研磨后再用；严重者可刷镀外圆修复或重新加工。

配油盘的修复为：A 面磨损拉伤，轻微者，经研磨后再用；严重者，可经平磨、表面氮化后再用。

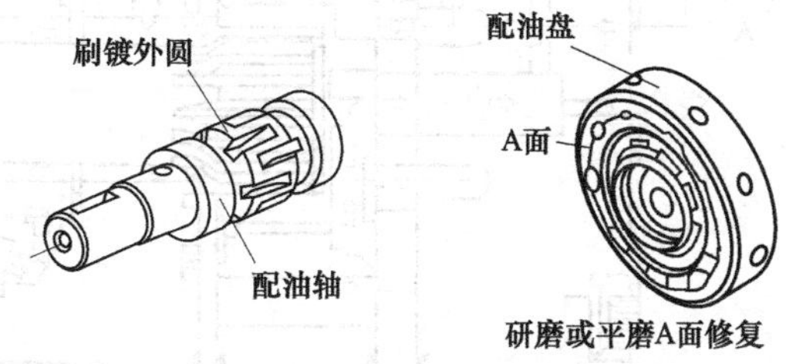

图 3-75 配油轴或配油盘的修复

14. BMR※型（国产）的结构是怎样的？

这种马达的结构如图 3-76 所示。※为排量代号，排量范围 80～400mL/min，额定压力 6～10MPa，转矩范围 95～477N·m；结构特点为轴配油、三位一体摆线齿轮啮合副。

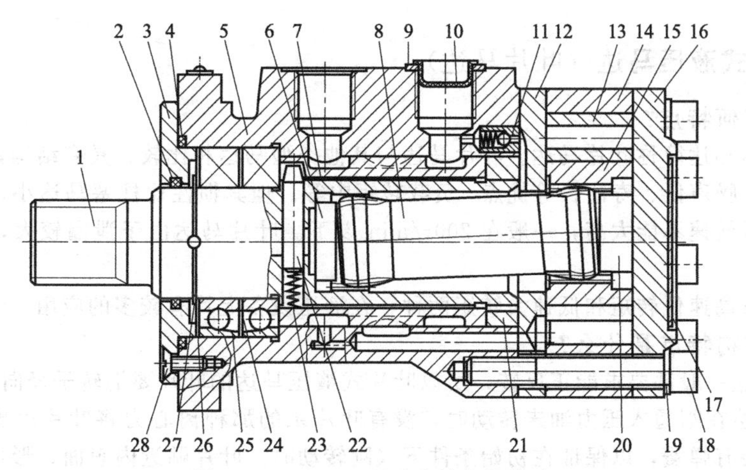

图 3-76 BMR※型马达的内部构造

1—输出（配油）轴；2—油封；3—前盖板；4、9—密封圈；5—壳体；6—限位块；7—配油套；8—鼓形花键物；10—护帽；11—单向阀；12—辅助配油板；13—针轮；14—定子齿圈体；15—转子摆轮；16—后盖；17—标牌；18、28—螺钉；19—弹性垫圈；20—限位块；21—垫圈；22—销；23—弹簧；24、26—垫片；25—滚动轴承；27—轴用挡圈

15. VIS系列摆线液压马达（美国伊顿公司）的结构是怎样的？

图3-77为VIS系列摆线液压马达组成的闭式回路的情况。

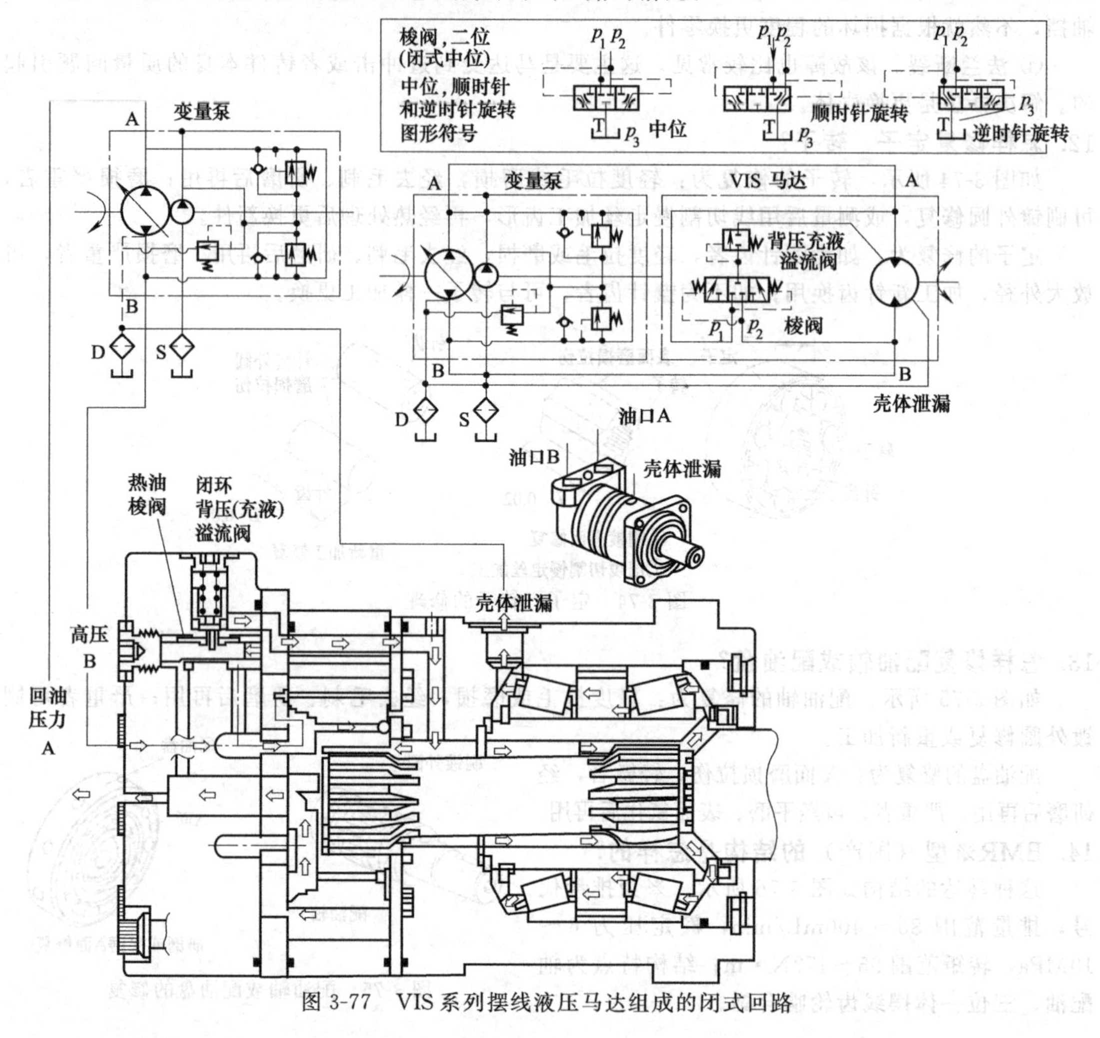

图3-77　VIS系列摆线液压马达组成的闭式回路

3.2.4　叶片式液压马达（叶片马达）

1. 叶片马达有何特点？

叶片式液压马达简称叶片马达。叶片马达与其他类型马达相比较，具有结构紧凑、外形尺寸小、运转平稳、噪声低、寿命长等优点，负载转矩中等。但其惯性比柱塞马达小，抗污染能力比齿轮马达差，且转速不能太高，一般在200r/min以下。叶片马达由于泄漏较大，故负载变化或低速时不稳定。

叶片马达有高速低转矩和低速大转矩两种，在液压设备上均有较多的应用。

2. 叶片马达结构特点是什么？

① 叶片马达一般都要求能正反转，所以叶片式液压马达的叶片要沿转子径向放置。

② 叶片马达在刚通入压力油未转动时，没有叶片泵的那种离心力将叶片甩出，因此叶片马达的叶片底部装有弹簧，以保证在初始条件下（刚转动时）叶片贴近内表面，形成密封容积。即为了确保叶片式液压马达在压力油通入后能正常启动，必须使叶片顶部和定子内表面紧密接触，以保证良好的密封，因此在叶片根部应设置预紧弹簧。

③ 泵的壳体内装有梭阀，以适应马达正转或反转，马达的进、回油口互换时，保证叶片底

部始终通入高压油，从而使叶片与定子紧密接触，保证密封容积的密封。

④ 叶片马达一般都要求能正反转，所以要有单独的外泄口。

3. 叶片马达是怎样工作的?

图 3-78（a）所示为叶片式液压马达的工作原理，当压力油通入压油腔后，在叶片 1、3（或 5、7）上，一面作用有压力油，另一面为低压油。由于叶片 3 伸出的面积大于叶片 1 伸出的面积，因此作用于叶片 3 上的总液压力大于作用于叶片 1 上的总液压力，于是压力差使叶片带动转子作逆时针方向旋转，作用于其他叶片如 5、7 上的液压力，其作用原理同上。叶片 2、6 两面同时受压力油作用，受力平衡对转子不产生作用转矩。叶片式液压马达的输出转矩与液压马达的排量和液压马达出油口之间的压力差有关，其转速由输入液压马达的流量大小来决定。

总液压力的计算见式（3-25）[图 3-78（b）]：

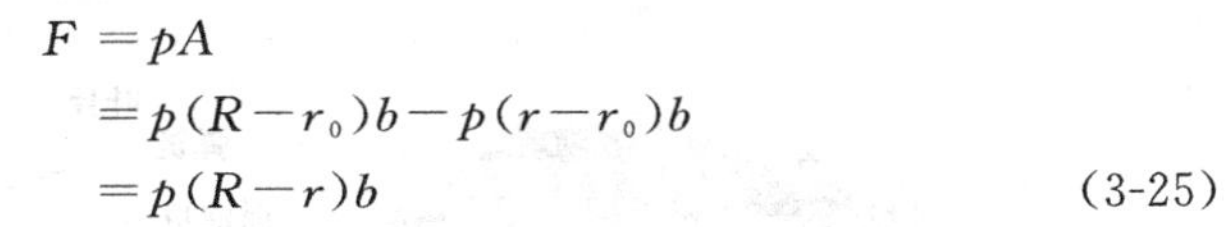

$$
\begin{aligned}
F &= pA \\
&= p(R-r_0)b - p(r-r_0)b \\
&= p(R-r)b
\end{aligned}
\qquad (3\text{-}25)
$$

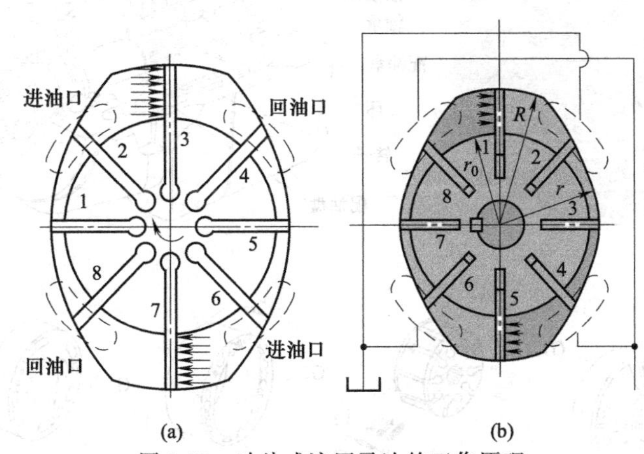

图 3-78　叶片式液压马达的工作原理

4. 维修叶片马达时主要查哪些易出故障的零件及其部位?

如图 3-79 所示，叶片马达易出故障的零件有：配油盘、转子、定子（壳体）、叶片、轴承与

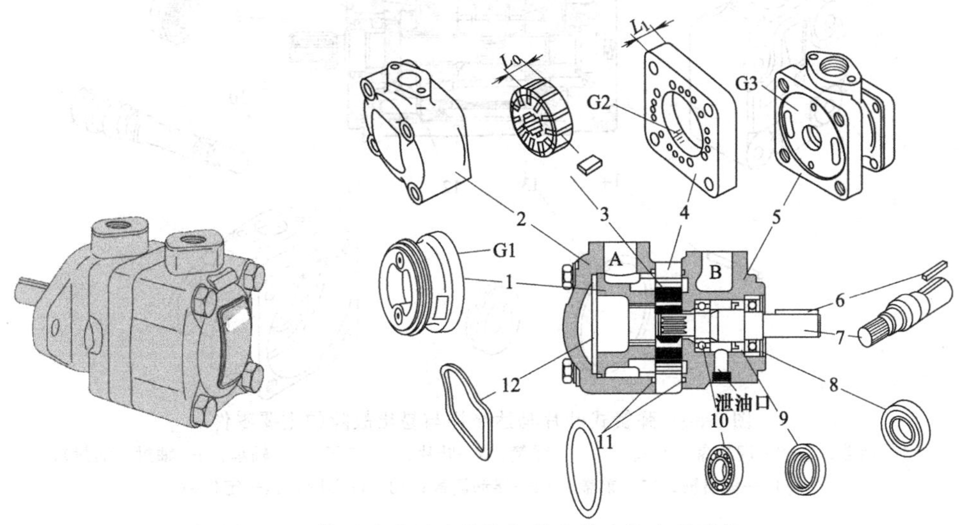

图 3-79　普通叶片马达结构与易出故障的主要零件

1—配油盘；2—后盖；3—转子与叶片；4—壳体；5—前盖；6—键；7—输出轴；8、10—轴承；9—油封；11—O 形圈；12—波形弹簧垫

油封等。

叶片马达易出故障的零件部位有：配油盘端面（G1）磨损拉伤；转子端面的磨损拉伤；定子内表面（G2）的磨损拉伤；轴承磨损或破损；油封破损等。

5. 维修弹簧式叶片马达时主要查哪些易出故障的零件及其部位？

如图 3-80 所示，叶片马达易出故障的零件有：配油盘 2 与 7、转子 3、定子 6、叶片 5、轴承 8 与油封 9 等。

叶片马达易出故障的零件部位有：配油盘 2 与 7 的端面（G1、G3）磨损拉伤；转子 3 端面的磨损拉伤；定子 6 内表面（G2）的磨损拉伤；弹簧 4 与叶片 5；轴承 8 磨损或破损；油封 9 破损等。

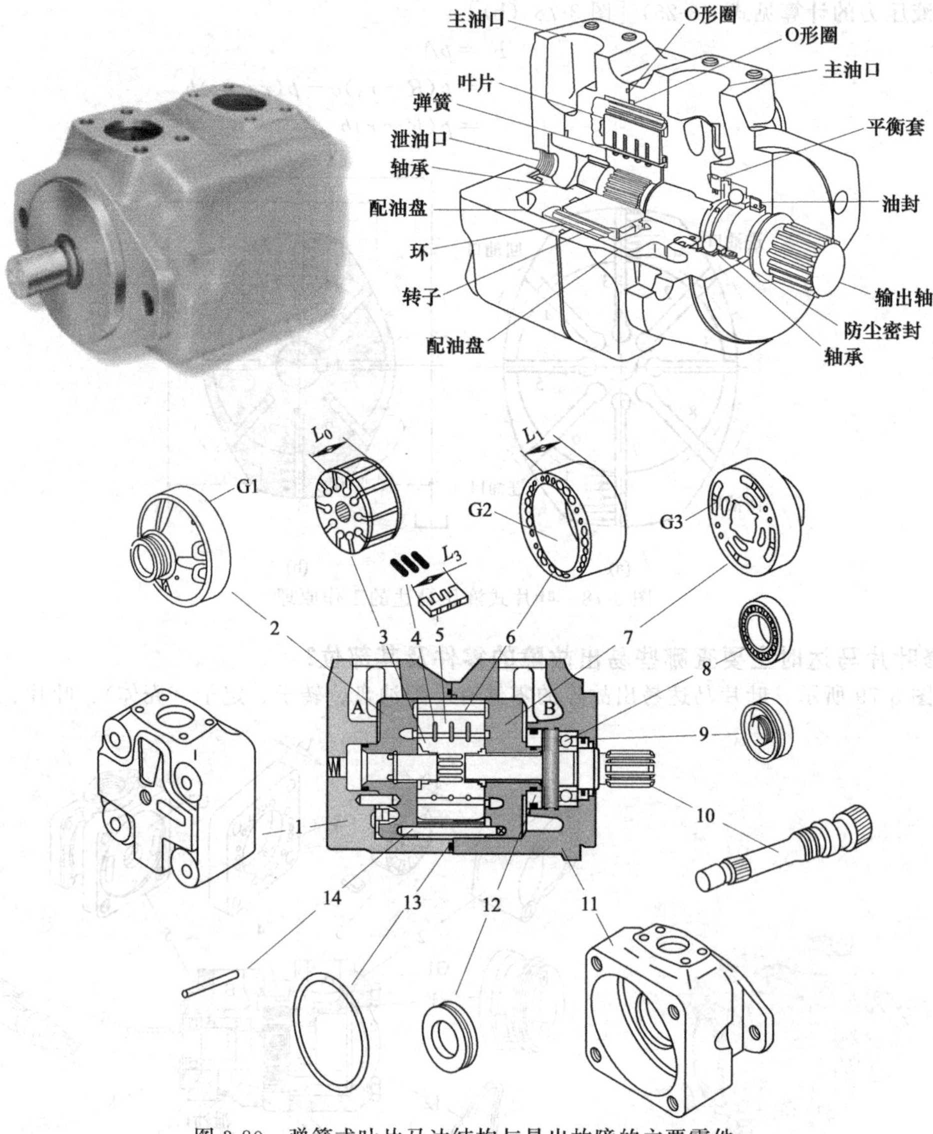

图 3-80　弹簧式叶片马达结构与易出故障的主要零件

1—后盖；2、7—配油盘；3—转子；4—弹簧；5—叶片；6—定子；8—轴承；9—轴封（油封）；10—输出轴；11—前盖；12—浮动侧板；13—O 形圈；14—定位销

6. 怎样排除输出转速不够（欠速）、输出转矩低的故障？

（1）查液压马达本身

① 转子与配油盘滑动配合面（A面）之间的配合间隙过大，或者A面拉毛或拉有沟槽。这是高速小转矩叶片马达出现故障频率最高的情况。磨损拉毛轻微者，可研磨抛光转子端面和定子端面。磨损拉伤严重时，可先平磨转子端面（尺寸 L_0）和配油盘A面，再抛光。注意此时叶片和定子也应磨去相应尺寸，并保证转子与配油盘之间的间隙在0.02～0.03mm。

② 叶片因污物或毛刺卡死在转子槽内不能伸出。可拆开叶片马达，清除转子叶片槽和叶片棱边上的毛刺，但不能倒角，叶片破裂时换叶片。

如果是污物卡住，则应对叶片马达进行拆洗并换油；要适当配研叶片与叶片槽，保证叶片和叶片槽之间的间隙为0.03～0.04mm，叶片在叶片槽内能运动自如。

③ 对于采用双叶片的低速大转矩叶片马达，如果两叶片之间卡住，也会造成高低压腔（进回油腔）串腔，内泄漏增大，造成叶片马达的转速提不高和输出转矩不够。不管高速叶片马达或者低速叶片马达，叶片均不能被卡住。卡住时应拆开清洗，使叶片在转子槽内能灵活移动；对双叶片，两叶片之间也应相对滑动灵活自如。

④ 低速大转矩叶片马达，如果变挡控制阀换挡不到位，或者磨损厉害，阀芯与阀体孔之间的配合间隙过大，会产生严重内泄漏，使进入叶片马达的压力流量不够，而造成叶片马达的输出转速不够和输出转矩不够的现象，此时应修理变挡控制阀（方向阀）。

⑤ 泵内单向阀座与钢球磨损，或者因单向阀流道被污物严重堵塞，使叶片底部无压力油推压叶片（特别是在速度较低时），使其不能牢靠顶在定子的内曲面上。此时可修复单向阀，确认叶片底部的压力油能可靠推压叶片、顶在定子内曲面上。

⑥ 定子内曲线表面磨损拉伤，造成进油腔与回油腔部分串通，可用天然圆形油石或金相砂纸砂磨定子内表面曲线，当拉伤的沟槽较深时，根据情况更换定子或翻转180°使用。

⑦ 推压配油盘的支承弹簧疲劳或折断，可更换弹簧。

⑧ 液压马达各连接面处贴合或紧固不良，引起泄漏。此时应仔细检查各连接面处，拧紧螺钉，消除泄漏。

(2) 查液压泵供给叶片液压马达的流量是否足够

可参阅相关内容进行分析与排除。

(3) 查供给液压马达的压力油压力是否不够

供给液压马达的压力不够，有液压泵与控制阀（如溢流阀）的问题，也有系统的问题，可参阅有关部分采取对策。

(4) 查其他原因

① 油温过高或油液黏度选用不当，应尽量降低油温，减少泄漏，减少油液黏度过高或过低对系统的不良影响，减少内外泄漏。

② 滤油器堵塞，造成输入液压马达的流量不够。

7. 怎样排除负载增大时、转速下降很多的故障？

① 同上述原因。

② 液压马达出口背压过大，可检查背压压力。

8. 怎样排除噪声大、振动严重（马达轴）的故障？

① 查联轴器及皮带轮同轴度是否超差过大。同轴度超差过大，或者有外来振动，可校正联轴器，修正皮带轮内孔与外V带槽的同轴度，保证不超过0.1mm，并设法消除外来振动，如液压马达安装支座刚性应好，可靠牢固。

② 液压马达内部零件磨损及损坏。如滚动轴承保持架断裂、轴承磨损严重、定子内曲线拉毛等，可拆检液压马达内部零件，修复或更换易损零件。

③ 叶片底部的扭力弹簧过软或断裂。可更换合格的扭力弹簧。但扭力弹簧弹力不应太强，否则会加剧定子与叶片接触处的磨损。

④ 定子内表面拉毛或刮伤。修复或更换定子。

⑤ 叶片两侧面及顶部磨损及拉毛。可参阅有关内容，对叶片进行修复或更换。

⑥ 油液黏度过高，液压泵吸油阻力增大，油液不干净，污物进入液压马达内，可根据情况处理。

⑦ 空气进入液压马达，采取防止空气进入的措施，可参阅叶片泵有关部分。

⑧ 液压马达安装螺钉或支座松动引起噪声和振动，可拧紧安装螺钉，支座采取防振加固措施。

⑨ 液压泵工作压力调整过高，使液压马达超载运转。可适当减少液压泵工作压力和调低溢流的压力。

9. 怎样排除内外泄漏大的故障?

① 输出轴轴端油封失效。例如油封唇部拉伤、卡紧弹簧脱落、与输出轴相配面磨损严重等。

② 前盖等处O形密封圈损坏、外漏严重，或者压紧螺钉未拧紧。可更换O形圈，拧紧螺钉。

③ 管塞及管接头未拧紧，因松动产生外漏。可拧紧接头及改进接头处的密封状况。

④ 配油盘平面度超差或者使用过程中磨损拉伤，造成内泄漏大，可按其要求修复。

⑤ 轴向装配间隙过大，造成内泄漏，修复后其轴向间隙应保证在0.04～0.05mm。

⑥ 油液温升过高，油液黏度过低，铸件有裂纹，须酌情处理。

10. 怎样排除叶片马达不旋转、不启动的故障?

① 溢流阀的调节不良或有故障，系统压力达不到液压马达的启动转矩，不能启动，可排除溢流阀故障，调高溢流阀的压力。

② 泵的故障。如泵无流量输出或输出流量极小，可参阅泵部分的有关内容予以排除。

③ 换向阀动作不良。检查换向阀阀芯有无卡死，有无流量进入液压马达，也可拆开液压马达出口，检查有无流量输出，液压马达后接的流量调节阀（出口节流）及截止阀是否打开等。

④ 叶片马达的容量选用过小，带不动大负载，所以在设计时应充分考虑负载大小，正确选用能满足负载要求的液压马达，另外叶片马达的叶片卡住或破裂也会产生此故障。

11. 怎样排除速度不能控制和调节的故障?

① 当采用节流调速（进口、出口或旁路节流）回路对液压马达调速时，可检查流量调节阀是否调节失灵，而造成叶片马达不能调速。

② 当采用容积调速的液压马达，应检查变量泵及变量液压马达的变量控制机构是否失灵，内泄漏量是否大。查明原因，予以排除。

③ 采用联合调速回路的液压马达，可参照有关内容进行处理。

12. 怎样排除低速时转速颤动、产生爬行的故障?

① 液压马达内进了空气，必须予以排除。

② 液压马达回油背压太低，一般液压马达回油背压不得小于0.15MPa。

③ 内泄漏量较大，减少内泄漏可提高低速稳定性能。

④ 装入适当容量的蓄能器，利用蓄能器的减振吸收脉动压力的作用，可明显降低液压马达的转速脉动变化率。

13. 怎样排除低速时启动困难的故障?

① 对高速小转矩叶片马达，多为燕式弹簧（图3-81）折断，可予以更换。

② 对于低速大转矩叶片马达，则是顶压叶片的燕式弹簧（图3-81）折断，使进回油串腔，不能建立起启动转矩，可更换弹簧。系统压力不够者，应查明原因，将系统油压调上去。

14. 怎样修理叶片马达?

① 定子经常在G2处有拉伤的情况，可用精油石或金相砂纸打磨。

② 配油盘常常出现在G3面上有拉伤和汽蚀性磨损，磨损拉伤不严重时，可用油石或金相砂纸打磨再用，磨损严重者须平磨修复；转子主要是两端面的拉伤，可酌情处理。

③ 叶片主要是修理其顶部圆弧面，可在油石上来回摆动修圆，详见图3-82。

④ 修理时，轴承可视情况更换，密封圈则必须换新。

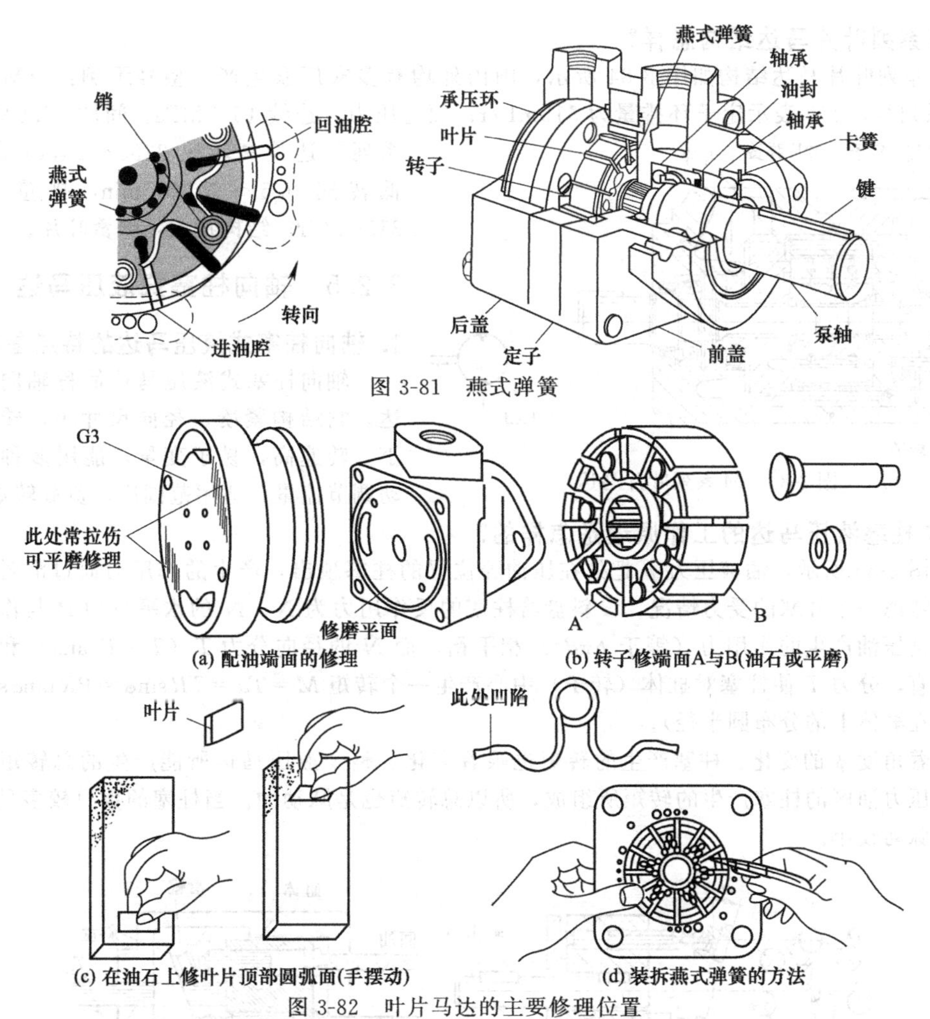

图 3-81 燕式弹簧

图 3-82 叶片马达的主要修理位置

15. 怎样将弹簧式叶片马达的转子装入定子孔内?

弹簧式叶片马达装配时，修理人员将弹簧式叶片马达的转子装入定子会遇到困难。因为先装好弹簧的转子，叶片呈张开状态，将其装进定子孔内时，非常不容易。但按图 3-83 的方法较为方便。

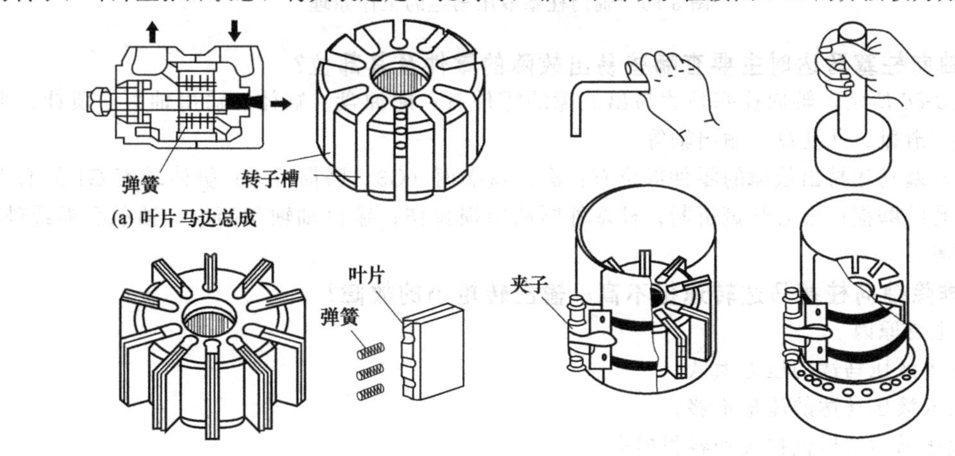

图 3-83 叶片马达修理时的装配技巧

16. M系列叶片马达结构怎样?

M系列叶片马达结构如图3-84所示，国内外均有多家厂家生产。型号示例：51M300型，51为系列号，300表示定子环排量为315mL/r；额定压力，连续15.5MPa，间歇17.5MPa。M系列马达最高转速2200～2400r/min，最低转速0.5～5.05r/min，排量31.5～315cm³/r；结构特点：弹簧叶片。

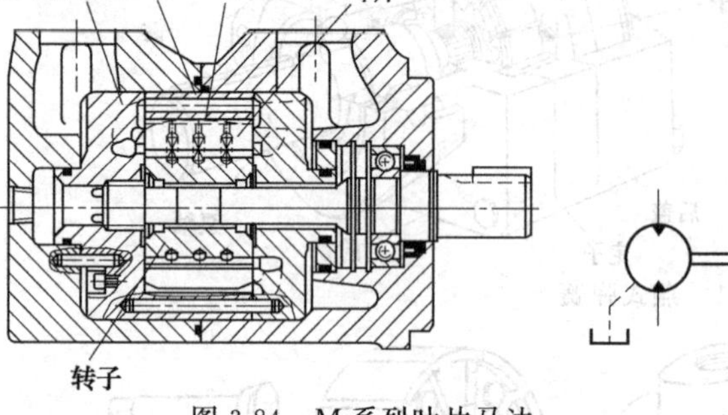

图3-84　M系列叶片马达

3.2.5　轴向柱塞式液压马达

1. 轴向柱塞式液压马达的特点是什么?

轴向柱塞式液压马达简称轴向柱塞马达。它结构紧凑，径向尺寸小，转动惯量小，转速高，易于变量，能用多种方式自动调节流量，适用范围广，负载转矩大。

2. 轴向柱塞液压马达的工作原理是怎样的?

如图3-85所示，油液压力p把处在压油腔位置的柱塞顶出，产生的作用力通过滑靴压在斜盘上。考虑一个柱塞的受力情况，设斜盘给柱塞的反作用力为N，N的水平分力P与作用在柱塞上的高压油产生的作用力（等于$p\pi d^2$）相平衡；而N的径向分力T（$T=P\tan\alpha$）和柱塞的轴线垂直，分力T使柱塞对缸体（转子）中心产生一个转矩$M=Ta=TR\sin\phi=PR\tan\alpha\sin\phi$（$R$为柱塞在缸体上的分布圆半径）。

随着角度ϕ的变化，柱塞产生的转矩也跟着变化。整个液压马达所能产生的总转矩是由所有处于压力油区的柱塞产生的转矩所组成，所以总转矩也是脉动的。当柱塞的数目较多且为单数时，则脉动较小。

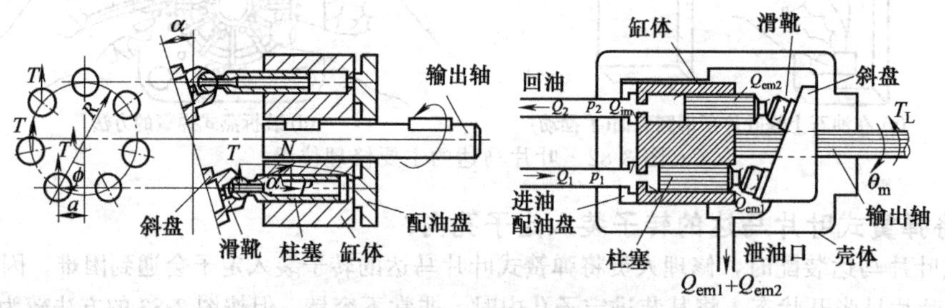

图3-85　轴向柱塞液压马达的工作原理

3. 维修轴向柱塞马达时主要查哪些易出故障的零件及其部位?

如图3-86所示，轴向柱塞马达易出故障的零件有：配油盘、缸体、输出轴、三顶针、半球套、柱塞、滑靴、九孔盘、输出轴等。

轴向柱塞马达易出故障的零件部位有：配油盘端面（G3）磨损拉伤；缸体端面G1的磨损拉伤与缸体孔的磨损；中心弹簧折断；柱塞外圆的磨损拉伤；输出轴轴颈磨损；轴承磨损或破损；油封破损等。

4. 怎样排除轴向柱塞马达转速提不高、输出转矩小的故障?

（1）主要原因

① 输入液压马达的压力太低。

② 输入液压马达的流量不够。

③ 液压马达的机械损失和容积损失。

（2）具体原因

① 液压泵供油压力不够，供油流量太少，可参阅相关内容。

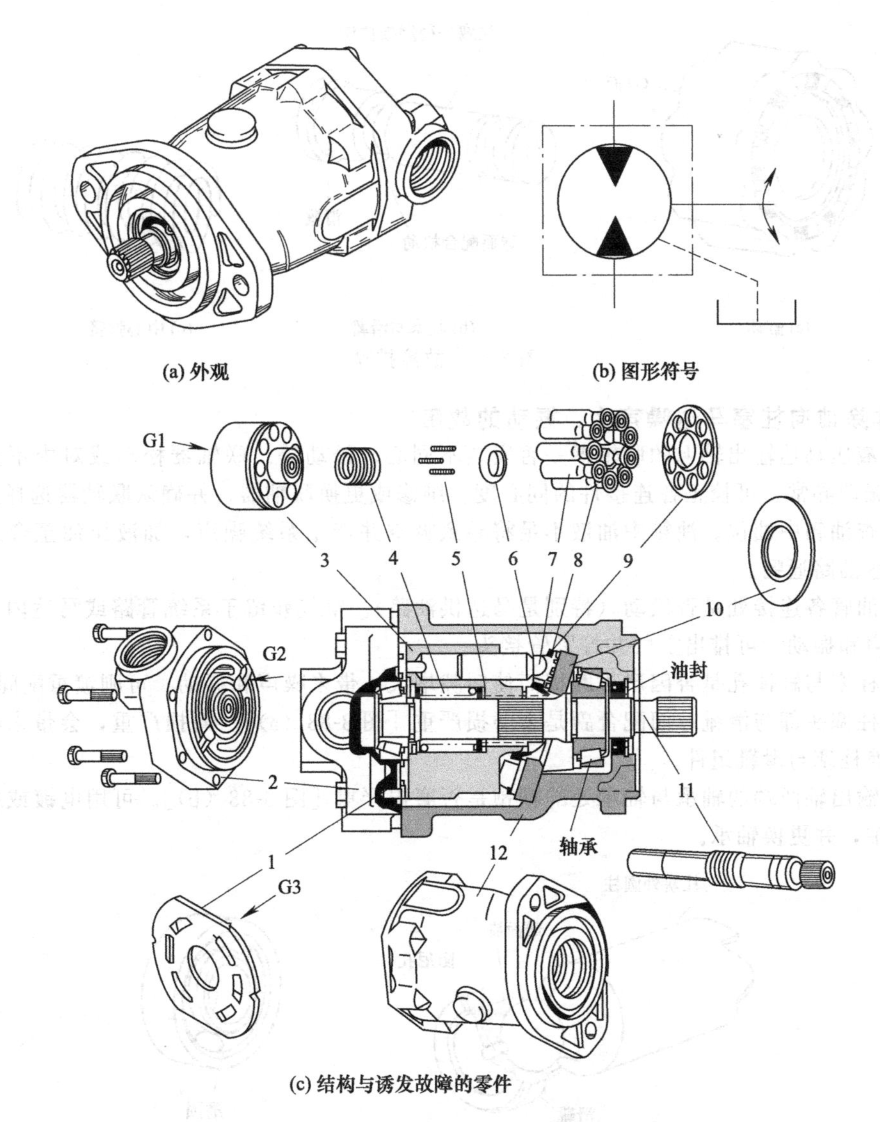

图 3-86 轴向柱塞马达易出故障的零件

1—过流盘；2—后盖；3—缸体；4—中心弹簧；5—三顶针；6—半球套；7—柱塞；8—滑靴；9—九孔盘；10—回程盘（斜盘）；11—输出轴；12—壳体

② 从液压泵到液压马达之间的压力损失太大，流量损失太大，应减少液压泵到液压马达之间管路及控制阀的压力、流量损失，如管道是否太长、管接头弯道是否太多、管路密封是否失效等，根据情况逐一排除。

③ 压力调节阀、流量调节阀及换向阀失灵。可根据压力阀、流量阀及换向阀有关内容予以排除。

④ 液压马达本身故障。如液压马达各接合面产生严重泄漏，例如缸体 G1 面、过流盘 G3 面与右端盖之间、柱塞外径与缸体孔之间因磨损导致内泄漏增大（图 3-87）；或因柱塞外径与缸体孔之间的配合间隙过大，导致内泄漏增大；中心弹簧折断或疲劳与弹力不够、三顶针磨损变短等，无法顶紧，造成轴向间隙大，产生内泄漏；或拉毛导致相配件摩擦别劲、容积效率与机械效率降低等，可根据情况予以排除。

⑤ 如因油温过高、油液黏度使用不当等故障排除，则要控制油温、选择合适的油液黏度。

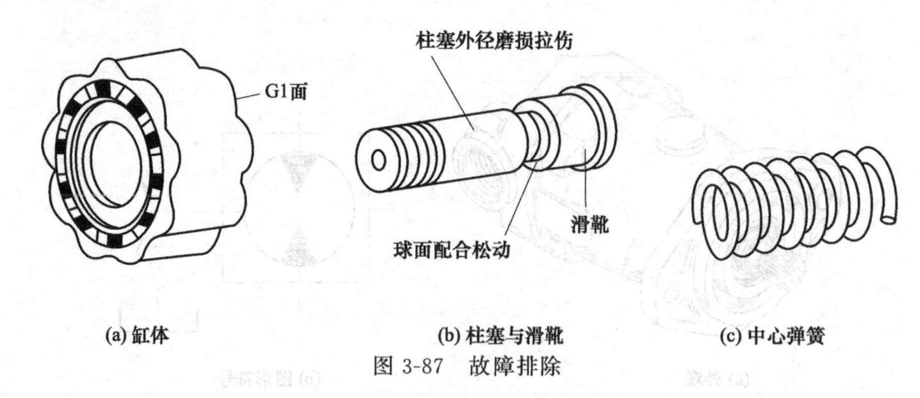

图 3-87　故障排除

5. 怎样排除轴向柱塞马达噪声大、振动的故障?

① 查液压马达输出轴上的联轴器是否安装不同心、松动等。联轴器松动或对中不正确将导致噪声或振动异常。可校正各连接件的同心度。维修或更换联轴器，并确认联轴器选择正确。

② 检查油箱中油位。油箱中油液不足将导致吸空并产生系统噪声，加液压油至合适位置并确保至马达油路通畅。

③ 查油管各连接处是否松动（特别是马达供油路）。空气残留于系统管路或马达内，由此产生系统噪声和振动。可排出空气并拧紧管接头。

④ 查柱塞与缸体孔是否因严重磨损而使间隙增大，带来噪声和振动。可刷镀重配间隙。

⑤ 查柱塞头部与滑靴球面配合副是否磨损严重［图 3-88（a）］。磨损严重，会带来噪声和振动。可更换柱塞与滑靴组件。

⑥ 查输出轴两端的轴承与轴承处的轴颈是否磨损严重［图 3-88（b）］。可用电镀或刷镀轴颈位置修复轴，并更换轴承。

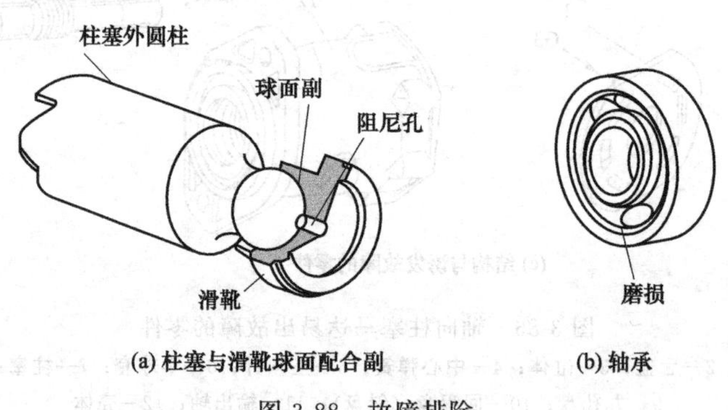

图 3-88　故障排除

⑦ 查是否存在外界振源。外界振源可能产生共振，找出振动原因，消除外界振源的影响，且将液压马达安装牢固。

⑧ 查液压油黏度是否超过限定值。液压油黏度过高或温度过低将导致吸空，噪声异常。工作前系统应预热，或在特定的工作环境下，选用合适黏度的液压油。

6. 怎样排除轴向柱塞马达内外泄漏量大、发热温升严重的故障?

① 产生外泄漏的主要原因是：输出轴的骨架油封损坏；液压马达各管接头未拧紧或因振动而松动；油塞未拧紧或密封失效；温度过高，引起非正常漏油过多；各接触面磨损；各密封处的密封圈破损；高压溢流阀长期处于开启状态或已经损坏，将导致系统过热。

② 产生内泄漏的原因是：柱塞与缸体孔磨损，配合间隙大；弹簧疲劳，缸体与配油盘的配油贴合面磨损，引起内泄漏增大等。

内外泄漏量大是导致发热温升的主要原因，可根据上述情况，找出原因，排除故障。

7. 怎样排除带刹车装置的轴向柱塞马达刹不住车的故障?

① 查刹车摩擦片是否过度磨损。可分解、检查修理，超过磨损量限定值时予以更换。

② 查刹车活塞是否卡住。可分解、检查修理。

③ 查刹车解除压力是否不足。可对回路进行检查与修理。

④ 查摩擦盘上的花键是否损坏。可分解、修理或更换。

8. 怎样排除轴向柱塞马达液压马达不转动的故障?

① 查系统压力是否上不去。如回路中的溢流阀工作不正常、柱塞卡滞、柱塞被堵塞、回路中安全阀的设定值不正确等。可排除溢流阀故障，拆卸卡滞部位，进行清洗与修理，正确设定压力值。

② 查工作负载是否过大。

③ 查刹车液压缸活塞是否卡住在制动位置。检查与修理回路，排除刹车液压缸活塞卡住、刹车油路堵塞等情况。

9. 怎样排除轴向柱塞马达不能变速或变速迟缓的故障?

① 查伺服控制信号管路上的压力。控制油路堵塞或受限制将导致马达变量缓慢或不能切换，从而不能变速或变速迟缓。应确保控制信号管路通畅，无限流，并有足够的控制压力去切换马达排量。

② 查控制供油或回油管路上阻尼孔安装是否正确，有没有堵塞。控制供油或回油管路上阻尼孔决定马达变量时间。阻尼孔越小，响应时间越长，管路堵塞将延长响应时间，从而变速迟缓。应确保马达上控制阻尼孔安装正确，堵塞时进行清洗，如有必要，予以更换。

10. 转速上不去，怎样准确判断要拆卸修理的位置?

① 如果转速上不去，用手摸液压马达外壳不太热，则判定是输入流量不够，可不拆修马达，而要检查液压马达的进油路系统，找出输入流量不够的原因。

② 如果转速上不去，用手摸液压马达外壳发热厉害，则判定是液压马达内泄漏大，要拆修液压马达，修复或更换磨损零件。

11. DZM 型轴向柱塞式液压马达的结构是怎样的?

图 3-89 为国产 DZM 型双斜盘轴向柱塞马达的结构。与单斜盘轴向柱塞马达相比，在轴向尺寸增加不多的情况下，能传递更大功率时，其质量比单斜盘柱塞液压马达要小。

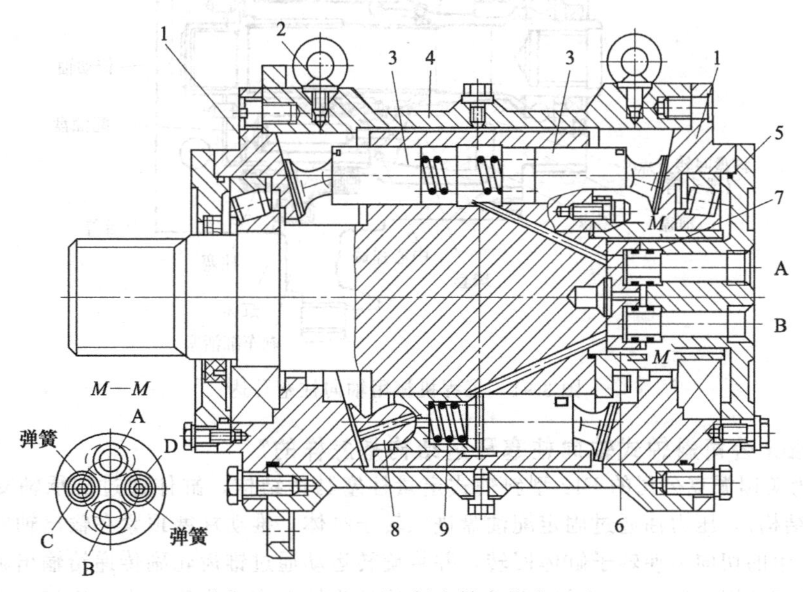

图 3-89 DZM 型双斜盘轴向柱塞马达

1—斜盘；2—柱塞缸体；3—柱塞；4—壳体；5—侧盖；6—配油盘；7—套管；8—滑靴；9—弹簧

12. 伊顿公司的斜盘式柱塞液压马达是怎样的?

该公司生产的斜盘式柱塞马达为重型液压马达，有定量马达与变量马达两类。图 3-90 为变量马达。该类马达采用高强度斜盘，可在大载荷下防止变形。

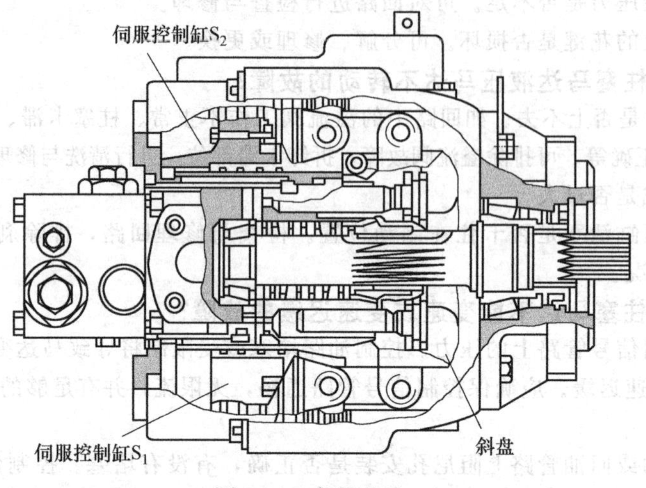

图 3-90 变量马达

13. 工程机械常用的液压轴向柱塞马达结构是怎样的?

如图 3-91 所示，这种马达为变量马达，带刹车装置，是工程机械中常见的行走液压马达。

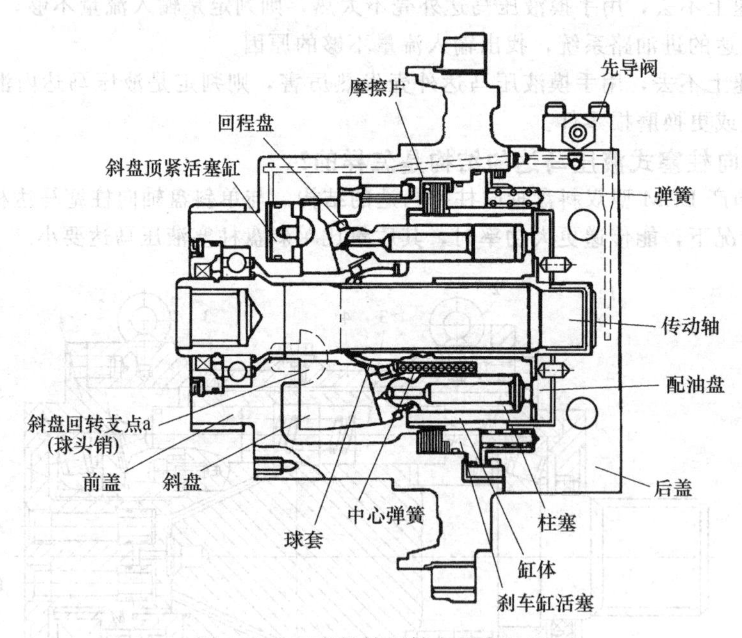

图 3-91 工程机械用轴向柱塞马达

14. 美国Parker 公司斜轴式轴向柱塞马达结构是怎样的?

图 3-92 为美国派克公司的 F12 型斜轴式定量柱塞马达结构，缸体通过支承轴支承在外壳上(轴支承缸体结构)，压力油通过固定配油盘进入转子缸体，推动柱塞顶紧在输出轴左端面上的球铰副上，其产生的切向力使转子缸体回转，并将旋转运动通过锥齿轮副传递给输出轴，使输出轴输出旋转运动和转矩。缸体由支承轴支承，中心连杆为辅助支承作用。中心连杆上的弹簧使缸体始终压在配油盘上。

15. 德国力士乐A7V斜轴式柱塞变量马达结构是怎样的?

如图3-93所示，它由机芯（含缸体3、柱塞2、配油盘4、中心轴14和顶紧弹簧16）和控制阀两大部分构成。

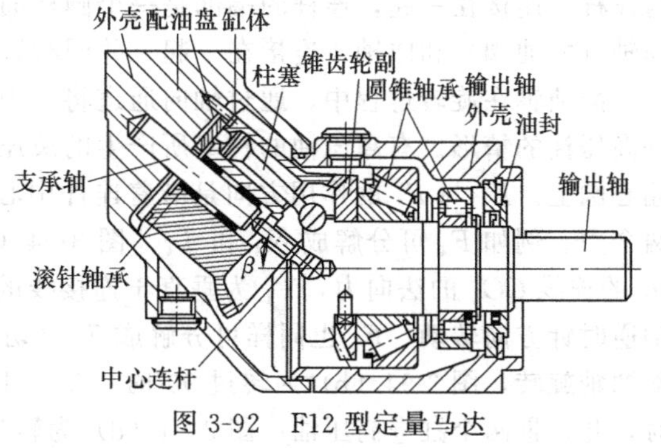

图3-92 F12型定量马达

马达的排量由输入比例电磁铁12的控制电流控制。当未通入电流时，在复位弹簧7的作用下，阀芯17被下推，呈初始状态；当比例电磁铁通入电流时，比例电磁铁12产生推力，通过调节套13和长推杆10作用在阀芯17上。当此推力足以克服弹簧7和反馈弹簧8的弹力之和时，控制阀阀芯17上移，使控制腔a、b接通，控制活塞9带动配油盘4向下顺时针方向移动。马达的排量增大，实现变量（此时机芯倾角变大）。在机芯倾角增大的过程中，件9也不断压缩反馈弹簧8，直至弹簧上的压缩力略大于比例电磁铁的电磁力时，阀芯17关闭，使控制活塞9定位在与输入电流成比例的某一位置上。

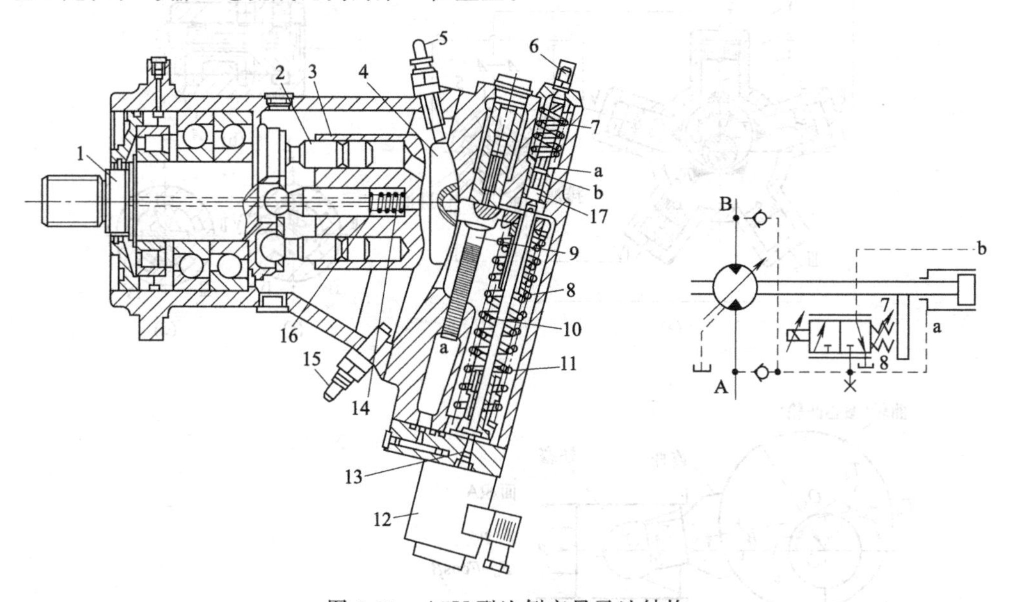

图3-93 A7V型比例变量马达结构

1—输出轴；2—柱塞；3—缸体；4—配油盘；5—最小流量限位螺钉；6—调节螺钉；7—复位弹簧；8、11—反馈弹簧；9—控制活塞；10—长推杆；12—比例电磁铁；13—调节套；14—中心轴；15—最大流量限位螺钉；16—顶紧弹簧；17—阀芯

3.2.6 径向柱塞式液压马达

1. 径向柱塞式液压马达有何特点?

径向柱塞式液压马达简称径向柱塞马达，为低速液压马达。它的主要特点是：排量大，体积大，转速低，可以直接与工作机构连接，不需要减速装置，使传动机构大大简化。它的输出转矩较大，可达几千到几万牛·米，因此又称为低速大转矩液压马达。缺点是体积大、重量大。

径向柱塞马达按其每转作用次数，可分为单作用式（如曲轴连杆式星形液压马达）和多作用式（如多作用内曲线径向柱塞式液压马达）。

2. 曲轴连杆式星形液压马达的工作原理是怎样的?

如图 3-94 所示，在壳体 1 的圆周上均布有五个（或七个）柱塞缸，柱塞 2 的底部通过球铰与连杆 3 连接在一起，连杆的端部是一个圆柱面，与偏心轴（曲轴）4 的偏心圆柱面相配合，配油轴（配油阀）和曲轴 4 连接在一起，并同时转动。

配油轴在旋转过程中，通过轴向通道将压力油分配到相应的柱塞缸，例如图中为缸Ⅳ与缸Ⅴ进高压油的情形。有高压油的柱塞所产生的液压力 F 分解为 F_4 与 F_5，通过连杆 3 传递到曲轴的偏心圆上。F_4 与 F_5 的作用方向是沿着连杆中心线，指向偏心圆的圆心 O_1，每个力均可分解成两个力。例如 F_4 可分解成 N_4 和 T_4 [图 3-94（e）]，N_4 为沿着曲轴旋转中心 O 与偏心圆圆心 O_1 的连线 OO_1 的法向力，T_4 为垂直于连接线的切向力。T_4 力对曲轴中心 O 产生转矩，推动曲轴逆时针方向转动。F_5 也同样可分解成 T_5（切向力），使曲轴逆时针方向旋转。轴的转动带动配油轴旋转，图 3-94（b）为转过 90°时，Ⅴ、Ⅰ、Ⅱ三个缸进高压油；图 3-94（c）为转过 180°时，Ⅱ、Ⅲ两个缸进高压油；图 3-94（d）为转过 270°时，Ⅲ、Ⅳ两个缸进压力油，转到 360°时，又为图 3-94（a），如此循环。

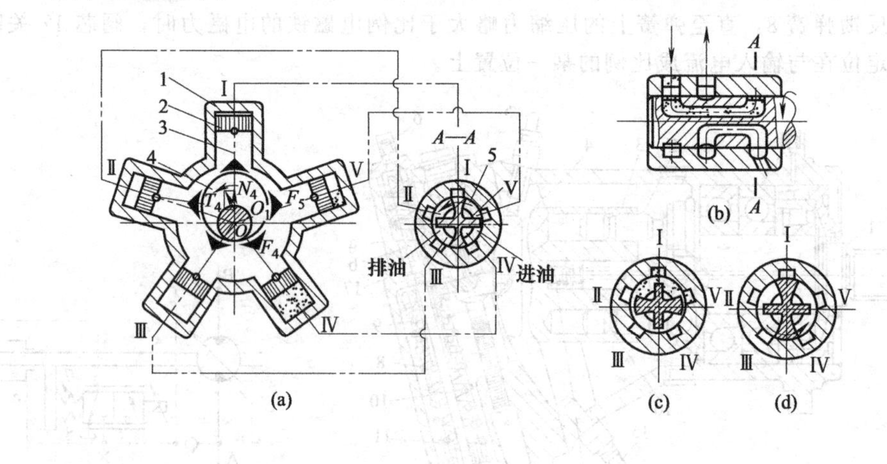

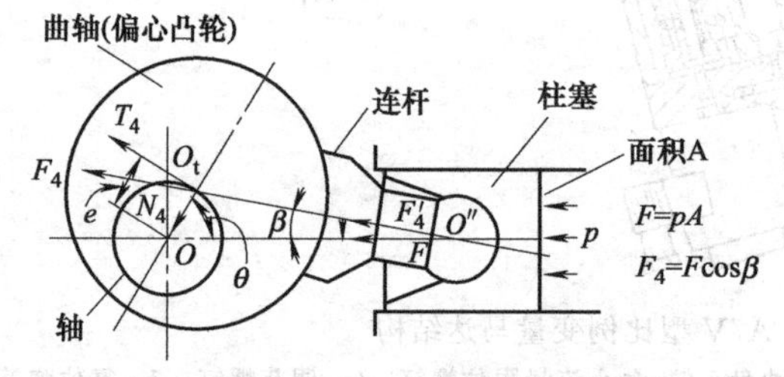

(e) 曲轴连杆式星形液压马达工作原理

图 3-94 曲轴连杆式星形液压马达的工作原理

1—壳体；2—柱塞；3—连杆；4—曲轴；5—配油轴

由于马达作用的次数多，并可设置较多的柱塞（还可制成双排、三排柱塞结构），所以排量大、尺寸小。当马达的进、回油口互换时，马达将反转。

3. 故障分析与排除方法有哪些?

此处仅以宁波英特姆液压马达有限公司生产的 NHM 型低速大转矩液压马达（图 3-95）为例，介绍其故障原因和排除方法。

(1) 旋转方向与预定方向相反

故障原因为配油盘装反，可拆下配油盘，取出并旋转 180°后重新装入。

(2) 转速下降、运转不正常、输出转矩下降

① 系统故障。检查系统，并排除。

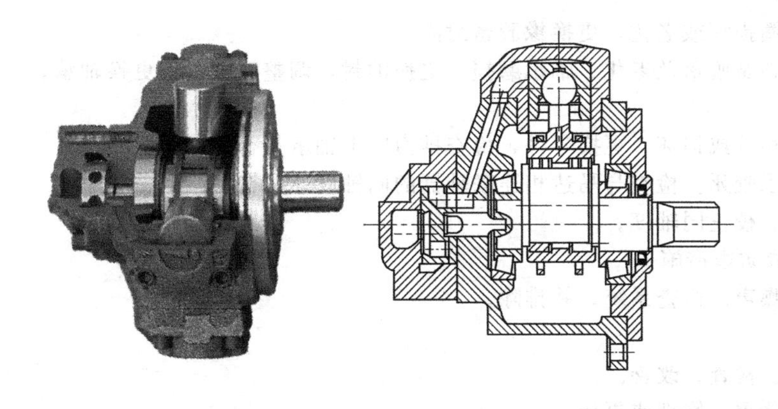

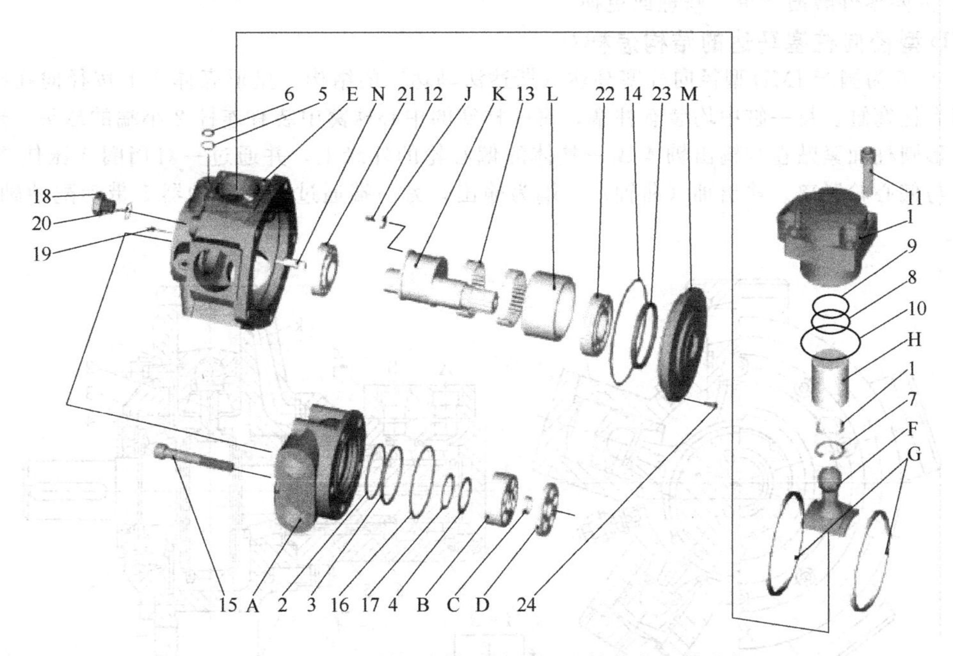

图 3-95 NHM型低速大转矩液压马达结构与立体分解图

A—通油盘；B—配油盘；C—定位环；D—垫块；E—壳体；F—连杆；G—卡环；H—柱塞体；I—柱塞；J—滚柱封块；K—曲轴；L—轴承套；M—封盖；N—双头键；1—挡圈；2、5、8、17—密封环；3、4、6、9、10、14、16—O形圈；7—孔用弹性圈；11、15、24—内六角螺钉；12—十字槽螺钉；13—滚柱；18—堵头；19—定位圆柱销；20—组合垫圈；21—后轴承；22—前轴承；23—油封

② 马达严重外泄漏：检查通油盘与壳体之间的接触面；检查各零件之间接合的密封件；检查液压油的黏度和工作油温；各运动副的磨损情况。

③ 马达内泄漏大：检查配油盘的密封环面上磨损情况；检查通油盘磨损情况，铸件进出油口两油腔通道是否串通。

(3) 马达不转且压力上不去

① 系统故障。检查系统，并排除。

② 双头键折断。拆卸通油盘、配油盘，更换零件。

③ 马达内部某运动副相互咬住。拆开检查，更换零件。

④ 负载超过设定值。拆开检查，更换零件。

(4) 柱塞套或通油盘漏油、其他与壳体接触面漏油、输出轴端面漏油

① 铸件有砂眼时，更换铸件。

② 该处橡胶密封圈损坏或老化。更换橡胶密封圈。

③ 油封损坏或其弹簧脱落及老化、轴承磨损。更换油封；调整间隙，或更换轴承。

(5) 噪声异常

① 连杆与轴承套相咬或损坏。更换零件，检查推力座上轴承是否损坏，并修正。

② 卡环断裂，轴承咬死。检查与马达相连联轴器的同轴度，并校正。

③ 联轴器不同心。校正同轴度。

④ 外部振动。采取防震措施。

⑤ 其他液压系统噪声。检查系统，并排除。

(6) 温升太快

① 系统冷却不够。检查、改善。

② 主要零件磨损严重。修理或更换。

4. JMD型径向柱塞马达的结构怎样?

图3-96为国产JMD型径向柱塞马达（斯达法马达）的结构。星形壳体7上按径向在圆周均匀分布有柱塞缸。每一缸中均装有柱塞，每一柱塞的中心球窝中装有连杆2小端的球头，连杆大端的凹形圆柱面紧贴在与输出轴4成一整体的偏心轮的外缘上，并通过一对挡圈3压住连杆2，以防止与偏心轮脱离。输出轴（曲轴）一端为输出，另一端通过十字联轴器5带动配油轴（阀）6旋转。

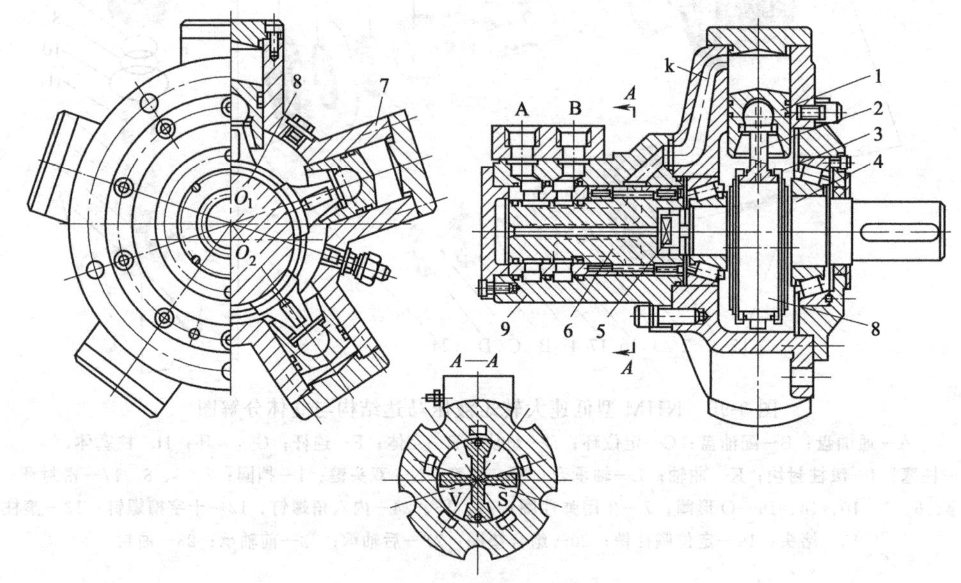

图3-96 JMD型径向柱塞液压马达结构

1—柱塞；2—连杆；3—挡圈；4—输出轴（曲轴）；5—联轴器；6—配油轴（配油阀）；7—星形壳体；8—偏心轮；9—阀体

5. 川崎公司径向柱塞变量液压马达结构怎样?

如图3-97所示，这种马达利用改变偏心轮的偏心距进行变量。

3.2.7 多作用内曲线径向柱塞式液压马达

1. 内曲线多作用径向柱塞液压马达分哪几类?

内曲线多作用径向柱塞液压马达是一种低速大转矩液压马达。由于是多作用，可以传递较大的转矩，且转矩脉动可大大减小，结构较复杂，定子多作用曲线加工比较困难，需专用设备。

内曲线液压马达按切向力的传递方式不同，可分为柱塞传力、横梁传力、连杆传力和导向滚轮传力四种结构形式。其低速稳定性较好。

2. 内曲线多作用径向柱塞液压马达的工作原理怎样？

图 3-98 为内曲线马达的工作原理。定子 1 的内表面由 x 段形状相同且均匀分布的曲面组成，曲面的数目 x 就是马达的作用次数（图 3-98 中 $x=6$）。每一曲面在凹部的顶点处分为对称的两半，一半为进油区段（即工作区段），另一区段为回油区段。缸体 2 有 z 个（本图为 8 个），径向柱塞孔沿圆周均布，柱塞孔中装有柱塞 6。柱塞头部与横梁 3 接触，横梁 3 可在缸体 2 的径向槽中滑动，连接在横梁端部的滚轮 5 可沿定子 1 的内表面滚动。在缸体 2 内，每个柱塞孔底部都有一配油孔与配油轴 4 相通。配油轴 4 是固定不动的，其上有 $2x$ 个配油窗孔沿圆周均匀分布，其中有 x 个窗孔与轴中心的进油孔相通，另外 x 个窗孔与回油孔道相通，这 $2x$ 个配油窗孔位置又分别和定子内表面的进、回油区段位置一一对应。

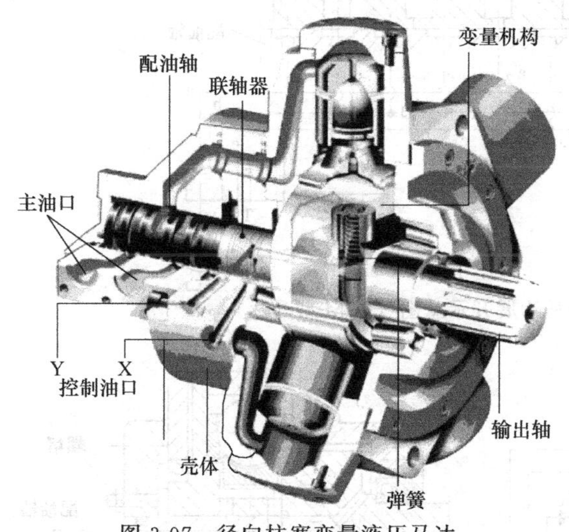

图 3-97 径向柱塞变量液压马达

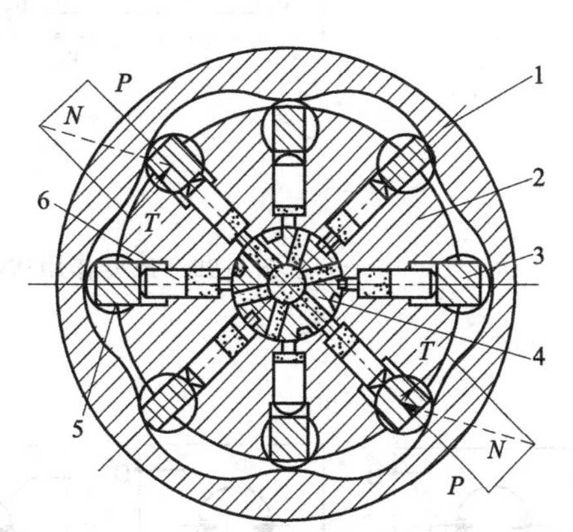

图 3-98 内曲线马达工作原理

1—定子；2—转子缸体；3—横梁；4—配油轴；5—滚轮；6—柱塞

当压力油输入马达后，通过配油轴 4 上的进油窗孔分配到处于进油区段的柱塞油腔。油压使滚轮 5 顶紧在定子 1 内表面上，滚轮所受到的法向反力 N 可以分解为两个方向的分力，其中径向分力 P 和作用在柱塞后端的液压力相平衡，切向分力 T 通过柱塞 6、横梁 3 对缸体 2 产生转矩。同时，处于回油区段的柱塞受压后缩回，把低压油从回油窗孔排出。

内曲线马达多为定量马达，但也可通过改变作用次数、改变柱塞数或改变柱塞行程等方法做成变量马达。

3. 改变作用次数x 的变量方法是怎样的？

多作用液压马达很难像轴向柱塞泵那样通过改变柱塞行程进行变量，而且无级变量的方式也难以实现。因此多作用液压马达通常通过改变作用次数 x、柱塞排数 y 和柱塞数 z 中的任一个量进行有级变量。回油口互换时，马达将反转。

将马达的多作用导轨曲面数 x 分成两组或三组。实际上相当于将一个马达分成两个或三个马达的并联组合，用变挡换向阀和相应的配油轴的某种结构实现有级变量。

图 3-99 所示为有六个导轨曲面数（六作用：$x=6$）、八柱塞的 QJM 型球塞式液压马达的展开图。利用变速阀和配油轴的通路设计，将马达分成 X_{I} 与 X_{II}，当变速阀右位工作（1DT 断电）时，油口 a、b 同时进压力油，为低速大转矩（全转矩）工况；当先导电磁阀 1DT 通电时，变速阀左位工作，全部压力油由 a 进入，X_{I} 与 X_{II} 进出油均接回油，为高速半转矩工况。同样可将 X 分成 X_{I}、X_{II} 与 X_{III} 三台泵，可分别得到全速$\frac{1}{3}$转矩、$\frac{2}{3}$速 2/3 转矩以及 1/3 速全转矩等几挡变

量（图 3-100）。

图 3-101 为改变作用数（$x=2$）的 QJM 马达结构。与定量马达不同之处仅在于，此处的配油轴结构不同，配油轴窗口不同。另外在配油轴中心设置了变速阀。如果卸掉螺堵，变速阀两端均通控制油，变速阀在左端弹簧力作用下处于图 3-101 所示位置又成了定量马达。回油口互换时，马达将反转。

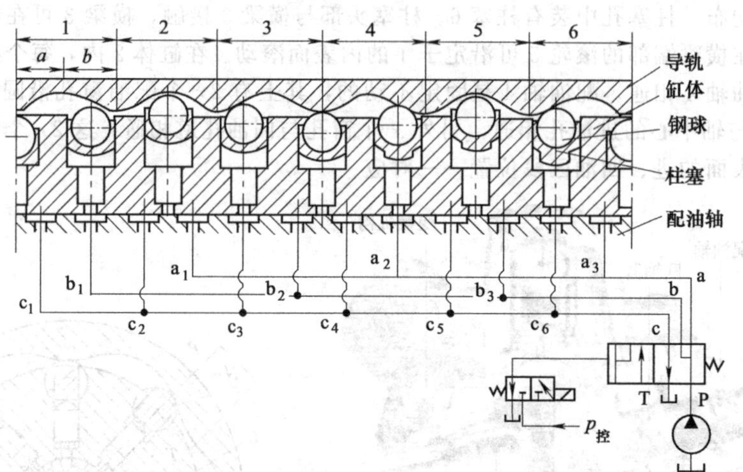

图 3-99　改变作用次数的马达展开示意图（QJM 型马达）

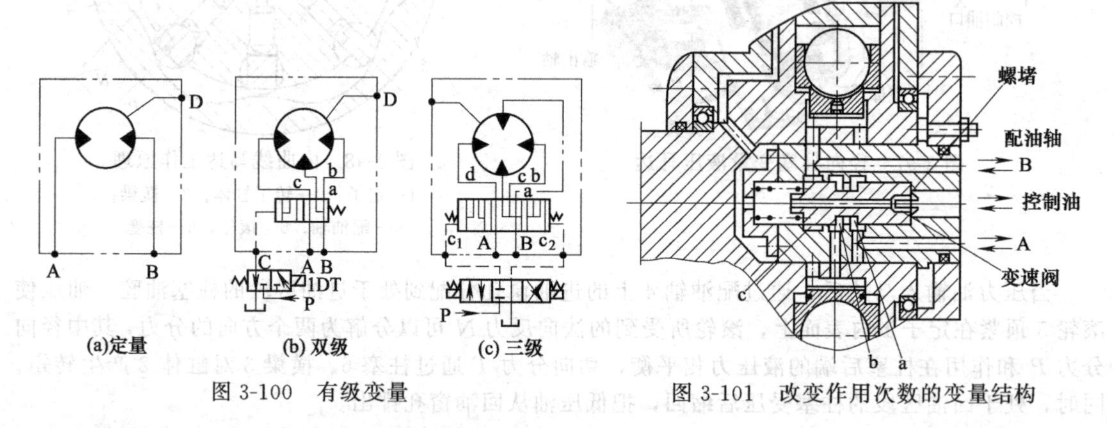

图 3-100　有级变量　　　　图 3-101　改变作用次数的变量结构

4. 改变柱塞数 z 的变量方法是怎样的?

将马达的柱塞数分成偶数（Ⅰ）、奇数（Ⅱ）两组（或多组），并与配油轴上的配油窗口分组对应。图 3-102 为 $x=6$、$z=10$ 的马达变柱塞数变量展开图。左侧为配油轴配油窗口的展开图，右侧为旋转缸体的配油窗口。当未通控制油变速阀（二位五通液动换向阀）处于右位时，Ⅰ、Ⅱ两组柱塞都进压力油，为低速全转矩工况；当通入控制油，变速阀左位工作时，Ⅱ组偶数柱塞通压力油，Ⅲ组奇数柱塞通回油，为高速 1/2 转矩工况。图 3-103 为改变柱塞数实现有级变量的结构。

5. 改变柱塞排数的变量方法是怎样的?

这只对多排柱塞的液压马达适用，例如图 3-104 所示为两排柱塞的液压马达，利用变速阀（二位四通液动换向阀）将两排柱塞Ⅰ与Ⅱ串联或并联起来进行变量。

当 K_1 通入压力控制油时，变速阀芯右移，b 与 d 通，c 与 a 通。如果马达从 A 孔进压力油，则此压力油经 a 孔→变速阀芯中心孔→c 孔→h 孔→柱塞Ⅱ，而柱塞Ⅰ与 a 孔相通，所以此时液压马达的Ⅰ、Ⅱ排柱塞同时进高压油，b、d 两槽经液压马达的 B 孔回油，因而两排柱塞并联工

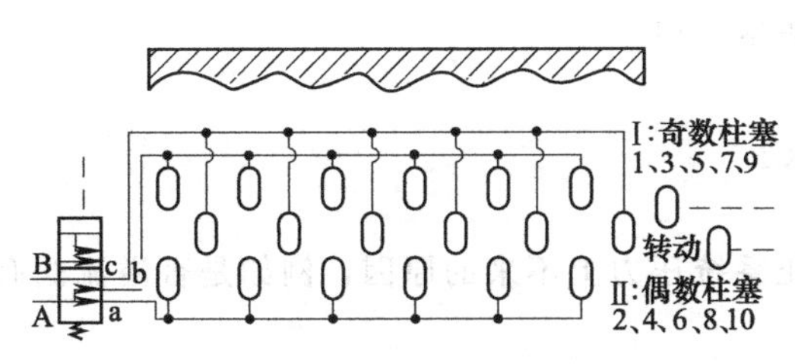

图 3-102 改变柱塞数变量原理

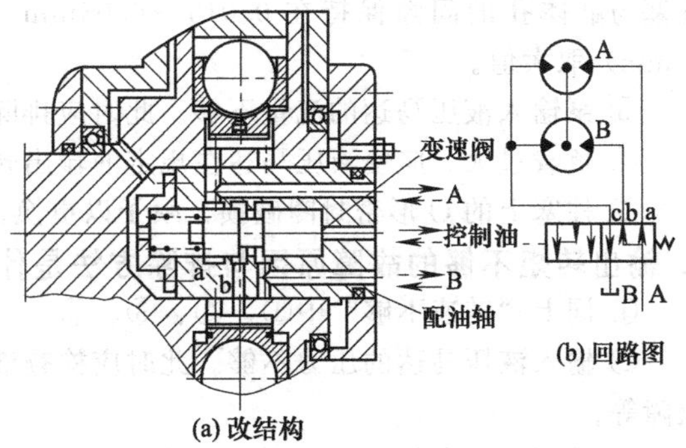

图 3-103 改变柱塞数 z 变量的结构

作，为低速全转矩工况。

当 K_1 与 K_2 均不通控制压力油，变速阀芯在其两端对中弹簧的作用下，处于图示位置，此时只有 b 与 c 相通，其他不通。如果液压马达 A 孔进压力油，此压力油经 a→变速阀中心孔→另一端 a 孔→工作柱塞，其回油经环槽 e→斜孔 g→环槽 b→环槽 c→斜孔 h→Ⅱ排柱塞腔→环槽 f→B 孔流回油箱。此时两排柱塞串联工作。为高速（全速）小转矩工作。

当 K_2 进控制压力油，变速阀芯左移，此时 a、b、c、d 互通，马达不产生转矩，可自由旋转。

当从 B 腔进压力油，A 腔回油，液压马达反转，也可进行相应变速（换挡）。

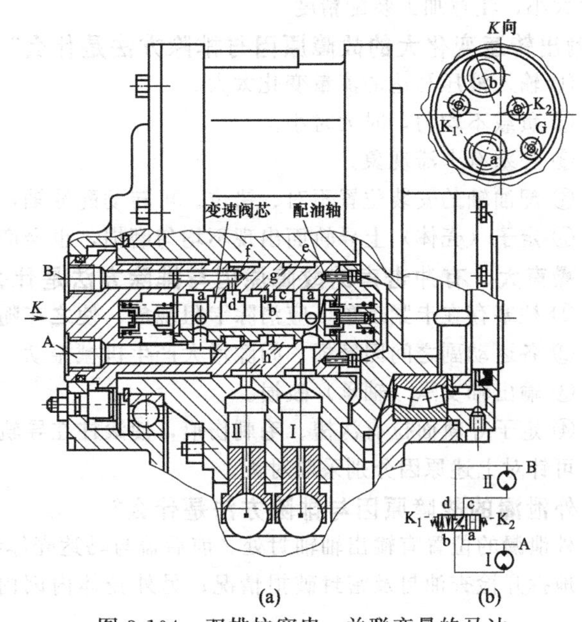

图 3-104 双排柱塞串、并联变量的马达

6. 液压马达输出轴不转动、不工作的故障原因与排除方法是什么？

① 输入液压马达的工作压力油压力太低，需检查其工作压力，并设法提高。

② 滚轮（JZM 型）破裂，碎块卡在缸体与马达壳体之间，或者卡住滚轮的卡环断裂，滚轮从横梁上脱出，卡在缸体与马达壳体之间，此时应拆开液压马达修理，更换滚轮。

③ 柱塞卡住。柱塞传力方式的内曲线多作用液压马达，柱塞一般较长，同时由于柱塞承受侧向力，容易产生柱塞卡住而使液压马达输出轴不能转动的现象。此时应拆开修理，注意柱塞在缸体孔内的装配精度，消除柱塞卡死现象。

④ 泄油管管接头拧入太长，使马达卡住。此时应使用短油管接头，避免拧入螺孔内过长而出现顶死现象。

⑤ 输出轴轴承烧死，宜更换。

7. 转速不够的故障原因与排除方法是什么？

① 配油轴与转子轴套之间的配合间隙过大，或因工作时间较长，油液不干净等原因，造成两者之间的相对运动副磨损，使得间隙过大，产生进、排油之间串通，导致压力流量损失过大，使进入柱塞的有效流量不够，使液压马达转速不快。此时应拆开液压马达，修复配油轴，使之与转子轴套的间隙在要求的范围内。

② 柱塞和缸体（转子）孔的间隙太大。可采用刷镀或镀硬铬的方法适当加大柱塞外径，使

柱塞与缸体孔的间隙保持在0.015～0.03mm，小直径（30～45mm）取小值，大直径（65～80mm）取大值。

③ 泵输入液压马达的流量不够。此时应排除泵的故障。

④ 负载过大。应使液压马达在规定的输出转矩下使用。

⑤ 柱塞上的O形密封圈破损，须予以更换。

8. 输出转矩不够的故障原因与排除方法是什么?

① 同上“转速不够”中①、②、③、⑤。

② 输入液压马达的压力不够。此时应检查液压系统压力上不来的原因，例如是否溢流阀有故障等。

③ 液压马达内部各运动副间机械摩擦太大，内耗太大。此时要特别注意各运动副之间的摩擦力大小，注意加工装配精度。

9. 输出转速变化大的故障原因与排除方法是什么?

① 输入液压马达的流量变化太大。

② 负载不均匀，时大时小。

③ 柱塞有卡滞现象。

④ 配油轴的安装位置不对、错位。可转动配油轴，消除输出轴转动不均匀的现象。

⑤ 定子（壳体）上导轨面出现不均匀磨损，也会产生转速不均匀现象。应予以修复或更换。

10. 噪声大、有冲击声的故障原因与排除方法是什么?

① 柱塞存在卡紧现象，应消除卡阻现象，使之在随转子转动过程中能灵活移动。

② 各运动副之间因磨损、间隙增大产生机械振动、撞击。

③ 输出轴支承（轴承）破损。

④ 定子导轨面拉有沟槽、毛刺伤痕，使滚柱在导轨上产生跳跃，出现振动。

可针对上述原因分别采取对策。

11. 外泄漏的故障原因与排除方法是什么?

外泄漏的位置有输出轴轴封处、前后盖与马达壳体结合面等。发现外漏可根据外漏位置有针对性地拆开检查油封及密封破损情况；另外壳体内因内泄漏大导致泄油压力高、泄油管管径太

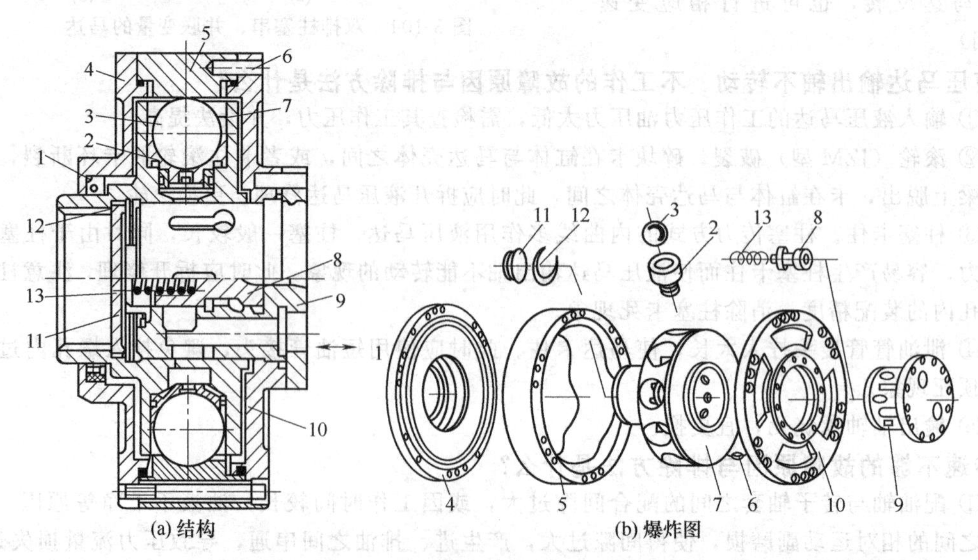

(a) 结构　　(b) 爆炸图

图3-105 QJM型球塞式液压马达结构（国产）

1—轴封；2—柱塞；3—钢球；4—前端盖；5—定子；6—定位销；7—转子（缸体）；8—变速阀；9—配油轴；10—后端盖；11—封头；12—卡圈；13—弹簧

小、泄油管路背压太大、与回油管共用一条管路均可能产生轴封处漏油及结合面漏油的现象，可查明原因，一一排除。

12. 球塞式低速大转矩液压马达的结构是怎样的?

如图 3-105 所示，这种 QJM 型液压马达也为一种多作用径向柱塞液压马达，其柱塞为球塞式。

由吸油口流进的高压油，通入固连在后盖上的内阀流道内，再经过用螺钉固定在与轴一起回转的转子上的外阀流道，进入径向设置在转子上的缸孔内，因而将由柱塞球面座包住的钢球顶压在具有多段凹凸曲线的定子凸轮环的凸轮斜面上，由此产生的反作用力使轴和转子回转。各柱塞往复运动产生的旋转力的方向由定子的凹凸内曲线与内阀的油口的位置关系决定。

13. NJM 型横梁传力式内曲线径向柱塞马达的结构是怎样的?

NJM 型横梁传力式内曲线径向柱塞马达的结构如图 3-106 所示。

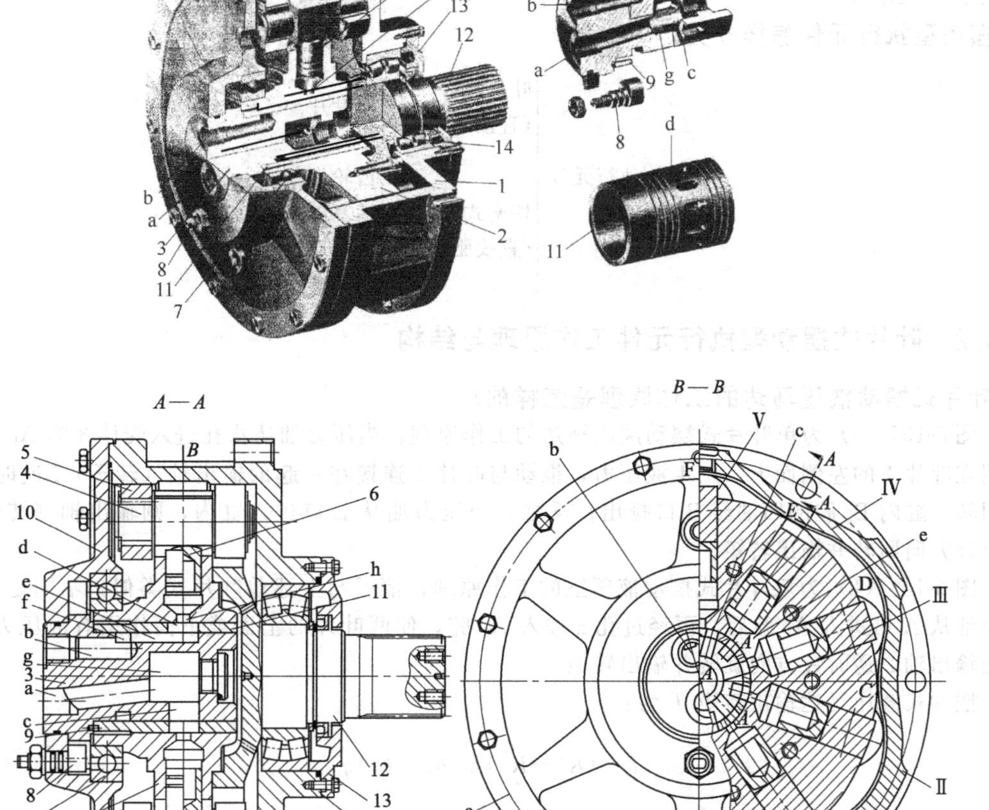

图 3-106 NJM 型横梁传力式内曲线径向柱塞马达

1—定子；2—转子；3—配油轴；4—横梁；5—滚轮；6—柱塞；7—滚动轴承；
8—微调螺钉；9—圆柱销；10—盖板；11—配油轴套；12—输出轴；
13—前盖；14—轴承

3.3 摆动型执行元件

3.3.1 简介

1. 什么叫摆动型执行元件？其特点怎样？

摆动型执行元件是指其输出轴能带动负载做往复摆动的执行元件。其中叶片式能直接驱动负载回转，常称为“摆动液压马达”；其余的方式要通过齿轮齿条、链条、连杆和丝杠螺母带动负载摆动。本身结构中的柱塞仍然只做往复运动，所以称为“摆动液压缸”。平时我们仍习惯称为摆动缸或摆动马达。

摆动型执行元件结构简单、紧凑，无需经减速器和其他机构，便可得到小于300°的回转运动，并输出大的转矩，效率高，内泄漏比一般液压马达小得多，因而它们广泛用于机床、矿山开采、石油、船舶舵机等设备中。

目前摆动型执行元件的使用压力已大于20MPa，输出转矩可达数万牛·米，最低稳定转速可低至0.01r/s。

2. 摆动型执行元件怎样分类？

- 摆动型执行元件
  - 叶片式（直接回转式）
    - 单叶片
    - 双叶片
    - 三叶片
  - 柱塞式（直线驱动式）
    - 齿轮齿条式
    - 活塞链条式
    - 活塞连杆式
    - 活塞螺旋式

3.3.2 叶片式摆动型执行元件工作原理与结构

1. 叶片式摆动液压马达的工作原理是怎样的？

图3-107（a）为单叶片式摆动液压马达的工作原理。当压力油从八孔进入壳体3的A_1腔内，作用在叶片1的左侧面上，产生液压力，推动与叶片1连接在一起的输出轴（转子）2逆时针方向回转，缸内B_1腔的回油经B口排出；反之，当压力油从B口进入缸内，则输出轴（转子）2顺时针方向回转并输出转矩。

图3-107（b）为双叶片式摆动液压缸的工作原理，情况与上述单叶片式类似，不同之处是，压力油从A口进入A_1腔后，再经过孔a进入A_2腔，使两叶片的上面或下面作用有液压力，共同使输出轴2逆时针方向旋转并输出转矩。

摆动式液压马达输出转矩T为：

$$T=(R_1^2-R_2^2)B(p_1-p_2)\eta_m \tag{3-26}$$

式中 B——叶片厚度；

η_m——机械效率；

R_1、R_2、p_1、p_2——参阅图3-107、图3-108。

其中，单叶片式为T，双叶片式为$2T$，三叶片式为$3T$。摆动马达摆动角速度为：

$$\omega=100Q\eta_V/[6(R_1^2-R_2^2)B] \tag{3-27}$$

式中 η_V——容积效率；

Q——流入液压马达的流量。

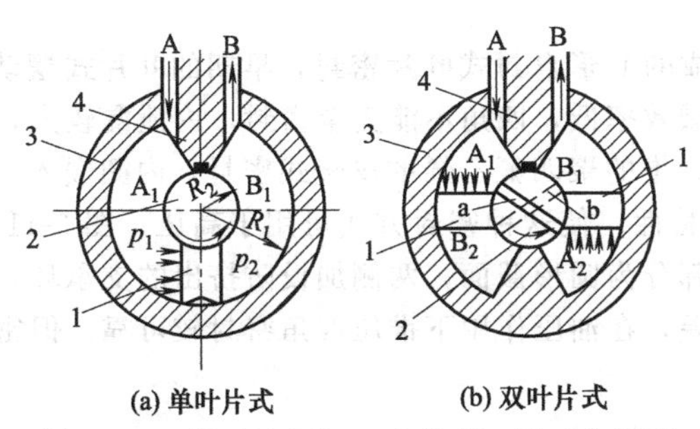

(a) 单叶片式　　(b) 双叶片式

图 3-107　摆动液压缸（叶片式）的工作原理

1—叶片；2—输出轴（转子）；3—壳体；4—固定轴瓦（定子）

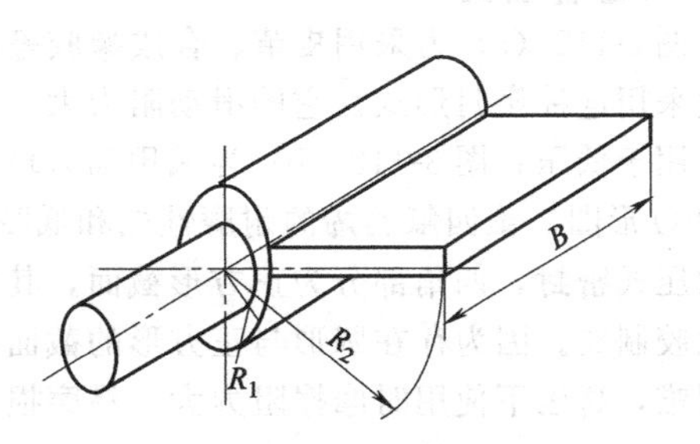

图 3-108　输出轴半径

2. 单、双与三叶片式摆动液压马达的最大摆角大致为多少?

图 3-109 (a) 为叶片式摆动液压马达的最大摆角，一般单叶片最大摆角为 280°，双叶片最大摆角为 100°，三叶片式最大摆角则要更小一些，为 60°。

3. 单、双叶片式摆动液压马达各有何特点?

图 3-109 (b) 为叶片式摆动液压马达输出轴的受力图。单叶片马达输出轴承受着较大的径向不平衡力 F（工作油压 p_1），两端轴承负载大；双叶片摆动马达因叶片与轴瓦呈对称分布，有对称的两个进油腔和两个排油腔，并由输出轴中油道连通，因而对称油腔油压力 p_1 相等。对称油腔同时进油和排油。与单叶片摆动液压马达比较，输出转矩增加一倍，且因消除了作用在输出轴上的径向不平衡力，输出轴受力好，机械效率提高，但容积效率有所下降。

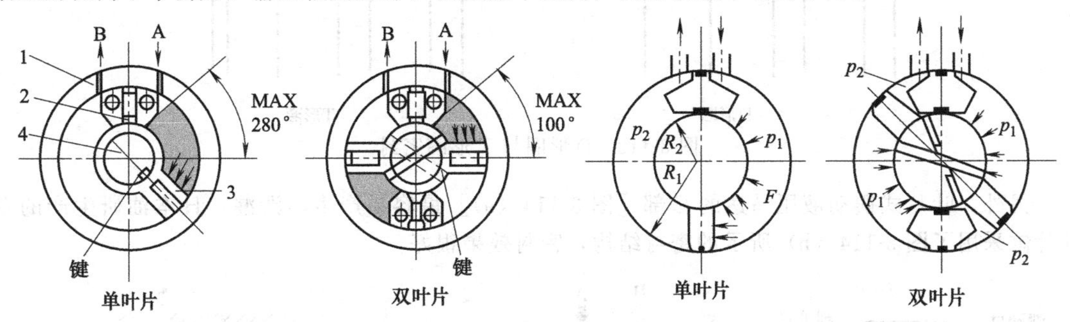

(a) 输出轴的最大摆角　　(b) 输出轴受力图

图 3-109　叶片式摆动液压马达输出轴的最大摆角与输出轴受力图

1—缸体；2—轴瓦（挡块）；3—叶片；4—输出轴（转子）

4. 单、双叶片式摆动液压马达结构是怎样的?

图 3-110 为单叶片式摆动液压马达的结构。图 3-111 为双叶片式摆动液压马达的结构。为了尽量减少叶片式摆动液压马达的泄漏，采用了多种叶片密封的方法。

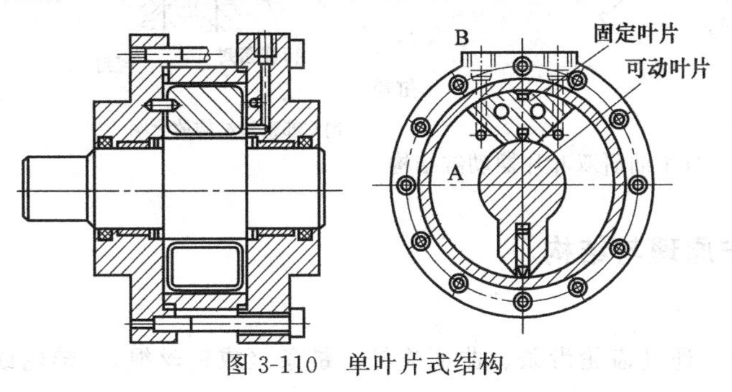

图 3-110　单叶片式结构

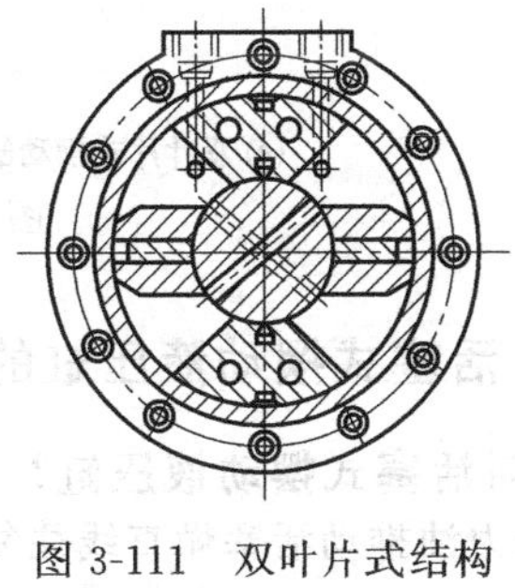

图 3-111　双叶片式结构

5. 叶片怎样密封?

图 3-112 (a) 为采用皮革、合成橡胶等制成的L形自封式叶片密封，早期的叶片式摆动液压马达采用这种密封形式。它的滑动阻力大，机械效率低，四角不能完全密封，内泄漏较大，因而只适用于低压；图 3-112 (b) 为采用加有玻璃纤维的聚四氟乙烯的皮碗式密封，内圈嵌入弯成矩形的O形圈，聚四氟乙烯的耐磨性能和低摩擦特性，使这种密封方式可用于高压；图 3-112 (c) 为加压式密封，四角部分为正方形截面，其余部分为圆形截面，两侧加设防挤出的支承环，用合成橡胶制成。因为存在圆形与正方形的截面积差，在油压作用下推压四角密封较可靠。但密封制造困难，高压下使用时摩擦阻力大，易磨损。

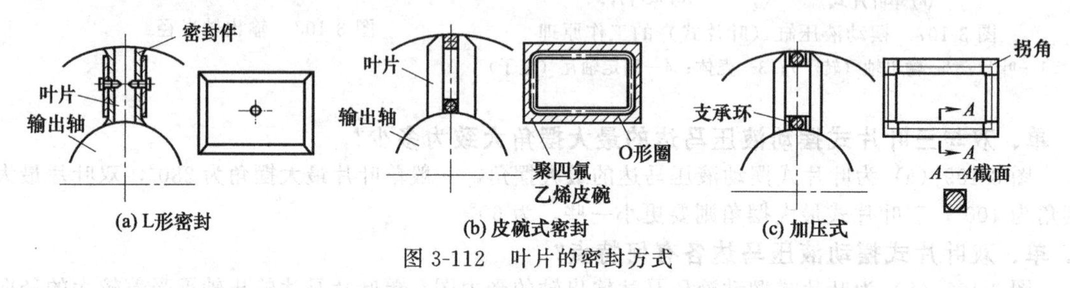

图 3-112 叶片的密封方式

除上述密封形式外，还采用图 3-113 所示的D形圈和T形圈，密封效果较好。

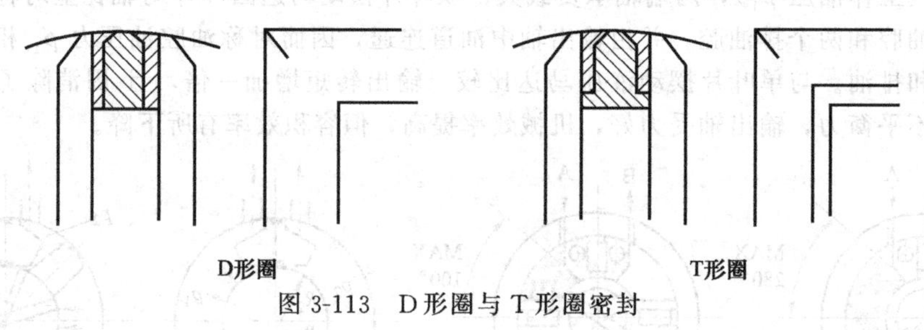

图 3-113 D形圈与T形圈密封

另外，叶片式摆动液压马达的C部［图 3-114 (a)］最容易产生内泄漏，日本油研生产的双叶片缸采用了图 3-114 (b) 所示的密封结构，密封效果很好。

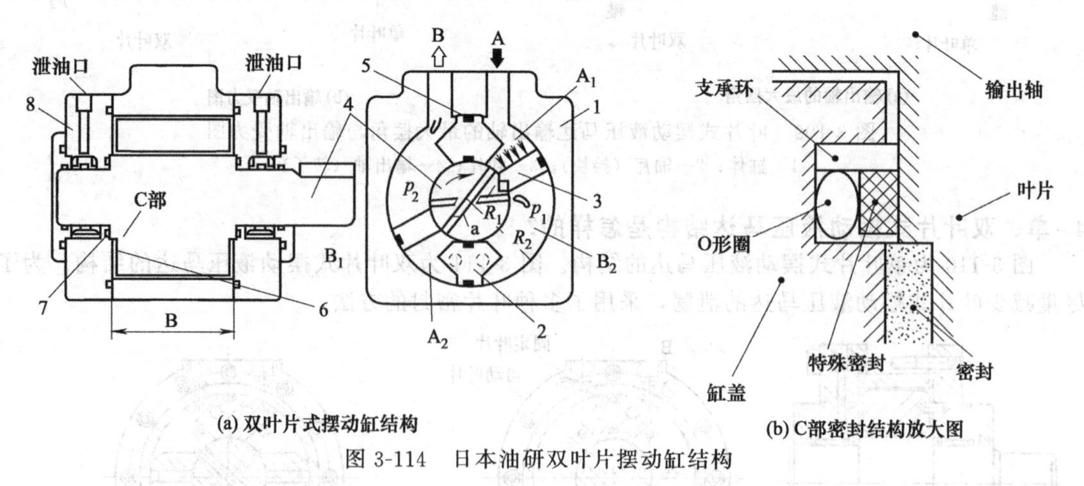

图 3-114 日本油研双叶片摆动缸结构

3.3.3 活塞式摆动液压缸的工作原理与结构

1. 什么叫活塞式摆动液压缸?

由压力油推动活塞做直线往复运动，通过齿轮齿条、曲柄连杆、链条（或钢丝绳）、链轮或螺旋副等传动，将直线往复运动转变成输出轴的往复回转摆动并输出摆动转矩的执行元件叫活塞式摆动液压缸。

2. 齿轮齿条活塞式摆动液压缸是怎样工作的?

图 3-115 (a) 为齿轮齿条式液压缸的工作原理。压力油 p_1 从 A 口进入液压缸，作用在活塞 2 的左端面上，推动活塞右行，从 B 口回油，活塞杆 3 上的齿条以力 F 带动齿轮 1 逆时针转动；反之，如果从 B 口进油，A 口回油，输出轴 4 顺时针方向转动。其特点是结构简单，密封容易，泄漏少，位置精度容易控制与保持。如果齿条做得长一点，摆动角可超过 360°。活塞齿轮齿条式摆动液压缸，其输出转矩和角速度分别为：

$$T=rF=r\frac{\pi D^2(p_1-p_2)}{4}\eta_m \tag{3-28}$$

$$\omega=\frac{200Q\eta_m}{3\pi rD^2} \tag{3-29}$$

式中 r——齿轮分度圆半径；

D——受力活塞直径；

p_1——进油口压力；

p_2——出油口压力；

η_m——机械效率，0.7～0.8。

3. 活塞连杆式（曲柄连杆式）摆动液压缸是怎样工作的?

图 3-115 (b) 为活塞连杆式（曲柄连杆式）摆动液压缸的工作原理。当压力油 p_1 从 A 口进入，推动活塞向左做直线移动，由活塞连杆带动曲柄并使输出轴逆时针方向摆动；反之，从 B 口进油，输出轴做顺时针方向摆动。它的特点是结构简单，摆角可调节，但摆角一般不超过 90°。

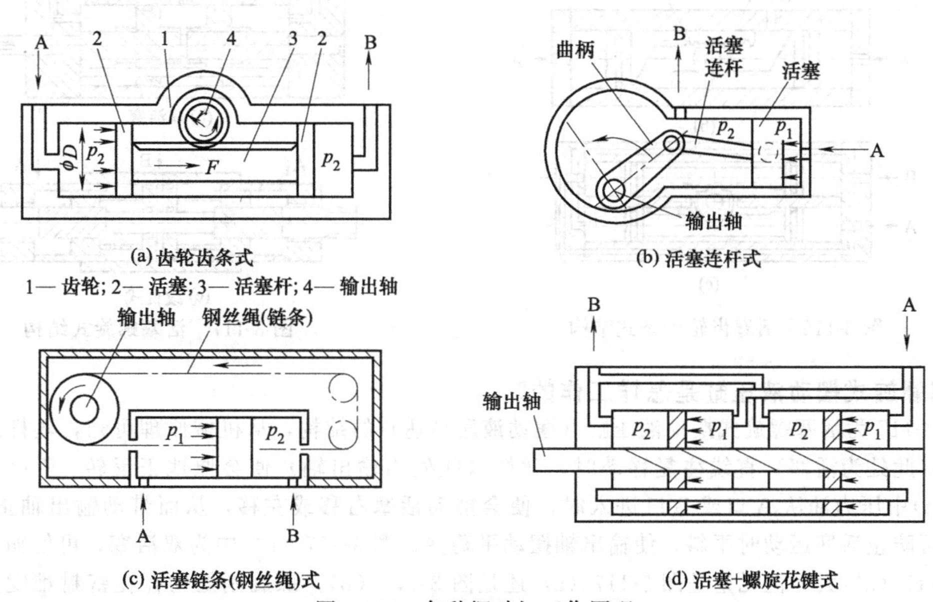

图 3-115 各种摆动缸工作原理

4. 活塞链条式（钢丝绳式）摆动液压缸是怎样工作的?

图 3-115 (c) 为活塞链条式（钢丝绳式）摆动液压缸的工作原理。活塞和链条固定连接，链条和链轮啮合（或者钢丝绳搭在滑轮上），输出轴与链轮同轴，压力油从 A（或 B）口进油，活塞右（左）行，B (A) 口回油，输出轴做逆（顺）时针方向转动。其特点是摆角可大于 360°，输出转矩由活塞直径大小和油压力决定。但受链条强度限制，高速摆动时不够平稳。

5. 活塞螺旋式摆动液压缸是怎样工作的?

图 3-115（d）为活塞螺旋式摆动液压缸的工作原理。活塞与螺杆（输出轴）组成螺旋副，当压力油从 A 口进入、B 口回油时，推动两活塞向左移动，根据螺杆螺母副的传力和运动法则，当螺母（此处为活塞）移动时，螺杆（此处为输出轴）产生转动。压力油反向从 B 口进入时，活塞右行，输出轴反向转动。这种液压摆动缸输出转矩大，运转平稳，由导向杆导向，但螺纹副密封困难，内泄漏大，只能用于低压。

6. 活塞齿轮齿条式摆动液压缸是怎样工作的?

图 3-116 为活塞齿轮齿条式摆动液压缸的结构。图 3-116（a）中两活塞通过齿条杆固连在一起，压力油从 A 口（或 B 口）进油，从 B 口（或 A 口）回油，产生活塞的往复直线运动。经齿轮齿条机构变为输出轴（与齿轮同轴）的摆转运动。液压缸两端的调节螺钉可调节活塞行程，从而在一定范围内调节摆角的大小。活塞上的密封可防止 a 腔或 b 腔的压力油外漏。图 3-116（b）中，压力油从液压缸左右 A 腔同时进入，两活塞相向运动，一起推动齿轮回转摆动，输出转矩大一倍。但对于与图 3-116（a）同样长度的液压缸，转动摆角减小，制造和安装精度要求提高。图 3-116（c）的结构则是综合了图 3-116（a）与图 3-116（b）的优点所形成的，但径向尺寸加大。

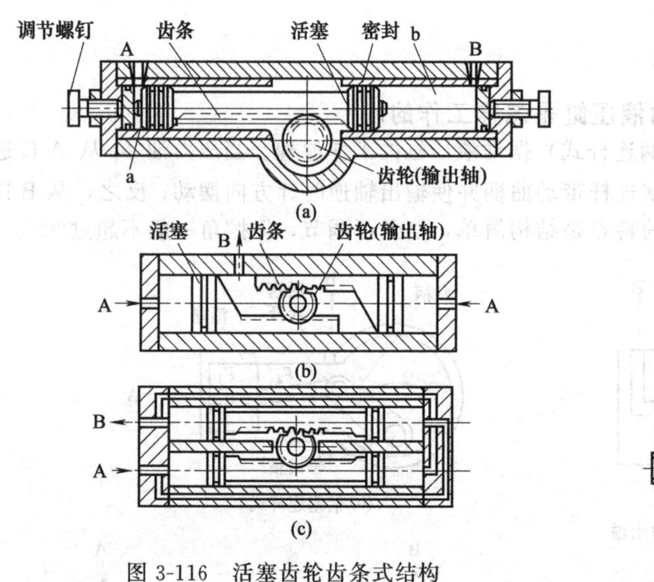

图 3-116 活塞齿轮齿条式结构

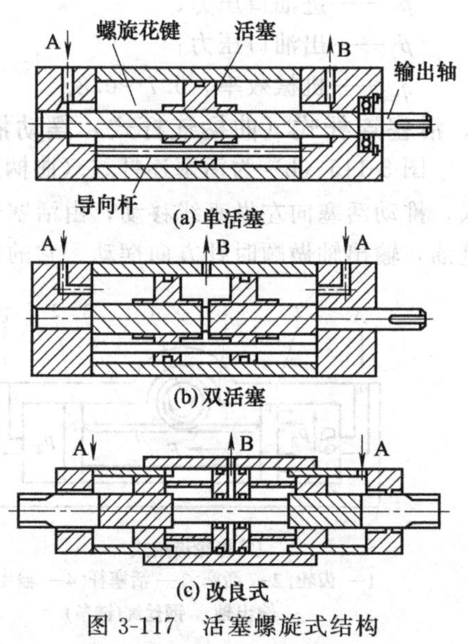

图 3-117 活塞螺旋式结构

7. 活塞螺旋式摆动液压缸是怎样工作的?

图 3-117 为活塞螺旋式摆动液压缸（摆动液压马达）的结构，从机械原理可知，丝杆螺母副的螺母（此处为活塞）直线往复移动时，丝杆（此处为输出轴）便会原地正反转。所以，当图 3-117（a）中压力油从 A 口或 B 口进入时，便会推动活塞右移或左移，从而带动输出轴正反转，导向杆可防止活塞运动时歪斜，使输出轴摆动平稳些。图 3-117（b）中为双活塞，可使输出转矩较图 3-117（a）大。但无论是图 3-117（a）还是图 3-117（b），螺旋副处均存在密封难度大、内泄漏大的缺点，从而只能用于低压，为此采用了图 3-117（c）的改进型结构，螺旋副处不必设置密封，内漏减少，活塞杆两端做成左右旋螺纹。

8. 活塞链条式摆动液压缸是怎样工作的?

图 3-118（a）为活塞链条式摆动液压缸结构。压力油由 A 口或 B 口进入，使活塞向右或向左运动。带动链条左右拖动链轮（输出轴）顺逆时针方向摆动；图 3-118（b）为钢索式液压缸结构。钢丝绳与活塞固定连接，从 A 口或 B 口进油，使活塞牵动钢丝绳左右移动。

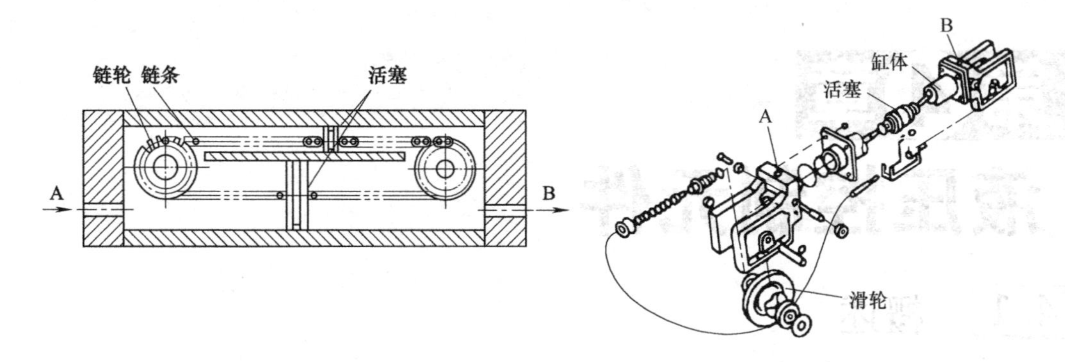

(a) 活塞链条式摆动液压缸　　(b) 钢索式液压缸

图 3-118　活塞链条式与钢索式液压缸

9. 摆动型执行元件不摆动怎么处理?

① 检查输入压力油的压力是否足够，不够则查明原因，予以排除。

② 检查控制来回摆动的换向阀是否能可靠换向，是换向阀有问题，还是行程开关不发讯或者是其他电路故障。查明原因，一一排除。

③ 对叶片式摆动液压马达，则要查明固定轴瓦和叶片上的密封是否漏装或严重破损，造成进、回油的高、低压油窜腔，查明原因并排除。

④ 对于柱塞（活塞）式摆动缸，则首先要查明柱塞上的密封是否漏装或破损严重，柱塞与柱塞孔之间的配合间隙是否太大。此外：

对齿轮齿条式柱塞摆动缸，则要检查齿轮齿条是否别劲；

对活塞连杆式，要检查连杆连接销是否漏装或松脱；

对螺旋式，要检查螺纹副是否被污物或毛刺卡住、活塞与导向杆之间是否别劲、活塞内螺旋花键与输出轴外螺旋花键是否卡死、配合别劲及轴线不同心；

对于链条式，要检查链条是否脱落、链轮传动键是否松脱等。

10. 摆动角大小不稳定、摆角不到位怎么处理?

① 叶片式，是由于存在轻度内泄漏。

② 柱塞式，是由于柱塞密封存在不稳定的内泄漏。

③ 各种柱塞式中出现零件磨损的情况。例如齿轮齿条的磨损、链轮链条的磨损、连杆连接销的磨损、螺纹副的磨损、导向杆的磨损等，均可能造成摆动角不稳定的现象。

第4章 液压控制元件

4.1 概述

4.1.1 简介

1. 液压控制元件怎样分类?

① 按照阀在系统中的功能分有压力控制阀、流量控制阀、方向控制阀、多功能复合（组合）阀及专用阀等。

② 按阀的结构形式分有滑阀式、座阀式（锥阀、球阀等）、喷嘴挡板式及射流式等。

③ 按阀的控制方式分有手动式、机动式、液动式、电动式（用普通电磁铁、比例电磁铁、力马达、力矩马达及步进电机等控制）及电液动（电动+液动）式等。

④ 按阀的连接方式分有管式连接（螺纹连接）、板式连接、法兰连接及集成连接（集成块、插装阀、叠加阀、嵌入阀、多功能阀）等。

⑤ 按液压阀的工作原理、控制信号的形式分有通断开关式定值控制阀（普通液压阀）、伺服阀（输入模拟量信号，成比例地连续控制液压系统中液流的压力高低、流量大小和液流方向的阀）、比例阀（输入模拟信号，成比例、连续远距离控制液压系统中液流的压力、流量和液流方向）和数字阀（输入脉冲数字信号，根据输入的脉冲数或脉冲频率来控制液压系统中液流的压力和流量）。

2. 液压阀中用到哪些术语?

液压阀中用到的术语见表4-1。

表4-1 液压阀术语

术语	解释	术语	解释
控制阀	改变流动状态，对压力或流量进行控制的阀的总称	节流阀	利用节流作用限制液体流量的阀，通常指无压力补偿的流量阀
压力控制阀	调节或控制压力的阀的总称	调速阀	与背压或因负荷而产生的压力变化无关并能维持流量设定值的控制阀
溢流阀	当回路的压力达到这种阀的设定位时，液流的一部分或全部经此阀溢回油箱，使回路压力保持在该阀的设定值的压力阀	带温度补偿的调速阀	能与液体温度无关并能维持流量设定值的调速阀
安全阀	为防止元件和系统等的破坏，用来限制回路中最高压力的阀	分流阀	将液流向两个以上液压管路分流时．应用这种阀能使流量按一定比例分流，而与各管路中的压力无关
顺序阀	在具有两个以上分支回路的系统中，根据回路的压力等来控制执行元件动作顺序的阀	方向控制阀	控制流动方向的阀的总称
		滑阀式阀（或滑阀）	采用滑阀式阀芯的阀
平衡阀	为防止负荷下落而保持背压的压力控制阀	换向阀	具有两种以上流动形式和两个以上油口的方向控制阀
减压阀	可将这种压力控制阀的出口压力调到比进口压力低的某一值，这个值与流量及进口侧压力无关	电磁阀	这是电磁操纵阀和电磁先导换向阀的总称
卸荷阀	在一定条件下，能使液压泵卸荷的阀	液控单向阀	依靠控制流体压力，可以使单向阀反向流通的阀

续表

术语	解释
梭阀	具有一个出口、两个以上入口，出口有选择压力最高侧入口的机能的阀
比例阀	输入比例电信号，控制流量或压力的阀
伺服阀	输入电信号或其他信号，控制流量或压力的阀，并可反馈
遮盖（或搭接）	滑阀式阀的阀芯台肩部分和窗口部分之间的重叠状态，其值叫遮盖量
正遮盖	当滑阀式阀的阀芯在中立位置时，要有一定位移量（不大），窗口才可打开
公称压力	液压阀按基本参数所确定的名义压力，称为公称压力（又称额定压力），公称压力可以理解为压力等级，如 1MPa、6MPa、2.5MPa、4MPa、6.3MPa、10MPa、16MPa、20MPa、25MPa、31.5MPa、40MPa、50MPa、63MPa 等
节流换向阀	根据操作位置，其流量可以连续变化的换向阀
电磁操纵阀	用电磁操纵的阀
手动操纵阀	用手动操纵的阀
凸轮操纵阀	用凸轮操纵的阀
先导阀	为操纵其他阀或元件中的控制机构而使用的辅助阀
液动换向阀	用先导流体压力操纵的换向阀
电-液换向阀	与电磁操纵的先导阀组合成一体的液动换向阀
阀的位置	用来确定换向阀内流通状态的位置
正常位置	不施加操纵力时阀的位置 正常位置
中立位置	换向阀的中央位置 中立位置
偏移位置	换向阀中除中立位置以外的所有阀位 偏移位置 偏移位置 中立位置
三位阀	具有三个阀位的换向阀
二通阀	具有两个油口的控制阀
四通阀	具有四个主油口的控制阀
锁定位置	由锁紧装置保持的换向阀的阀位
弹簧复位阀	在弹簧力的作用下，返回正常位置的阀
中位封闭	换向阀在中立位置时所有油口都是封闭的
中位打开	换向阀在中立位置时所有油口都是相通的
台肩部分	滑阀芯移动时的滑动面
常开	在正常位置压力油口与出油口是连通的
常闭	在正常位置压力油口是关闭的
零遮盖	当滑阀式阀的阀芯在中立位置时，窗口正好完全被关闭，而当阀芯稍有一点儿位移时，窗口即打开，液体便可通过
负遮盖	当滑阀式阀的阀芯在中立位置时，就已有一定的开口量
公称流量、公称通径	公称流量是指液压阀在额定工况下通过的名义流量（又称额定流量），如国产中低压液压阀就用公称流量表示其规格 公称通径指液压阀液流进出口的名义尺寸（并非进出口的实际尺寸），为了与连接管道的规格相对应，液压阀的公称通径采用管道的公称通径（管道的名义内径），如 4mm、6mm、8mm、10mm、16mm、20mm、25mm、32mm、40mm、50mm、63mm、80mm、100mm 等

3. 液压阀有何特点?

① 无论何种液压阀，在结构上都是由阀体、阀芯、阀盖和控制阀芯位置的操纵机构（如弹簧、电磁铁、操纵调节手柄等）所组成。

② 各种液压阀的工作原理也大体上相同，多是利用弹簧力与油液压力产生的液压力，使阀芯移动，之后平衡在某一力平衡位置，从而改变通道的通流面积大小，或将各通道接成不同的连接方式，实现控制和调节作用。

③ 使液压阀产生动作（阀芯移动）的力的来源，可以是弹簧力、人力或机械操纵力、电磁力、液动力和气动作用力等，或者是这几种力的组合。

4.1.2 液压阀的性能

1. 什么叫阀的压力流量特性?

阀的压力流量特性是指液流流经阀的流量与阀前后压力差的关系。

(1) 圆柱滑阀

如图4-1所示，设阀芯B外圆与阀体A内孔之间的径向间隙为C_r，阀芯直径为d，滑阀开口长度为x，阀孔前后压差$\Delta p = p_1 - p_2$，按流体力学中节流小孔的流量公式有：

$$Q = C_d A\sqrt{\frac{\alpha}{\rho}\Delta p} = C_d W\sqrt{x^2 + C_r^2}\sqrt{\frac{\alpha}{\rho}\Delta p} \approx C_d W x\sqrt{\frac{2\Delta p}{\rho}} \tag{4-1}$$

式中 A——滑阀开口的通流面积，$A = W\sqrt{x^2 + C_r^2}$；

W——阀口周向长度，又称阀口通流面积梯度，全周界通流时$W = \pi d$；

C_d——流量系数，按$Re = \frac{A}{x} = \frac{\sqrt{x^2 + C_r^2}}{2}$求得雷诺数$Re$，便可由图4-1查得流量系数，图中虚线1表示$x = C_r$时的情况，虚线2表示$x \geqslant C_r$时的情况，实线表示实验测定结果。

一般来说，通过阀的流量（例如额定流量）所产生的压力损失越小越好，同一压力损失下通过的流量越多越好。衡量阀的压力流量特性的好坏可比较同一外形尺寸下的各阀，相同通过流量下压力损失越小、性能越好；相同压差下流过以流量越多越好。

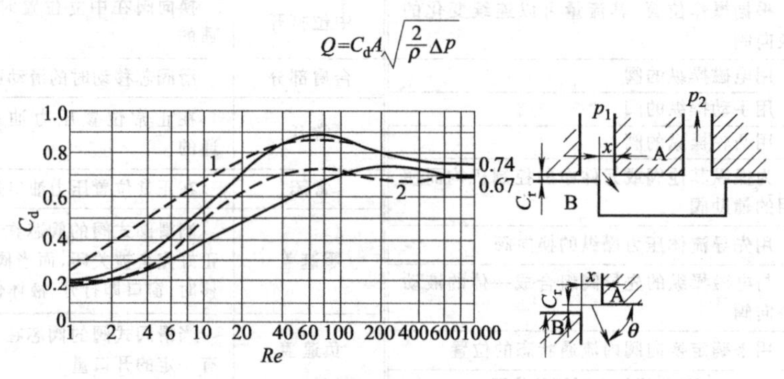

图4-1 滑阀阀口的流量系数

(2) 锥阀与球阀

如果锥阀芯和球阀芯不太重，阀座孔口倒角不大，则其压力和流量之间的关系与上述圆柱滑阀相同。

如图4-2所示，锥阀与球阀的通流面积分别为：

$$A_{锥} = \pi X d_s \sin\phi\left(1 - \frac{X}{2d_s}\sin 2\phi\right) \tag{4-2}$$

$$A_{球} \approx \pi d_s h_0 X\left(1 + \frac{h_0}{R}X\right) \tag{4-3}$$

如果$X \ll d_s$，则：

$$A_{锥} \approx \pi X d_s \sin\phi$$

$$A_{球} \approx \pi d_s h_0 X \tag{4-4}$$

式中
$$h_0 = \sqrt{R^2 - (d_s/2)^2} \tag{4-5}$$

流量系数可参照图4-3选取。当雷诺数Re较大时，可选为0.77～0.82。

2. 什么叫阀的内泄漏？

由于阀的阀芯和阀体（阀套）孔需要有相对运动或相对转动，因而两者之间需要一定的间隙，这样内泄漏量不可避免。当阀芯与阀孔同心与不同心时，内泄漏量分别按下面公式计算（图4-4）：

$$\Delta Q = \frac{\pi d h^3}{12uL}\Delta p \pm \frac{\pi d h}{2}u_0$$

$$\Delta Q=\frac{\pi d h_0^3 \Delta p}{12 u L}(1+1.5\varepsilon^2)\pm\frac{\pi d h_0 u_0}{2} \qquad (4\text{-}6)$$

式中 u_0——阀芯相对阀孔的移动速度，u_0 如与压差 $\Delta p=p_1-p_2$ 方向一致，等式右边第二项取正，反之取负；

u——黏度；

ε——相对偏心率（$\varepsilon=e/h$，e 为阀芯与阀孔偏心距）；

h_0——阀芯与阀孔同心时半径向内的缝隙值。

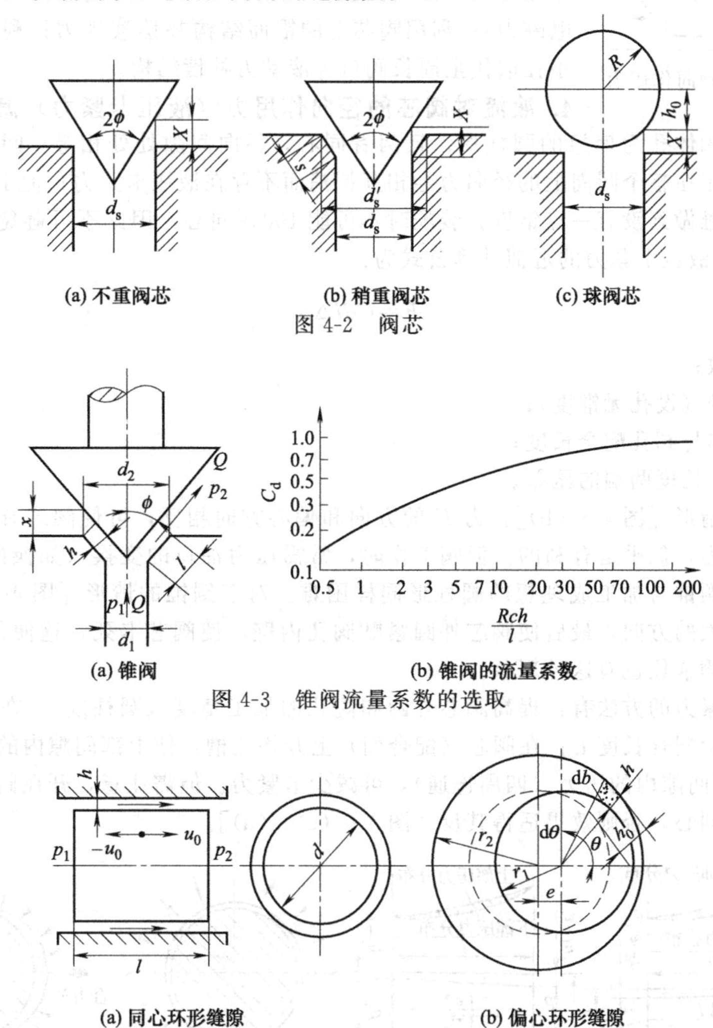

图 4-2 阀芯

图 4-3 锥阀流量系数的选取

图 4-4 圆柱阀芯的环形缝隙

由上式可以看出，最大偏心情况下的缝隙泄漏量是同心圆环间隙泄漏量的 2.5 倍，因此在阀类元件中，为了减小内泄漏，应使配合件处于同心状态。

3. 液流对阀芯的轴向作用力（液动力）怎样计算？

当液流通过阀口时，液流速度发生变化，按照流体力学中的定律，将有液动力作用在阀芯上，使阀腔控制体积内的液体加速（或减速）产生的力叫瞬态液动力，液流在不同位置上具有不同速度所引起的力叫稳态液动力。如考虑液流为恒定的，瞬态液动力为零，稳态液动力的计算公式为：

$$F=\frac{\gamma}{g}QV\cos Q=2C_d\pi d x\Delta p\cos\theta \qquad (4\text{-}7)$$

式中，γ 为油的重度；Q 为通过流量；V 为流速；g 为重力加速度；θ 为液流速度方向角。

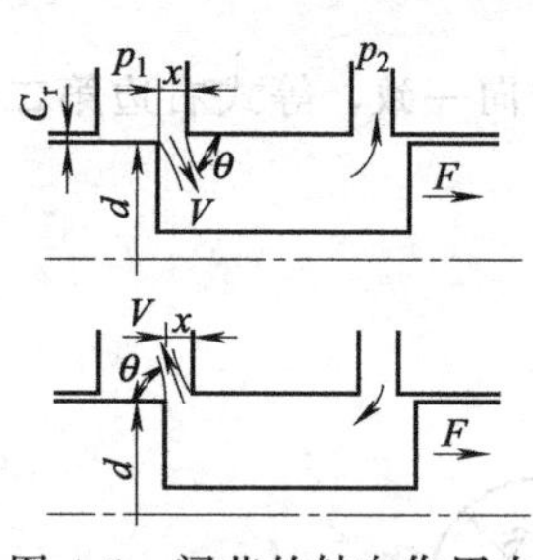

图 4-5 阀芯的轴向作用力

由图 4-5 可知，滑阀稳态液动力总是企图使滑阀开口变小和趋于关闭。当工作压力较高、流量较大时，将会因液动力较大而使滑阀芯的切换（移动）变得困难，此时要么增加推动阀芯移动的操作力（如电磁铁吸力、弹簧力等），要么尽量减小液动力，或者对液动力进行补偿。例如电液换向阀中采用先导式结构，用小流量的电磁阀作先导阀，推动大流量的主阀-液动阀的阀芯换向（用液压力取代电磁力）；利用阀芯上的锥面结构补偿液动力；利用阀套上的多排小孔取代全周长阀口等液动力补偿结构。

4. 液流对阀芯的径向作用力（液压卡紧力）怎样计算?

如果阀芯与阀体孔为理想的圆柱形，且两者同心，径向间隙处处相等，间隙中又未卡入污物，则阀芯上作用在整个圆周上的径向力会相互抵消而不存在液压卡紧力；但由于阀芯外圆和阀孔因加工质量很难做到没有一点锥度，装配时不可能100%同心，因此不可避免地会存在液压卡紧力（径向力），液压卡紧力的近似计算公式为：

$$F=Cdl\Delta p \tag{4-8}$$

式中 C——系数；

d——孔径（设孔无锥度）；

l——阀芯与阀孔配合长度；

Δp——配合长度两端的压差。

对于顺锥的情形［图 4-6（b）］，力 F 的方向和偏心方向相反，可使阀芯有一定的自我（自动定心）纠偏能力，似乎是有利的。但阀工作时，常需压力油口的变换（如换向阀），并且故意加工成很微小的顺锥与加工成理想的圆柱形同样困难。对于倒锥的情形［图 4-6（a）］，力 F 使阀芯推向偏心增大的方向，最后使阀芯外圆紧贴阀孔内壁，使阀芯卡死，这便是液压卡紧现象。即使孔内没有污物卡住也有这种现象。

减少液压卡紧力的方法有：提高阀芯外圆和阀孔的加工精度（圆柱度）；在保证密封要求的前提下，尽量减少配合长度 L；在阀芯（配合面）上开均压槽，使上部间隙内的压力通过均压槽（径向）连通下部间隙内的压力（四周连通），可减少卡紧力。但需注意，开在阀芯上的均压槽一定要和阀芯外圆同心，否则效果适得其反［图 4-6（c）、(d)］。

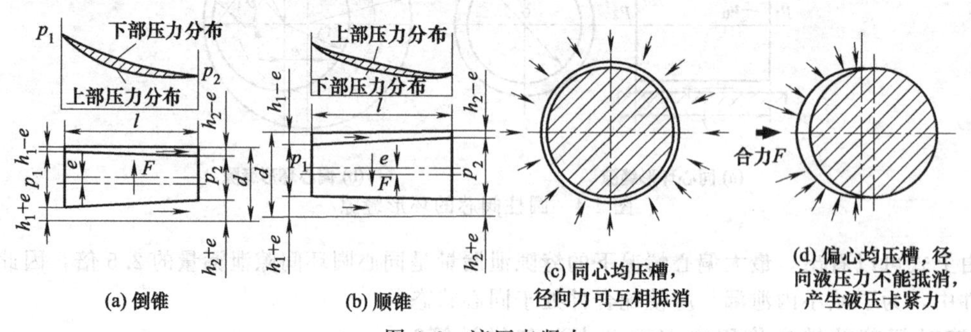

图 4-6 液压卡紧力

5. 为什么通过阀的额定流量要有规定?

液流通过不同通径的阀，在最高使用压力 31.5MPa 时，允许通过的最大流量是不同的。表 4-2 为通过阀的最大流量（额定流量）与进出口压差 Δp（压力损失）的关系。强行通过超出表中所列的更大的流量，会产生接受不了的压力损失，造成“挤车”拥堵现象，影响到阀的正常工作，产生故障。

表 4-2 通过阀的额定流量

项目	最高使用压力 31.5MPa,不同通径的相应最大流量/(L/min)										
通径/mm	16	25	32	40	50	63	80	100	125	160	Δp/MPa
流量阀、方向阀	215	400	770	1050	1750	3000	4500	7000			0.35
	130	350	500	850	1400	2100	3400	5500			0.3
	160	400	600	1000	1500	2000	4000	7000	10000	16000	0.5
	80	200	300	500	700	1000	2000	3500	5000	8000	0.1
溢流阀	125	250	500	700	1200	1700					
溢流阀的最小流量	5	5	8		10						
	压力在 25MPa 以上时,所有品种都应在 15L/min 以上使用										

注：16～100 通径安装尺寸应符合 DIN 24342、ISO 7368 以及 GB 2877。

4.1.3 液压阀故障及维修概述

1. 液压阀为何会出故障?

① 液压油不干净、污染物沉积造成液压阀阀芯卡紧或动作失常。

② 液压阀使用时间已长，因磨损、汽蚀等因素造成配合间隙过大，内泄漏增大。

③ 生产厂家先天性的质量问题。

2. 液压阀出了故障为何应进行维修?

液压阀出现故障或失效后，多数企业采用更换新组件的方式恢复液压系统功能，失效的液压阀则成为废品。事实上，这些液压阀的多数部位尚处于完好状态，经局部维修即可恢复功能。

正确维修液压阀能节省购置费用，当更换液压阀时，如没有备件，则订购需要很长时间，有些进口阀甚至很难买到，因此设备可能长期停机，而通过维修可恢复设备乃至整个生产线的运行，其经济效益相当可观。

3. 液压阀主要修理内容有哪些? 维修液压阀一般有哪几种方法?

① 滑阀类组件的阀芯与阀体内孔：当两者配合间隙比产品图纸规定装配间隙数值增大20%～25%时，必须对阀芯采取增大尺寸的方法之后进行配研修复。

② 锥阀类组件的阀芯与阀座：当圆锥形座阀密封面接触不良时，由于锥阀可以在弹簧作用下自动补偿间隙，因此，只需研磨修配。

③ 阀类组件如卡死、拉毛、产生沟槽等应进行修理。

④ 调压弹簧的修理。

⑤ 密封件的更换等。

在液压阀维修实践中，常用的修复方法有液压阀清洗、零件组合选配、修理尺寸与恢复精度等。

4. 怎样用拆卸清洗修理法进行修理?

因为有 70%的故障来自油液不干净，从而使阀类元件内部不干净，因此拆开清洗是维修方法之一。

对于因液压油污染造成油污沉积，或液压油中的颗粒状杂质导致的液压阀芯卡死等故障，一般经拆卸清洗后能够排除，恢复液压阀的功能。常见的清洗工艺包括：

(1) 检查清理

清除液压阀表面污垢：用毛刷、非金属刮板、绸布清除液压阀表面黏着牢固的污垢，注意不要损伤液压阀表面。特别是不要划伤板式阀的安装表面。

(2) 拆卸

拆卸前要掌握液压阀的结构和零件间的连接方式，拆卸时记住各零件间的位置关系，作出适当的标记。不可强行拆卸，以免损坏液压阀。

（3）清洗

将阀体、阀芯等零件放在清洗箱的托盘上，加热浸泡，将压缩空气通入清洗槽底部，通过气泡的搅动作用，清洗掉残存的污物，有条件的可采用超声波清洗。

（4）精洗

用清洗液高压定位清洗，最后用热风干燥。有条件的企业可以使用现有的清洗剂，个别场合也可以使用有机清洗剂，如柴油、汽油。一些无机清洗液有毒性，加热挥发可使人中毒，应当慎重使用；有机清洗液易燃，应注意防火。选择清洗液时，注意其腐蚀性，避免对阀体造成腐蚀。清洗后的零件要注意保存，避免锈蚀或再次污染。

5. 怎样用选配修理法进行修理?

液压阀使用一段时间后，由于磨损程度不同，维修时可将换下来的同一类型的多个液压阀全部进行拆卸清洗，检查测量各零件，如果阀芯、阀体属于均匀磨损，工作表面没有严重划伤或局部严重磨损，则可依据检测结果将零件归类，依据表 4-3 推荐的配合间隙进行选配修理。

表 4-3 液压阀阀孔与阀芯形状精度和配合间隙参考值

液压阀种类	阀孔(阀芯)圆柱度、锥度/mm	表面粗糙度 $Ra/\mu m$	配合间隙/mm
中低压阀	0.008～0.010	0.8～1.0	0.005～0.008
高压阀	0.005～0.008	0.4～0.8	0.003～0.005
伺服阀	0.001～0.002	0.05～0.2	0.001～0.003

6. 怎样用修理尺寸与恢复精度维修法进行修理?

如果阀芯、阀体磨损不均匀或工作表面有划伤，通过上述方法已经不能恢复液压阀功能，则需对阀芯、阀体（孔尺寸小的阀体与外径尺寸大的阀芯）进行修理，对阀体孔采用铰削、磨削或研磨等方法进行修复，对阀芯采用电刷镀、磨削等方法进行修复，达到合理的形状精度、配合精度后装配。

7. 怎样用加工换零件修复法进行修理?

换零件法是将已经失去配合精度的阀芯拆卸，测量并画出零件图，检查阀体导向孔或阀座的磨损或损坏程度，并依此确定修复加工尺寸，然后依据此尺寸加工新的阀芯。这种维修方法维修精度高，适用面广，可完全恢复原有的精度，适合有一定加工能力的企业。

4.2 方向阀

4.2.1 单向阀

1. 何谓单向阀?

所谓单向阀，就是只允许油液单向流动的阀。

单向阀又叫止回阀、逆止阀。单向阀在液压系统中的作用是只允许油液以一定的开启压力从一个方向自由通过，而反向不允许油液通过（被截止），为液压系统中的“单行道”，相当于电气元件中的二极管。

单向阀按安装形式分为板式、管式和法兰连接式三类；按结构形式可分为球阀式和锥阀式两种；按其进口液流和出口液流的方向又有直角式和直通式两种；还可按用途分为单向阀、背压阀和梭阀（双单向阀）三类。

2. 单向阀的工作原理是怎样的？图形符号是怎样的?

如图 4-7 所示为单向阀的工作原理与图形符号。当 A 腔的压力油作用在阀芯上产生向右的液压力，大于 B 腔压力油所产生的向左液压力、弹簧力及阀芯摩擦阻力之和作用在阀芯上的力时，阀芯被顶开，油液可从A腔向B腔流动（正向开启），使单向阀阀芯打开的油液压力叫开启压力；当压力油欲从B腔向A腔流动时，由于弹簧力与B腔压力油的共同作用，阀芯被压紧在阀体座上，因而液流不能由B向A流动（反向截止）。

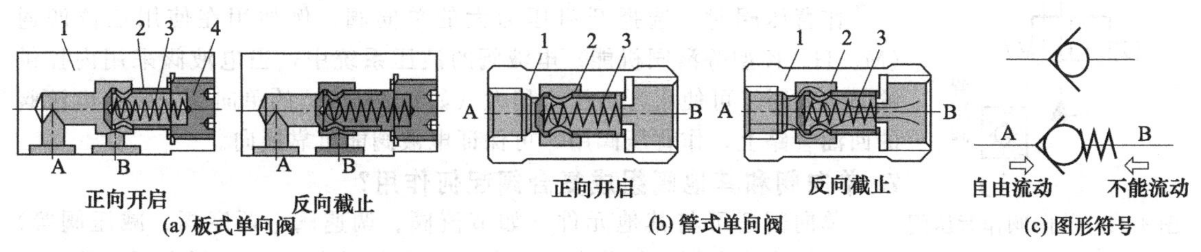

图 4-7 单向阀的工作原理与图形符号

3. 单向阀的阀芯有哪几种形式？

如图 4-8 所示，单向阀的阀芯按其形状可分为圆盘式、锥阀式和球阀式三种，有些单向阀在阀芯上还装有O形密封圈。

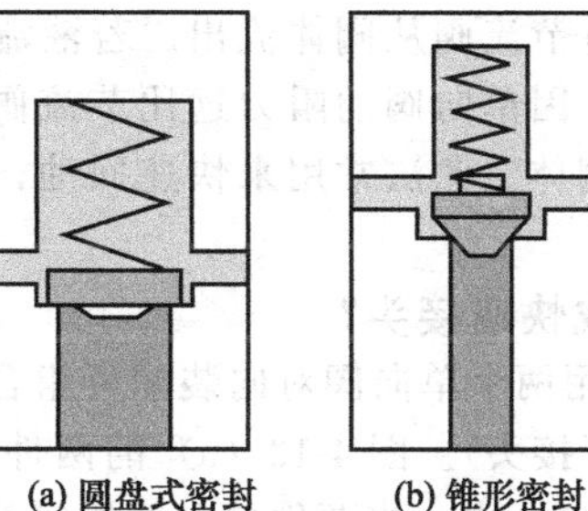
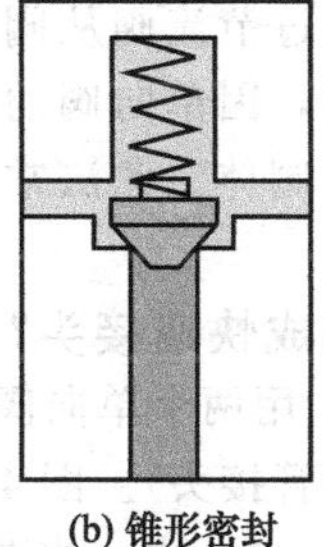
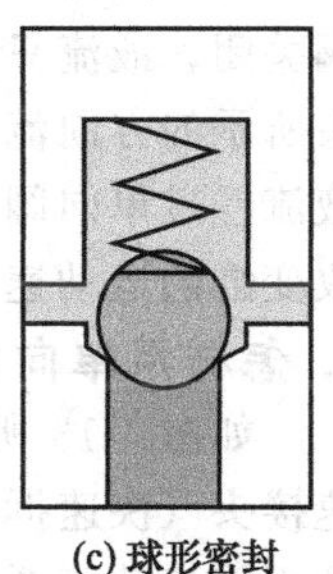

图 4-8 单向阀的阀芯形式

4. 单向阀将系统和泵隔断有何作用？

图 4-9 中，单向阀用于液压泵的出油口，用单向阀将系统和泵隔断，泵开机时，泵排出的油可经单向阀进入系统。单向阀可使系统压力负载突然升高或停电时，系统仍处于保压状态，可阻止系统中的油倒流而损坏液压泵的现象，避免某些事故的发生。拆卸泵时，系统中的压力油也不会流失。

5. 单向阀将两个泵隔断有何作用？

图 4-10 中，1是低压大流量泵，2是高压小流量泵。低压时两个泵排出的油合流，共同向系统供油。高压时，单向阀的反向压力为高压，单向阀关闭，泵2排出的高压油经过虚线表示的控制油路将阀3打开，使泵1排出的油经阀3回油箱，由高压泵2单独往系统供油，其压力决定于阀4。这样，单向阀将两个压力不同的泵隔断，互相不影响。双泵供油系统中的单向阀可防止高压泵压力油反灌到低压泵出口，造成低压泵电机超载而烧坏等故障。

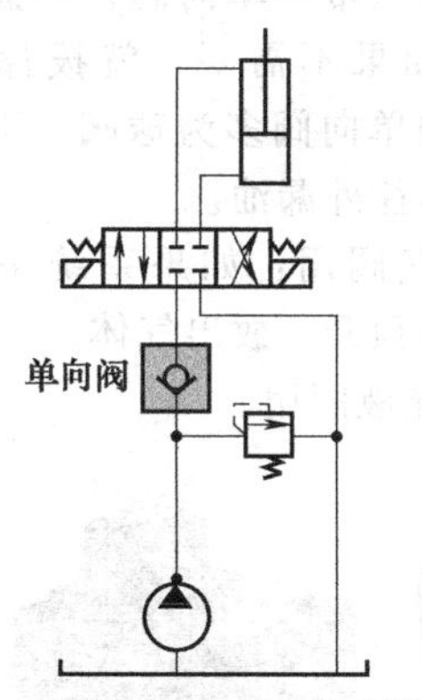

图 4-9 单向阀将系统和泵隔断

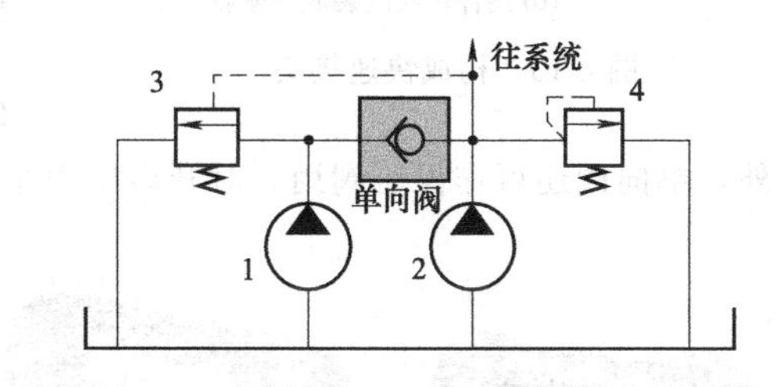

图 4-10 单向阀将两个泵隔断

1—低压大流量泵；2—高压小流量泵；3—卸荷阀；4—溢流阀

6. 单向阀作背压阀时有何作用？

图 4-11 中，高压油进入缸的无杆腔，活塞右行，有杆腔中的低压油经单向阀后回油箱。单向阀有一定的压力降，故在单向阀上游总保持一定压力，此压力也就是有杆腔中的压力，叫

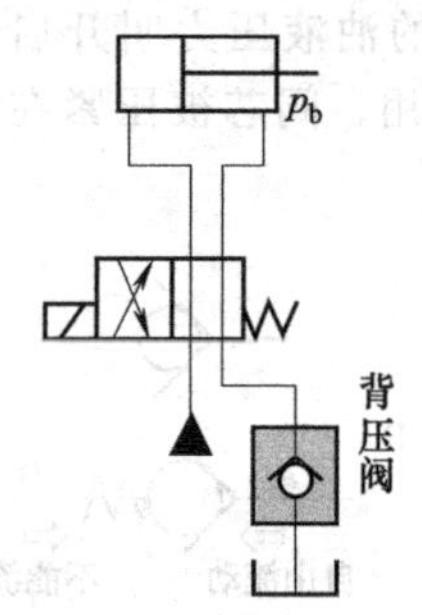

图 4-11 单向阀作背压阀

做背压。改变单向阀中的弹簧刚度，可得到不同的背压值，其数值一般取为0.5MPa左右。在缸的回油路上保持一定的背压，可防止活塞的冲击，使活塞运动平稳。此种用途的单向阀也叫背压阀。

作背压阀时，选择开启压力大的单向阀，例如用在使用三位四通（M、H、K型等滑阀机能）电液阀的液压系统中，当电液阀采用内控供油的方式时，可使用开启压力稍大（如0.4MPa）的单向阀安装在电液阀的回油管路上，作背压阀用，可保证电液阀能可靠换向。

7. 单向阀和其他阀组成复合阀起何作用?

单向阀还可与其他元件（如节流阀、调速阀、顺序阀、减压阀等）相结合构成组合阀（如单向节流阀、单向调速阀、单向顺序阀、单向减压阀等）。

由单向阀和节流阀组成复合阀，叫单向节流阀（图 4-12）。在单向节流阀中，单向阀和节流阀共用一阀体。当液流沿虚线箭头所示方向流动时，因单向阀关闭，液流只能经过节流阀从阀体流出。若液流沿实线箭头所示的方向流动时，因单向阀的阻力远比节流阀小，所以液流经过单向阀流出阀体。此法常用来快速回油，从而可以改变缸的运动速度。

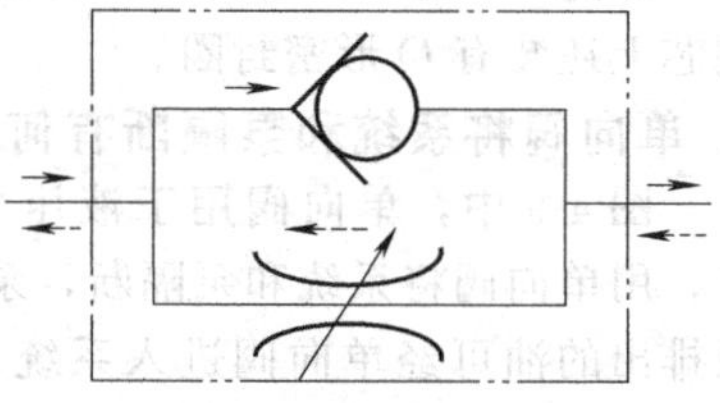

图 4-12 组成复合阀

8. 怎样用单向阀构成快速接头?

如图 4-13 所示，用两个单向阀对向装配可组合成一个快速接头（快速拆装的管接头）。图 4-13（a）的两件单向阀未装成一体前，A1→B1 与 A2→B2 油液不能流动。图 4-13（b）中，当两件单向阀按箭头方向一插，装成一体后，便相互顶开各自的单向阀阀芯，于是 A1→B1→B2→A2（或 A2→B2→B1→A1）形成一条通路，快速地将两条油路连通起来。反之用力一拔，两条油路便不通，从而构成一快速拆装的管接头。

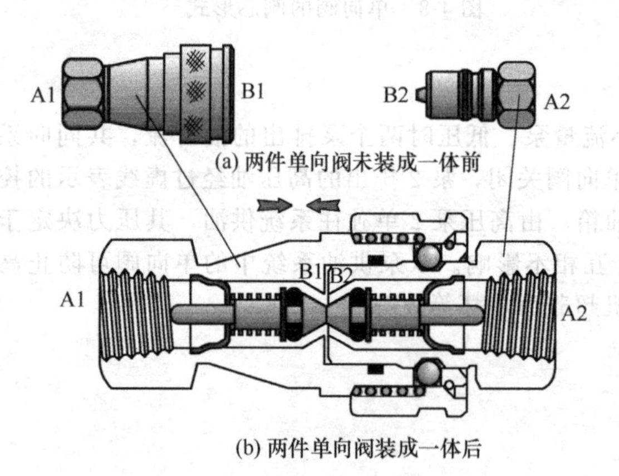

(a) 两件单向阀未装成一体前

(b) 两件单向阀装成一体后

图 4-13 构成快速接头

液压系统的测压接头也属于这种快换接头，经常用于不需要经常观察压力的点，用于液压初期调试或者故障检修。如果需要测压，那么拿根测压软管（带一单向阀）一插就可以测得该点压力。如果不需要，就拔掉测压软管，测压接头中的单向阀多为球阀，不测压时可将油路封死，不往外漏油。

还可兼作放气阀用：如果系统中有气泡等，可以把该接头顶开，放出气体。

另外，单向阀还可作保压阀用，对开启压力小的大流量阀可作充液阀用。

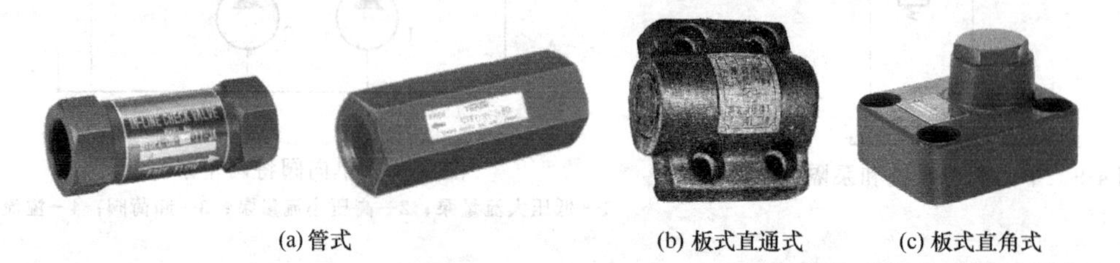

(a) 管式　(b) 板式直通式　(c) 板式直角式

图 4-14 单向阀的外观

9. 常用单向阀的外观和结构是怎样的?

常用单向阀的外观如图 4-14 所示；单向阀的结构如图 4-15 所示，单向阀结构简单，只有阀体、阀芯、阀座及弹簧等零件。

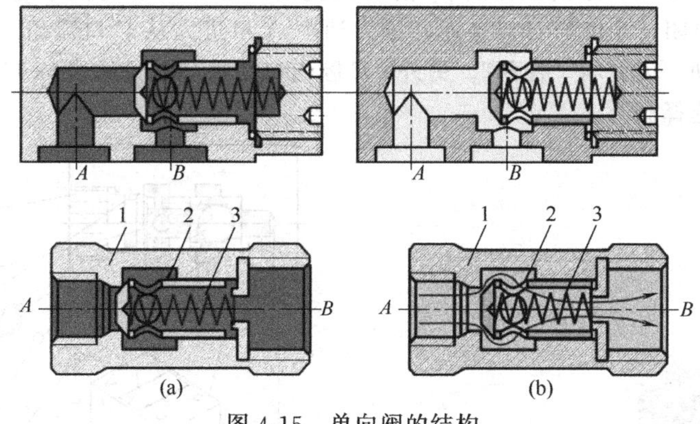

图 4-15 单向阀的结构

1—阀体；2—阀芯；3—弹簧

10. 直通式与直角式单向阀的结构是怎样的?

直通式与直角式单向阀的结构如图 4-16 所示。

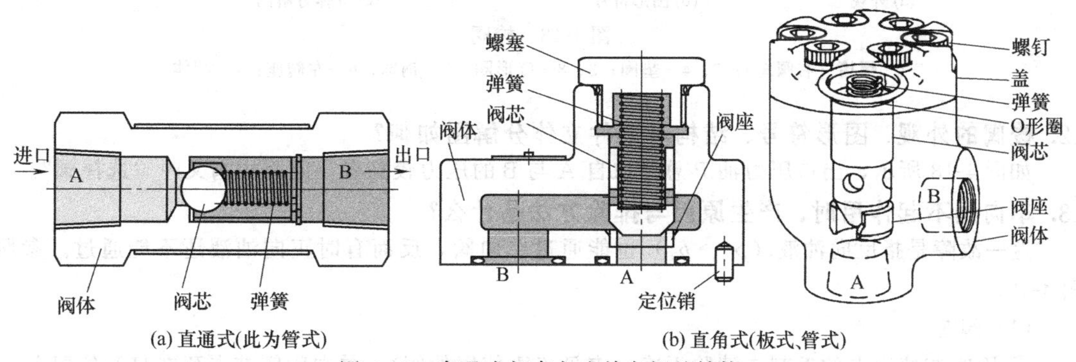

图 4-16 直通式与直角式单向阀的结构

11. 单向阀作梭阀用的工作原理是怎样的?

梭阀是单向阀的变种，它由两个“背靠背”的单向阀组成，两单向阀共用一个阀芯、共用一个出油口，因而进油口有两个（A 与 B），流出口一个（C）。如图 4-17 所示，它由阀体 2 和锥阀

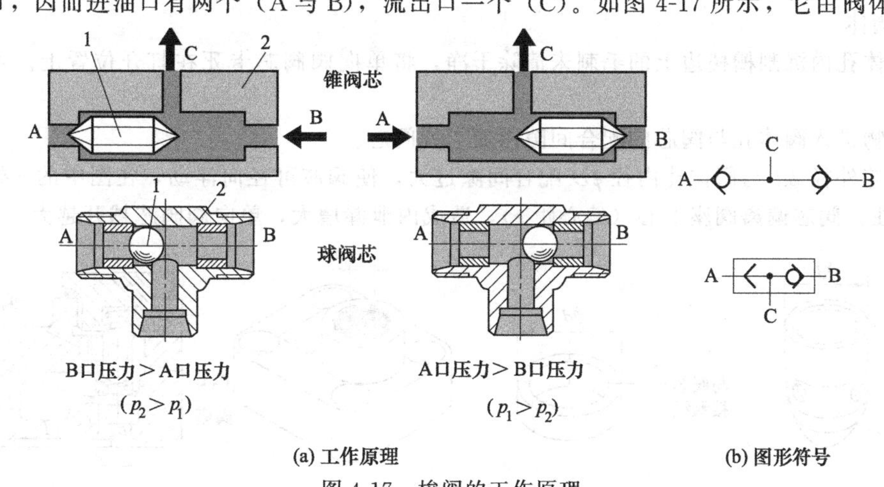

图 4-17 梭阀的工作原理

1—阀体；2—锥阀芯（或钢球）

芯（或钢球）1等组成。

当B口压力大于A口压力，即 $p_2>p_1$ 时，从B口进入阀内的压力油 p_2 将锥阀芯（或钢球）推向左边，封闭A口，B口来的压力油 p_2 由C口流出；当A口压力大于B口压力，即 $p_1>p_2$ 时，锥阀芯将B口封闭，A口与C口连通，压力油由A口进入从C口流出。工作时锥阀芯（或钢球）来回左右梭动，因而叫"梭阀"。另外，C腔出口压力油总是选自A口与B口中的压力较高者，所以又叫"选择阀"。

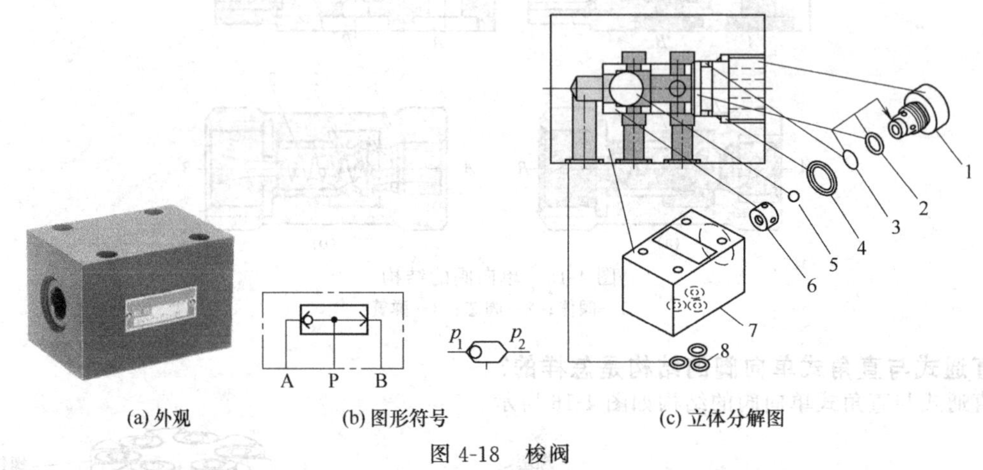

图 4-18　梭阀

1—螺堵（右阀座）；2、4—垫圈；3、8—O形圈；5—钢球；6—左阀座；7—阀体

12. 梭阀的外观、图形符号、结构与零件立体分解图如何？

如图 4-18 所示，出口压力油P总是取自A与B的压力较高者，因而梭阀又叫"选择阀"。

13. 单向阀不起作用时，产生原因与排除方法是什么？

这一故障是指反向油液（$p_2 \rightarrow p_1$）也能通过单向阀，反而有时正向油液还不能通过。参照图 4-19。

(1) 阀芯

① 因阀芯棱边上的毛刺未清除干净（多见于刚使用的阀），单向阀阀芯卡死在打开位置上。

② 阀芯外径 ϕd 与阀体孔内径 ϕD 配合间隙过小（特别是新使用的单向阀未磨损时）。

阀座：与阀芯接触线处有污物粘住或者有崩掉缺口。此时可检查阀座与阀芯接触线处的内圆棱边，粘有污物时予以清洗；有缺口时要将阀座敲出换新。

(2) 阀体

① 阀体孔内沉割槽棱边上的毛刺未清除干净，将单向阀阀芯卡死在打开位置上。可清洗去毛刺。

② 污物进入阀体孔与阀芯的配合间隙内而卡死阀芯。

③ 阀芯外径 ϕd 与阀体孔内径 ϕD 配合间隙过大，使阀芯可径向浮动，在图中的c处又恰好有污物粘住，阀芯偏离阀座中心（偏心距 e），造成内泄漏增大，单向阀阀芯越开越大。

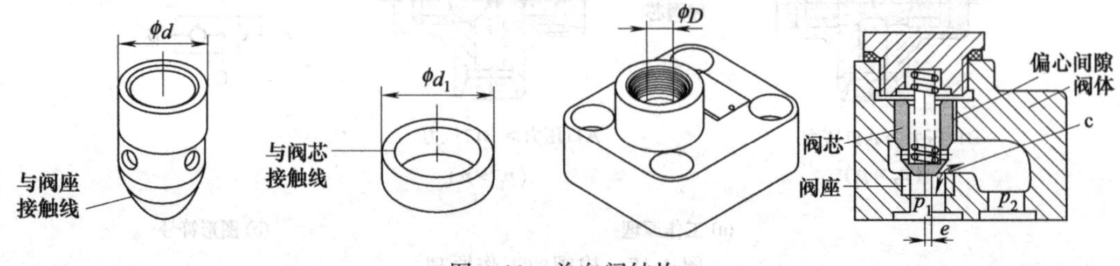

图 4-19　单向阀结构

14. 单向阀内泄漏量大的产生原因与排除方法是什么？

这一故障是指压力油液从 p_2 腔反向进入时，单向阀的锥阀芯或钢球不能将油液严格封闭而产生泄漏，有部分油液从 p_1 腔流出。这种内泄漏反而在反向油液压力不太高时更容易出现。

① 阀芯（锥阀或球阀）与阀座的接触线（或面）不密合，不密合的原因有：污物粘在阀芯与阀座接触处；因使用时间长，与阀座接触线（面）磨损、有很深的凹槽或拉有直条沟痕。

② 重新装配后钢球或锥阀芯错位，阀芯与阀座接触位置改变，压力油沿原接触线的磨损凹坑泄漏或阀座与阀芯接触处内圆周上崩掉一块，有缺口或呈锯齿状；有缺口时将阀座敲出换新。

③ 阀芯外径 ϕd 与阀体孔内径 ϕD 配合间隙过大或使用后因磨损、间隙过大。

④ 拆开清洗，必要时更换液压系统的液压油。

⑤ 清洗，必要时电镀修复阀芯外圆尺寸。

⑥ 漏装了弹簧时，可补装或更换。

15. 怎样拆装与修理单向阀？

如图 4-20 所示，单向阀结构简单，只有阀体、阀芯、阀座及弹簧等零件，因此拆卸单向阀时，用内六角扳手先拧出螺钉 7，便可拆出阀芯 3 等零件，阀座可用木榔头与铜棒敲出。装配时则顺序相反。

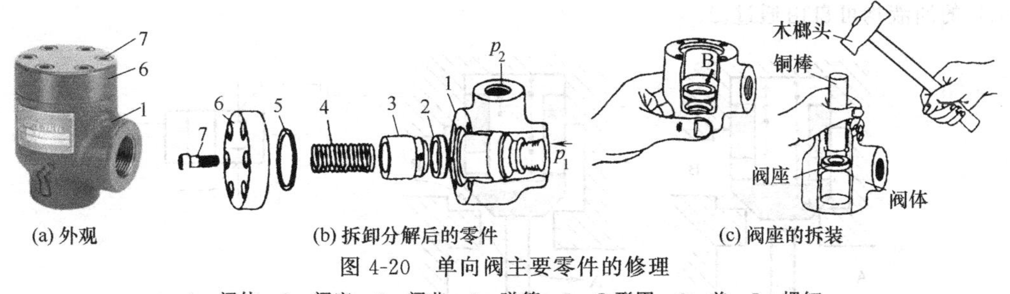

图 4-20 单向阀主要零件的修理

1—阀体；2—阀座；3—阀芯；4—弹簧；5—O 形圈；6—盖；7—螺钉

16. 怎样修理单向阀？

如图 4-21 所示，如果阀芯的 A 处有很深的凹槽或严重拉伤，可将阀芯在精密外圆磨床上严格校正后修磨锥面。

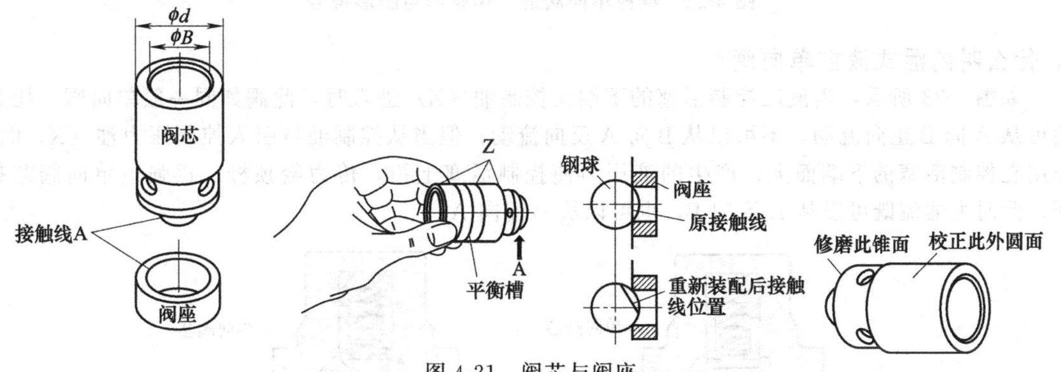

图 4-21 阀芯与阀座

（1）阀芯的修理

阀芯主要是磨损，且一般为与阀座接触处的锥面 A 上磨成一凹坑，如果凹坑不是整圆，还说明阀芯与阀座不同心；另外是外圆面 ϕd 的拉伤与磨损。

轻微拉伤与磨损时，可对研抛光后再用。磨损拉伤严重时，可先磨去一部分，然后电镀硬铬，再与阀体孔、阀座研配，磨削时为保证 ϕd 面与锥面 B 同心，可作一芯棒打入 ϕB 孔内，芯棒夹在磨床卡盘内，一次装夹磨出 ϕd 面与锥面 A。

（2）阀体孔的修复

阀体的修复部位一般是与阀芯外圆相配的阀孔，修复其几何精度、尺寸精度及表面粗糙度；对于中低压阀，无阀座零件，阀座就在阀体上，所以要修复阀体上的阀座部位。

阀孔拉伤或几何精度超差，可用研磨棒或可调金刚石铰刀研磨或铰削修复。磨损严重时，可刷镀内孔或电镀内孔（这种修复方法要考虑成本），修好阀孔后，再重配阀芯。

4.2.2 液控单向阀

1. 什么是液控单向阀?

液控单向阀是在单向阀上增加了液控部分，它是由液压操纵的单向阀。它用于液压系统中，阻止油液反向流动，可起一般单向阀的作用。

通过控制活塞打开单向阀芯，可使油流反向流动。相当于交通中可临时反向、也可放行的“单行道”。液控单向阀也称为液压操纵单向阀、单向闭锁阀、保压阀等。

2. 液控单向阀是怎样工作的?

液控单向阀结构如图 4-22 所示。当控制油口 X 不通入控制压力油时，油液只能从 A→B；当控制油口 X 通入控制压力油时，控制活塞将阀芯（钢球或锥阀芯）顶开，正、反向（A→B 或 B→A）的油液均可自由通过。

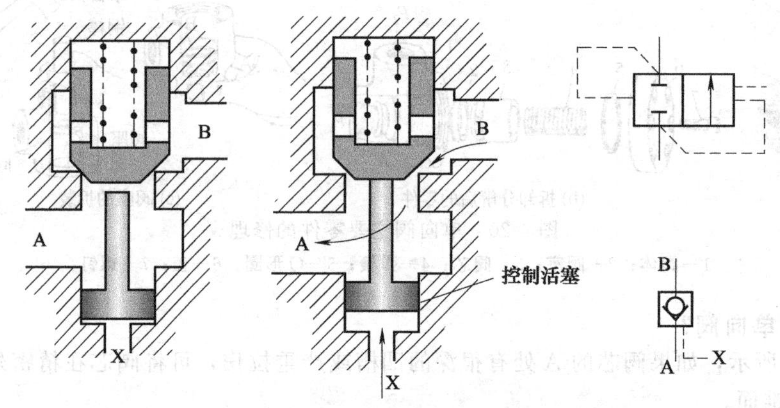

图 4-22　液控单向阀的工作原理与图形符号

3. 什么叫内泄式液控单向阀?

如图 4-23 所示，当液压控制活塞的下端无控制油（X）进入时，此阀如同一般单向阀，压力油可从 A 向 B 正向流动，不可以从 B 向 A 反向流动；但当从控制油口引入控制压力油（X）时，作用在控制活塞的下端面上，产生的液压力使控制活塞上抬，传力给顶杆，再强迫单向阀芯打开，此时主油流既可以从 A 流向 B，也可以从 B 流向 A。

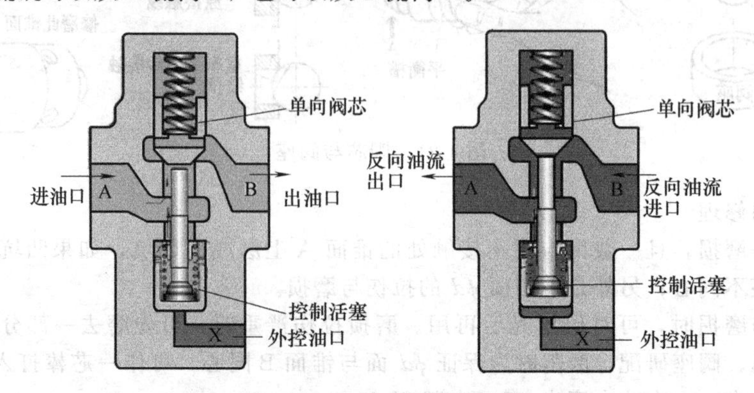

图 4-23　内泄式液控单向阀

4. 什么叫外泄式液控单向阀?

一般单向阀芯直径较大，如果为内泄式液控单向阀，反向油液进口B压力较高时，由于阀芯作用面积较大，因而阀芯下压在阀座上的力是较大的，这时要使控制活塞将阀芯顶开所需的控制压力也是较大的，再加上反向油流出口压力作用在控制活塞上端面上产生的向下的力，要抵消一部分控制活塞向上的力，因而外控油需要很高的压力，否则单向阀阀芯难以打开。采用图4-24所示的外泄式液控单向阀，将控制活塞上腔与A腔隔开，并增设了与油箱相通的外泄油口，减少了控制活塞上端的受压面积，开启阀芯的力大为减小，它适用于B（A）腔压力较高的场合。

5. 什么叫卸载式液控单向阀?

外泄式仅仅解决了反向流出油腔A背压对最小控制压力的影响的问题，没有解决因B腔压力高使单向阀难以打开的问题。为此采用了图4-25所示的卸载式液控单向阀，它是在单向阀的主阀芯上又套装了一小锥阀阀芯，当需反向流动打开主阀芯时，控制活塞先只将这个小锥阀（卸载阀芯）顶开一较小距离，B便与A连通，从B腔进入的反向油流先通过打开的小阀孔流到A，使B腔的压力降下来，之后控制活塞可不费很大的力便可将主阀芯全打开，让油流反向通过。由于卸载阀阀芯承压面积较小，即使B腔压力较高，作用在小卸载阀芯上的力还是较小，这种分两步开阀的方式，可大大降低反向开启所需的控制压力。

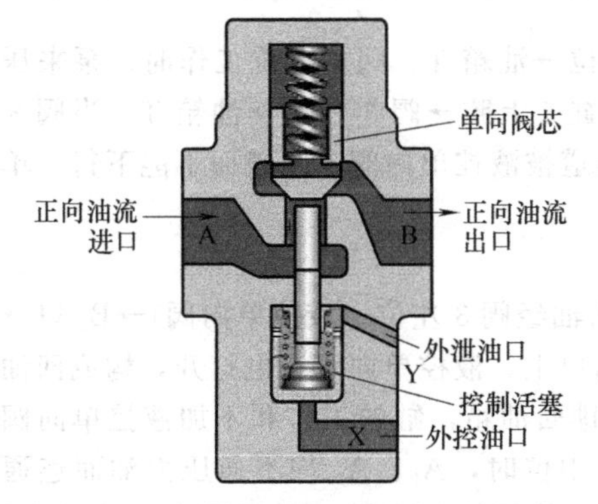

图4-24 外泄式液控单向阀

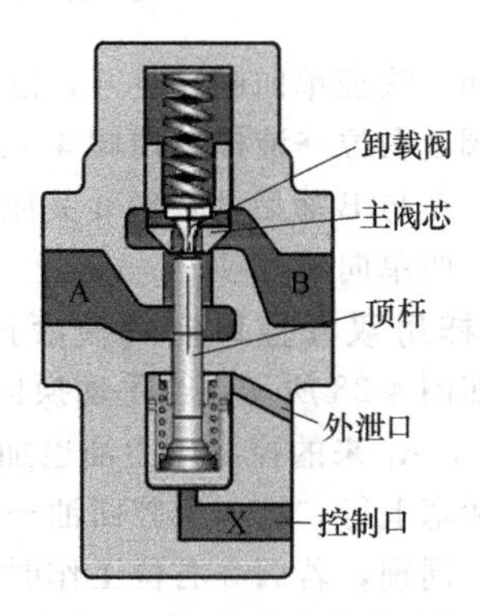

图4-25 卸载式液控单向阀

6. 什么叫双液控单向阀?

如图4-26所示，当压力油从B腔正向流入时，控制活塞1右行压缩弹簧3，先推开卸载阀阀芯4，再推开单向阀阀芯2，压力油一方面可以从B→B_1正向流动，同时A_1腔的油液可由A_1→A反向流动；反之，当压力油从A流入时，控制活塞1左移，推开左边的单向阀，于是同样可实现A→A_1的正向流动和B_1→B的反向流动。换言之，双液控单向阀中，当一个单向阀的油液正向流动时，另一个单向阀的油液反向流动，并且不需要增设控制油路。当A与B口均没有压力油流入时，左、右两单向阀的阀芯在各自的弹簧力作用下将阀口封闭，封死了B_1→B和A_1→A的油路。如果将A_1、B_1接液压缸，便可对液压缸两腔进行保压锁定，故称为“液压锁”。

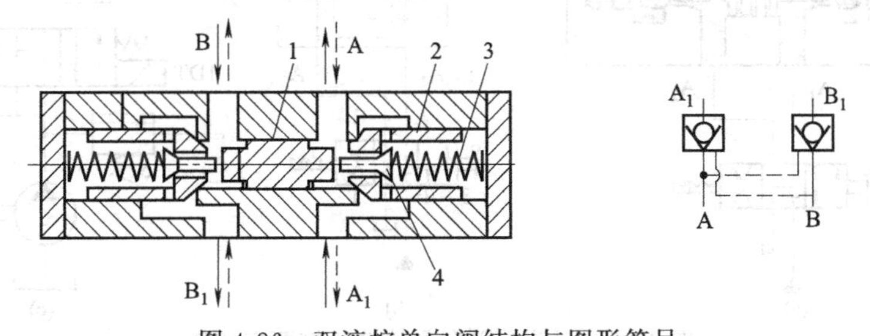

图4-26 双液控单向阀结构与图形符号

1—控制活塞；2—单向阀阀芯；3—单向阀弹簧；4—卸载阀阀芯

7. 怎样用液控单向阀使立式缸单向闭锁?

在图4-27中，阀3左位工作时，立式缸5的上腔供油，活塞下行，此时由于控制油口X为

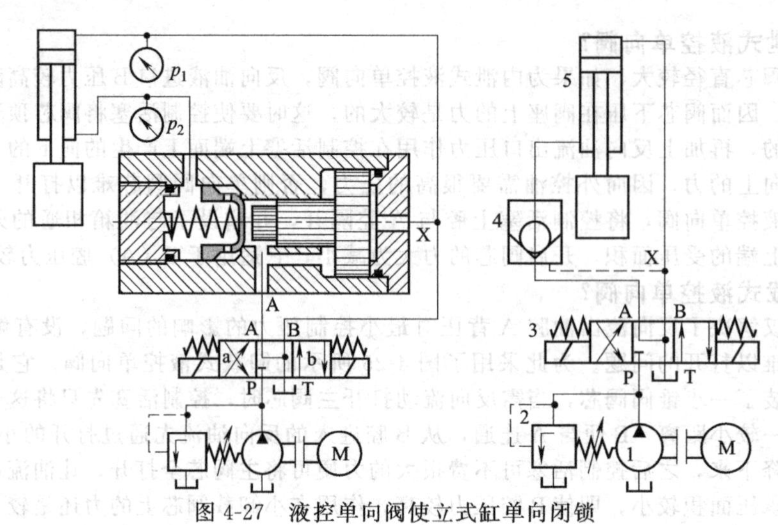

图 4-27 液控单向阀使立式缸单向闭锁

1—泵；2—溢流阀；3—电磁阀；4—液控单向阀；5—液压缸

压力油，液控单向阀 4 打开，缸 5 下腔经阀 4→阀 3 左位→油箱 T。阀 3 右位工作时，泵来压力油经阀 3 右位→液控单向阀 4→缸 5 下腔，缸 5 上行，缸 5 上腔→阀 3 右位→油箱 T。当阀 3 中位时，A 与 B 通回油，阀 4 关闭，缸 5 便因下腔回油通道被液控单向阀 4 闭锁而不能下行，单向闭锁，叫单向液压锁。

8. 怎样用双液控单向阀使液压缸双向闭锁?

如图 4-28 所示，当手动换向阀 3 左位工作时，压力油经阀 3 左位→液控单向阀1→B_1 口→缸 4 下腔，A_1 来的控制压力油也加在液控单向阀 2 的控制口上，液控单向阀 2 也打开，构成回油通路，活塞上行，缸 4 上腔回油→B_2→阀 2→阀 3 左位→排回油箱，缸的工作和不加液控单向阀时相同。同理，若阀 3 右位工作时，则活塞下行。若阀 3 中位时，A_1、A_2 均不通压力油而连通回油箱，液控单向阀 1、2 的控制口均无压力，阀 1 和阀 2 均闭锁。这样，利用两个液控单向阀，既不影响缸的正常动作，又可完成缸的双向闭锁。锁紧缸的办法虽有多种，但用液控单向阀的方法是最可靠的一种。

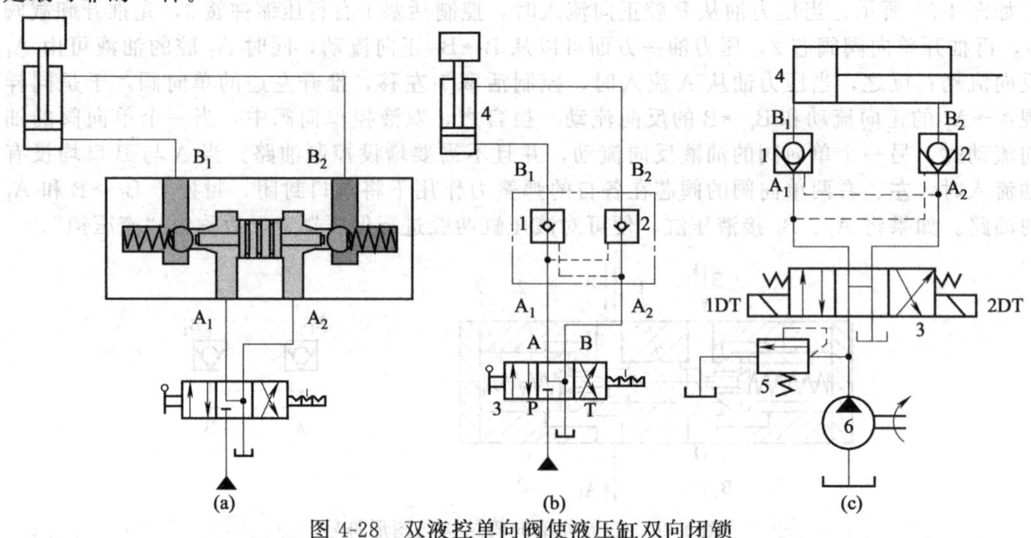

图 4-28 双液控单向阀使液压缸双向闭锁

1、2—液控单向阀；3—手动或电磁换向阀；4—液压缸；5—溢流阀；6—泵

9. 怎样用液控单向阀在液压缸快速下行时进行补液?

如图 4-29 所示，液压缸快速下行时，基本上靠滑块自重下落。此时仅靠液压泵来油 P 经流

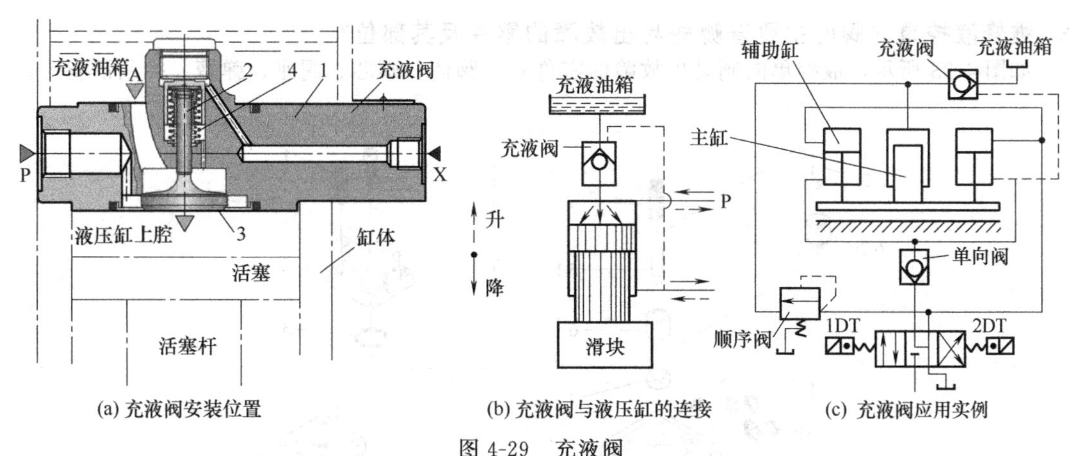

(a) 充液阀安装位置 (b) 充液阀与液压缸的连接 (c) 充液阀应用实例

图 4-29 充液阀

1—阀体；2—控制活塞；3—阀芯；4—弹簧

道B难以填充液压缸上腔，因而缸上腔形成一定的真空度。此时充液阀打开，大气压力将充液油箱内的油液经充液阀压入液压缸上腔，称为“充液”；快速回程时，充液阀受控阀芯3打开，使液压缸上腔的油液从充液阀迅速排回至充液油箱。因此，作充液阀用的液控单向阀，其通流能力要大，流动阻力要小，关闭时要可靠，泄漏要极小（零泄漏），动作要灵敏。图4-29（c）为充液阀的一个应用实例。当电磁铁1DT通电时，借助于小直径的辅助缸（活塞缸）可实现快速进给。之后，冲头一碰到工件，压力就上升，顺序阀开启，压力加在大直径的主缸（柱塞缸）里，形成大作用力。快进期间，柱塞缸里由于形成真空而通过充液阀从油箱吸油。

10. 怎样用液控单向阀在蓄能器保压回路中保压?

如图4-30所示，在夹紧工件的回路中，用蓄能器保压。由于停电等事故而使泵停止供压力油时，液控单向阀1关闭，而阀2依旧开启，靠蓄能器保压，可防止工件松脱、发生事故。

11. 怎样用液控单向阀使蓄能器开放?

如图4-31所示，当电磁阀通电，通过液控单向阀可以使蓄能器随时开放，向系统供油。在漏油量的控制及装置的小型化等方面具有明显优势。

12. 怎样用液控单向阀使高压回路释压、防止“炮鸣”故障?

如图4-32所示，当大型高压液压缸3右行后转入左行回程动作时，缸3左腔压力很高，储存的变形能如果骤然释放，缸3左腔压力突然由高到低，会使机械系统和液压系统（整台设备）造成很大振动，发出很大的噪声，称为“炮鸣”。为了防止出现这样的情况，可以采用让高压回路内的压力逐渐降低的方法，使用液控单向阀是其中方法之一。

当电磁铁a通电而使液压缸3回程时，可使电磁铁c先于电磁铁a通电3s，电磁铁a再动作。这样缸3左腔高压油先经液控单向阀2卸压流回油箱，然后缸3左行，便不会出现“炮鸣”故障。

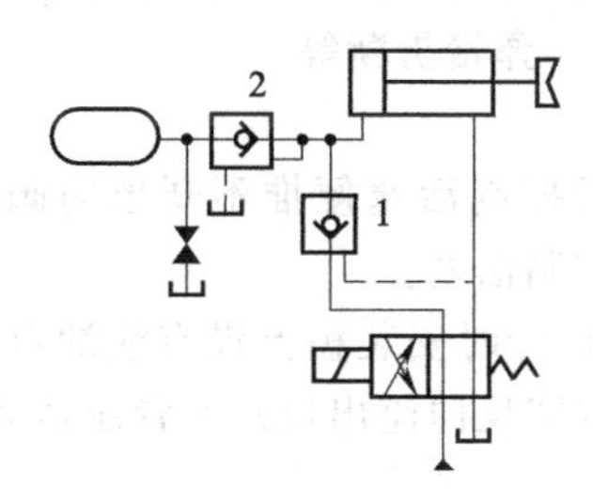

图 4-30 使蓄能器保压回路

1、2—阀

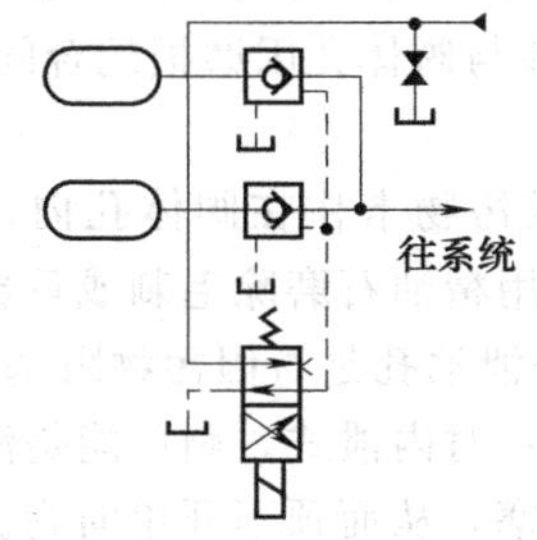

图 4-31 使蓄能器开放回路

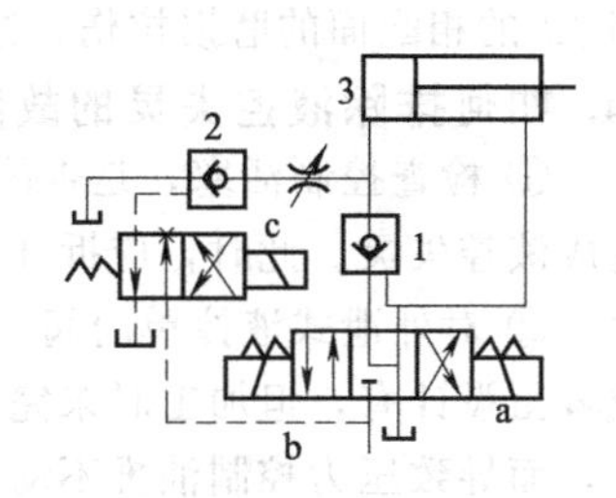

图 4-32 使高压回路释压

1、2—液控单向阀；3—液压缸

13. 维修液控单向阀时主要查哪些易出故障的零件及其部位?

如图4-33所示，液控单向阀易出故障的零件有：阀体、阀芯、阀座、弹簧、控制活塞等。

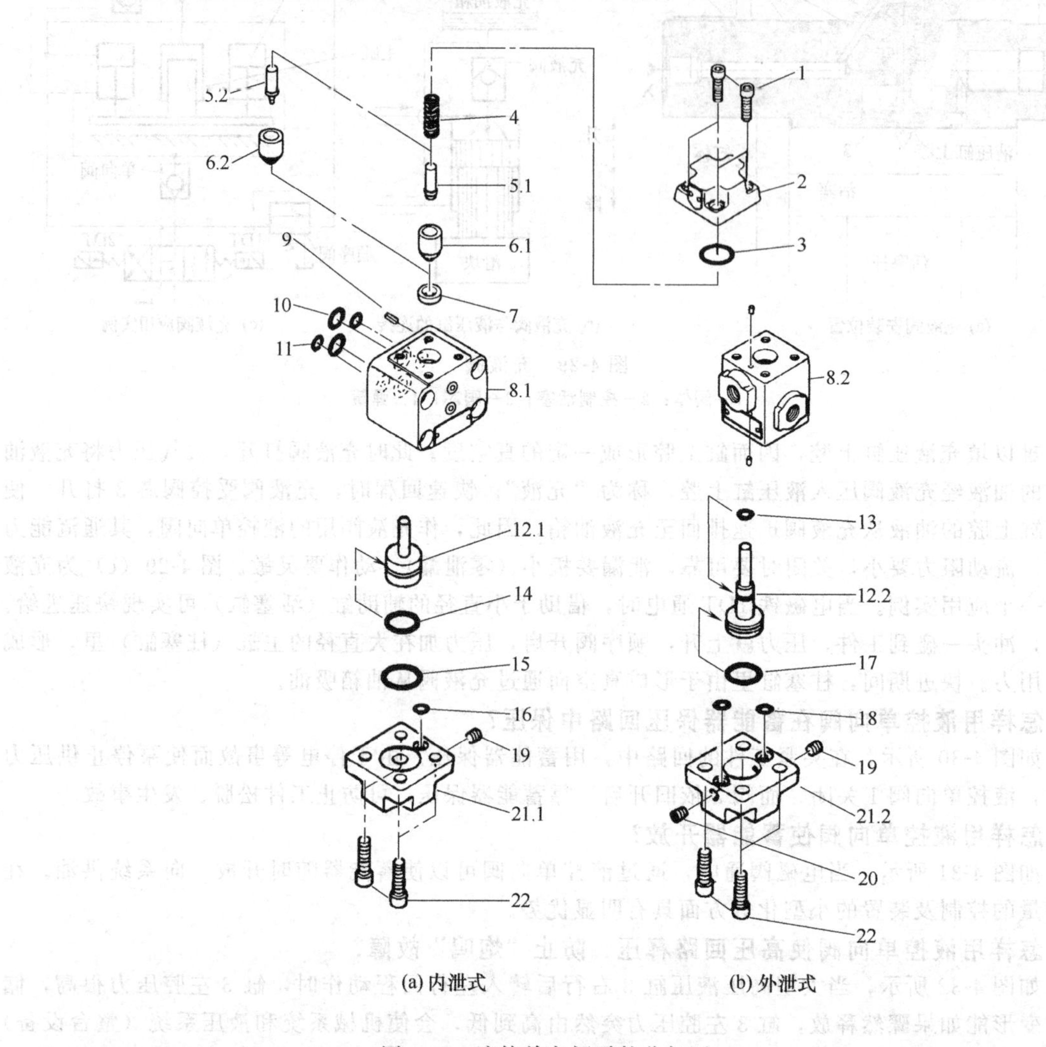

图4-33 液控单向阀零件分解图

1、22—螺钉；2—上盖；3、10、11、13～18—O形圈；4—弹簧；5.1、5.2—卸载阀阀芯；6.1、6.2—单向阀阀芯；7—阀座；8.1—板式阀阀体；8.2—管式阀阀体；9—定位销；12.1、12.2—控制活塞；19、20—螺堵；21.1、21.2—下盖

液控单向阀易出故障的零件部位有：阀芯与阀座的接触线的磨损拉伤、阀体孔 ϕD 与阀芯外周 ϕd 的相配面的磨损拉伤、控制活塞与阀体孔因磨损配合间隙增大、弹簧折断等。

14. 如何排除液控失灵的故障?

① 检查控制活塞，是否因毛刺或污物卡住在阀体孔内。卡住后控制活塞便推不开单向阀，造成液控失灵。此时，应拆开清洗，用精油石磨除毛刺或重新研配控制活塞。

② 对外泄式液控单向阀，应检查泄油孔是否因污物阻塞，或者设计时安装板上没有泄油口，或者虽设计有，但加工时未完全钻穿；对内泄式，则可能是泄油口（即反向流出口）的背压值太高，而导致压力控制油推不动控制活塞，从而顶不开单向阀。

③ 检查控制油压力是否太低：对IY型液控单向阀，控制压力应为主油路压力的30%～40%，最小控制压力一般不得低于1.8MPa；对于DFY型液控单向阀，控制压力应为额定工作

压力的60%以上。否则，液控可能失灵，液控单向阀不能正常工作。

④ 对外泄式液控单向阀，如果控制活塞因磨损而内泄漏很大，控制压力油大量泄往泄油口而使控制油的压力不够；对内、外泄式液控单向阀，都会因控制活塞歪斜、别劲而不能灵活移动，使液控失灵。此时须重配控制活塞，解决泄漏和别劲问题。

15. 为何引入了控制压力油，单向阀却打不开、反向不能通油?

这一故障是指反向打不开，油液不能反向流动。

① 查控制压力是否过低：提高控制压力，使之达到要求值。

② 查控制活塞是否卡死：如油液过脏、控制活塞加工精度不好、与阀体孔配合过紧等均会造成卡死。可清洗、修配，使控制活塞移动灵活。

③ 查单向阀阀芯是否卡死在关闭位置：如弹簧弯曲、单向阀加工精度低、油液过脏。可清洗、修配，使阀芯移动灵活；更换弹簧；过滤或更换油液。控制管路接头漏油严重或管路弯曲、被压扁，使油不畅通。可紧固接头，消除漏油现象或更换管子。

④ 控制阀端盖处漏油时可紧固端盖螺钉，并保证拧紧力矩均匀。

16. 为何反方向关不了、有泄漏?

这一故障是指未引入控制压力油时，单向阀却打开、反向通油。

产生这一故障的原因和排除方法可参阅单向阀故障排除中的“单向阀不起作用”的内容。另外还有：

① 单向阀卡死在全开位置。此时应修配与清洗阀芯。

② 单向阀锥面与阀座锥面接触、不能密合。此时应修研或更换阀芯。

③ 控制活塞卡死在顶开单向阀阀芯的位置上。

17. 如何排除振动和冲击大、略有噪声的故障?

① 查是否有空气进入。空气进入系统及液控单向阀中，要消除振动和噪声首先要设法排除空气。

② 查液控单向阀的控制压力是否过高。在用工作油压作为控制压力油的回路中，会出现液控单向阀控制压力过高的现象，也会产生冲击、振动。此时可在控制油路上增设减压阀进行调节，使控制压力不至于过大。

③ 查回路设计是否正确。如图4-34所示，当未设置节流阀1时，会产生液压缸活塞下行时的低频振动现象。因为液压缸受负载重量W的作用，又未设置节流阀1建立必要的背压，这样液压缸活塞下行时成了自由落体，所以下降速度颇快。当泵来的压力油来不及补足液压缸上腔油液时，会出现上腔压力降低的现象，液控单向阀2的控制压力也降低，阀2就会因控制压力不够而关闭，使回油受阻而使液压缸活塞停下来；随后，缸上腔压力又升高，控制压力升高，使阀2打开，液压缸又快速下降。这样液控单向阀开开停停，液压缸也降降停停，产生低频振动。在泵流量相对于缸的尺寸相对较小时，此低频振动更为严重。

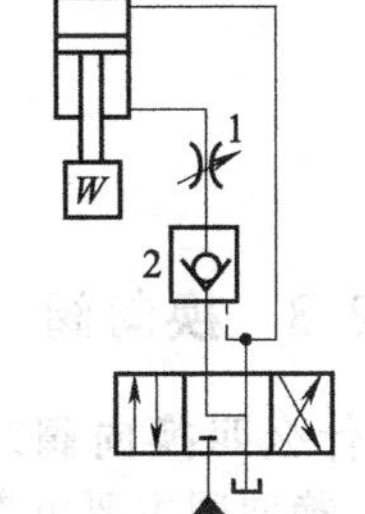

图4-34 故障排除

1—节流阀；2—液控单向阀

18. 如何排除内、外泄漏大的故障?

这是指单向阀在关闭时，封不死油，反向不保压，都是因内泄漏大所致。液控单向阀还多了一处控制活塞外周的内泄漏。除此之外，造成内泄漏大的原因和排除方法与普通单向阀的内容完全相同。

外泄漏用肉眼可以看到，常出现在堵头和进油口以及阀盖等接合处，一般为密封圈损坏或漏装，可对症下药。

19. 使用时怎样选用不同开启压力的液控单向阀?

单向阀和液控单向阀的开启压力取决于内装弹簧的刚度。一般来说，为减小流动力，可使用开启压力低的单向阀。过滤器旁通用的单向阀，其开启压力由滤芯堵塞压力确定。

当流过单向阀的流量远小于额定流量时，单向阀有时会产生振动。流量越小，开启压力越高，油中含气越多，则越容易振动。

打开液控单向阀所需要的控制压力取决于负载压力、阀芯受压面积及控制活塞的受压面积。卸掉控制压力时，如果阀芯归座迟钝，则需要研究液控单向阀的背压和开启压力。外泄式液控单向阀的泄油口必须无压回油，否则会抵消一部分控制压力。

20. 怎样修理液控单向阀?

按图 4-35 所示方法重点检查阀座、阀芯和卸载阀阀芯的三个位置 B、A、C。当阀座箭头所指 B 处有缺口或呈锯齿状时，要按图中所示方法卸下阀座，并予以更换，装入阀座时，用木榔头对正敲入，防止歪斜；阀芯箭头所指 A 处（与阀座接触线）应为稍有印痕的整圆，如果印痕凹陷深度大于 0.2mm 或有较深的纵向划痕，则需在高精度外圆磨床上校正外圆，修磨锥面，直到 A 处不见凹痕、划痕为止。

按图 4-35（c）的方法检查卸载阀阀芯的 C 处，同样应是稍有印痕的整圆。如果凹陷很深，则需在小外圆磨床上修去锥面上的凹槽，并与阀芯内孔配研，然后清洗，将阀芯装入阀体。

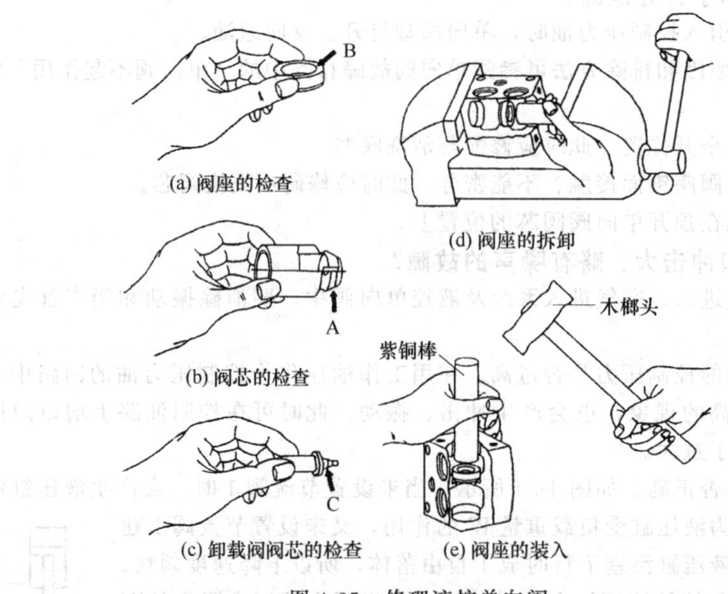

图 4-35 修理液控单向阀

4.2.3 换向阀

1. 什么叫换向阀?

换向阀主要由带有内部通道的阀体与一个可移动的阀芯构成，利用阀芯在阀体孔内的移动，打开一些油的通道，关闭另一些通道，从而控制油液的流进和流出，即将内部通道接通或关断。换向阀在液压系统中扮演一个交通警察的作用，指挥着液流的流动方向（图 4-36）。

大多数工业标准换向阀，阀芯是圆柱形的，这类方向阀称为滑阀式方向阀，或简称滑阀。也有用球阀芯和锥阀芯构成的换向阀。

2. 什么是换向阀的“位”?

“位”是指阀芯在阀体孔内可实现停顿位置（工作位置）的数目。例如二位、三位、四位等。

换向阀的换向是通过移动阀芯到左、中、右等位置来实现的，即换向阀的阀芯能够定位（停留）在一个端位、另一个端位或者还加上中间位置。阀芯能停留在左、右两个位置的换向阀叫二位阀，阀芯能停留在左、中、右等三个位置的换向阀叫三位阀。此外还有多位阀。

"位"在符号图中用方框表示。用几个连在一起的方框表示几位：表示二位，表示三位。、仍表示二位，虚线包围的方框表示过渡位置。

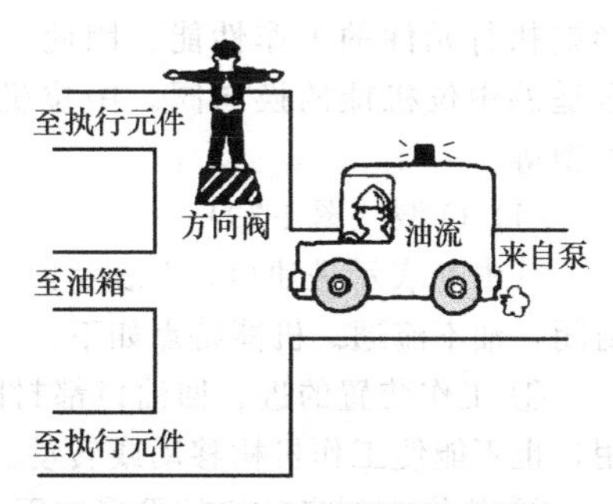

图 4-36 换向阀指挥着油液流向

3. 什么是换向阀的"通"？

"通"指阀所控制的油路通道数目，对管式阀很容易判别，即有几根接管就是几通，但注意不包括控制油压油管和泄油管。例如二通、三通、四通等。所谓"二通阀"、"三通阀"、"四通阀"，是指换向阀的阀体上有两个、三个、四个各不相通且可与系统中不同油管相连的油道接口，不同油道之间只能通过阀芯移位时阀口的开关来沟通。

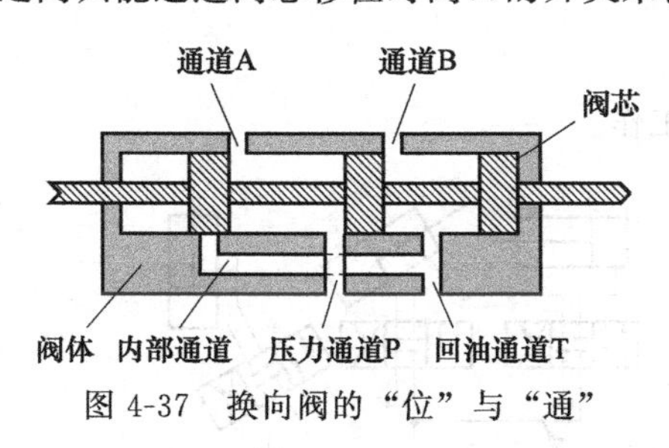

图 4-37 换向阀的"位"与"通"

在一个工作位置的方框上，连有几根出线便表示几通：表示二通，表示三通，、、AB PT、AB PT表示四通，方框中的箭头↑则表示在该工作位置阀所控制的油路是连通的，符号⊤表示油路是不通的，→表示全流量通过，→表示经节流通过。

不同的"通"和"位"构成了不同类型的换向阀。如图 4-37 所示为换向阀的"位"与"通"。

4. 操控换向阀换向的方法有哪些？在图形符号中怎么表示？

在换向阀的图形符号中，方框两端的符号表示操纵阀芯换位机构的方式及定位、复位方式。

换向阀可用不同的操作控制方式，改变阀芯与阀体孔之间的相对位置，实现换向（变换工作位置），常用的有电磁、液动、电液动、手动、机动、气控等方式。这些控制方式在图形符号中的表达方式各有不同，但现在已越来越统一。

所谓操控换向阀换向的方法，是指靠什么力将阀芯从一个位置移动到另一个位置。

目前移动阀芯常采用机械、电气、液动、气动或人力等多种方式。由手操作移动阀芯的方向阀称为手动阀；由连接在执行机构上的凸轮压下柱销（柱销加上柱销的顶部装有的滚轮）移动阀芯的方向阀称为机动换向阀；此外还有用电磁铁的吸力、压力油移动阀芯的方向阀分别叫电磁换向阀和液动换向阀；用电磁换向阀作先导阀控制液动换向阀（主阀）换向的组合阀叫电液动换向阀。

这些操纵方式在图形符号中的表示方法如图 4-38 所示。

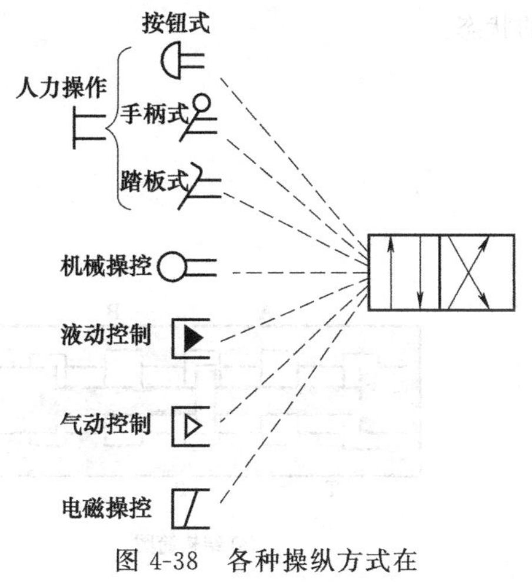

图 4-38 各种操纵方式在图形符号中的表示方法

5. 三位换向阀的中位机能有哪些？特点是什么？

在三位阀中，当无外来的推力，阀芯将停在中间位置，称此位置为中间位置，简称为中位，换向阀中间位置各接口的连通方式称为中位机能。

换向阀是借助于滑阀和阀体之间的相对运动，使与阀体相连的各油路实现液压油流的接通、切断和换向。换向阀的中位机能是指换向阀里的滑阀处在中间位置（或原始位置）时阀中各油口的连通形式，体现了换向阀的控制机能。采用不同形式的滑阀会直接影响执行元件的工作性能。因此，在进行液压系统设计时，必须根据该机械的工作特点选取合适的中位机能的换向阀。中位机能有O型、H型、X型、M型、Y型、P型、J型、C型、K型等。

(1) O型（图4-39）

其中P表示进油口，T表示回油口，A、B表示工作油口。结构特点：在中位时，各油口全封闭，油不流通。机能特点如下。

① 工作装置的进、回油口都封闭，工作机构可以固定在任何位置静止不动，即使有外力作用，也不能使工作机构移动或转动。

② 从停止到启动比较平稳，因为工作机构回油腔中充满油液，可以起缓冲作用，当压力油推动工作机构开始运动时，因油阻力的影响而使其速度不会太快，制动时运动惯性引起液压冲击较大。

③ 液压泵不能卸载。

④ 换向位置精度高。

⑤ 允许系统中的多个执行机构在同一动力源下独立工作。

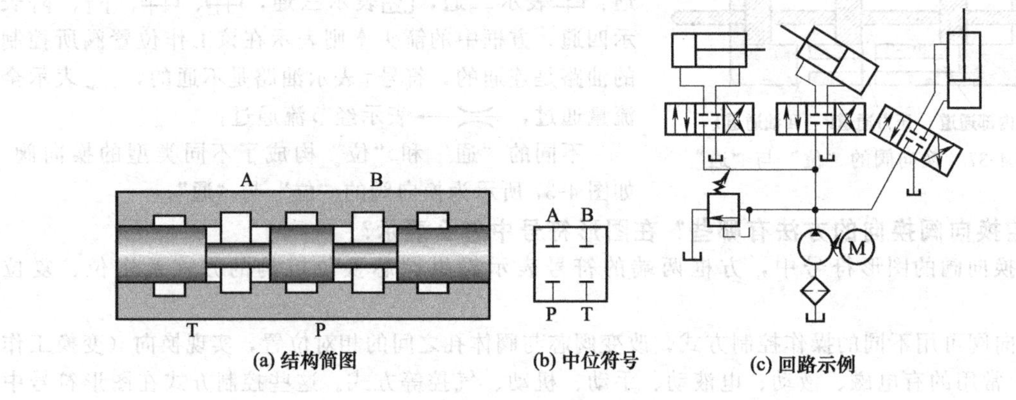

(a) 结构简图　(b) 中位符号　(c) 回路示例

图4-39　O型中位机能

(2) H型（图4-40）

在中位时，各油口全开，系统没有油压。机能特点如下。

① 进油口P、回油口T与工作油口A、B全部连通，系统中位卸载，执行机构处于自由移动的状态。

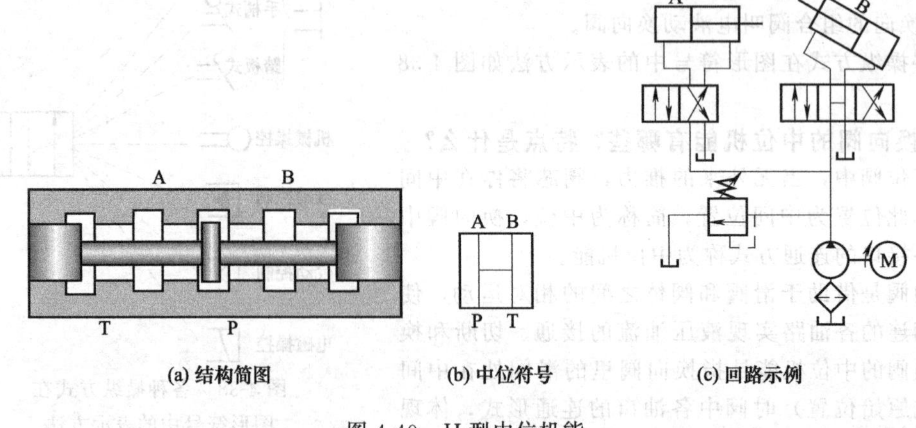

(a) 结构简图　(b) 中位符号　(c) 回路示例

图4-40　H型中位机能

② 使工作机构成浮动状态，可在外力作用下运动。

③ 从停止到启动有冲击。因为工作机构停止时回油腔的油液已流回油箱，没有油液起缓冲作用。制动时油口互通，故制动较O型平稳。

④ 对于单杆双作用液压缸，由于活塞两边有效作用面积不等，因而用这种机能的滑阀不能完全保证活塞处于停止状态，换向位置变动大。

⑤ 多缸系统彼此干涉：在阀B对中的状态下，液压缸A将无法动作，因为液压泵的输出流量全部连续地排放回油箱。

(3) M型（图4-41）

在中位时，工作油口A、B关闭，进油口P、回油口T直接相连。机能特点如下。

① 由于工作油口A、B封闭，工作机构可以保持静止。

② 液压泵中位可以卸载。

③ 不能用于带手摇装置的机构。

④ 从停止到启动比较平稳。

⑤ 制动时运动惯性引起液压冲击较大，制动性能与O型相同。

⑥ 多缸系统彼此干涉。

⑦ 可用于液压泵卸载、液压缸锁紧的液压回路中。

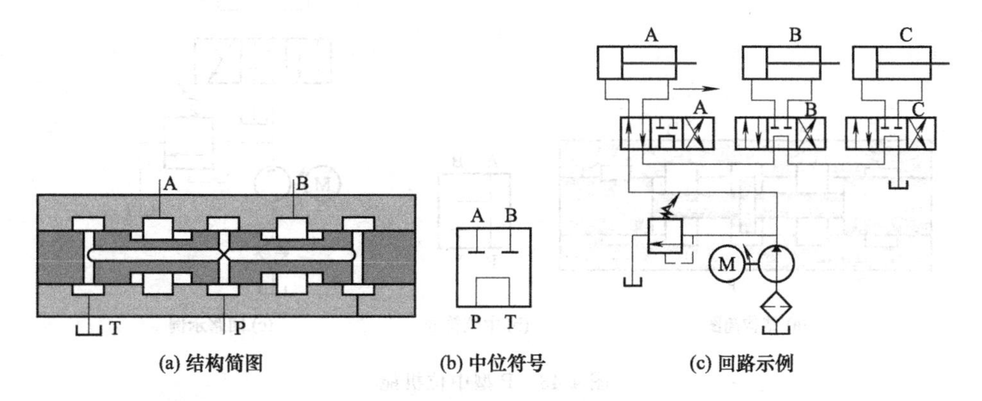

图4-41　M型中位机能

(4) Y型（图4-42）

在中位时，进油口P关闭，工作油口A、B与回油口T相通。机能特点如下。

① 因为工作油口A、B与回油口T相通，工作机构处于浮动状态，可随外力的作用而运动，

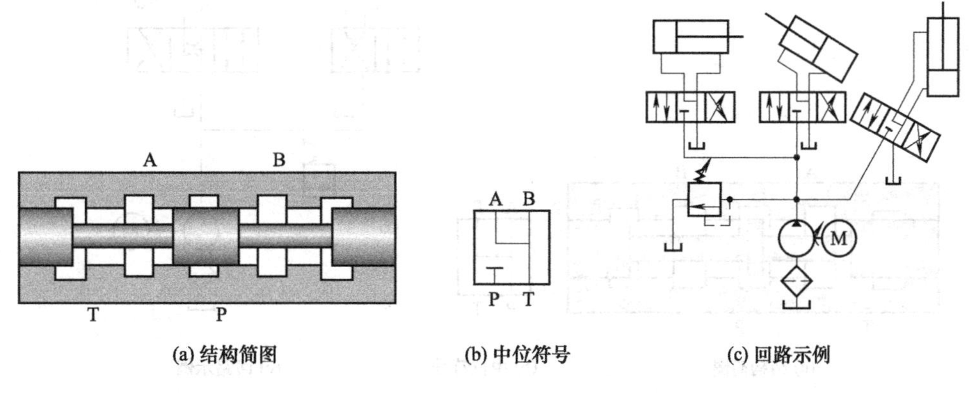

图4-42　Y型中位机能

能用于带手摇装置的机构。

② 从停止到启动有冲击。

③ Y型中位机能方向阀允许连接的同一个动力源上的多个执行机构独立地进行操作，并允许各个执行机构自由运动，互不干扰。

(5) P型（图4-43）

结构特点：在中位时，回油口T关闭，进油口P与工作油口A、B相通。机能特点如下。

① 对于直径相等的双杆双作用液压缸，活塞两端所受的液压力彼此平衡，工作机构可以停止不动，也可以用于带手摇装置的机构。但是对于单杆或直径不等的双杆双作用液压缸，工作机构不能处于静止状态而组成差动回路。

② 从停止到启动比较平稳，制动时缸两腔均通压力油，故制动平稳。

③ 液压泵不能卸载。

④ 换向位置变动比H型的小，应用广泛。

⑤ 用于单活塞杆液压缸，可实现差动快进。

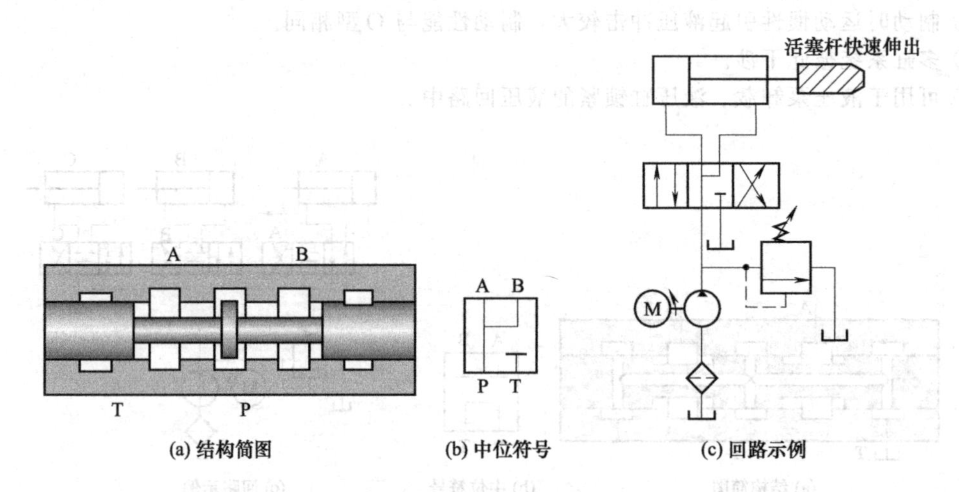

图4-43　P型中位机能

(6) X型（图4-44）

在中位时，A、B、P油口都与T回油口相通。机能特点如下。

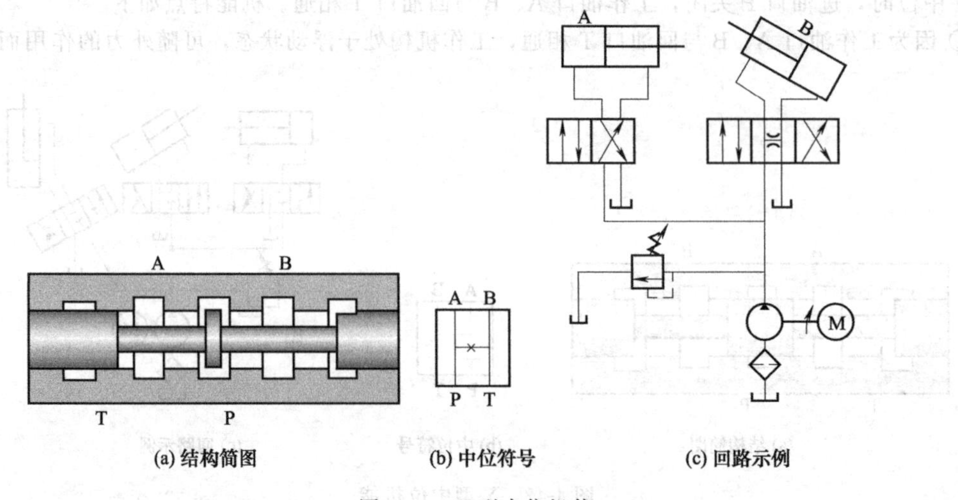

图4-44　X型中位机能

① 各油口与回油口 T 连通，处于半开启状态，因节流口的存在，P 油口还保持一定的压力。

② 在滑阀移动到中位的瞬间，使 P、A、B 与 T 油口半开启地接通，这样可以避免在换向过程中由于压力油口 P 突然封堵而引起的换向冲击。

③ 液压泵不能卸载。

④ 换向性能介于 O 型和 H 型之间。

(7) K 型（图 4-45）

在中位时，进油口 P、工作油口 A 与回油口 T 连通，而另一工作油口 B 封闭。机能特点如下。

① 泵中位可以卸载。

② 缸能急停，启动略有冲击。

③ 液压缸一腔封闭，一腔接回油。两个方向换向时性能不同。

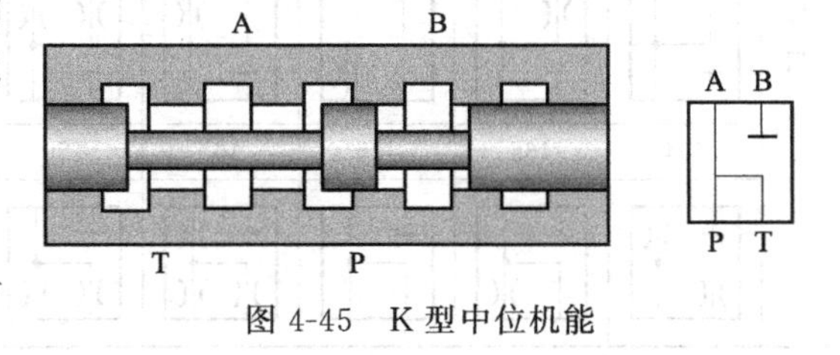

图 4-45　K 型中位机能

(8) 其他型（图 4-46）

换向阀还有许多其他中位机能，例如：U 型、N 型、C 型等。

① U 型。

A、B 工作油口接通，进油口 P、回油口 T 封闭。机能特点：由于工作油口 A、B 连通，工作装置处于浮动状态，可在外力作用下运动，可用于带手摇装置的机构；从停止到启动比较平稳；制动时也比较平稳；液压泵不能卸载。

② N 型。

进油口 P 和工作油口 B 封闭，另一工作油口 A 与回油口 T 相连。机能特点：液压泵能卸载；两个方向换向时性能不同。

③ C 型。

进油口 P 与工作油口 A 连通，而另一工作油口 B 与回油口 T 连通。机能特点：液压泵不能卸载；从停止到启动比较平稳，制动时有较大冲击。

注意：在进行换向阀的选用时，一定要根据工作机构的工作特点选用合适的中位机能。

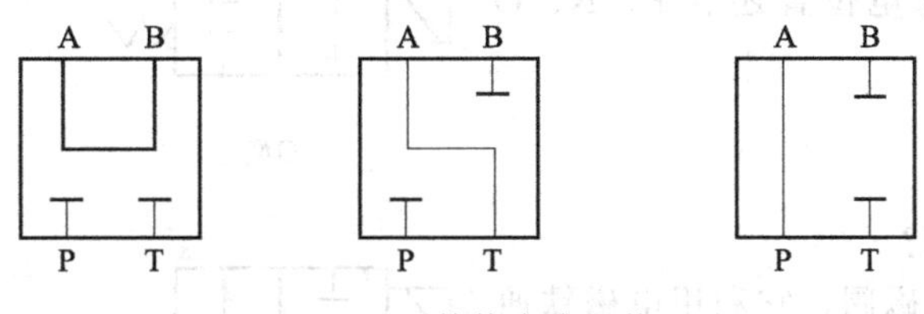

图 4-46　其他中位机能

6. 换向阀的各种中位机能符号有哪些?

换向阀的中位机能非常多，换向阀的各种中位机能符号见表 4-4。

表 4-4　换向阀其他各类中位机能

四油口	401	402	403	404	405	406	407	408	412	414
	415	416	421	422	423	424	425	426	430	431

续表

四油口	432	437	438	439	440	441	442	443	444	445
	448	449	450	451	452	456	457	458	459	463
	464	465	466	467	460	472	473	474	482	

7. 二位方向控制阀也有过渡位置吗?

有！二位方向控制阀只有两个位置，但二位方向阀也带有中间过渡位置。从一个位置向另一个位置运动时，经过的中间位置叫过渡位置。就是当阀芯从一个端位切换到另一个端位时，执行机构在几分之一秒的时间内所感受到的机能，H 型和 O 型是最常见的过渡位置机能。在阀芯换向过程中，O 型过渡位置机能可防止液压泵输出压力下降。

图 4-47　X 型（过渡位置）

如果用户对换位时的过渡状态有要求，则须订货时指明。在图形符号上是用虚线表示过渡位置机能的（图 4-47）。

8. 二位阀也有不同的机能吗?

是的！如二位电磁阀在不通电位置也有各种不同的机能。例如图 4-48 所示的二位阀，图 4-48 (a) 为二位二通阀，它在不通电位置有两油口导通（H 型）和不导通（O 型）的区别。用户在使用时，可将阀芯拆下，调头装配，便可实现这两种机能的互换。对于图 4-48 (b) 所示的二位四通阀，在不通电位置还有 P、N、O 型等。

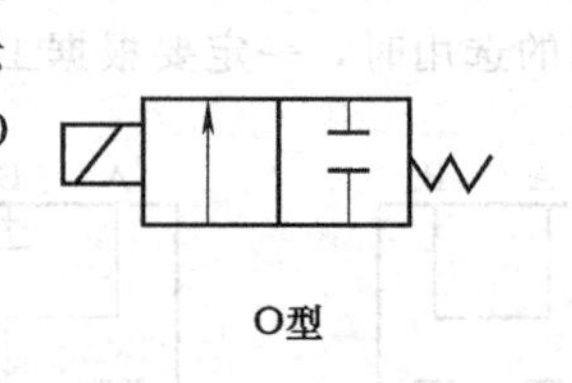

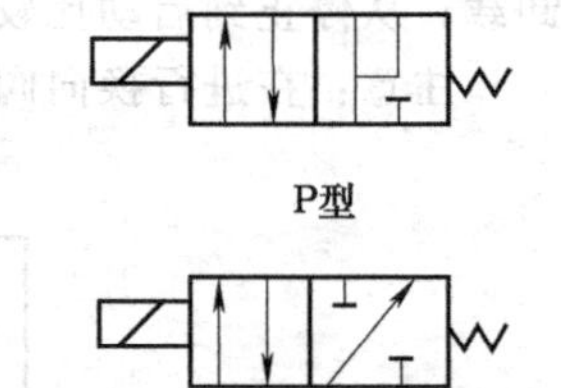

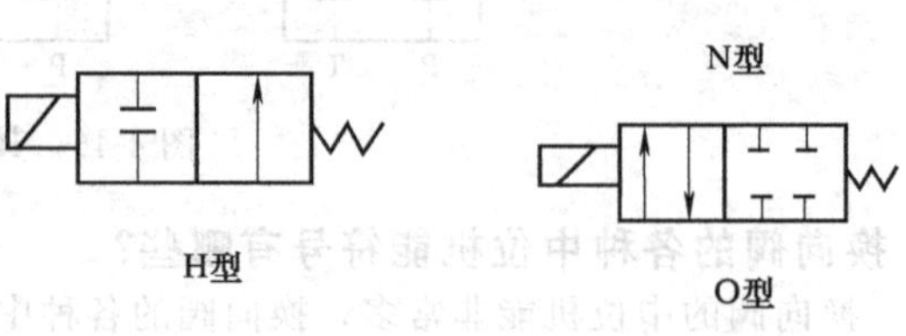

(a) 二通　　(b) 四通

图 4-48　二位电磁阀在不通电时的机能

4.2.4　电磁阀

1. 什么叫电磁换向阀?

电磁换向阀简称电磁阀，它利用电磁铁通电吸合时产生的推力来操纵阀芯。由于它的控制信号是电信号，可以借助于按钮开关、行程开关、限位开关等发出的信号直接进行控制，或是由各种自动控制装置，如计算机、可编程控制器 PLC 等发出的信号进行控制，使用方便，应用广泛。

电磁铁是一种机电装置，用于将电能较换为线性的机械力和运动。电磁换向阀是通过电气控制电磁铁，由电磁铁直接推动阀芯，实现液压系统中的油路换向。它将使系统中的自动化程度大大提高。用电磁铁控制方向阀是最常用的方法之一。通常在工业液压阀中使用的电磁铁分“气隙式（干式）”和“湿式衔铁式（湿式）”两种类型。

滑阀式电磁阀就是依靠电磁铁的吸力以及弹簧的复位力，推动阀芯移位或复位，改变各油腔的沟通或截止状况，从而控制各种油流的走向。电磁阀是液压系统中的用电操纵指挥油流方向的

“交通警察”。

2. 干式电磁铁的组成与工作原理是怎样的?

在两类电磁铁中，干式电磁铁是早期的设计类型。由多层硅钢片压制而成的“T”形可动铁芯和“C”形的框架以及线圈所构成。由于铁芯和围绕线圈的框架的形状，有时也称该类电磁铁为“CT”电磁铁（图4-49）。

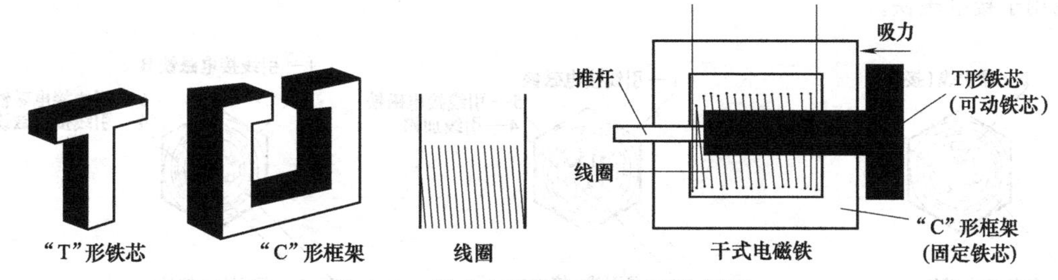

图4-49 干式电磁铁的组成与工作原理

当有电流通过绕制成许多圈的线圈，产生较强磁场，吸引可动铁芯。依靠磁场的这个吸力并通过与阀芯机械连接的推杆，使方向阀阀芯换向。

3. 湿式电磁铁的组成与工作原理是怎样的?

湿式电磁铁在工业液压领域中是相对较新的设计，与气隙式（干式）设计相比，湿式衔铁设计的优点在于散热性好和取消了在干式电磁铁中易造成泄漏的推杆密封，从而提高了可靠性。

湿式电磁铁是由线圈、矩形框架、推杆、衔铁（铁芯）和导磁套管组成的（图4-50）。线圈安置在矩形框架内，两者采用塑料封装在一起。该封装件中有一个贯穿线圈中心和框架两侧的通孔，用以套在导磁套管上。导磁套管内装有衔铁，该导磁套管采用拧入安装的方式安装在方向阀的阀体上。导磁套管内腔与方向阀的回油通道相通，故衔铁浸润在系统的油液中，这就是称为“湿式衔铁”的原因。

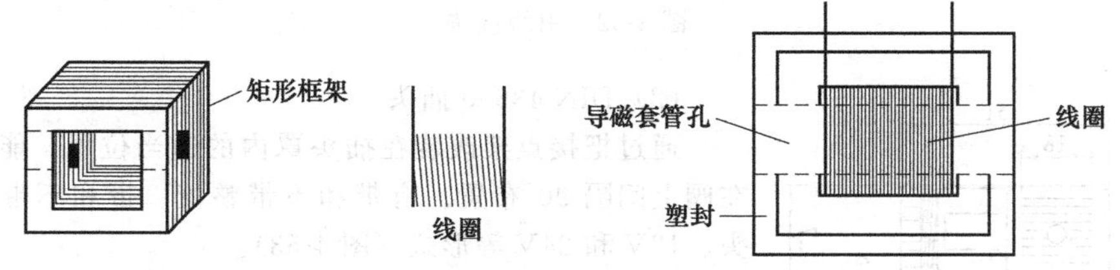

图4-50 湿式电磁铁的组成与工作原理

当有电流通过线圈绕组时，线圈周围便产生磁场。该磁场通过围绕线圈的矩形铁磁通道和线圈芯部的衔铁而加强。在湿式衔铁线圈接通电流的瞬时，可移动的衔铁尚有部分处在线圈外面，电流所产生的磁场会把衔铁吸入，并撞击与阀芯相接触的推杆，使方向阀换向。随着阀芯换向，衔铁将完全进入线圈。使线圈磁场完全分布在铁磁通道内。铁是良好的磁导体，而围绕衔铁和推杆的油液则导磁能力很差，湿式电磁铁的动作原理是基于磁场拉入衔铁，从而减小了线圈芯部处造成很大磁阻的缝隙。随着衔铁的移入，缝隙逐渐减小，电磁铁输出的推力越来越大，衔铁在线圈内时的电磁力大于其在线圈外时的电磁力（图4-51）。

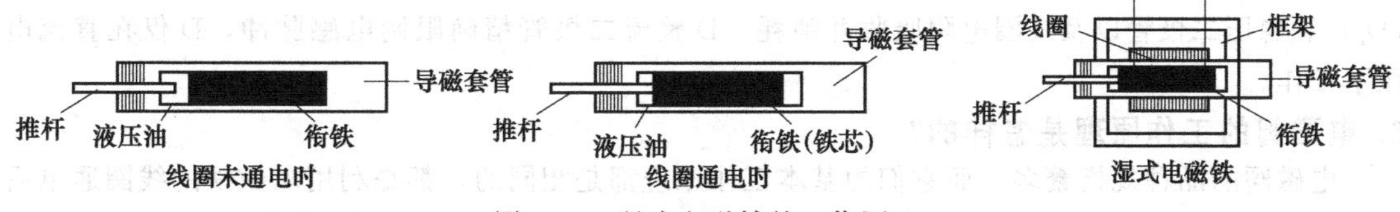

图4-51 湿式电磁铁的工作原理

湿式电磁铁：油液可进入电磁铁内，很少会烧坏电磁铁。

4. 电磁铁上有哪些形式的插头？

（1）NFPA 插头

本插头座是带短引线和附加端子的标准 3 针或 5 针插头座。3 针插头座只用于单电磁铁阀，5 针插头座可用于单、双电磁铁阀。引线接法如图 4-52 所示，其中 1 根绿色引线用于接地，其余引线用于接电磁铁。

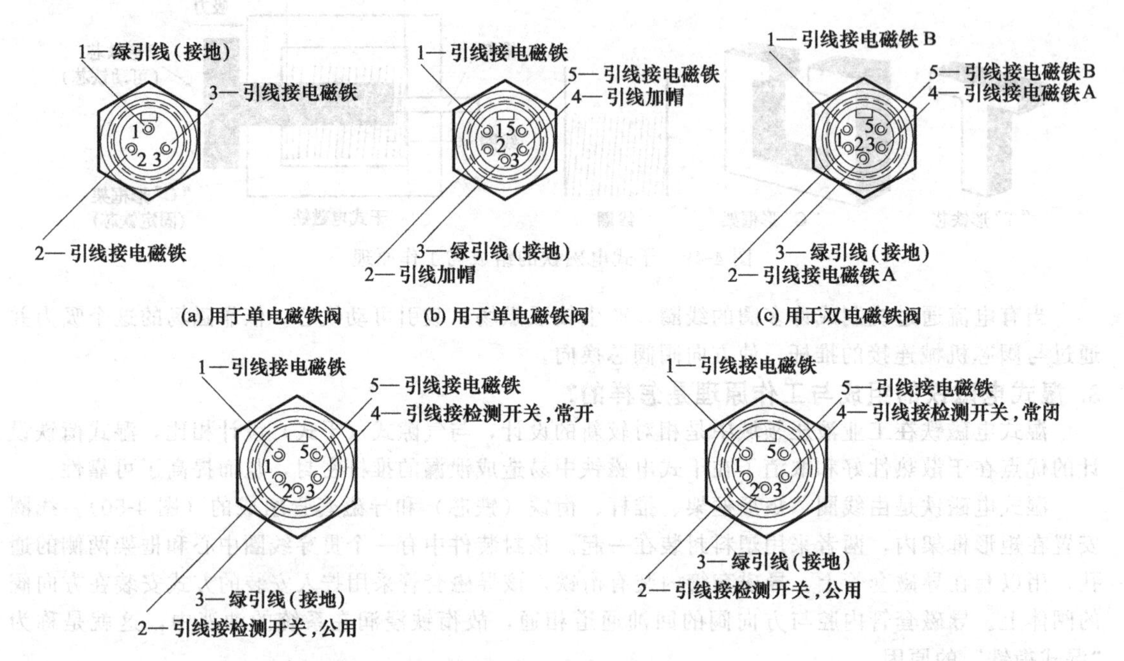

图 4-52　引线接法

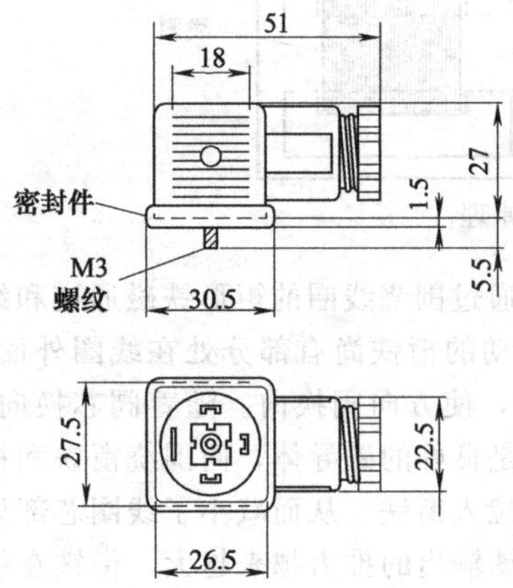

（2）DIN 43650 插头

通过把接点架改装在插头罩内的适当位置，能够把插头在阀上间隔 90°布置。有带和不带整流、带和不带指示灯插头、12V 和 24V 等形式（图 4-53）。

图 4-53　DIN 43650 插头

5. 直流电磁阀电磁铁中的脉冲抑制器件是怎样的？

① 标准二极管。直流电磁铁中使用了脉冲抑制器件，如图 4-54（a）所示，标准二极管 D_2 和线圈并联。当开关 S_1 打开时，储存在线圈中的能量被二极管 D_2 吸收和消耗，在直流电压下工作，依靠极性延长了开断时间。无二极管 D_2 时换向时间为 23ms，开断时间为 60ms；有二极管时换向时间为 23ms，开断时间为 141ms。

② 二极管、稳压二极管与线圈并联，如图 4-54（b）所示。当开关（S_1）打开时，储存在线圈中的能量由二极管（D_1）和稳压二极管以及线圈电阻吸收并消耗。D 整流二极管精确限制电感脉冲，D 仅在直流电压下工作。

6. 电磁阀的工作原理是怎样的？

电磁阀的品种规格繁多，而它们的基本工作原理都是相同的，都是利用电磁铁的线圈通电后吸引衔铁，衔铁再推动推杆，使阀芯在阀体孔内往复轴向运动换位。阀体上有一圆柱形阀孔，孔

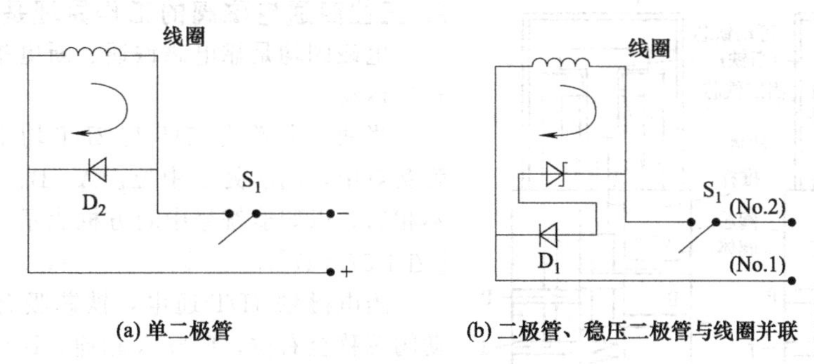

(a) 单二极管　　(b) 二极管、稳压二极管与线圈并联

图 4-54　脉冲抑制器件

里面有若干个环形凹槽，称为沉割槽，每个沉割槽与相应的油口（例如：P、A、B、T 口）相通。阀芯上同样有若干个环形槽，阀芯环形槽之间的凸肩称为台肩。当有几个台肩的阀芯在有几个沉割槽的阀体孔内轴向移动时，台肩将沉割槽遮盖封住（封油），此槽所通油路即被切断。封油时，阀芯台肩不仅遮盖沉割槽，还将沉割槽旁的阀体内孔（名义直径与台肩相同）遮盖一段长度（称为遮盖长度），台肩不遮盖沉割槽（阀芯打开）时，此油路就可与其他油路接通，此时台肩与沉割槽之间开口的轴向长度称为开口长度。

利用电磁铁的通电与断电，再加上弹簧的压缩与复原，便可使阀芯在阀体孔内做轴向运动，并且在阀孔中几个不同位置停下来，利用阀芯台肩与阀体孔在不同位置上的相互“遮盖”与“开启”关系，可以使一些油路（与沉割槽通）接通而使另一些油路断开或关闭，这便是电磁阀的工作原理。

7. 二位二通电磁阀的工作原理与图形符号是怎样的?

靠电磁铁是否通电指挥油流的通断。图 4-55（a）中，电磁铁未通电时，A 与 B 不通；图 4-55（b）中，电磁铁通电时，A 与 B 相通，叫常闭式。相反的情况叫常开式。

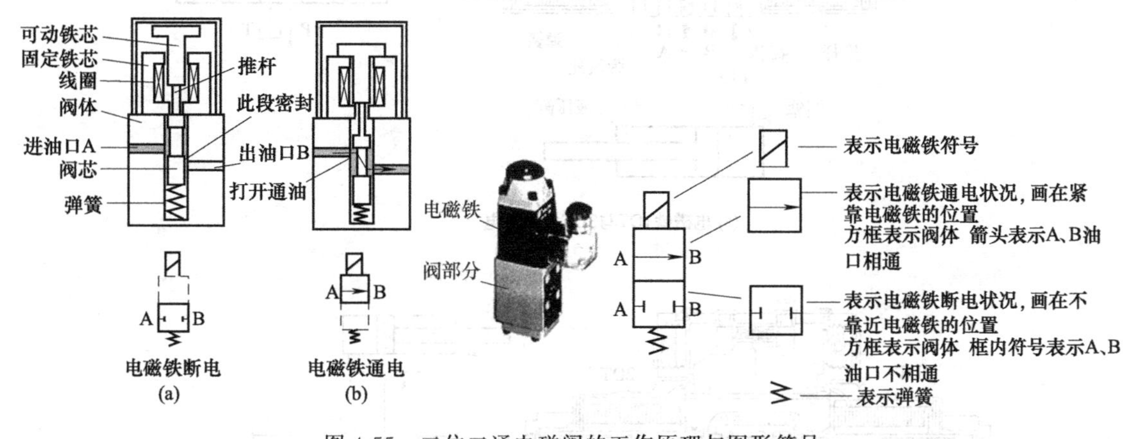

图 4-55　二位二通电磁阀的工作原理与图形符号

8. 二位四通电磁阀的工作原理与图形符号是怎样的?

也是靠电磁铁通断电指挥油流运动。图 4-56（a）中，当电磁铁线圈未通电时，可动铁芯不与固定铁芯吸合，阀芯在弹簧力作用下上抬，此时油流状况为：

P→A，B→T

图 4-56（b）中，当电磁铁线圈通电时，可动铁芯与固定铁芯吸合，通过推杆下压阀芯，阀芯压缩弹簧下移，此时油流状况为：

P→B，A→T

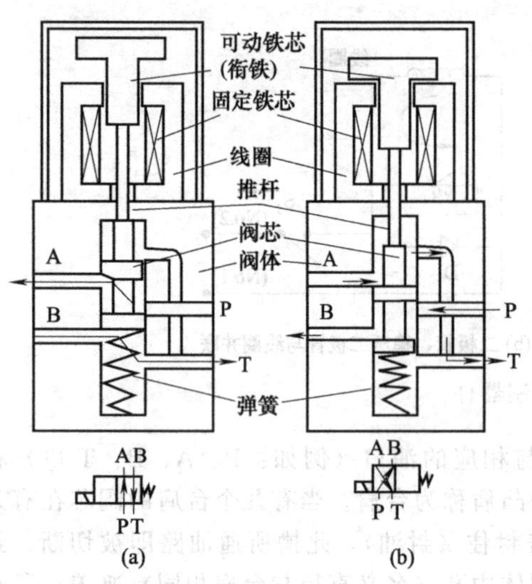

图 4-56 二位四通电磁阀的工作原理与图形符号

9. 三位四通电磁阀的工作原理是怎样的?

电磁阀均是靠电磁铁通、断电指挥油流(液压缸)运动。

当两端电磁铁 1DT 与 2DT 均未通电,阀芯以弹簧对中,阀芯处于中位。A、B、P、T 各油口互不相通,以职能符号中间方框表示,液压缸不运动[图 4-57(a)]。

当电磁铁 1DT 通电,铁芯吸合,通过推杆推动阀芯移至右位,P 与 A 相通,B 与 T 相通。压力油进入液压缸左腔,推动缸活塞组件向右运动;缸左腔回油由 B→T 回油箱[图 4-57(b)]。

当电磁铁 2DT 通电,铁芯吸合,通过推杆推动阀芯左移,P 与 B 相通,A 与 T 相通。压力油进入液压缸右腔,推动缸活塞组件向左运动;缸左腔回油由 A→T 回油箱。注意阀芯左位,而图形符号中,为右边方框表示[图 4-57(c)]。

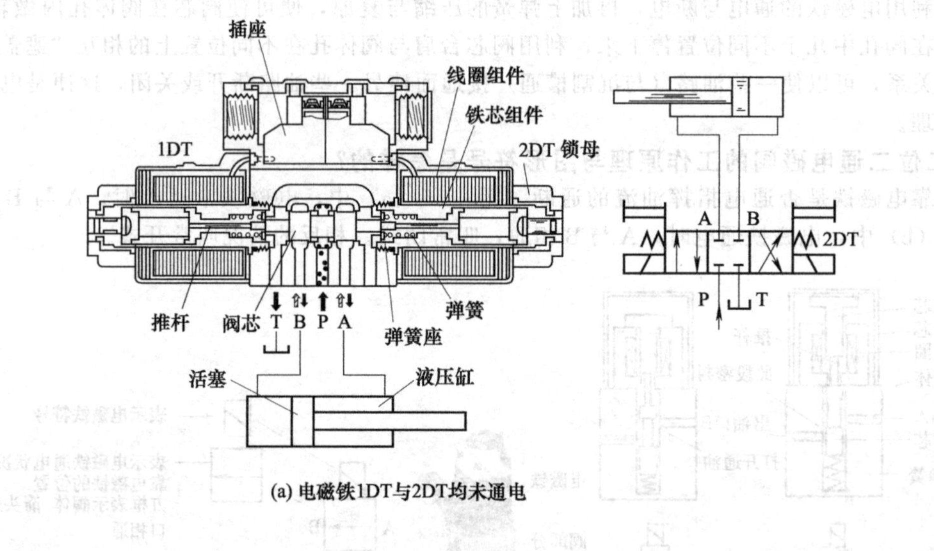

(a) 电磁铁1DT与2DT均未通电

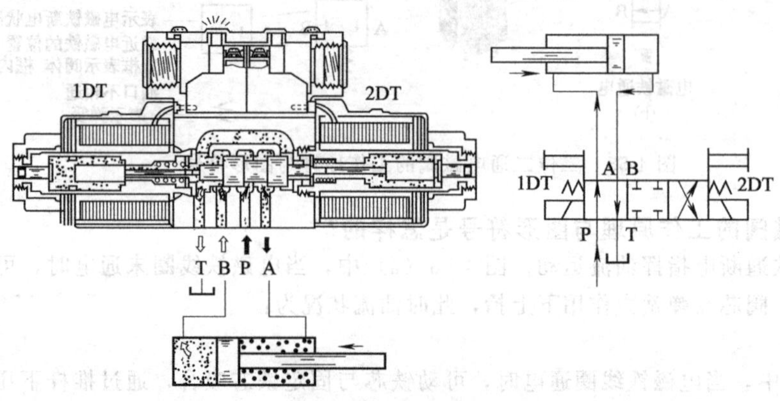

(b) 电磁铁1DT通电

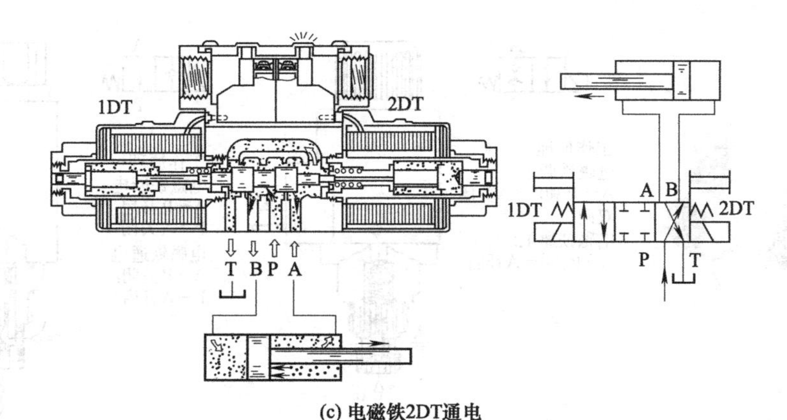

(c) 电磁铁2DT通电

图 4-57 三位四通电磁阀工作原理

10. 三位四通电磁阀的外观和结构是怎样的?

目前国内外使用的三位四通电磁阀典型结构如图 4-58 所示，外观上有带电接线盒和带电插座两种；按阀体内沉割槽的数量又有三槽式与和五槽式之分。

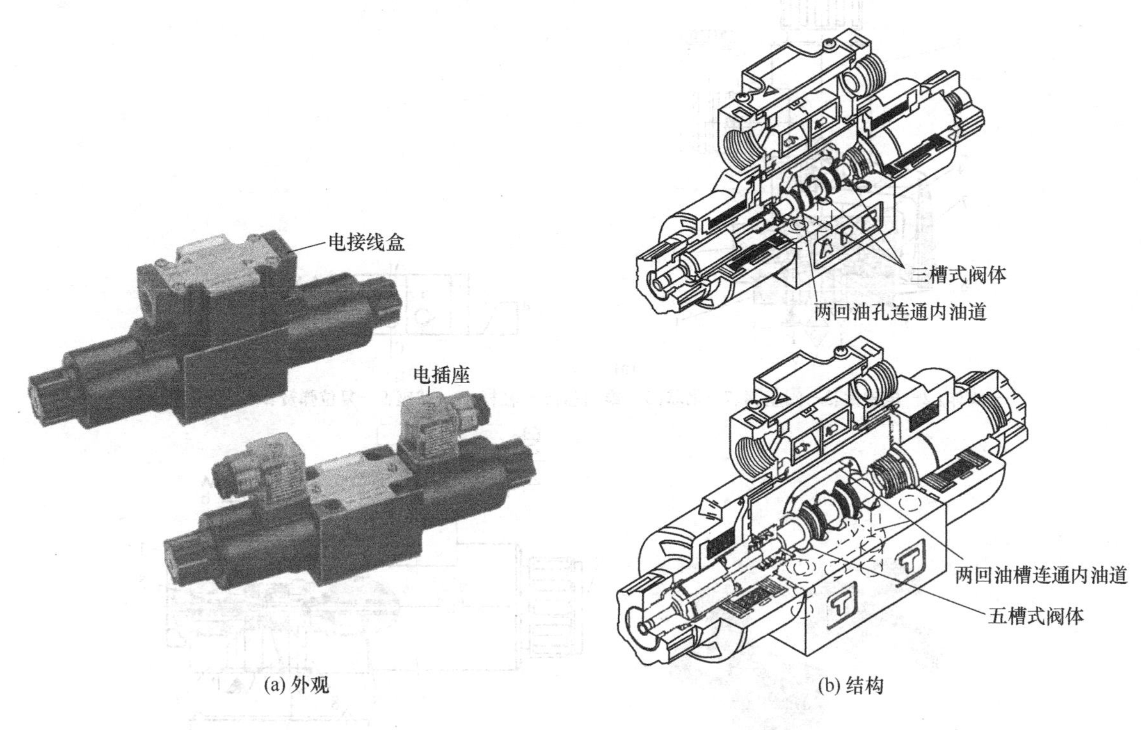

(a) 外观 (b) 结构

图 4-58 三位四通电磁阀的外观和结构

11. 二位二通座阀式电磁阀的外观、结构、工作原理与图形符号是怎样的?

这类阀由输给电磁铁的电信号控制座阀的提动头（锥阀芯)，从而控制油路开闭。由于是座阀式，故没有液压卡紧力，内泄漏也大大减小了。此阀分为常开与常闭两种。常开式在电磁铁通电状态，不允许液流从 A 流向 P。工作原理见图 4-59 中的说明。

12. 二位三通座阀式电磁阀的结构、工作原理与图形符号是怎样的?

二位三通座阀式电磁阀的结构与图形符号如图 4-60 所示。

图 4-60 (a) 为通过电磁铁的通断电，使杠杆 6 产生上下摆动，间接推动阀芯移动。当电磁铁 2 未通电（图示位置）时，钢球 4 封闭了 P 与 A 之间的通道，A 与 T 通；当电磁铁 2 通电时，

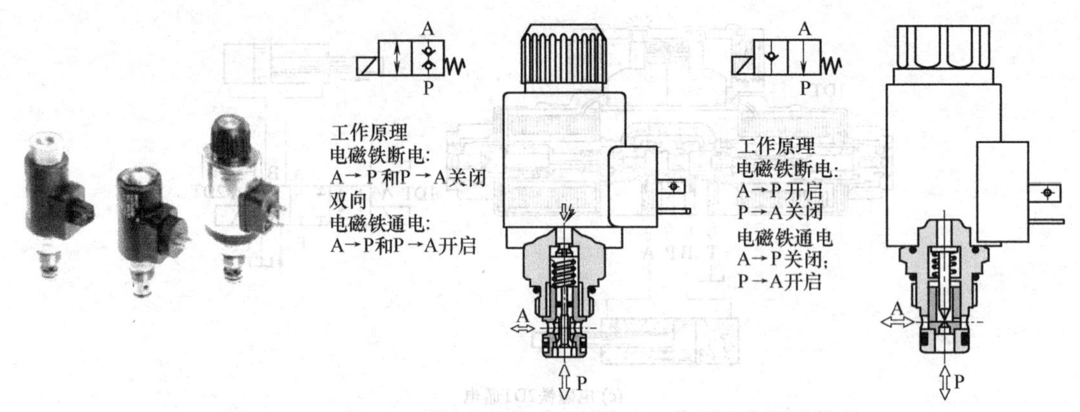

图 4-59　二位二通座阀式的外观、结构、工作原理与图形符号

压下杠杆 6，右边的锥阀芯 5 在弹簧 9 的作用下，将钢球 4 压向左边阀座 3，封闭了 A 到 T 的通道，开启了 P 到 A 的通道。

图 4-60（b）的工作原理与上相同，不过电磁铁通过推杆直接推动阀芯移动。

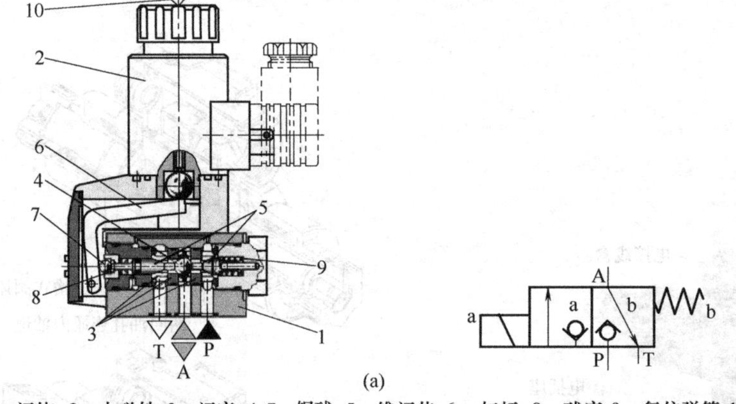

(a)

1—阀体；2—电磁铁；3—阀座；4、7—钢球；5—锥阀芯；6—杠杆；8—球座；9—复位弹簧；10—手推杆

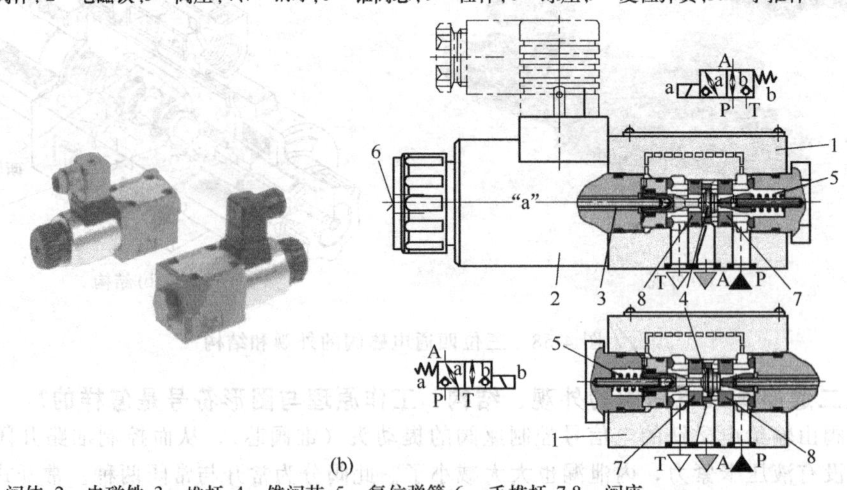

(b)

1—阀体；2—电磁铁；3—推杆；4—锥阀芯；5—复位弹簧；6—手推杆；7、8—阀座

图 4-60　二位三通座阀式电磁阀外观、图形符号与结构

13. 如何选用换向阀?

① 换向阀使用时的压力、流量不要超过制造厂样本的额定压力、额定流量，否则会产生液压卡紧现象和液动力大、引起动作不良的故障。

② 在液压缸回路中，活塞杆外伸和内缩时回油流量是不同的。内缩时，回油流量比泵的输出流量还大，流量放大倍数等于缸两腔活塞面积之比，要特别注意。在差动回路中，靠有杆腔的换向阀通径应选远大于其他阀。

③ 压力损失对液压系统的回路效率有很大影响，所以确定阀的通径时，不仅应考虑换向阀本身，而且要综合考虑回路中所有阀的压力损失、油路块的内部阻力和管路阻力等。

④ 电磁阀及电液换向阀中的电磁铁，有直流式、交流式、自整流式；结构上有干式和湿式。各种电磁铁的吸力特性、励磁电流、最高切换频率、机械强度、冲击电压、吸合冲击、切换时间等特性不同，必须选用合适的电磁铁。特殊的电磁铁有安全防爆式、耐压防爆式。

⑤ 换向阀的中位滑阀机能关系到执行器停止状态下位置保持的安全性，必须考虑内泄漏和背压情况，从回路上充分论证。另外，最大流量值随滑阀机能的不同会有很大变化，应予以注意。

换向阀的阀芯形状，影响阀芯开口面积随阀芯位移的变化规律、阀的切换时间及过渡位置执行器的动作情况，必须认真选择。

14. 欧美电磁铁标识有何区别?

如图 4-61 所示，符合美国惯例的电磁铁标识，有关电磁铁标识“A”和/或“B”的功能符号符合 NFPA/ANSI 标准，即电磁铁“A”通电使油液从 P 流向 A，电磁铁“B”通电使油液从 P 流向 B（可用）。

符合欧洲惯例的电磁铁标识，用型号编法中的 V 指定。有关电磁铁标识“A”和/或“B”的功能符号符合欧洲的规定，即电磁铁“A”邻近 A 口，电磁铁“B”邻近 B 口。

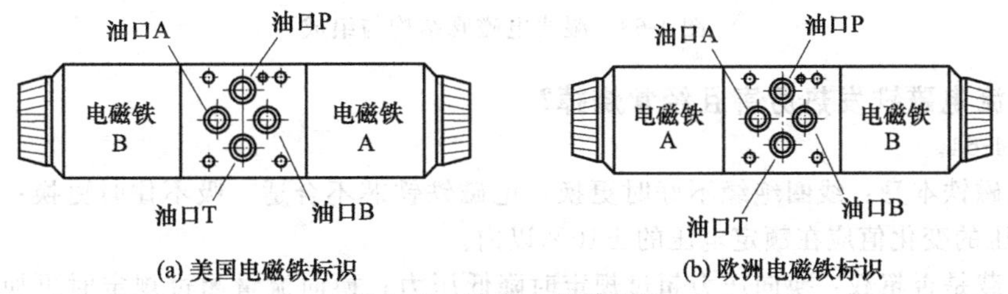

图 4-61 欧美电磁铁标识

15. 干式电磁阀易出故障的零件及其部位有哪些?

如图 4-62 所示，干式电磁阀易出故障的零件及其部位有：阀体 1 内孔磨损、阀芯 2 外径磨

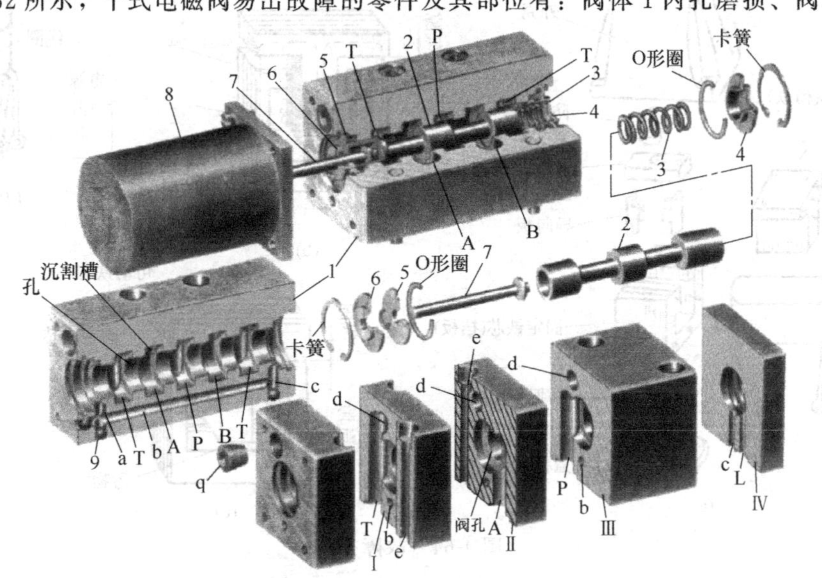

图 4-62 干式电磁阀结构与组成

1—阀体；2—阀芯；3—复位弹簧；4、6—挡圈；5—垫；7—推杆；8—直流电磁铁；9—球堵

（图中 A、B、P、T 为主油口，L 为泄油口；d 为回油工艺孔；b 为泄油工艺孔，a、b、c、L 相通；Ⅰ、Ⅱ、Ⅲ、Ⅳ为剖面）

损、推杆磨损变短、弹簧3疲劳或折断、电磁铁损坏等。

16. 湿式电磁阀易出故障的零件及其部位有哪些?

如图4-63所示，湿式电磁阀易出故障的零件及其部位有：阀体内孔磨损、阀芯外径磨损、弹簧疲劳或折断、推杆磨损变短、电磁铁损坏等。

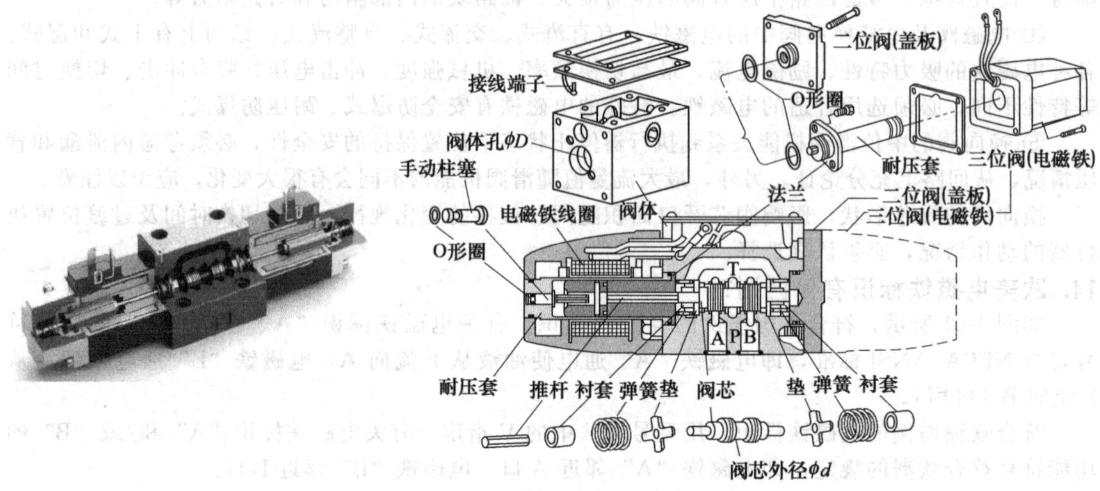

图4-63 湿式电磁阀结构与组成

17. 为何交流电磁铁发热厉害且经常烧掉?

参照图4-64。

① 查电磁铁本身：线圈绝缘不好时更换；电磁铁铁芯不合适，吸不住时更换；电压太低或不稳定，电压的变化值应在额定电压的±10%以内。

② 查负载是否超载：换向压力超过规定时降低压力；换向流量超过规定时更换通径大一些的电磁阀；回油口背压过高时，调整背压使其在规定值内。

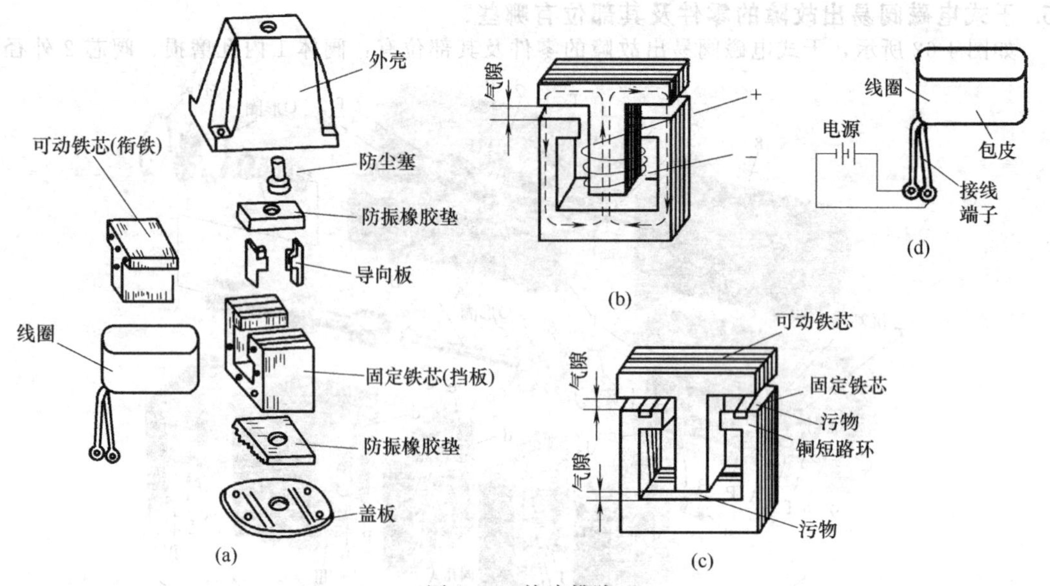

图4-64 故障排除

18. 为何电磁铁有“嗡嗡”的噪声?

参照图4-65。

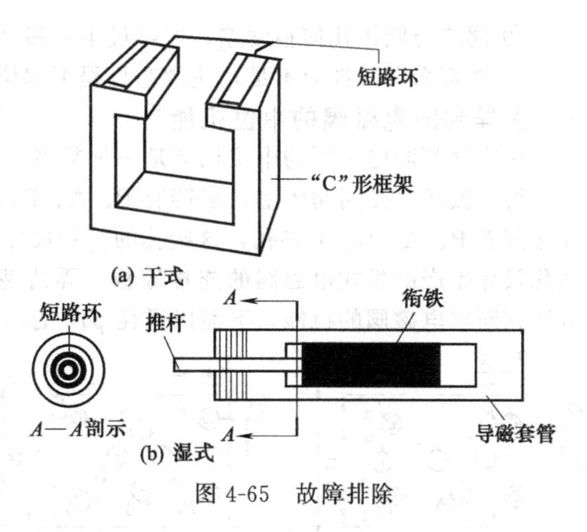

图 4-65 故障排除

① 查交流电磁阀推杆是否过长。过长时，修磨推杆到适宜长度。

② 查电磁铁铁芯接触面是否不平或接触不良。消除故障，重新装配达到要求。

③ 查铜短路环是否断裂。干、湿式电磁铁均有铜短路环。

19. 怎样排除电磁阀不换向或换向不可靠的故障?

① 查电磁铁故障。

电磁铁（多为交流干式电磁铁）线圈烧坏。检查原因，重绕线圈，进行修理或更换。

电磁铁推动力不足或漏磁。检查原因，进行修理或更换。

电气线路出故障。例如电路不能通电，可查明原因，消除故障。

电磁铁接线错误。图 4-66 为常见进口电磁阀接线盒的有关情况，可参考。对于直流线圈“+”引线必须接到“+”标记端，用3芯引线（即公用零线）接入双电磁铁阀时，内端子对必须互连。为了使指示灯正确指示通电电磁铁，要保证正确连接电磁铁引线，灯端子按正标记侧与电磁铁每外端子对公用。电磁铁的动铁芯卡死，可拆洗、修理或更换。

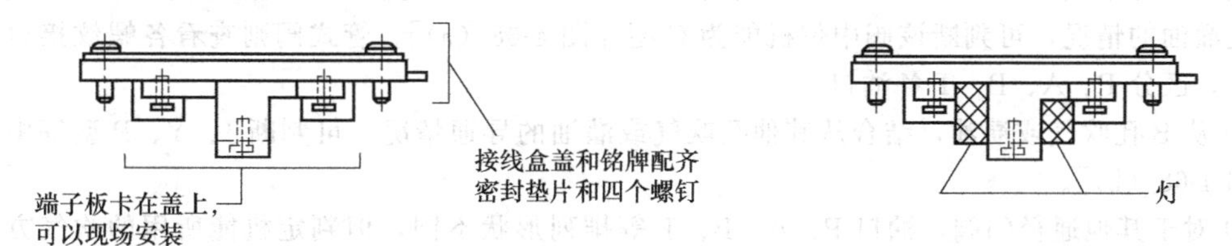

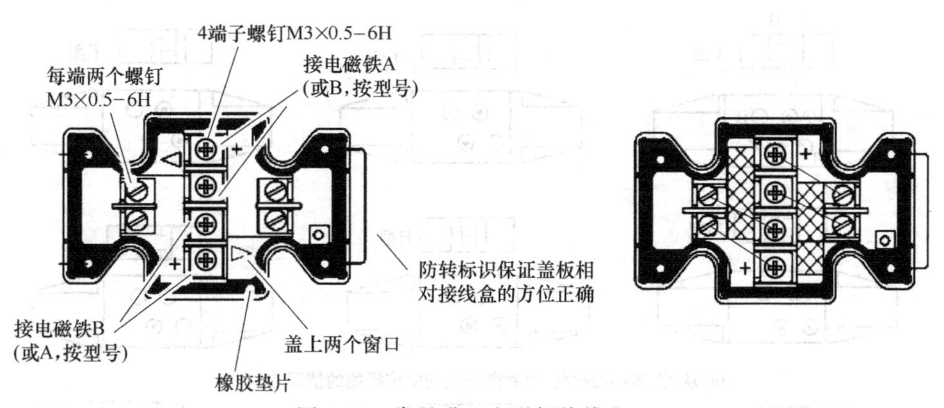

图 4-66 常见进口电磁阀接线盒

② 查是否有杂质使电磁阀的阀芯卡死。如果是，则进行清洗、换油或更换过滤器。

③ 查自动复位对中式的弹簧是否折断、漏装与错装。如果是，则予以补装或更换。

20. 电磁阀内、外泄漏量大的故障怎样排除?

① 如有密封损坏，应更换密封。

② 阀芯外径或阀体孔内径磨损，使两者之间的配合间隙增大时，可刷镀阀芯外径修复，或更换阀芯。

21. 阀芯换向后通过阀的流量不足的故障怎样排除?

① 电磁阀中推杆过短，应更换适宜长度的推杆。

② 阀芯与阀体几何精度差，间隙过小，移动时有卡死现象，故不到位，应配研达到要求。

③ 弹簧太弱，推力不足，使阀芯行程不到位，应更换适宜的弹簧。

22. 怎样判断电磁阀的中位机能？

用吹气判断电磁阀的中位机能是一种常用且很实用的方法。

管、板式电磁阀阀体上，多铸有P、A、B、T（0）字样；板式阀安装面上按一定形状和尺寸排列着P、A、B、T各孔，这些孔的排列尺寸均已国际标准化。图4-67为通径$\phi 4 \sim 16$的按标准化尺寸生产的板式电磁阀的连接底板。弄清楚P、A、B、T各孔位置，便可用吹气或灌油的方法判断出电磁阀的机能，下面以通径$\phi 16$的电磁阀为例来说明。

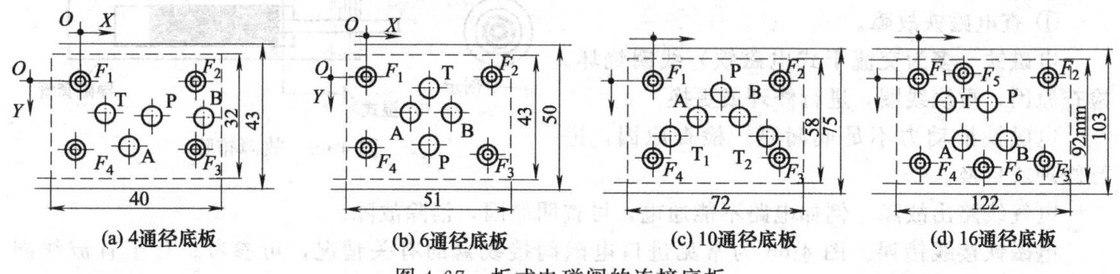

图4-67 板式电磁阀的连接底板

① 吸一口香烟（或用压缩空气）用吸饮料的塑料管将气从P孔吹入（或灌油），可根据底面其他油口有无烟气（或油液）冒出，来判断其机能。例如从P孔灌油，A孔有油液冒出，结合从其他孔灌油的情况，可判断该阀中位机能为C型［图4-68（a）］。管式阀则查看各螺纹接口的字母标记，区分P、A、B、T各油口。

② 从B孔吹气或灌油，结合从其他孔吹气或灌油的导通情况，可判断J、Y、P型等中位机能［图4-68（b）］。

③ 对于其他通径的阀，油口P、A、B、T等排列形状不同，但判定机能所用的吹气方法相同，可参照执行。

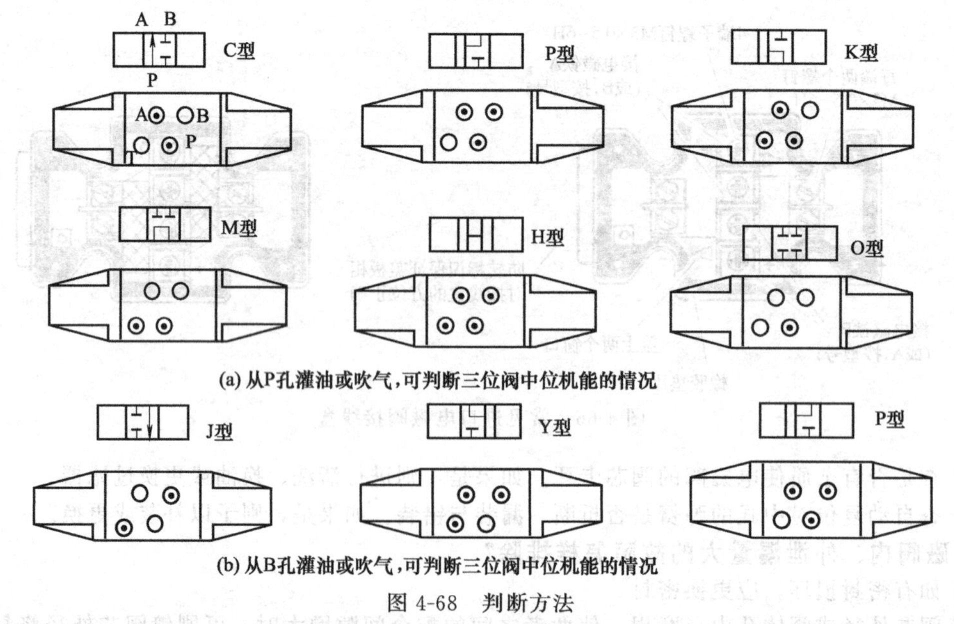

图4-68 判断方法

23. 推杆因磨损变短了怎么办？

用不锈钢电焊条做推杆。

电（液、磁）换向阀使用一段时间后推杆会因磨损变短，这会影响阀的换向性能。此时可用不锈钢电焊条（例如 ϕ5mm 的电焊条）去皮用金相磨纸磨光后按要求长度切断便可代替原推杆，顶多在无心磨床上按推杆尺寸要求，对外径稍微磨去 0.2～0.3mm 便可用，方便快捷。

4.2.5 液动换向阀与电液动换向阀

1. 什么叫液动换向阀?

前述电磁阀因电磁铁的吸力一般仅为几千克力，难以满足大流量阀大的换向力要求，电磁阀目前最大通径仅为 16mm，于是出现了液动换向阀，又叫液控换向阀。用控制油的压力作用在阀芯端面上产生的力推动阀芯移动，比电磁铁的吸力大多了。这种用控制油的压力产生的力推动阀芯移动的阀叫液动换向阀。

2. 液动换向阀的工作原理是怎样的?

如图 4-69 所示为液动换向阀的工作原理。

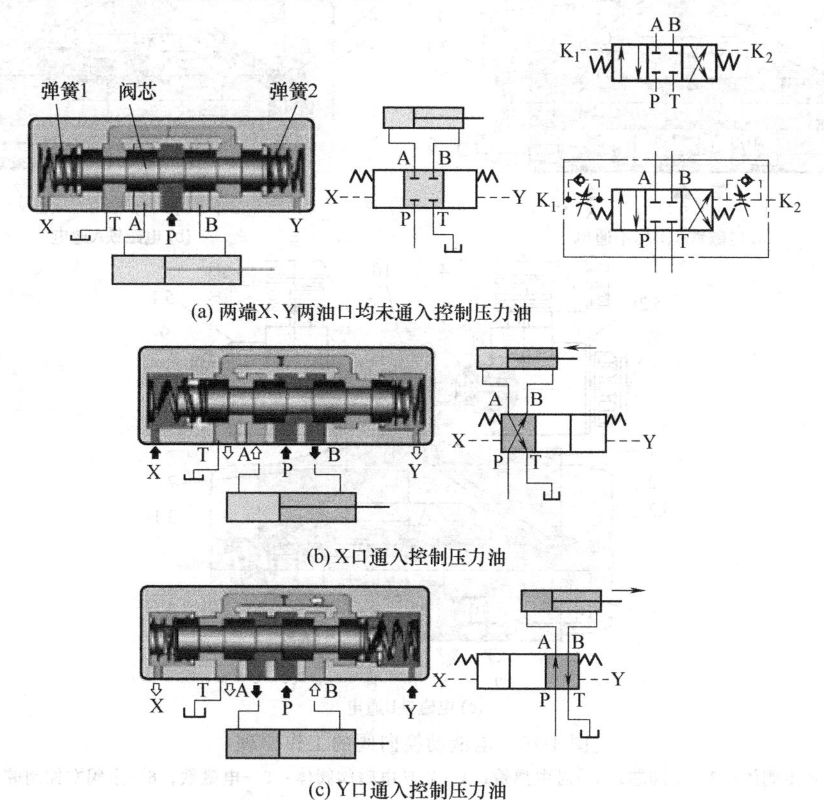

图 4-69 液动换向阀的工作原理

① 当 X、Y 两油口均未通入控制压力油时，弹簧 1 与 2 使阀芯对中，机能符号为中位，A、B、P、T 互不连通，液压缸不运动。

② 当 X 口通入控制压力油，阀芯压缩弹簧 2 右移到位，机能符号为左位。P 与 B 通，A 与 T 通，Y 口排油至油箱，液压缸向左运动。

③ 当 Y 口通入控制压力油，阀芯压缩弹簧 1 左移到位，机能符号为右位。P 与 A 通，B 与 T 通，X 口排油至油箱，液压缸向右运动。

3. 什么叫电液动换向阀?

液动换向阀解决了能通过较大流量换向阀的阀芯换向的问题，但没有电磁阀只要通断电便可使阀芯换向的优点，至少要增设控制油管道，麻烦！于是出现了电液动换向阀。

如果在液动换向阀的顶部安装一小容量的电磁换向阀作为先导控制阀，通过电磁换向阀引入控制油来控制大流量（大通径）的液动换向阀（主阀）的阀芯的换位，这就是电液动换向阀。电液动换向阀既解决了大流量的换向问题，又保留了电磁阀可用电气来操纵实现远距离控制的优点。

因此电液动换向阀由两部分构成：先导级—电磁阀，主级—液动阀。

4. 电液动换向阀的工作原理是怎样的？

电液动换向阀的工作原理是电磁阀与液动换向阀的综合，参照图 4-70。

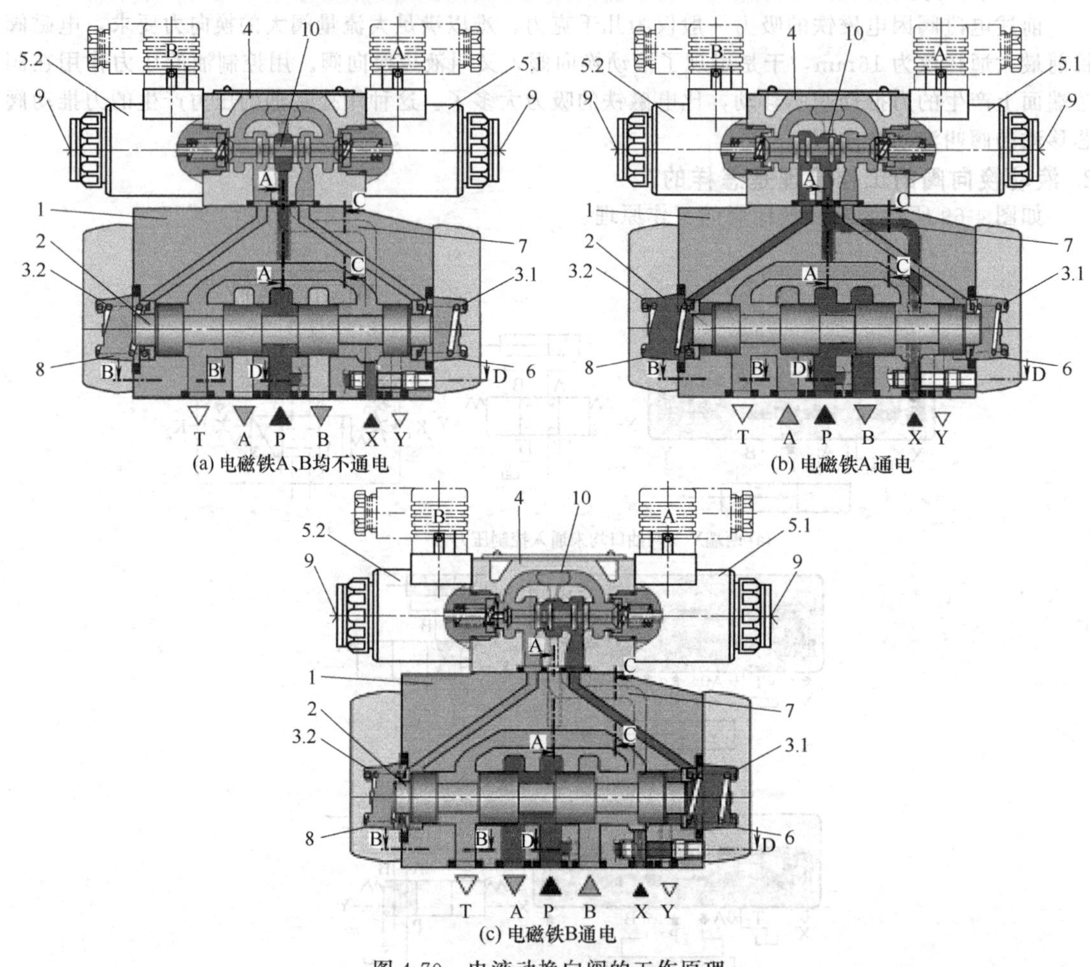

图 4-70 电液动换向阀的工作原理

1—主阀体；2—主阀芯；3—对中弹簧；4—先导电磁阀阀体；5—电磁铁；6—主阀右控制腔；7—外控控制油流道；8—主阀左控制腔；9—阀芯；10—先导电磁阀阀芯

（1）电磁铁 A、B 均不通电时

控制压力油由主阀（液动换向阀）的 P 孔引入，叫“内供”，控制压力油由外部从 X 孔或 Y 孔引入，叫“外供”。A 和 B 为功率油口（接液压缸或液压马达），T 为回油箱口。通过先导电磁阀的换向，改变控制压力油从 X 腔（通先导阀 B 孔）或是从 Y 腔（通先导阀 A 腔）进入，便可推动主阀芯左右移动而换向，实现主油口 P、A、B、T 之间的不同相通状况。

电磁铁 A、B 均不通电时，弹簧使阀芯对中，主油口 P、A、B、T 之间均互不相通。

（2）电磁铁 A 通电

当电磁铁 A 通电，先导电磁阀阀芯压缩弹簧 5.2 左移，控制压力油（外控时从 X 口进入）经先导电磁阀进入主阀芯 2 的左腔，推动主阀芯右移到位，主阀芯 2 的右腔回油经先导电磁阀从 Y 口（外泄时）流回油箱。

主阀的流动为：P→B，A→T。

(3) 电磁铁B通电

当电磁铁B通电，先导电磁阀阀芯压缩弹簧5.1右移，控制压力油（外控时从Y口进入）经先导电磁阀进入主阀芯2的右腔，推动主阀芯左移到位，主阀芯2的左腔回油经先导电磁阀从X口（外泄时）流回油箱。

主阀的流动为：P→A，B→T。

5. 什么是液动阀与电液阀的阀芯弹簧对中？

三位液动阀与电液阀中，必须具有将阀芯保持在中间位置的能力，这是通过对中弹簧和流体压力的作用来实现的。

弹簧对中是方向阀阀芯对中的最常用的方法，弹簧对中时，阀的阀芯两端各安装一个弹簧(图4-71)，换向时，阀芯从中间状态压缩弹簧移动到一个端部位置。对浮动中位的液控阀，在其对中时，阀芯两端的控制腔均释压，由对中弹簧将主阀芯返回到中位。

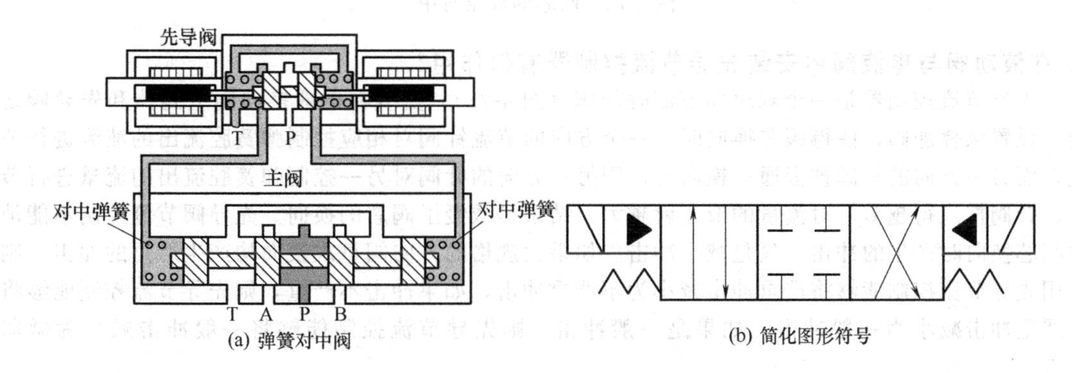

图4-71 弹簧对中电液换向阀

注意：两端电磁铁断电或先导压力丧失或下降到所需最低压力以下时，弹簧对中型将主阀芯返回中心位置。另外换向起始时，有最低先导控制压力的要求（例如力士乐公司为1MPa），否则主阀芯不能换向。

6. 什么是液动阀与电液阀的阀芯液压对中？

在要处理的流量超过阀的额定能力的情况下，弹簧对中往往存在问题。在阀芯换向至其端部的工作位置时，一旦换向力撤销，弹簧就有推动阀芯返回中位的趋势，此时若压力油流量过大，液流将产生足够大的力，抵消弹簧的对中，使阀芯仍保持其原先的换向状态。于是出现了靠液压压力来完成的压力对中的方向阀，即使在其工作流量过大的工况下，也能保证阀芯良好地对中。

在压力对中的三位阀中，先导阀的中位为P机能，P与A、B连通，T封堵。

如图4-72所示，采用的是液压对中的形式，阀中右端采用大、小控制活塞，大活塞承压面积A_2>阀芯承压面积A_1>小活塞承压面积A_3。中位时，左右控制腔内控制压力$p_X=p_Y$，又由于$A_2>A_1$，所以$p_YA_2>p_XA_1$，阀芯处于中位时不可能右移；同样由于$A_1>A_3$，阀芯也不可能左移。因为右端大活塞的端面被止口挡住，因而促使阀芯向左的力只有p_YA_3，而向右的力为p_XA_1，显然$p_XA_1>p_YA_3$，所以阀芯也不可能左移，因而这种形式比单纯弹簧对中要可靠。

压力对中阀有一个泄油口“W”，底板必须能够提供这一特征。压力对中阀在期望压力对中的同时，要求一个先导阀引导先导油到阀口A和B。对中时间取决于先导阀腔内的压力上升速度。

注意：两端电磁铁断电或先导压力丧失或下降到所需最低压力以下时，压力对中型将阀芯返回中心位置。

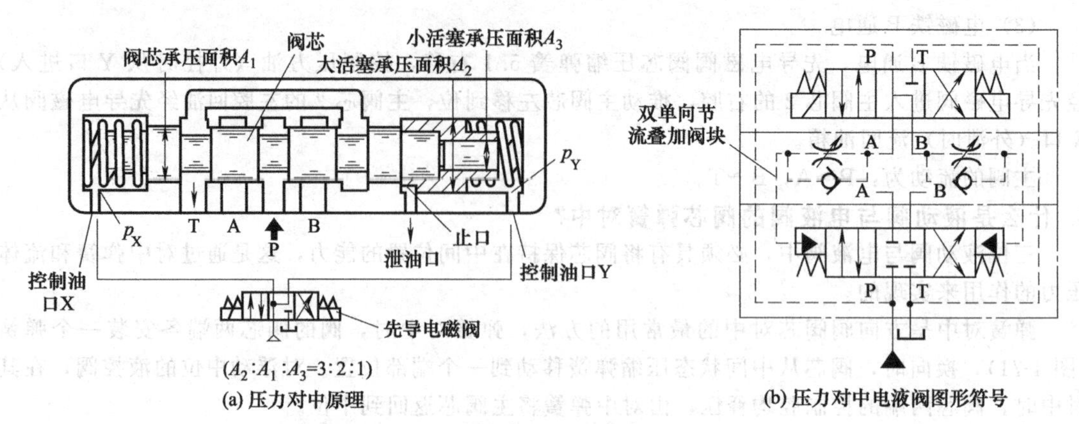

图 4-72 阀芯的液压对中

7. 在液动阀与电液阀中安装先导节流控制器有何作用?

先导节流控制器是一个双单向节流叠加阀（图 4-73），安装在电液换向阀上阀体和先导阀之间。设置该叠加阀，使得阀芯换向时，一个方向的节流针阀对相应控制弹簧腔流出的液流进行节流，而另一方向的针阀被旁通；换向时，则另一方向的针阀对另一控制弹簧腔流出的流量进行节流。针阀拧入得越多，对流量的节流就越大，结果是减慢了阀芯的换向。先导阀节流控制不能消除阀芯换向时产生的冲击，只是减小冲击。如果大规格的方向阀每次换向均产生严重的冲击，则采用先导节流控制能够将严重冲击减小为不严重冲击，如果冲击不严重，则先导节流控制能够将不严重冲击减小为一般冲击，如果是一般冲击，则先导节流控制能够将一般冲击减小为微弱冲击。

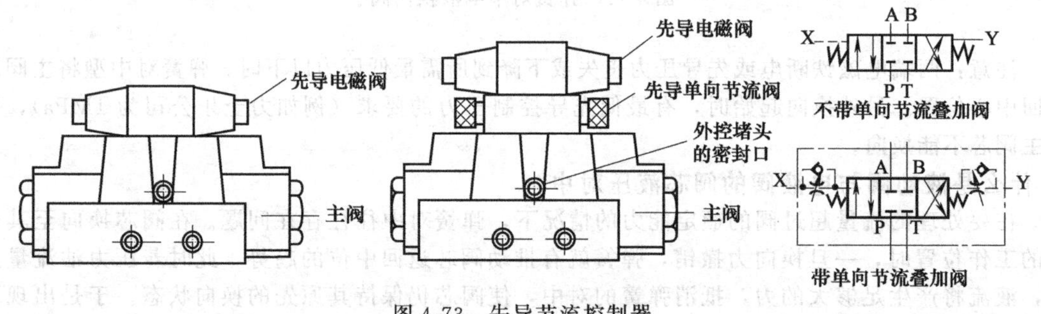

图 4-73 先导节流控制器

8. 在液动阀与电液阀中安装行程调整螺钉的作用是什么?

在液动阀与电液阀中安装行程调整螺钉（图 4-74），作用是能够限制和调节主阀芯的行程。在一个方向上部分限制阀芯的行程意味着该方向上的阀口没有完全被打开，当阀芯在该方向换向时，形成了节流效应，类似一个大针阀的作用。但如果把行程调节螺钉完全拧入，则阀的对应端位被阻挡了，实际上把三位阀变成了二位阀，这种二位阀由一个端位和中位机能组成。

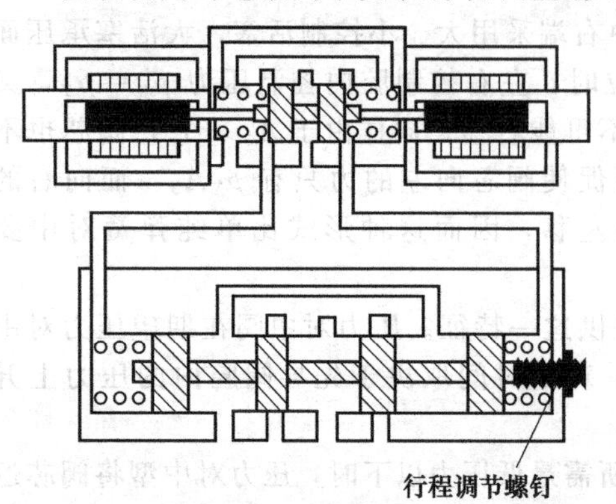

图 4-74 带行程调节螺钉的液控方向阀

9. 保证最低控制油液压力的结构措施有哪些?

为了保证有足够的控制压力油使主阀芯可靠换向，需保证有最低控制油液压力。这在采用内供提供控制油而主阀在中间位置又为卸荷中机能，即 P 与 T 连通的情况下特别需要注意（例如图中主阀为 H

型）。为此在进口的一些电液阀上，主阀的P口或回油口孔内安装了一背压阀（德国力士乐公司叫“顶压压力阀”，美国Vickers公司叫“最低控制压力发生器”），图4-75所示为德国博世-力士乐公司背压阀（压力大于1MPa），安装在主阀体P孔内的位置。如装在T孔内，背压阀要反向。

10. 16～32通径液动阀和电液阀的机能与阀芯形状怎样?

16～32通径液动阀和电液阀的机能与阀芯形状见表4-5。

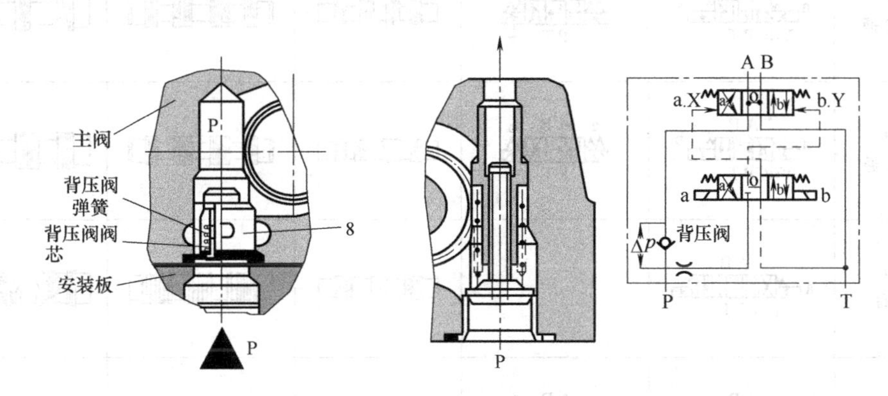

图4-75　保证最低控制油液压力的结构措施

表4-5　16～32通径液动阀和电液阀的机能与阀芯形状

阀芯类型	液动阀机能符号	电液阀机能符号	16通径	25通径	32通径
二位，瞬间中位闭	AB b Y PT	A B b PT			
二位，瞬间中位通	AB b Y PT	A B b PT			
二位单通，瞬间中位闭	AB b Y PT				
二位，瞬间中位闭，带定位	AB a b Y PT	A B a b PT			
二位，瞬间中位通，带定位	AB a b Y PT	A B a b PT			
三位，中位闭	AB a b Y PT	a AB b PT			

续表

阀芯类型	液动阀机能符号	电液阀机能符号	16 通径	25 通径	32 通径
三位，中位通	a AB b Y PT	a AB b PT			
三位，中位 A、B、T 通	a AB b Y PT	a AB b PT			
三位，中位 A、P、T 通	a AB b Y PT	a AB b PT			
三位，中位 P、T 通	a AB Y PT				
三位单通，中位闭	a AB b PT	a AB b PT			
三位，中位 A、B、P 通	a AB b PT	a AB b PT			
三位，中位 B、T 通	a AB b PT	a AB b PT			
三位，中位 A、T 通	a AB b PT	a AB b PT			

11. 液动换向阀与电液动换向阀的使用应注意哪些事项?

① 压力对中型：先导压力去除时，先导压力将阀芯返回中心位置。如果先导压力丧失或下降到所需最低压力值以下，弹簧会使阀芯返回到中心位置。

② 注意：这种阀和其他阀的公用泄油管路中的油液冲击可能大到足够引起阀的非正常换向，这在无弹簧型阀中更为严重。必须有单独的泄油管路或带连续向下通道的集成块连到油箱。

③ 任何滑阀，如果在压力下长时间保持切换位置，均可能由于油液的淤积而卡死，无法使弹簧复位。因此，建议使阀定期切换以防止这种现象发生。

④ 弹簧对中型、压力对中型和弹簧偏置型阀的先导阀电磁铁必须连续通电，以保持主阀芯的换向位置。无弹簧带定位型阀只需瞬间通电（约 0.1s）。

⑤ 两端电磁铁断电或先导压力丧失或下降到所需最低压力以下时，弹簧对中型和压力对中型将阀芯返回中心位置。当电磁铁断电时，弹簧偏置型由先导压力返回偏置位置。

⑥ 无弹簧带定位型阀断电时，只要无冲击、振动、压力瞬变且阀芯轴水平，先导阀芯和主

阀芯就会保持在最终位置。如先导压力丧失或下降到所需最低压力以下，主阀芯会使弹簧对中（在弹簧对中流量额定值），但不会向液流位置的反向漂移，先导级会保持在定位位置。

⑦ 各公司生产的液动换向阀与电液动换向阀，都有不同的最低先导压力要求，应予以满足，否则难以保证主阀芯换向，特别是对中位卸载而先导压力又采用内供的阀。

⑧ 对压力对中电液换向阀，当先导压力超过一定压力（如 210bar）时，先导型需要加减压阀模块。这种两级阀可以维持减压后的出口压力而不受进口压力变化的影响。当一个执行器承受一个往复式负载时，这种阀可以用作减压阀（在50%最大流量），以防止超压（图 4-76）。

⑨ 压力对中型阀提供了快速弹簧对中时间。除了先导压力之外，对中弹簧还被用来确保阀芯的正确对中。先导压力和对中弹簧使阀芯返回中心的位置。如果先导压力丧失或下降到所需最低压力值以下，压力对中阀的阀芯将以最低先导压力流量返回中心位置。

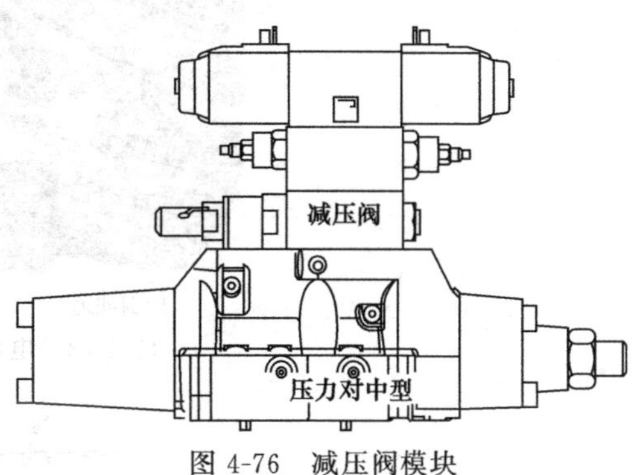

图 4-76 减压阀模块

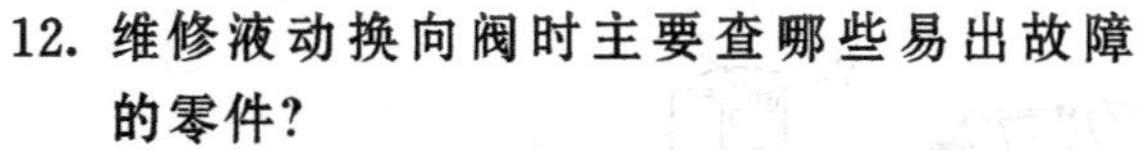

12. 维修液动换向阀时主要查哪些易出故障的零件?

液动换向阀易出故障的零件有：主阀体、主阀芯、对中弹簧等（图 4-77）。

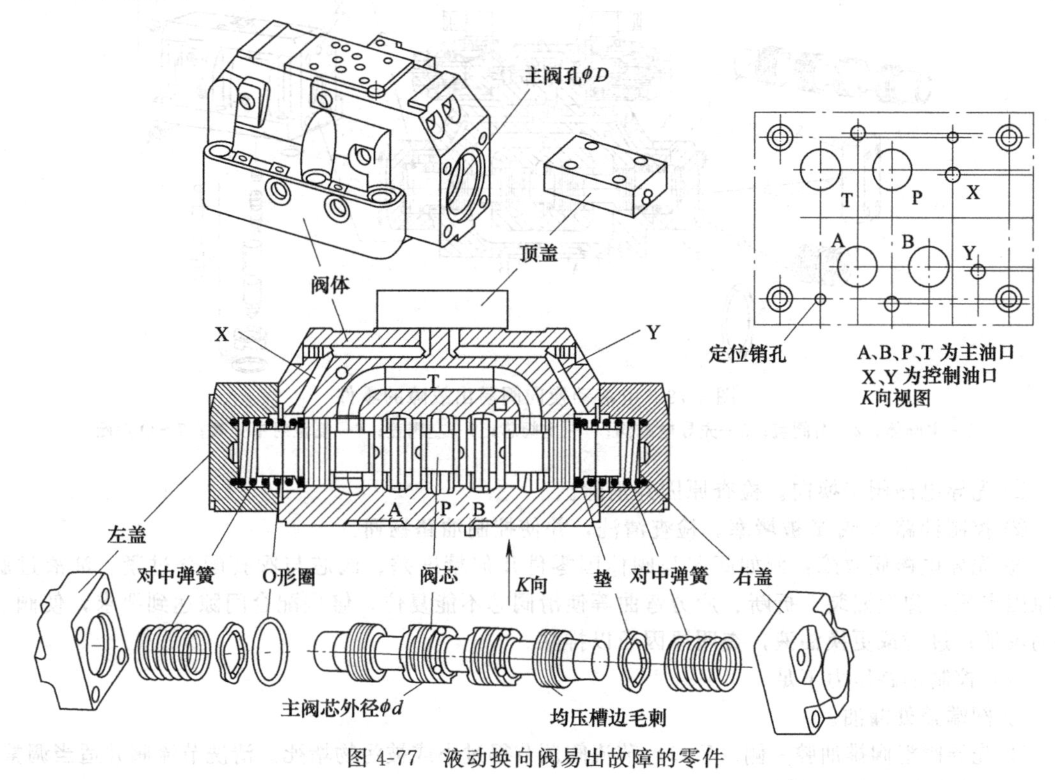

图 4-77 液动换向阀易出故障的零件

13. 维修电液动换向阀时主要查哪些易出故障的零件及其部位?

电液动换向阀的解剖图如图 4-78 所示，电液动换向阀易出故障的零件如图 4-79 所示。

电液动换向阀易出故障的零件有：先导电磁阀、主阀体、主阀芯、对中弹簧等。

14. 不换向或换向不正常的原因有哪些? 怎样排除?

（1）控制油路无控制油流入

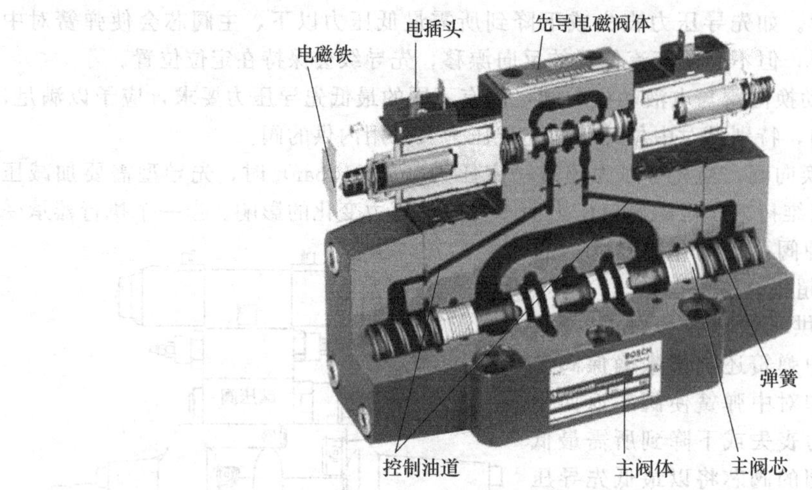

图 4-78　电液动换向阀解剖图

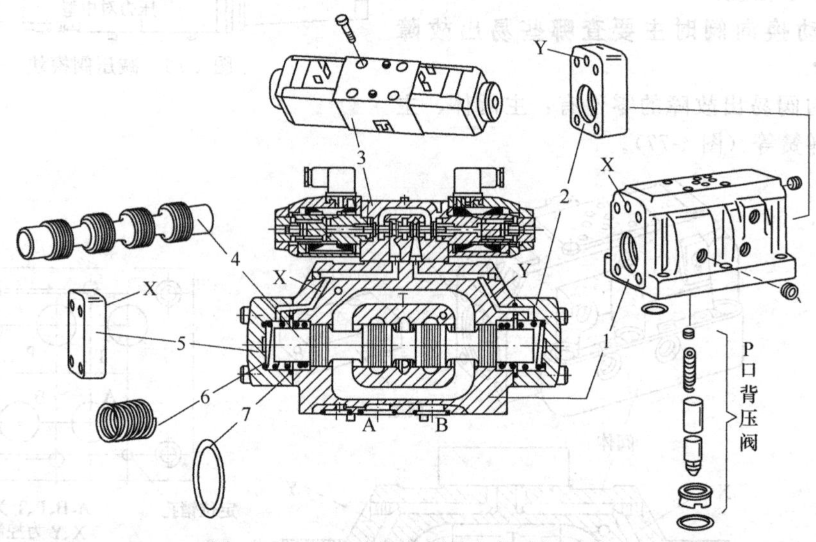

图 4-79　电液动换向阀易出故障的零件

1—主阀体；2—右阀盖；3—先导电磁阀；4—主阀芯；5—左阀盖；6—复位对中弹簧；7—O 形圈

① 先导电磁阀未换向。检查原因并消除。

② 控制油路 X 或 Y 被堵塞。检查清洗，并使控制油路畅通。

③ 先导电磁阀故障：例如阀芯与阀体因零件几何精度差、阀芯与阀孔配合过紧、油液过脏等原因卡死；弹簧漏装、折断、疲劳弯曲等使滑阀芯不能复位。修理配合间隙达到要求，使阀芯移动灵活；过滤或更换油液，查明原因予以排除。

(2) 控制油路压力不足

① 阀端盖处漏油。

② 先导阀滑阀排油腔一侧（Y 口）节流阀调节得过小或被污物堵死。清洗节流阀并适当调整。

(3) 主阀芯卡死，不移位

① 主阀芯与主阀体几何精度差。修理配研间隙达到要求。

② 主阀芯与主阀孔配合太紧。修理配研间隙达到要求。

③ 主阀芯表面有毛刺。清除毛刺，冲洗干净。

④ 复位对中弹簧不符合要求。弹簧力过大、弹簧弯曲变形、弹簧断裂等原因，致使主阀芯不能复位或移位时，须更换适宜的弹簧。

(4) 阀安装不良、阀体变形

① 板式阀安装螺钉拧紧力矩不均匀、过大造成阀体变形。重新紧固螺钉，并使之受力均匀，最好用力矩扳手按规定的力矩值拧紧螺钉。

② 管式阀阀体上连接的管子“别劲”。重新安装。

(5) 油液变质或油温过高

① 油液过脏使阀芯卡死。过滤或更换。

② 油温过高，使零件产生热变形，而产生卡死现象。检查油温过高的原因并消除。

③ 油温过高，油液中产生胶质，粘住阀芯而卡死。清洗、消除油温过高的现象。

④ 油液黏度太高，使阀芯移动困难而卡住。更换适宜的油液。

(6) 主阀上的行程调节螺钉调节不当

见图 4-80。

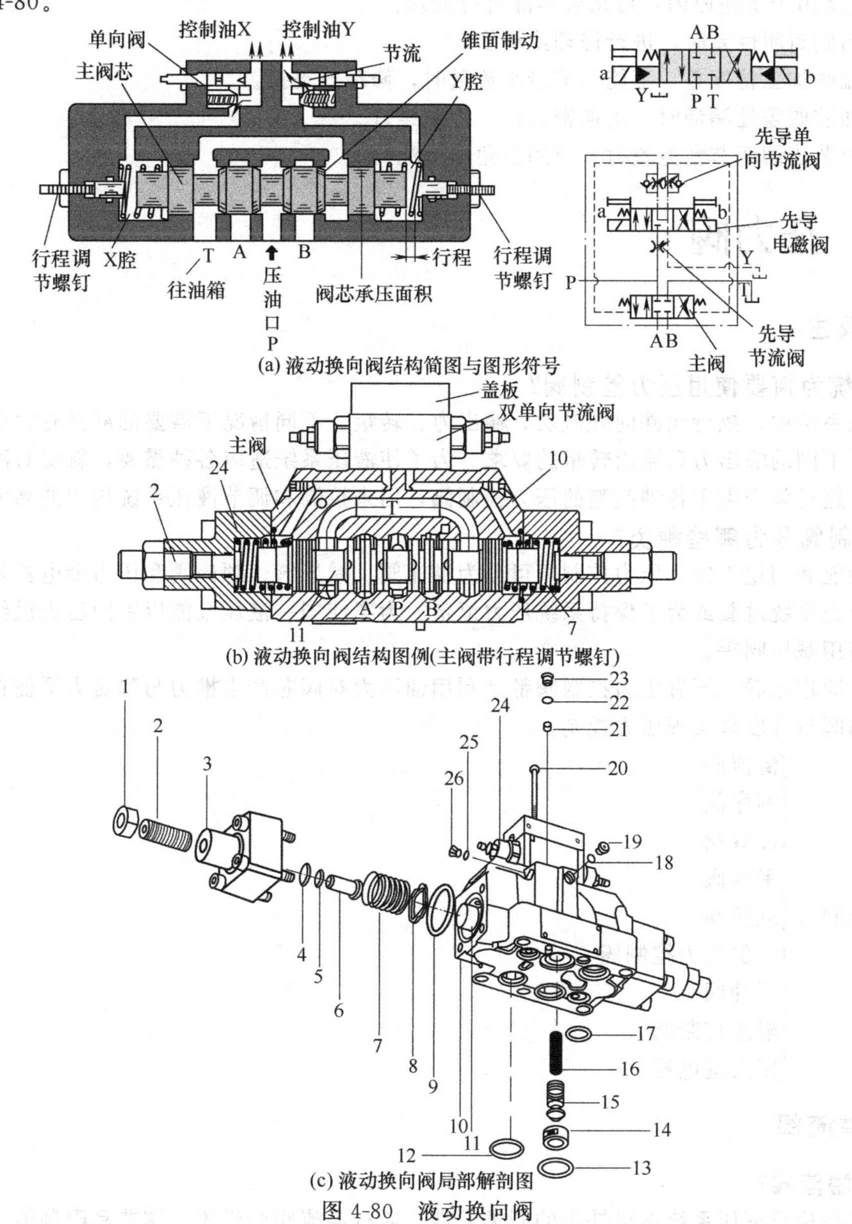

(a) 液动换向阀结构简图与图形符号

(b) 液动换向阀结构图例(主阀带行程调节螺钉)

(c) 液动换向阀局部解剖图

图 4-80 液动换向阀

1—螺母；2—行程调节螺钉；3—左盖；4、5、9、12、13、17、18、22、25—O形圈；6—柱塞；7—对中弹簧；8—垫圈；10—主阀体；11—主阀芯；14—阀座；15—背压阀阀芯；16—弹簧；19、23、26—螺塞；20—螺钉；21—塞；24—双单向节流阀

15. 换向时发生冲击振动的原因有哪些？怎样排除？

参照图 4-79（a）。

① 液动换向阀和电液阀，因控制流量过大，阀芯移动速度太快而产生冲击。调小节流阀节流口，减慢阀芯移动速度。

② 单向节流阀中的单向阀钢球漏装或钢球破碎，不起阻尼作用。检修单向节流阀。

③ 电液阀中固定电磁铁的螺钉松动。紧固螺钉，并加防松垫圈。

16. 液动换向阀阀芯换向速度调节失灵的原因有哪些？怎样排除？

两个节流阀和两个单向阀组成双单向节流阀（参见图 4-79），可对主阀芯的换向速度进行控制，防止换向冲击；主阀两端的行程调节螺钉可调节主阀芯行程的大小，从而控制主阀芯各油口的开口量与遮盖量的大小，从而对流过阀口的流量进行控制。如果出现主阀芯换向速度调节失灵，则可能是由于下述原因，可结合实际进行处理：

① 单向阀封闭性差时，进行修理或更换。

② 节流阀加工精度差，不能调节最小流量时，修理或更换。

③ 排油腔阀盖处漏油时，更换密封件，拧紧螺钉。

④ 针形节流阀调节性能差时，改用三角槽节流阀。

4.3 压力阀

4.3.1 概述

1. 液压系统为何要使用压力控制阀？

在液压系统中，执行元件向外做功，输出力、转矩，不同情况下需要油液具有大小不同的压力，以满足不同的输出力和输出转矩的要求。为了使液压系统适应各种需要，就要对液流的压力进行控制，这样就产生了各种类型的压力控制阀，用来控制和调节液压系统压力的高低。

2. 压力控制阀分为哪些种类？

按其功能和用途不同，压力控制阀可分为溢流阀、减压阀、顺序阀和压力继电器等。例如溢流阀用来防止系统过载或为了保持系统压力恒定；为了使同一液压泵能以不同压力供给几个执行机构，可使用减压阀等。

从工作原理来看，所有压力控制阀都是利用油压力对阀芯产生推力与弹簧力平衡在不同位置上，以控制阀口开度来实现压力控制。

压力控制阀：
- 溢流阀
- 顺序阀
- 卸载阀
- 平衡阀
- 减压阀
- 比例压力控制阀
- 缓冲阀
- 限压切断阀
- 压力继电器

4.3.2 溢流阀

1. 什么是溢流阀？

溢流阀是构成液压系统不可缺少的阀类元件。通过溢流阀的溢流、调节和限制液压系统的最高压力，可对液压系统起调压、限压以及安全保护的作用。

在定量泵作动力源的液压系统中，为了满足工作负载的需要，液压系统需要一定大小的压力值，系统需要“调压”，即需要确定液压泵的最高使用工作压力；另一方面，当执行元件不需要那么多的流量时，而定量泵供给的流量一定，只有通过溢流阀，溢去多余的油液并将其排回油箱。否则因为流量多余，系统压力会升得很高，因此，在定量泵液压泵源系统中，溢流阀起调压、限压、溢流作用。

在变量泵作动力源的液压系统中，泵的流量一般随负载可改变，不会有多余流量。只在压力超过某一预先调定的压力时，溢流阀才打开溢流，使系统压力不再升高，防止系统压力超载，起安全保护作用。此时的溢流阀便称为“安全阀”。

常用的溢流阀有直动式和先导式两种，直动式用于低压，先导式用于中、高压。

直动式溢流阀直接利用弹簧力与进油口的液压力相平衡来进行压力控制，因而弹簧较硬，手柄调节力矩大，不能用于中、高压。

2. 直动式溢流阀的阀芯有哪些形式?

直动式溢流阀阀芯常用的结构如图 4-81 所示，球阀具有较大的过流面积，所以球阀结构使主阀开启比较迅速，从而使升压时间 t_1 较短（图 4-82）；但是球阀的过流面积变化较大，这样阀芯动作就不太稳定，易出现振动，从而使主阀稳定时间 t_2 较长。

圆柱锥阀差压式阀芯和直动式阀芯的区别在于锥阀的尾部带有一段配合面［图 4-81（d)］。主要特点是利用承压面的面积差来减小作用在阀芯上的液压力，这使调压弹簧容易设计，并提高了调压稳定性。但它有两个配合面，结构比直动式复杂，加工精度也比直动式要求高。

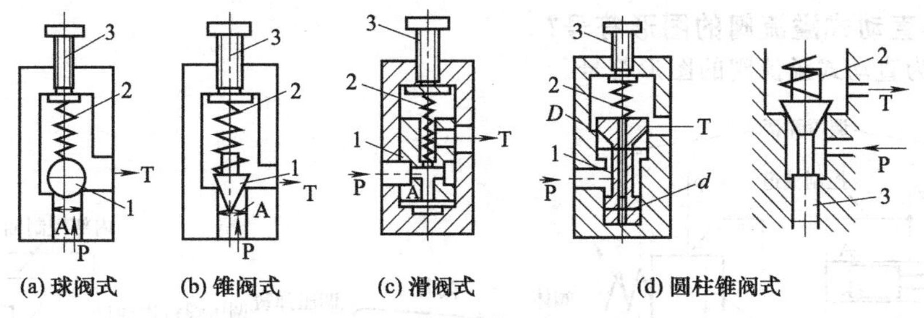

图 4-81 直动式溢流阀的阀芯形式

1—阀芯；2—弹簧；3—调节螺钉

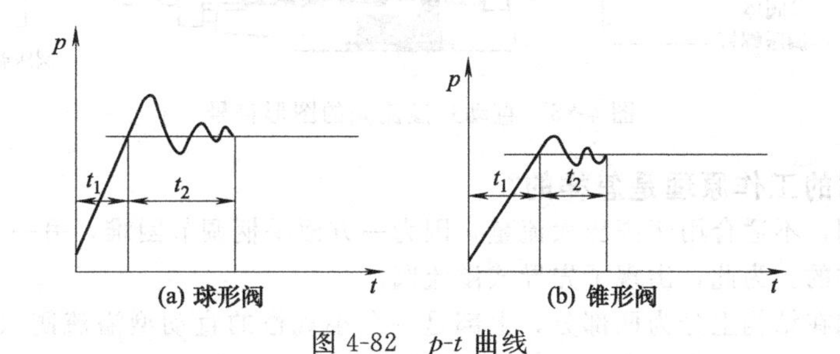

图 4-82 p-t 曲线

3. 直动式溢流阀的工作原理是怎样的?

如图 4-83 所示，系统压力油经过 p 口，当压力 p 作用于阀芯左端 A 面上产生的力（pA，向右）小于弹簧作用在阀芯上的弹力（F_s，向左）时，阀芯封住阀口，系统压力 p 取决于负载大小；当系统压力 p 升高时，阀芯左端受到的力 pA 大于阀芯右端受到的弹簧力 F_s 时，阀芯右移，阀口打开，部分油经溢流回油箱，系统压力 p 不再升高，阀芯在压力和弹簧力作用下，处于平衡位置。当系统压力继续升高时，阀芯将继续右移，阀口开大，溢流量增多，直至阀芯处于新的平衡位置，从而保持系统在恒定的压力下工作。为提高阀的稳定性，避免阀芯移动过快而振动，一般 p 口加有阻尼。

其他类型的直动式溢流阀的工作原理如图 4-84 所示。

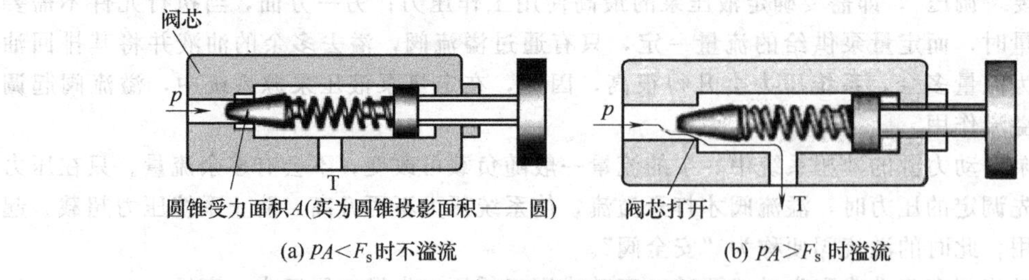

图 4-83 直动式溢流阀的工作原理（一）

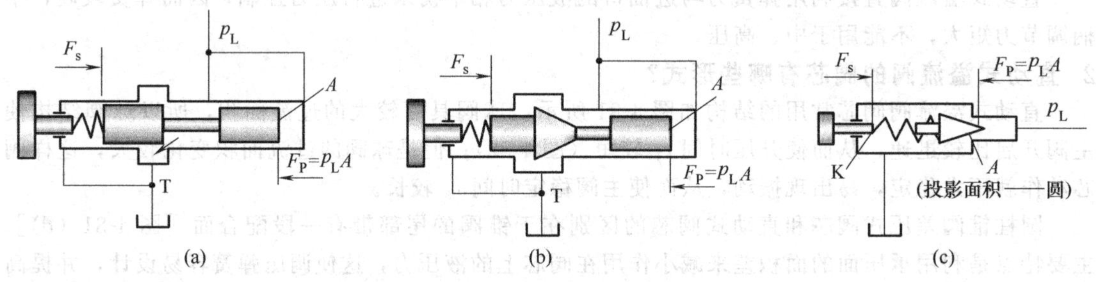

图 4-84 直动式溢流阀的工作原理（二）

4. 如何理解直动式溢流阀的图形符号?

图 4-85 为直动式溢流阀的图形符号。

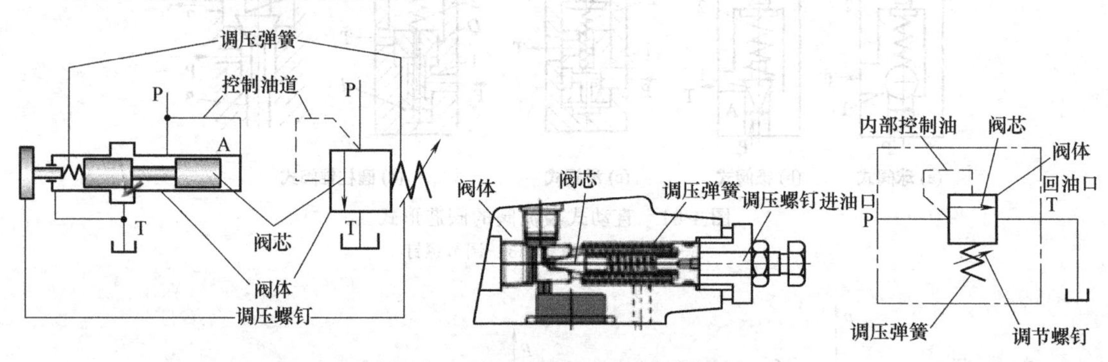

图 4-85 直动式溢流阀的图形符号

5. 先导式溢流阀的工作原理是怎样的?

直动式溢流阀，不适合用于高压大流量，因为一方面手柄调节困难，另一方面直动式溢流阀启闭特性都是很差的。为此，出现了先导式溢流阀。

先导式溢流阀在结构上分为两部分，上部是一个小规格的直动型溢流阀（先导部分），下部是主阀部分，这样，构成的先导式溢流阀调节力矩小，启闭特性好。

图 4-86 为先导式溢流阀的工作原理。压力油由进油腔 p 流入，作用在主阀芯下端的环状面积上，并且经主阀芯上的阻尼孔 a（压力降为 p_1）、流道 b 进入主阀芯上腔，进入先导调压阀的右腔 p_1，再经阀盖上的阻尼孔 e 作用在先导锥阀阀芯上。

当系统压力 p 小于调压弹簧的预调压力时，先导阀芯（锥阀）在调压弹簧力的作用下，处于关闭状态，阀内无油液流动，所以主阀芯上、下腔油液压力相等，即 $p=p_1$，此时主阀处于关闭状态，p 腔和 T 腔不通［图 4-86 (a)］。

当系统压力等于或大于调压弹簧的预调压力时，先导锥阀先打开［图 4-86 (b)］，p 来油经阻尼孔 a 压力降为 p_1，而先导阀前腔经 c 孔与主阀上腔相通，所以在主阀上、下腔便产生压力

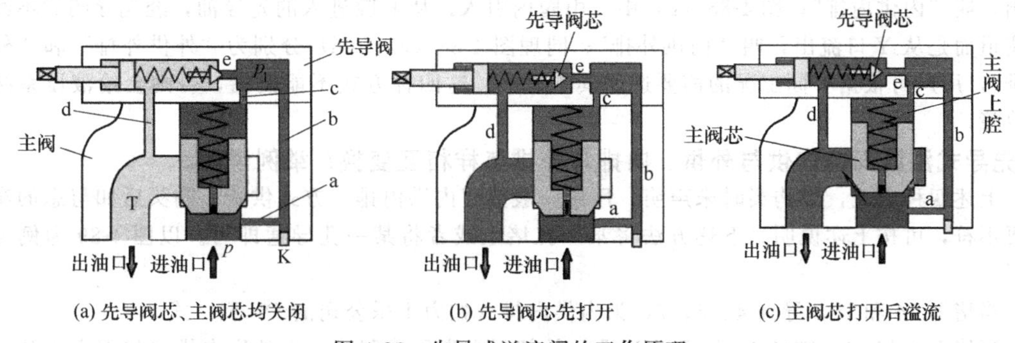

(a) 先导阀芯、主阀芯均关闭　(b) 先导阀芯先打开　(c) 主阀芯打开后溢流

图 4-86　先导式溢流阀的工作原理

差，于是主阀芯上抬，主阀阀口打开，p 到 T 溢流后，p 降下来［图 4-86（c）］，使系统压力始终维持在先导调压部分的调节压力。通过调节，改变调压弹簧的弹力，便能改变进油腔压力 p。

6. 什么叫先导式溢流阀的三节同心与两节同心？

如图 4-87 所示，所谓三节同心式溢流阀，是指主阀芯上部小直径圆柱面、中部大直径圆柱面和下部锥面三个部位，必须与阀盖内孔、阀体内孔和阀座锥面保持同心，称为三节（或三级）同心。三节同心阀要保证三个部位同心，加工难度变大；装配不好，阀盖孔稍一装偏便卡住主阀芯，造成溢流阀动作不良等故障；启闭特性不如两节同心阀好。由于三节同心式溢流阀比两节同心式阀早出现，市场占有量大。

所谓两节同心式溢流阀，指主阀芯的圆柱面与锥面两级必须同心，加工难度变小。同时随着插装阀的出现，可以采用插装阀的插装单元，通用性、互换性及维修性好；阀的稳定性也好，噪声小。

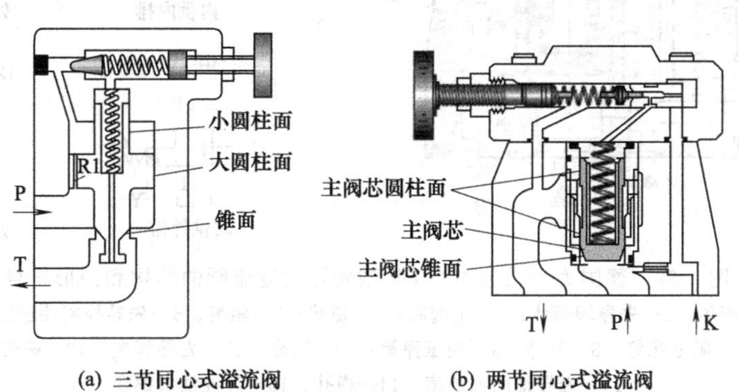

(a) 三节同心式溢流阀　(b) 两节同心式溢流阀

图 4-87　三节同心与两节同心

7. 什么叫先导式溢流阀的内供与外供、内排与外排？

如图 4-88（a）所示，由阀内引入、从 P 腔进入的先导油，经先导阀后又经内部流道从 T 口

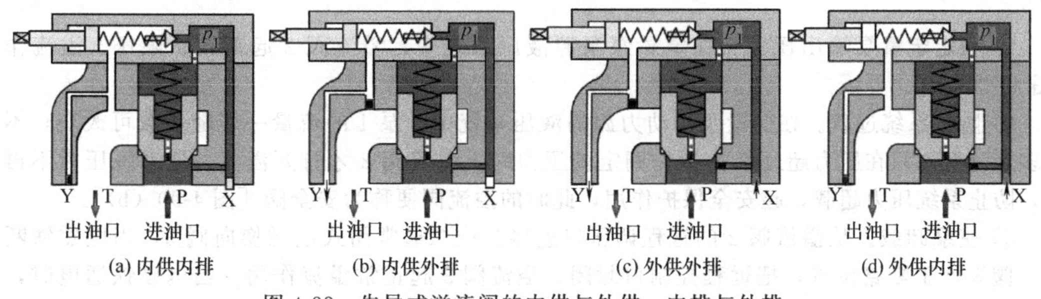

(a) 内供内排　(b) 内供外排　(c) 外供外排　(d) 外供内排

图 4-88　先导式溢流阀的内供与外供、内排与外排

流出，叫“内供内排”；图 4-88（b）中，由阀内引入、从P腔进入的先导油，经先导阀后不经内部流道而是从Y口流出，叫“内供外排”；同理图 4-88（c）、（d）分别为“外供外排”和“外供内排”，用户可根据不同工况的需要选用其中之一。这四种方式不能搞错，否则会给液压系统带来故障。

8. 先导式溢流阀的内供与外供、内排与外排怎样相互变换？举例说明。

上述四种方式，如购买时未声明，厂家一般按“内供内排”方式供货。购买后如与您的实际需要不符，可按上述说明、下述方法将某一孔堵上或者将某一孔导通即可。以图 4-89 为例说明如下：

当堵上 14 和 15，导通 4、5、7，为内供内排（如力士乐公司的DB型）式。

当堵上 4 与 14，卸掉 15 并通过X孔从外部引入先导控制油，为外供内排（如力士乐公司的DB…X…型）式。

当堵上 15，4 导通，并卸掉 14，接管回油池，为内供外排（如力士乐公司的 DB…Y…型）式。

当堵上 4，卸掉 15，从外部引入先导控制油，并从 14 接管回油池，为外供外排（如力士乐公司的 DB…XY…型）式。

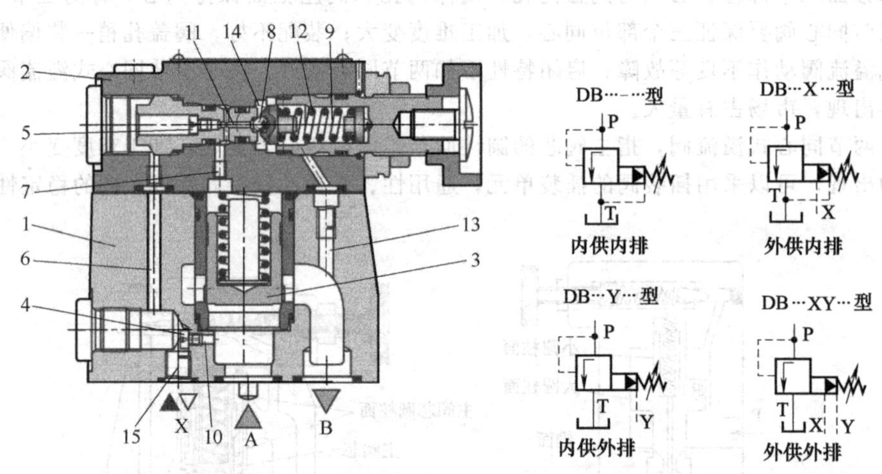

图 4-89　德国力士乐公司产 DB 型先导式溢流阀的结构和图形符号

1—主阀体；2—先导阀阀体；3—主阀芯；4—螺堵；5—阻尼；6—先导控制油进油通道；7—阻尼螺钉；8—钢球；9—调压弹簧；10—阻尼；11—先导阀座；12—螺套；13—先导油回油通道；14—横孔；15—外控油口螺塞

9. 溢流阀的功用有哪些？

溢流阀有直接作用式（直动式）和先导式两种，溢流阀借助于溢去一部分油液往油箱来保证液压系统中的压力为一定值，并防止系统过载，起调压、限压作用。溢流阀在液压系统中的功用如下。

① 稳定定量泵输出压力。在定量泵泵源液压系统中，溢流阀 2 起调压、限压、溢流作用［图 4-90（a）］。

② 防止系统过载。在变量泵作动力源的液压系统中，泵 1 的流量一般随负载可改变，不会有多余流量，只在压力超过某一预先调定的压力时，溢流阀 2 才打开溢流，使系统压力不再升高，防止系统压力超载，起安全保护作用，此时的溢流阀便称为安全阀［图 4-90（b）］。

③ 使泵卸载。从溢流阀 2 的远程调压口连接二位二通常闭式电磁换向阀 3，当电磁铁断电时，阀 3 处于断路位置，把远程控制口封闭，溢流阀 2 起正常溢流作用。当电磁铁通电时，阀 3 处于通路位置，把远程控制口与油箱接通，溢流阀 2 处于卸载状态，使泵 1 卸载

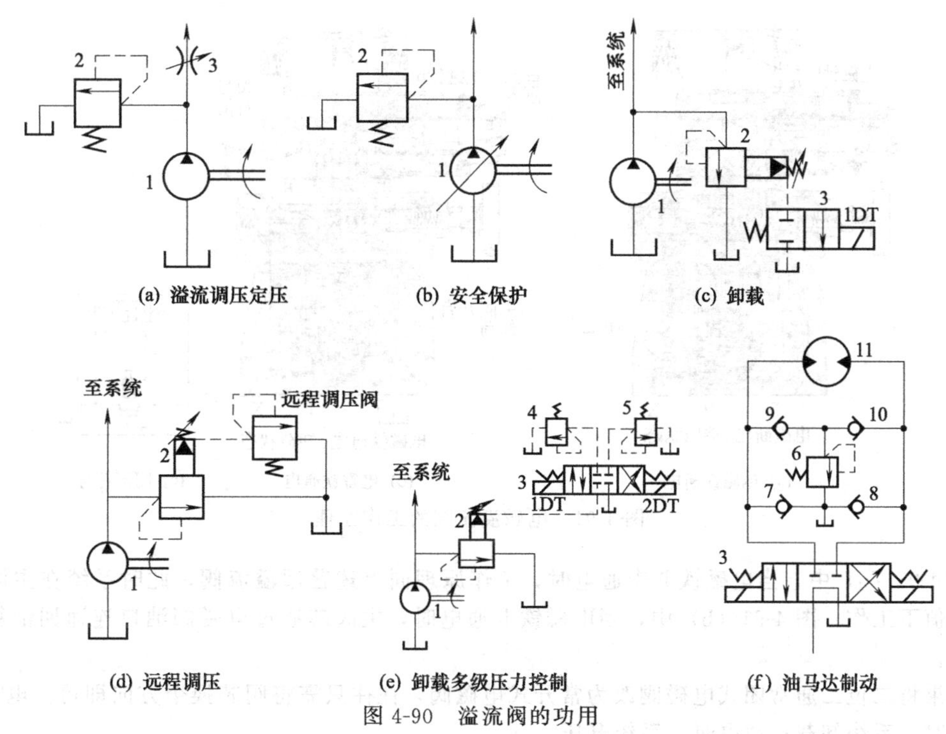

图 4-90　溢流阀的功用

1—液压泵；2、6—溢流阀；3—电磁阀；4、5—先导调压阀；7～10—单向阀；11—液压马达

[图 4-90（c）]。

④ 远程调压。将远程调压阀的进油口和主溢流阀 2 的遥控口连接，在主溢流阀设定压力范围内实现远程调压［图 4-90（d）]。

⑤ 多级控制。将主溢流阀 2 的遥控口用三位四通电磁阀和两个调成不同开启压力的远程调压阀 4、5 连接，可以实现高低压力的三级压力控制［图 4-90（e）]。

⑥ 用于液压马达的制动。如图 4-90（f）所示，溢流阀 6 用于液压马达的制动。为使液压马达迅速停下来，即让液压泵停止经换向阀 3 向液压马达 11 供油。但在停止供油的时刻，液压马达 11 会因自身的惯性和负载的惯性而继续回转，液压马达 11 进油的一侧会因泵停止供油、马达又继续回转而产生吸空现象。为了防止吸空现象，必须采用图中由四个单向阀 7、8、9、10 和一个溢流阀 6（过载缓冲制动阀）组成的缓冲制动回路。吸空的一侧可通过补油单向阀 7（或 8）从油箱吸油，这时液压马达起泵的作用。液压马达的出油则经阀 2（或阀 1）流入溢流阀 7 的进口。如果适当调节阀 7 的工作压力，出油侧达此压力时溢流阀 6 才开启，相当于给液压马达 11（此时为泵）的出口加上背压，产生一制动力矩，能使液压马达快速停下来。

⑦ 作背压阀用。将溢流阀串联在回油路上，可以产生背压，使执行元件运动平稳。此时溢流阀的调定压力低，一般用低压溢流阀即可。

10. 什么叫电磁溢流阀?

电磁溢流阀由电磁换向阀与先导式溢流阀组合而成，它具有溢流阀的全部功能。还可以通过电磁阀的通断电控制，实现液压系统的卸载或多级压力控制。

11. 电磁溢流阀的工作原理是怎样的?

图 4-91（a）为二位二通常闭式（二位四通堵了两个油口而成）电磁阀与两节同心先导式溢流阀组成的电磁溢流阀结构原理。电磁阀安装在先导调压阀的阀盖上。P、T 分别为主阀的进、出油口，X 为遥控口。P_1、T_1、A_1 和 B_1 为电磁阀的四个油口，P_1 接先导式溢流阀的主阀弹簧腔，T_1 接先导调压阀的弹簧腔，A_1 和 B_1 封闭。

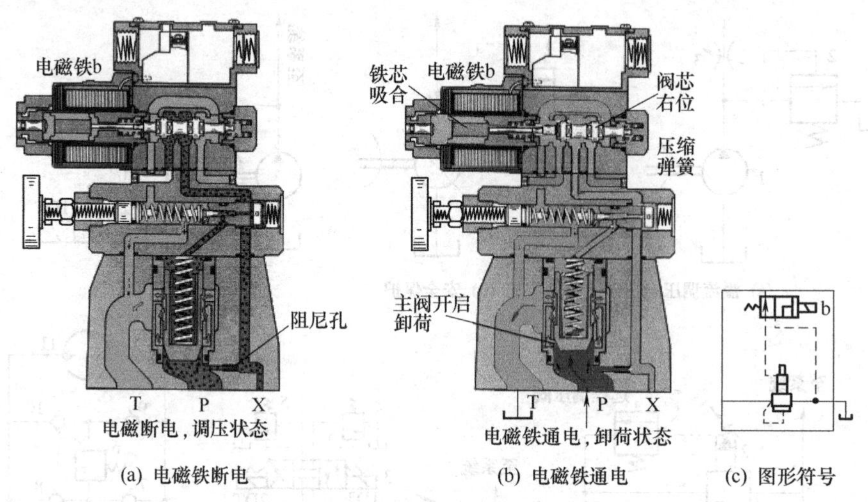

图 4-91　电磁溢流阀的工作原理

图 4-91（a）中，当电磁铁 b 未通电时，工作原理同上述普通溢流阀，此时系统在主溢流阀的调压值下工作；图 4-91（b）中，当电磁铁 b 通电时，主阀芯通过电磁阀油口连通回油箱，系统卸载。

如果将二位二通常闭式电磁阀改为常开式电磁阀，往往只需将阀芯换个方向即可。电磁铁 b 未通电时，系统卸载；通电时，系统升压。

12. 带缓冲阀的电磁溢流阀的工作原理是怎样的?

在高压大流量的液压系统中，当电磁溢流阀从有负载的高压状态转换到无负载的卸载状态时，由于电磁铁从通电到断电的时间仅为短短的几十毫秒，压力在极短时间内由高压降为低压，能量急剧释放，从而产生大的压力冲击、振动和噪声。这种冲击、振动和噪声在高压大流量的情况下往往会产生重大故障。为防止这种情况发生，可采用带缓冲阀的电磁溢流阀，缓冲阀可延长从高压到卸压过程的时间，使压力平稳下降，防止冲击、振动和噪声的产生。带缓冲阀的电磁溢流阀的工作原理如下：

如图 4-92 所示，缓冲阀实际上是一个节流装置，节流口 X 的大小可通过调节螺钉进行调节，以控制卸载时间的长短。当电磁阀断电、p_2 与 T_2 不通时，系统在溢流阀调定的压力下工作，压力油 p_1 经缓冲阀阀芯节流开口 X 及轴向沟槽 a 作用在缓冲阀阀芯左端承压面 A 上，阀芯右端弹

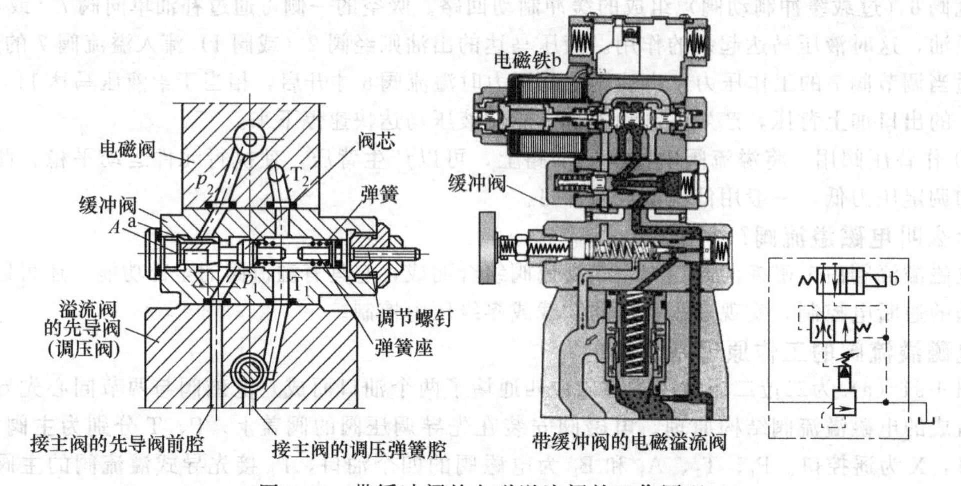

图 4-92　带缓冲阀的电磁溢流阀的工作原理

簧腔经 T_1 和主阀的平衡弹簧腔与油箱相通，平衡弹簧弹力很小，所以缓冲阀阀芯向右的作用力 p_1A 大于向左的弹簧力 F（$p_1A>F$），阀芯右移并将阀口 X 关小至阀芯被弹簧座和调节螺钉限位为止，缓冲阀节流口 X 便处于最小开口位置，此时溢流阀在其调定的压力下工作；当先导电磁阀通电、使 p_2 与 T_2 接通时，缓冲阀阀芯在刚卸载的瞬间仍处于最小节流口 X 的位置，因阻尼力的作用，压力 p_1 就不能突然降至回油压力，因此延长了卸载时间，但由于随着 p_2 与 T_2 的连通，缓冲阀芯左端（与 p_2 相通）的油液压力由 p_1 降为 p_1'，当 $p_1'A \leqslant F$，阀芯在弹簧力的作用下左移，节流口 X 逐渐增大，压力 p_1 也随之下降，直至阀芯左端油液压力降至回油压力，节流口便增至最大，系统压力也就逐渐完全卸载。

调整调节螺钉，可改变阀芯行程和弹簧预压紧力，即可改变卸载时间，调节螺钉全松时，节流口开度和弹簧预压紧力为最小，卸载时间最长；反之，卸载时间最短，基本上不起卸载缓冲作用。

13. 用三位四通电磁阀组成的电磁溢流阀结构原理与图形符号怎样?

图 4-93 为三位四通电磁阀两节同心先导式溢流阀组成的电磁溢流阀结构原理。电磁阀安装在先导式溢流阀的阀盖上。P、T 分别为电磁溢流阀的进、出油口，X 为遥控口。P_1、T_1、A_1 和 B_1 为电磁阀的四个油口，P_1 接先导式溢流阀的主阀弹簧腔，T_1 接先导阀的弹簧腔，A_1 和 B_1 分别接另外的多级先导调压阀，进行多级压力控制。图 4-93（a）中，先导电磁阀为 O 型时，当两电磁铁 1DT 与 2DT 均未通电，各油口关闭，从溢流阀进油口 P 经阻尼孔 a、主阀弹簧腔、流道 P_1 流来的压力油进入先导调压阀的前腔，由于 P_1 和 T_1 口封闭，故压力油不能经过电磁阀而被堵住，此时系统在主溢流阀的调压值下工作；当电磁阀 1DT 或 2DT 通电时，A_1、B_1 可外接调压阀进行多级压力控制。

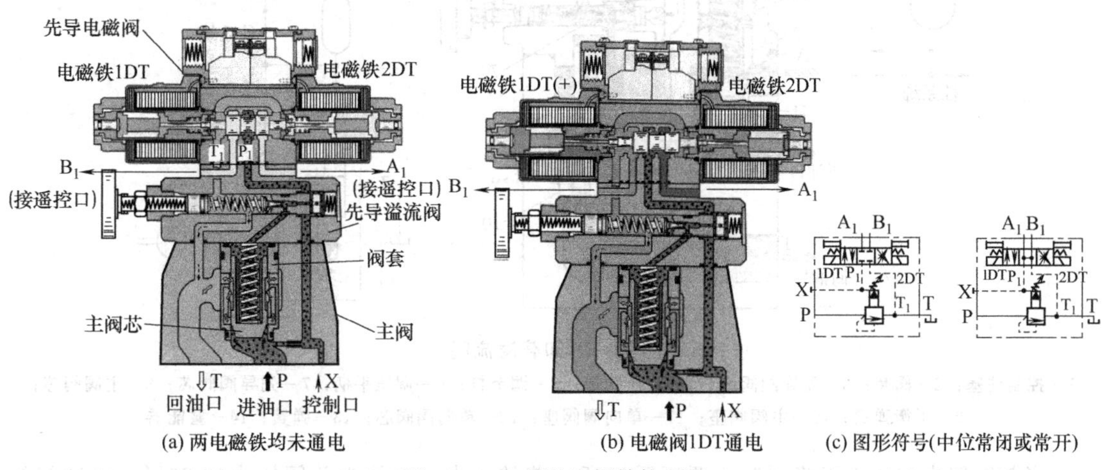

(a) 两电磁铁均未通电 (b) 电磁阀1DT通电 (c) 图形符号(中位常闭或常开)

图 4-93 电磁溢流阀结构原理

14. 怎样用电磁溢流阀进行多级压力控制?

如图 4-94 所示，图 4-94（a）中的先导电磁阀为常闭型，A_1、B_1 口分别接二级与三级直动式溢流阀（调压阀），如主阀、二级与三级直动式溢流阀分别调成不同的压力，可进行三级压力控制：例如 20MPa、10MPa 与 5MPa，当电磁铁不通电时，系统压力 p 为 20MPa；当电磁铁 1DT 通电时，系统压力 p 为 10MPa；当电磁铁 2DT 通电时，系统压力 p 为 5MPa。如先导电磁阀采用图 4-94（b）所示的常开型，当电磁铁不通电时，系统卸载。

15. 什么叫卸载溢流阀?

卸载溢流阀简称卸载阀，又称为“蓄能器/泵卸载阀”。它是在溢流阀（或外控式顺序阀）的基础上加上特制的单向阀组合而成的组合阀，因此又叫单向溢流阀，可对液压系统实现自动卸载和自动加压。

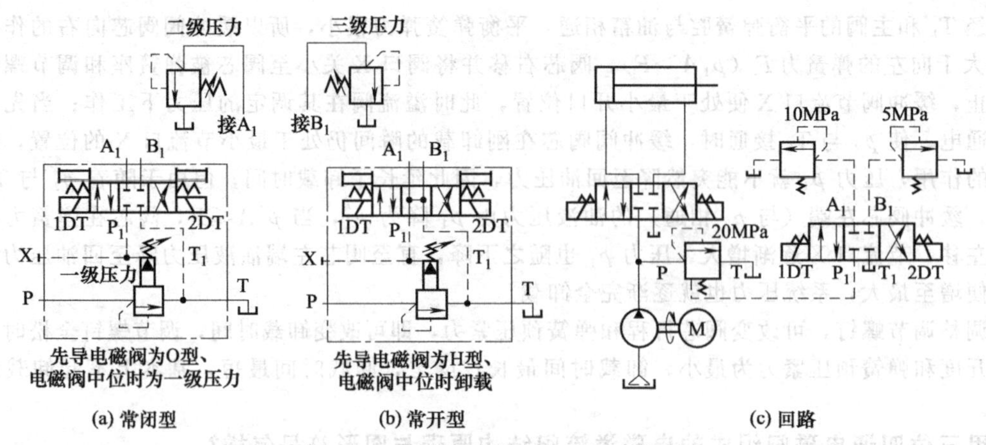

图 4-94　电磁溢流阀的多级压力控制

16. 卸载溢流阀的工作原理怎样?

如图 4-95 所示，这种阀主要用于蓄能器回路。在蓄能器 14 充压的压力超过调压手柄 6 预调的压力（关闭压力）后，推动控制柱塞 1 右行，顶开先导阀阀芯 7，主阀阀芯 8 上腔卸压而上抬，主溢流阀将被全部打开，泵来的压力油以仅相当于通过阀流阻的低压压力由 P→T 被导回油箱，这种状态称为“泵被卸载”。

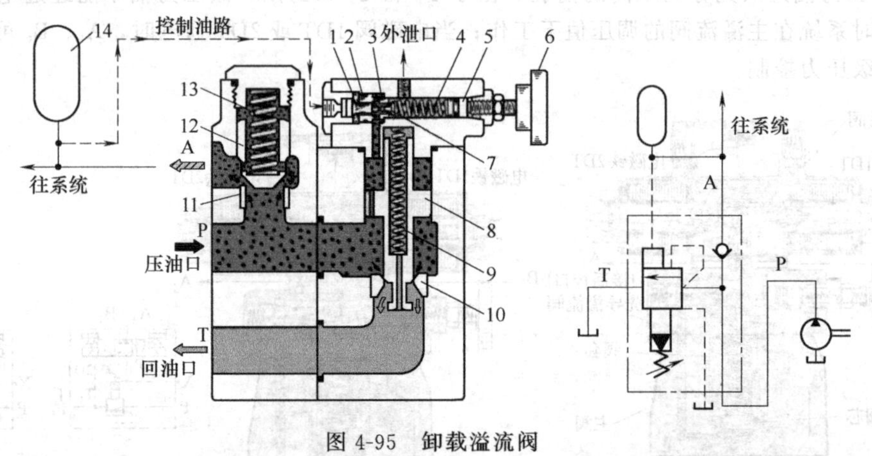

图 4-95　卸载溢流阀

1—控制柱塞；2—阀套；3—先导阀阀座；4—调压弹簧；5—调节杆；6—调压手柄；7—先导阀阀芯；8—主阀阀芯；9—平衡弹簧；10—主阀阀座；11—单向阀阀座；12—单向阀阀芯；13—弹簧；14—蓄能器

当蓄能器内的压力下降到低于调压手柄所调节的压力，大约为关闭压力的 83%，先导阀阀芯 7 关闭，主溢流阀阀芯也随之关闭，于是泵又加压，输出由 P→A→蓄能器，蓄能器重又充压。

拆开图中螺堵，外接控制油路压力油，可进行外控。

17. 什么叫制动阀? 有何功用?

如图 4-96 所示，它由两个溢流阀组合而成，专用于液压马达制动回路中。

18. 溢流阀的使用中应注意哪些事项?

① 使用的工作油黏度为 15～38cSt。

② 工作油温一般在 10～60℃。

③ 系统的过滤精度不得低于 25μm（污染度 NAS12 级以内）。

④ 安装方向无要求。管式连接阀及法兰连接阀要支承可靠，最好另有支承阀的支架；板式阀的安装面表面粗糙度为 6.3μm 以上，平面度为 0.01mm（符合“ISO/D PR6264 溢流阀安装表面”标准）。

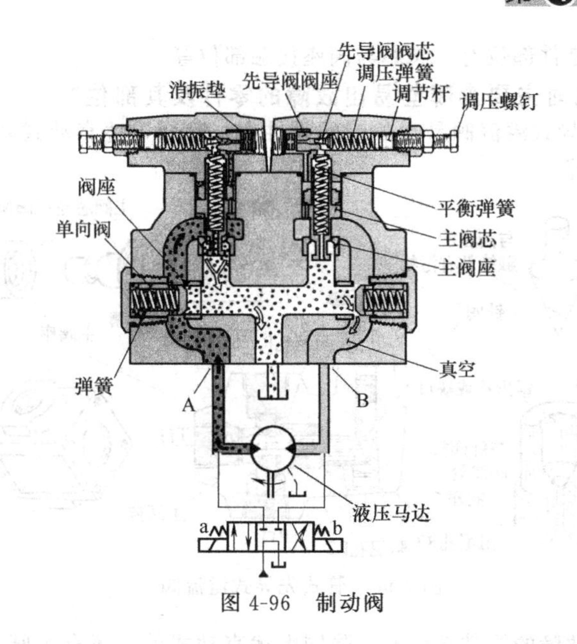

图 4-96 制动阀

⑤ 调节压力时，先松开锁紧螺母，顺时针转动手轮，压力升高；逆时针转动手轮，压力降低。调好压力后，拧紧锁紧螺母。

⑥ 溢流阀只有在需要遥控或多级压力控制时，远程控制口方可接入控制油路，其他情况一律堵上。

⑦ 溢流阀的回油阻力（背压）不得大于 0.7MPa，回油一般应直接接油箱。溢流阀为外排时，泄油口背压不得超过设定压力的 0.02。

⑧ 用户购回组件后如不及时使用，须将内部灌入防锈油，并将外露加工表面涂防锈脂，妥善保存。

⑨ 电磁溢流阀中的电磁换向阀接入的电压及接线形式必须正确。

⑩ 改变调压弹簧即可改变其调压范围，但必须用符合标准的弹簧。

⑪ 板式卸载溢流阀组合了一个单向阀，使得泵卸载时可防止液压系统压力油反向流动；管式阀则需单独连接一个通径相匹配的管式单向阀。

19. 维修直动式溢流阀时主要查哪些易出故障的零件及其部位?

如图 4-97 所示，溢流阀易出故障的零件有：阀芯、阀座、调压弹簧等。

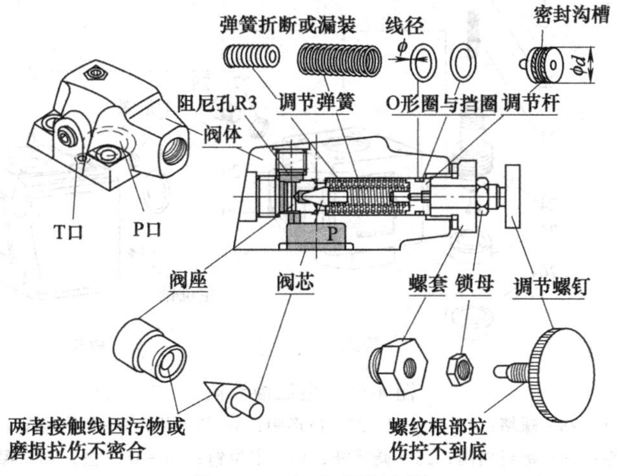

图 4-97 直动式溢流阀

溢流阀易出故障的零件部位有：阀芯与阀座接触部位等。

20. 维修先导式溢流阀时主要查哪些易出故障的零件及其部位?

如图 4-98 所示，先导式溢流阀易出故障的零件有：除同上述直动式外，还有主阀芯、主阀座、主阀体、平衡弹簧等。

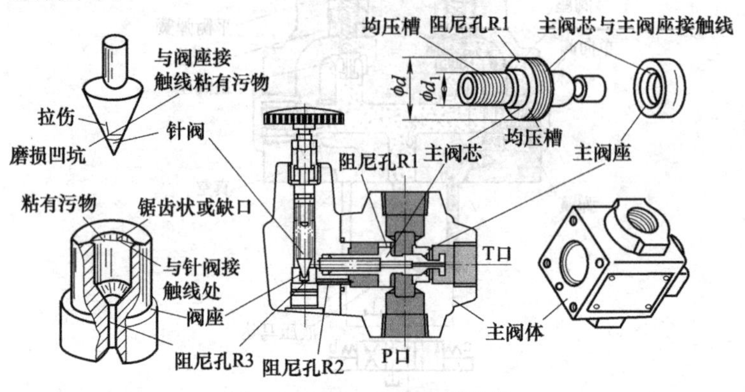

图 4-98 管式先导式溢流阀

先导式溢流阀易出故障的零件部位有：除同上述直动式外，还有主阀芯与主阀座接触部位、各阻尼孔等处。

21. 维修电磁溢流阀时主要查哪些易出故障的零件及其部位?

如图 4-99 所示，电磁溢流阀易出故障的零件有：除同上述先导式溢流阀外，还有先导电磁

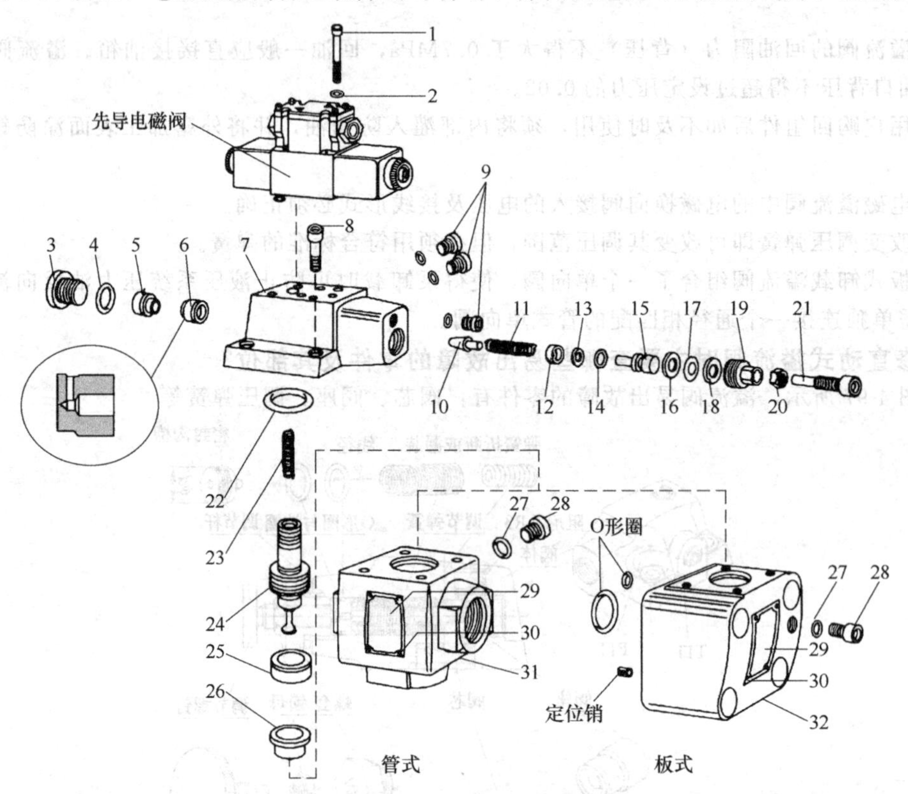

图 4-99 电磁溢流阀

1、8—螺钉；2—垫圈；3、9、28—螺堵；4、14、22、27—O 形圈；5—消振垫；6—先导阀阀座；7—阀盖；10—先导阀阀芯；11—弹簧；12—弹簧座；13—密封挡圈；15—调节杆；16—定位销；16～18—垫；19—螺套；20—锁母；21—调压螺钉；23—平衡弹簧；24—主阀芯；25—主阀座；26—堵头；29—标牌；30—铆钉；31—管式阀阀体；32—板式阀阀体

阀的主要零件等。

电磁溢流阀易出故障的零件部位有：除同上述先导式溢流阀外，还有先导电磁阀阀芯与阀体接触部位等处。

22. 压力上升得很慢、甚至一点儿也上不去怎么办?

这一故障现象是指：当拧紧调压螺钉或手柄，从卸载状态转为调压状态时，本应压力随之上升，但压力上升得很慢，甚至一点儿也上不去（从压力表观察），即使上升也滞后一段较长时间。

① 查主阀芯是否卡死在打开位置。当阀芯外圆上与阀体孔内有毛刺或有污物，使主阀芯卡死在全开位置，压力升不上去。可去毛刺、清洗解决，必要时换油。

② 查主阀芯阻尼孔 R_1：主阀芯阻尼孔 R_1 内有大颗粒污物堵塞，油压传递不到主阀芯弹簧腔和先导阀前腔，进入先导阀的先导流量 Q 几乎为零，压力上升很缓慢。完全堵塞时，形同一弹簧力很小的直动式单向阀，溢流阀如同虚设，不起作用，压力一点儿也上不去［图 4-100（b)］。

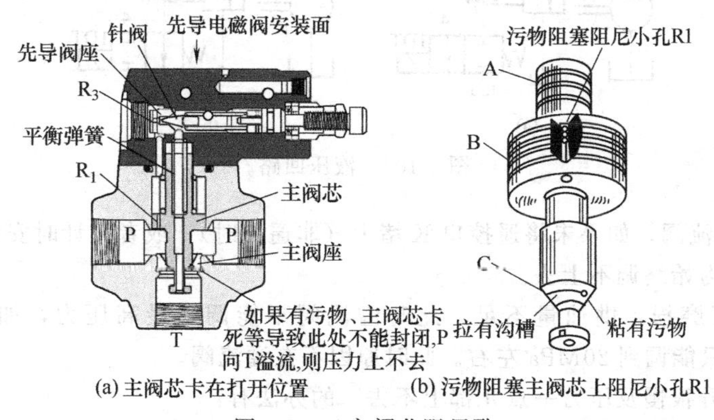

(a) 主阀芯卡在打开位置　(b) 污物阻塞主阀芯上阻尼小孔R1

图 4-100　主阀芯阻尼孔

③ 查主阀平衡弹簧是否漏装或折断。主阀平衡弹簧漏装或折断时，进油压力使主阀芯上移［图 4-101（a)］，造成压油腔 P 总与回油腔 O（T）连通，压力上不去。如果阀芯卡死在最大开口位置，压力一点儿也上不去；如果阀芯卡死在小一点的开口位置，压力可以上去一点，但不能再上升。

④ 查先导阀阀芯（锥阀）与阀座之间，是否有颗粒性污物卡住，不能密合［图 4-101（a)］。主阀芯弹簧腔压力油 p_1 通过先导锥阀连通油池，使主阀芯右（上）移，不能关闭主阀溢流口，压力上不去。

⑤ 使用较长时间后，先导锥阀与阀座小孔密合处产生严重磨损，有凹坑或纵向拉伤划痕，或者阀座小孔接触处磨成多棱状或锯齿形［图 4-101（b)］，此处经常产生气穴性磨损，加上锥阀热处理不好，接触处凹坑更深，情况便更甚。

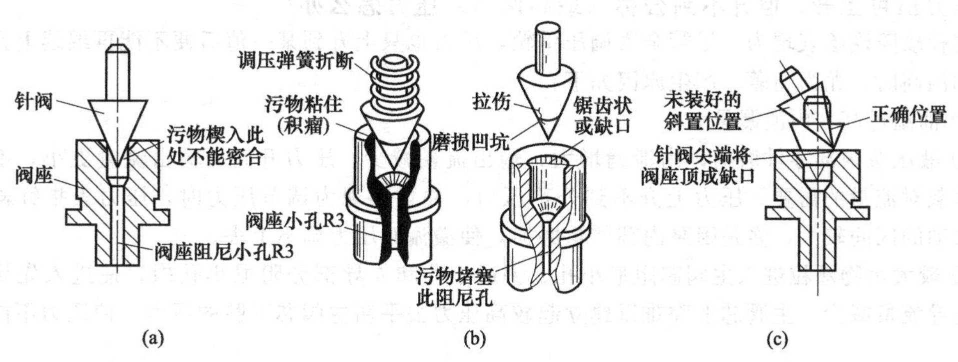

图 4-101　先导锥阀芯与先导阀座

⑥ 拆修时装配不注意，先导锥阀芯斜置在阀座上，除不能与阀座密合外，锥阀的尖端往往将阀座与锥阀接触处顶成缺口（弹簧力），不能密合［图 4-101（c）］，压力肯定上不去。

⑦ 漏装先导阀调压弹簧、弹簧折断或者错装成弱弹簧，压力根本上不去。

⑧ 先导阀阀座与阀盖孔过盈量太小，使用过程中，调压弹簧从阀盖孔内顶出而脱落，造成主阀芯弹簧腔压力油 p_1 经先导锥阀流回油箱，主阀芯开启，压力上不去。

⑨ 在图 4-102 所示的回路中，当电磁铁 1DT 断电后，如果二位二通阀的复位弹簧不能使阀芯复位，如图 4-102（a）所示，系统压力上不去；对于图 4-102（b），系统不能卸载。

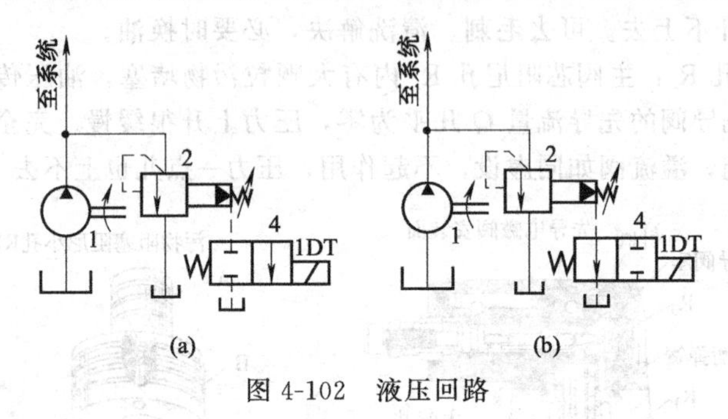

图 4-102　液压回路

⑩ 对先导式溢流阀，如果未将遥控口 K 堵上（非遥控时），或者设计时安装板上有此孔通油池，则溢流阀的压力始终调不上去。

⑪ 液压泵内部磨损，供油量不足，此时溢流阀不能调到最高压力，如最高本应可调到 32MPa，结果最高只能调到 20MPa 左右。此时原因不在溢流阀。

解决“压力上升很慢及压力一点儿都上不去”的办法有：

① 适当增大主阀芯阻尼孔直径，国内溢流阀阻尼孔直径为 $\phi0.8\sim1.5$mm，可改为 $\phi1.5\sim1.8$mm，这对静特性并无多大影响，但滞后时间可大为减少，压力能快速上升，但不能改得太大。

② 拆洗主阀及先导阀，并用 $\phi0.8\sim1$mm 的钢丝通一通主阀芯阻尼孔，或用压缩空气吹通，可排除大多情况下压力上升慢的故障。

③ 用尼龙刷等清除主阀芯、阀体沉割槽尖棱边上的毛刺，保证主阀芯与阀体孔配合间隙在 0.008～0.015mm，对通径大的溢流阀，配合间隙可适当大些。

④ 板式阀安装螺钉、管式阀管接头不可拧得过紧，防止产生阀孔变形。

⑤ 漏装、错装及弹簧折断，要补装或更换。

⑥ 不需要遥控调压时，遥控口应堵死或用螺塞塞住。对板式溢流阀，虽安装板上未钻此孔，但泄油孔处别忘了装密封圈，否则此处喷油。

23. 压力虽可上升、但升不到公称（最高调节）压力怎么办?

这种故障现象表现为：尽管全紧调压手轮，压力也只上升到某一值后便不能再继续上升，特别是油温高时，尤为显著。产生原因如下：

① 油温过高，内泄漏量大。

② 液压泵内部零件磨损，内泄漏增大，输出流量减少，压力升高，输出流量更小，不能维持高负载对流量的需要，压力上升不到公称压力，并且表现为调节压力时，压力表指针剧烈波动，波动的区间较大，多是因泵内部严重磨损，使溢流阀压力调不上去。

③ 较大污物颗粒进入主阀芯阻尼小孔、旁通小孔和先导部分阻尼小孔内，使进入先导调压阀的先导流量减少，主阀芯上腔难以建立起较高压力去平衡主阀芯下腔的压力，使压力不能升到最高。

④ 由于主阀芯与阀体孔配合过松，拉伤出现沟槽，或使用后严重磨损，通过主阀阻尼小孔

进入弹簧腔的油流有一部分经此间隙漏往回油口（如Y型阀、两节同心式阀）；对于YF型等三节同心式阀，则由于主阀芯与阀盖相配孔的滑动接合面磨损，配合间隙大，通过主阀阻尼孔进入弹簧腔的流量经此间隙再经阀芯中心孔返回油箱。

⑤ 先导针阀与阀座之间因液压油中的污物、水分、空气及其他化学性物质而产生磨损拉伤，不能很好地密合，压力也升不到最高。

⑥ 阀座与先导针阀（锥阀）接触面（线）有缺口，或者失圆成锯齿状，使两者之间不能很好地密合。

⑦ 调压手轮螺纹或调节螺钉有碰伤、拉伤，使得调压手轮不能拧紧到极限位置，不能完全将先导弹簧压缩到应有的位置，压力也就不能调到最大。

⑧ 调压弹簧因错装成弱弹簧，或因弹簧疲劳刚性下降，或因折断，压力不能调到最大。

⑨ 因主阀体孔或主阀芯外有毛刺或有锥度或有污物将主阀芯卡死在某一开度上，呈不完全打开的微开启状态。此时，压力虽可调到一定值，但不能再升高。

⑩ 液压系统内其他元件磨损或因其他原因造成泄漏大的情况。

可针对上述情况，逐一排除。

24. 有时溢流阀调压时压力为何调不下来？

此故障表现为，即使全松调压手轮，系统压力也下不来，一开机便是高压。产生这一故障的原因和排除方法有（图4-103）：

① 调节杆卡死，未能向右随手柄退出，压力下不来。此时在查明原因后，采取相应对策。

② 主阀芯因污垢或毛刺等卡死在关闭位置上，P与T被阻隔不通，压力无法降下来。

③ 先导阀阀座上的阻尼小孔 R_2 或主阀芯上阻尼小孔 R_1 被堵塞。

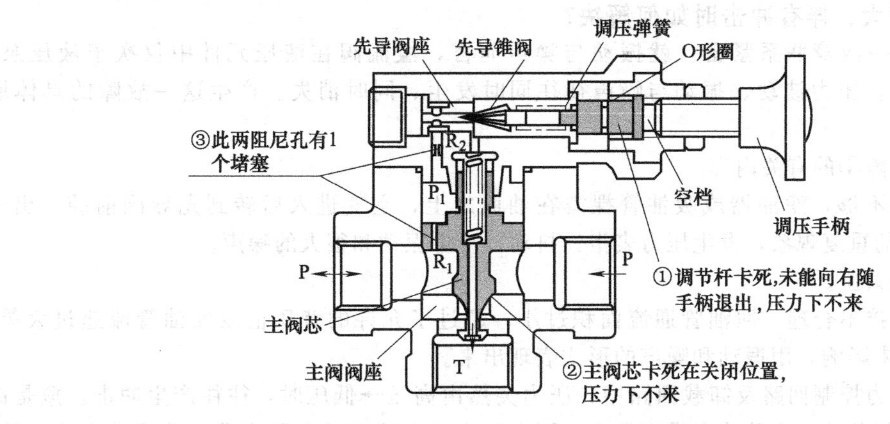

图4-103　压力下不来的三种情况

25. 若先导型溢流阀主阀芯或先导阀阀座上的阻尼孔被堵死，将会出现什么故障？

若阻尼孔完全阻塞，油压传递不到主阀上腔和先导阀前腔，先导阀就会失去对主阀的压力调节作用。因主阀芯上腔的油压无法保持恒定的调定值，当进油腔压力很低时就能将主阀打开溢流，溢流口瞬时开大后，由于主阀上腔无油液补充，无法使溢流口自行关小，因此主阀常开系统建立不起压力。若溢流阀先导锥阀座上的阻尼小孔堵塞，先导阀失去对主阀压力的控制作用，调压手轮无法使压力降低，此时主阀芯上、下腔压力相等，主阀始终关闭，不会溢流，压力随负载的增加而上升，溢流阀起不到安全保护作用。

26. 怎样排除压力波动大、振动大的故障？

例如国产Y系列、YF系列溢流阀压力波动范围分别为±0.2MPa与±0.3MPa，超过此指标便叫压力波动大。产生原因及排除方法如下：

① 查油液中是否混进了空气。空气进入系统内，或者油液压力低于空气的分离压力时，溶

解在油液中的空气就会析出气泡，这些气泡在低压区时体积较大，流到高压区时，受到压缩，体积突然变小，油中气泡体积这种急剧改变会引起压力波动、振动、液压冲击以及噪声的产生。对于先导阀前腔的空气，可将溢流阀升压、降压重复几次，便可排出阀座前积存的空气，但防止进入空气是主要的。

② 查先导针阀是否因硬度不够而磨损。针阀磨损后，针阀锥面与阀座锥面不密合，会引起开闭不稳定现象，导致压力波动大。此时应研配或更换针阀。

③ 查通过阀的实际流量是否远大于该阀的额定流量。实际流量不能超过溢流阀标牌上规定的额定流量。

④ 查是否主阀阻尼孔尺寸偏大或阻尼长度太短，起不到抑制主阀芯来回剧烈运动的阻尼减振作用。

⑤ 查先导调压弹簧是否过软（装错）或歪扭变形。如果是，应换用合适的弹簧。

⑥ 查主阀芯运动是否灵活。运动不灵活，产生压力振摆大，此时应使主阀芯能运动灵活。

⑦ 查调压锁紧螺母是否松脱。锁母发生振动，会引起所调压力振动。

⑧ 查是否因泵的压力、流量脉动大，影响到溢流阀的压力、流量脉动。应从排除泵故障入手。

⑨ 溢流阀与其他管路产生共振，特别是使用遥控时，遥控管路的管径过大、长度太长，先导阀前腔的容积过大，容易产生高频振动、压力波动大，甚至尖叫声。因此遥控管路管径应选择ϕ3～6mm，长度宜短。在遥控配管一时改不了时，可在遥控口放入适当直径的消振垫。

⑩ 查压力表是否有问题。

⑪ 滤油器严重阻塞，吸油不畅，压力波动大而产生振动，系统会发出大的噪声。

27. 振动与噪声大、伴有冲击时如何解决?

此故障与上一故障联系紧密。就振动与噪声而言，溢流阀在液压元件中仅次于液压泵，在阀类中居首位。压力波动、振动与噪声往往同时发生、同时消失。产生这一故障的具体原因如下。

① 同上述故障④的有关内容。

② 油箱油液不够，滤油器或吸油管裸露在油面之上，空气进入后转到先导阀前腔，出现“调节压力↔0”的重复现象，发生压力表指针抖动，产生振动和很大的噪声。

③ 和其他阀共振。

④ 回油管连接不合理，回油管通流面积过小，超过了允许的背压值及回油管流速过大等，势必给溢流阀带来影响，用振动和噪声的形式表现出来。

⑤ 在多级压力控制回路及卸载回路中，压力突然由高压→低压时，往往产生冲击。愈是高压、大容量的工作条件，这种冲击噪声愈大。压力的突变和流速的急骤变化，造成冲击压力波，冲击压力波本身噪声并不大，但随油液传到系统中，如果同任何一个机械零件发生共振，就可能加大振动和增强噪声。

⑥ 机械噪声。一般来自零件的撞击，由于加工误差等原因产生零件摩擦。

⑦ 因管道口径小、流量少、压力高、油液黏度低，主阀和先导阀容易出现机械性的高频振动，一般称为自励振动声。

提高溢流阀的稳定性、防止振动和降低噪声的方法有：

① 为提高先导阀的稳定性，可在先导阀部分加置消振元件（如消振垫、消振套），采用消振螺钉（图 4-104）。消振套一般固定在先导阀前腔（共振腔）内，不能自由活动，一般在消振套上设有各种阻尼孔，日本油研公司生产的溢流阀多采用这些措施。

② 溢流阀本身装配使用不当，也会产生振动，例如三节同心配合的阀配合不良，使用时流量过大、过小等。可改用两节同心式阀，控制好零件装配质量并注意有关事项等。

③ 使用能防止冲击振动的溢流阀。

④ 在溢流阀的遥控口接一小容量的蓄能器或压力缓冲体（防冲击阀），可减少振动和噪声。

⑤ 选择合适的油液进行油温控制。

⑥ 回油管布局要合理，流速不能过大，一般取进油管的1.5～2倍。回油管背压不能过高，过高会产生噪声。应采用排气良好的油箱设计。

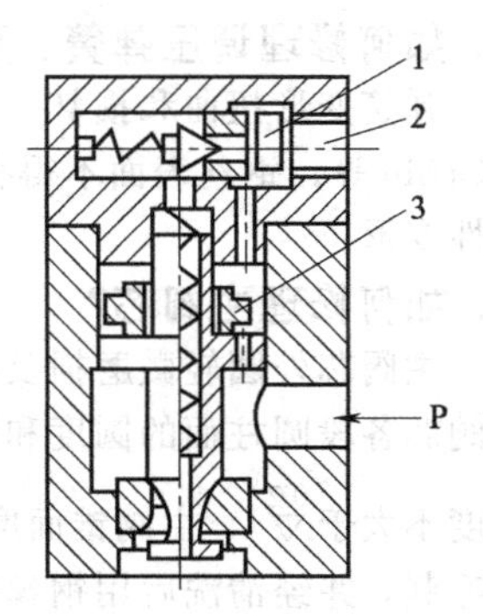

图 4-104 消振元件

1—消振垫；2—消振螺钉；3—防响块

28. 掉压、压力偏移大怎么办？

这种故障表现为：预先调好在某一调定压力，但在使用过程中溢流阀的调定压力却慢慢下降，偶尔压力上升为另一压力值，然后又慢慢恢复到原来的调节值，这种现象周期循环或重复出现。可通过看压力表和听声音来发现。它与压力波动是不同的，压力波动总围绕某一压力为中心变化，掉压则压力变化范围大，不围绕一压力中心变化。

① 调压手轮未用锁母锁紧，因振动等原因产生调压手柄的逐渐松动，从而出现掉压与压力偏移现象。

解决办法是手柄的锁紧螺母应拧紧，必要时采取在手柄上横钻一小螺钉孔，将手柄紧固。

② 油中污物进入溢流阀的主阀芯阻尼小孔内，时堵时通，使先导流量时有时无，溢流阀便会出现周期性的掉压现象，此时应清洗和换油。

③ 溢流阀严重内泄漏。

29. 如何修理先导锥（针）阀？

针阀在使用过程中，针阀与阀座密合面的接触部位常磨出凹坑或拉伤。用肉眼或借助放大镜观察，可发现凹下去的圆弧槽和拉伤的直槽，出现这种情况后，压力便调不上去。购买一针阀或自制一针阀，往往可使溢流阀恢复正常工作。

① 对于整体式淬火的针阀，可夹持其柄部，在精度较高的外圆磨床上修磨锥面，尖端也磨去一点，可以再用。

② 对于氮化处理的针阀，因氮化淬硬层很浅，修磨后会磨去氮化层，所以修磨掉凹坑后，应将针阀再次氮化处理。

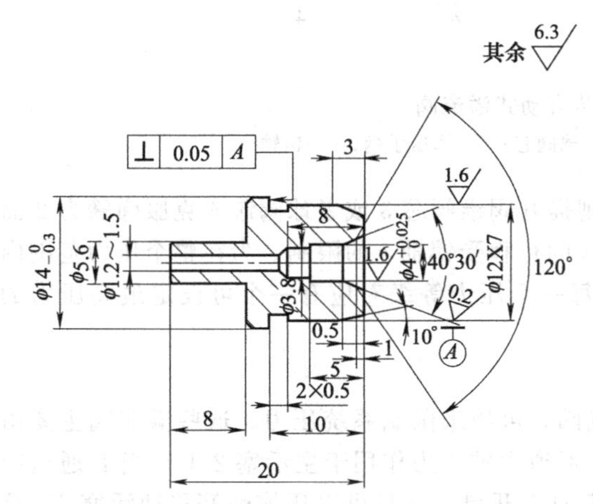

图 4-105 阀座（Y型溢流阀）

30. 如何修理先导阀座与主阀座？

阀座与阀芯相配面，在使用过程中会因压力波动、经常的启闭撞击，产生磨损。另外污物进入，特别容易产生拉伤。

如果磨损不严重，可不拆下阀座，与针阀对研（需做一手柄套在针阀上），或用一研磨棒，头部形状与针阀相同，进行研磨。

如果拉伤严重，阀座一般不淬火，为软材料（如未淬火45钢），因而可用120°中心钻，将阀座上的缺陷和划痕修掉，然后用120°的研具仔细对研。对研具的光洁度和几何精度应有较高要求。

一般卸下的阀座，破坏了阀座与原相配孔的过盈配合，须重做阀座，并将与阀盖孔相配的尺寸适当加大，重新装配后阀座才不至于被冲出而造成压力上不去的故障。图4-105为阀座（Y型溢流阀）。

31. 如何修理调压弹簧、平衡弹簧?

弹簧变形扭曲和损坏，会产生调压不稳定的故障，应予以更换。弹簧材料选用 50CrVA、50CrMn 等，钢丝表面不得有缺陷，以保证钢丝的疲劳寿命，弹簧须经强压处理，以消除弹簧的塑性变形。

32. 如何修理主阀芯?

主阀芯外圆轻微磨损及拉伤时，可用研磨法修复。磨损严重时，可刷镀修复或更换新阀芯，主阀芯各段圆柱面的圆度和圆柱度均为 0.005mm，各段圆柱面间的同轴度为 0.003mm，表面粗糙度不大于 $\overset{0.2}{\bigtriangledown}$，主阀锥面磨损时，须夹持外圆校正同心后，再修磨锥面。重新装配时，须严格去毛刺，并经清洗后用钢丝通一通主阀芯上的阻尼孔，做到目视能见亮光。

33. 如何修理阀体与阀盖?

阀体修理主要是修复磨损和拉毛的阀孔，可用研磨棒研磨或用可调金刚石铰刀铰孔修复。但经修理后孔径一般扩大，须重配阀芯。孔的修复要求为孔的圆度、圆柱度为 0.003mm。

阀盖一般无需修理，但在拆卸、打出阀座后破坏了原来的过盈配合，一般应重新加工阀座，加大阀座外径，再重新将新阀座压入，保证紧配合。在插入“锥阀-弹簧-调节杆”组件时，要倒着插入阀盖孔内，以免产生锥阀不能正对进入阀座孔内的情况。

34. DBD 型螺纹插装直动式溢流阀的结构是怎样的?

如图 4-106 所示，该阀主要包括阀套 1、弹簧 2、带缓冲滑阀的锥阀芯 3（压力等级 25～400bar）或球阀芯 4（压力等级 630bar）、调压手柄 5，借助于调压手柄 5 可设定系统压力。弹簧 2 将锥阀芯 3 压在其阀座上。管路 P 和系统泵连接。系统压力作用在提升阀锥（或球）阀芯面积上。

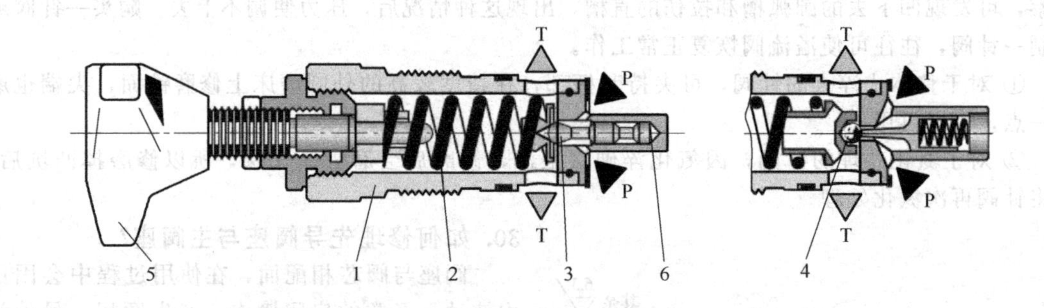

图 4-106 螺纹插装直动式溢流阀

1—阀套；2—弹簧；3—锥阀芯；4—球阀芯；5—调压手柄；6—销轴

如果管路中 P 的压力超过弹簧 2 的设定值，则提升阀锥阀芯 3 或者球阀芯 4 克服弹簧力 2 而开启。压力油从 P 管路流向 T 管路。提升阀阀芯 3 的行程受销轴 6 的限制。为在整个压力范围内获得准确的压力设定值，压力划分为 7 个等级，每一个压力等级对应有一个可设定最高压力的弹簧。

35. DB6D 型直动式溢流阀的结构是怎样的?

图 4-107 所示的 DB6D 型压力阀是直动式溢流阀，可用来限制系统压力。这些溢流阀主要由带有主活塞 2 和压力调节螺钉 3 的阀体 1 构成。P 通道中的压力作用于主活塞 2 上。当 P 通道中的压力上升到超过 5 上所设置的值时，锥阀 4 就朝向 5 开启，并且可以压缩弹簧移动活塞 2。这样液压油就会通过控制口 6 从 P 通道流向 T 通道。

36. DBT 型座阀式（遥控阀）直动式溢流阀的结构是怎样的?

图 4-108 所示的 DBT 型溢流阀是座阀结构形式的遥控阀，用来限制系统压力，通过调节元

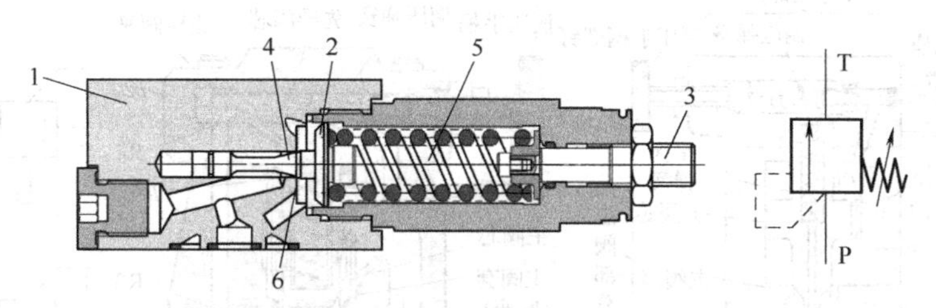

图 4-107　DB6D 型直动式溢流阀的结构

1—阀体；2—主活塞；3—压力调节螺钉；4—锥阀；5—弹簧；6—控制口

件以手动方式进行调节。这些阀主要由壳体 1、锥阀 2 和阀座 3 构成。锥阀 2 在无负荷位置压向阀座 3，从而阻断 P 接口和 T 接口之间的连接。当液压作用力等于调压螺钉 4 上所设置的作用力时，阀就调节到所设置的压力。将锥阀 2 从阀座 3 上抬起，就可以使多余的液压油从 P 向 T 流出。当弹簧 5 完全卸载之后，就会出现最小 3bar 的压力（弹簧预紧力）。

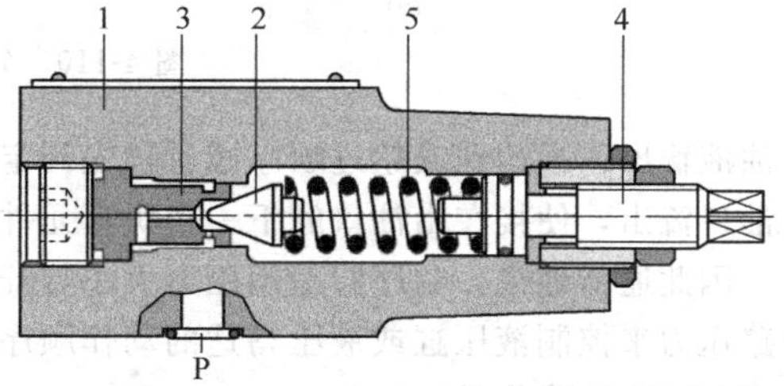

图 4-108　DBT 型座阀式（遥控阀）直动式溢流阀的结构

1—壳体；2—锥阀；3—阀座；4—调压螺钉；5—弹簧

37. DBV6V 型先导式溢流阀的结构是怎样的?

图 4-109 所示的 DBV6V 型压力阀是先导式溢流阀，这种溢流阀主要由带有主阀芯 2 的主阀体 1 和带有调压螺钉 4 的先导阀 3 构成。P 通道中的压力作用于主活塞 2 上。此压力同时作用在主阀芯 2 的弹簧加载侧以及先导阀 3 中的阻尼孔 5 上。当 P 通道中的压力上升到弹簧 6 上所设置的值时，先导阀锥阀芯 7 就朝向弹簧 6 开启，并且可以朝向弹簧移动主阀芯 2。这样液压油 P 就会通过控制口 8 从 P 通道流向 T 通道。

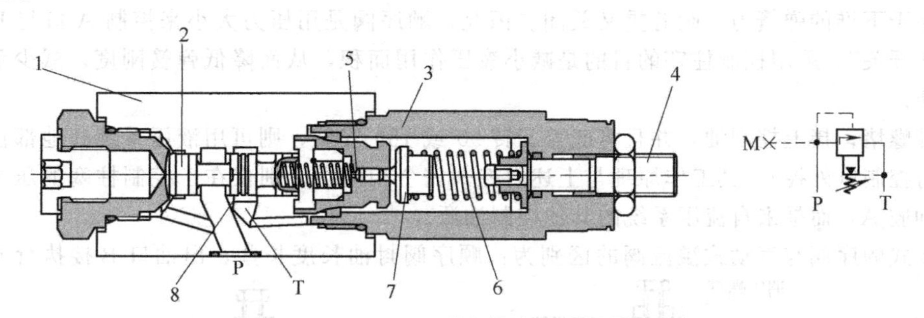

图 4-109　DBV6V 型先导式溢流阀的结构

1—主阀体；2—主阀芯；3—先导阀；4—调节螺钉；5—阻尼孔；6—弹簧；7—先导阀锥阀芯；8—控制口

38. 一般先导式溢流阀的结构是怎样的?

先导式溢流阀的结构如图 4-110 所示，它由先导调压阀和主阀两大部分所构成。主阀是由阀体、主阀芯、平衡弹簧和主阀座等组成，先导阀部分与上述直动式溢流阀相同。

4.3.3　顺序阀

1. 什么是顺序阀?

顺序阀串联于油路，利用进口侧压力的升高或降低来导通或关闭油路，当阀的进口压力（一次压力）未达到顺序阀所预先调定好的压力之前，顺序阀是关闭的，出油口（二次侧压力油口）

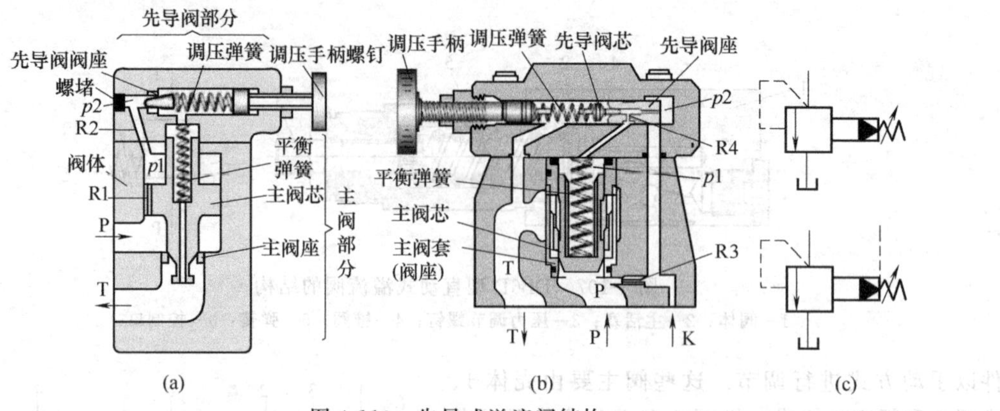

图 4-110　先导式溢流阀结构

无油液输出；当达到或超过顺序阀所预先调定的压力后，此阀开启，进、出油口相通，压力油从出油口流出，使接在出油口的下一个执行元件动作。

因此通俗地说：顺序阀是用压力大小打开或关闭油路的一个“液压开关”。因为该阀是利用油路压力来控制液压缸或液压马达的动作顺序，所以叫做顺序阀。

2. 顺序阀怎样分类？

顺序阀按结构形式和工作原理分有直动式和先导式两种；按控制油来源可分为内控（内供）式和外控（外供）式，外控式常称为液控顺序阀。

3. 直动式顺序阀的工作原理怎样？

直动式顺序阀的工作原理如图 4-111（a）所示，一次压力油 p_1 从进油口 A 进入，经孔 b、孔 a 作用在控制柱塞下端的承压面积上。当进油口的压力 p_1 较低、不足以克服调压弹簧的作用力时，阀芯关闭，无油液流向出口 A（p_1 与 p_2 不通）；当 p_1 上升，作用在控制柱塞上推阀芯的力增大，继而阀芯克服调压弹簧的弹力也上移，阀口打开，A 与 B 相通，从 A 到 B 流出，从而推动后续与 B 口连接的执行元件（液压缸或液压马达）动作；反之，当 A 口压力 p_1 下降，液压上推力小于下推的弹簧力，阀芯重又关闭。因此，顺序阀是用压力大小来控制 A 口与 B 口通断的“液压开关”。采用控制柱塞的目的是减小液压作用面积，从而降低弹簧刚度，减少手调时的调节力矩。

拆掉螺堵，接上控制油，并且将底盖旋转 90°或 180°安装，则可用液压系统其他部位的压力对阀进行控制（外控），其工作原理与上述内控式完全相同，区别仅在于控制柱塞的压力油不是来自进油腔 A，而是来自流压系统的其他控制油源。

直动式顺序阀与直动式溢流阀的区别为：顺序阀封油长度长些，出油口 B 接执行元件而不

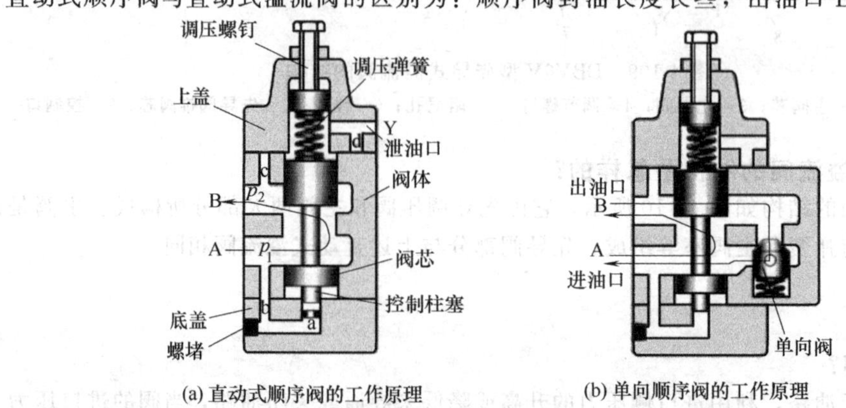

(a) 直动式顺序阀的工作原理　　(b) 单向顺序阀的工作原理

图 4-111　直动式顺序阀的工作原理

是接油箱，另外泄油口要单独接回油箱。

4. 单向顺序阀的工作原理怎样？

如图 4-111（b）所示，单向顺序阀是单向阀和顺序阀的并联组合。液流 A→B 正向流动时起顺序阀的作用，工作原理见上述内容；液流 B→A 反向流动时起单向阀的作用。

5. 直动式顺序阀的图形符号含义是什么？

直动式顺序阀的图形符号含义如图 4-112 所示。

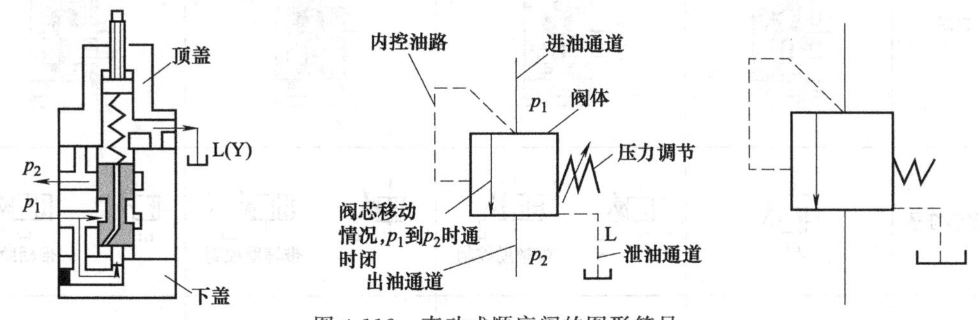

图 4-112 直动式顺序阀的图形符号

6. 先导式顺序阀的工作原理是怎样的？

先导式顺序阀的工作原理（图 4-113）与先导式溢流阀的工作原理基本相同，不同之处为顺序阀的出油口接负载，而溢流阀的出油口接油箱。

先导式顺序阀按控制油来源可分为内控式（一般的顺序阀）、外控式（液控）。

先导式顺序阀也可与单向阀组合成单向顺序阀。

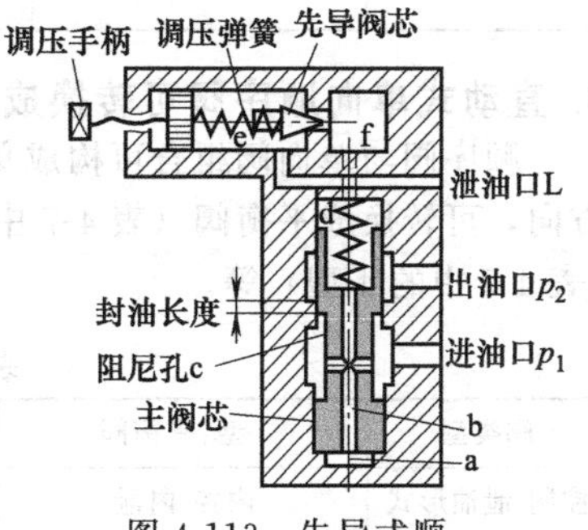

图 4-113 先导式顺序阀的工作原理

7. 直动式顺序阀可转换成哪些阀？

按控制压力油来自内部还是外部，分为内控与外控，按排油方式分为内泄与外泄。改变阀上盖与下盖方向，可进行内控与外控、内泄与外泄之间的转换，通过转换而能分别行使溢流阀、卸载阀、单向顺序阀、平衡阀等功能。

直动式顺序阀（表 4-6 中的 2 型）通过改变阀上盖与下盖方向，可转换成溢流阀（表 4-6 中的 1 型）、外控顺序阀（表 4-6 中的 3 型）与卸载阀（表 4-6 中的 4 型）等。转换方法如图 4-114 所示。

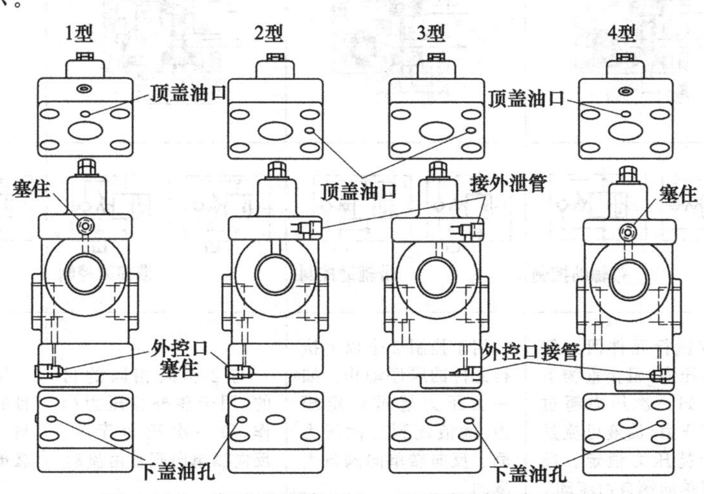

图 4-114 直动式顺序阀上、下盖不同方向的安装

表 4-6　不带单向阀的顺序阀功能转换

阀类型	1 型：低压溢流阀	2 型：顺序阀	3 型：顺序阀	4 型：卸载阀
控制-泄油形式	内控-内泄	内控-外泄	外控-外泄	外控-内泄
示意图	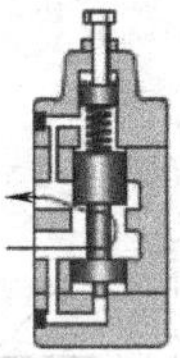	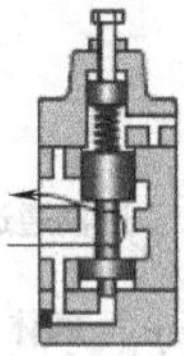	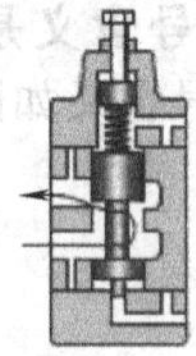	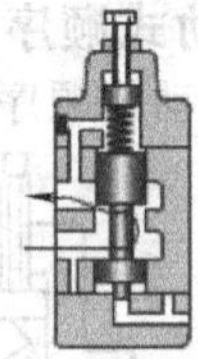
液压图形符号		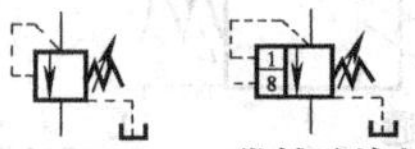 带辅助控制	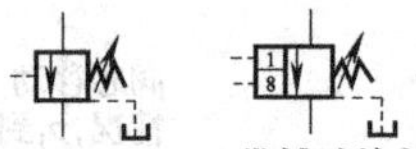 带辅助控制	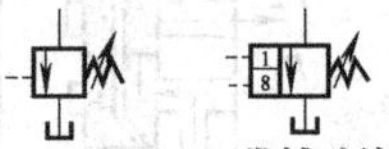 带辅助控制
工作说明	能作低压溢流阀，但要注意不要出现冲击压力	用于控制 2 个以上执行元件的顺序动作。如一次压力侧超过阀的设定压力时，液流通到二次压力侧	用于与 2 型相同的目的，靠外控先导压力操作，和一次压力无关	用作卸载阀，如外控压力超过设定压力，全部流量回油箱而泵卸载

8. 直动式单向顺序阀可转换成哪些阀？

顺序阀与单向阀组合可构成单向顺序阀（表 4-7 中的 2 型），同样通过改变其阀上盖与下盖方向，可转换成平衡阀（表 4-7 中的 1 型）、外控单向顺序阀（表 4-7 中的 3 型）与外控平衡阀（表 4-7 中的 4 型）等。

表 4-7　带单向阀的顺序阀功能转换

阀类型	1 型：平衡阀	2 型：单向顺序阀	3 型：单向顺序阀	4 型：平衡阀
控制-泄油形式	内控-内泄	内控-外泄	外控-外泄	外控-内泄
示意图	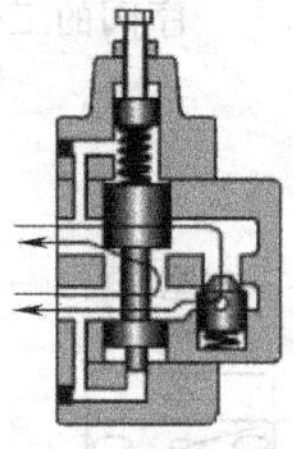	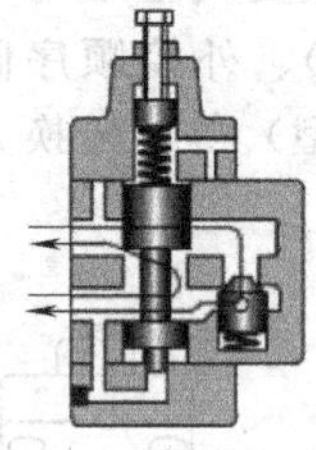	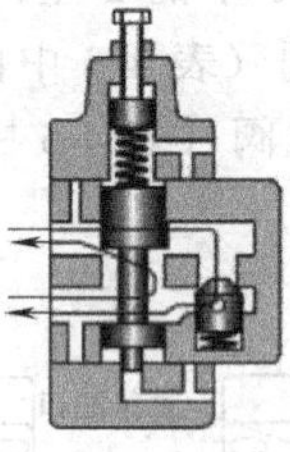	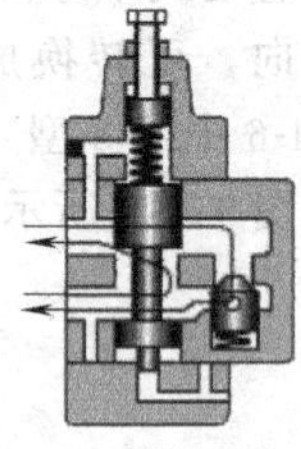
液压图形符号	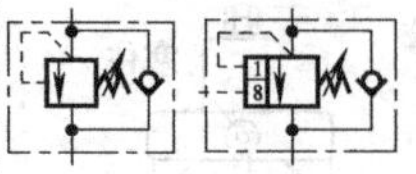 带辅助控制	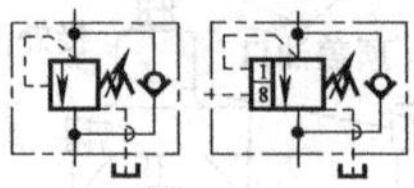 带辅助控制	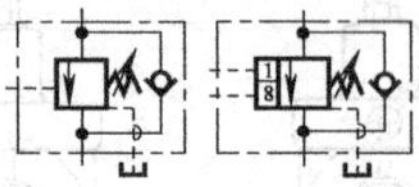 带辅助控制	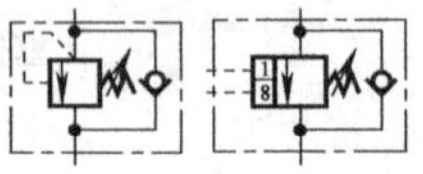 带辅助控制
工作说明	使执行元件回油侧产生压力，阻止重物下落。如一次压力超过设定压力，油液可流过而保持压力恒定。反向靠单向阀自由流动	用于控制 2 个以上执行元件的顺序动作。如一次压力超过设定压力，油液流到二次压力侧。反向靠单向阀自由流动	与 2 型阀相同的目的，用于靠外控压力操作，和一次压力无关。反向靠单向阀自由流动	用于与 1 型阀相同的目的，靠外控压力操作，与一次压力无关。反向靠单向阀自由流动

9. 先导式顺序阀工作原理怎样？有哪些形式？各有什么用途？怎样转换？

以图4-115所示的力士乐博世公司DZ型先导式顺序阀为例，说明它的工作原理。

油路A的压力油经控制油路4.1作用于先导阀2中的先导阀芯5上。同时，它经螺堵6作用于主阀芯7的弹簧腔。当该压力超过弹簧8的设定值时，先导阀芯5克服弹簧8移动。该压力信号由内部从油口A经控制油路4.1获得。主阀芯7弹簧腔的油液→阻尼9→控制台肩10、控制油路11、12→B通道。这样，主阀芯7两端就产生一个压力降，油口A至B被打开而连通，弹簧8设定的压力保持不变。

先导阀芯5的泄漏油，经油路13由内部引入油道B。安装可选择的单向阀3，用于油液从油口B至A的自由回流。

先导式顺序阀根据不同使用要求，也有内供内排、外供内排、内供外排、外供外排四种形式。不同形式，用途不同。列举如下：

① 内供外排—作顺序阀用。阻尼4.1导通，螺堵12与14卸掉，螺堵4.2、13与15堵上。

② 外供内排—作平衡支撑阀（液控顺序阀）用。阻尼4.2导通，螺堵12与13卸掉，螺堵4.1、14与15堵上。

③ 内供内排—作背压阀用。螺堵4.2、14与15堵上，4.1、12、13导通，且二次油口B接油箱而不是负载。

④ 外供外排—作卸载阀和旁通阀用。螺堵4.2、14和15卸掉，螺堵4.1、12和13堵上。

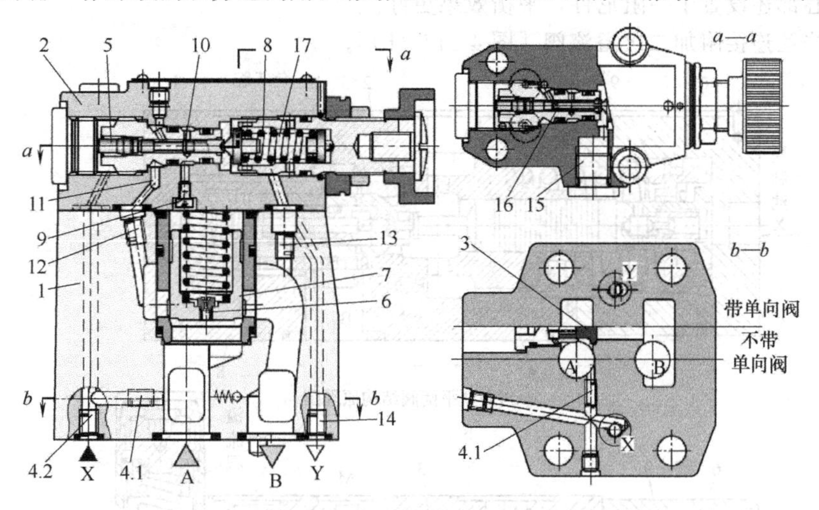

图4-115 先导式顺序阀

1—主阀体；2—阀盖；3、4、6、15—螺堵；5—控制柱塞；7—主阀芯；8—调压弹簧；9—阻尼螺钉；10—台肩；11～14—油道或螺塞；16—油道

10. 先导式顺序阀各种形式下的图形符号是怎样的？

先导式顺序阀各种形式下的图形符号如图4-116所示。

11. 高要求的平衡阀结构原理是怎样的？

上述普通的单向顺序阀作平衡阀用，因没有过流断面的精细控制，性能上往往不太理想，难以满足工程机械、起重类液压系统的要求，所以这类液压设备往往使用下述专门意义上的平衡阀。

以图4-117（a）所示的德国力士乐公司的FD型平衡阀结构原理为例。当起吊的重物下落时，液流流动的方向从B到A，X为控制油口。当X未通入控制压力油时，控制活塞4处于左位，由重物下降使B腔产生的压力油通过阀套上一排小孔及后续油孔进入腔a，作用在锥阀2的右边，锥阀2被压紧在阀套7的座阀口上，重物被锁定；当从X口输入控制油时，活塞4左端面上受到液压力而右移，先顶压锥阀芯2内的钢球（先导阀）3，辅助阀芯10也右移，切断了B腔

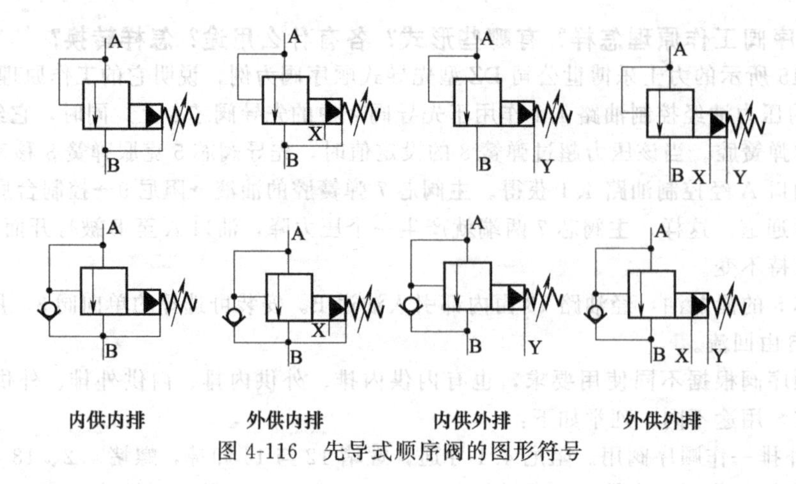

图 4-116　先导式顺序阀的图形符号

与 a 腔的通路，弹簧腔先卸压（此时 B 尚未与 A 通）。当活塞 4 继续右移使其右端面与锥阀 2 的左端面刚接触时，活塞 4 左端的环状端面 b 刚好与活塞组件 5 接触形成一体。这样在控制油的作用下，连成一体的组件 4 与 5 压缩弹簧 9 而右移，此时顶开锥阀 2，B 口的通路通过阀套 7 上的几排小孔逐步打开，精细地改变其通流面积，起到较好的阻尼平衡作用（逐级减小阻尼）。另外，活塞 4 左端心部还设置了一阻尼件，平衡效果更好。

还可用法兰连接附加二次溢流阀［图 4-117（b)］。

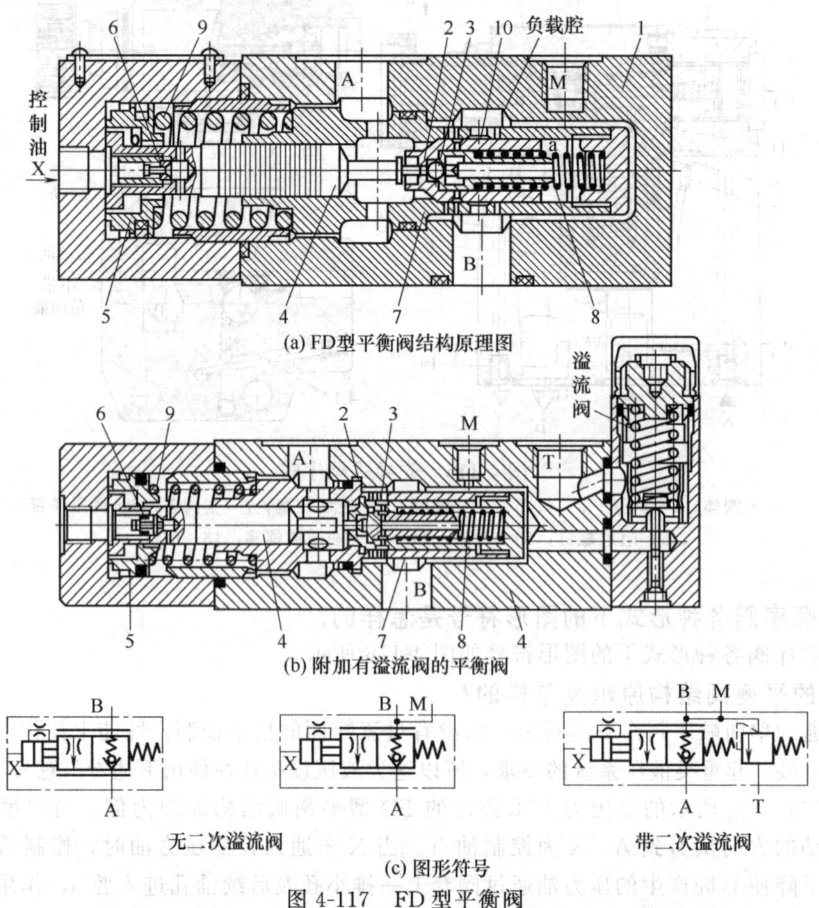

图 4-117　FD 型平衡阀

1—阀体；2—锥阀；3—先导锥阀；4—控制活塞；5—活塞组件；6—阻尼组件；7—阀套；8—弹簧组件；9—控制弹簧；10—辅助阀芯

12. 怎样用顺序阀实现多缸顺序动作控制?

如图 4-118 所示，用顺序阀控制两缸间的顺序动作。当换向阀 5 切换至左位时，液压缸实现动作①；当动作①完成后，系统压力升高，压力油打开顺序阀 3 进入液压缸 1 的无杆腔，实现动作②。同样地，当换向阀 5 切换至右位且单向顺序阀 4 的设定压力大于液压缸 1 最大返回负载压力时，两液压缸 1 和 2 按③和④的顺序向左返回。返回中，缸 1 和缸 2 的无杆腔的油液分别经阀 3 中的单向阀和阀 4 中的单向阀排回油箱。这种回路能否严格按规定的顺序动作，取决于顺序阀的性能优劣。

13. 顺序阀怎样作卸载阀用?

如图 4-119 所示，将外控顺序阀即卸载阀的控制油口与液压泵出口相连，当系统中主油路的压力达到或超过卸载阀的设定值时，该阀打开，使低压大流量泵卸载，高压小流量泵在溢流阀调定的压力向系统供油。

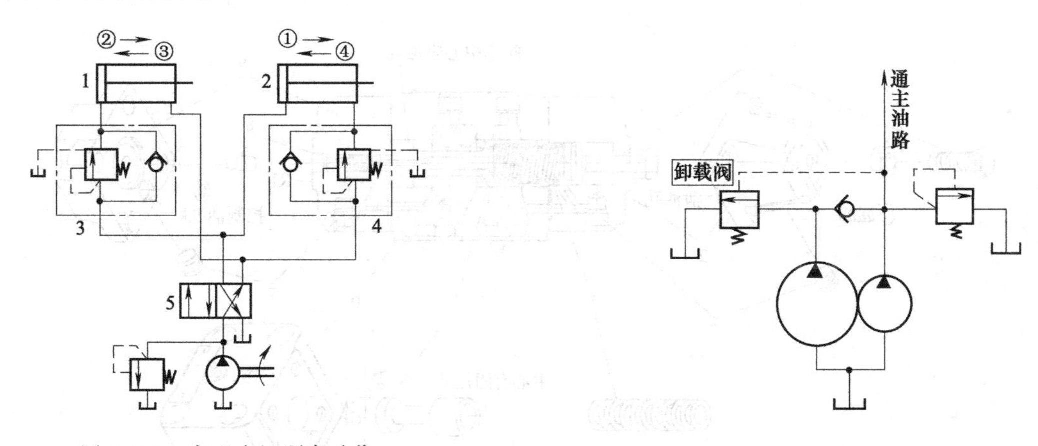

图 4-118 实现多缸顺序动作
1、2—液压缸；3、4—顺序阀；5—换向阀

图 4-119 作卸载阀用

14. 平衡支撑回路中的内控式单向顺序阀起何作用?

图 4-120 为用内控式单向顺序阀的平衡回路，适当调节顺序阀的开启压力，可使垂直安装的液压缸下降时，液压缸有杆腔中产生的背压平衡活塞自重，防止重物超速下降发生事故和气穴现象。当三位四通阀左位工作时，压力油进入液压缸的上腔，缸下行，使液压缸下腔油压上升。当下腔压力超过顺序阀的调定压力时，活塞才向下运动。由内控式单向顺序阀构成的平衡回路起到平衡液压缸活塞重量的作用。

15. 平衡支撑回路中的外控式单向顺序阀起何作用?

图 4-121 为采用外控式顺序阀和单向阀的平衡回路。该回路的外控顺序阀的启闭取决于控制油口油压的高低，与顺序阀的进口压力无关。液压缸下行时，顺序阀被有杆腔压力（亦即顺序阀控制压力）打开，背压消失，所以能量损失较小。但此回路中，当液压缸的有杆腔压力使顺序阀开启后，此压力将迅速下降，这可能导致顺序阀重新关闭；紧接着有杆腔压力又升高，顺序阀重新打开，活塞又向下运动，所以液压缸的运动平稳性较差。消除或缓解此现象的方法是在控制油路中设置一节流阀或可变液阻，使顺序阀的启闭动作减慢。

16. 直动式顺序阀查哪些易出故障的零件及其部位?

如图 4-122 所示，顺序阀易出故障的零件有：阀芯、阀座、调压弹簧等。顺序阀易出故障的零件部位有：阀芯与阀座接触部位等。

17. 始终不出油、不起顺序阀作用怎么办?

参照图 4-122。

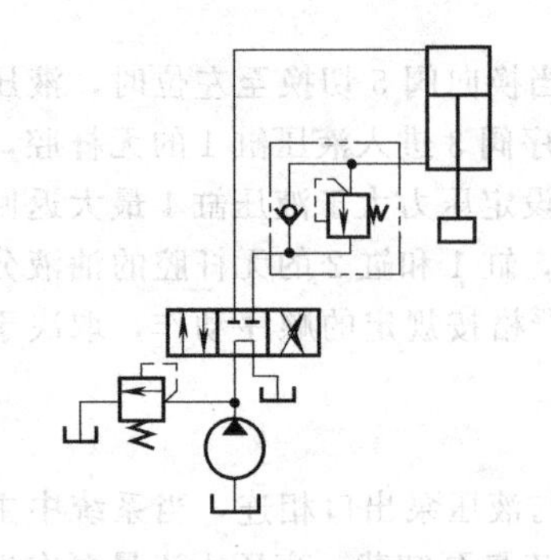

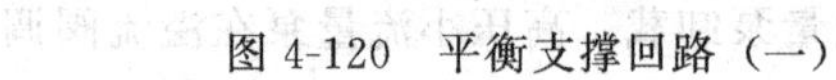

图 4-120 平衡支撑回路（一）

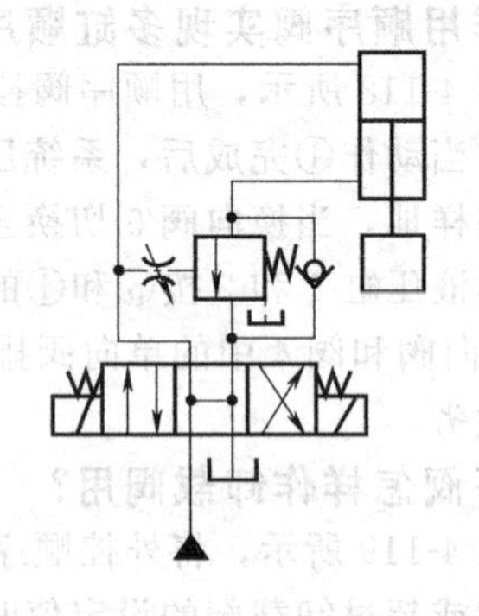

图 4-121 平衡支撑回路（二）

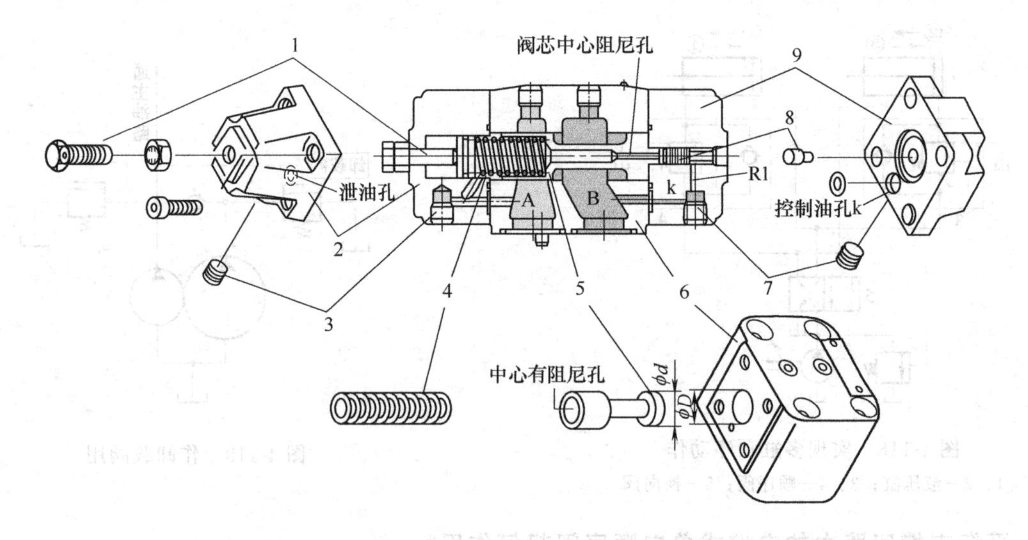

图 4-122 顺序阀易出故障的零件及其部位

1—调压螺钉；2—顶盖；3、7—螺堵；4—调压弹簧；5—阀芯；6—阀体；8—控制柱塞；9—底盖

① 查阀芯 5 是否卡死在关闭位置上。如油脏、阀芯上有毛刺、污垢，阀芯几何精度差等，将主阀芯卡住在关闭位置，A 与 B 不能连通。可采取清洗、更换油液、去毛刺等方法进行修理。

② 查控制油流道是否堵塞。如内控时阻尼小孔 R1 堵死，外控时遥控管道（卸掉螺堵 7 所接的管子）被压扁堵死等情况，无控制油去推动控制柱塞 8 左行，进而向左推开主阀芯。可清洗或更换、疏通控制油管道。

③ 外控时的控制油压力不够，压力不足以推动控制柱塞 8、主阀芯 5 左行，A 与 B 不能连通。此时应提高控制压力，并拧紧端盖螺钉，防止控制油外漏而导致控制油压力不够的现象。

④ 查控制柱塞 8 是否卡死，不能将主阀芯向左推，阀芯打不开，A 与 B 不能连通。

⑤ 泄油管道中背压太高，使滑阀不能移动。泄油管道不能接在回油管道上，应单独接回油箱。

⑥ 调压弹簧太硬，或压力调得太高。更换弹簧，适当调整压力。

18. 为何超过设定值时顺序阀还不打开?

① 主阀弹簧错装成硬弹簧。

② 控制活塞卡死不动。

③ 拆修重装时，控制活塞漏装，结果控制压力油由阀芯阻尼孔经泄油孔卸压，主阀芯在弹簧力作用下关闭，阀芯打不开。或者控制活塞虽未漏装，但装倒一头（小头朝上），大头下沉，堵住先导压力来油（图 4-123），使先导压力控制油失去作用。此时可根据上述各种情况，分别予以处理。

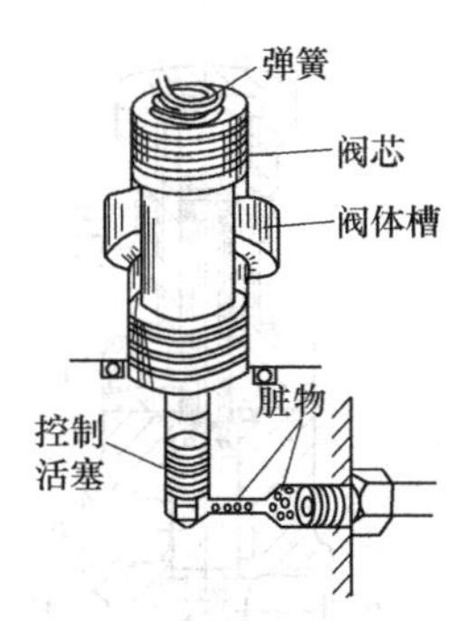

图 4-123 堵住先导压力来油

19. 始终流出油、不起顺序阀作用怎么办?

① 因几何精度差、间隙太小；弹簧弯曲、断裂；油液太脏等原因，阀芯在打开或关闭位置上卡死（图 4-124），阀始终流出油或不流出油。此时应进行修理，使配合间隙达到要求，并使阀芯移动灵活；检查油质，若不符合要求，应过滤或更换；更换弹簧。

② 单向顺序阀中的单向阀在打开位置上卡死或其阀芯与阀座密合不良时应进行修理，使配合间隙达到要求，并使单向阀芯移动灵活；检查油质，若不符合要求，应过滤或更换。

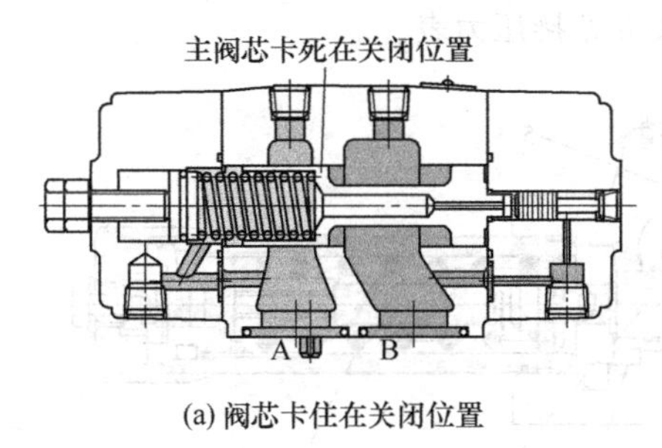

(a) 阀芯卡住在关闭位置

(b) 阀芯卡住在打开位置

图 4-124 阀芯卡住

③ 调压弹簧断裂时更换弹簧。

④ 调压弹簧漏装时补装弹簧。

⑤ 未装锥阀或钢球时予以补装。

20. 为何当系统未达到顺序阀设定的工作压力时，压力油液却从二次口流出?

① 查主阀芯是否因污物与毛刺卡死在打开的位置。主阀芯卡死在打开的位置，顺序阀变为直通阀。此时应拆开清洗、去毛刺，使阀芯运动灵活、顺滑。

② 主阀芯外圆 ϕd 与阀体孔内圆 ϕD 配合过紧，主阀芯卡死在打开位置，顺序阀变为直通阀。此时可卸下阀盖，将阀芯在阀体孔内来回推动几下，使阀芯运动灵活，必要时研磨阀体孔。

③ 外控顺序阀的控制油道被污物堵塞，或者控制活塞被污物、毛刺卡死。可清洗、疏通控制油道，清洗控制活塞。

④ 上、下阀盖方向装错，外控与内控混淆。纠正上、下阀盖安装方向。

⑤ 单向顺序阀的单向阀芯卡死在打开位置。清洗单向阀芯。

21. 振动与噪声大是何原因?

① 回油阻力（背压）太高。降低回油阻力。

② 油温过高。控制油温在规定范围内。

22. 单向顺序阀为何反向不能回油?

单向顺序阀的单向阀卡死、打不开或与阀座不密合时，检修单向阀。

23. 直动式顺序阀的结构怎样?

顺序阀中以直动式居多，图 4-125 为国产常用的两种直动式顺序阀的结构。

24. 德国力士乐公司产的DZ…D型直动式顺序阀的结构怎样?

图 4-126 为德国力士乐公司产的 DZ…D 型直动式顺序阀的结构。使顺序阀打开工作的压力

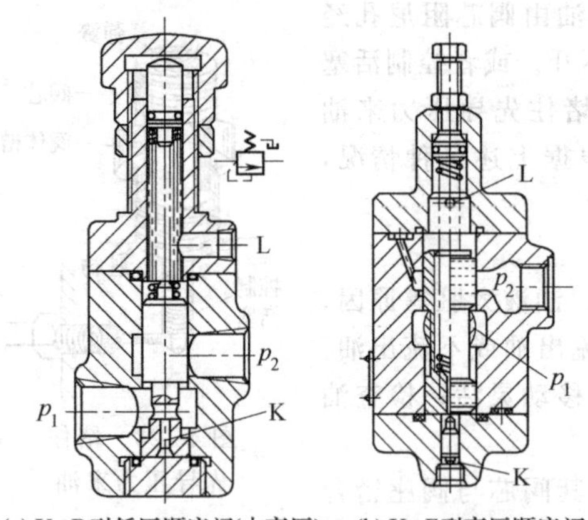

(a) X-B型低压顺序阀(中高压) (b) X-F型高压顺序阀

图 4-125 国产两种直动式顺序阀的结构

称为顺序工作压力。顺序工作压力的大小由压力调节手柄1进行调节，弹簧2使阀芯3推往左端的初始位置，A与B不通，进口A的压力油经油路4作用在阀芯3的左端（与弹簧相反侧）面上；当进口A的压力增大，超过右端作用在阀芯3上的作用力时，阀芯3右移，进口A与出口B连通，实现顺序动作（B与执行元件相连）。此时先导控制油是由A口引入的，叫“内供”；也可由外部从X引入，叫“外供”。同样与前述的溢流阀一样，控制油可以经B口内排，也可由Y口外排。内排时卸下螺堵7，外排时则堵上7。内供时卸下螺堵4，堵上螺堵8。外供时则反之。为使油液反向由B向A流动，装设了单向阀5，测压时可在接头6处接压力表。

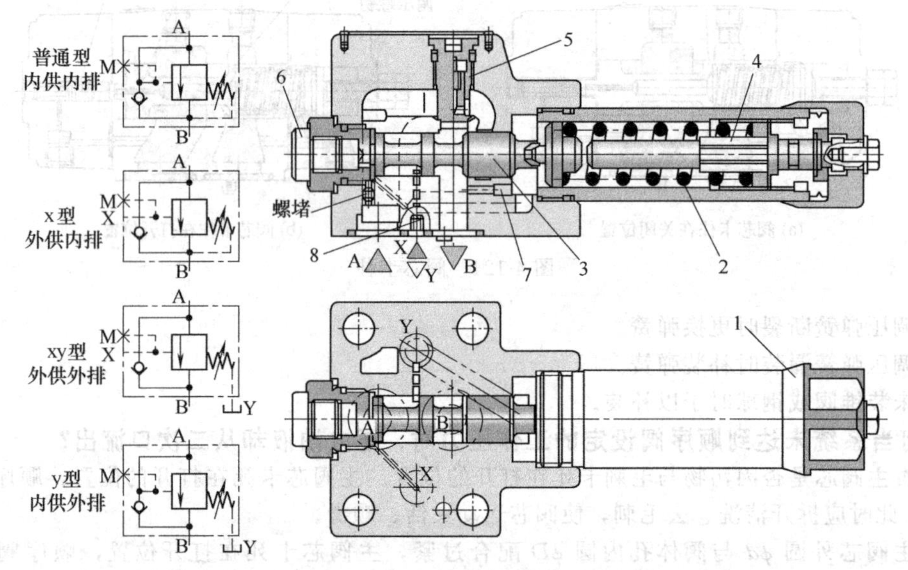

图 4-126 DZ10DPI-4X/XY…型直动式顺序阀（德国力士乐公司）

1—调节手柄；2—弹簧；3—阀芯；4、7、8—螺堵；5—单向阀；6—管接头；7—堵头

4.3.4 减压阀

1. 什么是减压阀?

减压阀是利用液流通过阀口缝隙所形成的液阻（压力损失）使出口压力低于进口压力，并使出口压力基本不变的压力控制阀。它常用于某局部油路的压力需要低于系统主油路压力的场合。减压阀是液压系统中的降压变压器。

2. 什么时候用到减压阀? 它主要有哪几类?

液压系统只有一个动力源，而不同的油路需不同工作压力时，则需要使用减压阀。

按调节要求不同，有定值减压阀、定差减压阀和定比减压阀。减压阀的主要用途是降低液压系统中某一分支油路油液的压力，使分支油路的压力比主油路的压力低且很稳定。它相当于电网中的降压变压器。按主油口的通道数分，有二通式和三通式。减压阀按结构形式和工作原理分，也有直动式和先导式两类。

3. 减压阀与溢流阀有何异同?

(1) 相同点

溢流阀与减压阀同属压力控制阀，都是通过液压力与弹簧力进行比较来控制阀动作；两阀都可以在先导阀的遥控口接远程调压阀实现远控或多级调压。减压阀与溢流阀一样有遥控口。

(2) 不同点

① 减压阀是出口压力控制，保证出口压力为稳定的值；减压阀与负载相串联，调压弹簧腔有外接泄油口，采用出口压力负反馈，不工作时阀口常开。溢流阀是进口压力控制，保证进口压力为定值。

② 减压阀阀口常开，进出油口常相通；溢流阀阀口常闭，进出油口不常通。

③ 减压阀先导级有单独的泄油口（外泄）；溢流阀弹簧腔的泄漏油可经阀体内流道内泄至出口。

④ 溢流阀出口接油箱，先导阀弹簧腔的泄漏油经阀体内流道内泄至出口；减压阀出口压力油去执行元件进行工作，压力不为零，先导阀弹簧腔的泄漏油有单独的油引回油箱。减压阀用在液压系统中获得支路压力 p_2 低于系统压力 p_1 的二次油路上，如夹紧回路、润滑回路和控制回路等支路。

必须说明，减压阀出口压力还与出口负载有关，若负载压力低于调定压力，出口压力由负载决定，此时减压阀不起减压作用。

4. 二通直动式定值减压阀的工作原理是怎样的?

如图 4-127 所示，进口压力油 p_1 经减压口减压后压力降为 p_2，从减压口流出，此为“减压”。p_2 经阀芯底部小孔进入，作用在阀芯下端，产生液压力上抬阀芯，阀芯上端弹簧力 $K(X+X_0)$ 下压阀芯，此二力平衡（稳态）时，$p_2=K(X+X_0)/A$（A——阀芯截面积；K——弹簧预压缩量；X——减压口改变量），由于 $X_0 \gg X$，所以 $p_2 \approx KX_0/A$ 为常数，即为“定值”。如果进口压力 p_1 增大（或减小），p_2 也随之增大（或减小），阀芯上抬的力增大（或减小），减压口开度 X 便减小（或增大），使 p_2 压力下降（或上升）到原来由调节螺钉调定的出口压力 p_2 为止，从而保持 p_2 不变，当出口压力 p_2 变化，也同样通过自动调节减压口开度尺寸，维持出口压力 p_2 不变。

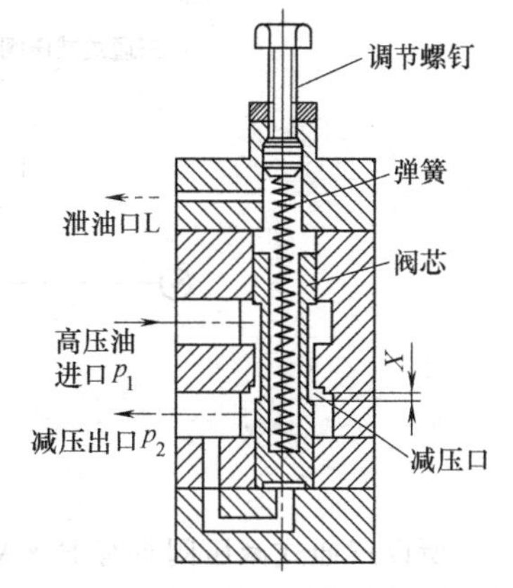

图 4-127 直动式（二通）减压阀（定值）

5. 三通直动式定值减压阀的工作原理是怎样的?

二通直动式减压阀是常见的一种形式，其最大缺点是：如果与二通式减压阀出口所连接的负载（如工件夹紧回路）突然停止运动，会产生一反向负载，即减压阀出口压力 p_2 突然上升，反馈的控制压力 p_K 升高，减压阀阀芯上抬，使减压口接近关闭，高压油没有了出路，使 p_2 又升高，有可能导致设备受损等事故，只有待 p_2 经内泄漏、压力下降后减压阀才能开启减压口。为解决这一故障隐患，出现了三通式减压阀。

所谓三通式减压阀，就是除了像二通式减压阀那样有进、出油口外，还增加了一回油口 T，所以叫“三通”。其工作原理如图 4-128 所示。

如图 4-128 (a) 所示，当压力油从进油口 P 进入，经减压口从出油口 A 流出时，为减压功能，其工作原理与上述二通式减压阀相同，出口压力的大小由调节手柄 1 调节，并由负载决定其大小。

如图 4-128 (b) 所示，当出口压力瞬间增大时，由 A 引出的控制压力油也随之增大，破坏了阀芯原来的力平衡而右移，溢流口开度增大，A 腔油液经溢流口向 T 通道溢流回油箱，使 A 腔压力降下来，行使溢流阀功能。

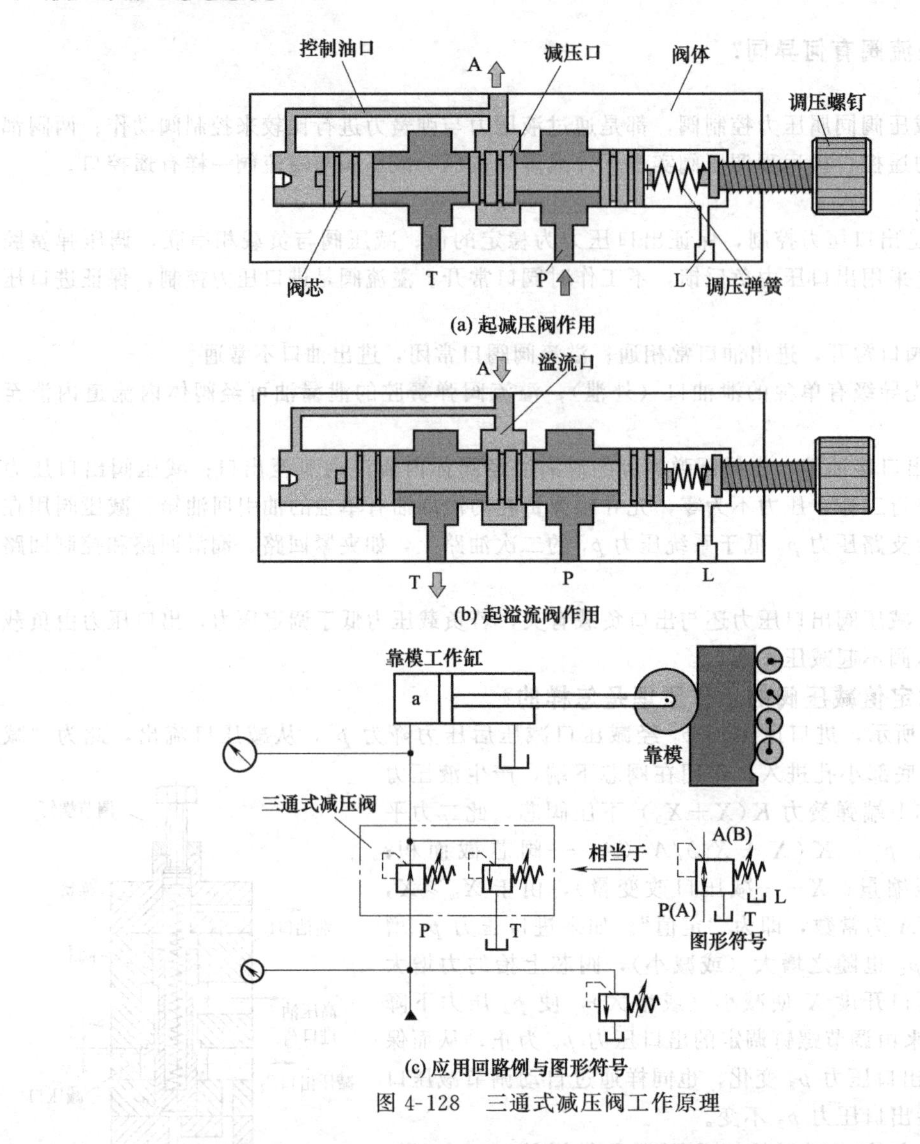

(a) 起减压阀作用

(b) 起溢流阀作用

(c) 应用回路例与图形符号

图 4-128　三通式减压阀工作原理

所以三通式减压阀具有 P→A 的减压阀功能和 A→T 的溢流阀功能，一阀起两阀的作用，因而这种阀又叫减压溢流阀。

图 4-128（c）为三通式减压阀用于靠模回路的例子，当靠模卡住负载增大时，会使靠模工作缸 a 腔的压力增大，出现图 4-128（b）的情况，这时靠模工作缸 a 腔的压力油溢回油箱，对靠模起了保护作用。

6. 先导式定值减压阀的工作原理是怎样的?

先导式减压阀的结构原理如图 4-129 所示，一次压力油从 P 口进入，经主阀减压口→流道 a→主阀芯处于最下方，减压口 X 全开（X_{max}），不进行减压，即 $p_1 \approx p_2$；当二次压力 p_2 上升到作用在先导阀上产生的液压力大于先导阀调压弹簧的预调压力时，先导阀阀芯打开，压力油通过泄油孔 L 流回油箱。由于主阀芯上阻尼孔的降压作用，使主阀芯上端的压力小于下端，当此压力差作用在主阀芯上产生的力超过主阀弹簧力、摩擦力和主阀芯自重时，主阀芯上移，减压口开度 X 减小，以维持二次压力 p_2 基本恒定。此时，阀处于减压工作状态。如果出口压力减小，则主阀芯下移，减压口开度 X 增大，阀口流动阻力减小，压降减小，使二次压力回升到设定值；反之，主阀芯上移，减压口开度 X 减小，阀口流动阻力增大，压降增大，使二次压力下降到设定值。先导式减压阀主阀芯有两台肩和三台肩之分，其工作原理相同。

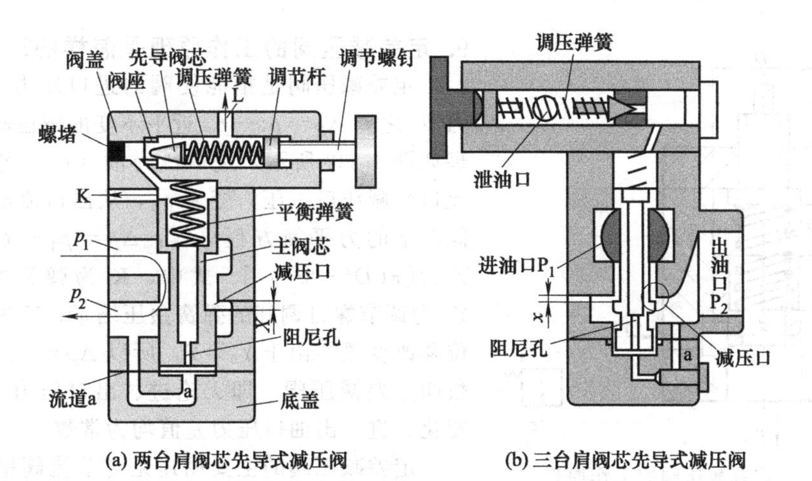

(a) 两台肩阀芯先导式减压阀　　(b) 三台肩阀芯先导式减压阀

图 4-129　先导式减压阀的工作原理

7. 先导式单向减压阀的工作原理是怎样的?

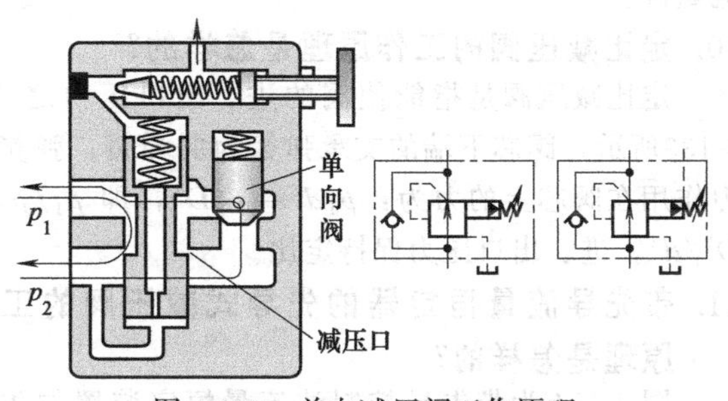

图 4-130　单向减压阀工作原理

先导式单向减压阀的结构原理如图 4-130 所示，单向减压阀只不过是在普通减压阀上增加了一单向阀而已，因此，正向流动（$p_1 \rightarrow p_2$）时，行使减压阀的减压原理与上述相同；反向（$p_2 \rightarrow p_1$）时，油液大部分经单向阀从 p_1 口流出，而无需非经减压节流口不可，即反向行使单向阀功能，油液可自由流动，起减压作用。

通过遥控口外接到远程调压阀，可对减压阀的二次压力实行远程调压；通过电磁换向阀外接多个远程调压阀，还可实现多级减压。

8. 先导型三通式减压阀的工作原理是怎样的?

图 4-131 为先导式三通式减压阀工作原理。当一次压力油进入，经减压口减压后，从二次压力油口流出、进入执行元件，行使减压功能；当二次压力油异常升高时，推动主阀阀芯 6 左行，打开溢流口，二次压力油经溢流开口从溢流口流出，使二次压力油降下来到符合规定为止，行使溢流功能。这种阀是具有针对正常流量有减压功能和针对反向流量有平衡功能的组合阀。

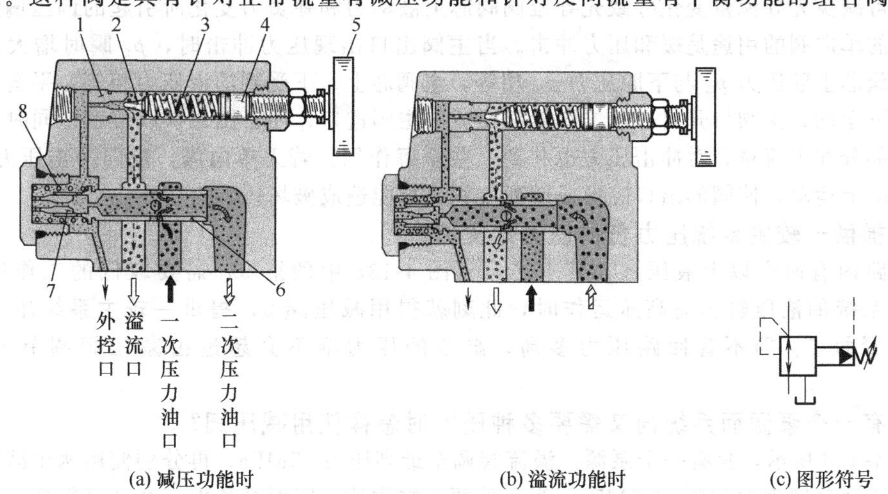

(a) 减压功能时　　(b) 溢流功能时　　(c) 图形符号

图 4-131　先导型三通式减压阀工作原理

1—先导阀阀座；2—先导阀阀芯；3—调压弹簧；4—调节杆；5—调压手柄；6—主阀阀芯；7—隔套；8—弹簧

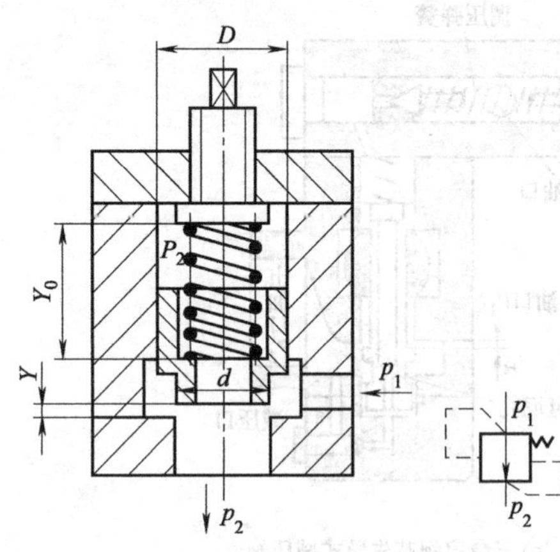

图 4-132 定差减压阀的工作原理

9. 定差减压阀的工作原理是怎样的?

定差减压阀是指能使阀的进口压力 p_1 和出口压力 p_2 之差 $\Delta p=p_1-p_2$ 近乎不变的减压阀，其工作原理如图 4-132 所示，进口压力油（p_1）经减压口（节流口）减压后，压力变为 p_2，从出口流出。由作用在阀芯上的力平衡方程可得：$\Delta p=p_1-p_2=4K(Y+Y_0)/[\pi(D^2-d^2)]$，式中，$K$ 为弹簧的刚性系数；Y_0 为调节螺钉调好的弹簧预压缩量；Y 为阀芯开口的位移改变量。由于 $Y_0 \gg Y$，所以 $\Delta p=p_1-p_2 \approx$ 常数，故叫定差减压阀。即无论进、出口压力 p_1、p_2 怎样变化，进、出油口压力差值均为常数。

定差减压阀的主要用途是与节流阀串联组成调速阀，此外也可与比例方向阀组成压差补偿型比例方向流量阀。

10. 定比减压阀的工作原理是怎样的?

定比减压阀是指能使阀的进、出口压力之比 p_1/p_2 近乎不变的减压阀，其工作原理如图 4-133所示，阀芯下端的支承弹簧为弱弹簧，弹簧力很小，可忽略不计，所以进口压力与出口压力作用在阀芯上的力为：$p_1d^2=p_2D^2$，即 $p_1/p_2=D^2/d^2$，进、出口压力保持定比。

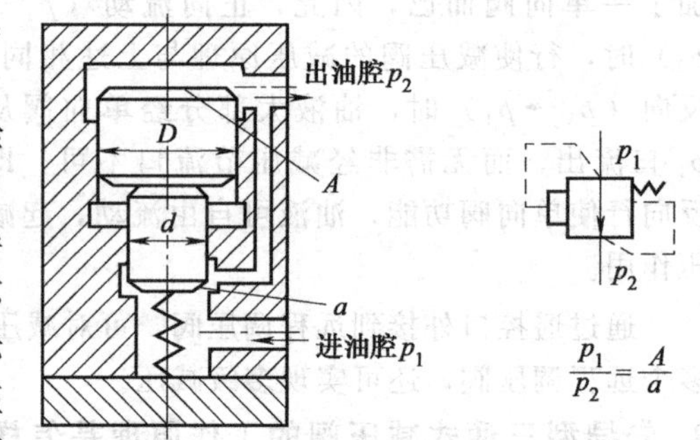

图 4-133 定比减压阀的工作原理

11. 带先导流量恒定器的先导式减压阀的工作原理是怎样的?

图 4-134 为带先导控制油流量恒定装置的先导式减压阀的工作原理。控制油引自阀进口 p_1，而不是出口 p_2。控制油流量恒定装置从原理上讲，实际上为一微小流量调速阀，由固定节流孔和定差减压阀串联而成，即节流阀在前、定差减压阀在后的调速阀。由于节流阀为固定节流口，通流面积 A 不变，$\Delta p=p_1-p_3$ 也不变，由流量公式 $Q_{先}=CA\sqrt{\frac{\alpha}{\rho}}\Delta p \approx$ 常数，所以先导流量 $Q_{先}$ 基本保持不变，从而可减少先导流量变化导致先导锥阀阀芯上液动力和弹簧力变化所引起的调压偏差。主阀芯内装设的单向阀的用途是缓和压力冲击。当主阀出口出现压力冲击时，p_2 瞬时增大，单向阀打开，主阀芯上腔压力 p_3 与下腔压力 p_2 相等，主阀芯上、下受到的液压力相等，平衡弹簧力使主阀芯向下运动，主阀口开启，冲击流量反向流向主阀进口，冲击压力得以缓解；同时又从先导阀流出一部分冲击流量，对冲击压力也起到一些缓解作用。若无单向阀，反向冲击压力产生时，主阀芯将向上运动，使阀的出口腔形成闭死容积，可能造成破坏。

12. 怎样提供一较主系统压力低的压力给支路?

当回路内有两个以上液压缸，其中之一（图 4-135 中的缸 5）需要较低的工作压力，同时其他主系统的液压缸仍需高压运作时，此刻就得用减压阀 2，提供一较主系统压力为低的压力给夹紧缸 5。即不管回路压力多高，缸 5 的压力绝不会超过由减压阀调节的出口压力值。

13. 当只有一个泵源而系统内又需要多种压力时怎样使用减压阀?

如图 4-136 所示，只有一个泵源，溢流阀调至最高压力 15MPa；再分别使用两个减压阀，调节其出口压力分别为 10MPa 与 5MPa，为另外两个缸供油。因而系统中三个缸可得到三种不同的工作压力（15MPa、10MPa 与 5MPa）。

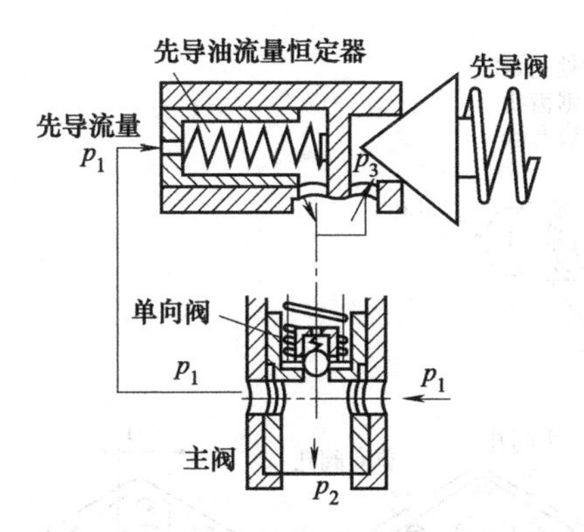

图 4-134 带先导流量恒定器的先导式减压阀的工作原理

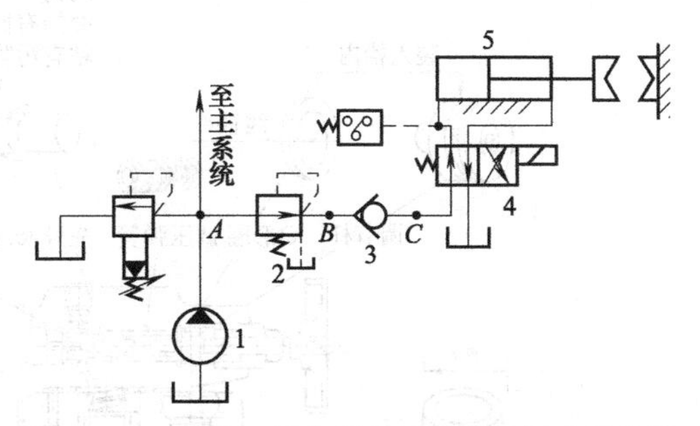

图 4-135 提供一较主系统压力低的压力给支路

1—液压泵；2—减压阀；3—单向阀；4—换向阀；5—液压缸

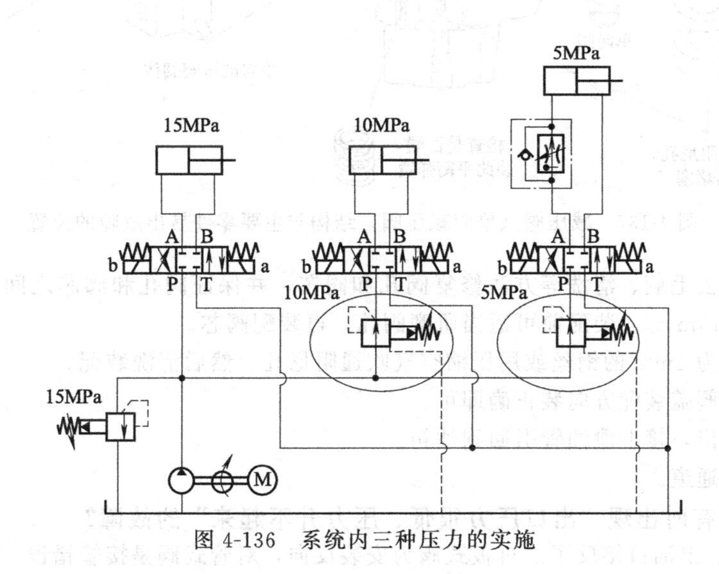

图 4-136 系统内三种压力的实施

14. 维修减压阀时主要查哪些易出故障的零件及其部位?

如图 4-137 所示，减压阀易出故障的零件有：阀芯、阀座、调压弹簧等。

减压阀易出故障的零件部位有：阀芯与阀座接触部位等。

15. 减压阀为何会出现不减压的故障?

减压阀大多为常开式。这一故障现象表现为：减压阀进出口压力接近相等（$p_1 \approx p_2$），而且出口压力不随调压手柄的旋转调节而变化。

(1) 故障原因

① 主阀芯上或阀体孔沉割槽棱边上因毛刺、污物卡住，主阀芯与阀孔配合过紧，或者因主阀芯或阀孔形位公差超差，产生液压卡紧，将主阀芯卡死在最大开度的位置上。

② 主阀芯上阻尼孔或先导阀阀座中心小孔被堵住，失去了自动调节机能。

③ 管式或法兰式减压阀很容易将阀盖装错了方向，使阀盖与阀体之间的外泄油口堵死，无法排油，造成困油，使主阀顶在最大开度而不减压。

④ 管式减压阀，出厂时，泄油孔是用油塞堵住的，使用时泄油孔的油塞未拧出。

⑤ 板式阀泄油通道堵住、未通油箱。

(2) 排除方法

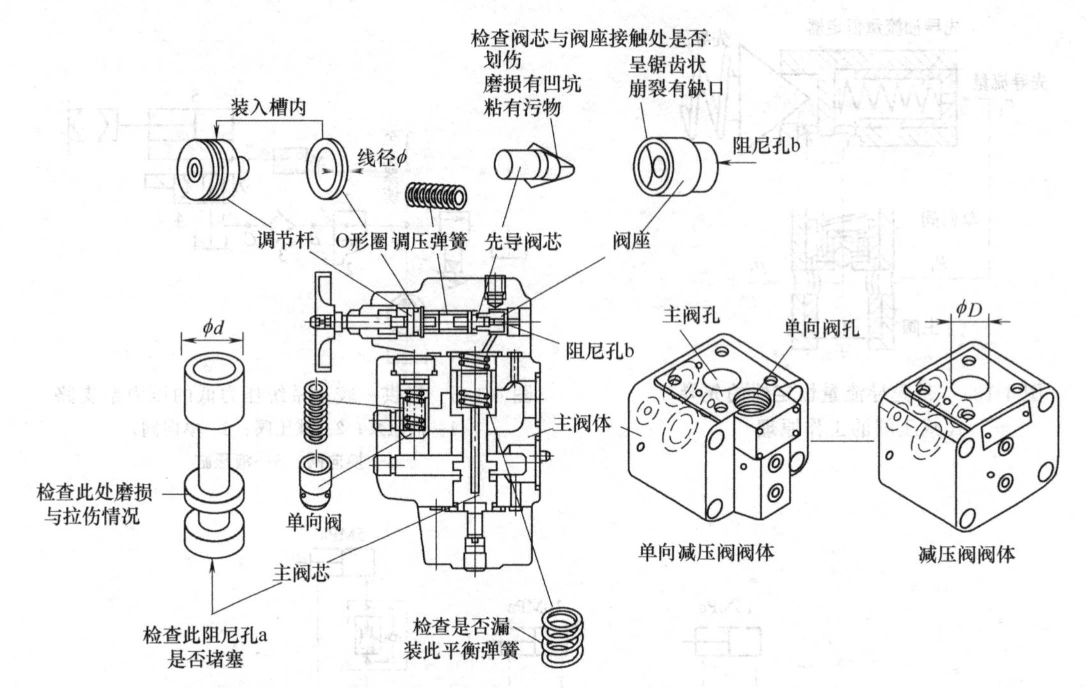

图 4-137 减压阀（单向减压阀）结构与主要零件易出故障的位置

① 分别采取去毛刺、清洗等方法修复阀孔和阀芯，并保证阀孔和阀芯之间合理的间隙（一般为 0.007～0.015mm），装配前可适当研磨阀孔，再装配阀芯。

② 可用直径为 1mm 的钢丝或用压缩空气吹通阻尼孔，然后清洗装配。

③ 修理时将阀盖装配方向装正确即可。

④ 将油塞拧出，接上泄油管引回到油箱。

⑤ 疏通泄油通道。

16. 减压阀为何有时出现“出口压力很低、压力升不起来”的故障?

①减压阀进、出油口接反了。对板式阀为安装反向，对管式阀是接管错误。用户使用时请注意阀上油口附近的标记。

②进油口压力太低，经减压阀芯节流口后，从出油口输出的压力更低，此时应查明进油口压力低的原因（例如溢流阀故障）。

③ 减压阀下游回路负载太小，压力建立不起来，此时可考虑在减压阀下游串接节流阀来解决。

④ 先导阀（锥阀）与阀座配合面之间因污物滞留而接触不良，不密合；或先导锥阀有严重划伤，阀座配合孔失圆，有缺口，造成先导阀芯与阀座孔不密合。

⑤ 拆修时，漏装锥阀或锥阀未安装在阀座孔内。对此，可检查锥阀的装配情况或密合情况。

⑥ 主阀芯上阻尼孔被污物堵塞，出油腔的油液不能经主阀芯上的横孔、阻尼孔流入主阀弹簧腔，出油腔的反馈压力传递不到先导锥阀上，使先导阀失去了对主阀出口压力的调节作用；阻尼孔堵塞后，主阀弹簧腔失去了油压的作用，使主阀变成一个弹簧力很弱（只有主阀平衡弹簧）的直动式滑阀，故在出油口压力很低时，便可克服平衡弹簧的作用力而使减压阀节流口关至最小，这样进油口的压力油经此关小的节流口大幅度降压，使出油口压力上不来。

⑦ 先导阀弹簧（调压弹簧）错装成软弹簧，或者因弹簧疲劳产生永久变形或者折断等原因，造成出油腔出口压力调不高，只能调到某一低的定值，此值远低于减压阀的最大调节压力。

⑧ 调压手柄因螺纹拉伤或有效深度不够，不能拧到底而使得压力不能调到最大。

⑨ 阀盖与阀体之间的密封不良，严重漏油，造成先导油流量、压力不够，压力上不去。产生原因可能是O形圈漏装或损伤，压紧螺钉未拧紧以及阀盖加工时出现端面不平度误差，阀盖端面一般是四周凸、中间凹。

⑩ 主阀芯因污物、毛刺等卡死在小开度的位置上，使出口压力低。可进行清洗与去毛刺。

17. 怎样处理减压阀不稳压、压力振摆大、有时噪声大的故障?

按有关标准的规定，各种减压阀出厂时对压力振摆都会出现主阀振荡现象，使减压阀不稳压，此时出油口压力出现“升压－降压－再升压－再降压”的循环，所以一定要选用合适型号规格的减压阀，否则会出现不稳压的现象。

① 对先导式减压阀，因为先导阀与溢流阀通用，所以产生压力振摆大的原因和排除方法可参照溢流阀的有关部分。

② 减压阀在超过额定流量下使用。

③ 主阀芯与阀体几何精度差，主阀芯移动迟滞，工作时不灵敏。检修，使其动作灵活。

④ 主阀弹簧太弱、变形或卡住，使阀芯移动困难。可更换弹簧。

⑤ 阻尼小孔堵塞。清洗阻尼小孔。

⑥ 油液中混入空气时排气。按相关验收标准进行检查，超过标准中规定值时压力振摆大，不稳压。

18. 减压阀使用时应注意哪些事项?

① 一般减压阀始终有1L/min左右的先导流量从外泄油口流往油箱，使用中应考虑这一点。

② 对管式减压阀和法兰连接的减压阀，一次油口和二次油口（进、出油口）不能接错，否则将出现不减压和不能调压的故障。

③ 减压阀的最低调节压力不得低于一次压力与二次压力之差（一般为0.3～1MPa）。

④ 板式减压阀安装时，千万注意不要将进、出油口装反。板式减压阀底板上现都有定位销。

19. 带先导流量稳定器的减压阀的结构是怎样的?

图4-138为美国派克公司产的带先导流量稳定器的减压阀结构。流量稳定器和单向阀均配置在主阀芯上，先导控制油既如一般减压阀那样引自减压阀的出口A，它还引自减压阀的进口B，真正意义上实现了无论进口还是出口压力变化，它都能使出口A得到稳定的压力输出，实现双向反馈作用；此外，阀的初始位置为常闭，二次压力的建立比较柔和，避免了突然通油的瞬间在出口A产生的压力冲击，保证系统安全；带单向阀的DWK型，还允许反向（A→B）液流自由流通。

流量稳定器的工作原理如图4-139所示，先导流量稳定器的作用为：保证在进口（B口）压力变化的情况下，流过先导阀的流量不变。先导流量稳定器实际上是一个按B型半桥原理工作的定值流量控制阀。阀芯前端的固定小孔R0为B型半桥固定液阻，阀套右端径向小孔R1与阀芯右端部构成B型半桥可变液阻，即阀芯和阀套组成流量恒定器。当主阀进油腔B压力升高时，经R0的流量就有增大的趋势，使R0前后压差增大，阀芯就会右移，阀芯右端便会遮盖阀套圆周上小孔R1的通流面积，从而限制了流入先导调压阀的流量增加；反之，当B腔压力下降时，流量恒定器的阀芯左移，阀套上R1孔的通流面积加大，限制了经先导调压阀流量减少。这样无论B腔压力如何变动，都能通过流量恒定器进行自动调节补偿，使先导流量不变，先导锥阀阀口开度就基本保持不变，从而减少了一次压力变化对二次压力的影响，且流量恒定器能减少先导调压阀的溢流流量，可提高减压阀的效率。

20. DR 6 DP型直动式三通减压阀的结构是怎样的?

如图4-140所示，DR 6 DP型阀是直动式三通减压阀，它在次级压力侧有溢流功能。该阀用于系统减压，其二次压力由压力调节元件4设定。该阀在初始位置常开，压力油可自由从油口P流向油口A。油口A的压力同时经油道6作用于压缩弹簧3对面的阀芯面积上。当油口A的压力超过压缩弹簧3的设定值时，控制阀芯2移动至控制位置并保持油口A的压力恒定。其控制信

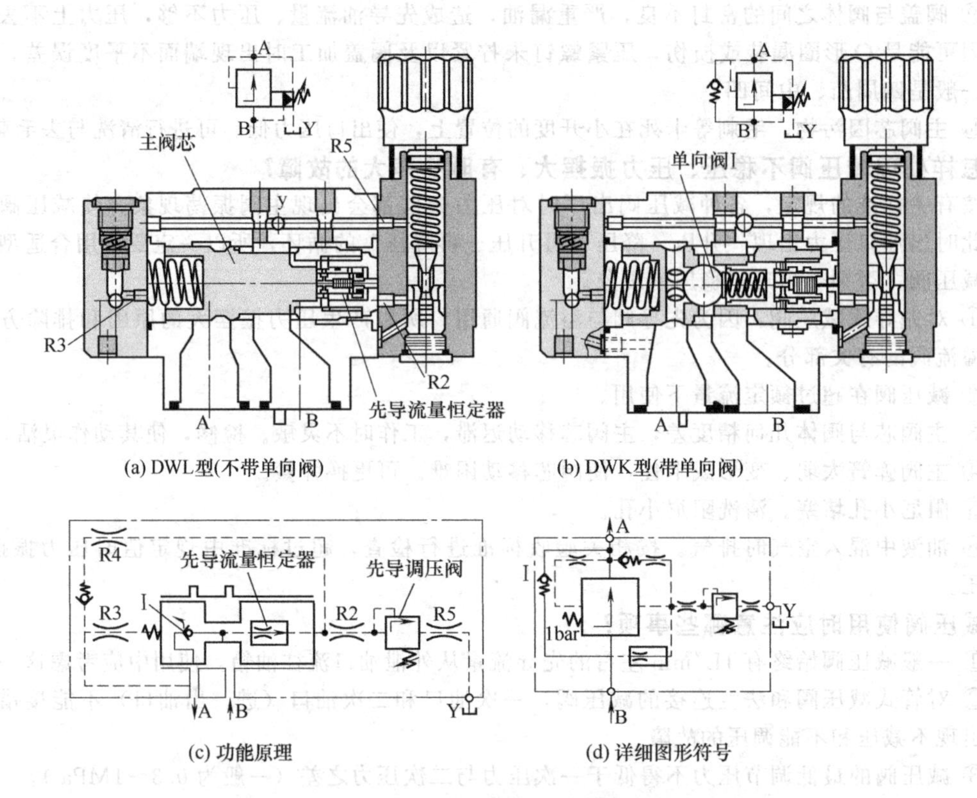

图 4-138 带先导流量恒定器的减压阀结构与图形符号（美国派克公司）

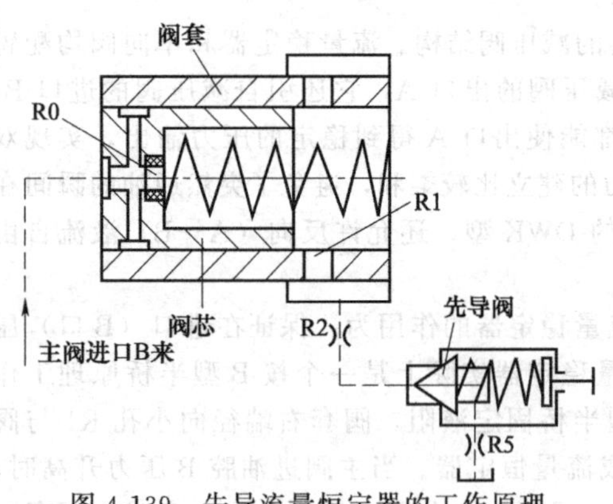

图 4-139 先导流量恒定器的工作原理

号和控制油经通道 6 取自油口 A。如果 A 口压力因执行机构受外力作用而不断升高，控制阀芯 2 就会不断地移向压缩弹簧 3。这样油口 A 经控制阀芯 2 上的台肩 8 与油箱的通路打开，A 口压力油流回油箱，防止 A 口压力进一步升高。弹簧腔 7 经油口 T（Y）由外部泄油至油箱。如果安装单向阀 5，用于使油液从油口 A 自由 返流至油口 P。压力表接口 1 用于阀的二次压力测量。

21. DR 型先导式减压阀的结构是怎样的？

如图 4-141 所示，其组成主要包括带主阀插件 3 的主阀 1 和先导调压阀 2。在静态位置，阀常开，油液可自由地从油口 B 经主阀芯插件 3 进入油口 A。油口 A 的压力作用于主阀芯的底侧，同时作用于先导阀 2 中的球阀 6 上，经节流孔 4 作用于主阀芯 3 的弹簧加载侧，并且流经油口 5。同样，压力经节流孔 7、控制油道 8、单向 阀 9 和节流孔 10 作用于球阀 6 上。根据弹簧 11 的设定，在球阀 6 前部、油口 5 中和弹簧腔 12 内建压，保持控制活塞 13 处于开启位置。

油液可自由地从油口 B 经主阀芯插件 3 流入油口 A，直至油口 A 的压力超过弹簧 11 的设定值，并打开球阀 6、控制活塞 13 移至关闭位置。当油口 A 的压力与弹簧设定压力之间达到平衡时，获得期望的减压压力。控制油经控制油路 15 由外部从弹簧腔 14 泄回油箱。

如果安装一个可选的单向阀 16，可实现从油口 A 至 B 的自由返回流动。压力表接口 17 用于油口 A 的减压压力测量。

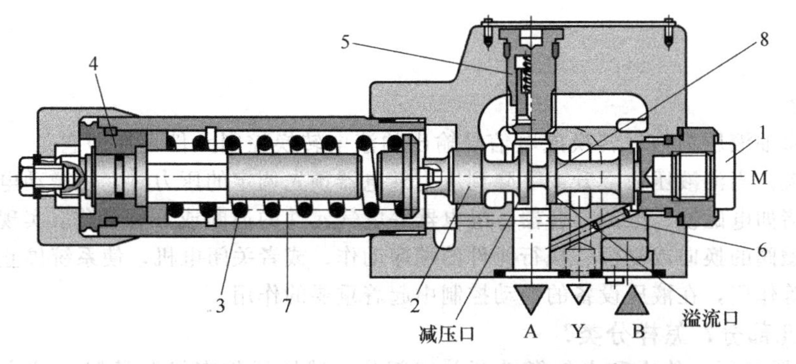

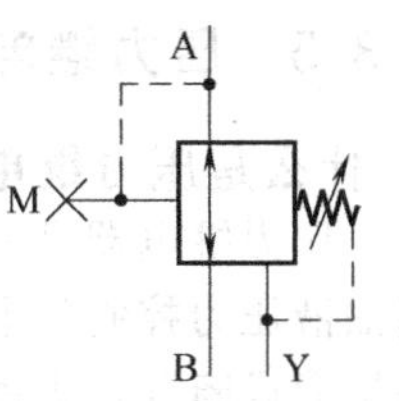

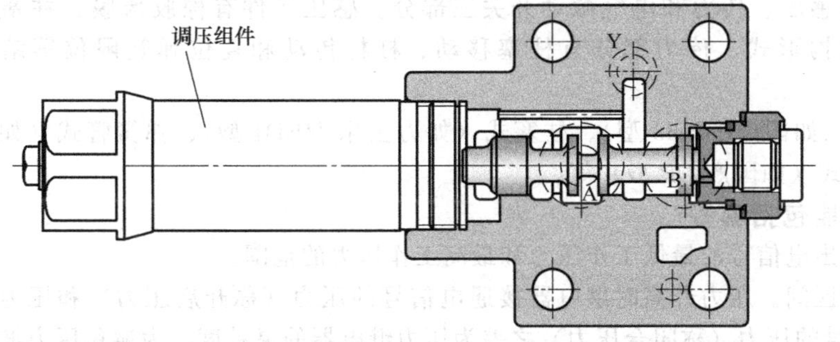

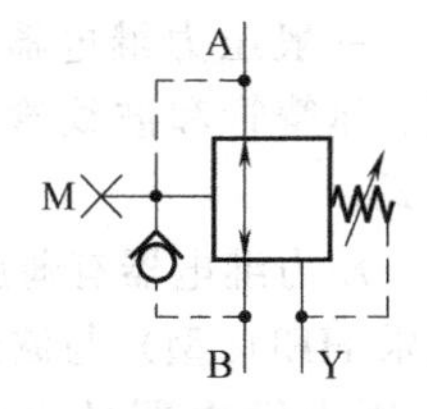

(a) 结构　　　　(b) 图形符号

图 4-140　直动式三通减压阀的结构与图形符号

1—压力表接口；2—控制阀芯；3—压缩弹簧；4—压力调节元件；
5—单向阀；6—通道；7—弹簧腔；8—台肩

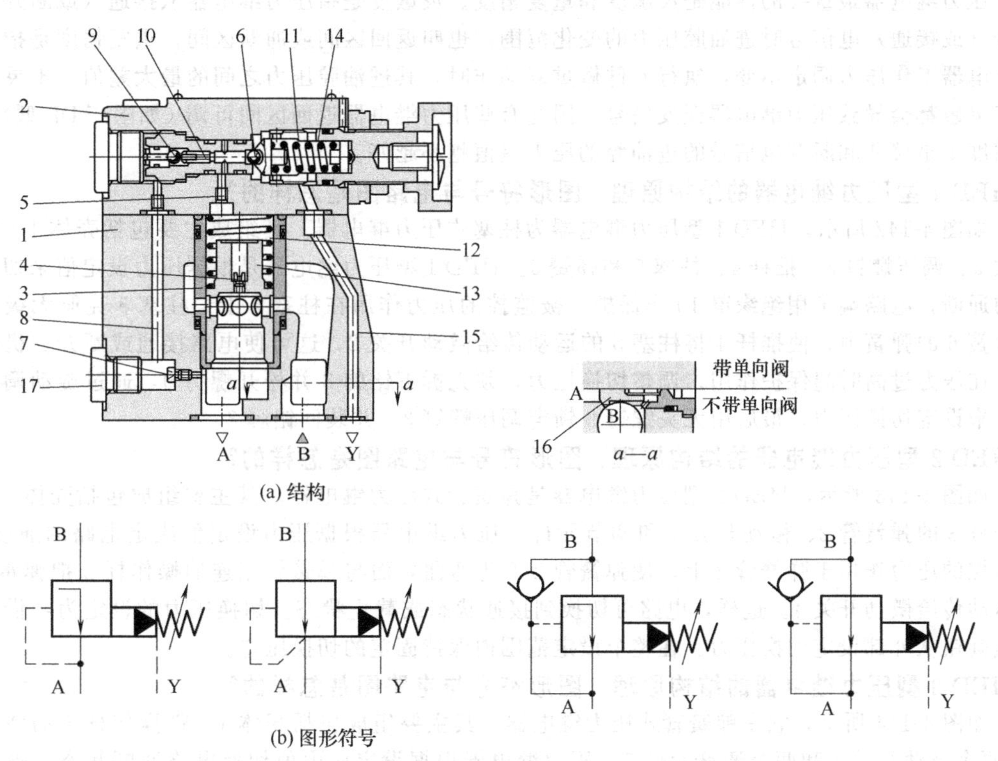

(b) 图形符号

图 4-141　先导式二通减压阀的结构与图形符号

1—主阀；2—先导调压阀；3—主阀芯插件；4、7、10—节流孔；5—油口；6—球阀；8、15—控制油道；
9、16—单向阀；11—弹簧；12、14—弹簧腔；13—控制活塞；17—压力表接口

4.3.5 压力继电器

1. 什么是压力继电器?

压力继电器是一种将油液压力信号转换成电信号输出的液电转换控制元件，亦即它是一 种用油液压力控制的电开关。当油液压力上升或下降到压力继电器预先调定的压力时，使微动电开关接通或断开，去控制诸如电磁铁、电磁离合器、继电器等电气元件的通断或开合动作，实现液压泵的加载或卸载、电磁阀的换向或复位、执行元件的顺序动作；或者关闭电机，使系统停止工作，起安全保护和互锁等作用，在液压设备的自动控制中起着重要的作用。

2. 压力继电器包括哪几部分? 怎样分类?

一般压力继电器包括感压、传力和电气微动开关三部分。感压元件有橡胶薄膜、柱塞端面、弹簧管和波纹管等结构形式；传力部分有柱塞移动、杠杆传动和复位弹簧限位等结构形式。

压力继电器有薄膜式（如国产 DP-63 型）、柱塞式（如力士乐 HED4 型）、弹簧管式（如力士乐 HED2 型）与波纹管式（如国产 DP 型）等。

3. 压力继电器的主要性能包括哪些?

① 调压范围。指能发出电信号的最低工作压力和最高工作压力的范围。

② 灵敏度和通断调节区间。压力升高时继电器接通电信号的压力（称开启压力）和压力下降时继电器复位切断电信号的压力（称闭合压力）之差为压力继电器的灵敏度。为避免压力波动时继电器时通时断，要求开启压力和闭合压力间有一可调节的差值，称为通断调节区间。

③ 重复精度。在一定的设定压力下，多次升压（或降压）过程中，开启压力和闭合压力本身的差值称为重复精度。

压力继电器最重要的性能是灵敏度和重复精度。灵敏度是指压力继电器从接通（或断开）到断开（或接通）电信号时进油腔压力的变化范围，也叫返回区间或通断区间；重复精度是指在压力继电器工作压力调定不变，执行元件做重复动作时，其进油腔压力之间的最大差值。不灵敏或过于灵敏都会导致压力继电器误发信号，因此有些压力继电器返回区间可调（如国产 DP 型）。重复精度则是接通和断开电信号的进油腔的压力差值越小越好。

4. HED 1 型压力继电器的结构原理、图形符号与电路图是怎样的?

如图 4-142 所示，HED 1 型压力继电器为柱塞式压力继电器。其组成主要包括壳体 1、微动开关 2、调压螺钉 3、推杆 4、柱塞 5 和弹簧 6。HED 1 型压力继电器是根据压力设定值来切换电路的通断，电路端子用绝缘罩 10 作保护。被监控的压力作用在柱塞 5 上，柱塞 5 克服无级可调的弹簧 6 的弹簧力，使推杆 4 将柱塞 5 的运动传给微动开关 2，这可使电路接通或断开。机械止动 7 在压力过高时起保护作用。调整切换压力，须先拆下铭牌 8 并松开螺钉 9，通过旋动调压螺钉 3 来设定切换压力。最后用无头螺钉 9 锁定调压螺钉 3，并装回铭牌 8。

5. HED 2 型压力继电器的结构原理、图形符号与电路图是怎样的?

如图 4-143 所示，HED 2 型压力继电器是弹簧管式压力继电器。其主要组成包括壳体 1、带操作杆 3 的弹簧管 2、微动开关 4 和调节元件。压力继电器根据压力设定值决定电路的通或断。被监控的压力作用于弹簧管 2 上，使弹簧管 2 产生弯曲，而与弹簧管相连的操作杆 3 把弹簧管 2 的运动传给微动开关 4。这样，电路可切换到接通状态或截止状态。切换压力的设定为：借助于可锁旋钮从外部设定切换压力。在整个设定范围内保持固定的切换压差。

6. HED 3 型压力继电器的结构原理、图形符号与电路图是怎样的?

如图 4-144 所示，它是弹簧管式压力继电器。其主要组成包括壳体 1、带操作杆 3 的弹簧管 2、两个微动开关 4 和两个调整元件 5。压力继电器根据设定压力值切换电路通断状态。被监控的压力作用于弹簧管 2 上，弹簧管 2 受力产生弯曲，而与它相连的操作杆 3 把弹簧管 2 的运动传递给微动开关 4。这样电路就接通或断开。如果压力继续上升，弹簧管 2 继续弯曲，以致第二个

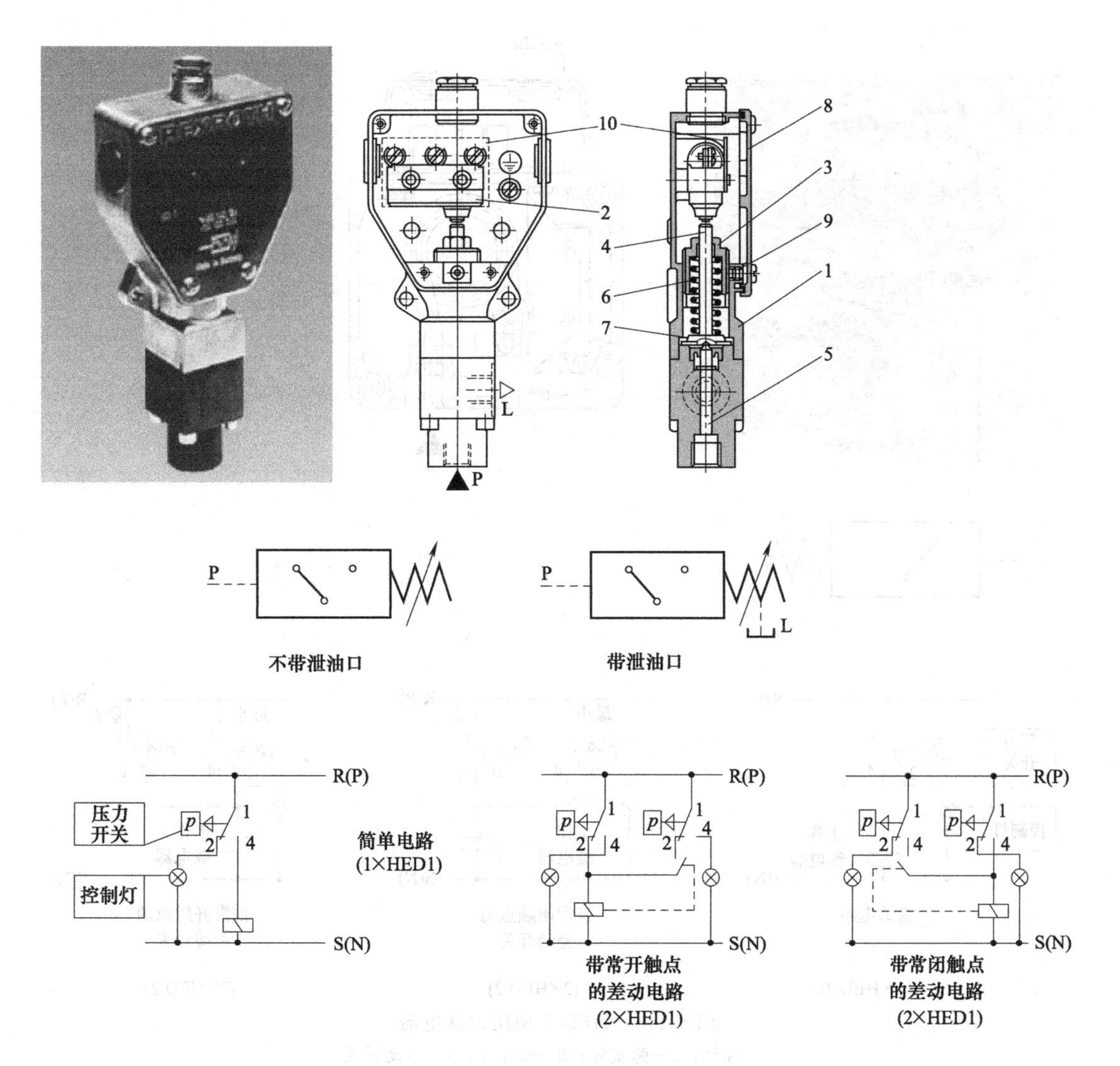

图 4-142 HED 1 型压力继电器

1—壳体；2—微动开关；3—调压螺钉；4—推杆；5— 柱塞；6—调压弹簧；7—机械止动；8—铭牌；9—螺钉；10—绝缘罩

微动开关被操作杆 3 推动，电路就接通或断开。切换压力的调整为：需要两个切换压力，它们由微动开关位置来确定，两个调整元件 5 可分别单独调整。当使用切换继电器时，切换压差是可变的。

7. HED5 型压力继电器的结构原理、图形符号与电路图是怎样的?

如图 4-145 所示，HED5 型压力继电器是柱塞式压力变换器。它们的基本构成是外壳 1、带柱塞 2 的插件、压缩弹簧 3、调节元件 4 和微动开关 5，被监控的压力作用于柱塞上。柱塞受弹簧座 6 支持并克服压缩弹簧 3 的作用力。弹簧座 6 将柱塞的运动传递给微动开关 5。于是，可根据电路的设置接通或断开。机械限位保护微动开关 5，使其免遭过压的破坏。

8. 4HED 8 型压力继电器的结构原理、图形符号与电路图是怎样的?

如图 4-146 所示，4HED 8 型压力继电器是柱塞压力继电器。主要包括阀体 1、带有阀芯 2 的插件、弹簧 3、调节元件 4、微动开关 5。如果检测的压力低于设定值，微动开关 5 开始工作，受检测的液压通过阻尼孔 7 作用于阀芯 2，阀芯 2 右端由弹簧座支撑，阀芯 2 作用于弹簧座 6 的力

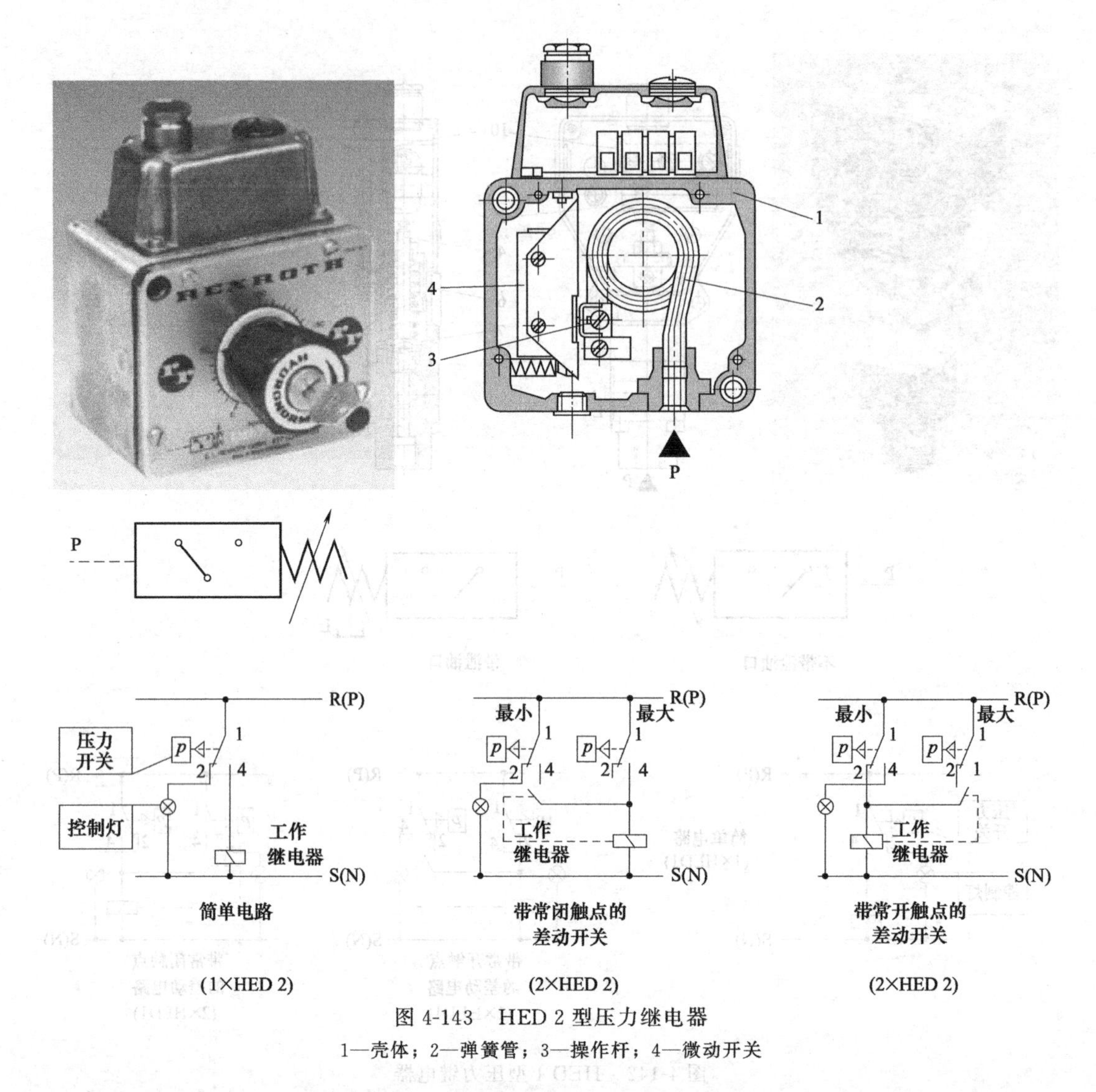

图 4-143　HED 2 型压力继电器

1—壳体；2—弹簧管；3—操作杆；4—微动开关

与无级可调的弹簧力相平衡。弹簧座 6 把柱塞 2 的运动传递给微动开关 5，在达到设定压力时，微动开关 5 释放。这样，电路就接通或断开。弹簧座 6 的机械结构在压力突然降低时保护微动开关 5 免遭损坏，同时在压力过高时防止弹簧 3 被压坏。

9. 美国威格士公司 ST（SU）型压力继电器的结构原理是怎样的？

如图 4-147 所示，当由 P 口进来的压力低于调压手柄所调工作压力时，调压弹簧向右的力使操作板推向微动开关，此时线脚 1 与 2 接通；当 P 口进油压力上升，作用在小柱塞上，左推操作板，离开微动开关，此时线脚 1 与 3 接通。如果 P 口压力降低到所调值，微动开关又复位。这种压力继电器在进口设备上使用得很普遍，它的切换精度高（小于设定压力 的 1%），滞环小，适用于交流或直流电流；采用镀金的银质开关触点，寿命长；小巧，易于安装；最高压力为 35MPa。压力调节范围有低压（0.05～5.5MPa）、中压（2～15MPa）及高压（2～35MPa）三种，分竹式、板式两种，通过叠加过渡块，还可用于叠加阀。

10. 国产DP-63 型压力继电器的结构原理是怎样的？

如图 4-148 所示，当作用在橡胶薄膜 11 上的控制油 K 的压力到达一定数值（大小由压力调节螺钉 1 调定）时，柱塞 10 被因压力油 K 的作用而向上鼓起的橡胶薄膜 11 推动而向上移动，压缩弹簧 2，使柱塞 10 维持在某一平衡位置，柱塞锥面将钢球 6（两个）和钢球 7 往外推，钢球 6

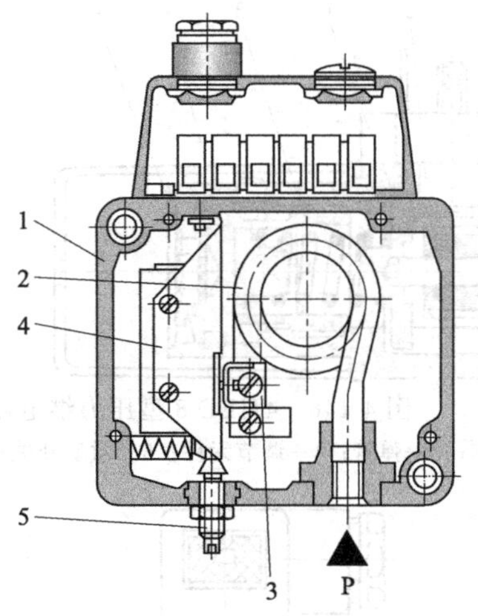

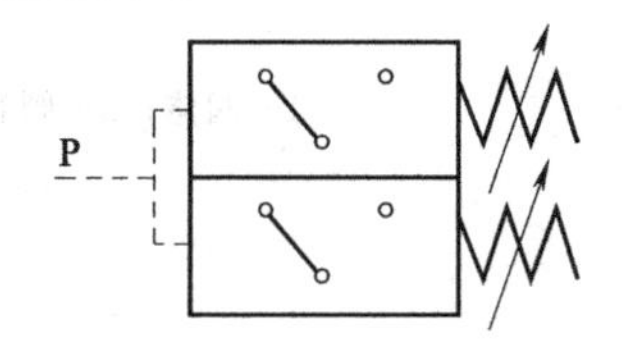

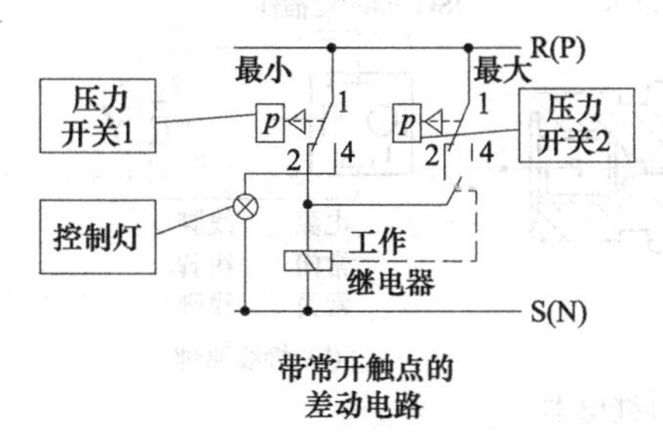

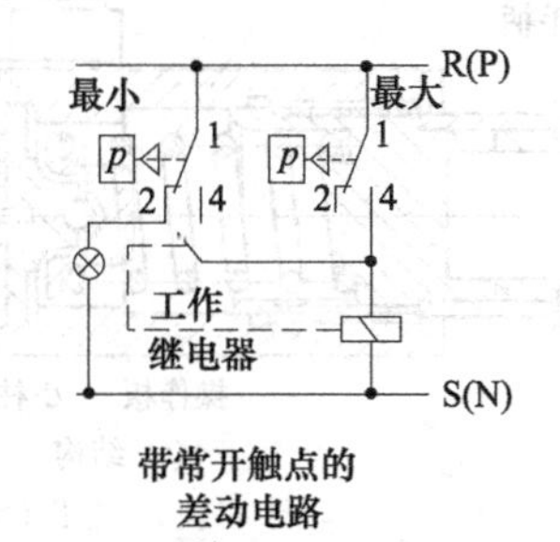

图 4-144 HED 3 型压力继电器

1—壳体；2—弹簧管；3—操作杆；4—微动开关；5—调整元件

推动杠杆 7 绕销轴 12 逆时针方向转动，压下微动开关 14 的触头，发出电信号。

11. 国产 DP 型波纹管式压力继电器的结构原理是怎样的？

如图 4-149 所示，波纹管 1 在下方油压 P 的作用下发生变形，通过芯杆 10 推动绕铰轴 2 摆动的杠杆 9，按压微动开关 8 发信号。弹簧 7 的作用力与液压力相平衡，通过杠杆上的微调螺钉 3 控制微动开关 8 的触点，发出电信号。副调节螺钉 5 可调节发信号的通断调节压力区间。

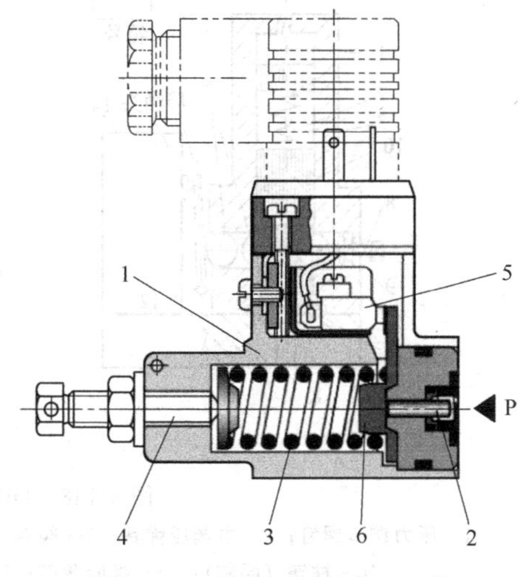

图 4-145 HED5 型压力继电器

1—外壳；2—柱塞；3—压缩弹簧；4—调节元件；5—微动开关；6—弹簧座

12. 压力继电器为何不发信号或误发信号？

① 查来的压力油的压力情况。无压时不发信号；压力不稳定时（如系统冲击压力大）乱发信号。

② 查波纹管或薄膜是否破裂。波纹管或薄膜破裂时不发信号或误发信号，要更换。

③ 查微动开关是否灵敏或损坏。必要时更换微动开关。

④ 查电气线路是否有故障。检查原因，予以排除。

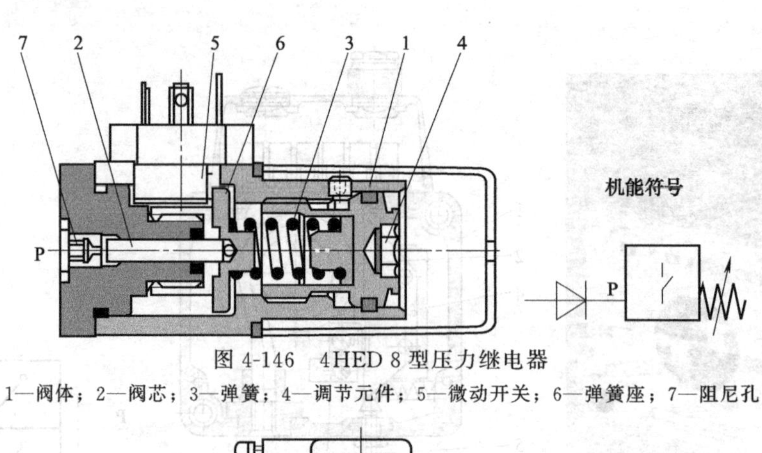

图 4-146　4HED 8 型压力继电器

1—阀体；2—阀芯；3—弹簧；4—调节元件；5—微动开关；6—弹簧座；7—阻尼孔

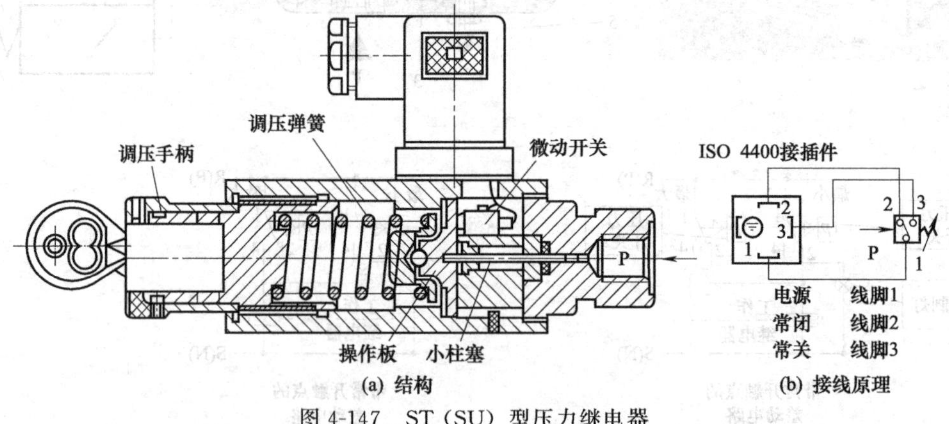

图 4-147　ST（SU）型压力继电器

1～3—线脚

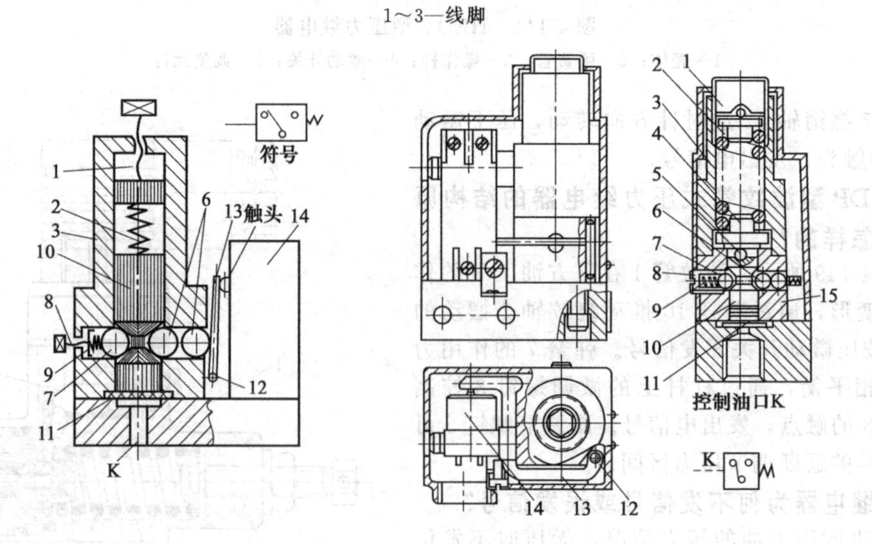

图 4-148　DP-63 型压力继电器结构

1—压力调节螺钉；2—主调压弹簧；3—阀盖；4—弹簧座；5～7—钢球；8—副调节螺钉；9—副弹簧；10—柱塞（阀芯）；11—橡胶薄膜；12—销轴；13—柱杆；14—微动开关；15—阀体

⑤ 查是否错装成太硬或太软的调压弹簧。更换适宜的弹簧。

⑥ 查主调节螺钉是否压力调得过高。按要求调节压力值。

⑦ 查铰轴是否别劲。别劲时杠杆不能灵活摆动，不发信号或误发信号。

⑧ 查柱塞式压力继电器（DP-63 型为滑阀芯）的柱塞是否移动灵活。修复，使柱塞或滑阀

芯既要在阀体内移动灵活，又不产生内泄漏。

13. 压力继电器为何有时出现灵敏度差的故障？

① 对 DP-63 压力继电器，查顶杆柱销处是否摩擦力过大，或钢球与柱塞接触处摩擦力过大。重新装配，使动作灵敏。

② 查装配是否不良，移动零件是否不灵活、别劲。重新装配，使动作灵敏。

③ 查微动开关是否不灵敏。更换合格品。

④ 查副调节螺钉等是否调节不当。应合理调节。

⑤ 查钢球是否不圆。更换已磨损的钢球。

⑥ 查阀芯、柱塞等移动是否灵活。清洗、修理，使之移动灵活。

⑦ 查安装方向是否欠妥。压力继电器最好水平安装。

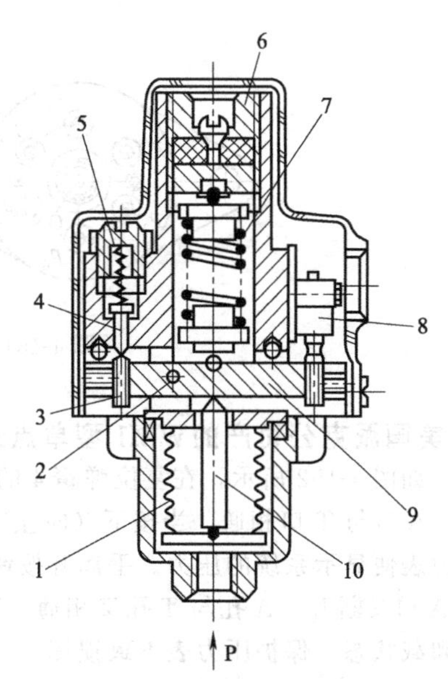

图 4-149 国产 DP 型波纹管式压力继电器
1—波纹管；2—铰轴；3—微调螺钉；4—区间滑柱；5—副调节螺钉；6—调压螺钉；7—调压弹簧；8—微动开关；9—杠杆；10—芯杆

4.3.6 压力表开关

1. 什么是压力表开关？怎样分类？

压力表开关实际上是小型截止阀，属于换向阀的范畴，此处将其归纳在压力阀中。

压力表开关主要用于接通或切断被测油路和压力表之间的连接，同时通过压力表开关起着阻尼作用，减轻压力表的急剧跳动，防止压力表的损坏。当然，压力表开关也可用来作小流量的截止阀。

压力表开关按可测压点数目分为单点与多点式，多点式压力表开关可测量液压系统多个被测点的压力，共用一个装在压力表开关上的压力表，即只需一个压力表，便可测量多点压力。多点压力表开关可用作小型分配阀。

2. 单点压力表开关结构原理是怎样的？

图 4-150 (a) 为国产中低压用单点压力表开关结构，推移或抽移阀芯为测压和不测压；图 4-150 (b) 为国产高压用单点压力表开关结构，转动手柄、开启阀芯下端节流口为测压。

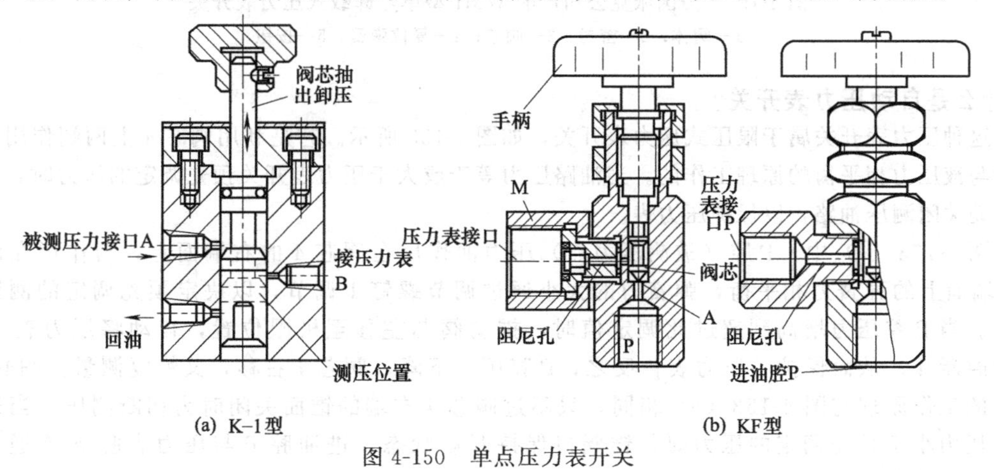

图 4-150 单点压力表开关

3. 多点压力表开关结构原理是怎样的？

图 4-151 为国产中低压用多点（6 点）压力表开关结构，推移或抽移阀芯为测压和不测压，转动为测不同点的压力。

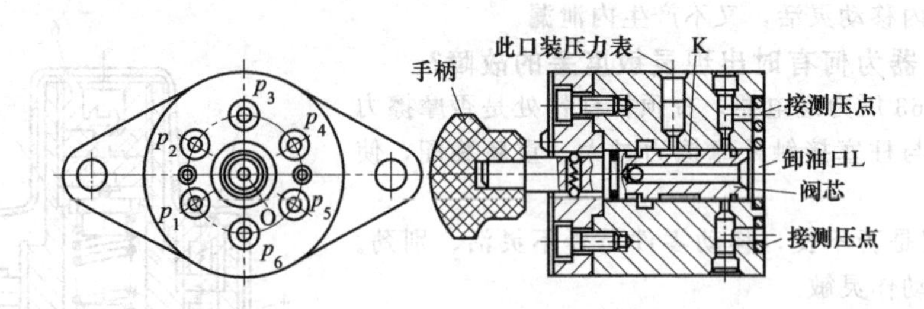

图 4-151　国产 K-6B 型压力表开关结构

4. 美国派克公司产的WM1 型单点卸载式压力表开关是怎样的?

如图 4-152 所示，在复位弹簧 4 的作用下，滑阀 3 处于图示位置，滑阀台肩将 P 口和 A 口分开，A 口与 T 口相通。当按下（向左）按钮 5 时，台肩向左移动，此时 A 口与 P 口相通，此时压力表便显示系统的压力。手离开按钮 5 后，在复位弹簧 4 的作用下，阀芯 3 右移复位，则 P 口与 A 口又断开，A 孔与 T 孔又相通。这种压力表操作简便，既便于测量，又能使压力表经常处于卸载状态，保护压力表不致损坏。

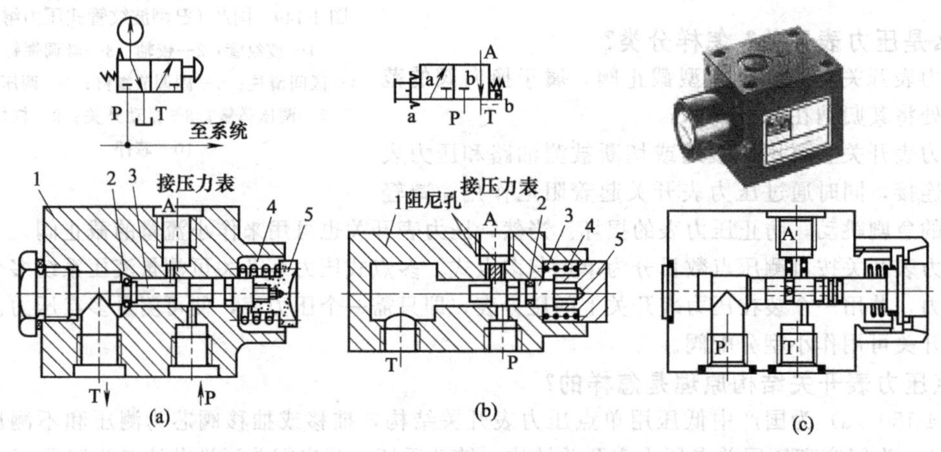

图 4-152　美国派克公司产的 WM1 型单点卸载式压力表开关

1—阀体；2—密封；3—阀芯；4—复位弹簧；5—按钮

5. 什么是自动压力表开关?

这种压力表开关属于限压式压力表开关，如图 4-153 所示。它是利用阀芯 4 上两端作用的弹簧力与液压力相平衡的原理工作的。当油路压力等于或大于压力表开关预先调定的压力时，压力表自动关闭测压油路，以保护压力表。

图 4-153（a）中，P 腔（被测压力点）压力油作用在阀芯 4 的右端面上，与作用在阀芯 4 左端面上的弹簧力相平衡，弹簧力的大小通过调节螺钉 1 调节，以决定预先调定的测压上限值。当 P 腔压力增高到超过此调定值时，推动阀芯左移至极限位置，自动将压力表 A 腔与 P 腔断开，从而保护了压力表；反之，P 腔压力下降，阀芯 4 右移，又恢复测量。图4-153（b）的工作原理与图 4-153（a）相同，只不过阀芯 4 右端的锥面关闭时为切断测压。当进油腔 P 压力小于预先调定的压力时，锥阀口保持开启状态，进油腔 P 与压力表腔 A 连通，可测量油路压力。

6. 测压不准确、压力表动作迟钝或者表跳动大怎么处理?

① 油液中污物将压力表开关和压力表的阻尼孔堵塞，部分堵塞时，压力表指针会产生跳动大、动作迟钝的现象，影响测量值的准确性。此时可拆开压力表进行清洗，用 $\phi 0.5$mm 的钢丝

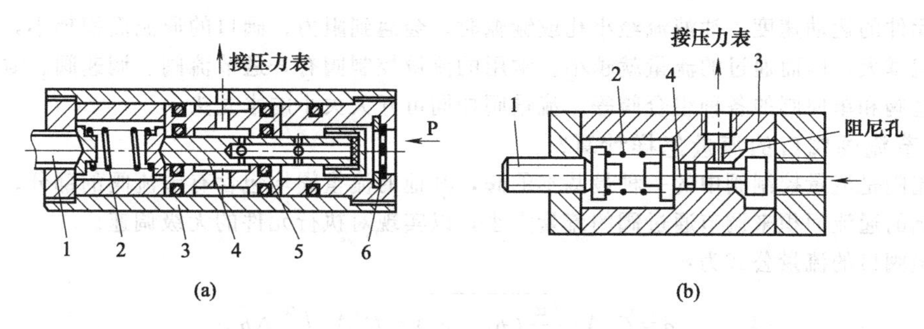

1— 调节螺杆；2— 预紧弹簧；3— 阀体；
4— 阀芯(活塞)；5— 特制O形圈；6— 过滤网

1— 调节螺钉；2— 调压弹簧；
3— 阀体；4— 阀芯

图 4-153 自动压力表开关

穿通阻尼，并注意油液的清洁。

② K 型压力表开关采用转阀式，各测量点的压力靠间隙密封隔开。当阀芯与阀体孔配合间隙较大或配合表面拉有沟槽时，在测量压力时，会出现各测量点有不严重的互相串腔现象，造成测压不准确。此时应研磨阀孔、刷镀阀芯或重配阀芯，保证配合间隙在0.007～0.015mm。

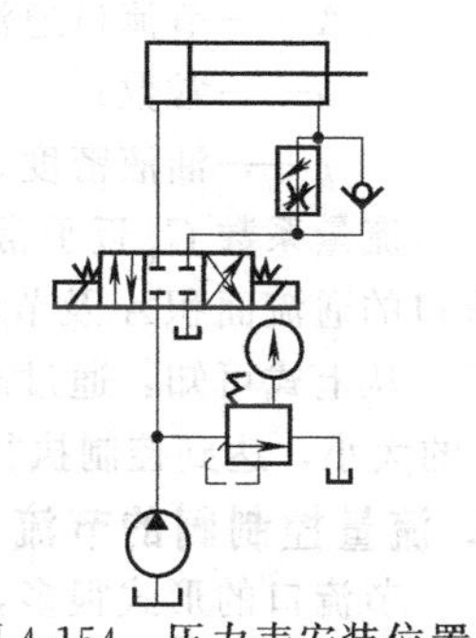

图 4-154 压力表安装位置

③ KF 型压力表开关为调节阻尼器（阀芯前端为锥面节流）。当调节过大时，或因节流锥面拉伤严重时，会引起压力表指针摆动，测出的压力值不准确，而且表动作缓慢，此时应适当调小阻尼开口，节流锥面拉伤时，可在外圆磨床上校正修磨锥面。

④ 压力表装的位置不对。笔者曾发现有人将压力表装在溢流阀的遥控孔处（图 4-154）。由于压力表的波纹管中有残留空气，会导致溢流阀因先导阀前腔有空气而产生振动，压力表的压力跳动便不可避免。将压力表改装在其他能测量液压泵压力的地方，这种现象立刻消失。

7. 压力表开关出现测压不准甚至根本不能测压的原因与排除方法是什么？

① 对 K 型压力表开关，由于阀芯与阀孔配合间隙过大或密封面磨有凹坑，使各测压点的压力既互相串腔，又使压力油大量泄往卸油口，这样压力表测量的压力与实际压力值相差很大，甚至几个点测量下来均是一个压力，无法进行多点测量。此时可重配阀芯或更换压力表开关。

② 对多点压力表开关，当未将第一测压点的压力卸掉，便转动阀芯进入第二测压点，此时测出的压力不准确。应按上述方法正确使用压力表开关。

③ 对 K 型多点压力表开关，当阀芯上钢球定位弹簧卡住，定位钢球未顶出，转动阀芯时，转过的位置对不准被测压力点的油孔，使测压点的油液不能通过阀芯上的直槽进入压力表内，测压便不准。

④ KF 型压力表开关在长期使用后，由于锥阀阀口磨损，无法严格关闭，内泄漏量大，K 型压力表开关因内泄漏特别大，则测压无法进行。

4.4 流量阀

4.4.1 概述

1. 什么叫流量控制阀？

依靠改变阀口开度的大小来调节通过阀口的流量的控制阀叫流量控制阀。流量控制阀用以改变执行元件的运动速度。油液流经小孔或缝隙时，会遇到阻力，阀口的通流面积越小，油液流过的阻力就越大，因而通过的流量就越小。常用的流量控制阀有普通节流阀、调速阀、溢流节流阀以及这些阀和单向阀的各种组合阀等。流量阀如同可开大关小的水龙头。

2. 流过节流阀阀口的流量怎样计算?

节流阀是流量控制阀中的一种最基本的阀，其他的流量阀均包含有节流阀的部分。节流阀利用改变阀的通流面积来调节通过阀的流量大小，以实现对执行元件的无级调速。

流经阀口的流量公式为：

$$q=C_qA\sqrt{\frac{\alpha}{\rho}(p_1-p_2)}=C_qA\sqrt{\frac{\alpha}{\rho}\Delta p}$$

$$\Delta p=p_1-p_2 \tag{4-9}$$

式中 C_q——流量系数；

Δp——节流阀阀口的前、后压差；

A——节流口通流面积；

α——常数；

ρ——油液密度。

流量系数 C_q 近乎常数，油液密度 ρ 也可视为不变，所以通过流量阀的流量 q 可看成只与节流口的通流面积 A 及节流口的前后压差 $\Delta p=p_1-p_2$ 有关。

从上式可知：通过改变通流面积 A 的大小，改变进出油口的压差 Δp，可控制通过阀的流量 q 的大小，达到控制执行元件速度的目的。

3. 流量控制阀的节流口形式有哪些?各有什么特点?

节流口的形式很多，最常用的如图 4-155 所示。

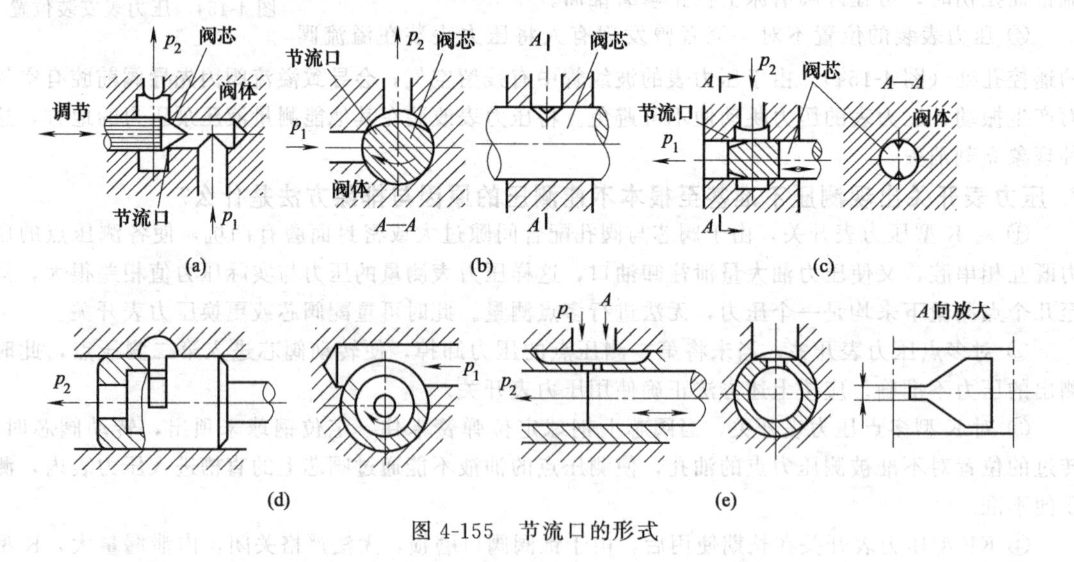

图 4-155 节流口的形式

图 4-155 (a) 为针阀式节流口。阀芯利用轴向移动调节通流面积的大小，从而调节流量。这种节流口形式，结构简单，制造容易，但容易堵塞，流量受温度影响较大，一般只用于要求不高的液压系统。

图 4-155 (b) 为偏心槽式节流口。在阀芯上开有一个截面为三角形（或矩形）的偏心槽，转动阀芯时就可调节通流面积的大小，从而调节流量。这种节流口形式，结构也较简单，制造容易，节流口通流截面是三角形的，能得到较小的稳定流量。但偏心处压力不平衡，转动较费力，并且油液流过时的摩擦面较大，温度变化对流量稳定性影响较大，容易堵塞，常用于性能要求不高的地方。

图 4-155 (c) 为轴向三角沟槽式。在阀芯端部开有一个或两个斜三角沟槽，轴向移动阀芯

时，可以改变三角沟通流面积的大小，使流量得到调节。这种节流形式，结构简单，制造容易，小流量时 稳定性好，不易堵塞，应用广泛。

图 4-152（d）为周向缝隙式节流口（薄刃口）。阀芯上开有狭缝，旋转阀芯可以改变缝隙的通流面积，使流量得到调节。这种节流形式，油温变化对流量影响很小，不易堵塞，流量小时工作仍可靠，应用广泛，但加工困难。

4.4.2 节流阀与单向节流阀

1. 节流阀与单向节流阀的工作原理怎样?

节流阀的工作原理是通过旋转流量调节手柄轴向移动节流阀芯，或旋转阀芯来改变节流阀节流口的通流面积，控制通过阀的流量 q 的大小，以实现对执行元件的无级调速。

2. 节流阀的工作原理与分类怎样?

（1）简式节流阀

图 4-156（a）为简式节流阀的工作原理。压力油从进油口 p_1 流入，经节流阀芯 2 和阀体 3 组成的节流口，再从出油口 p_2 流出。旋转调节手柄 1，便可改变节流阀的通流面积，实现对输出口输出流量的调节。由图可知，进油口压力 p_1 作用在阀芯下端，产生一较大的方向向上的力，因此手柄 1 调节力矩很大，一般只用于压力较低的情况，或者先停机卸压，待调好手柄 1 后再通压，这种结构已使用不多。

（2）可调节流阀

图 4-156（b）为可调节流阀的工作原理。与上述简式阀一样，压力油从进油口 p_1 进入，通过节流口后由出油口 p_2 流出，同样也是用调节手柄调节节流口的大小，以实现对流量的调节。

不同的是，这种结构将其进油腔的压力油 p_1 通过阀体上的小孔 a（或者阀芯上的中心孔）和阀芯上的孔 b 进入阀芯上、下两腔，由于两端承压面积相等，因而阀芯上、下端受到的液压力相等，阀芯只受复位弹簧的作用，所以手轮调节时所需的调节力矩比简式节流阀小得多，在高压时用手也可轻松调节，故称为可调节流阀。

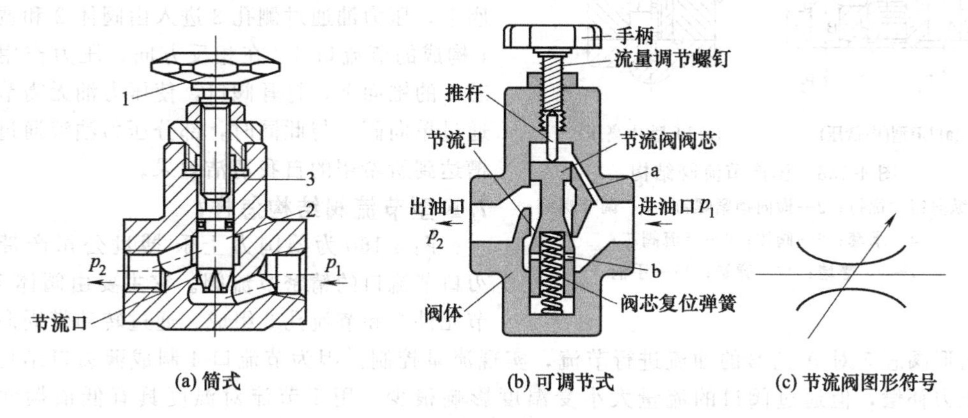

图 4-156 节流阀的工作原理与图形符号

1—调节手柄；2—节流阀芯；3—阀体

3. 单向节流阀的工作原理与分类怎样?

单向节流阀在结构上有两类：一类为节流阀阀芯与单向阀阀芯共用一个阀［图 4-157（a）］；另一类为单向阀阀芯与节流阀阀芯各有一个阀芯，为单向阀与节流阀的组合阀［图 4-157（b）］，图形符号见图 4-157（c）。

无论哪一种结构的单向节流阀，其工作原理均为：正向节流时，与上述节流阀相同；反向起单向阀的作用时，与单向阀相同。

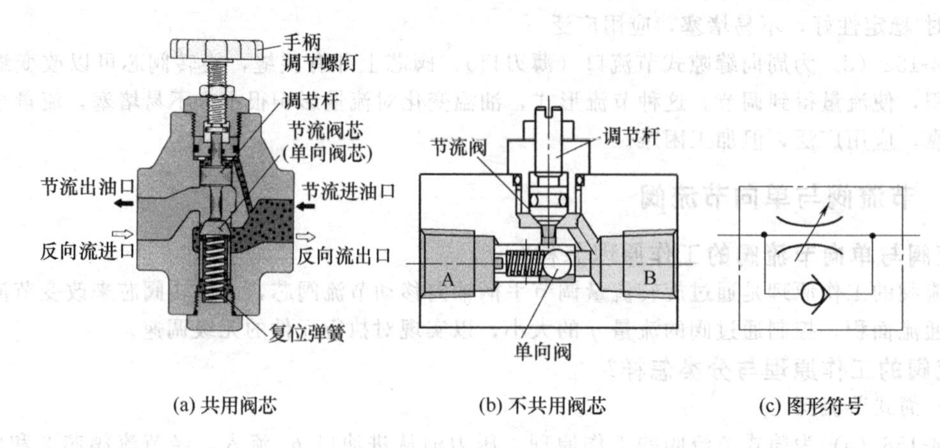

(a) 共用阀芯　　(b) 不共用阀芯　　(c) 图形符号

图 4-157　单向节流阀的工作原理与图形符号

4. 国产节流阀结构怎样?

如图 4-158 所示为国产节流阀结构。

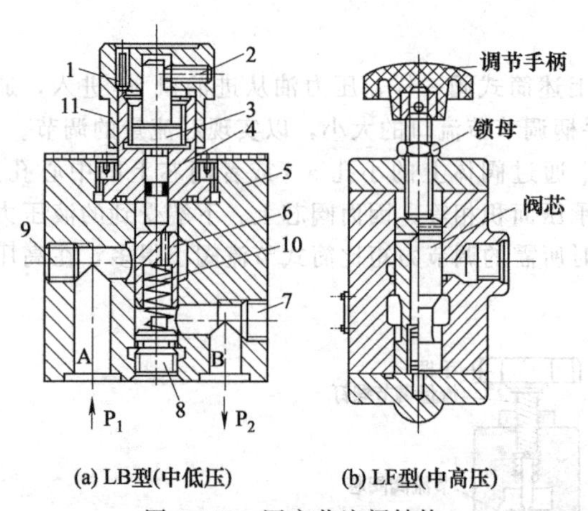

(a) LB型(中低压)　　(b) LF型(中高压)

图 4-158　国产节流阀结构

1—纵向锁紧螺钉；2—横向锁紧螺钉；3—调节螺钉；4—承套；5—阀体；6—节流阀芯；7～9—螺堵；10—弹簧；11—手柄

5. MG 型节流阀结构怎样?

如图 4-159（a）所示，该阀双向节流，压力油经侧孔 3 进入，由阀体 2 和调节套 1 构成节流口 4，旋转调节套 1 可以无级调节节流口 4 的过流截面。

6. MK 型单向节流阀结构怎样?

如图 4-159（b）所示，MK 型单向节流阀在阀的节流方向，压力油和弹簧 6 将阀芯 5 压在阀座上，压力油通过侧孔 3 进入由阀体 2 和调节套 1 构成的节流口 4；在相反方向，压力作用于阀芯 5 的锥面上，打开阀口，使压力油无需节流地通过单向阀。与此同时，部分压力油液通过环形槽达到所希望的自我清洁效果。

7. F 型节流阀结构怎样?

图 4-160 为德国力士乐-博世公司产带有薄刃口节流口的精密节流阀。它主要由阀体 1、调节元件 2 和节流孔 3 组成。通过转动带周向三角槽的筒形阀芯 5 对 A 到 B 的油流进行节流，实现流量控制。因为节流口 4 制成薄刃口结构，虽不带压力补偿，但通过阀口的流量大小受温度影响很少，用于节流对温度具有低依赖性的节流阀。

8. 节流阀哪些部位与零件易出故障?

节流阀易出故障的零件与部位如图 4-161 所示。

9. 为何节流阀调节作用失灵?

① 节流阀阀芯因污物、毛刺等卡住（图 4-162）。用尼龙刷等清除阀孔内的毛刺，阀芯上的毛刺可用油石等去除。

② 因阀芯与阀体孔内外圆配合间隙过小或过大，造成阀芯卡死或内泄漏大。阀套对阀孔失圆或配合间隙过小，可研磨阀孔修复，或研配阀芯。

③ 节流口被污物堵塞，滑阀被卡住。清洗节流口。

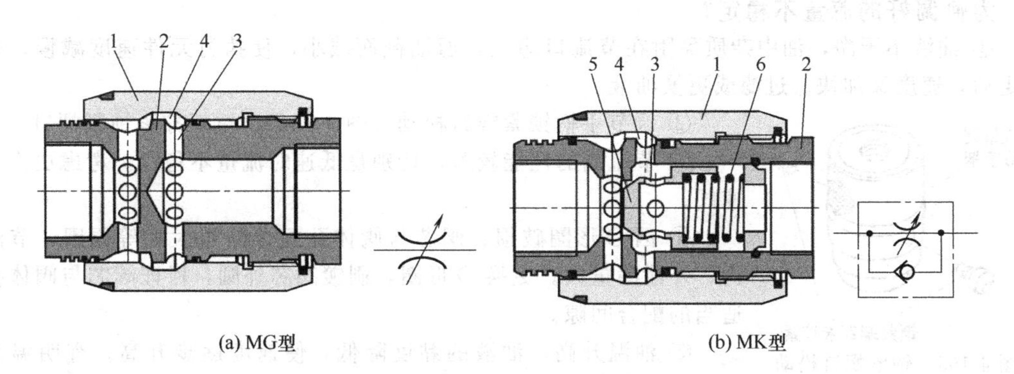

(a) MG型　　(b) MK型

图 4-159　节流阀

1—调节套；2—阀体；3—侧孔；4—节流口；5—阀芯；6—弹簧

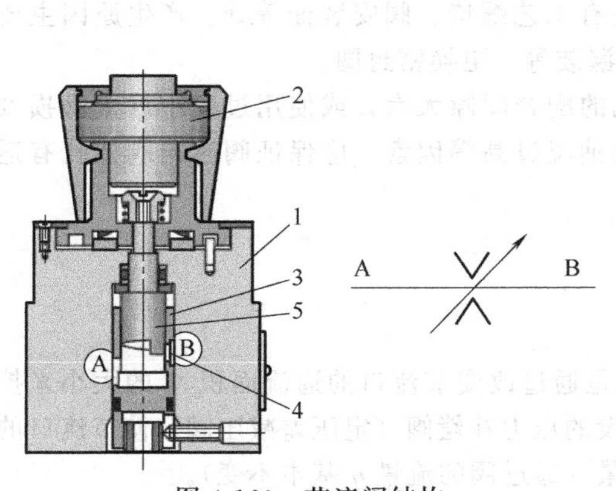

图 4-160　节流阀结构

1—阀体；2—调节元件；3—节流孔；
4—节流口；5—筒形阀芯

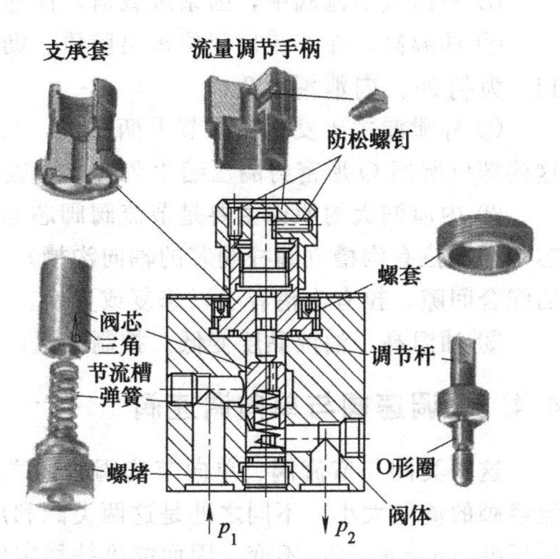

图 4-161　节流阀易出故障的零件与部位

④ 单向节流阀的单向阀锥面（或球面）不密合、关不死，或者单向阀阀芯卡死在打开的某一开度位置（图 4-163）。对锥阀芯，仅轻微拉毛时，可抛光再用；严重拉伤时，可先用无心磨磨去伤痕，再电镀修复；对淬火钢球，易购买，应予以更换。

⑤ 长时间停机未用，油中水分等使阀芯锈死、卡在阀孔内。去锈后清洗。

⑥ 阀芯复位弹簧断裂或漏装（图 4-164）。更换或补装。

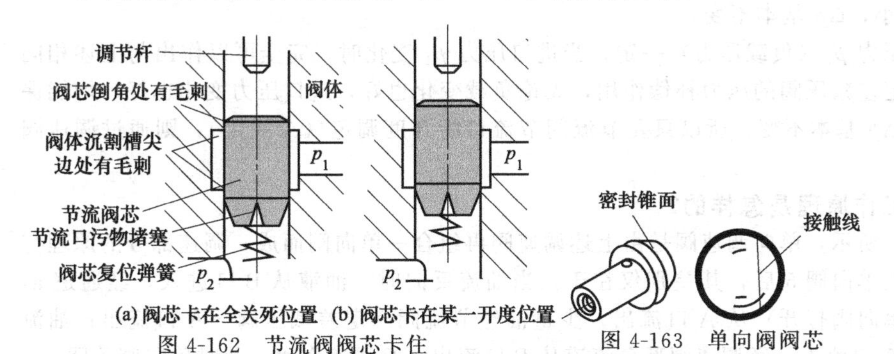

图 4-162　节流阀阀芯卡住　　图 4-163　单向阀阀芯　　图 4-164　弹簧

10. 为何调好的流量不稳定?

① 油液不干净，油中杂质黏附在节流口边上，通油截面减小，使执行元件速度减慢，杂质冲走后，速度又加快。过滤或更换油液。

图 4-165　锁紧螺钉松动

② 调节手柄锁紧螺钉松动（图 4-165)。重新拧紧锁紧螺钉。

③ 节流阀的性能较差，特别是低速时流量不稳定。考虑更换成调速阀。

④ 因 O 形圈破损、阀芯与阀体孔配合间隙太大等原因，节流阀内、外泄漏量大。更换 O 形圈，刷镀阀芯外圆，保证阀芯与阀体孔有适当的配合间隙。

⑤ 油温升高，油液的黏度降低，使速度逐步升高。查明温升原因，采取对策；必要时适当提高油液黏度。

⑥ 阻尼装置堵塞，系统中有空气，出现压力变化及跳动。清洗阻尼孔。

⑦ 在简式节流阀中，因系统载荷，使速度突变。更换成调速阀。

⑧ 油温高，在节流口部位析出胶质、沥青等物质，附于节流口壁面。控制油温。

11. 为何外、内泄漏大?

① 外泄漏主要发生在调节手柄部位，另外还有工艺螺堵、阀安装面等处。产生原因主要是这些部位所用 O 形密封圈压缩永久变形、破损及漏装等。更换密封圈。

② 内泄漏大的原因主要是节流阀阀芯与阀孔的配合间隙太大，或使用过程中严重磨损及阀芯与阀孔拉有沟槽（圆柱阀芯的轴向沟槽），还有油温过高等因素。应保证阀芯与阀体孔有适当的配合间隙，拉有沟槽者予以修复或更换。

③ 油温高，油液黏度变低。控制油温。

4.4.3　调速阀与单向调速阀

这两类阀与节流阀、单向节流阀相同之处也是通过改变节流口的通流面积 A 的大小来控制流经阀的流量大小。不同之处是这两类阀利用增设的压力补偿阀（定压差减压阀）使节流口的前后压差 $\Delta p=p_1-p_2$ 不变，因而能维持稳定的流量（通过阀的流量 q 基本不变)。

1. 调速阀的工作原理是怎样的?

如图 4-166 (a) 所示，调速阀是在节流阀的基础上再加一个定差减压阀。节流阀调节通过阀的流量（改变 A)，减压阀稳定节流阀口前后压差 Δp 基本不变。这样由上述通过节流阀的流量公式可知：A 调节好后不变，Δp 也不变，因而调速阀的通过流量 q 也基本不变。

将节流口的前后压力油 p_2、p_3 分别引到定差减压阀 3 阀芯左右两端。先设进口压力 p_1 不变，如果负载增加，p_3 随之增大，a 腔压力增大，定差减压阀阀芯右移，开大减压阀口，减压口的减压作用减弱，p_2 也就增大，亦即 p_3 增大，p_2 跟着增大，使节流阀阀口前后压差 $\Delta p=p_2-p_3$ 维持不变；反之当负载减小，p_3 也随之减小，减压阀阀芯左移，关小减压阀口，减压口的减压作用增强，p_2 减小，Δp 基本不变。

反之，设出口压力 p_3（负载压力）一定，当进口压力 p_1 变化时，完全可以作出与上述相同的分析。所以由于定差减压阀的压力补偿作用，无论负载变化也好，进口压力变化也好，均能保证节流阀前后压差 Δp 基本不变，所以只要节流阀节流口的开度调定（A 一定)，则通过调速阀的流量基本恒定。

2. 单向调速阀的工作原理是怎样的?

如图 4-166 (b) 所示，单向调速阀是由上述调速阀再组合一单向阀而成，调速部分的原理与上述完全相同。装上单向阀 5 后，其差别仅在于：当油流反向时，油液从 B 口进入，经通道 a，再经单向阀（此时单向阀打开）从 A 口流出，少量油经节流阀→定差减压阀→A 口流出；油流正向时，油液只从 A 口流入，经调速阀部分流道从 B 口流出，起调速作用，此时单向阀关闭。

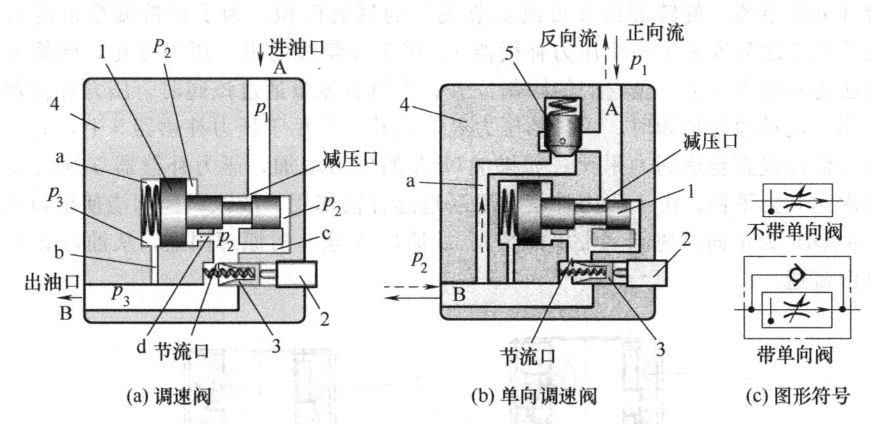

图 4-166 调速阀与单向调速阀的工作原理

1—定差减压阀；2—流量调节螺钉；3—节流阀阀芯；4—阀体；5—单向阀阀芯

3. 调速阀中的减压阀结构有哪两种?

国内外生产的调速阀中的减压阀是定差减压阀，其结构分为非嵌套式和嵌套式两种，如图4-167所示。

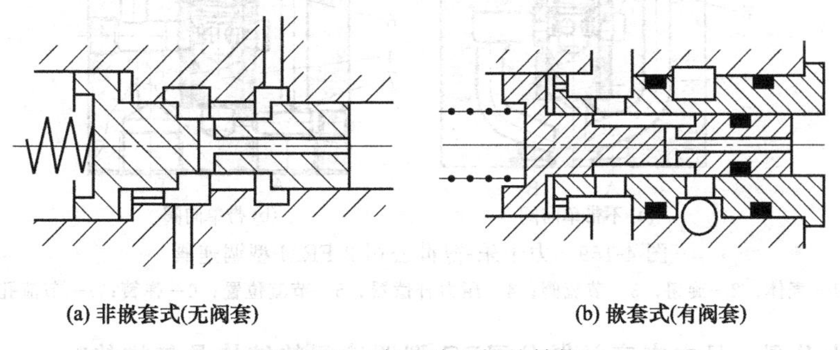

图 4-167 定差减压阀的结构

4. 国产QF型调速阀的结构是怎样的?

如图 4-168 所示，这种调速阀定差减压阀在前、节流阀在后，节流阀阀芯为锥面加三角槽的节流形式。

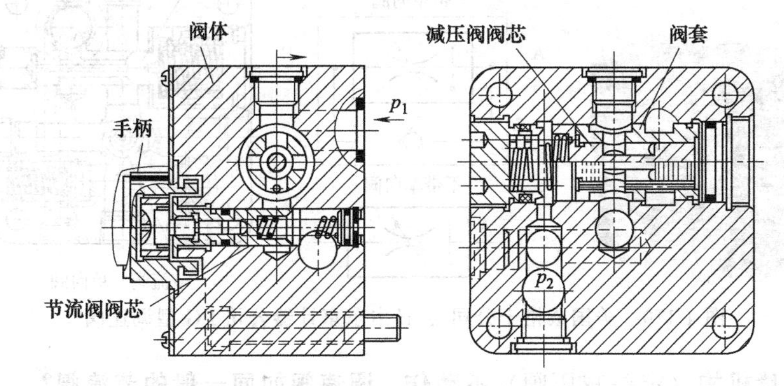

图 4-168 QF 型调速阀结构

5. 力士乐-博世公司2 FRM 型流量控制阀（调速阀）的结构是怎样的?

如图 4-169 所示，其组成主要包括壳体 1、旋钮 2、节流阀 3、压力补偿器 4 和一个可选择的单向阀。节流阀与压力补偿器装在同一轴线上。图 4-169（a）不带单向阀，油口 A 至 B 的流量在节流位置5处被节流。旋转旋钮2可改变节流口的过流面积。为了保持流量恒定且与压力无关，在节流位置5之后安装了一个压力补偿器4，用于补偿阀的出口压力变化，弹簧6分别压在节流阀3和压力补偿器4上，至它们的限制位置。当没有流量通过该阀时，压力补偿器4保持在开启位置；当有流量通过该阀时，A口的压力经节流孔7作用于压力补偿器5上，它使压力补偿器4移动至补偿位置直至达到力平衡。如果油口A的压力增加，压力补偿器5则向关闭方向移动，直至再次达到力平衡。由于压力补偿器不断地起补偿作用，故该调速阀能使出口流量恒定。

图4-169（b）为单向调速阀（带单向阀），从油口A至B时原理同上，从油口B至A时可经单向阀8自由流通。

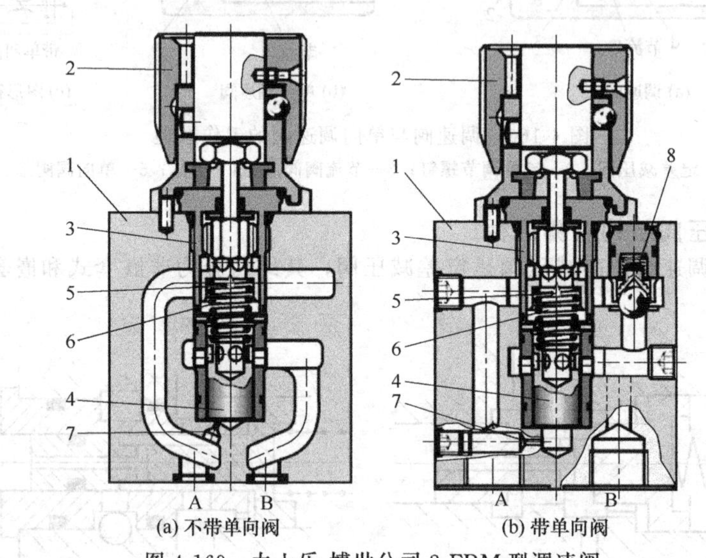

图4-169　力士乐-博世公司2 FRM型调速阀

1—壳体；2—旋钮；3—节流阀；4—压力补偿器；5—节流位置；6—弹簧；7—节流孔

6. 美国威格士公司、日本东京计器公司PG型调速阀的结构是怎样的?

如图4-170所示，这种调速阀为非嵌套式。

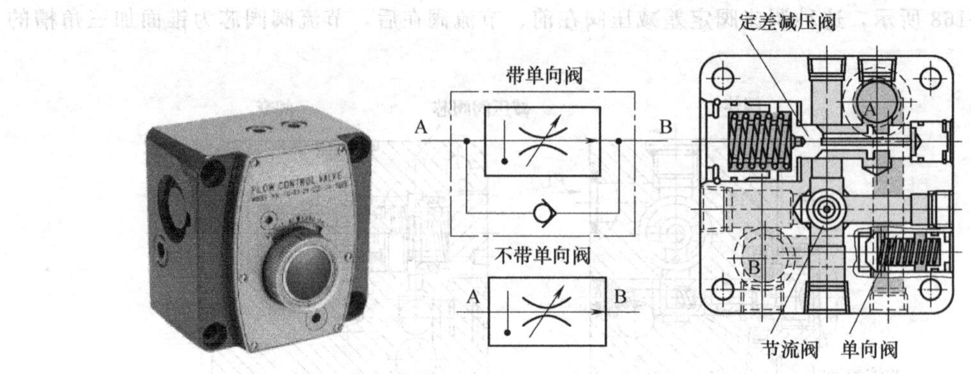

图4-170　美国威格士公司、日本东京计器公司PG型调速阀

7. 为何压力补偿机构（定差减压阀）不动作，调速阀如同一般的节流阀?

调速阀由节流阀+压力补偿机构所组成。

产生原因与排除方法如下：

① 减压阀阀芯被污物卡住。此时可拆开清洗（图4-171）。

② 孔a、孔f或孔c被污物堵塞。可拆开清洗。

③ 进出口压差 $\Delta p(=p_1-p_2)$过小。对中低压 Q 型调速阀，至少为 0.6MPa，对中高压阀，一般最低为 1MPa。

8. 为何流量调节手柄调节时十分费劲?

① 调节杆被污物卡住，或调节手柄螺纹配合不好。可根据情况采取对策。

② 用于进油节流调速时，调速阀出口压力（一般为负载压力）过高，此时需先卸压，再调节手柄。

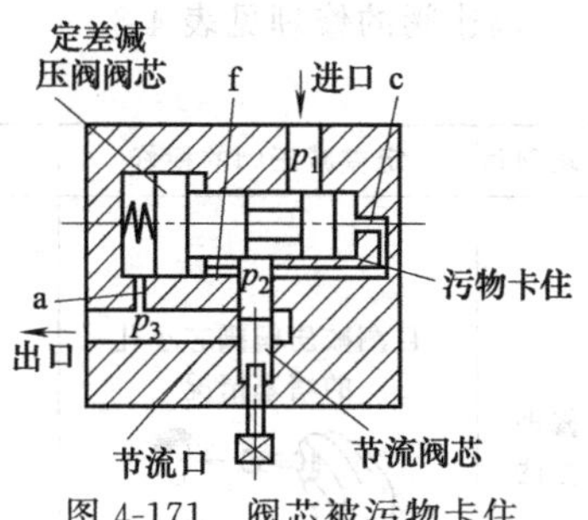

图 4-171 阀芯被污物卡住

9. 为何节流作用失灵?

① 定差减压阀阀芯卡死在全闭或小开度位置，使出油腔无油或有极少油液通过节流阀。此时应拆洗和去毛刺，使减压阀阀芯能灵活移动。

② 调速阀进出油口接反了，使减压阀阀芯总趋于关闭，造成节流作用失灵。Q 型、QF 型阀由于安装面的各孔为对称的，很容易装错。一般板式调速阀的底面上，在各油口处标有 p_1（进口）与 p_2（出口）字样，应仔细辨认，不可接错。进口调速阀的底面上有定位销，不会装错方向。

③ 调速阀进口与出口压力差太小，产生流量调节失灵。对 Q 型调速阀，进口压力要大于出口压力 0.5MPa，对 QF 型阀，进口压力要大于出口压力 1MPa，方可进行流量调节。

10. 为何调好的输出流量不稳定?

参照图 4-172、图 4-173。

① 定差减压阀阀芯被污物卡住。可拆开该阀端部的螺塞，从阀套中抽出减压阀芯，去毛刺、清洗及进行精度检查，特别要注意减压阀阀芯的大小头是否同心，否则予以修复和更换。

② 定差减压阀阀芯小孔 a 被阻塞或阀套上的小孔 f 被污物塞死，使节流阀阀芯进出口的压差 Δp 不恒定而使流量不稳定。此时可用 ϕ1mm 细钢丝穿通阀套及阀芯上的反馈小孔，或用压缩空气吹通。

③ 进出油口易接反。

④ 单向调速阀中的单向阀阀芯与阀座接触处不密合，存在内漏。

⑤ 漏装了减压阀的弹簧，或者弹簧折断、装错。可予以补装或更换。

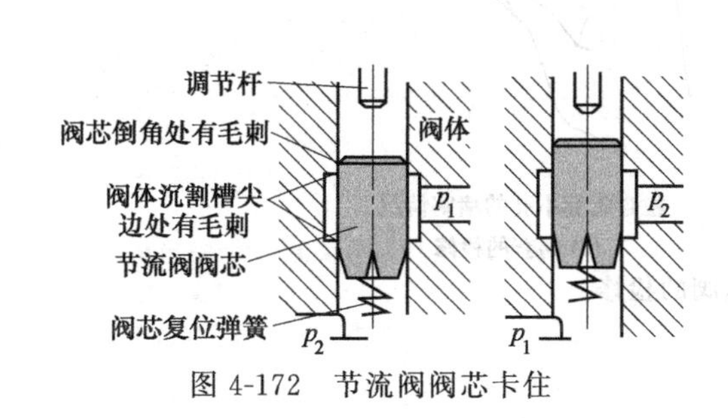

图 4-172 节流阀阀芯卡住

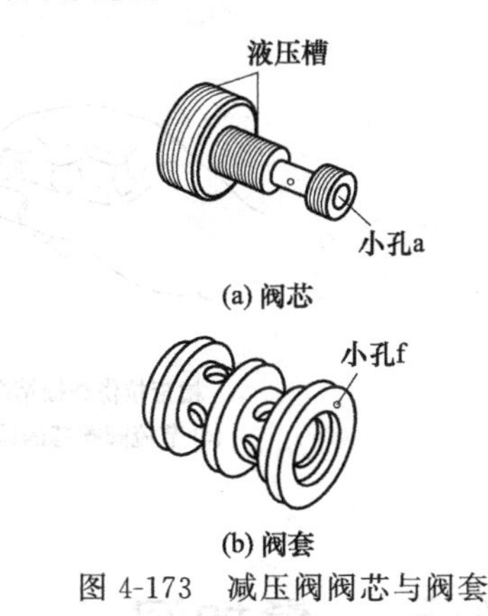

图 4-173 减压阀阀芯与阀套

⑥ 调速阀的内外泄漏量大导致流量不稳定。应处理泄漏。

⑦ 进出油口接反，使调速阀如同一般节流阀而无压力反馈补偿作用。国产调速阀安装面上无定位销，要特别注意不要让进出油口接反了。

11. 为何调速阀出口无流量输出，执行元件不动作?

① 流量阀阀芯卡住在关闭位置。可拆开清洗。

② 定差减压阀阀芯卡住在关闭位置。可拆开清洗。

12. 为何有内、外泄漏?

故障原因和排除方法同节流阀。

13. 怎样修理调速阀?

调速阀的修理见表 4-8。

表 4-8 调速阀的修理

修理项目	定差减压阀的检修	节流阀阀芯的检修	阀套的检修	温度补偿杆的检修
修理方法	目测减压阀阀芯小孔的堵塞情况	检查拉伤磨损情况 A	检查阀套小孔的堵塞情况	在平板上检查温度补偿杆的弯曲度

14. 调速阀修理时重点检修哪几个零件?

按图 4-174 所示的方法对重点零件和重点部位进行检查，如外圆拉伤磨损，一般可刷镀修复，阀芯和阀套上的小孔堵塞情况一定要检查，因堵塞而产生的故障极为常见。

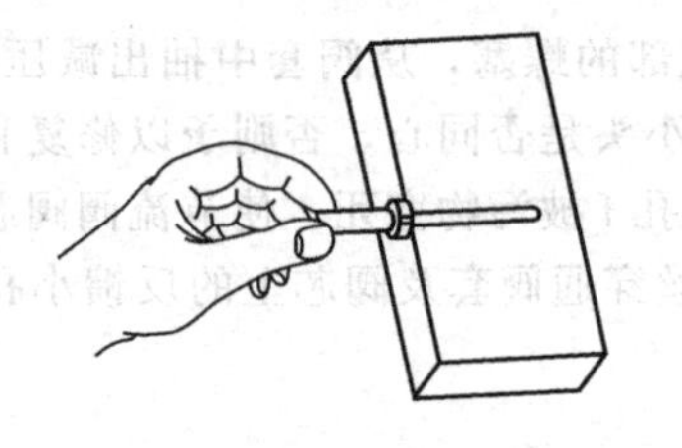

在平板上检查温度补偿杆的弯曲度

(a) 温度补偿杆的检修

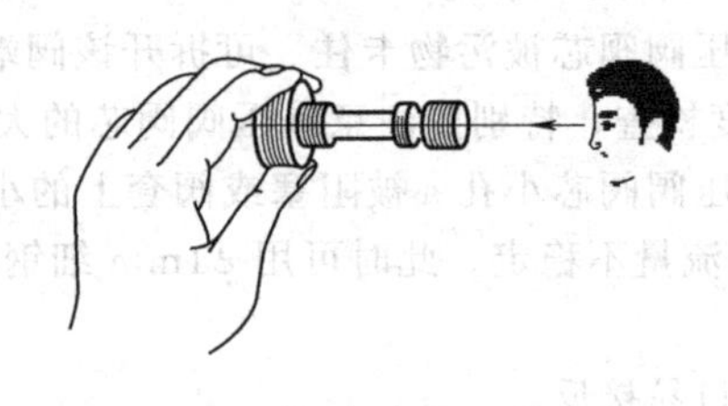

目测减压阀阀芯小孔的堵塞情况

(b) 定差减压阀阀芯的检修

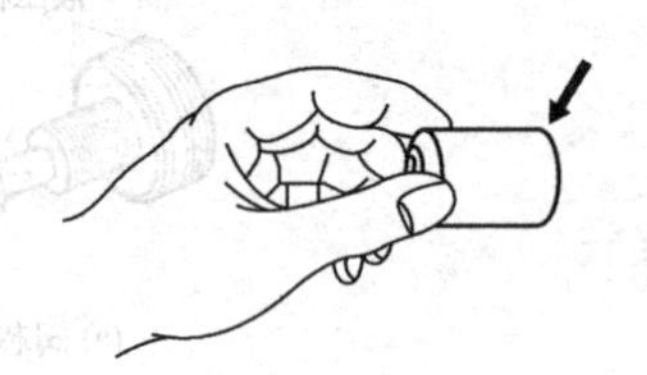

检查拉伤磨损情况

(c) 节流阀阀芯的检修

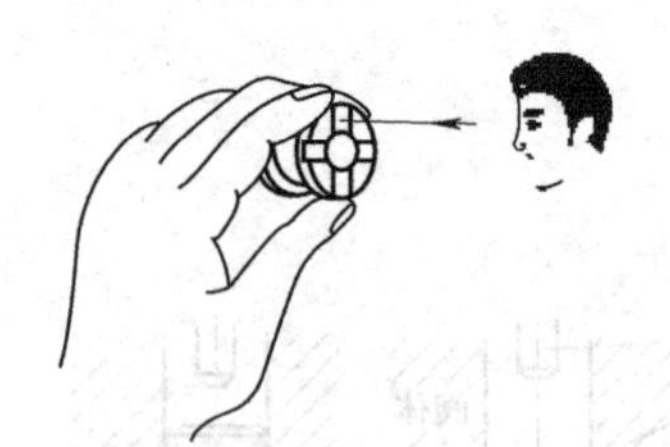

检查阀套小孔的堵塞情况

(d) 阀套的检修

图 4-174 调速阀的检修

4.5 叠加阀

4.5.1 简介

1. 什么是叠加阀?

顾名思义，叠加阀是一种可以相互叠装的液压阀，是在集成块和集成板的基础上发展起来的一类液压元件。它的内部结构与一般常规液压阀相仿。每一叠加阀中包含有1～2个单独的阀，用它们组合成液压系统时不需要另外的连接元件，而是以自身的阀体作为连接体。同一通径的各种叠加阀，上下结合面的连接尺寸都是相同的，且与同通径的电磁阀或电液动换向阀的连接尺寸一致，为国际标准化（ISO 4401）尺寸。这样，相同通径的叠加阀就可按不同的系统要求选择合适的几个互相用长螺栓串成一串，叠装起来，组成一个完整的液压系统。最上面一般为板式普通电磁阀或电液换向阀，它并不属于叠加阀的范畴。

如图4-175所示，叠加阀最下面为底板，底板的作用是连接泵来的压力油（共用的P口），并将系统回油接回油箱（共用的T口）。另外还有每两个一对的油口——A口与B口，分别与同一执行元件（液压缸或液压马达）的进出口相连。中间是根据组成液压系统所需要的数个叠加阀元件，每个叠加阀既起控制元件的作用，又起通油通道的作用。

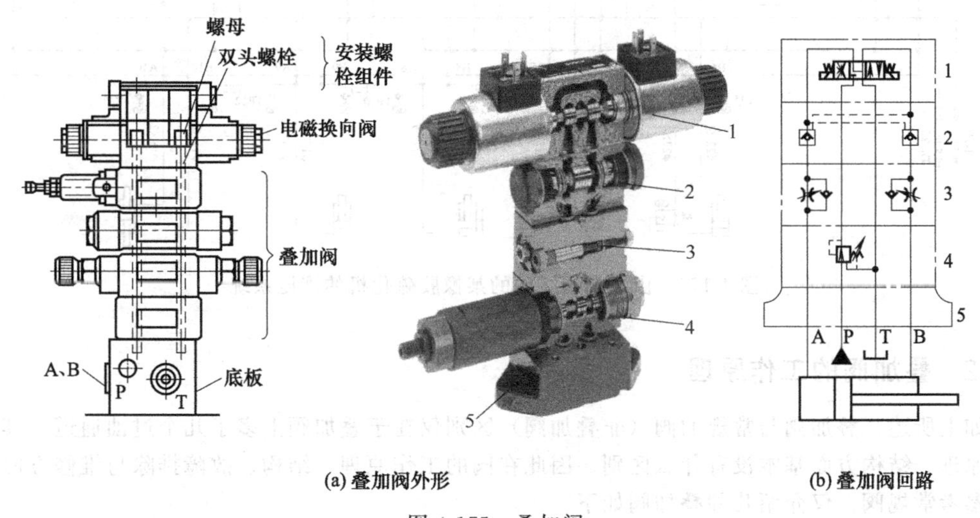

(a) 叠加阀外形　(b) 叠加阀回路

图4-175　叠加阀

2. 叠加阀的外观、工作原理和结构与普通阀有何区别？

与其他常规阀一样，叠加阀包括压力阀（溢流、减压、顺序、卸载、制动以及压力继电器）、流量阀（节流阀、调速阀）、方向阀（单向阀和液控单向阀）等。其工作原理与前述的普通阀完全相同，结构上也没有太大差异。但由于叠加阀还要起通道作用，所以每种规格的叠加阀都有一些通油孔（如P、A、B、T等），例如图4-176所示的双液控单向阀。

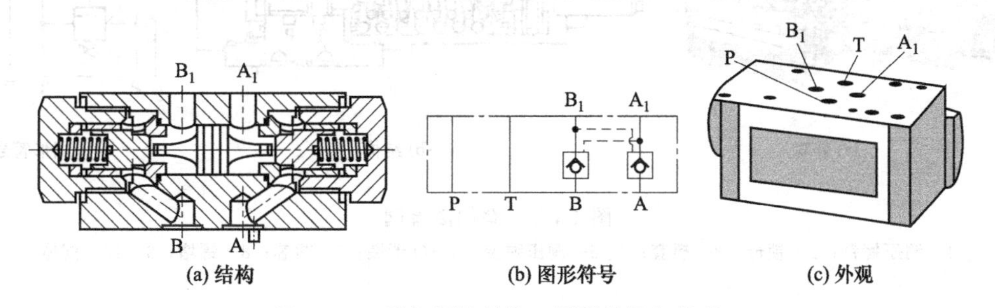

(a) 结构　(b) 图形符号　(c) 外观

图4-176　叠加阀的结构、图形符号与外观

3. 为何叠加阀得到广泛应用？

叠加阀可以缩小安装空间，很少配管，能减少漏油和管道振动等引起的故障，能简单地改变回路、更换元件，使设计与维修均很方便。所以叠加阀广泛用于冶金、橡胶与塑料、工程机械、煤炭机械、船舶及机床等行业的液压设备上。

图 4-177 所示为由叠加阀组成的某橡胶硫化机的液压系统。

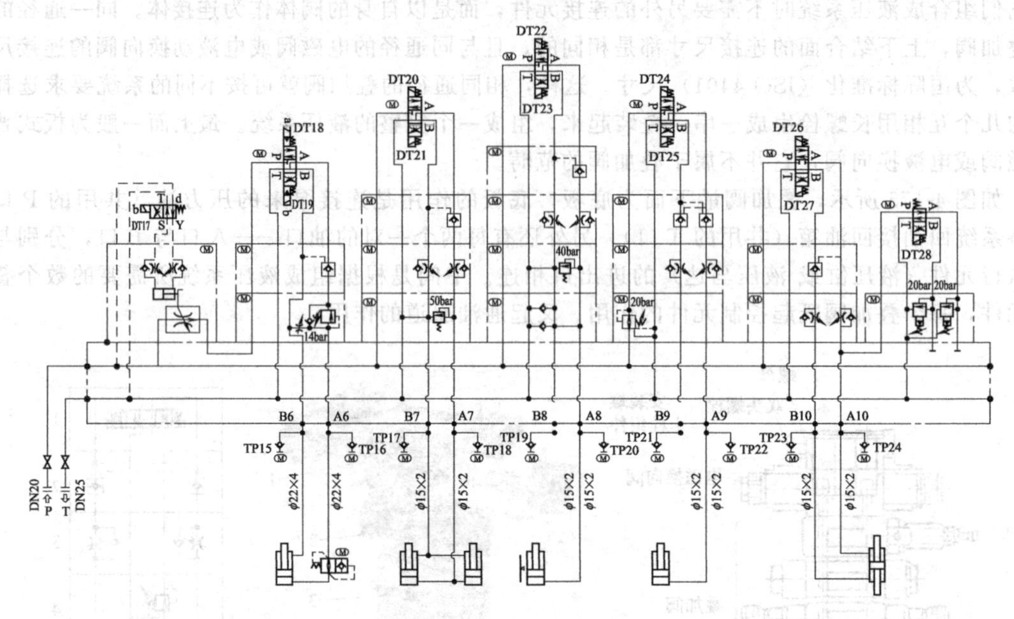

图 4-177　由叠加阀组成的某橡胶硫化机的液压系统

4.5.2　叠加阀的工作原理

如上所述，叠加阀与常规的阀（非叠加阀）区别仅在于叠加阀上多了几个过油通道，其他在工作原理、结构方面基本没有什么区别。因此在阀的工作原理、结构、故障排除与维修方面完全可以参考常规阀。仅介绍几种叠加阀如下。

1. 叠加溢流阀的工作原理是怎样的?

如图 4-178 所示，调节调压螺钉 1，可调节系统压力 p 的大小。当 P 腔压力超过调节压力，阀芯 7 左移，打开 P→T 的通道，溢流降压至调节压力。

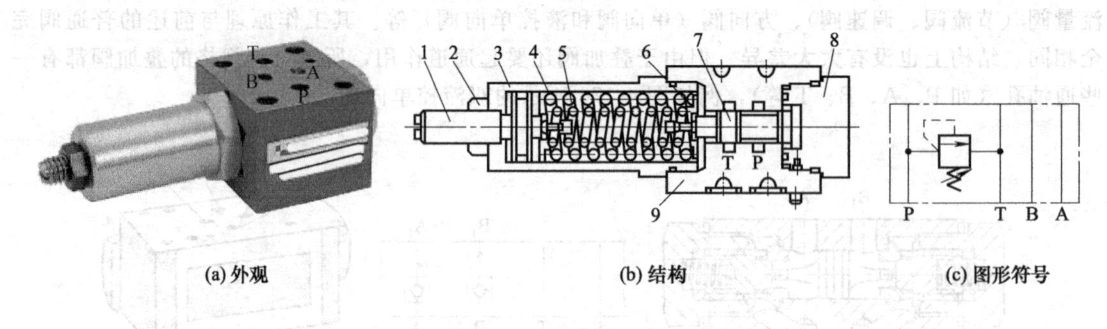

图 4-178　叠加溢流阀

1—调压螺钉；2—锁母；3—螺套；4、5—调压弹簧；6—O 形圈；7—阀芯；8—螺堵；9、10—阀体

2. 叠加减压阀的工作原理是怎样的?

如图 4-179 所示，液流从叠加阀底面 P 孔流入，经阀芯减压口减压后从该叠加阀顶面 P_1 孔流出，行使减压阀功能。结构、工作原理均与普通减压阀相同。

3. 叠加溢流减压阀的工作原理是怎样的?

如图 4-180 所示，正向油流 P→P_1 时为减压功能，反向 P_1→T 时为溢流功能。其工作原理与

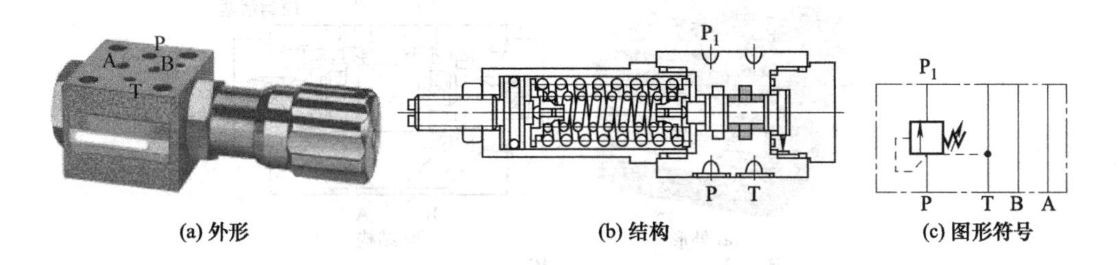

图 4-179 叠加减压阀外形、结构与图形符号

非叠加式溢流减压阀相同。

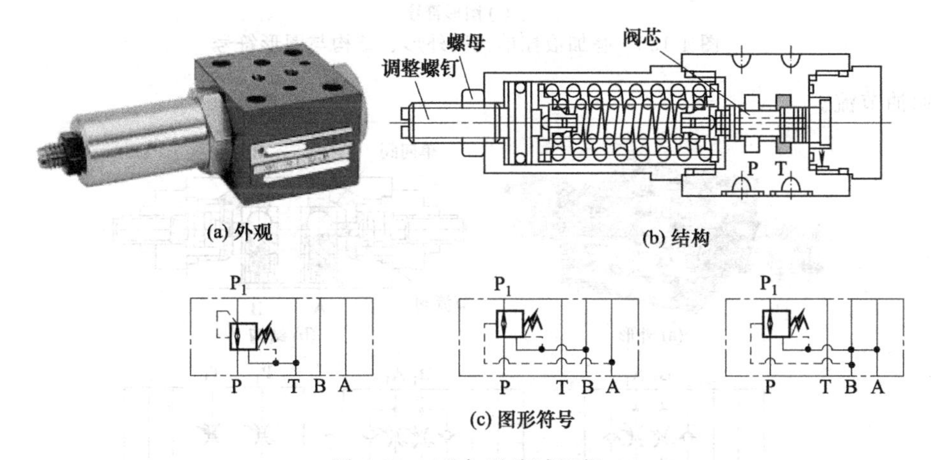

图 4-180 叠加溢流减压阀

4. 叠加单向阀的工作原理是怎样的?

如图 4-181 所示，其结构、工作原理均与非叠加式普通单向阀相同，可参阅相关内容。

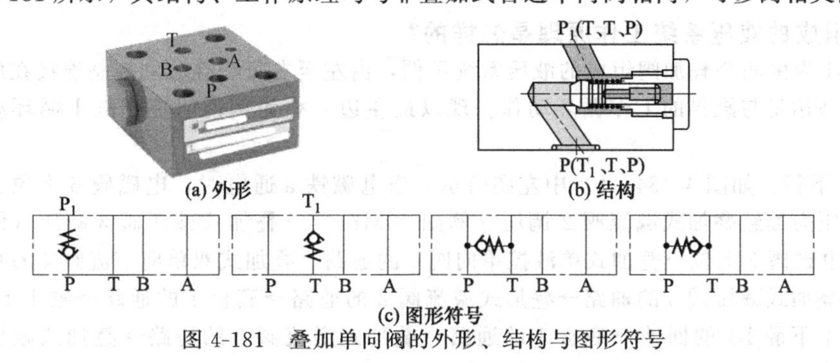

图 4-181 叠加单向阀的外形、结构与图形符号

5. 叠加液控单向阀（双向液压锁）的工作原理是怎样的?

图 4-182 为双液控单向叠加阀外观、结构及图形符号。当控制活塞右端通入压力控制油，控制活塞左行，推开左边的单向阀，实现 B_1→B 或 B→B_1 正、反方向的流动；反之，当控制活塞左端通入压力控制油，控制活塞右行，推开右边的单向阀，实现 A_1→A 或 A→A_1 正、反方向的流动。

6. 叠加单向节流阀的工作原理是怎样的?

如图 4-183 所示，当液流从 B→B_1 或从 A→A_1 流动时，单向阀处于关闭状态，液流只能通过节流阀实现从 B→B_1 或从 A→A_1 的流动，实现进油节流；将双单向节流叠加阀换一个面装，

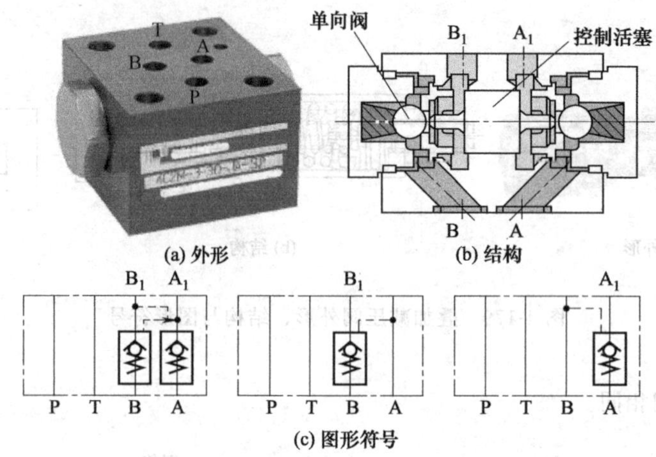

图 4-182 叠加液控单向阀外形、结构与图形符号

可实现回油节流。

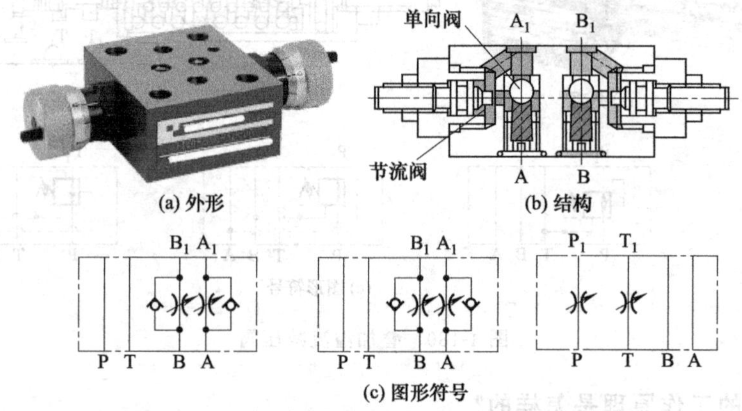

图 4-183 叠加单向节流阀外形、结构与图形符号

7. 叠加阀组成的液压系统工作原理是怎样的?

图 4-184 为由四叠叠加阀组成的液压系统示例，由左至右每一叠分别控制连接在底板上的缸Ⅰ、缸Ⅱ、马达Ⅲ与缸Ⅳ的工作循环动作。现以最左边一叠为例说明控制缸Ⅰ循环动作的工作原理。

① 缸Ⅰ下行。如图 4-184（b）中左图所示，当电磁铁 a 通电时，电磁阀 6 上位工作，从底板 1 泵来的压力油经叠加式溢流阀 2 调压（例如 20MPa）→叠加式减压阀 3 减压（例如减压到 10MPa）→电磁阀 6 上位→叠加式单液控单向阀 5 的通路→叠加式双单向节流阀 4 右单向节流阀的单向阀→叠加式减压阀 3 的通路→叠加式溢流阀 2 的通路→底板 1 的通路→缸Ⅰ上腔 A1，缸Ⅰ下行；缸Ⅰ下腔 B1 的回油→底板 1 的通路→叠加式溢流阀 2 的通路→叠加式减压阀 3 的通路→双单向节流阀块 4 左单向节流阀的节流阀进行调速→叠加式液控单向阀 5 的单向阀（因控制油有压而打开）→电磁阀 6 上位→叠加式液控单向阀 5 的通路→叠加式双单向节流阀 4 的通路→叠加式溢流阀 2 的通路→底板 1 的 T 油道→油箱。实现缸Ⅰ下行。

② 缸Ⅰ停止运动，并锁住不往下落。如图 4-184（b）中间图所示，当电磁铁 a 与 b 均不通电时，电磁阀中位工作。从底板 1 泵来的压力油经叠加式溢流阀 2→叠加式减压阀 3→电磁阀 6 中位打住，此时无压力油进到缸Ⅰ里面去，所以缸Ⅰ停止运动。另外由于电磁阀处于中位，叠加式液控单向阀 5 的控制油通油箱，它此时只起单向阀的反向截止作用，缸Ⅰ下腔回油道被封死，不能往下落。

③ 缸Ⅰ上行。如图 4-184（b）中右图所示，当电磁铁 b 通电时，电磁阀 6 下位工作，从底板 1 泵来的压力油经叠加式溢流阀 2→叠加式减压阀 3→电磁阀 6 下位→叠加式液控单向阀 5（正向导通）→叠加式双单向节流阀 4 左单向节流阀的单向阀→叠加式减压阀 3 的通路→叠加式溢流阀 2 的通路→底板 1 的通路→缸Ⅰ下腔 A1，缸Ⅰ上行；缸Ⅰ上腔 A1 的回油→底板 1 的通路→叠加式溢流阀 2 的通路→叠加式减压阀 3 的通路→双单向节流阀 4 右边单向节流阀的节流阀进行调速→叠加式单液控单向阀 5 的通路→电磁阀 6 下位→叠加式单液控单向阀 5 的通路→叠加式双单向节流阀 4 的通路→叠加式溢流阀 2 的通路→底板 1 的 T 油道→油箱。实现缸Ⅰ上行。

其他三叠的工作原理类同，不难理解。其中第三叠的液压马达Ⅲ的叠加回路中，叠加式双单向阀起马达两个方向的防气穴作用，叠加式双溢流阀起马达的双向制动作用。

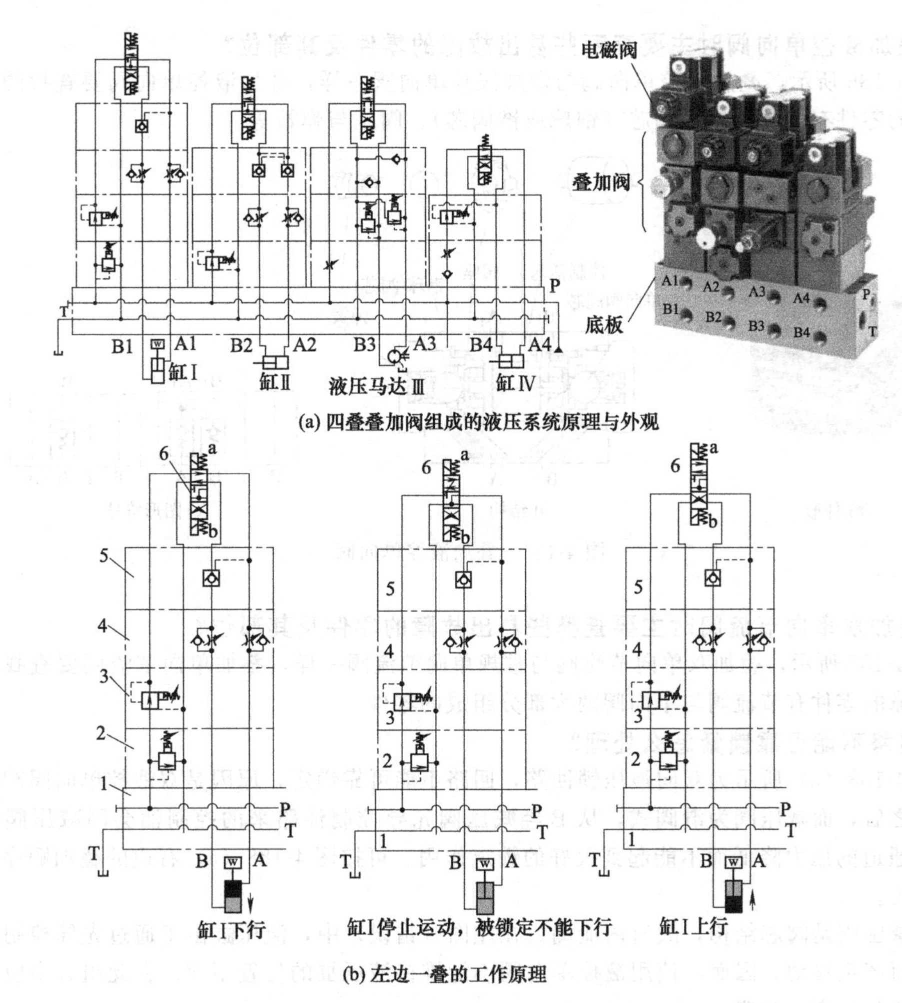

(a) 四叠叠加阀组成的液压系统原理与外观

(b) 左边一叠的工作原理

图 4-184 叠加阀组成的液压系统工作原理

4.5.3 叠加阀故障排除

由于叠加阀与前面介绍的一般阀在工作原理上完全相同，在结构上也基本相同，所以有关叠加阀的故障分析与排除，可参阅相关内容。此处仅作补充说明。

1. 维修叠加减压阀时主要查哪些易出故障的零件及其部位?

如图 4-185 所示，与常规减压阀一样，叠加减压阀要查找的可能会引起故障的零件有阀芯、调压弹簧与调压螺钉等。

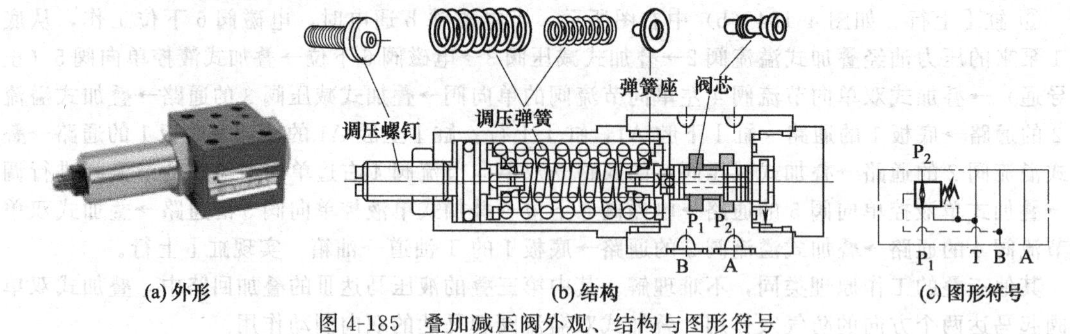

图 4-185 叠加减压阀外观、结构与图形符号

2. 维修叠加液控单向阀时主要查哪些易出故障的零件及其部位?

如图 4-186 所示，叠加液控单向阀与常规液控单向阀一样，叠加液控单向阀要查找的可能会引起故障的零件有控制活塞、阀芯（钢球或锥阀芯）、阀座与弹簧等。

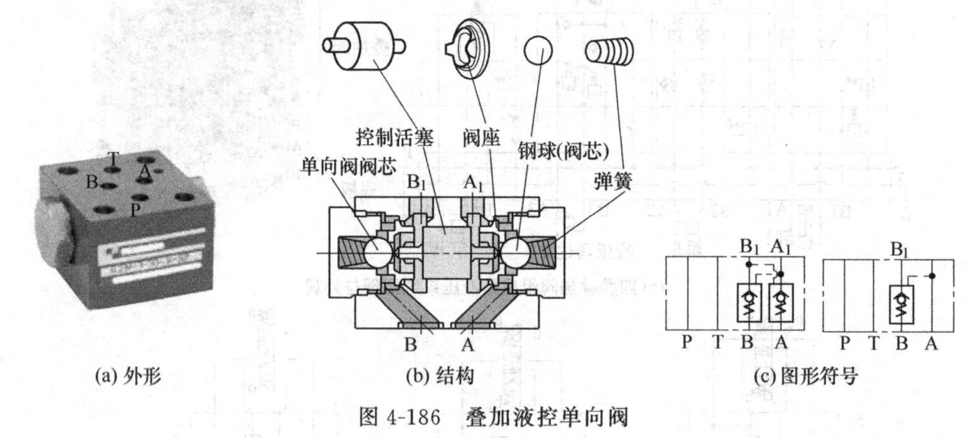

图 4-186 叠加液控单向阀

3. 维修叠加双单向节流阀时主要查哪些易出故障的零件及其部位?

如图 4-187 所示，叠加双单向节流阀与常规单向节流阀一样，叠加单向节流阀要查找的可能会引起故障的零件有节流阀与单向阀两大部分组成的零件。

4. 锁紧回路不能可靠锁紧怎么处理?

如图 4-188（a）所示为双向液压锁回路，回路不能可靠锁定，原因是双液控单向阀阀块在减压阀阀块之后，而减压阀为滑阀式，从 B 经减压阀先导控制油路来的控制油会因减压阀的内漏而导致 B 通道的压力降低而不能起到很好的锁定作用。可按图 4-188（a）右边的叠加顺序进行组合构成系统。

由于减压阀是阀芯结构，故有内泄漏。在左图（错误）中，液压缸由于通过先导控制压力油路的泄漏而产生移动。因而，使用液控单向阀不能维持液压缸的位置不变。在此组合中应使用右图所示的叠装顺序（正确）。

5. 液压缸因推力不够而不动作或不稳定怎么处理?

图 4-188（b）中左边的叠加方式，当电磁铁 a 通电时（P→A，B→T），本应液压缸左行，但由于 B→T 的流动过程中，单向节流阀 c 产生节流效果，在液压缸出口 B 至单向节流阀 c 的管路中（图中▲部分），背压升高，导致与 B 相连的减压阀的控制油压力也升高，此压力使减压阀进行减压动作，常常导致进入液压缸 A 腔的压力不够而推不动液压缸左行，或者使动作不稳定，所以应按图中右图进行组合构成系统。

6. 液压缸产生振动（时停时走）现象怎样处理?

当图 4-189（a）中左图的电磁铁 b 通电时（P→B，A→T），由于叠加式单向节流阀的节流效

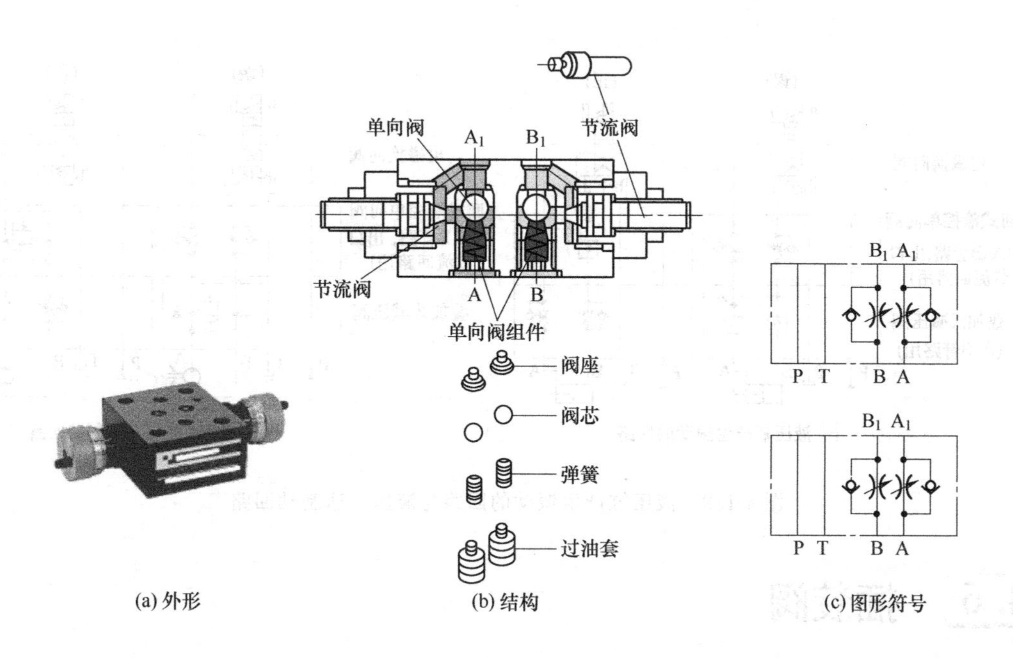

(a) 外形　(b) 结构　(c) 图形符号

图 4-187 叠加双单向节流阀

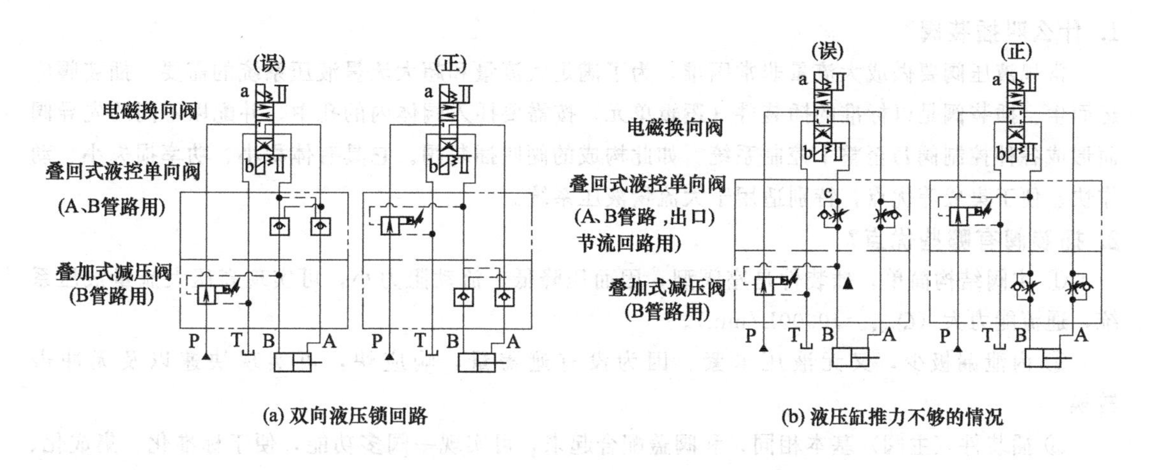

(a) 双向液压锁回路　(b) 液压缸推力不够的情况

图 4-188 双向液压锁回路与液压缸推力不够的情况

果，在图中▲部位产生压力升高现象，产生的液压力方向为关闭叠加式液控单向阀的方向，这样液控单向阀会反复进行开、关动作，使液压缸产生振动现象（电磁铁 a 通电，B→T 的流动也同样如此）。解决办法是按图中右图进行配置。

7. 叠加式制动阀与叠加式单向阀（出口节流）怎样设置?

在图 4-189（b）所示的液压马达制动回路中，左图（误）的，▲部分产生压力（负载压力以及节流效果产生的背压），负载压力和背压都作用于叠加式制动阀打开的方向，所以，设定的压力要高于负载压力与背压之和（p_A+p_B），若设定压力低于（p_A+p_B），在驱动执行元件时，制动阀就会动作，使执行元件达不到要求的速度；反之，若设定压力高于（p_A+p_B），由于负载压力相对于设定压力过高，在制动时，常常会产生冲击。所以，在进行这种组合时，要按右图（正确）的组合构成系统。

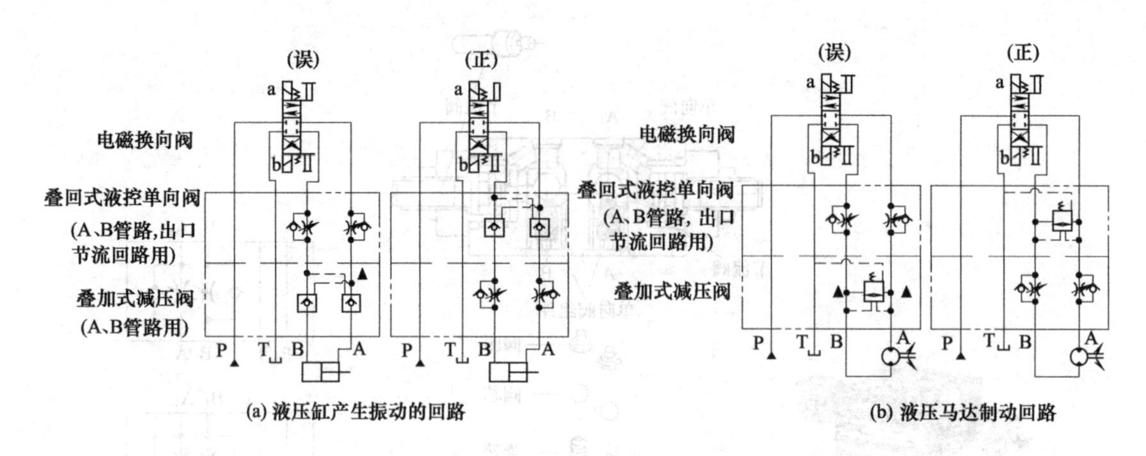

图 4-189 液压缸产生振动的回路与液压马达制动回路

4.6 插装阀

4.6.1 简介

1. 什么叫插装阀?

常规液压阀要做成大流量非常困难，为了满足大流量和超大流量液压系统的需要，插装阀应运而生。插装阀是以标准的插装件（逻辑单元）按需要插入阀体内的孔中，并配以不同的先导阀而形成各种控制阀乃至整个控制系统。如此构成的阀叫插装阀。它具有体积小、功率损失小、动作快、便于集成等优点，特别适用于大流量液压系统。

2. 插装阀有哪些优点?

① 主阀结构简单，插装件是座阀型，因而压降低，流动阻力小，可实现高压大流量液压系统，通流能力大（Q_{max}=10000L/min）。

② 内泄漏极少，又无液压卡紧。因为没有遮盖量，响应快，可实现快速以及无冲击转换。

③ 插装件（主阀）基本相同，和阀盖配合起来，可实现一阀多功能，便于标准化、集成化、微型化。

④ 由于插装阀直接组装在块体的阀孔内，构成液压回路，便于实现无管连接，减少了配管引起的漏油、振动和噪声等问题，可靠性有所提高。

⑤ 先导阀功率小，具有明显的节能效果。

⑥ 由于液压装置紧凑，可使安装空间大大减小，与以往方式相比，可实现液压系统的低成本化。

⑦ 便于标准化生产，插装件外形尺寸统一（20世纪70年代同时起步），便于互换。

⑧ 由于插装件（座阀式）为加压关闭，没有滑阀式阀的间隙泄漏。

插装阀在矿山冶金、注塑成形机、机床、船舶等领域已有广泛的应用。

3. 插装阀的组成怎样?

插装阀有盖板式和螺纹式两类。盖板式插装阀由先导部分（控制盖板或先导控制阀）、插装件和通道块（阀体）等组成，如图 4-190 所示。

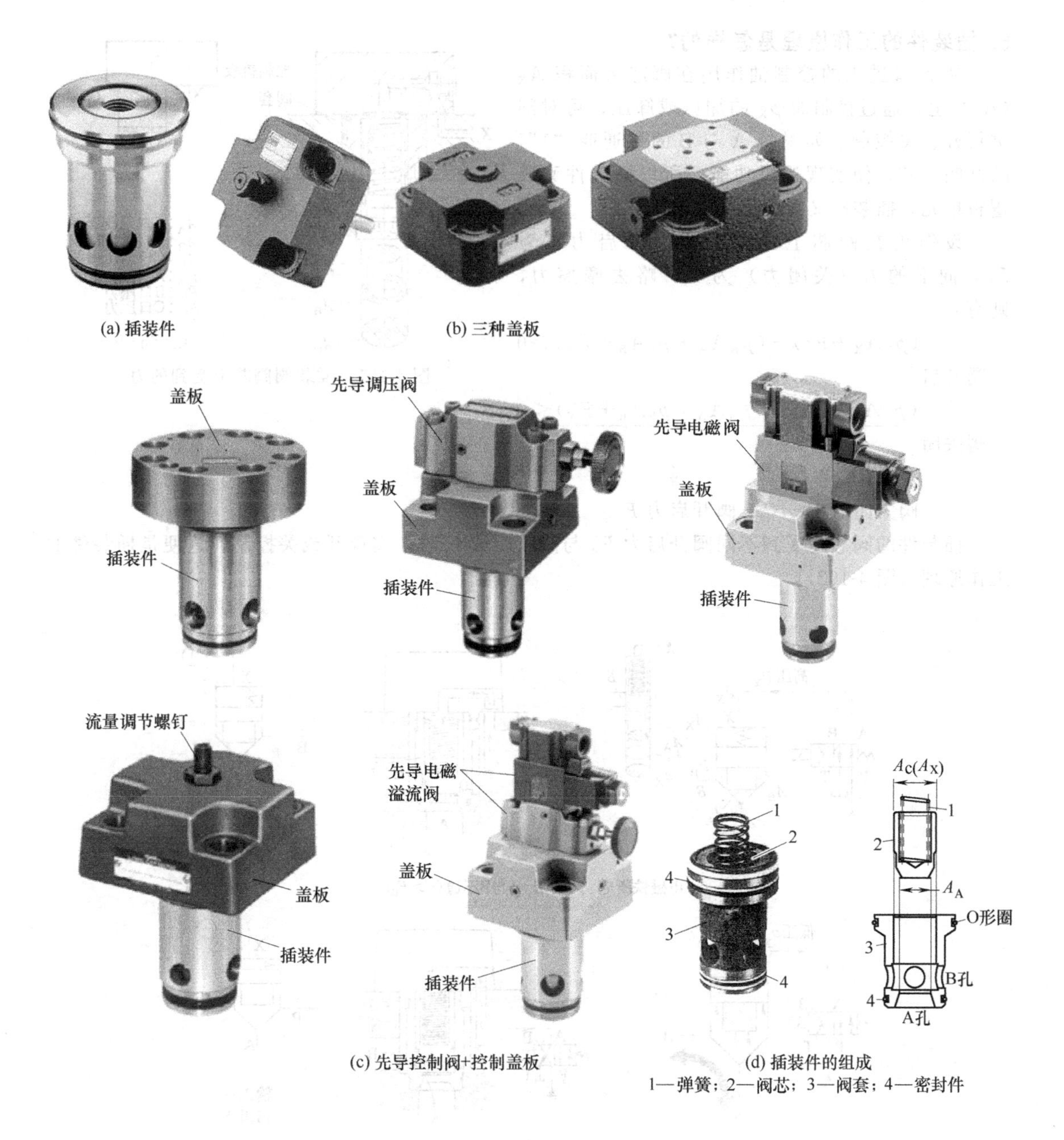

(a) 插装件　　(b) 三种盖板

(c) 先导控制阀+控制盖板　　(d) 插装件的组成

1—弹簧；2—阀芯；3—阀套；4—密封件

图 4-190　插装阀的组成

4. 插装阀阀芯上受到哪些力?

如图 4-191 所示为插装阀。组成插装阀和插装式液压回路的每一个基本单元叫插装件。每一插装件有三个基本油口：主油口 A、B 及控制油口 X（也可用 C、A_P 代表）。因为有两个主油口，所以也叫二通式插装阀。

一般插装件的弹簧较软，弹簧力 F_S 很小，锥阀阀芯受到的液压力 F_Y 也很小，所以阀的开、闭两个工作状态主要取决于作用在 A、B、X 三腔中的油液产生的液压力，即决定于各油口处的压力 p_A、p_B、p_X 和对应的作用面积 A_A、A_B、A_X（A_B 为环形面积，A_A、A_X 为圆形面积）之乘积。

5. 插装件的工作原理是怎样的?

从X口进入的控制油作用在阀芯大面积 A_X (A_C) 上，通过控制油 p_X 的加压或卸压，可对阀进行开、关控制。如果将A与B的接通叫“1”，断开叫“0”，便实现逻辑功能，所以插装件又叫逻辑单元，插装阀又叫逻辑阀。

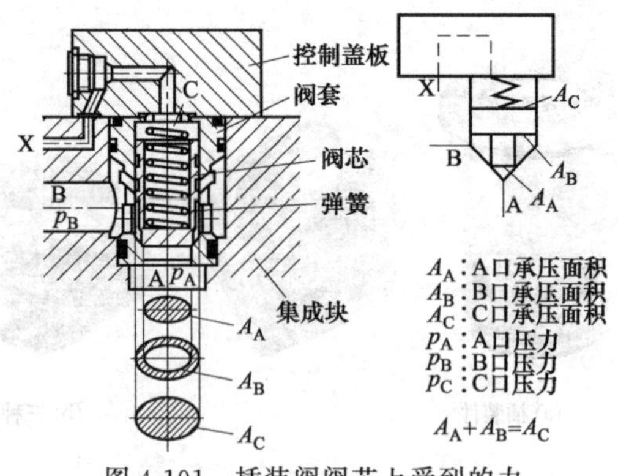

图 4-191 插装阀阀芯上受到的力

设作用在阀芯上的上抬力（开启力）为 F_0，向下的力（关闭力）为 F，略去摩擦力，则有：

$$(p_X A_X + F_S) - (p_A A_A + p_B A_B + F_Y) > 0$$

阀开启

$$\underbrace{(p_X A_X + F_S)}_{\text{阀关闭力 } F} - \underbrace{(p_A A_A + p_B A_B + F_Y)}_{\text{阀开启力 } F_0} < 0$$

阀关闭

插装件的阀芯在受到不同阀开启力 F_0 与阀关闭力 F 时，实现开或关控制，这便是插装件的工作原理（图 4-192）。

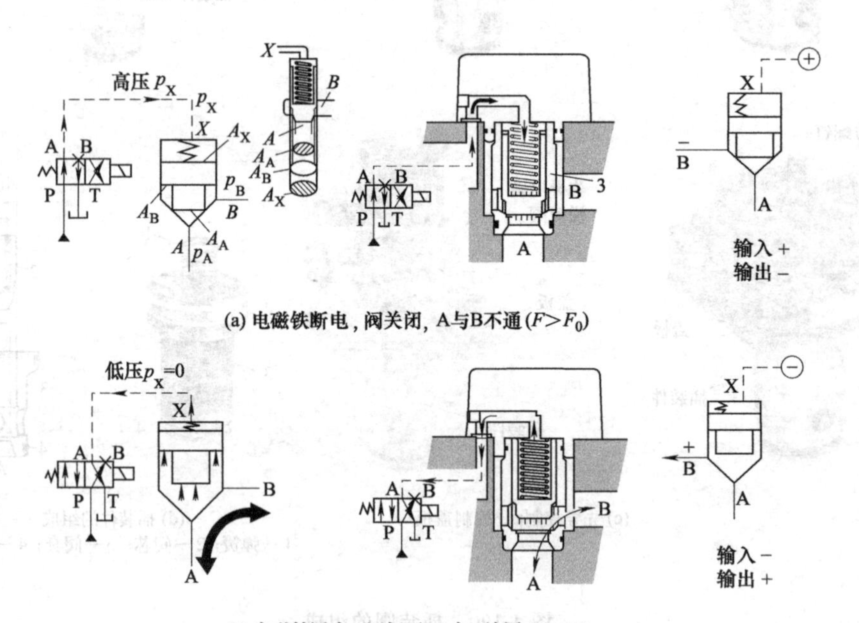

图 4-192 插装件的工作原理

6. 盖板式插装阀的结构是怎样的?

盖板式插装阀的结构如图 4-193 所示，它由先导部分（先导控制阀和控制盖板）、插装件和通道块（阀体）等组成。

4.6.2 插装件的方向、流量与压力控制

1. 怎样实现插装件的方向、流量与压力控制?

如图 4-194 与表 4-9 所示，用插装件（逻辑单元）配以不同盖板（如先导式溢流阀盖板、先

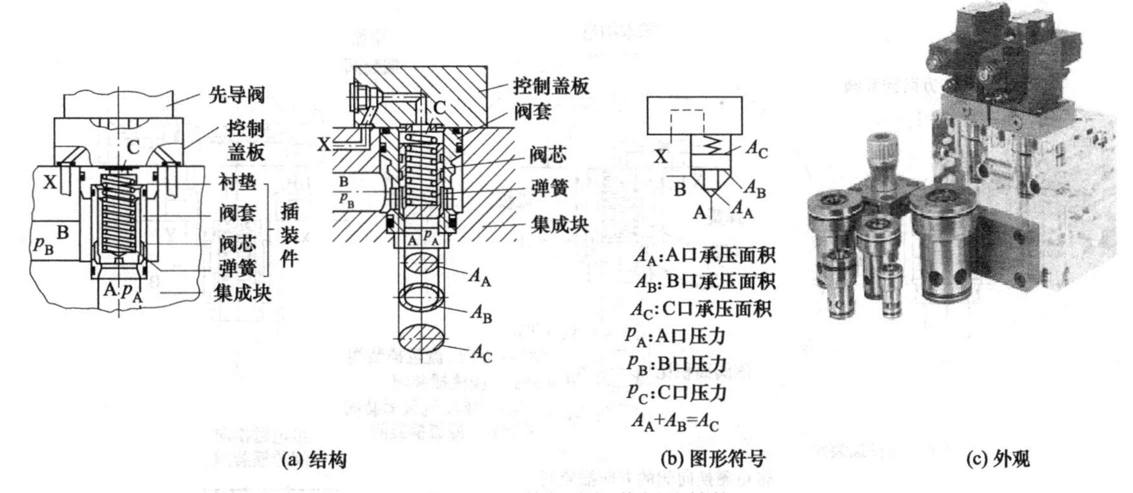

图 4-193 盖板式插装阀的结构

导换压阀盖板以及流量调节杆盖板）便可实现方向、流量和压力控制功能。

如果将图中单个插件分别插入各阀体中，可构成与常规式功能相同的方向、压力和流量控制阀，称为分立式插装阀；如果将若干个功能不同的插装件放在一个通路块（集成块）内，实现对方向、压力和流量的综合控制，称为组合式插装阀或者多功能阀；多个插装件的组合可组成一个完整的液压系统。

表 4-9 插装件与不同盖板相组合实现各种功能控制

盖板种类名称		图形符号	盖板种类名称		图形符号	盖板种类名称		图形符号
方向控制	无:标准式		方向及流量控制	1:带行程调节		溢流	无:标准式	
	4:带单向阀式			2:带单向阀和行程调节			Z₁:排放控制	
	5:带梭阀式			3:带梭阀和行程调节			Z₂:排放控制	

2. 方向、流量与压力控制插装件各有哪些形式?

方向控制插装件如图 4-195（a）所示，方向与流量控制插装件如图 4-195（b）所示，压力控制插装件如图 4-195（c）、（d）所示，减压阀插装件如图 4-195（e）所示。

3. 控制盖板（先导控制元件）有哪些？其用途是什么？

插装阀的先导控制元件有电磁换向阀、梭阀、先导调压阀、缓冲阀、单向节流阀、行程调节器等，这些阀与前述的阀一样。不过它们可能单独装在插装件上，也可能设置在盖板内。

控制盖板作为插装阀的先导部分，其用途有：

① 固定先导插件于通路块内并密封通向插装阀的各通道。

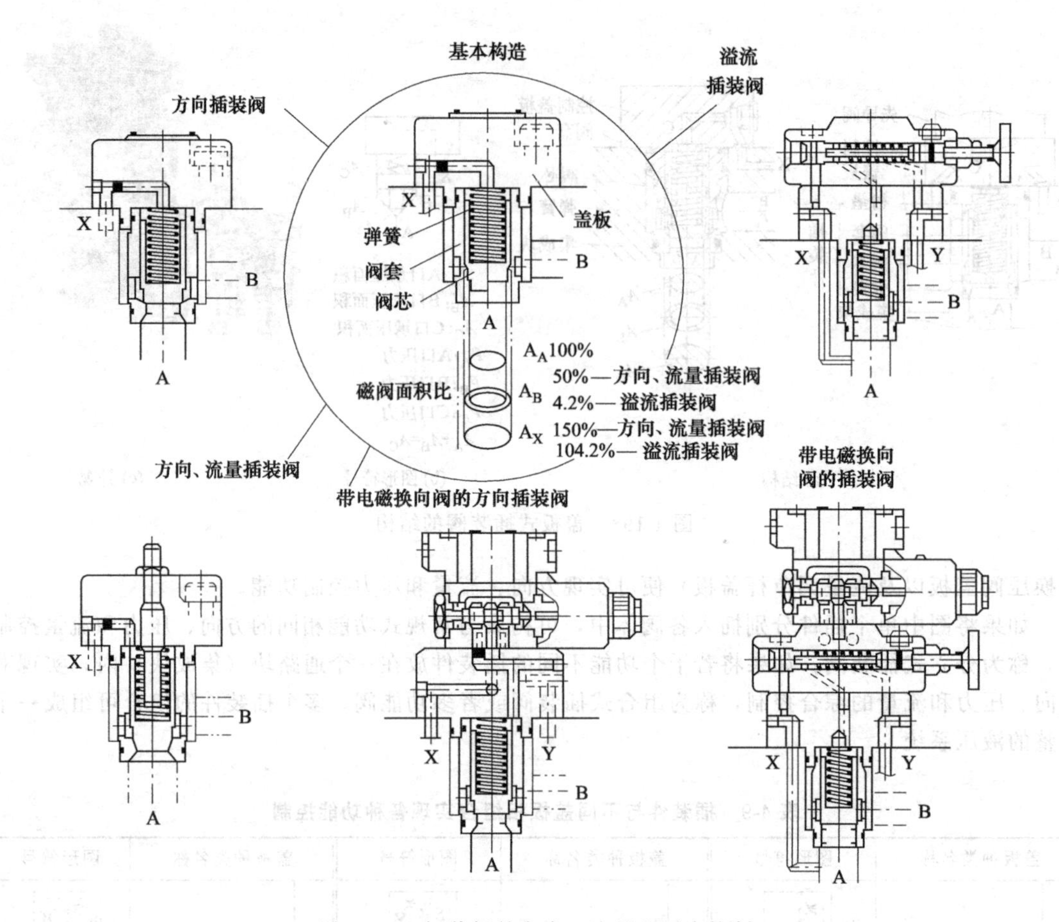

图 4-194 插装阀的方向、流量和压力控制

② 内部加工了一些控制油道，在某些控制油道上还设置若干个阻尼螺塞（固定节流小孔）或堵头，用以调节插装件的响应时间，控制插装阀芯的开闭时间，并控制油的走向、导通与否。

③ 内装一些小型液压元件，如梭阀、先导调压阀等。

④ 控制盖板底面装在通路块上，底面一般设有控制油进口 X、Z_1、Z_2，控制油回油口 Y 以及通主阀芯上腔的 A_P（或用 A_X、A_C 表示）油口，它们根据情况或堵住或导通，控制油口 X、Z_1、Z_2 控制压力油的来源，可以来自 A 或 B，也可以来自液压系统的其他油路，分别叫内控或外控。

⑤ 控制盖板上端面可以是全封闭的，也可以安装小型电磁阀作先导阀，相应的油口与电磁阀相配。另外，控制盖板的端面可安装流量调节用的阀芯升程调节螺钉，以限制与调节插装阀芯的开度，实现对流量的控制。

总之，控制盖板的作用是沟通先导控制油路并对主阀的工作状态进行控制。

控制盖板一般分为方向、压力和流量控制盖板，进而进行组合构成功能复合的控制盖板等。

4. 集成块（通道块）的作用是什么？

集成块（通道块）的作用是安装插装件、控制盖板和其他控制阀，是沟通主油路和控制油路的块体。块体可自行设计，也可委托液压公司设计、加工、制造，国内外公司目前可提供典型元件和典型回路的集成块体，配以插装件、控制盖板和先导控制元件，构成一些典型的液压回路，供用户选用。它们可分别起调压、卸载、保压、顺序动作、方向控制、流量调节等作用。

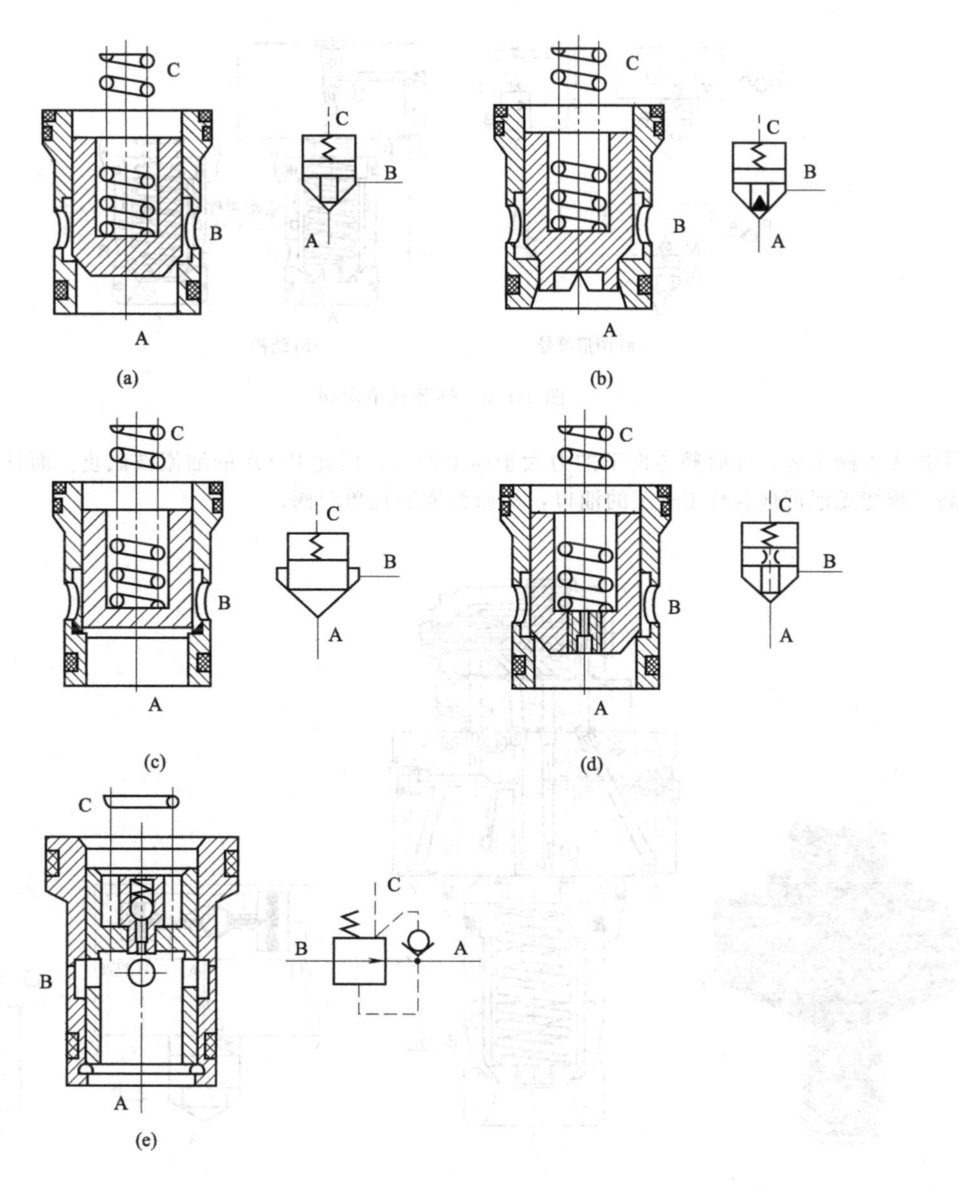

图 4-195 插装件的形式

5. 插装式单向阀的工作原理是怎样的?

插装单元构成插装单向阀时只需将控制油口 X 和主油路 A 或者 B 接通即可。其工作原理是：如果控制油由 A 口引入，此时 $p_X \approx p_A$，$p_A > p_B$，阀关闭；$p_B > p_A$，阀开启。如果控制油由 B 口引入，$p_B \approx p_X$，$p_B > p_A$，阀关闭；$p_B < p_A$ 且 $p_A A_A > KX_0 + p_B (A_X - A_B)$ 时，阀开启，起单向阀作用。图中符号“⊗”表示节流阻尼。

图 4-196 (b) 中，控制油 X 是从 B 引入的，则构成 B→A 截止、A→B 导通的单向阀。

6. 插装式液控单向阀的工作原理是怎样的?

用电磁阀或梭阀作先导阀，可构成插装式液控单向阀。图 4-197 为用梭阀构成的液控单向阀。无论有无控制压力油从 X 进入，阀芯向上的力总是大于向下的力。油液可从 A →B 流动，但 B→A 的油流，只有从 X 通入控制压力油，梭阀钢球被推向右边，主阀上腔油液经 Y 口流回油箱，即液控时，才可实现。否则 B 腔油液经 Z_2 阻尼 ④、梭阀（钢球此时在左边）、A 口、阻

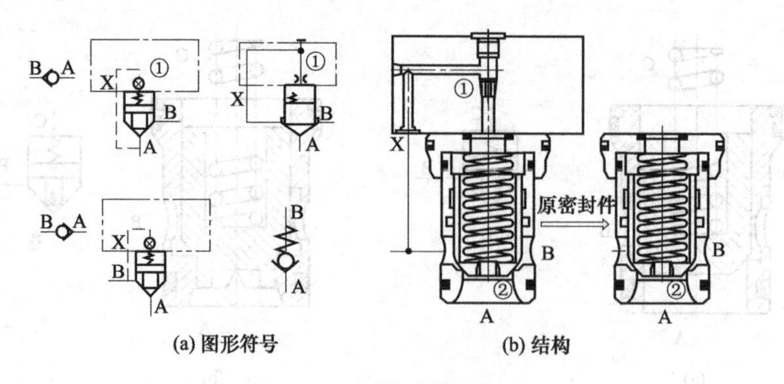

(a) 图形符号　　(b) 结构

图 4-196　插装式单向阀

尼①进入主阀上腔，此时阀芯向下的力大于向上的力，因此 B→A 的油流被截止。而且 B 口压力越高，越能无泄漏地封住 B→A 的油口，从而构成液控单向阀。

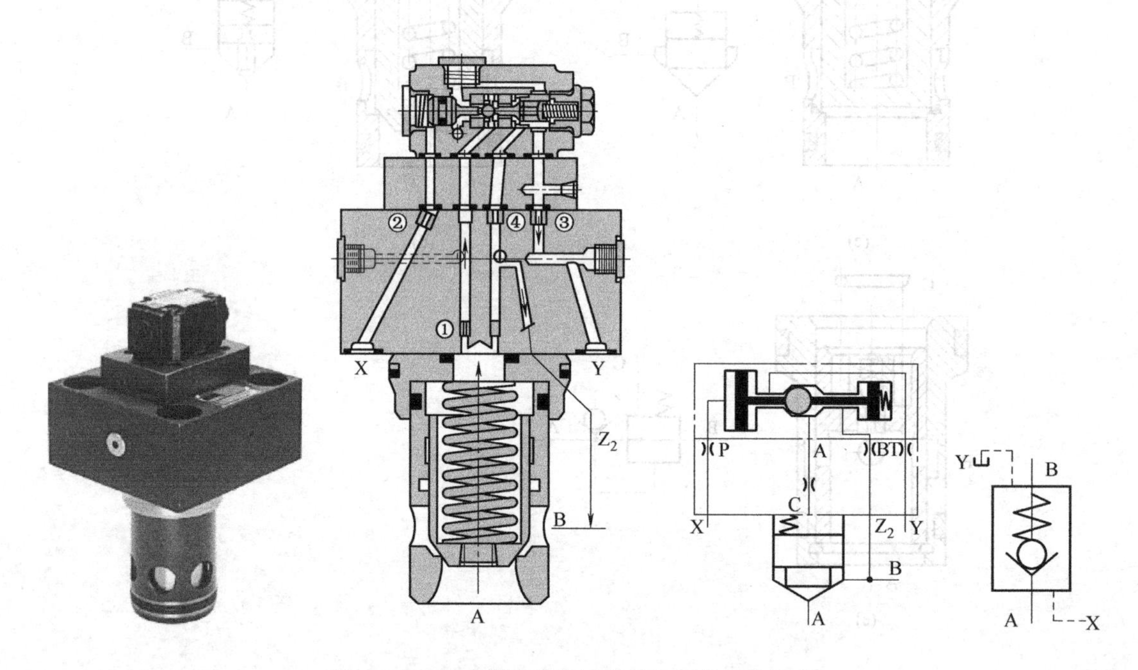

图 4-197　用梭阀构成的液控单向阀的工作原理

7. 用电磁阀作先导阀构成的液控单向阀的工作原理是怎样的?

图 4-198 为用电磁阀作先导阀构成的液控单向阀。如果过渡板内右边的①孔被堵住，其控制原理的图形符号为下图；如果过渡板内左边的①孔被堵住，则图形符号为上图。两种情况，A→B 的油液均可自由通过。图中代号 1 在初始位置，油液反向（B→A）被截止，即电磁铁不通电，行使单向阀的功能。而当电磁铁通电时，主阀上腔控制油经阻尼①→电磁阀右位→油口 T→油口 Y→油箱，因而可实现 B→A。即不通电为单向阀功能，通电为液控单向阀功能。

图中代号 0 的情况则与上述相反，不通电时油液正反方向都可流动，为液控单向阀功能，通电则只能是单向阀功能。

8. 二位二通插装阀的工作原理是怎样的?

图 4-199 为二位二通插装阀的工作原理。当电磁铁未通电时，主阀控制腔 X 与油池相通，$p_x=0$，主阀开启，压力油由 A 流向 B；当电磁铁通电，控制腔 X 接通来自 A 腔的控制油，$p_A=$

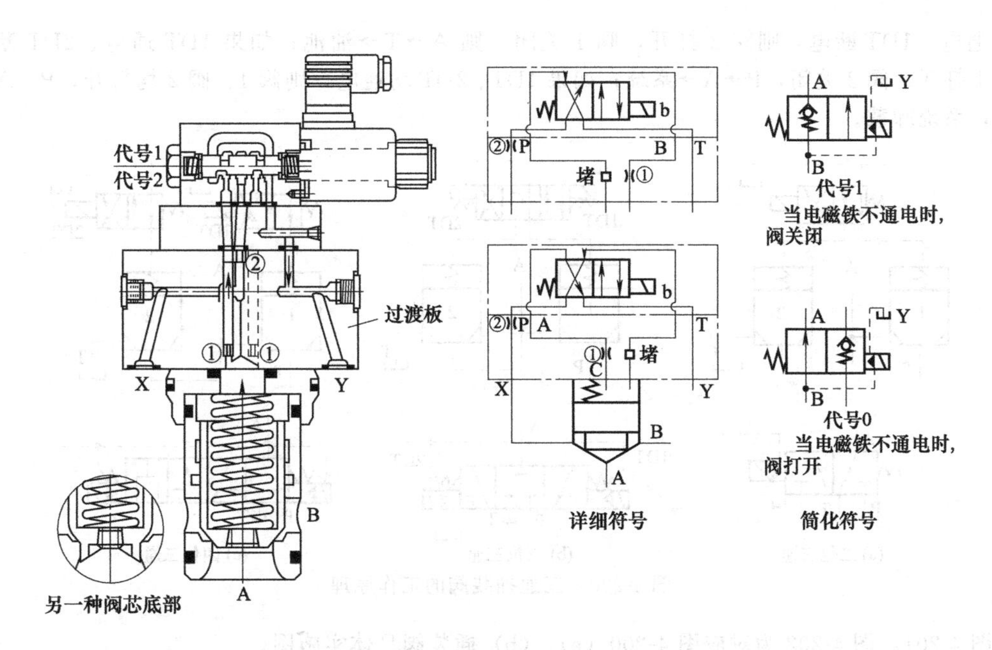

图 4-198 电磁阀作先导阀的液控单向阀工作原理与图形符号

p_x，由于主阀上下作用面积的差异，加上弹簧力，主阀关闭，切断 A 到 B 的通路。这种阀有一毛病，就是在关闭时 B 腔压力有可能大于 A 腔。那么主阀芯力的平衡可能被破坏，导致关不牢靠。所以实际的二位二通插装阀常在控制盖板内安装一梭阀，控制油分别引自 A 与 B 腔，这样不管 A 腔还是 B 腔压力大，均能可靠关闭［图 4-199（c）］。

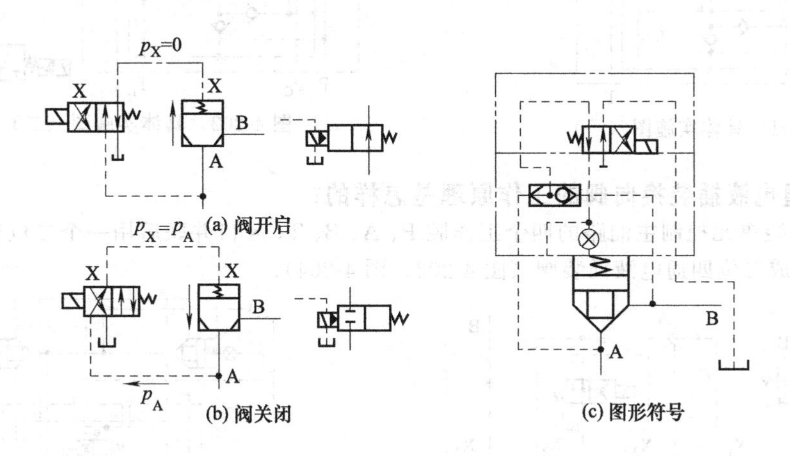

图 4-199 二位二通插装阀的工作原理

9. 三通插装阀的工作原理是怎样的?

如图 4-200（a）所示，它的工作原理是：当电磁铁断电时，阀 1 关闭，阀 2 打开，则 P 不通，A→T 连通；当电磁铁通电时，阀 2 关闭，阀 1 打开，油液从 P 到 A 流出。

如图 4-200（b）所示，当 1DT、2DT 均断电时，电磁阀处于中间位置，两插装阀关闭，P、A、T 均不通；当 1DT 通电时，阀 1 关闭，阀 2 打开，油液从 A→T→油池；当 2DT 通电、1DT 断电时，阀 2 关闭。阀 1 打开，P→A 连通。如果先导电磁阀采用 H 型滑阀机能，则得到的二位三通插装阀中位可实现 P、A、T 连通，系统卸载。

如图 4-200（c）所示，如果 1DT、2DT 均断电，则阀 1、2 均关闭，P、A、T 均不通；如果

2DT 通电、1DT 断电，则阀 2 打开，阀 1 关闭，则 A→T→油池；如果 1DT 通电、2DT 断电，则阀 1 打开，阀 2 关闭，P→A→系统；如果 1DT、2DT 均通电，则阀 1、阀 2 均打开，P、A、T 连通，系统卸载。

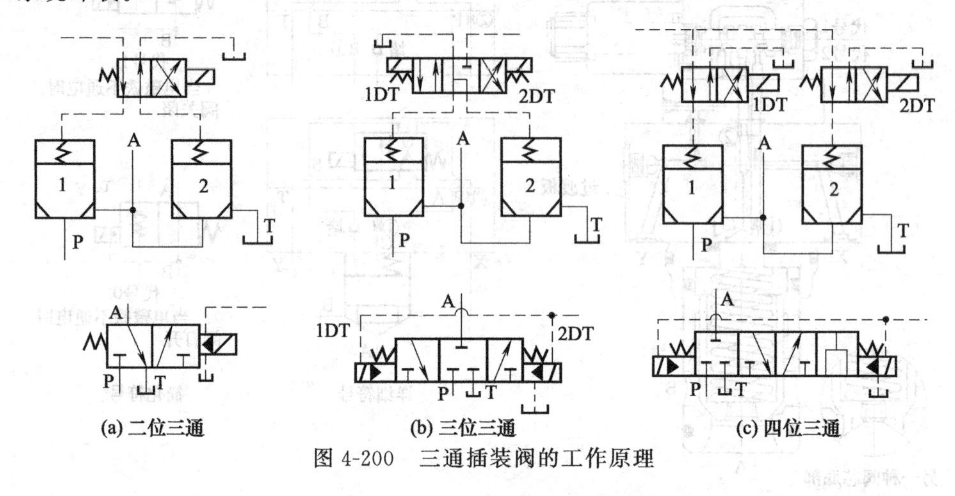

图 4-200　三通插装阀的工作原理

图 4-201、图 4-202 为对应图 4-200（a)、(b）插装阀具体实施图。

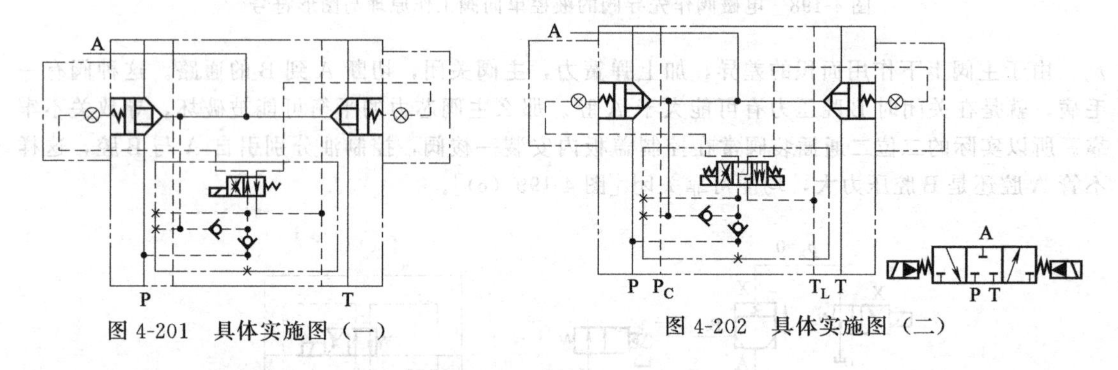

图 4-201　具体实施图（一）　　图 4-202　具体实施图（二）

10. 二位四通电液插装换向阀的工作原理是怎样的?

用四个插装单元控制主油路的四个工作腔 P、A、B、T，X 口并联后用一个二位四通先导电磁阀控制，可构成二位四通电液插装阀（图 4-203、图 4-204）。

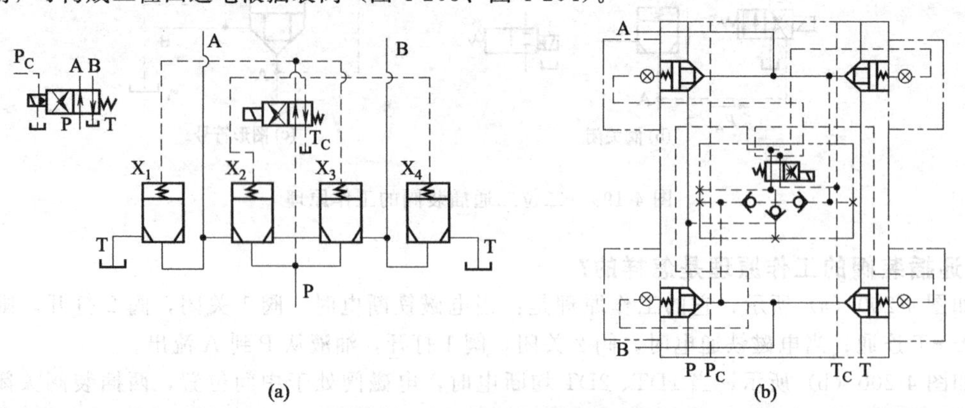

图 4-203　二位四通电液插装阀

11. O 型机能的三位四通电液插装换向阀的工作原理是怎样的?

图 4-205 为由四个插装单元 1、2、3、4 和一个先导电磁阀构成的三位四通电液换向阀的结构

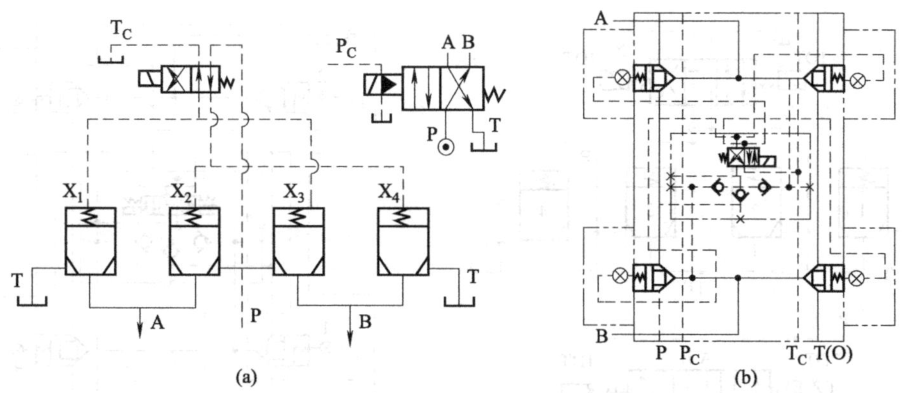

图 4-204　二位四通电液插装阀

原理。当先导电磁阀的电磁铁 1DT 通电，由 P 来的控制油经先导电磁阀的左位分别进入插装件 1、4 的控制腔（弹簧腔），使 1、4 关闭，而插装件 2、3 弹簧腔的控制油经先导电磁阀左位后，再经 T 油道流回油箱而泄压，因此 2、3 可打开，这样主油路可实现 P→A、B→T 的流动。

当先导电磁阀 2DT 通电，先导电磁阀右位工作，与上述原理相同，插装件 2、3 关闭，1、4 可打开，从而实现主油流 P→B、A→T 的流动。

当电磁铁 1DT 与 2DT 均不通电，先导电磁阀处于中位，插装件的弹簧腔均通压力油，因而 1、2、3、4 均处于关闭状态，油口 P、A、B、T 均不互通。

改变先导电磁阀的中位机能，同样可实现三位四通电液换向插装阀不同的中位机能，以适应不同的要求。

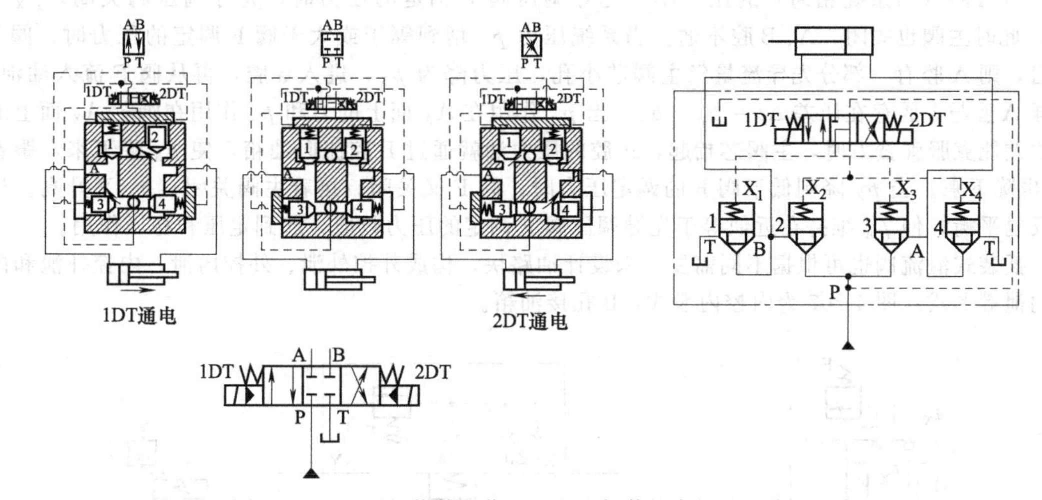

图 4-205　O 型机能的三位四通电液插装换向阀的工作原理

12. H 型机能的三位四通电液插装换向阀的工作原理是怎样的？

同样，由一个 Y 型机能的小流量三位四通电磁阀作先导阀控制四个插装单元，可组成一个相当于 H 型机 能的三位四通电液插装换向阀（图 4-206）。它的工作状况见表 4-10。

表 4-10　电磁铁动作顺序

序号	电磁铁		逻辑单元				油路状况
	1DT	2DT	1	2	3	4	
1	+	−	+		+	−	P→B，A→T
2	−	+	−	+	−	+	P→A，B→T
3	−	−	−	−	−	−	P、A、B、T 均连通

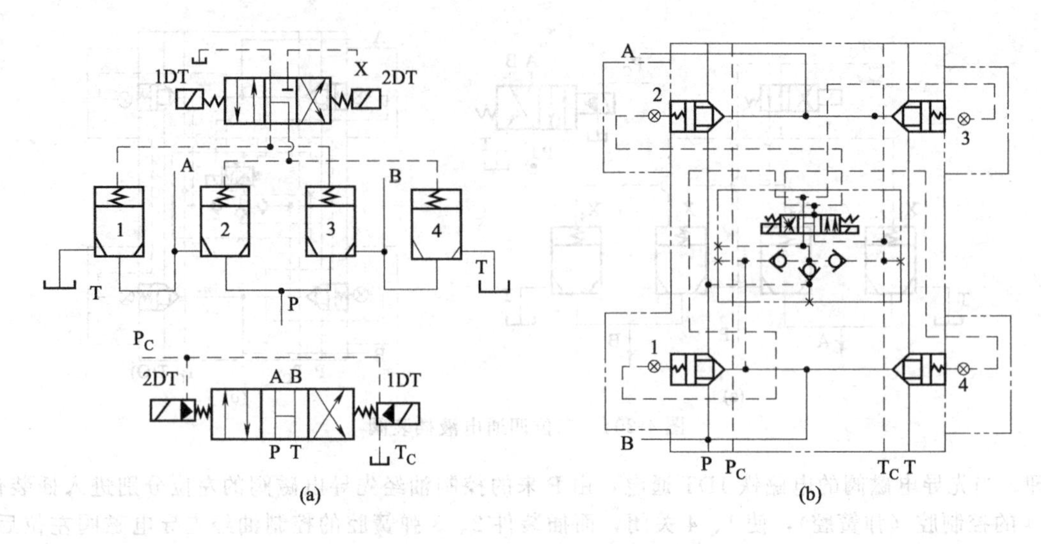

图 4-206　H 型机能的三位四通电液插装换向阀的工作原理

13. 插装溢流阀的工作原理是怎样的?

液压插装系统中的溢流阀是由一小流量先导调压（溢流）阀和插装单元组成的，它的工作原理如图 4-207 所示，它相当于二级（先导＋主阀）溢流阀。上部的先导溢流阀起调压作用，再利用逻辑阀芯上下两端的压力差和弹簧力的平衡原理来进行压力控制。

当 A 腔（与系统相通）的压力小于先导调压阀 F 调定的压力时，先导调压阀关闭，$p_X=p_A$，此时主阀也关闭，A、B 腔不通。当系统压力 p_A 增到等于或大于阀 F 调定的压力时，阀 F 开启，则 A 腔有一部分先导流量经主阀芯小孔，压力降为 p_X，进入 a 腔，再从阀 F 流入油池。这样 A 腔与 a 腔存在压差 $\Delta p=p_A-p_X$。当 p_A 作用在 A_A 面上的力和 p_X 作用在阀芯 A_X 面上的力之差能克服弹簧力时，主阀芯抬起，A 腔的压力油就通过 B 腔流向油箱，使 p_A 降下来，跟着 p_X 也降下来。当 p_X 降到低于阀 F 的调定压力时，阀 F 又关闭，接着主阀关闭，p_A 又升高。如此反复平衡，使 p_A 维持在近似等于先导调压阀 F 调定的压力数值，起到定压和稳压作用。

插装式溢流阀也可根据不同需要，来设计油路块，构成外控外泄、外控内泄、内控外泄和内控内泄等形式。图 4-207 为内控内泄式，B 孔接油箱。

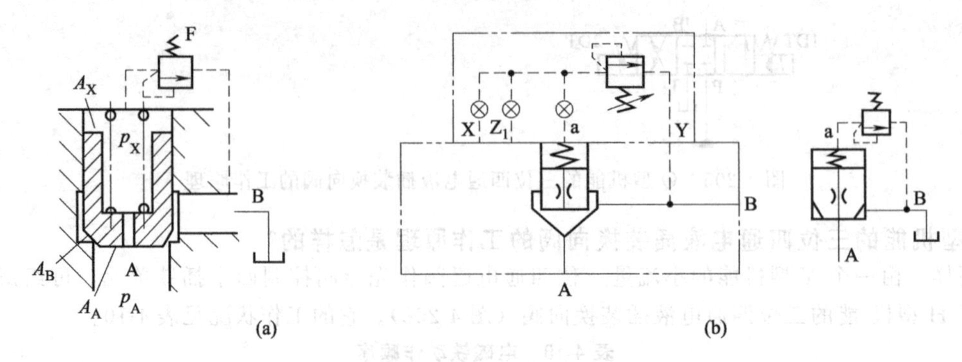

图 4-207　插装溢流阀的工作原理及图形符号

14. 电磁溢流阀的工作原理是怎样的?

图 4-208 为美国派克公司的 DAV 系列电磁溢流阀结构。其工作原理与普通电磁溢流阀相同。先导电磁阀也有常开与常闭两种，决定是通电卸压还是断电卸压，图中图形符号表示通电升压，

为常开式。

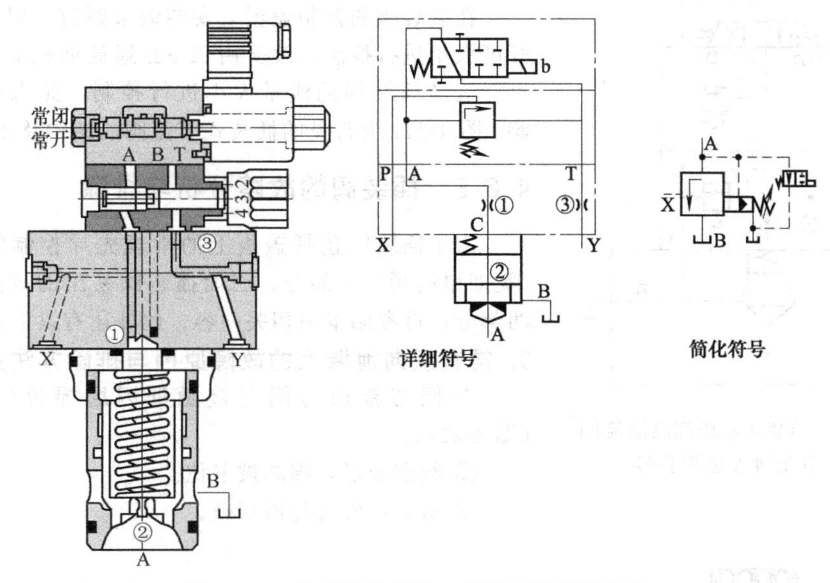

图 4-208 电磁溢流阀的工作原理及图形符号

15. 卸载阀的工作原理是怎样的?

图 4-209 为插装式卸载阀结构。泵的出口与 A 口相连，B 口与油箱相连，控制油从 X 口进入，当控制油压力大于先导调压阀调压手柄预先调定的压力时，先导球阀打开，控制回油从 Y 口经一单独的回油管流回油箱，泵卸载。

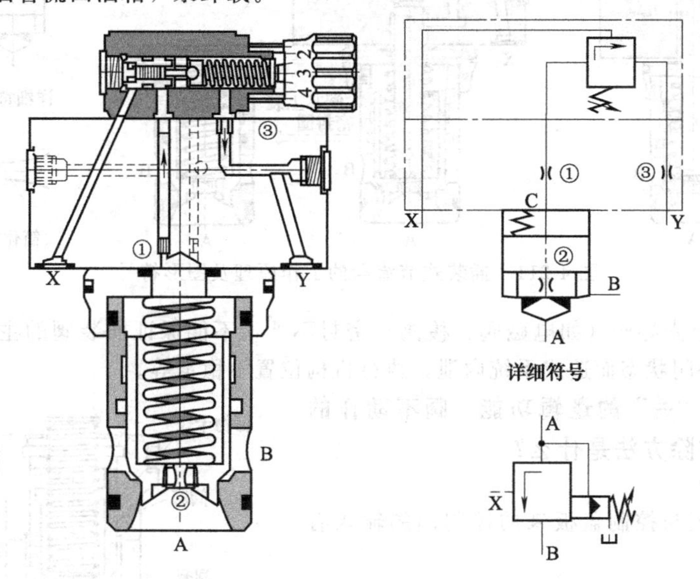

图 4-209 插装卸载阀的工作原理及图形符号

16. 插装式双压卸载溢流阀的工作原理是怎样的?

图 4-210 为使用先导电磁阀、调压阀和插装单元构成的双压卸载溢流阀。当电磁铁 1DT、2DT 均不通电时，系统处于卸载状态，A 腔油全部经 B 腔流回油箱；当 2DT 通电，按调压阀 1 调定的压力工作；当 1DT 通电、2DT 断电，如果调压阀 2 的调定压力比阀 1 低，则按阀 2 调定的压力工作。这种插装阀具有双压与卸载功能。

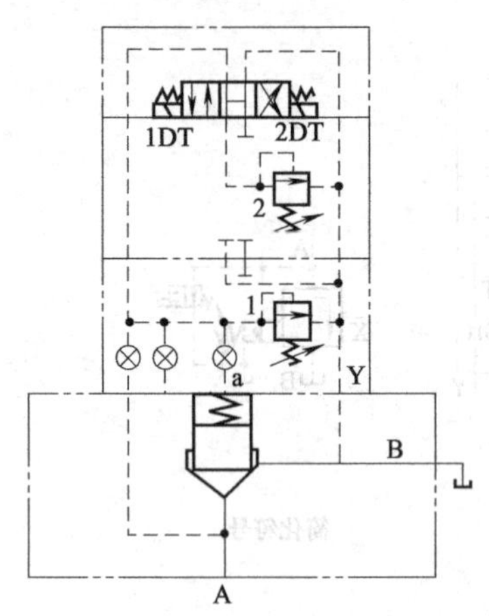

图 4-210 插装式双压卸载溢流阀的工作原理及图形符号

17. 插装式节流阀的工作原理是怎样的?

在插装阀的控制盖板上安装调节螺钉，对阀芯的行程开度大小进行控制，改变由 A→B 通流面积的大小，从而可对流经插装阀的流量大小进行控制，此为插装式节流阀。图 4-211 为常见的插装式节流阀的结构及图形符号。

4.6.3 插装阀的故障分析与排除

由于插装阀包括盖板上的常规先导控制阀与插装件(类似单向阀)两部分，因而插装阀易出的故障也来自这两部分，可参阅本书相关内容。此外还有以下方面。

1. 锥阀反向泄漏大的故障原因与排除方法是什么?

① 阀芯锥面与阀套接触处因磨损拉伤而不密合(图 4-212)。

② 阀套变形，阀芯被卡住。

③ 基本插件密封被切破。

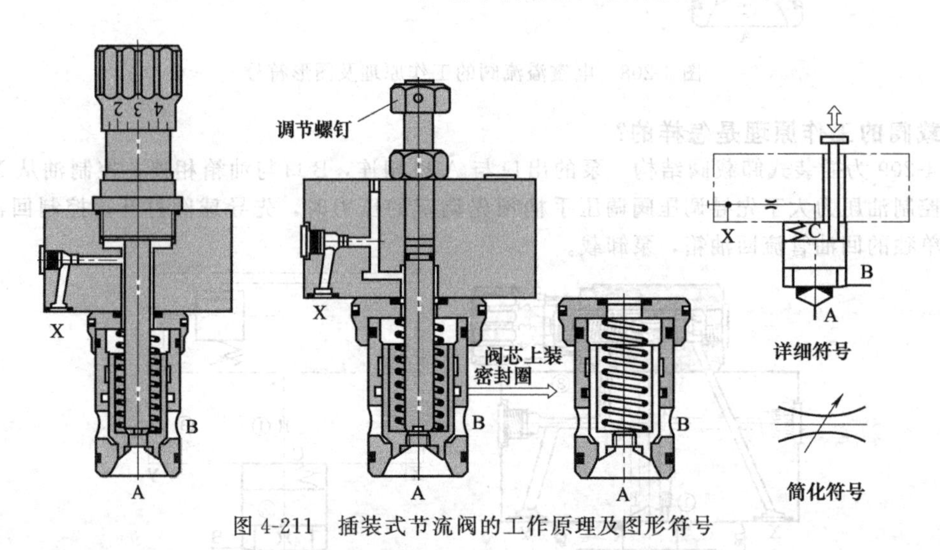

图 4-211 插装式节流阀的工作原理及图形符号

④ 控制盖板上先导阀(如电磁阀、梭阀)密封不严，不能保证插装阀的主阀芯在无控制信号时可靠地处于关闭状态而造成系统内泄，执行机构位置不稳定等。

2. 丧失“开”或“关”的逻辑功能、阀不动作的故障原因与排除方法是什么?

(1) 故障原因

① 先导控制阀与控制盖板来的控制油的输入有故障。

② 油中污物楔入插装阀阀芯与阀套之间的配合间隙，将主阀芯卡死在“开”或“关”的位置。

③ 阀芯或阀套棱边处有毛刺。

④ 阀芯外圆与阀套内孔几何精度超差，产生液压卡紧。

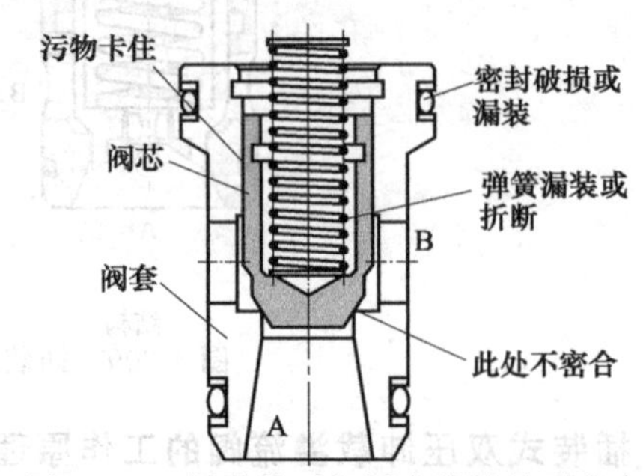

图 4-212 阀芯锥面与阀套接触处不密合

⑤ 阀套嵌入集成块体内，因外径配合过紧而导致内孔变形；或者因阀芯与阀套配合间隙过小而卡住阀芯。

（2）排除方法

① 检查先导控制油的压力大小与高低压切换可靠性。

② 清洗插装件，必要时更换干净油液。

③ 倒毛刺。

④ 检查有关零件精度，必要时修复或重配阀芯，酌情处理。

⑤ 阀芯和阀套的配合间隙应符合规定，用加热集成块体的方法嵌入阀套。

3. 关阀时不能可靠关闭的故障原因与排除方法是什么？

如图 4-213（a）所示，当 1DT 与 2DT 均断电时，两个逻辑阀的控制腔 X_1、X_2 均与控制油接通。此时两插装阀均应关闭。但当 P 腔卸载或突然降至较低的压力，A 腔还存在比较高的压力时，阀 1 可能开启，A、P 腔反向接通，不能可靠关闭，而阀 2 的出口接油箱，不会有反向开启问题。

采用图 4-213（b）所示的方法，在两个控制油口的连接处装一个梭阀或两个反装的单向阀，使阀的控制油不仅引自 P 腔，还引自 A 腔，当 $p_P > p_A$ 时，P 腔来的压力控制油使插装阀 1 处于关闭状态，且梭阀钢球（或单向阀 I_2）将控制油腔与 A 腔之间的通路封闭。当 P 腔卸载或突然降压使 $p_A > p_P$ 时，来自 A 腔的控制油推动梭阀钢球（或 I_1）将来自 P 腔的控制油封闭，同时电磁阀与插装阀的控制腔接通，使插装阀仍处于关闭状态。这样不管 P 腔或 A 腔的压力发生什么变化，均能保证插装阀可靠关闭。

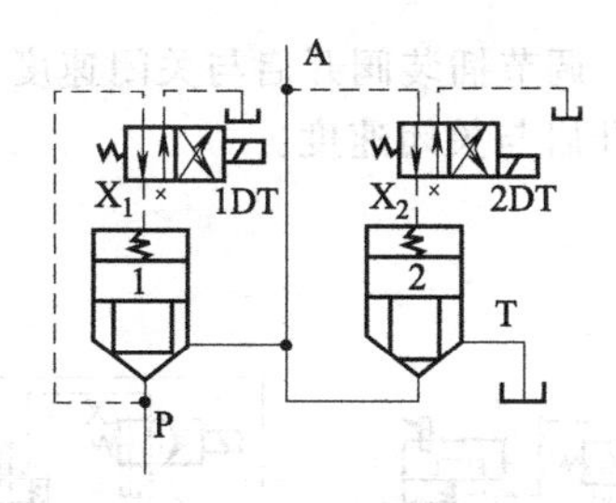

(a) 插装单元不能可靠关闭的情况

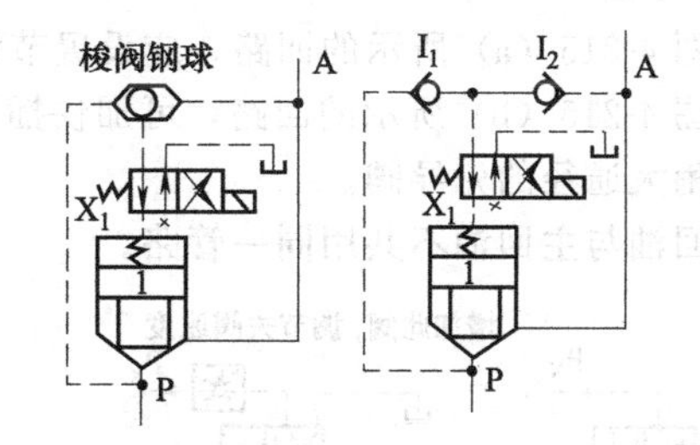

(b) 插装单元能可靠关闭的情况

图 4-213　插装单元关闭情况

4. 不能很好地封闭保压的故障原因与排除方法是什么？

（1）故障原因

① 如图 4-214（a）所示，采用电磁阀作先导阀的插装式液控单向阀进行保压时，由于滑阀式电磁阀不可避免存在内泄漏而不能很好地封闭保压。

② 阀芯与阀套配合锥面不密合，导致 A 与 B 腔之间产生内泄漏。

③ 阀套外圆柱面上的 O 形密封圈密封失效。

④ 阀体或集成块体内部铸造质量（例如气孔、裂纹、缩松等）不好、造成渗漏以及集成块连接面泄漏。

（2）排除方法

① 采用图 4-214（a）所示座阀式电磁阀或者使用带外控的液控单向阀作先导阀的插装式液控单向阀［图 4-214（b）］。

② 查明配合锥面不密合的原因，予以排除。

③ 更换成合格密封。

④ 检查阀体或集成块体的质量，采取对策。

5. 插装阀“开”或“关”的速度过快或者过慢的故障原因与排除方法是什么？

过快造成冲击，过慢造成动作迟滞，系统各元件不能协调动作（图 4-215）。

（1）过快原因

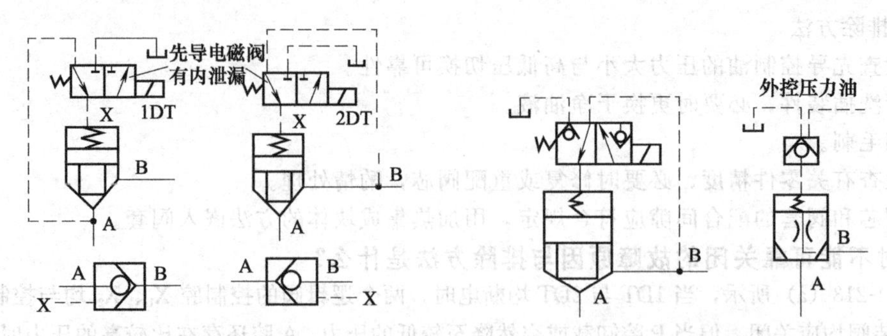

图 4-214　不能很好地封闭保压的故障原因与排除方法

① 控制油压力、流量太大。

② 插装阀为特大通径时。

(2) 过慢原因

① 先导阀的通径设计时选小了。

② 先导回油不畅或与主回油共用了同一管路，背压太大。

(3) 排除方法

① 采用图 4-215 (a) 所示的回路，应设置节流阀，调节插装阀开启与关闭速度。

② 采用图 4-215 (b) 所示的回路，可加快插装阀开启与关闭速度。

③ 选用稍大通径的先导阀。

④ 先导回油与主回油不共用同一管路。

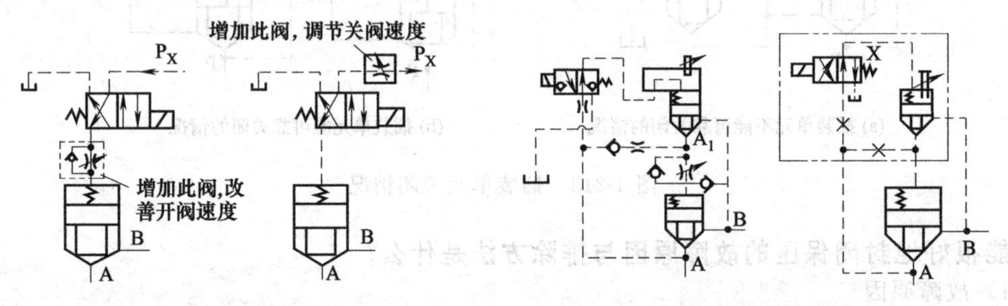

图 4-215　插装阀“开”或“关”的速度过快或者过慢的故障原因与排除方法

6. 大流量二通插装电磁溢流阀不能完全卸载的故障原因与排除方法是什么？

这一现象是指电磁溢流阀在电磁铁断电（常开）或通电（常闭）的情况下，溢流阀的压力不能降到最低，而保持比较高的压力值，系统的卸载压力较高。

产生原因和排除方法为：

主阀芯因污物或毛刺卡死在小开度位置，卸载压力较高；卡死在关闭位置，则根本不卸载，此时可清洗至主阀芯运动灵活。

主阀芯复位弹簧刚度选择太大，虽对关闭有利，但带来了卸载压力下不去的问题。此时应更换成刚度较低的主阀芯复位弹簧。有资料介绍，主阀芯阻尼孔（或旁路阻尼孔）尺寸最好小于阀盖内的阻尼孔尺寸，而目前所生产的插装阀两者均为同一尺寸。

7. 插装阀用作卸压阀时卸压速度太快、发生冲击或者卸压速度太慢的故障原因与排除方法是什么？

这一故障实际上包含一对矛盾：卸压太快会发生冲击，不发生冲击只能减慢卸压速度，此时可采用图 4-216 所示的回路，刚开启卸压时（此时压力较高）速度较慢，然后压力降下来一点后再快速卸压，可解决这一矛盾。

回路中采用了三级先导控制，可以达到先缓慢卸压（避免冲击），然后快速大量放油卸压，是一种开启速度先慢后快的快速二通插装阀组。其工作原理为：当电磁阀3断电时，从阀1的A口引出的控制油一路经阻尼孔4、阀3右位进入阀2（二级先导控制阀）的控制腔，使阀2关闭；另一路进入液动换向阀8的控制腔。当控制油压低于液动阀弹簧力时，液动阀在弹簧力作用下复位，使阀7控制腔油液排回油箱，阀7开启；另一路经阻尼孔5和阀7，进入阀1的控制腔，由于阀2此时关闭，阀1也在弹簧力和由阀7控制的大流量油的作用下，快速关闭。同时，随着阀1的A口压力的升高，阀8在压力升高的液压作用下切换。原经过阀7进入阀1控制腔的控制油，又经液动阀8进入阀7的控制腔，使阀7关闭。

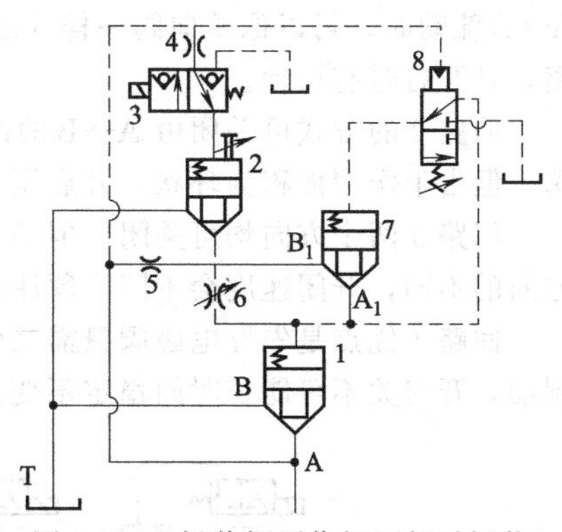

图4-216 插装阀用作卸压阀时卸载速度太快、发生冲击或者卸压速度太慢的故障原因与排除方法

1～3、6～8—阀；4、5—阻尼孔

当电磁阀3通电，首先阀2快速开启，但开度很小，阀1控制腔油经阀6节流口和阀2小的过流通路而少量排油，使阀1在上下压差作用下缓慢开启，于是阀1的A口开始时只是缓慢从B口卸压，当A口压力（即阀8控制压力）低于液动阀8弹簧力时，阀8复位，阀7因控制腔通油箱而开启，于是阀1控制腔油液经阀7、阻尼孔5大量排入阀1的A口。此时阀1如同一差动液压缸，阀1阀芯快速上抬，开启到最大，从而实现快速卸压。

从工作原理分析可知，当A口压力较高时，阀1开启时间长，而压力下降后，阀1开启时间短（迅速开启），从而实现了先高压慢卸载，避免了冲击压力的产生；低压下快卸载，卸压迅速，使总的卸压时间还是较短的。

8. 不能自锁、插装阀关得不牢靠的故障原因与排除方法是什么？

这一故障表现为插装阀打开不能关闭，即不能自锁。

欲使锥阀保持自锁能力，必须保持控制压力的存在，而且须防止控制压力油源的波动过大造成不能自锁。

要解决好这个问题，主要应从设计上考虑并加以防范。在控制油的选取方式上，可参阅图4-217，其中图4-217（a）为 $p_A > p_B$ 时选用；图4-217（b）为 $p_B > p_A$ 时选用；图4-217（c）为有时 $p_A > p_B$、有时 $p_B > p_A$ 而选用；图4-217（d）、（e）为 p_A 与 p_B 压力波动过大时，能确保阀闭锁可靠而选用；图4-217（e）接入梭阀 S_1 和 S_2，梭阀 S_1 的两个输入油口，一个接外控油源 p_C，一个接工作油路B或A。当控制油源 p_C 失压时，A或B油路即能补入工作；当 p_C 和主供油路 p_A 全部失压时，也能利用执行机构（液压缸）的重力或其他外力产生的压力 p_B 使锥阀关闭，梭阀 S_1 本身就是一个压力比较器。图4-217（a）、（b）、（c）为内控供油，图4-217（d）为外控供油，图4-217（e）为内、外控组合供油。

关于逻辑单元控制油的控制方式再做一些说明。

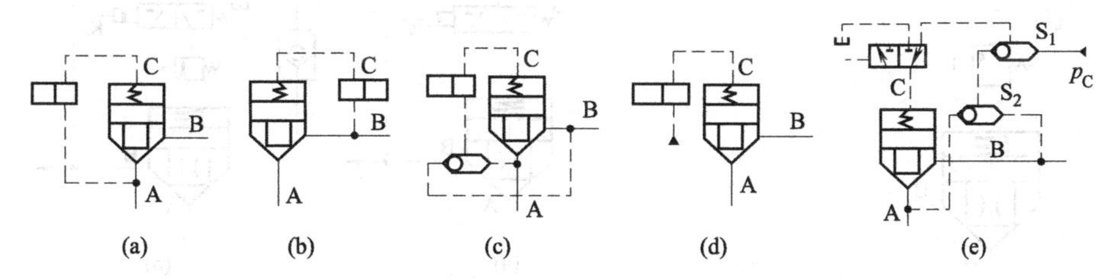

图4-217 不能自锁、插装阀关得不牢靠的故障原因与排除方法

如图4-218所示，回路1仅由B腔引出控制油，只能关闭由B→A的油流，没有内泄漏。由

A→B流动时，可以像单向阀一样开启，通过节流控制可以关闭由B→A的液流，但难以可靠关闭，且开启时有振动。

回路2的方式可关闭由A→B的油流，但此时有内泄漏。由B→A流动时，如同一般的单向阀，但由于作用面积为环状，开启压力高。这种回路开启和关闭速度可以调整。

回路3两个方向均可关闭。但A腔压力高于B腔时，会产生内泄漏。这种回路中，随油流方向的不同，开闭速度会不同，须注意。

回路4优点是先导电磁阀只需二位二通便可以了，缺点是插装阀打开时，需不间断地供给控制油，开与关不可能长时间稳定不变。

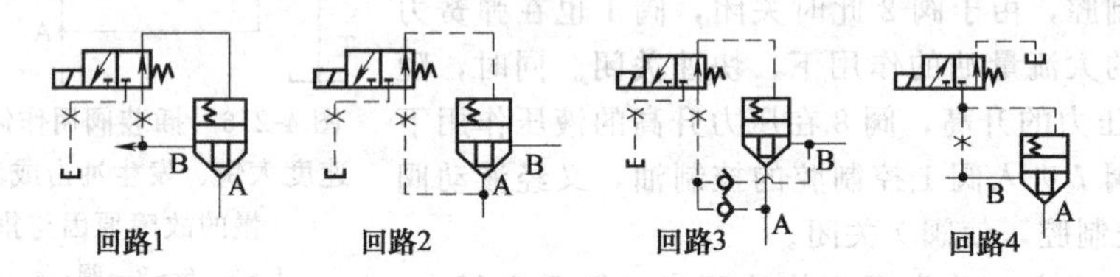

图4-218 控制方式

9. 逻辑阀控制机能复合不当带来故障怎么办?

前已说明，一个逻辑单元具有方向、压力和流量三种控制功能。为了简化结构、减少尺寸，可使一个逻辑单元（插装阀）在工作中起"一阀多用"、"一阀多能"的作用，即进行功能的复合控制，但"一阀多能"并不意味着一个插装阀可任意进行多个控制功能的组合，必须遵守一定的原则，否则会带来先天性的故障，甚至根本无法工作。

"一阀多能"在一个插装阀上的复合分两种情况：

(1) 同时复合

可控制开口量，以改变液阻，进而控制流向、压力和流量三个参数。对方向阀而言，液阻$R=0$时，为流通，R等于无穷大时为关闭，属于开关控制；对压力阀和流量阀而言，在一定条件下，对应液阻的一个开口量，应有一个压力或流量值，属于恒值参数控制，两者控制方法不同。

① 方向阀与压力阀基本可实现同时控制。如图4-219所示，插装阀控制腔接上一先导式压力阀，于是在压力油从P→A流动的同时，插装阀自动调整到一定开度来控制阀前压力，实现流向和压力参数的同时控制。但是液控单向阀和压力阀之间不能同时复合。如图4-220 (a) 所示为一插装式液控单向阀，当K口未通入控制油时，可A→B，但B不通A，为单向阀功能；当K口通入控制油后，A→B，B→A，液控单向阀动作正常。当再加一先导压力阀进行复合控制时，如图4-220 (b) 所示，液动换向阀在常位，A→B，可实现压力控制，B不通A，适用。当K口通入控制压力油时，A→B，可实现压力控制，但B不通A，因而无法实现液控单向阀与压力阀的复合控制，调压会出现失灵现象。

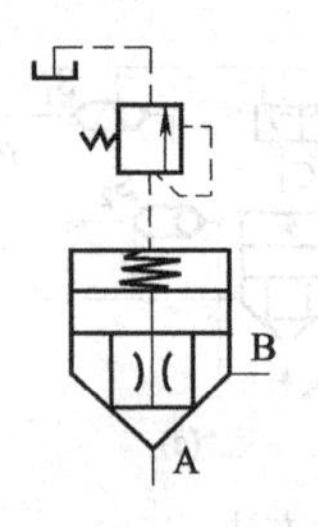

图4-219 方向阀与压力阀基本可实现同时控制（一）

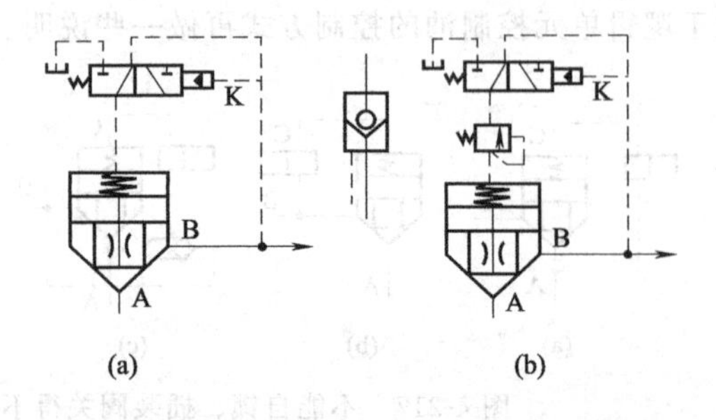

图4-220 方向阀与压力阀基本可实现同时控制（二）

② 常开式减压阀与方向阀不能复合。如图 4-221（a）所示，常开式减压阀 p_1 与 p_2 两腔始终相通，无法实现关闭的控制。若两者复合，则无法实现换向功能。若想实现复合，必须将常开式减压阀改成常闭式减压阀，否则不换向。

③ 换向阀与流量阀可同时复合，不会产生故障。如图 4-222 所示，在插装阀控制流向 P→A 的同时，在控制盖板上用一螺杆定位装置限制阀芯的开启量，即用一个插装阀实现对流量和流向的同时控制。

④ 压力阀与流量阀原则上不能同时复合，因为压力控制在插装阀系统中的位置基本上是固定的。如溢流阀（限压阀）、卸载阀、顺序阀、减压阀是在系统的进油路，而背压阀是在系统的回油路，且溢流阀、卸载阀与通道是并联的，所以每种压力先导控制复合到哪一个插装阀上基本是固定的，无选择余地，否则将失效或出故障。

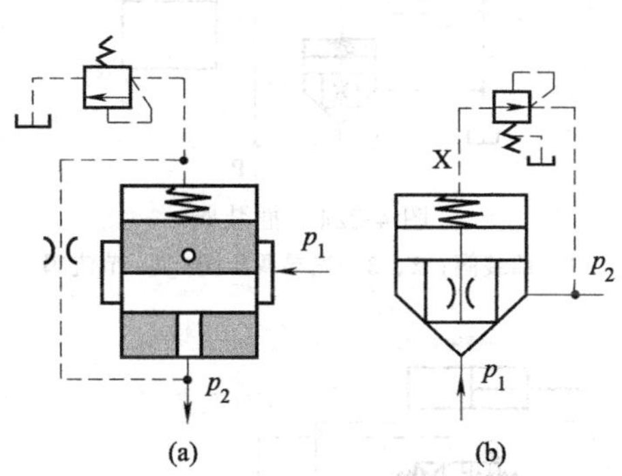

图 4-221 常开式减压阀与方向阀不能复合

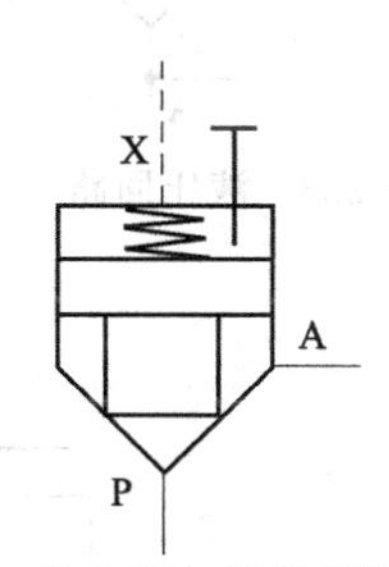

图 4-222 换向阀与流量阀可同时复合

如图 4-223 所示的回路，流量阀与通道是串联安装在进油或回油路上的，这样若将先导节流阀与背压阀一起装在回油路上（阀 2），当电磁铁断电时，阀 1 关闭，阀 2 开启，阀 2 同时进行节流和背压控制。然而经分析发现，当阀 2 开口小于节流螺杆所限定的开口量时，为背压阀功能。当阀 2 开口等于（或稍大于）螺杆所限定的开口量时，为节流功能，无法实现节流和背压同时控制，即无法实现压力和流量的同时复合。这时应将先导节流阀放在进油口，实行进油节流、回油背压。

但顺序阀例外，可与流量阀复合，因为顺序阀本质上是开关阀，是用压力信号控制阀的开关。

⑤ 压力阀之间、流量阀之间均不能实现同时复合控制。

（2）顺序控制

即指流向、压力、流量等按先后顺序由一个插装阀控制，而不管是开关控制（流向）还是恒值控制（压力、流量）。但复合控制设计的顺序一般为流向—压力—流量控制，在不同时刻用不同的先导阀加以控制即可。如图 4-224 所示，插装阀 1 配有 4 个先导阀进行控制，因而它在不同时刻可具有支承（防止自重下落）、限压、放油、调速、背压 5 种控制功能。

但要特别注意的是节流先导控制的形式，一般插装式节流阀的先导控制形式有两种：限位式和节流式，此处的节流阀只能用节流式而不能用限位式。

10. 中位封闭系统压力干扰的故障原因与排除方法是什么?

图 4-225 所示为由三位四通 P 型电磁阀为先导阀和四个插装阀 1、2、3、4 构成的 O 型中位机能的电液插装逻辑阀回路，由主油路引出的控制油 p_X 经 P 型中位机能三位四通电磁换向阀分别进入四个插装阀的控制腔。理论上，电磁换向阀处于中位时，各插装阀（1、2、3、4）应全部关闭，P、T、A、B 互不相通。但在实际工作时，往往出现干扰问题，在 P、T、A、B 四个油口中仍然会出现某两个短时沟通的现象。例如 P→B、A→T 的工况，液压缸活塞左行，过渡到中

位时，由于液压缸惯性，会给A腔加压，出现压力 p_A 升高、大于 p_X 的现象。这样插装阀1打开，仍然有A→T的油流存在，使系统工作出现不正常，甚至不能工作。为避免这种故障出现，可采用图4-221（b）的方式，即增加三个单向阀，这样不管何种现象出现，控制油 p_X 始终取自 p、p_A、p_B 中压力最高者，使在中位及工作位置时，插装阀1～4将严格地按照预定的控制处于正确的状态，达到防止压力干扰的目的。

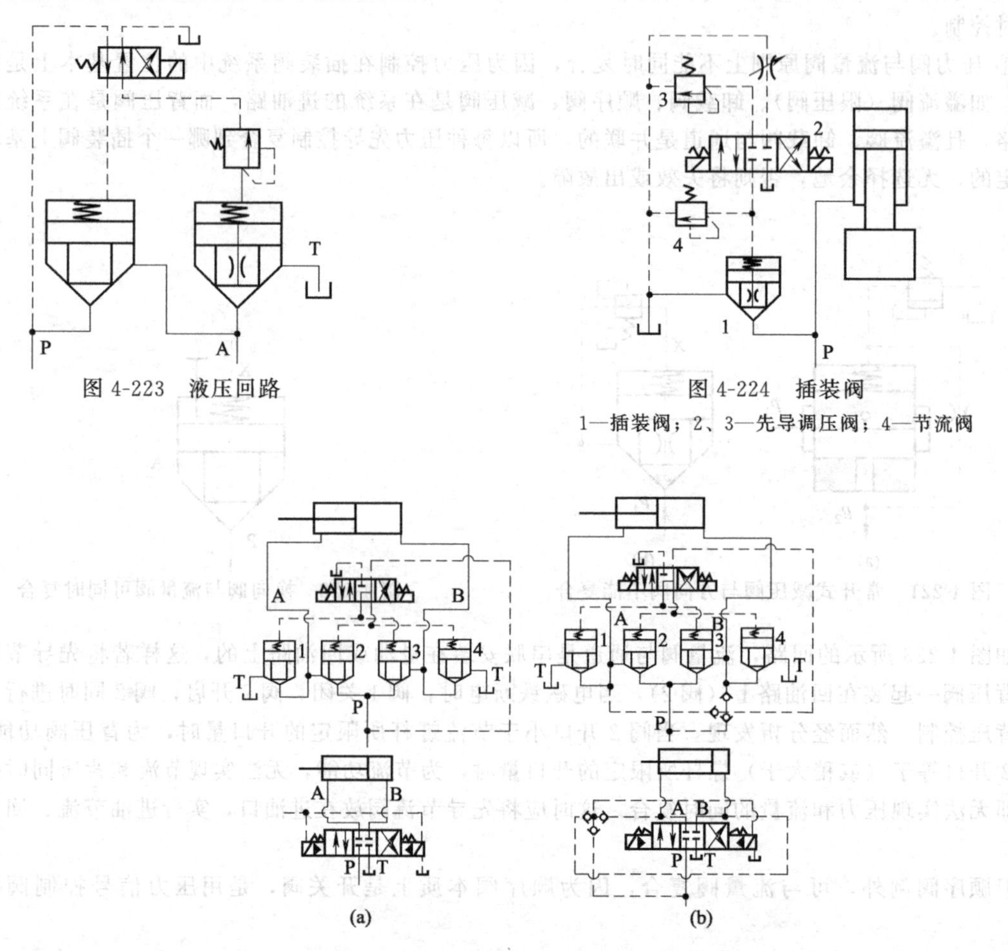

图4-223 液压回路

图4-224 插装阀

1—插装阀；2、3—先导调压阀；4—节流阀

图4-225 电液插装逻辑阀回路

1～4—插装阀

11. 主级回路之间的压力及流量干扰的故障原因与排除方法是什么？

在各主级回路之间压力及流量的干扰多采用插装单向阀及液控单向阀，而一个插装阀的几个先导控制阀或几个插装阀的先导控制回路之间的压力干扰需加单向阀、梭阀、换向阀等予以防止。

图4-226为“换向＋减压”复合控制插装阀，K_1 是先导减压阀，K_2 是先导电磁换向阀。当1DT失电时，P→A，先导减压阀K起作用。为防止K的回油直接流回油箱，使减压失效，必须增加单向阀I，否则减压不起作用。当电磁铁通电时，控制油通过单向阀、先导减压阀进入插装阀的控制腔，使插装阀1封闭，实现A→T。

12. 节流调速系统压力干扰的故障原因与排除方法是什么？

图4-227（a）为进口节流调速系统。插装阀2带有先导节流控制，插装阀5为定差溢流阀，阀2作压力补偿阀用。初看起来，这种回路设计是合理的，但是它会出现压力干扰的故

障。当先导换向阀左位工作时，有P→A，B→T，阀2和阀5组成的溢流节流阀能正常工作；但当先导换向阀右位工作时，有P→B，A→T，那么此时阀5的控制压力为零，阀5开启，系统卸载，不能工作。为解决此压力干扰问题，把A腔与阀5控制腔用一梭阀［图4-227（b）］连接，这样可选择两者中压力高者与阀5控制腔相连，以保证P→B，A→T，阀5控制腔与阀2的控制腔相连；而在P→A，B→T时，阀5控制腔与A腔相连，可排除上述故障，保证系统正常工作。

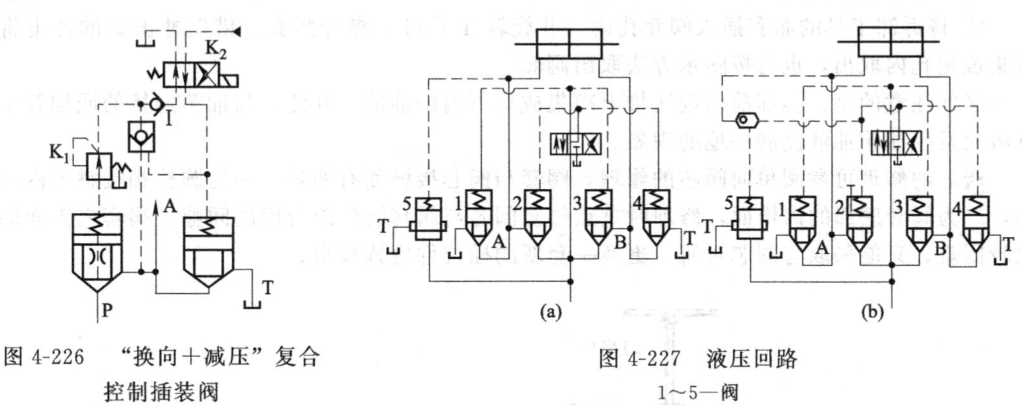

图4-226 “换向+减压”复合控制插装阀

图4-227 液压回路
1～5—阀

13. 噪声、振动大的故障原因与排除方法是什么?

图4-228所示的回路中，如果四个插装阀型号（通径）选择一样的，会出现噪声、振动现象。两个放油阀尺寸要选大一档次的阀，特别是阀A的通径要大，否则会因过流能力小产生振动、噪声以及发热。尤其是当活塞杆粗时，要仔细计算从阀A回油的流量，选取通流能力足够的阀。而目前许多设备图中4个逻辑阀通径大多一样，这是不对的。表4-11为目前各种插装阀的额定流量。

表4-11 插装阀额定流量

通径/mm	16	25	32	40	50	63	80	100	125
额定流量/(L/min)	200	450	750	1250	2000	3000	4500	7000	10000

14. 内泄漏的故障原因与排除方法是什么?

如果是图4-229（a）的回路，没有办法解决由 p_1 到 p_2 的内泄漏问题，需改为图4-229（b）的连接，内泄漏非常小。

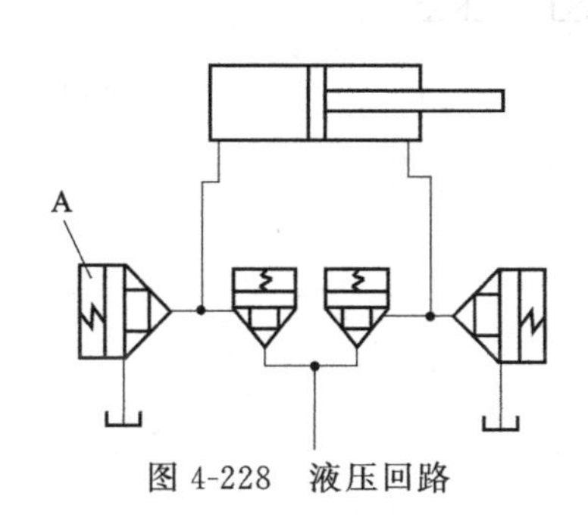

图4-228 液压回路

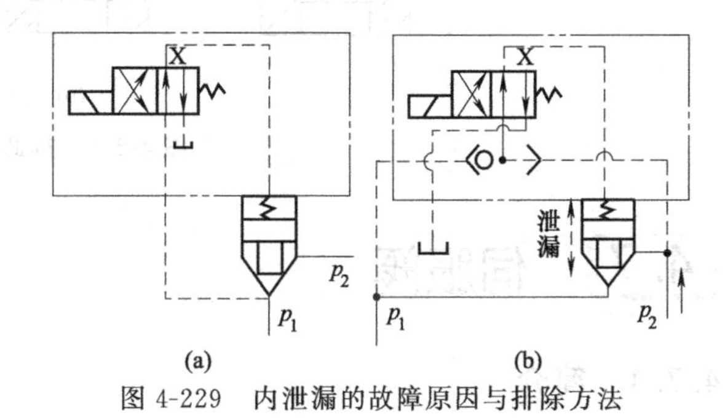

图4-229 内泄漏的故障原因与排除方法

15. 如何拆卸插装件?

在修理插装阀时，可参阅前述单向阀与相应的先导阀的有关内容。此处仅介绍修理中如何拆卸插装件（图4-230）。

修理插装阀时，会遇到插装件的拆卸问题。首先要准备好拆卸工具，图4-230（a）、（b）所示的拆卸工具可购买或自制，它由胀套、支承手柄、T形杆和冲击套管等组成，一般机修车间均有此类工具。

拆卸插装件的步骤与方法为：

① 卸下插装阀的盖板或先导阀、过渡块等。

② 卸下挡板，如挡板与阀套连成一体，无此工序。

③ 取出弹簧，小心取出阀芯。

④ 将拆卸工具的胀套插入阀套孔内，并旋转T形杆，撑开胀套，借助冲击套的冲击将阀套从集成块孔内取出，也可按图示方法取出阀套。

必须注意的是，拆卸前须设法排干净集成块体内的油液，并注意与油箱连接的回油管不要因虹吸而发生油箱油液流满一地的现象。

阀芯的修理可参阅单向阀芯的修理，阀套与阀芯接触面有两处：一为圆柱相接触的内孔圆柱面，二为阀套底部的内锥面，修理时重点修复阀芯与阀套圆柱配合面的间隙，阀套内锥面的修理比较困难，只能采取与阀芯对研，更换一套新的插装件价钱较贵。

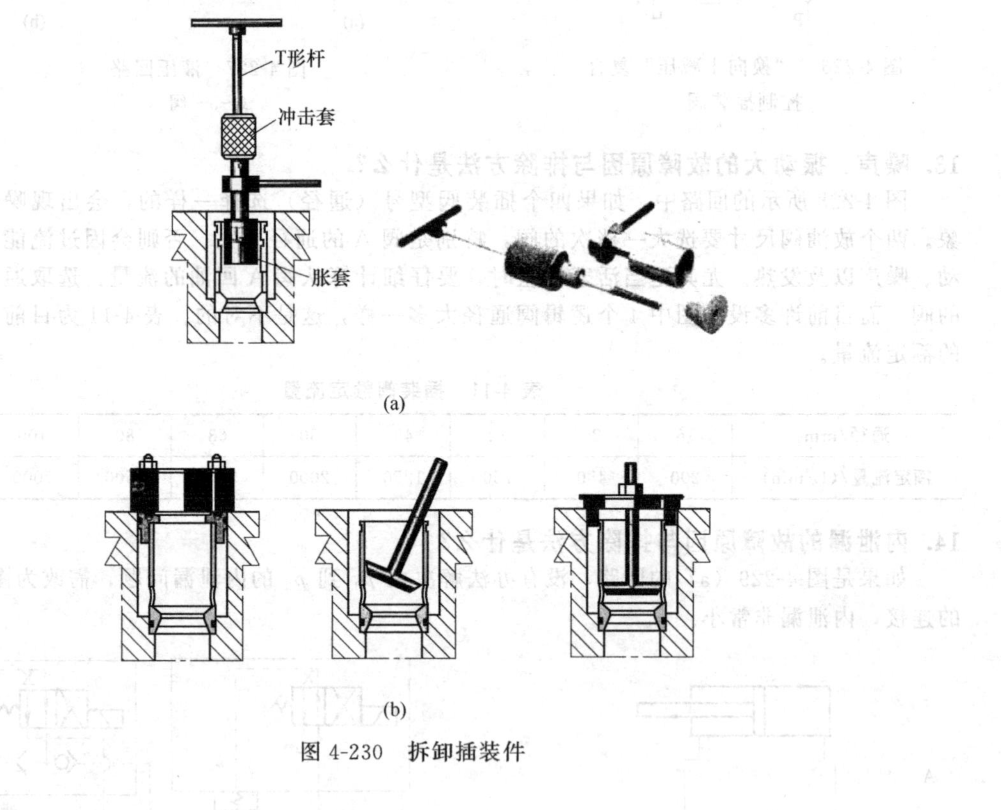

图 4-230 拆卸插装件

4.7 伺服阀

4.7.1 简介

1. 什么是伺服阀?

满足液压技术向高速、高精度、大功率、高度自动化方向发展的要求，在响应速度要求快、控制精度要求高的液压系统中所使用的一种控制阀叫伺服阀。

出现于第二次世界大战后期的伺服阀，现已从单纯的军工转向民用，广泛用于要求控制准确、响应迅速和程序灵活的场合。电液伺服阀虽是一种理想的电子-液压接口装置，可实现电信号—机械位移量—液压信号的转换，经放大能输出与电控信号连续成比例的液压功率，但是伺服阀对液压系统有严格的污染控制要求，闭环系统的反馈要求使电气控制装置较复杂，维修困难，成本高，限制了它的应用。用于液压控制系统中的伺服阀，既是电液转换元件，又是功率放大元件。

2. 伺服阀有哪几个主要功能?

① 快速跟踪。液压伺服系统中使用的伺服阀，能自动、快速而准确地跟随输入量（如位移、速度或力等）变化而变化。

② 放大。将小功率的电信号、手动、机械位移信号等输入信号，转换为大功率的液压动力，使输出功率被大幅度地放大，从而实现一些重型机械设备的伺服控制。

③ 闭环反馈。控制精度高。

3. 伺服阀怎样分类?

伺服阀分为机液伺服阀与电液伺服阀两类，其中电液伺服阀的分类如下：

电液伺服：
- 按放大级数分：单级（无先导级）、双级和三级
- 按应用目的不同分：流量阀、压力阀和压力-流量阀
- 按阀内部反馈方式分：位置反馈、负载流量反馈、负载压力反馈、力反馈、液压反馈、弹簧对中、追踪式
- 按力矩马达是否浸在油中分：干式和湿式
- 按先导阀的结构形式分：喷嘴挡板式、射流管式和滑阀式
- 按阀的主油路通道口数分：三通、四通

4. 电液伺服阀的组成包括几个部分?

电液伺服阀＝力矩马达（或力马达）＋液压放大器＋反馈机构（或平衡机构）。

力矩马达（或力马达）：将电信号转换为力矩或力。

液压放大器：控制流向液压执行机构的流量或压力、流量较大时，采用两级或三级电液伺服阀的形式，包括液压前置级和功率级。液压前置级有单（双）喷嘴挡板阀、滑阀、射流管阀、射流元件等；功率级均为滑阀式阀。

反馈机构：使伺服阀的输出压力或流量与输入电气控制信号成比例，使伺服阀本身成为闭环系统。

平衡机构：用于单级伺服阀和两级弹簧对中式伺服阀，通常为各种弹性元件，为力—位移转换元件。

简言之：伺服阀主要由电-机械转换器先导阀（前置放大级）、主阀（功率级）及反馈元件等组成。

5. 什么是电-机械转换装置?

电-机械转换装置的作用是将来自电子放大器的电信号转换成机械力或力矩，用以操纵阀芯的位移或转角。因此，电-机械转换器要有足够的输出力或转矩，并能将输入的电信号按比例连续地转换为机械力或转矩，去控制液压阀。另外要求响应速度快、稳定性好、线性度好、死区小、结构简单、制造方便。

电液控制阀（伺服阀、比例阀与数字阀）中所采用的电-机械转换装置主要有比例电磁铁、直线力马达、力矩马达、直流伺服电机与步进电机等。

伺服阀中采用的电-机械转换装置主要是力矩马达和直线力马达。

6. 动铁式力矩马达的结构是怎样的?

力矩马达是按衔铁在磁场中受力的原理工作的，分为动铁式和动圈式两种。

动铁式力矩马达属于永磁动铁式力矩马达，其结构如图4-231所示。它主要由永久磁铁（磁钢）、导磁体（轭铁）、衔铁、导杆轴以及弹性套座等组成。衔铁通过导杆由弹性套座支承在两个

导磁体的中间位置，可绕导杆作微小转动，并与导磁体形成四个工作气隙，控制线圈在衔铁上。如图4-232所示为伺服阀的衔铁组件。

动铁式力矩马达作用是把输入的电信号转变成力矩，使衔铁偏转，以对前置级液压部分进行控制。衔铁转角的大小与输入的控制电流大小成正比。如果输入控制电流的方向相反，则衔铁偏离中间位置的方向也相反。

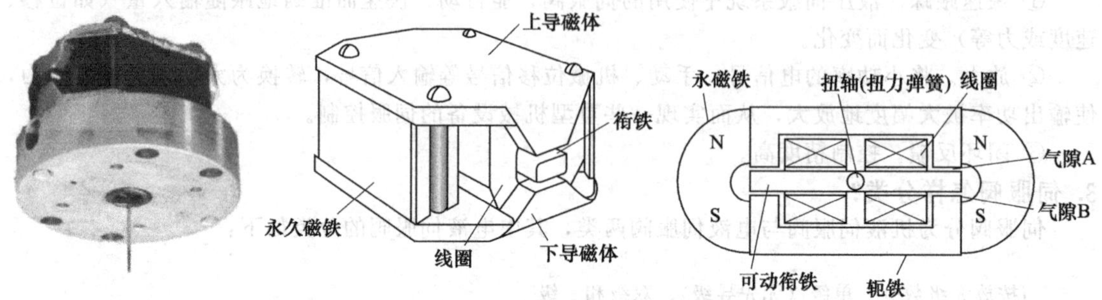

图4-231　动铁式力矩马达外形及结构

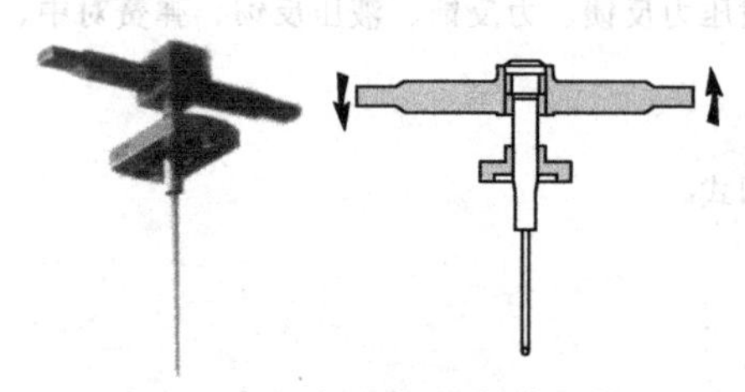

图4-232　伺服阀的衔铁组件

7. 动铁式力矩马达的工作原理是怎样的?

如图4-233所示，图中有两个控制线圈。力矩马达的输入量为控制线圈中的信号电流，输出量是衔铁的转角或与衔铁相连的挡板位移。力矩马达的两个控制线圈可以互相串联、并联，由直流放大器供电。

永久磁铁的初始励磁将导磁体磁化，一个为N极，另一个为S极。当输入端无信号电流时，衔铁在上下导磁体的中间位置。由于力矩马达结构是对称的，永久磁铁在工作气隙中所产生的极化磁通是一样的，使衔铁两端所受的电磁吸力相同，力矩马达无转矩输出。当有信号电流时，控制线圈产生控制磁通，其大小与方向由信号电流决定。最终，在合成磁通的作用下，衔铁绕导杆产生一定方向和角度的偏转，当各转矩平衡时，衔铁停止转动。如果信号电流反向，则电磁转矩也反向。力矩马达产生的电磁转矩，其大小与信号电流大小成比例，其方向由信号电流的方向决定。

动铁式力矩马达单位体积输出力矩较大，故尺寸小，动态特性好，惯量小，但结构复杂，造价较高。早期力矩马达为湿式，现在为干式。一般配用在喷嘴挡板阀、射流管式或偏板射流阀上，作为二极或三级伺服阀的放大级的前置级，用于动态要求高的伺服阀和比例阀中。

8. 动圈式力矩马达的工作原理是怎样的?

动圈式力矩马达分为永磁动圈式和励磁动圈式两种，它是按载流导线在磁场中受力的原理工作的，如图4-234所示。动圈式力矩马达由永久磁铁、轭铁和动圈组成。永久磁铁在气隙中产生一固定磁通。当导线中有电流通过时，根据电磁作用原理，磁场给载流导线一作用力，动圈左、右移动，其方向根据电流方向和磁通方向按左手定则确定，其大小为：

$$F=10.2\times10^{-8}BLi$$

式中　B——气隙中磁感应强度，高斯；

L——载流导线在磁场中的总长度，cm；

i——导线中的电流，A。

动圈式力矩马达结构简单、价廉，加工工艺性好，磁环小，线性范围宽，输出位移大。但体积较大，在同样的惯性下，固有频率响应较低，输出力小，机械支承的刚度通常不是很大。为提高其固有频率，可增加支承刚度、励磁和控制线圈的功率，但会导致尺寸大、功耗大。因此更适用于直接驱动滑阀液压放大器的阀芯运动。

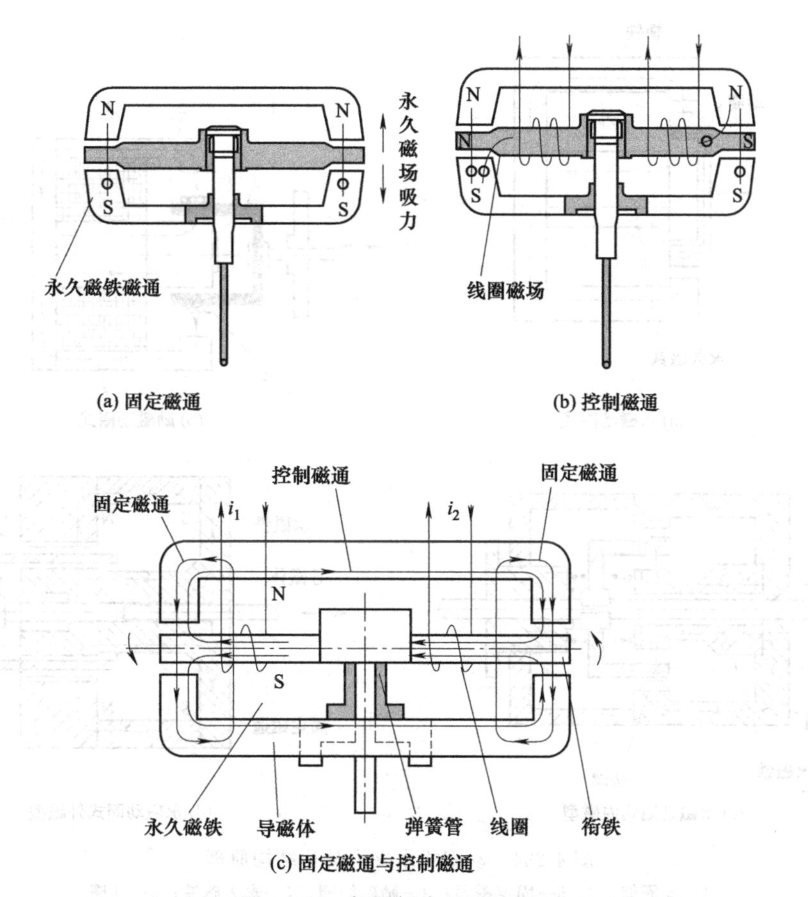

图 4-233　伺服阀力矩马达原理

9. 直线力马达的工作原理是怎样的?

如图 4-235 所示，在控制线圈的输入电流为 0 时，左右磁钢各自形成 2 个磁回路，由于一对磁钢的磁感应强度相等，导磁体材料相同，在衔铁两端的气隙磁通量相等，这样衔铁保持在中位，此时直线力马达无力输出。当控制线圈的输入电流不为 0 时，衔铁两端气隙的合成磁通量发生变化，使衔铁失去平衡，克服弹簧片的对中力而移动，此时直线力马达有力输出。

4.7.2　伺服阀的前置级与放大级

1. 前置级伺服阀有哪几种类型?

前置级伺服阀有喷嘴挡板式、射流管式与偏转板射流式等。前置级伺服阀主要用于驱动放大级（主级），也有做小型直动式阀用的。

2. 喷嘴挡板式阀有哪些类型?

喷嘴挡板式阀的类型如图 4-236 所示，分单喷嘴和双喷嘴两种形式。喷嘴挡板阀主要由喷嘴、挡板与固定节流装置等组成。当泵来的压力油 p_S 经固定节流后压力降为 p_n，然后一路经喷嘴挡板之间的间隙 x 流出（压力降为 p_a），一路从输出口输出，通往执行元件，改变喷嘴与挡板之间的间隙 x，改变输出口压力（流量）大小，从而控制执行元件的运动方向和距离，单喷嘴挡板阀是三通阀，只能用来控制差动缸［图 4-236（a)］。

双喷嘴挡板阀［图 4-236（b)］是由两个结构相同的单喷嘴挡板阀组合而成，按压力差动原理工作。在挡板偏离零位时，一个喷嘴腔的压力升高（如 p_1），另一个喷嘴腔（如 p_2）的压力降低，形成输出压力差 $\Delta p=p_1-p_2$，从而使执行元件工作，例如推动主级阀的阀芯左右移动。

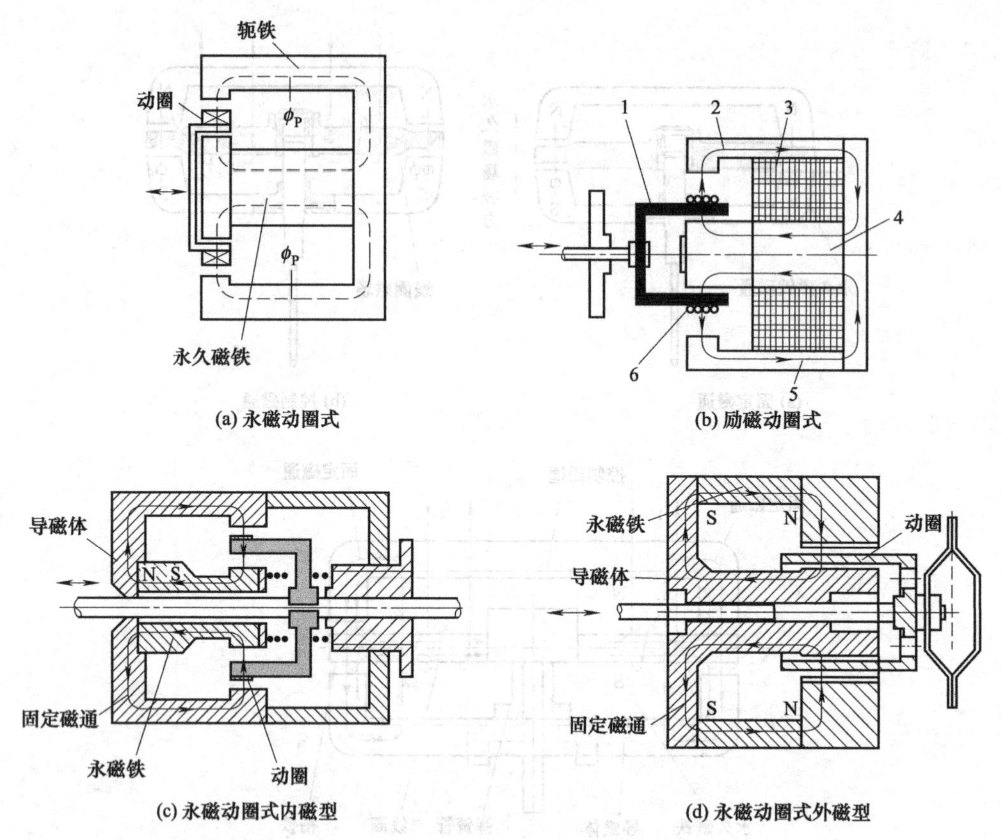

(a) 永磁动圈式　(b) 励磁动圈式

(c) 永磁动圈式内磁型　(d) 永磁动圈式外磁型

图 4-234　动圈式永磁力马达结构原理

1—动圈架；2、5—固定磁通；3—励磁线圈；4—永久磁铁；6—动圈

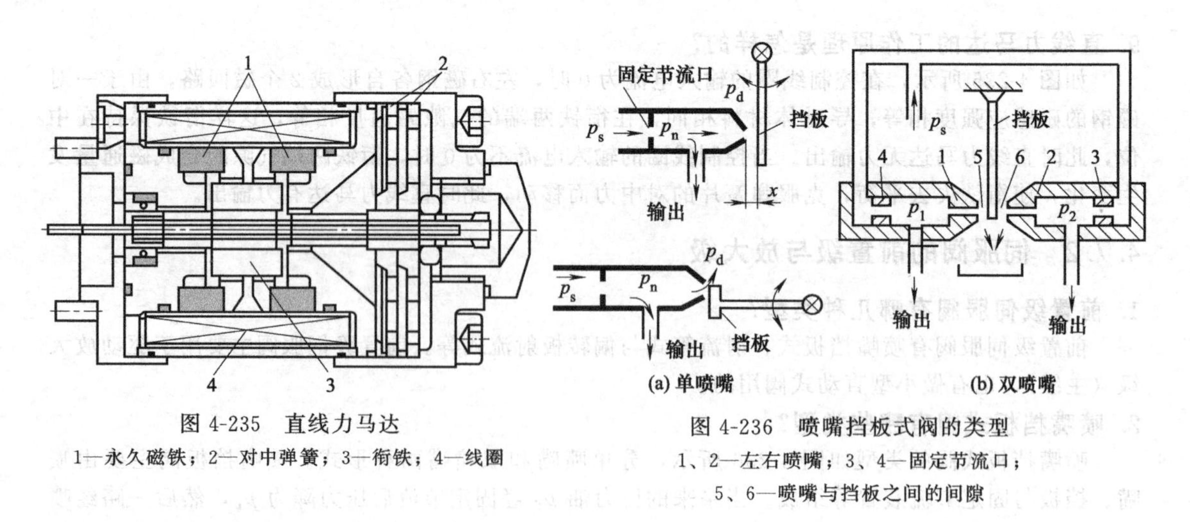

图 4-235　直线力马达

1—永久磁铁；2—对中弹簧；3—衔铁；4—线圈

(a) 单喷嘴　(b) 双喷嘴

图 4-236　喷嘴挡板式阀的类型

1、2—左右喷嘴；3、4—固定节流口；

5、6—喷嘴与挡板之间的间隙

3. 喷嘴挡板式阀的工作原理是怎样的?

喷嘴挡板式阀的工作原理如图 4-237 所示，它由两个固定液阻 D_1、D_1'和两个可变液阻 D_2、D_2'组成。进入两端的控制压力 P 相等，液阻 D_1 和 D_1'的过流截面积也相等。当液阻 D_2 和 D_2'的过流截面积也相等时，压降相等，A 与 B 的压力便也相等（例如，$P=100\text{bar}$，A 口压力=B 口压力=50bar，T 口压力=0）。

当挡板偏转时，改变了挡板至可变液阻的间距。例如挡板向左偏转时，这时挡板与喷嘴 a 的距离变小，而与喷嘴 b 的距离变大，这时从喷嘴 a 喷出的油液阻力增大，从喷嘴 b 喷出的油液阻力减小，使 A 口压力上升，而 B 口压力下降，产生压差，用此压差作 A 口与 B 口的工作压力。反之挡板向右偏转时，这时挡板与喷嘴 a 的距离变大，而与喷嘴 b 的距离变小，这时从喷嘴 b 喷出的油液阻力增大，从喷嘴 a 喷出的油液阻力减小，使 B 口压力上升，而 A 口压力下降，产生压差，用此压差作 A 口与 B 口的工作压力。

这样借助于与输入力矩马达电信号成正比的这一压差，可以做成一级的喷嘴挡板式阀，或者实现对二级阀阀芯运动方向的控制。

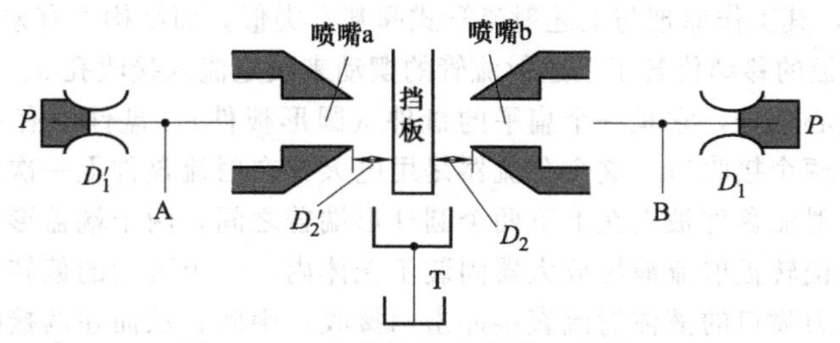

图 4-237 喷嘴挡板式阀的工作原理

4. 喷嘴挡板式阀的结构是怎样的?

如图 4-238 所示，力矩马达是一永磁铁激励的马达，且与液压部分分隔密封。软磁材料制成的衔铁 3 挠性地连接于一薄壁弹簧管 4 上。该弹簧管同时引导挡板 5 且使力矩马达与液压部分隔开。用磁极螺钉 6 可调整衔铁 3 与上极板 8 的间距。当间距相同并无控制电信号时，四个间隙 9 中的磁通相等。如果给线圈 10 输入一控制电流，衔铁 3 发生偏转，挡板 5 随衔铁 3 偏转。衔铁 3 中通过控制电流以后所产生力矩，并与输入的控制电信号成正比，且当控制电流闭断（$i=0$）时，衔铁和挡板靠弹簧管 4 保持在零位。

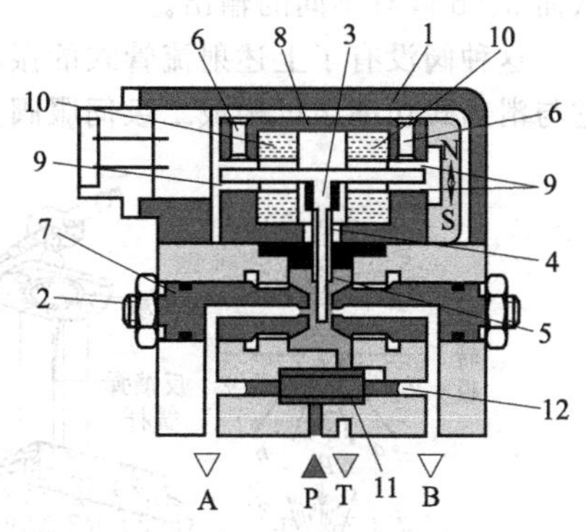

图 4-238 一级喷嘴挡板阀结构

1—罩壳；2—调节螺钉；3—衔铁；4—弹簧管；5—挡板；6—磁极螺钉；7—喷嘴；8—上极板；9—间隙；10—线圈；11—过滤器；12—节流口

5. 射流管式伺服阀的结构原理是怎样的?

如图 4-239 所示，它由射流管 3、接收器 2 组成。射流管 3 由枢轴 4 支承，并可绕枢轴 4 摆动。压力油 p_s 通过枢轴 4 引入射流管，从射流管射出的射流冲到接收器 2 的两个接收孔 a、b 上，a、b 分别与液压缸的两腔相连。喷射流的动能被接收孔接收后，又将其转变为压力能，使液压缸能产生向左或向右的运动。当射流管处于两接收孔的中间对称位置时，两接收孔 a、b 内的油液压力相等，液压缸 1 不动；如果射流管绕枢轴 4 的中心反时针方向摆动一个小角度 θ 时，进入孔道 b 的油液压力大于孔道 a 的油液压力，液压缸 1 便在两端压差作用下向右移动，反之则向左运动。由于接收器 2 和缸 1 刚性连接形成负反馈，当射流管恢复对称位置，活塞两端压力平衡时，液压缸又停止运动。

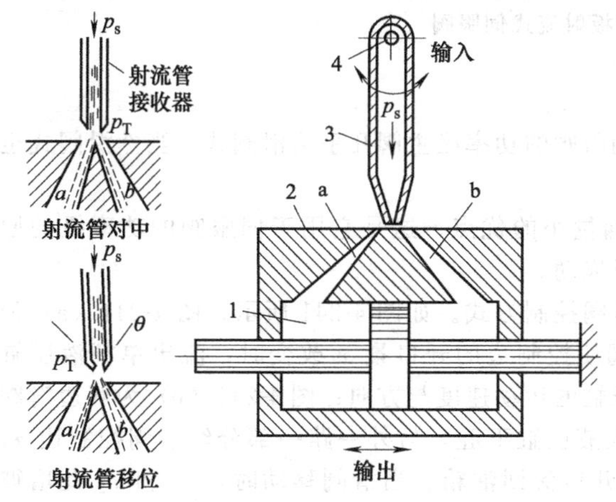

图 4-239 射流管式伺服阀结构原理

射流管阀有湿式和干式两种。湿式射流管阀浸在油中，射流也在油中，可避免空气进入液压缸，同时也可增加射流管本身的阻尼作用，从而可得到较好的特性；而干式射流管阀的射流经过空气后才进入接收孔，性能不如湿式。

射流管阀由于射流喷嘴与接收器间有一段距离，不易堵塞，抗污染能力强，从而提高了工作可靠性；此外，所需操作力小，还有失效对中能力。缺点是加工调试困难，运动件（射流管）惯量较大，刚性较低，易振动。

它的单级功率比喷嘴挡板式阀高，可直接用于小功率伺服系统中，也可用作两级伺服阀的前置放大级中。

6. 偏转板射流式（偏导杆射流式）阀的结构原理是怎样的?

如图 4-240 所示，其工作原理与上述射流管式阀基本类似，而结构上有差异：射流盘件取代了上述的射流管，偏转板的移动代替了上述射流管的摆动来决定流入接收孔 a、b 的油液压力大小。

射流盘件是其核心部分，它是一个扁平的盘件（圆形板件），盘件中有一个分流器，分流器形成一个压力喷口和两个接收口。这个分流器是用电火花在射流盘件上一次加工而成的，喷油口和接收口均为矩形，射流盘件被夹在上下两个圆柱形端盖之间，两个端盖形成这种伺服阀的上下壁，三个零件组成的偏转板射流液压放大器固装于壳体内，一个可动的偏转板经过上端盖插入到射流盘件中。来自压力喷口的液体射流直接冲击两接收口中间，从而在两接收口上产生出相等的压力。当偏转板向一边或另一边移动时，两个接收口上的射流动量转化成的内压力大小便不同，从而 a、b 口有不同的输出。

这种阀没有了上述射流管式的振动而保留了抗污染能力强的优点，可作为前置放大级使用，它与滑阀式功率级可构成二级伺服阀。

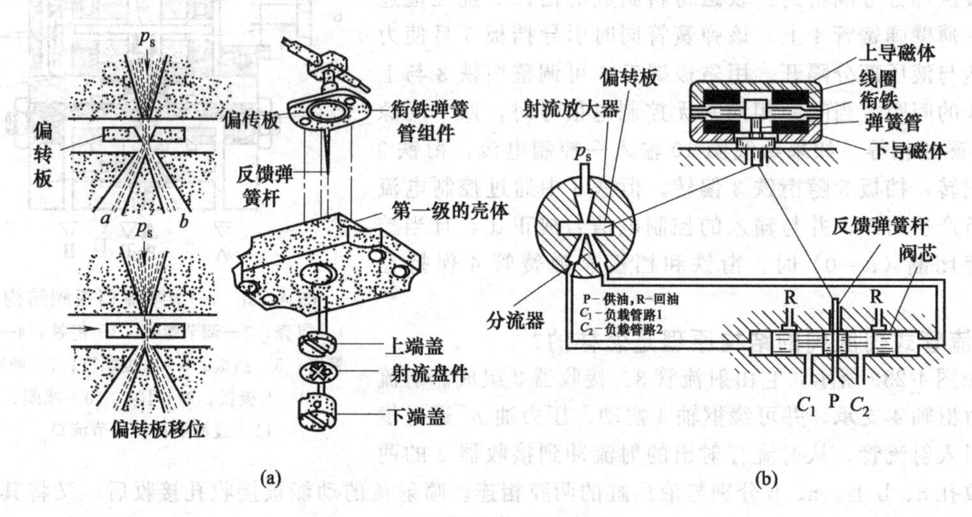

图 4-240 偏转板射流式伺服阀

7. 滑阀式功率级主阀的工作原理是怎样的?

功率级主阀的结构有滑阀式与转阀式。但伺服阀的功率级主阀几乎为滑阀式，当然滑阀式也可作为放大级，用于三级伺服阀的前置级中。

滑阀式具有压力增益和流量增益高、内泄漏量小的优点，这是它用于伺服阀的功率级的原因。缺点是需要有较大的拖动力，即需要前置级拖动。

按滑阀的工作边数，有单边、双边和四边滑阀控制方式。如图 4-241 所示，图 4-241（a）为单边滑阀控制系统，只有一个控制边，当操作阀使控制边的开口量 x 改变时，流出单杆液压缸的油液压力和流量均发生变化，从而改变了液压缸的运动速度与方向；图 4-241（b）为双边滑阀式控制系统，它有两个控制边，压力油一路进入液压缸下腔，另外一路一部分经滑阀控制边 x_1 的开口进入液压缸上腔，一部分经控制边 x_2 的开口流回油箱。当滑阀移动时，x_1 和 x_2 此增彼减，使液压缸上腔回油阻力发生变化，从而改变了液压缸的运动速度和方向。

图 4-241（c）为四边滑阀式控制系统，它有四个控制边。x_1 和 x_2 是控制压力油进入液压缸上、下油腔的，x_3 和 x_4 是控制上、下腔通向油箱的。当滑阀移动时，x_1 和 x_3、x_2 和 x_4 两两此增彼减，使进入液压缸上下两腔的油液压力和流量发生变化，从而控制液压缸的运动速度和方向。

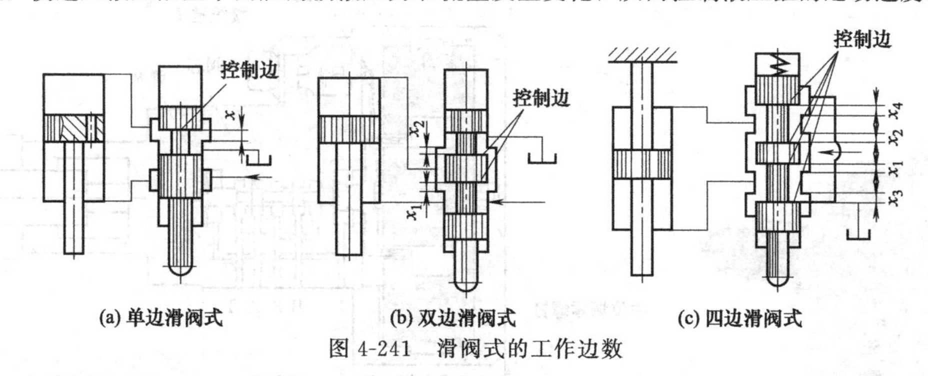

图 4-241 滑阀式的工作边数

8. 滑阀式伺服阀在零位开口（预开口）形式是怎样的?

滑阀式伺服阀在零位开口（预开口）形式有：负开口、零开口和正开口。如图 4-242 所示，正开口的阀，阀芯上的凸肩宽度 t 小于阀套（或阀体）沉割槽的宽度 h；零开口的阀，阀芯上的凸肩宽度 t 等于阀套（或阀体）沉割槽的宽度 h；负开口的阀，则是 $t>h$。

正开口的滑阀线性较好，灵敏度高，但刚性和稳定性较低，且在中立位置时，内泄漏量大；负开口的阀，存在死区和不灵敏区，但其刚性和稳定性最好；零开口的阀，其特性虽是非线性的，但其综合控制性能是最好的，但零开口加工困难，一般为了提高灵敏度和降低加工难度，常采用负开口。

滑阀式伺服阀中多采用零开口的阀。

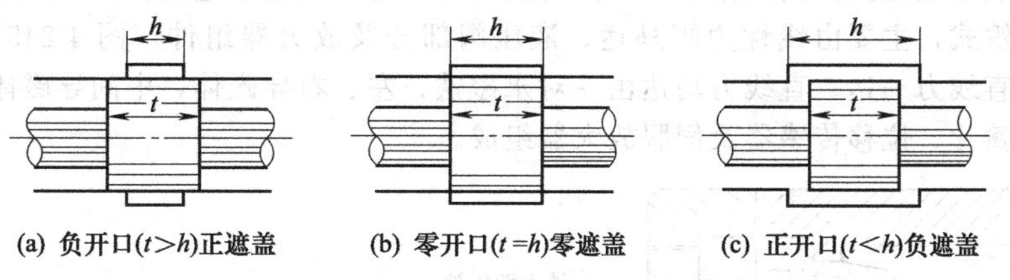

图 4-242 滑阀式伺服阀在零位开口的形式

4.7.3 电液伺服阀的工作原理

1. 动铁式力矩马达型单级伺服阀的工作原理是怎样的?

如图 4-243 所示，这种伺服阀的工作原理是：在力矩马达的线圈 2 通电后，衔铁 1 略微产生转动，通过连接杆 4 直接推动阀芯 7 移动并定位，扭力弹簧 3 作力矩反馈，油道 P、A、B、T 之间维持某种与通入电流大小成比例的连通状态（如 P→B，A→T）。这种伺服阀结构简单，但由于力矩马达功率一般较小，摆动角度小，定位刚度差，一般只适用于中低压（7MPa 以下）、小流量和负载变化不大的场合。

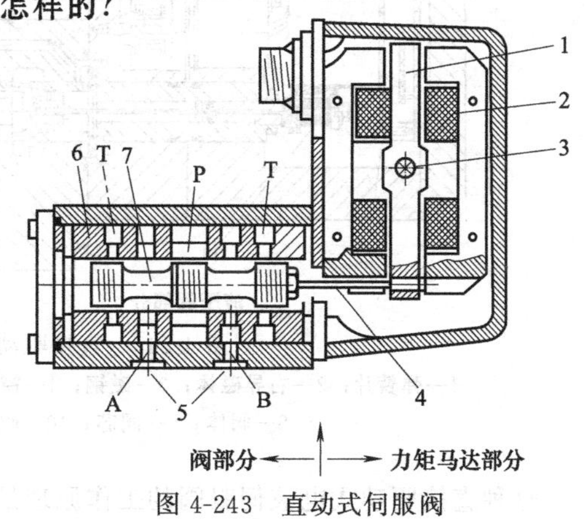

图 4-243 直动式伺服阀

1—衔铁；2—线圈；3—扭力弹簧（扭轴）；4—连接杆；5—负载接口；6—阀套；7—阀芯

2. 动圈式力矩马达型的工作原理是怎样的?

如图 4-244 所示，永磁铁产生一磁场，动圈通电后在该磁场中产生力，驱动阀芯运动，阀芯承力弹簧作力反馈。阀芯右端设置的位移传感器，可提供控制所需的补偿信号。

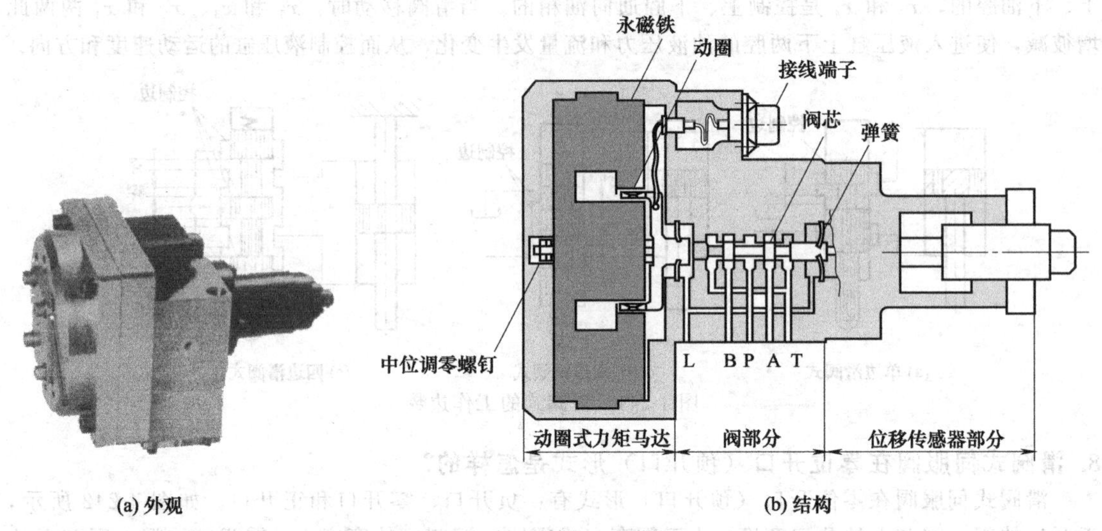

图 4-244 直动式伺服阀结构（动圈式）

3. MOOG公司直接驱动型电液伺服阀的工作原理是怎样的?

这种直接驱动型电液伺服阀使用了线性力马达，线性力马达是一个永磁差动马达，马达包括线圈、一对高能永磁稀土磁铁、衔铁和对中弹簧。永久磁铁提供了所需的磁力部分。线性力马达有一个中间自然零位位置，其产生在两个方向上的力和行程正比于电流。

该阀为动铁式，主要由线性力矩马达、液压阀部分及放大器组件（图 4-245）三部分组成，其核心部分是直线力马达。直线力马达由一对永磁铁，左、右导磁体，中间导磁体，衔铁，控制线圈、对中弹簧片、位移传感器及伺服放大器组成。

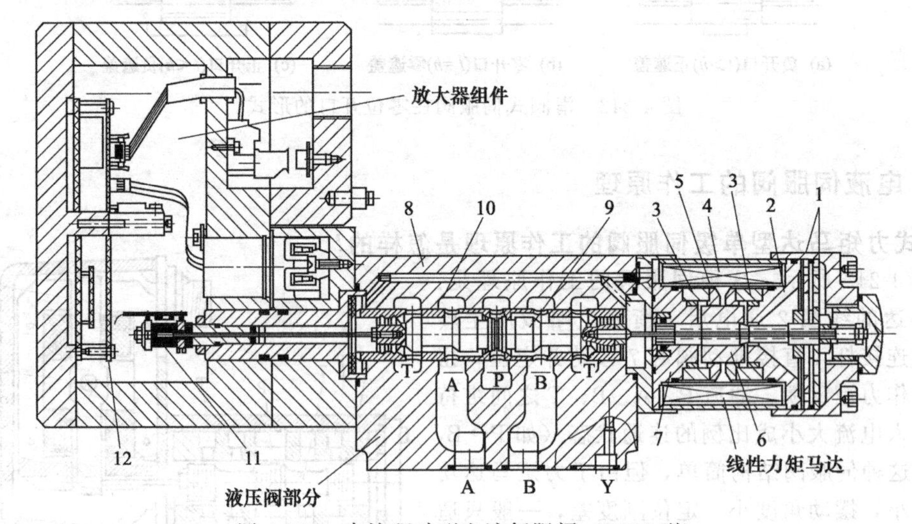

图 4-245 直接驱动型电液伺服阀（D633 型）

1—弹簧片；2—右导磁体；3—磁钢；4—控制线圈；5—中间导磁体；6—衔铁；7—左导磁体；8—阀体；9—阀芯；10—阀套；11—位置传感器；12—放大器

这种直接驱动式电液伺服阀的工作原理是：电指令信号加到阀芯位置控制器集成块上，电子线路使直线力马达上产生一个脉宽调制（PWM）电流，振荡器就使阀芯位置传感器（LVDT）励磁，经解调后的阀芯位置信号和指令位置信号进行比较，阀芯位置控制器产生一个电流给直线力马达，力马达驱动阀芯，使阀芯移动到指令位置。阀芯的位置与电指令信号成正比。伺服阀的实际流量是阀芯位置与通过节流口的压力降的函数。在没有电流施加于线圈上时，磁铁和弹簧保持衔铁在中位平衡状态，见图 4-246（a）。当电流用一个极性加到线圈上时，围绕着磁铁周围的空气气隙的磁通增加，在其他处的气隙磁通减少，见图 4-246（b）。

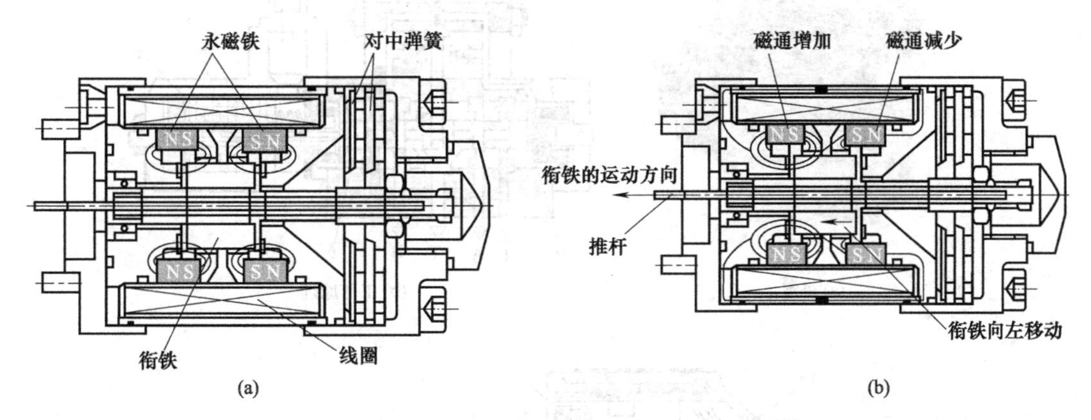

图 4-246 直线力马达的工作原理

这个失衡的力使衔铁朝着磁通增强的方向移动，通过推杆推动阀芯也向该方向移动；若电流的极性改变，则衔铁朝着相反的方向移动。在向外冲程时，必须克服弹簧产生的对中力，加上外力（例如液动力、由于污染产生的摩擦力），在返回时回到中心位置，弹簧力加上马达力提供了滑阀驱动力，使阀减少污染敏感。在弹簧对中位置，线性力马达仅需非常低的电流。阀套加工有矩形的环形槽，连接供油压力 P 和回油压力 T。在零位，滑阀的凸肩刚好盖住 p_s 和 T 的开口，滑阀运动到零位的任一方向时，使油液从 p_s 到控制孔口并从另一孔口回到油箱 T。

电信号正比于所需的阀芯位置，被施加到集成的电路板上，并在马达线圈上产生一个脉宽调制信号（PWM）电流，电流引起衔铁运动，然后使阀芯运动。

阀芯移动并打开，压力 p 到一个控制孔口，而另一个控制孔口被打开并通油箱。

位移传感器（LVDT）用机械的方法连接到阀芯上，依靠产生一个正比于阀芯位置的电信号测量阀芯的位置。解调后的阀芯位置信号和指令信号相比较，产生误差信号，使电流到力马达线圈。

滑阀移动到指令位置后，误差信号减小到零。产生的滑阀位置信号正比于指令信号。

4. 电反馈喷嘴挡板式二级伺服阀的工作原理与结构是怎样的?

如图 4-247 所示，此阀为德国博世-力士乐公司生产，前置级为喷嘴挡板式，主级为滑阀式，带位移传感器，为电反馈二级伺服阀，其工作原理如图 4-247（b）所示。不论是主阀芯 6 的位置变化，还是设定值的变化，都通过位移传感器的铁芯 5 的位置变化，检测在位移传感器 4 的交流电线圈上产生电压差值，反馈到电子放大板，对控制阀芯位移的设定值与实际值进行比较，其偏差值经搭载电子放大器 1 处理后，作为调节偏差输入阀的第一级。这个信号使得两个可调喷嘴 8 间的挡板 7 产生偏转，从而在控制腔 9 和 10 之间产生压差。利用此压差，控制主阀芯 6 的移动，运动到设定值与实际值相吻合时，使挡板回复到中位。在闭环控制状态下，控制腔 9 和 10 压力平衡，控制主阀芯 6 保持在调节位置上。阀的频率特性通过调整电子装置的增益来优化。

图 4-247（c）为这类二级伺服方向阀的结构图，由下列主要部分组成：第一级阀（前置级）、带可互换控制阀套 3 的第二级主阀（放大级）和感应式位移传感器 4。其可动铁芯 5 固定在主阀芯 6 上，主阀芯 6 通过合适的电子装置与电感式位移传感器 4 耦合。

控制阀芯 6 与控制阀套 3 的相对位置组成了流量调节的控制阀口，与阀芯位移和流量一样，该阀口大小与设定值成比例。

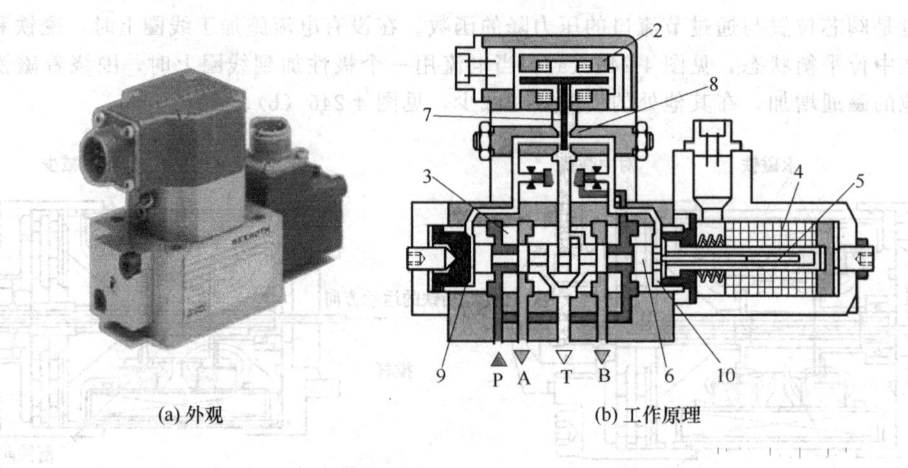

(a) 外观　　(b) 工作原理

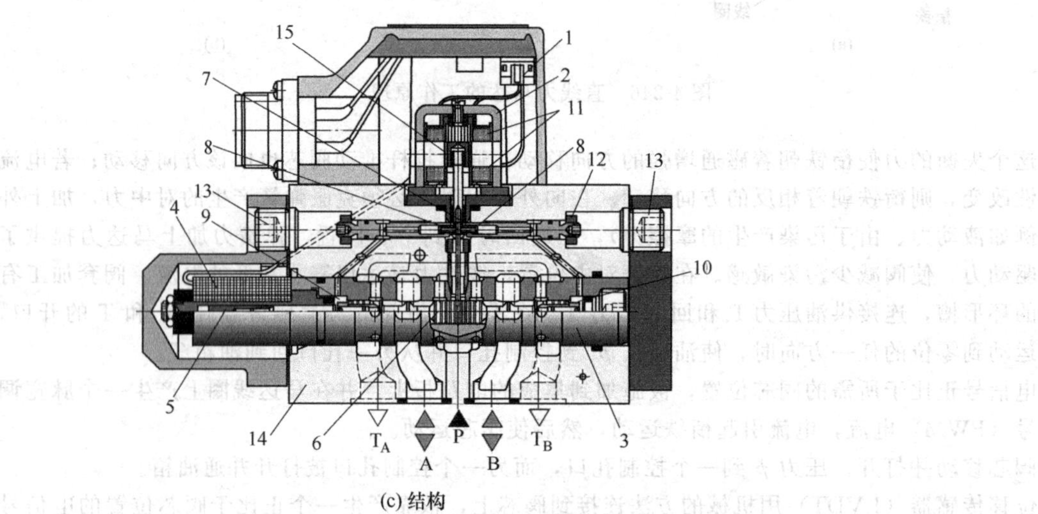

(c) 结构

图 4-247　电反馈二级伺服方向阀的结构原理

1—搭载电子放大器；2—力矩马达永磁铁；3—主阀阀套；4—电感式位移传感器；5—位移传感器铁芯；6—主阀芯；7—挡板；8—可调喷嘴；9、10—控制腔；11—力矩马达线圈；12—锁母；13—螺堵；14—阀体；15—力矩马达铁芯（与件 7 连成一体）

5. MOOG 公司电反馈射流管式二级伺服阀的结构原理是怎样的？

如图 4-248 所示，除前置级采用的是射流管阀以外，主级为滑阀式、带位移传感器，为电反馈二级伺服阀。

6. MOOG 公司电反馈滑阀式二级伺服阀的结构原理是怎样的？

如图 4-249 所示，前置级采用的是滑阀式，主级也为滑阀式，带位移传感器，为电反馈二级伺服阀。

7. 位置-力反馈式二级伺服阀的工作原理是怎样的？

图 4-250 所示为北京机床研究所产的 QDY 型位置-力反馈电液伺服阀的结构，它由干式力矩马达、喷嘴挡板先导级和四边滑阀式主级所组成，为位置-力反馈的流量型双级伺服阀。

力矩马达由一对永磁钢、上下两个导磁体、左右两个线圈、衔铁、支撑弹簧管、挡板和反馈杆等组成。上下两个导磁体的极掌和衔铁两端的上下表面之间，构成两对对称而相等的工作气隙 a、b、c、d。永磁钢在两对气隙中产生固定磁通。

当无控制电流通入线圈时，衔铁因处在调整好的中间位置上，四个气隙相等，通气气隙的磁

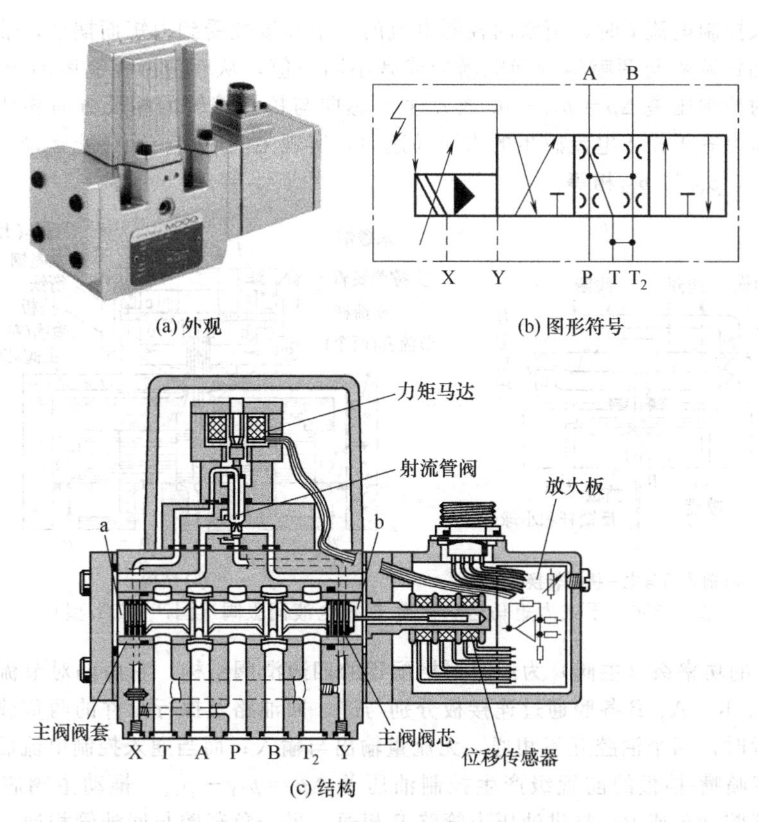

(a) 外观　(b) 图形符号

(c) 结构

图 4-248　电反馈射流管式二级伺服阀的结构（D661 型）

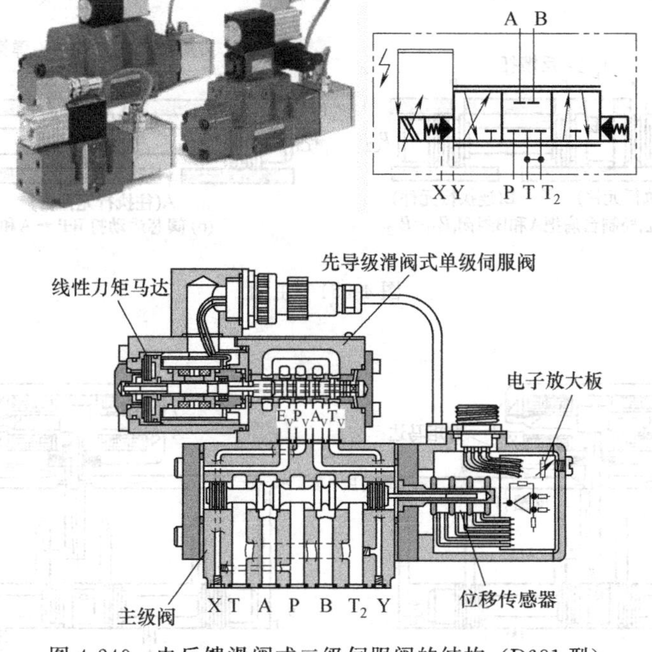

图 4-249　电反馈滑阀式二级伺服阀的结构（D681 型）

通也相等，因此衔铁所受到的电磁合力矩为零，挡板因而处于两喷嘴之间的对称位置上，两喷嘴油压相等，与主阀芯两端控制腔相通的油压 p_{N1} 与 p_{N2} 也相等，所以主阀芯在原位不动。

当线圈通入控制电流 i 时，衔铁因控制电流的大小和极性受到力矩而摆动，带动挡板也向左或右偏转，使挡铁两侧与两喷嘴的间隙增加或减小同一值，从而使两控制腔的压力 p_{C1} 与 p_{C2} 不再相等，产生的控制压差 $\Delta p = p_{C1} - p_{C2}$ 推动主阀芯向与挡板偏转的相反方向移动，直至反馈弹簧杆产生的反馈力等于输入电流感生的力矩马达力，实现主阀芯定位而停止运动，而挡板此时重新对中于两喷嘴，p_{C1} 与 p_{C2} 相等。

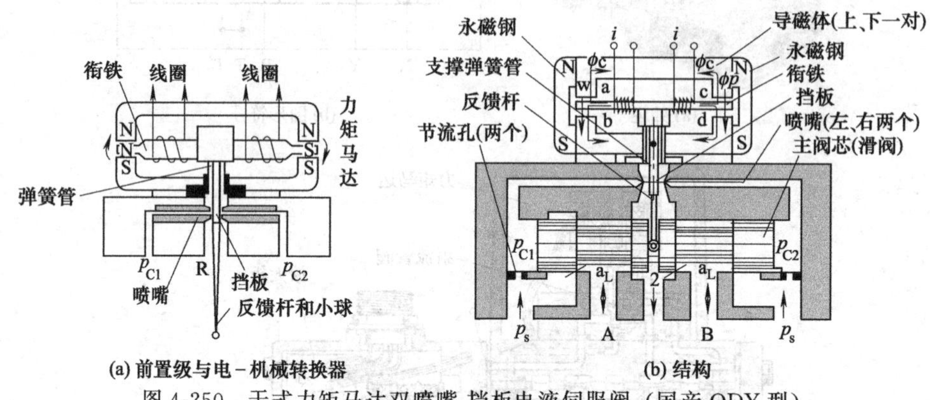

图 4-250 干式力矩马达双喷嘴-挡板电液伺服阀（国产 QDY 型）

图 4-251 中的功率级（主阀）为经过严格配置的四边滑阀结构。它由四对节流边组成一个四臂液压全桥。P、R、A、B 各腔通过连接板分别与进、回油路及执行元件的两负载腔连接。当主阀处于中间位置时，四个油腔互不相通，无流量输出与输入；而当通入控制电流后，力矩马达带动挡板偏转，双喷嘴-挡板的前置级产生控制油压差 $\Delta p = p_{C1} - p_{C2}$，推动主阀芯向左或向右移动，使一个负载腔（A 或 B）与供油压力管路 P 相通，另一负载腔与回油管相通，主阀芯即对应于控制电流的大小和极性输出功率。当控制电流的极性改变时，阀芯便控制负载输出反方向液压功率。图 4-252 为主阀芯工作状况。

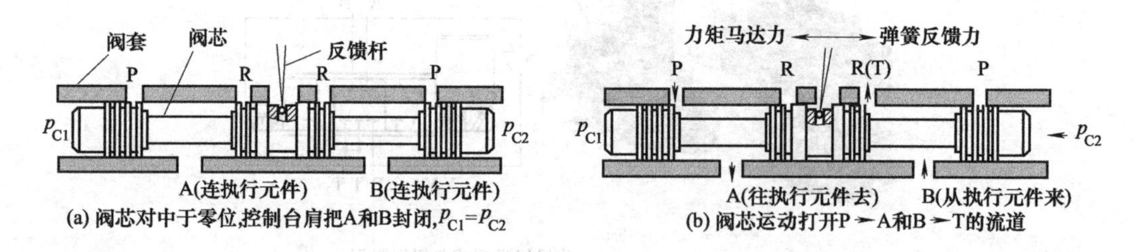

图 4-251 主阀

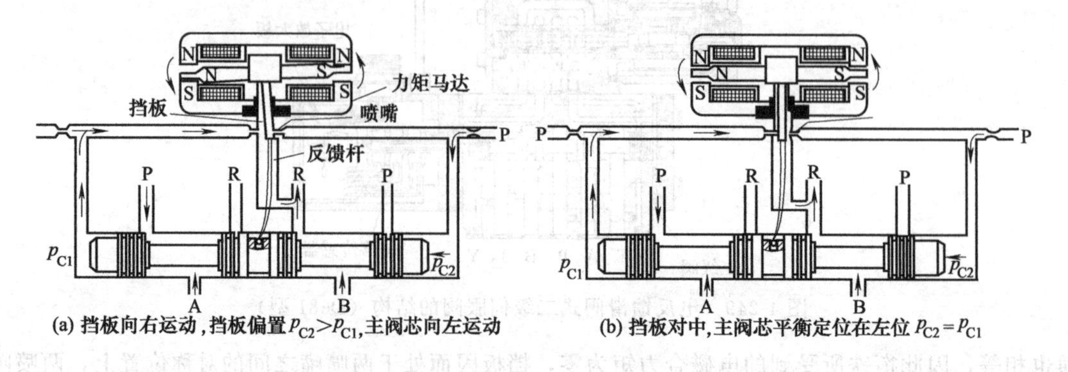

图 4-252 主阀芯工作状况

8. 位置-力反馈式伺服阀的结构是怎样的?

位置-力反馈电液伺服阀是两级伺服阀的主流结构，除了国产的 QDY 型外，世界上著名的液压公司都生产这种伺服阀。如 Moog 公司的 D631 型伺服阀、美国 Parker 公司的 BD 型伺服阀、美国 Vickers 公司的 SM4 型伺服阀等。此处列举美国 Vickers 公司的 SM4 型伺服阀的结构，如图 4-253、图 4-254 所示。

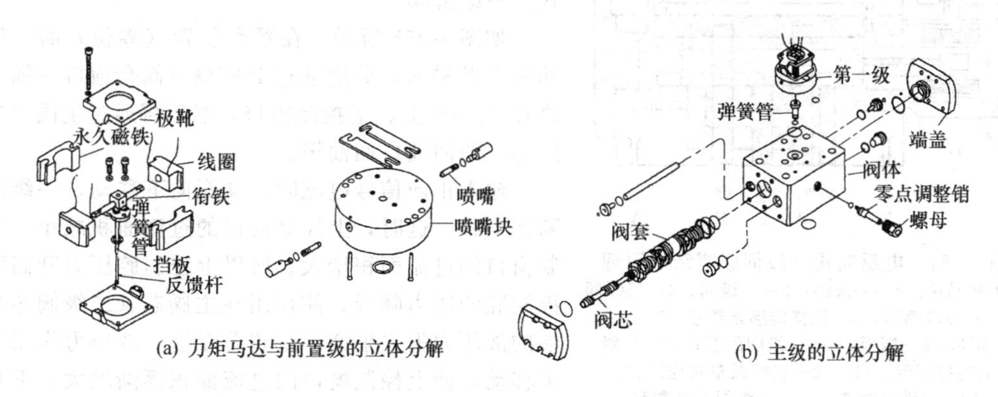

(a) 力矩马达与前置级的立体分解　　(b) 主级的立体分解

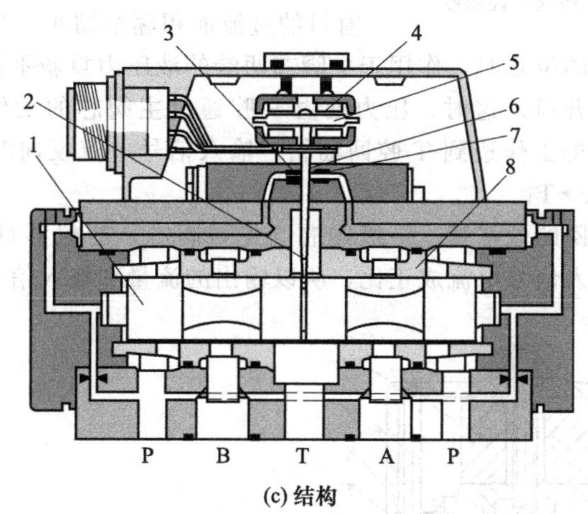

(c) 结构

图 4-253　位置-力反馈式伺服阀的结构

1—二级阀阀芯；2—反馈杆；3—左喷嘴；4—力矩马达；5—衔铁；6—挡板；7—右喷嘴；8—阀套

9. 电反馈式三级伺服阀的结构原理是怎样的?

如图 4-254 所示，电反馈式三级伺服阀主要由下列各部分组成：第一级阀 2 作第二级阀 3 的放大级用，进行功率放大，再用作控制第三级阀 4 的液压放大级。对主流量开环控制的第三级阀 4，电感式位移传感器 5 的铁芯 6 耦合固接在第三级阀的阀芯 7 上。三级阀的阀芯 7 的位置变化及设定值的变化，都通过铁芯 6 的位置变化而在位移传感器的交流线圈上产生电压差。控制阀芯位移的设定值与实际值进行比较，通过电子放大器处理后，将调节偏差传输给第一级阀。这个信号使第二级阀 2 的两个可调喷嘴间的挡板 8 偏转，由此在二级阀两控制腔 10 与 14 间建立起压差。二级阀阀芯 9 运动，将相应的流量输向三级阀控制腔 11 和 12，控制三级阀的阀芯 7 运动，直到运动到与设定值相吻合时为止，控制阀芯保持在调节位置上，进行闭环控制。三级阀阀芯 7 与三级阀阀套 13 的相对位置构成进行流量调节的控制阀口，与阀芯位移和流量一样，该阀口大小与设定值成比例。阀的频率特性，可以通过调节电子环节的电增益值而得到优化。

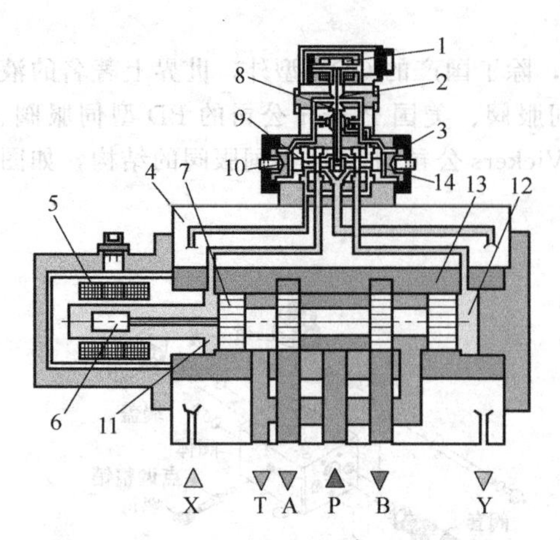

图 4-254 电反馈式三级伺服阀结构原理

1—力矩马达；2——级阀；3—二级阀；4—三级阀；5—位移传感器；6—位移传感器铁芯；7—三级阀阀芯；8—挡板；9—二级阀阀芯；10—二级阀左控制腔；11、12—三级阀左右控制腔；13—三级阀阀套；14—二级阀右控制腔

10. 位置直接反馈动圈式伺服阀的结构是怎样的？

图 4-255 为二级滑阀式位置直接反馈动圈式伺服阀结构与图形符号。该类型电液伺服阀由电磁部分、控制滑阀和主滑阀组成。电磁部分是一只力马达，原理如前所述，动圈靠弹簧定位。前置放大器采用滑阀式（一级滑阀）。

如图 4-255 所示，在平衡位置（零位）时，压力油从 P 腔进入，分别通过 P 腔槽→阀套窗口→固定节流孔 3、5→上、下控制窗口，然后再通过主阀（二级阀芯）的回油口回油箱。

输入正向信号电流时，动圈向下移动，一级阀芯随之下移。这时，上控制窗口的过流面积减小，下控制窗口的过流面积增大。所以上控制腔压力升高而下控制腔的压力降低，使作用在主阀芯（二级阀芯）两端的液压力失去平衡。主阀芯在这一液压力作用下向下移动，使上控制窗口的过流面积逐渐增大，下控制窗口的过流面积逐渐缩小。当主阀芯移动到上、下控制窗口过流面积重新相等的位置时，作用于主阀芯两端的液压力重新平衡。主阀芯就停留在新的平衡位置上，形成一定的开口。这时，压力油由 P 腔通过主阀芯的工作边到 A 腔而供给负载。回油则通过 B 腔、主阀芯的工作边到 T 腔回油箱。输入信号电流反向时，阀的动作过程与此相反。油流反向为 P→B，A→T。

上述工作过程中，动圈的位移量、一级阀芯（先导阀芯）的位移量与主阀芯的位移量均相等。因动圈的位移量与输入信号电流成正比，所以输出的流量和输入信号电流成正比。

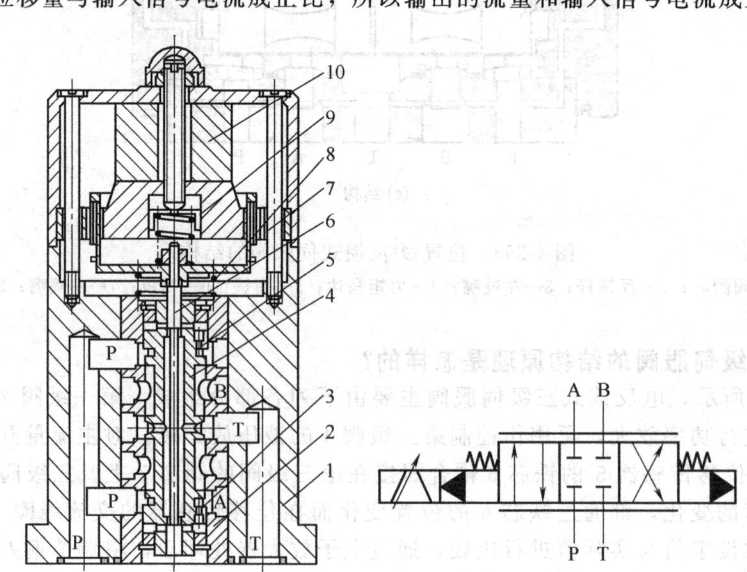

图 4-255 位置直接反馈动圈式伺服阀结构与图形符号

1—阀体；2—阀套；3—固定节流口；4—二级阀芯；5—固定节流口；6——级阀芯；7—线圈；8—下弹簧；9—上弹簧；10—磁钢

11. MOOG 公司电反馈动圈式二级伺服阀的结构是怎样的？

如图 4-256 所示，该阀由前置级阀与主级阀两部分组成。前置级阀如前述，主级阀为滑阀式，带位移传感器，为电反馈二级伺服阀。

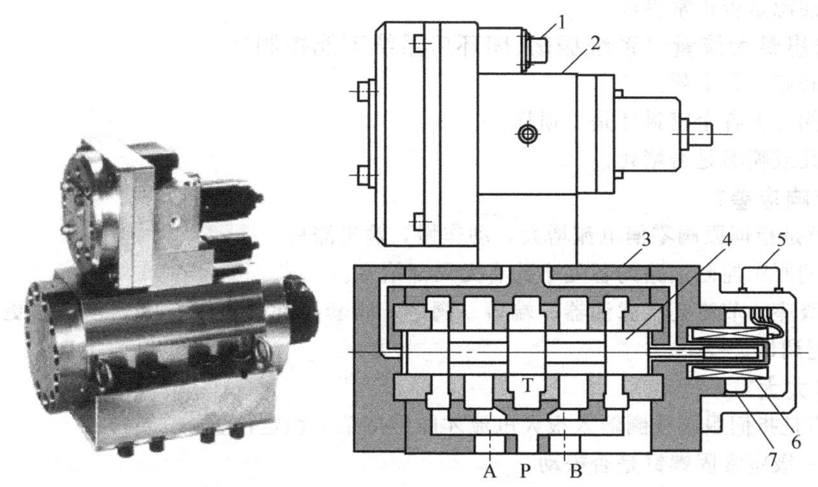

图 4-256 电反馈动圈式二级伺服阀外观与结构（MK-30～MK-250 型）
1—接线端子；2—动圈式前置级阀；3—二级阀阀体；4—二级阀阀芯；
5—位移传感器接线端子；6—位移传感器线圈；7—锁母

4.7.4 伺服阀的故障分析与排除

伺服阀的故障有时是系统问题，包括放大器、反馈机构、执行机构等故障，有时是伺服阀问题。所以首先要搞清楚是系统问题，还是伺服阀问题。常用办法是：有条件的将阀卸下，上实验台复测一下即可。大多数情况无此条件，一个简单的办法是将系统开环，备用独立直流电源，给伺服阀供正、负不同量值的电流，从阀的输出情况来判断阀是否有毛病，是什么毛病。阀问题不大，再找系统问题，例如：执行机构的内泄漏过大，会引起系统动作变慢，滞环严重、甚至不能工作；反馈信号断路或失常等，放大器的问题有输出信号畸变或不工作，系统问题这里不详谈，下面主要谈阀的故障。

1. 为何伺服阀不动作，导致执行元件不动作?

这一故障是指执行机构停在一端不动或缓慢移动。

① 检查线圈的接线方向是否正确。两线圈接反了，两线圈形成的磁作用力正好抵消。

② 检查线圈引出线是否松焊。

③ 检查两个线圈的电阻值是否正确。

④ 检查输入电缆线是否接通。

⑤ 检查进、回油管路是否畅通。

⑥ 检查进、回油孔是否接反。

⑦ 前置级堵塞，使得阀芯正好卡在中间死区位置，当然这种概率较小。

2. 为何伺服阀只能从一个控制腔出油、另一个不出油?

这一故障是指执行机构只向一个方向运动，改变控制电流不起作用。

① 检查节流孔是否堵塞（清洗时注意两个节流孔拆前各自位置，切不可把两边的位置调换）。

② 检查阀芯是否卡死。

③ 检查喷嘴挡板是否堵塞。

④ 检查弹簧片是否断裂。

3. 为何流量增益下降（执行机构速度下降、系统振荡）?

① 用兆欧表检查线圈是否短路（如果需要更换线圈，阀要重新调试）。

② 检查阀内滤油器是否堵塞（如堵塞，要更换滤油器）。

③ 检查油源是否正常供油。

4. 为何只输出最大流量（系统振荡、闭环后系统不能控制）？

① 检查阀芯是否卡死。

② 检查阀套上各个密封环是否损坏。

③ 节流孔或喷嘴是否堵死。

5. 为何系统响应差?

这一故障是指伺服阀零偏电流增大，动作慢，输出滞后。

① 检查伺服阀控制油路的各处小孔有无局部堵塞。

② 对一级座、节流孔、滤油器、端盖、阀芯、阀套各部件逐项拆卸、清洗，更换所有密封环，重新装配调试。

6. 为何零偏太大?

这一故障是指伺服阀线圈输入很大电流才能维持某一稳定位置。

① 检查一级座紧固螺钉是否松动。

② 检查力矩马达导磁体螺钉是否松动。

③ 伺服阀在试验台上进行空载运行冲洗，如果运行后检查零点变化较大，则应拆卸伺服阀，彻底清洗。

7. 为何阀有一固定输出、但已失控?

前置级喷嘴堵死，阀芯被脏物卡着及阀体变形引起阀芯卡死等，或内部过滤器被脏物堵死。要更换滤芯，返厂清洗、修复。

8. 为何阀反应迟钝、响应变慢?

系统供油压力降低，过滤器局部堵塞，某些阀调零机构松动及马达零部件松动，或动圈阀的动圈与控制阀芯间松动；系统中执行动力元件内泄漏过大；油液太脏，阀分辨率变差，滞环增宽。

9. 为何系统出现频率较高的振动及噪声?

油液中混入空气量过大，油液过脏；系统增益调得过高，来自放大器的电源噪声，伺服阀线圈与阀外壳及地线绝缘不好，似通非通，颤振信号过大或由系统频率引起的谐振现象，系统选了过高频率的伺服阀。

10. 为何阀输出忽正忽负、不能连续控制、成开关控制?

伺服阀内反馈机构失效，或系统反馈断开，或出现某种正反馈现象。

11. 为何漏油?

安装座表面加工质量不好、密封不住。

阀口密封圈质量问题，阀上堵头等处密封圈损坏。马达盖与阀体之间漏油，可能是弹簧管破裂、内部油管破裂等。

伺服阀故障，有的可自己排除，但许多故障最好将阀送到生产厂，放到实验台上返修调试，初学者不要自己拆阀，那是很容易损坏伺服阀零部件的。用伺服阀较多的单位可以自己装一个简易实验台，来判断是系统问题、还是阀的问题，阀有什么问题，能否再使用。

4.8 比例阀

4.8.1 概述

1. 怎样认识普通通断式开关阀、伺服阀和比例阀?

比例阀是在通断式控制元件和伺服元件的基础上发展起来的一种新型的电液控制元件，称为电液比例阀。从阀的基本结构和动作原理来讲，与通断式液压阀更接近或相同；但比例阀输入的是电流信号、输出的是液压参数（压力、流量等），只要改变输入电流的大小，就能实现连续比例地改变输出的压力或流量，因而其控制原理与伺服控制阀是相同的，而与通断式液压阀不相同。通常比例阀用在开环控制的液压系统中。

一般来讲，比例阀的主阀结构和工作原理雷同于通断式液压阀，先导控制的结构取自伺服阀，但简单得多。

所以比例控制阀适用于控制精度和速度响应要求不高、油液污染要求不太高且使用维护不难、造价明显低于伺服阀的液压控制系统。它将通断式液压控制元件和电液控制元件的优点综合起来，避开了某些缺点，使两类元件互相渗透。因此近些年来，比例控制阀得到了越来越广泛的应用，例如用于注塑机、压铸机等。

2. 什么是电液比例控制技术?

电液比例控制是指按电输入信号调节液压参数（压力、流量与方向）。电液比例技术，既可实现液压动力传动，又具备了电子控制的灵活性。即电液比例控制技术是把大功率的液压传动与精准灵便的电气控制融合在一起。

在普通开关式液压传动与电液伺服控制之间，曾经有一道无形的“坎”，比例液压技术则成功实现了这一跨越。这是一种理想的液压系统与电子系统的结合，可用于开环或闭环控制系统中，以实现对各种运动快速、稳定和精确控制。这类控制是现代新型机器及工厂所必需的。标准液压元件加上信号放大电路，仅此简单的系统构成而已。无怪乎比例技术能得到普遍运用，大量的生产机械已使用电液比例控制，且几乎全部采用了开环或闭环的液压控制。

3. 什么是比例阀?

电液比例阀称比例控制阀，简称比例阀，是一种借助于给电磁铁输入模拟信号的方法产生比例磁力来控制阀芯的位置，对流量或压力进行按比例控制的液压元件。

电液比例阀是一种按输入的电气信号连续地、按比例地对油液的压力、流量或方向进行远距离控制的阀。与手动调节的普通液压阀（开关式）相比，电液比例控制阀能够提高液压系统参数的控制水平；与电液伺服阀相比，电液比例控制阀在某些性能方面稍差一些，但它结构简单、成本低，所以它广泛应用于要求对液压参数进行连续控制或程序控制、但对控制精度和动态特性要求不太高的液压系统中。

4. 比例阀与伺服阀相比优缺点有哪些?

比例阀是介于一般阀和电液伺服阀之间的阀类。

① 伺服阀的频响（响应频率）更高，可以高达200Hz左右，反应快速。比例阀的频响（响应频率）一般最高几十赫兹，动态特性较差。

② 伺服阀制造精度要求非常高，而比例阀的制造精度可低些，与一般开关式阀相同。伺服阀贵，比例阀相对价廉。

③ 伺服阀对液压油液的要求较高，需要精过滤才行，否则容易堵塞，比例阀要求低一些，抗污染能力强。

④ 伺服阀中位没有死区，控制精度高；比例阀有中位死区，控制精度相对低些。

⑤ 比例控制主要用于开环系统，伺服控制主要用于闭环系统。

5. 比例控制阀由哪两部分组成? 怎样分类?

如图4-257所示，比例控制阀由两部分组成：电-机械转换器、液压部分。前者可以将电信号按比例地转换成机械力与位移，后者接受这种机械力和位移后可按比例地、连续地提供油液压力、流量等，从而实现电-液的转换过程。简言之，比例阀包括用电调代替手调的比例电磁铁部分和液压阀。

比例阀常用种类有：方向比例阀、比例流量阀、比例压力阀。方向比例阀是一种既能调节流量、又能控制方向，参加全过程调节的液压元件；比例流量阀是一种借助于输入模拟电信号来控制比例流量的液压元件；比例压力阀是一种借助于模拟电信号对系统压力进行比例控制的液压元件。

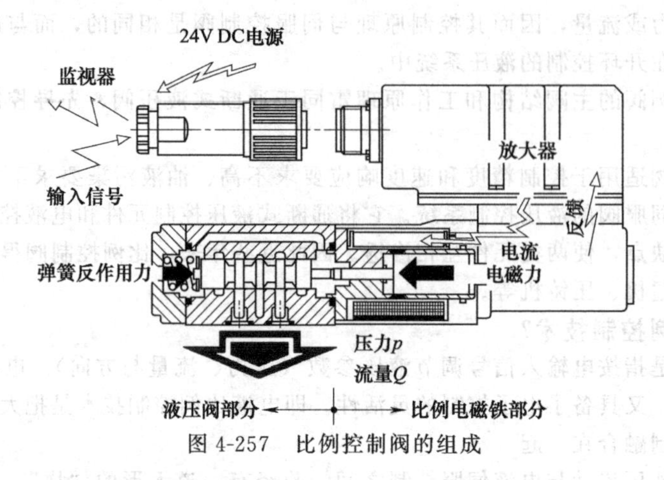

图 4-257 比例控制阀的组成

6. 比例控制系统的工作流程是怎样的?

比例控制系统的工作流程如图 4-258 所示。根据需要由设定器设定输入电压信号，通过比例放大器（电子板）将电压信号放大为电流信号，再输送给比例阀的比例电磁铁，按输入信号控制比例阀动作、输出方向、压力与流量，驱动工作机械的液压缸或液压马达。

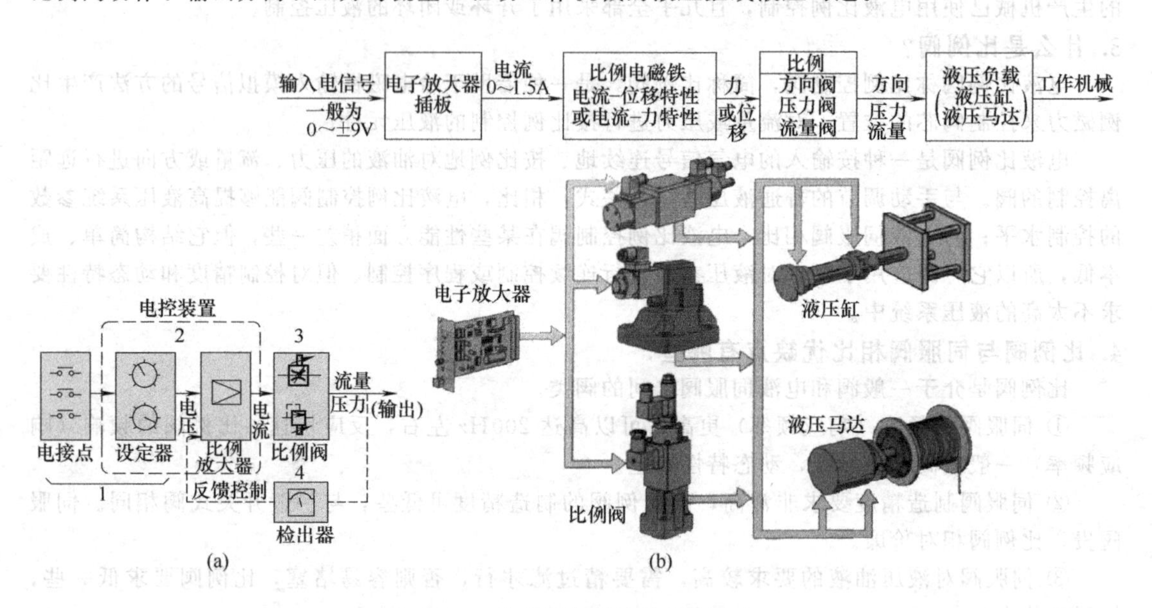

图 4-258 比例控制系统的工作流程

图 4-259 为比例阀控制变量泵变量的比例控制系统示意图。

7. 比例阀和放大器有哪几种?

输入信号电流太弱，不能直接控制比例电磁铁动作，要通过电子放大器放大后才能驱动比例电磁铁工作。因为有三大类阀，所以电子放大器也分为三类。

① 比例压力控制阀的放大器：比例溢流阀和比例减压阀可根据输入信号成比例地调整系统压力。

② 比例方向控制阀的放大器：根据输入信号成比例地控制进入执行机构的流量和方向。这些阀用在开环和闭环控制系统中，以控制执行机构的方向、速度和加速度。

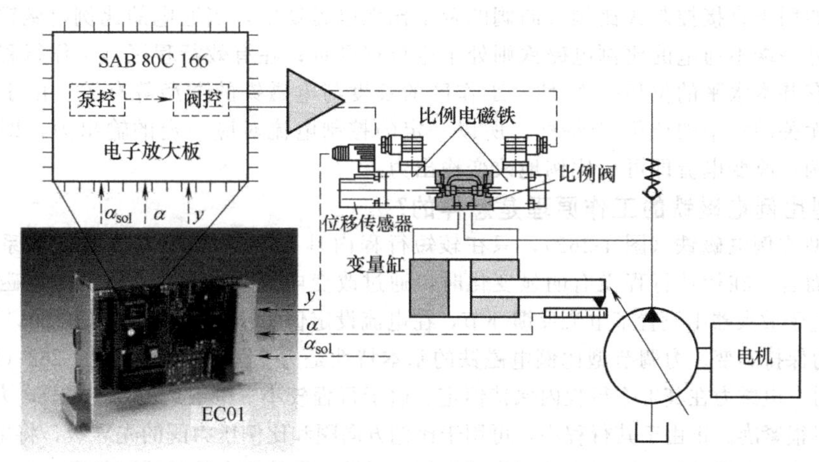

图 4-259　比例变量泵

③ 比例流量控制阀的放大器：比例流量控制阀分为二通或三通，带压力补偿控制系统流量，此流量和用户负载无关。

注意：各公司比例阀上所用的电子放大器不能互换。因而维修时，换比例阀，同时要换相应的电子放大器。

8. 比例电磁铁的工作原理是怎样的?

比例电磁铁分为力控制型、行程控制型和位置调节型三种基本类型，其结构原理如图 4-260 所示。它由壳体、轭铁、衔铁、导套、推杆等组成。导套前后两段为导磁材料，导向套前段有特殊设计的锥形盆口，两段之间用非导磁材料（隔磁环）焊接成整体。筒状结构的导向套具有足够的耐压强度，可承受 35MPa 液压力，耐高压电磁铁因此而得名。壳体与导向套之间，配置同心螺线管式控制线圈，衔铁前端所装的推杆用以输出力或位移；右端的调节螺钉和弹簧组成调零机构，可在一定范围内对比例电磁铁乃至整个比例阀的稳态控制特性进行调整，以增强其通用性（几种阀共用一个电磁铁）。衔铁支承在轴承上，以减小黏滞摩擦力。比例电磁铁通常为湿式直流控制，内腔进有液压油，可成为衔铁移动的一个阻尼器，以保证比例元件具有足够的动态稳定性。

工作时，线圈通电后形成的磁路经壳体、导向套、衔铁后分为两路，一路由导向套前端到轭铁而产生斜面吸力，另一路直接由衔铁断面到轭铁而产生表面吸力，两者的合成力即为比例电磁铁的输出力。由图 4-261 可知，比例电磁铁在整个行程区内，可以分为吸合区Ⅰ、有效行程区Ⅱ和空行程区Ⅲ三个区段。在吸合区Ⅰ，工作气隙接近于零，输出力急剧上升，由于这一区段不能正常工作，因此结构上用设置不导磁的限位片的方法将其排除，使衔铁不能移动到该区段内；在空行程区Ⅲ，工作气隙较大，电磁铁输出力明显下降，这一区段虽然也不能正常工作，但有时是

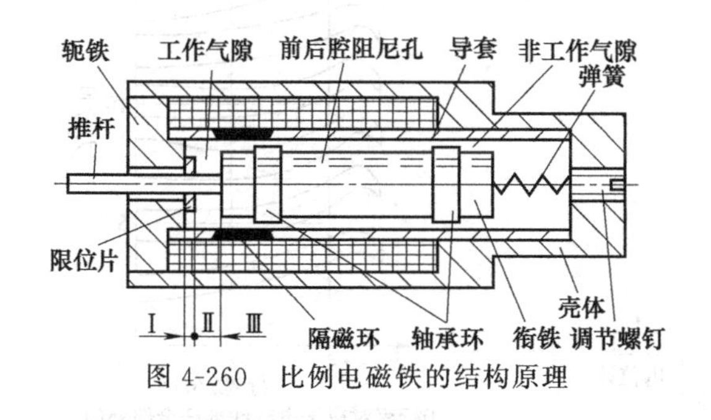

图 4-260　比例电磁铁的结构原理

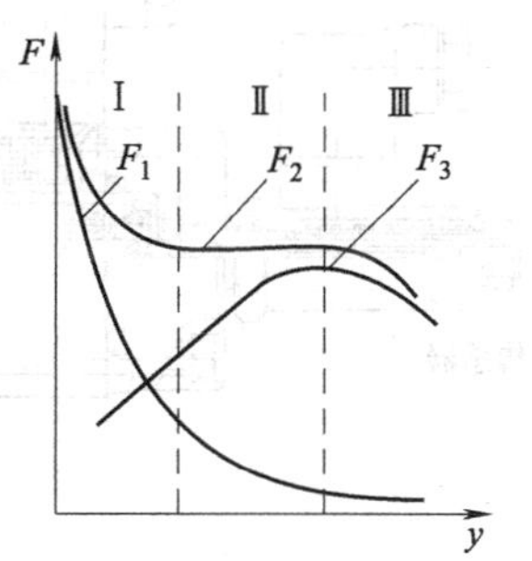

图 4-261　单向电磁铁的位移-吸力特性

y—行程；F_1—表面力；

F_2—合成力；F_3—斜面力

需要的，例如用于直接控制式比例方向阀的两个比例电磁铁中，当通电的比例电磁铁工作在工作行程区时，另一端不通电的比例电磁铁则处于空行程区Ⅲ；在有效行程区（工作行程区）Ⅱ，比例电磁铁具有基本水平的位移-力特性，工作区的长度与电磁铁的类型等有关。由于比例电磁铁具有与位移无关的水平的位移-力特性，所以一定的控制电流对应一定的输出力，即输出力与输入电流成比例，改变电流即可成比例地改变输出力。

9. 力调节型比例电磁铁的工作原理是怎样的?

力调节型比例电磁铁（图 4-262），只在较短行程内具有特定的力-电流特性关系。对于力调节型电磁铁而言，在衔铁行程没有明显变化时，通过改变电流 i 来调节其输出的电磁力。

由于在电子放大器中设置了电流反馈环节，在电流设定值恒定不变而磁阻变化时，可使磁通量、继而使电磁力保持不变。力调节型比例电磁铁的基本特性是力-行程特性，如图 4-262（b）所示，控制电流不变时，电磁力在其工作行程内保持恒定。由于行程较小（一般约为 1.5mm），力控制型电磁铁的结构可以很紧凑。正由于其行程小，可用于比例方向阀和比例压力阀的先导级，将电磁力转换为液压力。这种比例电磁铁是一种可调节型直流比例电磁铁，衔铁腔中处于油浴状态。

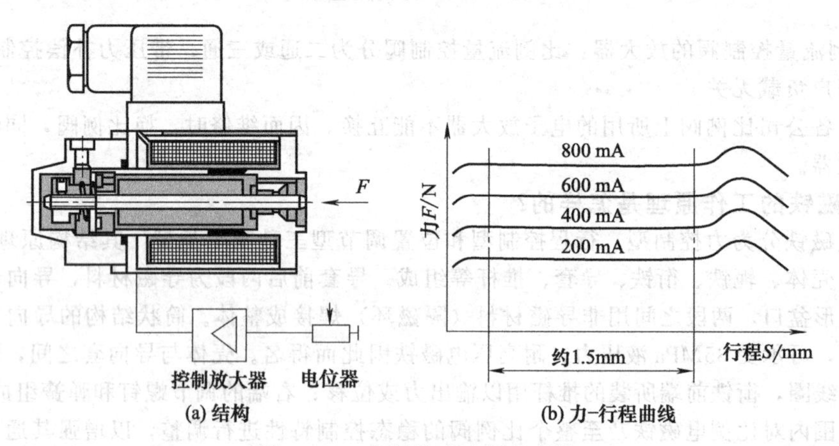

图 4-262　力调节型比例电磁铁

10. 行程调节型比例电磁铁的工作原理是怎样的?

图 4-263 为行程调节型电磁铁，在适度长的行程内保持行程与电流 i 相对线性关系。在阀的设计中就取用此线性关系曲线的一段，用以控制阀芯移动，构成行程调节型比例电磁铁。

在行程调节型电磁铁中，衔铁的位置由位移传感器进行检测与控制，可以构成电反馈环节，进行闭环控制。

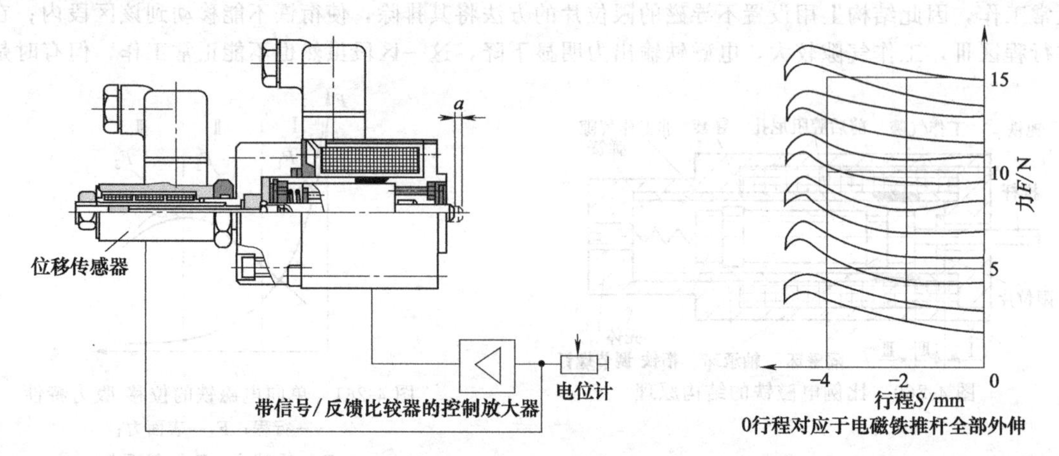

图 4-263　行程调节型比例电磁铁结构与力-行程特性

11. 力调节型比例电磁铁的结构是怎样的?

图 4-264 为力调节型比例电磁铁的典型结构，主要由衔铁、导向管、极靴、壳体、线圈、推杆等组成。导向管前后二段由导磁材料制成，中间用一段非导磁材料（隔磁环）。导向管具有足够的耐压强度，可承受 35MPa 静压力。导向管前段和极靴组合，形成带锥形端部的盆型极靴；隔磁环前端斜面角度及隔磁环的相对位置，决定了比例电磁铁稳态特性曲线的形状。导向管和壳体之间，配置心形螺线管式控制线圈。衔铁前端装有推杆，用以输出力或位移；后端装有弹簧和调节螺钉组成的调零机构，可在一定范围内对比例电磁铁，乃至整个比例阀的稳态控制特性曲线进行调整。

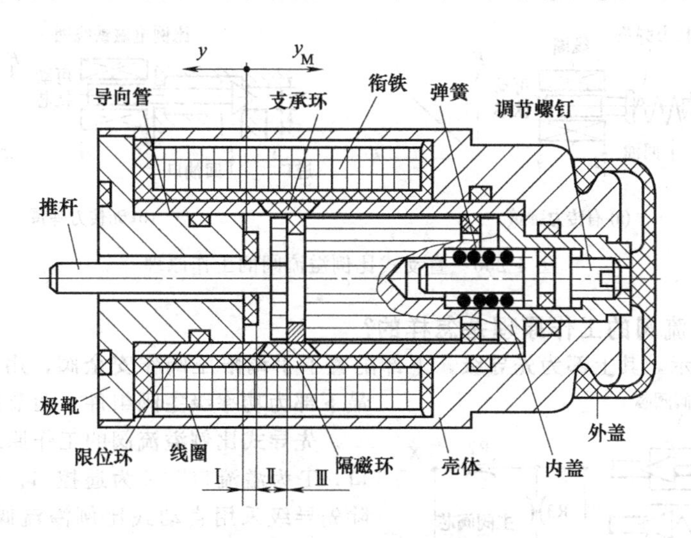

图 4-264　力调节型比例电磁铁的结构

12. 位置调节型比例电磁铁的结构是怎样的?

图 4-265 是位置调节型比例电磁铁的结构。其衔铁位置，即由其推动的阀芯位置，通过一闭环调节回路进行调节。只要电磁铁运行在允许的工作区域内，其衔铁就保持与输入电信号相对应的位置不变，而与所受反力无关，它的负载刚度很大。这类比例电磁铁多用于控制精度要求较高的直接控制式比例阀上。在结构上，除了衔铁的一端接上位移传感器（位移传感器的动杆与衔铁固接）外，其余与力控制型和行程控制型比例电磁铁相同。

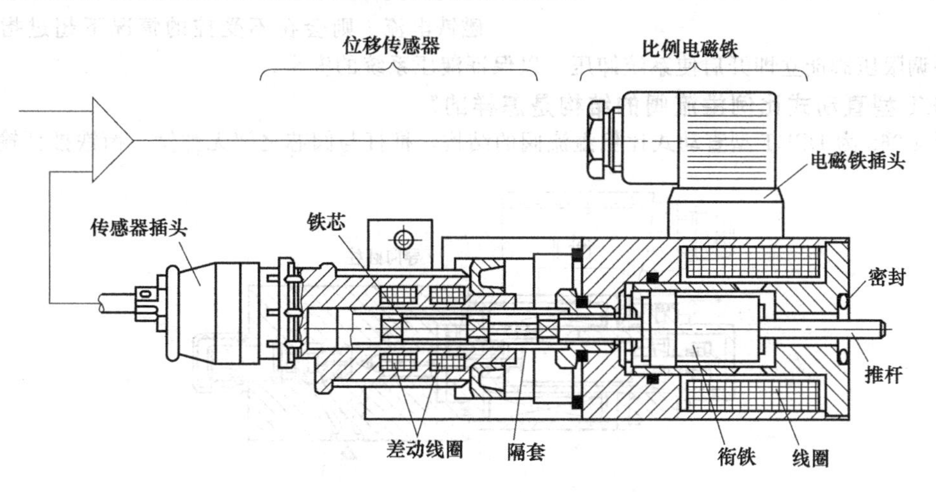

图 4-265　位置调节型比例电磁铁的结构

4.8.2 比例溢流阀

1. 直动式比例溢流阀的工作原理是怎样的?

如图 4-266 所示，比例电磁铁的吸力 F 与通入的电流 i 成正比，即 $F=ai$（a 为比例常数）。当给比例电磁铁线圈通入电流 i 时产生吸力 F，通过传力弹簧作用在阀芯上，系统来的压力油 p 也从另一反方向作用在阀芯上，根据阀芯的力平衡有：$pA=KX=F$，所以 $p=ai/A$（A 为阀芯承压面积）。由式可知：改变通入电磁铁的电流 i 的大小，便可改变调压阀的调节压力的大小。图 4-266（b）中，除了电磁铁线圈通入电流 i 产生吸力 F，直接作用在锥阀芯上外，其余原理与上相同。

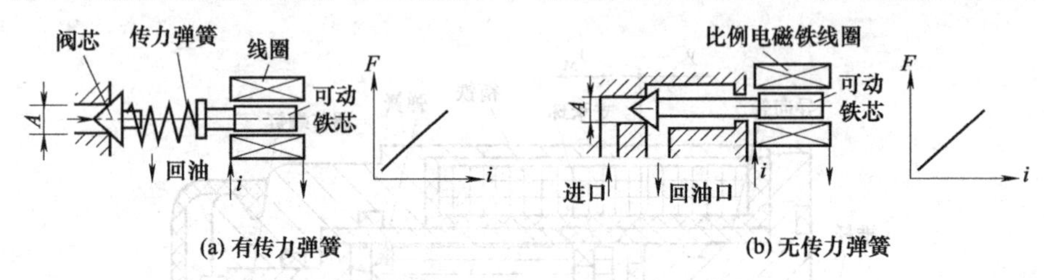

图 4-266 直动式比例溢流阀的工作原理

2. 先导式比例溢流阀的工作原理是怎样的?

如图 4-267 所示，其上部为先导级，下部配置了手调限压阀作安全阀，用于防止系统过载，最下部为功率级主阀组件（两节同心结构）。

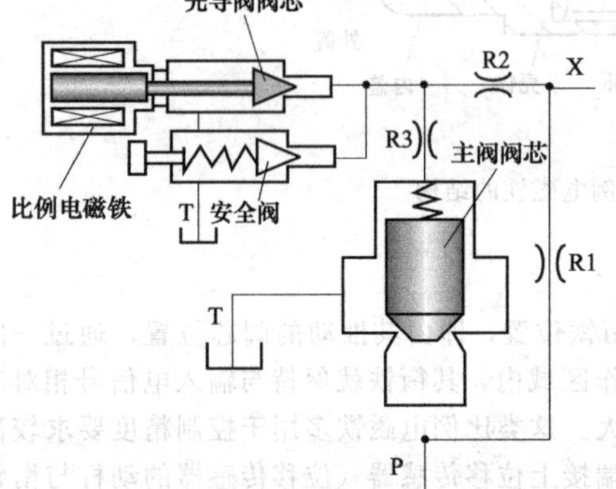

图 4-267 先导式比例溢流阀的工作原理

先导式比例溢流阀的工作原理是：P 为压力油口，T 为溢流口，X 为遥控口。此阀的工作原理，除先导级采用直动式比例溢流阀之外，其他均与普通先导式溢流阀的工作原理相同。当 P 来压力油未超过比例电磁铁设定电流所调定的压力时，先导阀阀芯关阀，主阀芯也关闭；当 P 口压力上升超过比例电磁铁设定电流所调定的压力时，先导阀阀芯打开，主阀上腔卸压，于是主阀芯打开溢流。

手调限压阀（安全阀）与主阀一起构成一个普通的先导式溢流阀，如果放大板出现故障，电磁铁电流 i 则会在不受控的情况下超过指定的范时，手调限压阀能立即开启使系统卸压，以保证液压系统的安全。

3. DBET 型直动式比例溢流阀的结构是怎样的?

图 4-268 为 DBET 型直动式比例溢流阀的结构，推杆与阀芯之间无弹簧，衔铁推杆输出的力

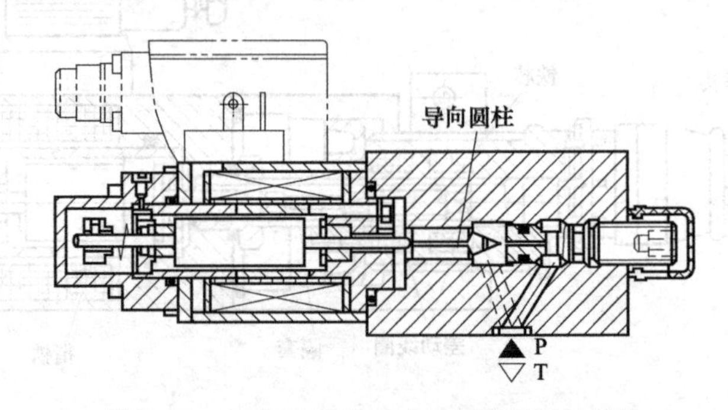

图 4-268 DBET 型直动式比例溢流阀的结构

直接作用在锥阀（针阀）芯上。

4. DBETR 型直动式比例溢流阀的结构是怎样的？

如图 4-269 所示为 DBETR 型直动式比例溢流阀，带闭环位置反馈。通过电控器上的指令值可以调节系统压力，位置传感器可根据收到的信号来修正调节压缩弹簧的位置。在锥阀和阀座之间的附加弹簧有助于稳压和保证一个最小的开启压力，并防止阀芯与阀座之间的撞击。

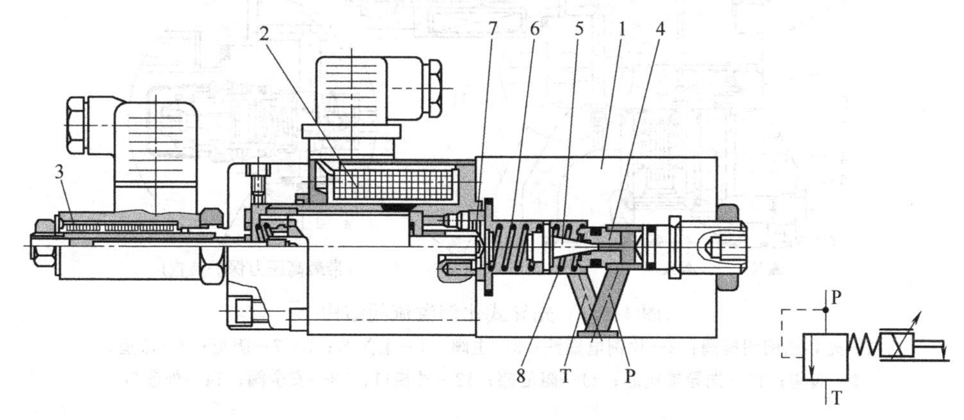

图 4-269　DBETR 型直动式比例溢流阀的结构与图形符号

1—阀体；2—比例电磁铁；3—位移传感器；4—阀座；5—阀芯；
6—调压弹簧；7—推杆；8—附加弹簧

5. 日本油研公司带手动调节螺钉的直动式比例溢流阀的结构是怎样的？

图 4-270 为日本油研公司直动式比例溢流阀结构。工作前应先松开左端放气螺钉放气，以保证工作过程中不至于因空气而产生噪声和振动。比例电磁铁不通电时，依然可用左端的手动调节螺钉来调节工作压力。

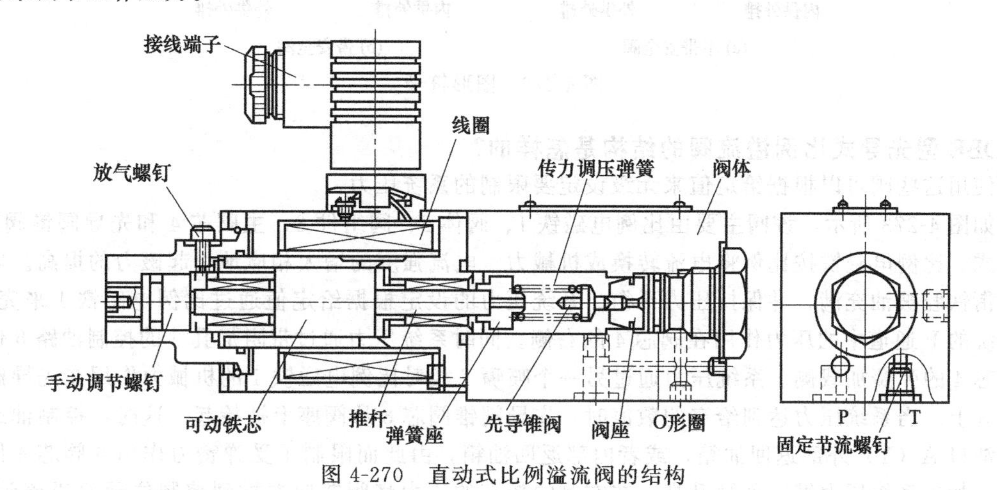

图 4-270　直动式比例溢流阀的结构

6. 力士乐公司的DBEM 型先导式比例溢流阀的结构是怎样的？

先导控制式比例溢流阀也是用来限制液压系统压力，可根据输入的电信号来调节系统压力。由带比例电磁铁 2 的先导控制阀 1 和带主阀芯 4 的主阀 3 组成（图 4-271）。

根据输入比例电磁铁 2 的设定值来调节压力，A 口压力油作用于主阀芯 4 的下端，此压力油也通过阻尼 5→管路 8→阻尼 6→阻尼 7 作用于主阀芯 4 上端的弹簧腔，同时，经阻尼 6 来的压力油通过阀座 9 作用于先导锥阀 10 上，来平衡比例电磁铁 2 的力。当液压力克服电磁力时，先导锥阀 10 打开，先导油通过油口 Y（12）流回油箱，在阻尼 5、6 处产生压降，主阀芯因此克服弹簧10反力而提升，A口及B口油路接通，从而压力不会再升高。

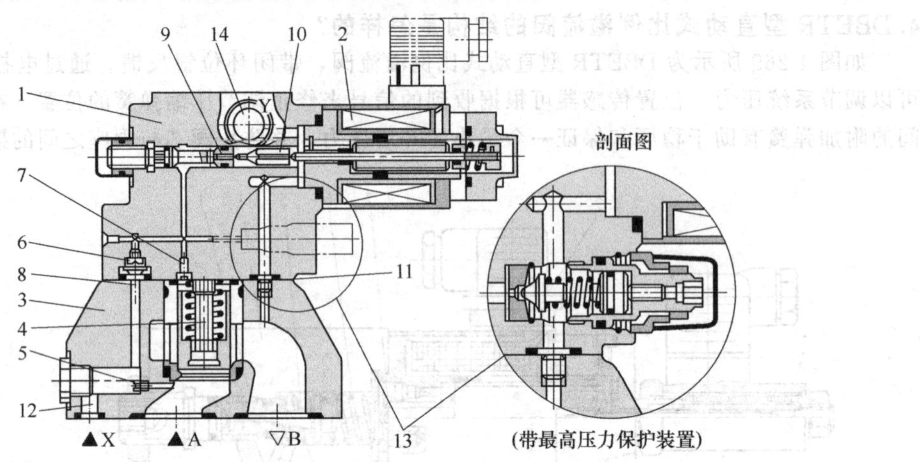

图4-271　先导式比例溢流阀结构

1—先导比例调压阀；2—比例电磁铁；3—主阀；4—主阀芯；5～7—阻尼；8—流道；9—阀座；10—先导锥阀芯；11—阻尼塞；12—外控口；13—安全阀；14—外泄口

在图4-271中，堵上5、卸掉12，从X口引入控制油为外供，否则为内供；堵上14、卸掉11，为控制油内排，否则为外排，图形符号如图4-272所示。图4-271中13处若装有最高压力保护装置（安全阀），图形符号如图4-272（b）所示。

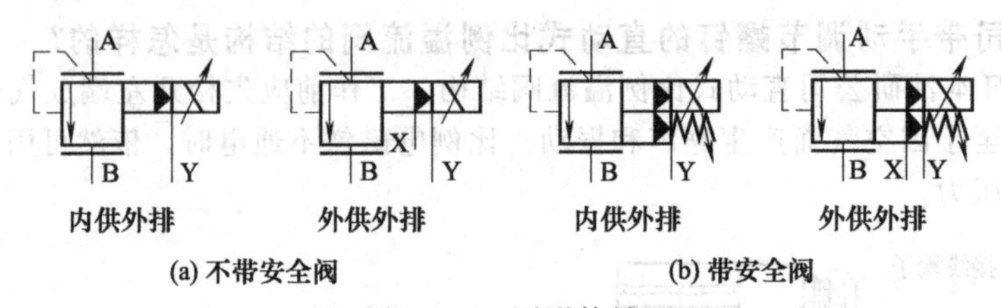

(a) 不带安全阀　　(b) 带安全阀

图4-272　图形符号

7. ZDBE型先导式比例溢流阀的结构是怎样的？

使用这些阀可以根据给定值来无级设定要限制的系统压力。

如图4-273所示，该阀主要由比例电磁铁1、阀体2、阀组件3、主阀芯4和先导阀锥阀芯8等组成。比例电磁铁按比例将电流转换成机械力。电流强度的增大相应地引起磁力的提高。电磁铁的衔铁腔被油充满，并保持压力平衡。系统压力的设定根据给定值通过比例电磁铁1来完成。在系统的P通道中的压力作用在阀芯4的右侧。同时系统压力通过带阻尼孔5的控制油路6作用在阀芯4的弹簧加载侧。系统压力通过另一个喷嘴7相对比例电磁铁1的机械力作用在先导阀锥阀芯8上。当系统压力达到给定的数值时，先导阀锥阀芯8从阀座上被抬起。这时，控制油或者经由油口A（Y）外部返回油箱，或者内部返回油箱，由此而限制了受弹簧力作用的阀芯4侧的压力。如果系统压力继续稍微升高，在右侧的较高的压力将阀芯向左推到控制位置P溢流到T。在最小控制电流时，相应于给定值为零，这时设定在最低的设置压力上。

为了达到阀的最佳功能，必须在投入使用时放气。放气方法为：取下放气螺栓9，从打开的螺纹孔注入压力油，当不再有气泡溢出时，拧上螺栓9。

4.8.3　比例减压阀

与普通减压阀一样，比例减压阀也有直动式和先导式、二通式与三通式之分。其作用也是油液在一个较高的输入压力从P口进入，通过减压口的节流作用产生一定的压差，此压差即减压阀

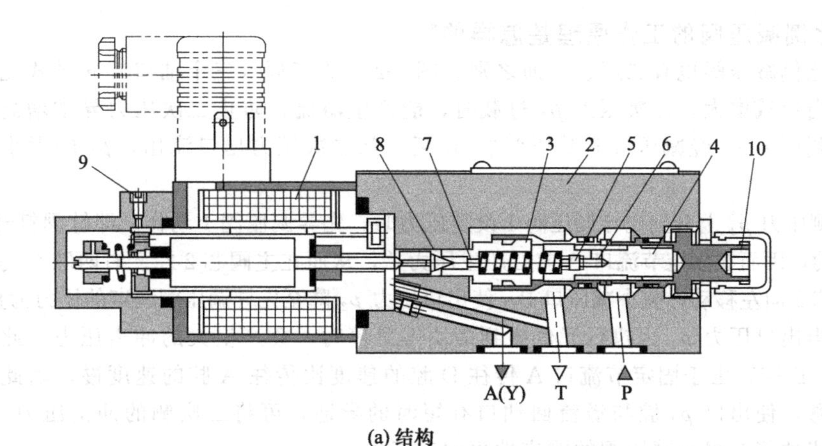

(a) 结构

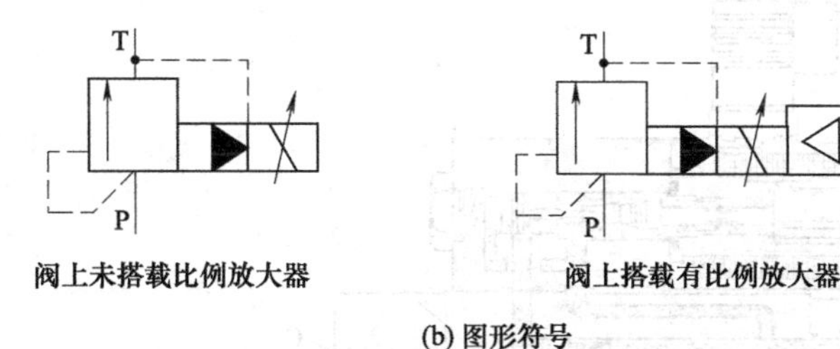

阀上未搭载比例放大器　　阀上搭载有比例放大器

(b) 图形符号

图 4-273　ZDBE 型先导式比例溢流阀的结构与图形符号

1—比例电磁铁；2—阀体；3—阀芯组件；4—主阀芯；5—阻尼孔；6—控制油路；7—喷嘴；8—先导阀锥阀芯；9—放气螺栓；10—螺塞

所能减少进口压力的多少，减压后变成二次压力从 A 口流出。即比例减压阀与普通减压阀，无论是先导式还是直动式，二通式还是三通式，其工作原理均相同。不同之处仅在于，比例减压阀用比例电磁铁代替普通减压阀的调节手柄而已。

1. 直动式比例减压阀的工作原理是怎样的?

图 4-274 为直动式比例减压阀的工作原理。设减压口的压力损失为 Δp，则出口压力 $p_2=p_1-\Delta p$，这对二通、三通式都是适用的。

二通式的缺点为：当出口压力油因某种可能存在的原因，压力突然升高时，升高的压力油经 K 油道推动阀芯左行，可能全关减压口，造成 p_2 更高而可能发生危险。

而三通式没有这种危险，同样的情况如果出现在三通减压阀中，阀芯的左移虽然关小了减压口，但却打开了溢流口，出口压力油 p_2 可经溢流口流回油箱而降压，不会再发生事故。

直动式比例减压阀单独使用的情况很少，一般用作其他先导式比例减压阀的先导级（如在比例方向阀与比例多路阀中)。而先导式比例减压阀可单独使用，例子很多。

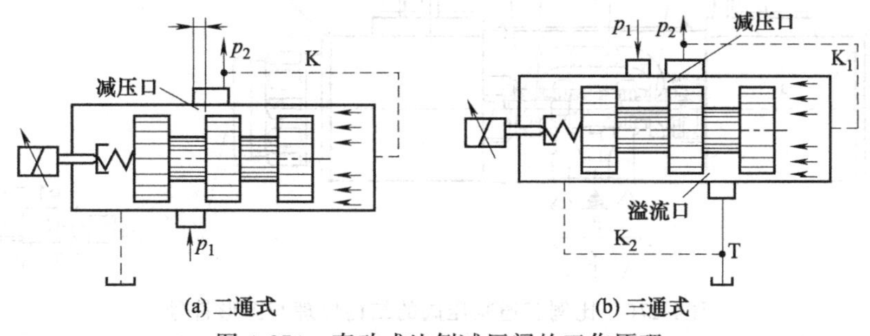

(a) 二通式　　(b) 三通式

图 4-274　直动式比例减压阀的工作原理

2. 先导式比例减压阀的工作原理是怎样的?

先导式比例减压阀也有二通、三通之别。图 4-275 为三通（三个油口）先导式比例减压阀的工作原理。当负载增大，二次压力 p_2 过载时，能产生溢流，防止二次压力异常增高。其工作原理是：一次侧压力 p_1 经减压口 B 减压变成 p_2 后，从二次压力出口流出，p_2 的大小由比例调压阀设定。

当二次侧压力 p_2 上升到先导调压阀 1 设定压力时，先导调压阀 1 动作，即针阀打开，节流口 A 产生油液流动，因而在固定节流口 A 前后产生压力差，从而在主阀芯 2 左、右两腔 C 与 D 也产生压力差，主阀芯 2 向左移动，关小减压口 B，使出口压力 p_2 降至先导调压阀调定的压力为止。

另外，当出口压力 p_2 因执行元件碰到撞块等急停时，会产生大的冲击压力，此冲击压力也会传递到 C、D 腔，由于固定节流口 A 传往 D 腔的速度比传往 A 腔的速度慢，因此主阀芯 2 产生短时的左移，使出口 p_2 腔与溢流回油口有短时的导通，可将二次侧的冲击压力（p_2）消解，同时附加溢流功能对提高减压阀的响应性也大有好处。

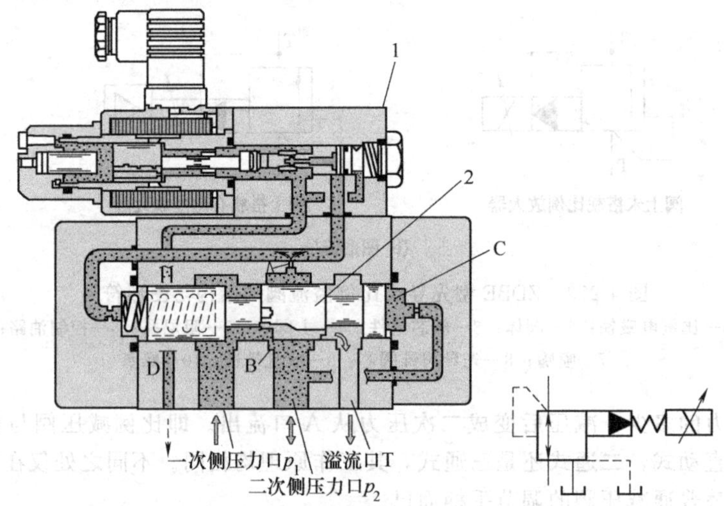

图 4-275　先导式比例减压阀的工作原理与图形符号

1—先导调压阀；2—主阀芯

3. 3DREP 6 型比例三通减压阀的结构原理是怎样的?

如图 4-276 所示，3DREP 6 型比例三通减压阀是由比例电磁铁直接控制的，它把输入的电信号转换成比例压力输出信号。它由阀体 1、带压力检测阀芯 3 和 4 的控制阀芯 2、带中心螺纹的比例电磁铁 5 和 6 等所组成。当比例电磁铁 5 和 6 均断电，控制阀芯 2 通过压缩弹簧保持在其中

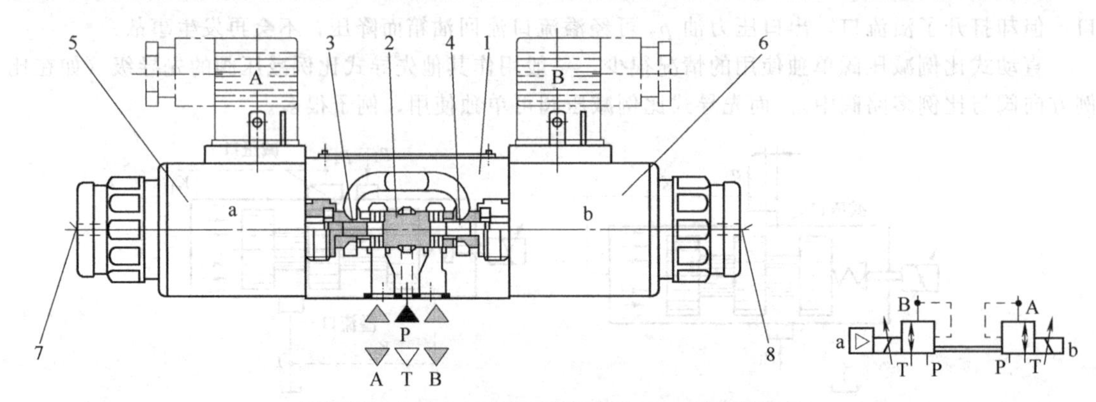

图 4-276　比例三通减压阀的结构原理与图形符号

1—阀体；2—阀芯；3、4—压力检测阀芯；5、6—比例电磁铁；7、8—手动控制按销

位；当一个比例电磁铁通电时，控制阀芯 2 被直接驱动。

当比例电磁铁 5 通电时，压力检测阀芯 3 和控制阀芯 2 与电气输入信号成比例地向右移动，从 P→B 和 A→T 通过带有渐进流量特性的节流截面；当比例电磁铁 5 断电，控制阀芯 2 通过压缩弹簧返回到其中间位置。在中间位置，A 和 B→T 的连接打开，因此压力油能够自由流回油箱。手动控制按销 7 和 8 可以在比例电磁铁不通电时对移动控制阀芯 2。

4. 二通式先导比例减压阀的结构原理是怎样的?

图 4-277 为德国 Bosch 公司产的 NG10 型先导式比例减压阀的结构原理。压力油从进口 B 流入，经减压口减压后从 A 口流出。从出口 A 腔引入的控制油经小孔 a、通道 b 作用在先导阀锥阀右端，由电磁铁通电产生的电磁力经弹簧作用在先导锥阀左端，左右两端力的平衡与否决定着主阀出口 A 的压力大小，与传统的先导式减压阀不同之处仅在于，将手调压力设定机构改为带位移反馈控制的比例电磁铁而已，主阀为插装阀结构，这种阀有可选择的先导遥控口，进行远程调压。当比例电磁铁不通电与电磁铁 1DT 通电时，可通过调压阀调节比例减压阀出口压力的大小，非遥控时 X 口被堵住。

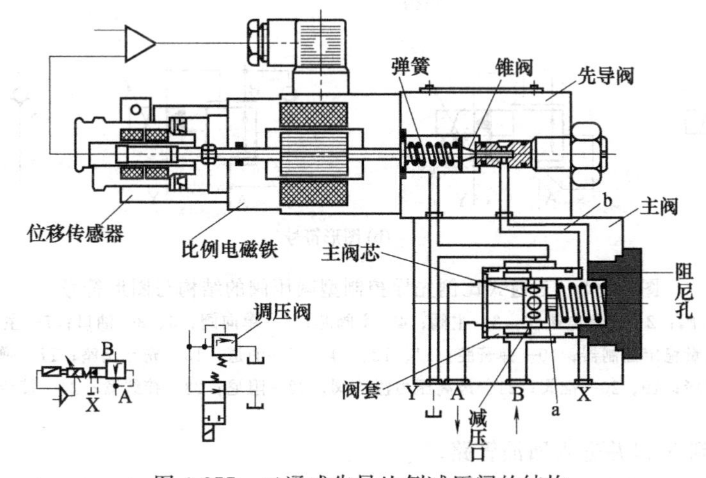

图 4-277 二通式先导比例减压阀的结构

5. 三通式比例先导控制型减压阀的结构原理是怎样的?

以图 4-278 所示的 DRE 和 DREM 型先导控制减压阀为例，它主要由带比例电磁铁 2 的先导阀 1 和带主阀芯组件 4 的主阀 3 组成，也可带单向阀 5，为三通式。

(1) DRE 型

油口 A 的压力决定于比例电磁铁 2 的电压值。静止时，B 口无压力，主阀芯 4 由弹簧 17 保持在起始位置，B 口与 A 口之间的油路被切断，避免在启动时产生突变。

A 口压力通过主阀芯 7 上的通油口 6 起作用，先导油从 B 口通过通油口 8 流到流量稳定控制器 9，流量稳定控制器可使先导油流量保持稳定而不受 A、B 口之间的压降影响。先导油从流量稳定控制器 9 进入弹簧腔 10，通过通油道 11、12 和阀座 13 流入 Y 口（油道 14、15、16），然后进入排油管。

A 口所需压力由相关放大器来控制，比例电磁铁推动锥阀 20 压向阀座 13，以限制弹簧腔 10 的压力达到调节值。如果 A 口压力低于设定值，弹簧腔 10 的压差推动主阀芯到右边，从而接通 B→A 的油路。当 A 口达到所需压力时，主阀芯受力平衡，保持在工作位置。A 口压力×阀芯 7 面积＝腔 10 压力×阀芯面积－弹簧 17 力。如果要降低 A 口由受压液柱（例如液压缸活塞制动时）建立的压力，则要在相关放大器中调节电位器设定值到低值，低压就会在弹簧腔 10 中建立。A 口高压作用于主阀芯端面 7 并推动主阀芯移向螺堵 18，关闭 A→B 之间的油路并连通 A 口与 Y 口。弹簧 17 力用来平衡作用于主阀芯端面 7 上的液压力，在此主阀芯位置时，来自 A 口的油液

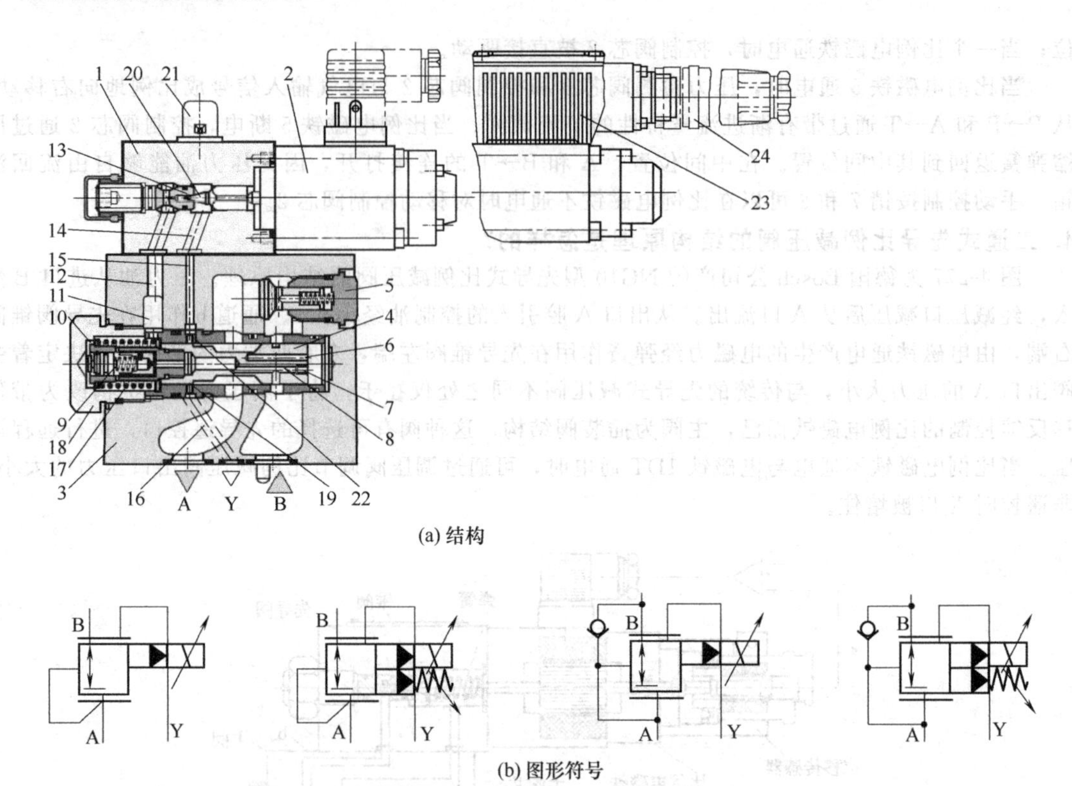

(a) 结构

(b) 图形符号

图 4-278　三通式比例先导控制型减压阀的结构与图形符号

1—比例先导阀；2—比例电磁铁；3—主阀；4—主阀芯；5—单向阀；6、8—油口；7—主阀芯端面；9—流量稳定控制器；10—弹簧腔；11、12、14～16—油道；13—先导阀座；17—弹簧；18—螺堵；19、20—锥阀；21—最高压力溢流阀；22—阻尼；23—接线盒；24—接线端子

通过控制边 19 流到 Y 口并进入回油管路。

当 A 口压力降为弹簧腔 10 的压力加上弹簧 17 上的压力差 Δp 时，主阀芯关闭 A→Y 的控制油路。

(2) DREM 型

为防止由于比例电磁铁的控制电流意外增加，从而引起 A 口压力增加，影响液压系统安全，可选择弹簧加载的最高压力溢流阀 21，以对系统进行最高压力保护。当油液通过单向阀 5 从A→B时，如果执行元件利用B口的节流阀（如比例方向阀）减速，则通过 Y 口回油箱的油液将对执行元件的减速过程产生影响，在此情况下，A→Y 的油流不适合用来限制 A 口的最大压力。

4.8.4　电液比例方向控制阀

1. 什么叫电液比例方向控制阀?

电液比例方向控制阀简称比例方向阀，又称比例方向流量阀。能按输入电信号的极性和幅值大小，同时对液压系统液流方向和流量进行控制，从而实现对执行器运动方向和速度的控制。电液比例方向阀与开关式方向阀类似，不过将通断式电磁铁换成比例电磁铁而已。不同之处：比例方向阀因为使用的是比例电磁铁，因此除了方向控制功能外，还具有流量控制功能。

按照对流量的控制方式不同，比例方向阀可分为比例方向节流阀和比例方向流量阀（调速阀）两大类。按照控制功率大小不同，比例方向阀又可分为直接控制式（直动式）和先导控制式（先导式）。按照主阀芯的结构形式不同，比例方向阀还可分为滑阀式和插装式两类，其中以滑阀式为主。

2. 直动式比例方向节流阀的结构与工作原理是怎样的?

如图 4-279 所示为普通型直动式电液比例方向节流阀的结构原理，它主要由阀体 1、比例电磁铁 5 和 6、阀芯 2、对中弹簧 3 与 4 组成。当比例电磁铁 5a 和 6b 不带电时，对中弹簧 3 和 4 将控制阀芯 2 保持在中位；当比例电磁铁 6 通电时，阀芯 2 左移，油口 P 与 A 通，B 与 T 通，且通过阀芯与阀体形成的节流孔接通（阀口的开度与电磁铁 1 的输入电流成比例），节流特性为渐进式。电磁铁 6 失电，控制阀芯 2 被对中弹簧 3 重新推回中位。

当比例电磁铁 5 通电时，P 与 B 通，A 与 T 通。

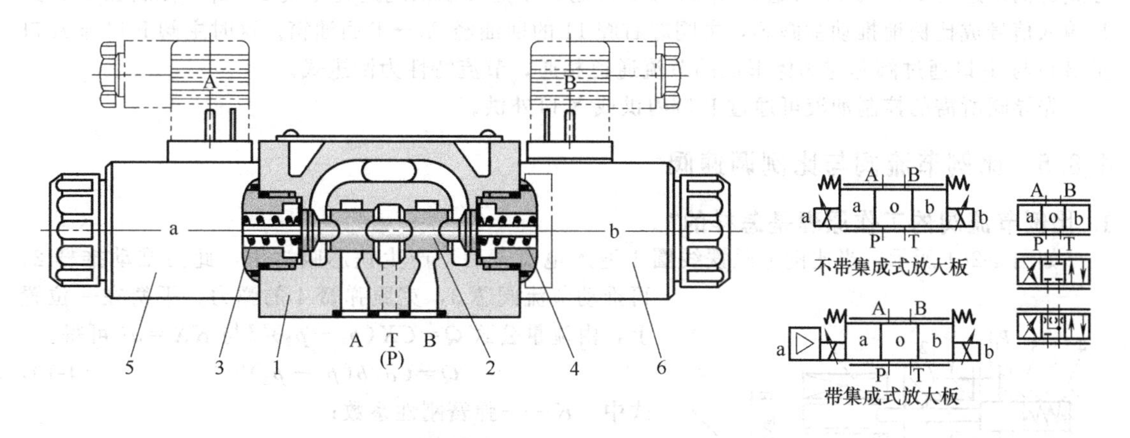

图 4-279 直动式比例方向节流阀的结构

1—阀体；2—阀芯；3、4—对中弹簧；5、6—比例电磁铁

3. 先导式比例方向节流阀的结构与工作原理是怎样的?

如图 4-280 所示，该阀主要由下列部分组成：装有比例电磁铁 5 和 6 的先导控制阀 1，装有主阀芯 9 和对中弹簧 10 的主阀 8。主阀芯 9 的动作由先导阀 1 来控制。其工作原理如下。

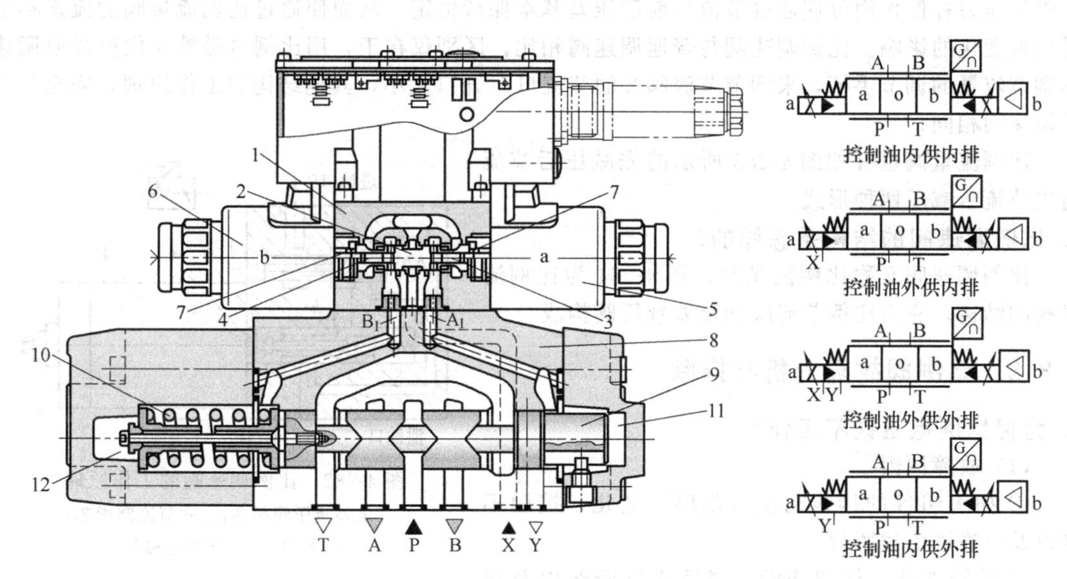

图 4-280 先导式比例方向节流阀的结构

1—先导控制阀；2—控制阀芯；3、4—压力测量活塞；5、6—电磁铁；7—先导阀对中弹簧；8—主阀；9—主阀芯；10—对中弹簧；11—主阀芯右腔；12—控制腔

当电磁铁 5 和 6 断电时，先导阀在对中弹簧 7 的作用下处于中位，A_1 口、B_1 口均和 T 口相通，主阀对中弹簧 10 将主阀芯 9 保持在中位。

当比例电磁铁 6 通电，控制阀芯 2 和压力测量活塞 4 被推向右侧，位移与输入的电信号成比例，这时 P 口与 A_1 口通，B_1 口与 T 口通，于是控制油经过先导阀 1→A_1→控制腔 11，并与输入信号成比例地推动主阀芯，主阀芯左侧 12 的回油经 B_1→T 回油箱。这时主阀 P 口与 B 口及 A 口与 T 口通过阀芯与阀体形成的节流通道相通，节流特性为渐进式。

反之，当比例电磁铁 5 通电，控制阀芯 2 和压力测量活塞 3 被推向左侧，位移与输入的电信号成比例，这时 P 口与 B_1 口通，A_1 口与 T 口通，于是控制油经过先导阀 1→B_1→控制腔 12，并与输入信号成比例地推动主阀芯，主阀芯右腔 11 的回油经 A_1→T 回油箱。这时主阀 P 口与 A 口及 B 口与 T 口通过阀芯与阀体形成的节流通道相通，节流特性为渐进式。

先导阀所需的控制油液可通过 P 口内供或 X 口外供。

4.8.5 比例节流阀与比例调速阀

1. 比例节流阀的工作原理是怎样的?

如图 4-281 所示，当比例电磁铁线圈 1 通入电流 i 后，产生铁芯吸力 F，此力推动推杆 2，再推动节流阀芯 3，克服弹簧 4 的弹力，平衡在一位置上，由流量公式 $Q=CX(p_1-p_2)^{1/2}$ 与 $KX=ai$ 可得：

$$Q=Ca/b(p_1-p_2)^{1/2}i \qquad (4\text{-}10)$$

式中 K——弹簧刚性系数；

i——电流值；

C——流量系数；

a——比例常数。

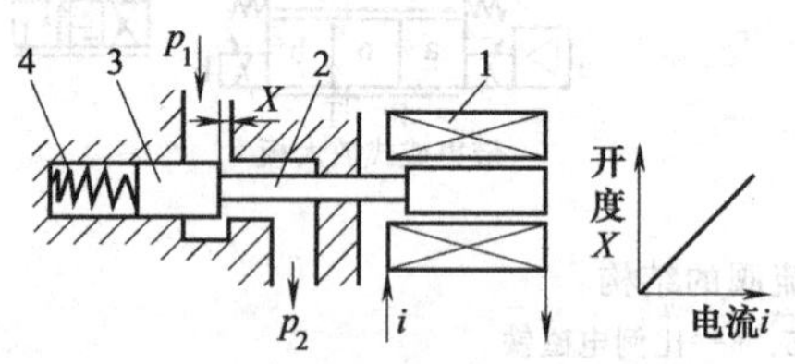

图 4-281 比例节流阀的工作原理

1—比例电磁铁线圈；2—推杆；3—节流阀芯；4—弹簧

2. 比例调速阀的工作原理是怎样的?

如图 4-282 所示，与普通调速阀一样，在比例节流阀阀口或前或后串联一个定差减压阀等压力补偿装置，产生的压力补偿作用可使通过节流口前后压差基本保持恒定，从而使通过比例流量阀的流量不会受压差变化的影响。比例调速阀与普通调速阀相比，区别仅在于，用比例电磁铁 4 代替普通调速阀调节流量的调节手柄，来调节节流阀 2 的节流口 h 开口大小，其他结构和工作原理，完全与普通调速阀相同。

比例流量阀也有如图 4-283 所示的先减压后节流与先节流后减压两种形式。

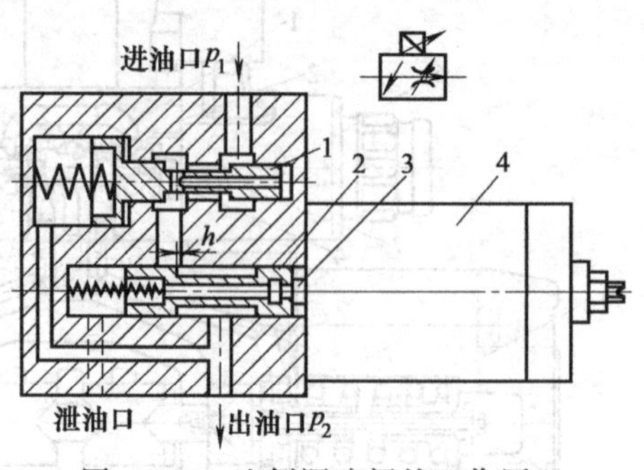

图 4-282 比例调速阀的工作原理

1—定差减压阀阀芯；2—节流阀阀芯；3—推杆；4—比例电磁铁

3. 比例调速阀的结构是怎样的?

比例调速阀又称比例流量阀。图 4-284 为比例流量阀的结构，它由比例节流阀和定差减压阀构成。

4.8.6 比例阀故障分析与排除

1. 为何比例电磁铁不工作?

(1) 故障原因

① 插头组件的接线插座（基座）老化、接触不良以及电磁铁引线脱焊。

② 线圈老化、线圈烧毁、线圈内部断线以及线圈温升过大。

③ 衔铁因其与导磁套构成的摩擦副在使用过程中磨损，导致阀的力滞环增加。推杆导杆与衔铁不同心，也会引起力滞环增加。

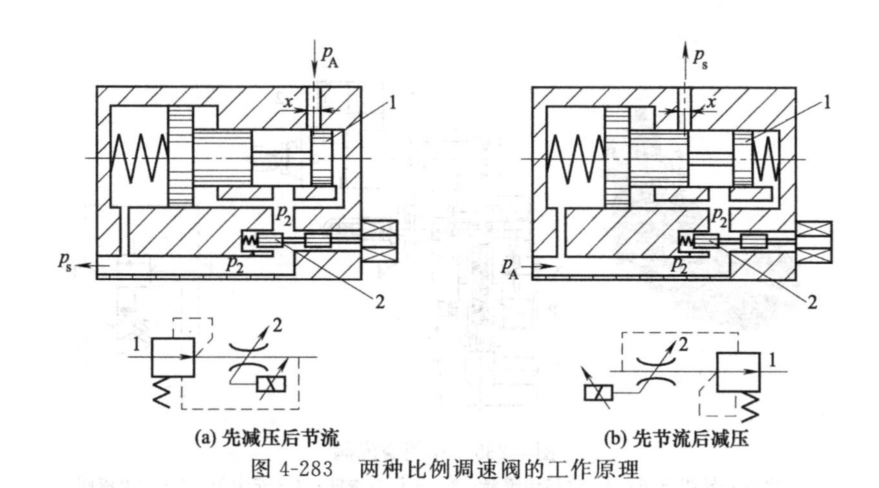

(a) 先减压后节流　　(b) 先节流后减压

图 4-283　两种比例调速阀的工作原理

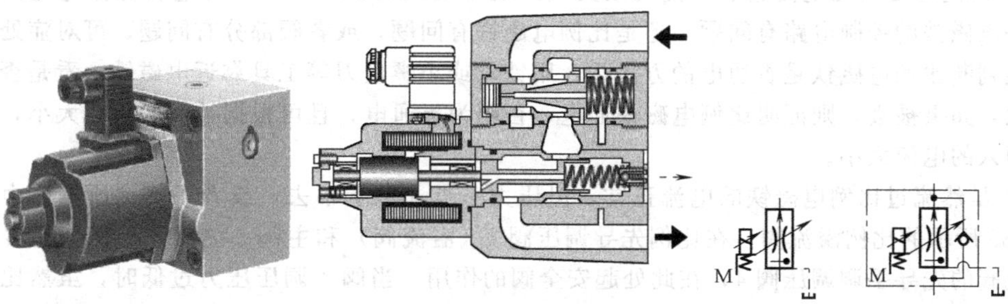

图 4-284　比例调速阀的结构

④ 因焊接不牢，或者使用中在比例阀脉冲压力的作用下使导磁套的焊接处断裂，使比例电磁铁丧失功能。

⑤ 比例放大器有故障，导致比例电磁铁不工作。此时应检查放大器电路的各种元件，消除比例放大器电路故障。

⑥ 比例放大器和电磁铁之间的连线断线或放大器接线端子接线脱开，使比例电磁铁不工作。

（2）排除方法

① 用电表检测，如发现电阻无限大，可重新将引线焊牢，修复插座并将插座插牢。

② 线圈温升过大，可检查通入电流是否过大，线圈漆包线绝缘是否不良，阀芯是否因污物卡死等，查明原因并排除；对于断线、烧坏等现象，须更换线圈。

③ 查明原因，予以排除。

④ 重新焊接。

⑤ 排除比例放大器故障。

⑥ 更换断线，重新连接牢靠。

2. 为何比例电磁铁动作迟滞?

故障原因：导磁套在冲击压力下发生变形，以及导磁套与衔铁构成的摩擦副在使用过程中磨损，导致比例阀动作迟滞。

排除方法：找出原因，减少冲击压力。

3. 比例压力阀的故障分析与排除方法有哪些?

由于比例压力阀是在普通压力阀的基础上，将调压手柄换成比例电磁铁，因此，它也会产生各种压力阀所产生的故障，可参照进行处理。此处仅补充比例溢流阀的一些故障（图4-285）。

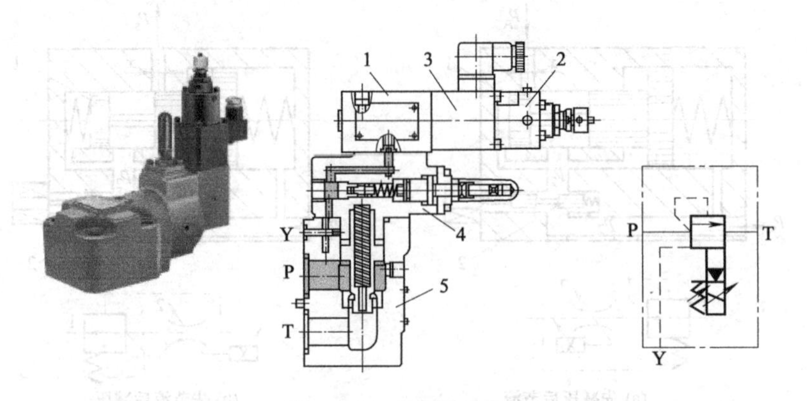

图 4-285 比例溢流阀

1—比例先导调压阀；2—位移传感器；3—比例电磁铁；4—安全阀；5—主溢流阀

① 比例电磁铁无电流通过，使调压失灵。发生调压失灵时，可先用电表检查电流值，断定究竟是电磁铁的控制电路有问题，还是比例电磁铁有问题，或者阀部分有问题，可对症处理。不用电表判断比例电磁铁是否通电的方法为：用铁丝或小螺丝刀等工具靠近电磁铁，看是否有被吸的现象，如果被吸，则证明比例电磁铁通电，否则为不通电。且可根据被吸的吸力大小，初步判断所通入的电流大小。

② 虽然流过比例电磁铁的电流正常，但压力一点儿也上不去，或者得不到所需压力。例如图 4-285 所示的比例溢流阀，在比例先导调压阀 1（溢流阀）和主阀 5 之间，仍保留了普通先导式溢流阀的先导手调调压阀 4，在此处起安全阀的作用。当阀 4 调压压力过低时，虽然比例电磁铁 3 的通过电流为额定值，但压力也上不去。此时相当于两级调压（比例先导阀 1 为一级，阀 2 为一级）。若阀 4 的设定压力过低，则先导流量从阀 4 流回油箱，使压力上不来。

此时应将阀 4 调定的压力比阀 1 的最大工作压力高 1MPa 左右。

③ 使压力阶跃变化时，小振幅的压力波动不断，设定压力不稳定。产生原因主要是比例电磁铁的铁芯和导向部分（导套）之间有污物附着，阻碍铁芯运动。另外，主阀芯滑动部分粘有污物，阻碍主阀芯的运动。由于这些污物的影响，滞环增大了。在滞环的范围内，压力不稳定，压力波动不断。另一个原因是铁芯与导磁套的配合副磨损，间隙增大，也会出现所调压力（通过某一电流值）不稳定的现象。

此时可拆开阀和比例电磁铁进行清洗，并检查液压油的污染度。如超过规定，就应换油；对于铁芯磨损使间隙过大造成力滞环增加引起的调压不稳，应加大铁芯外径尺寸，保持与导套的良好配合。

④ 压力响应迟滞，压力改变缓慢。产生原因为比例电磁铁内的空气未被放干净；电磁铁铁芯上设置的阻尼用固定节流孔及主阀芯节流孔（或旁通节流孔）被污物堵住，比例电磁铁铁芯及主阀芯的运动受到不必要的阻碍；另外系统中进了空气，通常发生在设备刚装好后开始运转时或长期停机后有空气混入时。

解决办法是比例压力阀在开始使用前要先拧松放气螺钉，放干净空气，直到有油液流出为止。对于污物堵塞阻尼孔等情况，要拆开比例电磁铁和主阀进行清洗；在空气容易集中的系统油路的最高位置，最好设置放气阀放气，或者拧松管接头放气。

4. 比例流量阀的故障分析与排除方法有哪些?

图 4-286 为比例流量阀的组成结构，由图可知，比例调速阀除了用比例电磁铁代替如前所述的普通调速阀的流量调节手柄，调节节流阀的开口大小外，其他部分的结构均基本相同。所以其故障产生原因和排除方法除了前述的相关内容外，还有以下方面：

(1) 流量不能调节，节流调节作用失效

① 比例电磁铁未能通电。产生原因有：比例电磁铁插座老化，接触不良；电磁铁引线脱焊；线圈内部断线等。可参照上述方法进行故障排除。

② 比例放大器有毛病。

(2) 调好的流量不稳定

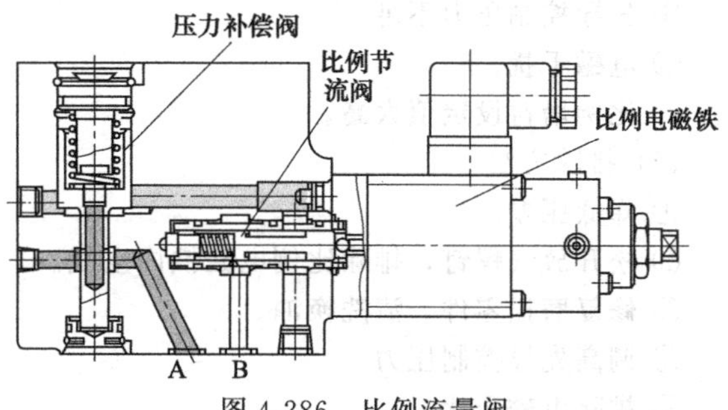

图 4-286 比例流量阀

比例流量阀流量的调节是通过改变通入其比例电磁铁的电流决定的。当输入电流值不变，调好的流量应该不变。但实际上，调好的流量（输入同一信号值时）在工作过程中常发生某种变化，这是力滞环增加所致，滞环是指当输入同一信号（电流）值时，由于输入的方向不同（正、反两个方向），经过某同一电流信号值时，引起输出流量（或压力）的最大变化值。

影响力滞环的因素主要是存在径向不平衡力及机械摩擦。减小径向不平衡力及减小摩擦系数等可减少机械摩擦对滞环的影响。滞环减小，调好的流量自然变化较小。具体可采取如下措施：尽量减少衔铁和导磁套的磨损；推杆导杆与衔铁要同心；注意油液清洁，防止污物进入衔铁与导磁套之间的间隙内而卡住衔铁，使衔铁能随输入电流值按比例地均匀移动，不产生突跳现象。突跳现象一旦产生，比例流量阀输出流量也会跟着突跳而使所调流量不稳定；导磁套衔铁磨损后，要注意修复，使两者之间的间隙保持在合适的范围内。这些措施对维持比例流量阀所调流量的稳定性是相当有好处和有效的。

另外一般比例电磁铁驱动的比例阀滞环为3%～7%，力矩马达驱动的比例阀滞环为1.5%～3%，伺服电机驱动的比例阀为1.5%左右，亦即采用伺服电机驱动的比例流量阀，流量的改变量相对小一些。

5. 比例方向阀的故障分析与排除方法有哪些?

所谓比例方向阀，是具有对液流方向控制功能的比例阀。比例方向阀除了能按输入电流的极性和大小控制液流方向外，还能控制流量的大小，属多参数比例控制阀。因此比例方向阀又叫比例方向流量阀。比例方向阀的结构如图 4-287 所示。

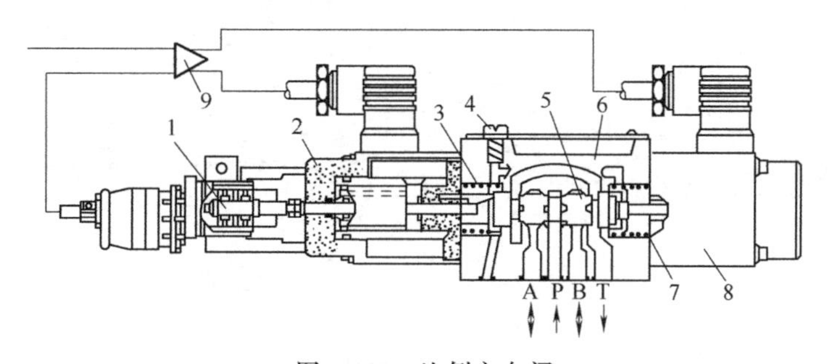

图 4-287 比例方向阀

1—位移传感器；2、8—比例电磁铁；3—弹簧；4—节流螺钉；5—阀芯；6—阀体；7—弹簧

排除比例方向阀故障可参照上述内容。以下为补充内容。

比例方向阀产生振荡：

(1) 故障原因

① 阀两端压差 Δp 太大。

② 比例电磁铁室内有空气。

③ 电磁铁与阀内零件磨损，或有污物进入。

④ 先导控制压力不足。

⑤ 电磁干扰。

⑥ 比例增益设定值太高。

（2）排除方法

① 降低压差。

② 松开放气螺钉，排除比例电磁铁内空气。

③ 修复磨损零件，清洗换油。

④ 调高先导控制压力。

⑤ 排除电磁干扰。

⑥ 调低比例增益设定值。

第5章 辅助元件

5.1 管路

1. 管路的分类和作用是什么?

在液压系统中，所有部件之间都要用管路连接起来，实现工作介质在彼此之间的输送和流动。管路包括管子（油管）和管件（管接头、法兰等）。

管路由于各自具有不同的功能，因此有不同的名称。

① 工作管路：压力管路、吸油管路、回油管路。

② 非工作管路：泄漏管路、先导管路。

工作管路传输与能量转换有关的油。吸油管路将油从油箱传送至泵；压力管路将处于压力下的油从泵传输至执行元件工作；回油管路是油中液压能量于执行元件处用完之后将油从执行元件送回油箱。非工作管路是辅助管路，它不传输传送油的主能量。泄漏管路用于将泄漏油或排出的先导油送回油箱。另一方面，先导管路传输控制部件操作所使用的油。

2. 管子与管接头主要有哪些种类?

液压装置中所用油管有刚性管（钢管、紫铜管等）和挠性管（尼龙管、塑料管、橡胶软管及金属软管）两类。

管子材质主要根据液压系统最高工作压力的大小选用。尼龙管用于低压，紫铜管用于中低压，中高压以上要使用无缝钢管或者高压钢丝编织胶管。

管接头有焊接式、扩口式、卡套式、扣压式、连接法兰等。

(1) 焊接式管接头（JB/T 966～1003—1977）

如图5-1所示，焊接式管接头主要由接头体、螺母和接管组成。接头体拧入机体，采用垫圈（紫铜或尼龙）端面密封，接头体与接管之间用O形橡胶密封圈密封，也有采用图中右上角锥面或球面密封的结构。这种管接头常用于高压密封。

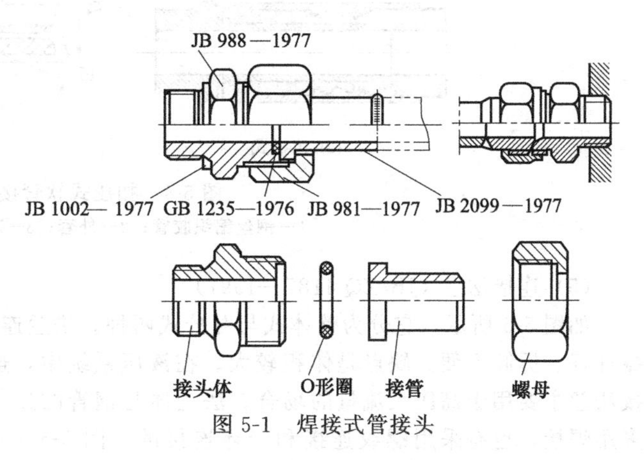

图5-1 焊接式管接头

(2) 扩口式管接头（GB 5625.1～5652—1985）

如图5-2所示，它适用于连接铜管、铝管、尼龙管、塑料管与薄壁钢管等。它由接头体、螺母和管套三部分组成，也有不用管套的结构。扩口锥角α有90°、74°、60°等多种，管套上的锥角略比接头体上的锥角小，减小扩口角，接触面积增大，因而有较高的接触力，可承受更高的密封压力。

这种密封是利用油管1管端的扩口，在管套2与接头体3锥面的夹持、紧压下进行密封的。用于中低压者多，少量（扩口角小者）的用于中高压（3.5～16MPa）。

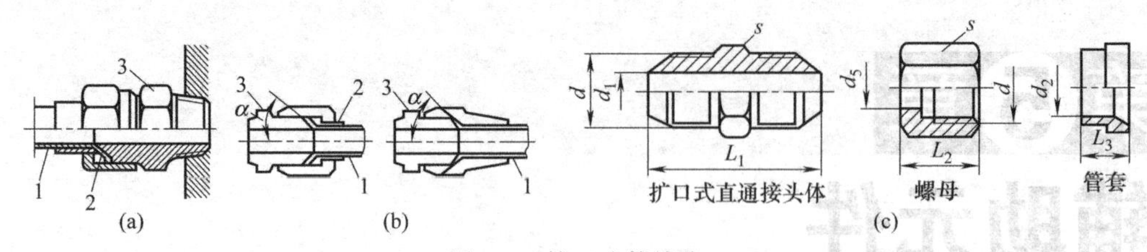

图 5-2　扩口式管接头

1—油管；2—管套；3—接头体

（3）卡套式管接头（GB 3733～3766—1983）

如图 5-3 所示，卡套式管接头结构简单，使用方便，不用焊接，具有良好的耐压性、耐振性、耐热性及密封性等。

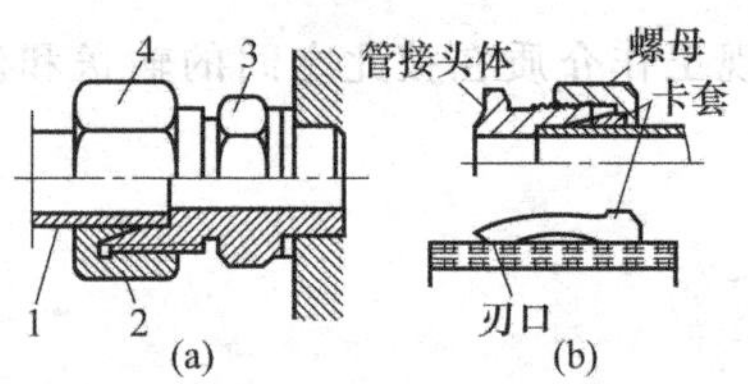

图 5-3　卡套式管接头

1—冷拔管；2—卡套；3—接头体；4—螺母

它由管接头体 3、卡套 2 和螺母 4 组成，其密封作用是通过拧紧螺母 4，使卡套 2 的刃口切入冷拔钢管 1［图 5-3（b）］，因而卡套是这种管接头的关键零件，既要富有弹性，又要在变形时不破裂，因而卡套的热处理要求高。另外，卡套的变形量有限，因而管子也要用管外径尺寸均一的高精度冷拔无缝钢管，管子表面硬度应在 80HRB 以下。压力范围有两级：中压级（E）16MPa，高压级（G）32MPa。

（4）扣压式管接头（JB 1885～1887—1977）

如图 5-4 所示，用于连接高压软管，它由钢丝编织胶管 1、外套 2、芯 3 和螺母 4 组成。它分为固定式（不可拆）和可拆式，可拆卸软管接头和软管连接只需简单工具便可进行。

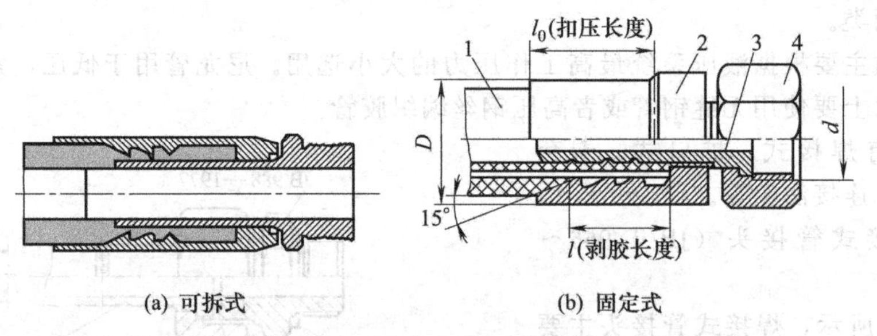

图 5-4　扣压式软管接头

1—钢丝编织胶管；2—外套；3—芯；4—螺母

（5）连接法兰（JB/ZQ 4187—1997）

如图 5-5 所示，它分为整体式与对分式两种。法兰连接方法简单、连接牢固、密封可靠、抗振性好、拆卸方便。缺点是体积较大。在液压系统中，连接法兰主要用于高压大流量的场合。法兰体与钢管的连接多用焊接，也有采用螺纹连接和卡环连接的。图 5-5（a）为整体式法兰连接，图 5-5（b）为对分式法兰连接（法兰为两块拼成）。对分式只要取下一只螺钉，使可松开压板，取下管子，所以这种法兰在狭窄场所安装特别方便。

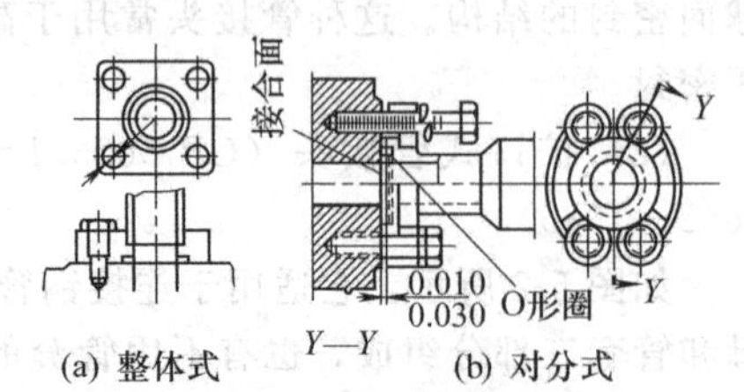

图 5-5　连接法兰

3. 刚性管道尺寸、壁厚怎么选择？

（1）管子内径

如果管子内径选择过小，则管内油液流速过高，油液沿程压力损失增大，导致功率损失转化为热量，造成温升。过快的流速还容易产生气穴现象，引起振动和噪声。管径选择过大，会造成设备重量、体积和成本增加。管子内径按式（5-1）计算：

$$d=\sqrt{4Q/(\pi v)} \tag{5-1}$$

式中 Q——通过油管的流量，m^3/s；

v——通过油管的流速（允许流速），m/s。

管内推荐流速为：

吸油管：$v\leqslant 0.6\sim1.5$m/s（流量大时取大值）；压油管：$v\leqslant 2.5\sim5$m/s（压力高、流量大、管道短、油液黏度小时取大值）；回油管：$v\leqslant 1.5\sim2.5$m/s。

（2）管子壁厚

这里的壁厚是针对刚性管而言，可用式（5-2）计算和校验管强度

$$\delta=\frac{pd}{2[\sigma]}\text{和}\ \sigma=\frac{pd}{2\delta}\leqslant[\sigma] \tag{5-2}$$

式中 p——油液最大工作压力，$1\text{bar}=10^5\text{Pa}$；

d——管子内径尺寸，cm；

δ——油管壁厚，cm；

σ——油管的应力，Pa；

$[\sigma]$——材料的许用应力，Pa。

对于钢管取 $[\sigma]\leqslant1000$bar，铜管取 $[\sigma]\leqslant250$bar。计算好 d 和 δ 后，可按标准选取合适的管子以及对原选管子进行校验。

4. 如何处理管路的漏油问题?

① 查油管是否破损。油管如果破损，当然会漏油。可针对下列情况采取对策。

根据液压系统工作压力大小，选用合适的油管。如尼龙管只能用于低压，紫铜管用于中低压，中高压以上要使用无缝钢管或者高压钢丝编织胶管。必须按工作压力正确选用符合规格要求的油管。

油管爆管。其原因往往是用无钢丝编织层的橡胶管充当有钢丝编织层的橡胶管、只有一层钢丝者用于要三层钢丝编织网才能胜任处、购进质量不好的软管等，必须按要求正确选用符合规格要求的橡胶软管。

② 油管安装不好。例如安装时软管不能拧扭，扭曲的软管久而久之会破裂，接头处也会漏油。

③ 运行时，软管长度方向伸缩余地不够、拉得太紧。因为软管在压力、温度的作用下，长度会发生变化。一般为收缩，收缩量为管长的3%左右（图5-6）。

④ 运行中软管与其他管道或刚性硬件产生摩擦。

⑤ 橡胶管接头弯曲半径不合理，或在工作过程中使软管有不合理的弯曲半径。

⑥ 对于硬管，在弯曲处，要有足够的一段直线长度，弯曲半径要足够大，弯曲处（与管接头的连接处）应有一段呈直管的部分，长度应$\geqslant 2D$（D为管子外径），弯曲最小曲率半径$\geqslant$（9～10）D（图5-7）。在直角拐弯处最好不用软管，否则在压力交变的工况下，会因软管弯曲处的长度和曲率半径的变化而导致疲劳破裂，产生漏油，使用不锈钢软管时更应注意。

⑦ 要避免软管外壁互相碰擦或与机器的尖角棱边相接触，以免软管受损。

⑧ 为了保护软管不受外界物体作用损坏及在接头处受到过度弯曲，可在软管外面套上螺旋细钢丝，并在靠近接头处密绕，以增大抗弯折的能力。

⑨ 最好不要在高温、有腐蚀橡胶气体的环境中使用。

⑩ 如系统软管数量较多，应分别安装管夹加以固定。或者用橡胶板隔开。尽量避免软管相互接触或与其他机械零件接触，以免相互影响和相互碰擦造成破损而漏油。

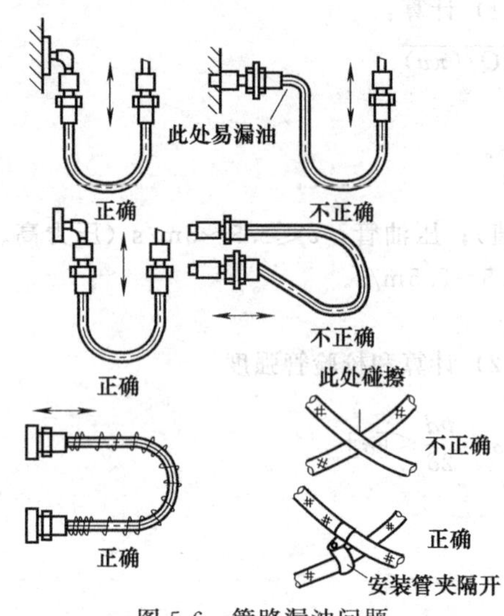

图 5-6　管路漏油问题

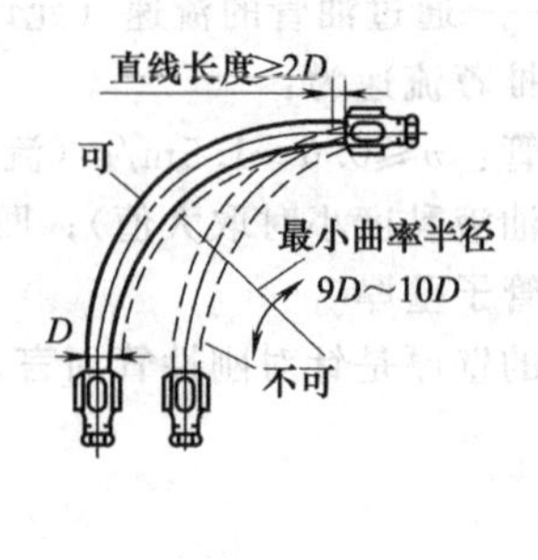

图 5-7　曲率半径

5. 怎样解决扩口式管接头的漏油问题?

① 拧紧力过大或过小造成泄漏。拧紧力过大，会将扩口处的管壁挤薄，引起破裂，甚至在拉力作用下使管子脱落，引起漏油和喷油现象；拧紧力过小，不能使管套和接头体锥面将管端的锥面夹牢而漏油。对于扩口式管接头，在拧紧管接头螺母时，紧固力矩要适度。当然可用力矩扳手。在没有力矩扳手时，可采用图 5-8 所示的方法——划线法拧紧，即先用手将螺母拧到底，在螺母和接头体间划一条线，然后用一只扳手扳住接头体，再用另一扳手扳螺母，只需再拧紧 1/4～3/4 圈即可，可确保不拧裂扩口。

② 管子的弯曲角度不对或接管长度不对。如图 5-9 所示，弯曲角度不对和接管长度不对时，管接头扩口处很难密合，会造成泄漏。为保证不漏，应使弯曲角度和接管长度适宜（不能过长或过短）。

③ 接头位置靠得太近。即使用套筒扳手也嫌位置偏紧，不能拧紧所有接头螺母，造成漏油。对于有若干个接头紧靠在一起的情形，若采用图 5-10（a）的排列，自然因接头之间靠得太近，扳手活动空间不够而不能拧紧，造成漏油。解决办法是，设计时适当拉开连接安装板上各管接头之间的开档尺寸，万一有困难则按图 5-10（b）的方法予以解决，即采用不同的管接头悬伸长度。

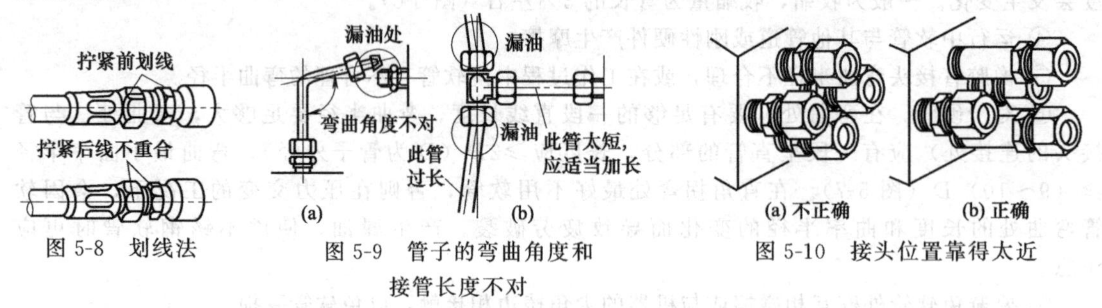

图 5-8　划线法　　图 5-9　管子的弯曲角度和接管长度不对　　图 5-10　接头位置靠得太近

④ 扩口管接头的加工质量不好，引起泄漏。扩口管接头有 A 型和 B 型两种形式，图 5-11 为 A 型。当管套、接头体与紫铜管互相配合的锥面与图中的角度值不对时，密封性能不良。特别是在锥面尺寸和表面粗糙度太差、锥面上拉有沟槽或破裂时，会产生漏油。另外，当螺母与接头体的螺纹有效尺寸不够（螺母的螺纹有效长度短于接头体）、不能将管套和紫铜管锥面压紧在接头体锥面上时，也会产生漏油，需酌情处理。

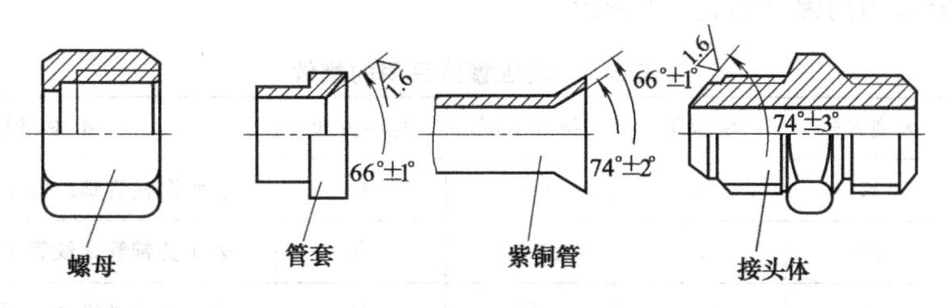

图 5-11 扩口管接头的组成零件

6. 怎样解决焊接管及焊接管接头的漏油问题?

管接头、钢管及铜管等硬管需要进行焊接连接时，如果焊接不良，焊接处出现气孔、裂纹和夹渣等焊接缺陷，会引起焊接处的漏油；另外，虽然焊接较好，但因焊接位置处的形状处理不当，用一段时间后会产生焊接处的松脱，造成漏油（图 5-12）。

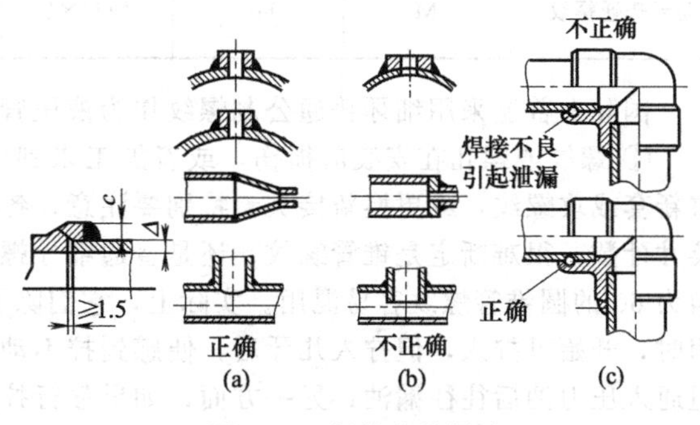

图 5-12 焊接处的漏油

当出现图 5-12 中情况时，可磨掉焊缝，重新焊接，焊后在焊接处需进行消除应力工作，具体做法是，用焊枪（气焊）将焊接区域加热，直到出现暗红色后，再在空气中自然冷却。为避免高应力，对刚性大的管子和接头，在管接头接上管子时要先对准，点焊几处后取下再进行焊接，切忌用管夹、螺栓或管螺纹等强行拉直，以免使管子破裂和管接头歪斜而产生漏油。如果焊接部位难以将接头和管子对准，则应考虑是否采用能承受相应压力的软管及接头进行过渡。

7. 怎样解决卡套式管接头的漏油问题?

① 卡套式管接头要求配用高精度（外径）冷拔管。当冷拔管与卡套相配部位（A、B 处）不密合、拉伤有轴向沟槽（管子外径与卡套内径）时，会产生泄漏。此时可将拉伤的冷拔管锯掉一段，或更换合格的卡套重新装配。

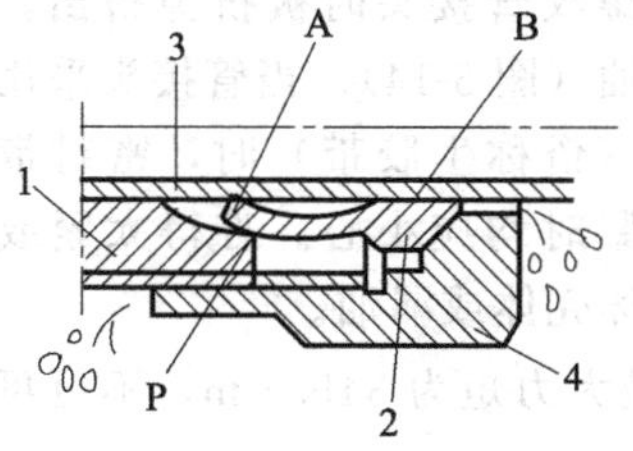

图 5-13 卡套式管接头的漏油
1—接头体；2—卡套；3—管子；4—螺母

② 卡套与接头体。内外锥面配合处（图 5-13 中 P 处）不密合、相接触面拉有轴向沟槽时，容易产生泄漏。应使锥面之间密合，必要时更换卡套。

③ 锁紧螺母 4 拧得过松或过紧。拧得不紧，则接头体 1 与卡套 2 锥面配合不紧，卡套刃口难以楔入管子外周形成可靠密封；拧得过紧，使卡套 2 屈服变形而丧失弹性。两种情况均产生漏油。

④ 卡套刃口硬度不够，或者钢管太硬，在装配后卡套刃口不能切入管壁形成密封。

⑤ 钢管的端面不垂直或不干净，妨碍管子的正确安装。

⑥ 接头体与钢管不同轴，导致装配不正，挤压不紧，此时拆开后可发现卡套在切入管壁时，留下印痕不成整圆的单边环槽，可酌情处理。

8. 怎样解决其他原因造成管接头的漏油问题?

① 对管接头未拧紧，造成漏油者拧紧管接头即可。

② 管接头拧得太紧，会出现使螺纹孔口裂开、拔丝或破坏其他密封面等情况而造成漏油。此时须根据情况修复或更换有关零件。

③ 液压管路采用的螺纹如表 5-1 所示。

表 5-1 液压管路采用的螺纹

螺纹类别	牙型符号	牙型角	符号示例	螺旋方向	示例说明
圆柱管螺纹	G	55°	G1″	右	表示圆柱管螺纹管子直径为 1in
55°圆锥管螺纹	ZG	55°	ZG¾″	右	表示圆锥管螺纹管子直径为¾in
布锥管螺纹	Z	60°	Z½″	右	表示布氏锥管螺纹，管子直径为 1/2in
60°圆锥管螺纹	NPT	60°	NPT1″	右	日本用
米制锥螺纹	ZM	60°	ZM½″	右	欧美用
细牙普通螺纹	M	60°	M24×2	右	表示公制普通螺纹，公称直径为 24mm，螺距为 2mm

国际上普遍采用细牙普通公制螺纹作为液压管路上的连接螺纹，建议不使用其他螺纹。

④ 螺纹或螺孔在安装前损伤，或者加工未到位，螺纹有效长度不够。此时可用丝锥或板牙重新套或攻螺纹，或更换新接头。特别要注意，各种螺纹的螺距，不可混用。如果不仔细测量每英寸牙数，很难断定是锥管螺纹、还是普通细牙螺纹。特别是牙型角为 55°的圆锥管螺纹与牙型角为 60°的圆锥管螺纹容易混用。实际上，它们除了牙型角不同外，每英寸牙数往往不一样，混用时，开始可拧入，但拧入几牙后，便感到拧不动，一方面此时很容易误认为管接头已经拧紧，但通入压力油后往往漏油；另一方面，如果强行拧进，会因每英寸牙数不对而使螺纹拔丝造成漏油。另外，如果螺纹有效长度不够，也会产生虚拧紧现象，好像拧紧了，但其实并未使一些零件紧密接触。

⑤ 管接头在使用过程中振松而漏油，要查明振动原因，保证配管有足够的刚性和抗振性，在管路的适当位置配置支架和管夹，并采取防松措施。

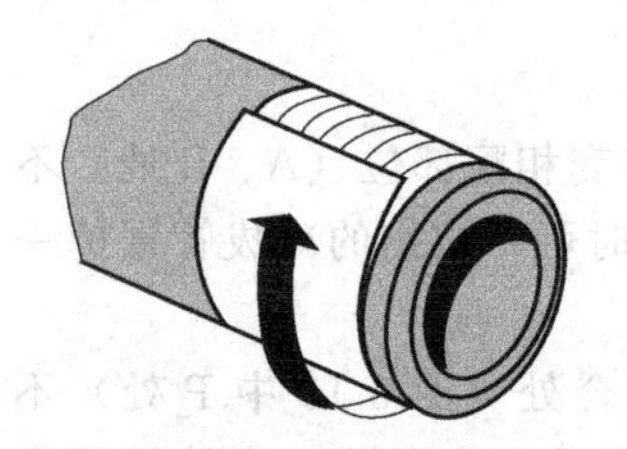

(a) 正确缠绕方向

(b) 错误缠绕方向

图 5-14 缠绕方向

⑥ 公、母螺纹配合太松，螺纹表面太粗糙，缠绕的聚四氟乙烯带因缠绕方向不对，在拧紧螺纹管接头时被挤掉挤出，均可能造成漏油（图 5-14）。当管接头采用特氟龙密封带（俗称生胶带）时，密封带缠绕和接头拧紧时均应小心。拧得太紧或缠绕不当会损坏壳体或漏油。从接头后端第 2 扣螺纹处开始缠，注意缠绕方向，拧紧螺纹最大力矩为 34N·m，不可再拧紧。如果拧到最大转矩还有漏油，则重新缠密封带或更换管接头。

⑦ 管接头密封圈或密封垫漏装或破损造成漏油，可补装或更换密封圈或密封垫。

⑧ 管道的重量不应由阀、泵等液压组件和辅助组件承受，液压组件只有重量较轻并且是管式液压件的情况下，才可由管路支承其重量，否则使管路压弯变形，会造成管接头处的不密合而漏油。如果管式液压件太重，应改用板式阀或用辅助支承支起其重量，以防止液压组件管接头因变形产生漏油。

9. 怎样解决管道安装布局不好造成的漏油问题?

管路安装布局不好，直接影响到管接头处的漏油。统计资料表明：液压系统有 30%～40%的漏油来自管路的不合理与管接头安装不良。所以除了推荐采用集成回路、叠加阀、逻辑式插装阀以及板式组件等，减少管路和管接头的数量，从而减少泄漏位置外，对于必不可少的接管，在配管时应采取下述措施。

① 尽量减少管接头的数量，便减少了漏油处。

② 在尽量缩短管路长度的同时（可减少管路压力损失和振动等），要采取避免因温升产生的管路热伸长而拉断、拉裂管路，并注意接头部位的质量。

③ 和软管一样，在靠近接头的部位需要有一段直线部分 L（图 5-15）。

④ 弯曲长度要适量，不能斜交。

⑤ 防止系统液压冲击带来的泄漏。产生液压冲击时，会导致接头螺母松动而产生漏油。此时，一方面应重新拧紧接头螺母，另一方面要找出产生液压冲击的原因并设法予以防止。例如设置蓄能器等吸振，采用缓冲阀等缓冲组件消振等。

⑥ 负压产生的泄漏。对瞬时流速大于 10m/s 的管路，均可能产生瞬间负压（真空）现象，如果接头没有采用防止负压产生的密封结构形式［图 5-16（a）］，负压产生时会吸走 O 形密封圈，压力上来时因无 O 形密封圈而产生泄漏。

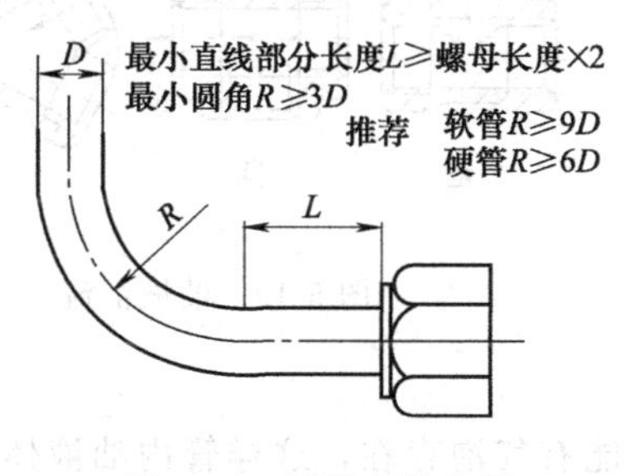

图 5-15 管道安装布局

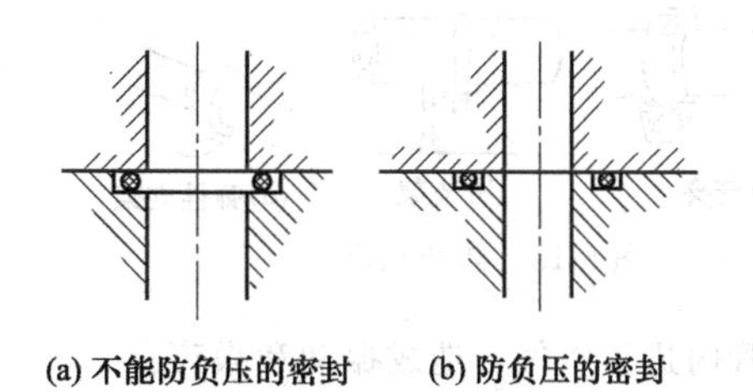

图 5-16 密封结构

10. 怎样判断软管是否拧扭了?

如图 5-17 所示，具体操作时，可在软管上划一彩线观察，拧扭的软管彩线由直线变为螺旋线，从接头处容易产生漏油，甚至造成软管的破裂。

11. 怎样对油管接头锥面密封处的漏油做出应急处理?

如果在野外，高压油管接头锥面处拉伤引起漏油时，因远离市场，可以用塑料片或软金属片剪成一个小环形，垫在接头凹孔内，再拧紧接头，一般可消除接头处的漏油。

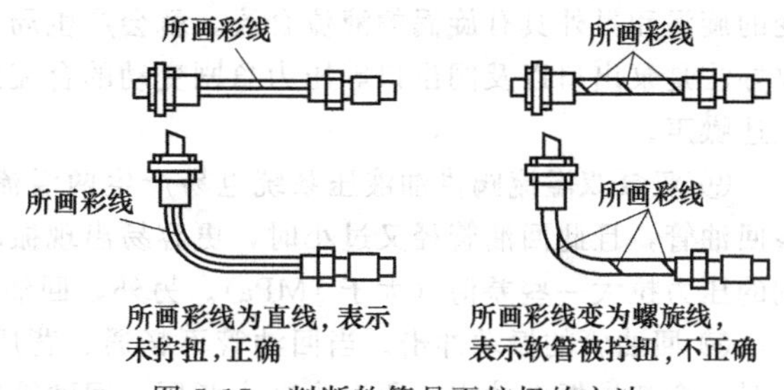

图 5-17 判断软管是否拧扭的方法

12. 怎样查出管路破裂的位置?

当发现管道、冷却器和液压油散热器等多管（芯）部件损坏导致漏油、漏水和漏气时，为迅速判断损坏部位，可利用香烟吹气法找到泄漏处。即点燃一支香烟，深吸几口，含烟于口中，将怀疑有故障管（芯子）的一端堵死，对准另一端吹烟，则管（芯）上冒烟处即为故障部位，然后再查找下一个部位。此法简便易行，有效可靠，但要注意安全。

13. 为何滴漏须引起注意?

一滴一滴的滴漏往往不被引起重视。一滴油大约 0.02mL，1mL 的油量为 40～50 滴，如果约 1s 外漏一滴油，1min 则漏掉 1mL，1h 漏掉 60mL，24h 漏掉 1.5L，一个月漏掉 45L。一个小油箱的油可在短期内全部漏完，所以必须对滴漏引起高度重视！

14. 如何处理管路的振动和噪声?

液压管路另一种故障是管路的振动和噪声，特别是若干条管路排在一起时。产生这类故障的原因和排除方法如下。

① 液压泵-电机等振源的振动频率与配管的振动频率合拍会产生共振，为防止共振，两者的振动频率之比要在1/3～3的范围之外。

② 管内油柱的振动。可通过改变管路长度来改变油柱的固有振动频率，在管路中串联阻尼（节流器）可防止和减轻振动。

③ 管壁振动。尽量避免有狭窄和急剧弯曲处，尽可能少用弯头。需要用弯头时，弯曲半径应尽量大。

④ 采用管夹和弹性支架等，防止振动（图5-18）。

⑤ 油液汇流不当也会因涡流气穴产生振动和噪声（图5-19）。

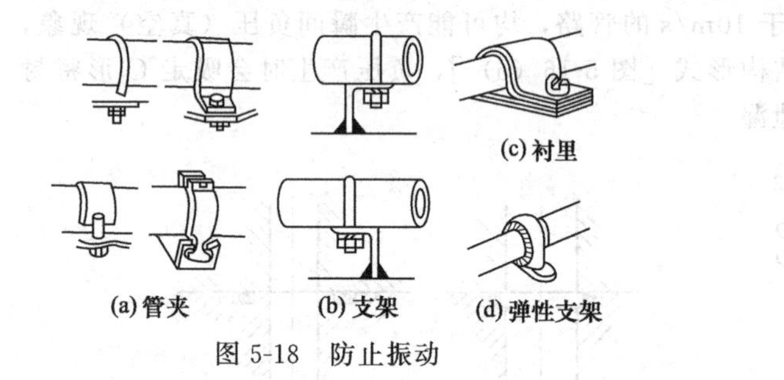

图5-18 防止振动

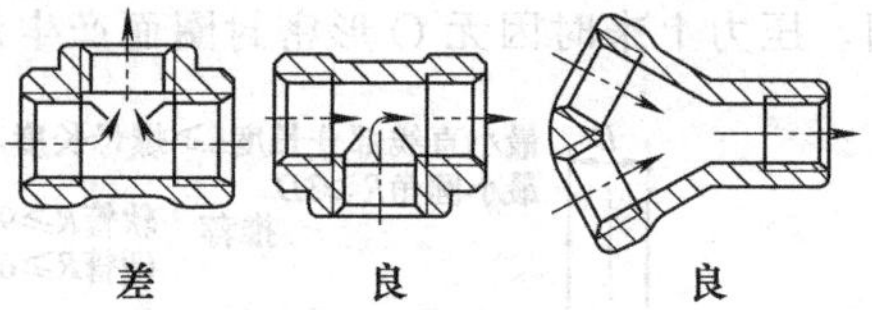

差 良 良

图5-19 油液汇流

⑥ 管内进了空气，造成振动和噪声。

⑦ 远程控制（遥控）管路过长（>1m），管内可能有气泡存在，这样管内油液体积时而被压缩，时而又膨胀，便会产生振动。并且可能和溢流阀导阀弹簧产生共振，导致噪声。因此在系统远程控制管路需大于1m时，要在远程控制口附近安设节流组件（阻尼）。

⑧ 在配管不当或固定不牢靠的情况下，如在两泵出口很近处用一个三通接头连接溢流总排油，这样管路会产生涡流，而引起管路噪声。液压泵排油口附近一般具有旋涡，这种方向急剧改变的旋涡和另外具有旋涡的液流合流，就会产生局部真空，引起空穴现象，产生振动和噪声，解决办法是泵出口以及阀出口等压力急剧变动的合流配管不能靠得太近，适当拉长距离，就可避免上述噪声。

⑨ 双泵双溢流阀供油液压系统也易产生两溢流阀的共振和噪声，特别是当两溢流阀共享一根回油管，且此回油管径又过小时，更容易出现振动和噪声。解决办法是共用一只溢流阀或两阀调的压力拉大一些差值（大于1MPa）。另外，回油管分开，并适当加大管径。

⑩ 回油管的振动冲击。当回油管不畅通、背压大，或安装在回油管中的滤油器、冷却器堵塞时，会产生振动冲击。所以为减小背压，回油管应尽量粗些、短些，当回油路上装有滤油器或水冷却器时，为避免回油不畅，可另辟一支路，装上背压阀或溢流阀。在滤油器或冷却器堵塞时，回油可通过背压阀短路至油箱，防止振动冲击（图5-20）。

⑪ 尽量减少管路中的急拐弯、突然变大或变细，以及增加管子的壁厚，可降低振动和噪声。

⑫ 在容易产生振动和噪声的位置（例如弯头处）串接一段短挠性管［图5-21（a）］，对降

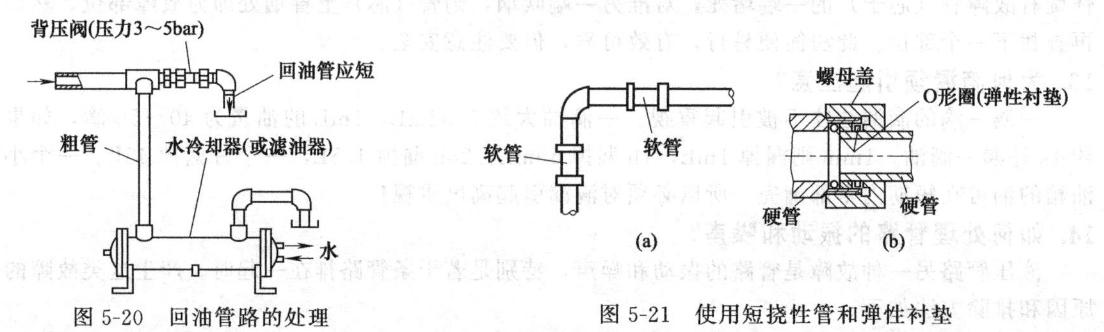

图5-20 回油管路的处理

图5-21 使用短挠性管和弹性衬垫

低噪声效果明显。为防止振动，也往往使用弹性衬垫［图 5-21（b）］。这种办法往往是在串接一小段挠性管没有余地时使用，对高频振动的衰减是有效的。

15. 硬管内壁除锈用什么方法?

管内除锈有物理和化学两种方法。物理方法，例如可用粒度为 40 目以下的细砂粒，用压缩空气吹入管内去锈，砂粒可采用石英砂和钢碎粒；化学方法，可用图 5-22 中介绍的方法，另外也可用磷酸，虽然效果不如盐酸、硫酸，但对人的危害极小。

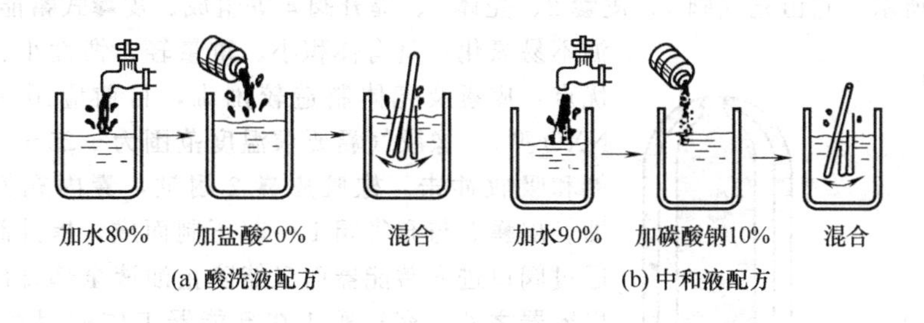

图 5-22 化学方法

弯制好的管子在装配前应仔细清除施工过程中的污物和管壁锈斑。需要焊接的管子在清洗前先焊好（采用氩弧焊更好），以便清洗时清除焊缝上的结渣和氧化皮。管道经弯曲焊接试装后全部拆除，用过渡接头彼此连接起来，并严格按下述步骤进行清洗。

① 通入压缩空气，检查连接处是否漏气。

② 通入四氯化碳等脱脂。

③ 用压缩空气吹扫。

④ 通入浓度为 5%～7%的 HCl 溶液酸洗 2～4h，酸洗后管内壁应干净，无异物，无锈，呈现银白色（钢管）或紫红色（铜管）的金属光泽。

⑤ 用压缩空气吹扫酸洗液。

⑥ 通入浓度为 3%～6%的 Na_2HPO_4 溶液中和 2h，要求达到中和值（pH6～7）。

⑦ 用压缩空气吹扫。

⑧ 用干净水冲洗。

⑨ 用压缩空气吹扫。

⑩ 用热风吹干。

⑪ 管内灌油防锈。

⑫ 两端用塑料塞子封好。

16. 油管外表防锈用什么方法?

① 用磷酸加热到 90～99℃时将管子浸入，在管表面形成一层灰黑色膜防锈。

② 将熔融的锌用压缩空气将其喷洒在管子表面防锈，厚度约为 0.1mm，能提高管子的耐腐蚀性。

③ 对短油管可进行发黑、发蓝处理进行防锈。

5.2 蓄能器

5.2.1 简介

1. 常用的蓄能器有哪几种?

蓄能器可用来吸收液压泵的压力脉动或吸收系统中产生的液压冲击压力。蓄能器中的压力可以用压缩气体、重锤或弹簧来产生，相应地，蓄能器分为气体式、重锤式和弹簧式三类。气体式蓄能器中的气体与液体直接接触者，称为接触式，其结构简单，容量大，但液体中容易混入气体，常用于水压机上。气体与液体不接触的称为隔离式，常用皮囊和隔膜来隔离，皮囊体积变化量大，隔膜体积变化量小，常用于吸收压力脉动。重锤式容量较大，常用于轧机等系统中，供蓄能用。

常用的是皮囊式、活塞式和弹簧加载式。

2. 皮囊式蓄能器的结构原理是怎样的?

如图 5-23 所示，它由充气阀 1、皮囊 2、壳体 3、提升阀 4 等组成。皮囊式蓄能器油气隔离，油不易氧化，具有体积小、重量轻、惯性小、反应灵敏等优点，皮囊及壳体制造较困难，目前应用最为普遍（如 NXQ 型）。橡胶气囊要求温度范围为 −20～70℃，用于蓄能和吸收冲击。橡胶皮囊 2 耐油，囊内充氮气，囊外储油。皮囊 2 与充气阀 1 一起压制而成，提升阀 4 能使油液通过阀口进入蓄能器而又能防止油液全部排出时气囊膨胀出容器之外。充气阀 1 在蓄能器工作前用来为皮囊充气，充气后关死。在整个工作过程中，皮囊的体积随着充油压缩而减少，随着排油膨胀而增大，蓄能器的压力也随之上升或下降，在最高工作压力 p_2 和最低工作压力 p_1 时体积分别为 V_2 和 V_1，皮囊体积改变量 $\Delta V=V_1-V_2$，称为皮囊式蓄能器的工作容积，p_0 为充气压力，V_0 为充气体积，$p_2>p_1>p_0$，$V_2<V_1<V_0$，所以通过皮囊体积内压力和体积的变化，可实现蓄能和释能。工作压力为 3.5～35MPa，容量范围为 0.6～200L。

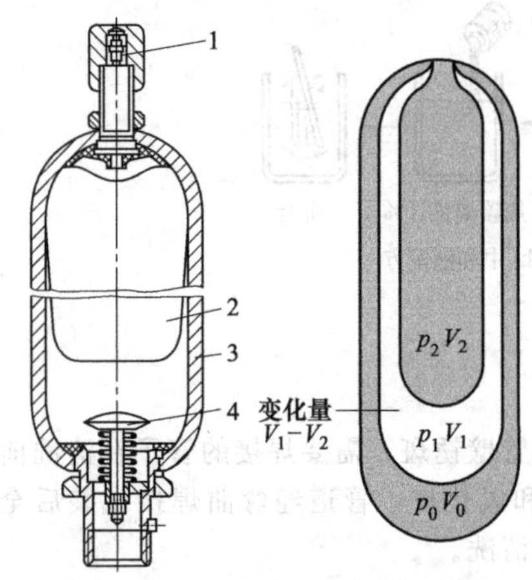

图 5-23　皮囊式蓄能器的结构原理

1—充气阀；2—皮囊；3—壳体；4—提升阀

3. 活塞式蓄能器的结构原理是怎样的?

如图 5-24 所示，利用在缸筒 2 中浮动的活塞 1 把缸中从 a 进入的液压油和缸上端的气体隔开。这种蓄能器的活塞上装有密封圈，活塞的凹部面向气体，以增加气体室的容积。这种蓄能器结构简单，易安装，维修方便；但活塞的密封问题不能完全解决，有压气体容易漏入液压系统中。而且由于活塞的惯性和密封件的摩擦力，使活塞动作不够灵敏。如 HXQ 型活塞式蓄能器，最高工作压力为 17MPa，总容量为 1～39L，温度适用范围为 −4～80℃。

4. 弹簧加载式蓄能器的结构原理是怎样的?

如图 5-25 所示，它的结构简单，容量小，反应较灵敏；不宜用于高压和循环效率较高的场

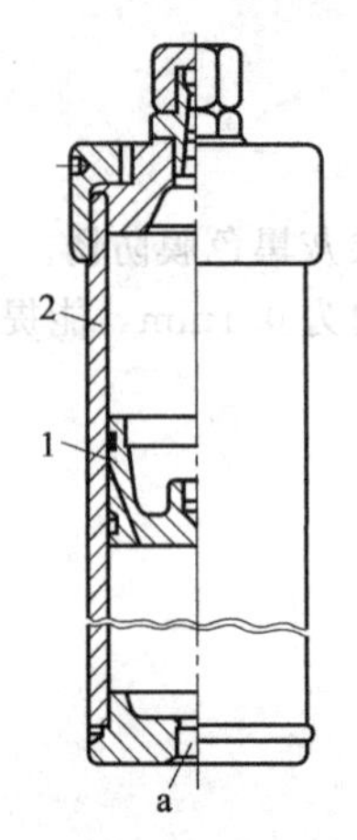

图 5-24　活塞式蓄能器的结构原理

1—活塞；2—缸筒

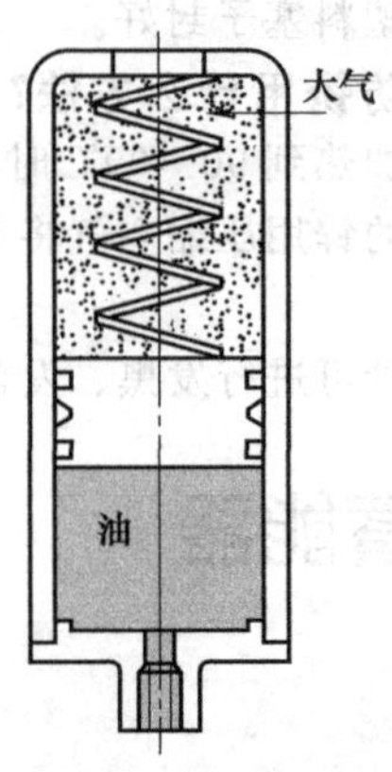

图 5-25　弹簧加载式蓄能器的结构原理

合，靠油液压缩弹簧而蓄能，仅供小容量及低压（$p \leqslant 1 \sim 12$MPa）系统作蓄能及缓冲用。

5.2.2 蓄能器的使用

1. 蓄能器在液压系统中有何作用？

蓄能器是液压气动系统中的一种能量储蓄装置。它在适当的时机将系统中的能量转变为压缩能或位能储存起来，当系统需要时，又将压缩能或位能转变为液压或气压等能量释放出来，重新供给系统。当系统瞬间压力增大时，它可以吸收这部分的能量，保证整个系统压力正常。

(1) 短期大量供油，作辅助动力源［图 5-26 (a)］

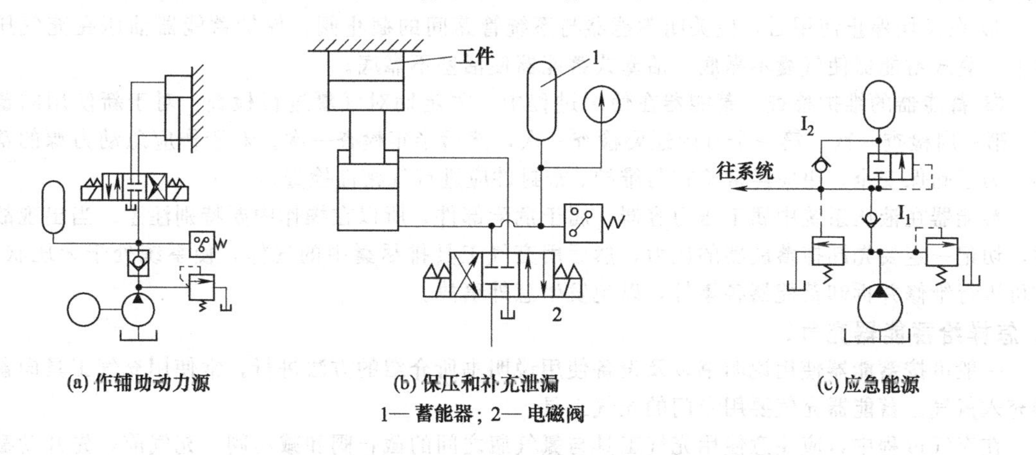

(a) 作辅助动力源　(b) 保压和补充泄漏　(c) 应急能源

1— 蓄能器；2— 电磁阀

图 5-26 蓄能器在液压系统中的应用

当低速运动时，载荷需要的流量小于液压泵流量，液压泵多余的流量储入蓄能器，当载荷要求流量大于液压泵流量时，液体从蓄能器放出来，以补液压泵流量之不足。

(2) 系统保压和补充泄漏［图 5-26 (b)］

当停机但仍需维持一定压力时，可以停止液压泵而由蓄能器补偿系统的泄漏，以保持系统的压力。当液压缸压住工件后，换向阀处于中位，不再向液压缸供油，此时蓄能器 1 可补充液压缸及电磁阀 2 的内外泄漏而不使压力掉下来。

(3) 应急能源［图 5-26 (c)］

在液压系统中，万一电源断电或泵故障，供油停止，而为了安全，又需要不停止供油，这时可安装一个适当容量的蓄能器作应急动力源。停电时，单向阀 I_2 打开，阀 I_1 关闭，蓄能器往系统提供应急压力油。

2. 怎样安装使用蓄能器?

① 蓄能器工作介质的黏度和使用温度均应与液压系统工作介质的要求相同。

② 蓄能器应安装在检查、维修方便之处。

③ 用于吸收冲击、脉动时，蓄能器要紧靠振源，应装在易发生冲击处。

④ 安装位置应远离热源，以防止因气体受热膨胀造成系统压力升高。

⑤ 安装在管路上的蓄能器须用支板和支架固定，固定要牢固，但不允许焊接在主机上。在有高温辐射热源环境中使用的蓄能器可在蓄能器的旁边装设两层铁板和一层石棉组成的隔热板，起隔热作用。

⑥ 皮囊式蓄能器原则上应该油口向下垂直安装；活塞式蓄能器应严格按照油口向下垂直安装；安装过程的各阶段，要防止灰尘等固体颗粒进入蓄能器内部及管路。系统在检测、充氮前要将充氮装置用酒精洗干净，检查各阀口是否有碰伤、划痕，及密封装置是否有损坏，一旦发现，及时更换和修复。

⑦ 在泵和蓄能器之间应安装单向阀，以免在泵停止工作时，蓄能器中的油液倒灌入泵内，使泵反转、流回油箱，发生事故。

⑧ 蓄能器装好后，应充填惰性气体（如 N_2），严禁充氧气、氢气、压缩空气或其他可燃性气体。

⑨ 蓄能器与管路之间应安装截止阀，供充气和检修用。

⑩ 蓄能器是压力容器，装拆和搬运时，必须先放出内部气体。

⑪ 蓄能器充气后，各部分绝对不允许再拆开，也不能松动，以免发生危险。需要拆开时应先放尽气体，确认无气体后，再拆卸。

⑫ 在长期停止使用后，应关闭蓄能器与系统管路间的截止阀，保护蓄能器油压在充气压力以上，囊式蓄能器使气囊不靠底，活塞式蓄能器使活塞不靠底。

⑬ 蓄能器的维护检查。蓄能器在使用过程中，需定期对气囊进行检查，对于新使用的蓄能器，第一周检查一次，第一个月内还要检查一次，然后半年检查一次。对于作应急动力源的蓄能器，为了确保安全，更应经常检查与维护。密封件应进行气密性检查。

蓄能器在液压系统中属于压力容器，属于危险部件，所以在操作中要特别注意。当出现故障时，切记一定要先卸掉蓄能器的压力，然后用充气工具排尽囊中的气体，使系统处于无压状态，方可进行维修并拆卸蓄能器各零件，以免发生意外事故。

3. 怎样给蓄能器充气?

一般可按蓄能器使用说明书以及设备使用说明书所介绍的方法进行，常使用充气工具向蓄能器充入氮气。蓄能器充气要用专门的充气工具。

在充气过程中，应注意使用充气工具与氮气瓶之间的截止阀和减压阀。充气前，先开动截止阀，再缓缓地打开减压阀，慢慢地进行充气，以免橡胶气囊损坏。待压力计指针表示已到充气压力后，关闭截止阀。随后关闭充气开关，充气结束。

蓄能器充气之前，使蓄能器进油口稍微向上，灌入壳体容积约 1/10 的液压油，使其润滑，将充气工具的一端连在蓄能器充气阀上，另一端与氮气瓶相接通。打开氮气瓶上的截止阀，调节其出口压力到 0.05～0.1MPa，旋转充气工具上的手柄（拧入阀杆），徐徐打开蓄能器充气阀阀芯，缓慢充入氮气，则就会慢慢打开装配时被折叠的气囊，使气囊逐渐胀大，直到菌形阀关闭。此时充气速度方可加快，并达到所需的充气压力。切勿一下子把气体充入蓄能器，以避免充气过程中因气囊膨胀不均匀而破裂。

活塞式蓄能器同样也应该缓慢地充入氮气。充氮完毕，要先拧出充气工具阀杆（关闭蓄能器单向充气阀），再关闭氮气瓶。

4. 充气压力以多少为准?

设 p_1 为系统最低工作压力，p_m 为系统管路中压力泵出口的平均压力。

皮囊式：$p_0=(0.80\sim0.85)p_1$

波纹型皮囊：$p_0=(0.60\sim0.65)p_1$

活塞式蓄能器：$p_0=(0.80\sim0.90)p_1$

吸收突然的冲击压力时：$p_0=0.90p_m$

消除脉冲和噪声时：$p_0=0.60p_m$

5.2.3 蓄能器故障的排除

蓄能器是一种能储存与释放液体压力的组件，它总是并联于回路中。当回路压力大于蓄能器内压力时，回路中一部分液体充入蓄能器腔内，将液压能转变为其他工作物体的势能储存起来；当蓄能器内压力高于回路压力时，蓄能器中工作物体释放势能，将腔内液体压入系统。所谓工作物体势能，常用的是气体压缩和膨胀时的弹性势能，也可以是重锤的重力能或弹簧的弹性势能。

以 NXQ 型皮囊式蓄能器为例说明蓄能器的故障现象及排除方法，其他类型的蓄能器可照执行。

1. 皮囊式蓄能器压力下降严重，经常需要补气怎么办？

皮囊式蓄能器，皮囊的充气阀为单向阀的形式，靠密封锥面密封（图5-27）。当蓄能器在工作过程中受到振动时，有可能使阀芯松动，使密封锥面1不密合，导致漏气。或者阀芯锥面上拉有沟槽，或者锥面上粘有污物，均可能导致漏气。此时可在充气阀的密封盖4内垫入厚3mm左右的硬橡胶垫5，以及采取修磨密封锥面、使之密合等措施解决。另外，如果出现阀芯上端螺母3松脱，或者弹簧2折断或漏装的情况，有可能使皮囊内氮气顷刻泄完。

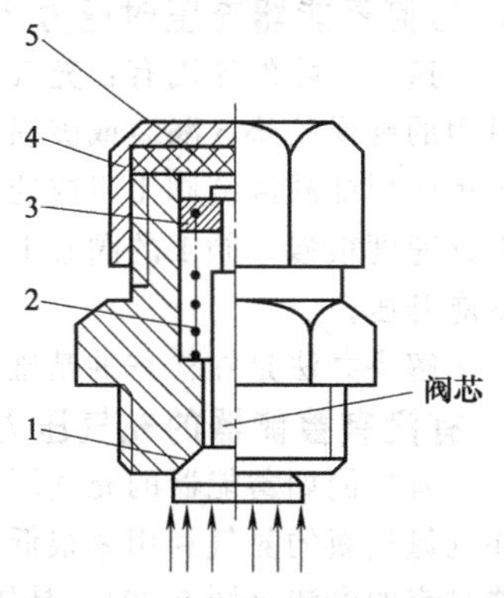

图5-27 蓄能器皮囊气阀简图
1—密封锥面；2—弹簧；3—螺母；4—密封盖；5—硬橡胶垫

2. 为何有些皮囊使用寿命短？

其影响因素有：皮囊质量、使用的工作介质与皮囊材质的兼容性；或者有污物混入；选用的蓄能器公称容量不合适（油口流速不能超过7m/s）；油温过高或过低；作储能用时，往复频率不应超过1次/10s，超过则寿命开始下降，若超过1次/3s，则寿命急剧下降；还应检查安装是否良好，配管设计是否合理等。

另外，为了保证蓄能器在最小工作压力 p_1 时能可靠工作，并避免皮囊在工作过程中与蓄能器下端的菌形阀相碰撞，延长皮囊的使用寿命，p_0 一般应在（0.75～0.9）p_1 的范围内选取；为避免在工作过程中皮囊的收缩和膨胀的幅度过大而影响使用寿命，要有 $p_0 \geqslant 2.5\% p_2$，即要有 $p_1 \geqslant \frac{1}{3} p_2$。

3. 蓄能器不能向系统供油怎么办？

产生原因主要是：气阀漏气严重，皮囊内根本无氮气，以及皮囊破损进油。另外当最大工作压力过低时，蓄能器完全丧失储能功能（无能量可储）。

排除办法是检查气阀的气密性。发现泄气，应加强密封，并补加氮气；若气阀处泄油，则很可能是皮囊破裂；应予以更换；当 $p_0 \geqslant p_2$ 时，应降低充气压力或者根据负载情况提高工作压力。

4. 吸收压力脉动的效果差怎么办？

为了更好地发挥蓄能器对脉动压力的吸收作用，蓄能器与主管路分支点的连接管道要短，通径要适当大些，并要安装在靠近脉动源的位置。否则，它消除压力脉动的效果就差，有时甚至会加剧压力脉动。

5. 蓄能器释放出的流量稳定性差怎么办？

蓄能器充放液的瞬时流量是一个变量，特别是在大容量且 $\Delta p = p_2 - p_1$ 范围又较大的系统中，若要获得较恒定的和较大的瞬时流量，可采取下述措施。

① 在蓄能器与执行组件之间加入流量控制组件。

② 用几个容量较小的蓄能器并联，取代一个大容量蓄能器，并且几个容量较小的蓄能器采用不同档次的充气压力。

③ 尽量减少工作压力范围 Δp，也可以采用适当增大蓄能器结构容积（公称容积）的方法。

④ 在一个工作循环中，安排好有足够的充液时间，减少充液期间系统其他部位的内泄漏，使在充液时，蓄能器的压力能迅速和确保升到 p_2，再释放能量。

⑤ 蓄能器的允许充放流量要符合规定。表5-2为国产NXQ-L型皮囊式蓄能器的允许充放流量。

表5-2 NXQ-L型蓄能器允许充放流量

蓄能器	NXQ-L0.5	NXQ-L1.6～NXQ-L6.3	NXQ-L10～NXQ-L40
允许充放流量/(L/s)	1	3.2	6

6. 为何蓄能器充压时压力上升得很慢，甚至不能升压?

这一故障的原因有：充气阀密封盖4（图5-27）未拧紧或使用中松动而漏了氮气；充气阀密封用的硬橡胶垫5漏装或破损；充气的氮气瓶已经气压太低。充气液压回路的问题：例如图5-28所示的用卸载溢流阀1组成的充液回路，当阀1的阀芯卡死在微开启位置时，蓄能器2充压压力上升速度很慢，阀1的阀芯卡死位置的开口越大，充压速度越慢。完全开启，则不能使蓄能器2蓄能升压。

解决办法是在检查的基础上对症下药。此外，系统的后续油路有问题也可能出现此类故障。

7. 有没有蓄能器的充气压力高于氮气瓶的压力的充气方法?

有！例如蓄能器的充气压力要求14MPa，而氮气瓶的压力只有10MPa，满足不了使用要求，并且氮气瓶的氮气利用率很低，会造成浪费。在没有蓄能器专用充气装置的情况下，可采用蓄能器对充的方法（图5-29），具体操作方法如下。

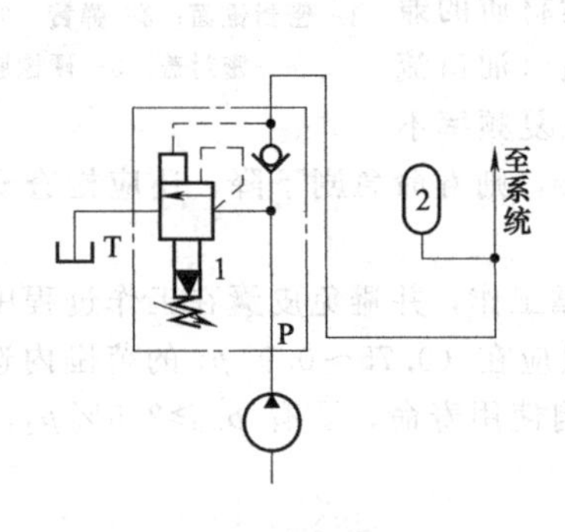

图5-28 充液回路

1—卸载溢流阀；2—蓄能器

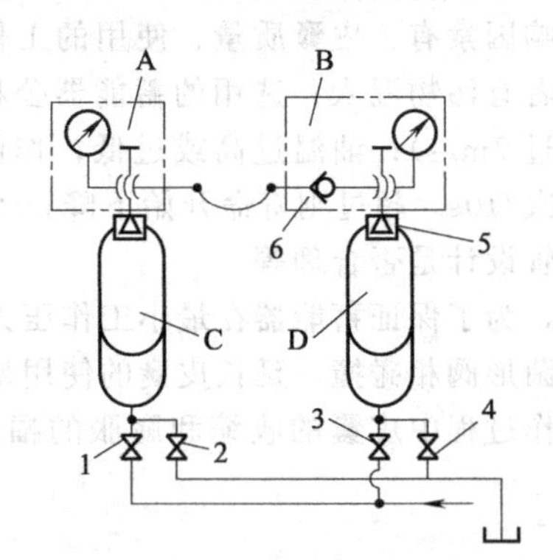

图5-29 蓄能器对充方法

1～4—球阀；5—皮囊进气阀；6—进气单向阀

① 首先用充气工具向蓄能器充入氮气，在充气时放掉蓄能器中的油液。

② 将充气工具A和B分别装在蓄能器C和D上，将A中的进气单向阀拆除，用高压软管将A、B连通，顶开皮囊进气单向阀的阀芯，打开球阀1、4，关闭2、3两阀，开启高压泵并缓缓升压，可将C内的氮气充入D内。当C的气压不随油压的升高而明显地升高时，即其内的氮气已基本充完，将油压降下来。

③ 再用氮气瓶向C内充气，然后重复上述步骤，直至D内的气压符合要求为止。

5.3 过滤器

5.3.1 简介

1. 为何要使用使油液变清洁的元件——过滤器?

污染是指油中存在一定数量的化学反应生成物和固体杂质。固体杂质有外界进入灰尘，有系统运动造成的机械磨损物及系统使用前残留的切屑、焊渣、型砂等。有了污染，油液便不干净了。不干净的液压系统会产生许多故障，因此控制油的污染极为重要，而过滤器就承担净化油液的任务。

在液压系统失效的主要原因中，最常见的是元件的堵塞。这种堵塞是由卡住、磨损及液压油老化导致工作特性丧失引起的。在回路中不停循环的颗粒或微粒是磨损的原因。如果这些微粒在系统中自由地循环，它们就会研磨零件接触表面，使系统污染程度更大；元件越复杂、越重要，损害越大。过滤器可消除这些颗粒和微粒，以确保液压系统有最大的效率和使用寿命。

过滤器特性及数量的选择取决于设备类型及必须保护的元件类型。对于一般标准设备，要求过滤精度为 25μm；对于含比例阀的系统，要求过滤精度至少为 10μm。

2. 过滤器在液压系统中起什么作用?

(1) 保护油液免受污染

这一作用是在液压系统安装时，通过回油滤油器或旁通滤油器来实现的。滤油器必须按照指定的油液清洁等级来合理选取。

(2) 保护对污染敏感的元件

为了对这些元件提供尽可能多的保护，滤油器必须尽可能靠近它们安装。适当的工作压力，以及这些元件的厂商所要求的过滤精度，是滤油器选取的依据和出发点。

(3) 保护系统免受环境污染

这类滤油器或空气滤清器的作用，是阻止环境中的污染物进入油液中。选取合适的空气滤清器时，必然要考虑进气室的空气流量，以及其中的污染物数量。

(4) 元件失效时保护系统

这类滤油器保护系统在元件失效时免受污染。主要作用是避免高额的维修费用。当选择滤油器在液压系统中的安装位置时，重要的一点就是摸得到，滤芯易于更换，堵塞指示器任何时候也都可清晰地看到。布置不当的滤油器，维修人员难以在最佳方式下进行操作，结果自然与上述情形相反。

(5) 带旁通阀的滤油器

滤油器所带旁通阀的作用有以下几方面。

① 保护滤芯免受过高压降造成的损害：由于在冷启动过滤高黏度油液时易引起滤芯的堵塞，因而会产生过高的压降。

② 避免系统元件产生误动作，尤其对于回油滤油器，滤芯两端过高的压降会造成阀的误动作、液压缸的失控运行，以及密封件的受损。

③ 当旁通阀开启时，过滤作用会降低。当旁通阀全开时，没有过滤作用，因而对系统元件没有保护作用。因此，一定要安装堵塞指示器，以便迅速进行滤油器的维修。堵塞指示器信号触发时，应立即更换保护滤芯。

3. 液压系统中的过滤器怎样布置?

滤油器在液压系统中的布置位置，取决于滤油器要达到何种目的，可参阅图 5-30。

4. 主油路滤油器有哪些?

这类滤油器对液压主油路的油液进行过滤。所用的滤油器类型有吸油滤油器、高压滤油器、回油路滤油器和空气滤清器。

(1) 吸油滤油器

这类滤油器安装在油箱与液压泵中间，作用在于防止任何严重的污染进入液压泵。为避免液压泵的气穴损害，这类滤油器只能以稀疏的滤网作滤芯。在液压泵与滤油器之间还要安装真空开关，一旦真空度降到某一值时就停泵。如此低的压降，意味着用这种吸油滤油器不能进行精细的过滤。因此，吸油滤油器只能用在液压泵因大颗粒污染物而受损的系统中。例如，移动式液压系统中，无论是润滑减速箱还是传动所需液压油，都来自于同一个油箱。对于系统中单个元件的抗磨损保护，必须采用精度更高的滤油器。

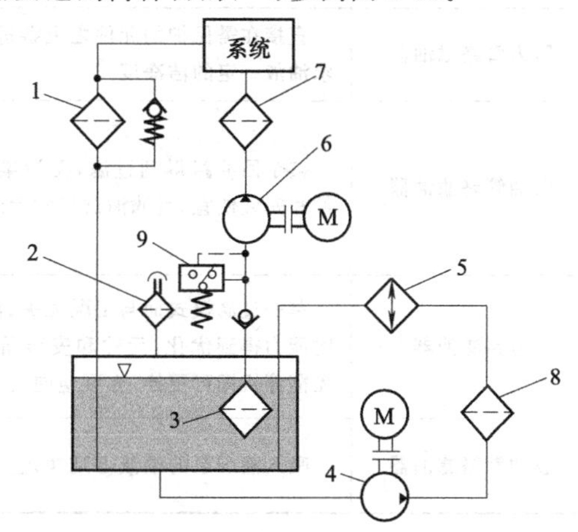

图 5-30 液压系统中滤油器的布置位置
1—回油路的过滤器；2—空气滤清器；3—吸油口的过滤器；4—冷却与过滤用液压泵；5—冷却器；6—主系统液压泵；7—高压过滤器；8—旁路过滤器；9—负压开关

（2）高压滤油器

这类滤油器安装在油箱与系统的液压元件之间。为了给予这些元件彻底的保护，这些滤油器不应有旁通阀。高压滤油器的作用在于提供洁净的油液给这些液压元件，比如伺服阀。这就意味着，高压滤油器使这些液压元件的功能得到保护。推荐使用高压滤油器的场合包括元件对污染物特别敏感（如伺服阀和比例阀、流量调节阀等）的场合、元件对整个系统异乎寻常的重要的场合、元件较为贵重（比如大的液压缸）的场合、元件对设备的安全运行负有责任的场合。

（3）回油路滤油器

这类滤油器的作用是对回油箱的油液进行过滤。滤油器应能过滤全部的回油流量，如在单出杆液压缸或含蓄能器的系统中，这一流量要大于液压泵的流量。

（4）空气滤清器

其作用是对吸入油箱的空气进行过滤，就好比是流体经过“呼吸作用”一样。

5. 旁通过滤器有哪些作用和优点?

这类滤油器的作用是在旁通回路上对油箱的油液进行持续不断的过滤。正常情况下，完整的旁通滤油装置应包括液压泵、滤油器和冷却器。旁通过滤器的优点在于，不论系统的运行周期如何，过滤均可独立运行，并且通过滤芯的流量保持恒定。其结果是，油液的老化进程得以延迟，整个使用寿命期间的油液洁净度得以提高。

旁通过滤器的优点有过滤独立于系统运行；由于恒定的无脉动流量，滤芯具有较高的贮污能力；更换滤芯时，无需主油路停机；由于材料成本较低，获得实质性的费用节省；更少的维护；更少的停机修理时间；滤芯更便宜；适用于系统充液、旁通滤油器典型单元的过滤。须注意的是，在过滤过程中，橡胶压机和压泵试验台继续运行。

所以，一般地说，适宜安装旁通滤油器的场合有：

当污染物侵入率较高的场合、如生产线测试平台、粉尘环境的加工机床、垃圾清理场等；安装有单独的冷却回路的场合；流量快速变动的场合。

6. 各种类型的滤油器有何优缺点?

各种类型的滤油器优缺点见表 5-3。

表 5-3　滤油器的型号及其优缺点

滤油器类型	优　点	缺　点
压力管路滤油器	直接在需保护的元件之上游进行过滤；要求油液一定的洁净度	元件和安装较昂贵；因需耐压而结构复杂；液压泵未受保护；需停机进行元件更换
回油管路滤油器	整个回油路得到过滤，无污染回油箱；元件和安装便宜，且滤油器尺寸无约束	如系统含有伺服阀之类精密元件，则同时需安装耐压滤油器，且需装旁通阀；流量脉动可能损坏不耐高压的元件；单一类型则需停机方可更换元件
旁路滤油器	单一过滤模式而与工况无关；滤油元件储物能力得到优化；元件和安装价格较低，且无需停机即可更换，亦可逆向安装	如系统含有伺服阀之类精密元件，则同时需安装耐压滤油器；辅泵增加了整个系统的功耗，工厂投资较大；如污染定期发生则需加装更多滤油器
吸油管路滤油器	吸入液压泵的油液得到净化	不可能进行精密过滤，且清洁设施不佳；液压泵需预防气穴

7. 对各种液压元件的绝对过滤精度的要求是怎样的?

对各种液压元件的绝对过滤精度的要求如表 5-4 所示。

8. 各类液压系统过滤精度的要求是怎样的?

对各类液压系统污染等级（清洁度）要求见表 5-5，对应所选过滤器应满各自的清洁度要求。

表 5-4 各种液压元件的绝对过滤精度推荐值

液压元件	清洁等级		推荐绝对过滤率/μm	液压元件	清洁等级		推荐绝对过滤率/μm
	NAS 1638	ISO DIS 4406			NAS 1638	ISO DIS 4406	
齿轮泵	10	19/16	20	叶片泵	9	18/15	10
液压缸	10	19/16	20	压力阀	9	18/15	10
方向阀	10	19/16	20	比例阀	9	18/15	10
溢流阀	10	19/16	20	伺服阀	7	16/13	5
节流阀	10	19/16	20	伺服液压缸	7	16/13	5
柱塞泵	9	18/15	10				

表 5-5 各类液压系统污染等级（清洁度）要求

液压系统	推荐的绝对过滤率（$\beta_x \geqslant 100$）	污染等级		液压系统	推荐的绝对过滤率（$\beta_x \geqslant 100$）	污染等级	
		NAS 1638 >5μm	ISO DIS 4406			NAS 1638 >5μm	ISO DIS 4406
伺服阀系统	5	7	16/13	比例阀系统	10	9	18/15
调节阀系统	5	7 至 8	16/13	常规阀系统	10 至 20	9 至 10	19/16

9. 过滤器有哪些类型?

（1）网式过滤器（图 5-31）

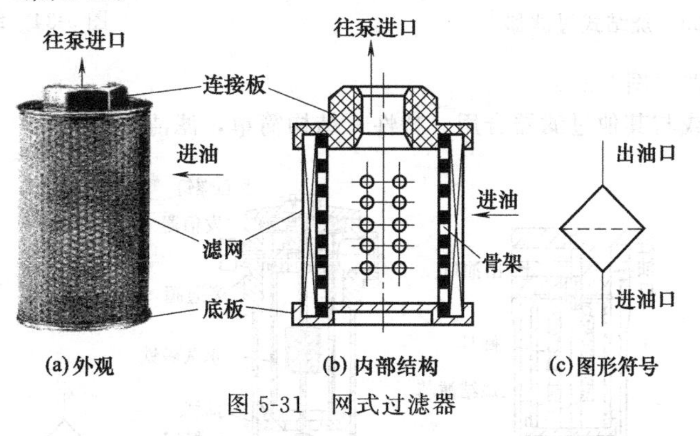

图 5-31 网式过滤器

用在液压泵吸油管上，以保护液压泵。网孔：74～200μm；过滤精度：80～200μm；压力差：25～50Pa；特性：结构简单，通油能力大，过滤效果差。

（2）线隙式过滤器（图 5-32）

一般用于中、低压系统。网孔线隙：100～200μm；过滤精度：30～100μm；压力差：30～60Pa；特性：结构简单，过滤效果较好，通流能力大，但不易清洗。

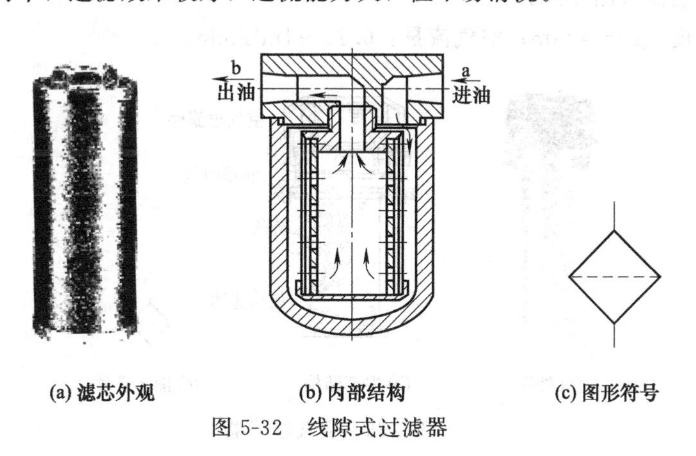

图 5-32 线隙式过滤器

(3) 烧结式过滤器（图 5-33）

用于过滤质量要求高的液压系统中。过滤精度：7～100μm；压力差：30～200Pa（随精度及流量变化）；特性：能在温度很高、压力较大的情况下工作，抗腐蚀性较好。

(4) 纸质过滤器（图 5-34）

用于过滤质量要求高的液压系统中。网孔：30～72μm；过滤精度：5～30μm；压力差：50～120Pa。

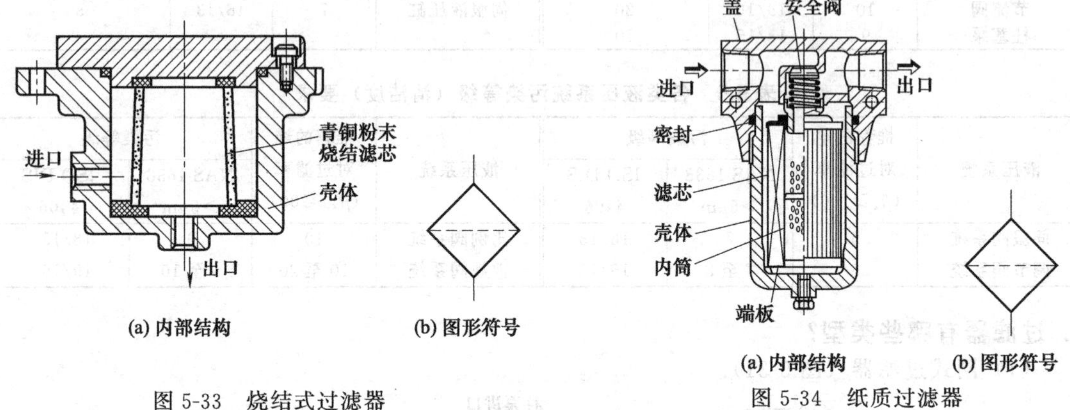

(a) 内部结构　　(b) 图形符号

图 5-33　烧结式过滤器

(a) 内部结构　　(b) 图形符号

图 5-34　纸质过滤器

(5) 磁性过滤器（图 5-35）

用于吸附铁屑或与其他过滤器合用。特性：结构简单，滤清效果好。

(a) 内部结构　　(b) 图形符号

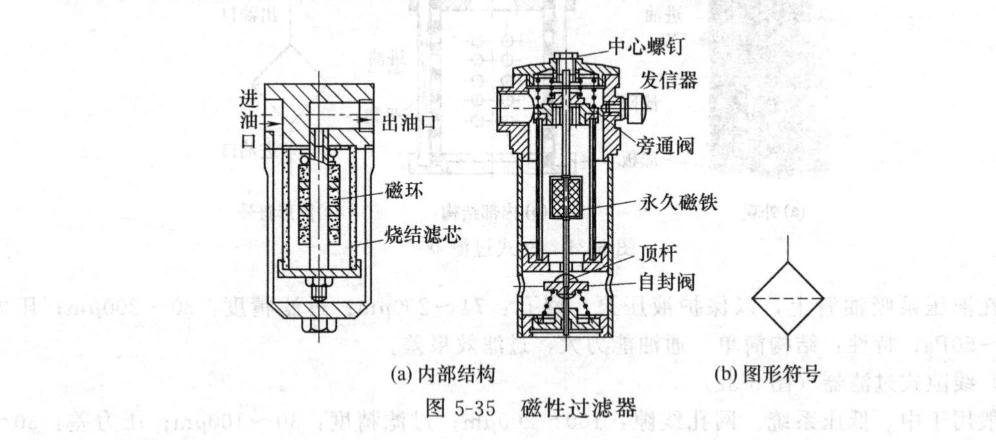

图 5-35　磁性过滤器

(6) 空气过滤器（图 5-36）

空气过滤精度：10～40μm；空气流量：0.25～4m^3/min。

(a) 外观　　(b) 内部结构　　(c) 图形符号

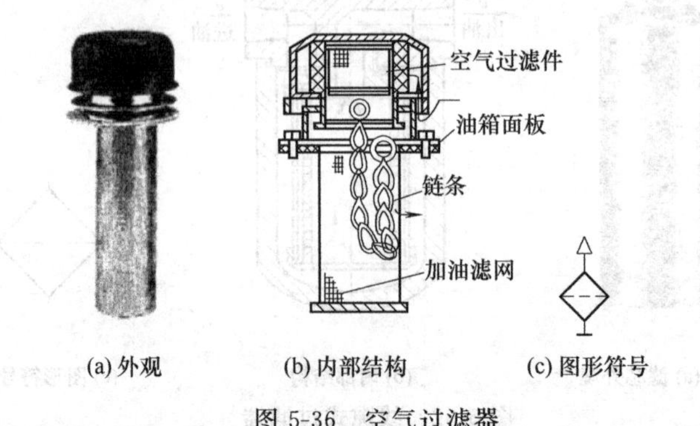

图 5-36　空气过滤器

10. 什么是带堵塞指示发信装置的过滤器?

为便于了解过滤器滤材（滤芯）被污物堵塞的情况，在上述的一些过滤器上装有图 5-37 所示的堵塞指示装置和发信报警装置。滤芯堵塞严重时，流入和流出滤芯内外层的油液压差增大，显示堵塞情况或发出电信号报警。

图 5-37（a）为滑阀式堵塞指示装置。当滤油器 1 的滤芯被污垢堵塞时，压差 p_1-p_2 增大，活塞 2 克服弹簧 4 的弹力右移，带动指针 3 移动，从指针 3 的位置（刻度）情况可知滤芯的堵塞程度，从而决定是否需要清洗或更换滤芯。

图 5-37（b）为电磁干簧管式堵塞发信装置。因污物堵塞而产生的滤芯前后压差增大时，压差产生的力使柱塞 2 和磁钢 1 一起克服弹簧力右移，当压差达到一定值（弹簧力决定，例如 0.35MPa）时，永久磁钢的磁力将干簧管 3 的触点吸合，于是电路闭合，指示灯亮或蜂鸣器鸣叫。

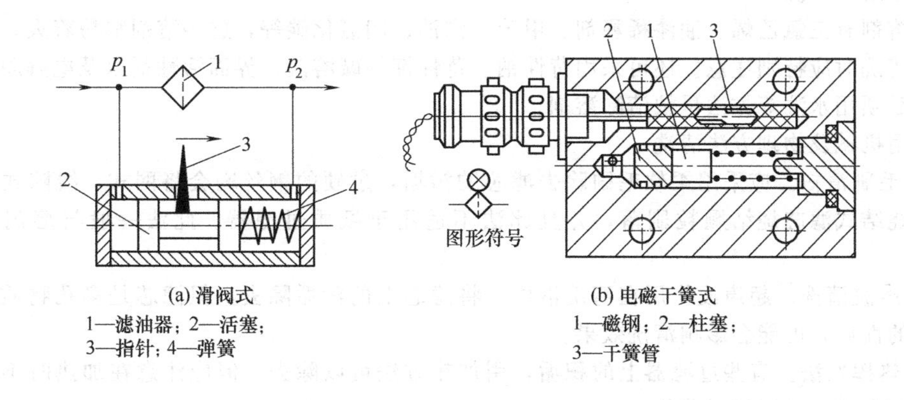

图 5-37 带堵塞指示发信装置的过滤器

11. 怎样选用过滤器?

一般粒径在 10μm 以下的污染物对泵的影响不太明显，而大于 10μm、特别是在 40μm 以上时对泵的使用寿命就有明显影响，液压油中固体污染颗粒极易使泵内相对运动零件表面磨损加剧。为此需要安装过滤器降低油的污染程度。选用过滤器主要是过滤精度的选择。过滤精度要求：轴向柱塞泵 10～15μm（装在回油路中），叶片泵为 25μm，齿轮泵为 40μm。泵的污染磨损可以控制在允许范围之内。目前高精度滤油器使用日益广泛，可大大延长液压泵的使用寿命。

5.3.2 过滤器的故障分析与排除

过滤器的功用在于滤除混杂在液压油液中的杂质，降低系统中油液的污染度，保证系统正常工作。

过滤器带来的故障主要表现在过滤效果不好、不能确保油液清洁而产生故障，可参阅本书相关内容，此处仅就过滤器自身的故障进行说明。

1. 怎样防止滤芯的破坏变形?

滤芯破坏变形的原因有：滤芯堵塞、选用错误（如使用压力错误等)。

排除方法：及时定期检查清洗滤油器；正确选用耐压能力、强度、通流能力满足要求的过滤器；针对各种特殊原因采取相应对策。

2. 怎样防止过滤器脱焊?

对金属网状过滤器而言，当环境温度高，过滤器处的局部油温过高，超过或接近焊料熔点温度，加上原来焊接就不牢，油液的冲击会造成脱焊。例如高压柱塞泵进口处的网状过滤器曾多次发现金属网与骨架脱离、柱塞泵进口局部油温非常高的现象。此时可将金属网的焊料由锡铅焊料

（熔点为 183℃）改为银焊料或银镉焊料，它们的熔点大为提高（235～300℃）。

3. 怎样防止过滤器掉粒？

多指金属粉末烧结式过滤器，脱落颗粒进入系统后，堵塞节流孔，卡死阀芯。其原因是烧结粉末滤芯质量不佳。所以要选用检验合格的烧结式滤油器。

4. 怎样防止过滤器堵塞？

一般过滤器在工作过程中，滤芯表面会逐渐纳垢，造成堵塞是正常现象，此处所说的堵塞是指导致液压系统产生故障的严重堵塞，过滤器堵塞后，至少会造成泵吸油不良、泵产生噪声、系统无法吸进足够的油液而使压力上不去，油中出现大量气泡以及滤芯因堵塞而可能使压力增大造成击穿等故障。

过滤器堵塞后应及时进行清洗，清洗方法如下。

（1）用溶剂清洗

常用溶剂有三氯乙烯、油漆稀释剂、甲苯、汽油、四氯化碳等，这些溶剂都易着火，并有一定毒性，清洗时应特别注意。还可采用苛性钠、苛性钾等碱溶液，界面活性剂以及电解脱脂清洗等，在洗后须用水洗等方法尽快清除溶剂。

（2）用机械及物理方法清洗

① 用毛刷清扫。应采用柔软毛刷除去滤芯的污垢，过硬的钢丝刷会将网式、线隙式的滤芯损坏，使烧结式滤芯烧结颗粒刷落，并且此法不适用于纸质过滤器。此法一般与溶剂清洗相结合。

② 超声波清洗。超声波作用在清洗液中，将滤芯上的污垢除去，但滤芯是多孔物质，有吸收超声波的性质，可能会影响清洗效果。

③ 加热挥发法。有些过滤器上的积垢，用加热方法可以除去，但应注意在加热时不能使滤芯内部残存有炭灰及固体附着物。

④ 用压缩空气吹。用压缩空气在滤垢积层反面吹出积垢，采用脉动气流效果更好。

⑤ 用水压清洗。方法与上同，两法交替使用效果更好。

（3）酸处理法

对于铜类金属（青铜），常温下用浸渍液［H_2SO_4 43.5%（体积，下同），HNO_3 37.2%，HCl 0.2%，其余水］将表面的污垢除去；或用 H_2SO_4 20%、HNO_3 30%、其余水配成的溶液，将污垢除去后，放在由 Cr_3O_4、H_2SO_4 和水配成的溶液中，使它生成耐腐蚀性膜。

对于不锈钢类金属，用 HNO_3 25%、HCl 1%、其余水配成的溶液将表面污垢除去，然后在浓 HNO_3 中浸渍，将游离的铁除去，同时在表面生成耐腐蚀性膜。

（4）各种滤芯的清洗和更换

① 纸质滤芯。根据压力表或堵塞指示器指示的过滤阻抗，更换新滤芯，一般不清洗。

② 网式和线隙式滤芯。清洗步骤为溶剂脱脂→毛刷清扫→水压清洗→气压吹净、干燥→组装。

③ 烧结金属滤芯。毛刷清扫→用溶剂脱脂（或用加热挥发法，400℃以下）→水压及气压吹洗（反向压力 0.4～0.5MPa）→酸处理→水压、气压吹洗→气压吹净脱水、干燥。

拆开清洗后的过滤器，应在清洁的环境中，按拆卸顺序组装起来，若须更换滤芯，应按规格更换，外观和材质应相同，过滤精度及耐压能力应相同等。对于过滤器内所用密封件，要按材质规格更换，并注意装配质量，否则会产生泄漏。

5. 怎样清洗网式滤芯？

对于网式过滤器，其滤芯可以清洗。网式滤芯的清洗有多种方法，对于粗滤芯，其清洗干净的程度取决于清洗过程是否仔细，并不在于所采用的清洗方法。清洗滤芯的常用方法是在清洁溶剂或热的肥皂水-氨溶液中洗涤，并用清洁空气吹净滤芯。使用软鬃刷（新油漆刷）有助于洗净滤芯，但在任何情况下均不得使用钢丝刷或磨料。清洗后，应将滤芯置于光照下（图 5-38），检查滤芯的清洁度，若有灰色或黑色区域，表示滤芯必须再进行清洗。超声波清洗滤芯是一种比较昂贵的方法，但更为方便，只要把脏滤芯放在超声波清洗装置内清洗一段时间，就可取出清洁的滤芯重新使用了。额定过滤精度 40μm 或更细的网式滤芯需用超声波清洗才能有效地恢复滤芯工作能力。

图 5-38 滤芯的清洗

6. 为何带堵塞指示发信装置的过滤器不发信?

当滤芯堵塞后，如果过滤器的堵塞指示发信装置不能发信或不能发出堵塞指示（指针移动），则如过滤器用在吸油管上，泵不进油；如过滤器用在压油管上，可能造成管路破损、组件损坏，甚至使液压系统不能正常工作等，失去了包括过滤器本身在内的液压系统的安全保护功能和故障提示功能。

排除办法是检查堵塞指示发信装置，可参阅图 5-36 (a)，检查活塞 2 是否被污物卡死而不能右移，或者弹簧 4 是否错装成刚度太大的弹簧，查明情况予以排除。

与上述相反的情况是，发信装置在滤芯未堵塞时也老发着信，则是活塞 2 卡死在右端或者弹簧 4 折断或漏装的缘故。

5.4 油冷却器

5.4.1 简介

液压系统液体的工作温度一般在 30～50℃范围内比较合适，最高不超过 65℃。一些在露天作业、环境温度较高的液压设备，规定最高工作温度不超过 85℃。油液温度过低，液压泵启动时吸入困难；温度过高，油液容易变质，同时增加系统的内泄漏。为防止油温过高、过低，常在液压系统中设置油冷却器和加热器，总称热交换器。安装油冷却器是矛盾的主要方面。

1. 列管式油冷却器是怎样冷却油的?

如图 5-39 所示，列管式油冷却器由多条冷却水管 14、侧端盖板 3 与 19、壳体以及密封垫 5

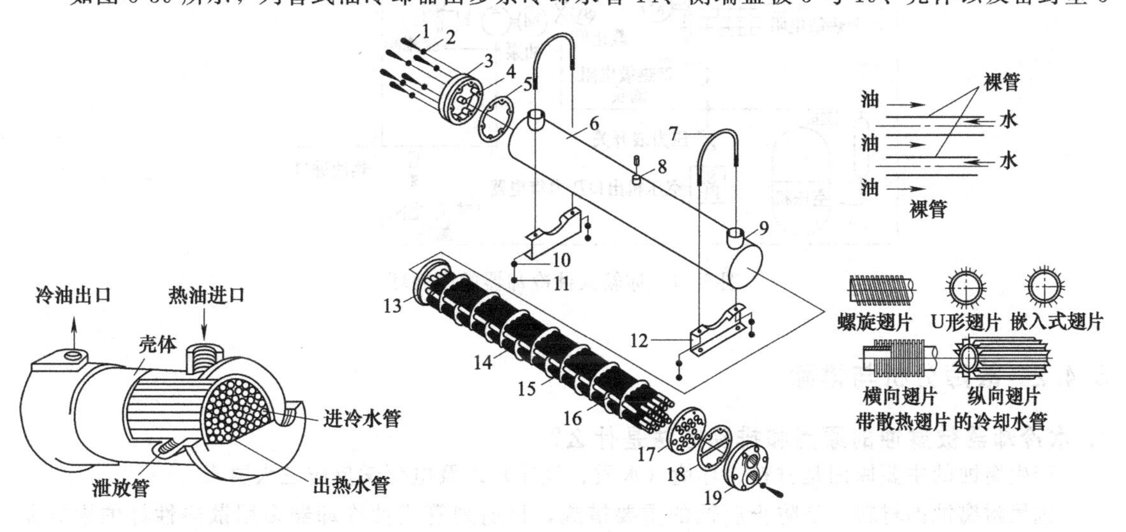

图 5-39 列管式油冷却器

1—螺栓；2—垫圈；3、19—侧端盖板；4—防蚀锌棒；5、18—密封垫；6—筒体；7—固定架；8—排气塞；9—油出入口；10—防震垫片；11—螺母；12—固定座；13、17—管束端板；14—冷却水管；15—导流板；16—固定杆等组成。冷却水管的管内与管外由密封面隔开。冷却水从管内走，热油从管外走，通过管壁进行热交换而使热油降温后从出口流出。

2. 冰箱式油冷却器是怎样冷却油的?

如图 5-40 所示的冰箱式油冷却器是笔者给取的名字，日文叫“オイル-コン”。因为它的工作原理酷似电冰箱，当时国内还没有使用和生产这种冷却器。它用在缺水的场合，冷却效果最优。它的优点是：具有稳定的冷却能力；能对室温和机床机体温度两者变化做出反应，进行油温控制；冷却可靠；无需冷却水；操作容易；安全装置完备，具有报警系统。

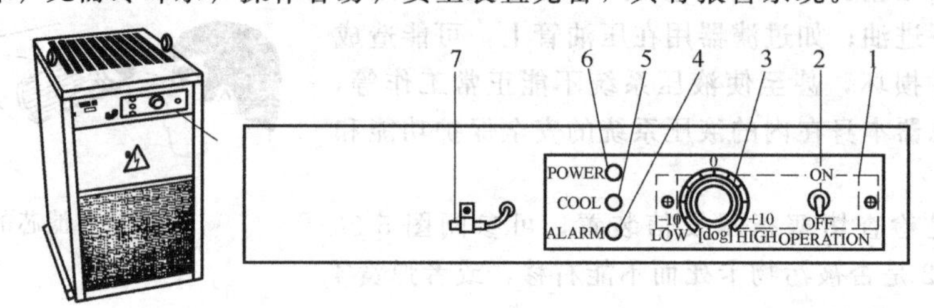

图 5-40　冰箱式油冷却器外形

1—面板；2—运转开关；3—温差式调节器；4—报警灯；5—压缩机运转显示灯；6—异常显示灯；7—室温热电偶

它的工作程序为：“蒸发—压缩—冷凝液化—节流—再蒸发”的循环过程，在蒸发器内与油液进行热交换而使油冷却（图 5-41）。

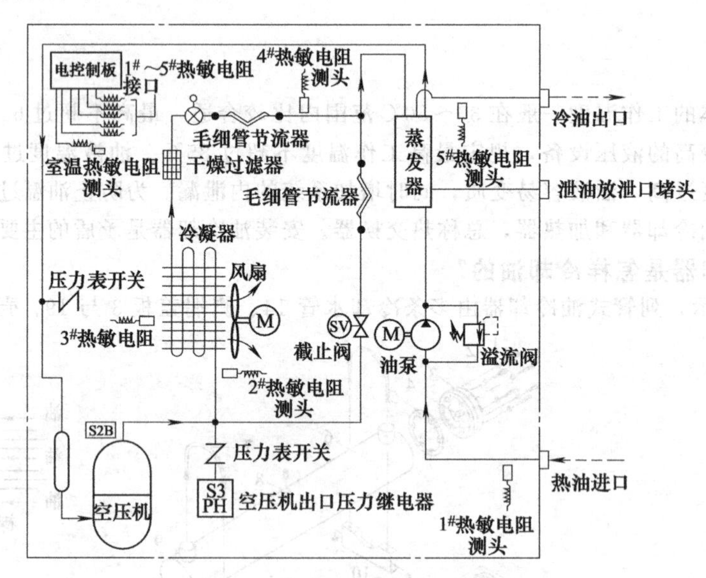

图 5-41　冰箱式油冷却器的内循环

5.4.2　故障分析与排除

1. 水冷却器被腐蚀的原因和排除方法是什么?

产生腐蚀的主要原因是材料、环境（水质、气体）以及电化学反应三大要素。

选用耐腐蚀的材料，是防止腐蚀的重要措施，目前列管式油冷却器多用散热性好的铜管制作，其离子化倾向较强，会因与不同种金属接触产生接触性腐蚀（电位差不同），例如在定孔盘、动孔盘及冷却铜管管口往往产生严重的腐蚀现象，解决办法，一是提高冷却水质，二是选用铝合金等制的作冷却管。

冷却器的环境包含溶存的氧、冷却水的水质（pH 值）、温度、流速及异物等。水中溶存的氧越多，腐蚀反应越激烈；在酸性范围内，pH 值降低，腐蚀反应越活泼，腐蚀越严重，在碱性范围内，对铝等两性金属，随 pH 值的增加，腐蚀的可能性增加；流速的增大，一方面增加金属表面的供氧量，另一方面，流速过大，产生紊流涡流，会产生汽蚀性腐蚀；另外水中的砂石、微小贝类细菌附着在冷却管上，也往往产生局部侵蚀。

还有，氯离子的存在增加了使用液体的导电性，使得电化学反应引起的腐蚀增大，特别是氯离子吸附在不锈钢、铝合金上也会局部破坏保护膜，引起孔蚀和应力腐蚀。一般温度增高，腐蚀增加。

综上所述，为防止腐蚀，在冷却器选材和水质处理等方面应引起重视，前者往往难以改变，后者用户可想办法。对安装在水冷式油冷却器中用来防止电蚀作用的锌棒要及时检查和更换。

2. 冷却器的处理冷却性能为何下降?

产生这一故障的原因主要是堵塞及沉积物滞留在冷却管壁上，结成硬块与管垢，使散热、换热功能降低。另外，冷却水量不足、冷却器水、油腔积气也均会造成散热、冷却性能下降。

解决办法是，首先从设计上应采用难以堵塞和易于清洗的结构，而目前似乎办法不多；在选用冷却器的冷却能力时，应尽量以实践为依据，并留有较大的余地（增加 10%～25%容量）；不得已时采用机械的方法（如刷子、压力、水、蒸汽等擦洗与冲洗）或化学的方法（如用 Na_3CO_3 溶液及清洗剂等）；增加进水量或用温度较低的水进行冷却；拧下螺塞排气；清洗内、外表面积垢。

3. 如何防止冷却器破损?

由于两流体的温度差，油冷却器材料受热膨胀的影响，产生热应力，或流入油液压力太高，可能导致有关部件破损；另外，在寒冷地区或冬季，晚间停机时，管内结冰膨胀将冷却水管炸裂。所以要尽量选用不易受热膨胀影响的材料，并采用浮动头之类的变形补偿结构；在寒冷季节，每晚都要放干净冷却器中的水。

4. 漏油、漏水怎么办?

出现漏油、漏水，会出现流出的油发白、排出的水有油花的现象。

漏水、漏油多发生在油冷却器的端盖与筒体结合面，或因焊接不良、冷却水管破裂等原因造成漏油、漏水。此时可根据情况，采取更换密封、补焊等措施予以解决。更换密封时，要洗净结合面，涂覆一层“303”或其他黏结剂。

5.5 油箱

油箱的主要作用是储油、散热和分离油中空气、杂质等。因此，油箱应有足够的容量、较大的表面积，且液体在油箱内流动应平缓，以分离气泡和沉淀杂质。

1. 为什么油箱上要安设空气滤清器?

从泵吸油的原理可知：液压泵内的油液是大气压将油箱油液压入到泵内的，所以油箱不能封闭。油箱往往在顶部开一通气孔，安设了空气滤清器，既能与大气相通，又能防止污染物从通气孔进入油箱内。

2. 如何防止油箱温升严重?

油箱起着一个“热飞轮”的作用，可以在短期内吸收热量，也可以防止处于寒冷环境中的液压系统短期空转被过度冷却。油箱的主要矛盾还是温升，温升到某一范围保持平衡、不再升高。严重的温升会导致液压系统多种故障。

引起油箱温升严重的原因有：油箱设置在高温热辐射源附近，环境温度高；液压系统各种压力损失（如溢流、减压等）产生的能量转换大；油箱设计时散热面积不够；油液的黏度选择不当，过高或过低。

解决油箱温升严重的办法是：尽量避开热源；正确设计液压系统，如系统应有卸载回路，采用压力适应、功率适应、蓄能器等高效液压系统，减少高压溢流损失，减少系统发热；正确选择液压组件，提高液压组件的加工精度和装配精度，减少泄漏损失、容积损失和机械损失带来的发热现象；正确配管，减少过细过长、弯曲过多、分支与汇流不当带来的局部压力损失；正确选择油液黏度；油箱设计时应考虑有充分的散热面积和油箱容量。一般对低压系统油箱容积可取泵额定流量的2～4倍，中压系统取5～7倍，高压系统取10～12倍，当机械停止工作时，油箱中的油位高度不超过油箱高度的80%，流量大的系统取下限，反之取上限；在占地面积不容许加大油箱体积的情况下或在高温热源附近，可设油冷却器。

3. 如何防止油箱内油液被污染?

(1) 装配时残存的

例如油漆剥落片、焊渣等。在装配前，必须严格清洗油箱内表面，并严格去锈、去油污，再用油漆刷油箱内壁。以床身作油箱的，如果是铸件，则需清理干净砂芯等，如果是焊接床身，则应注意焊渣的清理。

(2) 从外界侵入的

① 油箱应注意防尘密封，并在油箱顶部安设空气滤清器和大气相通，使空气经过滤后再进入油箱。

空气滤清器往往兼作注油口，现已有标准件（EF型）出售。可配装100目左右的铜网滤油器，以过滤加进油箱的油液，也有用纸芯过滤的，效果更好，但与大气相通的能力差些，所以纸质滤芯容量要大。

② 为了防止外界侵入油箱内的污物被吸进泵内，油箱内要安装隔板（图5-42），以隔开回油区和吸油区。通过隔板，可延长油液回到油箱的时间，防止油液氧化、劣化；另一方面，也利于污物的沉淀。隔板高度为油面高度的3/4。

③ 油箱底板倾斜。底板倾斜程度视油箱的大小和使用油的黏度而定，一般为1/64～1/24。在油箱底板最低部分设置放油塞，使堆积在油箱底部的污物得到清除。

④ 吸油管离底板最高处的距离要在150mm以上，以防污物被吸入（图5-43）。

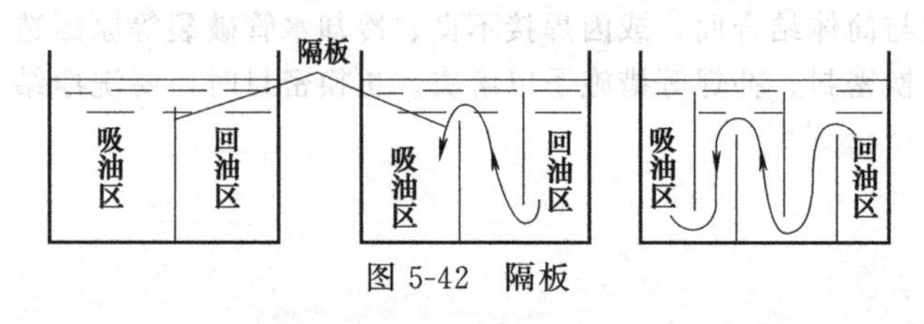

图5-42 隔板

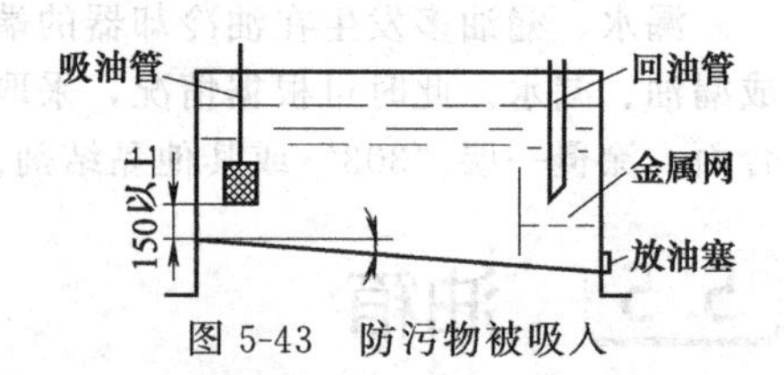

图5-43 防污物被吸入

(3) 减少系统内污物的产生

① 防止油箱内凝结水分的产生。必须选择足够大容量的空气滤清器，以使油箱顶层受热的空气迅速排出，不会在冷的油箱盖上凝结成水珠掉落在油箱内；另一方面，大容量的空气滤清器或通气孔，可消除油箱顶层的空间与大气压的差异，防止因顶层低于大气压时，从外界带进粉尘。

② 使用防锈性能好的润滑油，可减少磨损物的产生并防止锈蚀。

4. 如何解决油箱内油液、空气泡难以分离的现象?

由于回油在油箱内的搅拌作用，易产生悬浮气泡夹在油内。若被带入液压系统，会产生许多故障（如泵噪声、气穴及液压缸爬行等）。

为了防止油液气泡在未消除前便被吸入泵内，可采取图5-44所示的方法。

① 设置隔板，隔开回油区与泵吸油区，回油被隔板折流，流速减慢，利于气泡分离并溢出油面［图5-44 (a)］，但这种方式分离细微气泡较难，分离效率不高。

② 设置金属网［图5-44 (b)］。在油箱底部装设一金属网捕捉气泡。

③ 当箱盖上的空气滤清器被污物堵塞后，也难以与空气分离，此时还会导致液压系统工作过程中因油箱油面上下波动而在油箱内产生负压，使泵吸入不良。此时应拆开清洗空气滤清器。

④ 除了上述消泡措施，并采用消泡性能好的液压油之外，还可采取图5-45的几种措施，以

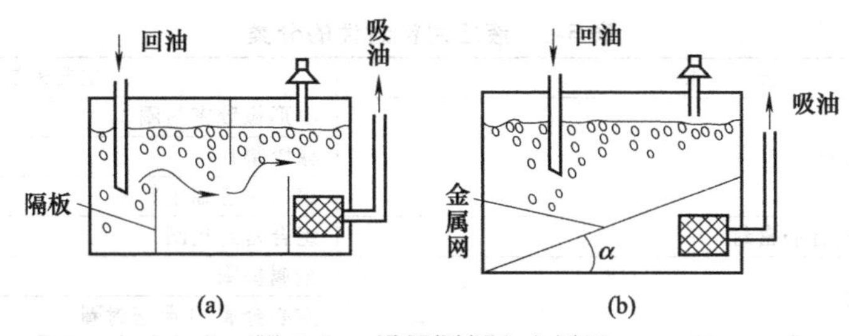

图 5-44　设置隔板和金属网

减少回油搅拌产生气泡的可能性以及去除气泡。回油经螺旋流槽减速后，不会对油箱油液产生搅拌而产生气泡；金属网有捕捉气泡并除去气泡的作用。

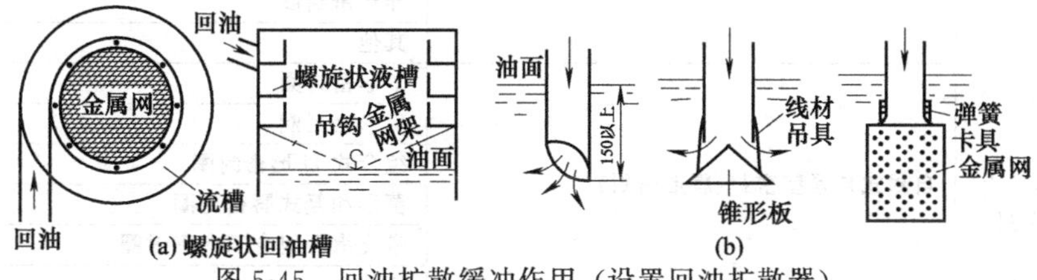

图 5-45　回油扩散缓冲作用（设置回油扩散器）

5. 怎样防止油箱振动和产生噪声?

① 减小振动和隔离振动。主要是针对液压泵电机装置使用带减振垫的弹性联轴器等。例如HL 型弹性柱销联轴器（GB 5014—1985）、ZL 型带制动轮的弹性柱销联轴器（GB 5015—1985）和滑块联轴器（GB 4384—1986）等。并注意电机与泵的安装同轴度。

油箱盖板、底板、墙板须有足够的刚度。

在液压泵电机装置下部垫吸音材料，液压泵电机装置与油箱分设，回油管端离油箱壁的距离不应小于 5cm 等。

油箱加吸音材料保护罩，隔离振动和噪声。

② 防止泵进空气。

排除泵进油管空气。

减少回油管回油对油箱内油液的搅拌作用。回油对油箱内油液的搅拌作用会产生大量气泡。

③ 减少液压泵的进油阻力，防止泵的气穴现象。

④ 保持油箱比较稳定的较低油温。油温升高会提高油中的空气分离压力，从而加剧系统的噪声，故应使油箱油温有一个稳定的较低值范围（30～55℃）。

⑤ 油箱加罩壳，隔离噪声。液压泵装在油箱盖以下，即油箱内，也可隔离噪声。

⑥ 在油箱结构上采用整体性防振措施。例如，油箱下地脚螺钉固牢于地面，油箱采用较厚的整体式电机泵座安装底板，并在电机泵座与底板之间加防振材垫板；油箱的薄弱环节加设加强筋等。

6. 清洁油箱内壁的一种实用方法是什么?

用面粉加水拌和成半干半湿状，干湿程度与包饺子的面团相同。用此面团可较彻底地黏除油箱内壁的顽固污垢，最后用清洗剂可彻底清洗干净油箱。

5.6　密封

5.6.1　简介

1. 液压用密封件分为哪几类?

液压用密封件按表 5-6 来分类。

表 5-6　液压用密封件的分类

分类			主要密封件
静密封	非金属静密封		O形橡胶密封圈
			橡胶垫片
			聚四氟乙烯生料带
	橡胶-金属复合静密封		组合密封垫圈
	金属静密封		金属垫圈
			空心金属O形密封圈
	液态密封垫		密封胶
动密封	非接触式密封、间隙密封		利用间隙、迷宫、阻尼等
	接触式密封	自封式压紧型密封	O形橡胶密封圈
			同轴密封圈
			异形密封圈
			其他
		自封式自紧型密封(唇形密封)	Y形密封圈
			V形密封圈
			组合式U形密封圈
			蕾形和复式唇密封圈
			带支承环组合双向密封圈
			其他
		活塞环	金属活塞环
		旋转轴油封	油封
		液压缸导向支承件	导向支承环
		液压缸防尘圈	防尘圈
		其他	其他

2. 间隙密封是怎样的?

如图 5-46 (a) 所示，间隙密封是利用相对运动件之间的适当小的间隙进行密封的方式。当相对运动件之间的间隙适当小时，起到密封作用；当运动件之间的间隙过大时，起不到密封作用；另外在相同间隙下，间隙密封还受液压油黏度大小影响，黏度过小，间隙之间会有泄漏，而液压油黏度适当时，可以起到密封作用［图 5-46 (b)］。

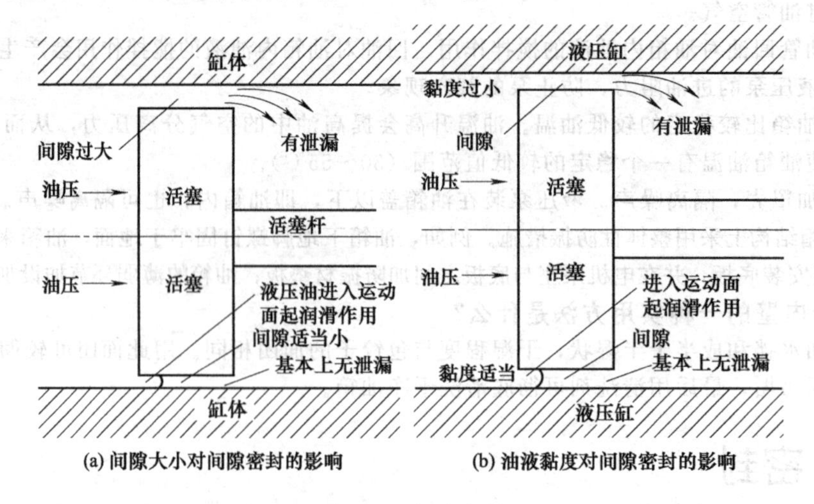

(a) 间隙大小对间隙密封的影响　(b) 油液黏度对间隙密封的影响

图 5-46　间隙密封

3. 液压用密封件的材质有哪些?

液压用密封件的材质见表 5-7。

表 5-7 液压用密封件的材质

橡胶名称	国际标准缩写	硬度范围(邵 A)	适用温度/℃
丁腈橡胶	NBR	40～93	－55～150
羧基丁腈橡胶	XNBR	50～90	－20～125
氟橡胶	FKM	50～90	－44～275
乙丙橡胶	EPDM/EPM	40～90	－55～150
氢化丁腈橡胶	HNBR	55～90	－55～150
硅橡胶	VMQ	25～90	－100～300
氯丁橡胶	CR	30～90	－40～125
氟硅橡胶	FVMQ	45～80	－60～232
聚氨酯	AU/EU	60～95	－80～100
氯醇橡胶	CO/ECO/GECO	50～80	－40～135
丁苯橡胶	SBR	50～70	－40～70
丁基橡胶	IIR	50～70	－55～100
天然橡胶	NR	40～90	－50～100
乙烯/丙烯酸橡胶	AEM	40～85	－30～175
聚丙烯酸酯橡胶	ACM	45～80	－25～175
全氟醚橡胶	FFKM	75～91	－25～327

4. 常用密封件材料所适应的介质和使用温度范围怎样?

常用密封件材料所适应的介质和使用温度范围见表 5-8。

表 5-8 常用密封件材料所适应的介质和使用温度范围

密封材料	石油基液压油、矿物基液压脂	难燃性液压油			使用温度范围/℃	
		水-油乳化液	水-乙二醇基	磷酸酯基	静密封	动密封
丁腈橡胶	○	○	○	×	－40～120	－40～100
聚氨酯橡胶	○	△	×	×	－30～80	一般不用
氟橡胶	○	○	○	○	－25～250	－25～180
硅橡胶	○	○	×	△	－50～280	一般不用
丙烯酸酯橡胶	○	○	○	×	－10～180	－10～130
丁基橡胶	×	×	○	△	－20～130	－20～80
乙丙橡胶	×	×	○	△	－30～120	－30～120
聚四氟乙烯橡胶	○	○	○	○	－100～260	－100～260

注：○—可以使用；△—有条件使用；×—不可使用。

5. O 形圈的使用应注意哪些事项?

O 形圈在多种液压、气动件管接头、圆筒面及法兰面等结合处被广泛使用。对于在运动过程中使用的 O 形圈，当工作压力大于 10MPa 时，如单向受压，就在 O 形圈受压方向的另一侧设置一个挡圈；如双向受压，则在 O 形圈两侧各放一个挡圈。为了减小摩擦力，也可以采用楔形挡圈，当压力液体从左方施加作用力时，右方挡圈被推起，左方挡圈不与被密封表面接触，因此摩擦力减小。总的来说，采用挡圈会增大密封装置的摩擦力，而楔形挡圈对减小这种摩擦力具有十分重要的意义，对于固定的 O 形圈，当工作压力大于 32MPa 时，也需要使用挡圈。

O 形圈使用挡圈后，工作压力可以大大提高。静密封压力能够提高到 200～700MPa。动密封压力也能够提高到 40MPa，而且挡圈还有助于 O 形圈保持良好的润滑。

在用 O 形圈作为往复运动式密封时，必须要注意密封圈因滚动扭转引起的破坏和因黏着造成摩擦力的增加，而造成失效。O 形圈如果装配妥善，并且使用条件适当，一般不大容易在往复运动状态下产生滚动或扭曲，因为 O 形圈与密封沟的接触面积大于在滑动表面上的摩擦接触面积，而且O形圈本身的抗阻能力原来就能阻止扭曲，同时，摩擦力的分布也趋向保持O形圈在其沟槽中静止不动，因为静摩擦大于滑动摩擦，而且密封沟槽表面一般不如滑动表面光洁。

6. O形圈的失效形式、造成原因与解决办法是什么？

O形圈的失效形式如图5-47所示。

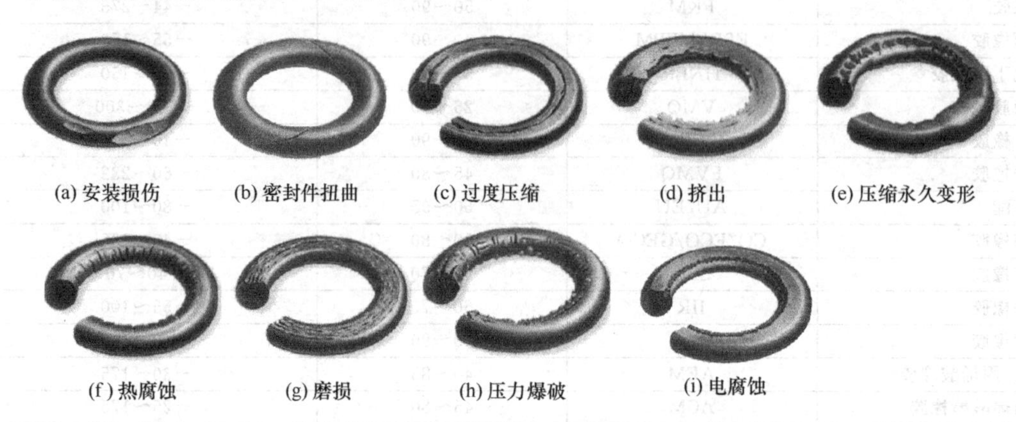
(a) 安装损伤　(b) 密封件扭曲　(c) 过度压缩　(d) 挤出　(e) 压缩永久变形　(f) 热腐蚀　(g) 磨损　(h) 压力爆破　(i) 电腐蚀

图5-47　O形圈的失效形式

造成图5-47中O形圈的失效形式的原因与解决办法如下。

① 沟槽等部件边角锋利，密封件硬度或弹性过低；密封件表面有污垢。

清除锋利边角；使沟槽设计更加合理；选择尺寸合适的密封件；选择弹性更大、硬度更高的密封件。

② 安装不当造成运动速度太低，材料太硬或弹性太小，O形圈表面处理不均匀，沟槽尺寸不均匀，沟槽表面粗糙，润滑不足。

正确安装，选用高弹性材料，选择可自润滑的材料，选择适当的沟槽设计及表面粗糙度，尽量使用支撑环。

③ 设计不合理，没有考虑到材料由于热量及化学介质引起的变形，或压力过大。

沟槽的设计应考虑到材料由于温度及化学介质引起的变形。

④ 间隙过大；压力过大；材料硬度或弹性太低；沟槽空间太小；间隙尺寸不规则；沟槽边角过于锋利；密封件尺寸不合适。

减小间隙尺寸，选用更高硬度或弹性的材料、合理的沟槽设计。

⑤ 压力过大；温度过高；材料没有完成硫化处理；材料本身永久变形率过高；材料在化学介质中过度膨胀。

选择低变形率的材料；确认材料与介质相容；设计合适的沟槽。

⑥ 材料不能承受高温，或温度超出预计温度，或温度变化过快、过频繁。

选择具有抗高温性能的材料，如可能，尽量降低密封面温度。

⑦ 密封表面粗糙度不够，温度过高，密封圈渗入磨损性强的污物，密封件产生相对运动，密封件表面处理不彻底。

使用推荐的沟槽粗糙度，使用自润滑的材料，处理造成磨损的部件和环境。

⑧ 压力变化太快，材料的硬度和弹性过低。

选择高硬度、高弹性的材料，降低减压的速度。

⑨ 化学反应产生电解、溅蚀（离子对结构表面冲击引起材料损耗）、灼烧。

选择与介质相适合的材料，检查沟槽设计。

7. 唇形密封的类型与密封机理是什么？

唇形密封的类型根据断面形状可分为Y形圈、V形圈、U形圈、L形圈、J形圈、蕾形圈等。

唇形密封圈是一种具有自封作用的密封圈，它的密封机理是：依靠唇部紧贴密封偶合件表面，阻塞泄漏通道而获得密封效果。唇形密封圈的工作压力为预压紧力与流体压力之和，当被密封介质压力增大时，唇口被撑开，更加紧密地与密封面贴合，密封性进一步增强；此外，唇边刃口还有刮油的作用，更增强了密封圈的密封性能。

8. 唇形密封的类型、使用条件、特点及应用怎样?

唇形密封的类型、使用条件、特点及应用见表5-9。

表5-9 唇形密封的类型、使用条件、特点及应用

类型	材质	使用条件			特点及应用
		压力/MPa	速度/(m/s)	温度/℃	
Y形圈	纯胶	10	1	−30～120	结构简单紧凑，抗根部磨损能力强，工作位置较稳定。仅在压力波动大时使用支撑环。高压时应加挡环
	橡塑复合	30	1.5		
	橡胶夹布	30	1		
V形圈	橡胶夹布	60	0.5	−30～120	多个重叠使用，耐压性能好，使用寿命长，但摩擦阻力大，尺寸大；安装、调节较困难。广泛用于高压系统，特别是用于高压大直径、长冲程等苛刻条件
	橡塑复合	40	1		
U形圈	纯胶	10	1	−30～120	结构简单、摩擦系数较低。用于低速往复运动密封
	橡塑复合	30	5		
	橡胶夹布	30	1		
L形圈	纯胶	10	1	−30～120	用于小直径、压力低的活塞密封
	橡塑复合	16	1.5		
J形圈	纯胶	10	1	−30～120	用于低压的活塞杆密封
	橡塑复合	16	0.5		
蕾形圈	橡胶夹布	60	1	−30～120	用于高压低速密封，广泛用于液压支架密封
	橡塑复合	40	1.5		

9. 唇形密封圈较O形圈为何有更多优点?

唇形密封圈主要用于往复动密封中，与挤压型密封如O形密封圈相比，往复动密封使用唇形密封圈综合性能更好，使用寿命更长。

唇形密封圈的密封压紧力是随介质压力的改变而变化的，工作中始终适应介质压力的变化，既能保证足够的密封压紧力，又不至于产生过大的摩擦力。挤压型密封主要靠预压紧力产生密封力，密封圈接触压力预先给定，工作中不能根据介质压力的改变而变化，如果要求封住一个很大的压力，那么预压力也必须很大，而大的预压力会使密封圈与密封面接触应力、接触面积增大，产生很大的摩擦阻力。过大的摩擦力会造成密封圈的破损，在低压时造成启动困难，或产生爬行现象。唇形密封圈可以通过唇部撑开变形补偿小的磨损量，保证密封效果和密封寿命；而O形圈随着摩擦余量的减少，直接影响其密封性。

另外，O形圈在往复运动密封中，容易产生翻滚、扭转等现象，唇形密封的翻滚、扭转现象则不太明显。

与O形密封圈相比，唇形密封圈的主要缺点是，只能做单向密封，如果要用作双向密封，则要用两个密封圈，这样会使密封长度增加；沟槽设计困难，而且两个密封圈之间会产生困油，引起逆压损坏；而预压型密封圈的断面形状左右对称，可以用作双向密封，体积较小，沟槽设计容易。

基于上述比较，在允许少量泄漏的情况下，挤压型密封圈可减小沟槽尺寸；而在密封性能要求高的情况下，则要使用综合性能更好的唇形密封圈。

10. 什么是斯特封（密封圈）?

斯特封由一个低摩擦、填充有青铜粉的聚四氟乙烯（PTFE）阶梯形环和O形橡胶密封圈组

合而成，源自美国霞板（Shamban）公司。O形圈提供足够的弹性箍紧力，使斯特封紧贴在密封面上起密封作用，并对PTFE环的磨耗起磨损补偿作用。主要用于液压缸活塞杆密封，笔者在拆修时，发现它也用于大直径插装阀中，耐压可达60MPa，往复运动速度5m/s，使用温度－50～255℃。摆动和螺旋运动也可应用（3m/s），摩擦系数仅为0.002～0.004，且静摩擦系数等于或小于动摩擦系数，是防止爬行故障的优秀密封，泄漏量几乎为零。

图5-48为斯特封的结构与断面图。

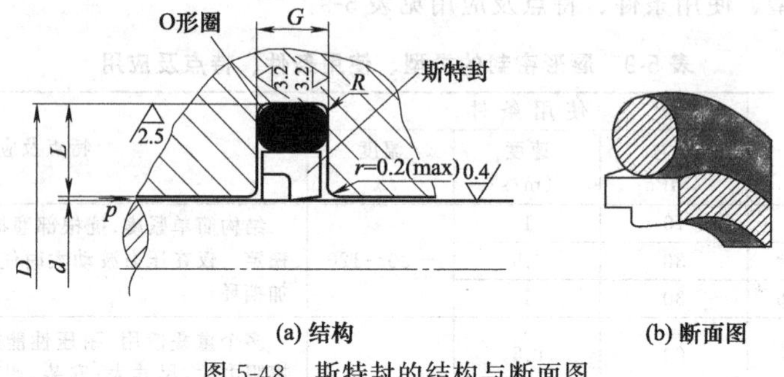

图5-48 斯特封的结构与断面图

11. 什么是格来圈（密封圈）？

格来圈由一抗磨的充填有青铜粉的聚四氟乙烯（PTFE）方形环和一个O形密封圈组合而成。O形密封圈使格来圈紧密地贴合在缸孔内壁上，并对格来圈的磨耗进行自动补偿，因此密封效果佳。图5-49为其结构和断面图。

这种由美国霞板公司和德国洪格尔公司生产的新型密封圈，在20世纪由广州机床研究所引进，并由国内多家密封件厂所生产，易购。

它适用于液压缸活塞的双向密封，它也可用在插装阀上。耐压40MPa，往复速度≤5m/s，摆动或螺旋速度≤3m/s，使用温度约225℃，耐油、汽、水等工作介质。

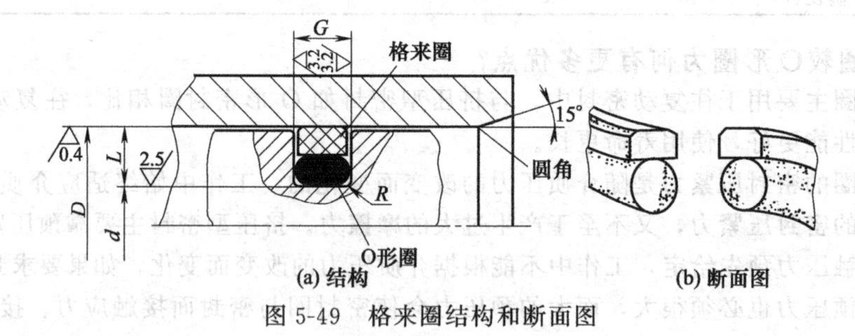

图5-49 格来圈结构和断面图

12. 什么是双特槽密封圈？

双特槽密封也是由美国霞板公司引入的一种既可用于孔、又可用于轴的双向新型密封，读者在维修进口液压设备时常可见到这种密封。国内已有生产厂生产。

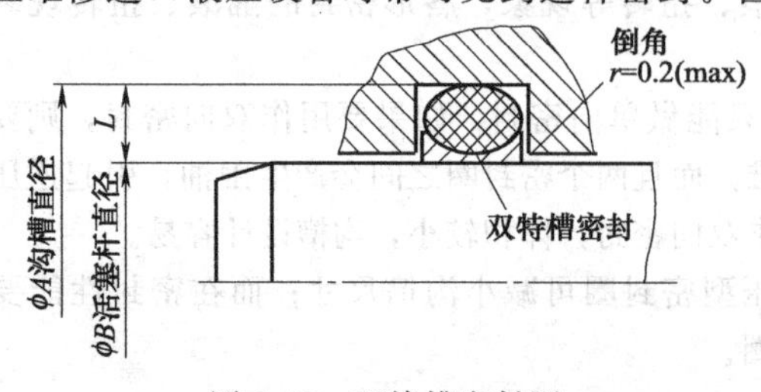

图5-50 双特槽密封圈

双特槽密封由填充聚四氟乙烯加石墨制成的双特密封环和O形圈组合而成（图5-50），从结构上看，它与格来圈基本相同，不同的是格来圈PTFE环为方形，此处为方底凹圆弧形。因而双特槽密封与格来圈的使用温度、工作压力等工况条件相同，它的漏油原因和故障排除方法也基本相同，可参阅执行。

双特槽密封另一个优点是它的密封沟槽尺寸与现有的O形橡胶密封沟槽尺寸完全一致，可以直接将其装在现有的O形密封圈的沟槽内或者现有的带挡圈的O形密封圈沟槽内，更换非常方便。

5.6.2 排除密封漏油的措施

1. 怎样装好密封圈防止漏油?

① 注意密封圈的装入方法：例如装入O形圈时，要采用图5-51所示的防止松脱的方法。

② 使用必要的装配工具安装密封圈（图5-52～图5-56）。

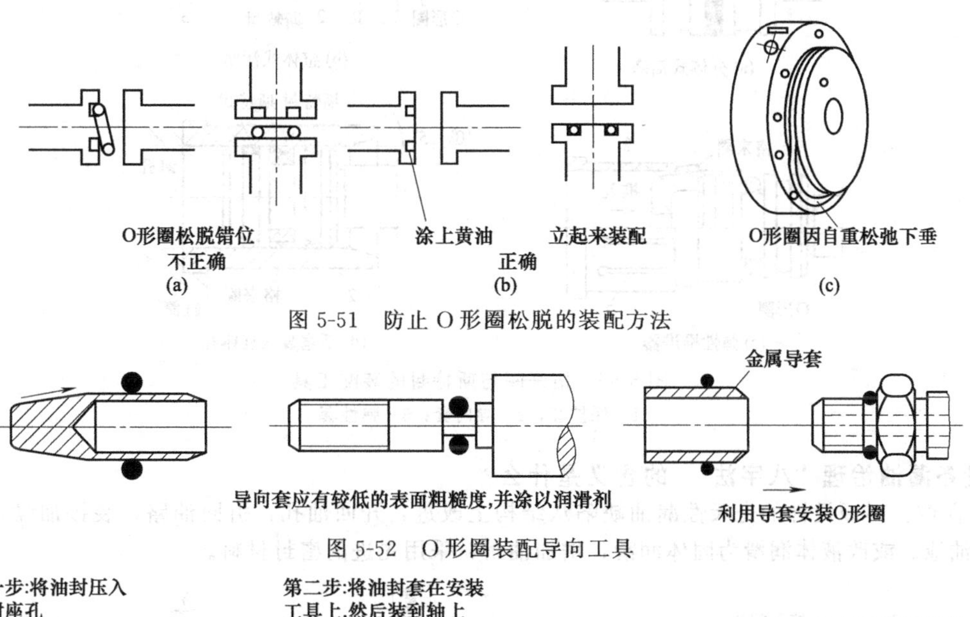

图5-51 防止O形圈松脱的装配方法

图5-52 O形圈装配导向工具

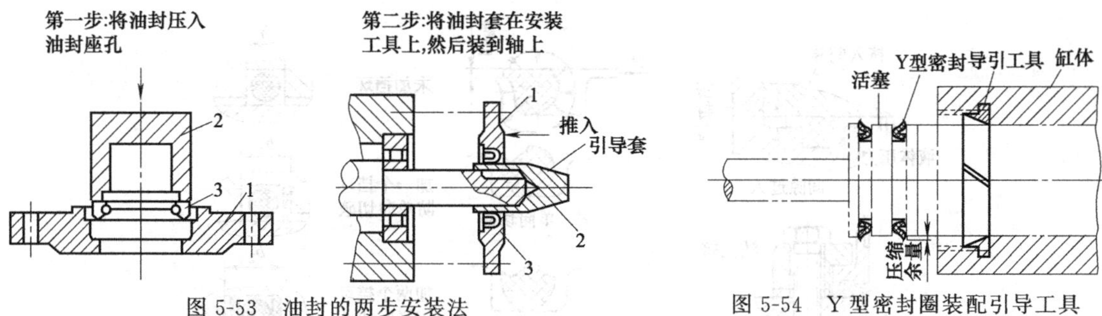

图5-53 油封的两步安装法

1—油封座；2—安装工具；3—油封

图5-54 Y型密封圈装配引导工具

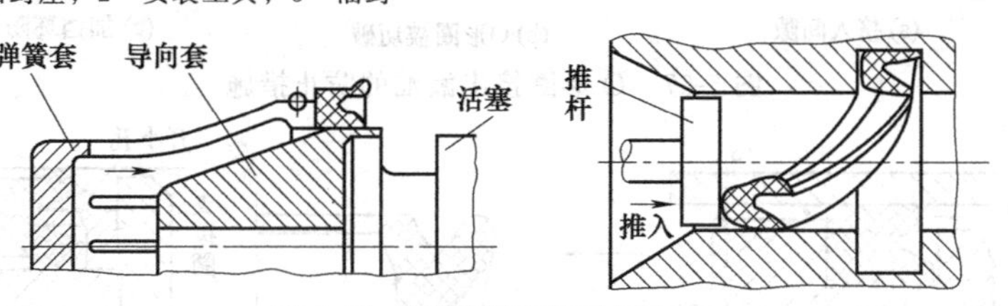

图5-55 U形圈装配引导方法

2. 怎样防止O形密封圈挤出（楔入间隙）而导致的漏油?

采用图5-57所示的加挡环的措施可防止O形密封圈挤出（楔入间隙）而导致的漏油。

3. 怎样防止Y形圈等唇形密封圈挤出（楔入间隙）而导致的漏油?

采用图5-58所示的加支撑圈的措施可防止Y形圈等唇形密封圈挤出（楔入间隙）而导致的漏油。

4. 如何装入欠缺弹性的密封圈（环）?

上述斯特封、格来圈（主要填充四氟乙烯材料制成）的弹性较差，因此在安装前应先将其在

100℃的油或沸水中浸泡10～20min，使其变软，然后在其弹性较大时可容易安装上。

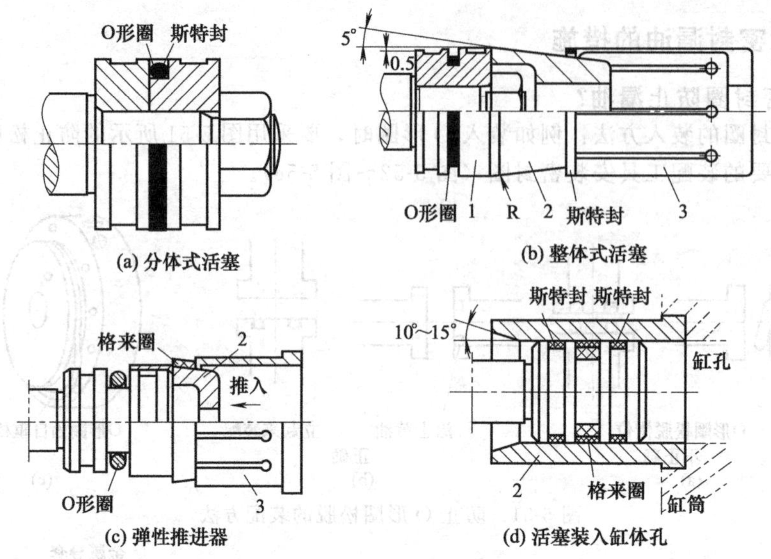

图5-56 格来圈与斯特封的装配工具

1—保护套；2—导向套；3—弹性套

5. 设备漏油治理“八字法” 的含义是什么？

① 改。对原设计的先天性漏油缺陷从结构上改进，开回油孔，引回油路，装接油盘，把油接回油池。或改液体润滑为固体润滑，增加油封，采用先进的密封材料。

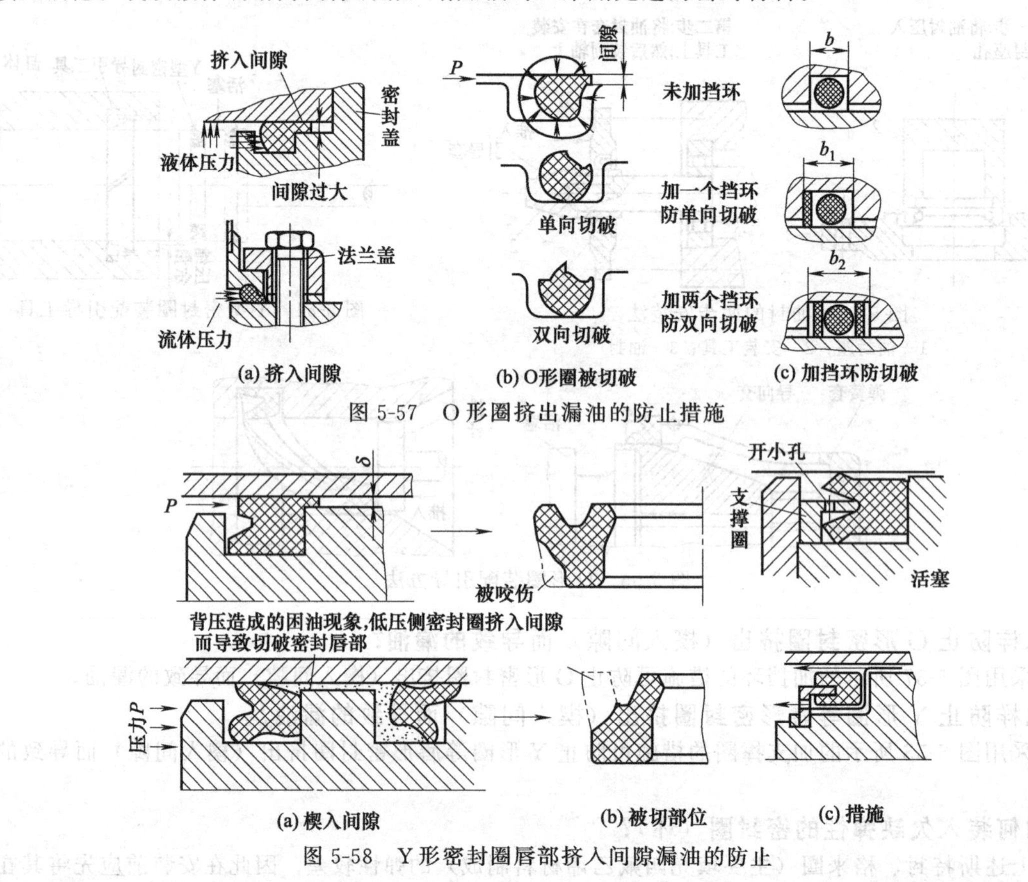

图5-57 O形圈挤出漏油的防止措施

图5-58 Y形密封圈唇部挤入间隙漏油的防止

② 换。对设备中磨损的轴、套及已损坏的密封件进行修理或更换。

③ 堵。对箱体上钻通的盲孔等，用堵头封严，防止因回油孔较小、回油不畅而引起泄漏。

④ 疏。疏通回油路，加钻回油孔。将油引回油箱，加快油液循环，防止因回油孔较小、回油不畅而引起泄漏。

⑤ 封。对设备箱盖结合面，在结合面间装密封垫片或涂密封胶密封。

⑥ 接。对实在难以治理的漏油设备，加设润滑系统接油盒，将漏油接住，并定期回收。

⑦ 修。对管道裂缝进行补焊，对铸件砂眼、裂缝进行粘接修补，并将其他缺陷进行修复。

⑧ 管。加强润滑技术管理工作，定点、定质、定量、定期、定人清洗换油，加油量应适当，不宜过少或过多。

5.7 液压测试元件

液压系统在调试、维修与使用过程中，要对压力、流量、油温等液压参数进行调节和测量，现代液压设备上出于自动控制的需要和具有故障自诊断功能的需要，往往用到压力传感器等测试发信元件。因此液压设备的使用与维修人员须具备液压测试方面的一些基本知识。

5.7.1 压力的测量

1. 弹簧管式压力表测压原理是怎样的?

弹簧管式压力表是利用截面为腰形的弹簧管在受压后产生弹性变形来测量压力的，图 5-59 为其结构原理。被测流体由接头 5 进入弹簧管（弹性敏感元件）1 内，在压力作用下，管 1 产生变形，略微伸直一点，在其右边自由端将产生一个小位移，此小位移通过拉杆 3 带动扇形齿轮 2 摆动，与其啮合的中心齿轮 8 顺时针旋转，从而带动固定在 8 上的指针 9 也跟着顺时针转动，从表盘 6 的刻度尺上可读出被测压力值。由于弹簧管是在其弹性范围内产生变形，因此指针 9 的转角与被测压力成正比。螺旋形游丝 7 用以消除齿轮间的齿侧隙，减少测量误差。

采用不同材质（如锡磷青铜、铬钒钢及不锈钢等）的弹簧管，可得到不同的允许测压范围（如 0.06～16MPa 等）。

2. 柱塞式压力表测压原理是怎样的?

如图 5-60 所示，柱塞式压力表由柱塞、平衡弹簧、指针和刻度盘组成，柱塞与系统压力相通，刻度盘的标定单位为 psi（bar）。

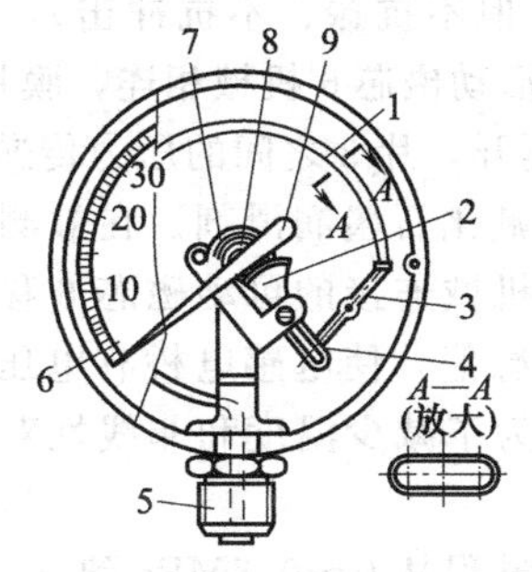

图 5-59 波登管式压力计结构

1—弹簧管；2—扇形齿轮；3—拉杆；4—调节螺钉；5—接头；6—表盘；7—游丝；8—中心齿轮；9—指针

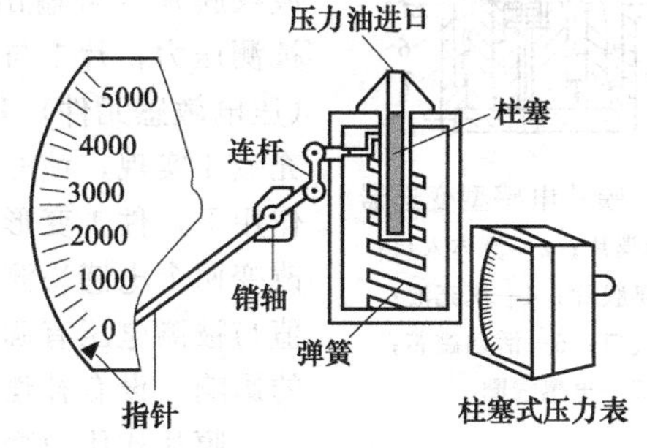

图 5-60 柱塞式压力表

柱塞式压力表的工作原理：当系统压力升高时，压力作用在活塞上，克服弹簧的平衡力推动柱塞移动，这种移动使得与柱塞相连的指针在刻度盘上指示出相应的压力值。柱塞式压力表测量系统压力经济耐用。

3. 压力表之前为何一般要设置阻尼?

压力表主要用于静态压力的测量。当液压系统存在压力脉动、压力冲击或振动时，为了减少对压力表的冲击，保证指针稳定，便于读数，要在压力表接头之前安装如图 5-61 所示的几种常用的阻尼装置吸收振动，用内径小于 5mm 的细钢管绕几圈作为压力表的输入管也可起到阻尼吸振作用。

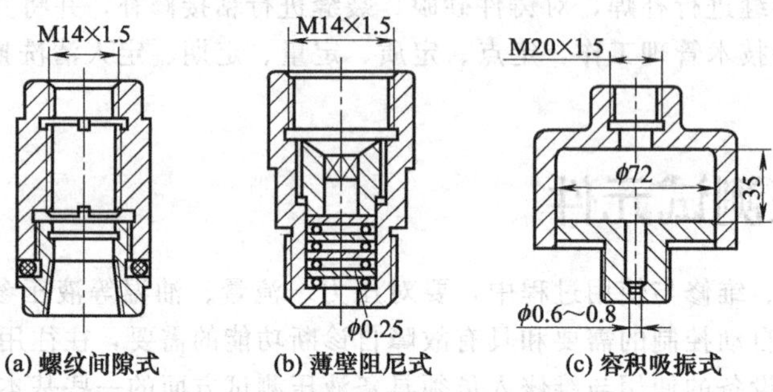

图 5-61 压力表的几种阻尼装置

4. 用压力表测量压力时应注意哪些事项?

① 应正确选用符合测量精度等级所需的压力表。

标注在表盘上的 2.0 字样表示压力表的测量精度等级，共有 0.5、1.0、1.5、2.0、2.5、4 六个等级，一般测量用 1.5 精度的压力表便可，用来校正压力表精度的压力表则要用 0.5 级的。

② 被测压力的最大值不应超过表量程的 2/3，但也不要过于放宽，否则会产生在低量程范围内的测压不敏感的现象。为了保证测量精度，往往需要根据测量范围的大小选用几个量程不同的压力表。

5. 电感式压力传感器的工作原理是怎样的?

压力传感器为电测压式压力仪器。其种类很多，如电阻应变式、电容式、电感式、压电式以及半导体式压力传感器等。不同的压力传感器常配有专用的测量电路或通用的测量仪器。

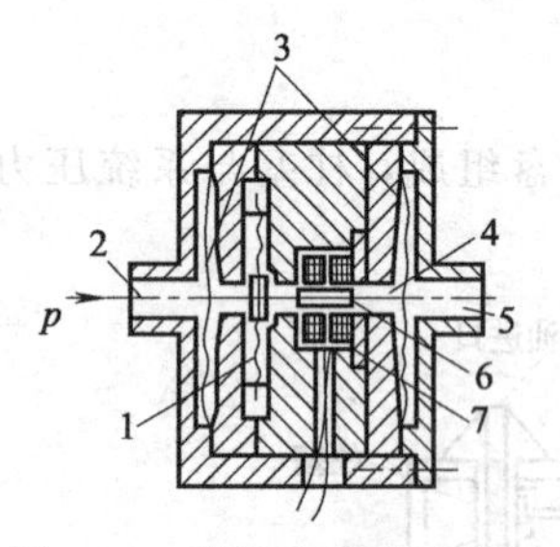

图 5-62 膜片电感型变送器
1—测量膜片；2—流体入口；3—隔离膜片；4—填充液；5—大气口；6—活动磁芯；7—电感线圈

如图 5-62 所示，电感式压力传感器的压力敏感元件多采用金属制的圆形膜片（平形与波纹形），其结构原理为：测量膜片 1 为波纹膜片（可输出较大位移，但不抗振、不抗冲击），用来感受被测压力，片 1 与可变电感的活动磁芯 6 机械相连，膜片 3 将片 1（压电敏感元件）和被测液体隔开，片 3 之间的压力传递由中间填充液 4 实现，填充液为硅油或氟化石墨润滑剂。在被测液体压力作用下，件 1 变形，带动与其机械连接的可动磁芯 6 移动，从而改变两个电感检测线圈 7 的电感值，使电感电桥有电压输出，其值与被测电压有确定的关系。为了减少温度和非线性对测量精度的影响，设有补偿电路。

膜片式压力变送器的测压量程从 0～0.8MPa 到 0～2.5MPa；膜片式压差传感器的测压量程从 0～8×10^{-4} MPa 到 0～2.5MPa；最大静压力为 20MPa 或 50MPa；测量精度为±0.25%；非线性≤±0.2%。

6. 电容式压力传感器的工作原理是怎样的?

它是利用压力的作用，改变平板电容器的两极板之间的距离来改变其电容量，通过测量电容量的变化达到测量液体压力的目的。

图 5-63 为电容式压力传感器的结构。弹性感压膜片 1 四周固压在壳体 2 上，电容器的活动

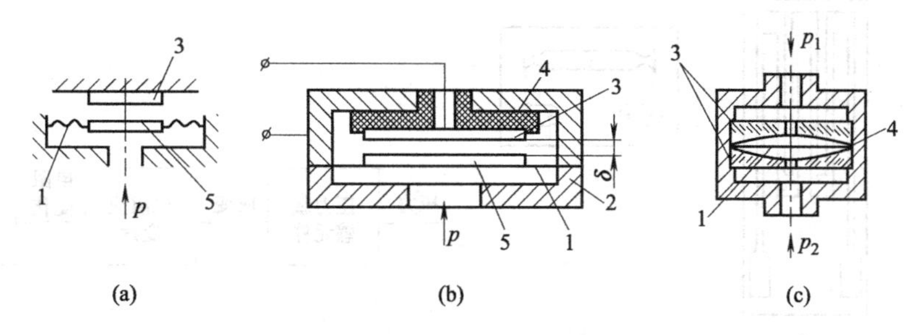

图 5-63 电容式压力传感器的结构

1—膜片；2—壳体；3—固定极板；4—绝缘件；5—可动感应极板

极板 5 与膜片 1 连在一起。固定极板 3 用绝缘件 4 与壳体隔开。

在压力 p 的作用下，弹性感压膜片 1 与极板 5 一起做平行移动，使电容器的两极板间的距离 δ 改变，从而改变其电容量。

为了提高压力传感器的灵敏度和改善输出特性，常采用差动形式［图 5-63（c）］，感压膜片 1 置于两固定极板 3 之间，当压力变化时，一侧电容增大，另一侧电容减小。因此，其灵敏度可提高一倍，而非线性可大大降低。

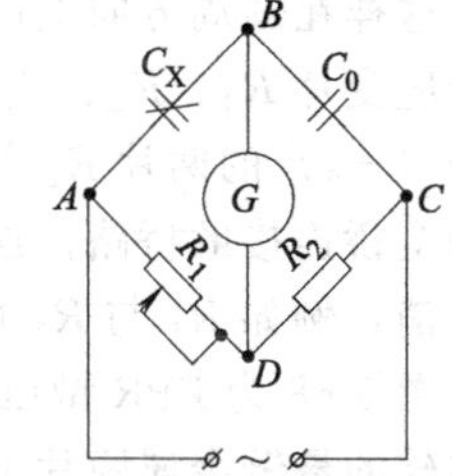

图 5-64 电容式压力传感器工作原理

电容式压力传感器的测量电路有交流电桥、双 T 网络、调频电路等。图 5-64 为交流电桥测量电路，C_X 为传感器的电容，C_0 为固定电容，R_1、R_2 为配接电阻，电桥的 A、C 两端接有等幅高频交流电压，B、D 两端为电桥的输出。电桥事先调整至平衡，当传感器电容 C_X 因压力变化而变化时，电桥失去平衡而输出电流信号，该电流信号的振幅随 C_X 而变，经过放大与检波后，即可由指示仪表或记录仪器得出测量结果。

电容式压力传感器的优点是灵敏度高，可测量很低的压力，动态响应性好，适于测量高频压力变化。但由于传感器内部有寄生电容和分布电容，线路对外界环境也很敏感，因此不易获得高的测量精度。

7. 电阻应变片压力传感器的工作原理是怎样的?

由电阻应变片和压力敏感元件所组成。压力敏感元件有膜片式、溅射薄膜式、应变筒式、应变筒支梁式和组合式等。

电阻应变片常用的有：电阻丝应变片［图 5-65（a）］，它由一根直径为 0.012～0.05mm 的高电阻系数的金属丝 1（如康铜丝、镍铬合金丝等）绕成栅状，用胶水牢固地粘贴在绝缘片 2 上，电阻丝两端各焊接一根较粗的紫铜丝 3 作为引出线，上面再贴一层覆盖物。箔式应变片［图 5-65（b）］，它是由厚度为 0.005～0.01mm 的高弹性合金（如铜基、铁基、镍基）材料制成的合金箔加热附着在厚度为 0.05mm 的塑料片基上，用腐蚀加工的方法制成栅形而成。最为理想的材料为铌基合金，这种高温恒弹性材料无磁，耐蚀，弹性模量值低（弹性很高），滞后小，灵敏度高，使用温度达到－55～150℃，这些特性将大大提高传感器的性能和精度。半导体应变片［图 5-65（c）］，它是将 P 型或 N 型半导体晶体沿一定晶向切取细薄片代替金属丝或金属箔制成的应变片，它的体积小、灵敏度高，但受温度影响大。

应变片式压力传感器的工作原理如图 5-66 所示。压力敏感元件承受压力后产生应变量，电阻应变片则将应变量变换为电阻的变化量 ΔR，ΔR 再通过惠斯通电桥将其变成电量（电压）而输出。

电阻应变片的电阻变化量 ΔR 一般是很小的，需要用电桥来测量，即要采用测量电路（直流电桥、交流电桥或专门的电阻应变仪）来测量，目前应变片电桥大多采用交流电桥。

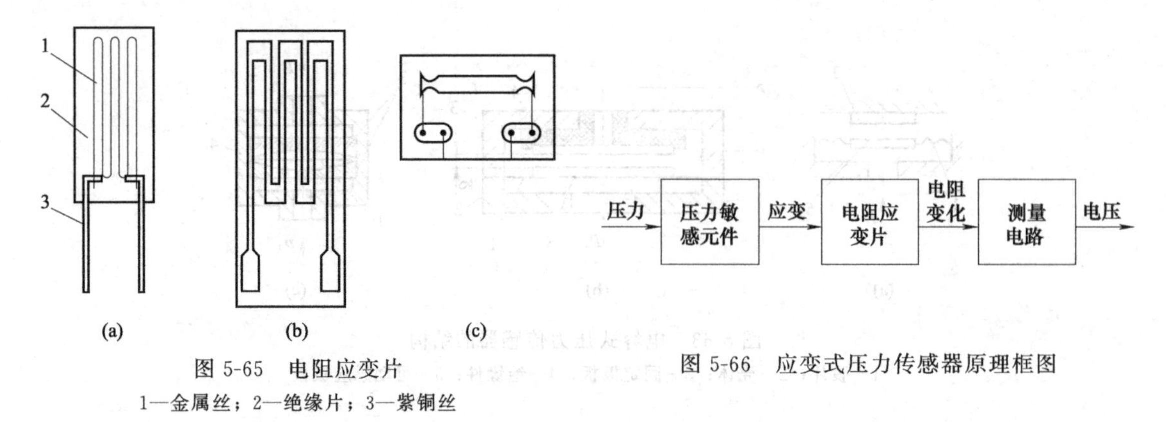

图 5-65 电阻应变片

1—金属丝；2—绝缘片；3—紫铜丝

图 5-66 应变式压力传感器原理框图

弹性敏感元件的受力筒采用圆筒、椭圆筒和扁平腰形筒的结构，应变片黏附在筒的外围上。图 5-67 为 BYY 型压力传感器的工作原理，被测压力 p 通入椭圆形筒内，使之力图变成圆形截面，这样在圆周方向上产生的应变量 ε 如图 5-67（b）所示，在每一个应变区的正中央分别粘贴四个应变片 R_1、R_2、R_3、R_4，正应变（$+\varepsilon$）区的两片 R_1 与 R_4 接在电桥两个相对的臂上，负应变（$-\varepsilon$）的两片 R_2 与 R_3 接在电桥另两个相对的臂上。四个桥臂都是测量应变片电阻，因而称为全桥连接的桥路。这种桥路中一个应变片电阻受温度影响所产生的误差为另一个相邻应变片所抵消，例如 R_1 与 R_2 抵消，R_3 与 R_4 互相抵消，所以这也是一种补偿电路。

图 5-68 为 BPR 型压力传感器的工作原理。从图中可知，它是先将液体的分布压力作用在薄而柔软的悬链金属膜片上变成集中力，再作用在应变筒上，这样液体可不充满筒内，减少了这部分液体体积，可提高传感器的自振频率，从而改善传感器的动态响应性能。悬链膜片较之平膜，不会出现平膜受压变形而因自身弹性产生弹性力，悬链膜片在受压变形时几乎不产生弹性力，能真实地把全部受到的分布压力变为集中力传到筒上。这种圆形截面筒，在轴向集中力作用下，将产生轴向压缩应变和圆周方向的拉伸应变。沿轴向粘贴两个应变片 R_3 和 R_2，以感受压缩应变（$-\varepsilon$），沿圆周方向粘贴两个应变片 R_1 与 R_4，以感受拉伸应变（$+\varepsilon$），并使它们成为全桥连接的形式。

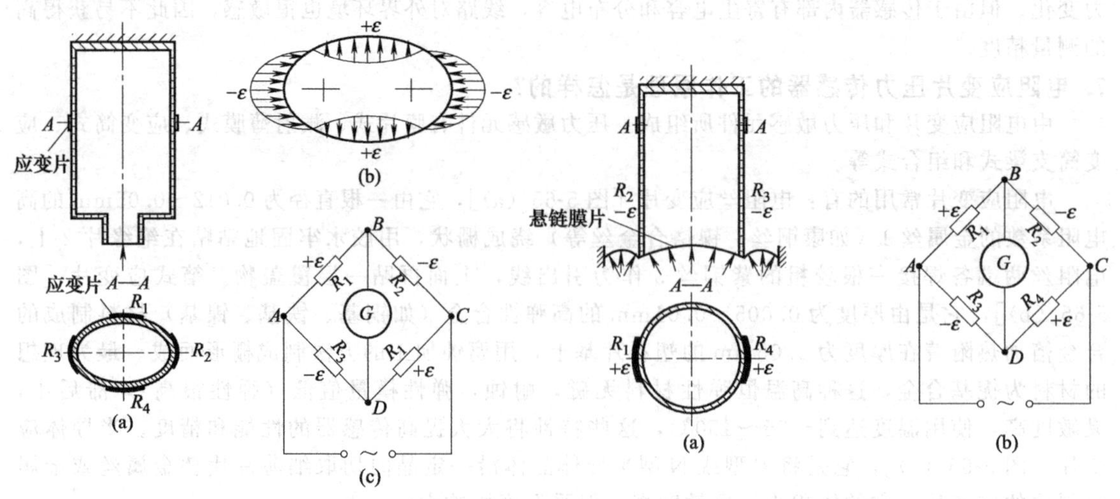

图 5-67 BYY 型压力传感器工作原理

图 5-68 BPR 型压力传感器工作原理

图 5-69 为广州机床研究所产的采用扁平腰形铜筒做成的传感器。应变片 R_1 与 R_3、R_2 与 R_4 在同一环向对称粘贴，且阻值相同，两两符号相反，按相邻臂异号、相对臂同号。四个应变片也组成一桥路，在传感器不受外力（液体压力）作用时，电桥无输出。由于应变片阻值的离散性很大，各片粘贴质量不一，另外测量温度也有变化。所以为了提高传感器的精度，实际电桥中有零

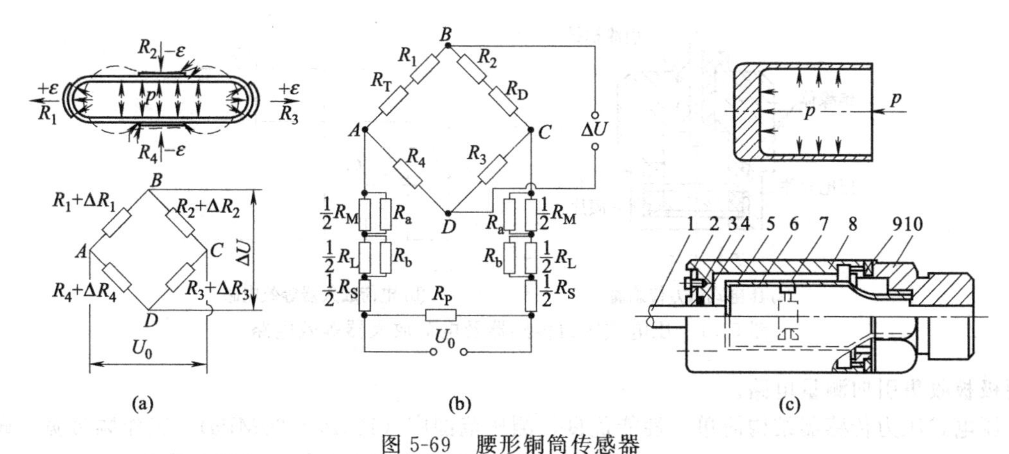

图 5-69 腰形铜筒传感器

1—四芯屏蔽线；2—螺钉；3—密封盖；4、9—O 形圈；5—密封胶；6—应变管；7—应变片；8—外壳；10—接头

点补偿 R_D、零点温漂补偿 R_T、灵敏度补偿 R_M、非线性补偿 R_L、输出阻抗标准化补偿 R_P 以及灵敏度标准化补偿 R_S 等。因而，由图 5-69（a）所示基本测量电桥电路变成了图 5-69（b）的形式。图中，ΔU 为传感器的输出电压，U_0 为传感器的供桥电压，图 5-69（c）为这种传感器的实际结构。

8. 压阻式压力传感器的工作原理是怎样的?

压阻式压力传感器是采用半导体材料沿其晶向切取细薄片作为应变片——压力敏感元件所制成的压力传感器。半导体材料在某一方向承受压力时，电阻率将发生显著变化，可将 P 型或 N 型半导体晶体细薄片作为电阻应变片用胶水牢固地粘贴在能感受压力变化的弹性元件上。当弹性元件随压力变化而产生应变时，半导体电阻应变片也受压产生应变，使其电阻发生变化，电阻值的变化量与弹性元件的应变量成正比。测量此电阻值的变化量便可测出弹性元件的应变量，从而测出压力的大小。

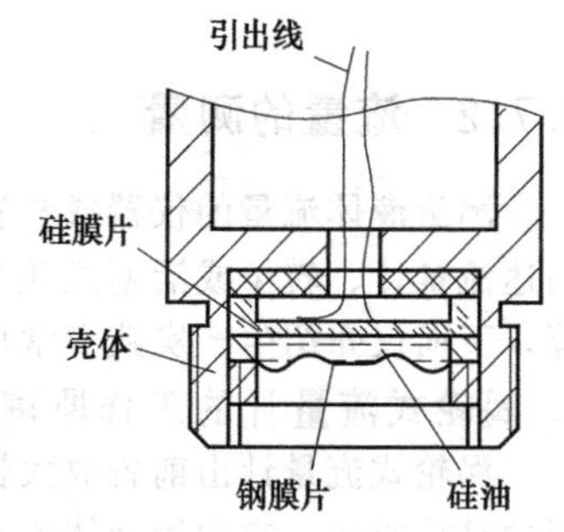

图 5-70 压阻式压力传感器结构示意图

图 5-70 为压阻式压力传感器结构，被测压力先作用在钢膜片上，通过硅油将压力传给硅膜片，使压敏电阻变化并通过电桥将信号输出，从而测出液体压力的大小。钢膜片隔开被测液体和硅膜片，可保护硅片，使其性能稳定。钢膜片和硅油的不可压缩性保证了被测压力可等效传到硅膜片上，它们也不影响传感器的灵敏度、线性和迟滞等性能，只影响零点效应和频率特性。

压阻式压力传感器测压范围宽，精度高，固有频率高，动特性好，重量轻，耐冲击振动，因而广泛用于生产、科研中。

9. 压电式压力传感器的工作原理是怎样的?

压电式压力传感器是利用晶体的正压电效应制成的传感器。所谓压电效应，是指压电晶体在外载荷（液体压力）的作用下产生机械变形，在其极化面上会产生电荷，且产生的电荷量与外部施加的力成正比，因此测得电荷量便可测出液体压力的大小。

压电效应是一种静电效应，压电元件受力所产生的电荷很微弱，加上其他因素，输出信号很弱，所以传感器的输出信号必须由低噪声电缆引入高输入阻抗的电荷放大器，该放大器是具有深度电容负反馈的高增益放大器，其等效电路见图 5-71（b）。

图 5-71（a）为压电式压力传感器的结构原理。被测液体压力作用在膜片上，膜片将力传给压电晶体，晶体受沿极化方向的力作用后，产生厚度方向的压缩变形，因压电效应产生电荷，再

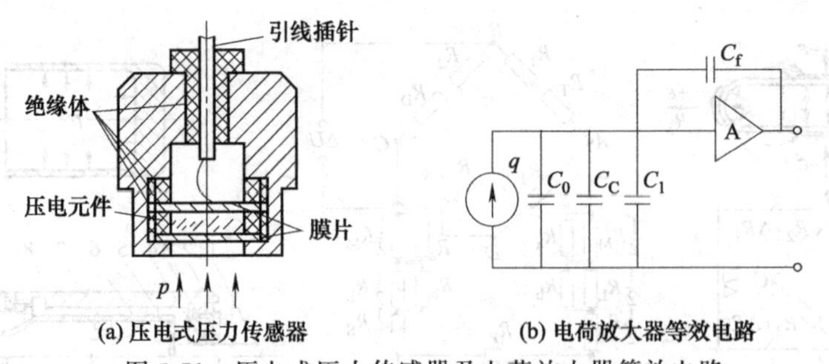

图 5-71　压电式压力传感器及电荷放大器等效电路

由两极板收集引向测量电路。

压电式压力传感器结构简单，性能优良，测压范围广（100Pa～60MPa），工作频带宽，耐冲击，可在高温环境下工作，应用较广泛。

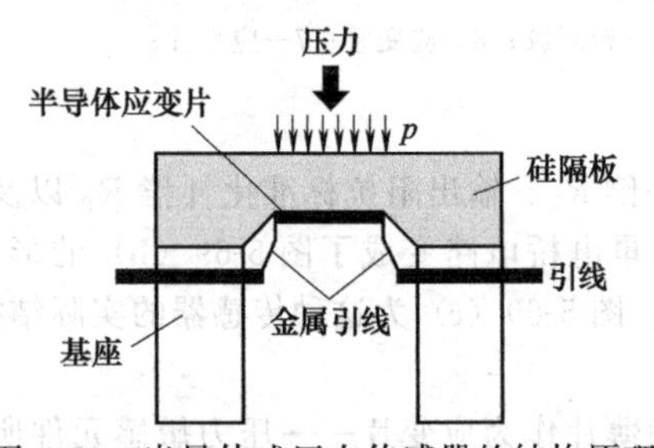

图 5-72　半导体式压力传感器的结构原理

10. 半导体式压力传感器的工作原理是怎样的?

半导体晶体在受到一个外力作用时，因半导体的压阻效应，其内部的电阻会发生大的改变。利用测出电阻改变量制成的压力传感器称半导体传感器，其工作原理如图5-72 所示。将硅单晶基板的中央部分腐蚀成薄膜状的硅环，再利用IC的扩散工艺制成由四个半导体应变片构成的惠斯通电桥，测量出电阻改变量，便可测出液体的压力。

5.7.2　流量的测量

测量液体流量的仪器或装置有很多，如浮子式流量计、椭圆齿轮流量计、罗茨流量计、计量马达流量计、转子或活塞式流量计、文丘里管差压式流量计、超声波流量计以及涡轮式流量计等，下面仅介绍生产实践中常用的几种流量计。

1. 涡轮式流量计的工作原理是怎样的?

涡轮式流量计由前置放大器、涡轮流量变送器和指示仪表所组成，图 5-73 为涡轮流量变送器的结构原理。它利用液体流动的动压使涡轮 1 转动，涡轮的转动速度与平均流速大致成正比，因而测得涡轮的转速便可求得瞬时流量，由涡轮转速的累计值便可求得累计流量。

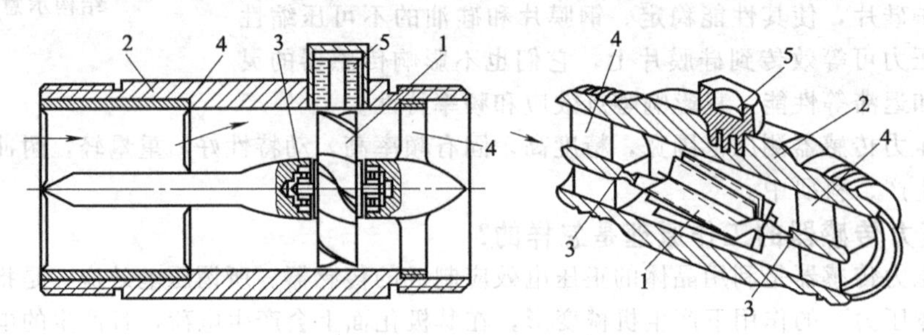

图 5-73　涡轮流量变送器结构原理

1—涡轮；2—壳体；3—轴承；4—导流器；5—磁电接近式传感器

液体由左端流入，经过具有多片螺旋状叶片的涡轮 1，由右端流出。前后导流器 4 使流经涡轮的液体均匀而平稳，以提高测量精度。涡轮起第一次转换作用，将流量转换成涡轮转速。磁电接近式传感器 5 起第二次转换作用，将涡轮转速转换成脉冲电压信号。

磁电接近式传感器 5 有一个具有永久磁铁铁芯的线圈，由于涡轮 1 叶片是导磁材料制成的，因此当涡轮转动叶片经过件5的下方时，使其磁路的磁阻减小，磁通增大，这样随着涡轮的旋转，磁通发生周期性的变化，那么在线圈内起感应而输出脉冲信号，其频率与涡轮的转速成正比。因此计量脉冲信号的频率，便可确定通过的液体的流量。脉冲信号经前置放大器放大后，如输送到频率计，可以测得瞬时流量，如输送到计算累加器，可以测量某一段时间内的累计流量。

涡轮式流量计测量精度高，测量范围大，反应速度快，压力损失小，能承受高压，能远距离测量，可用于静态与动态测量，但其测量精度受液体黏度的影响较大。测量时要避开周围磁场的影响。

2. 超声波流量计的工作原理是怎样的?

超声波流量计是利用超声波在流体中的传播速度会随被测流体的流速变化而制成的流量计。

如图5-74所示，液体以流速 v 流过，在上游和下游安设超声波接收器，中间安设超声波发生器，则超声波正向（顺液流方向）和逆向传播时间分别为：

$$t_1=L_1/(c+v) \tag{5-3}$$

$$t_2=L_2/(c-v) \tag{5-4}$$

式中 L_1——发送器到上游接收器的距离；

L_2——发送器到下游接收器的距离；

c——声速；

v——流速。

如果测出时间 t_1 与 t_2，便可求得速度 v，进而求得流量大小。如果设 $L_1=L_2=L$，则 $\Delta t=t_1-t_2=2Lv/c^2$，实际测量中，可测出时间差 Δt 来求出流速 v。

由于声速会随温度而变化，带来测量误差。所以在液压测量中，多采用不受温度影响的频差法，即通过测量顺流和逆流情况下超声脉冲的循环频率差 Δf 来反映流量的大小，其比例常数与声速无关，为：

$$\Delta f=2v/L \tag{5-5}$$

测量时插入式流量计要在被测点的管路上开孔，如图5-75所示。

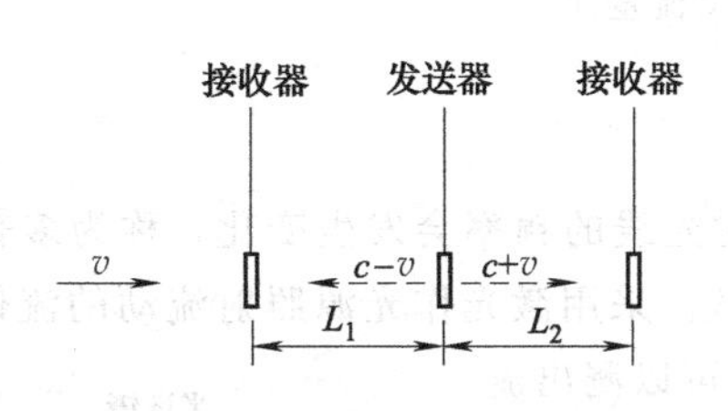

图5-74 超声波流量计的工作原理

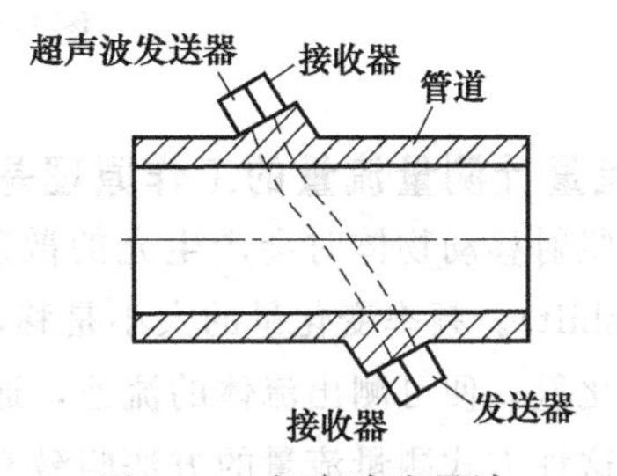

图5-75 超声波流量计

超声波流量计可方便地用于流量的测量和现场的故障诊断。常用的流量计如下。

① 美国Polrsonies公司产的DDF系列流量计。

② 美国Contrlotron公司产的190系列流量计。

③ 德国Krohne公司产的UF系列流量计。

④ 我国泰隆测控产业集团公司产的MTPCL型流量计等。

3. 动压式流量计的工作原理是怎样的?

如图5-76所示，在与流体流动方向相垂直的方向安设钟形罩板，测出板受到的动压（与流动液体的动量成比例），以求出体积流量的流量计叫动压式流量计。

一般作用在钟形罩板上的力与流体流速的二次方成比例，这点与压差式流量计相同，通过运算变为电量输出，当管中流体的流量发生变化时，由振动片与超声波振子构成的动压传感器接收其变化，使超声波振子的振荡频率发生变化，通过后续的波形调节电路与触发器电路，经电流-

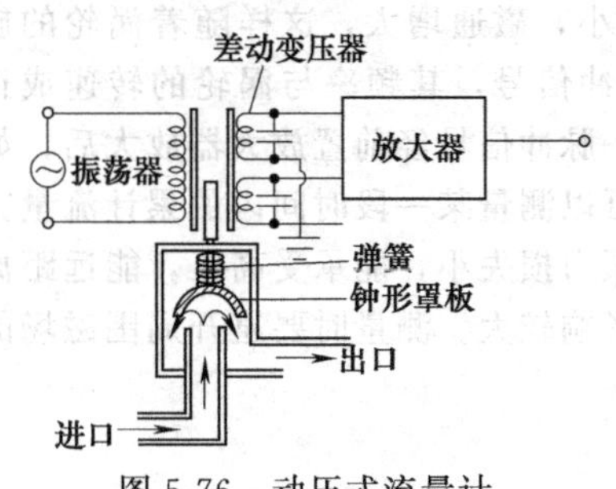

图 5-76　动压式流量计

频率变换器将交流电变为直流电输出，从流量计（电表）上显示出流量的大小。

这种流量计一般也可作为流量传感器使用。

4. 利用超声波流量计测量流量的工作原理是怎样的？

通过流体动压的改变，使振荡着的振动片振荡频率发生变化，读出该变化，可测量出流量。

如图 5-77 所示，管内流体的作用力通过指针以振动片作为标靶进行接触，振动片通过压电敏感元件与振动放大器将振动变为电量输出。当管中流体的流量发生变化时，由振动片与超声波振子构成的动压传感器接收其变化，使超声波振子的振荡频率发生变化，通过后续的波形调节电路与触发器电路，经电流-频率变换器将交流电变为直流电输出，从流量计（电表）上显示出流量的大小。这种流量计一般也可作为流量传感器使用。

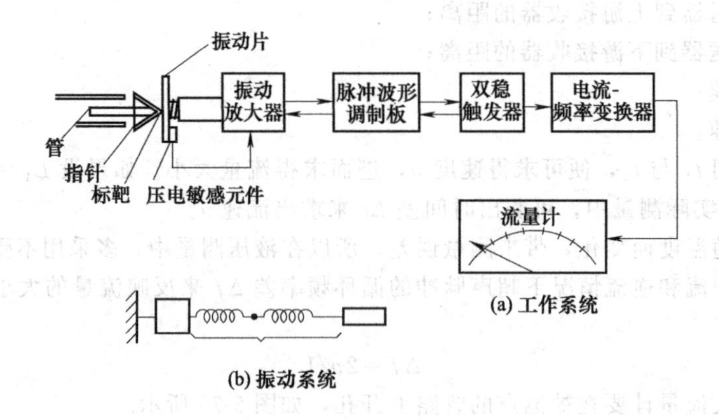

图 5-77　超声波振动流量计

5. 激光流量计测量流量的工作原理是怎样的？

光线照射移动物体时会产生光的散射现象，此时光线的频率会发生变化，称为多普勒频移（doppler shift）。频率变化量的大小是移动速度的函数。采用激光作光源照射流动的流体，测出频率的变化量，便可测出流体的流速，通过测量流速可以测出流量。通过这种方式测量流量的方法叫激光流量测定法。

如图 5-78 所示，由激光器发出的激光照射透明管，管内 P 点为流体中混入的微粒子，光线经 P 点后分成两路：散射光与透过光。两种光线最后混合入射到光电倍增管，变为电流输出。两种光线频率的差异（频移）由式（5-6）计算：

$$f_D = 2nv_x/(\lambda_0 \sin Q/2) \qquad (5\text{-}6)$$

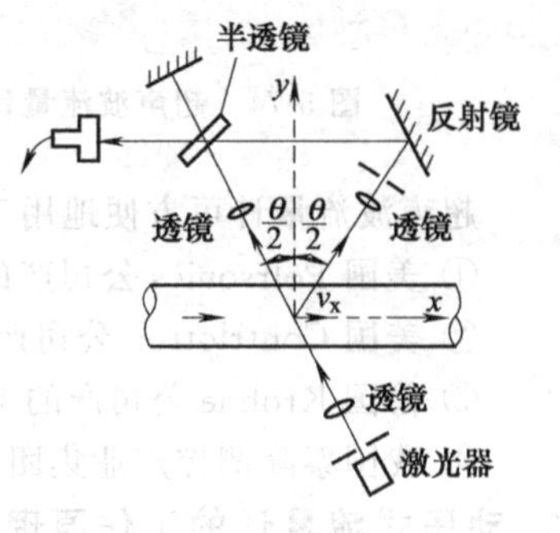

图 5-78　激光流量计

式中　f_D——多普勒频移频率数；

λ_0——入射光在真空中的波长；

n——波长 λ_0 光线的折射率；

Q——透过光与散射光的夹角；

v_x——x 轴方向粒子的流速。

λ_0、n、Q 通常为常数，所以测出 f_D，便可测出流速 v_x，从而可测出流量。但这种流量计实际用于测量还存在困难，目前仅用于流体力学的试验。

5.7.3 温度的测量

在液压元件和液压设备的制造、使用过程中，往往需要对其做必要的环境条件试验，温度条件是其中之一。

温度是反映物体分子热运动的物理量。它表示物体的冷热程度，用数值表示这种冷热程度便是温度。规定温度读数起点和测温基本刻度单位的叫温标。各种温度计的刻度根据温标种类的不同而加以区分。温标目前有摄氏温标（℃）、华氏温标（°F）、热力学温标（K）和国际实用温标四种类型。

温度测量仪表根据作用原理的不同可分为接触式和非接触式两类。

1. 用液柱温度计测量的方法是怎样的?

液柱温度计主要有工业用和实验室用的水银温度计。当温度升高，玻璃管内的水银产生膨胀，刻度上升，以观察温度值，水银温度计测温范围为 38.86～360℃（水银凝固点为 38.86℃），用于实验室的精密水银温度计都标有“浸线”位，测量时必须浸过标线。用水晶玻璃做的温度计（如 Beckmann 温度计），它的刻度值最小为 0.01℃，下端大的球头温包测量时必须轻轻与物体接触，观察时眼与刻度值成水平（图 5-79），且经常按图 5-80 的方法校正。

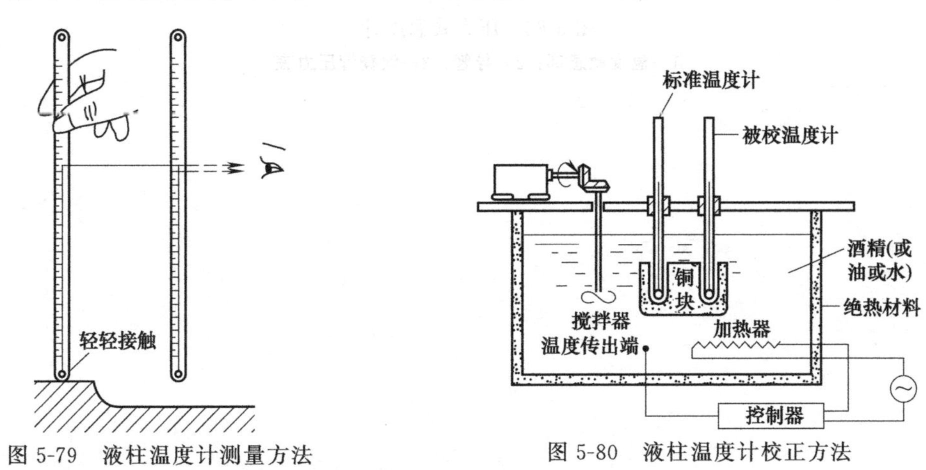

图 5-79 液柱温度计测量方法　　图 5-80 液柱温度计校正方法

2. 用双金属温度计测量温度的工作原理是怎样的?

如图 5-81 所示，将热膨胀系数相差较大的两种金属薄片黏合（或叠焊）在一起，一端固定，另一端为自由端。当温度变高，由于金属片 A 的热膨胀系数大于金属片 B 的热膨胀系数，图 5-81（a)中产生向下弯曲变形，图 5-81（b）则向逆时针方向更加卷曲，利用这种变形的大小，可制成双金属温度计。

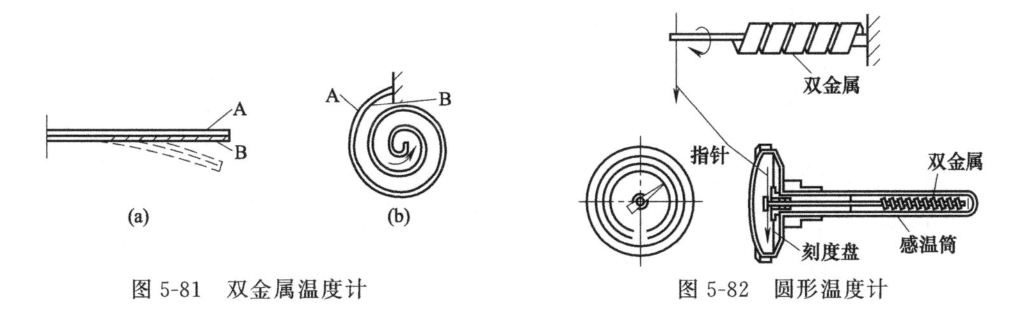

图 5-81 双金属温度计　　图 5-82 圆形温度计

图 5-82 为用绕成直螺旋形的双金属片制成的圆形温度计，双金属片随温度变化产生扭转变形，这种形式也用来做温控开关，利用温度变化产生双金属片的热膨胀变形，接通或断开电路。

3. 怎样用压力式温度计测量温度?

如图 5-83 所示，压力式温度计由温度敏感部 1、导管 2 和波登管压力表 3 所组成。当温度变化时，温度敏感部 1 内的介质受热膨胀，而容积不变，势必压力升高，从压力表 3 的显示可得出温度值。这种温度计常用水银、酒精或苯胺作工作介质。气体压力式温度计一般封入惰性气体(如 N_2)。

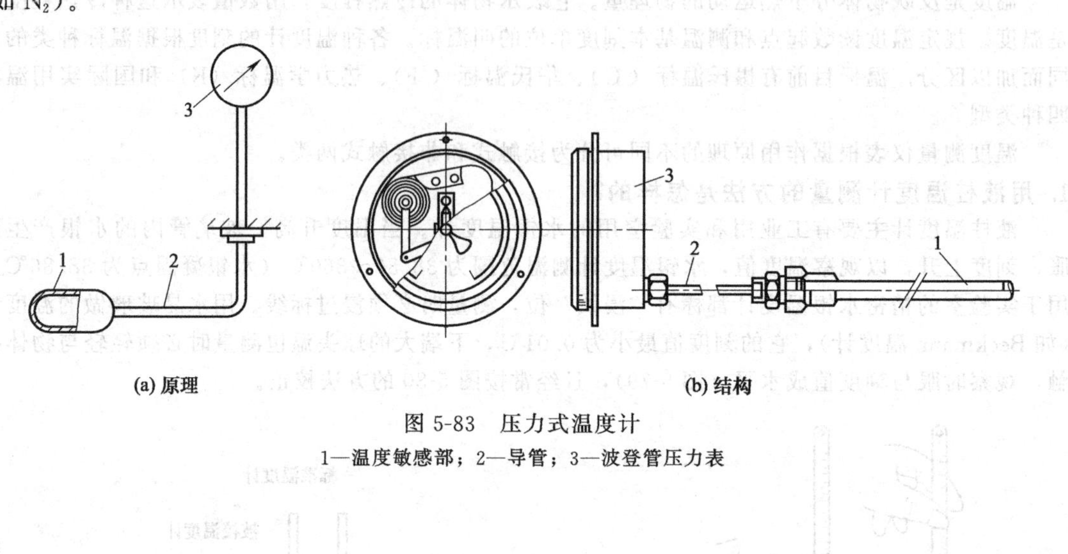

图 5-83 压力式温度计

1—温度敏感部；2—导管；3—波登管压力表

第6章 工作介质

6.1 概述

1. 什么是工作液体（工作介质）?

液体传动是利用液体的压力能或动能来传递和转换能量。液体传动分为利用密闭容积内的液体静压力传递和转换能量的液压传动及借助液体的运动能量来实现传递动力的液力传动两类。两者均要使用液体（液压液和液力传动液），这些液体统称为工作液体（工作介质）。工作液体是液压系统中的“血液”。

2. 对工作液体的性能有何要求?

在液压系统中，工作液体既作为工作介质传递液体动力，又兼润滑液压元件内相对运动部件，还具有防止锈蚀、冲洗元件和管路内污染物以及带走热量进行冷却的作用，为此液压油应具备下列基本性能。

(1) 黏度要求

黏度决定着润滑性能的好坏，不同黏度的液体，形成的润滑油膜厚度不一样（图6-1)，水的黏度很低，难以形成润滑油膜，其润滑性能很差，因而黏度是对工作液体最基本、也是最重要的要求。黏度表示油液流动时分子间摩擦阻力的大小，黏度大时会增加流体流动阻力，使工作过程中的能量损失增加而造成温升，液压泵的吸入性能差，可能出现气穴现象；黏度过小，则泄漏增多，容积效率降低，有可能使相对运动件之间的润滑油膜被切破，导致润滑性能差而产生磨损加剧导致系统内泄漏增加，甚至因无油润滑产生烧结现象。所以对黏度的要求也包含对润滑性与抗磨性的要求。

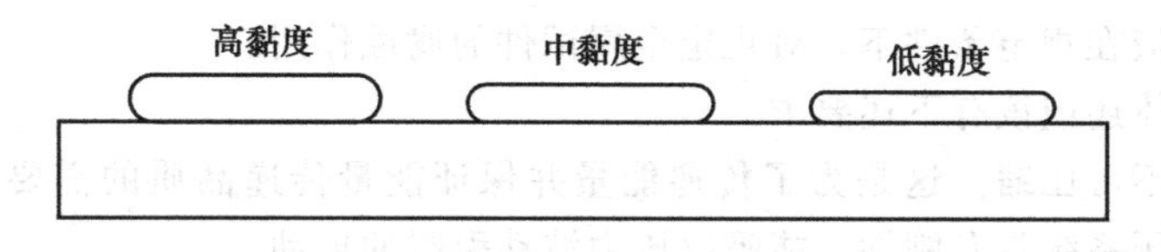

图6-1 黏度与油膜厚度

(2) 黏温特性要求

黏度与温度的关系为：温度升高，黏度减小；温度降低，黏度增大。

黏度与压力的关系为：压力增大，黏度增大；压力减小，黏度减小，高压时影响才显著。

黏温特性：黏性随温度的变化率叫黏温特性，用黏度指数表示。黏度指数的大小直接影响工作介质的性能，其重要性不亚于黏度本身。黏度指数越大，液压系统中工作油液黏度随温度升高下降越小，从而使内泄漏不至于过大，润滑性能也不会降低多少。黏度指数一般不得低于90。

(3) 抗磨性和润滑性要求

具有良好的抗磨性和润滑性，目的在于降低机械摩擦与磨损。随着液压技术向高压、高速和高性能的方向发展，对减少液压元件各运动部件之间因摩擦出现的磨损情况，提出了更高要求，因而对工作液体的润滑性和抗磨性提出了越来越高的要求。

(4) 抗氧化安定性要求

应有良好的抗氧化安定性。抗氧化安定性是指油温升高时，抵抗与含氧物起化学反应的能力。一般油温每升高10℃，其化学反应速度提高约一倍。抗氧化安定性好的液压油长时间使用不易氧化变质。

(5) 抗乳化性和抗泡性要求

抗乳化性和抗泡性能要好。抗乳化性是指油与水混合经搅拌后变成白色乳化液，静置后水从油中立刻分离恢复油本色的能力；抗泡性是指油液中混入了空气，经搅拌也变成乳状液，静置后气泡从油中分离出来的能力。抗乳化性和抗泡性差的工作液会降低油的容积模数，可压缩性增大，降低系统的刚度和产生振动、异常噪声等现象。

(6) 抗剪切安定性要求

抗剪切安定性要好。为改善油液的黏度，油液中往往加入聚甲基丙烯酯、聚异丁烯等高分子聚合物，其分子链较长，油液流经液压元件的小孔、缝隙时，因剪切作用会使分子链遭剪切而导致黏度和黏温指数发生变化（下降）。

(7) 倾点

油品在标准规定的条件下冷却时，能够继续流动的最低温度称为倾点。选用液压油通常要考虑液压油的倾点，润滑油的倾点应该比使用环境的最低温度低5～10℃。

(8) 闪点

在规定的条件下，加热润滑油，当油温达到某温度时，润滑油的蒸气和周围空气混合后，一旦与火焰接触，即发生闪火现象，最低的闪火温度，称为润滑油的闪火点。选用润滑油时，应根据使用温度考虑润滑油的闪点高低，一般闪点应比使用温度高20～30℃，以保证使用安全和减少挥发损失，对润滑油（液压油）的闪点应有所要求。

(9) 酸值

酸值是指中和1g液压油中的全部酸性物质所需氢氧化钾的毫克数。

酸值是衡量液压油氧化程度的重要指标，是液压油使用性能的重要参数之一。使用过程中，酸值变大的油液，容易造成机件的腐蚀，还会促进油液变质、增加机械磨损。当酸值超过规定时，就需要更换新油。

(10) 腐蚀

腐蚀是液压油液在规定条件下，对规定金属试件的腐蚀作用。

此外，工作液体还应该有下述要求。

在使用压力下不可压缩。这是为了传递能量并保证能量传递品质的需要。如传递压力能要快，并且能使得液压系统具有刚性，能吸收压力波动引起的振动。

为了散热，所用工作液的比热容与传热系数应大，热膨胀系数宜小。

为了防锈，所用工作液应具有抗腐蚀、防锈性能。

为了防止水分进入后导致油中水解、产生的水解物造成工作液的变质和腐蚀金属元件，要求工作液有良好的水解安定性和抗乳化能力。

为了防止油中混入空气后因搅拌产生的气泡导致润滑条件恶化，降低系统刚度和产生异常噪声的现象，工作液应具有良好的抗泡性和空气释放性。

与橡胶密封件及涂料的相容性要好。

具有很好的可过滤性，以便经过滤油器时能容易过滤油中杂质，保证油液清洁。

不产生臭味及毒性，有利于环保，也方便废油的再生处理。

能满足其他特殊条件下的使用要求，如高温、高寒、海下作业等较恶劣条件下的使用要求。

3. 工作液体分哪几类?

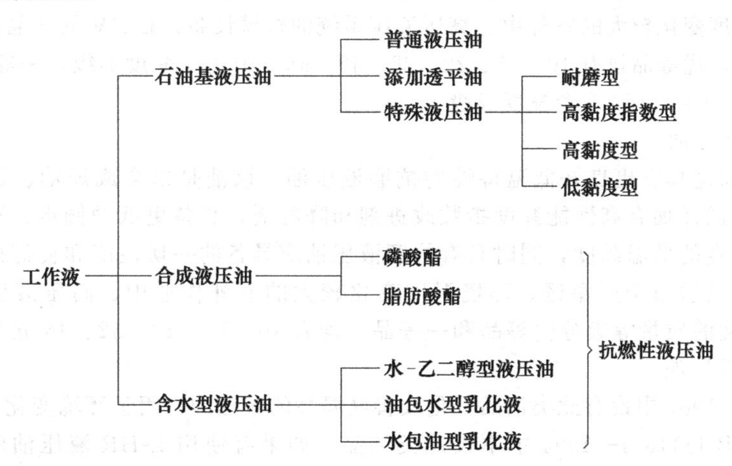

4. 石油基液压油有哪些分类?

由石油提炼而得，它分为以下几种。

(1) L-HH 液压油

L-HH 液压油是一种精制矿油，它比全损耗系统用油 L-AN（机械油）质量高，这种油品虽列入分类，但液压系统不宜使用，我国不设此类油品，也无产品标准。

(2) L-HL 液压油

L-HL 液压油是由精制深度较高的中性油作为基础油，加入抗氧、防锈和抗泡添加剂制成，适用于机床等设备的低压润滑系统。HL 液压油具有较好的抗氧化性、防锈性、抗乳化性和抗泡性等性能。使用表明，HL 液压油可以减少机床部件的磨损，降低温升，防止锈蚀，延长油品使用寿命，换油期比机械油长达一倍以上。我国在液压油系统中曾使用的加有抗氧剂的各种牌号机械油现已废除。目前我国 L-HL 油品有 15、22、32、46、68、100 六个黏度等级，只设一等品产品。

(3) L-HM 液压油

L-HM 液压油是在防锈、抗氧液压油基础上改善了抗磨性能发展而成的抗磨液压油。L-HM 液压油采用深度精制和脱蜡的 HVIS 中性油为基础油，加入抗氧剂、抗磨剂、防锈剂、金属钝化剂、抗泡沫剂等配制而成，可满足中、高压液压系统液压泵等部件的抗磨性要求，适用于使用性能要求高的进口大型液压设备。从抗磨剂的组成来看，L-HM 液压油分含锌型（以二烷基二硫代磷酸锌为主剂）和无灰型（以硫、磷酸酯类等化合物为主剂）两大类。不含金属盐的无灰型抗磨液压油克服了同于锌盐抗磨剂所引起的如水解安定性、抗乳化性差等问题，目前国内该类产品质量水平与改进的含锌型抗磨液压油基本相当，在液压油产品标准 GB 11118.1—1994 中，L-HM 液压油一等品与法国 NF E48-603、德国 DIN51524（Ⅱ）规格相当，设有 15、22、32、46、68 五个等级。

(4) L-HG 液压油

L-HG 液压油亦称液压导轨油，是在 L-HM 液压油基础上添加抗黏滑剂（油性剂或减摩剂）构成的一类液压油，适用于液压及导轨为一个油路系统的精密机床，可使机床在低速下将振动或间断滑动（黏滑）减为最小。GB 11118.1—1994 中规定 L-HG 液压油设有 32、68 两个黏度等级，只有一等品。

(5) L-HV 液压油

L-HV 液压油是具有良好黏温特性的抗磨液压油。该油是以深度精制的矿物油为基础油并添加高性能的黏度指数改进剂和降凝剂，具有低的倾点、高的黏度指数（>130）和良好的低温黏度，同时还具备抗磨液压油的特性（如很好的抗磨性、水解安定性、空气释放性等），以及良好的低温特性（低温流动性、低温泵送性、冷启动性）和剪切安定性。该产品适用于寒区−30℃以上、作业环境温度变化较大的室外中、高压液压系统的机械设备。L-HV的产品质量等级分别为优等品和一等品，优等品设有10、15、22、32、46、68、10七个黏度等级，一等品设有10、15、22、32、46、68、100、150八个黏度等级。

（6）L-HS液压油

L-HS液压油是具有更良好低温特性的抗磨液压油。该油是以合成烃油、加氢油或半合成烃油为基础油，同样加有高性能黏度指数改进剂和降凝剂，具备更低的倾点、更高的黏度指数（＞130）和更优良的低温黏度，同时具有抗磨液压油应具备的一切性能和良好的低温特性及剪切安定性。该产品适用于严寒区、环境温度变化较大的室外作业中、高压液压系统的机械设备。L-HS液压油的质量等级分优等品和一等品，均有10、15、22、32、46五个黏度等级。

（7）L-HR液压油

GB 7631.2—1987中设有此类油品，是改善黏温性的液压油，用于环境变化大的中、低压系统；但我国在GB 11118.1—1994中不设此类油品，如果有使用L-HR液压油的场合，可选用L-HV液压油。

（8）高压抗磨液压油

高压抗磨液压油质量性能符合GB 11118.1—1994中L-HM优级品规格，同时增加了高压叶片泵（Denison T5D）和高压柱塞泵（Denison P46）台架试验，具有更优良的抗磨性能。产品标准执行暂行技术条件或企业标准Q/SH 001-060—2000，设32、46、68、100四个黏度等级，满足美国Denison HF-0规格和Cincinnat-Mi lacron公司P-68、P-69、P-70规格要求，达到了当前国际同类产品标准的先进水平。高压抗磨液压油适用于装配叶片泵（工作压力17.5MPa以上）及柱塞泵（工作压力32MPa以上）的不同类型国产或进口高压及超高压液压设备。

（9）清净液压油

清净液压油完全符合我国L-HM抗磨液压油国家标准GB 11118.1—1994。其质量达到DIN 51524（11）和ISO L-HM规格，该油品特别在清净性方面进行了严格规定。清净液压油可用做冶金、煤炭、电力、建筑行业引进及国产的中高压（压力为8～16MPa）及高压（压力为16～32MPa）液压设备对污染度有严格要求的精密液压元件的工作介质。

5. 合成液压液有哪些？

合成液压液有磷酸酯与脂肪酸酯。合成酯各方面性能平衡较好，但成本太高；聚乙二醇易水溶渗入地下，造成地下水污染，且与添加剂混合后会产生水系毒性。合成液压液属于难燃液压液。

6. 环境可接受的液压液有哪些？

上述液压油可能通过溢出或泄漏（非燃烧）污染环境，于是出现了环境可接受液压液，即可生物降解液压油。

其中以植物油生物降解性最好，且资源丰富，价格较低；因此，在欧洲，以植物油为基础油的生物降解润滑油在市场中占有较大比例。我国是润滑油生产和消费大国，研制环境可接受的液压油是今后的发展趋势。

环境可接受的液压油，除了具有可生物降解性、低毒性以外，还应添加抗氧剂、清净分散剂、极压抗磨剂等各种功能的添加剂来满足液压系统苛刻的要求。这些添加剂应适合并且对所选择的基础油的生物降解性影响小。

目前国内可生物降解液压液正在研制中，其产品标准尚未制定。随着社会的发展，环保型液压油的品种将会不断涌现，并推广使用。现列举几种如下。

（1）以植物油为基质的液压液（H ETG）

它与标准的矿物油相比，具有更好的润滑特性与黏温特性，黏度略高于矿物油，因此必须注意泵要有良好的吸油条件；不适用于低温，抗老化性能不好；对水的亲和性好，应绝对避免水侵入，在有水的情况下，当温度超过50℃时，油液便开始分解。

作为植物基液压液的例子有葡萄籽油。

(2) 聚乙二醇基合成液压液（HEPG）

与矿物油相比，具有更好的润滑特性与黏温特性；按当今的科技发展状况，耐老化性、耐用度与矿物油相似；凝固点为－40℃；黏度明显高于矿物油，因此，当为自吸泵时，转速必须降低20%；要使用氟橡胶作为密封材料，不能与矿物油进行混合，否则会形成固态沉积物，堵塞滤油器、阻尼孔等。

(3) 聚酯液压液（HE）

聚酯液压液是一种合成的难燃液压液，它具有良好的化学稳定性和天然的热稳定性，润滑性好。通过加入多种添加剂可增加其防腐蚀性、抗氧化性和水解稳定性；其燃点、闪点都很高，适合在高温下使用。

聚酯液压液与所有金属均相容，与密封材质和涂料的相容性见表6-2。

聚酯液压液与含水的抗燃液压液不相容，而与其他聚酯和磷酸酯液压液可以混合。这种介质可以与矿物油混合，但为了保持其难燃性，矿物油含量不应超过5%，为了使这种液压液具有较好的性能，其含水量不应超过0.5%。

7. 难燃液压液——HF液（H—液体，F—防火）有哪些?

难燃（抗燃）液压液（油）包括含水基液压液和合成基液压液两类，适用于有高温热源、温度较高或者易引起火灾的场合，如冶金、钢铁、石油、发电、煤矿、船舶和航空等领域。

(1) 水包油液压液—HFAE液压液

水包油型液压液（乳化液）含水量90%～95%，油分子构成的小油滴的外表包有一层水分子膜，叫“水包油”，主要成分是水、矿物油、乳化剂和防锈剂。根据需要还添加助溶剂、防霉剂和消泡剂等。矿物油的主要作用是作为各种添加剂的载体，并与各种添加剂一起形成极微小的液滴，分散悬浮在水中。

由于这种液压液主要成分为水，因而其黏度低、润滑性能差、易蒸发、泄漏量大，且由于水的饱和蒸气压较高，容易产生气穴，但它的热容量大、比热容高、难燃性好、价格便宜，且有优良的冷却性能，这种液压液可用在润滑性要求不太高、不要求回收废液的普遍低压液压系统中。

(2) 水的化学溶液—HFAS液

含水量在95%以上，为一种含有多种化学添加剂的透明的高水基液压液。它的润滑性、黏温特性及低温性差，但为真正的不燃液，导热性好，具有优异的冷却效果，价格便宜。可用于抗燃的低压液压系统，如淬火机床、金属加工机械等。

(3) 油包水液压液—HFB液

这种油包水型乳化液基础油占有大半部分（60%），其余小半部分为水和各种添加剂。与上述水包油不同，它是在水分子构成的小水滴的外表包裹一层油分子膜，水滴直径小于1.5m，另外还加入乳化剂、抗磨剂、防锈剂等添加剂。

这种乳化液具有与矿物油相近的性能，又具有难燃性，价格不贵，对密封材料和金属材料的性能无特别要求。

(4) 水-乙二醇液压液—HFC液

水-乙二醇液压液的主要成分是乙二醇占20%～40%，水占35%～50%，增黏剂占10%～15%，还添加有少量的气液相防锈剂、抗磨剂、消泡剂等，密度较大，不溶物难以沉淀。

水-乙二醇具有良好的抗燃性能，润滑性能较好，但比矿物油差，消泡性差，与金属相容性良好；通过加入增黏剂可提高其黏温性能，低温下黏度较小，故低温启动性好，可在－20℃直接启动液压泵而无需加热。

水-乙二醇使用温度范围为－30～60℃，当长时间在高于60℃的温度下工作，水分就会蒸发，一方面黏度会升高，另一方面残留的液体有燃烧的可能。所以此时应视情况适当添加水（蒸馏水、软水、去离子水），水的硬度不能超过 5×10^{-6}。

由于水-乙二醇的润滑性能要比矿物油差，所以一方面要加进某些特殊的添加剂以提高润滑性能，另一方面所使用的泵要比使用矿物油的泵降级使用，降多少按泵的使用说明书。一般使用水-乙二醇的泵必须正压（2bar 左右）吸油，吸油口的滤油器宜选用 60 目的，不能高于 100 目，过滤容量也要选大些。

水-乙二醇液压液能与大多数金属相容，但对镉、镁、铅、锌等有色金属材料有磨蚀作用。大多数液压系统的密封材料与水-乙二醇液压液相容，但它使许多普通的油漆和涂料软化或剥落，可换成环氧树脂或乙烯基涂料。水-乙二醇液压液适用于冶金、煤矿等行业的低、中压液压系统。

（5）磷酸酯液压液（HFDR）

其燃点高，挥发性低。氧化安定性好，润滑性能几乎和矿物油相近；适用于高温工作环境下的高压液压系统。其使用温度范围广（−15～130℃），低温启动性能不如水-乙二醇；对大多数金属材料不腐蚀，但能溶解许多非金属材料，因而在密封材料和涂料的选择上要特别注意，例如使用磷酸酯的液压系统，其密封材料不能用丁腈橡胶，涂料不能使用普通耐油工业涂料。

磷酸酯中不含有油，对水特别敏感，当含水量达 0.5%时就会产生水解作用而形成一种胶状物悬浮在介质中，易堵塞滤网，所以一定要避免水的进入。

这种介质的价格较贵，有毒性，对环境有污染，废液处理困难，使用上有一定的局限性。

8. 各种工作液体的典型性能怎样?

各种工作液体的典型性能见表 6-1。

表 6-1 各种工作液体的典型性能

性能	矿物油							水包油	水的化学溶液	油包水	水-乙二醇	磷酸酯
	HH油	HL油	HM油	HR油	HV油	HG油	HS油	HFAE液	HFAS液	HFB液	HFC液	HFDR液
密度/(g/cm³)	0.85～0.9							～1.0	～1.0	～0.95	～1.1	1.0～1.4
黏度	可选择	可选择	可选择	可选择	可选择	可选择	可选择	低	低	高	可选择	可选择
黏度指数	90～120							很高	—	130～150	140～200	<100
反应性	中性							碱性	碱性	碱性	碱性	中性
蒸气压	低	低	低	低	低	低	低	高	高	高	高	高
黏温性能	良	良	良	好	好	良	好	差	差	良	优	差～良
低温性能	良	良	良	优	优	良	优	差	差	差	优	良～优
燃点/℃	200～250							无	无	无	无	230～280
流动点/℃	−30～10							—	—	—	−40	−10
低温启动特性/℃	−10							—	—	10	−30	−15
使用温度上限/℃	80	100	100	80	80	100	100	50	50	65	60	130
含水量/%	无(溶解水)							90～95	>95	>40	35～55	≤0.1
润滑和极压抗磨性	良	良	优	良	优	优	优	差	差	良	良	优
热氧化安定性	差	好	好	好	好	好	好	—	—	—	—	优
抗乳化性	好	好	良	好	好	良	好	—	—	—	—	差
水解安定性	好	好	好	好	好	好	好	—	—	—	—	差
抗泡性	差	好	好	好	好	好	好	差	差	差	差	良

续表

性能		矿物油							水包油	水的化学溶液	油包水	水-乙二醇	磷酸酯
		HH 油	HL 油	HM 油	HR 油	HV 油	HG 油	HS 油	HFAE 液	HFAS 液	HFB 液	HFC 液	HFDR 液
空气释放性		良	良	良	良	良	良	良	—	—	—	—	差
防锈性	液相	差	好	好	好	好	好	好	好	好	好	好	好
	气相	差	良	良	良	良	良	良	差	差	差	良	良
过滤性		好	好	良	良	良	良	良～好	—	—	差	良	好
抗燃性		差	差	差	差	差	差	差	优	好	好	好	—
储存稳定性		好	好	好	好	好	好	好	差	差	差	好	好
最高使用压力/MPa		7	7	35	7	35	35	35	7	7	14	14	35
消防		危险物							非危险物	非危险物	非危险物	非危险物	危险物
难燃性		易燃							抗燃	抗燃	抗燃	难燃	抗燃
用途		无难燃要求的液压系统							低压有抗燃要求的系统	低压有抗燃要求的系统	中低压有抗燃要求的系统	中高压有抗燃要求的系统	高压有抗燃要求的系统

9. 各种工作液体与液压元件的相容性怎样?

各种工作液体与液压元件的相容性见表 6-2。

表 6-2 各种工作液体与液压元件的相容性

液压元件		矿物油	水包油	油包水	水-乙二醇	磷酸酯	脂肪酸脂	聚酯
液压泵		标准元件	·低压时用标准元件 ·超过 7MPa 时用往复式柱塞泵	·低压时用标准元件 ·超过 7MPa 时用往复式柱塞泵	标准元件(平衡型液压泵)	密封改用氟橡胶	标准元件	标准元件
液压阀		标准元件	·低压时用标准元件 ·高压时用插装件	·低压时用标准元件 ·高压时用插装件	·一般用标准元件 ·水-乙二醇专用元件	密封改用氟橡胶	标准元件	标准元件
密封件	丁腈橡胶	○	○	○	○	×	○	○
	乙丙橡胶	×	○	○	○	○	×	×
	聚氨酯橡胶	○	×	×	×	×	○	○
	氟橡胶	○	△	△	△	○	○	○
	丁基橡胶	×	○	○	○	○	×	×
	聚四氟乙烯橡胶	○	○	○	○	○	○	○
滤油器		标准元件	标准元件(禁用铝材)	标准元件(禁用铝材)	标准元件(禁用铝材,压力损失大)	磷酸酯专用密封改为氟橡胶(压力损失大)	标准元件	标准元件
零件材料	钢、铸铁	○	○	○	○(不锈钢)	○(不锈钢)	○	○
	铝合金	○	○	○	○	○	○	○
	铜(黄铜)	○	○	○	○(×)	○	○	○
	锌(镀锌除外)	○	×	×	×	○	×	○

续表

液压元件		矿物油	水包油	油包水	水-乙二醇	磷酸酯	脂肪酸脂	聚酯
零件材料	镁	○	×	×	×	○	○	○
	镉、铅	○	×	×	×	○	×	○
	未处理铝	○	×	×	×	×	○	○
适用涂料		一般耐油涂料	一般耐油涂料	一般耐油涂料	环氧树脂乙烯基	环氧树脂聚氨基甲酸酯	环氧树脂亮漆	一般耐油涂料

注：○—适用；△—有条件地采用；×—不可使用。

6.2 工作液的选用

1. 油品的选用原则是什么?

液压油的品种选择原则，主要考虑的因素有：液压系统的环境条件、工作条件、工作液体的性能、经济性以及维护保养等（表 6-3）。

表 6-3 液压油的品种选择原则

选 用 原 则	考 虑 因 素
液压系统的环境条件	室内、露天，水上、地下，热带、寒区、严寒区，固定式、移动式，高温热源、火源、明火等
液压系统的工作条件	使用压力范围(润滑性、极压抗磨性)，使用温度范围(黏度、黏温特性、热氧化安定性、低温流动性)，液压泵类型(抗磨性、防腐蚀性)，水、空气进入状况(水解安定性、抗乳化性、抗泡性、空气释放性)，转速(汽蚀、对轴承面的浸润力)
工作液体的性能	物理化学指标，对金属和密封件的适应性，防锈、防腐蚀能力，抗氧化安定性，剪切安定性
经济性，维护保养	价格及使用寿命，维护保养的难易程度

2. 选用工作液的步骤是什么?

① 了解液压系统和设备的组成、结构、参数、使用工况。

② 确定液压油的各项特性及其允许范围。

③ 查阅资料或说明书，确认符合特性要求的液压油。

④ 对要求和参数进行权衡、综合与调整。

⑤ 结合液压油供应商或制造企业的意见，选购合适的液压油类型、牌号。

3. 怎样按液压设备的环境条件选择油品和黏度?

液压油的品种选择很关键，不能选错。因为不同品种的油，其性能差异很大。油品种选好后，选择黏度也非常重要。例如在高温热源或明火附近，一般应选用抗燃液压油（表 6-4）；寒冷地区要求选用黏度指数高、低温流动性好、凝固点低的油品；露天等水分多的环境要考虑选用抗乳化性好的油品。

表 6-4 根据环境和使用工况选择液压油

工况 环境	压力 7MPa 以下 温度 50℃以下	压力 7～14MPa 温度 50℃以下	压力 7～14MPa 温度 50～80℃	压力 14MPa 以上 温度 80～100℃
室内固定液压设备	HL	HL 或 HM	HM	HM
露天、寒区或严寒区	HR	HV 或 HS	HV 或 HS	HV 或 HS
地下、水上	HL	HL 或 HM	HM	HM
高温热源、明火附近	HFAE	HFB	HFDR	HFDR

黏度等级选择方法如下。

N22：适用于严寒条件或特长线路。

N32：适用于冬季。

N46：适用于夏季或密闭空间。

N68：适用于热带条件或温暖地区。

N100：适用于过度温暖的情况。

具有较高黏度指数（VI>140）的液压油（称为HVLP油）以及多级机油特别适用于较大的温度范围（行走机械应用）。

4. 怎样按使用压力范围选择油品与黏度?

一般随压力的增加，对油液的润滑性即抗磨性的要求增大，所以高压时应选用抗磨性、极压性好的HM油品。压力等级增大，黏度也应选大一些的，见表6-5和表6-6。

表6-5 按液压系统工作压力选油品

压力/MPa	<8	8～16	>16
液压油品种	HH、HL(叶片泵时用HM)	HL、HM、HV	HM、HV

表6-6 按压力选液压油的黏度

压力/MPa	0～2.5	2.5～8	8～16	16～32
黏度V50/cSt	10～30	20～40	30～50	40～60

注：V50指50℃时的运动黏度。

5. 怎样根据使用油温选择油品?

根据使用油温的不同，应选择不同油压，对油品的黏温特性（黏度指数）和热安定性应有所考虑，可按表6-7和表6-8选择油液品种。当环境温度高（超过40℃）时，应适当提高油液的黏度。冬季应采用黏度较低的油液，夏季则应采用黏度较高的油液。

表6-7 按工作油温选液压油

系统工作温度/℃	－10～90	－10以下～90	>90
选用油品	HH、HL、HM	HR、HV、HSC,优质的HL、MM在－10～－25℃可用	优质的HM、HV、HS

表6-8 抗燃液压油的选择

工况 / 环境	压力7MPa以下，温度<50℃	压力7～14MPa		压力>14MPa 温度80～100℃
		温度<60℃	温度50～80℃	
高温热源或明火附近	HFAE	HFB、HFC	HFDR	HFDR

6. 怎样根据泵的类型和液压系统的特点选择油品?

液压油的润滑性（抗磨性）对三大类泵减摩效果的顺序是叶片泵>柱塞泵>齿轮泵。故凡叶片泵为主液压泵的液压系统，不管其压力大小，选用HM油为好。对有电液脉冲马达的开环系统要求用数控液压油，可用高级L-HM和L- HV代替。一般液压系统用油黏度的选择大多以泵为主要依据，阀类元件基本可适应。选用时可参阅表6-9与表6-10。

7. 如何按行业选用工作液体?

按行业选用工作液体可参阅表6-11。

8. 怎样综合各种因素选择工作液体?

表6-12为综合了用途、液压泵的类型和其他参考事项等选择工作液体的方法。

另外，尽量选用高质量的液压油，虽然油价较贵，但油品的使用寿命长，液压元件磨损少，系统维护容易，生产效率高，因此，总的经济效益还是合算的。

表 6-9　常用液压泵使用黏度范围　　mm²/s

液压泵类型		工作压力/MPa	工作温度/℃			
			5～40		40～80	
			37.8℃黏度	50℃黏度	37.8℃黏度	50℃黏度
叶片泵		≤7	30～50	17～29	43～77	25～44
		>7	54～70	31～40	65～95	35～55
齿轮泵		10～32	30～70	17～40	110～184	58～98
柱塞泵	径向	24～35	30～128	17～62	65～270	37～154
	轴向	14～35	43～77	25～44	70～172	40～98
螺杆泵		2～10.5	—	19～29	—	25～49

表 6-10　按工作温度选用品种和黏度等级

泵　型		压力/MPa	运动黏度(5～40℃)/(mm²/s)	运动黏度(40～80℃)/(mm²/s)	适用品种和黏度等级
叶片泵		7MPa 以下	30～50	40～75	HM 油,32、46、68
		7MPa 以上	50～70	55～90	HM 油,46、68、100
螺杆泵		—	30～50	40～80	HL 油,32、46、68
齿轮泵		—	30～70	95～165	HL 油(中、高压用 HM),32、46、68、100、150
径向柱塞泵		—	30～50	65～240	HL 油(高压用 HM),32、46、68、100、150
轴向柱塞泵		—	40	70～150	HL 油(高压用 HM),32、46、68、100、150

表 6-11　各行业所适用的工作液体

应 用 行 业	适用流体①	最大工作压力/bar②	环境温度/℃	场　所
汽车工业	1,2,3	250	−40～60	室内及室外
行走机械	1,2,3	315	−40～60	室内及室外
特种车辆	1,2,3,4	250	−40～60	室内及室外
农林机械	1,2,3	250	−40～50	室内及室外
造船业	1,2,3	315	−60～60	室内及室外
航空业	1,2,5	210(280)	−65～60	室内及室外
运输业	1,2,3,4	315	−40～60	室内及室外
机床工业	1,2	200	18～40	室内
压机	1,2,3	630	18～40	主要为室内
钢铁厂、铸造厂	1,2,4	315	10～150	室内
炼钢厂	1,2,3	220	−40～60	室内及室外
发电厂	1,2,3,4	250	−10～60	主要为室内
剧院	1,2,3,4	160	18～30	主要为室内
仿真和测试设备	1,2,3,4	1000	18～150	室内及地下
采矿业	1,2,3,4	1000	−60	主要为室内
特种应用	2,3,4,5	250(630)	−65～150	室内及室外

① 1—矿物油；2—合成液压油；3—生态许用流体；4—水、HFA、HFB；5—特种液体。

② 1bar=10^5Pa。

表 6-12　各类工作液体选择

项　目	矿物油	水包油乳化液	油包水乳化液	水-乙二醇	磷酸酯
主要用途	用于不接近高温热源和明火源的液压系统。按选用品种不同,可用于低、中、高压装置	用于泄漏量大、润滑性要求不高的静压平衡油压装置	用于泄漏量较大、要求有一定润滑性的单纯油压装置	用于运行复杂、要求换油期长和室内低温条件下工作的装置	用于高压装置,具有复杂线路的装置,具有精密控制伺服机构的装置,高温下操作的装置,维护管理难的装置
		含水型抗燃液压液用于操作简便的中、低压装置			

续表

项目		矿物油	水包油乳化液	油包水乳化液	水-乙二醇	磷酸酯
液压泵的类型	叶片泵	可用	不能用	可用	可用	可用
	齿轮泵	可用	不能用	可用(最好是滑动轴承)	可用(最好是滑动轴承)	可用
	柱塞泵	可用	不能用	—	可用(最好是滑动轴承)	可用
	螺杆泵	可用	不能用	—	—	可用
	往复活塞泵	可用	不能用	可用	可用	可用
选择中的其他参考事项	装置部件材质密封衬垫材料	可用丙烯腈橡胶、丙烯酯橡胶、氯丁橡胶、丁腈橡胶、硅橡胶、氟橡胶等,不能用天然橡胶和丁基橡胶	无特别要求,对于密封衬垫材料无特别限制 不能用纸、皮革、软木、合成纤维等,对丁基橡胶也有影响	不宜用铜、锌 与矿物油液压油相同,但不能用纸、皮革、软木、合成纤维等	不宜用锌、银、镉、铜 可用天然橡胶、氯丁橡胶、丁腈橡胶、丁基橡胶、硅橡胶和氟橡胶等,不能用纸、皮革、软木、合成纤维等	最好不用铜 可用乙丙基或丁基橡胶、硅橡胶、氟橡胶和聚四氟乙烯等 不能用矿物油所用的材料,某些塑料也不行
	涂料	无特殊要求	最好不用	不能用	某些油漆不适用,一般用于矿物油的涂料都不适用。可用环氧树脂乙烯基涂料	能溶解大部分油漆和绝缘材料,故最好不用。可用聚环氧型和聚脲型涂料
相对价格		中~高	最低	中~高	高	最高

6.3 工作液体的故障分析与排除

1. 黏度选用不当会产生哪些故障?

黏度是防止油液从紧密贴合的运动零件之间的缝隙中泄漏的能力。黏度选用不当产生的故障、故障原因与排除方法见表6-13。

表6-13 黏度选用不当

原因		容易发生的故障	产生故障的原因	排除方法
黏度选用不当	过低时	①泵产生噪声、流量不足及异常磨损 ②内泄漏增大而使执行元件动作失常 ③压力控制阀压力出现不稳定现象(压力表波动大) ④因润滑不良产生各滑动面的异常磨损	①油温上升,黏度下降 ②长时间使用高黏度指数的油	①改进冷却系统,修理 ②更换黏度合适的液压油
	过高时	①泵吸油不良 ②泵吸入压力增大、产生气穴 ③滤油器阻力增大而产生故障 ④配管阻力增大,压力损失增大,输出功率降低 ⑤控制阀的动作迟滞和动作不正常	①油温过低,环境温度过低 ②低温时,无升温装置 ③一般元件却使用高黏度油	①安装低温加热装置和温控装置 ②修理油温控制系统 ③更换合适黏度的油液

2. 使用防锈性不好的油会产生哪些故障?

使用防锈性不好的油会产生的故障、故障原因与排除方法见表6-14。

表6-14　使用防锈性不好的油

原因	容易发生的故障	产生故障的原因	排除方法
防锈性不好	①由于锈蚀进入滑动部位,产生控制阀、液压缸的不正常动作 ②锈脱落而烧结、拉伤 ③因锈粒子的流动产生动作不良,流量阀流量不稳定	①防锈性差的油内混进了水分 ②锈蚀的扩展加剧 ③开始时就已生锈	①使用防锈性好的油 ②防止水分混入 ③清洗,除锈

3. 使用抗乳化性不好的油会产生哪些故障?

使用抗乳化性不好的油会产生的故障、故障原因与排除方法见表6-15。

表6-15　使用抗乳化性不好的油

原因	容易发生的故障	产生故障的原因	排除方法
抗乳化性不好	①因油有水分而锈蚀 ②液压油发生不正常的老化、劣化 ③因水分产生泵、阀的气穴和汽蚀	①液压油本身防锈性差 ②与水分的分离性差	使用抗乳化性好的液压油

4. 使用已老化、劣化的油会产生哪些故障?

使用已老化、劣化的油会产生的故障、故障原因与排除方法见表6-16。

表6-16　使用已老化、劣化的油

原因	容易发生的故障	产生故障的原因	排除方法
老化、劣化	①产生油泥,使液压元件动作不良 ②氧化加剧,腐蚀金属材料 ③润滑性能降低,元件磨损加快 ④防锈性、抗乳化性降低	①长期在高温下使用 ②水分、金属粉、空气等进入油内,促进劣化 ③油受局部高温加热	①避免在60℃以上的高温下长期使用 ②除去污物 ③防止用加热器局部加热

5. 使用抗腐蚀性不好的油会产生哪些故障?

使用抗腐蚀性不好的油会产生的故障、故障原因与排除方法见表6-17。

表6-17　使用抗腐蚀性不好的油

原因	容易发生的故障	产生故障的原因	排除方法
抗腐蚀性不好	①腐蚀铜、铝、铁等金属 ②伴随着汽蚀 ③泵、滤油器、冷却器局部腐蚀	①添加剂的影响 ②液压油老化、劣化,腐蚀性物质混入 ③水分混入而引起汽蚀	①防止老化、劣化污染物混入 ②防止水分混入

6. 使用消泡、破泡性不好的油会产生哪些故障?

使用消泡、破泡性不好的油会产生的故障、故障原因与排除方法见表6-18。

7. 使用低温流动性不好的油会产生哪些故障?

使用低温流动性不好的油会产生的故障、故障原因与排除方法见表6-19。

表 6-18 使用消泡、破泡性不好的油

原因	容易发生的故障	产生故障的原因	排除方法
消泡破泡性不好	①油的压缩性增大，导致动作不正常 ②噪声、振动加剧磨损 ③气泡导致气穴 ④油与空气接触面积增大，加剧油液氧化 ⑤气泡进入润滑部位，切破油膜导致烧伤、爬行	①添加剂的消耗 ②液压油本身破泡性差	①更换油，加添加剂 ②检查油箱的结构，合理设计

表 6-19 使用低温流动性不好的油

原因	容易发生的故障	产生故障的原因	排除方法
低温流动性不好	液压油的流动闪点在 10～15℃时，流动性变差，不能使用	①液压油的问题 ②添加剂的问题	选择合适油液

8. 使用润滑性不良的油会产生哪些故障?

形成坚固油膜的能力是石油基液压油的一个重要特性，这种能力称为润滑性。使用润滑性不良的油会产生的故障、故障原因与排除方法见表 6-20。

表 6-20 使用润滑性不良的油

原因	容易发生的故障	产生故障的原因	排除方法
润滑性不良	①泵异常磨损，寿命缩短 ②元件寿命降低，性能降低 ③泵、阀等滑动面异常磨损、烧坏 ④流量阀调节不良 ⑤伺服阀动作不良，性能降低 ⑥滤油器堵塞 ⑦工作油老化、劣化	①液压油老化、劣化，异物混入 ②黏度降低 ③由水基液压油的性质所决定	①更换黏度适当、润滑性好的液压油 ②选择液压油时，要研究其润滑性能

6.4 液压油的使用与管理

1. 液压传动的介质污染原因主要有哪几个方面?

液压油液被污染的原因是很复杂的，但大体上有以下几个方面。

① 残留物的污染。主要指液压元件以及管道、油箱在制造、储存、运输、安装、维修过程中，带入砂粒、铁屑、磨料、焊渣、锈片、棉纱和灰尘等，虽然经过清洗，但未清洗干净而残留下来造成液压油液污染。

② 侵入物的污染。液压传动装置工作环境中的污染物，例如空气、尘埃、水滴等通过一切可能的侵入点，如外露的活塞杆、油箱的通气孔和注油孔等侵入系统造成液压油液污染。

③ 生成物的污染。主要指液压传动系统在工作过程中产生的金属微粒、密封材料磨损颗粒、涂料剥离片、水分、气泡及油液变质后的胶状物等造成液压油液污染。

2. 怎样控制工作液体的污染?

① 防止、减少外来污染。液压传动系统在装配前、后必须严格清洗。在加注和排放液压油以及对液压系统拆装的过程中，应保持容器、漏斗、管件、接口等的清洁，防止污染物进入。

② 过滤。滤除系统产生的杂质，过滤越精细，则油液清洁度等级越好，元件的使用寿命越长。应在系统的相应部位安装适当精度的过滤器，并且要定期检查、清洗或更换滤芯。

③ 控制液压油液的工作温度。液压油液的工作温度过高会加速其氧化变质，产生各种生成物，缩短它的使用期限，所以要限制油液的最高使用温度。液压系统要求理想温度为15～55℃，一般不能超过60℃。

④ 定期检查、更换液压油液。应根据液压设备使用说明书的要求和维护保养规程的有关规定，定期检查、更换液压油液。更换液压油液时要清洗油箱，冲洗系统管道及液压元件。

⑤ 防水、排水。油箱、油路、冷却器管路、储油容器等应密封良好，不渗漏。油箱底部应设排水阀。受到水污染的液压油呈现乳白色，应采取分离水分措施。

⑥ 防止空气进入。合理使用排气阀，保证液压系统、尤其是液压泵吸油管路完全密封。系统回油尽量远离液压泵吸油口，为回油中的空气逸出提供充分时间，回油管管口应为斜切面并伸入油箱液面以下，减少液流冲击。

3. 影响工作液体质量的因素有哪些？有何危害？

① 杂质。杂质包括灰尘、磨屑、毛刺、锈迹、漆皮、焊渣、絮状物等。杂质不仅能磨损各运动件，而且一旦被卡在阀芯或其他运动副中，将影响整个系统的正常运行，导致机器产生故障，加速元件磨损，使系统性能下降，产生噪声。

② 水。油中含水量参照GB/T 1118.1—1994的技术标准，如果油中水分超标，则必须更换；否则，不但会损坏轴承，还会使钢件表面生锈，进而使液压油乳化、变质和生成沉淀物，妨碍冷却器导热，影响阀门工作，减少了滤油器有效工作面积，增大了油的磨蚀作用。

③ 空气。若液压油路中含有气体，当气泡溢出时，会对管壁和元件产生冲击形成汽蚀，使系统不能正常工作，时间稍长还会导致元件损坏。

④ 氧化生成物。一般机械液压油的工作温度为30～80℃，液压油的寿命与其工作温度密切相关。当工作油温超过60℃后，每增加8℃，油的使用寿命就会减半，即90℃油的寿命是60℃油的10%左右，原因是油被氧化。氧气和油中的碳氢化合物进行反应，使油慢慢氧化、颜色变黑、黏度上升，最后可能严重到氧化物不能溶解于油中，而以棕色黏液层沉积在系统某处，极易堵塞元件中的控制油道，使滚珠轴承、阀芯、液压泵的活塞等磨损加剧，影响系统正常运行。氧化还会产生腐蚀酸液，氧化过程开始慢慢地进行，当达到某种阶段后，氧化速度会突然加快，黏度会跟着突然上升，结果导致工作油温升高，氧化过程更快，累积的沉淀物和酸含量会更多，最后使油液无法再用。

⑤ 理化反应物。理化反应物会导致油品化学性质变化。溶剂、表面活性化合物等 会腐蚀金属及使油液变质。

4. 怎样判断液压系统中是否含有水分？

将2～3cm³油放入一个试管中，静置几分钟，使气泡消失，然后对油加热（如用打火机），同时在试管口顶端注意倾听是否有水蒸气轻微的“嘭嘭”声，如有，则说明油中含有水。

将几滴油滴在烧红的铁板上，如发出“嗤”的一声，则说明油中含有水。

液压油含水的检查是通过对有问题的油样和新油样进行比较来完成的。将一烧杯（玻璃杯）新鲜油液放置在光线下，会看到它是透明的。如果油样含有0.5%的水，它将呈现浑浊状，如果油样含有1%的水，它就变得像牛奶一样。检查液压油中含水的另一个方法是加热牛奶状或烟雾状的油样，一段时间后，如果油样清澈了，那么油液中就可能含有水。如果油液中含有少量的水（低于0.5%），除非是系统要求十分严格，通常不予报废。油液中的水会加快油液的氧化过程和降低润滑性，经过一段时间后，水分虽然会蒸发掉，但它引起的氧化生成物将依 然存留在油液中，以后会造成进一步的危害。

5. 液压油里有水该如何处理?

由于水的密度比油大，可静置分层，将大部分水分除去。

在锅中搅拌，将液压油缓慢加热至105℃，将油中残余少量水分除掉（油中无气泡）。

国外有用一种专吸水不吸油的纸做成的过滤器来滤除水分。

如果油液中含有大量的水，大部分水最终将沉淀下来。必要时用离心机来分离油和水。

6. 液压油里的空气含量情况怎样？混入空气有何危害?

液压介质中所含空气的体积百分比称为含气量，液压介质中的空气分混入空气和溶解空气两种。一般油中溶解有8%～10%的空气。溶解空气均匀地溶解于液压介质中，对体积弹性模量及黏度没有影响，而混入空气则以直径为0.25～0.5mm的气泡状态悬浮于液压介质中，对体积弹性模量及黏性有明显影响。另外空气含量过大，有汽蚀（低压下气泡开裂）和“柴油机效应”（高压下空气-油混合物爆炸）的危险。上述现象将导致材料腐蚀。

大气压下，空气溶于液压油液。而在低压下，例如低于工作液体的空气分离压时，这些空气会被释放出来，一般液压介质的空气分离压为1300～6700Pa。另外，当工作液体的压力低于一定值时，液压介质将沸腾，产生大量蒸气，此压力称为该介质于此温度下的饱和蒸气压。矿物油型液压油，在20℃时的饱和蒸气压为6～2000Pa。乳化液的饱和蒸气压与水相近，20℃时为2400Pa。

7. 工作液体清洁度标准是怎样的？含义是什么?

目前世界通用的工作液体清洁度标准是ISO 4406，已为大部分行业认可。此标准是：在已知一定容量中（通常是1mL或100mL），大于2μm、5μm与15μm的颗粒数，用表6-21中的代码表示（表中还附有其他标准）。大于2μm和5μm的颗粒作为“粉尘”颗粒参照。最有可能造成液压系统严重后果的是大于15μm的颗粒。现在用5μm和15μm也符合ISO标准。

(1) ISO 4406标准中清洁度代码的含义

ISO 4406清洁度标准中，用0～28代码表示。其含义是从抽出的100mL油液中测定所含总颗粒数，按数量多少范围分级（表6-21）。

表6-21 ISO（DIS）4406固体污染物颗粒数量等级标准代号

等级代号	100mL介质中的污染物颗粒数	
	多于	少于
24	8×10^6	16×10^6
23	4×10^6	8×10^6
22	2×10^6	4×10^6
21	1×10^6	2×10^6
20	500×10^3	1×10^6
19	250×10^3	500×10^3
18	130×10^3	250×10^3
17	64×10^3	130×10^3
16	32×10^3	64×10^3
15	16×10^3	32×10^3
14	8×10^3	16×10^3
13	4×10^3	8×10^3
12	2×10^3	4×10^3
11	1×10^3	2×10^3

续表

等级代号	100mL 介质中的污染物颗粒数	
	多　于	少　于
10	500	1×10^3
9	250	500
8	130	250
7	64	130
6	32	64
5	16	32
4	8	16
3	4	8
2	2	4
1	1	2
0	0.5	1
0.9	0.25	0.5

（2）三代码（ISO 4406—1999 标准）表示的清洁度

ISO 4406—1999 中，以三个数字代表油液清洁度等级。例如清洁度等级 18/16/13 的含义：18 表示颗粒大于 2μm 的数量，16 表示颗粒大于 5μm 的数量，13 表示颗粒大于 15μm 的数量，实际颗粒数在图 6-2 所示的范围中。

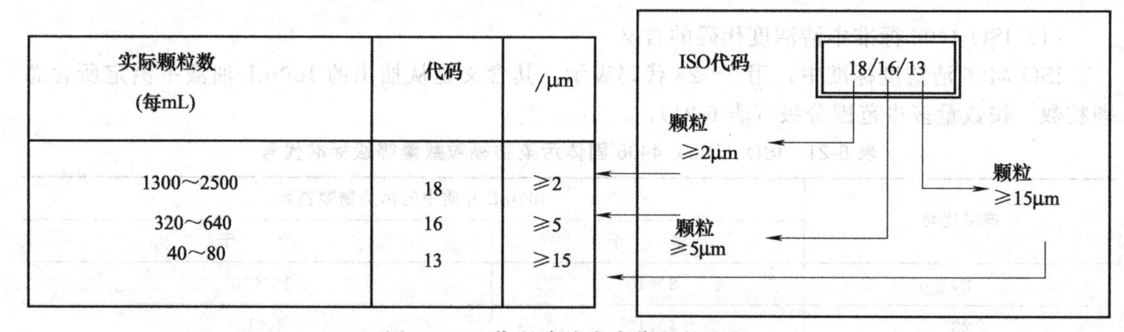

图 6-2　三代码清洁度中代码的含义

8. 液压元件对工作液体的清洁度有何要求?

液压元件对工作液体的清洁度要求见表 6-22。

表 6-22　液压元件对工作液体的清洁度要求

产　品	系统压力等级/bar(psi)		
	<70(<1000)	70～207(1000～3000)	210(3000)
定量叶片泵	20/18/15	19/17/14	18/16/13
	18/16/14	17/15/13	—
定量柱塞泵	19/17/15	18/16/14	17/15/13
	18/16/14	17/15/13	16/14/12
方向阀	20/18/15	20/18/15	19/17/14
压力流量控制阀	19/17/14	19/17/14	19/17/14

续表

产品	系统压力等级/bar(psi)		
	<70(<1000)	70～207(1000～3000)	210(3000)
CMX 阀	18/16/14	18/16/14	17/15/13
伺服阀	16/14/11	16/14/11	15/13/10
比例阀	17/15/12	17/15/12	15/13/11
缸	20/18/15	20/18/15	20/18/15
叶片马达	20/18/15	19/17/14	18/16/13
轴向柱塞马达	19/17/14	18/16/13	17/15/12
径向柱塞马达	20/18/14	19/17/13	18/16/13

9. 换油的方法有哪几种?

① 固定周期换油。这种方法是根据不同的设备、工况以及油品，规定液压油使用时间为半年、一年或者1000～2000工作小时。这种方法虽然在实际工作中被广泛应用，但不科学，不能及时发现液压油的异常污染，当换没换、不当换却换掉了，不能良好地保护液压系统，不能合理地使用液压油资源。

② 现场鉴定换油。这种方法是把被鉴定的液压油装入透明的玻璃容器中，和新油比较，做外观检查，通过直觉判断其污染程度，或者在现场用pH试纸进行硝酸浸蚀试验，以决定被鉴定的液压油是否需更换。

③ 综合分析换油。这种方法是定期取样化验，测定必要的理化性能，以便连续监视液压油劣化变质的情况，根据实际情况决定何时换油。这种方法有科学根据，因而准确可靠，符合换油原则。但是往往需要一定的设备和化验仪器，操作技术比较复杂，化验结果有一定的滞后，且必须交油料公司化验，国际上已开始普遍采用这种方法。

10. 液压油质量判断与处理措施的简易做法是什么?

如发现存在不符合使用要求的质量问题，必须更换液压油。

以下从检查项目、检查方法、分析原因、基本对策四个方面扼要介绍液压油品质现场判定方法和处理措施。

① 透明但有小黑点，看，混入杂物，过滤。

② 呈现乳白色，看，混入水分，分离水分。

③ 颜色变淡，看，混入异种油，检查黏度，如可靠，继续使用。

④ 变黑、变浊、变脏，看，污染与氧化，更换。

⑤ 与新油比较，气味，闻，恶臭或焦臭，更换。

⑥ 味道，嗅，有酸味，正常。

⑦ 气泡，摇，产生后易消失，正常。

⑧ 黏性，与新油比较，考虑温度、混入异种油等，视情况处理。

⑨ 水分，分离水分。

⑩ 颗粒，硝酸浸泡法，观察结果，过滤。

⑪ 杂质，稀释法，观察结果，过滤。

⑫ 腐蚀，腐蚀法，观察结果，视情况处理。

⑬ 污染度，点滴法，观察结果，视情况处理。

第7章 液压回路

7.1 泵供油回路

1. “定量泵+节流阀”供油回路为什么会有发热温升?

如图 7-1 (a) 所示，这种回路损失的能量为：$\Delta N = p_P Q_P - p_L Q_L$（溢流阀损失），因而效率不高，容易产生发热温升的故障。要解决故障，可采用图 7-1 (b) 的“定量泵＋比例压力流量阀(PQ阀)”供油回路，根据系统实际需要，匹配设定 PQ 阀中两比例电磁铁的电流值，从而供给与系统相匹配的压力和流量值，可减少能量损耗，降低发热温升。

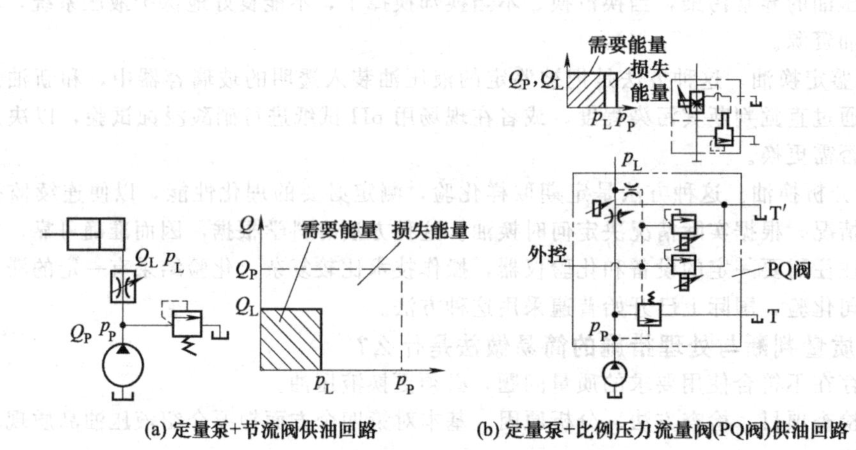

图 7-1 定量泵供油回路

2. 双泵供油回路为何会出现电机严重发热甚至被烧坏的故障?

如图 7-2 所示，当液压缸 6 低载快速前进时，低压大流量泵 L 和高压小流量泵 H 同时向缸 5 供油，当负载压力上升到卸载阀 4 的调定压力时，阀 4 的控制压力油也随之上升，卸载阀 4 打开卸载，单向阀 3 在压差作用下关闭，泵 L 卸载，处于无载运转状态，缸 6 仅由高压泵 H 供油。

产生原因是在工作时，即只由高压小流量泵 H 供油时，如果单向阀 3 未很好地关闭，高压油将反灌。

3. 双泵供液压泵源回路为何压力不能上升到最高?

产生原因：一是单向阀 3 未很好地关闭，二个是卸载阀 4 的控制活塞磨损，控制压力油经控制活塞外径间隙进入阀 4 的主阀芯下腔，将阀芯向上推而打开了泵 2 出口与回油箱的通路，高低压泵联合供油时压力上不去，一般更换顺序阀的控制活塞后，故障便可解决［图 7-2 (b)］。

4. “定量泵＋变频电机”泵源回路的工作原理及主要故障是怎样的?

(1) 工作原理

如图 7-3 所示，回路由定量泵 P、变频电机 M、传感器 F1 和 F2、安全阀 V1 组成。通过变频器控制变频电机的转速和转矩，再通过定量泵对系统实施调压和调速。当变频电机所控制的频率发生变化时，输出转速随之变化，泵输出流量也随之改变。通过传感器 F1 检测变频电机的转

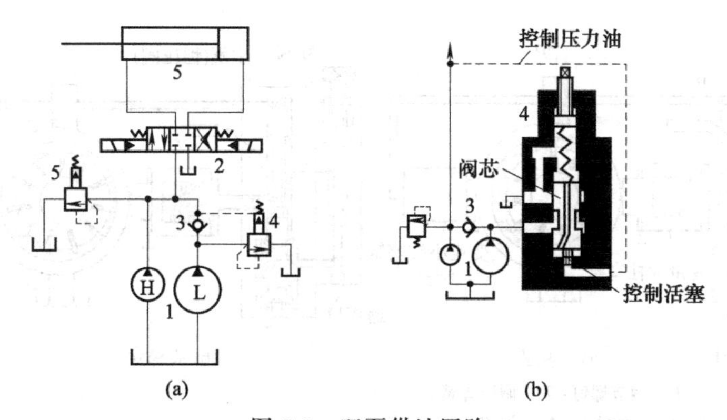

图 7-2 双泵供油回路

1—双泵；2—电液阀；3—单向阀；4—卸载阀；5—液压缸

速，与设定转速进行比较，偏差作为反馈调节信号，直至使泵输出流量与设定值一致或在允许范围之内。当输入电流发生变化时，输出转矩随之变化，泵输出压力也变化，通过传感器 F2 检测系统压力，使泵输出压力与设定值一致。

由于系统的调压和调速全由变频电机完成，可避免液压系统工作的溢流损失，且压力、流量均采用闭环控制，因此该回路是非常节能的动力控制系统。

(2) 主要故障

图 7-3 所示的"定量泵＋变频电机"控制回路中，回路的故障是变频器工作过程易受外界干扰。要结合变频控制技术、传感器技术、电机技术等复杂技术才能排除故障。

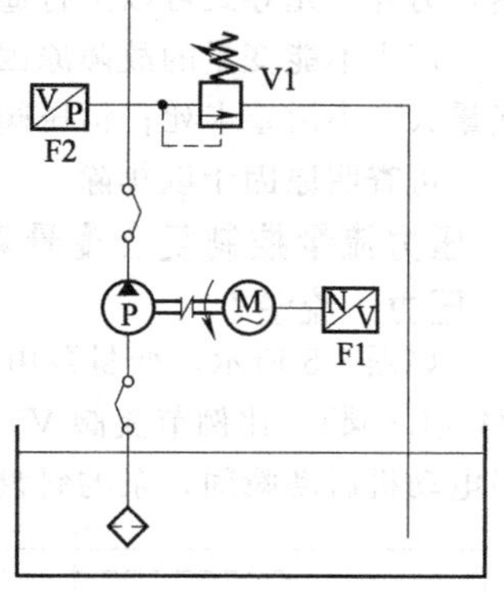

图 7-3 "定量泵＋变频电机"控制回路

5. 恒压泵源回路为何出现不能变量的故障?

图 7-4 为由恒压式变量叶片泵（带恒压阀）构成的恒压泵源回路。图 7-4 (a) 为直控式，图 7-4 (b) 为先导式。

直控式恒压阀为一负遮盖的三通（P、B、T 口）减压阀，它由调节螺钉 1、调压弹簧 2、带中心孔的阀芯 3 和阀体 4 所组成，调节螺钉 1 可调定恒压压力的大小。

当泵的出口压力 p_s 未达到调节螺钉 1 所调定的压力值时，阀芯 3 在弹簧 2 的作用下处于图示位置，泵出口来的控制压力油由 P 口进入恒压阀，通过阀芯 3 上的中心孔、节流口 a，与 B 相通，作用在变量大柱塞左端面上，这样变量大、小柱塞上都作用着与出口压力基本相同的压力油，而 $A_1 : A_2 = 2 : 1$，面积大的油压力大，因而定子 5 被推向右边，定子和转子处于最大偏心距 e_{max} 的位置，泵输出最大流量；而当泵出口压力（系统压力）达到恒压阀的调定压力值时，如液压系统需要的流量等于泵的最大流量，则阀芯 3 维持原位不动；当系统所需流量小于泵提供的流量时，系统压力便会因流量供过于求而升高，这样阀芯 3 下移，使 B 和 T 部分沟通，大柱塞左腔的压力便降下来，而变量小柱塞右端仍暂为高压油，于是大、小柱塞受力不平衡，定子 5 左移，使偏心距减小，泵输出流量也随之减少，直至泵提供的流量与系统所需的流量相匹配，泵出口压力又恢复到弹簧 2 调定的压力值，阀芯 3 回到中间位置，这样便恒定了泵的出口压力，称为"恒压泵"，由于控制口为负遮盖，要消耗部分控制流量回油箱，但控制性能较好。

图 7-4 (b) 为先导式恒压阀控制的恒压变量叶片泵，与图 7-4 (a) 的直控式相比，工作原理相同，其区别与传统压力阀中的直动式和先导式三通减压阀的区别类似，与泵出口压力相比较的不再是弹簧力，而是固定液阻和可调压力阀阀口构成的 B 型半桥的输出压力，弹簧只起复位作

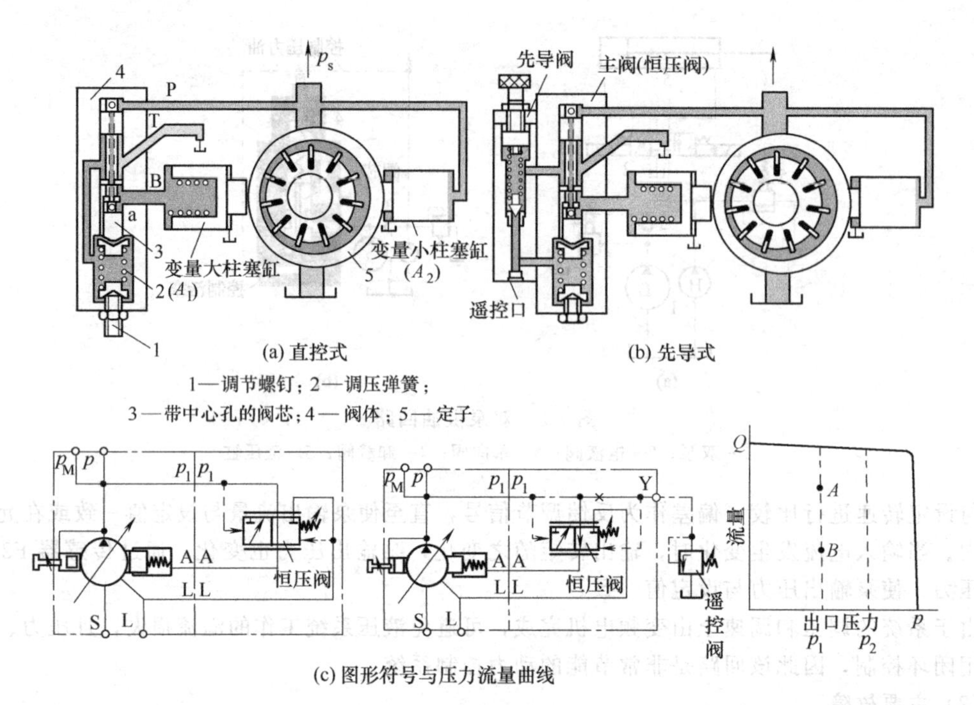

图 7-4 恒压泵源回路

用，另外，先导式可以进行遥控和选择多种输入方式，如手动、机动及比例控制等。

产生不能变量的故障原因主要是：恒压阀 4 的阀芯 3 卡死；恒压阀 4 的弹簧 2 折断或疲劳；变量大、小活塞卡死；恒压阀 4 的调压螺钉 1 调节不当。

可查明原因予以排除。

6. 压力流量控制复合变量泵泵源回路为何不能提供与执行机构负载压力、流量相匹配的压力、流量？

如图 7-5 所示，变量泵由比例压力阀 V1、安全阀 V2、压力补偿阀 V3（PC 阀）、流量补偿阀 V4（LS 阀）、比例节流阀 V5 及泵体组成。D1、D2 是分别控制变量泵输出压力、流量的电磁铁。当电动机启动瞬间，泵的斜盘摆角处于最大，此时 D1、D2 如无电信号输入，变量泵中的比例节流阀 V5 处于关闭状态，泵体输出流量流向 V4 的控制腔，推动 V4 阀芯移动，使泵体输出流量流向变量泵斜盘的控制腔，当泵体出口压力克服斜盘复位弹簧力时，斜盘角度变小，直至为零，泵排入系统中的流量为零。D1、D2 如有电信号输入，V1、V5 工作，同时控制阀 V3、V4 也起作用，使斜盘角度变大，输到系统的流量随之变大，同时泵的出口压力克服比例阀 V1 的设定值，只要改变 D1、D2 输入值，就可实现对系统调压和调速。

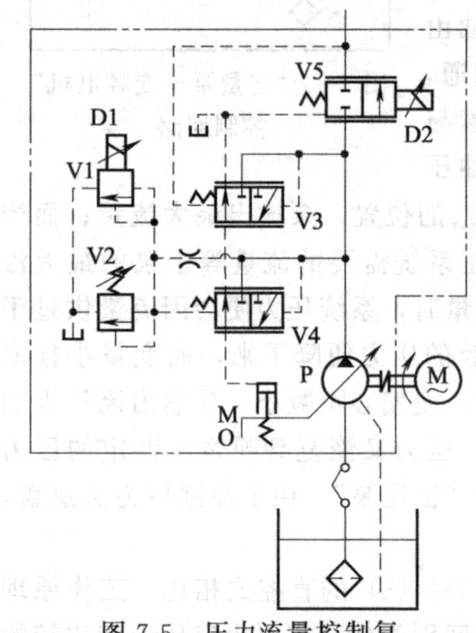

图 7-5 压力流量控制复合变量泵回路

该控制回路可有效地对系统进行调压和调速，且变量泵的出口压力和输出流量随着系统压力和流量变化而变化，但由于变量泵中的比例溢流阀起稳定调压作用，仍需少量油溢流。空载时，电动机仍带动液压泵转动，产生一定的功率损失而发热。

故障原因是：压力补偿阀 V3（PC 阀）的阀芯卡住；流量补偿阀 V4（LS 阀）的阀芯卡住；泵的变量控制活塞卡住。

查明原因，一一排除。

7.2 方向控制回路

在液压设备的液压系统中，利用各种方向控制阀去控制油流的接通、切断或改变方向，或者利用双向液压泵改变进、出油方向，控制执行元件的运动状态（运动或停止）和运动方向（前进或后退、上升或下降）的液压回路称为方向控制回路。锁紧回路也属于方向控制回路的范畴。

1. 靠重量回程的换向回路为何不能上升或下降?

依靠压力油而使液压缸上升，靠缸活塞本身的重量回程。例如图 7-6（a）所示的回路中，当三位三通阀 3 处于中位，泵 1 卸载；阀 3 处于左位，缸 4 上升；阀 3 处于右位，靠重力使缸 4 下降。

缸 4 的缸盖孔与柱塞外圆安装不同心，两者之间密封摩擦阻力大；换向阀 3 不能换向，处于左位连通（阀芯应在右位）；溢流阀压力上不去时，液压缸 4 不能上升。

柱塞与缸盖密封摩擦阻力大；阀 3 不能换向，处于右位连通（阀芯应在左位）；运动部件（柱塞）重量太轻时，液压缸 4 不能下降。

可根据情况予以排除。

2. 靠弹簧返程的回路为何出现缸不能前进、后退的故障?

如图 7-6（b）所示，当 1DT 通电，压力油进入缸 4 左腔，使其活塞前进（右行）；换向时，1DT 断电，缸 4 左腔通油池，靠液压缸本身的弹簧力使液压缸活塞后退（左行）。

阀 3 的电磁铁 1DT 未能通电；溢流阀 2 故障，压力上不去；液压缸 4 弹簧太硬、活塞杆和活塞密封过紧或其他原因造成摩擦力太大、液压缸别劲等情况，缸 4 不能前进。可逐一查明原因，予以排除。

阀 3 复位弹簧折断或漏装；液压缸 4 的弹簧太软、弹力不够等，缸 4 不能返回。可查明原因，予以排除。

值得特别提出的是，这种缸在缸盖上务必加工一放气小孔（通常为 ϕ3mm），确保其畅通，才能保证这种液压缸顺利前进和后退。

3. 用正、反转泵构成的换向回路为何出现缸不换向的故障?

如图 7-7 所示，回路为闭式回路，当双向泵 3 正转，压力油进入缸 6 左腔，推动活塞前进，缸右腔通过液控单向阀 5 回油；反之，泵 3 反转，缸 6 后退。其工作压力分别由溢流阀 1 和 2 调节。

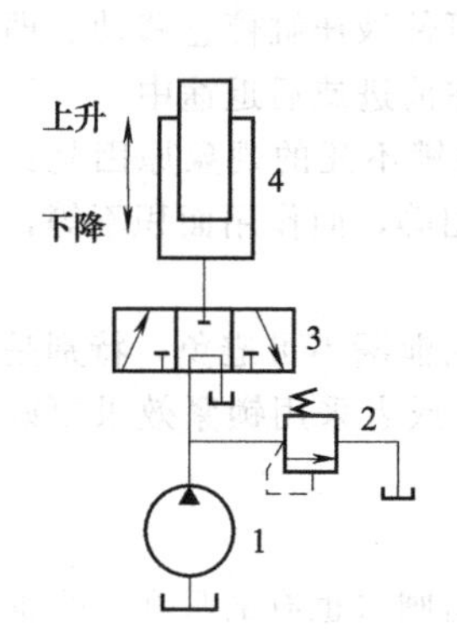

(a) 靠重量回程的换向回路

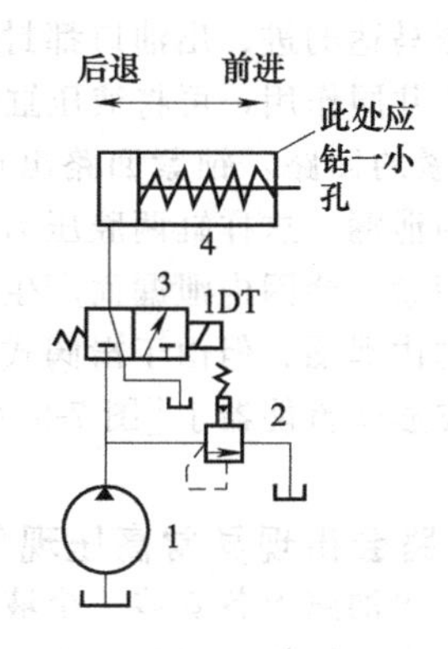

(b) 靠弹簧返程的回路

图 7-6 液压回路

1—泵；2、3—阀；4—液压缸

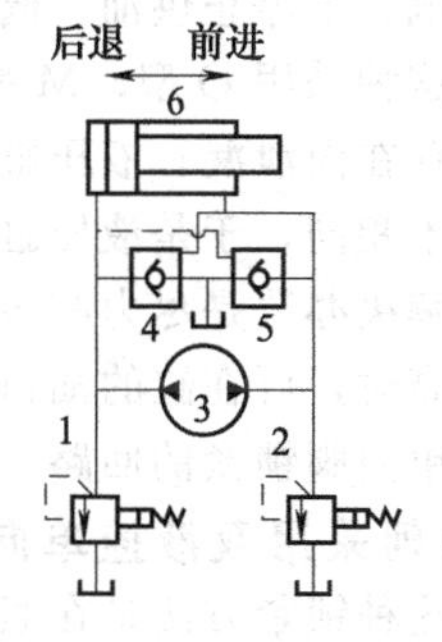

图 7-7 正、反转泵换向回路

1、2—溢流阀；3—泵；4、5—液控单向阀；6—液压缸

这种回路不能换向的故障原因如下。

① 溢流阀1、2故障，系统压力上不去。

② 液压缸活塞与活塞杆摩擦阻力大，别劲。

③ 两液控单向阀4与5因阀芯卡死或控制压力不够，不能打开，而不能回油。

④ 液控单向阀阀芯卡死在常开位置，则系统压力上不去，使缸不能换向。

可根据上述情况，逐一排除。

4. 用换向阀控制的换向回路为何出现缸不换向的故障?

换向回路一般多采用换向阀来换向。换向阀的控制方式和中位机能依据主机需要及系统组成的合理性等因素来选择。例如，图7-8为采用三位四通中位机能M型的电液换向阀回路，换向阀在右位或左位时，液压缸活塞向左或向右运动，电液阀处于中位时，液压缸活塞停止运动，液压泵可依靠阀中位机能实现卸载功能，背压阀A的作用是建立电液阀换向所需的最低控制压力。另外，为了改善换向性能和适应不同的用途，三位阀中还有其他多种不同的中位机能。

换向回路中采用的换向阀有二位三通、二位四（五）通、三位四（五）通等，均可使液压缸（或液压马达）换向。操作方式有手动、机动、液动、电磁及电液动等。

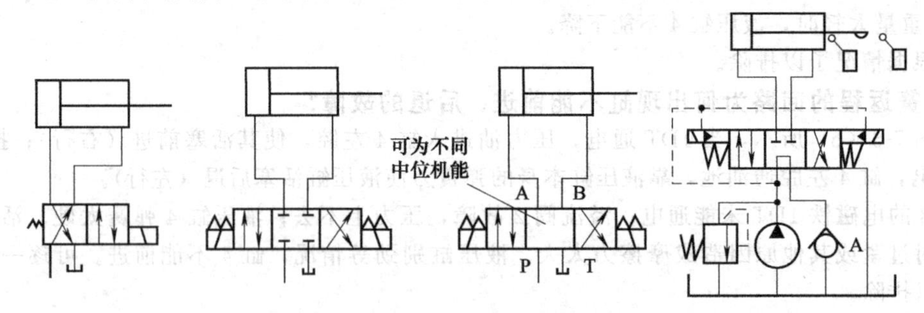

图7-8 用换向阀控制的换向回路

5. 采用单向阀和中位闭锁换向阀的锁紧回路为何出现浮动锁不死的现象?

为了使执行元件能克服惯性负载在任意位置上停住，以及在停止工作时，防止在外力的作用下发生移动，消除有可能产生的安全事故，防止执行元件漂移或沉降，可采用锁紧回路，它也属于方向控制回路的范畴。

如图7-9所示，当三位四通电磁阀3处于左位（电磁铁a通电）或右位（电磁铁b通电）时，液压缸实现前进或后退。在液压回路中，使用中位闭锁机能（中位机能为O、M型）的三位四通换向阀，在中位时，将液压缸或液压马达的进、出油口都封闭，可使液压缸停止移动。即使突然停电，泵停止供油，阀3与单向阀2共同作用，可将液压缸锁紧在前进或后退途中。

这种采用O型、M型中位机能锁紧的回路，锁紧回路出现浮动锁不死的现象原因是：圆柱滑阀存在内泄漏；液压缸也可能产生内泄漏。这样缸两腔压力接近相等，而作用面积不等，因而受力不相同，于是液压缸便不能可靠锁紧，会因内泄漏而产生微动。

解决办法是尽力减少换向阀与缸的内泄漏，但由于滑阀式换向阀泄漏不可避免，特别是在油温升高时，可在缸的油口加装一小型皮囊式蓄能器J［图7-9（b）］，或者采用锁紧效果更好的用液控单向阀锁紧的回路。

6. 为何采用双液控单向阀的锁紧回路会出现异常高压现象?

这种锁紧方法是在紧靠液压缸的进出油路上各安装一个液控单向阀（也有的只在一个油路上安装），如图7-10（a）所示。由于座阀式液控单向阀基本无内泄漏，因而锁紧精度高。当换向阀3处于中位时，两液控单向阀的控制油均通油池，所以液控单向阀反向油液不通，因而封住了液压缸两腔的油流；当阀3两端的电磁铁分别通电时，可实现液压缸的前进与后退。当阀3断电时，这种回路可在任一位置上准停，并且不再有微动现象。

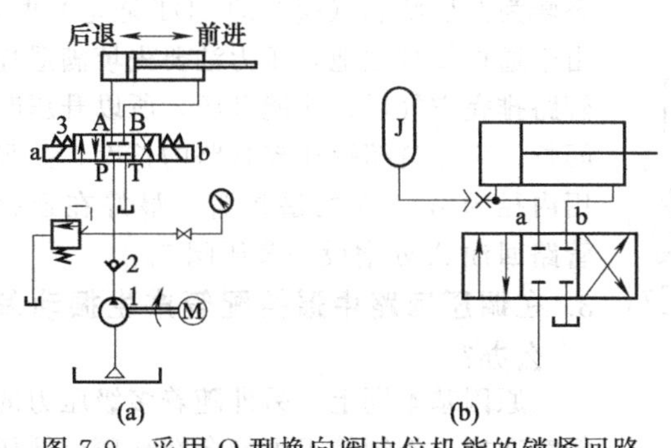

图 7-9 采用 O 型换向阀中位机能的锁紧回路

1—泵；2—单向阀；3—电磁换向阀

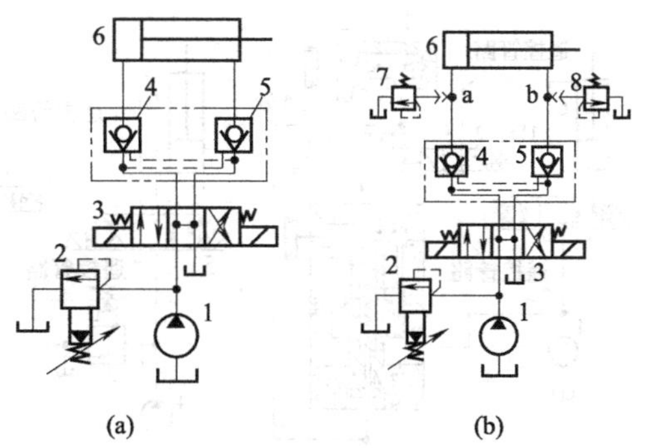

图 7-10 双液控单向阀的锁紧回路

1—液压泵；2—溢流阀；3—电磁换向阀；4、5—液控单向阀；6—液压缸；7、8—安全阀

当有突发性外力作用时，由于缸内油液被封闭及油液的不可压缩性，管路及缸内会产生异常高压，导致管路及液压缸损伤。解决办法是在图 7-10（b）中的 a、b 处各增加一安全阀 7 与 8。

7.3 压力控制回路

压力控制回路是利用各种压力控制阀控制系统压力的回路。液压系统中的压力必须与系统负载相匹配，才能既满足工作要求，又减少功率损失，这就需要通过调压、减压、增压、保压、卸载以及多级压力控制等回路来实现，以满足液压系统中各执行元件在力或转矩上对压力的不同要求。此处仅对调压回路进行说明。

1. 两级（多级）调压回路中出现压力冲击怎么办?

在图 7-11（a）所示的两级调压回路中，当 1DT 不通电时，系统压力由溢流阀 2 来调节；反之，1DT 通电时，系统压力由溢流阀 3 来调节，这种回路的压力切换由阀 4 来实现，当压力由 p_1 切换到 p_2（$p_1>p_2$）时，由于阀 4 与阀 3 间的油路内切换前没有压力，故当阀 4 切换（1DT 通电）时，溢流阀 2 遥控口处的瞬时压力由 p_1 下降到几乎为零后再回升到 p_2，系统自然产生较大的压力冲击。

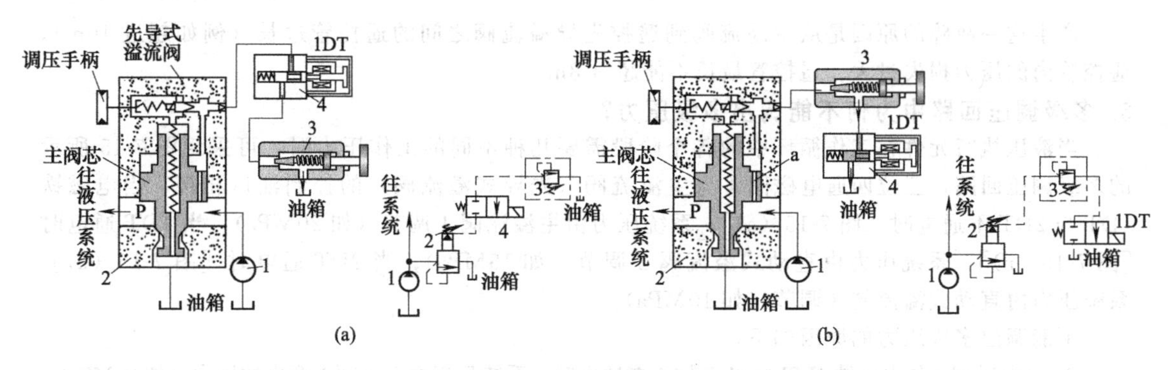

图 7-11 两级调压回路中的压力冲击

1—液压泵；2—主溢流阀；3—调压阀；4—二位二通电磁换向阀

将阀 3 与阀 4 交换一个位置［图 7-11（b）］，这样从阀 2 的遥控口到阀 4 的油路里总是充满了压力油，便不会产生过大的压力冲击。

2. 在多级调压回路中调压时升压时间长怎么办?

在图 7-12 所示的两级调压回路中，当遥控管路较长，而系统从卸载（阀 2 的 2DT 通电）状

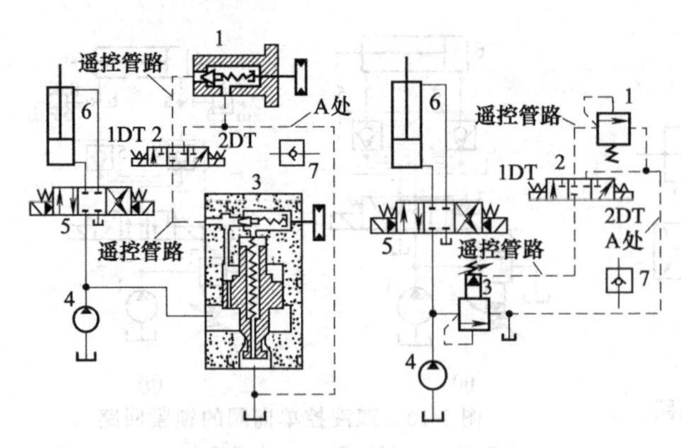

图 7-12 两级调压回路

1—调压阀；2—三位三通电磁换向阀；3—主溢流阀；4—液压泵；5—三位四通电磁换向阀；6—液压缸；7—背压阀

态转为升压状态（阀 2 的 1DT 通电）时，由于遥控管接油池，压力油要先填满遥控管路排完空气后，才能升压，所以升压时间长。应尽量缩短遥控管路的长度，并采用内径为 $\phi3\sim5$ 的遥控管，最好在遥控管路回油 A 处增设一背压阀 7。

3. 在调压回路中遥控配管产生振动怎么办？

原因基本同上，另外随着多级压力的频繁变换，控制管很可能会在高压↔低压的频繁变换中产生冲击振动。

解决办法：可在图 7-13 的 A 处装设一小流量节流阀，并进行适当调节，故障便可排除。

4. 调压回路中为何最低压力调节值下不来？

在图 7-14 所示的调压回路中，对溢流阀调压时，往往出现最低压力调节值下不来，并伴有升降压动作缓慢现象。

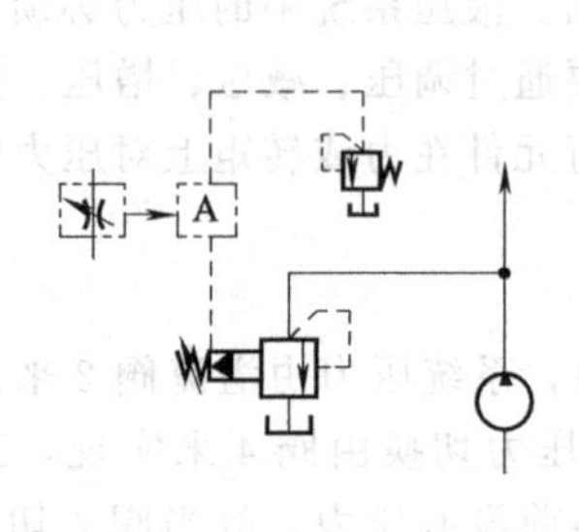

图 7-13 调压回路中的遥控配管振动

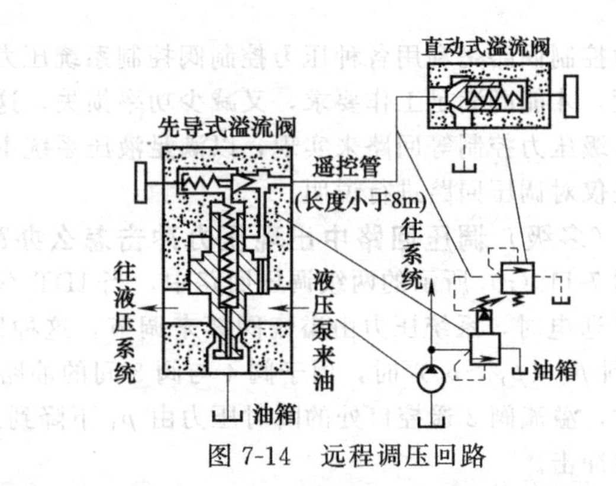

图 7-14 远程调压回路

产生这一故障的原因是从主溢流阀到遥控先导溢流阀之间的遥控管过长（例如超过 10m），遥控管内的压力损失过大。遥控管最长不能超过 8m。

5. 多级调压回路中为何不能调出多级压力？

当液压执行元件在工作循环中的各个阶段需要几种不同的工作压力时，可采用图 7-15 所示的多级调压回路，三位四通电磁阀 4 与主溢流阀（先导式溢流阀）的控制油口相接，当电磁铁 1DT 与 2DT 不通电时［图 7-15（a）］，系统压力由主溢流阀 1 调节（如 20MPa）；当 1DT 通电时［图 7-15（b）］，系统压力由直动式溢流阀 2 调节（如 15MPa）；当 2DT 通电时［图 7-15（c）］，系统压力由直动式溢流阀 3 调节（如 10MPa）。

不能调出多级压力的原因如下。

① 当电磁阀 4 的电磁铁 1DT 与 2DT 均不能通电时，系统只有主溢流阀 1 调出的压力（如 20MPa）。

② 当电磁阀 4 的电磁铁 1DT 不能通电时，系统压力无直动式溢流阀 2 调出的压力（如 15MPa）。

③ 当电磁阀 4 的电磁铁 2DT 不能通电时，系统压力无直动式溢流阀 3 调出的压力（如 10MPa）。

④ 当电磁阀 4 的电磁铁 1DT 与 2DT 均未通电、但电磁阀的阀芯卡死在之前 1DT 或 2DT 通电的位置时，系统没有主溢流阀 1 调出的压力，而只有阀 2 或阀 3 调出的压力。

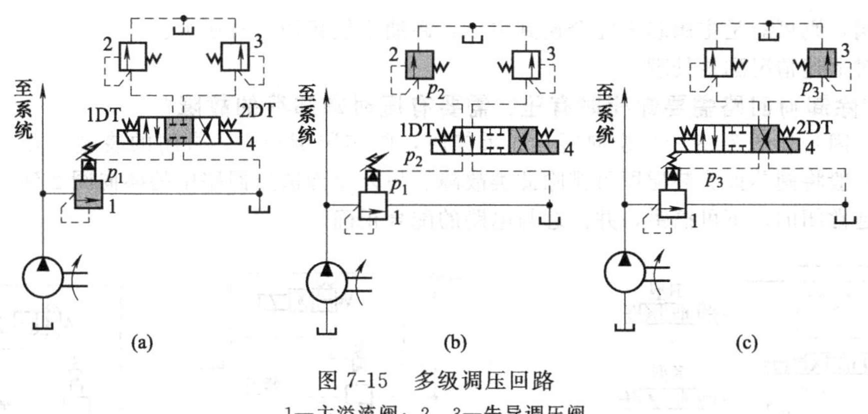

图 7-15 多级调压回路

1—主溢流阀；2、3—先导调压阀

可检查电磁铁的通断电情况以及清洗电磁阀予以排除。

6. 为何需要卸荷回路?

当液压系统中的执行元件短时间停止工作时，例如在系统一个工作循环结束，等待下一个工作循环开始之间，此时间内一般都让液压系统中的液压泵卸载，做空载运转，即让泵输出的油液全部在无压或压力极低的状况下流回油箱，而不是关掉电机等下一个工作循环开始再启动电机，此时用到卸荷回路，可节省功率消耗，减少液压系统发热，避免频繁启动电机，特别是功率较大的液压系统都设置有卸荷回路。

7. 怎样排除采用换向阀的卸荷回路不卸荷的故障?

图 7-16 为采用二位二通电磁阀或二位四通（堵住一孔或连通一孔，实际上也为二位二通）电磁阀的卸荷回路，或断电时升压（常闭），或通电时升压（常开）。

图 7-17 为利用三位换向阀的中位机能［如国产阀的 M、K 型等］使泵和油箱连通进行卸载的方式，当液压缸 4 暂时不工作时，泵 1 来油经阀 3 中位短路接回油箱，使泵卸荷。

对于图 7-16（a）、（c）、（d），可能是因为电磁阀的电磁铁未断电，或虽断电、但电磁阀的阀芯卡死在通电位置，或者因其复位弹簧错装、漏装或弹簧折断等原因，造成阀芯不能复位，可分别查明原因，予以排除。

对于图 7-16（b），则是因为电液阀 3 的主阀芯卡死在一端，可拆开清洗。

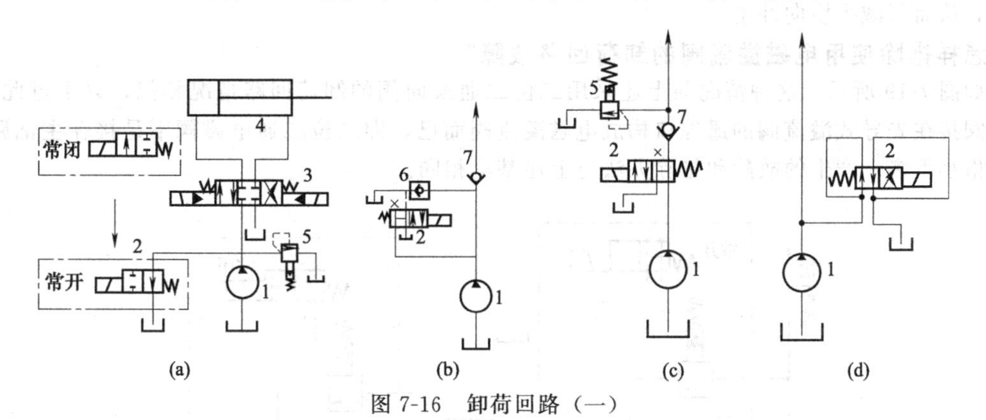

图 7-16 卸荷回路（一）

1—液压泵；2—二位二通电磁换向阀；3—电液换向阀；4—液压缸；5—溢流阀；6—液控单向阀；7—单向阀

8. 怎样排除卸荷回路卸荷不彻底的故障?

卸荷不彻底指的是不能完全卸掉泵压。对于图 7-16（c）、（d），产生这一故障的原因是阀 2 的通径选择过小或者换向阀不到位。对于图 7-16（b），则可能是液控单向阀的主阀芯卡死在小开度位置，或者其控制活塞前端磨损变短，不能完全顶开单向阀芯；如图 7-17 中的电液阀 3 若为手动换向阀，则可能是主阀芯未完全换到中位，卸油不能畅通，背压大。

可针对上述情况酌情处理。

9. 怎样排除卸荷回路需要卸荷时有压、需要有压时却卸荷的故障?

产生原因是如图 7-18 中的换向阀 2 在拆修时，阀芯装倒一头，常闭的装成常开，常开的变成常闭。一般将阀芯掉头装配即可排除此类故障。另外要弄清原回路中的换向阀 2 到底是使用常开的，还是常闭的，不可搞错，并注意与电路的配合正确。

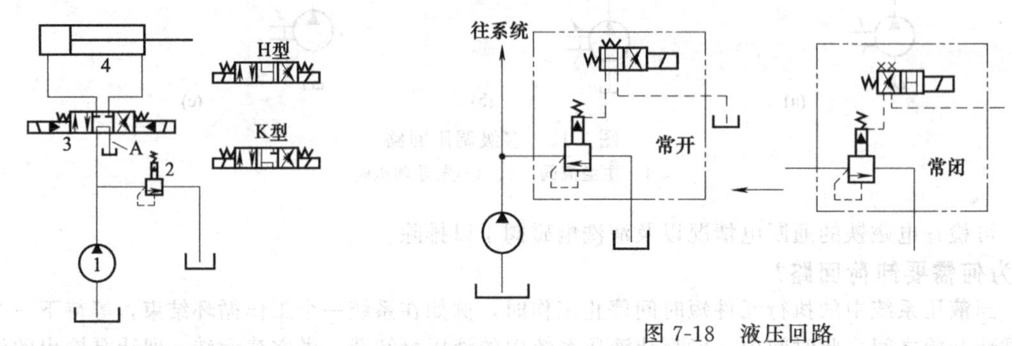

图 7-17　卸荷回路（二）

1—液压泵；2—溢流阀；3—三位四通电液换向阀；4—液压缸

图 7-18　液压回路

10. 怎样排除卸荷回路中，经常出现执行元件不换向的故障?

在图 7-17 所示采用 M、H、K 型等中位机能的卸荷回路中，由于阀 3 采用电液阀，当在中位卸荷后，系统压力因卸荷而降低；如果电液阀 3 为采用内供方式的电液阀，此时则会因系统卸荷而使电液阀的内供控制油压力不够导致电液阀的主阀芯无法换向，造成执行元件不能换向的故障。此时可在图7-17中的 A 处增设一个背压阀，背压压力高于控制油所需的最低控制压力，便可保证电液阀能可靠换向，但这与彻底卸荷却有矛盾，此时最好改用外供控制油的方式。

11. 怎样排除采用卸荷回路的液压系统中，液压缸的换向冲击大的故障?

图 7-17 所示的回路为高压大流量的系统，采用这种卸荷方式易产生换向冲击。解决办法是将电液阀 3 改为带双单向节流阻尼器的电液换向阀，通过对主阀控制油路的阻尼调节来减慢换向速度，从而可减少换向冲击。

12. 怎样排除使用电磁溢流阀的卸荷回路故障?

如图 7-19 所示，这种情况与上述采用二位二通换向阀的卸荷回路情况相似，只不过此处的电磁阀接在先导式溢流阀的遥控口构成电磁溢流阀而已，即二位二通电磁阀不是接在主油路上，其规格小得多。产生的故障和排除方法与上述基本相同。

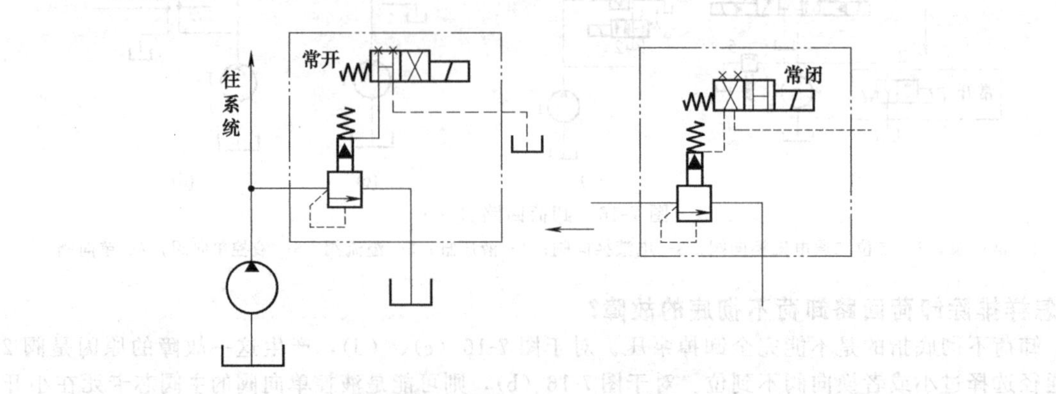

图 7-19　使用电磁溢流阀的卸荷回路

13. 怎样排除采用卸荷阀组成的蓄能器保压、液压泵卸荷的保压卸荷回路故障?

如图 7-20 (a) 所示，当蓄能器 5 的压力上升达到卸荷阀（液控顺序阀）2 的调定压力时，阀 2 开启，液压泵 1 卸荷，单向阀 4 关闭，系统保压；当系统压力低于卸荷阀 2 的调定压力时，卸荷阀 2 关闭，泵 1 重新对系统提供压力油，蓄能器继续充液。溢流阀 3 起安全阀的作用。

这种回路的故障主要有卸荷不能彻底的现象，因而存在功率损失而导致系统发热温升的现象。其原因是当压力升高时，卸荷阀 2 如同常开的溢流阀，但开启不能完全到位，自然就不能彻底卸荷。

解决办法是采用图 7-20 (b) 的回路，用小型直动式液控顺序阀 6 做先导阀，用来控制主溢流阀 2 的开启，这种组合使阀 2 开启可靠，很少有卡阀现象，从而使系统能充分卸荷。

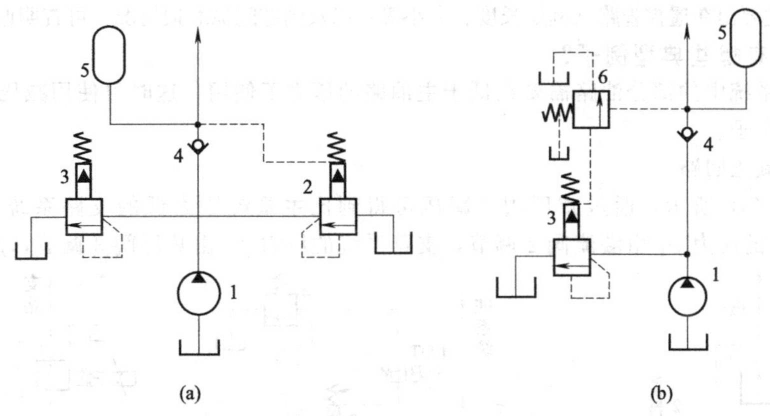

图 7-20 用卸荷阀组成的蓄能器保压、液压泵卸荷的保压卸荷回路

1—液压泵；2—卸荷阀；3—溢流阀；4—单向阀；

5—蓄能器；6—直动式液控顺序阀

14. 怎样排除用蓄能器、压力继电器和电磁溢流阀组成的卸荷回路故障?

图 7-21 (a) 所示的回路为采用压力继电器 3 来控制泵 1 卸荷的卸荷回路。当蓄能器充液足够达到一定压力后，压力继电器发信使电磁阀 6 通电从而使溢流阀 2 的控制油道卸压，于是溢流阀开启通油箱使泵 1 卸荷。这种回路容易出现在工作过程中，产生系统压力在压力继电器 3 调定的压力值附近来回波动，以及泵 1 频繁地“卸荷←→工作”的故障现象，造成泵和阀的工作不能稳定。这样会大大缩短泵的使用寿命。

解决办法是采用图 7-21 (b) 所示的双压力继电器，进行差压控制。压力继电器 3 与 3′分别调为高低压两个调定值，泵的卸荷由高压调定值控制，而泵重新工作却由低压调定值控制，这样

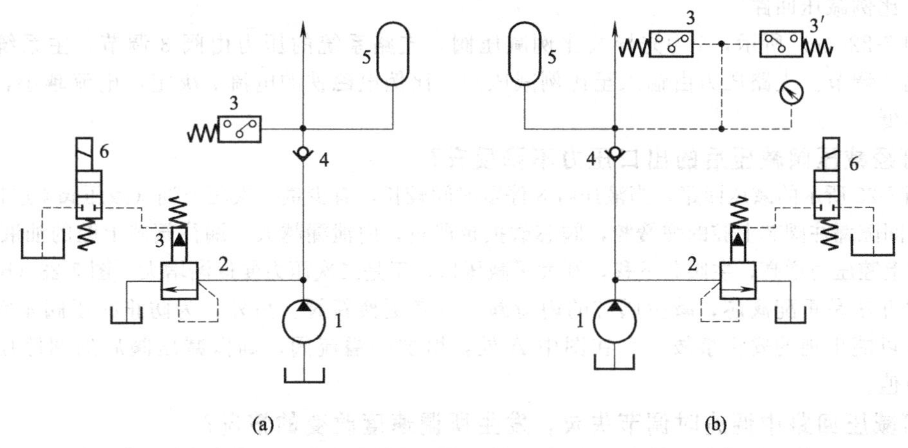

图 7-21 用蓄能器、压力继电器和电磁溢流阀组成的卸荷回路

1—液压泵；2—先导式溢流阀；3—压力继电器；4—单向阀；5—蓄能器；6—电磁阀

当泵1卸荷后，蓄能器继续放油直至压力逐渐降低到低于低压调定值时，泵才重新启动工作，其间有一段间隔，因此防止了泵频繁切换的现象。

15. 怎样排除从卸荷状态转为调压状态所经历的时间较长，压力回升滞后故障?

影响压力回升滞后的因素很多，主要决定于卸荷回路中的压力阀（主要是溢流阀）的压力回升滞后情况，即压力阀阀芯从卸荷（全开）位置位移到调压（一般为关闭）状态的时间，这中间包括阀芯行程、主阀芯关闭速度的快慢、主阀芯阻尼孔尺寸和流量的大小和阀的其他参数和因素，可参阅第5章溢流阀、卸荷阀、顺序阀的有关内容。

16. 怎样排除卸荷工作过程中产生不稳定现象?

产生原因主要出在遥控管路（例如长度、大小等）以及阀芯间隙磨损情况，可查明原因进行排除。

17. 减压回路有哪些典型例子?

有时液压系统中的部分油路需要在低于主油路的压力下使用，这时可使用减压回路。减压回路有下列典型例子。

(1) 单级减压回路

如图7-22 (a) 所示，通过减压阀3减压可得到比主系统压力低的支路系统压力（二次压力），而主系统的压力 p_1 由溢流阀2调节，支路系统的压力 p_2 由减压阀3调节，$p_2 \leqslant p_1$。

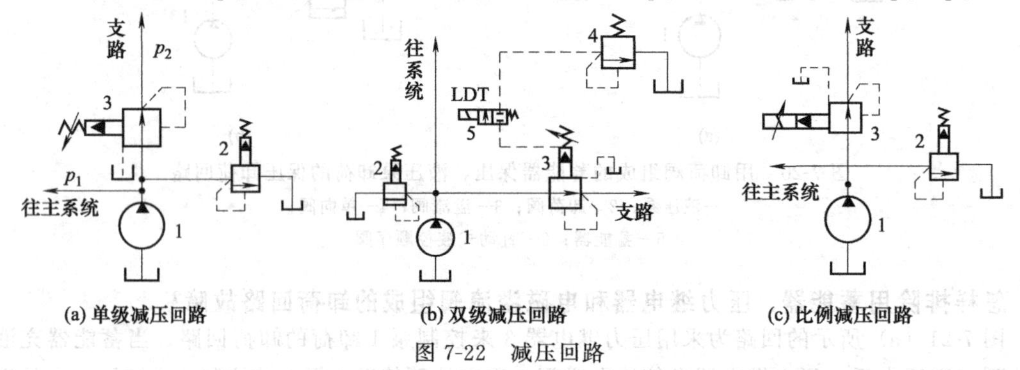

图7-22 减压回路

1—液压泵；2—溢流阀；3—减压阀；4—调压阀；5—二位二通电磁换向阀

(2) 双级（多级）减压回路

如图7-22 (b) 所示，在减压阀3的遥控口接上二位二通电磁阀5和先导调压阀4。当1DT不通电，支路压力由主减压阀3调定；当1DT通电，支路压力由阀4调定，这样支路压力便有两级压力输出。参阅溢流阀的多级压力控制，减压回路也有三级以上的多级控制。

(3) 比例减压回路

如图7-22 (c) 所示，3为先导式比例减压阀，支路系统的压力由阀3调节，主系统的压力由溢流阀2调节。支路压力由输入至比例减压阀3比例电磁铁的电流 i 决定，电流越小，减压后的压力越低。

18. 为何经减压阀减压后的出口压力不降反升?

如图7-23所示的减压回路，当液压缸8停歇时间较长，有少量一次压力油（减压阀4进口）经减压阀阀芯间隙漏往阀芯上腔的弹簧腔，阀芯磨损越严重，内泄漏越大，漏往阀芯上腔的油液就越多，导致阀芯上腔压力增高，主阀芯下移，开大了减压口，于是二次压力便逐渐增大［图7-23 (b)］。

解决办法是重配阀芯，减少阀芯的内泄漏，或者更换新阀。另外，为防止减压阀4后的压力不断增高可能出现的安全事故，可在图中A处，增加一溢流阀，确保减压阀后的回路压力不超过其调节值。

19. 为何减压回路中调速时调节失灵，发生所调速度改变的情况?

如图7-23所示，如果将节流阀3装在图示位置，便可能发生这种故障。其原因是，当减压阀的内泄漏较大时，便会导致节流阀3的出油口处的压力下降，这样就改变了节流阀3进、出口前

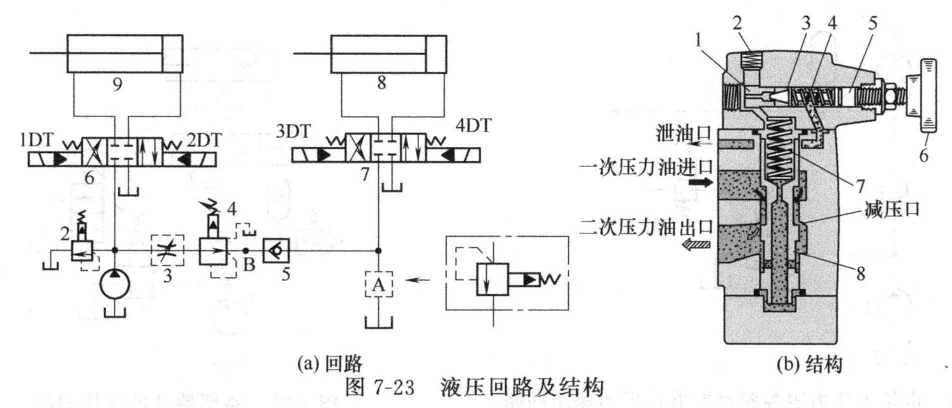

(a) 回路　　　　(b) 结构

图 7-23　液压回路及结构

1—液压泵；2—溢流阀；3—节流阀；4—减压阀；5—单向阀；6、7—电液换向阀；8—夹紧缸；9—主缸

后压差，通过节流阀的流量发生改变，此改变的流量势必影响后续减压回路内液压缸 8 的速度。

解决办法是将节流阀 3 移至图中的 B 处，这样可避免减压阀内泄漏大对节流阀 3 所调定的流量产生影响。另外，当然要设法减小减压阀 4 的内泄漏。

20. 为何要采用保压回路？典型的保压回路有哪些？

在压铸机、注塑机和油压机等液压设备上，当液压缸行至工作行程末端后，要求在工作压力下停留并保压一段时间（视需要而定，从几秒到数十分钟），然后再换向返回；在起重运输设备等一些工程机械上，为安全起吊，也常需要保持回路一段时间的压力不被卸掉，此时用到保压回路。

保压阶段时间短，可采用换向阀的中位机能（封闭连接液压缸的油口，例如 O 型、M 型等）保压；但如保压时间长或有严格的保压要求时，必须采用更严格的封油措施防止内漏以及补油保压。

典型的保压回路如下。

（1）用电接点压力表控制、蓄能器补压的保压回路

如图 7-24 所示，将电接点压力表 6 的上下限指针调成要保压的区间，当输往系统的油液压力低于电接点压力表 6 的下指针所调定的值时，压力表 3 发出电信号，二位二通电磁阀 3 断电，泵输出压力升高，向系统补压，并向蓄能器 5 充液，以满足液压系统所需的保压压力要求。当蓄能器 5 压力上升到超过电接点压力表 3 的上限压力值时，压力表 3 发出信号，使电磁阀 3 通电，泵 1 卸载，此时，单向阀 4 关闭，系统由蓄能器补充泄漏进行保压，这属补油保压。此种回路保压时，泵不总是高压输出，而有一段卸压时间，因而较节能。

图 7-25 为另一种蓄能器补液保压回路。蓄能器 5 与要保压的液压缸右腔相通，当阀 1 的 1DT 通电，来自泵源的压力油经阀 1 左位→液控单向阀 4 进入液压缸右腔，蓄能器也供油，液压缸活塞快速前进（向左）。当活塞运动到行程终点时，负载增加，系统压力上升，若超过压力继电器 6 的调定压力（蓄能器的充气压力）值时，阀 3 通电，泵源卸载，液压缸因液控单向阀 4 的很好的封闭作用而保压。如有泄漏，蓄能器可补压。当泄漏导致液压缸右腔压力下降太多、超过蓄能器能补压的范围时，压力继电器 6 动作发信，又使阀 3 断电，液压泵重新向系统供油。这种保压回路采用液控单向阀 4 封油保压和蓄能器补油保压，保压时间长，效果更佳。

（2）采用小泵补油的保压回路

如图 7-26 所示，泵 1 为大流量泵，泵 2 为辅助泵，其流量较小。当三位四通电磁阀 5 左位工作，而二位四通电磁阀 6 通电时，泵 1 和泵 2 同时向液压缸供油，使活塞快速移动。随着液压缸载荷的增加，系统工作压力也将增加。当达到压力继电器 7 设定压力时，电磁阀 5 复中位，液压泵 1 经电磁阀 5 中位卸荷。此时，液压泵 2 继续向系统供油，保持系统压力。因泵 2 的流量较小，保压过程中所需功率较小，不会导致系统严重发热。

21. 保压回路为何出现不保压，在保压期间压力严重下降的故障？

这一故障现象是指：在需要保压的时间内，液压缸的保压压力维持不住而逐渐下降。产生不

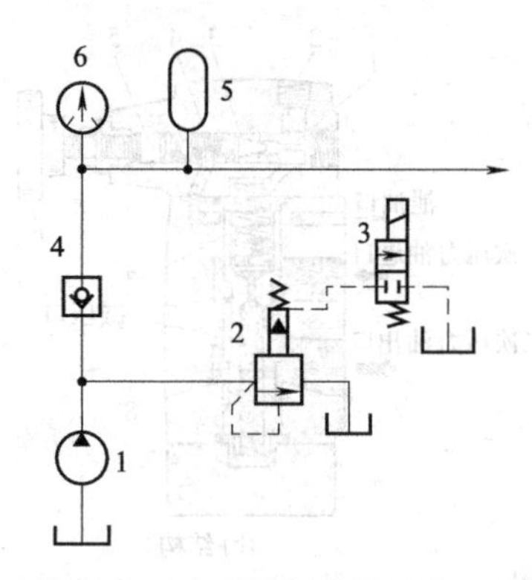

图 7-24 电接点压力表控制蓄能器补压的保压回路

1—液压泵；2—溢流阀；3—二位二通电磁阀；4—单向阀；5—蓄能器；6—电接点压力表

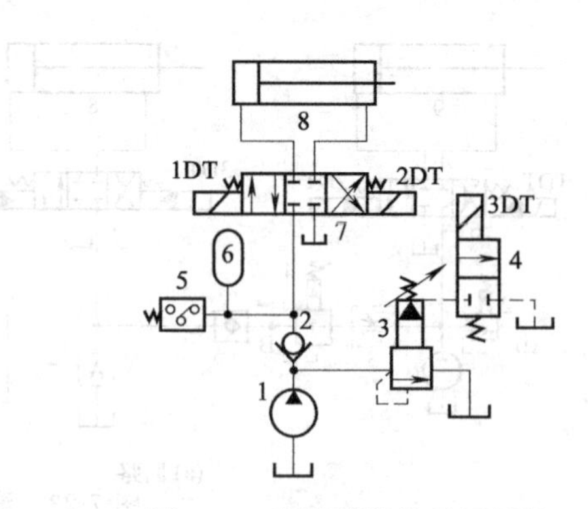

图 7-25 蓄能器补液保压回路

1—液压泵；2—单向阀；3—溢流阀；4—二位二通电磁阀；5—压力继电器；6—蓄能器；7—电磁阀；8—液压缸

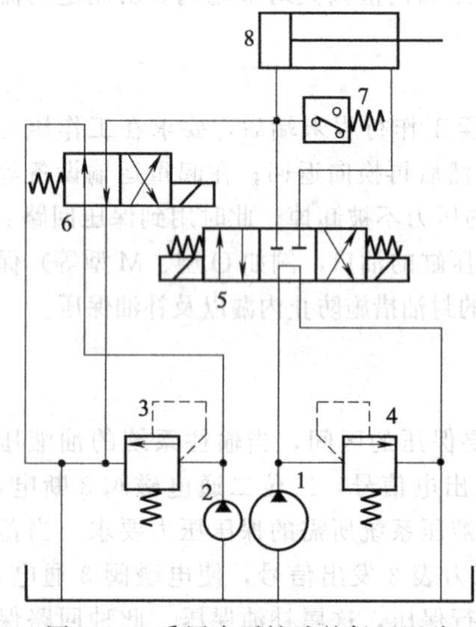

图 7-26 采用小泵补油的保压回路

1—大流量泵；2—辅助泵；3、4—溢流阀；5、6—电磁阀；7—压力继电器；8—液压缸

保压的主要原因是液压缸和控制阀的泄漏。解决不保压故障的最主要措施也是尽量减少泄漏。由于泄漏或多或少必然存在，压力必然会慢慢下降。在要求保压时间长和压力保持稳定的保压场合，必须采用补油（补充泄漏）的方法。

具体产生“不保压”故障的原因和排除方法如下。

① 液压缸内外泄漏，造成不保压。

液压缸两腔之间的内泄漏取决于活塞密封装置的可靠性，一般按可靠性从大到小分：软质密封圈＞硬质铸铁活塞环密封＞间隙密封。

提高液压缸缸孔、活塞及活塞杆的制造精度和配合精度，有利于减少内外泄漏造成的保压不好的故障。

② 各控制阀的泄漏，特别是与液压缸紧靠的换向阀的泄漏量大小，是造成是否保压的重要因素。

液压阀的泄漏取决于阀的结构形式和制造精度。因此，采用锥阀（如液控单向阀、逻辑阀）保压效果远好于采用正遮盖的滑阀式。另外必须提高阀的加工精度和装配精度，即使是锥面密封的阀，也要注意其圆柱配合部分的精度和锥面密合的可靠性。

③ 采用不断补油的方法，在保压过程中不断地补足系统的泄漏，虽然比较消极，但在保压时间需要较长时，不失为一行之有效的方法。此法可使液压缸的保持压力始终不变。

关于补油的方法，如前所述，可采用小泵补油、蓄能器补油等方法。此外，在泵源回路中，有些方法可用于保压，例如压力补偿变量泵等均可采用。

22. 保压过程中为何出现冲击、振动和噪声？

如图 7-27 所示的采用液控单向阀的保压回路，在小型液压机和注塑机上优势明显，但用于大型液压机和注塑机在液压缸上行或回程时，产生振动、冲击和噪声。

产生这一故障的原因是：在保压过程中，油的压缩、管道的膨胀、机器的弹性变形储存的能量及在保压终了返回过程中，上腔压力储存的能量在换向短暂的过程中很难释放完，而液压缸下腔的压力已升高，这样，液控单向阀的卸载阀和主阀芯同时被顶开，引起液压缸上腔突然放油，由于流量大，卸压又过快，导致液压系统的冲击振动和噪声。

解决办法：必须控制液控单向阀的泄压速度，即延长泄压时间。此时可在液控单向阀的控制油路上增加一单向节流阀，通过对节流阀的调节，控制液控流量的大小，以降低控制活塞的运动速度，也就延长了液控单向阀主阀的开启时间，先顶开主阀芯上的小卸载阀，再顶开主阀，泄压时间便得以延长，可消除振动、冲击和噪声。

23. 保压回路中为何在保压时间较长时，出现系统发热厉害，甚至经常需要换泵的故障?

例如图 7-28 所示的回路，为了克服负载，并需要保压时，系统需使用大的工作压力，1DT 连续通电，液压泵 1 要不停机连续向液压缸左腔（无杆腔）供给压力油实现保压。此时，定量泵 1 的流量除了用少量油补充液压缸泄漏外，绝大部分液压泵来油要通过溢流阀 2 返回油箱，即溢流损失掉。这部分损失掉的油液必然产生发热，时间越长，发热越厉害。

解决办法：可以将定量泵 1 改为变量泵，保压时，泵自动回到负载零位，仅供给基本上等于系统泄漏量的最小流量而使系统保压，并能随泄漏量的变化自动调整，没有溢流损失，所以能减少系统发热。

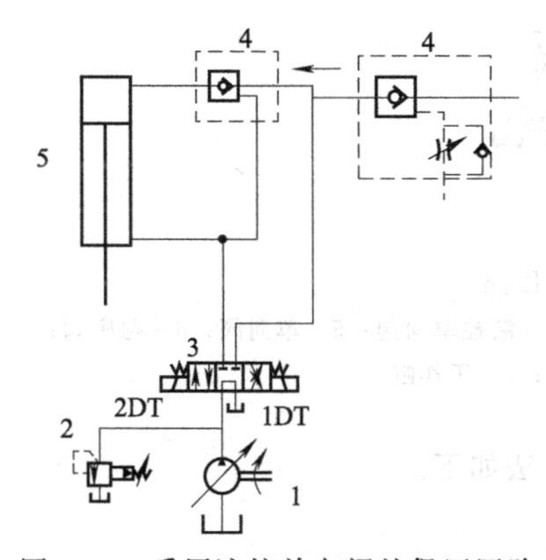

图 7-27　采用液控单向阀的保压回路

1—变量泵；2—溢流阀；3—电磁阀；4—液控单向阀；5—液压缸

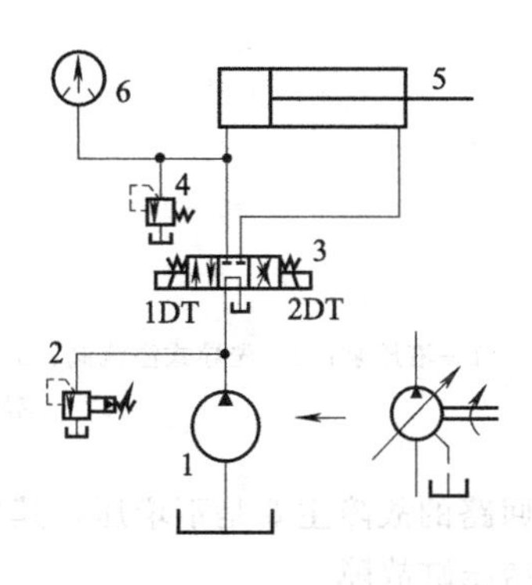

图 7-28　定量泵的保压发热问题

1—定量泵；2—溢流阀；3—电液换向阀；4—安全阀；5—液压缸；6—电接点压力表

另外，在保压时间需要特别长时，可用自动补油系统，即采用电接点压力表来控制压力变动范围，进行补压动作。当压力上升到高触点时，系统卸载；当压力下降到低触点时，泵又补油，这样可减少发热。也可在保压期间仅用一台很小的泵向主缸供油，可减少发热。

24. 用蓄能器保压的回路为何出现换向冲击?

如图 7-29 所示，如果在蓄能器 5 之前未装单向节流阀 6，则会出现这一故障。在 1DT 断电、2DT 通电，缸 7 由右向左换向过程中，缸 7 左腔和蓄能器 5 由保压时的高压，突然换成通油池的低压，势必造成压力冲击。

解决办法是增加单向节流阀 6，使蓄能器在节流阀的调节开度下能量不至于突然释放，并且能保住压力不完全释放。蓄能器 5 多采用小型皮囊式蓄能器。

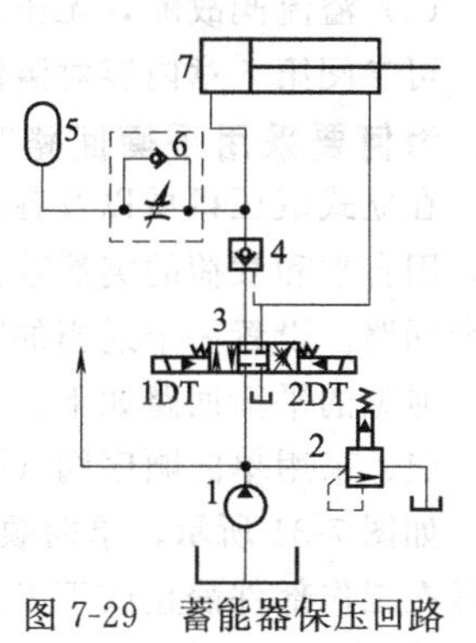

图 7-29　蓄能器保压回路

1—定量泵；2—溢流阀；3—电液换向阀；4—液控单向阀；5—蓄能器；6—单向节流阀；7—液压缸

25. 怎样分析和排除增压回路的故障?

在一些压力机械中，部分工况需要很高的压力，如果选择满足这种压力要求的高压泵是不经济的。此时可采用增压回路，提高液压系统某一支路的压力，比液压泵供给的压力要高许多，即采用增压回路可用较低压力的泵得到比泵压高的支路压力，供部分工况使用。增压回路中采用单作用增压器或双作用连续增压器，图 7-30 所示为用单作用增压器的增压回路。其工作原理为：当 1DT 通电，泵 1 来油经阀 3 左位→阀 4→工作缸 9 右腔与增压缸 8 左腔推动缸 9 活塞左移，缸 8 活塞右移，缸 8 中腔与缸 9 左腔回油经阀 3 左位流往油箱；缸 8 右腔回油经阀 5→阀 4→缸 9 右腔，加快缸 9 活塞左移速度。

当缸 9 活塞左移到位，压力升高，顺序阀 6 打开，缸 8 活塞左移，使缸 9 右腔增压，此时阀 5、阀 4 关闭，实现增压动作。

当 2DT 通电，缸 8、缸 9 做返回动作。调节减压阀 7 可调节增压压力的大小。

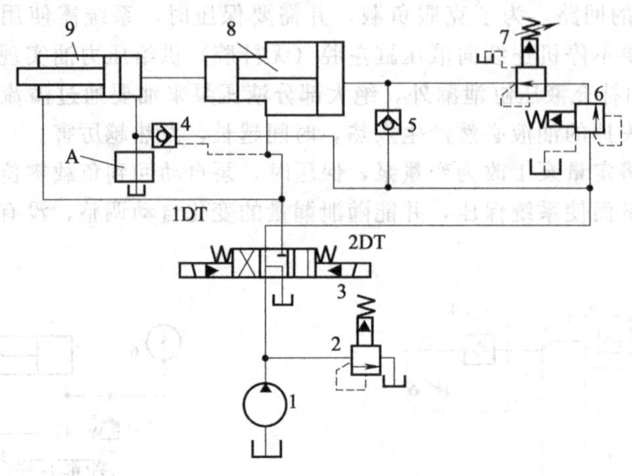

图 7-30 增压回路

1—液压泵；2—先导式溢流阀；3—电液换向阀；4—液控单向阀；5—单向阀；6—顺序阀；7—减压阀；8—增压缸；9—工作缸

增压回路的故障主要是不增压，其原因与排除方法如下。

(1) 增压缸故障

① 增压缸的活塞严重卡死，不能移动。

② 增压缸的活塞密封严重破坏，或增压缸缸孔严重拉伤，内泄漏大。

通过拆修与更换密封予以排除。

(2) 液控单向阀故障

由于阀芯卡死等原因，导致增压时，因阀 4 不能关闭造成密闭油腔而增不起压来，此时可拆修液控单向阀。

(3) 主缸活塞密封破损，或因缸孔拉伤造成主缸左右两腔部分串腔，或因内泄漏使主缸右腔压力不能上升到最大此时修理主缸，更换密封。

(4) 溢流阀故障，无压力油进入系统

可参阅第 5 章内容对溢流阀的故障进行排除。

26. 为何要采用平衡回路？典型的平衡回路有哪些？

在立式液压机械以及各种起吊液压设备中，为了防止活塞和运动部件（如起吊重物和模具等）因自重和载荷的突然减少发生运动部件突然下落，引发设备安全和人身安全等事故，应采用平衡回路。设置一个适当的阻尼（液压支承），代替悬挂重锤。

典型的平衡回路如下。

(1) 采用单向顺序阀（平衡支撑阀）的平衡回路

如图 7-31 所示，单向顺序阀 4 的调整压力稍大于工作部件的自重在液压缸下腔形成的压力，这样在工作部件静止或不工作停机时，单向顺序阀 4 关闭，缸 5 不会自行下滑；工作时缸下行，阀 4 开启，缸下腔产生的背压力能平衡自重，不会产生下行时的超速现象。但由于有背压，必须提高液压缸上腔进油压力，要损失一部分功率。

(2) 采用液控单向阀的平衡回路

如图 7-32 所示，由于液控单向阀是锥面密封的，泄漏量几乎为零，所以闭锁性好，可有效防止活塞等运动部件在停止时因自重产生缓慢下落，起到可靠的平衡支撑作用；另外也可防止因负载的突然卸掉产生活塞杆突进。

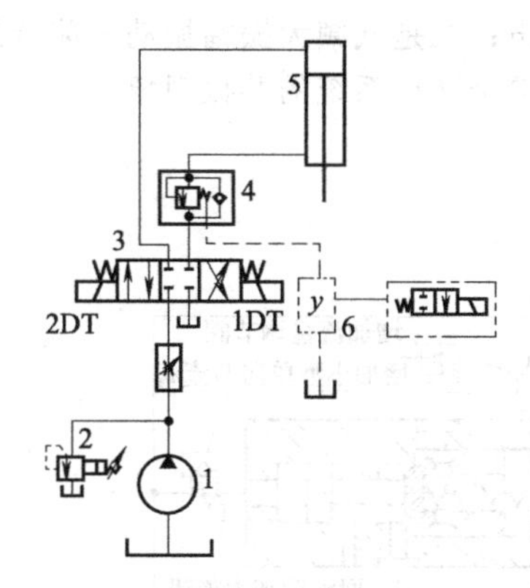

图 7-31 采用单向顺序阀的平衡回路

1—定量泵；2—溢流阀；3—电磁阀；4—单向顺序阀；5—液压缸；6—电磁换向阀

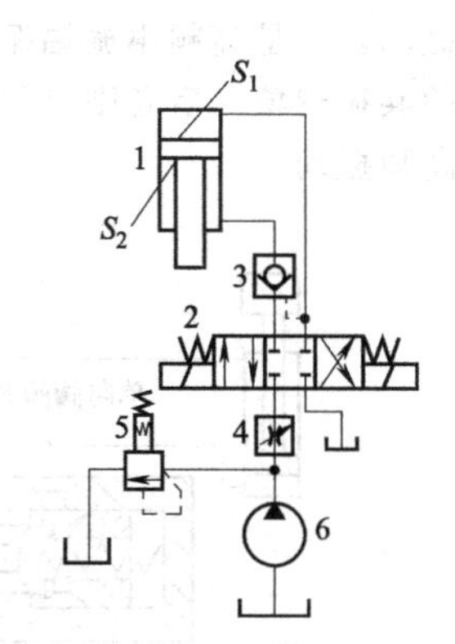

图 7-32 采用液控单向阀的平衡回路

1—液压缸；2—电磁阀；3—液控单向阀；4—节流阀；5—溢流阀；6—定量泵

27. 在采用单向顺序阀的平衡回路中为何停位位置不准确？

在图 7-31 中，当换向阀处于中位时，液压缸 5 活塞可停留在任意位置上，而实际情况是，当限位开关或按钮发出停位信号后，缸 5 活塞要下滑一段距离后才能停住，即出现停位位置点不准确的故障。产生这一故障的原因如下。

① 停位电信号在控制电路中传递的时间 $\Delta t_{电}$ 太长，电磁阀 3 的换向时间 $\Delta t_{换}$ 长，使发信后阀 3 要经过 $\Delta t_{总}=\Delta t_{电}+\Delta t_{换}$ 时间（0.2～0.3s）和缸位移 $S=\Delta t_{总}\ v_{缸}$ 的距离（50～70mm）后，液压缸才能停位（$v_{缸}$ 为液压缸的运动速度）。

② 从油路分析，出现下滑说明液压缸下腔的油液在停位信号发出后还在继续回油。当缸 5 瞬时停止和阀 4 瞬时关闭时，油液会产生一冲击压力，负载的惯性也会产生一个冲击压力，两者之和使液压缸下腔产生的总冲击压力远大于阀 4 的调定压力，而将阀 4 打开，此时虽然阀 3 处于中位关闭，但油液可从阀 4 的外部泄油道流回油箱，直到压力降为阀 4 的压力调定值为止。所以液压缸下腔的油要减少一些，这必然导致停位点不准确。

解决办法如下。

① 检查控制电路各元器件的动作灵敏度，尽力缩短 $\Delta t_{总}$；另外，将阀换成换向较快的交流电磁阀，可使 $\Delta t_{换}$ 由 0.2s 降为 0.07s。

② 在阀 4 的外泄油道 y 处增加一二位二通交流电磁阀 6。正常工作时，3DT 通电，停位时 3DT 断电，使外部泄油道被堵死，保证缸 5 下腔回油无处可泄，从而使液压缸活塞不能继续下滑，保证了停位精度。

28. 在采用单向顺序阀的平衡回路中为何缸停止或停机后缓慢下滑？

在图 7-31 中，产生这一故障的主要原因是液压缸活塞杆密封外泄漏、单向顺序阀 4 及换向阀 3 内泄漏较大。解决这些泄漏便可排除故障。另外可将阀 4 改为液控单向阀，对防止缓慢下滑有益。

29. 在采用单向顺序阀的平衡回路中为何液压缸在低负载下下行时平稳性差？

如图 7-32 所示，因为阀 3 只有在液压缸 1 上腔压力达到液控单向阀 3 的控制压力时才能开启。而当负载小时，缸 1 上腔压力可能达不到阀 3 的控制压力值，阀 3 便关闭，缸 1 回油受阻便不能下行。但此时液压泵还在不断供油，使缸 1 上腔压力又升高，阀 3 又可打开，缸 1 向下运动，负载又变小，又使缸 1 上腔压力降下来，阀 3 又关闭，缸 1 又停止运动。如此不断交替出现，缸 1 无法得到在低负载下的平稳运动，而是向下间歇式前进，类似爬行。

30. 在采用液控单向阀构成的平衡回路中，为何液压缸下行过程中发生高频或低频振动？

如图 7-33（a）所示，采用液控单向阀构成的平衡回路中，在活塞组件（W）下降时，可能出现两种振动：一是高频小振幅振动并伴有很大的尖叫声；二是低频大振幅振动。前者是液控单向阀本身的共振现象，后者则是包含液控单向阀在内的整个液压系统的共振现象。

（1）高频振动

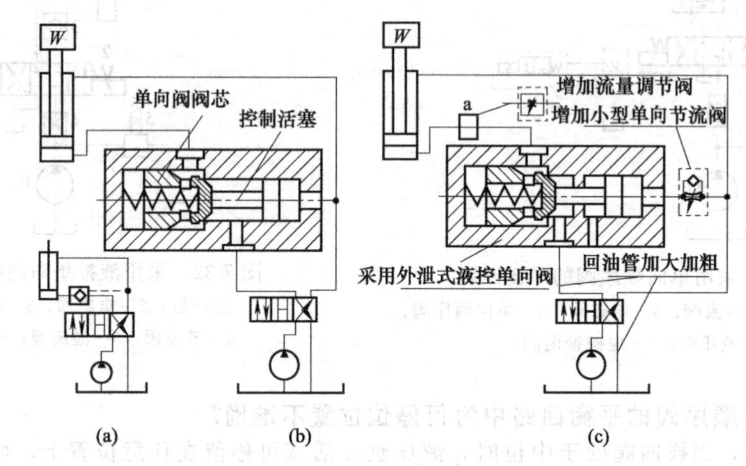

图 7-33 液控单向阀构成的平衡回路

在图 7-33（b）所示位置时，液控单向阀的控制压力上升，控制活塞顶开（向左）单向阀，液压缸下腔开始有油液流往油池。由于背压和冲击压力的影响，单向阀回油腔压力瞬时上升；又由于液控单向阀为内泄式，此上升的压力（作用在控制活塞左端）比作用在控制活塞右端的控制压力大时，推回（向右）控制活塞，使单向阀关闭。单向阀一关闭，回油腔的油液停止流动，压力下降，控制活塞又推开单向阀，这种频繁的重复导致高频振动并伴随尖叫声。

（2）低频振动

当活塞在重物的作用下下降时，由于液控单向阀全开，下腔又无背压，很可能接近自由落体，重物下降很快，使泵来不及填充液压缸上腔，导致液压缸上腔压力降低，甚至产生真空，液控单向阀因控制压力下降而关闭。单向阀关闭后，控制压力再一次上升，单向阀又被打开，液压缸活塞又开始下降。由于管内体积也参与影响，通常这种现象为缓慢的低频振动。

解决高、低频振动的措施可按图 7-33（c）中所示方法。

① 将内泄式液控单向阀改为外泄式。这样，控制活塞承受背压和换向冲击压力的面积（左端）大大减小，而控制压力油作用在控制活塞右端的面积没有变化，这样就大大减少了控制活塞向右的力，确保液控单向阀开启的可靠性，避免了高频振动。

② 加粗并减短回油配管，减少管路的沿程损失和局部损失，减少背压对控制活塞的作用力，对避免高频振动效果也很显著，尽可能在回油管上不使用流量调节阀，万一要使用，开度不可调得过小。

③ 在液压缸和液控单向阀之间增设一流量调节阀。通过调节，防止液压缸因下降过快而使液压缸上腔压力下降到低于液控单向阀必要控制压力；另一方面，也可防止液控单向阀回油背压冲击压力增大，对提高控制活塞动作的稳定性有好处。对消除上述两种振动均有利。

④ 在液控单向阀的控制油管上增设一单向节流阀，可防止由于单向阀的急速开闭产生的冲击压力。

7.4 速度控制回路

速度与流量是成正比的，通过控制流入执行元件或流出执行元件的流量，调整执行元件的运动速度的回路，叫速度控制回路或速度调节回路。

速度控制回路有节流调速回路、容积调速回路、容积节流调速回路、快速回路、减速回路、比例调速回路等类型。

1. 速度控制回路有哪些种类?

根据节流阀（或调速阀）在回路中的设置位置，节流调速回路有进口节流调速、出口节流调速和旁路节流调速三种方式，如图 7-34、图 7-35 所示。

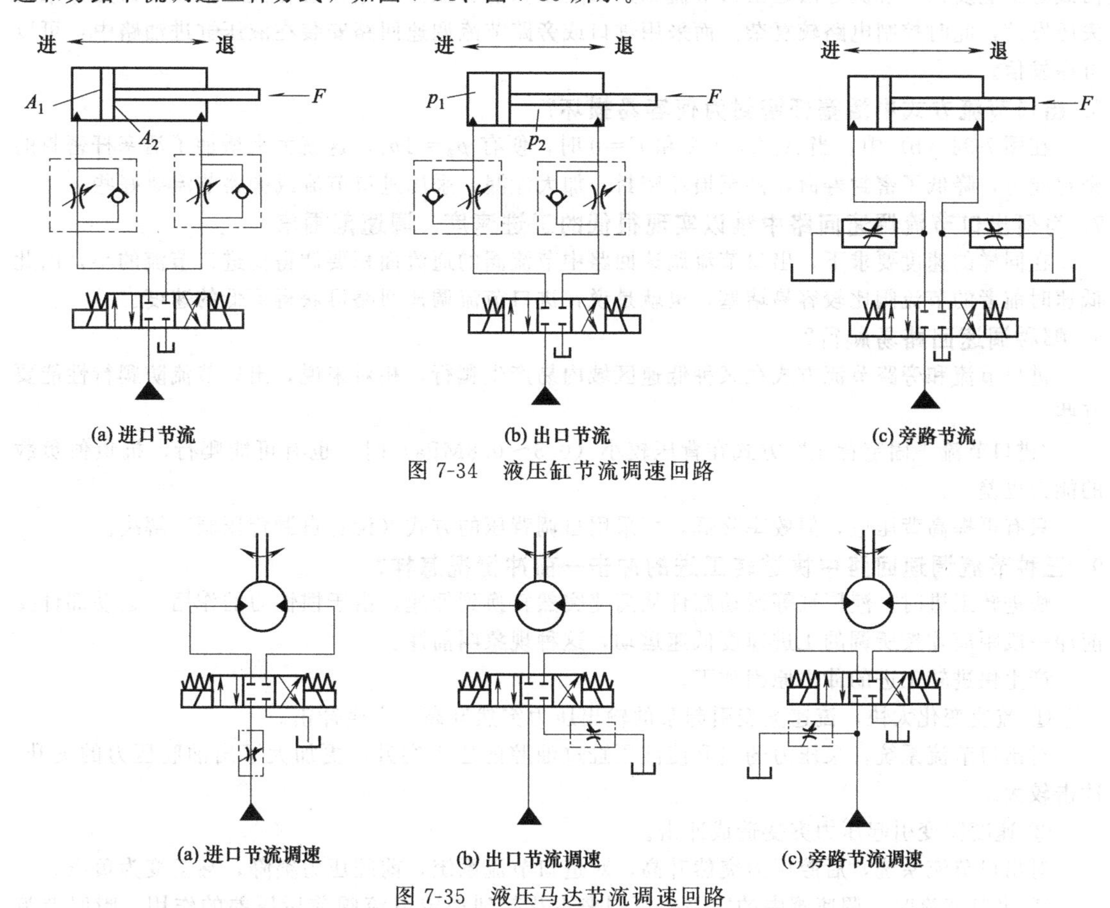

图 7-34 液压缸节流调速回路

图 7-35 液压马达节流调速回路

2. 进口节流调速回路中为何液压缸易发热?

进口节流调速回路中，通过节流阀产生节流损失而发热的油直接进入液压缸，使液压缸易发热和增加泄漏。可以改为出口节流调速和旁路节流调速回路，这两种回路通过节流阀使发热的油正好流回油箱，容易散热。

3. 进口节流调速回路和旁路节流调速回路为何不能承受负值负载?

所谓负值负载，是指与液压缸活塞运动方向相同的负载。进口节流调速回路和旁路节流调速回路若不在回油路上加背压阀，就会产生“在负值负载下失控前冲，速度稳定性差”的故障。而出口节流调速回路由于回油路上节流阀的“阻尼”作用（阻尼力与速度成正比），能承受负值负载。不会因此而造成失控前冲，运动较平稳；前者加上背压阀后，也能大大改善承受负值负载的能力，使运动平稳，但须相应调高溢流阀的调节压力，因而功率损失增大。

4. 出口节流调速回路停车后工作部件再启动时为何冲击大?

出口节流调速回路中，停车时液压缸回油腔内常因泄漏而形成空隙，再启动时的瞬间，泵的全部流量输入液压缸工作腔（无杆腔），推动活塞快速前进，产生启动冲击，直至消除回油腔内的空隙建立起背压后，才转入正常。这种启动冲击有可能损坏刀具工件，造成事故。旁路节流也有此类故障。而采用进口节流调速回路，只要在开车时关小节流阀，进入液压缸的油液流量总是受到其限制，就避免了启动冲击。另外，停车时，不使液压缸回油腔接通油池也可减少启动冲击。

5. 出口节流调速回路压力继电器不能可靠发信怎么办?

在出油口节流调速回路中，若将压力继电器安装在液压缸进油路中，压力继电器不能可靠发信或者不能发信。解决办法是出口节流调速回路中只能将压力继电器装在液压缸回油口处并采用失压发信，此时控制电路较复杂。而采用进口或旁路节流调速回路安装在液压缸进油路中，可以可靠发信。

6. 出口节流方式中活塞杆密封为何容易损坏?

在图 7-34 (b) 中，当 $A_1/A_2=2$ 和 $F=0$ 时，便有 $p_2=2p_1$，这就大大增加了活塞杆密封的密封能力，降低了密封寿命，甚至损坏密封，加大泄漏。采用进口节流或旁路节流要好些。

7. 为何出口节流调速回路中难以实现很低的工进速度，调速范围窄?

在同样的速度要求下，出口节流调速回路中节流阀的通流面积要调得比进口节流的小，因此低速时前者的节流阀比较容易堵塞，也就是说，进口节流调速回路可获得更低的速度。

8. 哪种调速回路易爬行?

进口节流和旁路节流方式在某种低速区域内易产生爬行，相对来说，出口节流防爬行性能要好些。

“进口节流＋固定背压”方式在背压较小（0.5～0.8MPa）时，也有可能爬行，抗负值负载的能力也差。

只有再提高背压值，但效率降低，可采用自调背压的方式（设置自调背压阀）解决。

9. 三种节流调速回路中快进转工进的冲击—前冲情况怎样?

快进转工进时，液压缸等运动部件从高速突然转换到低速，由于惯性力的作用，运动部件要前冲一段距离才按所调的工进速度低速运动，这种现象叫前冲。

产生快进转工进的冲击原因如下。

① 流速变化太快，流速突变引起泵的输出压力突然升高，产生冲击。

对出口节流系统，泵压力的突升使液压缸进油腔的压力突升，更加大了出油腔压力的突升，冲击较大。

② 速度突变引起压力突变造成冲击。

对出口节流系统，后腔压力突然升高，对进口节流系统，前腔压力突降，甚至变为负压。

③ 出口节流时，调速阀中的定差减压阀来不及起到稳定节流阀前后压差的作用，瞬时节流阀前后的压差大，导致瞬时通过调速阀的流量大，造成前冲。

排除由快进转工进的前冲现象的方法如下。

① 采用正确的速度转换方法。

电磁阀的转换方式，冲击较大，转换精度较低，可靠性较差，但控制灵活性大。

电液动换向阀使用带阻尼的电流阀，通过调节阻尼大小，使速度转换的速度减慢，可在一定程度上减少前冲。

用行程阀转换，冲击较小。经验证明，如将行程挡铁做成两个角度，用 30°斜面压下行程阀开口量的 2/3，用 10°斜面压下剩余的 1/3 开口，效果更好。或在行程阀芯的过渡口处开1～2mm长的小三角槽，也可缓和快进转工进的冲击。行程阀的转换精度高，可靠性好，但控制灵活性小，管路较复杂，工进过程中越程动作实现困难。

② 在双泵供油回路快进时，用电磁阀使大流量泵提前卸载，减速后再转工进。

③ 在出口节流时，提高调速阀中定差减压阀的灵敏性，或者拆修该阀并采取去毛刺清洗等措施，使定差减压阀运动灵活。

10. 为何工进转快退时会产生冲击?

(1) 产生原因

① 由于此时产生压力突减，产生不太大的冲击现象。

② 由于采用 H 型换向阀（如导轨磨床）或采用多个阀控制时，动作时间不一致，使前后腔能量释放不均衡造成短时差动状态。

(2) 排除方法

① 调节带阻尼的电液动换向阀的阻尼，加快其换向。

② 不采用 H 型换向阀，而改用其他型。

③ 尽量用一个阀控制动作的转换。

11. 为何快退转停止时产生冲击(后座冲击)?

这一故障的产生原因与行程终点的控制方式以及换向阀主阀芯的机能有关。选用不当造成速度突减使液压缸后腔压力突升，流量的突减使液压泵压力突升，以及空气的进入，均会造成后座冲击。排除方法如下。

① 采用带阻尼可调慢换向速度的电液换向阀或采用“电磁阀＋电容器”进行控制，电容器的电容常选择为 2000～4000μF，并要求耐压性能良好。

② 采用动作灵敏的溢流阀，停止时马上能溢流。

③ 采用合适的换向阀中位机能，如 Y 型、J 型为好，M 型也可。

④ 采取防止空气进入系统的措施。

7.5 容积调速回路

1. 容积调速回路有哪几种?

由液压泵与液压马达（也可以是液压缸）组成的、且通过调节液压泵的排量或液压马达的排量，来改变马达输出转速（或液压缸的往复运动速度）的回路，称为容积调速回路。容积调速回路可以是开式的，也可以是闭式的。根据液压泵与液压马达的变量情况，可以组成下列几种方式。

①“定量泵＋定量马达”调速回路：在定量泵与定量马达之间设置流量阀，利用流量阀开口大小的调节，改变通入定量马达的流量进行调速。

②“变量泵＋定量马达”调速回路：用变量泵调速，变量机构可通过零点实现换向。因此，可采用闭式回路和开式回路，如图 7-36 (a) 所示。

③“定量泵＋变量马达”的调速回路：用变量马达调速。由于液压马达在排量很小时不能正常运转，变量机构不能通过零点。为此，只能采用开式回路。如图 7-36 (b) 所示。

④“变量泵＋变量马达”调速回路：用变量泵换向和调速，以变量马达作为辅助调速，多数是采用闭式回路，如图 7-36 (c) 所示。

⑤“变量泵＋液压缸”调速回路：改变变量泵的流量，可调节液压缸的运动速度。变量泵的输出流量与液压缸的载荷流量相匹配。根据液压缸对运动速度的要求，调节变量泵的变量机构改变泵的输出流量与液压缸要求的流量相协调，如图 7-36 (d) 所示。

⑥ 再加上上述①～④四种液压泵与液压马达的不同组合，可构成图 7-37 所示的四种控制方式：功率、扭矩和转速恒定；扭矩恒定、功率和转速可变；功率恒定、扭矩和转速可变；功率、扭矩和转速可变。

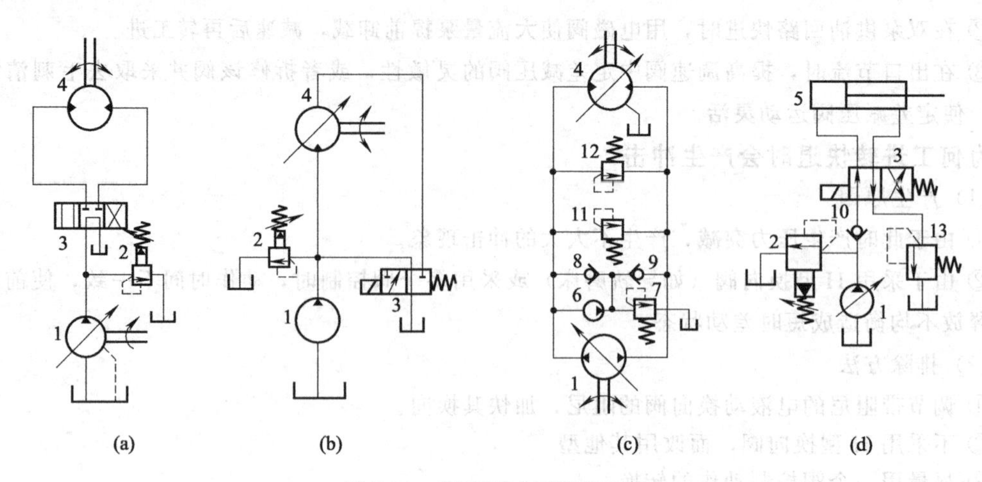

图 7-36 容积调速回路的种类

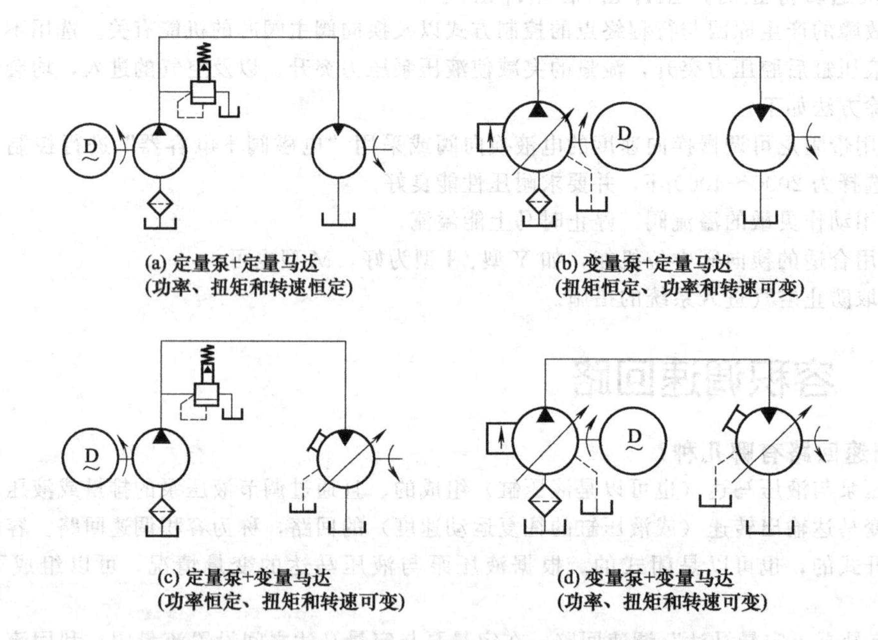

图 7-37 液压泵与液压马达四种不同组合的控制回路

2. 怎样分析和排除液压马达产生超速运动故障?

如图 7-38 (a) 所示，以悬挂物代替液压马达的负载。当负载变化、有外界干扰及换向冲击等因素的影响，而又未装平衡阀时，液压马达常产生超速转动的现象。为防止液压马达产生这种超速转动现象，可在如图 7-38 所示回路的基础上增设一平衡阀（液控顺序阀）5。当出现外界扰动的影响，导致液压马达超速转动时，平衡阀 5 的控制压力下降，平衡阀关小液压马达的回油，起出口节流制动减速作用，可避免液压马达的超速转动。

3. 怎样分析和排除液压马达不能迅速停住故障?

为使旋转着的液压马达停止转动，可停止液压泵向液压马达供油或切断供油通道。但即便如此，由于液压马达回转件的惯性使液压马达还是不能迅速停住。

解决办法是在液压马达的回油路中安装一溢流阀，例如图 7-38（b）中的阀 12，图 7-38（c）中的阀 11，使液压马达回油受到溢流阀所调节的压力（背压）产生制动力而被迅速制动，当制动背压超出所调压力，溢流阀打开，又可起到保护作用。笔者曾见到一些用液压马达带动的回转机械如绞车、纺织卷筒等无这种制动回路而影响正常工作的情形，可按此方法排除故障。

在图7-38（b）中通过安装单向阀8与9，加上溢流阀12，可实现液压马达的双向制动，起到使液压马达准停的作用；在图7-38（c）中，则通过安装作调节液压马达回油背压大小的溢流阀11，起到使液压马达准停的作用。

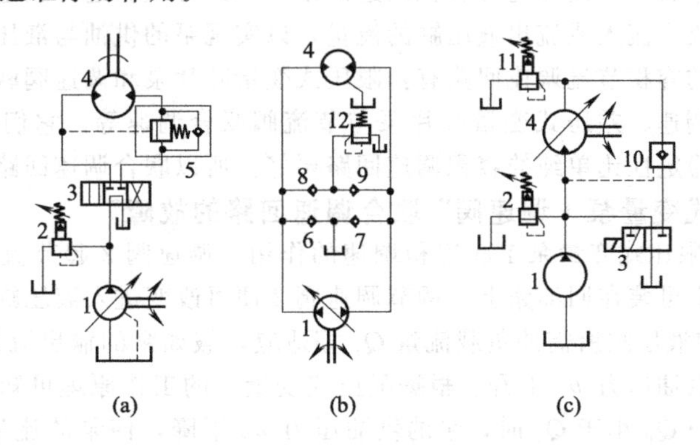

图7-38 防止液压马达超速运动和不能迅速停住的处理方法

1—液压泵；2—溢流阀；3—换向阀；4—液压马达；5—平衡阀；6、7—防气穴用单向阀；8、9—双向制动用单向阀；10—液控单向阀；11、12—制动用溢流阀

4. 怎样分析和排除液压马达产生气穴故障？

在图7-38（b）所示的回路中，液压马达4在制动过程中，虽然双向液压泵1已停转，但液压马达4因惯性会继续回转一小段时间，在此时间内，液压马达起着泵的作用，由于是闭回路，必然会导致吸空现象而产生气穴。

因此，在液压马达换向制动的过程中，为防止气穴，设置了单向阀6与7，当液压马达4因惯性会继续回转起泵作用时，而管内油被吸空形成一定的真空度，大气压可将油箱内的油液通过单向阀6或7压入管内，起双向补油作用，而避免气穴产生。

5. 怎样分析和排除液压马达转速下降，输出扭矩变小故障？

这一故障是液压马达回路常见故障之一。设备经过长时间使用后，泵与液压马达内部零件磨损或密封失效，导致输出流量不够，这是液压马达内泄漏增大所致。可参阅第2章和第3章有关液压泵和液压马达的故障分析排除方法进行处理。

6. 怎样分析和排除采用闭式容积调速回路油液极易老化变质需要经常换油故障？

这是由于闭式回路中，一般只是用辅助泵补充闭式回路中外泄漏掉的部分油液，大部分油液很难与外界交换又被泵吸入送到液压马达再循环，加上闭式回路散热条件差，温升高，油液自然容易老化变质。

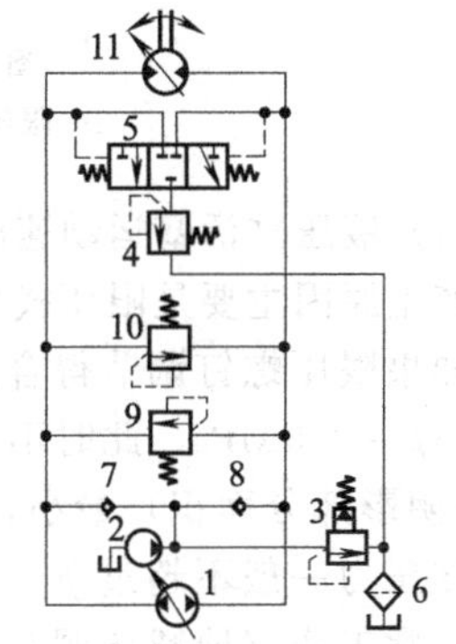

图7-39 防止闭式回路中油液极易老化变质的方法

1—双向泵；2—补液压泵；3—补油溢流阀；4—溢流阀；5—热油梭阀；6—油冷却器；7、8—单向阀；9、10—制动用溢流阀；11—液压马达

解决办法是在图7-38（b）所示的回路中液压马达4近处加装一液动换向阀（热油梭阀）5（图7-39），通过阀5强制排油，与敞开式油箱进行油液交换。辅助泵2仍然担负向闭回路低压油管补充油液的作用，通过阀4排出的热油经油冷却器6冷却，可大大改善油的冷却条件。注意强制排油时，溢流阀4的调节压力应比阀3的要调低些。平时工作时，阀4的调节压力应比阀3的高。

7.6 联合调速液压回路

1. 什么叫联合调速回路?

所谓联合调速回路就是节流调速与容积调速的组合调速方式。这种调速回路是采用变量泵供油，节流阀或调速阀改变流入或流出液压缸的流量，以实现泵的供油与液压缸所需的流量基本匹配的调速回路。常用的容积节流调速回路有：限压式变量叶片泵和调速阀联合调速、差压式变量柱塞泵与节流阀联合调速、差压式变量叶片泵与节流阀联合调速等，它们的特点是没有溢流损失，效率较高，速度稳定性比单纯的容积调速回路要好。所以联合调速回路又称节能调速回路。

2. 怎样排除“限压式变量泵+调速阀”联合调速回路的故障?

如图 7-40 所示，限压式变量泵 1 起容积调速的作用，调速阀 2 起节流调速的作用，调速阀可以装在进油路上，也可装在回油路上。调节调速阀 2 便可改变进入液压缸的流量，而限压式变量泵的输出流量 Q_P 和液压缸所需的负载流量 Q_1 相适应，假如泵的输出流量 Q_P 大于 Q_1 时，多余的油液就会使泵的供油压力 p_P 上升。根据限压式变量泵的工作原理可知，此时的输出流量会自动减下来；反之，当 Q_P 小于 Q_1 时，泵的供油压力 p_P 下降，使泵的流量自动增加，直到 Q_P 和 Q_1 相等为止。因此这种回路无溢流损失，系统发热小，速度刚性也较好。

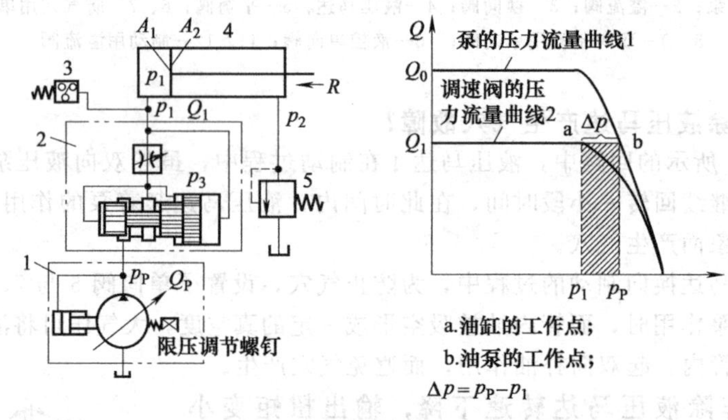

图 7-40 “限压式变量泵+调速阀”联合调速回路

1—限压式变量叶片泵；2—调速阀；3—压力继电器；4—液压缸

(1) 液压缸活塞运动速度不稳定

产生原因主要是限压式变量泵的限压螺钉调节得不合理所致。

如果限压螺钉调节得合理，在不计管路损失的情况下，使调速阀 2 保持最小稳定压差，一般为 $\Delta p=0.5$MPa，此时不仅能使活塞的运动速度不随负载变化，而且经过调速阀的功率损失（图中阴影部分面积）最小，这种情况说明变量泵的限压值调得最合理。曲线调好后，液压缸的工作压力一般不超过 p_1。若由于负载增大，缸的工作压力大于 p_1 时，则调速阀中的减压阀不能正常工作（即减压阀芯被推至左边，减压阀阀口全部打开，不起反馈减压作用），这时调速阀形同一般节流阀，调速阀的输出流量随液压缸工作压力 p_1 的增高而下降，使活塞运动速度不稳定。

所以出现这种情况要重新调节好泵的限压调节螺钉，使调速阀保持 0.5MPa 左右的稳定压差。

(2) 油液发热，功率损失大

产生原因是泵的限压螺钉调节不当，使 Δp 调得过大，即 $\Delta p=p_P-p$ 过大，多余的压力将损失在调速阀的减压阀中，会增加系统发热。特别是当液压缸的负载变化大，且大部分时间在小负载下工作的场合，因为这时泵的供油压力 p_P 高，而液压缸的工作压力 p_1 低，损失在减压阀的压降和液压泵的泄漏上的能量很大，油液油温也就升高。

同上述情况相似，供油压力 p_P 一般比液压缸左腔最大工作压力 p_1 大 0.5～0.6MPa 或 1MPa 左右为好，即便是采用死挡铁停留，由压力继电器发信，变量泵的压力也不能调得过高。对于液压缸负载变化大且部分时间在小负载下工作的场合，宜采用差压式泵和节流阀组成的调速回路。

3. 怎样排除“变量泵＋节流阀”组成的联合调速回路故障?

如图 7-41 所示，差压式变量叶片泵 3 实现容积调速，节流阀 4 实现节流调速，共同组成“容积＋节流”联合调速回路。

图 7-41（a）中，泵 3 输出的压力油经节流阀 4 进入液压缸 5，推动活塞右行。如果泵的流量 Q_P 大于节流阀调定流量 Q_1 时，就迫使泵的供油压力 p_P 升高，变量泵中的控制柱塞 1 与 2 所产生的共同作用力压缩弹簧，推动定子向右移动，减少偏心距 e，使泵的输出流量减少；反之，Q_P 小于 Q_1 时，则 p_P 降低，使泵的输油量自动增加，直至 Q_P 与 Q_1 相等为止。因此，保证了泵的输油量始终与节流阀的调节流量相适应，所以这种泵又称稳流量泵。

同理，当节流阀开度调大时，p_P 就会降低，偏心距 e 增大，泵的输油量也增大；节流阀根据负载流量需要调小时，则泵的输油量也减小。

差压式变量叶片泵 3 也可与安排在回油路的节流阀 4 一起构成“容积＋节流”回油调速回路［图 7-41（b)］。

这类泵能自动适应负载 F 的变化，改变泵的输出流量，维持执行元件的速度稳定和节能。

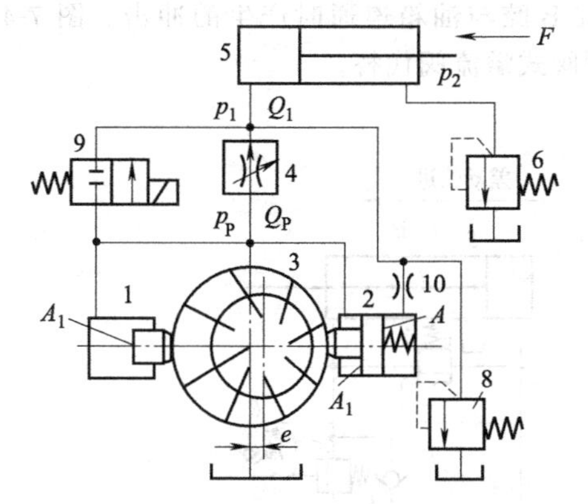

(a)“变量叶片泵+节流阀”进油联合调速回路

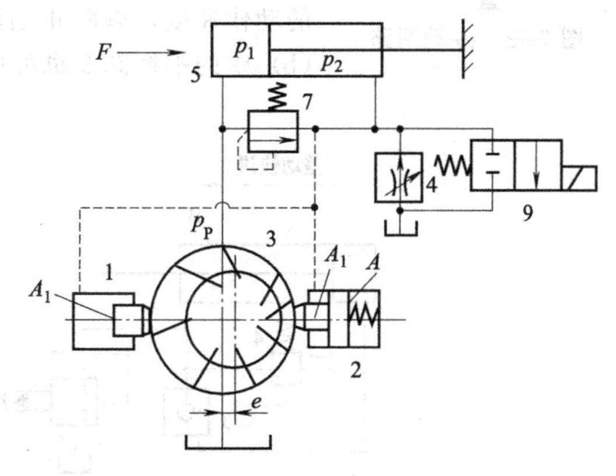

(b)“变量叶片泵+节流阀”回油联合调速回路

图 7-41 “容积＋节流”联合调速回路

1—小变量柱塞；2—大变量柱塞；3—叶片泵；4—节流阀；5—液压缸；6～8—溢流阀；9—电磁阀；10—阻尼孔

这种回路的主要故障如下。

① 泵的流量不能与节流阀调节的流量相匹配。原因主要出在泵本身，例如泵的控制柱塞 1、2 因卡死或动作不灵活使流量反馈控制作用失效，可拆修泵。

② 不能适应负载的变化，而保证执行元件（液压缸）的速度稳定。原因也同上，泵的控制缸自动调节偏心距的功能失效，或者液压缸有严重内泄漏。

7.7 快速运动回路

一些液压设备的液压缸在一次往复运动过程中，大多包括三个动作：快速（空行程）前进→慢速工进（低速工作行程）→快速返回（快退）。

提高生产率的措施之一就是要加快上述两个快速行程的速度。按速度计算公式（$v=Q/A$），要提高速度 v，一是增大泵的流量 Q，一是缩小液压缸活塞的工作面积 A。前者要选大泵，会增加成本和不节能，后者则会使缸的承载能力下降，二者均不可取。解决这个矛盾的方法是采用快速运动回路。

1. 快速运动回路有哪些?

(1) 差动快速运动回路

利用单杆液压缸两端受压面积的不同，在活塞杆前进（外伸）时让有杆腔的回油也流入无杆腔，从而实现增速。因为此时虽然液压缸两腔压力 p 基本相等，但扣除有杆侧的反力仍可推动液压缸前进，因为有 $pS_1>pS_2$（S_1 与 S_2 分别为缸两侧的承压面积）。

如图 7-42 所示，当 3DT 与 1DT 通电时，液压缸差动前进。除了泵供给的流量 Q_1 外，从活塞杆侧来的回油 Q_2，即 Q_1+Q_2 进入液压缸右腔，获得比单靠泵流量供油有更快的前进速度。当 2DT 通电，1DT 与 3DT 断电，液压缸后退。

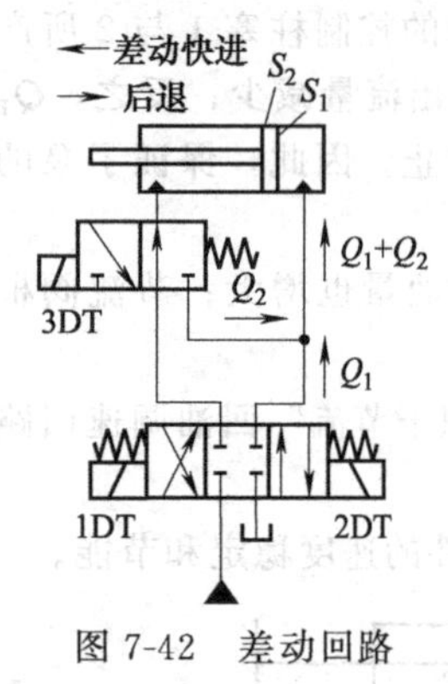

图 7-42 差动回路

图 7-43 为利用压力控制实现差动的回路示例，图 7-43（a）中，当 1DT 通电，液压缸 A 腔进油，缸 5 空载右行（差动快进）时，工作压力较低，与之相连的液控单向阀 3 的控制油也因压力不够处于关闭状态，而缸 B 腔压力升高打开顺序阀 1，这样 B 腔回油便可经阀 1 流入 A 腔形成差动快进动作。

图 7-43（b）与图 7-43（a）不同之处在于使用平衡阀代替液控单向阀，在平衡阀 3 的控制油路中设置小型单向节流阀 6 是为了减缓平衡阀的动作速度，以防止当液压缸 B 腔与油箱连通时产生的冲击。图 7-43（b）中的平衡阀 3 也可用卸荷阀式溢流阀代替。

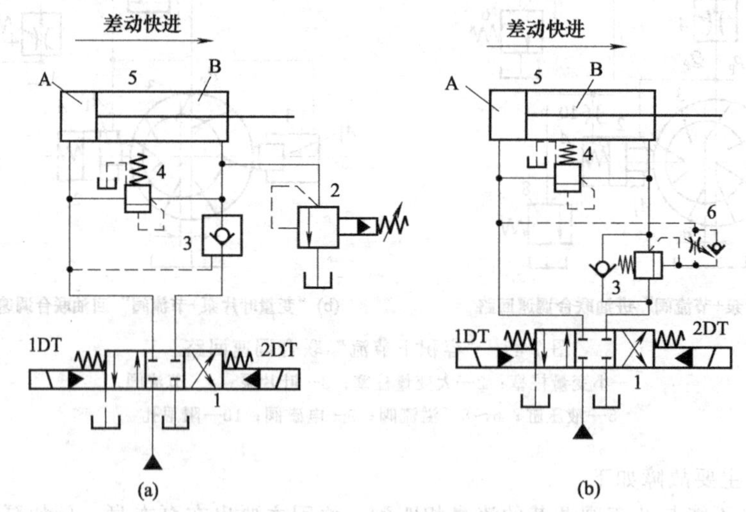

图 7-43 压力控制实现差动的回路

1—电液换向阀；2—溢流阀；3—液控单向阀或平衡阀；4—顺序阀；5—液压缸；6—单向节流阀

(2) 增速缸充液式快速运动回路

图 7-44 为充液式合模装置快速回路示例，采用增速缸，增速缸外面是活塞缸，里面是柱塞缸，活塞缸的活塞与活塞杆是柱塞缸的缸体。用于压铸机、注塑机等设备上。

快速合模时，D_1 通电，压力油从 P 口经 A 口、单向顺序阀 6 进入快速液压缸柱塞 10 的右腔 a 内，由于 a 腔容积小，推动合模缸（增速缸）活塞 11 向右快速运动，活塞 11 左腔形成真空，经液控单向阀（充液阀）4 从油箱吸油充液：当快速合模将要到头时，阻力负载增大，系统压力升高，压力继电器 7 动作，使 D_3 通电，压力油由支路经单向阀 2、液动换向阀 3 进入液压缸活塞 11 左腔，此时充液阀 4 自动关闭，转入慢速闭模，最后达到所需的合模力。

开模时，先是D_3断电，液压缸左腔内的压力油经阀3右位、节流阀先进行卸压，然后D_1断电，D_2通电，压力油P经阀1右位、B口进入液压缸活塞11右腔，还有一股控制油顶开充液阀4，使缸活塞11左腔大量回油，工作活塞11快速退位。为了防止回程时产生冲击和振动，快速液压缸柱塞内的油液在回油时具有一定背压，背压大小由单向顺序阀6进行调节。

二位二通阀8和安全溢流阀9是用来防止在闭模时模具内有金属等异物可能损坏模具。D_4是由行程开关控制的，即模具尚未接触时，如模具内有异物，系统压力会急剧升高，安全阀9溢流，使闭模停止并报警。若无异物，模具刚接触便触及行程开关，使电磁铁D_4通电，切断通往阀9的通路。在这种情况下，溢流阀9宜使用灵敏度高的直动型溢流阀。

另一例如图7-45所示，也采用增速缸。当电磁铁D_1与D_5通电时，压力油经阀V_1左位→柱塞（固定的）2的中心孔→合模缸的A腔，活塞1快速下降C腔形成真空，此时D_5通电，控制油打开充液阀V_5，C腔经充液阀V_5从油箱吸油。

当活塞1碰上行程开关XK时，D_5断电，D_3、D_4通电，压力油经阀V_3左位、阀V_4进入C腔，此时充液阀关阀，活塞1慢速下降，直至合模结束。

开模时，D_2、D_3、D_5通电，压力油经阀V_1右位、阀V_6进入合模缸下腔（B腔），推动活塞1上行，A腔回油经柱塞2中心孔、阀V_1右位流回油箱，C腔回油经阀4、阀3右位以及阀V_5流回油箱。

单向顺序阀V_6起平衡支撑作用。

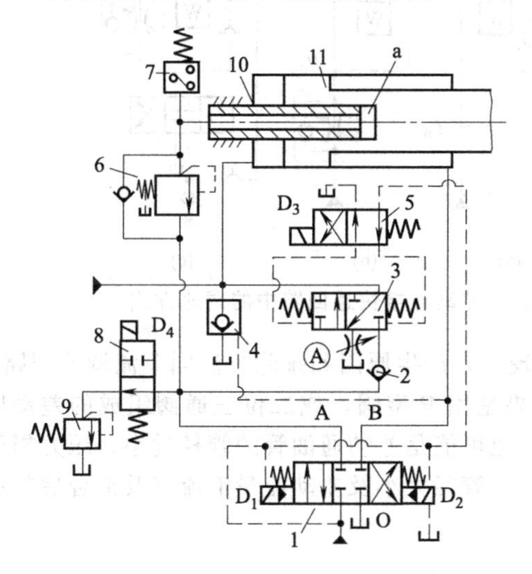

图7-44 压铸机增速缸充液式快速运动回路

1—电液换向阀；2—单向阀；3—液动换向阀；4—液控单向阀；5、8—电磁阀；6—单向顺序阀；7—电磁阀压力继电器；9—安全溢流阀；10—柱塞缸柱塞；11—活塞缸活塞

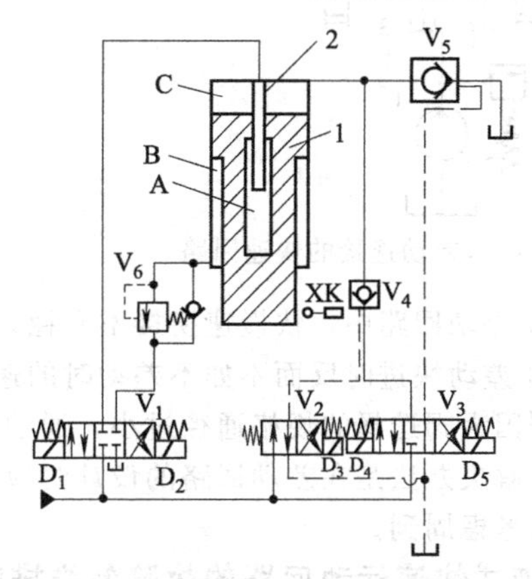

图7-45 注塑机增速缸充液式快速运动回路

1—增速缸活塞；2—增速缸柱塞；V_1、V_2、V_3—电磁阀；V_4、V_5—液控单向阀；V_6—单向顺序阀

2. 怎样排除差动快速运动回路的故障?

图7-46中，当1DT、3DT通电时，缸6实现向右差动快进；慢进（工进）时，3DT断电；缸6快退时，仅2DT通电。差动连接的快速回路故障分析如下。

① 差动连接时作用在活塞上的有效推力较小，容易出现液压缸不能差动快进的现象。

由图7-46可知，考虑差动时的压力损失，有效推力F为：

由力平衡方程 $$(p_0-\Delta p_1)A_1=(p_0+\Delta p_2)A_2+\Delta F+F$$

得 $$F=p_0(A_1-A_2)-(\Delta p_1 A_1+\Delta p_2 A_2)-\Delta F$$

式中 A_1——活塞侧液压缸面积；

A_2——活塞杆侧液压缸有效面积；

p_0——汇流点的压力；

Δp_1——由汇流点到无杆侧进口之间的压力损失；

Δp_2——由有杆侧进口到汇流点的压力损失；

ΔF——液压缸本身的阻力损失（如密封摩擦力等）；

F——有效推力。

为了增大有效推力 F，可从上式右边各因素去考虑。譬如说适当增大活塞杆截面积 A_3（$=A_1-A_2$），降低液压缸本身的阻力，以及减小差动流动过程中的压力损失（例如阀 5 的容量要足够，管径要足够大不可太长等）。

② 差动速度需要调节的回路中，如采用出口节流控制方式，往往在液压缸有杆侧产生远大于泵压的高压［图 7-47（a）］；在进口节流控制方式中，往往出现节流阀出口压力大于泵压而断流不能调速的故障［图 7-47（b）］。这时可采用图 7-47（c）的回路使差动速度控制正常。

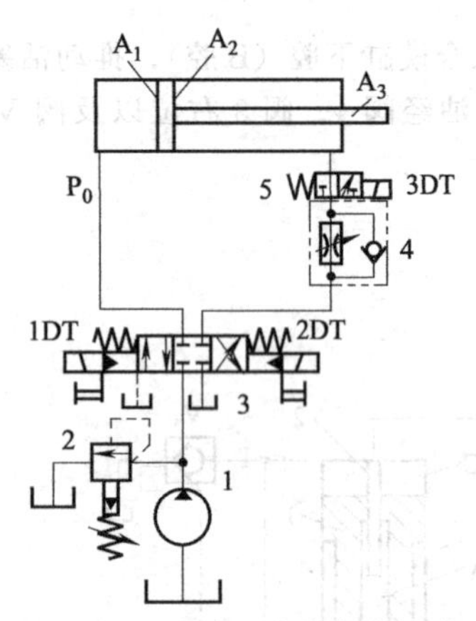

图 7-46　差动连接的快速回路

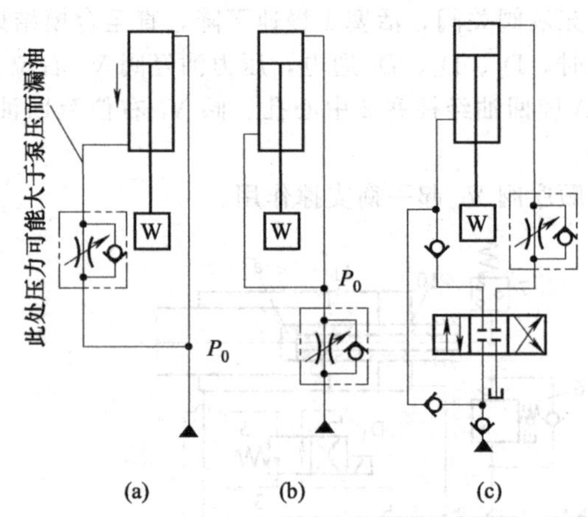

图 7-47　差动连接快速回路中的调速方式

③ 差动回路中，快慢速换接不平稳，存在冲击现象，产生原因和排除方法同节流调速回路。

④ 差动快进时反而不如不差动时的速度快：如果是用 P 型阀，或二位三通阀组成的差动回路，则因为阀选择的规格通径过小，通油阻力太大；也可能是差动通油管的管径过小，压力损失太大；解决办法是在差动回路的设计时应对阀的规格、管径大小及差动流量汇流点及汇合后的通油能力考虑周到。

3. 充液式快速运动回路的故障怎样排除?

主要故障是充液阀不能吸油，液压缸无快速：应检查充液阀能否充液的问题。另外要考虑充液阀的控制压力是否足够，充液油箱的油面是否太低，操作控制油路的换向阀是否可靠换向等原因，一一查明，逐个排除。

4. 用蓄能器的快速回路的故障怎样排除?

图 7-48 是用蓄能器的快速回路。当系统短期需要大流量时，采用蓄能器和液压泵同时向系统供油，这样可用较小流量的液压泵来获得快速运动。

这种回路的故障主要是因蓄能器不能补油而不能提供快速运动。主要产生原因和排除方法如下：

① 由图 7-48（a）可知，当换向阀 5 处于中间位置时，不停泵向蓄能器供油贮能。如果充油时间太短，则蓄能器充油不充分，转入快进时能提供的压力流量也就不充分，所以一定要确保足够时间（阀 5 中位时）给蓄能器充分充液。

② 图 7-48（b），当卸荷阀 2 或电磁溢流阀又有故障造成电磁换向阀中位时液压泵总是卸荷，不能给蓄能器充液，虽然进行充液的时间足够。以致转入快进时也无蓄存油液可释放。此时可修

理或更换卸荷阀或电磁溢流阀，使换向阀5处于中位时，泵能以充足的压力使蓄能器充液。压力足够后，由压力继电器4发出信号后才转入快进。

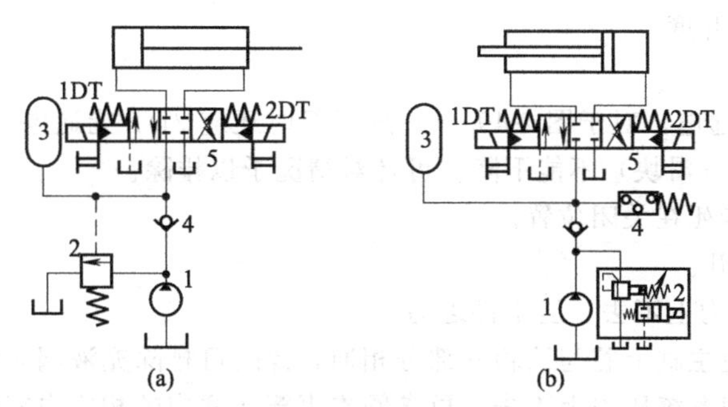

图7-48 蓄能器快速回路

5. 利用辅助缸的快速回路的故障怎样排除？

图7-49所示为采用辅助缸的快速回路。这种方式在液压机（如板料折弯机）上普遍使用。

图7-49（a）为利用滑块自重快速下降的回路。当2DT，通电快速下降时，液压泵供给主缸压力油产生滑块下降动作。由于滑块的自重产生快速下降动作，辅助缸上腔从油箱吸油，此时如果泵1供给主缸（柱塞缸）油液不够，充液阀8打开从油箱9向主缸补油。辅助缸下腔的回油因3DT通电使液控单向阀打开而经阀5、节流阀4、换向阀3右位流回油箱。为了防止停机时的滑块自由下落，使用了液控单向阀5，3DT断电，便可阻止自重下落，溢流阀7为吸收冲击压力和作安全阀用。节流阀4为调节下降速度用。回程时1DT通电因油液只需供给两缸径不大的辅助缸下腔，因而可快速上行，主缸的排油可经阀8（因控制油而打开）与阀3左位两条通道排回油箱。

图7-49（b）也为利用辅助缸的快速回路，与图7-49（a）略有差异：其辅助缸上腔不与油箱直接连通。当2DT通电在顺序阀10未打开前泵全部流量通入辅助液压缸中，主缸快速下降，从油箱9径充液阀8吸油；接触工件后，因压力升高，阀8关闭，顺序阀10打开，高压油同时进入三个液压缸。

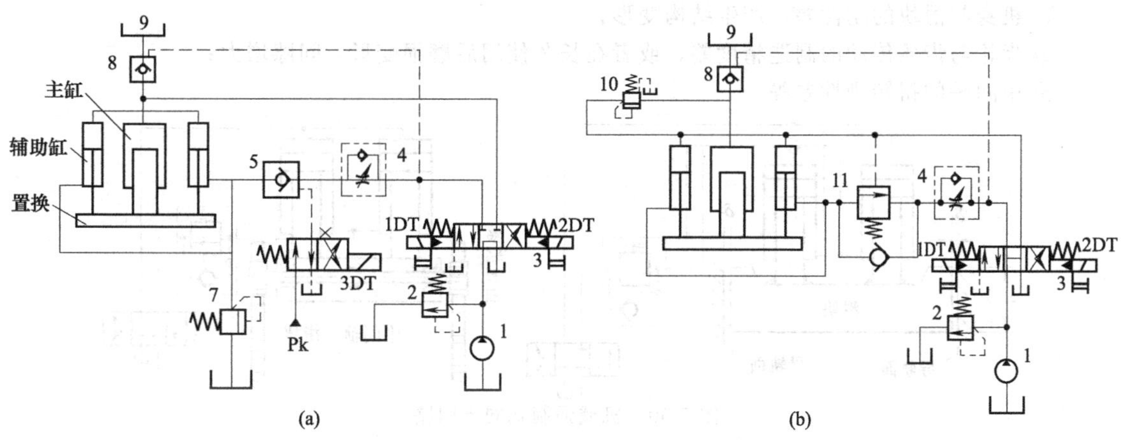

图7-49 使用辅助缸的快速回路

这种用辅助缸的快速回路的主要故障与排除方法如下。

（1）无快速下降动作，或下降速度很慢

① 图7-49（a）为辅助缸上腔通往油箱之间并暴露在大气中的管路破裂或管接头密封不好漏气，使辅助缸上腔无法产生一定的真空度吸油；图7-49（b）则是泵1供油量不够，可检查排除之。

② 充液阀 8 的阀芯卡死在关闭位置，仅靠泵 1 供油使主缸下行，可拆修阀 8。

③ 阀 5 或阀 11 的阀芯卡死在小开度位置，或者节流阀 4 开度调节过小。可拆修阀 5 或阀 11，并调大节流阀 4 的开度。

(2) 缸不下降

① 电磁铁 2DT 未通电，对于图 7-49 (a) 缸下降时还应 3DT 能通电，否则将堵塞辅助缸下腔的回油通路，则主缸（滑块）不能下降。可针对情况予以排除。

② 节流阀 4 阀芯卡死在关闭位置。

③ 顺序阀 10 未打开。

(3) 主缸加压时压力上不去，压工件乏力

① 阀 8 未关严，使主缸上腔与油箱 9 部分相通，此时可排除充液阀 8 故障。

② 溢流阀 2 故障使系统压力上不去，可参阅本书第 4 章中的相应内容排除阀 2 的故障。

③ 泵 1 因内部磨损内泄漏增大，使系统压力无法上升到最高，可修泵或换泵。

(4) 主缸上行时剧烈抖动，产生炮鸣

产生原因有阀 8 未打开，或阀 8 与阀 3 的通径选择过小，可查明原因进行故障排除。最好在回路上采取措施，先卸掉或部分卸掉主缸上腔压力，然后再使 1DT 通电使主缸上行。

7.8 同步回路

在多缸液压系统中，为了保证两个或两个以上液压缸在运动中的位移相同或速度相同，就要采用同步回路。不同方案的同步方法中，可得到的同步精度是不同的，不同因素对不同同步方案的影响也各异，下面具体说明。

1. 怎样排除机械强制式同步阀的不同步故障?

图 7-50 所示为采用机械联动强制多缸同步的方法，它简单可靠，同步精度高。下述原因影响同步精度（不同步）：

① 滑块上的偏心负载较大，且负载不均衡；

② 导轨间隙过大或过小；

③ 机身与滑块的刚性差，产生结构变形；

④ 齿轮与齿条传动的制造精度差，或者在长久使用后磨损变形，间隙增大；

⑤ 中间轴的扭转刚性差等。

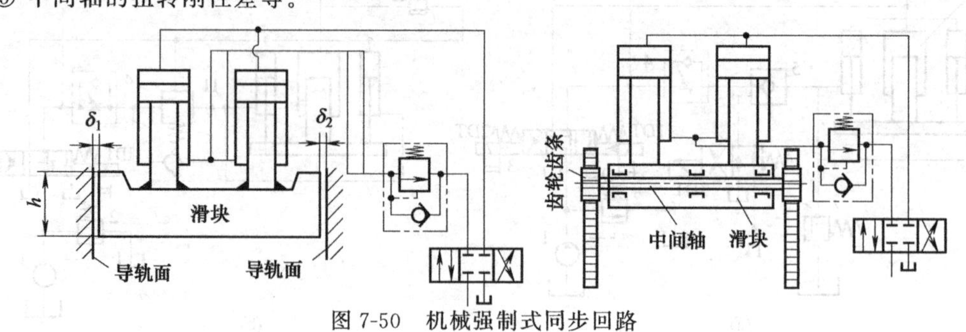

图 7-50　机械强制式同步回路

解决机械强制式同步装置不同步故障的措施如下。

① 尽力减少偏心负载和不均衡负载，注意装配精度，调整好各种间隙，各缸尽量靠近，且保证平行放置。

② 增强机身与滑块的刚性。

③ 当导轨跨距大和偏心负载大又不能减少时，可适当加长导轨长度 h，必要时增设辅助导轨。例如在滑块的中部设置刚性导柱，在上横梁的中央辅助导轨内滑动，可大大加长导向距离，

增加了导向精度，导轨作用力和比压降低。

④ 液压缸与滑块采用球头连接，可减少偏心负载对同步精度的影响。

⑤ 合理选择滑动导轨的配合间隙。

2. 怎样排除容积控制式同步回路的不同步故障?

(1) 串联液压缸的同步回路

如图 7-51 (a) 所示，如果直接将第一个液压缸排出的油液送入第二个液压缸的进油腔（上腔），若两缸的活塞有效面积相等，理论上便应能实现同步运动。下述原因造成不同步。

① 两缸的制造误差。

② 空气混入，封闭在液压缸两腔中的油液呈弹性压缩，及受热膨胀，引起油液体积不同的变化。

③ 两缸的负载不等且变化不同。

④ 液压缸的内部泄漏不一，特别是当液压缸活塞往复多次后，泄漏在两缸连通腔内造成的容积变化的累积误差，会导致两缸动作的严重失调，即严重影响到两缸不同步。

排除办法如下。

① 尽力减少两缸的制造误差，提高液压缸的装配精度，各紧固件、精密封件的松紧程度力求一致。

② 松开管接头，一边向缸内充油，一边排气，待油液清亮后再拧紧管接头，并加强管路和液压缸的密封，防止空气进入液压缸和系统内。

③ 采用带补偿装置的串联液压缸同步回路，如图 7-51 (b) 所示，在活塞下行的过程中，如果缸 1 的活塞先运动到底，触动行程开关 1XK 发信，使电磁铁 3DT 通电，此时压力油便经过二位三通电磁阀 3、液控单向阀 5，向液压缸 2 的 B 腔补油，使缸 2 的活塞继续运动到底；如果缸 2 的活塞先运动到底，则触动行程开关 2XK，使 4DT 通电，此时压力油经阀 4 进入液控单向阀 5 的控制油口，阀 5 反向导通，使缸 1 通过阀 5 和阀 3 回油，使缸 1 的活塞继续运动到底，消除了因泄漏积累导致不同步及同步失调的现象。

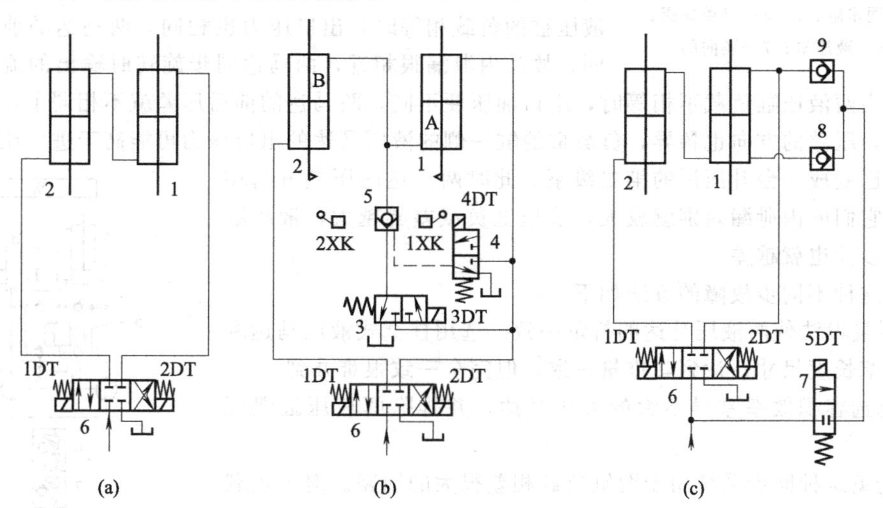

图 7-51 容积控制式同步回路

1、2—同步缸；3、4、6、7—电磁阀；5—液控单向阀；8、9—单向阀

(2) 采用同步缸的同步回路

如图 7-52 所示，这是用尺寸相同、共用一活塞杆的两个同步缸 1 与缸 2，向两个工作腔供给

同流量的油，从而保证两工作缸 5 与 6 运动同步的回路，同步精度可达 1%。

这种回路不同步（或同步精度差）的原因主要是同步缸的制造误差、工作缸的制造误差和系统泄漏、工作缸行程太长及高压下负载又不均匀时，会产生一个缸先行到底的不同步现象。为此，可在同步缸的两个活塞上各装一对左右成套的单向阀 3 与 4，供行程端点处消除两工作缸的位置误差用。其作用情况是：当换向阀左位接入回路时，同步缸的活塞右移，它的两个油腔的油分别推动缸 5 和缸 6 的活塞下行；当同步缸的活塞到达右端点位置时，阀 3 和阀 4 右端的两个单向阀被顶开，压力油推开其左端两个单向阀中的一个，向尚未达到行程下端点的那个液压缸“补油”，使其活塞亦到达其行程的下端点。反之，当换向阀右位接入回路时，工作缸 5 和缸 6 的活塞上行，它们上腔中的油推动同步活塞左移，使之在到达端位时，将阀 3 和 4 左端的两个单向阀顶开，让尚未到达行程上端点的那个缸的上腔通过同步活塞上右边两个单向阀中的一个接油箱，进行“放油”，这样就可使两工作缸的活塞都到达其行程的上端点，避免了误差积累造成的不同步以及动作失调现象。

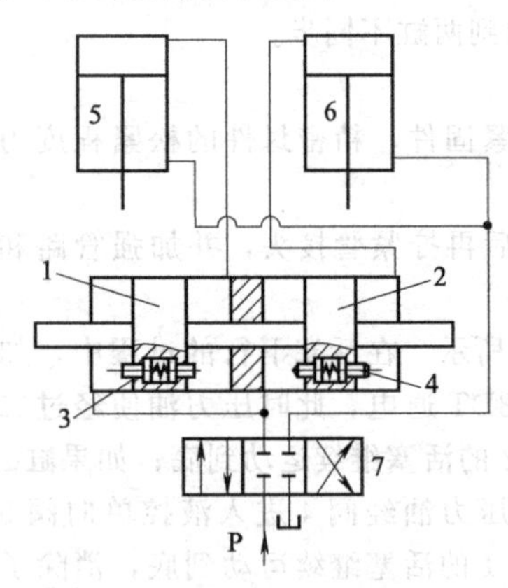

图 7-52　采用同步缸的同步回路
1、2—同步缸；3、4—双单向阀；5、6—液压缸；7—换向阀

（3）采用等排量液压马达的同步回路

如图 7-53 所示，两个转轴相连、排量相同的液压马达 1 和 2 分别与有效工作面积相同的两个液压缸 3 和缸 4 接通，它们控制着这两个缸的进、出流量，使之实现双向同步运动。组合阀（四个单向阀与一个溢流阀）5 为交叉补油油路，为消除两缸在行程端点的位置误差用。阀 6 与阀 7 为两缸双向调速用。产生这种回路不同步的原因如下。

① 液压马达 1 和 2 的排量差异。

② 两马达容积效率的差异。

③ 两缸 3 与 4 负载的差异，即负载不均，引起两马达排量的变化，是不同步的关键。两马达进口压力是一样的，由于通过共同轴转动相互传递扭矩，所以其压力按平均负载确定。当液压缸的负载相等时，出口压力也相同，两马达的前后压差相同，故其内泄漏很相近，两马达同步旋转时输出的流量就很接近。但是当两液压缸负载不相等时，出口油压便不同，两马达的前后压差就不相同了，不仅压差大小不同，压差的方向也各异，负载重的缸一侧的液压马达的出口压力可能高于进口压力，其作用实际上已变成一台升压用的第二级泵。此时两马达的压差方向相反，所以它们的内泄漏差别就较大，液压缸负载差异越大，液压缸运动的同步性也就越差。

排除这种不同步故障的方法如下。

① 尽量设法使两液压马达的排量一致。选用柱塞式液压马达利于修正柱塞长度尺寸，达到其排量一致，但完全一致很难办到。

② 挑选容积效率差异不大的液压马达，并排除两液压缸泄漏故障。

③ 避免这种同步系统用于两缸负载相差很大的回路。对于负载相差较小采用这种同步方式的回路，也要有在液压缸行程端点消除位置误差的液压路，图 7 53 中的组合阀 5 便起这种作用。当缸 3 与缸 4 向上运动时，若缸 3 的活塞先行达到行程端点并停止运动，液压马达 1 排出的油经单向阀 I_1 和溢流阀流回油箱。而液压马达 2 排出的油仍继续输入缸 4 下腔，推动活塞继续运动直到行程端点为止。反之，当两缸活塞向下运动时，若缸 3 的活塞先到行程端点，则缸 4 的活塞在压力油的作用下继续向下运动，其下腔排出的油使

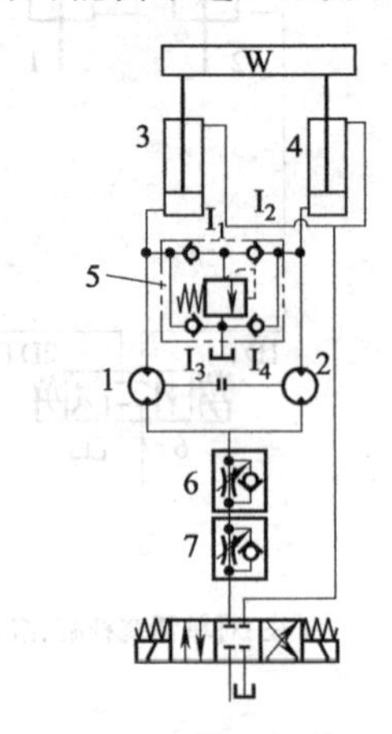

图 7-53　采用等排量液压马达的同步回路
1、2—同步马达；3、4—同步液压缸；5—组合阀；6、7—双向调速用单向调速阀

马达 2 转动，并带动马达 1 同步旋转。此时，马达 1 经单向阀 I_3 从油箱中吸油，直到缸 4 活塞到达其行程端点时为止。

3. 怎样排除流量控制式同步回路不同步的故障？

（1）用调速阀控制并联液压缸的同步回路（图 7-54）

这种同步方法同步精度一般为 5%～7%左右，再大视为不同步故障。产生原因如下。

① 调速阀受油温变化影响，造成进入液压缸的流量差异。

② 两调速阀因制造精度和灵敏度差异以及其他性能差异导致输出流量不一致。

③ 受两液压缸负载变化差异的影响最大，负载的不同变化导致液压缸工作压力（即调速阀出口压力）的变化，进而影响到液压缸泄漏量的不同和流量阀进出口压差的变化，使缸的流量发生变化而导致不同步。

④ 工作油液的清洁度影响，导致两调速阀节流小孔的局部阻塞情况各异和调速阀中减压阀的动作迟滞程度不一，影响输入缸的流量不一，产生不同步。

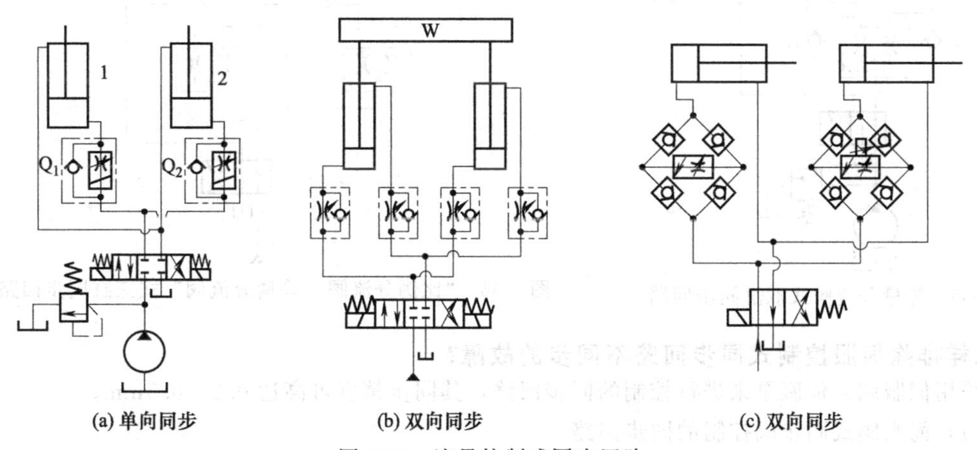

图 7-54 流量控制式同步回路

排除方法如下。

① 控制油温，并采用带温度补偿的调速阀。

② 从多个调速阀中精选性能尽可能一致的调速阀，调速阀尽量安装得靠近液压缸。

③ 避免在负载差异和变化频繁的情况下采用这种同步方法。

④ 加强油污染管理，增设滤油器，必要时予以换油。

⑤ 采取消除不同步积累误差的措施，"补油"或"放油"。

（2）使用电液比例调速阀的同步回路

如图 7-54（c）所示，这种回路的同步精度较高，位置精度可达 0.5mm，已能满足许多工作部件所要求的精度。由于在液压缸进油路上装调速阀并采用单向阀组成的桥式整流油路，从而在两个方向可实现速度同步。当同步精度不理想时，原因如下。

① 油温的影响。

② 液压缸泄漏和单向阀组的泄漏。

③ 负载变化频繁，比例放大信号反馈迟滞。

④ 比例放大器的误差大。

可针对上述情况采取相应措施。

（3）用同步阀控制的同步回路的不同步故障

图 7-55、图 7-56 为利用同步阀可使多个液压缸得到相同的流量，从而使这几个液压缸获得相同的运动速度而实现的同步回路。这种方法同步精度一般在 2%～5%。下述原因产生不同步故障。

① 同步阀的同步失灵及同步误差大。

② 液压缸的尺寸误差、存在泄漏及泄漏多少不一。

③ 油液不干净，造成同步阀节流口不同程度的堵塞。

④ 同步阀虽然可以对不同负载进行自动调节实现同步，但如果负载相差太大以及负载不稳定且频繁变化，影响同步精度。

排除方法如下。

① 排除同步阀的"同步失灵"和"同步误差"大等故障。

② 提高液压缸加工精度，排除产生泄漏和泄漏不一致的故障。

③ 清洗与换油。

④ 尽量避免在两缸负载相差过大及负载频繁变化的情况下使用。

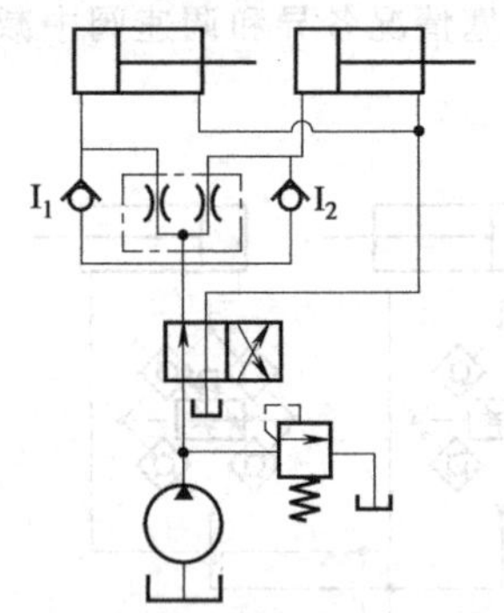

图 7-55 等量分流阀式双缸同步回路

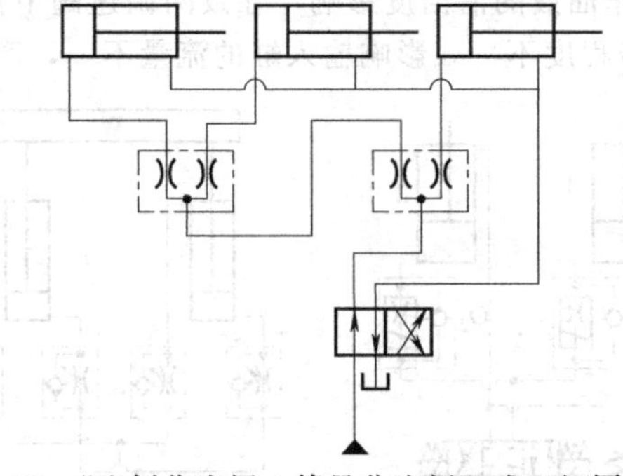

图 7-56 "比例分流阀＋等量分流阀"式三缸同步回路

4. 怎样排除伺服控制式同步回路不同步的故障?

采用伺服阀或伺服泵来进行控制的同步回路，其同步精度可高达 0.2～0.5mm。

(1) 伺服阀式同步阀控制的同步回路

这种回路中，用分流集流阀进行粗略的同步控制（或不用），再用伺服阀调节进入两缸的流量（配油式）大小，或用伺服阀从超前的那个液压缸的进油路的旁支分路上放掉一些油而实现精确同步。图 7-57 为液压弯板机的放油式同步系统。从图 7-57 可知，分流集流阀 1 实现液压缸的粗略同步，再通过张紧在滑轮组上的钢带 5 推动差动变压器 6 检测同步误差，经伺服放大器 7 控制电液伺服阀 2，把超前液压缸的进油路由旁路放油。从而保证精确同步。

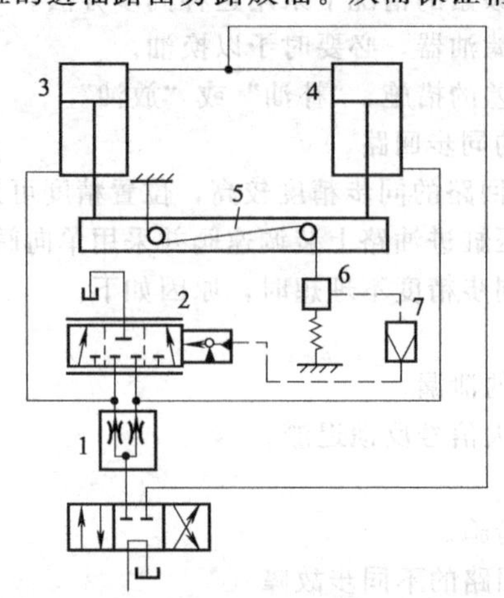

图 7-57 伺服阀式同步阀控制的同步回路

1—分流集流阀；2—电液伺服阀；3、4—液压缸；5—钢带；6—差动变压器；7—伺服放大器

此种回路产生不同步或同步不太理想的故障和排除方法如下。

① 伺服阀的故障。其故障原因和排除方法见伺服阀的有关内容。

② 伺服系统的制造精度、刚性和灵敏度差。查明原因，作出分析，逐一排除。

③ 同步误差检出装置不良。图7-58中为滑轮、钢带及差动变压器组成的误差检出装置不良。例如滑轮内孔磨损时，应采取更换、钢带的拉紧松紧程度要适当、修复差动变压器等方法来排除。

④ 伺服放大器电路故障。查明原因予以排除。

(2) 伺服泵控制的同步回路

如图7-58所示，用测速发电机检测两个液压马达的转速，进行比较后，用放大的误差信号控制伺服变量泵的输出流量，从而实现两个液压马达的速度同步。同步精度可达0.2～0.5mm，系统效率高，可适用于大功率同步系统。

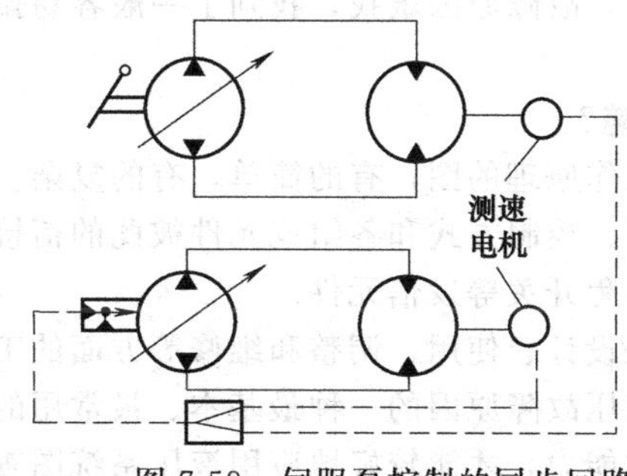

图7-58 伺服泵控制的同步回路

第8章 液压系统故障诊断与排除

8.1 液压系统故障的几种诊断方法

液压系统出了故障，相对而言，故障原因难找，找到了一般容易排除。液压系统故障诊断有多种方法，现列举几种。

1. 怎样利用液压系统图查找故障?

液压系统图是表示液压设备工作原理的图，有的简单，有的复杂。它表示该系统各执行元件能担当的工作、能实现的动作循环、控制方式和各组成元件彼此的衔接。一般均配有电磁铁动作循环表和工作循环图，还列举了行程开关等发信元件。

熟悉液压系统图，是从事液压设计、使用、调整和维修等方面的工程技术人员的基本功，是排除液压故障的基础，也是查找液压故障原因的一种最基本、最常用的方法。在维修的实践工作中，要不断提高熟悉液压系统图的能力，才能较好地应用液压系统图查找液压故障。

利用液压系统图查找故障是常用的方法，实例很多。此处列举某履带式液压挖掘机产生“斗杆提升无力或者根本不能提升”的故障排除方法和步骤。

液压系统图往往较复杂，常用方法的第一步是要学会从整个液压系统中分离出与该故障相关的局部回路，使问题变得简单，分析起来更有针对性，更能找准故障的准确部位。某液压挖掘机斗杆液压缸控制油路的局部油路如图 8-1 所示。

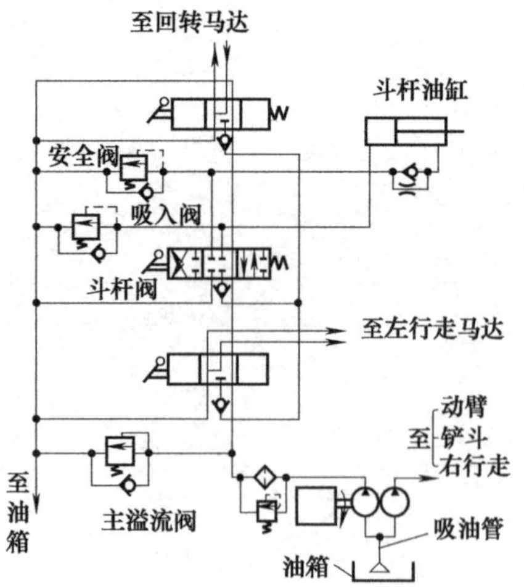

图 8-1　某液压挖掘机斗杆液压缸控制油路的局部油路

第二步为“原因列举”：斗杆液压缸“提升无力”可能的故障原因和部位如下。

① 斗杆液压缸，活塞密封圈损坏。

② 安全溢流阀，调整压力过低或者阀芯卡死在打开的位置。

③ 吸入阀，内泄漏量太大。

④ 主溢流阀，调节压力调得太低，或者压力调不上去。

⑤ 泵，输出流量减少，泵内部损伤。

⑥ 吸油管，因破损或密封不良进气，使泵吸不上油。

⑦ 油箱，油量不够。

第三步为“逐步排查”。

① 如油箱油量不够，肉眼容易观察出，根据情况可排除上述原因⑦。

② 如果泵内部损伤或吸油管进气，则由泵供油的其他部位（如回转马达）也应不能动作。如果不是，则可排除上述原因⑤和⑥。

③ 将斗杆手动换向阀置于斗杆液压缸上升位置，调节主溢流阀，如果压力上不去，回转液压马达也难以转动和不能行走。如果是，故障原因在④，如果否，排除原因④。

④ 安全阀和吸入阀有问题，仅影响斗杆液压缸，如果其他都位确实不受影响，则可考虑拆修安全阀和吸入阀。

⑤ 如果斗杆液压缸的活塞密封损坏，不仅斗杆举升力不足，即使举起来也会慢慢自然下落，即自然沉降量大。如果检查了自然沉降量，便不难作出举升无力是与斗杆缸活塞密封是否损坏有关的判断。拆修斗杆缸工作量稍大，必须认真确认。

至此，我们一定找到了“斗杆液压缸提升力不足”的原因和排除故障的方法。

在利用上述方法查找故障原因时，一定要仔细分析、正确判断、科学决策，尽可能少拆卸，避免反复拆卸，防止拆卸重装后可能对液压元件精度造成的不良影响，因而分析过程中在拆卸故障元件前逐步缩小被怀疑对象是很重要的，这对降低工人劳动强度、减少不必要的拆卸是有益的。

利用液压系统图查找液压故障是常用的方法之一，通常还采用“抓两头”（抓泵和执行元件）、“连中间”（连接中间的控制元件，即各种控制阀）的方法，这种方法可以理顺思路，对正确分析故障原因非常有益。

2. 怎样用感官诊断法查找故障?

感官诊断是直接通过人的感觉器官去检查、识别和判断设备在运行中出现故障的部位、现象和性质，然后由大脑做出判断和处理的一种方法。这与我国传统疾病诊断时的“望闻问切、辨证施治”一致，也是通过维修人员的眼、耳、鼻和手的直接感觉，加上对设备运行情况的调查询问和综合分析，达到对设备状况和故障情况做出准确判断的目的。

感官诊断的实用效果如何，完全取决于检查者个人的技术素质和实际经验。应用这一诊断技术不仅要不断积累实际经验，还要注意学习他人的经验，才能有所成效。感官诊断的方法如下。

（1）询问

问清操作人员故障是突发的、渐发的，还是修理后产生的。通常可向操作者了解下述情况。

① 液压设备有哪些异常现象，故障部位以及故障发生的经过等。

② 故障前后加工的产品质量有何变化。

③ 维护保养及修理情况如何。

④ 使用中是否违规操作，油液的更换情况等。

（2）视觉诊断—眼睛看

① 观察油箱内工作油有无气泡和变色（白浊、变黑等）现象，液压设备的噪声、振动和爬行常与油中有大量气泡有关。

② 观察密封部位、管接头、液压元件各安装接合面等处的漏油情况，结合观察压力表指针在工作过程中的振摆、掉压以及压力调不上去等情况，可查明密封破损、管路松动以及高低压腔串腔等不正常现象。

③ 观察加工的工件质量状况并进行分析，观察设备有无抖动、爬行和运行不均匀等现象，并查出产生故障的原因。

④ 观察故障部位及损伤情况，往往能对故障原因作出判断。

（3）听觉诊断—用耳朵听

正常的设备运转声响有一定的节奏并保持持续的稳定。因此，从实践中积累，熟悉和掌握这些正常的节奏，就能准确判断液压设备是否运转正常，同时根据节奏变化的情况以及不正常声音产生的部位可分析确定故障发生的部位和损伤情况。举例如下。

① 高音刺耳的啸叫声通常是吸进空气，如果有汽蚀声，可能是滤油器被污物堵塞，液压泵吸油管松动，密封破损或漏装，或者油箱油面太低及液压油劣化变质、有污物、消泡性能降低等。

②“嘶嘶”声或“哗哗”声为排油口或泄漏处存在较严重的漏油、漏气现象。

③“哒哒”声表示交流电磁阀的电磁铁吸合不良，可能是电磁铁内可动铁芯与固定铁芯之间有油漆片等污物阻隔，或者是推杆过长。

④ 粗沉的噪声往往是液压泵或液压缸过载而产生的。

⑤ 液压泵“喳喳”或“咯咯”声，往往是泵轴承损坏以及泵轴严重磨损、吸进空气所产生。

⑥ 尖而短的摩擦声往往是两个接触面干摩擦产生的，也有可能是该部位拉伤。

⑦ 冲击声音低而沉闷，常是液压缸内有螺钉松动或有异物碰击等。

(4) 味觉诊断—鼻子闻

检查者依靠嗅觉辨别有无异常气味可判断电气元件有无绝缘破损、短路等故障，还可判断油箱内有无蚁、蝇等腐烂物。

(5) 触觉诊断—用手摸

利用灵敏的手指触觉，检查是否发生振动、冲击及油温升、液压缸爬行等故障。举例如下。

① 用手触摸泵壳或液压油，根据冷热程度判断是否液压系统有异常温升并判明温升原因和升温部位。

熟练的手感测温人员可准确到3～5℃（参阅表8-1）。

表 8-1　温度与手感情况

温度	手感情况	温度	手感情况
0℃左右	手指感觉冰凉，触摸时间较长，会产生麻木和刺骨感	50℃左右	手感较烫，摸的时间较长，掌心有汗
10℃左右	手感较凉，一般可忍受	60℃左右	手感很烫，一般可忍受10s左右
20℃左右	手感稍凉，接触时间延长，手感渐温	70℃左右	手指可忍受3s左右
30℃左右	手感微温，有舒适感	80℃以上	手指只能作瞬时接触，且痛感加剧，时间稍长，可能烫伤
40℃左右	手感如触摸高烧病人		

② 用手摸运动部件和管子等有无振动。手感振动异常，可判断如“电机-泵”系统等回转部件安装平衡不好，紧固螺钉松动，系统内有气体等。

③ 用手摸液压缸慢速运行时，手感其有一跳一停现象，则证明爬行。

(6) 第六感官—灵感与意念

长期从事液压工作的人员，具有丰富的专业技术知识和实践经验，并且勤于思考，勇于实践，善于总结，在处理故障方面往往可达到炉火纯青、运用自如的地步，经常是“手到病除”。这并非是“意念”、“灵感”或特异功能，而是“熟能生巧”。肯钻研、事业心强的维修人员通过努力都可以做到这一点。

应该指出，故障的感官诊断具有简便快速等独特优点，但它与现代诊断技术相比，受检测者的技术素质和实际经验制约，否则可能误诊或者难以确切诊断。因此，在实施故障感官诊断的同时，要与其他诊断方法结合起来。

3. 怎样用对换诊断方法排除故障?

这种方法是采用换上从库房新购置的液压元件，或将其他设备上同型号的正常液压元件，与怀疑有毛病的元件进行替换检查。如果故障被排除，则证明故障出在该液压元件上。这种对换诊断法简单易行，但须判断准确，且要备有相应的液压元件。

4. 什么是仪器诊断法?

仪器诊断法是采用专门的液压系统故障检测仪器来诊断故障，仪器能够对液压故障作定量的监测。国内外有许多专用的便携式液压系统故障检测仪，测量流量、压力和温度，并能测量泵和马达的转速。

在一般的现场检测中，由于流量的检测比较困难，加之液压系统的故障往往又都表现为压力不足，因此在现场检测中，更多的是采用检测系统压力的方法。

5. 什么是液压系统的电脑诊断?

随着机电液一体化在工程机械上的广泛应用，单一的压力测试已不能满足现场检测的需要，现在越来越多的液压机械上均配备有电脑，能对部分故障进行自诊断，并在显示屏显示出来，可根据显示去排除故障。

8.2 液压系统常见故障的排除

在各种液压系统的故障中，有些故障是常见的普遍都会出现的故障，本节说明排除这些故障的经验。

1. 如何排除液压系统的泄漏故障?

泄漏分内泄漏和外泄漏两种。外漏造成工作环境污染，浪费资源；内漏造成温升、效率下降、工作压力上不去、系统无力、运动速度减慢等多种故障。解决液压系统的泄漏从下述方面入手。

① 查密封件质量、装配质量、使用日久的老化变质、与工作介质不相容等原因造成的密封失效。

② 查相对运动副磨损，使配合间隙增大而使内泄漏增大，或者配合面拉伤而产生内外泄漏。

③ 查油温太高，工作液黏度下降，泄漏增大。

④ 查系统使用压力过高，超过密封的密封压力范围。

⑤ 查密封部位尺寸设计不正确、加工精度不良、装配不好产生内外泄漏，等等。

可在查明上述产生内外泄漏原因的基础上，对症采取应对措施。

2. 如何排除液压系统压力完全建不起来的故障?

压力是液压系统的两个最基本的参数之一，在很大程度上决定了液压系统工作性能的优劣。调压故障表现为：当对液压系统进行压力调节时，系统压力一点儿建立不起来、根本无压力，压力虽可调上去一些但调不到最高，压力调不下来、总是高压等现象。

① 查泵是否无流量输出或输出流量不够。

② 查溢流阀等压力调节阀故障。例如溢流阀阀芯卡死在溢流位置系统总溢流，卸荷阀阀芯卡死在卸荷位置系统总卸荷，系统压力上不去等。

③ 查方向控制阀。换向阀的阀芯未换向运动到位，造成压力油腔与回油腔串腔。可参阅本书中的相应内容 。

④ 查执行元件。液压缸活塞与活塞杆连接的锁紧螺母松脱，活塞从活塞杆上跑出，使液压缸两腔互通。

3. 如何排除液压系统压力调不到最高的故障?

① 主要查泵的内部磨损情况：如果泵的内部磨损造成内泄漏严重，则要修泵或换泵。

② 检查油温是否太高：查出油温过高的原因予以处理。

③ 查是否是油选择错误，黏度太低：按规定选用合适牌号的液压油。

4. 如何排除液压系统压力调不下来的故障?

① 查溢流阀阀芯是否卡死在关闭阀口的位置：如果是则系统压力下不来，要拆洗溢流阀。

② 查溢流阀等压力阀某些阻尼孔是否堵塞。

5. 为何液压缸(或液压马达)往复运动速度(或转速)慢，欠速?

所谓欠速是指液压缸（或液压马达）快速运动时速度不够快、在负载下其工作速度（工进）随负载的增大显著降低的现象。速度一般与所供流量大小有关。欠速增加了液压设备的循环工作时间，从而影响生产效率；欠速现象在大负载下常常出现停止运动的情况，这便要影响到设备能否正常工作了。

① 首先解决液压泵的输出流量够不够的问题：特别要解决泵在最大工作压力下泵流量是否显著减少了的问题。

② 查溢流阀是否总在溢流：溢流阀因弹簧永久变形或错装成弱弹簧、主阀芯阻尼孔被局部堵塞、主阀芯卡死在小开口的位置，造成液压泵输出的压力液压部分溢回油箱，通入系统给执行元件的有效流量便大为减少，使快速运动的速度不够。

③ 查液压缸或液压马达是否内泄漏严重：检查液压缸的泄漏情况，采取对策。

④ 查流量调节阀是否阀开口调得过小或阀芯卡住在小开口位置：重新调节，拆洗。

⑤ 查系统内、外泄漏严重的原因：找出产生内泄漏与外泄漏的位置，消除内、外泄漏，更换磨损严重的零件，消除内泄漏。

⑥ 查液压系统油温是否增高：油温增高使油液黏度减小，内泄漏增加，有效流量减少。必须控制油温。

⑦ 查负载特别是附加负载是否太大：负载增大工作速度一般会降低。特别是附加负载，例如导轨润滑断油、导轨的镶条压板调得过紧、液压缸的安装精度和装配精度差等原因，造成进给时附加负载增大，会显著降低执行元件的工作速度。

6. 执行元件低速下产生爬行故障时怎么处理?

液压设备的执行元件（液压缸或液压马达）常需要以很低的速度，例如每分钟移动几毫米甚至不到1mm或者每分钟几转的转动。此时，往往会出现明显的速度不均，断续的时动时停、一快一慢、一跳一停的现象，这种现象称为爬行，即低速平稳性的问题。不出现爬行现象的最低速度，称为运动平稳性的临界速度。

爬行有很大危害，例如对机床类液压设备而言会破坏工作的表面质量（粗糙度）和加工精度，降低机床和刀具的使用寿命，甚至会产生废品和发生事故，必须排除。

同样是爬行，其故障现象是有区别的，有有规律的爬行，有无规律的爬行；有的爬行无规律且振幅大；有的爬行在极低的速度下产生。产生这些不同现象的爬行，其原因各有不同的侧重面，有些是机械方面的原因为主、有些是液压方面的原因为主、有些是油中进入空气的原因为主、有些是润滑不良的原因为主。液压设备的维修和操作人员必须不断总结归纳，迅速查明产生爬行的原因，予以排除。解决爬行问题应主要从下述方面着手。

（1）解决运动部件的摩擦状态

① 导轨精度差，导轨面（V形导轨、平导轨）严重扭曲。

② 导轨面上有锈斑。

③ 导轨压板镶条调得过紧，导轨副材料动、静摩擦因数差异大。

④ 导轨刮研不好，点数不够，点子不均匀。

⑤ 导轨上开设的油槽不好，深度太浅，运行时已磨掉，所开油槽不均匀，油槽长度太短。

⑥ 新液压设备，导轨未经跑合。

⑦ 液压缸轴心线与导轨不平行。

⑧ 液压缸缸体孔内局部段锈蚀（局部段爬行）和拉伤。

⑨ 液压缸缸体孔、活塞杆及活塞精度差。

⑩ 液压缸装配及安装精度差，活塞、活塞杆、缸体孔及缸盖孔的同轴度差。

⑪ 液压缸活塞或缸盖密封过紧、阻滞或过松。

⑫ 停机时间过长，油中水分（特别是磨床冷却液）导致有些部位锈蚀。

⑬ 静压导轨节流器堵塞，导轨断油。

（2）严防空气进入液压系统

① 油箱油面低于油标规定值，吸油、滤油器或吸油回油管裸露在油面上。

② 油箱内回油管与吸油管靠得太近，两者之间又未装隔板隔开（或未装破泡网），回油搅拌产生的泡沫来不及上浮便被吸入泵内。

③ 裸露在油面至液压泵进油口处之间的管接头密封不好或管接头因振动松动，或者油管开裂，而吸进空气。

④ 因泵轴油封破损、泵体与盖之间的密封破损而进空气。

⑤ 吸油管太细、太长，吸油滤油器被污物堵塞或者设计时滤油器的容量本来就选得过小造成吸油阻力增加。

⑥ 油液劣化变质，因进水乳化，破泡性能变差，气泡分散在油层内部或以网状气泡浮在油面，泵工作时吸入系统。

⑦ 液压缸未设排气装置进行排气。

⑧ 油液中混有易挥发的物质（如汽油、乙醇、苯等），他们在低压区从油中挥发出来形成气泡。

⑨ 在未装背压阀的回油路上、而缸内有时又为负压时。

⑩ 液压缸缸盖密封不好，有时进气，有时漏油。

(3) 从液压元件和液压系统方面找原因

① 压力阀压力不稳定，阻尼孔时堵时通，压力振摆大，或者调节的工作压力过低。

② 节流阀流量不稳定，且在超过阀的最小稳定流量下使用。

③ 泵的输出流量脉动大，供油不均匀。

④ 液压缸活塞杆与工作台非球副连接，特别是长液压缸因别劲产生爬行，缸两端密封调得太紧，摩擦力大。

⑤ 液压缸内、外泄漏大，造成缸内压力脉动变化。

⑥ 润滑油稳定器失灵，导致导轨润滑油不稳定，时而断流、摩擦而未能形成0.005～0.008mm厚的油膜（经验是用手指刮全长导轨面，如黏附在手上的油欲滴不滴，则油膜厚度适当）。

⑦ 润滑压力过低且工作台又太重。

⑧ 管路发生共振。

⑨ 液压系统采用进口节流方式且又无背压或背压调节机构，或者虽有背压调节机构，但背压调节过低，这样在某种低速区内最易产生爬行。

(4) 从液压油找原因

① 油牌号选择不对，黏度太稀或太稠。

② 油温影响，黏度有较大变化。

(5) 找其他原因

① 液压缸活塞杆、液压缸支座刚性差，密封方面的原因。

② 电机动平衡不好、电机转速不均匀及电流不稳定等。

③ 机械系统的刚性差。

为此，为解决让人头痛的爬行问题，可通过下述途径和方法予以排除。

① 减少动、静摩擦因数之差，如采用静压导轨和卸荷导轨、导轨采用减摩材料、用滚动摩擦代替滑动摩擦以及采用导轨油润滑导轨等；修刮导轨，去锈去毛刺，使两接触导轨面接触面积≥75%，调好镶条，油槽润滑油畅通；采用适合导轨润滑用油，必要时采用导轨油。

② 提高传动机构（液压的、机械的）的刚度，如提高活塞杆及液压缸座的刚度、防止空气进入液压系统以减少油的可压缩性带来的刚度变化等；防止空气从泵吸入系统。

③ 采取降低其临界速度及减少移动件的质量等措施。

7. 如何解决液压系统振动和噪声大的故障?

振动和噪声是液压设备常见故障之一，两者往往是一对孪生兄弟，一般同时出现。振动和噪声有下述危害。

(1) 共振、振动和噪声产生的原因

整台液压设备是众多的弹性体组成的。每一个弹性体在受到冲击力、转动不平衡力、变化的摩擦力、变化的惯性力以及弹性力等的作用下，便会产生共振和振动，伴之以噪声。

振动包括受迫振动和自激振动两种形式，对液压系统而言，受迫振动来源于电机、液压泵和液压马达等的高速运动件的转动不平衡力，液压缸、压力阀、换向阀及流量阀等的换向冲击力及流量压力的脉动。受迫振动中，维持振动的交变力与振动（包括共振）可无并存关系，即当设法使振动停止时，运动的交变力仍然存在。

自激振动也称颤振，产生于设备运动过程中。它并不是由强迫振动能源所引起的，而是由液压传动装置内部的油压、流量、作用力及质量等参数相互作用产生的。不论这个振动多么剧烈，只要运动（如加工切削运动）停止，便立即消失。例如伺服滑阀常产生的自激振动，其振源为滑阀的轴向液动力与管路的相互作用。

另外，液压系统中众多的弹性体的振动，可能产生单个元件的振动，也可能产生两件或两件以上元件的共振。产生共振的原因是它们的振动频率相同或相近，产生共振时，振幅增大。

（2）产生振动和噪声的具体原因

① 液压系统中的振动与噪声常以液压泵、液压马达、液压缸、压力阀为甚，方向阀次之，流量阀更次之。有时表现在泵、阀及管路之间的共振上。

② 泵与电机联轴器安装不同心（要求刚性连接时同轴度≤0.05mm，挠性连接时同轴度≤0.15mm）；电机振动，轴承磨损引起振动。

③ 液压设备外界振源的影响，包括负载（例如切削力的周期性变化）产生的振动。

④ 油箱强度、刚度不好，例如油箱顶盖板也常是安装“电机-液压泵”装置的底板，其厚度太薄，刚性不好，运转时产生振动。

⑤ 两个或两个以上的阀（如溢流阀与溢流阀、溢流阀与顺序阀等）的弹簧产生共振。

⑥ 液压缸内存在的空气产生活塞的振动。

⑦ 双泵供油回路，在两泵出油口汇流区产生的振动和噪声。

⑧ 阀换向引起压力急剧变化和产生的液压冲击等产生管路的冲击噪声和振动。

⑨ 在使用蓄能器保压压力继电器发信的卸荷回路中，系统中的压力继电器、溢流阀、单向阀等会因压力频繁变化而引起振动和噪声。

⑩ 液控单向阀的出口有背压时，往往产生锤击声。

（3）减少振动和降低噪声的措施

① 各种液压元件产生的振动和噪声排除方法可参阅本书中的有关内容。

② 对于电机的振动可采取平衡电机转子、电机底座下安防振橡皮垫、更换电机轴承等方法解决；确保“电机-液压泵”装置的安装同心度。

③ 与外界振源隔离（如开挖防振地沟）或消除外界振源，增强与外负载的连接件的刚性；油箱装置采用防振措施。

④ 采用各种防共振措施：改变两个共振阀中的一个阀的弹簧刚度或者使其调节压力适当改变；对于管路振动如果用手按压，音色变化时说明是管路振路，可采用安设管夹、适当改变管路长度与粗细等方法排除，或者在管路中加入一段软管起阻尼作用；彻底排除回路中的空气。

⑤ 改变回油管的尺寸，适当加粗和减短；两泵出油口汇流处，多半为紊流，可使汇流处稍微拉开一段距离，汇流时不要两泵出油流向成对向汇流，而成一小于90°的夹角汇流。油箱共鸣声的排除可采用加厚油箱顶板，补焊加强筋；“电机-液压泵”装置底座下填补一层硬橡胶板，或者“电机-液压泵”装置与油箱相分离。

⑥ 选用带阻尼的电液换向阀，并调节换向阀的换向速度。

⑦ 在蓄能器压力继电器回路中，采用压力继电器与继电器互锁联动电路。

⑧ 对于液控单向阀出现的振动可采取增高液控压力、减少出油口背压以及采用外泄式液控单向阀等措施。

⑨ 使用消振器。

8. 如何处理液压系统温升发热厉害的问题?

（1）温升发热的不良影响

液压系统的温升发热和污染一样，也是一种综合故障的表现形式，主要通过测量油温和少量液压元件来衡量。

液压设备是用油液作为工作介质来传递和转换能量的，运转过程中的机械能损失、压力损失和容积损失必然转化成热量放出。从开始运转时接近室温的温度，通过油箱、管道及机体表面，还可通过设置的油冷却器散热，运转到一定时间后，温度不再升高而稳定在一定温度范围达到热平衡，两者之差便是温升。

温升过高会产生下述故障和不良影响。

① 油温升高，会使油的浓度降低，泄漏增大，泵的容积效率和整个系统的效率会显著降低。由于油的黏度降低，滑阀等移动部位的油膜变薄和被切破，摩擦阻力增大，导致磨损加剧，系统发热，带来更高的温升。

② 油温过高，使机械产生热变形，既使得液压元件中热膨胀系数不同的运动部件之间的间隙变小而卡死，引起动作失灵，又影响液压设备的精度，导致零件加工质量变差。

③ 油温过高，也会使橡胶密封件变形，提早老化失效，降低使用寿命，丧失密封性能，造成泄漏，泄漏又会进一步发热产生温升（图 8-2）。

④ 油温过高，会加速油液氧化变质，并析出沥青物质，降低液压油的使用寿命。析出物堵塞阻尼小孔和缝隙式阀口，导致压力阀调压失灵、流量阀流量不稳定和方向阀卡死不换向、金属管路伸长变弯，甚至破裂等诸多故障。

⑤ 油温升高，油的空气分离压降低，油中溶解的空气逸出，产生气穴，致使液压系统工作性能降低。

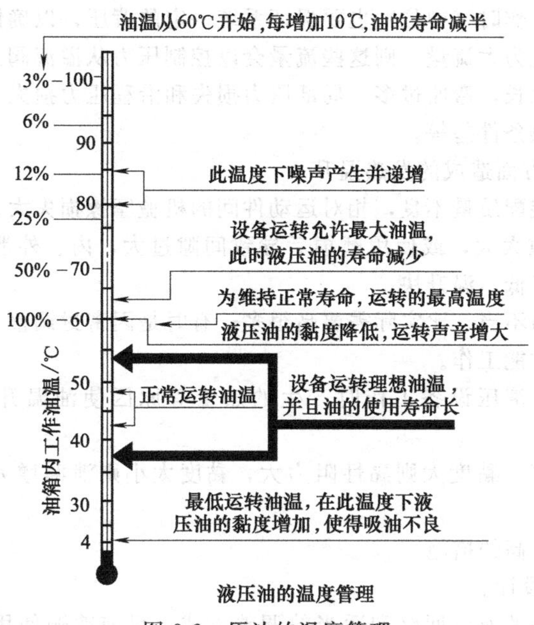

图 8-2 压油的温度管理

(2) 液压系统温升过大、发热厉害的原因

油温过高有设计方面的原因，也有加工制造和使用方面的原因，具体如下。

① 液压系统的各种能量损失必然带来发热温升。

液压装置一般损失情况和液压系统的能量损失情况如图 8-3 和图 8-4 所示，根据能量守恒定律，这些能量损失必然转化为另一种形式——热量，从而造成温升发热。

② 液压系统设计不合理，造成先天性不足。

· 油箱容量设计太小，冷却散热面积不够，而又未设计安装有油冷却装置，或者虽有冷却装置但冷却装置的容量过小。

· 选用的阀类元件规格过小，造成阀的流速过高而压力损失增大导致发热，例如差动回路中

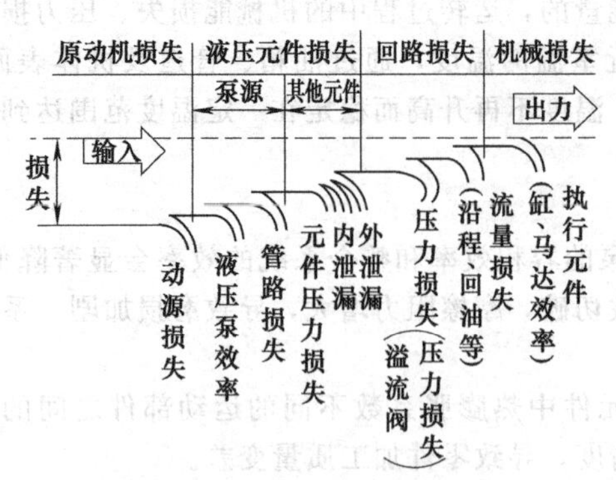

图 8-3 液压系统的一般损失情况

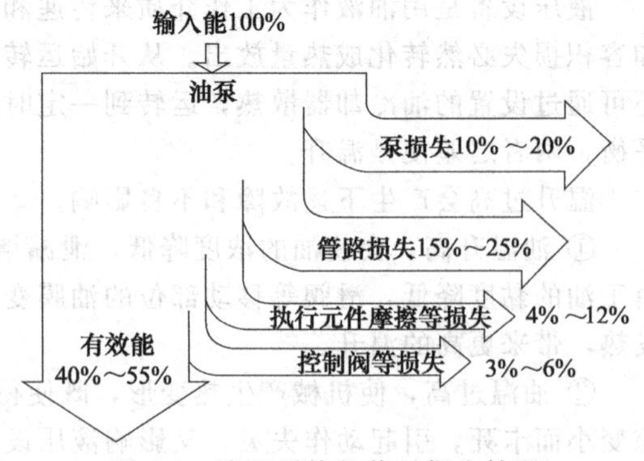

图 8-4 液压系统的能量损失情况

如果仅按泵流量选择换向阀的规格，便会出现这种情况。

·按快进速度选择液压泵容量的定量泵供油系统，在工进时会有大部分多余的流量在高压（工进压力）下从溢流阀溢回而发热。

·系统中未设计卸荷回路，停止工作时液压泵不卸荷，泵全部流量在高压下溢流，产生溢流损失发热，导致温升。

·有卸荷回路时但未能卸荷，液压系统背压过高，例如在采用电液换向阀的回路中，为了保证其换向可靠性，阀不工作时（中位）也要保证系统一定的背压，以确保有一定的控制压力使电液阀可靠换向，如果系统为大流量，则这些流量会以控制压力从溢流阀溢流，造成温升。

·系统管路太细、太长，弯曲过多，局部压力损失和沿程压力损失大，系统效率低。

·闭式液压系统散热条件差等。

③ 加工制造和使用方面造成的发热温升。

·元件加工精度及装配质量不良，相对运动件间的机械摩擦损失大。

·相配件的配合间隙太大，或使用磨损后导致间隙过大，内、外泄漏量大，造成容积损失大，例如泵的容积效率降低，温升快。

·液压系统工作压力不当，比实际需要高很多，有时是因密封调整过紧或密封件损坏，泄漏增大，不得不调高压力才能工作。

·周围环境温度高、液压设备工作时产生的热量等原因使油温升高，以及机床工作时间过长。

·油液黏度选择不当，黏度大则黏性阻力大，黏度太小则泄漏增大，两种情况均造成发热温升。

(3) 防止油温过度升高的措施

① 合理的液压回路设计。

·选用传动效率较高的液压回路和适当的调整方式。目前普遍使用着的定量泵节流调速系统，系统的效率是较低的（＜0.385），这是因为定量泵与液压缸的效率分别为85%与95%左右，方向阀及管路等损失约为5%，所以即使不进行流量控制，也有25%的功率损失。加上节流调速时，至少有一半以上的浪费．此外还有泄漏及其他的压力损失和容积损失，这些损失均会转化为热能导致温升，所以定量泵加节流调速系统只能用于小流量系统。为了提高效率、减少温升，应采用高效节能回路，表 8-2 为几种回路形式。

另外，液压系统的效率还取决于外负载。同一种回路，当负载流量 Q_L 与泵的最大流量 Q_m 比值大时，回路的效率高。例如可采用手动伺服变量、压力控制变量、压力补偿变量、流量补偿变量、速度传感功率限制变量、力矩限制器功率限制变量等多种形式，力求达到负载流量 Q_L 与泵的流量的匹配。

·对于常采用的定量泵节流调速回路，应力求减少溢流损失的流量，例如可采用双泵双压供油回路，卸荷回路等。

· 采用容积调速回路和联合调速（容积+节流）回路。在采用联合调速方式中，应区别不同情况而选用不同方案：对于进给速度要求随负载的增加而减少的工况，宜采用限压式变量泵节流调速回路；对于在负载变化的情况下而进给速度要求恒定的工况，宜采用稳流式变量泵节流调速回路；对于在负载变化的情况下，供油压力要求恒定的工况，宜采用恒压变量泵节流调速回路。

· 选用高效率的节能液压元件，提高装配精度，选用符合要求规格的液压元件。

· 设计方案中尽量简化系统和元件数量。

· 设计方案中尽量缩短管路长度，适当加大管径，减少管路口径突变和弯头的数量。限制管路和通道的流速，减少沿程和局部损失，推荐采用集成块的方式和叠加阀的方式。

② 提高液压元件和液压系统的加工精度和装配质量，严格控制相配件的配合间隙和改善润滑条件。采用摩擦因数小的密封材质和改进密封结构，确保导轨的平直度、平行度和良好的接触，尽可能降低液压缸的启动力。尽可能减少不平衡力，以降低由于机械摩擦损失所产生的热量。

表 8-2 几种控制回路的功率损失

回路形式	回路	压力-流量特性	回路效率
定量泵+溢流阀	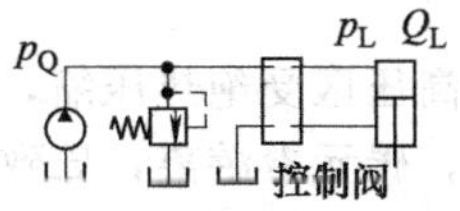 p_Q p_L Q_L 控制阀	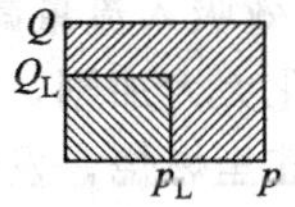 Q Q_L p_L p	$\eta=\dfrac{p_L\cdot Q_L}{p_Q}$
压力匹配	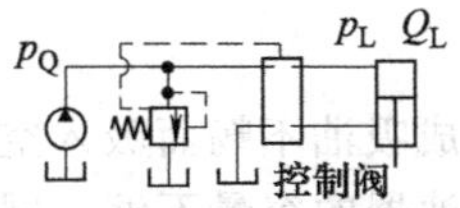 p_Q p_L Q_L 控制阀	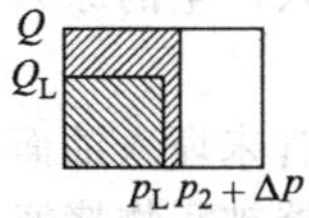 Q Q_L p_L $p_2+\Delta p$	$\eta=\dfrac{p_L\cdot Q_L}{(p_L+\Delta p)Q}$
流量匹配	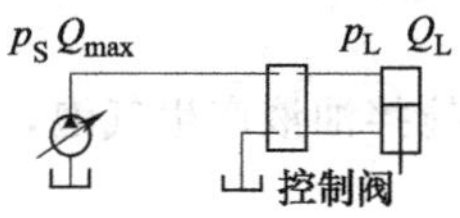 p_S Q_{max} p_L Q_L 控制阀	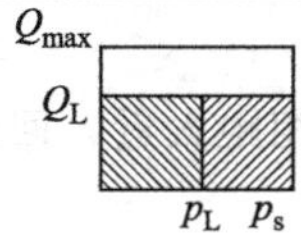 Q_{max} Q_L p_L p_s	$\eta=\dfrac{p_L\cdot Q_L}{p_S\cdot Q_L}$
功率匹配	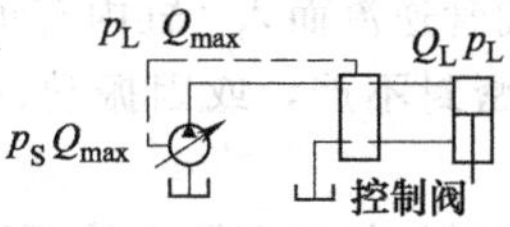 p_L Q_{max} Q_L p_L p_S Q_{max} 控制阀	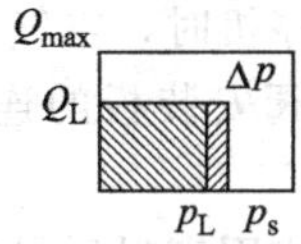 Q_{max} Δp Q_L p_L p_s	$\eta=\dfrac{p_L\cdot Q_L}{p_S\cdot Q_L}$ $p_S=p_L+\Delta p$

③ 适当调整液压回路的某些性能参数，例如在保证液压系统正常工作的条件下，泵的输出流量尽量小一点，输出压力尽可能调得低一点，可调背压阀的开启压力尽量调低点，以减少能量损失。

④ 根据不同加工要求和不同负载要求，经常调节溢流阀的压力，使之恰到好处。

⑤ 合理选择液压油，特别是油液黏度，在条件允许的情况下，尽量采用低一点的黏度以减少摩擦损失。

⑥ 注意改善运动零件的润滑条件，以减少摩擦损失，有利于降低工作负载，减少发热。

⑦ 必要时，增设冷却装置。

9. 系统进气产生的故障和发生气穴如何处理?

（1）液压系统进入空气和产生气穴的危害

液压封闭系统内部的气体有两种来源：一是从外界被吸入到系统内的，叫混入空气；一是由于气穴现象产生液压油溶解空气的分离。

混入空气的危害如下：

· 油的可压缩性增大（1000 倍），导致执行元件动作误差，产生爬行，破坏了工作平稳性，产生振动，影响液压设备的正常工作。

·大大增加了液压泵和管路的噪声和振动，加剧磨损，气泡在高压区成了“弹簧”，系统压力波动很大，系统刚性下降，气泡被压力油击碎，产生强烈振动和噪声，使元件动作响应性大为降低，动作迟滞。

·压力油中气泡被压缩时放出大量热量，局部燃烧氧化液压油，造成液压油的劣化变质。

·气泡进入润滑部位，切破油膜，导致滑动面的烧伤与磨损及摩擦力增大（空气混入，油液黏度增大）的现象；气泡集存油箱，增大体积，油液从油箱浸出，污染地面。

·气泡导致气穴。

(2) 气穴的危害

所谓气穴，是指流动的压力油液在局部位置压力下降（流速高，压力低），达到饱和蒸气压或空气分离压时，产生蒸气和溶解空气的分离而形成大量气泡的现象，当再次从局部低压区流向高压区时，气泡破裂消失，在破裂消失过程中形成局部高压和高温，出现振动和发出不规则的噪声，金属表面被氧化剥蚀，这种现象叫气穴，又叫气蚀。气穴多发生在液压泵进口处及控制阀的节流口附近。

气穴除了产生混入空气那些危害外，还会在金属表面产生点状腐蚀性磨损。因为在低压区产生的气泡进入高压区会突然溃灭，产生数十兆帕的压力，推压金属粒子，反复作用使金属急剧磨损，因为气泡（空穴），泵的有效吸入流量减少。

另外，因气穴工作油的劣化大大加剧，气泡在高压区受绝热压缩，产生极高的温度，加剧了油液与空气的化学反应速度，甚至燃烧，发光发烟，碳元素游离，导致油液发黑。

(3) 空气混入的途径和气穴产生的原因

空气混入的途径如下：

·油箱中油面过低或吸油管未埋入油面以下造成吸油不畅而吸入空气（图 8-5）。

·液压泵吸油管处的滤油器被污物堵塞，或滤油器的容量不够、网孔太密、吸油不畅形成局部真空，吸入空气。

·油箱中吸油管与回油管相距太近，回油飞溅搅拌油液产生气泡，气泡来不及消泡就被吸入泵内。

·回油管在油面以上，当停机时，空气从回油管逆流而入（缸内有负压时）。

·系统各油管接头、阀与阀安装板的连接处密封不严，或因振动、松动等原因，空气乘虚而入。

·因密封破损、老化变质或因密封质量差、密封槽加工不同心等原因，在有负压的位置（例如液压缸两端活塞杆处、泵轴油封处、阀调节手柄及阀工艺堵头等处），由于密封失效，空气便乘虚而入。

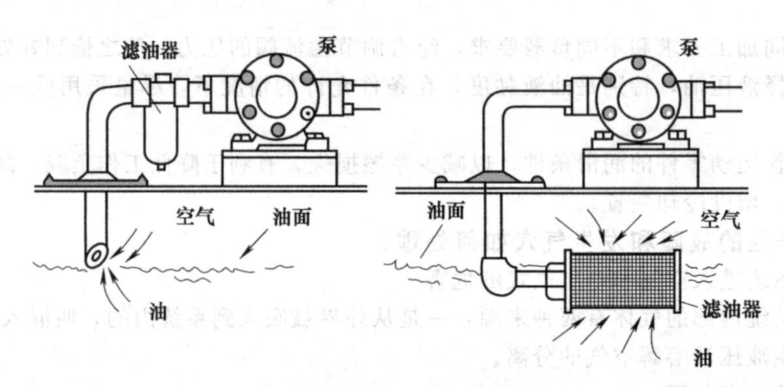

图 8-5　油箱油液不够，吸进空气

(4) 气穴的原因

·上述空气混入油液的各种原因，也是可能产生气穴的原因。

·液压泵的气穴原因：液压泵吸油口堵塞或容量选得太小；驱动液压泵的电机转速过高；液压泵安装位置（进油口高度）距油面过高；吸油管通径过小，弯曲太多，油管长度过长，吸油滤油器或吸油管浸入油内过浅；冬天开始启动时，油液黏度过大等。

上述原因导致液压泵进口压力过低，当低于某温度下的空气分离压时，油中的溶解空气便以气泡的形式析出；当低于液体的饱和蒸气压时，就会形成气穴现象。

各类液压油的溶解空气量见表 8-3，表 8-4 列举了几种液压油在不同温度下的饱和蒸气压。一般液压油（矿物油）的饱和蒸气压可取为 $2.254\mathrm{N/cm^2}$（$=0.22\times10^5\mathrm{Pa}$），空气分离压为 $0.1\times10^5\mathrm{Pa}$。

表 8-3 液压油的溶解空气量

种类	空气含量(体积比)/%
石油基液压油	7～11
油包水(W/O)乳化液	5～7
水-乙二醇	2～2.5
磷酸酯	5～6
水	2

·节流缝隙（小孔）产生气穴的原因：根据伯努利方程可知，高速区即为低压区。而节流缝隙流速很高，在此区段内压力必然降低，当低于液体的空气分离压或饱和蒸气压时，便会产生气穴。与此类似的有管路通径的突然扩大或缩小、液流的分流与汇流、液流方向突然改变等，会使局部压力损失过大造成压降而成为局部低压区，也可能产生气穴。

表 8-4 各种工作液的饱和蒸气压（仅供参考，日本资料）

种类	温度/℃	蒸气压/Pa	备注	种类	温度/℃	蒸气压/Pa	备注
水	0	6133	H_2O	$140^{\#}$透平油	20	0.387	石油系
	20	2338			50	10.66	
	37.8	6533			93	101.32	
	50.0	12399		航空油 MIL-H-5606	20	0.333	石油系
	93.0	28397			50	6.666	
	100.0	101323			100	333.3	
$90^{\#}$透平油	20	18	石油系	磷酸酯	93	0.013332	合成油
	50	13			150	199.98	
	93	266.6					

·气体在液体中的溶解量与压力成正比，当压力降低，便处于过饱和状态，空气就会逸出。

·圆锥提动阀（如插装阀、压力阀的先导阀及单向阀等）的出口背压过低，应按规定选取。

(5) 防止空气进入和气穴产生的方法

① 防止空气混入。

·加足油液，油箱油面要经常保持不低于油标指示线，特别是对装有大型液压缸的液压系统，除第一次加入足够的油液外，当启动液压缸，油进入液压缸后，油面会显著降低，甚至使滤油器露出油面，此时需再往油箱加油至油面。

·定期清除附着在滤油器滤网或滤芯上的污物。如滤油器的容量不够或网纹太细，应更换合适的滤油器。

·进、回油管要尽可能隔开一段距离，防止空气进入产生噪声。

·回油管应插入油箱最低油面以下（约 10cm），回油管要有一定的背压，一般为 0.3～0.5MPa。

·注意各种液压元件的外漏情况，往往漏油处也是进气处。

·拧紧各管接头，特别是硬性接口套，要注意密封面的情况。

·采取措施，提高油液本身的抗泡性能和消泡性能，必要时添加消泡剂等添加剂，以利于油中气泡的悬浮与破泡。

·在没有排气装置的液压缸上增设排气装置或松开设备最高部位的管接头排气。

② 液压泵气穴的防止方法。

·按液压泵使用说明书选择泵驱动电机的转速。

·对于有自吸能力的泵，应严格按液压泵使用说明书推荐的吸油高度安装，使泵的吸油口至液面的相对高度尽可能低，保证泵进油管内的真空度不超过泵本身所规定的最高自吸真空度，一般齿轮泵为0.056MPa、叶片泵为0.033MPa、柱塞泵为0.0167MPa、螺杆泵为0.057MPa。

·吸油管内流速控制在5m/s以内，适当缩短进油管路，减少管路弯曲数，管内壁尽可能光滑，以减少吸油管的压力损失。

·吸油管头（无滤油器时）或滤油器要埋在油面以下，随时注意清洗滤网或滤芯。

·吸油管裸露在油面以上的部分（含管接头）要密封可靠，防止空气进入。

③ 防止节流气穴的措施。

·尽力减少上、下游压力之差（节流口）。

·上、下游压力差不能减少时，可采用多级节流的方法，使每级压差大大减少。

·尽力减少通过流量和压力。

·节流口形状为薄壁小孔节流，也宜采用喷嘴节流形状。

·为防止圆锥提动阀的气穴，需有一定的背压值，其最低限值随进口压力和升程不同而异。

④ 其他防气穴措施。

·对液压系统其他部位有可能产生压力损失而导致气穴的部位，应避免该部位因压力损失而造成压力下降后的压力，不能低于油液的空气分离压力。例如可采取减少管路突然增大或突然缩小的面积比以及避免不正确的分流与汇流等措施。

·工作油液的黏度不能太大，特别是在寒冷季节和环境温度低时，需更换黏度稍低的油液和选用流动点低的油液及空气分离压稍低的油液。

·减缓变量泵及流量调节阀的流量调节速度，不要太快、太急，要缓慢进行。

·必要时采用加压油箱或者液压泵装于油箱油面以下，倒灌吸油。

10. 水分进入系统产生故障和内部锈蚀怎么办?

（1）水分等进入液压系统的危害

① 水分进入油中，会使液压油乳化，成为白浊状态。如果液压油本身的抗乳化性较差，即使静置一段时间，水分也不与油相分离，即油总处于白浊状态。这种白浊的乳化油进入液压系统内部，不仅使液压元件内部生锈，同时会降低摩擦运动副的润滑性能，零件磨损加剧，降低系统效率。

② 进入水分使液压系统内的铁系金属生锈，剥落的铁锈在液压系统管道和液压元件内流动，蔓延扩散下去，导致整个系统内部生锈，产生更多的剥落铁锈和氧化生成物，甚至出现很多油泥。这些水分污染物和氧化生成物，既成为进一步氧化的催化剂，更导致液压元件的堵死、卡死现象，引起液压系统动作失常、配管阻塞、冷却器效率降低、滤油器堵塞等一系列故障。

③ 铁锈是铁、水与空气（氧）同时存在的条件下形成的。除了锈蚀金属外，还使油液酸值增高，产生过氧化物、醛酸酯、有机酸等氧化生成物，使液压油的抗乳化性与抗泡性能降低，导致油液氧化而劣化变质。

（2）水分进入的原因和途径

① 油箱盖上因冷热交替而使空气中的水分凝结，变成水珠落入油中。

② 液压回路中的水冷式冷却器因密封破坏或冷却管破裂等原因，水漏入油中。

③ 油桶中的水分、雨水、水冷却液喷溅（如磨床）漏入油中；人的汗水。

(3) 防止水分进入、防止生锈的措施

① 液压油的运输存放要有防雨水进入的措施，装有液压油的油捅不可露天放置，油桶盖密封橡皮要可靠，装油容器应放在干燥避雨的地方。

② 须经常检查并排除水冷式油冷却器漏水、渗水故障，出现这一故障时油液白浊，这时要检查密封破损及冷却水管的破损情况，拆卸修理或更换。

③ 室内液压设备要防止屋漏及雨水从窗户飘入，室外液压设备（如行走机械）换油须在晴天进行，并尽力避免雨天工作，油箱要严加密封，防止雨水渗漏进入油内。

④ 选用油水分离性能好的油，国外出现了能过滤油中水分的滤油器，能装设则更好。

⑤ 日刊介绍，一般条件下的轻载设备，混入的水分不得大于0.2%；间歇时间长的设备和精密设备，混入的水分应小于0.05%。

11. 出现炮鸣怎么处理?

(1)“炮鸣”及其原因

在大功率的液压机、矫直机、折弯机等的液压系统中，由于工作压力都很高，当主液压缸上腔通入压力油进行压制、拉伸或折弯时，高压油具有很大的能量。除了推动液压缸活塞下行完成工作外，还会使液压缸机架、工作缸本身、液压元件、管道和接头等产生不同程度的弹性变形，积蓄大量能量。当压制完毕或保压之后，液压缸上行时，缸上腔通回油，那么上腔积蓄着的油液压缩能和机架等上述各部分积蓄的弹性变形能突然释放出来，而机架系统也迅速回弹，就会瞬时产生强烈的振动（抖动）和巨大的声响。在此降压过程中，油液内过饱和溶解的气体的析出和破裂更加剧了这一作用，对设备的正常运行极为不利，造成压力表指针强烈抖动和系统发出很大的枪炮声状的噪声，称之为“炮鸣”。注意：炮鸣产生在回路的空行程中。

“炮鸣”是在高压大流量系统设计中，对能量释放认识不足，未作处理或处理不当而产生的，即在设计上未采取有效而合理的卸压措施所致。

(2) 炮鸣的危害

① 在立式液压缸上升（返回）空行程产生强烈的振动和巨大的声响。

② 振动导致连接螺纹松动，致使设备严重漏油。

③ 振动导致液压元件和管件破裂，压力表被振坏。

④ 系统有可能无法继续工作，甚至造成人身安全和设备事故。

(3) 防止产生炮鸣现象的方法

消除炮鸣现象的关键在于先使液压缸上腔有控制地卸压，即能量慢慢释放，卸压后再换向(缸下腔再升压做返回行程)。具体方法很多，仅举下例。

图8-6所示为采用电磁阀先卸掉缸4上腔压力，缸4再上行，方法如下。

液压缸下行时，小型电磁阀1不通电。当主缸完成挤压以后，缸4上腔积蓄了大量弹性变形能，如果突然释放，会发生“炮鸣”。所以在三位四通电磁阀2开始换向、缸9上行之前，先借助于时间继电器使二位二通电磁阀1的电磁铁2DT接通2～3s，此时液压缸4上腔经阀1上位通油箱卸压，压力降至接近于预定值或零，即缸4上腔弹性变形能完全释放时，再使3DT通电阀2换向，缸4才上行。由于此时缸4上腔几乎在没有压力的情况下进行换向，使液压缸上行，从而消除了“炮鸣”。

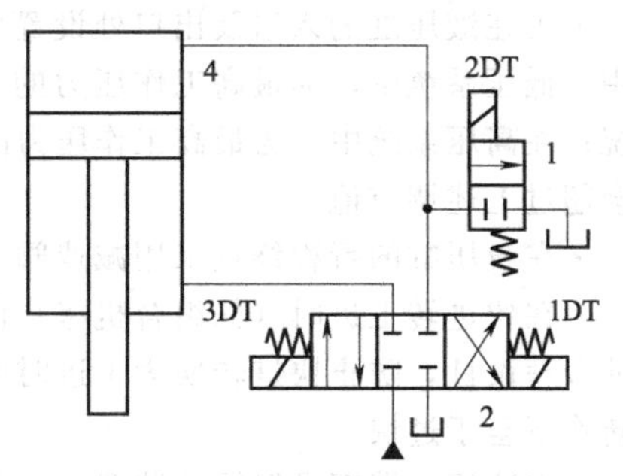

图8-6 防止炮鸣的回路示例

12. 液压冲击怎么防止?

在液压系统中，管路内流动的液体常常会因很快地换向和阀口的突然关闭，在管路内形成一个很高的压力峰值，这种现象叫液压冲击。

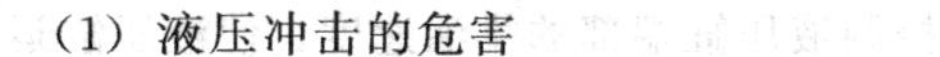

(1) 液压冲击的危害

① 冲击压力可能高于正常工作压力的3～4倍，使系统中的元件、管道、仪表等遭到破坏。

② 冲击产生的冲击压力使压力继电器误发信号，干扰液压系统的正常工作，影响液压系统的工作稳定性和可靠性。

③ 引起振动和噪声、连接件松动：造成漏油、压力阀调节压力改变、流量阀调节流量改变；影响系统正常工作。

（2）液压冲击产生的原因

① 管路内阀口迅速关闭时产生液压冲击。

② 运动部件在高速运动中突然被制动停止，产生压力冲击（惯性冲击）。

（3）防止液压冲击的一般办法

① 对于阀口突然关闭产生的压力冲击，可采取下述方法排除或减轻。

·减慢换向阀的关闭速度，即增大换向时间 t。例如采用直流电磁阀比交流的液压冲击要小；采用带阻尼的电液换向阀可通过调节阻尼以及控制通过先导阀的压力和流量来减缓主换向阀阀芯的换向（关闭）速度，液动换向阀也与此类似。

·增大管径，减少流速，从而可减少 Δv，以减少冲击压力 Δp，缩短管长，避免不必要的弯曲；采用软管也行之有效。

·在滑阀完全关闭前减慢液体的流速，例如改进换向阀控制边的结构，即在阀芯的棱边上开长方形或V形节流槽，或做成锥形（半锥角2°～5°）节流锥面，较之直角形控制边，液压冲击大为减少；在外圆磨床上，对先导换向阀采取预制动，然后主换向阀快跳至中间位置，工作台液压缸左、右腔瞬时进压力油（主阀为P型），这样可使工作台无冲击地平稳停止；平面磨床工作台换向阀可采用H型，这样，当换向阀快跳后处于中间位置时，液压缸左、右两腔互通，且通油池，可减少制动时的冲击压力（图8-7）。

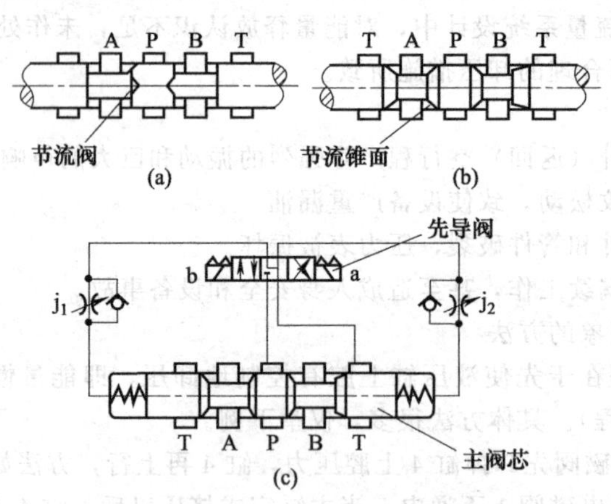

图8-7 减少制击压力的措施

② 运动部件突然被制动、减速或停止时，产生液压冲击的防止方法（例如液压缸）。

·可在液压缸的入口及出口处设置反应快、灵敏度高的小型安全阀（直动型），其调整压力在中、低压系统中，为最高工作压力的105%～115%，如液压龙门刨床、导轨磨床等所采用的系统；在高压系统中，为最高工作压力的125%，如液压机所采用的系统。这样可防止冲击压力不会超过上述调节值。

·在液压缸的行程终点采用减速阀，由于缓慢关闭油路而缓和了液压冲击。

·在快进转工进时（如组合机床）设置行程节流阀，并设置含两个角度的行程撞块，通过角度的合理设计，防止快进转换为工进时的速度变换过快造成的压力冲击；或者采用双速转换使速度转换不至于过快。

·在液压缸端部设置缓冲装置（如单向节流阀）控制液压缸端部的排油速度，使液压缸运动到缸端停止时，平稳无冲击。

·在液压缸回油控制油路中设置平衡阀（立式液压机）和背压阀（卧式液压机），以控制快速下降或水平运动的前冲冲击，并适当调高背压压力。

·采用橡胶软管吸收液压冲击能量。

·在易产生液压冲击的管路位置，设置蓄能器吸收冲击压力。

·采用顶部装有双单向节流阀的液动换向阀，适当调节单向节流阀，可延缓主阀芯的换向时间，减少冲击。

·适当降低导轨的润滑压力，例如某磨床规定的润滑压力为0.05～0.2MPa，润滑压力调到0.2MPa时，往往出现换向冲击；降低到0.15MPa时，冲击立刻消失。

·液压缸缸体孔配合间隙（间隙密封时）过大，或者密封破损而工作压力又调得很大时，易产生冲击。可重配活塞或更换活塞密封，并适当降低工作压力，可排除因此带来的冲击现象。

13. 怎么处理液压卡紧和其他卡阀现象?

(1) 液压卡紧的危害

因毛刺和污物楔入液压元件滑动配合间隙，造成的卡阀现象，通常叫做机械卡紧。液体流过阀芯阀体（阀套）间的缝隙时，作用在阀芯上的径向力使阀芯卡住，叫做液压卡紧。液压元件产生液压卡紧时，会导致下列危害。

① 轻度的液压卡紧，使液压元件内的相对移动件（如阀芯、叶片、柱塞、活塞等）运动时的摩擦阻力增加，造成动作迟缓，甚至动作错乱的现象。

② 严重的液压卡紧，使液压元件内的相对移动件完全卡住，不能运动，造成不能动作（如换向阀不能换向，柱塞泵柱塞不能运动而实现吸油和压油等）的现象，手柄的操作力增大。

(2) 产生液压卡紧和其他卡阀现象的原因

① 阀芯外径、阀体（套）孔形位公差大，有锥度，且大端朝着高压区；或阀芯阀孔失圆，装配时两者又不同心，存在偏心距［图8-8 (a)］，这样压力油 p，通过上缝隙a与下缝隙b产生的压力降曲线不重合，产生一向上的径向不平衡力（合力），使阀芯更加大偏心上移。上移后，上缝隙a更缩小，下缝隙b更增大，向上的径向不平衡力更增大，最后将阀芯顶死在阀体孔上。

② 阀芯与阀孔因加工和装配误差，阀芯在阀孔内倾斜成一定角度，压力油 p_1 经上、下缝隙后，上缝隙值不断增大，下缝隙值不断减小，其压力降曲线也不同，压力差值产生偏心力和一个使阀芯阀体孔的轴线互不平行的力矩，使阀芯在孔内更倾斜，最后阀芯卡死在阀孔内［图8-8 (b)］。

③ 阀芯上因碰伤有局部凸起或毛刺，产生一个使凸起部分压向阀套的力矩［图8-8 (c)］，将阀芯卡在阀孔内。

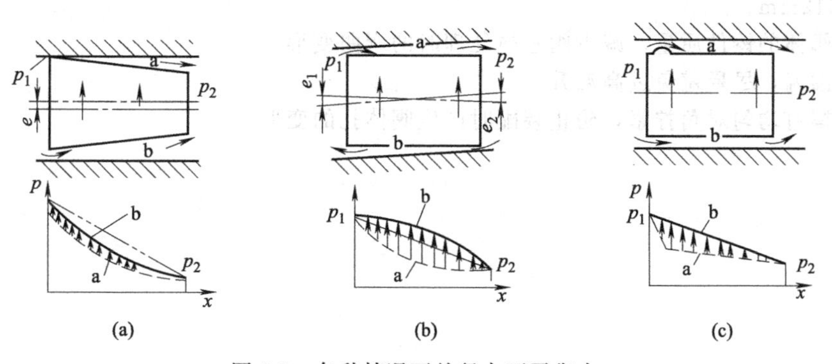

图8-8 各种情况下的径向不平衡力

④ 为减少径向不平衡力，往往采用锥形阀芯［图8-9 (a)］，大多在阀芯上加工若干条环形均压槽［图8-9 (b)］。若加工时环形槽与阀芯外圈不同心［图8-9 (c)］，经热处理再磨加工后，

使环形均压槽深浅不一［图 8-9（d）］，产生径向不平衡力 F 而卡死阀芯。

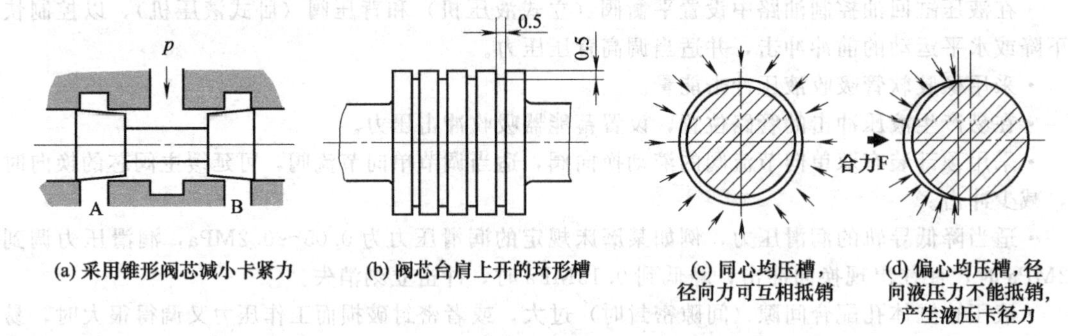

图 8-9 消除径向不平衡力的措施

⑤ 污染颗粒进入阀芯与阀孔配合间隙，使阀芯在阀孔内偏心放置，形成图 8-8 所示状况，产生径向不平衡力导致液压卡紧。

⑥ 阀芯与阀体孔配合间隙大，阀芯与阀孔台肩尖边与沉角槽锐边的毛刺，倾倒的程度不一样，引起阀芯与阀孔轴线不同心，产生液压卡紧。

⑦ 其他原因产生的卡阀现象。阀芯与阀体孔配合间隙过小；污垢颗粒楔入间隙；装配扭斜别劲，阀体孔阀芯变形弯曲；温度变化引起阀孔变形；各种安装紧固螺钉压得太紧，导致阀体变形；困油产生的卡阀现象。

（3）消除液压卡紧和其他卡阀现象的措施

① 减少液压卡紧的方法和措施。

· 提高阀芯与阀体孔的加工精度，提高其形状和位置精度。目前液压件生产厂家对阀芯和阀体孔的形状精度，如圆度和圆柱度能控制在 0.003mm 以内，达到此精度一般不会出现液压卡紧现象。

· 在阀芯表面开几条位置恰当的均压槽，且均压槽与阀芯外圆保证同心。

· 采用锥形台肩，台肩小端朝着高压区，利于阀芯在阀孔内径向对中。

· 有条件者使阀芯或阀体孔做轴向或圆周方向的高频小振幅振动。

· 仔细清除阀芯凸肩及阀孔沉割槽尖边上的毛刺，防止磕碰而弄伤阀芯外圆和阀体内孔。

· 提高油液的清洁度。

② 消除其他原因卡阀现象的方法和措施

· 保证阀芯与阀体孔之间合理的装配间隙。例如对 $\phi16$ 的阀芯和阀体孔，其装配间隙为 0.008 ～0.012mm。

· 提高阀体的铸件质量，减少阀芯热处理时的弯曲变形。

· 控制油温，尽量避免过高温升。

· 紧固螺钉均匀对角拧紧，防止装配时产生阀体孔的变形。

参 考 文 献

[1] 路甬祥. 液压气动技术手册. 北京：机械工业出版社，2002.

[2] 高殿荣，王益群. 液压工程师技术手册（第2版）. 北京：化学工业出版社，2016.

[3] 成大先. 机械设计手册. 单行本：液压传动. 北京：化学工业出版社，2017.

[4] 周士昌. 液压系统设计图集. 北京：机械工业出版社，2004.

[5] 陆望龙. 实用塑料机械液压传动故障排除. 长沙：湖南科学技术出版社，2002.

[6] 陆望龙. 实用液压机械故障排除与修理大全（第二版）. 长沙：湖南科学技术出版社，2006.

[7] 陆望龙. 液压系统使用与维修手册. 北京：化学工业出版社，2008.

[8] 陆望龙. 液压维修工速查手册. 北京：化学工业出版社，2009.

[9] 陆望龙. 典型液压元件结构1200例. 北京：化学工业出版社，2018.

[10] 陆望龙. 看图学液压维修技能（第二版）. 北京：化学工业出版社，2014.

[11] 陆望龙等. 液压维修实用技巧集锦（第二版）. 北京：化学工业出版社，2018.

[12] 陆望龙，江祖专. 液压维修问答. 长沙：湖南科学技术出版社，2011.